国家出版基金项目
NATIONAL PUBLICATION FOUNDATION

广西植物志

FLORA OF GUANGXI

第六卷　蕨类植物

VOLUME 6 PTERIDOPHYTA

广西壮族自治区
中 国 科 学 院　广西植物研究所 编著

Guangxi Institute of Botany,
Guangxi Zhuang Autonomous Region and
the Chinese Academy of Sciences

广西科学技术出版社
Guangxi Science and Technology Publishing House

图书在版编目（CIP）数据

广西植物志．第六卷，蕨类植物/广西壮族自治区中国科学院广西植物研究所编著．—南宁：广西科学技术出版社，2013.12

ISBN 978－7－5551－0076－8

Ⅰ．①广…　Ⅱ．①广…　Ⅲ．①植物志—广西②蕨类植物—植物志—广西　Ⅳ．①Q948.526.7②Q949.36

中国版本图书馆 CIP 数据核字(2013)第 261919 号

GUANGXI ZHIWUZHI DILIUJUAN JUELEI ZHIWU

广西植物志　第六卷　蕨类植物

广西壮族自治区
中国科学院　广西植物研究所　编著

出版发行　广西科学技术出版社
社　　址　广西南宁市东葛路 66 号　　邮政编码：530022
网　　址　http://www.gxkjs.com
经　　销　全国各地新华书店
印　　刷　广西大华印刷有限公司
地　　址　广西南宁市高新区科园路 62 号　邮政编码：530007
开　　本　890mm×1240mm　1/16
字　　数　1010 千字　　印　张：32
版　　次　2013 年 12 月第 1 版　　印　次：2013 年 12 月第 1 次印刷
书　　号　ISBN 978－7－5551－0076－8
定　　价　198.00 元

内容提要

本卷收载广西的蕨类植物 833 种(包括变种、变型及杂交种),隶属于 57 科 159 属[秦仁昌系统(1978 年)];对科、属、种的名称、引证、形态特征、产地、生境、分布及已知药用用途等均作了扼要的介绍,并有形态特征比较图或全貌图图版 112 幅,含 232 种,占全卷收录种数的 27.9%。本卷文字描述简练翔实,图文并茂,可读性、科普性较强,可供植物学、农学、林学、园艺学、药学、轻工业以及有关植物分支学科的工作者参考使用。

本卷编著者及绘图者的单位代码

1 广西壮族自治区
中国科学院 广西植物研究所

2 广西大学

3 仲恺农业工程学院

4 广西师范大学

5 河池学院

本卷编委会

主　　任　何成新　　李　锋　　刘　演

主　　编　李树刚

副 主 编　韦发南　　周厚高　　毛宗铮
蒋日红　　黎　桦　　刘　演

编 著 者　（按姓氏笔画排列）
韦发南[1]　　毛宗铮[1]　　王任翔[4]
邓晰朝[5]　　刘　演[1]　　许为斌[1]
周　琼[2]　　周厚高[2,3]　　黄玉源[2,3]
蒋日红[1]　　谢义林[2]　　黎　桦[2]

绘 图 者　（按姓氏笔画排列）
朱运喜[1]　　何顺清[1]　　邹贤桂[1]
林文宏[1]　　黄门生[1]

说　明

一、本卷为《广西植物志》的第六卷，按秦仁昌系统（1978 年）编排，收载广西的蕨类植物 833 种（包括变种、变型及杂交种），隶属于 57 科 159 属。全书共有图版 112 幅，含 232 种，以供识别和利用。

二、在本卷编研期间，国内外相关学者对部分科属进行了修订并发表了新的分类系统，考虑到使用上的方便以及采用系统的相对统一，本卷基本仍按秦仁昌系统处理。

三、本卷编著由广西壮族自治区中国科学院广西植物研究所主持，参加单位有广西大学、仲恺农业工程学院、广西师范大学、河池学院，重庆师范大学、广西中医药研究院、广西药用植物园、深圳市中国科学院仙湖植物园、云南大学、中国科学院植物研究所、中国科学院华南植物园、中国科学院昆明植物研究所等单位对标本查阅给予热心帮助，我们谨对以上所有单位以及参与编研的人员表示诚挚感谢！

四、本卷的编研、出版得到了国家自然科学基金项目（39160010、41161011）、广西自然科学基金项目（2010GXNSFE013004、桂科基 0832023）的资助。

目　　录

1. 松叶蕨科 PSILOTACEAE

附生或土生,小型蕨类。根状茎粗,横走,具假根。茎直立或下垂,具原生中柱或管状中柱,二叉分枝;枝有棱或为扁压状。叶为小叶型,仅具中脉或无脉,散生,二型;营养叶鳞片状或披针形;孢子叶二叉状或顶端分叉。孢子囊单生在孢子叶腋,球形,2 瓣纵裂,2～3 个融合为聚囊,形如 2～3 室的孢子囊;孢子肾形。

本科有 2 属 4 种。中国有 1 属 1 种;广西也有。

松叶蕨属 Psilotum Swartz.

附生,小型蕨类。茎直立,具原生中柱,二叉分枝;枝有棱或为扁压状。叶为小叶型,散生,二型;营养叶鳞片状,无柄,无脉;孢子叶二叉状或顶端分叉。孢子囊单生在孢子叶腋,球形,2 瓣纵裂,2～3 个融合为聚囊,形如 2～3 室的孢子囊;孢子肾形。

本属有 2 种,分布于热带、亚热带地区。中国有 1 种,分布于东南及西南;广西也产。

松叶蕨(中国高等植物图鉴)

Psilotum nudum (L.) Beauv. Prod. Aetheog. 112. 1805;中国高等植物图鉴 **1**:107,图 213. 1972;秦岭植物志 **2**:13,图版 1. 1974;四川植物志 **6**:91,图版 9. 1988;中国植物志 **6**(3):245,图版 73:3～4. 2004.——*Lycopodium nudum* L. Sp. Pl. **2**:1100. 1753.

植株高 20～40cm。茎直立或下垂,具原生中柱,多回二叉分枝;枝有棱或为扁压状。叶为小叶型,仅具中脉或无脉,散生,二型;营养叶三角形,无脉,长 2～3mm,宽 1～2mm,先端尖;叶草质;孢子叶二叉状,长 2～3mm,宽约 2.5mm。孢子囊单生于孢子叶腋,球形,2 瓣纵裂,2～3 个融合为三角形的聚囊,直径约 4mm,黄褐色。

产于那坡、百色、靖西、德保、田东、河池、凤山、东兰、都安、宜州、南宁、宾阳、武鸣、马山、上林、上思、大新、龙州;附生于海拔 300～1 600m 的树干或岩石缝中。分布于台湾、福建、浙江、江苏、安徽、广东、海南、陕西、云南、贵州、四川。广布于热带和亚热带地区。

全草可作草药,有解毒消炎、通经、活血、收敛、止血、祛风湿、逐血破瘀的功能;治风湿病、肺结核、痢疾、内外伤出血、跌打损伤、烧烫伤、蛇伤等。

2. 石杉科 HUPERZIACEAE

附生或土生,通常为小型蕨类,直立或下垂。主茎短,直立或斜升,一回至多回二叉分枝。叶螺旋状排列;孢子叶与营养叶同形或向枝顶的较小并聚生成长穗状。孢子囊分布于全株上或集中于枝顶,腋生,扁肾形,有小柄,顶端开裂;孢子表面具蜂窝状小孔穴。原叶体柱状长圆形或柱形,单一或分枝。精子器和颈卵器生于原叶体背面并有节状毛混生。

本科有 2 属 150 余种,广布于世界各地,尤以中南美洲热带地区最多。中国有 2 属约 40 种,分布于全国各地;广西有 2 属 15 种 1 变种。

分 属 检 索 表

1. 植株矮小,直立,土生或生于苔藓层中;孢子叶与营养叶同形同大或略小,不特化;孢子囊分布于全主茎上,不集生于枝

顶成囊穗 …………………………………………………………………………………………… 1. **石杉属** Huperzia Bernh.

1. 植株较高大，附生，茎常柔软下垂；顶部的孢子叶特化，与下部的营养叶大小、形态显然不同；孢子枝突然收缩成长线形的囊穗，往往多回二叉分枝，下垂 …………………………………………… 2. **马尾杉属** Phlegmariurus (Hert.) Holub

1. 石杉属 Huperzia Bernh.

多年生土生蕨类，或生于苔藓层中。植株矮小，直立，多少二叉分枝，顶端常具芽胞。孢子叶与营养叶同形或几同形同大；孢子囊散布于茎的全部或大部或略小部分，不形成囊穗，多有成层现象（即被一些营养叶分段隔开），直立，常不分枝，直径几同植株的不育部分。

本属约有 100 种，广布于世界各地，尤以中南美洲最多。中国约有 25 种 1 变种；广西产 5 种。

分种检索表

1. 叶边全缘；叶片线状披针钻形，长约 5mm，上部明显向内弯弓 ……………………………………………………………………… 1. **南川石杉** H. nanchuanensis (Ching et H. S. Kung) Ching et H. S. Kung
1. 叶缘多少具齿。
  2. 叶片较宽大，通常长 10mm 以上，椭圆状披针形，边缘具粗密尖齿且叶面平坦 …………………………………………………………………… 2. **蛇足石杉** H. serrata (Thunb. ex Murray) Trev.
  2. 叶狭小，通常长 10mm 以下，披针形、狭披针形至线形，边缘具疏齿。
    3. 叶向下反折，叶片向基部明显变狭 ……………………… 3. **锡金石杉** H. herteriana (Kümm.) U. Sen et T. Sen
    3. 叶平展或斜展。
      4. 植株高达 15cm；叶片革质 ……………………………………… 4. **四川石杉** H. sutchueniana (Hert.) Ching
      4. 植株高不及 12cm；叶片草质 ………………………………………………… 5. **昆明石杉** H. kunmingensis Ching

1. 南川石杉（云南植物研究）

Huperzia nanchuanensis (Ching et H. S. Kung) Ching et H. S. Kung in Acta Bot. Yunnan. **3**(3): 302. 1981；四川植物志 **6**: 28，图版 1: 1～2. 1988；中国植物志 **6**(3): 6，图版 2: 1～2. 2004；云南植物志 **20**: 8. 2006. ——*Lycopodium nanchuanense* Ching et H. S. Kung in Acta Phytotax. Sin. **18**(2): 235, f. 1: 5, pl. 6: 2. 1980.

茎直立或斜生，高 8～11cm，中部直径 1.0～1.5mm，枝连叶宽 0.7～1.0cm，三回至五回二叉分枝，枝彼此密接，上部常有芽胞。叶螺旋状排列，线状披针形，密生，平直至略斜上，前部向上弯，向基部不变狭，基部最宽（镰状弯曲），长 4～6mm，基部宽约 0.7mm，基部截形，下延，无柄，先端渐尖，边缘平直不皱曲，全缘，两面光滑，无光泽，中脉不明显；叶片薄草质。孢子叶与营养叶同形，无成层现象；孢子囊生于孢子叶的叶腋，两端露出，肾形，黄色。

产于融水、田林；生于海拔 1 300～2 050m 的林下。分布于湖北、湖南、重庆、云南、贵州。

2. 蛇足石杉（云南植物研究） 千层塔（全国中草药汇编）

Huperzia serrata (Thunb. ex Murray) Trev. in Atti. Soc. Ital. Sci. Nat. **17**: 247. 1874；四川植物志 **6**: 30，图版 3: 1～7. 1988；中国植物志 **6**(3): 17，图版 5: 1～4. 2004；云南植物志 **20**: 10，图版 3: 4～10. 2006. ——*Lycopodium serratum* Thunb. ex Murray. Sys. Veg. ed. 14. 1784(May-Jul.); B. Ollg. l. c. 70. ——*L. serratum* Thunb. Fl. Jap. 341, t. 38. 1784；中国高等植物图鉴 **1**: 107，图 241. 1972.

茎直立或斜升，高 10～30cm，三回至四回二叉分枝；枝上部常有芽胞。叶螺旋状排列，平展，狭椭圆形至倒披针形，长 1～3cm，宽 3～8mm，基部楔形或呈柄状，先端渐尖，边缘有粗齿，中脉两面凸起；叶片薄革质。孢子囊生于叶腋，肾形，黄色。

广西各地均产；生于海拔 300～2 000m 的常绿阔叶林下。分布于西藏、云南、四川、贵州、广东、福建、台湾、辽宁及长江中下游各省。亚洲其他各国、大洋洲、中美洲及俄罗斯也有分布。

全草入药，有清热解毒、生肌止血、散瘀消肿的功效；治跌打损伤、瘀血肿痛、坐骨神经痛、内伤出血、烧烫伤、蛇伤等。

3. **锡金石杉**（云南植物研究）

Huperzia herteriana (Kümm.) U. Sen et T. Sen in Fern Gaz. **11**(6)：415，417，f. 1：k～r. 1978；四川植物志 **6**：35，图 5：4～10. 1988；中国植物志 **6**(3)：28，图版 10：1～3. 2004；云南植物志 **20**：11. 2006. ——*Lycopodium herterianum* Kümm. in Magyar Bot. Lap. **26**：99. 1928.

茎直立或斜生，高 4～19cm，中部直径 1.5～2.5mm，枝连叶宽 1.0～1.5cm，二回至四回二叉分枝，枝上部有芽胞。叶螺旋状排列，密生，反折；叶片倒披针形，向基部明显变狭，通直，长 5～9mm，宽约 1.2mm，基部楔形，下延，无柄，先端急尖或渐尖，边缘平直不皱曲，先端有齿蚀状小齿或全缘，两面光滑，有光泽，中脉不明显；叶片薄革质。孢子叶与营养叶同形；孢子囊生于孢子叶的叶腋，两端露出，肾形，黄色。

产于恭城；生于海拔约 1 790m 的悬崖边。分布于云南、重庆、贵州、四川、西藏、湖北。印度、尼泊尔、不丹也有分布。

4. **四川石杉**（云南植物研究）

Huperzia sutchueniana (Hert.) Ching in Acta Bot. Yunnan. **3**(3)：297. 1981；四川植物志 **6**：31，图版 5：1～3. 1988；江西植物志 **1**：25，图 10. 1993；贵州蕨类植物志 369，图版 93：3～4. 2001；中国植物志 **6**(3)：20，图版 7：1～5. 2004. ——*Lycopodium sutchuenianum* Hert. in Engl. Bot. Jahrb. **43**：Beibl. **98**：43. 1909.

本种近似于**蛇足石杉**[*H. serrata* (Thunb. ex Murray) Trev.]，不同在于本种叶片边缘具锯齿，狭披针形，先端渐尖。

产于兴安、资源、融水；生于海拔 1 600～2 100m 的竹林下或灌丛边缘。分布于安徽、浙江、江西、湖南、湖北、四川、重庆、贵州。

全草有活血散瘀、消肿止痛、清热解毒的功效；治跌打损伤、瘀血肿痛，外用于无名肿毒，烫伤。

5. **昆明石杉**（云南植物研究）

Huperzia kunmingensis Ching in Acta Bot. Yunnan. **3**(3)：297. 1981；中国植物志 **6**(3)：27. 2004；云南植物志 **20**：12，图版 2：7～9. 2006.

本种近似于**锡金石杉**[*H. herteriana* (Kümm.) U. Sen et T. Sen]，不同在于本种叶斜上，窄椭圆状披针形，顶端渐尖，背部近平展，薄草质，无光泽。

产于融水、三江；生于海拔 1 200～2 000m 的阴湿土壁上。分布于云南、贵州、广东。

2. 马尾杉属　Phlegmariurus (Hert.) Holub

附生蕨类。茎簇生，初直立，后伸长，多少下垂。孢子囊穗与植株的不育部分有明显差别，长线形，下垂，通常多回二叉分枝；孢子叶与营养叶不同形且较小；孢子近三角形，各边凸起。

本属约有 50 种，广布于热带和亚热带地区，大多产于南太平洋诸岛屿。中国有 22 种；广西产 10 种 1 变种。

分种检索表

1. 枝连叶绳索形，圆柱状，粗 3～5mm；叶小，坚硬，覆瓦状排列，背面隆起或呈显著的龙骨状。
    2. 营养叶长达 7mm；孢子囊穗粗约 3mm ······························ 1. **龙骨马尾杉** Ph. carinatus (Desv. ex Poir.) Ching
    2. 营养叶长不及 5mm；孢子囊穗线形，粗约 1.5mm ························ 2. **金丝条马尾杉** Ph. fargesii (Hert.) Ching

1. 枝连叶扁平或近扁平；叶通常较大，向两侧开展，背面扁平。

3. 孢子叶与营养叶形状大小截然不同，骤退化成小苞片状，组成长线形或细绳索形的下垂长囊穗，状如马尾。

4. 茎柔软下垂；营养叶卵状披针形，向基部变宽呈心形，有明显的柄，向两侧直角展开 …………………………………………………………………………………………………… 3. **马尾杉** Ph. phlegmaria (L.) Holub

4. 茎直立略下垂；营养叶披针形，基部楔形，无柄，向两侧斜展 …………… 4. **广东马尾杉** Ph. guangdongensis Ching

3. 孢子叶与营养叶的形状相似或渐变小，囊穗不成长线形。

5. 植株粗壮，长 60～100cm；叶坚硬，密生，覆盖主枝；囊穗长圆柱形，下垂 …………………………………………………………………… 5. **粗糙马尾杉** Ph. squarrosus (Forst.) L. Löve et D. Löve

5. 植株常较细瘦，高约 30cm；叶较疏，主枝往往部分露出可见；囊穗较短，扁平直立或倾斜。

6. 叶片线形至线状披针形。

7. 叶片线形，长约 1.5cm，宽约 1mm，质薄，柔软无光泽 ………………………………………………………… 6. **美丽马尾杉** Ph. pulcherrimus (Wall. ex Hook. et Grev.) L. Löve et D. Löve

7. 叶片披针形或线状披针形，叶长 1.5cm，宽 1.8mm，质坚硬，有光泽 …………………………………………………………………… 7. **闽浙马尾杉** Ph. mingcheensis Ching

6. 叶片椭圆形至椭圆状披针形。

8. 叶片（至少植株近基部叶片）抱茎，椭圆状披针形，基部下延，无柄，无光泽 ………………………………………………………………… 8. **福氏马尾杉** Ph. fordii (Bak.) Ching

8. 叶片平展或斜上开展，椭圆形或椭圆状披针形，叶片有柄或柄不明显，有光泽或无光泽。

9. 叶片椭圆形，平伸或略斜上；叶柄不明显 ……………………………… 9. **椭圆马尾杉** Ph. henryi (Bak.) Ching

9. 叶片椭圆状披针形或椭圆形，有明显的柄。

10. 叶片椭圆形（顶端圆钝），植株中部叶片宽 2.5～4.0mm ………………………………………………………… 10. **华南马尾杉** Ph. austrosinicus (Ching) L. B. Zhang

10. 叶片椭圆状披针形，植株中部叶片宽一般小于 2mm ………………………………………… 11b. **有柄马尾杉** Ph. hamiltonii (Spreng.) L. Löve et D. Löve var. petiolatus (C. B. Clarke) Ching

1. **龙骨马尾杉**（云南植物研究）　图版 1：1

Phlegmariurus carinatus (Desv. ex Poir.) Ching in Acta Bot. Yunnan. **4**(2)：120. 1982；中国植物志 **6**(3)：53. 2004；云南植物志 **20**：21. 2006；中国高等植物 **2**：22，图 26. 2008. ——*Lycopodium carinatum* Desv. ex Poir. in Lam., Encycl. Suppl. **3**：555. 1813；海南植物志 **1**：7. 1964.

茎下垂，长 20～80cm，二回至五回二叉分枝；分枝连叶直径 7～15mm，圆柱状略呈四棱柱状如蛇形。叶伏生，排列成 6～8 行，向上指，披针状钻形，长 10～15mm，宽 1～1.5mm，顶端短尖，基部下延，全缘，扁平至折叠；叶质硬有光泽。孢子叶长 5～15mm，四棱柱形，坚硬，长为营养叶的一半，宽大于营养叶，主肋隆起。

产于龙胜、兴安、永福、玉林、防城港、东兴、上思、龙州、天等、那坡、靖西；生于海拔 300～900m 的山谷溪边或密林中。分布于台湾、海南、广东、云南。日本、印度、新加坡至波利尼西亚及大洋洲也有分布。

2. **金丝条马尾杉**（云南植物研究）　马尾千金草（广西通称）　图版 1：2～4

Phlegmariurus fargesii (Hert.) Ching in Acta Bot. Yunnan. **4**(2)：120. 1982；四川植物志 **6**：38，图版 8：1. 1988；中国植物志 **6**(3)：51，图版 12：1～12. 2004；云南植物志 **20**：21. 2006. ——*Lycopodium fargesii* Hert. in Engl. Bot. Jahrb. **43**：Beibl. **98**：48. 1909.

本种近似于**龙骨马尾杉**[*Ph. carinatus* (Desv. ex Poir.) Ching]，不同在于本种叶先端渐尖略向内弯曲；营养叶狭披针形、披针形、卵状短披针形或卵菱形，长 5mm 以下；孢子叶菱状卵形；孢子囊生于孢子叶叶腋并大于孢子叶。

产于桂林、龙胜、兴安、资源、金秀；多附生于海拔 200～1 700m 的林下树干上。分布于云南、四川、重庆、台湾。日本也有分布。

图版 1　1.**龙骨马尾杉** Phlegmariurus carinatus (Desv. ex Poir.) Ching　植株一部分。　2～4.**金丝条马尾杉** Ph. fargesii (Hert.) Ching　2.植株一部分；3.营养叶；4.孢子囊穗。　5～7.**粗糙马尾杉** Ph. squarrosus (Forst.) L. Löve et D. Löve　5.植株一部分；6.营养叶；7.孢子叶腹面。（林文宏绘）

全草有祛风除湿、舒筋活络的功效；治风湿病、肥大性脊椎炎、肌肉痉挛、跌打损伤、烧烫伤。

3. **马尾杉**(云南植物研究)

Phlegmariurus phlegmaria (L.) Holub in Preslia **36**: 21. 1964；中国植物志 **6**(3): 33. 2004；云南植物志 **20**: 18. 2006；中国高等植物 **2**: 16，图 13. 2008. ——*Lycopodium phlegmaria* L. in Sp. Pl. **2**: 1101. 1753；海南植物志 **1**: 7，图 2. 1964.

附生蕨类。茎簇生，柔软下垂，四回至六回二叉分枝，长 20～40cm，主茎直径约 3mm，枝连叶扁平或近扁平，不为绳索状。叶螺旋状排列，明显为二型；营养叶斜展，卵状三角形，长 5～10mm，宽 3～5mm，基部心形或近心形，下延，具明显短柄，无光泽，先端渐尖，背面扁平，中脉明显，革质，全缘。孢子囊穗顶生，长线形，长 9～14cm；孢子叶卵状，排列稀疏，长约 1.2mm，宽约 1mm，先端尖，中脉明显，全缘；孢子囊生在孢子叶腋，肾形，2 瓣开裂，黄色。

产于南宁、上林、龙州、宁明、靖西、那坡、百色、龙胜、临桂、合浦、东兴、上思、防城港；附生于海拔 200～1 400m 的林下树干或石壁上。分布于海南、广东、台湾、云南。日本、泰国、印度、越南、斯里兰卡及大洋洲、非洲、南美洲也有分布。

全草清热解毒、祛风除湿、消肿止痛。

4. **广东马尾杉**(云南植物研究)

Phlegmariurus guangdongensis Ching in Acta Bot. Yunnan. **4**(2): 123. 1982；中国植物志 **6**(3): 35. 2004；中国高等植物 **2**: 17，图 15. 2008.

本种近似于**马尾杉**[*Ph. phlegmaria* (L.) Holub]，不同之处在于本种茎直立；营养叶阔披针形，基部楔形，下延，无柄。

产于上思、靖西；附生于海拔 300～800m 的林下树干或石壁上。分布于广东、海南。

5. **粗糙马尾杉**(植物分类学报) 图版 1:5～7

Phlegmariurus squarrosus (Forst.) L. Löve et D. Löve in Taxon **26**: 324. 1977；中国植物志 **6**(3): 48. 2004；云南植物志 **20**: 19，图版 5: 1～4. 2006；中国高等植物 **2**: 21，图 23. 2008. ——*Lycopodium squarrosum* Forst. in Prodr. Fl. Ind. Austr. 479. 1786.

茎长达 150cm，幼时斜升，老时下垂，四回至六回二叉分枝，粗 3～5mm，连叶直径 20～25mm，侧枝等长。叶密生，淡绿色，营养叶长 10～15mm，下部宽约 1.5mm，披针形(或略呈镰形)，锐尖头，斜上，基部左右扭曲，中肋明显，叶干后质厚，坚硬；能育枝顶部长 10～20cm，渐变细，直径 7～8mm，圆柱形。孢子叶小于营养叶，渐退化变小，基部卵形，上部骤狭缩成钻状披针形，密覆。

产于兴安、龙州、大新、东兴、上思、靖西、那坡；生于海拔 400～1 200m 的林下或石壁上。分布于云南、台湾、西藏。亚洲热带地区、大洋洲及马达加斯加也有分布。

全草有祛风除湿、消肿止痛的功效；治风湿腰痛、坐骨神经痛、跌打损伤。

6. **美丽马尾杉**(云南植物研究)

Phlegmariurus pulcherrimus (Wall. ex Hook. et Grev.) L. Löve et D. Löve in Taxon **26**: 324. 1977；中国植物志 **6**(3): 37. 2004；云南植物志 **20**: 15. 2006；中国高等植物 **2**: 17，图 16. 2008. ——*Lycopodium pulcherrimum* Wall. ex Hook. et Grev. in Bot. Mag. **2**: 367. 1831.

本种近似于**粗糙马尾杉**[*Ph. squarrosus* (Forst.) L. Löve et D. Löve]，不同之处在于本种植株较瘦小，茎长 15～50cm；营养叶短小，长 8～11mm，质地较薄，前倾，紧贴叶轴；孢子叶与营养叶形态相近。

产于龙州；附生于海拔 350～500m 的树干或石壁上。分布于华东地区及广东、西藏、云南。不丹、尼泊尔、印度也有分布。

全草有清热解毒、活血散瘀、解表退疹的功效；治跌打损伤、无名肿毒、透发麻疹。

7. **闽浙马尾杉**(云南植物研究) 图版 2:1～2

Phlegmariurus mingcheensis Ching in Acta Bot. Yunnan. **4**: 125. 1982(May)；L. B. Zhang in Tax-

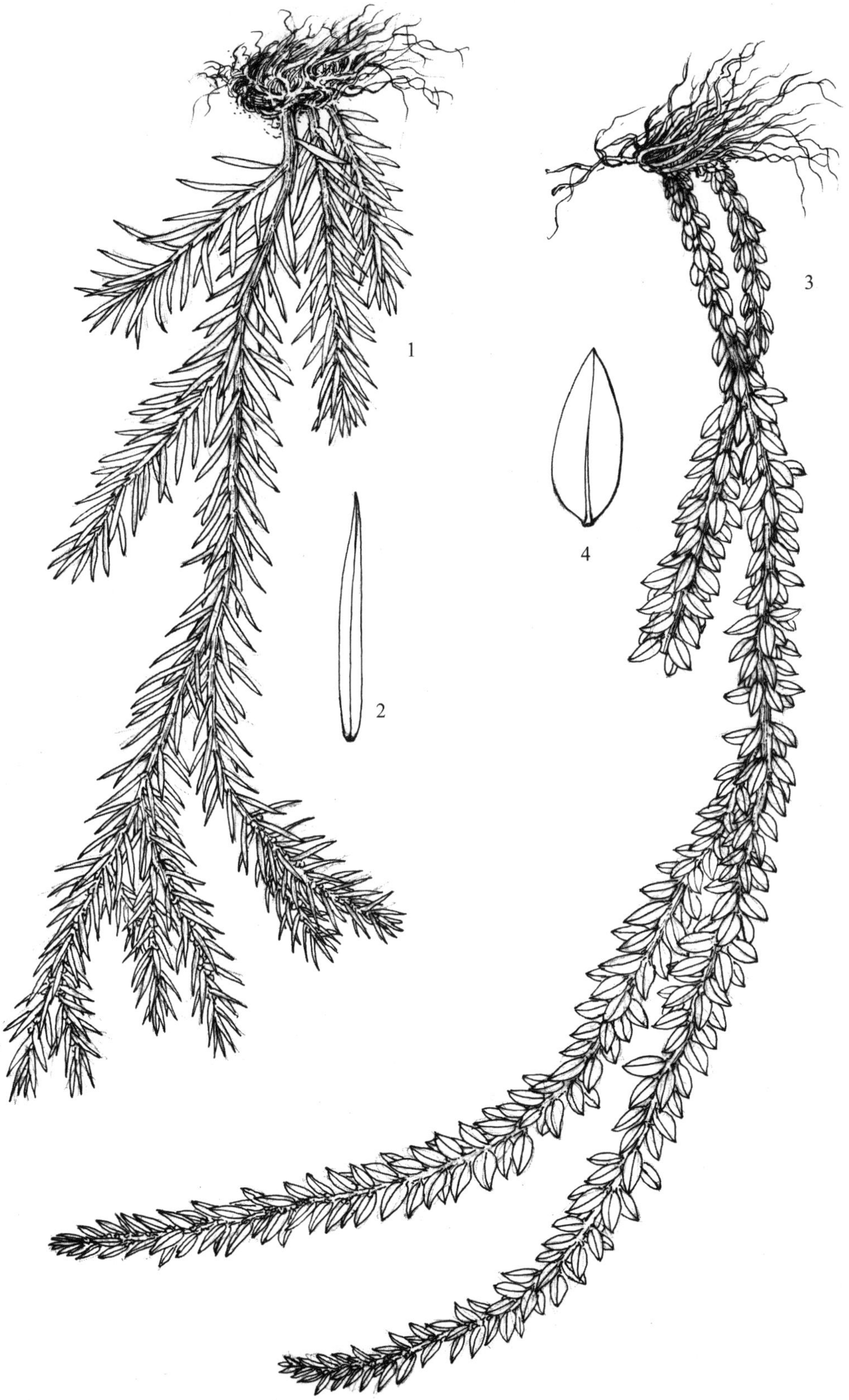

图版 2　1～2. **闽浙马尾杉** Phlegmariurus mingcheensis Ching　1. 植株；2. 营养叶。　3～4. **椭圆马尾杉** Ph. henryi (Bak.) Ching　3. 植株；4. 营养叶。　（林文宏绘）

on **61**(3): 665～660. 2012. ——*Ph. mingcheensis* (Ching) L. B. Zhang in Fl. Reipub. Popul. Sin 6 (3): 45. 2004. ——*Lycopodium mingcheense* Ching in Lin, Fl. Fujian. **1**: 597, f. 6. 1982(Apr.) ("mingcheense"). ——*Huperzia mingcheensis* (Ching) Holub in Folia Geobot. Phytotax **20**: 74. 1985, non Ching 1982 (Apr.).

茎高 17～35cm,一回至二回二叉分枝或单一,略下弯,分枝连叶宽 2～2.3cm,向上部稍变小。叶螺旋状排列,营养叶厚纸质,有光泽,叶边平坦(不反折),线状披针形,长约 1.5cm,宽约 1.8mm,疏生,斜展,顶端渐尖,基部渐狭成短柄,全缘。孢子叶与营养叶近同形,但远较小,长约 1cm,宽 0.7～0.8cm,斜展,极稀疏,不集生成孢子囊穗;孢子囊肾形,单生于孢子叶的腋部。

产于龙胜、临桂、兴安、钟山、罗城、融水;常生于海拔 600～1 200m 的林下或石壁上。分布于浙江、福建、江西、湖南、安徽、四川、重庆、广东、海南。

全草清热消肿、止痛、止泻、杀虱;治热咳、泄泻、无名肿毒,杀头虱。

8. **福氏马尾杉**(植物分类学报) 华南马尾杉(海南植物志)

Phlegmariurus fordii (Bak.) Ching in Acta Bot. Yunnan. **4**(2): 126. 1982; 江西植物志 1: 28, 图 14. 1993; 中国植物志 **6**(3): 44. 2004; 中国高等植物 **2**: 19, 图 20. 2008. —— *Lycopodium fordii* Bak. in Handb. Fern Allies 17. 1887.

本种近似于**椭圆马尾杉**[*Ph. henryi* (Bak.) Ching],不同在于本种基部营养叶抱茎;营养叶宽椭圆状披针形,先端渐尖,略钝,无柄;孢子叶披针形或窄椭圆状披针形,基部楔形,先端钝。

产于融安、三江、兴安、龙胜、资源、平乐、防城港、上思、桂平、容县、北流、贺州、钟山、罗城、象州、金秀;多附生于海拔 300～1 500m 的山谷林下或石壁上。分布于浙江、江西、福建、台湾、湖南、广东、香港、海南、贵州、云南。日本、印度、斯里兰卡也有分布。

全草有消肿止痛、祛风止血、清热解毒、止咳、生肌的功效;治关节肿痛、跌打损伤、四肢麻木、蛇伤、刀伤等。

9. **椭圆马尾杉**(云南植物研究) 上思马尾杉(植物分类学报) 图版 2:3～4

Phlegmariurus henryi (Bak.) Ching in Acta Bot. Yunnan. **4**(2): 125. 1982; 中国植物志 **6**(3): 44. 2004; 云南植物志 **20**: 16, 图版 4: 1～3. 2006; 中国高等植物 **2**: 19, 图 19. 2008. ——*Lycopodium henryi* Bak. in Kew Bull. **1906**: 15. 1906. ——*Phlegmariurus shangsiensis* C. Y. Yang in Acta Phytotax. Sin. **22**(1): 87. 1984, syn. nov.

附生蕨类。茎簇生,成熟枝下垂,二回至多回二叉分枝,长 15～60cm,主茎直径约 5mm,枝连叶宽 2.3～3.0cm。叶革质,全缘,略有光泽,螺旋状生于茎上;营养叶平伸或略上斜,椭圆形或卵状椭圆形,长达 1.5cm,宽 3～4mm,基部楔形,下延,成熟叶片的柄不明显,顶端尖锐。孢子囊穗比不育部分略细瘦,非圆柱形,顶生;孢子叶椭圆形,排列稀疏,长 7～11mm,宽约 1.2mm,基部楔形,先端尖锐,中脉明显,全缘;孢子囊生在孢子叶腋,肾形,2 瓣开裂,黄色。

产于宁明、上思;常附生于海拔 300～1 600m 的林下树干或石壁上。分布于云南。越南也有分布。

通过对**上思马尾杉**(*Ph. shangsiensis* C. Y. Yang)的模式图和模式产地的调查发现,本种的模式图上营养叶卵状披针形,基部圆或近楔形;孢子叶明显狭小,近线状披针形;根据大量野外调查和标本研究,其应为本种的一个小型岩生或旱生个体,所以在此处理为异名。

10. **华南马尾杉**(中国植物志)

Phlegmariurus austrosinicus (Ching) L. B. Zhang in Fl. Reipub. Popul. Sin. **6**(3): 42. 2004; 中国高等植物 **2**: 18, 图 18. 2008. ——*Huperzia austrosinica* Ching in Acta Bot. Yunnan. **3**(3): 298. 1981; 江西植物志 **1**: 26, 图 11.1993.

植株高 15～25cm。茎直立,瘦弱,簇生,一回至二回二叉分枝,主枝连叶宽 1.3～1.5cm。叶稀疏,向两侧开展而略斜上;营养叶椭圆形,下部的长 6～9mm,宽约 3mm,钝尖或急尖头,基部变狭,有短柄,全缘，中脉在背面明显，叶面略有光泽。孢子叶同形或略狭；孢子囊圆肾形，腋生，黄色。

产于龙胜、兴安、灵川、临桂、融水、武鸣、上林、上思、环江、桂平、金秀；多生于海拔 400～1 900m 的石壁上。分布于广东、香港、湖南、云南、贵州、四川、重庆、江西。

11. **喜马拉雅马尾杉**（植物分类学报）

Phlegmariurus hamiltonii (Spreng.) L. Löve et D. Löve in Taxon **26**: 326. 1977. —— *Lycopodium hamiltonii* Spreng. in Syst. Veg. **5**: 129. 1828.

11a. **喜马拉雅马尾杉**（原变种）

Phlegmariurus hamiltonii (Spreng.) L. Löve et D. Löve var. **hamiltonii**

本变种广西不产。分布于云南。印度、尼泊尔、不丹也有分布。

11b. **有柄马尾杉**（变种）（云南植物研究）

Phlegmariurus hamiltonii (Spreng.) L. Löve et D. Löve var. **petiolatus** (C. B. Clarke) Ching in Acta Bot. Yunnan. 4(2): 126. 1982；贵州蕨类植物志 495. 2001；云南植物志 **20**: 18. 2006. —— *Lycopodium hamiltonii* Spreng. var. *petiolatum* C. B. Clarke in Trans. Linn. Soc. Ⅱ Bot. **1**: 593. 1880. —— *Phlegmariurus petiolatus* (C. B. Clarke) H. S. Kung et L. B. Zhang in Acta Phytotax. Sin. **37** (1): 45. 1999；中国植物志 6(3): 40，图版 11: 1～6. 2004；中国高等植物 **2**: 18，图 17. 2008.

本变种近似于**华南马尾杉**[*Ph. austrosinicus* (Ching) L. B. Zhang]，不同之处在于本变种植株各部分均细小；营养叶椭圆状披针形，植株中部叶片宽小于 2mm，基部楔形，下延，具明显的柄，叶有光泽。

产于武鸣、南宁、桂平、容县、环江、龙胜、兴安、金秀、融水；常附生于海拔 500～1 200m 的林下树干或石壁上。分布于福建、湖南、广东、四川、重庆、云南。印度也有分布。

3. 石松科 LYCOPODIACEAE

陆生，少为附生，小型至大型的多年生蕨类。主茎伸长呈匍匐状或攀缘状，或短而直立，具星状中柱和编织中柱；侧枝攀缘或较短而直立，通常为不对称的分枝式。叶小型，螺旋状排列；营养叶全缘或有锯齿，孢子叶边缘具锯齿或呈啮蚀状。孢子叶集生于枝顶；孢子囊穗明显，顶生或侧生，棍棒状、圆柱形或柔荑花序状；孢子囊无柄，圆肾形，略扁平，顶端或前方开裂；孢子同型，近圆球形，辐射对称，3 裂缝，具网状或拟网状等纹饰，少有具细密颗粒。

本科有 9 属 60 多种，广布于全世界。中国有 6 属 14 种 1 变种 3 变型；广西有 4 属 4 种 1 变种 1 变型。

分属检索表

1. 攀缘的藤本植物，地上的主枝高可达数米，攀缘于林中树冠上；孢子囊穗多数，成圆锥状；孢子表面粗糙，具有细密颗粒纹饰 ………………………… 1. **藤石松属 Lycopodiastrum** Holub ex Dixit
1. 不为攀缘的藤本植物，地上侧枝斜升，直立而不攀缘，高通常不过 1m；孢子囊穗单生或成总状；孢子表面光滑，具网状或拟网状纹饰。
  2. 小枝扁平，有腹背之分；叶二型或三型，交互对生，多少为鳞片形，有时为钻形，近圆形，5～6 行螺旋状排列，略扁平，下部与小枝贴生 ………………………… 2. **扁枝石松属 Diphasiastrum** Holub
  2. 小枝圆柱形，辐射对称；叶一型，互生，6 行以上螺旋状排列。
    3. 地上枝较低矮，分枝较稀疏；叶多型；孢子囊穗圆柱形，通常多个生于总柄顶部成总状，有柄，少有单生于枝顶而无柄 ………………………… 3. **石松属 Lycopodium** L.
    3. 地上枝高可达 1m 左右，直立，分枝细密，呈树状；叶钻形，有棱角，向上弯曲；孢子囊穗卵状长圆形，无柄，下垂或反折 ………………………… 4. **垂穗石松属 Palhinhaea** Franco et Vasc.

1. 藤石松属 Lycopodiastrum Holub ex Dixit

土生大型蕨类，攀缘状藤本。主茎伸长，高达数米；侧枝柔软，多回二叉分枝，常分化为营养枝和孢子枝；小枝扁平，柔软下垂。叶螺旋状排列，钻形，基部下延贴生枝上，先端有芒；叶革质。孢子囊穗圆柱形，微弯，生在多回二叉分枝的孢子枝顶端；孢子叶较营养叶宽大，边缘有钝齿，膜质；孢子囊生在孢子叶腋，肾形；孢子球状四边形，极面观三角圆形，赤道面观为扇形。

本属为单种属，广布于亚洲大陆热带、亚热带地区，向东到马来西亚、印度尼西亚及菲律宾。

藤石松（云南植物研究） 图版 3:1～4

Lycopodiastrum casuarinoides (Spring) Holub ex Dixit in J. Bombay Nat. Hist. Soc. **77**(3): 540. 1981; 中国植物志 **6**(3): 83, 图版 19: 1～8. 2004; 云南植物志 **20**: 34, 图版 7: 7～11. 2006. ——*Lycopodium casuarinoides* Spring, Monogr. Lycopod. **1**: 94. 1842; 中国高等植物图鉴 **1**: 110, 图 219. 1972; 福建植物志 **1**: 7, 图 3. 1982.

木质攀缘藤本。主茎地下生，长而匍匐；地上主枝攀缘于树的冠上，高达数米，圆柱状；分枝二型，多回二叉分枝；营养枝略呈背腹性，末回小枝线形，扁平，宽约 1mm，叶贴生，下延，三角形；孢子枝有明显的背腹性；孢子囊穗每簇 6～12 个，排成复圆锥状，长 2～4cm，顶生，具直立小柄；孢子叶阔卵形；孢子囊近圆形。孢子表面粗糙，具颗粒状纹饰。

广西各地均产，生于海拔 50～1 600m 的灌丛及疏林中。分布于浙江、江西、湖北、湖南、云南、贵州、四川、重庆、广东、香港、海南、福建、台湾。广布于亚洲热带、亚热带地区。

全株有祛风除湿、舒筋活络、活血止血、清肝止汗的功效；治风湿骨痛、关节炎、跌打损伤、月经不调、夜盲症、小儿盗汗、哮喘等。

2. 扁枝石松属 Diphasiastrum Holub

土生蕨类。主茎和侧枝均有分枝；主茎匍匐，沿地面或近地下生，具互生的叶；侧枝直立，二叉分枝成不育小枝和能育小枝；不育小枝近圆柱形或略扁平，有腹背之分；其上的叶基部贴生，4 列，在平面上背叶、腹叶和侧叶为并行排列，交互对生；能育小枝少有辐射对称，叶一型，多行（5～6 行），多少为螺旋状排列；孢子叶边缘近全缘，孢子囊生于孢子叶的叶腋内，肾形，深黄色，顶缝开裂；孢子钝三角形至圆球形，表面具网状纹饰。

本属约 25 种，主要分布于北半球温带和热带，仅有 1 种分布于非洲。中国有 3 种 1 变种；广西产 1 种 1 变种。

分 种 检 索 表

1. 不育小枝背面灰绿色或绿色 ………………………………… 1a. **扁枝石松** D. complanatum (L.) Holub var. complanatum
1. 不育小枝背面灰白色 ……………………………… 1b. **灰白扁枝石松** D. complanatum (L.) Holub var. glaucum Ching

1. **扁枝石松**（云南植物研究） 地刷子（四川中药志）

Diphasiastrum complanatum (L.) Holub in Preslia **47**: 108. 1975; 西藏植物志 **1**: 14. 1983; 四川植物志 **6**: 50, 图版 14. 1988; 中国植物志 **6**(3): 76, 图版 17: 1～9. 2004. ——*Lycopodium complanatum* L. in Sp. Pl. **2**: 1104. 1753; 中国高等植物图鉴 **1**: 109, 图 218. 1972.

1a. **扁枝石松**（原变种） 图版 4:1～6

图版 3　1～4. **藤石松 Lycopodiastrum casuarinoides** (Spring) Holub ex Dixit　1. 植株一部分；2. 营养枝一部分；3. 叶轴一部分；4. 孢子囊穗。（黄门生绘）

图版4 1～6.**扁枝石松** Diphasiastrum complanatum (L.) Holub var. complanatum 1.植株一部分；2.孢子囊穗；3.不育枝背面；4.不育枝正面；5.孢子叶腹面和孢子囊；6.孢子。 7～10.**垂穗石松** Palhinhaea cernua (L.) Vasc. et Franco 7.植株一部分；8.孢子囊穗；9.营养叶；10.孢子叶腹面和孢子囊。 (蒋祖德绘)

Diphasiastrum complanatum (L.) Holub var. complanatum

主茎匍匐，长达1m，棕黄色；侧枝直立，高15～40cm，多回分枝，常呈扇状。主枝上的叶疏生，钻形；小枝扁平，灰绿色或绿色。叶4行排列，交互对生，紧贴，向上；背腹二列的叶较小，披针形；侧生二列的叶较大，近菱形，顶端具内弯的尖头。能育枝从不育枝基部上侧生出，远高于不育枝，顶端二回分枝，末回枝顶端各生1个孢子囊穗；孢子囊穗圆柱形，长2～3cm，具柄；孢子叶阔卵形，顶端渐尖，边缘有不规则细齿；孢子囊圆肾形；孢子同形。

产于兴安、资源、龙胜、永福、融水、凌云、乐业、田林、上林、武鸣；生于海拔1 300～2 100m的常绿阔叶林下、山顶疏林或向阳山坡。分布于云南、贵州、四川、湖北、江西、江苏、浙江、辽宁、吉林、西藏、广东、福建、台湾。北半球温带地区也有分布。

全草有止痛、舒筋活血、祛风除湿、利尿通经的功效；治风湿关节痛、腰痛、骨折、跌打损伤、月经不调。

1b. 灰白扁枝石松(变种)(植物分类学报)

Diphasiastrum complanatum (L.) Holub var. glaucum Ching in Acta Bot. Yunnan. 4(2): 128. 1982; 中国植物志 6(3): 79. 2004; 中国高等植物 2: 29. 2008.

本种与原变种的区别在于本种小枝背面灰白色。

产于上林、融水、兴安、龙胜、凌云；生于海拔1 300～2 100m的常绿阔叶林下、山顶疏林或向阳山坡。分布于云南、西藏。

3. 石松属 Lycopodium L.

主枝长而匍匐，生于地面或地下；有疏叶，发出于斜上直立的侧枝(气生茎)；侧枝一回至多回二叉分枝；小枝密，直立、斜展或广叉开。叶螺旋状排列或轮生，扁平，披针形、线形或钻形，伏生、张开或反折，全缘，少有锯齿，基部楔形，顶端渐尖；叶纸质至革质。孢子囊穗圆柱状，顶生，单一，无柄，或2～8个以小柄生于总柄的顶部成总状囊穗序；孢子叶阔卵形至阔披针形，干膜质且边缘有锯齿，与营养叶明显不同；孢子囊圆肾形；孢子钝三角状圆形至近圆形，外壁具网状纹饰，网眼大小不等，呈较规则的多角形。

本属约有10种，广布于世界各地。中国有6种1变型；广西产1种1变型。

分种检索表

1. 主茎直立……………………………………………………… 1b. **笔直石松** L. obscurum L. f. strictum (Milde) Nakai ex Hara
1. 主茎横卧 ………………………………………………………………………… 2. **石松** L. japonicum Thunb. ex Murray

1. 玉柏(中国主要植物图说·蕨类植物门)

Lycopodium obscurum L. Sp. Pl. 2: 1101. 1753; 中国植物志 6(3): 57. 2004.

1a. 玉柏(原变型)

Lycopodium obscurum L. f. obscurum

原变型不同于变型主要在基部侧枝平伸或与主枝成钝角，非斜立；枝条扇形或圆柱状。

广西不产。分布于中国东北及俄罗斯、朝鲜、日本、北美。

1b. 笔直石松(变型)

Lycopodium obscurum L. f. strictum (Milde) Nakai ex Hara in Bot. Mag. Tokyo 48: 706. 1934; 西藏植物志 1: 17. 1983; 安徽植物志 1: 23, 图 9. 1985; 四川植物志 6: 46, 图版 12: 1～5. 1988; 江西植物志 1: 20, 图 4. 1993; 中国植物志 6(3): 58, 图版 13: 1～5. 2004. ——*L. dendroideum* Michx. f. *strictum* Milde, Fil. Europ. et Atlant. 254. 1867.

地下匍匐茎细长横走，棕黄色，光滑或生少量叶；侧枝斜立，高15～50cm，下部不分枝，单干，顶部二叉分枝，分枝密接，枝系圆柱状。叶螺旋状排列，稍疏，斜立或近平伸；叶片革质、线状披针形，长3～4mm，宽约0.6mm，基部楔形下延，无柄，先端渐尖具短尖头，全缘，中脉略明显。孢子囊穗单生于小枝，直立，圆柱形，无柄，长2～3cm，直径4～5mm；孢子叶阔卵状，长约3mm，宽约2mm，先端急尖，边缘膜质，具啮蚀状齿，纸质；孢子囊生于孢子叶叶腋，内藏，圆肾形，黄色。

产于资源；生于海拔1 400～1 800m的林下、灌丛或草丛中。分布于云南、四川、重庆、贵州、湖南、湖北、江西、安徽、浙江、台湾。日本也有分布。

2. **石松**（本草拾遗）

Lycopodium japonicum Thunb. ex Murray Syst. Veg. ed. 14. 944. 1784；西藏植物志 **1**：16. 1983；四川植物志 **6**：43，图10. 1988；中国植物志 **6(3)**：63，图版15：1～6. 2004. ——*L. clavatum* aut. non L.：C. B. Clarke in Trans. L. Soc. Ⅱ. Bot. **1**：592. 1880；中国高等植物图鉴 **1**：109，图217. 1972；福建植物志 **1**：7. 1982.

主茎匍匐，长可达数米，圆柱状；侧枝斜升，高15～30cm，以钝角作二回至三回广二叉分枝；小枝连叶扁平，宽8～10mm。叶稀疏，螺旋状着生，常向两侧平展，线状钻形或针形，长5～6mm，全缘；叶质薄而软，顶端有易落的透明长发丝。孢子囊穗圆柱形，长2～5cm，通常2～6个以短柄生于总柄的顶部成总状囊穗序，远远高出不育枝；孢子叶卵状三角形，先端锐尖，具长尾，边缘有不规则锯齿；孢子囊生于孢子叶叶腋，肾形。

广西各地均产；生于海拔700～2 100m的林下、林间湿地或灌草丛中。分布于新疆、西藏、内蒙古、河南至东北及长江以南地区。亚洲其他亚热带地区亦有分布。

全草有舒筋活血、镇痛消肿、祛风散寒、利尿通经的功效；治风寒湿痹、四肢麻木、跌打损伤、月经不调、外伤出血，孢子治小儿湿疹。

4. 垂穗石松属 Palhinhaea Franco et Vasc.

地下主茎横走，向地上发出疏生的树状直立侧枝（气生茎），高可达2m；主枝粗壮，圆柱状，淡绿色，下部不分枝，向上分枝密；小枝有时顶端弯向下，着地生根，长出新植株。叶一型，钻状，螺旋状排列。孢子囊穗生于末回小枝顶端，单生，小，卵形至椭圆形，无柄，成熟后下垂或外倾；孢子叶边缘条裂；孢子囊横生，椭圆形，在远轴边开裂，裂片不等大，裂缝边缘条裂；孢子三角形至三角状圆形，表面具不规则的拟网纹饰。

本属约有15种，广布于热带及亚热带。中国有2种2变型，长江以南常见；广西产1种。

垂穗石松（中国高等植物图鉴） 图版4：7～10

Palhinhaea cernua (L.) Vasc. et Franco in Bot. Soc. Brot. ser. 2, **41**：25. 1967；四川植物志 **6**：48，图版13. 1988；中国植物志 **6(3)**：70，图版16：1～5. 2004. ——*Lycopodium cernuum* L. Sp. Pl. **2**：1103. 1753；中国高等植物图鉴 **1**：108，图216. 1972.

植株高30～50cm。主茎直立，多回二叉分枝，树状，淡绿色，顶端往往着地生根，长成新植株；小枝较短。叶一型，稀疏，螺旋状排列，线状钻形，常上弯，边全缘，有柄；叶质软。孢子囊穗生于小枝顶端，单一，无柄，成熟时常下垂，卵形至卵状圆柱形，长5～10mm，粗约3mm；孢子叶三角形，覆瓦状排列，先端芒刺状，边缘流苏状；孢子囊圆形，黄色。

广西各地均有产；生于海拔20～1 200m的林缘、灌丛和草坡上。分布于广东、云南、贵州、四川、西藏、安徽、江西、福建、台湾、湖南。广布于热带及亚热带地区。

全草有舒筋活络、消炎解毒、收敛止血、镇咳、利尿的功效；治关节酸痛、风湿麻木、痢疾、衄血、便血、跌打损伤、烫伤等。

4. 卷柏科 SELAGINELLACEAE

土生，石生，稀附生。一年生或多年生草本，遍体光滑，少被毛，茎直立或匍匐，或上部斜升，少有攀缘，基部或全部具有根托，多分枝。叶舌状，单叶，细小，一脉，通常二型，并在上下两个平面上排列(少有一型或螺旋状排列)，在下面的两行叶是侧叶，开展，较大，上面的两行叶是中叶，较小，伏生，指向前端，覆瓦状，靠近轴面叶腋有一叶舌(干后消失)，生于枝腋，有的叶通常不同于正常的侧叶且为等边形。孢子囊生于孢子叶腋内，孢子叶一型或二型，排列成明显的四棱形穗状序，生于枝顶；孢子囊由 2 瓣组成，有大小之分；大孢子囊少数，生于囊穗的基部，内有大孢子 4～6 个或较多，圆球形具三槽，表面有疣状凸起；小孢子囊数多，生于囊穗的基部上，内有很多钝三角形的花粉末状小孢子，具三槽，外壁有颗粒状、刺状、棒状等纹饰。

本科为单属科，约有 700 种，广泛分布于全世界。中国约有 70 种 3 亚种，广布于全国各地；广西有 37 种 2 亚种。

卷柏属 Selaginella P. Beauv.

特征及分布同科。

分种检索表

1. 孢子囊生于一般枝的叶腋，不形成特化的孢子叶穗；茎匍匐分枝，中叶及侧叶斜卵形，边缘有细齿 ………………………………………………………………………………………… 1. **伏地卷柏** S. nipponica Franch. et Sav.
1. 孢子囊生在枝顶的孢子叶腋，形成特化的孢子叶穗。
  2. 孢子叶穗方形，上下孢子叶近同形。
    3. 植株莲座状，干旱时拳卷。
      4. 中叶和侧叶的叶缘有细齿 ……………………………………………… 2. **卷柏** S. tamariscina (P. Beauv.) Spring
      4. 中叶和侧叶的叶缘不具细齿，侧叶上侧边缘撕裂状 ……… 3. **垫状卷柏** S. pulvinata (Hook. et Grev.) Maxim.
    3. 植株不呈莲座状。
      5. 主茎直立，或基部匍匐，上部斜升。
        6. 根托只生于主茎基部或匍匐茎上；主茎上的叶一型。
          7. 茎枝被毛。
            8. 植株高 45～100cm，或更高。
              9. 主茎在分枝部分和分枝的背腹两面均密被短毛，主茎呈“之”字形左右弯曲；叶具白边 ………………………………………………………………………………… 4. **毛枝卷柏** S. trichoclada Alston
              9. 主茎在分枝部分光滑，分枝背面被短毛，主茎不呈“之”字形弯曲；叶不具白边或略有白边 ………………………………………………………………… 5. **毛枝攀缘卷柏** S. pseudopaleifera Hand.-Mazz.
            8. 植株高 10～45cm。
              10. 叶质厚，干后皱缩，主茎上的叶盾状着生 ……………………………… 6. **布朗卷柏** S. braunii Bak.
              10. 叶质薄，平展，主茎上的叶基部着生 ……………………… 7. **二形卷柏** S. biformis A. Braun ex Kuhn
          7. 茎枝光滑无毛。
            11. 不分枝的主茎上的叶排列紧密；主茎呈淡黄色或禾秆色 ……… 8. **兖州卷柏** S. involvens (Sw.) Spring
            11. 不分枝的主茎上的叶排列较疏松；主茎呈红色或禾秆色 ………… 9. **江南卷柏** S. moellendorffii Hieron.
        6. 根托生于主茎中下部，也可达中上部。
          12. 植株直立；侧枝上小枝排列成整齐的一回羽状，单一或分叉；叶全缘或先端略有微齿。
            13. 主茎细，顶部干后不变黑；中叶上表皮白色气孔肉眼可见。

14. 主茎细弱；小枝单一或分叉，至少基部的分叉；中叶先端交叉 …………………………………………………… 10. **薄叶卷柏** *S. delicatula* (Desv.) Alston

14. 主茎脆硬；小枝单一不分叉；中叶先端同分枝平行 …………………………………………………… 11. **瓦氏卷柏** *S. wallichii* (Hook. et Grev.) Spring

13. 主茎粗，顶部干后变黑；中叶上表皮气孔肉眼不可见 ………… 12. **黑顶卷柏** *S. picta* A. Braun ex Bak.

12. 植株直立或基部匍匐，上部斜升；侧枝多回分枝，分枝不排列成整齐的一回羽状；叶缘有细齿。

15. 叶干后革质，光亮；中叶先端芒长达叶片的一半以上或等长 ……… 13. **长芒卷柏** *S. commutata* Alderw.

15. 叶干后草质；中叶先端渐尖或具短尖头，或具芒，但芒较短。

16. 中叶先端渐尖或具短尖头，侧叶长 4.5～7mm ……………… 14. **海南卷柏** *S. rolandiprincipis* Alston

16. 中叶先端渐尖或具芒，侧叶长不及 4.5mm。

17. 叶上表面无短刺 ……………………… 15a. **深绿卷柏** *S. doederleinii* Hieron. subsp. *doederleinii*

17. 侧叶上表面具短刺 ………………… 15b. **粗叶卷柏** *S. doederleinii* Hieron. subsp. *trachyphylla* (Warb.) X. C. Zhang

5. 主茎匍匐或攀缘生长；根托生于茎枝各部。

18. 主茎攀缘生长，长 1～2m 或更长。

19. 根托基部和茎枝分叉处偶有刺突；腋叶和侧叶基部的耳较大；中叶的叶缘白边不明显；孢子叶近圆形，先端急尖或尾尖 ……………………………………………… 16. **藤卷柏** *S. willdenowii* (Desv. ex Poir.) Bak.

19. 根托基部和茎枝分叉处常有刺突；腋叶和侧叶基部的耳较小；中叶的叶缘白边明显；孢子叶卵状披针形，先端渐尖 ……………………………………………………………… 17. **攀缘卷柏** *S. helferi* Warb.

18. 主茎匍匐生长，或先直立而后长匍匐，或有时呈攀缘状，通常长不到 1m。

20. 叶缘全缘。

21. 中叶基部外侧耳状 ……………………………………………………… 18. **耳基卷柏** *S. limbata* Alston

21. 中叶基部无耳 ……………………………………………………… 19. **翠云草** *S. uncinata* (Desv.) Spring

20. 叶缘有细齿或睫毛。

22. 茎上有节；中叶边缘具微齿或近全缘 ……………………………… 20. **疏叶卷柏** *S. remotifolia* Spring

22. 茎上无节；中叶边缘具缘毛 …………………………………………………… 21b. **澜沧卷柏** *S. davidii* Franch. subsp. *gebaueriana* (Hand.-Mazz.) X. C. Zhang

2. 孢子叶穗背腹压扁，背腹孢子叶不同型。

23. 植株主茎直立或近直立；根托只生于主茎基部或下部。

24. 植株高 30cm 以上。

25. 植株直立，高 40～75cm；根托只生于主茎基部 ……………………… 22. **拟大叶卷柏** *S. decipiens* Warb.

25. 植株直立，高 30～40cm；根托生于主茎下部 ……………………… 23. **大叶卷柏** *S. bodinieri* Hieron.

24. 植株通常高 30cm 以下。

26. 孢子叶强烈二型；主茎细弱；中叶椭圆形或狭卵形 ……………………… 24. **膜叶卷柏** *S. leptophylla* Bak.

26. 孢子叶不为强烈的二型。

27. 腋叶多为卵状三角形 ……………………………………………………… 25. **疏松卷柏** *S. effusa* Alston

27. 腋叶多为卵状披针形。

28. 主茎明显，叶排列稀疏；根托生于主茎基部；侧叶基部略有短睫毛 …………………………………………………… 26. **细叶卷柏** *S. labordei* Hieron. ex Christ

28. 主茎不明显，下部开始分枝；根托生于主茎下部；侧叶基部具长睫毛 …………………………………………………… 27. **高雄卷柏** *S. repanda* (Desv. ex Poir.) Spring

23. 植株具匍匐的主茎，分枝直立或匍匐；根托断续着生。

29. 植株较大，长匍匐；能育枝不为直立的枝叶系统；主茎和侧枝断续生根托。

30. 中叶先端具芒；上侧孢子叶的翼不达叶尖。

31. 侧叶下侧边缘全缘 ……………………… 28. **微齿钝叶卷柏** *S. ornata* (Hook. et Grev.) Spring

31. 侧叶下侧边缘基部具睫毛 ……………………………………… 29. **钝叶卷柏** *S. amblyphylla* Alston

30. 中叶先端渐尖或具短尖；上侧孢子叶的翼达叶尖或不达叶尖。

32. 主茎基部具游走茎；上侧孢子叶的翼不达叶尖 ………………………………… 30. **秦氏卷柏** S. chingii Alston

32. 主茎基部不具游走茎；上侧孢子叶的翼达叶尖 ………………………… 31. **单子卷柏** S. monospora Spring

29. 植株小型，具匍匐茎和直立的能育枝叶系统；根托生于匍匐的茎上，或可达直立枝的下部。

33. 植株微小，匍匐茎短小，纤细，在地表绕成小的圆环；孢子叶穗长，通常植株主要由孢子叶穗组成 ……………………………………………………………………………………………… 32. **缘毛卷柏** S. ciliaris Spring

33. 植株不如上述。

34. 侧叶基部上侧不具长睫毛，叶边具细齿或短睫毛。

35. 中叶基部心形，边缘具短睫毛 ……………………………… 26. **细叶卷柏** S. labordei Hieron. ex Christ

35. 中叶基部不为心形，边缘具细齿……………………………………………… 33. **异穗卷柏** S. heterostachys Bak.

34. 侧叶基部上侧具长睫毛。

36. 能育枝直立；侧叶干时向上内卷。

37. 中叶卵形…………………………………………………………………………… 34. **剑叶卷柏** S. xipholepis Bak.

37. 中叶披针形………………………………………………………………………… 35. **鞘舌卷柏** S. vaginata Spring

36. 能育枝匍匐；叶干时不内卷。

38. 侧叶长圆镰形，下弯；中叶卵状披针形 ……………………… 36. **镰叶卷柏** S. drepanophylla Alston

38. 侧叶不呈镰形；中叶阔卵形或近圆形。

39. 叶无白边，边缘疏具睫毛 ……………………………………………… 37. **毛边卷柏** S. chaetoloma Alston

39. 叶有明显白边，边缘具较密的长睫毛 ……………………… 38. **白毛卷柏** S. albociliata P. S. Wang

1. **伏地卷柏**（中国高等植物图鉴）

Selaginella nipponica Franch. et Sav. Enum. Pl. Jap. 2：199，615. 1879；中国高等植物图鉴 1：114，图 228. 1972；福建植物志 1：12，图 3. 1982；安徽植物志 1：26，图 11. 1986；中国植物志 6(3)：211，图版 65：1～7. 2004. ——*Lycopodioides nipponica* Kuntze，Revis. Gen. Pl. 1：827. 1891；四川植物志 6：62. 1988.

茎匍匐分枝，上端斜升，纤细。叶二型，侧叶斜卵形，长 2～3mm，宽 0.8～1m，基部斜心形，先端渐尖，边缘有细齿；中叶与侧叶相似而较大；腋叶狭卵形，长约 2mm，宽约 0.6mm，基部浅心形，渐尖头，边缘有齿；叶薄纸质。孢子囊生在枝的上部叶腋，不形成特化的孢子叶穗，大孢子囊位于下部，小孢子囊位于上部。

产于桂林、灵川、龙胜、全州、资源、融水、三江；生于海拔 200～1 000m 的灌丛、草坪或林下。分布于云南、贵州、四川、重庆、西藏、青海、甘肃、陕西、安徽、河南、山西、山东、湖北、湖南、江苏、浙江、江西、福建、广东、香港、台湾。日本、越南也有分布。

2. **卷柏**（中国主要植物图说 · 蕨类植物门）　还魂草，九死还魂草　图版 5：1～2

Selaginella tamariscina (P. Beauv.) Spring in Bull. Acad. Brux. 10：136. 1843；海南植物志 1：9. 1964；江西植物志 1：30，图 15. 1993；贵州蕨类植物志 643. 2001；中国植物志 6(3)：100，图版 22：1～7. 2004. ——*Stachygynandrum tamariscinum* P. Beauv. in Magasin Encycl. 11：483. 1804.

植株高 5～15cm，主茎短，侧枝丛生于其顶端，干旱时内卷。叶二型；侧叶卵形至长圆形，长约 2～2.5mm，宽约 1mm，先端凸尖成芒，边缘膜质，疏生睫毛状齿；中叶斜卵形，长 1.5～2mm，宽 0.6～0.8mm，先端渐尖芒状，边缘膜质疏生毛状齿，腋叶与侧叶相似；叶薄革质。孢子叶穗单生于枝顶，长约 5mm，约 4 棱；孢子叶一型，宽卵形，长约 2mm，宽约 0.8mm，先端凸尖芒状，边缘膜质有啮齿，背部折成脊；孢子囊近圆形，大孢子囊位于囊穗下部，小孢子囊位于囊穗上部。

产于阳朔、全州、龙胜、临桂、资源、容县、玉林、北流、藤县、蒙山、贵港、桂平、平南、贺州、富川、钟山、靖西、上思；生于海拔 300～900m 的溪边石壁上。分布于中国东北、华北及台湾、福建、浙江、江苏、山东、陕西、青海、湖北、湖南、江西、广东、香港、云南、贵州、四川。朝鲜、日本、菲律宾、越南、泰国、印度及西伯利亚也有分布。

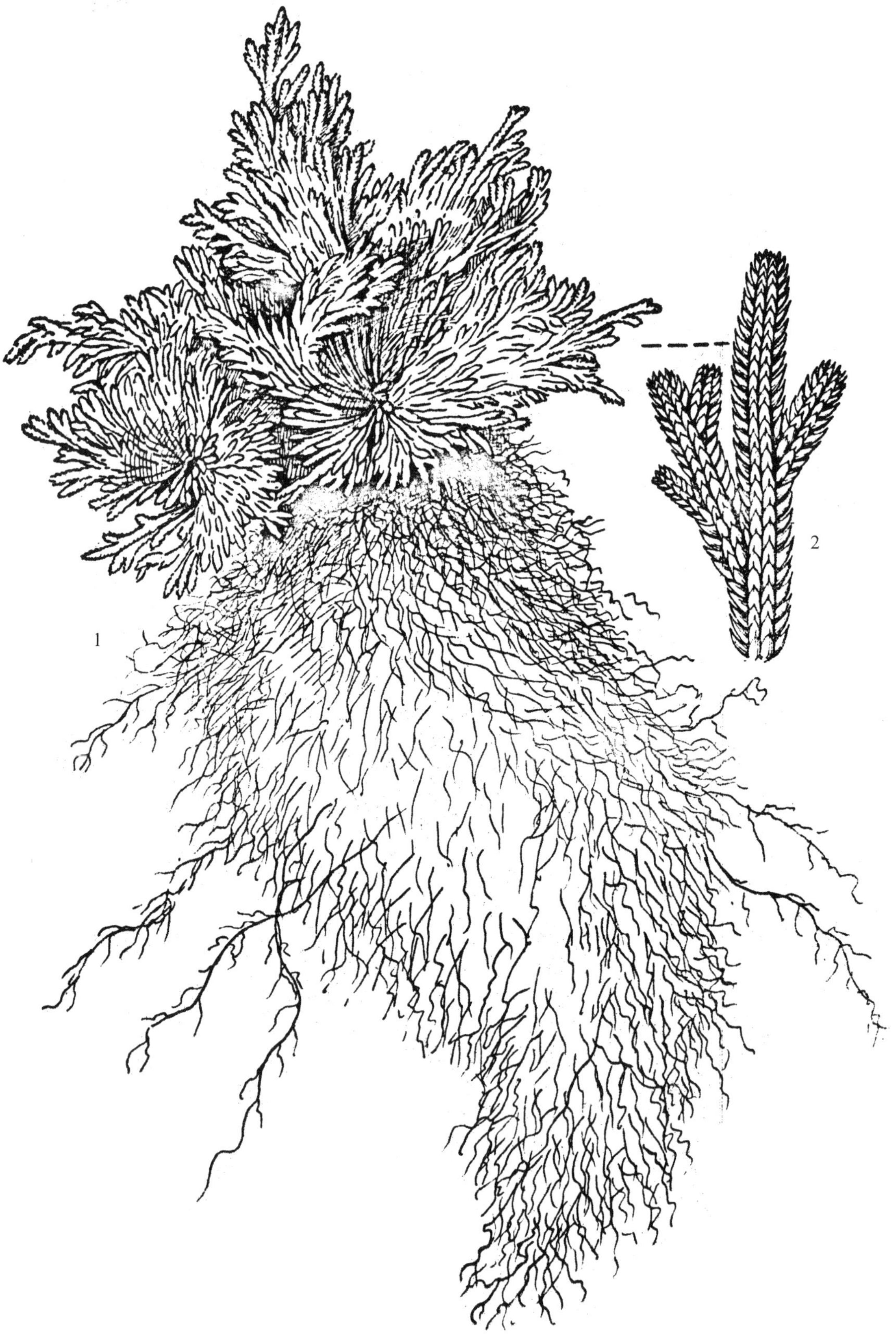

图版 5　1～2. 卷柏 *Selaginella tamariscina* (P. Beauv.) Spring　1. 植株；2. 小枝一段(背面)。　(何顺清、林文宏绘)

全株药用,活血通经。也可栽培观赏。

3. **垫状卷柏**(中国主要植物图说·蕨类植物门)

Selaginella pulvinata (Hook. et Grev.) Maxim. in Mem. Acad. Imp. Sci. Petersb. **9**: 335. 1859; 江西植物志 **1**: 31, 图 16. 1993; 贵州蕨类植物志 639, 图版 155: 11～12. 2001; 中国植物志 **6**(3): 104, 图版 23: 1～8. 2004. ——*Lycopodium pulvinatum* Hook. et Grev. in Hook. Bot. Misc. **2**: 381. 1831.

本种近似于**卷柏**[*S. tamariscina* (P. Beauv.) Spring],不同在于本种主茎极短、不明显;中叶和侧叶的叶缘不具细齿,侧叶上侧边缘撕裂状。

产于资源、临桂、永福、阳朔、岑溪、蒙山、藤县、桂平、平南、北流、容县、贵港、宾阳、上林、武鸣、德保、隆林;常生于海拔 400～1 200m 的石灰岩山顶。分布于西藏、甘肃、陕西、山西、贵州、云南、四川、重庆、湖北、江西、台湾、福建、河北、河南。印度也有分布。

全草生用破血,炒用止血;生用治闭经、跌打损伤、哮喘,炒炭用于吐血、便血、尿血、脱肛。

4. **毛枝卷柏**(福建植物志)

Selaginella trichoclada Alston in J. Bot. **70**: 63. 1932; 福建植物志 **1**: 15. 1982; 江西植物志 **1**: 37. 1993; 中国植物志 **6**(3): 107. 2004.

土生,直立,高 45～80cm,具一横走的地下根状茎和游走茎。根托只生于茎的基部,被毛。主茎自中下部羽状分枝,明显呈"之"字形,禾秆色,茎有棱,具沟槽,无毛或在分叉处被毛,维管束 3 条,主茎顶端不呈黑褐色,侧枝 5～7 对,二回至三回羽状分枝,小枝较密且排列规则,带叶小枝背腹压扁,两面被毛。叶交互排列(除不分枝主茎上的叶外),二型(除不分枝主茎上的叶外),草质,表面光滑,边缘全缘,具白边,不分枝主茎上的叶排列稀疏,相距 1.5～2.0cm,较分枝上的大,一型,绿色,卵形,背腹压扁,背部不呈龙骨状,边缘全缘。主茎上的侧叶明显大于侧枝上的,宽卵形或近圆形,基部钝或近心形,分枝上的腋叶对称,窄椭圆形,边缘全缘,基部双耳状;中叶不对称,主茎上的略大于分枝上的,分枝上的侧叶镰形,背部不呈龙骨状,先端急尖,基部楔形,边缘全缘;侧叶不对称,主茎上的较侧枝上的大,分枝上的长圆形或镰形,略斜升或外展,接近,边缘全缘,上侧基部具三角形的耳,不覆盖小枝,下侧边基部不具耳。孢子叶穗紧密,四棱柱形,单生于小枝末端;孢子叶一型,宽卵形或近圆形,边缘全缘,具白边,先端急尖或渐尖,略呈龙骨状;仅一个大孢子叶分布于孢子叶穗中部的下侧和基部的下侧,其余的均为微小孢子叶;大孢子深褐色;小孢子浅黄色。

产于全州、兴安、灌阳;生于海拔 300～800m 的林下。分布于安徽、福建、广东、湖南、江西、浙江。

5. **毛枝攀缘卷柏**(中国植物志)　图版 6:1～6

Selaginella pseudopaleifera Hand.-Mazz. in Sitzb. Acad. Wiss. Wien, Math.-Nat. **61**: 82. 1924; 中国植物志 **6**(3): 108, 图版 24: 1～7. 2004.

土生,基部横卧,上部直立或略呈攀缘状,高 50～100cm,具一横走的地下根状茎和游走茎。主茎自基部羽状分枝或呈不等的二叉分枝,不呈"之"字形或多少呈"之"字形弯曲,禾秆色,茎近四棱柱形,或具沟槽,维管束 3 条,主茎先端黑褐色或不为黑褐色,侧枝 3～5 对,三回羽状分枝,小枝较密且排列规则,主茎上相邻分枝相距 5～10cm,带叶的小枝背腹压扁,远轴面被毛,末回分枝连叶宽 3～7mm。叶(除不分枝主茎上的外)交互排列,二型,纸质,表面光滑,边缘全缘,不具或略具白边,不分枝主茎上的叶排列稀疏,大于分枝上的,一型,绿色,斜升,背部不呈龙骨状,边缘全缘;分枝上的腋叶对称,长圆状椭圆形,边缘全缘,基部具 1 对长三角形的耳;中叶不对称,主茎上的明显大于侧枝上的,侧枝上的斜卵形,排列紧密,背部不呈龙骨状,先端与轴平行或交叉,先端渐尖,基部斜,渐变窄,边缘全缘;侧叶不对称,主茎上的较侧枝上的大,分枝上的侧叶长圆状镰形或镰形,略向上,排列紧密,先端急尖或渐尖,边缘全缘,上侧基部具三角形的耳,不覆盖小枝,下侧基部略膨大。孢子叶穗紧密,四棱柱形,单生于小枝末端;孢子叶一型,卵状披针形,边缘全缘,不具白边,先端渐尖;大孢子叶分布于孢子叶穗上部的下

图版6　1～6.毛枝攀缘卷柏 Selaginella pseudopaleifera Hand.-Mazz.　1.植株一部分；2.侧叶；3.腋叶；4.中叶；5.孢子叶背面；6.孢子叶腹面。　**7～10.二形卷柏** Selaginella biformis A. Braun ex Kuhn　7.植株；8.侧叶；9.腋叶；10.中叶。（林文宏绘）

侧;大孢子白色;小孢子浅黄色。

产于灌阳、容县、贺州;生于海拔 200～350m 的常绿阔叶林下。分布于云南。

6. **布朗卷柏**(中国主要植物图说·蕨类植物门)

Selaginella braunii Bak. in Gard. Chron.: 783, 1120. 1867; 安徽植物志 1: 30, 图 17. 1986; 贵州蕨类植物志 624, 图版 153: 13. 2001; 中国植物志 6(3): 108, 图版 25: 1～6. 2004. —— *Lycopodioides braunii* Kuntze, Revis. Gen. Pl. 1: 826. 1891; 四川植物志 6: 7, 图版 21: 6～10. 1988.

直立,高 10～65cm,具有长而不分枝的主茎,上部羽状,呈复叶状。主茎通常呈禾秆色或偶呈红色,基部具沿地面匍匐的根状茎和游走茎。根托生于匍匐的根状茎或游走于茎上。茎通常近四棱柱形或偶呈圆柱形,不具纵沟,光滑或被毛,主茎先端不变黑,分枝 4～8 对,二回至三回羽状,分枝稀疏,分枝背腹两面被毛,背腹压扁。叶除主茎上的外全部交互排列,二型,质地较厚,表面光滑,皱缩,不具白边;不分枝的主茎的叶常远离,一型,长圆形,贴生,不呈龙骨状,主茎下部和横走的根状茎及游走茎上的叶盾状着生,边缘撕裂或撕裂并具睫毛;分枝上腋叶对称,长椭圆形、狭椭圆形或长圆形,边缘近全缘或具微细齿,或具短睫毛,基部无耳;分枝部分主茎上的中叶不明显大于分枝上的,分枝上的狭椭圆形或镰形,紧接或覆瓦状,不呈龙骨状,叶尖渐尖,基部斜楔形或渐狭,边缘近全缘;侧叶不对称,分枝部分主茎上的不明显大于分枝上的,分枝上的卵状三角形,长圆镰形,斜上,叶尖急尖或具短尖头,上侧基部圆形,不覆盖茎和分枝,下侧基部不扩大,下延,上侧边和下侧边近全缘,略内卷。孢子叶穗紧密,四棱柱形,单生于小枝末端;孢子叶一型,不具白边,上侧孢子叶阔卵形,边缘具细齿,下侧孢子叶阔卵形,边缘近全缘或具细齿;大孢子叶白色;小孢子叶淡黄色。

产于龙州;生于海拔 300～450m 的石灰岩林下或路边。分布于安徽、浙江、湖北、湖南、海南、四川、云南、重庆、贵州。马来半岛也有分布。

7. **二形卷柏**(中国主要植物图说·蕨类植物门) 图版 6:7～10

Selaginella biformis A. Braun ex Kuhn in Forsch. Gazelle IV, Bot. 6: 17. 1889; 海南植物志 1: 10. 1964; 福建植物志 1: 15. 1982; 中国植物志 6(3): 112, 图版 26: 1～5. 2004. ——*S. flagellifera* W. Bull in Bull Cat. No. 225: 9. 1886; 贵州蕨类植物志 630. 2001.

本种近似于**江南卷柏**(*S. moellendorffii* Hieron.),不同在于本种植株叶片二型;茎枝被毛。

产于永福、桂林、三江、苍梧、岑溪、博白、北流、容县、桂平、昭平、隆安、扶绥、武鸣、防城港、东兴、上思、横县、南宁、宁明、那坡、隆林;生于海拔 200～1 000m 的林下阴湿地或溪边岩石上。分布于云南、广东、贵州、海南、香港。日本、印度、斯里兰卡及东南亚各国也有分布。

全草清热解毒、降火消肿;治烧烫伤、无名肿毒、疔疮。

8. **兖州卷柏**(中国主要植物图说·蕨类植物门)

Selaginella involvens (Sw.) Spring in Bull. Acad. Brux. 10: 136. 1843: 海南植物志 1: 11. 1964; 江西植物志 1: 36, 图 24. 1993; 贵州蕨类植物志 634, 图版 153: 5～8. 2001; 中国植物志 6(3): 119, 图版 29: 1～7. 2004. ——*Lycopodium involvens* Sw. Syn. Fil. 182. 1806.

本种近似于**江南卷柏**(*S. moellendorffii* Hieron.),不同在于本种不分枝的主茎上的叶排列紧密,相互包裹覆盖,完全遮盖主茎;中叶无白边。

产于武鸣、宁明、马山、三江、桂林、灵川、龙胜、靖西、那坡、贺州、金秀、罗城、融水、上思;生于海拔 800～1 400m 的常绿阔叶林下溪边。江南及台湾均有分布。朝鲜、日本、越南也有分布。

全草凉血止血、化痰、定喘、利水、消肿;治吐血、衄血、脱肛下血、哮喘、烫伤、癫痫、创伤出血等。

9. **江南卷柏**(中国高等植物图鉴)

Selaginella moellendorffii Hieron. in Hedwigia 41: 178. 1902; 江西植物志 1: 36, 图 12. 1993; 贵州蕨类植物志 637, 图版 153: 1～4. 2001; 中国植物志 6(3): 125, 图版 31: 1～7. 2004. ——*Lycopodioides moellendorffii* (Hieron.) H. S. Kung in Fl. Sichuan. 6: 75, pl. 23, f. 12～16. 1988.

直立，高 20～65cm，具一横走的地下根状茎和游走茎，其上生鳞片状淡绿色的叶。根托只生于茎的基部。主茎中上部羽状分枝，无关节，禾秆色或红色，茎圆柱状，不具纵沟，光滑无毛，内具维管束 1 条；侧枝 5～8 对，二回至三回羽状分枝，小枝较密且排列规则，分枝无毛，背腹压扁。叶（除不分枝主茎上的外）交互排列，二型，草纸或纸质，表面光滑，边缘不为全缘，具白边，不分枝主茎上的叶排列较疏，一型，三角形，鞘状或紧贴，边缘有细齿；主茎上的腋叶不明显大于分枝上的，卵形或阔卵形，平截，分枝上的腋叶对称，卵形，边缘有细齿；中叶不对称，小枝上的叶卵圆形，覆瓦状排列，背部不呈龙骨状或略呈龙骨状，先端与轴平行或顶端交叉，并具芒，基部斜，近心形，边缘有细齿；侧叶不对称，分枝上的侧叶卵状三角形，略向上，排列紧密，先端急尖，边缘有细齿，上侧边缘基部扩大，变宽，但不覆盖小枝，边缘有细齿，下侧边缘基部略膨大，近全缘（基部有细齿）。孢子叶穗紧密，四棱柱形，单生于小枝末端；孢子叶一型，卵状三角形，边缘有细齿，具白边，先端渐尖，龙骨状；大孢子叶分布于孢子叶穗中部的下侧；大孢子浅黄色；小孢子橘黄色。

广西各地均产；生于海拔 80～1 800m 的林下或石灰岩灌丛和路边。分布于台湾、福建、江苏、浙江、甘肃、陕西、湖北、湖南、河南、安徽、江西、广东、海南、香港、云南、贵州、四川。越南、柬埔寨、菲律宾也有分布。

全草止血、清热、利湿；治吐血、痔血、便血、血崩、外伤出血、黄疸、小儿惊风。

10. **薄叶卷柏**（中国主要植物图说·蕨类植物门）

Selaginella delicatula (Desv.) Alston in J. Bot. **70**: 282. 1932；福建植物志 **1**: 16，图 14. 1982；江西植物志 **1**: 34，图 22. 1993；贵州蕨类植物志 629，图版 153: 9～12. 2001；中国植物志 **6**(3): 128，图版 32: 1～5. 2004. —— *Lycopodium delicatulum* Desv. ex Poir. in Lam. Encycl. Suppl. **3**: 554. 1813.

直立或近直立，基部横卧，高 35～50cm，基部有游走茎。根托只生于主茎的中下部，自主茎分叉处下方生出。主茎自中下部羽状分枝，无关节，禾秆色，茎圆柱状或近四棱柱形或具沟槽，维管束 3 条，主茎顶端黑褐色或不呈黑褐色，或连同上部侧枝的基部也变成黑褐色，侧枝 5～8 对，一回羽状分枝，或基部二回，小枝较密且排列规则，分枝无毛，背腹压扁。叶（除不分枝主茎上的外）交互排列，二型，草质，表面光滑，边缘全缘，具狭窄的白边，不分枝主茎上的叶排列稀疏，一型，卵形，背腹压扁，背部不呈龙骨状，边缘全缘；主茎上的腋叶明显大于分枝上的，长圆状卵圆形，基部钝，分枝上的腋叶不对称，窄椭圆形，边缘全缘；中叶不对称，窄椭圆形或镰形，排列紧密，背部不呈龙骨状，先端渐尖或急尖，基部斜，边缘全缘；主茎上的较侧枝上的大，侧叶不对称，分枝上的侧叶长圆状卵形或长圆形，略上升，紧接或覆瓦状，先端急尖或具短尖头，具微齿，上侧基部不扩大，不覆盖小枝，上侧边缘全缘，下侧基部圆形，下侧边缘全缘。孢子叶穗紧密，四棱柱形，单生于小枝末端；孢子叶一型，宽卵形，边缘全缘，具白边，先端渐尖；大孢子叶分布于孢子叶穗中部的下侧；大孢子白色或褐色；小孢子橘红色或淡黄色。

广西各地均产；常生于山谷林下潮湿处或溪边。分布于云南、四川、贵州、重庆、湖北、湖南、江西、广东、海南、香港、澳门、浙江、福建、台湾。印度、泰国、缅甸、老挝也有分布。

全草清热解毒、祛风退热、活血调经、抗癌、止血；治小儿惊风、麻疹、跌打损伤、月经不调、烧烫伤、肺炎、眼结膜炎、乳腺炎、肺癌等。

11. **瓦氏卷柏**（中国植物志）

Selaginella wallichii (Hook. et Grev.) Spring, Mart. Fl. Bras. **1**(2): 124. 1840; M. Tagawa et K. Iwatsuki., Fl. Thailand **3**(1): 20, f. 2: 15～16. 1979；中国植物志 **6**(3): 131. 2004. ——*Lycopodium wallichii* Hook. et Grev. in Hook. Bot. Misc. **2**: 384. 1831.

本种近似于**薄叶卷柏**[*S. delicatula* (Desv.) Alston]，不同在于本种主茎脆硬；小枝单一不分叉，分枝不整齐；中叶先端同分枝平行。

产于武鸣、上思、防城港、龙州、宁明、忻城、百色；生于海拔 100～400m 的林下或溪边。分布于广东、云南。缅甸、马来西亚、新加坡也有分布。

12. **黑顶卷柏**(中国主要植物图说·蕨类植物门)

Selaginella picta A. Braun ex Bak. in J. Bot. **23**: 19. 1885; 江西植物志 **1**: 35, 图 23. 1993; 贵州蕨类植物志 639. 2001; 中国植物志 **6**(3): 132, 图版 33: 1~3. 2004.

本种近似于**薄叶卷柏**[*S. delicatula* (Desv.) Alston],不同在于本种主茎粗壮、近肉质,顶部干后变黑;中叶上表皮气孔肉眼不可见。

产于巴马、靖西、那坡、隆林、龙州、宁明、防城港;生于海拔 300~900m 的林下潮湿处。分布于海南、江西、西藏、台湾、云南。印度、越南、老挝、柬埔寨、缅甸、泰国也有分布。

全草凉血解毒、消炎止痛、舒筋活络、收敛止血、止泻;治麻疹、胃痛、腹部冷痛、泄泻、痢疾、跌打损伤、咯血、衄血、外伤出血。

13. **长芒卷柏**(中山大学学报) 图版 7:1~6

Selaginella commutata Alderw. in Bull. Jard. Bot. Btzg. ser. **2**(11): 26. 1913; 中国植物志 **6**(3): 133. 2004.

本种近似于**海南卷柏**(*S. rolandiprincipis* Alston),区别在于本种叶干后革质,光亮;中叶具极长的芒,侧叶基部心形。

产于上思、防城港、东兴;生于海拔 200~400m 的林下潮湿处。分布于海南、云南。越南、泰国也有分布。

14. **海南卷柏**(海南植物志) 图版 7:7~11

Selaginella rolandiprincipis Alston in J. Bot. **72**: 228. 1934; 海南植物志 **1**: 12, 图 3. 1964; 中国植物志 **6**(3): 135. 2004.

植株高 40cm,形体较粗大。主茎基部横走,向上渐直立,直径约 2.5mm,末回分枝连叶宽约 1cm。侧叶两边不对称,于主茎向上毗连,于侧枝上覆瓦状,长达 6mm,宽 2.5~3mm,顶钝截形,上部覆盖茎枝,下部有缘毛,具灰白色狭边;中叶长约 2.5mm,宽约 2mm,顶急狭,具短芒,基部不对称心形,有疏齿;叶厚纸质,腹面深绿色,背面淡绿色,干后颜色不淡。孢子叶穗常成对着生,直径约 2mm;孢子叶圆形。

产于博白、那坡、扶绥、龙州、宁明、宾阳、上思、防城港;生于海拔 300~900m 的林下潮湿处或溪边。分布于云南、海南。越南也有分布。

全草清肝明目、凉血止血;治肝炎、口腔破溃及各种出血。

15. **深绿卷柏**(海南植物志)

Selaginella doederleinii Hieron. in Hedwigia **43**: 41. 1904; 江西植物志 **1**: 34, 图 20. 1993; 贵州蕨类植物志 629. 2001; 中国植物志 **6**(3): 136, 图版 34: 1~6. 2004. —— *Lycopodioides doederleinii* (Hieron.) H. S. Kung in Fl. Sichuan. **6**: 73, pl. 23, f. 1~6. 1988.

15a. **深绿卷柏**(原亚种)

Selaginella doederleinii Hieron. subsp. doederleinii

茎半直立状,高 15cm,下部开始分枝,二歧状合轴分枝。叶二型;侧叶长圆形,长 4~5mm,宽 1.2~1.6mm,基部上侧圆形,下侧心形,先端尖,上侧边缘下部有小齿;中叶卵形,长 2.2~2.5mm,宽 1.0~1.2mm,基部斜心形,先端具尖头或芒,边缘有小齿;腋叶卵形,长约 1.5mm,宽约 0.6mm,基部圆形,先端尖,边缘有小齿;叶薄纸质。孢子叶穗常 2 个并生在小枝顶端,长 0.8~1.5cm,有 4 棱;孢子叶一型,宽卵形,长约 1.5mm,宽约 1mm,先端长渐尖,边缘有小齿,背部内折呈脊形;孢子囊近球形,大孢子囊生于下部,小孢子囊生于中部以上,或有的囊穗全为小孢子囊异穗或大孢子囊位于穗的中部,小孢子囊位于穗的上下部。

广西各地均产;生于海拔 200~1 200m 的林下。分布于云南、四川、重庆、贵州、湖南、安徽、浙江、江西、福建、台湾、广东、海南、香港。印度、越南、柬埔寨、泰国、马来西亚、日本也有分布。

全草有清热解毒及止血的功能,含生物碱,有抗癌作用。

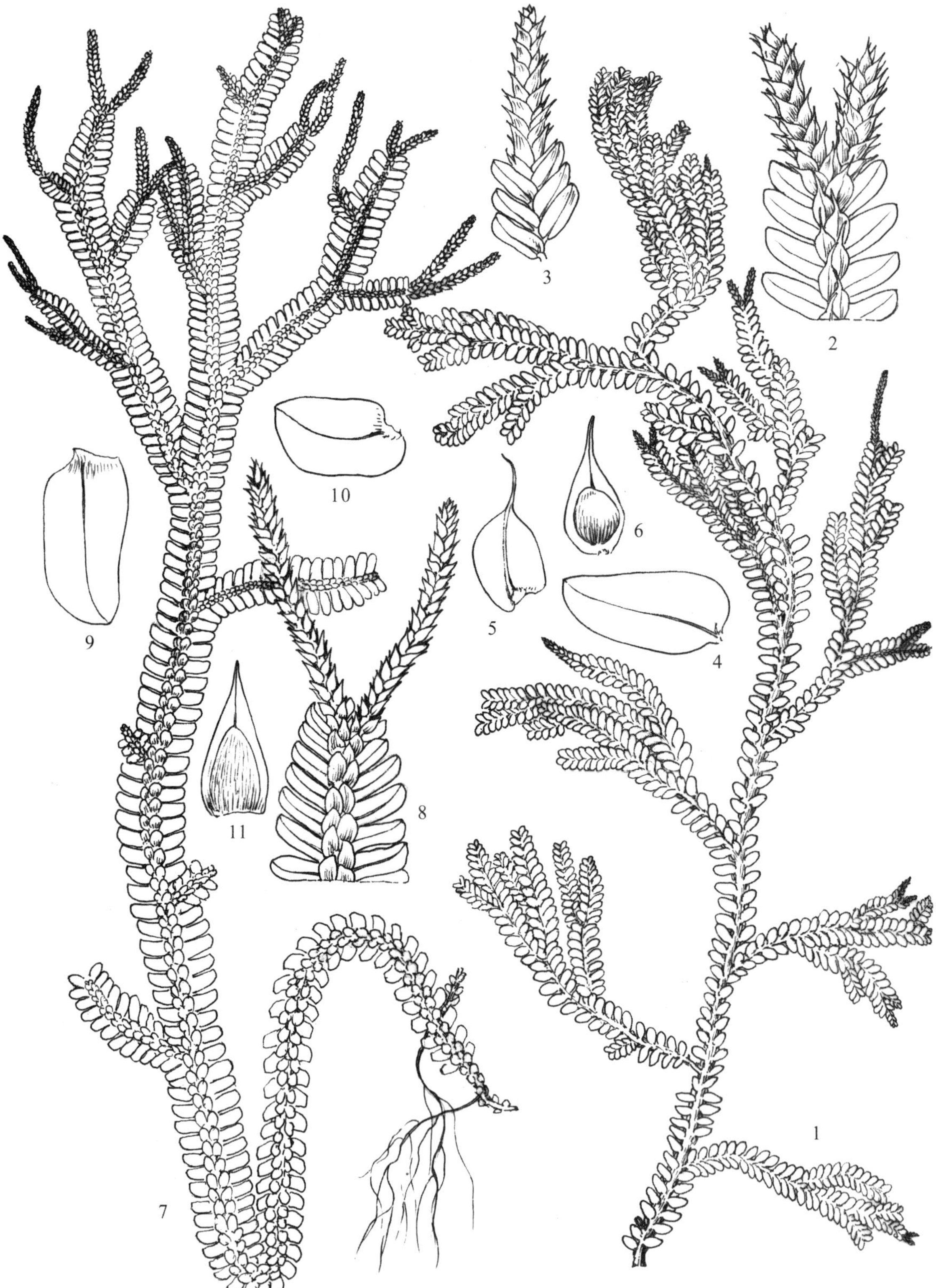

图版 7　1～6. 长芒卷柏 Selaginella commutata Alderw.　1. 植株一部分；2. 孢子叶穗背面；3. 孢子叶穗腹面；4. 侧叶；5. 中叶；6. 孢子叶腹面。　**7～11. 海南卷柏** S. rolandiprincipis Alston　7. 植株一部分；8. 孢子叶穗；9. 侧叶；10. 中叶；11. 孢子叶腹面。　（林文宏绘）

15b. **粗叶卷柏**(亚种)(中国主要植物图说·蕨类植物门)

Selaginella doederleinii Hieron. subsp. **trachyphylla** (Warb.) X. C. Zhang in Fl. Reipub. Popul. Sin. 6(3): 138, pl. 35, f. 1～6. 2001. ——*S. atroviridis* (Hook. et Grev.) Spring var. *trachyphylla* Warb. in Monsunia 1: 103. 1900. ——*S. trachyphylla* Hieron. in Engl u. Prantl, Nat. Pflanzenfam. 1(4): 693. 1902; 贵州蕨类植物志 643. 2001.

本亚种与原亚种的区别在于本亚种侧叶腹面具短刺,后者不具短刺。

产于临桂、全州、平南、藤县、隆安、宁明;生于海拔 200～400m 的林下阴湿处。分布于广东、贵州、香港。日本也有分布。

16. **藤卷柏**(蕨类名词及名称)　图版 8:1～5

Selaginella willdenowii (Desv. ex Poir.) Bak. in Gard. Chron. 783, 950. 1867; 贵州蕨类植物志 644. 2001; 中国植物志 6(3): 141. 2004. ——*Lycopodium willdenowii* Desv. ex Poir. in Lam. Encycl. Bot. Suppl. 3: 540, 552. 1814.

主茎攀缘,长 100～200cm,或更长。根托只生于主茎的下部或达主茎上部,常由茎上分枝的腋处下面生出,偶有同时生 2 个根托。主茎自近基部开始分枝,禾秆色或红色,茎有棱,具沟槽,维管束 3 条,主茎先端黑褐色或不为黑褐色,侧枝 5～15 对,三回羽状分枝,小枝稀疏,规则排列,分枝无毛,背腹压扁。叶二型,草质,表面光滑,具虹彩,边缘全缘,略具白边;主茎上的腋叶明显大于分枝上的,长圆状,具双耳,先端交叉,分枝上的腋叶对称,长圆形或长圆状椭圆形,边缘全缘,基部双耳状;中叶不对称,镰形,密接至覆瓦状排列,背部不呈龙骨状,先端交叉,先端具钝尖头,基部斜,近心形,边缘全缘;侧叶不对称,长圆状镰形,略斜升或外展,排列疏或密,先端钝,边缘全缘,上侧边基部有一圆形的耳,不覆盖小枝,上侧边缘全缘,下侧基部全缘。孢子叶穗紧密,四棱柱形,单生于小枝末端;孢子叶一型,近圆形,边缘全缘,具白边,先端急尖;大孢子叶分布于孢子叶穗中部的下侧;大孢子白色;小孢子浅黄色。

产于百色、那坡、靖西;生于海拔 400～1 100m 的林下或灌丛中。分布于贵州、云南、台湾。印度尼西亚、马来西亚、菲律宾、老挝、泰国、越南、缅甸也有分布。

17. **攀缘卷柏**(贵州蕨类植物志)　图版 8:6～10

Selaginella helferi Warb. in Monsunia 1: 121. 1900; 贵州蕨类植物志 632, 图版 155: 7～10. 2001; 中国植物志 6(3): 142. 2004.

本种近似于**藤卷柏**[*S. willdenowii* (Desv.) Bak.],不同在于本种根托基部和茎枝分叉处常有刺突;腋叶和侧叶基部的耳较小;中叶的叶缘白边明显;孢子叶卵状披针形,先端渐尖。

产于凌云、田林、百色、那坡、龙州;生于海拔 200～1 000m 的常绿阔叶林下或林缘灌丛中。分布于贵州、湖南、云南。印度、缅甸也有分布。

18. **耳基卷柏**(福建植物志)　图版 9:1～6

Selaginella limbata Alston in J. Bot. 70: 62. 1932; 福建植物志 1: 13. 1982; 江西植物志 1: 32. 1993; 中国植物志 6(3): 143, 图版 36: 1～6. 2004.

植株长 10～30cm。主茎匍匐,淡黄绿色,有棱,小枝二回至四回羽状或分叉,常有不定根。主茎上的叶二列疏生,卵形至卵状长圆形,顶端短尖,基部圆形;分枝上的叶二型,侧叶长圆形至卵状椭圆形,顶端短尖,基部圆形,全缘,有透明白边;中叶卵形,顶端渐尖,基部一侧成明显的耳形,全缘,有透明白边。孢子囊穗四棱形;孢子叶二型。

产于贺州;生于海拔 600～800m 的林下或林缘灌丛中。分布于福建、广东、香港、湖南、江西、浙江。日本也有分布。

19. **翠云草**(中国主要植物图说·蕨类植物门)　图版 10:1～3

Selaginella uncinata (Desv.) Spring in Bull. Acad. Brux. 10: 141. 1843; 海南植物志 1: 11. 1964; 江西植物志 1: 32, 图 17. 1993; 贵州蕨类植物志 644, 图版 156: 12～18. 2001; 中国植物志 6(3): 145,

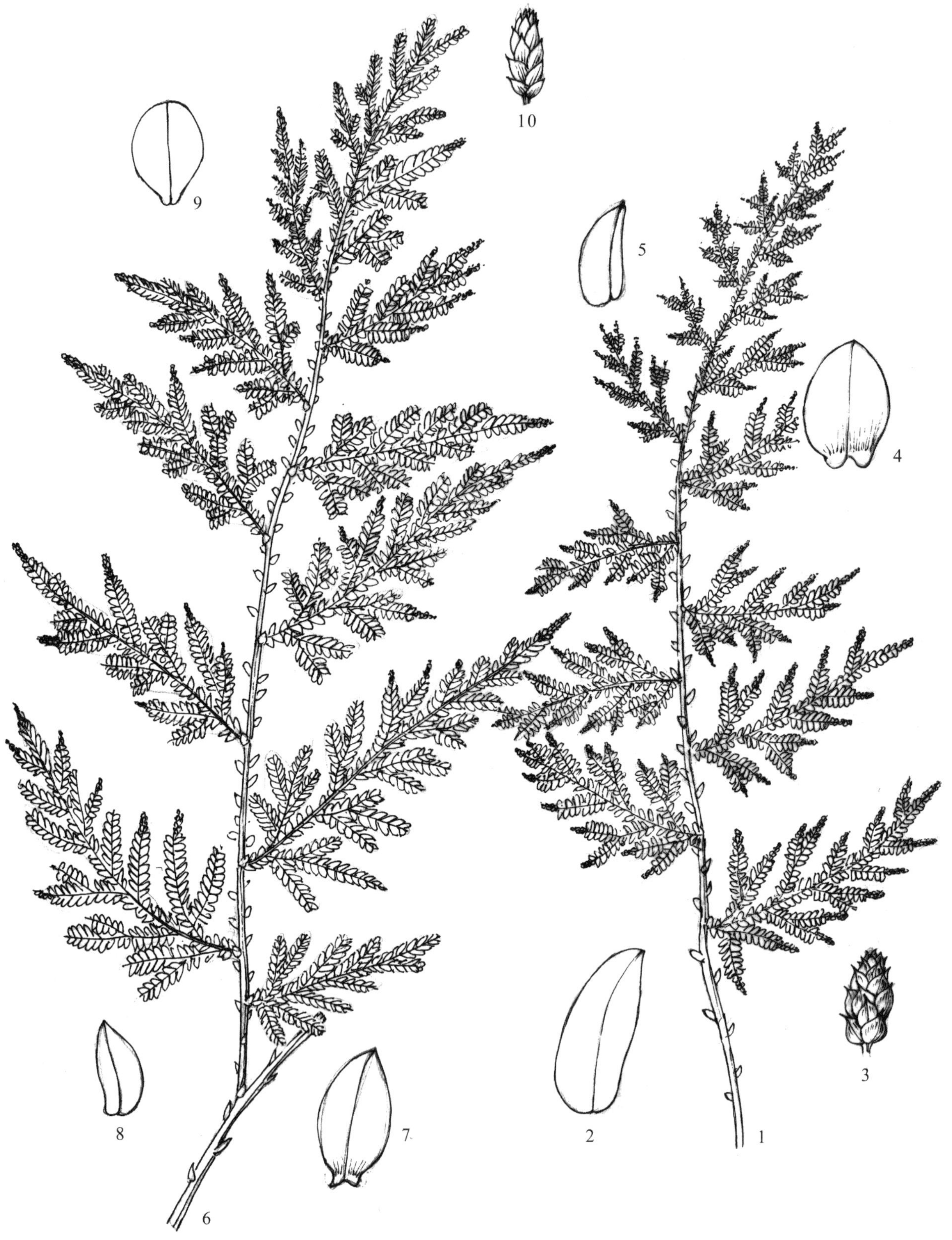

图版 8 1～5.**藤卷柏** *Selaginella willdenowii* (Desv. ex Poir.) Bak. 1.植株一部分；2.侧叶；3.孢子叶穗；4.腋叶；5.中叶。 6～10.**攀缘卷柏** *S. helferi* Warb. 6.植株一部分；7.侧叶；8.中叶；9.腋叶；10. 孢子叶穗。（林文宏绘）

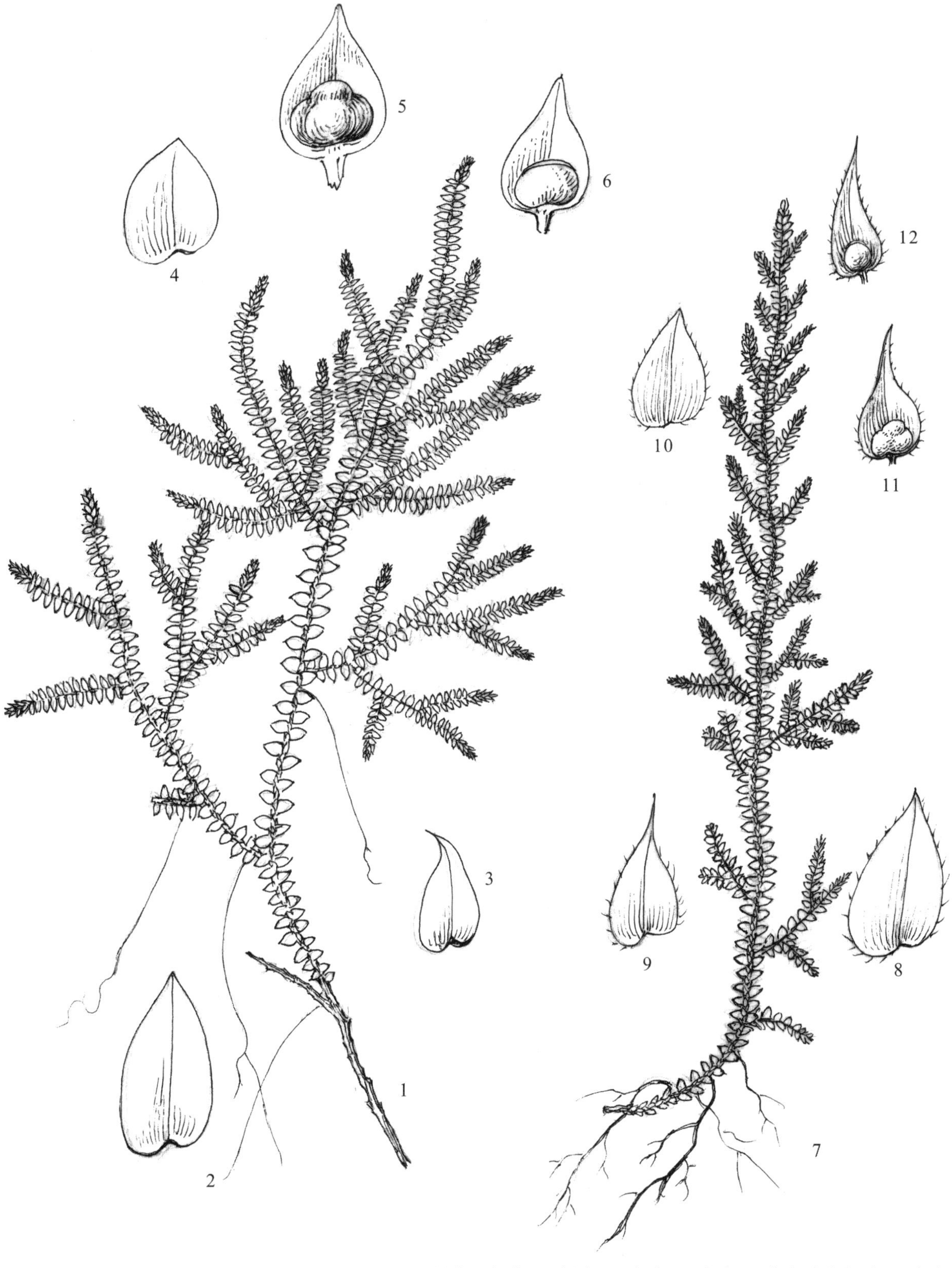

图版 9　1～6. **耳基卷柏** Selaginella limbata Alston　1. 植株一部分；2. 侧叶；3. 中叶；4. 腋叶；5. 大孢子叶腹面；6. 小孢子叶腹面。　7～12. **高雄卷柏** S. repanda (Desv. ex Poir.) Spring　7. 植株一部分；8. 侧叶；9. 中叶；10. 腋叶；11. 大孢子叶腹面；12. 小孢子叶腹面。　（林文宏绘）

图版 10 1～3. **翠云草** Selaginella uncinata (Desv.) Spring 1. 植株一部分；2. 小枝一部分；3. 孢子叶背面。 （何顺清、邹贤桂绘）

图版 37：1～7. 2004. ——*Lycopodium uncinatum* Desv. ex Poir. in Lam. Encycl. Suppl. **3**：558. 1813.

茎匍匐，长约 50cm，假合轴分枝。叶二型，侧叶长圆形，长 3～4mm，宽 1.5～1.8mm，基部斜心形，先端钝，边缘具白色膜质狭边，全缘；中叶卵状披针形，长 1.2～1.5mm，宽 0.5～0.6mm，基部偏斜微凹，先端长渐尖，边缘亦有白边；腋叶长圆形，长约 2mm，宽约 1mm，基部圆，先端钝，边缘亦具白边，全缘。孢子叶穗单生枝顶，长 0.5～1mm，具 4 棱；孢子叶一型，长约 3mm，宽约 1mm，先端渐尖呈芒状，有白边，全缘，背部折叠成脊状；小孢子囊圆肾形。

广西各地均产；生于海拔 200～1 000m 的常绿阔叶林下。分布于福建、江西、浙江、湖北、湖南、安徽、广东、香港、云南、四川、重庆、贵州、陕西。

全株清热解毒、利湿、舒筋活络、消炎止血；治黄疸、痢疾、水肿、风湿痹痛、咳嗽吐血、痔漏、刀伤、烫伤。

20. **疏叶卷柏**（中国高等植物图鉴）　图版 11:1～5

Selaginella remotifolia Spring in Miq. Pl. Jungh. **3**：276. 1854；福建植物志 **1**：14，图 12. 1982；贵州蕨类植物志 640，图 156：1～11. 2001；中国植物志 **6**(3)：153，图版 41：1～5. 2004. —— *Lycopodioides remotifolia* (Spring) H. S. Kung in Fl. Sichuan. **6**：65，pl. 19：10～15. 1988.

茎匍匐。叶二型；侧叶卵形，长 2.5～4mm，宽 1～1.2mm，基部斜心形，先端尖，边缘全缘或具小齿；中叶卵状披针形，长 1.5～1.8mm，宽 0.6～0.8mm，基部斜心形，下侧下延成耳状，长尖头，边缘全缘或有小齿；腋叶椭圆形，长约 2mm，宽约 0.8mm，基部圆，急尖头，边缘全缘或具小齿。孢子叶穗单生于枝顶，长 2mm，四棱形；孢子叶一型，长三角状披针形，长约 2mm，宽约 0.8mm，长渐尖头，背部折成脊；孢子囊圆肾形，大孢子囊极少，生于囊穗基部，小孢子囊生于囊穗基部以上。

产于桂林、龙胜、三江、融水、罗城、环江、金秀、田林、乐业；生于海拔 300～1 400m 的林下或田埂上。分布于云南、贵州、湖北、湖南、四川、重庆、浙江、江苏、江西、福建、广东、台湾。日本、印度、尼泊尔、菲律宾、印度尼西亚也有分布。

21. **蔓出卷柏**（中国主要植物图说・蕨类植物门）

Selaginella davidii Franch. ,Pl. David. **1**：344. 1889；中国植物志 **6**(3)：149，图版 39：1～6. 2004.

21a. **蔓出卷柏**（原亚种）

Selaginella davidii Franch. subsp. **davidii**

本种广西不产。分布于安徽、北京、河北、河南、甘肃、江苏、江西、山东。

21b. **澜沧卷柏**（云南植物研究）（亚种）　图版 11:6～11

Selaginella davidii Franch. subsp. **gebaueriana** (Hand.-Mazz.) X. C. Zhang in Fl. Reipub. Popul. Sin. **6**(3)：151，pl. 40，f. 1～7. 2004. ——*S. gebaueriana* Hand.-Mazz. Symb. Sin. **6**：9，t. 1，f. 4. 1929；贵州蕨类植物志 632，图版 155：1～6. 2001.

茎匍匐，长达 60cm，侧枝分枝稀疏。叶二型；侧叶斜卵形，长 2.5～3mm，宽 1.2～1.8mm，基部斜心形，渐尖头，边缘有白边和睫毛状齿；中叶卵状椭圆形，长 1.6～2mm，宽 0.6～0.8mm，基部斜心形，先端凸尖或芒尖，边缘有白边和短睫毛状齿。孢子叶穗单生于枝顶，长 0.5～1cm，具 4 棱；孢子叶一型，卵状披针形，长 2～2.5mm，宽 0.8～1mm，先端渐尖成芒状，边缘有白边及短睫毛状齿，背部有脊；大孢子囊四面球形，生于囊穗下部，小孢子囊长圆形，生于囊穗上部及基部。

产于龙州、宁明、靖西、乐业、大新、隆安；生于海拔 400～900m 的石灰岩石缝中。分布于云南、四川、重庆、贵州、湖北、甘肃。

22. **拟大叶卷柏**（植物分类学报）

Selaginella decipiens Warb. in Monsunia **1**：127. 1899；中国植物志 **6**(3)：163，图版 45：1～8. 2004.

本种近似于**大叶卷柏**（*S. bodinieri* Hieron.），而侧叶形状和**秦氏卷柏**（*S. chingii* Alston）的一致，

图版 11 1～5. **疏叶卷柏** Selaginella remotifolia Spring 1. 植株一部分；2. 侧叶；3. 腋叶；4. 中叶；5. 孢子叶穗。 6～11. **澜沧卷柏** S. davidii Franch. subsp. gebaueriana (Hand.-Mazz.) X. C. Zhang 6. 植株一部分；7. 侧叶；8. 腋叶；9. 中叶；10. 大孢子叶背面；11. 小孢子叶背面。 （林文宏绘）

但以其较大的、近全缘的侧叶，以及较大的腋叶和较短的孢子叶穗不同于上述两种。

产于龙州、那坡；生于海拔100～1 400m的林下。分布于云南。印度、越南也有分布。

23. **大叶卷柏**（蕨类名词及名称）

Selaginella bodinieri Hieron. in Hedwigia **43**: 6. 1904；贵州蕨类植物志 624，图版 152：1～6. 2001；中国植物志 **6**(3)：165. 2004. ——*S. yunnanensis* Hieron. in Hedwigia **43**: 8. 1904. —— *S. omeiensis* Ching ex H. S. Kung in Acta Bot. Yunnan. **3**: 253，f. 2. 1981.

本种近似于**细叶卷柏**（*S. labordei* Hieron. ex Christ）和**秦氏卷柏**（*S. chingii* Alston），区别在于本种植株较大；茎基部不分枝，包括侧叶宽达5～7mm；侧叶卵状披针形、基部具纤毛；中叶渐尖而非具芒刺；孢子叶二型。

产于凤山、隆林、龙州；生于海拔300～1 100m的林下或石缝中。分布于湖南、重庆、贵州、云南、四川、湖北。

全草清热利湿、舒筋活络、活血散瘀、抗癌；治黄疸型肝炎、肺炎、肾炎、跌打损伤、肿瘤。

24. **膜叶卷柏**（台湾植物志）

Selaginella leptophylla Bak. in J. Bot. (Hook.) **23**: 157. 1885；贵州蕨类植物志 636. 2001；中国植物志 **6**(3)：168，图版 47：1～8. 2004. ——*Lycopodioides leptophylla* Kuntze, Revis. Gen. Pl. **1**: 826. 1891.

本种近似于**细叶卷柏**（*S. labordei* Hieron. ex Christ），不同在于本种植株细小，近直立；中叶基部不为心形，先端芒刺状；也近似于**疏松卷柏**（*S. effusa* Alston），但本种主茎上的侧叶极稀疏，以其叶宽3倍的距离分开；孢子叶强烈二型。

产于兴安、靖西、凌云、上思、防城港、桂平、贺州；生于林下阴湿处或田埂路边潮湿处。分布于贵州、云南、台湾、香港、四川。日本、越南、印度、泰国也有分布。

25. **疏松卷柏**（中国主要植物图说·蕨类植物门）　图版12:1～6

Selaginella effusa Alston in J. Bot. **70**: 65. 1932；贵州蕨类植物志 630，图版 154：11～16. 2001；中国植物志 **6**(3)：171，图版 48：1～8. 2004. —— *S. liboensis* H. S. Kung et P. S. Wang in Acta Phytotax. Sin. **24**: 325，f. 1. 1986.

直立或斜升，高10～65cm，无匍匐根状茎或游走茎。根托在主茎的上部下部均有着生，自主茎分叉处下方生出。主茎自下部开始羽状分枝，禾秆色，近方形，维管束1条；侧枝3～10对，二回至三回羽状分枝，小枝规则，分枝无毛，背腹压扁，主茎在分枝部分中部连叶宽0.4～0.7mm，末回分枝连叶宽3.3～6mm。叶全部交互排列，二型，膜质，表面光滑，边缘非全缘，不具白边；主茎上的腋叶较分枝上的大，卵圆形，基部钝，分枝上的腋叶对称，卵状三角形到卵圆形，边缘具短睫毛；中叶不对称，主茎上的叶略大于分枝上的，分枝上的中叶斜卵状椭圆形，叶背呈龙骨状，先端的芒弯曲，基部近心形或楔形，非盾状，边缘具睫毛；侧叶不对称，长圆状卵圆形，外展，排列疏或密，先端近尖，边缘具细齿，下侧基部扩大，强烈覆盖小枝，上侧边缘基部具睫毛，先端具细齿，下侧基部下延，具睫毛，其余部分近全缘。孢子叶穗紧密，单生于小枝末端；孢子叶明显二型，倒置，不具白边，上侧的孢子叶镰形，具孢子叶翼，孢子叶翼达叶尖，边缘疏具短睫毛，锐龙骨状，先端急尖；下侧的孢子叶卵状披针形，边缘具短睫毛，龙骨状；大孢子叶分布于孢子叶穗下部的下侧；大孢子黄白色；小孢子浅黄色。

广西各地均产；生于海拔100～1 200m的林下潮湿处。分布于广东、贵州、西藏、云南。越南也有分布。

全草清热解毒、凉血止血、利湿退黄、止痒；治肝炎、痢疾、痈肿、外伤出血、蛇伤、瘙痒等。

26. **细叶卷柏**（中国高等植物图鉴）

Selaginella labordei Hieron. ex Christ in Bull. Acad. Int. Géogr. Bot. **11**: 272. 1902；江西植物志 1：37，图 26. 1993；贵州蕨类植物志 635，图版 154：1～4. 2001；中国植物志 **6**(3)：173，图版 49：1～7. 2004. ——*S. sichuanica* H. S. Kung in Acta Bot. Yunnan. **3**: 252，f. 2：5～11. 1981.

图版 12　1～6. 疏松卷柏 *Selaginella effusa* Alston　1. 植株一部分；2. 侧叶；3. 中叶；4. 腋叶；5. 小孢子叶背面；6. 大孢子叶背面。　**7～12. 秦氏卷柏** *S. chingii* Alston　7. 植株一部分；8. 侧叶；9. 中叶；10. 腋叶；11. 小孢子叶背面；12. 大孢子叶背面。（林文宏绘）

茎直立，高达 30cm，合轴分枝；侧枝狭卵形，长 2～3mm。叶二型，叶较小，卵形，长 0.5～1.2cm；侧叶较小，卵形，长约 1.8mm，宽约 0.6mm，先端渐尖呈尾状，边缘有小齿，膜质；中叶较大，长三角形，长约 2mm，宽约 0.6mm，基部心形，先端钝，边缘有小齿，基部具短的纤毛；薄纸质。孢子叶二型。

产于隆林、靖西、龙州、宁明、武鸣、临桂、龙胜、桂平、容县、贺州；生于海拔 250～1 100m 的林下潮湿处或石缝中。分布于云南、四川、重庆、西藏、甘肃、陕西、河南、湖南、湖北、贵州、江西、安徽、福建、台湾。缅甸也有分布。

全草清热利湿、消肿退热、止血、止喘；治伤风鼻塞、肝炎、哮喘、水肿、小儿疳积、外伤出血、蛇伤等。

27. **高雄卷柏**（台湾植物志）　图版 9:7～12

Selaginella repanda (Desv. ex Poir.) Spring in Gaudich. Voy. Bonite Bot. **1**: 329. 1844；贵州蕨类植物志 640. 2001；中国植物志 **6**(3): 176，图版 50: 1～8. 2004. ——*Lycopodium repandum* Desv. ex Poir. in Lam. Encycl. Suppl. **3**: 558. 1813.

植株高约 25mm。主茎直径 0.8～1.3mm，具紧密一致的棕色叶片；基部分枝，中部或上部的侧枝最大，一回至二回羽状，末回分枝宽 2～3mm。侧叶长圆形，向顶渐狭，基部近心形，长约 2.5mm，宽约 1.5mm，叶缘具白色软骨质膜边，近基部具齿或睫毛；中叶长圆形或稍狭，顶端长渐尖，具齿或睫毛；叶软纸质，叶色绿至深绿。孢子叶穗直径约 1mm；孢子叶一型，卵状三角形，长尾头，边缘白色，稍具齿。

产于那坡、靖西、百色、田林、平果、乐业、隆安、龙州、大新、罗城；生于海拔 80～500m 的林下或石壁上。分布于贵州、海南、四川、台湾、云南。印度、马来西亚、越南、泰国、缅甸、老挝、菲律宾、印度尼西亚也有分布。

28. **微齿钝叶卷柏**（中国植物志）

Selaginella ornata (Hook. et Grev.) Spring in Bull. Acad. Brux. **10**: 232. 1843；中国植物志 **6**(3): 183，图版 53: 1～7. 2004. ——*Lycopodium ornatum* Hook. et Grev. in Bot. Misc. **3**: 108. 1833. ——*Selaginella tonkinensis* Bak. in J. Bot. (Hook.) **28**: 268. 1890.

植株近直立，高达 30cm。主茎基部分枝或羽状分枝，末级分枝宽约 5mm。侧叶长方形或近正方形，顶略急尖，基部楔形，长约 4mm，宽约 1.7mm，全缘或略有齿，深绿色；中叶卵形，短尖头，基部圆形，长约 1.5mm，宽约 1mm，边缘有齿。孢子叶穗宽约 3mm；腹面孢子叶长椭圆状三角形，短尖头，边具齿，背面孢子叶长椭圆状三角形，短尖头，边缘具齿，顶渐狭至急尖，长约 2mm，宽约 1mm。

产于上思、龙州、靖西、那坡、巴马；生于海拔 500～1 200m 的岩洞洞口。分布于云南。泰国、越南、印度、菲律宾、印度尼西亚也有分布。

29. **钝叶卷柏**（中国植物志）

Selaginella amblyphylla Alston in Bull. Fan Mem. Inst. Biol. Bot. **5**: 287. 1934；中国植物志 **6**(3): 185. 2004.

本种近似于**微齿钝叶卷柏**[*S. ornata* (Hook. et Grev.) Spring]，区别在于本种侧叶下侧边缘基部具睫毛，微齿钝叶卷柏的侧叶下侧边缘全缘。

产于龙州、南丹、隆林；生于海拔 300～800m 的林下。分布于四川、西藏、云南。泰国、缅甸也有分布。

30. **秦氏卷柏**（中国植物志）　图版 12:7～12

Selaginella chingii Alston in J. Bot. **70**: 66, no. 10. 1932；中国植物志 **6**(3): 186. 2004.

石生。茎匍匐，长 15～50cm；有一横走的地下根状茎和游走茎。根托从主茎分叉处下方生出，纤细，密被毛；主茎自近基部羽状分枝，无关节，近方形，具沟槽，无毛；主茎先端鞭形，能继续生长。叶全部交互排列，二型，草质，主茎上的叶略大于分枝上的叶，绿色，分枝上的腋叶不对称，边缘有细齿；中叶不对称，主茎上的明显大于分枝上的，先端渐尖或急尖，基部斜心形，边缘具细齿；侧叶不对称，主茎上的明显大于侧枝上的，先端具尖头，全缘，上侧和下侧边缘微具细齿。孢子叶穗紧密，背腹压扁，单生于小枝末端；孢子叶略二型或明显二型，上侧的孢子叶具孢子叶翼，边缘具细齿，下侧的孢子叶卵圆形，边缘具细齿，龙骨头；大孢子叶生于孢子叶穗下部的下侧，或仅具小孢子叶。

广西特有，产于巴马、凤山；生于海拔 200～800m 的石灰岩洞石壁上。

31. **单子卷柏**(海南植物志)

Selaginella monospora Spring in Mem. Acad. Roy. Sci. Belgique **24**: 135. 1850; 海南植物志 **1**: 13. 1964; 贵州蕨类植物志 638, 图版 152: 11～17. 2001; 中国植物志 **6**(3): 186, 图版 54: 1～7. 2004.

主茎长达 45cm，直径约 2mm。侧叶两边不对称，长约 4.5mm，宽约 2mm，顶端钝，上侧边缘有齿，有白边，覆盖主茎，下侧全缘；中叶卵形，渐尖头，边有小齿。孢子叶穗单生于枝顶，长约 6mm，直径约 2mm；孢子叶二型，穗上部的绿色，披针形，渐尖头，上侧边缘有齿，下侧全缘；穗下部的孢子叶半透明，卵状三角形，渐尖头，边缘有齿，有脊；大孢子有不规则的疣状凸起；小孢子透明，有乳头状凸起。

产于桂平、上思、金秀、隆安、龙州、那坡、岑溪、玉林、贺州；生于海拔 500～1 300m 的林下阴湿处。分布于广东、贵州、海南、西藏、云南。印度、越南、缅甸、泰国、不丹、尼泊尔也有分布。

全草清热解毒；民间用于治蛇伤。

32. **缘毛卷柏**(蕨类名词及名称)

Selaginella ciliaris Spring in Bull. Acad. Brux. **10**: 231, no. 136. 1843; 中国植物志 **6**(3): 189, 图版 55: 1～9. 2004.

本种近似于**鞘舌卷柏**(*S. vaginata* Spring)，区别在于本种植株较小，茎包括侧叶宽不及 5mm；侧叶基部具纤毛；穗下部的孢子叶边缘具齿而不具有纤毛。

产于凤山、巴马；生于海拔 300～600m 的灌丛或草丛中。分布于广东、海南、香港、台湾、云南。印度、斯里兰卡、越南、泰国也有分布。

33. **异穗卷柏**(中国主要植物图说·蕨类植物门)

Selaginella heterostachys Bak. in J. Bot. (Hook.) **23**: 177. 1885; 江西植物志 **1**: 38, 图 27. 1993; 贵州蕨类植物志 634. 2001; 中国植物志 **6**(3): 194, 图版 57: 1～9. 2004. —— *Lycopodioides heterostachya* (Bak.) Kuntze, Revis. Gen. Pl. **1**: 826. 1891; 四川植物志 **6**: 77. 1988.

茎匍匐，长约 50cm，侧枝合轴分枝。叶二型；侧叶斜卵形，长 2.5～4mm，宽 1.5～2mm，基部为偏斜的圆楔形，先端尖或钝，边缘有不明显的白色膜质狭边及小齿；中叶卵形，长 2～2.5mm，宽 0.8～1mm，基部斜心形，先端渐尖，边缘有不明显的白色膜质边；腹叶卵形，长 2～3.5mm，宽 1～1.5mm，基部微凹，先端钝，边缘有小齿；叶薄纸质。孢子叶穗单生于小枝顶端，多为 2 个，长 0.6～1.5mm；孢子叶二型；大孢子囊近球形，生在囊穗基部；小孢子囊近球形，生在囊穗上部。

产于三江、桂林、灵川、龙胜、龙州、大新、那坡、罗城、天峨；生于海拔 200～900m 的林下石缝中。分布于云南、四川、重庆、贵州、甘肃、湖南、江西、安徽、广东、海南、香港、浙江、福建、台湾。日本、越南也有分布。

全草清热解毒、凉血止血；治外伤出血、蛇伤。

34. **剑叶卷柏**(贵州蕨类植物志)

Selaginella xipholepis Bak. in J. Bot. (Hook.) **22**: 296. 1884; 贵州蕨类植物志 64. 2001, p. p.; 中国植物志 **6**(3): 196, 图版 58: 1～7. 2004. ——*Lycopodioides xipholepis* Kuntze, Revis. Gen. Pl. **1**: 827. 1891.

本种近似于**鞘舌卷柏**(*S. vaginata* Spring)，不同在于本种植株较小，主茎匍匐；中叶为卵形非披针形。

产于凤山、桂林、龙胜、武鸣；生于海拔 400～900m 的山坡或岩石上。分布于福建、广东、江西、香港、贵州。

35. **鞘舌卷柏**(蕨类名词及名称) 图版 13:1～8

Selaginella vaginata Spring in Mem. Acad. Roy. Sci. Belgique **24**: 87. 1850; 西藏植物志 **1**: 26.

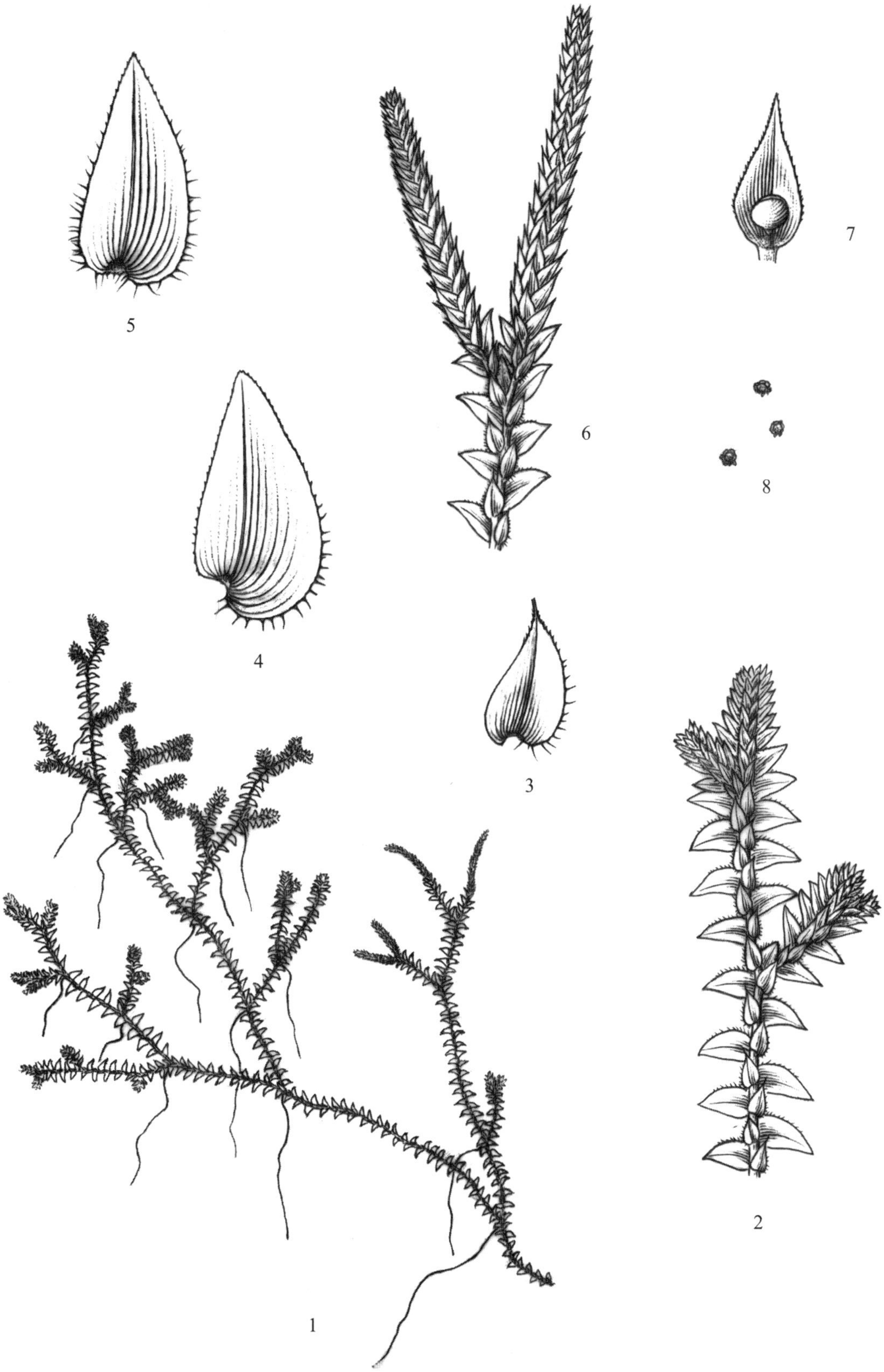

图版 13　1～8.鞘舌卷柏 Selaginella vaginata Spring　1.植株一部分；2.小枝一部分；3.腋叶；4.侧叶；5.中叶；6.孢子叶穗；7.小孢子叶腹面；8.孢子。（朱运喜绘）

1983；中国植物志 6(3)：198，图版 59：1～5. 2004.——*S. compta* Hand.-Mazz. ,Symb. Sin. 5：9，t. 2，f. 4. 1929.

土生或石生，匍匐。直立能育茎高 5～10cm，无游走茎。根托沿匍匐茎与分枝断续着生，在直立茎上只生于下部，自茎分叉处下方生出。主茎通体羽状分枝，禾秆色，茎圆柱状，不具沟槽，光滑，内有维管束 1 条；直立能育茎自下部开始分枝，侧枝 2～5 对，分叉或 1～2 次分叉，分枝稀疏、无毛，背腹压扁，末回分枝连叶宽 3～5mm。叶全部交互排列，二型，草质，表面光滑，边缘不为全缘，略具白边；分枝上的腋叶不对称或对称，卵状三角形，基部边缘具睫毛，其余部分近全缘；中叶多少对称，分枝上的中叶卵形或卵状披针形，相距较近或紧接或覆瓦状排列，背部略呈龙骨状，先端与轴平行或有时向后弯，先端具尖头或芒，基部近心形或楔形或钝，非盾状，基部边缘具长睫毛，上部边缘具短睫毛；侧叶不对称，侧枝上的侧叶卵状披针形或长圆状镰形，外展或反折，相距较远，先端急尖，下侧基部圆形，扩大，覆盖小枝或强烈覆盖小枝，具细齿，其余部分近全缘，或基部具短睫毛，其余部分具细齿或近全缘，上侧基部边缘疏具长睫毛，其余部分具细齿。孢子叶穗紧密，背腹扁平，或有时近于四棱柱形，单生于小枝末端或成对着生；孢子叶二型或略二型，倒置；上侧的孢子叶卵状披针形，边缘具细齿，锐龙骨状，先端渐尖，上侧的孢子叶具孢子叶翼，孢子叶翼达叶尖，边缘具短睫毛，下侧的孢子叶卵状披针形，边缘具缘毛，龙骨状；大孢子叶分布于孢子叶穗下部的下侧，或大孢子叶和小孢子叶相间排列，或大孢子叶分布于穗中部的下侧；大孢子浅黄色或橘黄色；小孢子橘红色。

广西各地均产；生于海拔 300～2 100m 的石灰岩山上，常见。分布于重庆、甘肃、贵州、河南、湖南、湖北、陕西、四川、西藏、云南。不丹、尼泊尔、印度也有分布。

36. **镰叶卷柏**(贵州梵净山蕨类植物)　图版 14:1～4

Selaginella drepanophylla Alston in J. Bot. 70：66. 1932；贵州梵净山蕨类植物　24. 1992；中国植物志 6(3)：203. 2004.

本种近似于**鞘舌卷柏**(*S. vaginata* Spring)，不同在于本种植株小型；侧叶镰刀状，中叶具长纤毛；边不具齿。

产于凤山、降安、靖西；生于海拔 600～900m 的石灰岩地区石壁上。分布于贵州。

37. **毛边卷柏**(贵州蕨类植物志)

Selaginella chaetoloma Alston in J. Bot. 70：67. 1932；贵州蕨类植物志 627，图版 151：11～13. 2001；中国植物志 6(3)：204，图版 61：1～8. 2004.

匍匐生长，无匍匐根状茎或游走茎。根托在主茎上断续着生，自主茎分叉处下方生出。主茎通体分枝，禾秆色，茎扁平，具沟槽，无毛，内有维管束 1 条；侧枝 3～4 对，分叉或一回羽状分枝，分枝稀疏、无毛，背腹压扁，主茎在分枝部分中部连叶宽 4～4.8mm，末回分枝连叶宽 3.5～4mm。叶全部交互排列，二型，草质，表面光滑，边缘不为全缘，不具或略具白边；分枝上的腋叶对称或不对称，椭圆形，边缘疏具睫毛；中叶近对称或不对称，侧枝上的宽卵形到近心形，背部略呈龙骨状，先端具芒，基部平截或斜心形，边缘疏具长睫毛；侧叶不对称长圆状卵形或长圆形，外展或反折，先端急尖或近尖，上侧基部扩大，加宽，覆盖小枝，上侧基部边缘具长睫毛，下侧基部圆形，下侧边缘全缘。孢子叶穗紧密，背腹压扁；孢子叶二型，倒置，白边不明显，上侧的孢子叶卵状披针形，边缘具睫毛，龙骨状，先端渐尖，上侧的孢子叶具翼，孢子叶翼不达叶尖，边缘具睫毛，下侧的孢子叶卵圆形，边缘具睫毛，龙骨状；大孢子叶分布于孢子叶穗下部的下侧；大孢子橘黄色；小孢子橘黄色或淡黄色。

产于桂北；生于石灰岩溶洞及密林下。分布于贵州。

38. **白毛卷柏**(贵州蕨类植物志)　图版 14:5～9

Selaginella albociliata P. S. Wang in J. Arnold Arbor. 71：269. 1990；贵州蕨类植物志 623，图 151：1～7. 2001；中国植物志 6(3)：204. 2004.

本种近似于**毛边卷柏**(*S. chaetoloma* Alston)，不同在于本种中叶和侧叶均具白边，纤毛较长而较密。

产于环江；生于海拔约 600m 的石灰岩洞穴石壁上或林下石壁上。分布于贵州。

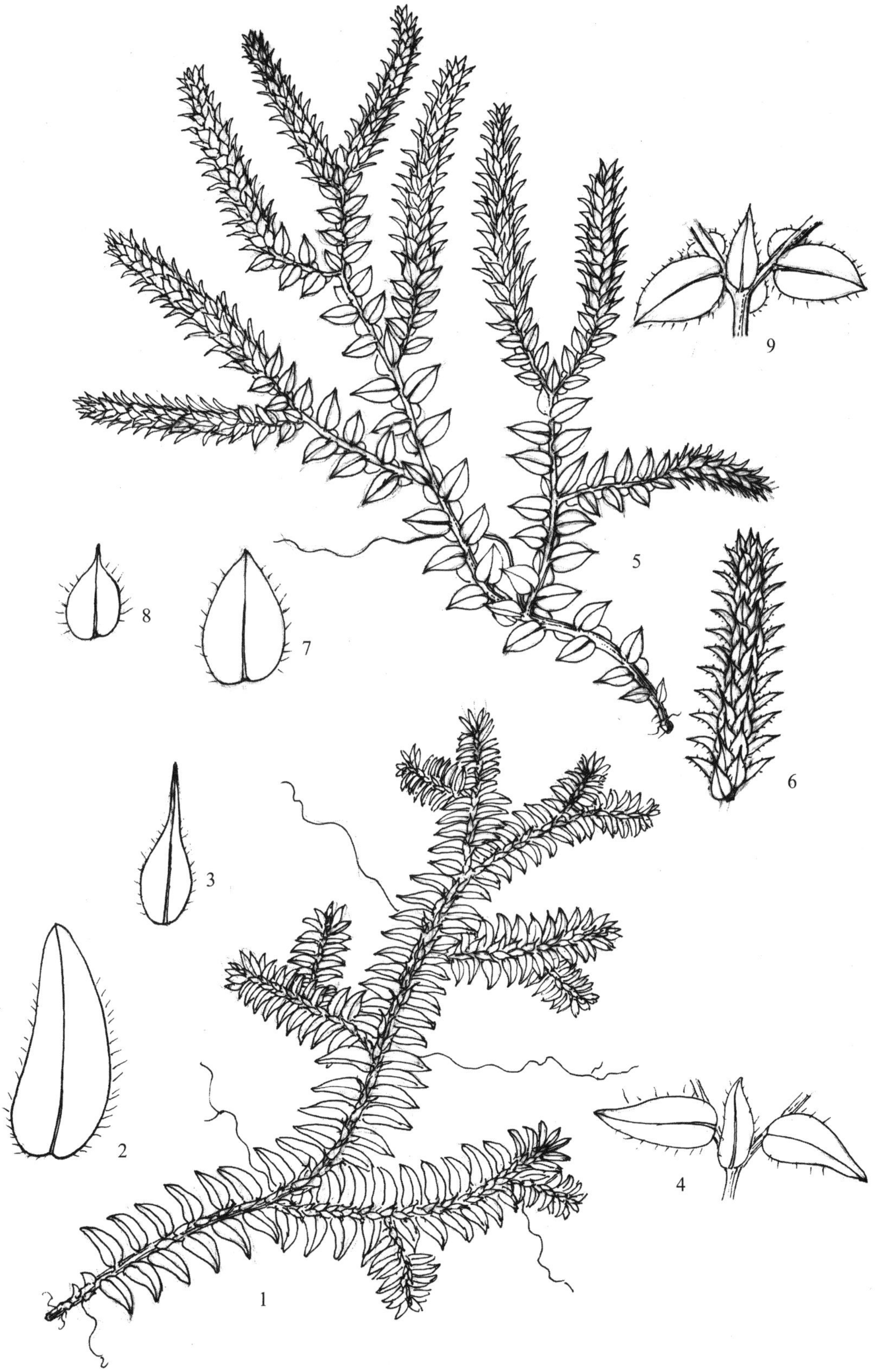

图版 14　1～4. 镰叶卷柏 Selaginella drepanophylla Alston　1. 植株一部分；2. 侧叶；3. 中叶；4. 小枝腹面，示腋叶。**5～9. 白毛卷柏** S. albociliata P. S. Wang　5. 植株一部分；6. 孢子叶穗；7. 侧叶；8. 中叶；9. 小枝腹面，示腋叶。（林文宏绘）

5. 水韭科 ISOETACEAE

水生、两栖或湿地生、稀旱生的多年生草本。根状茎小，肉质，具原生中柱，下面生出多数二叉分枝的须根，上面长出1丛直立密集的莲座状的叶。叶钻形，无叶柄及叶片之分，叶内有1条中心维管束和4条纵向具横隔的通气道；叶基部膨大，生孢子囊的部位较厚。孢子囊椭圆形，1室，着生于叶基部的凹穴内，常有囊膜覆盖；大孢子囊生于外轮叶，内含圆球形大孢子50～60枚；小孢子囊通常生于同一植株的内轮叶，内含椭圆形小孢子15万～30万枚；大配子体和小配子体分别在大孢子或小孢子内发育，极度退化。

本科有2属约70种，广布于全世界，主要分布于北半球，极少数见于热带。中国有1属4种，通常生于湿地或沟边；广西有1属1种。

水韭属 Isoetes L.

属的特征与科同。

约20种，现知中国有4种；广西产1种。本属所有种类均被国务院1999年批准的《国家重点保护野生植物名录(第一批)》收录为国家Ⅰ级保护植物。

中华水韭(中国高等植物图鉴)

Isoetes sinensis Palmer in Amer. Fern J. 17: 111. 1927; 中国高等植物图鉴 1: 115, 图 230. 1972; 中国植物志 6(3): 221, 图版 68: 1～4. 2004.

多年生水生草本；植株高20～30cm。根状茎块状，肉质，下面生出多数须根。叶多数，钻形，淡绿色，彼此覆瓦状密生于茎端，长15～30cm，直径1～2mm，基部变阔成膜质鞘，腹面凹陷，其上生有叶舌；叶内具纵向通气道并有多数加厚的横隔膜；叶舌心形渐尖，厚，长约2mm，宽约1.5mm。孢子囊生于叶基凹入处，椭圆形；大孢子囊生于外轮叶，大孢子白色，圆球形；小孢子囊生于内轮叶，小孢子灰色。

产于桂林；生于海拔约180m的石灰岩水田或溪流中。分布于浙江、江苏、安徽，为中国特有濒危水生蕨类植物。

6. 木贼科 EQUISETACEAE

多年生植物，土生或近水生。根状茎地下生，长而横走，有节，黑色；气生茎由根状茎生出，圆柱形，细长，有节，通常中空；不分枝或偶有分枝，或具许多轮生的枝；节间有纵棱；叶退化成细小的鳞片状，在节上轮生，互相毗连形成管状或漏斗状并具齿的鞘；孢子叶盾形，通常为六角形，密排成松球果状的穗，生于枝的顶端；孢子囊长形，纵裂，5～10个围绕孢子叶柄着生；孢子圆形，绿色，有4条吸湿的、长条形的顶端棍棒状的弹丝螺旋状围绕着；孢子成熟后，弹丝遇湿则弹开，散布孢子；孢子具薄而透明的周壁，表面具颗粒状的纹饰。

本科仅有1属约25种，分布于寒、温、热三带。中国约有10种3亚种；广西有2种1亚种。有的学者将本科分为2属，即问荆属(*Equisetum* L.)和木贼属[*Hippochaete* (Roxb. ex Vauch.) Houlb]。

木贼属 Equisetum L.

属的特征与科同。

分种检索表

1. 茎的分枝多而轮生；鞘齿质厚，宿存 ………………………………………………………… 1. **披散木贼** E. diffusum D. Don

1. 茎无分枝或有少数不规则分枝；鞘齿边缘或上部薄膜质，常脱落。

 2. 主茎细瘦，直径 2～3mm；主枝有脊 8～16 条，节间的脊上极粗糙；叶鞘圆柱形，略呈漏斗状，狭长，长约为宽的 2 倍，鞘齿黑色，直立，宿存 ………………………………………………………………… 2a. **节节草** E. ramosissimum Desf.

 2. 主茎粗状，直径 4～6mm；主枝有脊 16～24 条，节间的脊上近平滑；叶鞘筒形，较短，长宽几相等，鞘齿黑灰棕色，披散，脱落 ……………………………………… 2b. **笔管草** E. ramosissimum Deff. subsp. debile (Roxb. ex Vauch.) Hauke

1. 披散木贼（四川植物志） 散生木贼（中国高等植物图鉴）

Equisetum diffusum D. Don in Prodr. Fl. Nepal. 19. 1825；四川植物志 6：83，图版 25. 1988；贵州蕨类植物志 343，图版 85：1～2. 2001；中国植物志 6(3)：226，图版 69：1～2. 2004；云南植物志 20：98，图版 14：1～3. 2006.

根状茎长而横走；茎一型，细弱，高可达 30cm 或更高，直径 2～3mm，不育茎绿色，分枝多而轮生；叶鞘鞘齿深褐色，披针形，几与鞘筒等长，宿存；能育茎少分枝；孢子囊穗长圆形或短棒状，长 2～3cm 或稍长，钝头，通常无柄；孢子叶钝六角形，背面着生孢子囊 6～8 个。

产于龙胜、兴安、凤山、那坡、靖西、隆林、凌云、乐业、贺州；生于海拔 600～1 200m 的林缘、灌丛、水沟边或路旁。分布于湖南、云南、四川、贵州、西藏和甘肃。印度、缅甸、斯里兰卡、不丹和尼泊尔亦有分布。

全草清热利尿、解表散寒、舒筋活络、明目退翳、接骨；治小儿疳积、尿路结石、石淋、氙气、衄血、目翳、风湿骨痛等。

2. 节节草（中国主要植物图说 · 蕨类植物门）

Equisetum ramosissimum Desf.，Fl. Atlant. 2：398. 1799；四川植物志 6：87，图版 26：3～4. 1988；中国植物志 6(3)：234. 2004. ——*Hippochaete ramosissima* (Desf.) Boern. in Eine Fl. Deuts. Volk. 282. 1912；西藏植物志 1：29，图版 8：1～3. 1983；云南植物志 20：101. 2006.

2a. 节节草（原亚种）

Equisetum ramosissimum Desf. subsp. ramosissimum

本种与亚种的区别在于本种主茎细瘦，直径 2～3mm，主枝有脊 8～16 条，节间的脊上极粗糙；叶鞘圆筒形，长约为宽的 2 倍；鞘齿黑色，直立，宿存。

广西各地均产；生于海拔 10～1 800m 的灌丛、草丛、路边。分布于中国各省区；广布于亚洲和北美的温带地区。

地上部分清热明目、祛风除湿、祛痰止咳、利尿、退翳；治目赤肿痛、角膜云翳、咳喘、肝炎、水肿、尿路感染等。

2b. 笔管草（亚种）（中国高等植物图鉴）

Equisetum ramosissimum Desf. subsp. debile (Roxb. ex Vauch.) Hauke in Amer. Fern J. 52 (1)：33. 1962；中国植物志 6(3)：236，图版 72：1～2. 2004. ——*Equisetum debile* Roxb. ex Vauch. Monogr. Preles 387. 1822；海南植物志 1：14，图 4. 1964；四川植物志 6：85，图版 26：1～2. 1988. ——*Hippochaete debilis* (Roxb. ex Vauch.) Holub in Preslia 44：128. 1972；贵州蕨类植物志 359. 2001；云南植物志 20：101，图版 15：1～2. 2006.

植株高可达 2m。根状茎横走，在节和根上密生黄棕色长毛；主茎粗壮，直径 4～6mm，分枝少，多在下部或不分枝；主枝有脊 16～24 条，背上有 1 行小疣状凸起，节间的脊上近平滑，沟中有 2 组分离的气孔；叶鞘筒形，较短，长宽几相等；鞘齿狭三角形，上部膜质，易脱落，下部革质，部分宿存。孢子囊穗椭圆形，长约 2.5cm，顶端有小尖头；孢子圆球形。

广西各地均产；生于海拔 10～1 600m 的灌丛或草丛中。分布于中国南方各省。亚洲其他热带地区亦有分布。

全草消翳、散红、行血；治眼疾、跌打损伤，根用于治视网膜炎、视物不清症等。

7. 七指蕨科 HELMINTHOSTACHYACEAE

根状茎粗大，横走。叶远生；叶柄直立，基部有大托叶，叶柄顶端具有一营养叶及一孢子叶；营养叶为掌状，羽片（小叶）披针形；叶脉分离，斜出，羽状，分叉，主脉明显。孢子叶单出（少二出或三出），由营养叶的基部生出，偶贴生于裂片，有柄，略成紧密的穗状；孢子囊密集形成长穗，不下陷于叶肉中，卵圆形至球形，纵裂，无柄，3～5 个聚生；孢子两面型，近圆形或卵形，平滑。

本科仅有 1 属 1 种。

七指蕨属 Helminthostachys Kaulf.

属的特征同科。

七指蕨（中国蕨类植物图谱）

Helminthostachys zeylanica (L.) Hook. Gen. Fil. t. 47. 1840；中国蕨类植物图谱 1：图版 1. 1930；中国植物志 2：26，图版 1：7～8. 1959；中国高等植物图鉴 1：121，图 241. 1972. —— *Osmunda zeylanica* L. Sp. Pl. 2：1063. 1753.

根状茎肉质，横走，直径达 7mm，靠近顶部生出 1～2 枚叶，叶柄绿色，长 20～40cm，基部具 2 枚长圆形淡棕色的托叶，托叶长约 7mm；叶片由三等裂的营养叶片和 1 枚直立的孢子叶构成，自柄端彼此分离；营养叶片长宽 12～25cm，阔掌状，基部略具短柄，但各羽片（小叶）无柄，基部常狭而下延；羽片（小叶）长 10～18cm，宽 2～4cm，向基渐狭，向顶渐尖，边缘全缘或稍具不整齐锯齿；中肋明显，于腹面凹陷，于背面凸起，侧脉分离，密生，斜上，1～2 次分叉，达于叶边；叶薄草质，无毛，干后为绿色或褐色。孢子囊穗单生，通常高出营养叶，柄长 6～8cm，穗长达 13cm，直径 5～7mm，直立；孢子囊环生于囊托上，形成细长的圆柱形。

产于象州、梧州、苍梧、博白、龙州、南宁、武鸣、隆安、靖西；生于湿润疏阴的林下。分布于台湾、海南和云南。印度、缅甸、泰国、马来西亚、斯里兰卡、菲律宾、印度尼西亚也有分布。

本种被国务院 1999 年批准的《国家重点保护野生植物名录（第一批）》收录为国家Ⅱ级保护植物。

8. 阴地蕨科 BOTRYCHIACEAE

陆生，中小型蕨类。根状茎短而直立，具肉质粗根。叶二型，均出自一个总柄，总柄基部有褐色、全缘的鞘状托叶；营养叶三角形或五角形，光滑或于叶轴、羽轴上有绒毛，一回至四回羽状；叶脉分离；叶片草质。孢子叶出自总柄或营养叶的基部或叶轴，有长柄；孢子囊穗复圆锥形；孢子囊球形，无柄，沿小穗轴排列成 2 行，横裂；孢子半圆形或钝三角形，外壁表面具疣状纹饰。

本科仅有 1 属，广布于温带，极少达热带及南极地区。中国各地均产。

阴地蕨属 Botrychium Sw.

陆生植物。根状茎短而直立,具肉质粗根。叶有营养叶与孢子叶之分,均出自总柄,总柄基部包有褐色鞘状托叶;营养叶一回至多回羽状分裂,具柄或几无柄,大多为三角形或五角形,少为一回羽状的披针状长圆形;叶脉分离。孢子叶无叶绿素,有长柄,或出自总叶柄,或出自营养叶的基部或中轴,聚生成圆锥花序状;孢子囊无柄,沿小穗内侧成两行排列,不陷入囊托内,横裂;孢子四面形或圆球状四面形。

本属约有 30 种,主产于温带。中国约有 18 种,分布于全国各地;广西产 5 种。

分 种 检 索 表

1. 营养叶三回至四回羽裂,草质;孢子叶自营养叶叶轴的基部或基部以上生出。
  2. 孢子叶自营养叶片基部的一二对羽片以上的叶轴生出…… 1. **绒毛阴地蕨** B. lanuginosum Wall. ex Hook. et Grev.
  2. 孢子叶自营养叶片的基部生出 ……………………………………………………… 2. **云南阴地蕨** B. yunnanense Ching
1. 营养叶二回至三回羽裂,肉质或草质;孢子叶自总柄近基部或中部生出。
  3. 营养叶片薄肉质,干后叶肉呈显著的皱凸而不平滑 …………………………… 3. **阴地蕨** B. ternatum (Thunb.) Sw.
  3. 营养叶片薄草质或草质,干后叶肉平坦不为显著的皱凸不平状。
    4. 叶片薄草质;孢子叶自总柄的中部生出;营养叶片的叶轴和羽柄上有较多的长白毛 ……………………………………………………………………………… 4. **薄叶阴地蕨** B. daucifolium Wall. ex Hook. et Grev.
    4. 叶片草质;孢子叶自接近总柄的基部生出;营养叶片的叶轴和羽柄上无毛 ………………………………………………………………………………………… 5. **华东阴地蕨** B. japonicum (Prantl) Underw.

1. **绒毛阴地蕨**(中国植物志)

Botrychium lanuginosum Wall. ex Hook. et Grev. Ic. Fil. t. 79. 1828; 中国植物志 **2**: 18, 图版 2: 7. 1959; 中国高等植物图鉴 **1**: 120, 图 240. 1972. ——*Botrypus lanuginosus* (Wall. ex Hook. et Grev.) Holub in Preslia **45**: 227. 1973; 四川植物志 **6**: 100. 1988; 云南植物志 **20**: 109. 2006. ——*B. lanuginosus* (Wall. ex Hook. et Grev.) Y. X. Lin in Higher Pl. China **2**: 75, f. 93. 2008.

植株高 40～50cm。根状茎短而直立,芽被毛,外露;根粗壮,肉质。总叶柄长 20～25cm,幼时密生白色长毛,基部有鞘状苞片;营养叶长 16～30cm,宽 16～30cm,三角形,基部心形,先端渐尖,四回羽裂;羽片 6～8 对,互生,略斜上,下部的有柄;叶脉不甚明显;叶片草质,叶轴与羽轴有白色长毛。孢子叶从第一对羽片上的叶轴生出;孢子囊圆球形,黄色。

产于资源、融水;生于海拔 800～1 700m 的林下。分布于台湾、湖南、西藏、云南、贵州、四川。尼泊尔、不丹、印度、泰国、越南、缅甸、印度尼西亚也有分布。

全草清热解毒、止咳平喘、滋补润肺;治肝肾虚弱、淋巴结肿、肺结核、疮毒、蛇伤、目中生翳等,民间用于清热祛风、补虚润肺。

2. **云南阴地蕨**(中国植物志) 图版 15:1～2

Botrychium yunnanense Ching in Fl. Reipub. Popul. Sin. **2**: 16, 329. 1959. ——*Botrypus yunnanensis* (Ching) Z. R. He in Fl. Yunnan. **20**: 110, 720, f. 17. 2006.

本种近似于**绒毛阴地蕨**(*B. lanuginosum* Wall. ex Hook. et Grev.),主要区别在于本种形体较细弱,营养叶早期变黄色;孢子叶生于营养叶的基部一对羽片的腋间或稍高处;末回裂片的锯齿较短而钝。

产于广西西北部;生于杂木林下。分布于云南。

全草清热解毒、止咳平喘;治乳痈、腮腺炎、咳喘、咽喉炎、毒蛇及狂犬伤。

3. **阴地蕨**(中国主要植物图说·蕨类植物门)

Botrychium ternatum (Thunb.) Sw. in Schrad. J. **1800**(2): 111. 1801; 中国植物志 **2**: 20, 图版 2:

图版 15 1～2. **云南阴地蕨** Botrychium yunnanense Ching 1. 植株；2. 羽片一部分。 3～5. **矩圆叶瓶尔小草** Ophioglossum oblongum H. G. Zhou et Hua Li 3～4. 植株；5. 叶片一部分，示叶片顶端。 （林文宏绘）

6. 1959；中国主要植物图说·蕨类植物门 19，图 26. 1957. ——*Osmunda ternata* Thunb. Fl. Jap. 329，t. 32. 1784. ——*Sceptridium ternatum*（Thunb.）Y. X. Lin in Higher Pl. China **2**：76，f. 94. 2008.

植株高 10～20cm。根状茎短，直立，分枝少，肉质。总叶柄长 1～2cm；营养叶的柄长 2～8cm；叶片阔三角形，长 3～7cm，宽 4～8cm，基部宽楔形，钝头，三回羽状；羽片 4～5 对，互生，略斜上，下部的有柄；叶脉不明显；叶片厚纸质。孢子叶的柄长 7～16cm 或更长；孢子囊穗长 4～6cm，二回至三回羽状，分枝松散呈圆锥形；孢子囊圆球形，黄色。

产于龙胜、灌阳、兴安、全州、资源、恭城、富川、那坡、河池、天峨；生于海拔 600～1 000m 的林下或路边灌丛边缘。分布于台湾、福建、浙江、陕西、河南、湖北、湖南、江西、云南、四川、贵州。日本、朝鲜、越南、印度也有分布。

全草养肝明目、清热解毒、化痰止咳、散结；治肝虚目疾、角膜云翳、小儿惊风、疳积、热咳、咯血、痈肿疮毒、蛇伤。

4. **薄叶阴地蕨**（中国植物志） 图版 16：1～3

Botrychium daucifolium Wall. ex Hook. et Grev. Ic. Fil. t. 161. 1829；中国植物志 **2**：24. 1959. ——*Sceptridium daucifolium*（Wall. ex Hook. et Grev.）Lyon. Bot. Gaz. **40**：457. 1905；四川植物志 **6**：101，图版 28. 1988；云南植物志 **20**：106. 2006.

植株高约 40cm。根状茎短，直立或斜升。总叶柄长 10～20cm；营养叶的柄长 7～8cm；叶片五角形，长 15～20cm，基部深心形，先端渐尖，三回羽裂；羽片 6～7 对，互生，略斜上，有柄；二回羽片 4～5 对，狭卵形至宽披针形，先端渐尖，羽裂；裂片卵形或宽卵形，边缘具狭长的尖齿；叶脉较明显；叶片草质。孢子叶的柄长 14～16cm，孢子囊穗长 10～12cm，二回至三回羽状，分枝松散呈椭圆形，穗轴疏生白色长毛；孢子囊球形，黄色。

产于龙胜、永福、全州、灵川、荔浦、钟山、金秀、三江、武鸣；生于海拔 800～1 600m 的常绿阔叶林下。分布于广东、云南、四川、贵州。印度、菲律宾、缅甸、越南、斯里兰卡、印度尼西亚、斐济也有分布。

全草补虚润肺、化痰止咳、清热解毒；治肺热咳嗽、腮腺炎、乳痈、毒蛇及狂犬伤等。

5. **华东阴地蕨**（中国植物志） 图版 16：4～6

Botrychium japonicum（Prantl）Underw. in Bull. Torr. Bot. Club **25**：538. 1898；中国植物志 **2**：24. 1959. ——*B. daucifolium* Sw. var. *japonicum* Prantl in Jahrb. Bot. Gart. Berl. **3**：340. 1884. ——*Sceptridium japonicum*（Prantl）Y. X. Lin in Higher Pl. China **2**：79，f. 98. 2008.

根状茎短而直立。总叶柄无毛，长 2～6cm；营养叶的柄长 10～15cm，无毛；叶片略五角形，长 12～24cm，宽 16～18cm，渐尖头，三回羽状；羽片约 6 对，对生，斜出，密接；叶脉明显，直达锯齿；叶片草质，叶轴光滑或偶有一二柔毛。孢子叶自总叶柄基部生出，长 25～35cm，远高过营养叶；孢子囊穗长 8～10cm，宽 4～5cm，圆锥状，二回羽状，无毛。

产于龙胜、兴安；生于海拔 800～1 300m 的林下或灌丛中。分布于台湾、福建、浙江、江苏、江西、广东。日本也有分布。

全草清热解毒、镇惊、平肝润肺、消肿散瘀；治小儿高热抽搐、肺炎、咳喘痰血、痈疮疖肿、淋巴结核、肝炎。

9. 瓶尔小草科 OPHIOGLOSSACEAE

陆生小型草本，少附生。根状茎短，肉质，无鳞片，直立，有时为块茎状。叶柄基部无关节；叶单生或少数簇生，中等大小，幼叶的卷叠式是伸直的而非拳卷的；营养叶为单叶，少分裂；叶脉网状。孢子叶延长成

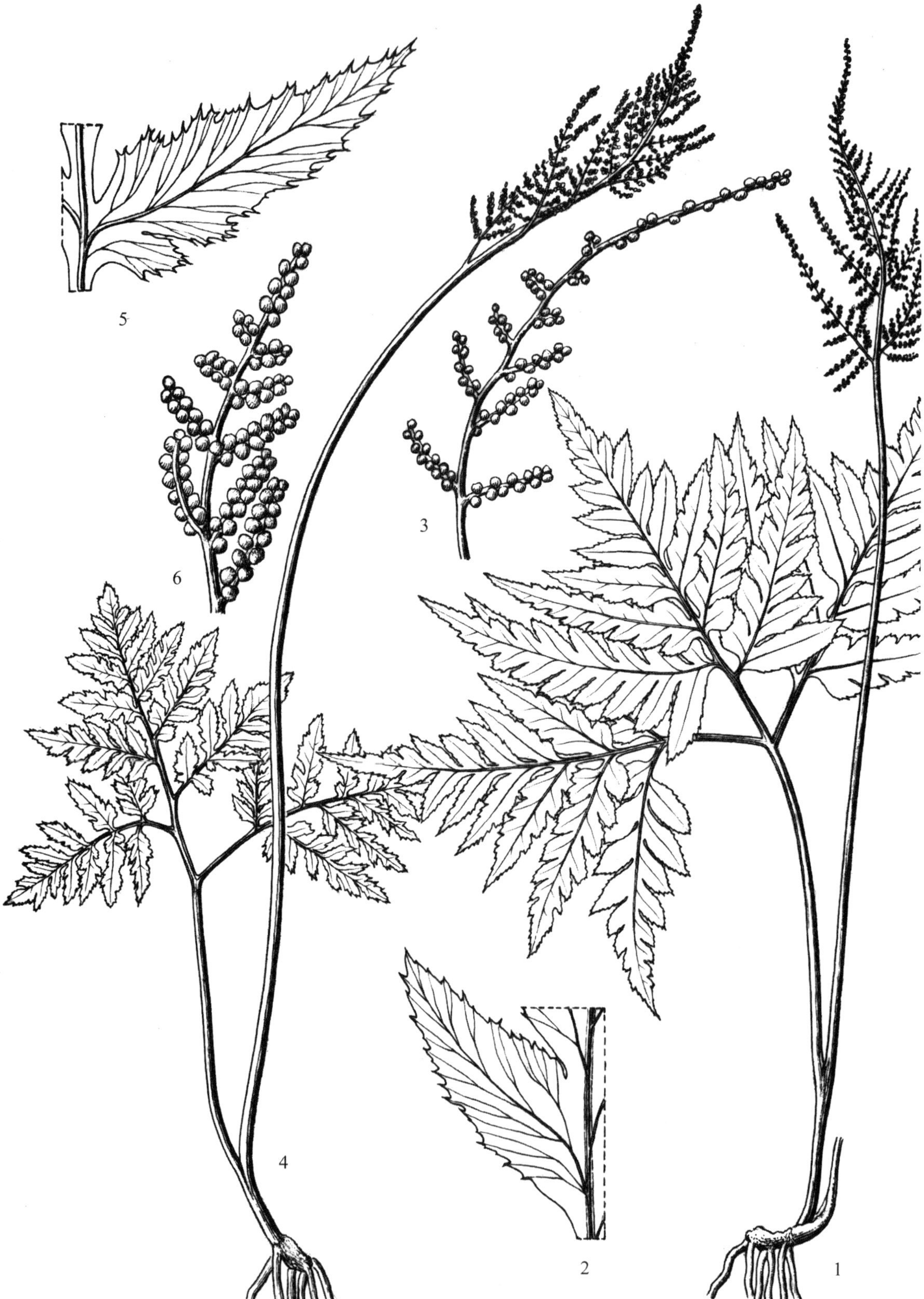

图版 16 1～3.**薄叶阴地蕨** Botrychium daucifolium Wall. ex Hook. et Grev. 1.植株；2.裂片，示裂片边缘和脉序；3.孢子囊穗。 4～6.**华东阴地蕨** B. japonicum (Prantl) Underw. 4.植株；5.裂片，示裂片边缘和脉序；6.孢子囊穗。 （朱运喜绘）

穗状，着生于营养叶上，或生于营养叶基部；孢子囊大，圆球形，无柄，在孢子叶上部形成穗状序；孢子囊壁有数层细胞，不具环带，顶缝开裂或侧缝开裂；孢子多数，一型，四面体形或两面扁形，淡黄色或无色透明。原叶体内生，块状，有菌根，无叶绿体。

本科有 4 属约 50 种，分布于温带至热带。中国有 2 属 7 种；广西有 2 属 5 种。

分 属 检 索 表

1. 土生；营养叶较小，卵形或披针形，直立；根状茎无毛；孢子囊穗生于营养叶的基部 ………………………………………………………… 1. **瓶尔小草属** Ophioglossum L.
1. 附生；营养叶较大，带形，下垂；根状茎有毛；孢子囊穗生于营养叶的中部 ………………………………………………………… 2. **带状瓶尔小草属** Ophioderma (Bl.) Endl.

1. 瓶尔小草属 Ophioglossum L.

陆生小型蕨类，直立。根状茎短。营养叶 1～2 片，少有更多或不发育，常为单叶，全缘，披针形或卵形，有柄；叶脉网状，网眼内无内藏小脉，中脉不明显。孢子囊穗自营养叶基部生出，有长柄；孢子外壁具明显的网状纹饰。

本属约有 25 种。中国有 6 种；广西产 5 种。

分 种 检 索 表

1. 营养叶片披针形或长圆形。
  2. 植株通常高 5～10cm，营养叶片为倒披针形或长圆状倒披针形，先端渐尖或急尖 ………………………………………………………… 1. **狭叶瓶尔小草** O. thermale Kom.
  2. 植株高 20～25cm，营养叶片长圆形，先端圆形 ……………… 2. **矩圆叶瓶尔小草** O. oblongum H. G. Zhou et Hua Li
1. 营养叶片卵形或卵圆形。
  3. 营养叶基部心形 ………………………………………………… 3. **心叶瓶尔小草** O. reticulatum L.
  3. 营养叶基部不为心形。
    4. 营养叶片广卵形，基部圆形，多少下延，先端钝圆 ……………………… 4. **钝头瓶尔小草** O. petiolatum Hook.
    4. 营养叶片卵状长圆形，基部骤缩狭而稍下延，先端钝尖 ………………………… 5. **瓶尔小草** O. vulgatum L.

1. **狭叶瓶尔小草**(中国主要植物图说·蕨类植物门)　狭叶一支箭

Ophioglossum thermale Kom. in Fedde, Rep. Sp. Nov. **13**:85. 1914；中国植物志 **2**:7，图版 1:1～3. 1959；中国高等植物图鉴 **1**:117，图 234. 1972；云南植物志 **20**: 113，图版 18: 5. 2006.——*O. angustatum* Maxon in Proc. Biol. Soc. Wash. **36**:169. 1923；中国主要植物图说·蕨类植物门 16，图 22A. 1957.

根状茎细短，直立，有一簇细长不分枝的肉质根。叶单生或 2～3 张叶同自根部生出，总叶柄长 3～6cm，纤细；营养叶为单叶，每梗 1 片，无柄，长 2～5cm，宽 3～10mm，倒披针形或长圆状倒披针形，向基部为狭楔形，全缘，先端微尖或稍钝，草质，淡绿色，具不明显的网状脉。孢子叶自营养叶的基部生出，柄长 5～7cm，高出营养叶；孢子囊穗长 2～3cm，狭线形，先端尖，由 15～28 对孢子囊组成；孢子灰白色，近于平滑。

产于德保、武鸣、上林、桂林、灌阳、来宾；生于海拔 150～800m 的草坡及草地。分布于吉林、辽宁、河北、河南、陕西、四川、重庆、贵州、云南、湖北、湖南、江苏、江西。俄罗斯东部及朝鲜、日本也有分布。

全株清热解毒、消肿止痛；治肿毒、跌打损伤、乳痈、蛇伤。

2. **矩圆叶瓶尔小草**(广西植物)　图版 15:3～5

Ophioglossum oblongum H. G. Zhou et Hua Li in Guihaia **11**(1): 40, f. 1. 1991.

植株高20～25cm。根状茎短而直立。叶常2～3枚簇生，总叶柄长6～10cm，绿色；营养叶不分裂，无柄，叶片长5～8cm，宽约1.5cm，矩圆形，边缘全缘，基部阔楔形，稍下延，先端圆形；叶脉网状，不明显；叶干后草质，淡绿色。孢子叶长6～14cm，纤细，自营养叶基部生长；孢子囊穗线形，长1.5～4cm，由17～34对孢子囊组成。

本种近似于**狭叶瓶尔小草**(*O. thermale* Kom.)，不同在于本种的营养叶较宽，矩圆形，非披针形，先端圆形，非急尖头。

广西特有，产于凤山。

3. **心叶瓶尔小草**(中国植物志)　图版17:1

Ophioglossum reticulatum L. Sp. Pl. **2**: 1063. 1753; 中国植物志 **2**: 9, 图版1: 5. 1959; 秦岭植物志 **2**: 25, 图版5. 1974; 四川植物志 **6**: 108, 图31. 1988; 云南植物志 **20**: 114, 图版18: 7. 2006; 中国高等植物 **2**: 81, 图101. 2008.

本种近似于**瓶尔小草**(*O. vulgatum* L.)，不同在于本种营养叶宽卵形，基部心形，先端钝尖，有柄。

产于桂林、龙胜、平乐、武鸣、凌云、田林、南丹、平南、金秀；生于海拔150～800m的草坡、路边灌丛或田埂上。分布于西藏、云南、四川、重庆、贵州、甘肃、陕西、河南、湖北、湖南、江西、福建、台湾。朝鲜、日本、印度、越南、柬埔寨、马来西亚、菲律宾及南美洲也有分布。

全草清热解毒、消肿止痛；治乳痈、无名肿毒、蛇伤等。

4. **钝头瓶尔小草**(中国植物志)

Ophioglossum petiolatum Hook. Exot. Fl. **1**: t. 56. 1823; 中国植物志 **2**: 10, 图版1: 6. 1959; 云南植物志 **20**: 114. 2006; 中国高等植物 **2**: 82, 图103. 2008.

根状茎短而直立。叶单生，总叶柄长9～15cm；营养叶为广卵形，长3～5cm，宽2～3cm，先端钝圆，基部圆形，多少下延，无柄，草质。孢子叶自营养叶基部生出，线形。

产于博白；生于海拔350～600m的草坡和灌丛中。分布于贵州、云南、四川、安徽、福建、广东、湖北、江西、台湾。亚洲热带和亚热带地区及澳大利亚、新西兰也有分布。

本种药用价值同心叶瓶尔小草。

5. **瓶尔小草**(植物名实图考)　一支箭　图版17:2

Ophioglossum vulgatum L. Sp. Pl. **2**: 1602. 1753; 中国植物志 **2**: 8, 图版1: 4. 1959; 秦岭植物志 **2**: 29, 图版5. 1974; 中国高等植物图鉴 **1**: 118, 图235. 1972; 四川植物志 **6**: 105, 图版32. 1988; 云南植物志 **20**: 116. 2006; 中国高等植物 **2**: 81, 图100. 2008. ——*O. pedunculosum* Desv. in Berl. Nat. Mag. **5**: 506. 1811; 中国高等植物图鉴 **1**: 118, 图236. 1972. ——*O. petiolatum* Hook. Exot. Fl. **1**: t. 56. 1823; 中国植物志 **2**: 10, 图版1: 6. 1959; 中国高等植物 **2**: 82, 图103. 2008.

植株高10～26cm。根状茎短而直立，肉质根纤细。叶单一，总叶柄1～3条，长5～22cm，纤细；营养叶片狭卵形，长2～6cm，宽1.2～2.8cm，基部楔形，先端钝尖。孢子叶的柄长5～10cm；孢子囊穗长2.5～5cm，先端喙状，从总叶柄顶端生出，有8～16cm长的柄，远超出营养叶之上；孢子囊20对以上。

广西各地均产；生于海拔100～1 600m的林下、灌丛、路边、石缝和草丛中。分布于福建、台湾、广东、香港、澳门、海南、安徽、浙江、江西、江苏、西藏、新疆、云南、四川、重庆、贵州、甘肃、陕西、河南、吉林、湖南、湖北。亚洲其他地区及北美洲、欧洲也有分布。

全草入药，俗称“一支箭”，为草药一支箭的主要植物来源之一，用于清热解毒、活血消肿、消痈肿；治蛇犬咬伤、疥疮及跌打损伤、肺热咳嗽、风湿骨痛等。

图版 17 1. **心叶瓶尔小草** Ophioglossum reticulatum L. 植株一部分。 2. **瓶尔小草** O. vulgatum L. 植株。 3. **带状瓶尔小草** Ophioderma pendulum (L.) Presl 植株。 （林文宏绘）

2. 带状瓶尔小草属 Ophioderma (Bl.) Endl.

附生大型蕨类。营养叶长而呈带状下垂,顶部常分叉。孢子囊穗生于营养叶的中部,单一或偶分枝。

本属有 2 种,分布于热带雨林中。中国有 1 种;广西也产。

带状瓶尔小草(中国植物志) 图版 17:3

Ophioderma pendulum (L.) Presl, Suppl. Tent. Pterid. 56. 1845; 中国植物志 2: 10. 1959; 海南植物志 1: 15, 图 5. 1964; 云南植物志 20: 116, 图版 18: 8. 2006; 中国高等植物 2: 83, 图 104. 2008. ——*Ophioglossum pendulum* L. Sp. Pl. 2: 1518. 1753.

附生。根状茎短而有多数肉质粗根。叶 1~3 片,多为披针形,下垂如带状,长达 30~150cm,宽 1~3cm,无明显的柄,单叶或叶片顶部二分叉;无中脉,网状,网眼六角形,斜生;叶质厚,稍肉质。孢子囊穗长 5~15cm,宽约 5mm,具短柄,生于营养叶的基部或中部,从不超过营养叶片的长;孢子囊多数,每侧 40~200 个;孢子四面体形,无色或淡乳黄色,透明。

产于上思;附生于海拔 350~500m 的山谷溪边石壁或树干上。分布于台湾、海南、云南。亚洲其他热带地区、夏威夷群岛和马达加斯加及澳大利亚也有分布。

11. 莲座蕨科 ANGIOPTERIDACEAE

土生,大型蕨类。根状茎肥大,肉质,直立,部分凸出地面或较长而横卧;内具复杂的网状中柱。叶一型,簇生;叶柄基部有肉质托叶状附属物;叶片一回至二回奇数羽状;末回羽片具羽状脉,侧脉二叉分枝单一,近边缘处有时具倒行假脉。孢子囊群长圆形,生在侧脉前端靠近羽片边缘,或线形而位于羽片中部,无盖;孢子囊壁厚由数层细胞组成,无柄;孢子四面球形,极面观圆三角形,赤道面观近椭圆形。

本科有 3 属 100 余种,分布于亚洲热带至亚热带地区。中国有 2 属 30 余种;广西有 2 属 11 种。

分 属 检 索 表

1. 根状茎肉质肥大呈直立莲座形;叶大,常二回羽状;叶柄基部至中部被狭披针形全缘的鳞片,成年植株叶柄不具膝状肉质膨大的节;孢子囊群长卵形至短线形,一般由 7~34 个孢子囊组成,近叶边生于叶脉顶端下部,无隔丝 ………………………………………… 1. **莲座蕨属** Angiopteris Hoffm.
1. 根状茎圆柱形,细长,横生,呈腹背型;叶小,常一回奇数羽状,羽片大而少;叶柄基部至中部被阔披针形边缘有齿牙的鳞片,中部具 1~4(7) 个膝状肉质膨大的节;孢子囊群长线形,常由 20~240 个孢子囊组成,生于叶脉中部,远离叶边,有分枝状隔丝 ………………………… 2. **原始莲座蕨属** Archangiopteris Christ et Gies.

1. 莲座蕨属 Angiopteris Hoffm.

土生,大型蕨类。根状茎极肥大,肉质,直立,部分凸出地面,宿存的叶柄基部聚生呈莲座状。叶簇生,具粗壮的长柄,其基部有一对肉质托叶状附属物;奇数二回羽状,二回羽片具羽状脉,侧脉二叉分枝或单一,近边缘处常有倒行假脉。孢子囊群长圆形,生于侧脉前端靠近羽片边缘排成 1 行,无盖;孢子四面体形,极面观圆三角形或近圆形,赤道面观扁圆形,外壁常具小瘤状纹饰。

本属约有 100 种,分布于亚洲热带、亚热带,北达日本。中国约有 30 种;广西产 9 种。

根状茎富含淀粉,可供食用。

分种检索表

1. 叶轴及叶柄无瘤状凸起。
  2. 叶柄横切面呈圆形或近圆形，叶柄及叶轴向轴面无沟槽。
    3. 叶脉稀疏，通常各侧脉间距超过 1mm；基部小羽片显著缩小呈扇形，长不及 1cm，无主脉 ………………………………………………………………………………………… 1. **疏脉莲座蕨** A. paucinervis Z. R. He et W. M. Zhu
    3. 叶脉紧密，通常侧脉间距不及 1mm；基部小羽片不缩小或略缩小。
      4. 小羽片基部楔形；孢子裂缝较短 ……………………………………………… 2. **楔基莲座蕨** A. helferiana Presl
      4. 小羽片基部圆形、截形或心形；孢子裂缝较长 ……………………………… 3. **披针莲座蕨** A. caudatiformis Hieron.
  2. 叶柄横切面呈扇形或近心形，叶柄及叶轴向轴面有沟槽。
    5. 叶纸质；孢子囊群近羽片边缘着生 ……………………………………………… 4. **云南莲座蕨** A. yunnanensis Hieron.
    5. 叶厚纸质或近革质；孢子囊群较远离羽片边缘着生 …………………………… 5. **强壮莲座蕨** A. robusta Ching
1. 叶轴及叶柄具瘤状凸起。
  6. 倒行假脉长而显著；叶缘有钝齿 ………………………………………… 6. **侯氏莲座蕨** A. howii Ching et C. H. Wang
  6. 无倒行假脉或倒行假脉短，仅隐约可见，且长通常不超过孢子囊群。
    7. 小羽片较小，长 6～12cm，宽 1.5～2cm，成年植株小羽片宽常小于 1.5cm；组成孢子囊群的孢子囊数目小于 16……………………………………………………………………………………………… 7. **福建莲座蕨** A. fokiensis Hieron.
    7. 小羽片较大，长 13～20cm，宽 3～4cm，成年植株小羽片宽 2～2.5cm；孢子囊群由 18～34 个孢子囊组成。
      8. 叶柄、叶轴上的瘤状凸起较大而明显，叶柄无沟槽 ……………………………… 8. **河口莲座蕨** A. hokouensis Ching
      8. 叶柄、叶轴上的瘤状凸起较小，叶柄有明显沟槽 ………………………………… 9. **王氏莲座蕨** A. wangii Ching

1. 疏脉莲座蕨（云南植物研究）

Angiopteris paucinervis Z. R. He et W. M. Zhu in Acta Bot. Yunnan. 22(4)：399. pl. 1，f. ：1～4. 2000.

根状茎短而直立、肥大，近球形。叶 3～5 片丛生；叶柄圆柱形，无瘤状凸起，长 30～65cm ，下部直径约 1cm ，被深棕色、狭披针形、全缘的鳞片；叶片宽卵圆形，长 55～65cm ，宽 60～70cm ，二回羽状；羽片 4 对，互生，略斜上，倒卵状长圆形，长 30～46cm ，中上部宽达 20cm ，基部宽 1.5～8cm ，奇数或偶数羽状；小羽片 12～15 对，对生或互生，平展，上部的稍斜上，通常有短柄，长圆状披针形，先端短尾状，基部通常圆楔形，少数为楔形，对称或近对称，边缘有整齐的钝锯齿；下部几对常无柄，有的基部贴生并显著缩小成扇形，长 1cm 以下，无主脉，小脉与羽片边缘平行，仅先端有少数钝锯齿；叶脉略斜上，较稀疏，相距约 1mm ，单一或分叉，无倒行假脉；叶干后纸质，两面光滑。孢子囊群棕色，长圆形，长 1～2mm ，距小羽片边缘约 1mm ，通常密接，由 8～14 个孢子囊组成。

广西特有，产于罗城、融安；生于海拔约 260m 的山谷林下。

2. 楔基莲座蕨（云南植物志）　宽边观音座莲（中国植物志）

Angiopteris helferiana Presl，Suppl. Tent. Pterid. 282. 1845；云南植物志 20：123. 2006.——*Angiopteris late-marginata* Ching in Fl. Reipub. Popul. Sin. 2：44，336. 1959.

根状茎肥大，直立。叶簇生；叶柄圆柱形，光滑无瘤凸；叶片卵状三角形、倒披针形或倒卵形，二回羽状；羽片 5～10 对，长椭圆形至倒披针形、倒卵形，下部的羽柄长达 16cm，上部的羽柄长约 1cm，羽轴通常无翅或少数有狭翅；小羽片 15～20 对，长圆形、长椭圆形、阔披针形或披针形，长 10～20cm，宽 2～6cm，基部楔形，先端渐尖或长尾尖，边缘具浅锯齿或尖锯齿；叶纸质，干后绿色，腹面色较深，背面色较浅；叶脉单一或二叉状，两面明显，常具显著的假脉，少数无假脉。孢子囊群线形，由 14～26 个孢子囊组成，距小羽片边缘 1.5～3mm 处着生。

产于凭祥；生于海拔约800m的林下。分布于云南。缅甸也有分布。

3. **披针莲座蕨**（中国高等植物图鉴）

Angiopteris caudatiformis Hieron. in Hedwigia **61**: 278. 1919; 中国植物志 **2**: 46. 1959; 中国高等植物图鉴 **1**: 122. 1972; 云南植物志 **20**: 124, 图版 19: 5~7. 2006.

根状茎粗壮直立。叶簇生；叶柄圆柱形，无瘤状凸起，长80～150cm，直径1.5～3cm；叶片卵状三角形，长70～160cm，宽约60cm，通常二回羽状，少数一回羽状；羽片6～10对，长椭圆形或披针形，羽柄长1～28cm，基部略变狭，羽轴无狭翅；小羽片14～18对，长椭圆形、倒披针形、披针形或线状披针形，互生或近对生，有长3～4mm的柄；下部小羽片长15～24cm，宽1.5～3cm，基部截形或圆形，少数心形；上部小羽片长10～20cm，宽0.8～4cm，基部不对称，上侧短，楔形至圆楔形，下侧圆形，小羽片先端尾尖、短渐尖或长渐尖，边缘常有锯齿；叶脉较密，两面明显，单一或分叉，多数有长短不一的假脉，少数无假脉；叶纸质、草质或厚草质，干后腹面暗绿色，背面浅绿色。孢子囊群线形，长2～3mm，由12～18个孢子囊组成，距小羽片边缘1～2mm处着生。

产于龙州；生于海拔约170m的山谷林下。分布于云南。缅甸、越南也有分布。

根状茎清热解毒、止血、祛风利尿；治肠炎、痢疾、肾炎水肿、咯血、血崩、胃及十二指肠溃疡。

4. **云南莲座蕨**（云南植物志）

Angiopteris yunnanensis Hieron. in Hedwigia **61**: 277. 1919; 中国植物志 **2**: 37. 1959; 云南植物志 **20**: 124, 图版 19: 8~9. 2006. ——*A. badia* Ching in Fl. Reipub. Popul. Sin. **2**: 57, 345. 1959.

植株高大，高达2m。叶柄粗2～2.5cm，腹面有深沟槽，光滑无瘤状凸起；叶片二回羽状；羽片互生，长约60cm，宽20～24cm，长圆形；小羽片约20对，基部的较短，长8～9cm，中部的长12～13cm，宽约2cm，渐尖头，基部圆截形，有短柄，边缘几全缘，向先端有小齿；叶纸质，干后经常变为褐色或褐绿色，叶面光滑或沿中肋下部稍有少数线状鳞片疏生；叶脉多数分叉，背腹两面明显，尤以背面为甚，倒行假脉纤细，向下达小羽片宽度的1/3。孢子囊群长圆形或线形，由14～20个孢子囊组成，近边缘着生，只有一条极狭的不育边缘，平坦或稍反转。

产于上思、凭祥、宁明、靖西、田林、那坡、凌云、乐业、龙州；生于海拔300～900m的山谷林下。分布于云南。越南也有分布。

根状茎清热消炎、止血消肿、止咳；治肺结核、咳嗽、咯血、腮腺炎、骨折、疮疖、蛇伤。

5. **强壮莲座蕨** 图版 18:1～2

Angiopteris robusta Ching in Fl. Reipub. Popul. Sin. **2**: 38, 333. 1959.

植株高2m以上。叶二回羽状；叶柄粗逾3cm，腹面有粗大瘤状凸起；羽片中部宽约20cm，羽柄长约4.5cm，粗壮；小羽片约14对，互生，基部开展，长约8.5cm，中部长约12cm，披针形，向顶渐尖，顶生小羽片分离，叶缘全缘，干时平伏或稍内卷，向顶部渐尖头具有规则的钝齿；叶脉于叶背明显，于叶腹不明显，距离不到1mm，一般为分叉，向顶端稍向上弯，倒行假脉长与孢子囊相等；叶厚纸质，腹面绿色，背面淡绿色，沿中肋疏被棕色鳞片。孢子囊群线形，不密接，长2～3mm，距叶缘约1.5mm，由22～30个孢子囊组成。

广西特有，产于百色、那坡、宁明、龙州；生于海拔250～800m的沟边密林下。

嫩叶经水泡后可食。根状茎消炎、消肿、止咳；治肾炎水肿、咳嗽、咯血、腮腺炎、骨折、疮疖、蛇伤。

6. **侯氏莲座蕨**

Angiopteris howii Ching et C. H. Wang in Acta Phytotax. Sin. **8**: 128, pl. 16, f. 4. 1959; 中国植物志 **2**: 42. 1959; 海南植物志 **1**: 19. 1964.

本种近似于**福建莲座蕨**（*A. fokiensis* Hieron.），不同在于本种叶为厚草质，干后腹面暗绿色、背面浅绿色；倒行叶脉长且明显。

产于武鸣；生于海拔约950m的溪谷密林下。分布于海南。

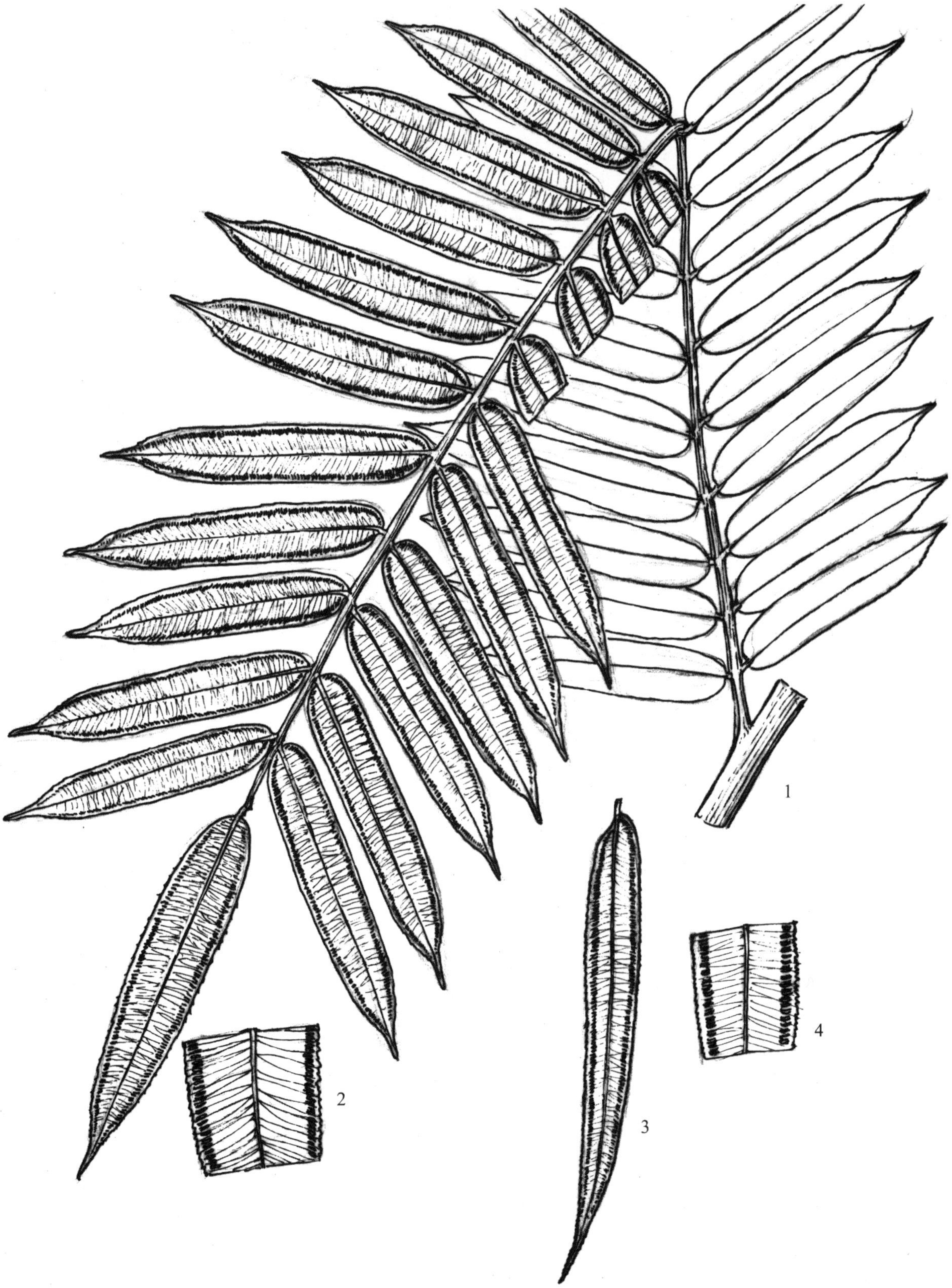

图版 18　1～2. **强壮莲座蕨** Angiopteris robusta Ching　1. 羽片；2. 小羽片一部分，示叶脉和孢子囊群着生位置。　3～4. **河口莲座蕨** A. hokouensis Ching　3. 小羽片；4. 小羽片一部分，示叶脉和孢子囊群着生位置。　（林文宏绘）

7. **福建莲座蕨**(中国高等植物图鉴) 图版 19:1～5

Angiopteris fokiensis Hieron. in Hedwigia **61**: 275. 1919; 中国植物志 **2**: 57, 图版 3: 1～3. 1959; 中国高等植物图鉴 **1**: 121, 图 242. 1972; 福建植物志 **1**: 22, 图 22. 1982. —— *A. kwangsiensis* Ching in Fl. Reipub. Popul. Sin. **2**: 36, 332. 1959. ——*A. muralis* Ching in Fl. Reipub. Popul. Sin. **2**: 54, 343. 1959.

植株高达 2m 或更高。根状茎肥大肉质,直立,凸出地面高达 20cm。叶簇生;柄长 60～100cm,直径达 2cm,腹面有粗大瘤状凸起,下部有线状披针形鳞片;叶片宽倒卵形,长 80～120cm,宽 50～80cm,基部略狭,先端渐尖,二回羽状;羽片 6～10 对,长 50～70cm,宽 18～25cm,柄长 2～3cm;小羽片 20～30 对,互生,略斜上,柄极短,线状披针形,先端长渐尖至尾状,边缘有小尖齿,上部的长 8～14cm,宽 1～2cm;叶纸质,无毛;叶脉于叶两面平坦,羽状,侧脉单一或二叉状,无或偶有倒行假脉。孢子囊群长圆形,有 10～15 个孢子囊,在侧脉前端靠近小羽片边缘排成 1 行。

广西各地均产;生于海拔 200～1 000m 的山谷林下。分布于云南、贵州、四川、湖南、湖北、广东、香港、海南、浙江、福建。日本也有分布。

根状茎清热解毒、凉血止血、疏风散瘀、安神;治风湿痹痛、腮腺炎、崩漏、外伤出血、跌打损伤、蛇伤。

8. **河口莲座蕨**(云南植物志) 图版 18:3～4

Angiopteris hokouensis Ching in Fl. Reipub. Popul. Sin. **2**: 49, 339. 1959; 云南植物志 **20**: 120, 图版 19: 1～4. 2006.

植株高大。叶二回羽状,叶柄粗壮,腹面有粗大的瘤状凸起;羽片倒披针形,长约 60cm,基部宽仅 6cm,上部宽约 20cm,羽柄长约 6cm,褐色;小羽片 11 对,基部的距离约 2.5cm,对生,上部的距离约 3cm,互生,小羽柄短,不及 1mm,基部小羽片长 6～8cm,宽约 2cm,长圆形,短尾头,上部的小羽片长达 13cm,中部较宽,达 3cm,倒披针形,边缘有尖齿;叶脉开展,分叉,于叶背明显,无倒行假脉;叶厚草质,腹面黑绿色,背面绿色,两面光滑。孢子囊群线形,密接,长约 1.8mm,有孢子囊 20～28 个,距平伏不育的边缘约 1.4mm 处着生,上部或先端不育。

产于龙州、那坡;生于海拔 250～800m 的山谷林下。分布于云南。越南北部也有分布。

根状茎清热解毒、止咳、散结;治腮腺炎、痈疖、骨折、蛇伤等。

9. **王氏莲座蕨**(中国植物志)

Angiopteris wangii Ching in Fl. Reipub. Popul. Sin. **2**: 46, 338. 1959; 云南植物志 **20**: 122. 2006.

根状茎肥大,直立。叶簇生;叶柄圆柱形,向轴面有浅沟槽,沿沟槽有瘤状凸起,长 100～150cm,直径 1～5cm;叶片卵状三角形,长 100～220cm,宽 80～120cm,二回羽状;羽片 3～8 对,下部羽片长椭圆形、披针形,上部羽片倒披针形或倒卵形,羽轴顶部常无翅;小羽片 6～16 对,披针形、倒披针形或阔披针形,常有短柄,上部小羽片长 10～15cm,宽 1～2cm,基部不对称,圆形或楔形,先端渐尖或尾状,边缘有锯齿,下部小羽片长 10～18cm,宽 1～2cm,基部对称,心形或圆形,先端渐尖或尾状,边缘有锯齿;叶脉单一或二叉状,于叶背明显,有倒行假脉;叶薄草质,鲜时深暗绿色,干后棕绿色,腹面色较深,背面色较浅。孢子囊群长圆形或线形,近小羽片边缘着生,不育边缘狭窄且干后常反卷。

产于武鸣;生于海拔约 900m 的山谷林下。分布于云南。

2. 原始莲座蕨属 Archangiopteris Christ et Gies.

本属与**莲座蕨属**(Angiopteris Hoffm.)的不同之处:在外部形态上,植株的形体较小,较简化;根状茎横走,呈背腹型;不定根在根状茎腹面发生,叶在根状茎背面呈二列状排列;叶柄中部有 1 个(有时多至 5 个)肉质膝状膨大关节,下部被宽披针形、边缘疏具不规则粗齿的薄鳞片;叶片常为一回羽状(少为二回羽状),有羽片 2～6 对;孢子囊群长线形至短线形,一般由 20～260 个孢子囊组成,生于中肋与叶边之间,下

图版 19　1～5. 福建莲座蕨 Angiopteris fokiensis Hieron.　1. 羽片；2～3. 裂片一部分，示脉序和孢子囊群着生位置；4～5. 叶柄下部的鳞片。

（朱运喜绘）

面有节状分枝的隔丝密生；每一孢子囊产 1 800～1 900 个孢子；孢子外壁具短刺状雕纹。在内部结构上，本属植物茎内的中柱系统为单环式网状中柱，且有背腹之分；叶迹为单叶迹，由网状中柱的背面伸出；根迹由网状中柱的腹面发生；叶柄和茎内的原生木质部均为内始式。

本属约 8 种，分布于云南东南部及越南北部，向东达广西南部及海南岛、台湾，除一种产于越南东南部外，其余均产于中国及中越边界。中国均产；广西产 3 种。

分种检索表

1. 叶柄基部以上有 4～5 个膝状肉质膨大的节；羽片通常较大，背面被较密的节状毛；孢子囊群较长，密生柔毛状隔丝 ………………………………………………………………………………………… 1. **河口原始莲座蕨** A. hokouensis Ching
1. 叶柄只有 1 个膝状肉质膨大的节；羽片背面无毛或不被节状毛；孢子囊群通常较短，隔丝短而较疏。
  2. 羽片对生或近对生，顶部长尾尖；小羽片边缘具粗齿牙 ………………………… 2. **尾叶原始莲座蕨** A. caudata Ching
  2. 羽片互生，顶部不为长尾尖；小羽片边缘为齿牙形波状 ………………… 3. **亨利原始莲座蕨** A. henryi Christ et Gies.

1. **河口原始莲座蕨**（中国蕨类植物图谱）

Archangiopteris hokouensis Ching, Ic. Fil. Sin. **5**: pl. 204. 1958; 中国植物志 **2**: 60, 图版 3: 4～6. 1959; 云南植物志 **20**: 125, 图版 20: 1～5. 2006.

本种近似于**尾叶原始莲座蕨**（*A. caudata* Ching），不同在于本种叶柄基部以上有 4～5 个膝状肉质膨大的节；羽片通常较大，背面被较密的节状毛；小羽片边缘具波状浅齿或波状齿牙；孢子囊群较长，密生柔毛状隔丝。

产于防城港；生于海拔约 300m 的溪流边。分布于云南。

2. **尾叶原始莲座蕨**（中国蕨类植物图谱）

Archangiopteris caudata Ching, Ic. Fil. Sin. **5**: pl. 208. 1958; 中国植物志 **2**: 61. 1959.

根状茎近直立，粗达 2cm。叶柄长 30～45cm，直径 3～4mm，绿色，几无鳞片，在基部以上 30cm 处有膨大的节；叶片卵形，长约 30cm，宽约 25cm，奇数羽状；羽片 2 对，近对生，相距 5～6cm，顶生羽片稍大，长 16～18cm，中部宽 4.5～5cm，侧生羽片皆同形，阔倒披针形，向楔形基部渐变狭，顶部尾状（尾头长约 1.5cm，线形，有齿），叶边自基部以上有粗齿；叶草纸质，绿色，背腹两面光滑，但沿中肋及叶脉前有披针形小鳞片疏生；叶脉大多分叉或为单脉。孢子囊群长 8～10mm，离中肋及叶边各约 6mm，由 40～70 个或更多个孢子囊组成，囊托稍隆起，隔丝远较孢子囊为短，红棕色、节状，基部分枝很多；孢子圆球形，具细密刺头，透明。

广西特有，产于东兴、宁明；生于海拔 200～400m 的林下溪边。

3. **亨利原始莲座蕨**（中国蕨类植物图谱）

Archangiopteris henryi Christ et Gies. in Flora **86**: 72～85, f. 1～5. 1899; 中国蕨类植物图谱 **1**: 图版 2. 1930; 中国植物志 **2**: 63. 1959; 云南植物志 **20**: 126. 2006.

本种近似于**尾叶原始莲座蕨**（*A. caudata* Ching），不同在于本种羽片互生，小羽片边缘为齿牙形波状；羽片不为长尾尖。

产于防城港；生于海拔约 450m 的溪流边芭蕉林下。分布于云南。

全草清热利尿、止泻；治痢疾、多尿、小便淋痛、心烦火盛。

本种被国务院 1999 年批准的《国家重点保护野生植物名录（第一批）》收录为国家Ⅱ级保护植物。

13. 紫萁科 OSMUNDACEAE

陆生中型蕨类。根状茎粗大，直立，树干状或匍匐状，被宿存的叶柄基部所包，无鳞片，亦无毛，仅幼时叶片上被棕色黏质腺状长绒毛，老时脱落几光滑。叶柄长而坚硬，基部膨大，两侧有狭翅如托叶状附属物；叶片大，一回至二回羽状，二型或一型，或往往同叶上的羽片为二型；叶脉分离，二叉分枝。孢子囊大，圆球形，大都具柄，裸露，着生于强度收缩变质的孢子叶的羽片边缘；孢子四面体形，辐射对称，极面观近圆形或三角状圆形，赤道面观椭圆形，具三裂缝，不具周壁，外壁具小疣状、短状纹饰。

本科有 3 属约 23 种，分布于温带及热带。中国有 1 属 9 种；广西有 1 属 6 种。

紫萁属　Osmunda L.

根状茎粗壮，直立或斜升，往往形成树干状的主轴，被叶柄的宿存基部所包。叶簇生，二型或同一叶的羽片二型，叶片大，绿色，一回至二回羽状，幼时被棕色棉绒状毛；叶柄基部膨大，覆瓦状；孢子叶或能育羽片紧缩。孢子囊圆球形，有柄，边缘着生，自顶端纵裂。

本属约有 15 种，广布于北半球的温带及热带。中国有 9 种；广西产 6 种。

分种检索表

1. 叶片一回羽状，羽片二型；羽片以关节着生于叶轴上。
  2. 能育羽片生于叶中部或中部以上。
    3. 羽片长逾 20cm，宽约 2.5cm，革质，全缘，波状起伏或稍有不明显的锯齿 ……………… 1. **宽叶紫萁** O. javanica Bl.
    3. 羽片长约 10cm，宽约 7mm，厚纸质或近革质，边缘有明显的锯齿 ………………… 2. **狭叶紫萁** O. angustifolia Ching
  2. 能育羽片生于叶之基部，羽片宽 1～2cm ……………………………………………… 3. **华南紫萁** O. vachellii Hook.
1. 叶二型，营养叶二回羽状或二回羽裂；羽片不以关节着生于叶轴。
  4. 营养叶二回羽状深裂，披针形或狭椭圆形 ……………………………………………… 4. **分株紫萁** O. cinnamomea L.
  4. 营养叶二回羽状，卵形或长圆形。
    5. 孢子叶与营养叶常分开；小羽片为长圆形，不与羽轴合生 ……………………………… 5. **紫萁** O. japonica Thunb.
    5. 能育羽片位于不育羽片下方；小羽片为卵状长圆形或为卵形，常与羽轴合生 ………… 6. **粤紫萁** O. mildei C. Chr.

1. 宽叶紫萁（中国植物志）　图版 20：1～2

Osmunda javanica Bl. Enum. Pl. Jav. Fil. 252. 1828; Tard.-Blot et C. Chr. in Fl. Indo-Chine 7 (2)：31 1939；中国植物志 2：83. 1959；中国高等植物 2：92. 2008.

本种近似于**华南紫萁**（*O. vachellii* Hook.），不同在于本种植株较高大，高达 2m；能育羽片生于叶片之中部或中部以上，营养叶羽片较宽，宽约 2.5cm。

产于靖西、那坡、百色；生于海拔 700～1 000m 的阔叶林下。分布于云南、贵州。印度尼西亚、印度、越南、缅甸、泰国也有分布。

根状茎清热解毒、止血、杀虫；治漆疮、流行性腮腺炎、痈肿、肠道寄生虫、风湿骨痛，幼苗用于外伤出血。

2. 狭叶紫萁（植物分类学报）

Osmunda angustifolia Ching in Acta Phytotax. Sin. 8：131，t. 18，f. 10. 1959；中国植物志 2：84. 1959；中国高等植物 2：92，图 117. 2008.

本种近似于**华南紫萁**（*O. vachellii* Hook.），不同在于本种营养叶厚纸质或近革质，边缘有明显的锯齿；能育羽片生于叶片之中部或中部以上。

产于桂林；生于海拔约 300m 的山坡沟谷疏林下。分布于海南、台湾、广东、香港。

3. 华南紫萁（中国主要植物图说 · 蕨类植物门）

Osmunda vachellii Hook. Ic. Pl. t. 15. 1873；中国植物志 2：84，图版 4. 1959；海南植物志 1：22，图 8. 1964；中国高等植物图鉴 1：125，图 249. 1972.

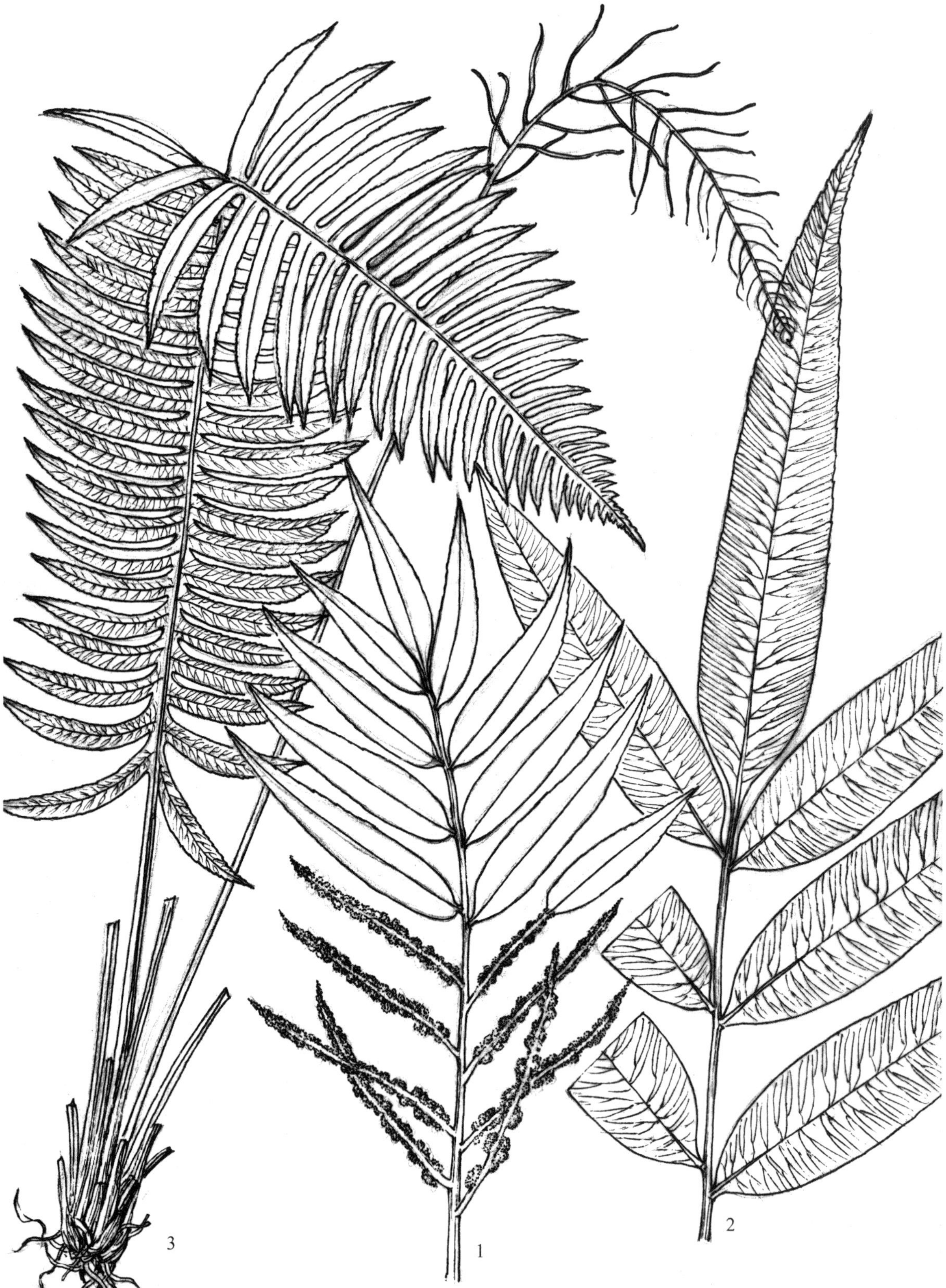

图版 20 1～2. **宽叶紫萁** Osmunda javanica Bl. 1. 孢子叶羽片一部分；2. 营养叶羽片一部分。 3. **镰羽瘤足蕨** Plagiogyria falcata Copel. 植株。 （林文宏绘）

植株高达1m。根状茎高出地面，顶部叶簇生。叶一型，羽片二型；叶片长圆形，长40～90cm，宽20～30cm，一回羽状；中部以上的羽片不育，宽达1.5cm，条状披针形，基部狭楔形，长渐尖头，边缘无齿或向顶部略为浅波状，侧脉一回至二回分叉；叶片厚纸质，两面光滑。下部羽片通常能育，狭缩成条形，宽约4mm，常深羽裂，有宽缺刻；裂片两面沿叶脉密生孢子囊，形成球形小穗排列在羽轴两侧。

广西各地均产；生于海拔100～900m的林下、山谷溪边。分布于福建、广东、海南、香港、浙江、湖南、四川、云南、贵州。印度、缅甸、越南、泰国也有分布。

为优美的庭园观赏植物，经冬不凋。根状茎清热解毒、舒筋活络、健脾利湿、止血生肌；治感冒、尿血、淋证、外伤出血、烧烫伤。

4. **分株紫萁**（中国植物志）　桂皮紫萁

Osmunda cinnamomea L. Sp. Pl. **2**: 1066. 1975；中国植物志 **2**: 80. 1959；中国高等植物图鉴 **1**: 124，图 247. 1972；四川植物志 **6**: 115. 1988.——*O. cinnamomea* L. var. *fokiensis* Copel. in Philipp. J. Sci. Bot. **4**: 1. 1909；中国植物志 **2**: 81. 1959；中国高等植物图鉴 **1**: 124. 1972；中国高等植物 **2**: 91. 2008.

植株高50～80cm。根状茎直立。叶二型，簇生；叶柄长20～30cm；叶片椭圆形，长35～45cm，宽12～18cm，二回羽裂；羽片12～16对，近对生，几无柄且基部有关节，长8～12cm，宽1.5～2.5cm，线状披针形，基部斜截形，羽裂渐尖头；裂片12～14对，互生，平伸，长圆形，略上弯，长0.8～1.5cm，宽0.4～0.6cm，圆头，全缘；叶片纸质，幼时有淡棕色毛；裂片上的叶脉羽状，侧脉二叉分枝。孢子叶的柄长24～40cm，叶片二回羽状，长20～40cm，宽3～4cm；羽片12～14对，斜上，二回羽片退化成线形，孢子囊生于二回羽轴的两侧。

产于资源、融水、金秀、武鸣；生于海拔900～1 800m的林下溪边或湿地草丛中。分布于云南、四川、贵州、湖南、安徽、江西、广东、福建、台湾。日本、越南乃至欧洲、中美洲及北美洲东部也有分布。

本种的根状茎可入药作草药"贯众"使用，功效与紫萁相同。

5. **紫萁**（中国植物志）

Osmunda japonica Thunb. in Nova Acta Reg. Soc. Sci. Upsal. **2**: 209. 1780；中国植物志 **2**: 78，图版 4: 1～4. 1959；中国高等植物图鉴 **1**: 124，图 248. 1972；云南植物志 **20**: 132，图版 22：1～2. 2006；中国高等植物 **2**: 90，图 113. 2008.

根状茎直立或斜生。叶二型，簇生；营养叶的柄长20～25cm；叶片三角状卵形，长25～30cm，宽18～24cm，基部圆楔形，渐尖头，二回羽状；羽片5～8对，对生，卵形，急尖头，下部的羽片长10～14cm，宽6～9cm，奇数羽状；小羽片4～7对，互生，平伸，几无柄，宽披针形，长3.5～4cm，宽1～1.5cm，基部偏斜，上侧近截形，下侧圆形，先端钝，边缘有极细的齿缺；叶脉羽状，侧脉二叉分枝；叶片薄革质。孢子叶的柄长20～45cm；叶片二回羽状，长18～30cm，宽3～6cm；羽片3～4对，斜上；二回羽片退化成狭线形；孢子囊生于二回羽轴的两侧。

广西各地均产；生于海拔100～1 700m的林下、草丛和田埂边。分布于陕西、甘肃、四川、云南、贵州、台湾及长江中下游和华南地区。日本、朝鲜、越南、不丹也有分布。

本种可作酸性土的指示植物。本种的营养叶片有时也有部分能育羽片，其带叶柄基部的根状茎为草药"贯众"来源之一，具有清热解毒、抑菌、止血之功效。

6. **粤紫萁**（中国植物志）

Osmunda mildei C. Chr. Ind. Fil. 474. 1905；中国植物志 **2**: 79. 1959；香港植物志·蕨类植物门 54，图版 6: 1～4. 2003.

本种近似于**紫萁**（*O. japonica* Thunb.），不同在于能育羽片位于不育羽片下方；小羽片为卵状长圆形或为卵形，常与羽轴合生。

产于融水；生于海拔约800m的山坡林下。分布于香港、广东。

14. 瘤足蕨科 PLAGIOGYRIACEAE

土生,小型至大型蕨类。根状茎粗壮,直立或斜升,内有管状中柱;植物体无鳞片,仅在幼时有卷曲的绵毛。叶二型,簇生;叶柄基部膨大呈三角锥形,两侧各有一至多个瘤状气囊体,有时叶轴上也有,上部三棱形或近方形,维管束在横切面呈V形或U形或分离为3束;营养叶片一回羽裂至一回羽状,或为奇数一回羽状,羽片上叶脉羽状,分离,侧脉单一或分叉;叶纸质至革质;孢子叶的叶柄较长,叶片一回羽状或羽状深裂。孢子囊群生在叶背面小脉上,幼时为反卷的羽片边缘包被,成熟后推开边缘密覆羽片;孢子囊扁压,矩圆形,具完整的斜生环带,有长柄;孢子四面体形,极面观为钝三角形,赤道面观近半圆形,多具瘤状纹饰。

本科仅1属。

瘤足蕨属 Plagiogyria (Kze.) Mett.

属的特征与科相同。

本属约有11种,主要分布于亚洲热带和亚热带。中国有8种;广西产5种。

分 种 检 索 表

1. 营养叶一回羽状,多数羽片基部楔形、圆形或平截。
  2. 顶生羽片基部常分离,或与一侧侧生羽片连合 ………………………………… 1. **华中瘤足蕨** P. euphlebia (Kze.) Mett.
  2. 顶生羽片基部常与上部侧生羽片连合 ……………………………………………… 2. **华东瘤足蕨** P. japonica Nakai
1. 营养叶羽状分裂,多数羽片基部与叶轴贴生。
  3. 叶片下部裂片非耳状 ……………………………………………………………… 3. **瘤足蕨** P. adnata (Bl.) Bedd.
  3. 叶片下部多对裂片耳状。
    4. 叶柄四棱柱形;羽片25~35对,相距较近 ……………………………… 4. **耳形瘤足蕨** P. stenoptera (Hance) Diels
    4. 叶柄三棱柱形;羽片12~19对,相距1.2~1.5cm ……………………………… 5. **镰羽瘤足蕨** P. falcate Copel.

1. 华中瘤足蕨(植物分类学报) 图版21:1~2

Plagiogyria euphlebia (Kze.) Mett. Farngatt. Plagiogyria 10. 1858; Wu et al. in Bull. Dept. Biol. Sun Yat-sen Univ. **3**: 224, t. 103. 1932; 中国植物志 **2**: 91. 1959; 中国高等植物 **2**: 95, 图120. 2008. ——*Lomaria euphlebia* Kze. in Bot. Zeitschr. 183. 1867, p. p. ——*Plagiogyria grandis* Copel. in Philipp. J. Sci. Bot. **38**: 389, t. 1. 1929; 中国植物志 **2**: 88. 1959.

植株高40~120cm。根状茎直立或斜生。叶二型,簇生。营养叶的柄长20~36cm,孢子叶的柄长40~75cm,横切面呈卵圆形、四边形,维管束呈V形或U形;叶柄和叶轴光滑或有毛,有时毛较密;气囊体达叶柄和叶轴。营养叶一回羽状,背面无白粉,长20~60cm,宽12~30cm,通常具顶部羽片;叶轴背面半圆形,侧生羽片7~25对,下部的有短柄,不反折,或最基部一对稍短;中部羽片具短柄或无柄,基部平截或圆形。孢子叶一回羽状,长20~50cm,宽10~20cm;叶轴下部半圆形,或有沟槽;侧生羽片7~25对,具短柄或无柄;下部不缩短或最基部一对稍短。

产于融水、金秀、龙胜、兴安、灵川、资源、临桂、百色、田林、乐业、凌云、平南、武鸣;生于海拔600~1 400m的阔叶林下。分布于台湾、福建、浙江、江苏、安徽、江西、湖北、湖南、广东、云南、贵州、四川。印度、缅甸、尼泊尔、菲律宾、越南、日本、朝鲜也有分布。

全株消肿、止痛;治痨病。

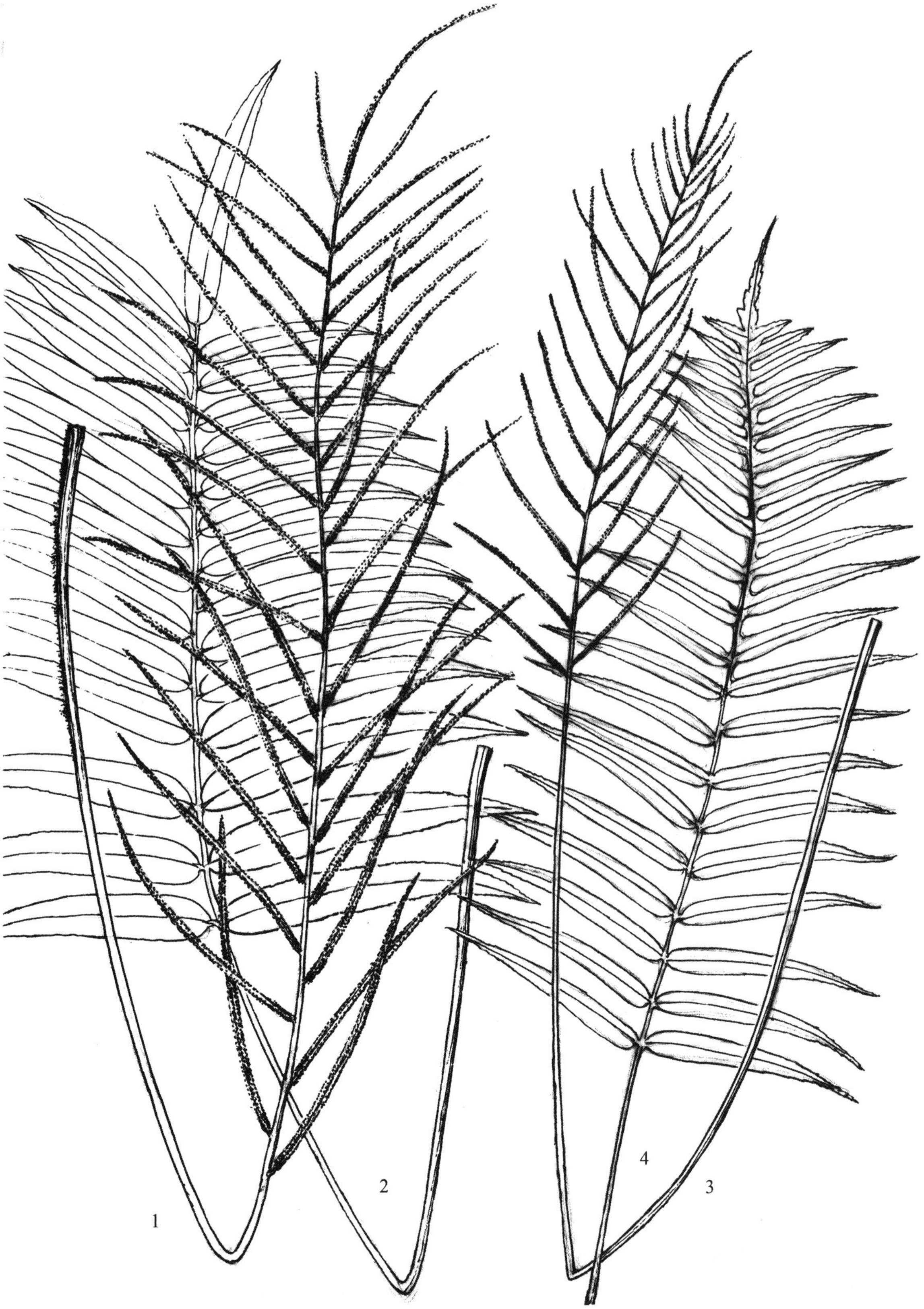

图版 21　1～2. **华中瘤足蕨** Plagiogyria euphlebia (Kze.) Mett. 1. 能育羽片；2. 不育羽片。　3～4. **华东瘤足蕨** P. japonica Nakai　3. 能育羽片；4. 不育羽片。　（林文宏绘）

2. **华东瘤足蕨**(植物分类学报) 图版 21:3～4

Plagiogyria japonica Nakai in Bot. Mag. Tokyo **42**: 206. 1928; 中国植物志 **2**: 94, 图版 5: 1～6. 1959; 中国高等植物图鉴 **1**: 126, 图 251. 1972. ——*P. liangkwangensis* Ching in Acta Phytotax. Sin. **7**(**2**): 118, t. 32, f. 1. 1958; 中国植物志 **2**: 93. 1959.

本种近似于**华中瘤足蕨**[*P. euphlebia* (Kze.) Mett.],不同在于本种顶生羽片基部常与上部侧生羽片连合。

产于兴安、灵川、龙胜、融水、金秀、平南、罗城;生于海拔 300～900m 的阔叶林下。分布于台湾、福建、江苏、安徽、湖北、湖南、江西、广东、贵州、四川。日本、朝鲜也有分布。

根状茎清热解毒、消肿止痛、燥湿、凉血;治外感风热、流行性感冒、咳嗽、跌打损伤。

3. **瘤足蕨**(植物分类学报)

Plagiogyria adnata (Bl.) Bedd. Ferns Brit. Ind. **1**: t. 51. 1865; 中国植物志 **2**: 96. 1959; 中国高等植物 **2**: 96, 图 122. 2008. ——*Lomaria adnata* Bl. Enum. Pl. Jav. Fil. 205. 1828. —— *Plagiogyria distinctissima* Ching in Bull. Fan Mem. Inst. Biol. Bot. **1**: 145. 1930; 中国高等植物图鉴 **1**: 126, 图 252. 1972. ——*P. subadnata* Ching in Acta Phytotax. Sin. **7**: 120. 1958; 中国植物志 **2**: 96. 1959.

植株高 30～70cm。根状茎直立或斜生。叶二型,簇生。营养叶柄长 15～25cm,孢子叶柄长 40～50cm,横切面呈四边形或三角形,维管束 V 形;叶柄和叶轴光滑,气囊体生于叶轴基部;营养叶叶片羽裂,背面无白粉,长 15～25cm,宽 5～15cm,顶部裂片羽裂;羽片 13～20 对,下部羽片不缩短或稍缩短,不反折或稍反折;中部和上部羽片基部贴生,不对称。孢子叶一回羽状,长 16～26cm,宽 4～10cm;叶轴背面扁平或有沟槽;羽片 13～17 对,无柄或具短柄。

产于龙胜、灵川、资源、灌阳、融水、金秀、宁明、上思、靖西、那坡;生于海拔 500～1 300m 的阔叶林下。分布于安徽、浙江、台湾、福建、江西、湖南、湖北、广东、海南、贵州、云南、四川。印度、日本、缅甸、印度尼西亚、马来西亚、菲律宾、泰国、越南也有分布。

全草清热散寒、解表透疹、祛风止痒;治风寒感冒、瘙痒、麻疹等。

4. **耳形瘤足蕨**(植物分类学报)

Plagiogyria stenoptera (Hance) Diels in Engl. u. Prantl, Nat. Pflanzenfam. **1**(**4**): 282. 1899; 中国植物志 **2**:103. 1959; 中国高等植物图鉴 **1**: 127, 图 253. 1972. ——*Blechnum stenopterum* Hance in J. Bot. **21**: 268. 1883.

植株高 35～80cm。根状茎直立。叶二型,簇生。营养叶柄长 4～8cm,孢子叶柄长 11～22cm,横切面呈四边形,维管束 V 形;叶轴和叶柄光滑,气囊体生于叶柄基部;营养叶叶片羽裂,下面无白粉,长 20～60cm,宽 4～20cm,顶部裂片羽裂,羽片 25～35 对,相距较近,下部羽片渐短成耳状,中部和上部羽片基部贴生,不对称。孢子叶叶片一回羽状,长 35～55cm,宽 4～8cm,叶轴背面扁平或有沟槽,有时具翅;羽片 15～30 对,无柄或具短柄,下部羽片几为耳状。

产于融水、金秀、田林、武鸣、龙胜、兴安、灵川;生于海拔 800～1 100m 的阔叶林下。分布于台湾、湖北、湖南、云南、四川、贵州。菲律宾、越南、日本也有分布。

民间用根状茎治感冒头痛。

5. **镰羽瘤足蕨** 图版 20:3

Plagiogyria falcate Copel. in Philipp. J. Sci. Bot. **2**: 133, pl. 1, f. B. 1907; 中国高等植物 **2**: 96. 2008. ——*P. dunnii* Copel. in Philipp. J. Sci. **3**(**5**): 281. 1908; 中国高等植物图鉴 **1**: 127. 1972.

本种近似于**耳形瘤足蕨** [*P. stenoptera* (Hance) Diels],不同在于本种叶柄三棱柱形,羽片 12～19 对,相距 1.2～1.5cm。

产于龙胜、灵川、资源、金秀、武鸣、靖西;生于海拔 400～1 200m 的阔叶林下。分布于浙江、福建、江西、台湾、安徽、湖南、广东、海南、香港、贵州。菲律宾也有分布。

15. 里白科 GLEICHENIACEAE

土生，多为大型蕨类。根状茎长，横走，内有原生中柱或少为管状中柱，外被鳞片或节状毛。叶一型，远生；叶柄无关节，圆柱形；叶轴顶端具芽胞可延续生长，有时攀缘状，不分枝或成多回二叉分枝或不等二叉分枝，具成对的侧生羽片或在叶轴分枝顶部两侧具羽片，有时羽片顶部两侧可再分羽片；叶片罕为一回羽状，羽片一回至二回羽状深裂；末回裂片具羽状脉，侧脉二叉，分离；叶片坚纸质，幼时常被星状毛或边缘具睫毛的鳞片，成长后脱落或宿存。孢子囊群圆形，由 2～10 个孢子囊组成，生于羽片背面侧脉中部；无囊群盖；孢子囊梨形，具完整的横生环带，几无柄；孢子为两侧对称的肾形或为四面球形，透明，无周壁。

本科有 6 属约 150 种，分布于热带、亚热带及南半球温带。中国有 3 属约 25 种，分布于南部各省区；广西有 2 属 7 种。

分属检索表

1. 根状茎被节状毛；叶轴一回至多回二叉分枝，末回分枝顶部两侧各具一枚篦齿状的一回羽状小羽片；叶脉多回分叉，每组常有小脉 4～6 条 …………………………………… 1. **芒萁属** Dicranopteris Bernh.
1. 根状茎被披针形鳞片；叶轴不分枝，顶端或顶端以下有一至数对侧生二回羽状的大羽片；叶脉一回分叉，每组仅有 2 条小脉 …………………………………… 2. **里白属** Diplopterygium (Diels) Nakai

1. 芒萁属 Dicranopteris Bernh.

土生，中型或大型蕨类。根状茎长，横走，外被多细胞的棕色节状毛。叶远生；叶柄圆柱形；叶轴多回二叉分枝，各分枝顶端有休眠芽胞，芽胞密被棕色毛，外有一对叶状小苞片，分枝两腋常有一对侧生的小型羽片，叶轴末回分枝顶部两侧具一对羽片；羽片羽状深裂，裂片线形，全缘；叶片坚纸质或革质，裂片具羽状脉，侧脉二回至三回分叉，不联结。孢子囊群生于羽片背面侧脉中部，常有 6～10 个孢子囊，无囊群盖；孢子两侧对称，单裂缝，极面观椭圆形，赤道面观肾形。

本属有 10 余种，分布于亚洲、非洲热带及亚热带地区至大洋洲、美洲热带地区。中国有 6 种，分布于华南及西南；广西产 3 种。

分种检索表

1. 羽片的裂片宽 5～8mm；孢子囊群在中脉两侧排成不规则的 2～3 行，有孢子囊 7～15 个 …………………………………… 1. **大芒萁** D. ampla Ching et Chiu
1. 羽片的裂片宽 4mm 以下；孢子囊群在中脉两侧各成一行，有孢子囊 5～8 个。
   2. 叶的主轴为无限生长，5 次以上分叉；第一次分叉处无托叶状的羽片 …………………………………… 2. **铁芒萁** D. linearis (Burm. f.) Underw.
   2. 叶的主轴为有限生长，分叉次数较少，第一次分叉处具托叶状羽片 …………………………………… 3. **芒萁** D. pedata (Houtt.) Nakaike

1. **大芒萁**(植物分类学报)

Dicranopteris ampla Ching et Chiu in Acta Phytotax. Sin. 8：132. 1959；中国植物志 2：117. 1959；海南植物志 1：29. 1964；云南植物志 20：150，图版 26. 2006. ——*Gleichenia splendida* Ching，Ic. Fil. Sin. 4：pl. 153. 1937.

植株高 1～1.5m。叶轴三回至四回二叉分枝；芽胞卵形，长 1.7～2.2cm，顶钝，边缘具不规则的粗齿；

除末回叶轴外，各回分枝处两侧均有一对托叶状的大羽片；末回羽片篦齿状，深裂几达羽轴；裂片线状披针形，长4～10cm，宽8～10cm，圆头微凹，全缘，具软骨质的狭边；叶片近革质，腹面深绿色，背面灰绿色，无毛。孢子囊群圆形，生于每组侧脉的基部上侧和下侧的小弯弓处，沿中脉两侧排成不规则的2～3行。

产于防城港、东兴、上思、宁明、龙州、靖西、德保、那坡、田林、隆林、凌云、乐业；生于海拔300～1 300m的林下和向阳草坡上。分布于广东、香港、海南、江西、贵州、云南、西藏。越南、缅甸也有分布。

嫩苗解毒、止血、利尿；治尿道炎、蜈蚣伤、衄血、外伤出血。

2. **铁芒萁**（中国植物志） 图版22：1～2

Dicranopteris linearis (Burm. f.) Underw. in Bull. Torr. Club. **34**: 250. 1907；中国植物志 **2**: 118. 1959；海南植物志 **1**: 30，图12. 1964；云南植物志 **20**: 152. 2006；中国高等植物 **2**: 99，图126. 2008.——*Polypodium lineare* Burm. f. in Fl. Ind. 235, t. 67, f. 2. 1768.

本种近似于**芒萁**［*D. pedata* (Houtt.) Nakaike］，不同在于本种的叶的主轴为无限生长，5次以上二叉分枝；第一次分叉处无托叶状的羽片；拳卷叶光滑。

产于北流、武鸣、上思、防城港、东兴、龙州；生于海拔20～700m的林下和向阳草坡上。分布于江苏、广东、海南、云南、西藏、台湾。越南、缅甸、泰国、老挝、斯里兰卡、印度也有分布。

广西境内常见，酸性土指示植物。全株清热解毒、散寒消肿、接骨、止痛、止血；治痔疮、血崩、衄血、跌打损伤、外伤出血、烧烫伤。

3. **芒萁**（中国主要植物图说·蕨类植物门）

Dicranopteris pedata (Houtt.) Nakaike in Enum. Pterid. Jap. 114. 1975；云南植物志 **20**: 153. 2006；中国高等植物 **2**: 99，图127. 2008.——*Polypodium pedatum* Houtt. in Nat. Hist. Ⅱ. **14**: 175. 1783.——*Dicranopteris dichotoma* (Thunb.) Bernh. in Schrad. J. **1**: 38. 1806；中国植物志 **2**: 120，图版9：6～9. 1959；中国高等植物图鉴 **1**: 130，图259. 1972.

植株高达1m以上。根状茎横走，被棕色节状毛。叶远生；叶柄长20～100cm，禾秆色，幼时密被棕色分枝的节状毛，后渐脱落；叶轴一回至数回假二叉分枝；休眠芽密被棕色分枝的节状毛；叶轴末回分枝顶部的托叶状羽片披针形至狭卵形，长10～30cm，宽4～8cm，羽状深裂；裂片20～35对，互生，平伸，线形，长1.5～4cm，宽3～5mm，圆钝头；叶轴分枝处的羽片较小，长4～18cm，宽2～5cm；裂片具羽状脉，侧脉一回至三回二叉分枝，两面微凸；叶片薄革质，背面灰绿色，幼时有棕色分枝的节状毛。孢子囊群生于羽片背面侧脉中部，常有6～8个孢子囊。

广西各地均产；生于海拔10～1 800m的疏林、灌丛和草坡中。分布于长江流域，北至甘肃南部，南至华南及台湾。印度、越南、日本、朝鲜也有分布。

全草清热利尿、散瘀止血、活血；治膀胱炎、尿路感染、血崩；嫩苗治外伤出血，根状茎清热祛湿、散瘀止血、利尿；治湿热鼓胀、小便不畅、蛇伤及狂犬伤。

2. 里白属 Diplopterygium (Diels) Nakai

土生，大型蕨类。根状茎长，粗壮，横走，外覆披针形鳞片。叶远生；叶柄长，圆柱形或腹面略扁；叶轴不分枝，顶端有一大型密被鳞片的芽并有一对羽片状的苞片覆被，可延续生长；侧生大型羽片一至数对，羽片二回羽状深裂；裂片具羽状脉，侧脉单一或二叉状；叶片纸质，连同叶轴在幼嫩时生有鳞片，有时有分枝的毛或星状毛。孢子囊群生于羽片背面侧脉中部，通常有2～4个孢子囊；无囊群盖；孢子球状四面型，极面观钝三角形，赤道面观半圆形，表面光滑。

本属有20多种，广布于热带及亚热带，但以亚洲热带为主。中国有12种，分布于华南及西南；广西产4种。

分种检索表

1. 小羽片有显著的柄，柄长3～4mm ………………………………………… 1. **阔片里白** D. blotianum (C. Chr.) Nakai

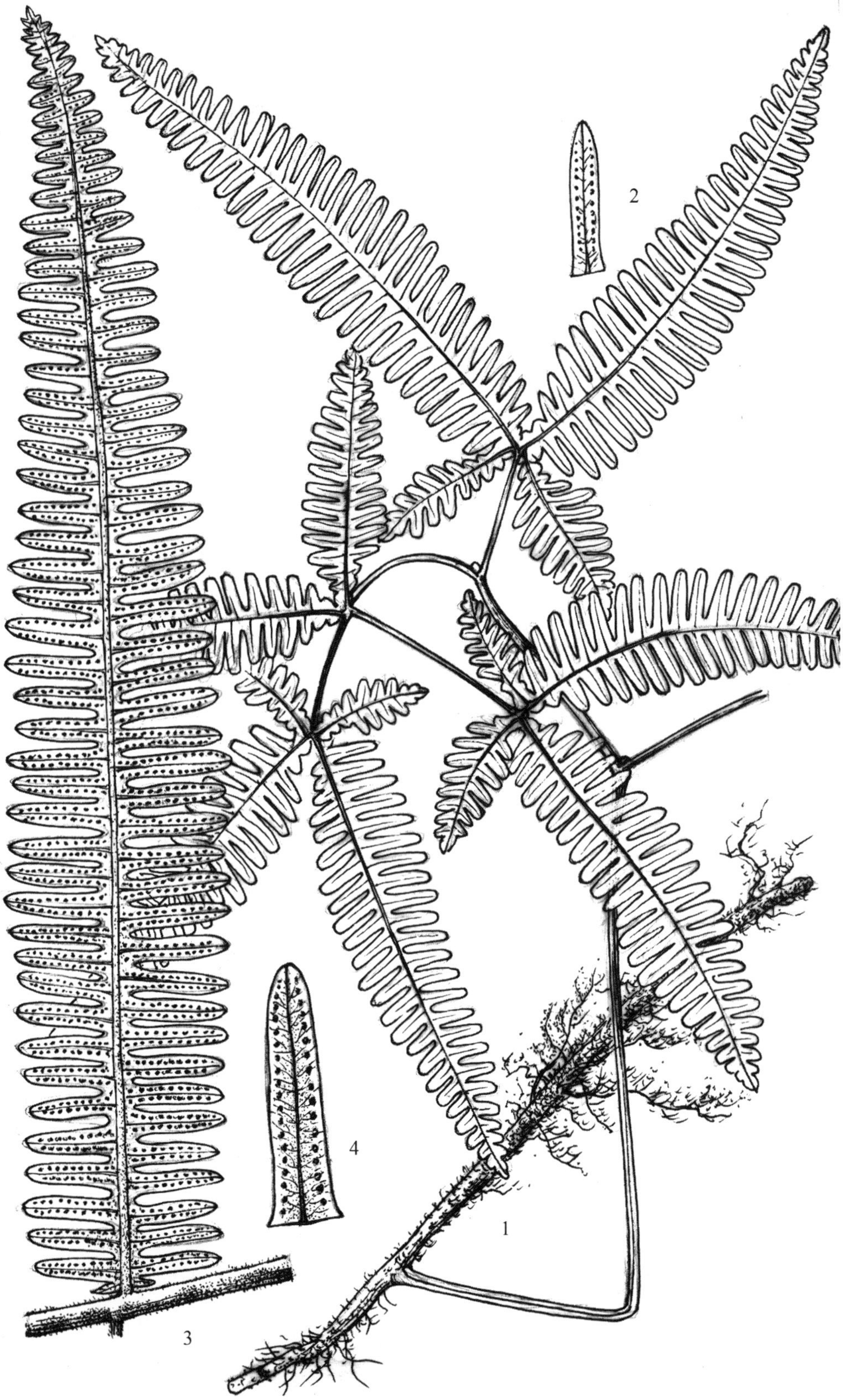

图版 22　1～2. **铁芒萁** Dicranopteris linearis (Burm. f.) Underw. 1. 植株一部分；2. 裂片背面，示其脉序和孢子囊群着生位置。3～4. **阔片里白** Diplopterygium blotianum (C. Chr.) Nakai　3. 羽片；4. 裂片，示脉序和孢子囊群着生位置。　（林文宏绘）

1. 小羽片无柄或几无柄。

2. 羽轴、小羽轴或裂片背面密被流苏状鳞片，或鳞片脱落后，轴面呈粗糙的疣状凸起 ………………………………………………………………………………………… 2. **中华里白** D. chinense (Ros.) De Vol

2. 羽轴、小羽轴和裂片背面不具鳞片，或有淡色星状毛疏生；轴面平滑或几平滑。

3. 裂片和小羽轴垂直相交或略斜上 ……………………………… 3. **里白** D. glaucum (Thunb. ex Houtt.) Nakai

3. 裂片极斜上 ………………………………………………………………… 4. **光里白** D. laevissima (Christ) Nakai

1. 阔片里白(中国植物志)　图版 22:3～4

Diplopterygium blotianum (C. Chr.) Nakai in Bull. Natl. Sci. Mus., Tokyo **29**: 49. 1950；云南植物志 **20**: 157. 2006；中国高等植物 **2**: 102，图 130. 2008.——*Gleichenia blotiana* C. Chr. in Bull. Mus. Natl. Hist. Nat. ser. 2, **6**: 103. 1934. ——*Hicriopteris blotiana* Ching in Sunyatsenia **5**: 279. 1940；中国植物志 **2**: 124. 1959.——*H. tamdaoensis* Ching et Chiu in Fl. Reipub. Popul. Sin. **2**: 125. 1959.

植株高 2～3m。叶柄较长；叶片二回羽状；一回羽片长 60cm 以上，宽 20～25cm；小羽片多数，互生，长 11～15cm，宽 2～2.5cm，披针形，羽状深裂几达小羽轴；裂片互生，16～30 对，披针形，圆头，全缘，干后稍内卷；侧脉两面凸起，明显，直达叶缘；叶片纸质，腹面绿色，无毛，背面沿小羽轴、中脉、侧脉及叶缘均疏被棕色星状毛。孢子囊群圆形，棕色，1 列，位于中脉及叶缘之间，生于基部上侧小脉上，有 4～5 个孢子囊。

产于宁明、上思；生于海拔 300～500m 的林下、灌丛或路边。分布于广东、台湾、海南、云南。越南、老挝、柬埔寨也有分布。

2. 中华里白(中国主要植物图说·蕨类植物门)

Diplopterygium chinense (Ros.) De Vol in Fl. Taiwan. **1**: 92, pl. 28. 1975；云南植物志 **20**: 159. 2006. ——*Gleichenia chinensis* Ros. in Fedde, Rep. Sp. Nov. **13**: 120. 1913. ——*Hicriopteris chinensis* (Ros.) Ching in Sunyatsenia **5**: 279. 1940；中国植物志 **2**: 125. 1959；中国高等植物图鉴 **1**: 131，图 262. 1972.

植株高达 2m。根状茎粗壮，横走，外被棕色鳞片。叶远生；叶柄长达 1m，连同叶轴密生棕色分枝的毛和鳞片，顶芽密被棕色披针形鳞片，苞叶二回羽状细裂；羽片对生，狭椭圆形，长 80～120cm，宽 22～52cm，基部圆楔形，渐尖头，二回羽状深裂；小羽片 40～50 对，互生，平伸，几无柄，线状披针形，基部截形，长渐尖头，羽状深裂，中部的较大，长 12～26cm，宽 2.5～3cm；裂片 30～60 对，互生，平伸，狭长圆形，长 1.2～1.5cm，宽 2.5～3.5mm，圆头，偶有小缺刻，第一对裂片有时羽裂；裂片具羽状脉，侧脉二叉状，于叶背微凸出；叶片坚纸质，腹面绿色，背面灰绿色，幼时两面密生棕色分枝状毛，后仅在背面有毛。孢子囊群圆形，生于羽片背面侧脉中部，孢子囊 3～4 个。

广西各地均产；生于海拔 300～1 400m 的林下、灌丛和向阳草坡。分布于云南、贵州、四川、重庆、湖南、浙江、江西、福建、广东、海南、香港、澳门、台湾。越南也有分布。

全草治骨折。

3. 里白(中国主要植物图说·蕨类植物门)　图版 23:1～3

Diplopterygium glaucum (Thunb. ex Houtt.) Nakai in Bull. Natl. Sci. Mus. Tokyo **29**: 51. 1950；云南植物志 **20**: 160. 2006；中国高等植物 **2**: 103，图 133. 2008.——*Polypodium glaucum* Thunb. ex Houtt. in Nat. Hist. **14**: 177. 1783.——*Hicriopteris glauca* (Thunb.) Ching in Sunyatsenia **5**: 279. 1940；中国植物志 **2**: 128. 1959.

本种近似于**中华里白** [*D. chinense* (Ros.) De Vol]，不同在于本种羽轴、小羽轴和裂片背面不具鳞片，或有淡色星状毛疏生；轴面平滑或近平滑；裂片和小羽轴垂直相交或稍斜上。

广西各地均产；生于海拔 300～1 200m 的林下、灌丛或草坡上。分布于云南、贵州、四川、重庆、湖北、湖南、江西、安徽、江苏、浙江、福建、广东、香港、海南、台湾。朝鲜、日本、菲律宾、缅甸、越南、老挝、柬埔寨、印度也有分布。

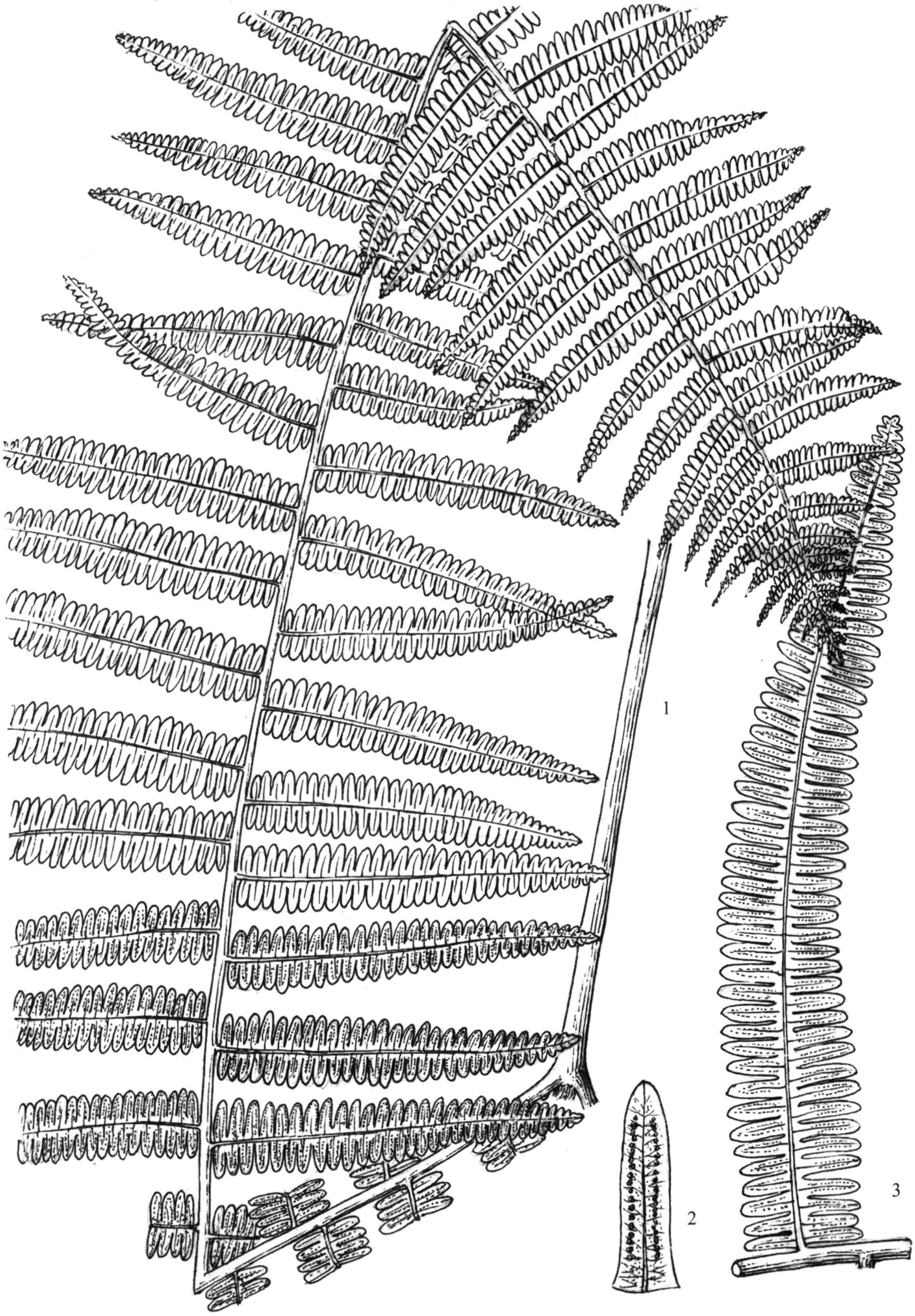

图版 23 1～3. **里白** Diplopterygium glaucum (Thunb. ex Houtt.) Nakai 1. 植株一部分；2. 裂片背面，示脉序和孢子囊群着生位置；3. 羽片。（林文宏绘）

本种为酸性土指示植物。根状茎和髓心行气、止血、接骨；治胃痛、衄血、骨折。

4．**光里白**(中国蕨类植物图谱)

Diplopterygium laevissima (Christ) Nakai in Bull. Natl. Sci. Mus. Tokyo **29**：52. 1950；四川植物志 **6**：132. 1988；云南植物志 **20**：160. 2006.——*Gleichenia laevissima* Christ in Bull. Acad. Int. Géogr. Bot. 268. 1902；中国蕨类植物图谱 **4**：图 152. 1937.——*Hicriopteris laevissima* (Christ) Ching in Sunyatsenia **5**：280. 1940；中国植物志 **2**：127，图版 9. 1959；海南植物志 **1**：31，图 13. 1964.

植株高达 1.8m。根状茎横走，外被鳞片。叶远生；叶柄长 50～100cm，除基部有鳞片外，其余光滑无毛，托叶状苞叶二回羽状细裂；羽片卵形，长 40～55cm，宽 20～26cm，基部楔形，渐尖头，二回羽状深裂；小裂片 20～30 对，互生，斜上，有柄，线状披针形，基部楔形，先端尾状，羽状深裂，下部的较大，长 16～18cm，宽 2.5～3.5cm；裂片 20～38 对，互生，斜上，三角状披针形，长 1.5～2.5cm，宽约 2mm，渐尖头；裂片具羽状脉，侧脉二叉状，于腹面微凸出；叶片薄革质，两面绿色，无毛。孢子囊群圆形，生于羽片背面侧脉的上侧小脉上，有孢子囊 4～5 个。

产于融水、金秀、上思、兴安、龙胜、临桂、灌阳、阳朔、贺州、武鸣；生于海拔 800～1 400m 的林下、灌丛或路边。分布于云南、贵州、四川、湖北、湖南、江西、安徽、浙江、广东、福建、台湾。越南、缅甸、菲律宾、日本也有分布。

本种为阴湿环境下的酸性土指示植物。根状茎的药用价值同里白。

17．海金沙科 LYGODIACEAE

土生，大型缠绕性蕨类。根状茎较长，横走，内有原生中柱或管状中柱，外被节状毛。叶一型，常具二型羽状，远生或近生；叶柄与根状茎间无关节，叶轴细长，可延续生长，缠绕性，沿叶轴有互生的短枝(即“距”)，每一短枝顶端为一被毛的休眠芽，其两侧有 1 对羽片；羽片一回至二回羽状或一回至二回二叉状，全缘或有齿，末回羽片或裂片具羽状脉，侧脉 1～3 分叉，少为网状；能育羽片常生在叶轴上部，边缘有凸出的线形长齿，每齿上有两行孢子囊；孢子囊大，梨形，具顶生环带，横生于小脉顶端，每个孢子囊由反折的齿缘形成的盖所包被；孢子四面球形，极面观钝三角形，赤道面观半圆形，具瘤状或网状纹饰。

本科只有 1 属，广布于热带及亚热带。

海金沙属 Lygodium Sw.

根状茎长而横走，被毛，无鳞片。叶远生或近生；叶轴无限生长，细长，缠绕，沿叶轴相隔一定距离有向左右互生的短枝(即“距”)，距顶有被绒毛的休眠芽，从距的两侧生出一对开向左右的羽片，羽片为一回至二回二歧掌状或一回至二回羽状近二型，不育羽片通常生于叶轴下部，能育羽片位于叶轴上部；叶脉通常分离，少为疏网状。能育羽片通常比不育羽片为狭，边缘生有流苏状孢子囊穗，由两行并生的孢子囊组成；孢子四面球形。

本属约有 45 种，分布于热带及亚热带地区。中国有 10 种，主要分布于西南和华南；广西产 7 种。

分种检索表

1. 能育羽片为二叉掌状深裂，不以关节着生 …………………………………………………… 1. **海南海金沙** L. conforme C. Chr.

1. 能育羽片一回至二回羽状，末回小羽片的基部以关节着生柄端，或无关节(有时关节生于小羽柄的基部)。

  2. 末回小羽片的基部有膨大的关节，或有时关节生于小羽柄的基部。

    3. 关节生于第一回和末回小羽片的小柄基部 ………………………………………… 2. **云南海金沙** L. yunnanene Ching

    3. 关节生于末回小羽片的小柄顶端。

4. 末回小羽片较小，钝三角形，长 1.5～3cm，少为更长；叶片薄草质，叶轴细弱 …………………………………………………………………………………………… 3. **小叶海金沙** L. scandens (L.) Sw.

4. 末回小羽片阔披针形，长 8～12cm 或更长，有时基部为耳形，渐尖头；叶片纸质；叶轴粗壮。

5. 末回小羽片为有规则的羽状深裂，有全缘的短裂片 8～12 对 …………………………………………………………………………………… 4. **羽裂海金沙** L. polystachyum Wall. ex Moore

5. 末回小羽片为披针形，不分裂，至多基部两侧为耳形，或少有 1 对分离小羽片 ……………………………………………………………………………… 5. **柳叶海金沙** L. salicifolium Presl

2. 末回小羽片的基部或小羽柄基部无关节。

6. 不育羽片和能育羽片一型，裂片宽 1～3cm ………………………………… 6. **曲轴海金沙** L. flexuosum (L.) Sw.

6. 不育羽片和能育羽片略二型，羽片基部掌状深裂，裂片宽 4mm …………… 7. **海金沙** L. japonicum (Thunb.) Sw.

1. 海南海金沙(中国植物志)

Lygodium conforme C. Chr. in Bull. Mus. Natl. Hist. Nat. sér. 2, 6: 104. 1934; Tard.-Blot et C. Chr. in Fl. Indo-Chine 7(2): 35. 1939; 中国植物志 2:107, 图版 6. 1959; 海南植物志 1: 25. 1964. 中国高等植物图鉴 1: 128, 图 256. 1972; 云南植物志 20: 164. 2006.

植株高攀达 5～6m。叶二型；营养叶生于叶轴下部，掌状深裂，羽片较大，裂片长而阔，披针形，长 17～22cm，宽 1.8～2.5cm，全缘，有软骨质狭边，干后常反卷；能育羽片生于叶轴上部，常二叉掌状深裂，裂片同形，长 20～30cm，宽 2～2.6cm；叶片厚纸质，无毛。孢子囊穗排列紧密，长 2～5mm，成熟时褐棕色。

产于罗城、柳江、陆川、博白、那坡、百色、靖西、龙州、大新；生于海拔 300～610m 的石灰岩、砂岩上，灌丛中或林下、路边。分布于广东、海南、贵州、云南。越南、老挝也有分布。

全草清热利尿；治小便淋痛、尿路结石、尿血及创伤。

2. 云南海金沙(中国植物志) 图版 24:1～2

Lygodium yunnanense Ching in Fl. Reipub. Popul. Sin. 2: 108, 345. 1959; 云南植物志 20: 167, 图版 29: 3. 2006.

本种近似于**曲轴海金沙**[*L. flexuosum* (L.) Sw.]，不同在于本种羽片分裂较细，一回或二回小羽片远较小，基部无关节；小柄基部以膨大的关节着生于羽轴或小轴上，故其羽轴和小羽轴为节状膨大。

产于隆林、田林；生于海拔约 300m 的马尾松林下。分布于云南、贵州。泰国、缅甸也有分布。

3. 小叶海金沙(中国主要植物图说·蕨类植物门)

Lygodium scandens (L.) Sw. in Schrad. J. Bot. 106. 1801; 中国主要植物图说·蕨类植物门 29, 图 33. 1957; 中国植物志 2: 109. 1959; 海南植物志 1: 26. 1964; 中国高等植物 2: 108, 图 139. 2008. ——*Ophioglossum scandens* L. Sp. Pl. 2: 1063. 1753. ——*Lygodium microphyllum* (Cav.) R. Br. in Prod. Fl. Nov. Holl. 162. 1810; 中国高等植物图鉴 1: 129, 图 257. 1972.

蔓生，植株高攀达 7m。叶轴纤细；羽片近二型；不育羽片长圆形，长 7～8cm，宽 4～7cm，奇数羽状；小羽片小，心形或卵状三角形，以关节着生于短柄的顶端，边缘有短齿；能育羽片同型，长 8～10cm，宽 4～6cm，小羽片卵状三角形，也以关节着生于短柄上；叶片草质，鲜绿色，无毛。孢子囊穗条形，长 3～5(10)mm，无毛；每穗有孢子囊 5～8 对，排于叶缘。

广西各地均产；生于海拔 20～700m 的灌丛中或林下。分布于台湾、福建、海南、广东、香港、湖南、江西、云南；亚洲其他热带地区也有分布。

全草利水渗湿、利尿通淋、清热止血、止痢；治肾炎、石淋、尿路感染、痢疾、便血。

4. 羽裂海金沙(中国植物志) 图版 24:3～4

Lygodium polystachyum Wall. ex Moore in Gaud. Chron. 671. 1859; 中国植物志 2: 110. 1959; 云南植物志 20: 166, 图版 29: 2. 2006.

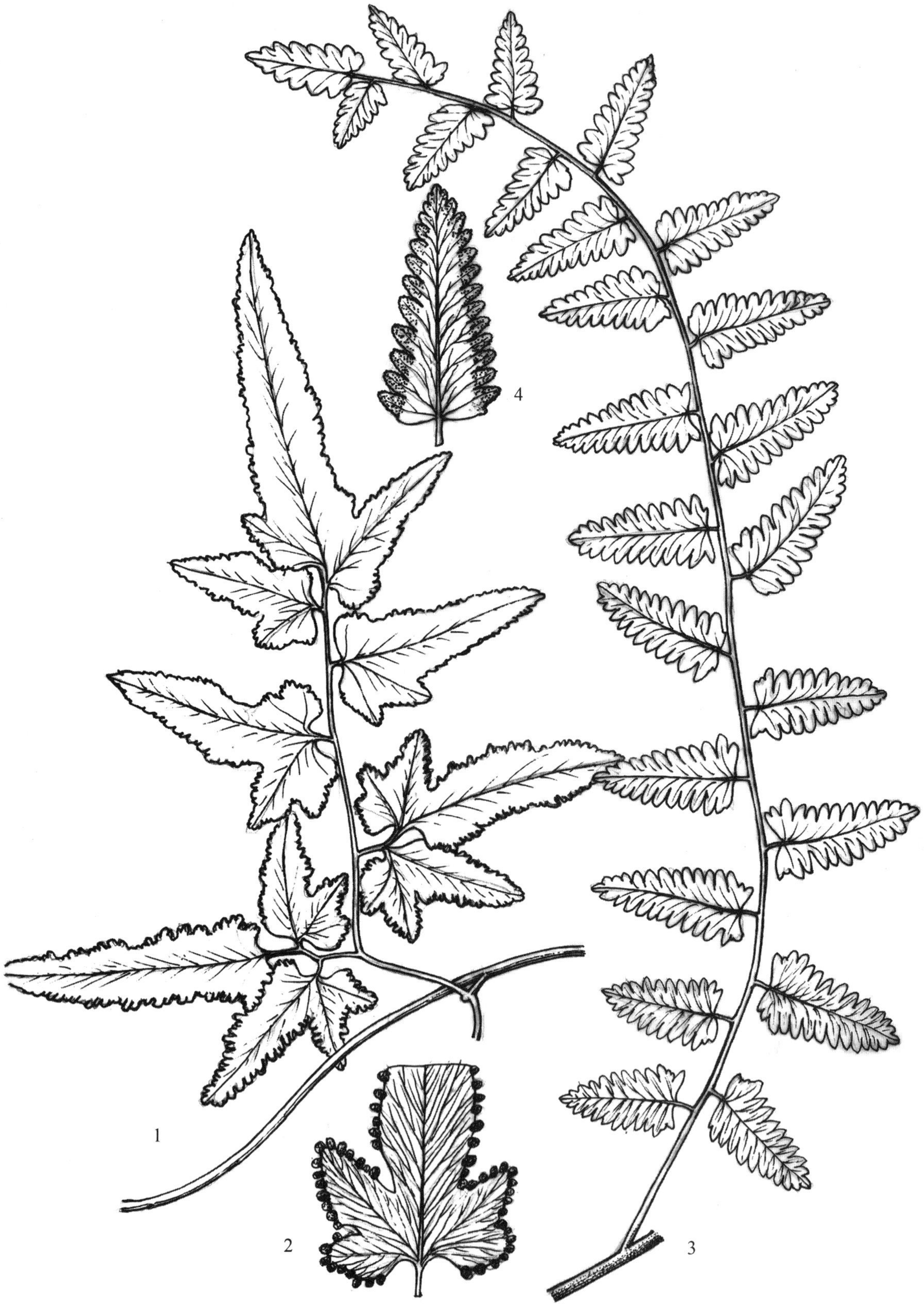

图版 24 1～2. **云南海金沙** Lygodium yunnanense Ching 1. 植株一部分；2. 能育小羽片一部分。 3～4. **羽裂海金沙** L. polystachyum Wall. ex Moore 3. 植株一部分；4. 能育小羽片。 （林文宏绘）

植株高攀达5～7m。叶轴粗健；羽片多数；不育羽片一般生于叶轴下部，长圆形，长30～42cm，宽9～11cm，奇数二回浅裂；小羽片9～13对，有短柄，柄长2～3mm，两侧无翅，柄端有关节，小羽片长圆形，钝头或急尖，基部近截形或圆形，羽状深裂达中肋2/3处；裂片8～12对，长8～12mm，宽4～5mm，长圆形，圆头，边缘无齿，有毛；中脉明显，侧脉纤细，斜上，单一或二叉分枝，直达叶边；叶片纸质，干后褐绿或褐棕色，两面沿中肋及脉上均有长灰毛。能育羽片与不育羽片同形但略狭，末回裂片较狭，上生孢子囊穗，孢子囊穗线形，长5～7mm。

产于上思、宁明、东兴、百色、那坡、凌云、乐业；生于海拔100～450m的林下和灌丛中。分布于云南。越南、泰国、马来西亚、缅甸、印度也有分布。

孢子利尿通淋、解热消肿；治肾炎、痢疾、外伤出血、肝炎、小便不利、丹毒等。

5. **柳叶海金沙**（中国植物志）

Lygodium salicifolium Presl, Suppl. Tent. Pterid. 102. 1845；中国植物志 **2**：111，图版7：7～9. 1959；云南植物志 **20**：166. 2006.

本种近似于**曲轴海金沙**[*L. flexuosum* (L.) Sw.]，不同在于本种末回小羽片小柄柄端有关节；能育羽片和不育羽片同形。

产于百色、龙州、上思、防城港；生于海拔200～500m的林下或灌丛中。分布于云南、海南。越南、泰国、缅甸、印度等也有分布。

6. **曲轴海金沙**（中国植物志）

Lygodium flexuosum (L.) Sw. in Schrad. J. Bot. 106. 1801；中国主要植物图说·蕨类植物门 30，图4. 1957；中国植物志 **2**：111，图版6：5～6. 1959；海南植物志 **1**：26. 1964；中国高等植物 **2**：109，图142. 2008. ——*Ophioglossum flexuosum* L. Sp. Pl. **2**：1067. 1753.

植株高攀达7m。羽片多数，长圆状三角形，长16～25cm，宽15～20cm，奇数二回羽状，羽柄长约2.5cm；小羽片3～5对，最下一对最长，三角状披针形，长8～10cm，宽5～10cm；末回小羽片1～3对，三角状卵形，长1.5～5cm，宽1～1.5cm，短尖头，基部深心形，边缘有小齿；叶脉明显，三回二叉分枝，斜上；叶片草质，干后绿褐色，沿主脉或小脉略被刚毛。孢子囊穗线形，长3～9mm，褐色，小羽片顶部常不育；孢子表面有疣状物。

广西各地均产；生于海拔100～800m的林下或灌丛中。分布于贵州、云南、湖南、福建、澳门、香港、广东、海南。印度、斯里兰卡、越南、泰国、马来西亚、菲律宾、澳大利亚以及非洲热带地区也有分布。

全草舒筋活络、清热利尿、止痛消肿；治风湿麻木、水肿、痢疾、疮毒等。

7. **海金沙**（中国主要植物图说·蕨类植物门）

Lygodium japonicum (Thunb.) Sw. in Schrad. J. Bot. 106. 1801；中国植物志 **2**：113，图版8：1～4. 1959；海南植物志 **1**：27. 1964；中国高等植物图鉴 **1**：128，图255. 1972；四川植物志 **6**：135，图版40. 1988. ——*Ophioglossum japonicum* Thunb. Fl. Jap. 328. 1784. —— *Lygodium microstachyum* Desv. in Berl. Nat. Mag. **5**：308. 1811；中国植物志 **2**：112，图版8：5～8. 1959.

植株高攀达3m。根状茎密被棕色扁平的节状毛。叶具二型羽片；不育羽片生于叶轴下部，卵形，长10～14cm，宽8～10cm，二回羽状；小羽片3～4对，卵形，奇数一回羽状，第一对较大，长4～6cm，宽2～4cm，柄无关节；末回羽片或裂片有羽状脉，侧脉二回至三回二叉状，分离；叶片纸质，两面脉上有毛。能育羽片生于叶轴上部，形态与不育羽片相同；末回羽片边缘有凸出的线形长齿，齿长2～3mm，具两行孢子囊。

广西各地均产；生于海拔20～1 200m的林下、灌丛中。分布于西藏、云南、贵州、四川、甘肃、陕西、河南、湖北、湖南、江苏、浙江、安徽、江西、广东、香港、福建、台湾。印度、尼泊尔、斯里兰卡、泰国、越南、马来西亚、印度尼西亚、新几内亚、日本、朝鲜、澳大利亚也有分布。

叶和孢子均供药用，清热利尿，通淋泄浊。

18. 膜蕨科 HYMENOPHYLLACEAE

附生或土生，小型蕨类，少为中型或大型。根状茎纤细，横走，少为短而直立，内有原生中柱，外被节状毛或短毛。叶一型，远生或少为簇生；叶柄基部无关节，圆柱形，纤细；叶片一回至多回羽裂、叉裂、扇裂，少为羽状或全缘单叶，膜质，常仅由一层细胞组成，少数种类由 3～4 层细胞组成，均不具气孔，偶被毛；叶脉羽状或叉状，分离或极少联结，有时沿叶缘或在叶片中部有假脉。孢子囊群位于末回裂片顶端或边缘，生于由叶脉延伸而成的丝状囊托上；囊群盖为二瓣状、管状或漏斗状、坛状的囊苞；孢子囊扁球形，具完整、斜生或近横生的环带，有短柄；孢子四面球形，具三裂缝，不具周壁。原叶体带状或丝状。

本科有 34 属 700 余种，主要分布于热带、亚热带，少数达温带，生于阴湿环境中。中国有 14 属 81 种，分布于西南至东南，少数达东北；广西有 9 属 25 种。

分属检索表

1. 附生植物；根状茎通常细长如丝线，向各方横生。
  2. 孢子囊群的囊苞为二唇瓣形。
    3. 叶边无锯齿 …………………………………… 1. **蕗蕨属** Mecodium Presl
    3. 叶边有锯齿。
      4. 囊苞顶部的二唇瓣浅裂，或向下裂至囊苞长的 1/2 处；成熟时囊托凸出于囊苞口外，叶肉的细胞壁增厚成粗洼点 …………………………………… 2. **厚壁蕨属** Meringium Presl
      4. 囊苞顶部的二唇瓣向下深裂达囊苞长的 2/3 或更多；囊托藏于囊苞内或稍凸出于囊苞口外，叶肉的细胞壁薄，不形成洼点状 …………………………………… 3. **膜蕨属** Hymenophyllum Sm.
  2. 孢子囊群的囊苞为管状、漏斗状或倒圆锥状。
    5. 叶片除真脉外，还有假脉生于薄壁组织内。
      6. 叶为单叶或稍浅裂，从不深裂；植株形体极小，高 4～35mm …………………………………… 4. **单叶假脉蕨属** Microgonium Presl
      6. 叶为细裂复叶；植株形体较大，若为小型植物则叶的裂片深而狭 …………………………………… 5. **假脉蕨属** Crepidomanes Presl
    5. 叶片内无上述假脉。
      7. 叶二叉状或掌状分裂，叶缘通常有毛 …………………… 6. **细口团扇蕨属** Microtrichomanes (Mett. ex Prantl) Copel.
      7. 叶扇形分裂或羽状分裂，边缘无毛。
        8. 小型植物；叶近团扇形至羽状；囊苞一般不凸出于叶边之外 …………………………………… 7. **团扇蕨属** Gonocormus v. d. Bosch
        8. 中型植物；叶为羽状复叶；囊苞凸出于叶边之外 …………………… 8. **瓶蕨属** Vandenboschia Copel.
1. 大多为陆生植物；根状茎粗壮或短而直立。
  9. 根状茎极长，横走；叶二列着生；附生植物 …………………… 8. **瓶蕨属** Vandenboschia Copel.
  9. 根状茎粗短直立，或短而横走；叶丛生或近生 …………………… 9. **长筒蕨属** Selenodesmium (Prantl) Copel.

1. 蕗蕨属 Mecodium Presl

附生或土生，小型蕨类。根状茎纤细，横走，无毛或有棕色节状毛。叶远生；叶片椭圆形、卵形，二回至三回羽状分裂，裂片全缘或少数种类略有齿，细胞壁不增厚；具羽状脉，无假脉；叶片膜质，无毛或有毛或有鳞片。囊苞生在末回裂片顶端，二唇瓣状，深裂或全裂，全缘或略有齿；囊托丝状，不伸出囊苞外；孢子球状四面形，极面观三角圆形或近圆形，赤道面观椭圆形，表面具短棒状纹饰。

本属约有120种，广布于热带及亚热带，有1种可达亚洲东北部。中国约有21种，分布于南方各省，但以西南较多；广西产4种。

分 种 检 索 表

1. 叶柄、叶轴上均被长筒形细胞组成的节状毛 ………………………… 1. **毛蕗蕨** M. exsertum (Wall. ex Hook.) Copel.
1. 叶柄、叶轴、叶脉无毛，也无鳞片。
  2. 叶柄具阔翅，连柄宽达2mm以上 ………………………………………… 2. **蕗蕨** M. badium (Hook. et Grev.) Copel.
  2. 叶柄无翅或具狭翅(连柄宽不超过1mm)。
    3. 囊苞倒三角形或倒卵形，圆头或圆截头 …………………… 3. **羽叶蕗蕨** M. paramnioides H. G. Zhou et W. M. Chu
    3. 囊苞卵形或三角状卵形，顶端尖头 ………………………………………… 4. **多果蕗蕨** M. polyanthus (Sw.) Copel.

1. **毛蕗蕨**(中国植物志)　图版 25:1～4

Mecodium exsertum (Wall. ex Hook.) Copel. in Philipp. J. Sci. **67**: 23. 1938; 中国植物志 **2**: 136. 1959; 海南植物志 **1**: 33. 1964; 云南植物志 **20**: 169, 图版 30: 1～2. 2006.——*Hymenophyllum exsertum* Wall. ex Hook. Sp. Fil. **1**: 109, t. 38A. 1846.

根状茎纤细而横走，被棕色节状毛。叶远生；叶柄长2～5cm，无翅，疏生棕色节状毛或无毛；叶片椭圆形至线形，长7～20cm，宽2.5～3cm，基部渐狭，先端尖或圆，二回羽裂，少为三回；裂片12～20对，彼此狭翅相连，长圆形，基部偏斜，钝尖头，羽裂，中部的较大，长1.2～2cm，宽5～8mm；二回裂片4～6对，狭长圆形，钝头，下部的较大，长3～5mm，宽1.5～2mm，有时有1～4枚小裂片；叶脉羽状；叶片膜质，背面及叶轴均有长形细胞组成的节状毛。孢子囊群位于叶片上部末回裂片顶端；囊苞二唇瓣状，卵形，先端不规则齿状。

产于武鸣、罗城、环江、融水；生于海拔800～2 000m的林下阴湿处。分布于台湾、西藏、云南、四川、广东、海南、江西。印度、尼泊尔、泰国、越南、老挝、柬埔寨、马来西亚也有分布。

2. **蕗蕨**(中国植物志)　图版 25:5～7

Mecodium badium (Hook. et Grev.) Copel. in Philipp. J. Sci. **67**: 23. 1938; 中国植物志 **2**: 137, 图版 10: 1～6. 1959; 中国高等植物图鉴 **1**: 132, 图 264. 1972; 中国高等植物 **2**: 114, 图 147. 2008.——*Hymenophyllum badium* Hook. et Grev. Ic. Fil. t. 76. 1828.

根状茎略粗而横走，密生棕色节状毛。叶远生；叶柄长5～10cm，两侧有皱曲的翅(偶强度波纹状褶皱)下延达基部；叶片卵形至狭椭圆形，长12～20cm，宽4～7cm，基部宽楔形，渐尖头，三回羽裂；羽片8～14对，卵形或菱状卵形，渐尖头，二回羽裂，中部和下部的较大，长2.5～4.5cm，宽1.5～3cm；二回裂片4～5对，倒卵形至斜菱形，基部偏斜，钝头，羽裂，第一对最大，长1～2cm，宽0.5～1cm；三回裂片3～4对，倒卵形至线形，长3～8mm，宽1～4mm，圆头；叶脉羽状；叶片膜质，无毛。孢子囊群位于末回裂片顶端；囊苞扁圆形或圆形，全缘，顶端有时波状。

广西各地均产；生于海拔300～2 000m的林下阴湿处。分布于台湾、福建、湖南、湖北、浙江、江西、广东、香港、海南、重庆、四川、贵州、云南、西藏。印度、越南、马来西亚、日本、尼泊尔、斯里兰卡、菲律宾也有分布。

全草消肿解毒、消炎生肌、收敛伤口；治痈疖、疥疮恶癣、刀伤、烧烫伤等。

3. **羽叶蕗蕨**(植物分类学报)　图版 25:8～10

Mecodium paramnioides H. G. Zhou et W. M. Chu in Acta Phytotax. Sin. **31**(3): 291, f. 1. 1993.

植株纤细而小，高2～3cm。根状茎纤细，横走，栗黑色，疏生红棕色短毛。叶远生；叶柄纤细，长0.5～2cm，基部栗黑色，向上为栗色，光滑；叶片长圆形、倒披针形或倒卵形，长1～1.5cm，宽0.3～

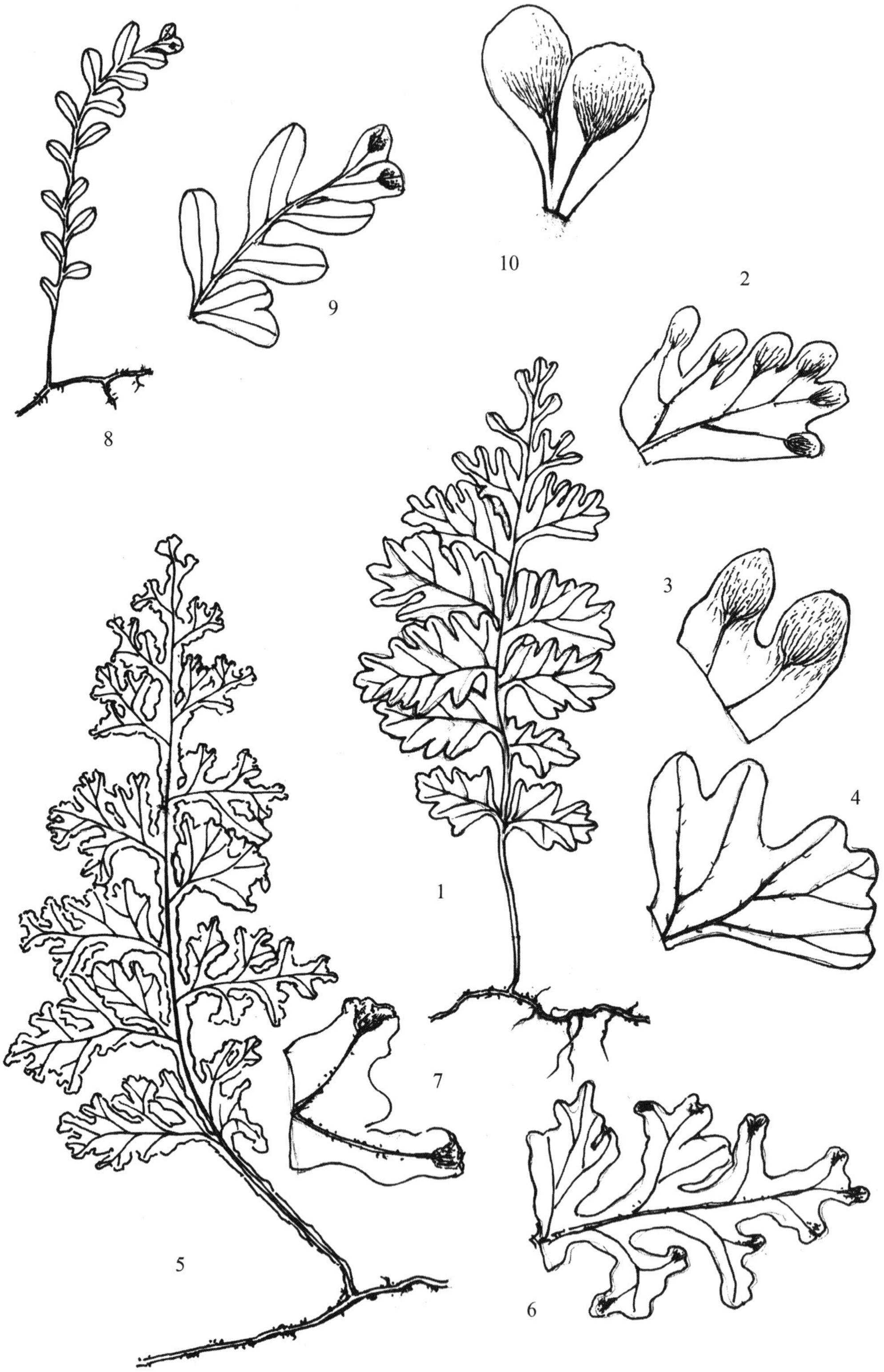

图版 25 1～4. **毛蕗蕨** Mecodium exsertum (Wall. ex Hook.) Copel. 1. 植株一部分；2～3. 裂片，示囊苞的位置和囊苞的形状；4. 裂片腹面，示被毛情况。 5～7. **蕗蕨** M. badium (Hook. et Grev.) Copel. 5. 植株一部分；6～7. 裂片，示囊苞的位置和囊苞的形状。 8～10. **羽叶蕗蕨** M. paramnioides H. G. Zhou et W. M. Chu 8. 植株一部分；9～10. 羽片一部分，示囊苞的位置和囊苞的形状。 (林文宏绘)

0.6cm，钝圆头，向下渐狭，一回羽状；羽片5～7对，互生，基部贴生，单一或偶顶端分叉成2～3枚裂片，以45°角斜上，下部的羽片不密接，渐缩或略缩短，彼此分开，中部以上的密接，长3～5mm，基部与叶轴合生，不对称，楔形或圆楔，下侧长下延；羽片或裂片长圆形，顶端圆形或近圆截形，边全缘，平坦；叶脉在每羽片或裂片上仅1条，两面稍隆起，不达叶边；叶片干后近膜质，两面光滑，黄绿色。孢子囊群生于顶部或上部羽片的叶脉顶端囊托上，每叶片4～6枚或更少，常因顶部羽片接近而呈密集状；囊苞基部楔形，顶端阔圆或近截形，边全缘或不规则波状；囊托短，长约达囊苞的1/2，内藏。

广西特有，产于武鸣、金秀；生于海拔800～1 600m的林下阴湿处。

4. 多果蕗蕨（云南植物志）

Mecodium polyanthus (Sw.) Copel. in Philipp. J. Sci. **67**: 19. 1938；云南植物志**20**：175，图版30：7～8. 2006；中国高等植物**2**：117，图152. 2008. ——*Trichomanes polyanthus* Sw. Prod. Fl. Ind. Occ. 137. 1788. ——*Mecodium osmundoides* (v. d. Bosch) Ching in Fl. Reipub. Popul. Sin. **2**: 147，图版10. 1959；四川植物志**6**：147. 1988. ——*M. acrocarpum* Ching in Fl. Reipub. Popul. Sin. **2**: 146, 379. 1959.

根状茎纤细而横走，无毛；根疏生有毛。叶远生；叶柄长2～4cm，无翅或仅在上部有平直的翅；叶片卵形至狭椭圆形，长5～7cm，宽2～3.5cm，基部圆楔形，渐尖头，三回至四回羽裂；一回裂片5～8对，彼此以狭翅相连，卵形，二回至三回羽裂，中部或下部的较大，长1～2cm，宽0.7～1cm；二回裂片3～5对，彼此以狭翅相连，卵形或倒卵形，一回至二回羽裂，下部或中部的较大，长3～5mm，宽2.5～3mm；三回裂片1～3对，极斜上，宽楔形至短线形，长2～3.5cm，宽约0.5mm；叶脉羽状，末回裂片具小脉1条；叶片膜质，无毛。孢子囊群位于叶片中部以上的末回裂片顶端；囊苞二唇瓣状，卵形，尖头，全缘。

广西各地均产；生于海拔300～1 800m的林下阴湿处。分布于西藏、云南、四川、贵州、海南、广东、福建、台湾、浙江、安徽。印度、尼泊尔、越南、柬埔寨也有分布。

2. 厚壁蕨属　Meringium Presl

附生。根状茎纤细，长而横走，被毛或近光滑。叶远生；叶轴两侧有翅，背面常被毛；一回至二回羽裂，叶缘有尖齿或稀为全缘，细胞壁增厚而成粗洼点状。囊苞下部倒圆锥形或漏斗状，上部浅裂为二唇瓣；囊托纤细，成熟时长而凸出于囊苞口外；孢子囊大，无柄。

本属有60种以上，产于热带地区，以伊里安岛和马来西亚为分布中心，斐济、新西兰、斯里兰卡均产，南美热带以外地区也有数种，非洲只有1种。中国有3种，分布于台湾、海南；广西产1种。

厚壁蕨（中国蕨类植物志属）

Meringium denticulatum (Sw.) Copel. in Philipp. J. Sci. **67**: 42. 1938；中国植物志**2**：150. 1959；中国高等植物**2**：118，图154. 2008. —— *Hymenophyllum denticulatum* Sw. in Schrad. J. Bot. 100. 1801.

植株高3～5cm。根状茎纤细，被疏毛或几光滑。叶远生；叶柄长0.5～1.5cm，被疏毛，无翅或上部有极狭的翅；叶轴全部有翅；叶片三角状卵形或长圆形，长2～4cm，宽1.5～2cm，基部最宽，二回羽裂；羽片4～6对，无柄，长圆形，长0.5～1cm，宽3～7mm，钝头，基部斜楔形；裂片3～7枚，线形，长1.5～3mm，宽约0.8mm，钝头，叶缘有尖齿，稍呈波浪状褶皱；叶脉叉状分枝；叶片薄膜质，半透明，裂片及翅的边缘都有一条深褐色的边。孢子囊群位于叶片上部，生于向轴的短裂片顶端；囊苞下部倒圆锥形，有小刺，上部深裂达1/2成二唇瓣。

产于金秀；生于海拔约800m的密林下树干上或潮湿岩石上。分布于台湾、海南、广东。印度、斯里兰卡、越南、印度尼西亚及斐济群岛也有分布。

全草治创伤出血。

3. 膜蕨属 Hymenophyllum Sm.

附生或土生，小型蕨类。根状茎纤细，横走，常有褐色短毛，下面疏生纤维状根。叶小型，远生或近生；叶柄圆柱形，纤细；叶片椭圆形、卵形或更狭长，一回至三回羽裂；裂片边缘有明显尖齿，细胞壁不增厚；具羽状脉，无假脉；叶片膜质，叶轴及裂片中轴背面常疏生红棕色长节状毛。囊苞生于末回裂片顶端，二唇瓣状，深裂或全裂，先端有齿；囊托丝状，不伸出或略伸出囊苞之外；孢子囊大，无柄；孢子近圆形。原叶体为不规则分枝的带状。

本属约有 30 种，主要分布于南半球，北达北欧及东亚。中国约有 10 种，主要分布于华南及西南；广西产 3 种。

分种检索表

1. 叶柄全部或大部有狭翅 ………………………………………………… 1. **华东膜蕨** H. barbatum (v. d. Bosch) Bak.

1. 叶柄无翅。

  2. 叶片狭长披针形；囊苞长卵形，顶端尖锐 ………………………………… 2. **顶果膜蕨** H. khasyanum Hook. et Bak.

  2. 叶片长圆形或披针形；囊苞卵形至阔卵形，顶端圆 ……………………………… 3. **小叶膜蕨** H. oxydon Bak.

1. 华东膜蕨（中国植物志）

Hymenophyllum barbatum (v. d. Bosch) Bak. in Hook. et Bak., Syn. Fil. 68. 1874；中国植物志 **2**：157，图版 11：5～8. 1959；海南植物志 **1**：36. 1964；中国高等植物图鉴 **1**：133，图 266. 1972；云南植物志 **20**：179，图版 32：5～6. 2006.——*Leptocionium barbatum* v. d. Bosch in Ned. Kruik. Arch **5**：146. 1863.

根状茎纤细，横走，有棕色节状毛。叶远生；叶柄长 1.5～4cm，圆柱形，上部有狭翅，有棕色节状毛；叶片卵形或椭圆形，长 2.5～4cm，宽 2～2.5cm，基部圆楔形或近截形，钝头，三回羽裂；裂片 7～15 对，狭椭圆形至斜卵形，基部偏斜，二回羽裂，下部的较大，长 1.2～2cm，宽 0.6～1cm；二回裂片 2～4 对，互生，斜上，彼此以狭翅相连，长圆形，裂片边缘有不明显的齿，具羽状脉，末回裂片具小脉 1 条；叶片膜质。孢子囊群位于叶片上部末回裂片顶端；囊苞二唇瓣状，长圆形，先端有齿；囊托不伸出囊苞之外。

产于龙胜、灵川、兴安、金秀、防城港、上思、大新、那坡；生于海拔 600～1 800m 的林下阴湿树干或沟谷石壁上。分布于四川、湖南、安徽、浙江、江西、福建、台湾、广东。日本、朝鲜、印度、越南、柬埔寨、缅甸也有分布。

全草活血化瘀、止血；治外伤出血、瘀血。

2. 顶果膜蕨（中国植物志）

Hymenophyllum khasyanum Hook. et Bak. Syn. Fil. 464. 1874；中国植物志 **2**：154. 1959；云南植物志 **20**：177. 2006；中国高等植物 **2**：121，图 158. 2008.

根状茎纤细，横走，疏生棕色节状毛。叶远生；柄长 2～6cm，上部有狭翅，有时下延达下部，疏生棕色节状毛；叶片长圆形，长 4～13cm，宽 1.8～3cm，三回羽裂；裂片 7～15 对，钝头，二回羽裂，中部的较大，长 1～2.5cm；二回裂片 3～5 对，彼此以狭翅相连，狭长圆形，钝头，第一对最大，长 0.4～1cm，宽 2～5mm；叶脉羽状，末回裂片具小脉 1 条；叶片膜质。孢子囊群位于叶片上部末回裂片顶端；囊苞二唇瓣状，卵形或椭圆形，先端撕裂状；囊托不伸出囊苞之外。

产于龙胜、平南、金秀、上思；生于海拔 700～1 600m 的林下或山谷的石壁或树干上。分布于云南、贵州、四川、重庆、湖南、浙江。印度、缅甸、越南也有分布。

全草止血生肌；治外伤出血。

3. **小叶膜蕨**（中国植物志）　图版 26：1～3

Hymenophyllum oxydon Bak. in J. Bot. 262. 1890；中国植物志 **2**：157. 1959；云南植物志 **20**：180，图版 32：7～8. 2006；中国高等植物 **2**：122，图 159. 2008.

植株高 2～5cm。根状茎纤细，长而横走，疏生淡褐色的柔毛或几光滑。叶远生；叶柄长 0.5～1cm，棕褐色，无翅，无毛；叶片长圆形，长 1.5～2cm，宽约 1cm，二回羽裂；羽片长圆状倒卵形，4～6 对，长 8～10mm，宽 3～5mm，上部多少深裂为 4～6 个裂片；末回裂片线形，长 2～3mm，宽 1～1.5mm，单一或分叉，圆头，边缘有尖齿；叶脉叉状分枝，两面明显隆起，与叶轴及羽轴腹面同被淡褐色的柔毛，末回裂片有小脉 1 条；叶片薄膜质，半透明，干后呈淡褐色，无毛，叶轴有宽翅。孢子囊群生在叶片上部位于短裂片上；囊苞长圆形，长约 1.5mm，宽约 1mm，圆头，先端有不整齐的小尖齿，基部的裂片稍缩狭。

产于那坡、靖西、龙州、上思、金秀、灵川；生于海拔 800～1 800m 的山谷石壁上或树干上。分布于云南、湖南、海南、江西、福建。越南也有分布。

全草活血化瘀、止血；治外伤出血、瘀血。

4. 单叶假脉蕨属　Microgonium Presl

附生，植株极小；根状茎纤细如丝，长而横走，缠结，密被绒毛，通常无根。叶远生，单叶，幼叶卷叠式为直立的；叶片极细小，全缘或稍为浅裂，但从不深裂，无毛；叶脉扇状或羽状分枝，叶肉的薄壁组织间有许多断续假脉，有时沿叶缘也有 1 条连续的近边内生的假脉。孢子囊群生于叶缘，着生于小脉顶端，通常不凸出或有时稍凸出于叶缘之外；囊苞管状，伸长，口部通常膨大而全缘，或很少浅裂为二唇瓣状；囊托凸出。

本属约有 12 种，广布于东半球的热带及亚热带地区，美洲有 1 种。中国有 4 种；广西产 1 种。

单叶假脉蕨（贵州蕨类植物志）　图版 26：4～6

Microgonium sublimbatum (K. Mull.) v. d. Bosch in Hymen. Jav. 6, t. 2. 1861；贵州蕨类植物志 431，图版 87：8～9. 2001；云南植物志 **20**：190，图版 31：9. 2006；中国高等植物 **2**：124，图 162. 2008.——*Trichomanes sublimbatum* K. Mull. in Bot. Zeit. **12**：737. 1854.

根状茎直径约 0.2mm，密被棕褐色短毛。单叶，叶远生；叶柄短于 3mm，除基部 1～2mm 处外具极狭的翅，密被与根状茎上相同的毛；叶片边缘浅裂达离叶轴的 1/4 处，长圆形至线状长圆形，钝头，向基渐狭至近截形或楔形，长 1～2.5cm，宽小于 1cm；侧脉 3～4 对，单一或分叉；假脉斜向，与侧脉平行，延伸达叶边，通常在相邻的侧脉之间有数条至 15 条线，无边脉。孢子囊群 1～5 个，生于叶片顶部的裂片先端；囊苞管状，口部膨大，全陷于叶肉中，长 1.5～2mm，直径小于 1mm，口部直径达 2mm。

产于武鸣、上林、上思；生于海拔 800～1 300m 的林下阴湿树干或石壁上。分布于云南、贵州。亚洲东南部以及印度至新几内亚也有分布。

5. 假脉蕨属　Crepidomanes Presl

通常附生。根状茎细长，横走，密被短毛。叶细小，多回羽裂或深指裂，裂片全缘，无毛；末回裂片有 1 条叶脉，沿叶缘有时具 1 条连续的边内假脉，边内假脉与叶脉之间还有断续的假脉不整齐地散布于叶肉中，断续的假脉与叶脉斜交或并行。孢子囊群生于裂片的腋间或生于向轴的短裂片顶端；囊苞钟形或漏斗形，圆头或尖头，口部浅裂为二唇瓣；囊托凸出；孢子近球形。

本属约有 30 种，分布于东半球热带及亚热带。中国有 16 种，主要分布于西南和华南，少数到达华东；广西产 7 种。

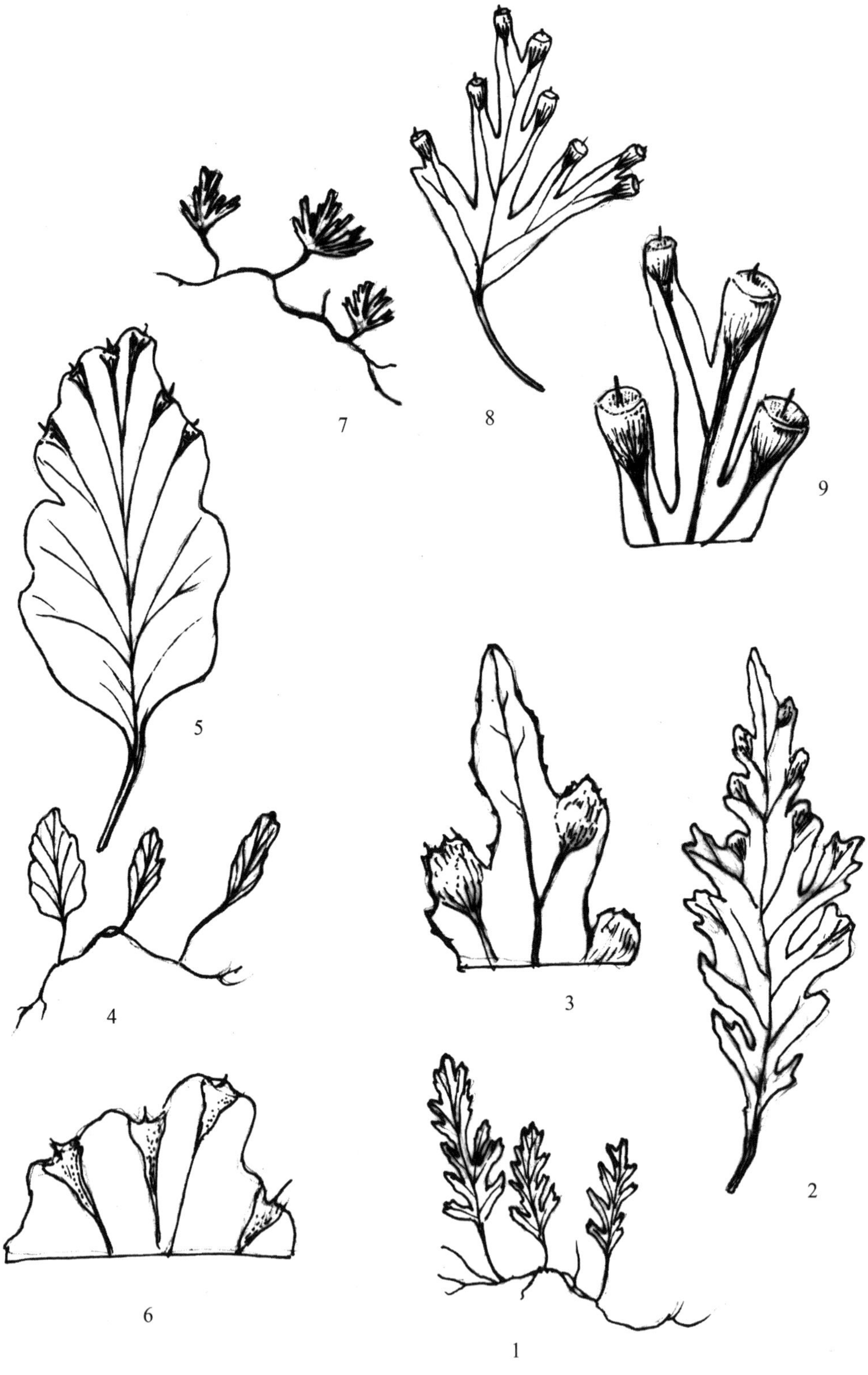

图版 26 1～3. **小叶膜蕨** Hymenophyllum oxydon Bak. 1. 植株一部分；2. 叶片，示叶形态；3. 裂片，示囊苞的位置和囊苞的形状。 4～6. **单叶假脉蕨** Microgonium sublimbatum (K. Mull.) v. d. Bosch 4. 植株一部分；5～6. 裂片，示囊苞的位置和囊苞的形状。 7～9. **海南团扇蕨** Gonocormus australis Ching 7. 植株一部分；8～9. 裂片，示囊苞的位置和囊苞的形状。（林文宏绘）

分种检索表

1. 叶缘有1条连续不断的假脉。
  2. 上述的假脉与叶脉间稀有断续假脉；叶二回羽裂，长5～7cm ……………………………………………… 1. **南洋假脉蕨** C. bipunctatum (Poir.) Copel.
  2. 上述的假脉与叶脉间有断续假脉分散于叶肉中；叶远较小，一回羽裂或近二回分裂。
    3. 近叶缘的连续假脉与叶边间有1～3行细胞相隔。
      4. 囊苞着生在长裂片基部上侧的短裂片顶端，囊苞钟状 ……………………………………………… 2. **边内假脉蕨** C. intramarginale (Hook. et Grev.)Copel.
      4. 囊苞着生在长裂片顶端或同时着生在裂片和其基部的短裂片顶端，囊苞倒圆锥形 ……………………………………………… 3. **阔边假脉蕨** C. latemarginale (Eaton) Copel.
    3. 叶缘的连续假脉生于叶边，无前述的细胞相隔 ……………… 4. **边上假脉蕨** C. pinnatifidum Ching et Chiu
1. 叶缘无连续不断的边内假脉，而在叶边与叶脉间有间断假脉。
  5. 囊苞的唇瓣常为三角形，尖头 ……………………………… 5. **长柄假脉蕨** C. racemulosum (v. d. Bosch) Ching
  5. 囊苞的唇瓣为圆形，钝头。
    6. 间断假脉1～2行；叶轴的翅平坦 ……………………………… 6. **荔波假脉蕨** C. liboense P. S. Wang
    6. 间断假脉2～3行；叶轴的翅多少褶皱 ……………………………… 7. **多脉假脉蕨** C. insigne (v. d. Bosch) S. H. Fu

1. 南洋假脉蕨（中国植物志）

Crepidomanes bipunctatum (Poir.) Copel. in Philipp. J. Sci. **67**: 59. 1938；中国植物志 **2**: 162，图版 12: 8. 1959；海南植物志 **1**: 41，图 19. 1964；中国高等植物 **2**: 125，图 163. 2008. ——*Trichomanes bipunctatum* Poir. in Lam. Encycl. Bot. **8**: 69. 1808.

植株高4～8cm。根状茎细而横走，密被黑褐色短毛。叶远生；叶柄长1～2cm，中部以上或全部具狭翅，翅缘有褐色睫毛；叶片长圆形至阔卵形，长3～7cm，宽1.5～3cm，二回至三回深羽裂；羽片4～6对，互生，斜上，卵形至长圆形，长1～1.5cm，宽0.5～1cm，密接，无柄；小羽片3～4对，互生，倒卵形至阔楔形，先端近截形，基部斜楔形，密接；末回裂片狭线形，长2～4mm，宽0.6～0.8mm，极斜上，密接，钝头，全缘；叶脉叉状分枝，两面略隆起，无毛，沿叶缘有1条连续不断的假脉，该假脉与叶缘间有2行细胞相隔，叶片其他部分则少有断续假脉；叶轴及羽片均具翅，无毛；叶片薄膜质，半透明，干后暗绿色，无毛。孢子囊群生于叶片上部；囊苞椭圆形，口部深裂为明显的二唇瓣；唇瓣三角形，长与宽相等，尖头或钝头；囊托凸出，黑褐色。

产于上思、防城港；生于海拔300～800m的林下阴湿石壁或树干上。分布于台湾、广东、海南、云南。印度、马来西亚、越南、柬埔寨、缅甸、澳大利亚、新西兰、日本也有分布。

2. 边内假脉蕨（中国植物志）　图版 27:1～2

Crepidomanes intramarginale (Hook. et Grev.) Copel. in Philipp. J. Sci. **67**: 59. 1938；中国植物志 **2**: 163. 1959；香港植物志·蕨类植物门 89. 2003. ——*Trichomanes intramarginale* Hook. et Grev. Ic. Fil. t. 211. 1831.

植株高仅2～4cm。根状茎丝状，横走，暗褐色，几光滑。叶远生；叶柄短，长2～4mm，暗褐色，几光滑，两侧有狭翅几达基部；叶片线状披针形，长2～4cm，宽0.5～1cm，渐尖头，一回羽裂或略二回分裂；羽片5～7对，互生，长圆状线形，长3～4mm，宽1.5～2.5mm，钝头，基部下侧下延，浅裂成2～3枚线形钝头的裂片；末回裂片长1.5～3mm，宽0.5～0.8mm，密接，全缘而略呈波浪状；叶脉叉状，两面稍隆起，沿叶缘有1条连续不断的假脉，该假脉与叶缘之间有1～2行细胞间隔，连续的假脉与叶脉间尚有断续假脉分散于叶肉中；叶轴暗褐色，有狭翅，无毛；叶片薄膜质，干后暗褐色，无毛。孢子囊群生于各长裂片基部上侧的短裂片顶端；囊苞钟状，长约1mm，两侧有阔翅，口部浅裂为两枚圆头的唇瓣；囊托凸出。

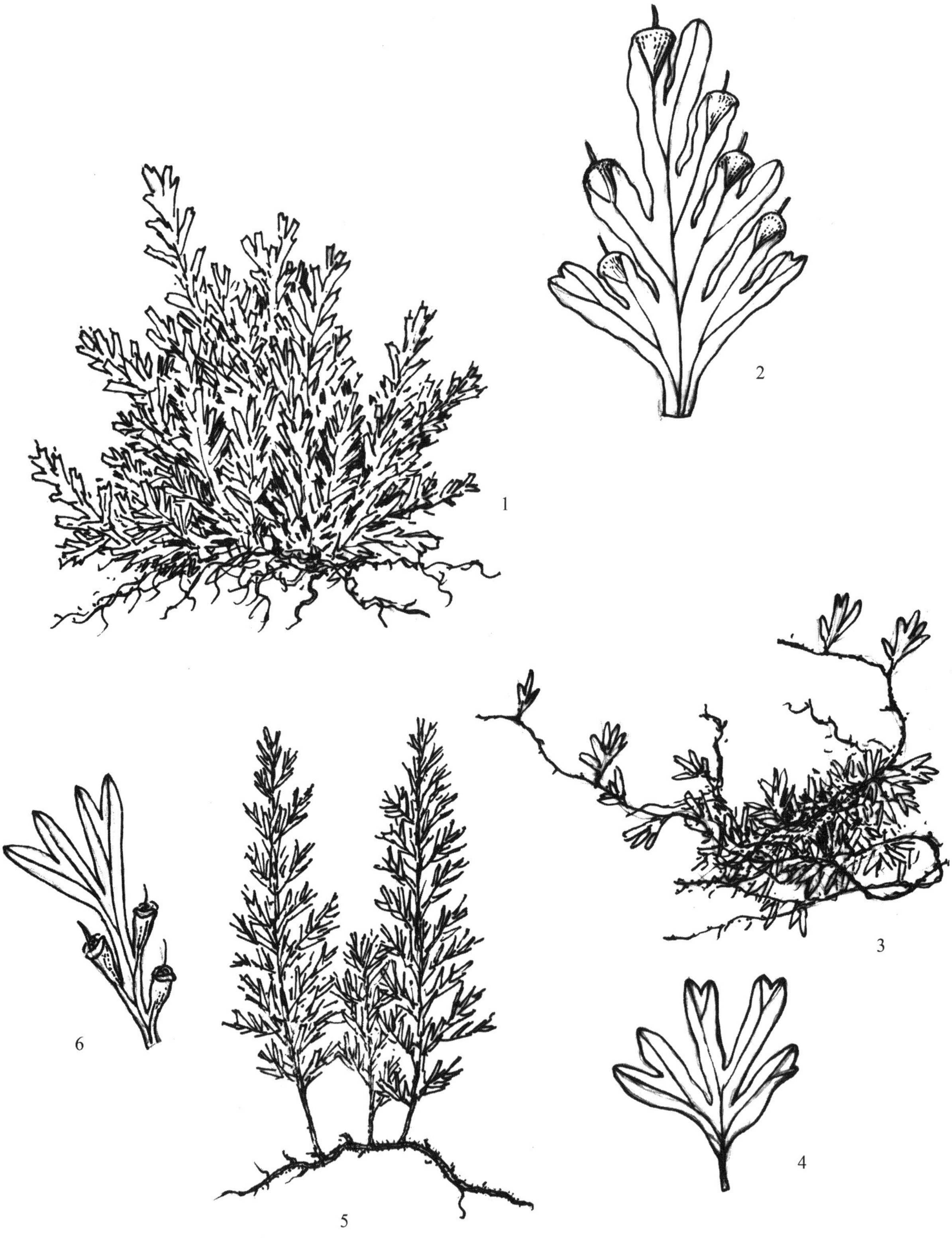

图版 27 1～2. **边内假脉蕨** Crepidomanes intramarginale (Hook. et Grev.) Copel. 1. 植株；2. 裂片，示囊苞的位置和形态。3～4. **阔边假脉蕨** C. latemarginale (Eaton) Copel. 3. 植株；4. 裂片。5～6. **长柄假脉蕨** C. racemulosum (v. d. Bosch) Ching 5. 植株；6. 裂片，示囊苞的位置和形态。 （林文宏绘）

产于宁明；生于海拔约 250m 的石灰岩季雨林下。分布于广东、香港。印度、斯里兰卡也有分布。

3．**阔边假脉蕨**（中国植物志）　图版 27：3～4

Crepidomanes latemarginale（Eaton）Copel. in Philipp. J. Sci. **67**：60. 1938；中国植物志 **2**：164. 1959；云南植物志 **20**：191，图版 34：4～5. 2006. ——*Trichomanes latemarginale* Eaton in Proc. Amer. Acad. Arts. **4**：111. 1858.

植株高 1～2cm。根状茎纤细，横走，密被褐色短毛。叶远生；无柄或柄极短；叶片楔形或近扇形至长圆状披针形，长 1～2cm，宽 4～8mm，先端钝或截形至圆形，基部楔形，指状或扇状分裂至一回羽裂；裂片 2～10 枚，长圆状线形，长 2～5mm，宽 1～1.5mm，圆头，全缘而稍呈波浪状；叶脉叉状，沿叶缘有 1 条连续不断的粗壮假脉，假脉着生在叶边上并无细胞相隔，叶肉间散生与叶脉并行的断续假脉；叶片薄膜质，干后暗绿色，光滑无毛。孢子囊群生于上部裂片顶端；囊苞漏斗状，长约 1.5mm，宽约 1mm，两侧有阔翅，口部膨大并浅裂为二唇瓣，唇瓣先端阔圆；囊托凸出。

产于那坡、靖西、龙州；生于海拔 400～450m 的常绿阔叶林下。分布于云南、广东、香港、台湾。印度经泰国至越南也有分布。

4．**边上假脉蕨**（中国植物志）

Crepidomanes pinnatifidum Ching et Chiu in Fl. Reipub. Popul. Sin. **2**：165. 354. 1959；云南植物志 **20**：191，图版 34：6～7. 2006.

植株矮小，高 1～2cm。根状茎纤细，丝状，横走，黑褐色，密被黑褐色短毛。叶远生，无柄或柄极短；叶轴暗绿褐色，有阔翅，无毛；叶片楔形或近于扇形至长圆状披针形，长 1～2cm，宽 4～8mm，先端钝或截形至圆形，基部楔形，指状分裂或扇状分裂至一回羽裂；裂片 2～10 枚，互生，极斜上，长圆状线形，长 2～5mm，宽 1～1.5mm，单一或浅分叉，圆头，全缘而稍呈波浪状；叶脉叉状，暗绿色，两面明显，无毛；末回裂片有小脉 1～2 条，沿叶缘有 1 条连续不断的粗壮假脉，并无细胞相隔，叶肉间散生与叶脉并行的断续假脉；叶片薄膜质，干后暗绿色，光滑无毛，细胞壁厚而形成深洼点状。孢子囊群生于上部裂片顶端；囊苞漏斗形，长约 1.5mm，宽约 1mm，两侧有阔翅，其下的裂片不缩狭，口部膨大并浅裂为二唇瓣，唇瓣先端阔圆形；囊托凸出，长 2～3mm，稍弯弓，褐色，纤细。

产于隆安；生于海拔 500～800m 的林下阴湿处。分布于云南。

5．**长柄假脉蕨**（中国植物志）　图版 27：5～6

Crepidomanes racemulosum（v. d. Bosch）Ching in Fl. Reipub. Popul. Sin. **2**：170，354. 1959；云南植物志 **20**：193，图版 35：3～4. 2006；中国高等植物 **2**：127，图 167. 2008. —— *Didymoglossum raceomulosum* v. d. Bosch in Ned. Kr. Arch. **5**：137. 1863. ——*Crepidomanes latealatum*（v. d. Bosch）Copel. in Philipp. J. Sci. **67**：60. 1938；中国植物志 **2**：165. 1959. —— *C. smithiae* Ching in Acta Phytotax. Sin. **8**：138. 1959；中国植物志 **2**：169. 1959；海南植物志 **1**：41. 1964.

植株高 2～10cm。根状茎细长而横走，密被黑褐色短毛。叶远生；叶柄或长或短，长者 1～3cm，短者几无或极短，被黑褐色短毛或无毛，几全有翅，翅连柄宽 1～1.5mm，翅缘有睫毛；叶片卵状长圆形、椭圆形或阔披针形，长 2～8cm，宽 1～3cm，渐尖头，基部阔楔形至近心形，二回羽裂；羽片 5～10 对，无柄，斜上，长圆状斜卵形，长 0.5～1.5cm，宽 3～10mm，密接或稍呈覆瓦状，钝头，基部斜楔形；裂片 4～6 对，披针状线形，长 2～4mm，宽 0.8～1.2mm，急尖头，全缘，多少为浅波状或有褶皱；叶脉叉状分枝，两面明显隆起，无毛，沿叶缘无连续不断的假脉，叶肉间有 1～2 行短而疏的断续假脉，假脉和叶脉几并行；叶片薄膜质，干后淡褐色，无毛。孢子囊群生在叶片上半部；囊苞长管状，尖头，长约 2mm，宽约 0.5mm，两侧有翅，口部稍膨大，浅裂达 1/3 成二唇瓣；唇瓣三角形，长与宽约相等，尖头；囊托凸出，长 2～3mm，褐色。

产于那坡、凌云、上思、武鸣、龙州、隆安、金秀；生于海拔 150～1 200m 的常绿阔叶林下或沟谷中。分布于江西、海南、广东、香港、四川、云南、贵州。印度、越南、泰国、马来西亚、印度尼西亚、日本也有分布。

6．**荔波假脉蕨**（云南植物研究）

Crepidomanes liboense P. S. Wang in Acta Bot. Yunnan. **9**(4): 397, f. 1. 1987; 贵州蕨类植物志 214. 2001.

植株高不及 4cm。根状茎细长而横走,密被黑色短毛。叶远生;叶柄短,长 1～3mm,两侧具狭翅,翅缘不具睫毛或仅近基部略具睫毛,叶轴上的翅平坦而不褶皱,;叶片阔卵形至长卵形,长 1.5～2.5cm,宽 1～2cm,钝头,基部楔形,半透明,两面光滑,二回羽裂;一回裂片 4～6 对,密接,斜展,基部楔形,与叶轴的翅相连;基部羽片常最大,长 6～10mm,宽 4～7mm,长圆形,先端钝,羽状深裂;二回裂片 2～3 对,长 1～4mm,长圆线状,边全缘而平坦,其先端常二叉浅裂,锐尖头;叶脉于两面稍凸起,假脉不连续,与侧脉平行而略近叶缘;叶干后草质,绿色至深绿色。孢子囊群生于向轴的短裂片上;囊苞漏斗形,基部狭缩,向口部渐膨大,口部浅裂为 2 枚圆形唇瓣,唇瓣边缘全缘或稍呈波状;囊托长而凸出。

产于环江;生于海拔约 150m 的石灰岩疏林中。分布于贵州。

7. 多脉假脉蕨(中国植物志)

Crepidomanes insigne (v. d. Bosch) S. H. Fu, Illus. Handb. Import. Chin. Pl. Pterid. 39. 1957; 中国植物志 **2**: 168. 1959; 中国高等植物图鉴 **1**: 134, 图 268. 1972; 云南植物志 **20**: 192, 图版 34: 8～9. 2006; 香港植物志·蕨类植物门: 92. 2003. ——*Didymoglossum insigne* v. d. Bosch in Ned. Kr. Arch. **5**: 14. 1863.

植株高 3～5cm。根状茎粗线状,横走,密被黑褐色的短毛。叶远生;叶柄长 0.5～1cm,基部黑褐色并被短睫毛,其余暗绿色,两侧狭翅几达基部,翅缘光滑或有易落的疏睫毛;叶片狭长圆形至三角状披针形,长 1.5～3.5cm,宽 1～1.5cm,渐尖头,基部楔形,二回羽裂;羽片 4～6 对,无柄,斜上,卵状披针形,长 5～10mm,宽 2～5mm,钝头,基部斜楔形,羽裂几达有翅的羽轴;裂片 2～4 对,极斜上,狭线形,长 2～4mm,宽 0.6～0.8mm,密接,钝头,单一或分叉,全缘;叶脉叉状分枝,暗绿褐色,两面明显隆起,无毛,沿叶缘无连续不断的假脉,在叶边和叶脉间有 2～3 行断续而与叶脉并行或几并行的假脉;叶轴和羽轴均具翅,无毛;叶片薄膜质,半透明,干后暗绿褐色,无毛。孢子囊群位于叶片上部 2/3 处,生于短裂的顶端;囊苞倒长圆锥形,长约 1.5mm,宽约 1mm,浅裂为圆形的二唇瓣;囊托凸出,长 2～3mm。

产于凌云;生于海拔 800～1 400m 的林下阴湿处。分布于云南、浙江、江西、福建、广东、香港。印度、老挝、越南、日本、朝鲜也有分布。

6. 细口团扇蕨属 Microtrichomanes (Mett. ex Prantl) Copel.

附生植物。根状茎纤细,下面疏生纤维状根。叶片通常较小,指状或扇形,多数羽状分枝,少数二叉状。叶轴具翅但叶柄上无翅;叶缘无刚毛,胞壁薄。孢子囊生于线形裂片顶端;囊群盖倒圆锥形或少为钟状,全缘,口部扩大,有或无睫毛或刚毛,波状;囊托细长,略凸出。

本属有 10 种,分布于马达加斯加至波利尼西亚,南至新西兰。中国有 1 种;广西也产。

细口团扇蕨(中国植物志)

Microtrichomanes nitidulum (v. d. Bosch) Copel. in Philipp. J. Sci. **67**: 37. 1938; 云南植物志 **20**: 180, 图版 32: 9. 2006. ——*Trichomanes nitidulus* v. d. Bosch in Pl. Jungh. **1**: 547. 1856. ——*Gonocormus nitidulus* (v. d. Bosch) Prantl in Hymen. 51. 1875; 中国植物志 **2**: 177. 1959; 中国高等植物 **2**: 131, 图 172. 2008.

植株高约 3cm。根状茎极细而横走,黑色,疏被褐色柔毛。叶远生;叶柄长 2～2.5cm,纤细,无翅;叶片近扇形或倒三角形,长 1～2cm,宽 1.5～2cm,一回掌状深裂,基部短楔形;裂片 5～7 枚,线形,长 0.5～1cm,宽 1～2mm,单一或分叉,钝头,全缘;叶脉二回至三回叉状分枝,两面明显隆起,黑色,末回裂片有小脉 1 条;叶片薄膜质,半透明,干后棕褐色,光滑无毛。孢子囊群着生于小脉先端;囊苞倒三角形,口部小于裂片的宽度,不凸出于裂片边缘。

产于上思、防城港;生于海拔 300～1 200m 的山谷林下阴湿的石壁或树干上。分布于云南、台湾。越南、澳大利亚、马来西亚也有分布。

7. 团扇蕨属 Gonocormus v. d. Bosch

小型匍匐状蕨类,常为附生。根状茎纤细而横走,被短毛。叶远生;叶柄纤细,连同叶轴常有不定芽能生出新叶;叶片小,圆扇形或椭圆形,二叉状分裂或近羽状分裂,偶有毛;叶脉扇状二叉分枝,无假脉;叶片膜质。囊苞生在较短的裂片顶端,漏斗状,口部膨大,全缘;囊托丝状,上部伸出囊苞;孢子球状四面形,极面观近圆形或钝三角形,表面具小刺状、短棒状或疣状纹饰。

本属约有 10 种,其分布从非洲经波利尼西亚至日本、澳大利亚及夏威夷群岛。中国有 5 种;广西产 2 种。

分种检索表

1. 叶片团扇形;裂片整齐,生囊苞的裂片通常比营养叶短或近等长 …………………………………………………… 1. **团扇蕨** G. minutus (Bl.) v. d. Bosch
1. 叶片近扇形或近一回羽裂;裂片参差不齐,生囊苞的裂片常为顶端裂片或凸出于营养叶之上 …………………………………………………… 2. **海南团扇蕨** G. australis Ching

1. **团扇蕨**(中国蕨类植物志属)

Gonocormus minutus (Bl.) v. d. Bosch, Hymen. Jav. 7, t. 3. 1861; 中国蕨类植物志属 40, 图 46. 1954; 中国主要植物图说·蕨类植物门 46. 1957; 中国植物志 2: 175, 图版 12: 1～6. 1959; 海南植物志 1: 40, 图 18. 1964. ——*Trichomanes minutum* Bl. Enum. Pl. Jav. 223. 1828.

植株高 1.5～2cm。根状茎纤细,丝状,横走,黑褐色,密被暗褐色片状短毛。叶远生;叶柄纤细,光滑无毛;叶片扇形、团扇形至圆肾形,长与宽不及 1cm,宽略大于长,扇状分裂达 1/2,基部心形或短楔形;裂片线形,钝头且常有浅裂;生囊苞的裂片通常较不育裂片为短或等长;叶脉多回叉状分枝,两面明显,末回裂片有 1～2 条小脉;叶片薄膜质,半透明,干后暗绿色,两面光滑无毛。孢子囊群着生于短裂片顶部;囊苞瓶状,两侧有翅,口部膨大而有阔边。

产于三江、临桂、灵川、兴安、桂平、南宁、武鸣、上林、上思、那坡、贺州;生于海拔 100～1 600m 的林下阴湿石壁或树干上或溪边石壁上。分布于中国东北及安徽、湖南、浙江、福建、台湾、广东、海南、四川、贵州、云南。日本、朝鲜、越南、柬埔寨、印度尼西亚也有分布。

2. **海南团扇蕨**(植物分类学报)　图版 26:7～9

Gonocormus australis Ching in Acta Phytotax. Sin. 8: 137. 1959; 中国植物志 2: 176. 1959; 海南植物志 1: 40. 1964.

本种近似于**团扇蕨** [*G. minutus* (Bl.) v. d. Bosch],不同在于本种叶片近扇形或近一回羽裂;裂片参差不齐,生囊苞的裂片常为顶端裂片或凸出于营养叶之上。

产于上思、武鸣、东兴;生于海拔 300～800m 的沟谷林下阴湿石壁或树干上。分布于海南。

本种曾被合并至团扇蕨下,但本种叶片为不明显的扇形,近羽状分枝;囊苞一般生于叶片近顶端,明显高于不育裂片,且形态较为稳定,所以本书仍承认其为一个独立的种。

8. 瓶蕨属 Vandenboschia Copel.

附生,少为土生,小型或中型蕨类。根状茎粗而横走,密生褐色节状毛。叶远生,二列着生;叶柄略扁,两侧常具翅；叶片披针形至椭圆形，一回至三回羽状分裂，裂片全缘；叶脉羽状，无假脉；叶片膜质，细胞壁不增厚。囊苞生于末回裂片顶端，管状呈漏斗形或杯形，口部全缘；囊托丝状，伸出囊苞之外；孢子球状四面形，极面观三角圆形或近圆形，具小刺状或短棒状纹饰。

本属约有 35 种，分布于热带及亚热带，南至南美洲南部、非洲南部及新西兰，北至日本。中国有 11 种，主要分布于西南至华南及台湾，少数达长江流域；广西产 5 种。

分种检索表

1. 叶具短柄(<2cm)或无柄，柄无翅或有狭翅。
  2. 根状茎粗，直径 3mm 以上；株形大，高超过 20cm …………………………………… 1. **瓶蕨** V. auriculata (Bl.) Copel.
  2. 根状茎纤细；株形小，高约 10cm …………………………………… 2. **西藏瓶蕨** V. schmidtiana (Zenk. ex Tasch.) Copel.
1. 叶有长柄，柄两侧有阔翅。
  3. 囊苞管状，口部截形而不膨大；叶轴及各回羽轴背面无毛 ……………………………………………………………… 3. **管苞瓶蕨** V. birmanica (Bedd.) Ching
  3. 囊苞管状狭漏斗形，口部不膨大或略膨大；叶轴及各回羽轴背面有毛。
    4. 叶轴及各回羽轴背面有微小的棕色棒状腺毛 ……………………………… 4. **华东瓶蕨** V. orientalis (C. Chr.) Ching
    4. 叶轴及各回羽轴背面有黑褐色节状毛 ……………………………………… 5. **漏斗瓶蕨** V. naseana (Christ) Ching

1. **瓶蕨**(中国植物志)

Vandenboschia auriculata (Bl.) Copel. in Philipp. J. Sci. **67**: 55. 1938; 中国植物志 **2**: 181, 图版 13: 1～2. 1959; 中国高等植物图鉴 **1**: 134, 图 267. 1972. —— *Trichomanes auriculatum* Bl. Enum. 225. 1828; 四川植物志 **6**: 157. 1988.

根状茎较粗，横走，密生褐色节状毛，疏生浅棕色较长的扁平节状毛。叶远生；叶柄极短，长 2～6mm，两侧有极狭的翅；叶片镰状披针形，长 6～12cm，宽 2～2.5cm，渐尖头，二回羽状浅裂或深裂；裂片 12～18 对，彼此以狭翅相连，斜卵形，基部偏斜，圆头，羽状浅裂至深裂；中部或下部的较大，长 1～1.6cm，宽 5～8mm；二回裂片 4～5 对，长圆形，长 2～4mm，宽约 2mm，顶端有钝齿缺；能育的二回裂片较狭长；叶脉羽状，末回裂片具分叉小脉；叶片膜质，叶轴背面有棕色节状毛。孢子囊群位于叶中部以上能育裂片顶端；囊苞管状狭漏斗形，口部不膨大或稍膨大。

产于龙胜、兴安、灵川、桂林、资源、金秀、那坡、防城港、上思、贺州、平南、桂平、容县、大新、武鸣；附生于海拔 400～1 130m 的林下树干或石壁上。分布于西藏、云南、四川、重庆、贵州、湖南、江西、福建、海南、广东、香港、浙江、台湾。印度、尼泊尔、不丹、泰国、越南、马来西亚、菲律宾、日本也有分布。

2. **西藏瓶蕨**(西藏植物志) 图版 28:1～3

Vandenboschia schmidtiana(Zenk. ex Tasch.) Copel. in Philipp. J. Sci. **67**: 53. 1938. ——*V. titibuensis* H. Ito in J. Jap. Bot. **24**: 125, f. 1. 1949. —— *Trichomanes titibuense* (H. Ito) S. K. Wu in Fl. Xizang. **1**: 52. 1983.

植株高 3～5cm。根状茎细长而横走，密被深棕色短毛。叶疏生；叶柄长约 1cm，无翅；叶片披针形，长 2～4(6)cm，宽 1～1.8cm，基部不变狭，二回羽裂；羽片 4～14 对，长 1～1.4cm，宽 3～4cm，羽裂成 2～3 对长圆形、圆头的裂片；叶片膜质，光滑，暗绿色。孢子囊群生于裂片顶端，倒圆锥形，顶部阔圆，两侧有狭翅；囊托不露出或稍露出。

产于三江、环江；生于海拔 300～1 300m 的林下阴湿处。分布于西藏、湖北、云南。尼泊尔、日本也有分布。

3. **管苞瓶蕨**(植物分类学报) 图版 28:4～6

Vandenboschia birmanica (Bedd.) Ching in Acta Phytotax. Sin. **8**(2): 135. 1959; 中国植物志 **2**: 185. 1959; 海南植物志 **1**: 38. 1964. ——*Trichomanes birmanicum* Bedd. in Ferns Brit. Ind. Suppl. 3,

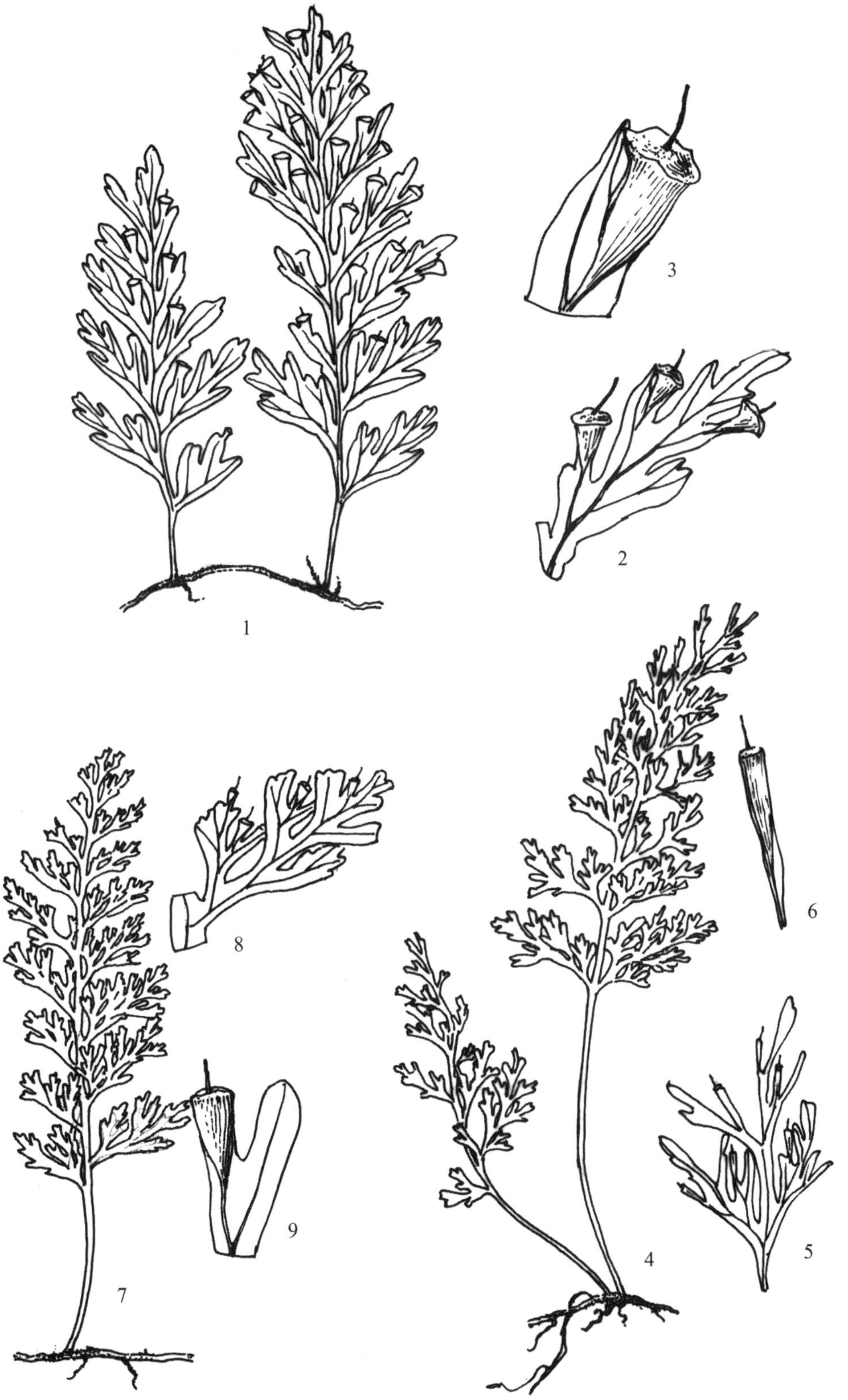

图版 28　1～3. **西藏瓶蕨** Vandenboschia schmidtiana (Zenk. ex Tasch.) Copel. 1. 植株；2. 裂片，示囊苞的位置；3. 囊苞。　4～6. **管苞瓶蕨** V. birmanica (Bedd.) Ching　4. 植株；5. 裂片，示囊苞的位置；6. 囊苞。　7～9. **华东瓶蕨** V. orientalis (C. Chr.) Ching　7. 植株；8～9. 裂片，示囊苞的位置和形态。（林文宏绘）

pl. 349. 1876.

植株高15～20cm。根状茎纤细，被黑色而早落的多细胞长节状毛。叶远生；叶柄长3～6cm，淡褐色，两侧有狭翅几达基部，翅连叶柄宽约2mm，无毛；叶片三角状披针形，长5～10cm，下部宽3～5cm，顶稍尖，基部阔，二回至三回羽裂；羽片10～12对，三角状披针形，长1～2cm，宽5～7mm，短尖头，无柄；小羽片3～5对，斜方形或近线形，长3～7mm，宽2.5～6mm，钝圆头，基部下侧下延，扇状或掌状深裂；末回裂片3～6枚，线形，长约2mm，宽约0.5mm，钝头，单一或二裂，全缘；叶脉明显，多回叉状分枝；叶片厚膜质，半透明，干后灰绿色。孢子囊群着生于向轴的较短裂片上的小脉顶部；囊苞管状，口部截形而不扩大；囊托凸出，纤细，长约3mm，通直。

产于田林、那坡、武鸣、灵川、兴安、龙胜；生于海拔800～1 300m的常绿阔叶林下或山谷溪边石壁上。分布于福建、广东、海南、云南、贵州、河南、湖南、江西、台湾、浙江。缅甸、越南、日本也有分布。

4. **华东瓶蕨**（中国植物志） 图版28:7～9

Vandenboschia orientalis (C. Chr.) Ching in Fl. Reipub. Popul. Sin. 2: 187. 1959.——*Trichomanes orientale* C. Chr. in Ind. Fil. 646. 1905；中国高等植物2：133，图176. 2008.

根状茎略粗，密生褐色节状毛。叶远生；叶柄长1～6cm，两侧有狭翅下延至基部；叶片椭圆形或狭卵形，长5～8cm，宽2～3cm，基部圆楔形，渐尖头，三回羽裂；羽片6～10对，彼此以狭翅相连，宽卵形，钝头，二回羽裂，中部的较大，长1～1.6cm，宽5～14mm；二回羽片2～4对，彼此以狭翅相连，倒卵形或宽楔形，基部渐狭，圆头，羽裂，下部的较大，长4～8mm，宽3～5mm；裂片1～3对，短线形，长1～3mm，宽约0.5mm，叶脉羽状；叶片膜质，叶轴及裂片中轴背面有棕色棒状短毛。孢子囊群位于叶上部末回裂片顶端；囊苞管状狭漏斗形，口部不膨大或略膨大；囊托凸出，纤细，长达8mm，稍弯弓。

产于贺州、金秀；生于海拔400～500m的常绿阔叶林下或沟谷中。分布于云南、安徽、贵州、四川、湖南、江西、浙江、福建、台湾。日本、朝鲜也有分布。

5. **漏斗瓶蕨**（植物分类学报）

Vandenboschia naseana (Christ) Ching in Acta Phytotax. Sin. 8(2): 136. 1959；中国植物志2：186. 1959；海南植物志1：38. 1964.——*Trichomanes naseanum* Christ in Bull. Soc. Bot. France 52 Mém. 1: 11. 1905.——*T. striatum* D. Don in Prodr. Fl. Nepal. 11. 1825；四川植物志6：158，图版48. 1988.

根状茎较粗，横走，密生褐色节状毛。叶远生；叶柄长5～15cm，两侧有狭翅下延至基部，基部有棕色节状毛；叶片椭圆形或狭卵形，长15～35cm，宽6～10cm，基部圆楔形，渐尖头，四回羽裂；羽片14～18对，彼此以狭翅相连，椭圆形或卵形，三回羽裂，中部的较大，长4～8cm，宽1.8～3cm；叶脉羽状；叶片膜质；叶轴及裂片中轴背面有黑褐色长节状毛。孢子囊群位于末回裂片顶端；囊苞管状狭漏斗形，口部不膨大或略膨大；囊托凸出，长约3mm，弯弓。

产于三江、田林、凌云；生于海拔300～1 300m的常绿阔叶林下。分布于西藏、云南、四川、贵州、广东、台湾、浙江。印度、尼泊尔、越南、老挝、日本也有分布。

9. 长筒蕨属 Selenodesmium (Prantl) Copel.

小型，土生。根状茎粗短，横走或近直立，密生纤维状根。叶近生或簇生；叶柄粗健，被易落的短刚毛；叶片长卵形，多回羽状，小羽片深裂达于有翅的羽轴；叶脉分叉，末回裂片线形，有小脉1条；叶质坚厚，细胞壁增厚成粗洼点。囊苞圆柱形，口部全缘；囊托长而凸出；孢子近圆球形，外壁具小刺状纹饰。

本属约有12种，广泛分布于热带地区，向南达新西兰。中国有4种，分布于西南、华南至台湾；广西产1种。

广西长筒蕨(植物分类学报)

Selenodesmium siamense (Christ) Ching et C. H. Wang in Acta Phytotax. Sin. **8**(2): 138. 1959; 中国植物志 **2**: 191, 图版 15: 6~7. 1959; 海南植物志 **1**: 44, 图 20. 1964. ——*Trichomanes siamense* Christ in Bot. Tidsskr. **24**: 103. 1901. ——*T. tereticaulum* Ching in Sinensia **1**: 2. 1929; 中国蕨类植物图谱 **1**: 图版 3. 1930.

植株高 10~12cm。根状茎横生。叶簇生;叶柄长 4~6cm 或更长,无翅或仅顶部具狭翅,光滑;叶片长圆状卵形,长 4~6cm,宽 2~2.5cm,三回羽裂;羽片 3~5 对,长圆状卵形,长 1~2cm,宽 8~10cm,无柄,斜上,上部的羽片渐缩短,羽状深裂;小羽片 2~4 枚,楔状匙形,长约 3mm,宽 1.5~2mm,尖头,羽裂;裂片线形,全缘,尖头;叶脉明显,叉状分枝;叶片薄草质,半透明,无毛。孢子囊群顶生于向轴的末回裂片上,通常每羽片有 2~3 个;囊苞短漏斗状,稍膨大,口部微波状,不分裂为两瓣;囊托粗壮。

产于防城港、上思;生于海拔 200~500m 的林下或山谷溪边。分布于广东、香港、澳门、海南、湖南。越南、泰国也有分布。

19. 蚌壳蕨科 DICKSONIACEAE

大型蕨类,土生。根状茎粗壮,横卧或耸立地面呈树干状,内有管状或网状中柱,外面密生长毛。叶一型或有时具二型羽片,丛生,叶柄粗壮,基部无关节,叶片宽大,二回至四回羽状,革质,具羽状脉,叶脉分离。孢子囊群位于羽片边缘,生于小脉顶端或生于凸起的囊托上;囊群盖二瓣状凸出于羽片边缘之外呈蚌壳形,向外开裂,外瓣为叶缘特化而成,内瓣由羽片背面生出;孢子囊倒卵形,具完整斜生的环带,有柄;孢子球状四面形。

本科有 5 属 30 多种,分布于亚热带及热带。中国有 1 属 1 种。

金毛狗属 Cibotium Kaulf.

大型蕨类,土生。根状茎粗壮,横卧或耸立地面呈树干状,密生长毛。叶一型,丛生,叶柄粗壮,腹面扁平;叶片二回至三回羽裂,裂片有齿;具羽状脉,叶脉分离;草质。孢子囊群位于羽片边缘,生在小脉顶端;囊群二瓣状,蚌壳形,内瓣略小。

本属约有 20 种,分布于东南亚至大洋洲、夏威夷群岛、中美洲。中国仅有 1 种;广西也产。

金毛狗(中国植物志)

Cibotium barometz (L.) J. Sm. in London J. Bot. **1**: 437. 1843; 中国植物志 **2**: 197, 图版 16: 1~4. 1959; 海南植物志 **1**: 45, 图 21. 1964; 中国高等植物图鉴 **1**: 138, 图 276. 1972. ——*Polypodium barometz* L. in Sp. Pl. **2**: 1092. 1753.

植株高 2~3m。根状茎直径 4~8cm,横卧,密生棕黄色节状长毛。叶密生;叶柄长 1~1.2m,基部直径达 2cm;叶片宽卵形,长 1~1.4m,宽 0.8~1.1m,基部圆楔形渐尖头,三回羽状深裂;羽片 10~15 对,互生,略斜向,有柄,狭长圆卵形,长 50~60cm,宽 20~26cm,柄长 2~5cm,基部截形,渐尖头,二回羽状深裂;小羽片 18~24 对,互生,略斜上,有短柄,线状披针形,长 13~15cm,宽 2~3cm,基部圆楔形,先端长渐尖,羽状深裂;裂片 23~25 对,略斜上,狭矩圆形,长 1.5~1.8cm,宽 4~5mm,钝头,边缘有钝齿;裂片具羽状脉,侧脉分叉;叶薄草质,背面灰绿色,幼时疏生黄色毛,后渐脱落。孢子囊群位于裂片下部边缘,生在小脉顶端;囊群盖二瓣状,长圆形。

广西各地均产;生于海拔 10~1 300m 的疏林、灌丛或沟谷溪边。分布于台湾、福建、浙江、广东、湖南、江西、西藏、云南、贵州、四川。印度、缅甸、泰国、越南、日本也有分布。

本种为酸性土指示植物。本种的根状茎即草药金毛狗脊，能补肝肾，强腰膝，祛风湿，利尿通淋；其上的黄毛民间用于止外伤出血，又可作填充物；可栽培为观赏植物。

本种被国务院 1999 年批准的《国家重点保护野生植物名录(第一批)》收录为国家Ⅱ级保护植物。

20. 桫椤科 CYATHEACEAE

土生，大型树状蕨类，少为中型。茎高大，耸立于地面呈树干状，外被残留的叶柄基部，有时仅具横卧的根状茎，内有网状中柱，外被鳞片；叶一型，簇生于树干状的茎顶部，或密生于横卧的根状茎前端；叶柄粗壮，基部无关节，腹面扁平或有浅纵沟，有时有瘤或刺，基部有鳞片；叶片宽大，二回至三回羽状，极少为单叶；叶脉羽状，侧脉分离；叶纸质至革质。孢子囊群圆形，位于小脉背部多少隆起的囊托上，有丝状隔丝；囊群盖球形，顶端开裂，有时纵裂为鳞片状，有时无盖；孢子囊倒卵形，具完整斜生的环带，有短柄；孢子球状四面形。

本科有 7 属约 650 种，分布于热带及亚热带，南半球较多。中国有 2 属 14 种；广西有 2 属 8 种。

本科所有种类均被国务院 1999 年批准的《国家重点保护野生植物名录(第一批)》收录为国家Ⅱ级保护植物。

分属检索表

1. 叶柄基部鳞片坚硬，中部黑棕色，边缘具淡棕色窄边，易擦落而呈啮蚀状；叶片背面绿色或灰绿色，裂片侧脉通常单一或二叉；囊群盖有或无 …………………………………………………… 1. **桫椤属** Alsophila R. Brown
1. 叶柄边缘有黑色斜上刺毛或密被鳞片；叶片背面通常灰白色，裂片的侧脉 2～3 叉；无囊群盖 …………………………………………………… 2. **白桫椤属** Sphaeropteris Bernh.

1. 桫椤属 Alsophila R. Brown

土生，大型树蕨。茎高大耸立于地面呈树干状。叶簇生于茎顶呈树冠状；叶柄粗壮，禾秆色至棕色，有时有小瘤或刺，基部的鳞片细胞不同形，中间的长形，纵向排列，边缘的形状不规则；叶片大，通常二回至三回羽状，少数为单叶，末回裂片具羽状脉，侧脉分叉；叶纸质至革质。孢子囊群圆球形，生于侧脉分叉处隆起的囊托上；囊群盖球形，顶端开裂，有时纵裂为鳞片状；孢子球状四面形，极面观为圆三角形或钝三角形，三边内凹或微凸，赤道面观半圆形，具颗粒状、刺状或条状纹饰。

本属约有 200 种，分布于热带及亚热带。中国有 12 种 2 变种；广西产 7 种 1 变种。

分种检索表

1. 叶柄、叶轴和羽轴鲜时通常呈绿色、深禾秆色或浅棕色，有刺或小疣；能育小羽片和不育小羽片几同大，小脉常二叉；有囊群盖。
  2. 羽轴和小羽轴的背面被毛 …………………………………………………… 1. **中华桫椤** A. costularis Bak.
  2. 小羽轴的背面被鳞片。
    3. 囊群盖由基部完整地覆盖着囊群，隔丝长于孢子囊 ………………………… 2. **阴生桫椤** A. latebrosa Wall. ex Hook.
    3. 囊群盖不由基部完整覆盖囊群，隔丝短于孢子囊 ………………… 3. **桫椤** A. spinulosa (Wall. ex Hook.) R. M. Tryon
1. 叶柄、叶轴和羽轴呈乌木色或红棕色，通常无刺，微粗糙；能育小羽片常较不育小羽片窄，小脉单一；无囊群盖。
  4. 叶二回至三回羽裂；小羽片羽裂。

5. 二回羽轴及主脉背面有泡状鳞片 …………………………………………………………… 4. **粗齿桫椤** A. denticulata Bak.
5. 二回羽轴及主脉背后有扁平鳞片或短毛。
6. 叶柄基部的鳞片线形，一色（深紫色），边有疏睫毛，叶轴及羽轴腹面无毛。
7. 小羽片较短，长常不过 10cm，叶脉在裂片上通常 6～7 对 …………………………………………………………………………………………………… 5a. **大叶黑桫椤** A. gigantea Wall. ex Hook. var. gigantea
7. 小羽片较长，达 10～20cm，叶脉在裂片上达 8～12 对 …………………………………………………………………………………… 5b. **多脉黑桫椤** A. gigantea Wall. ex Hook. var. polynervata (Miou) Q. Xia
6. 叶柄基部的鳞片披针形，二色（中间深棕色，边缘淡棕色），叶轴及羽轴腹面密生短毛 ……………………………………………………………………………………………… 6. **小黑桫椤** A. metteniana Hance
4. 叶一回至二回羽状；小羽片边缘仅具浅锯齿或波状 ………………………………… 7. **黑桫椤** A. podophylla Hook.

1. **中华桫椤**（中国高等植物图鉴） 图版 29:1～3

Alsophila costularis Bak. in Kew Bull. **1906**: 8. 1906; 植物分类学报 **22**: 195. 1984; 中国植物志 **6** (3): 256, 图版 77: 1～4. 2004; 云南植物志 **20**: 201, 图版 37: 1～5. 2006.——*Cyathea chinensis* Copel. in Philipp. J. Sci. **3**: 355. 1909; 中国高等植物图鉴 **1**: 225. 1972.

茎干高达 5m 以上。叶柄长约 50cm，近基部黑紫色，向上棕褐色，通体密被具疣的短刺，鳞片线形，长约 3.5cm，宽约 1.5mm，有光泽，棕黑色，坚硬；叶轴光滑，浅棕色；最大的羽片长约 50cm，宽约 13cm，狭长圆形，基部羽片稍缩小；羽轴背面具灰白色卷曲毛；小羽片 30 对以上，无柄，平展，披针形，顶端渐尖，基部阔楔形或近截形，长约 8cm，宽约 1.3cm，相距约 1.5cm，深裂至羽轴；裂片斜展镰状，顶端圆形稍渐尖，边缘具圆齿，长约 7mm，宽约 3mm；较下部的羽轴和小羽轴表面被毛，鳞片较少，灰白色，多少外弯，不为泡状；叶脉单一或分叉；纸质至革质。孢子囊群靠近小羽轴，囊群托大。

产于宁明、凭祥、隆林；生于海拔 600～1 200m 的沟谷林中或山坡林中。分布于台湾、云南。越南、缅甸、印度及东喜马拉雅也有分布。

2. **阴生桫椤**（植物分类学报） 图版 29:4～7

Alsophila latebrosa Wall. ex Hook., Sp. Fil. **1**: 37. 1844; 植物分类学报 **27** (1): 8. 1989; 中国植物志 **6**(3): 261, 图版 77: 5～7. 2004.

茎干高 3～5m 或更高。叶柄长 30～40cm，具短刺，棕黄色至浅黑色，基部被鳞片；鳞片线形，棕黑色，有光泽，坚硬；下部羽片缩小至长约 10cm，形状不规则，远离；较大的羽片长约 40cm，宽约 14cm，狭长圆形，先端尾状渐尖；小羽片 25 对以下，长圆状披针形，通常向先端渐狭，基部的截形，无柄，长约 7cm，宽约 1.7cm，羽裂达羽轴；裂片斜展，镰形，顶端圆形，边缘全缘或略有齿，长约 10cm，宽约 3mm；羽轴腹面被毛，基部羽轴及小羽轴背面具伸长、扁平的棕色的鳞片，远轴部位则被灰白色泡状鳞片；叶干后纸质，深绿色，背面灰白色，叶脉分叉或稍远的单一。孢子囊群接近小羽轴；囊群盖小。

产于贺州、临桂；生于海拔 300～600m 的山谷林下阴湿处。分布于云南、台湾、海南。马来西亚、苏门答腊、柬埔寨也有分布。

3. **桫椤**（中国高等植物图鉴） 刺桫椤

Alsophila spinulosa (Wall. ex Hook.) R. M. Tryon in Contr. Gray Herb. **200**: 32. 1970; 福建植物志 **1**: 176. 1982; 贵州蕨类植物志 83, 图版 16: 1～6. 2001; 中国植物志 **6**(3): 258, 图版 78: 1～6. 2004.——*Cyathea spinulosa* Wall. ex Hook. Sp. Fil. **1**: 25. 1844; 中国高等植物图鉴 **1**: 225, 图 450. 1972.

植株高 3～5m。茎干高 1～4m，直径 10～15cm。叶丛生于茎顶呈树冠状；叶柄长 50～70cm，基部直径达 2cm，禾秆色至浅棕色，连同叶轴下部密生短刺，基部生棕色线状披针形的鳞片；叶片椭圆形，长 1.3～1.6m，宽 60～70cm，基部圆楔形，渐尖头，三回羽裂；羽片 12～16 对，中部的长 30～36cm，宽 14～16cm；二回羽片 16～18 对，线状披针形，长 7～10cm，宽 1～14cm，基部圆楔形，长渐尖头，羽状深裂，裂片 15～20 对，披针形，长 5～7mm，宽 2～3mm，钝头，缘略有钝齿，背面有小鳞片；裂片具羽状脉，侧

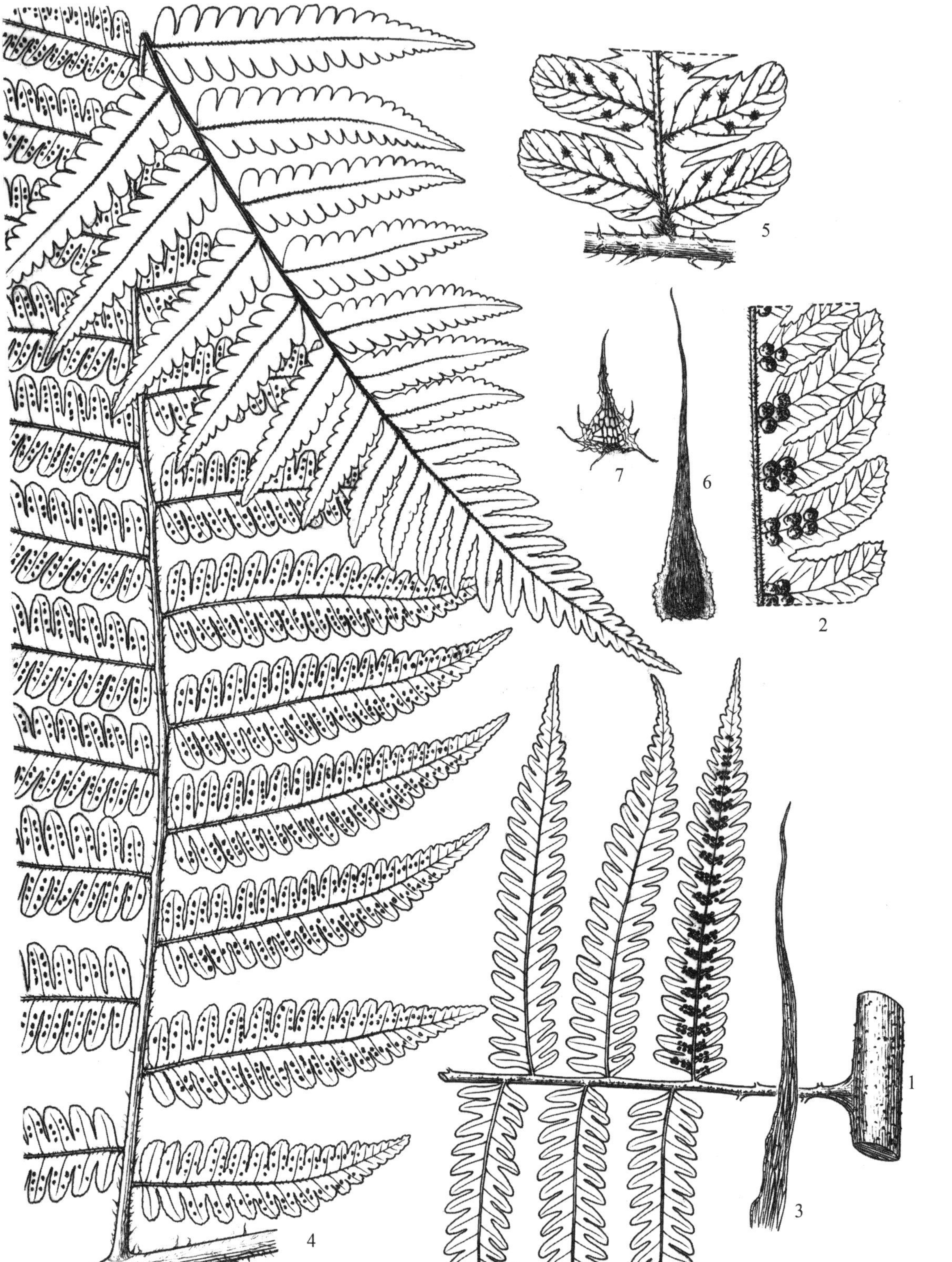

图版 29　1～3. **中华桫椤** Alsophila costularis Bak. 1. 羽片一部分；2. 小羽片一部分，示其形态、脉序、孢子囊群着生位置。3. 叶柄基部上的鳞片。　4～7. **阴生桫椤** A. latebrosa Wall. ex Hook. 4. 羽片；5. 小羽片一部分，示形态、脉序、孢子囊群着生位置；6. 叶柄基部上的鳞片；7. 小羽轴腹面的鳞片。　（朱运喜绘，其中 1～3 仿自《中国树木志》）

脉分叉;叶坚纸质。孢子囊群圆球形,生于侧脉分叉处隆起的囊托上;囊群盖球形,顶端开裂。

广西各地均产;生于海拔 200～1 400m 的沟谷林下、山坡或田埂边。分布于福建、广东、西藏、云南、四川、贵州、江西、重庆、香港、海南。印度、尼泊尔、缅甸、泰国、日本、菲律宾也有分布。

根状茎及茎干祛风除湿、强筋骨、活血散瘀、清热解毒、补虚止痛、驱虫;治肾虚腰痛、风湿骨痛、跌打损伤、崩漏、蛔虫病等。

4. **粗齿桫椤**(福建植物志)　图版 30:1～4

Alsophila denticulata Bak. in J. Bot. **23**: 102. 1885; 四川植物志 **6**: 169, 图版 51: 1～4. 1988; 中国植物志 **6**(3): 267, 图版 81: 1～5. 2004. ——*Gymnosphaera denticulata* (Bak.) Copel. Gen. Fil. 98. 1947; 贵州蕨类植物志 356. 2001. ——*G. hancockii* (Copel.) Ching ex L. K. Lin in Fl. Fujian. **1**: 179. 1982; 江西植物志 **1**: 235, 图 230. 1993.

植株高达 1m。根状茎粗壮,横卧,密生披针形、淡棕色鳞片。叶密生,叶柄长 50～60cm,深棕色,有光泽,腹面扁平有粗毛,基部有鳞片;叶轴及羽轴深棕色,腹面有粗毛;叶片椭圆形,长 50～60cm,宽 36～44cm;羽片约 12 对,卵状椭圆形,基部阔楔形,渐尖头,二回羽裂,下部的较大,长 22～26cm,宽 8～10cm;二回羽片 10～12 对,互生,平伸,柄极短,长圆状披针形,基部圆楔形,渐尖头,羽状深裂,下部的较大,长 5～6cm,宽 1.6～2cm;裂片 8～10 对,长圆形,长 6～8mm,宽 3～4mm,圆头,边缘有小齿;裂片具羽状脉,侧脉不分叉;叶纸质,二回羽轴及主脉背面有泡状鳞片。孢子囊群圆形,生于侧脉背面隆起的囊托上;无囊群盖。

产于三江、融水、那坡、上林、武鸣、金秀、兴安、上思、东兴、宁明;生于海拔 300～1 100m 的林下或灌丛中。分布于浙江、重庆、贵州、香港、云南、四川、江西、湖南、广东、福建、台湾。日本也有分布。

5. **大叶黑桫椤**(植物分类学报)　大桫椤(海南植物志)

Alsophila gigantea Wall. ex Hook. Sp. Fil. **1**: 53. 1844; 植物分类学报 **27** (1): 10. 1989; 中国植物志 **6**(3): 264, 图版 80: 3～4. 2004. ——*Cyathea gigantea* (Wall. ex Hook.) Holttum in Gard. Bull. Str. Settl. **8**: 318. 1935; 海南植物志 **1**: 139. 1964. ——*Gymnospaera gigantea* (Wall. ex Hook.) J. Sm. in London J. Bot. **1**: 667. 1842.

5a. **大叶黑桫椤**(原变种)　图版 30:5～8

Alsophila gigantea Wall. ex Hook. var. **gigantea**

植株高达 2～5m,有主干。叶柄黑色,疏被垢状的暗棕色短毛,下部密被鳞片;鳞片线形,长达 2cm,基部宽约 1.5mm,边有疏睫毛,深紫褐色,稍有光泽,平展。叶片为三回羽裂;羽片长圆形,长 50～60cm,中部宽约 20cm,渐尖头,小羽片约 25 对,线状披针形,长约 10cm,基部宽约 1.5cm,渐尖头并有浅齿,基部截形,羽裂达 1/2;裂片 12～15 对,长圆形,长 5～6mm,基部宽 4～5mm,钝头,缘具钝齿;叶脉于叶片腹面不明显,于背面明显,小脉约 6 对,单一;叶厚纸质,干后腹面暗褐色,背面灰褐色,两面均无毛;叶轴及羽轴黑色,与小羽轴腹面同疏被暗棕色的短毛。孢子囊群于每裂片有 3～4 对,位于主脉与叶缘之间;无囊群盖。

产于临桂、金秀、靖西、那坡、百色、苍梧、桂平、玉林、北流、上思、宁明、龙州、武鸣;生于海拔 200～800m 的沟谷林下或灌丛中。分布于海南、云南、广东。印度北部及亚洲其他热带地区也有分布。

全株祛风壮筋;治风湿关节痛、跌打损伤。

5b. **多脉黑桫椤**(变种)(植物分类学报)

Alsophila gigantea Wall. ex Hook. var. **polynervata** (Miou) Q. Xia in Acta Phytotax. Sin. **27**(1): 11. 1989; 中国植物志 **6**(3): 265. 2004. ——*Cyathea gigantea* var. *polynervata* Miou in Acta Sci. Nat. Univ. Sun Yat-sen. **1980** (1): 100. 1980.

与原变种的区别是本变种的小羽片较宽大,长 10～20cm,裂片上的叶脉达 8～12 对。

产于东兴;生于海拔约 300m 的山坡林下。分布于云南、海南。

6. **小黑桫椤**(植物分类学报)　针毛桫椤(福建植物志)

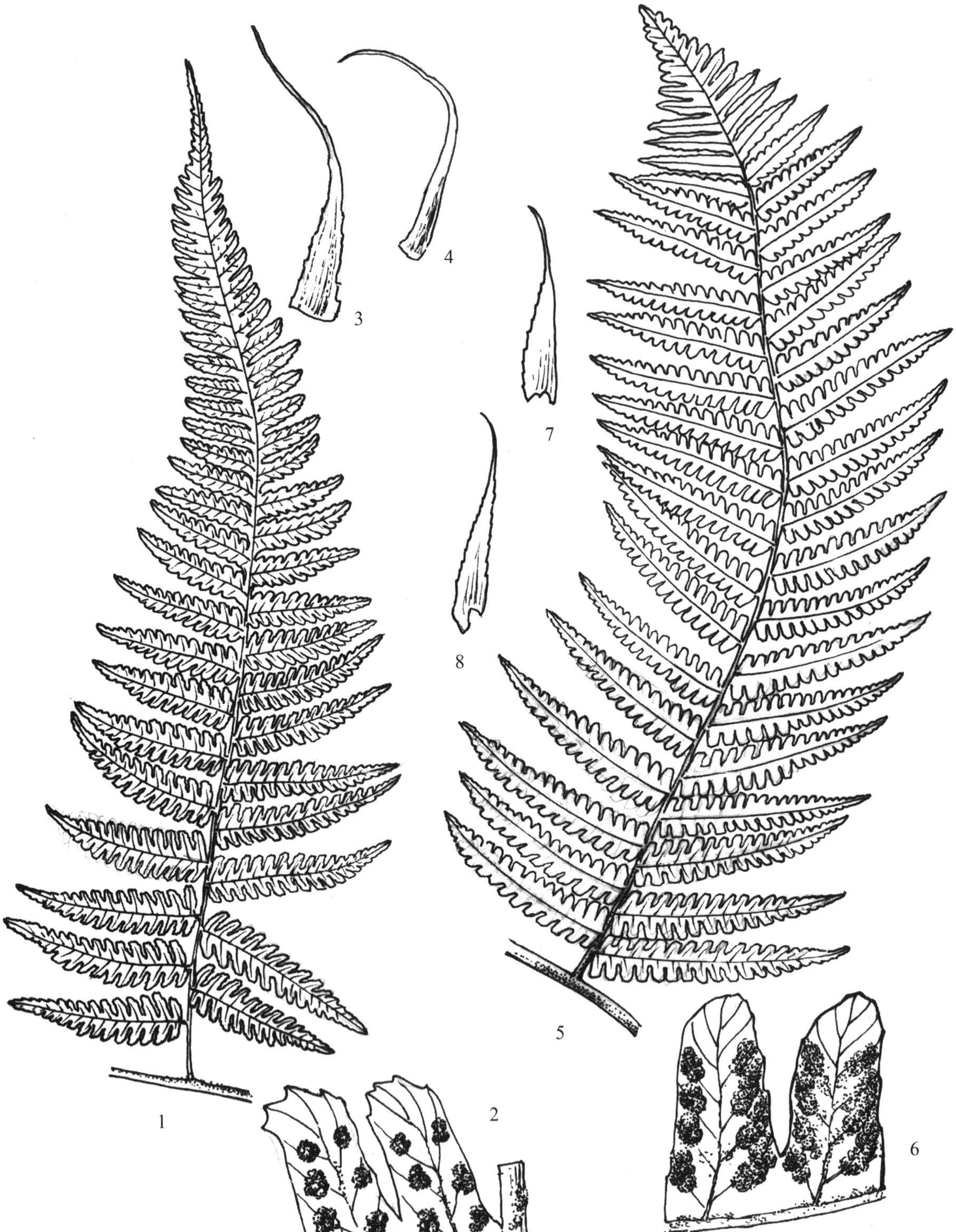

图版 30 1～4. **粗齿桫椤** Alsophila denticulata Bak. 1. 羽片；2. 裂片背面，示形态、脉序和孢子囊群着生位置；3. 叶柄基部的鳞片；4. 叶背面的鳞片。 5～8. **大叶黑桫椤** A. gigantea Wall. ex Hook. 5. 羽片；6. 裂片背面，示形态、脉序和孢子囊群着生位置；7. 叶柄基部的鳞片；8. 叶背面的鳞片。（林文宏绘）

Alsophila metteniana Hance in J. Bot. 6: 175. 1868; 四川植物志 6: 168, 图版 51: 5～10. 1988; 中国植物志 6(3): 269, 图版 82: 1～3. 2004. ——*Gymnosphaera metteniana* (Hance) Tagawa in Acta Phytotax. Geobot. 14: 94. 1951; 福建植物志 1: 178. 1982; 贵州蕨类植物志 357, 图版 90: 1～5. 2001.

植株高 1.5～2m。根状茎横卧，密生鳞片，鳞片披针形，中部深棕色，边缘淡棕色。叶密生，柄长 70～90cm，棕黑色，有光泽；叶轴及羽轴腹面密生短毛；叶片狭卵形，长 80～130cm，宽 60～70cm，基部宽楔形，渐尖头，三回羽裂；羽片 15～20 对，卵状披针形，基部圆楔形，渐尖头，二回羽裂；下部的较宽大，长 35～45cm，宽 8～12cm；二回羽片 15～20 对，线状披针形，基部宽楔形，渐尖头，羽状深裂，下部的较大，长 6～8cm，宽 1.5～2cm；裂片 10～15 对，平伸，长圆形，长 8～12mm，宽 3～4mm，圆头，边缘略有齿；裂片具羽状脉，侧脉不分叉；叶纸质，二回羽轴背面及裂片主脉背面多少被有尖头的小鳞片，小鳞片末端变为毛状。孢子囊群圆形，生在侧脉背面略隆起的囊托上，无囊群盖。

广西各地均产；生于海拔 400～1 400m 的林下或灌丛中。分布于广东、江西、重庆、云南、四川、贵州、福建、台湾。日本也有分布。

7. **黑桫椤**(中国主要植物图说·蕨类植物门)　结脉黑桫椤(中国树木志)

Alsophila podophylla Hook. in J. Bot. (Hook.) 9: 334. 1857; 中国植物志 6(3): 265, 图版 80: 1～2. 2004. ——*Gymnosphaera podophylla* (Hook.) Copel. Gen. Fil. 98. 1947; 福建植物志 1: 178. 1982; 贵州蕨类植物志 358. 2001.

植株高 1.5～3m，有或无主干。叶柄紫红色，稍光亮，粗糙或略有小尖刺，基部稍膨大并被黑色的长鳞片；叶片长 2～3m，一回至二回羽状；羽片互生，斜展，柄长 2.5～3cm，长圆状披针形，长 50～55cm，中部宽 16～18cm，长渐尖头并有浅齿；小羽片约 20 对，互生，近平展，柄长约 1.5mm，相距 2～2.5cm，线状披针形，长 8～10cm，基部宽 1.2～1.5cm，尾状渐尖头并有齿，基部截形，近全缘或有疏浅齿或波状圆齿；叶脉两面隆起，小脉约 3 对，单一，极斜上，基部一对(有时下部同侧两对)往往靠拢或联结；叶坚纸质，干后腹面褐绿色，背面灰绿色，两面均无毛；叶轴及羽轴紫红色，背面粗糙，腹面被淡棕色的短毛。孢子囊群着生于小脉近基部，在小羽轴两侧各有 2～3 行；无囊群盖，无隔丝。

广西各地均产；生于海拔 100～1 400m 的林下或灌丛中。分布于福建、香港、贵州、海南、广东、云南、台湾。日本、越南、泰国、马来西亚、印度尼西亚也有分布。

2. 白桫椤属　Sphaeropteris Bernh.

树状，茎干粗壮，直立。叶大型，多簇生于茎干顶端呈冠状；叶片三回羽裂；叶柄平滑，有疣凸或皮刺，有时被毛，基部鳞片的细胞一式，即鳞片质薄，淡棕色，除边生刚毛外，由大小大致相同和形状、颜色以及排列方向相同的细胞组成。叶背灰白色，羽轴腹面通常被柔毛；叶脉分叉，2～3 叉。孢子囊群圆形，生于小脉上，囊托隆起；无囊群盖；孢子钝三角形。

本属约有 120 种。中国有 2 种；广西产 1 种。

白桫椤(西藏植物志)　图版 31:1～2

Sphaeropteris brunoniana (Hook.) R. M. Tryon in Contr. Gray Herb. 200: 21. 1970; 中国植物志 6(3): 250, 图版 75: 1～8. 2004. ——*Alsophila brunoniana* Hook. Sp. Fil. 1: 52. 1844; Bedd. Ferns Brit. India t. 86. 1865.

茎干高达 20m，中部以上直径达 20cm。叶柄禾秆色，常被白粉，长达 50cm，基部有小疣凸，其余光滑，腹面有宽沟，沟的两外侧各具 1 条由气囊体连成的灰白色斑纹线，延伸至叶轴渐稀疏；鳞片薄，灰白色，边缘有斜上的黑色刺毛；叶片大，长达 3m，宽达 1.6m，三回羽状深裂，叶轴光滑，浅禾秆色，被白粉；羽片 20～30 对，斜展，披针形，长达 90cm，宽约 25cm，基部一对羽片的柄长达 7cm，尖端羽状深裂，羽轴光

图版 31 1～2. **白桫椤** Sphaeropteris brunoniana（Hook.）R. M. Tryon 1. 羽片；2. 小羽片背面一部分，示孢子囊群。（朱运喜绘）

滑，浅禾秆色；小羽片条状披针形，下部稍狭，尖端长尾尖，长 9～14cm，宽 2～3cm，深裂至几全裂，小羽轴腹面无毛或有疏毛，背面无毛；裂片 16～25 对，长 10～16mm，宽 3～5mm，略成镰形，基部较宽，边缘近全缘或略具波状齿，偶有浅裂，小脉 2～3 叉；叶为纸质，干后腹面暗绿色，背面灰白色，两面均无毛。每裂片有孢子囊群 7～9 对，位于叶缘与主脉之间；无囊群盖，隔丝发达与孢子囊几等长或长于孢子囊。

产于东兴；生于海拔 300～600m 的山坡上。分布于西藏、云南、海南。不丹、尼泊尔、印度、孟加拉国、缅甸和越南北部亦有分布。

21. 稀子蕨科 MONACHOSORACEAE

土生、喜阴、娇嫩的草本；根状茎短而平卧或斜升，内部具简单的网状中柱，外表无鳞片，亦无真毛，只有干后易落的锈棕色黏质腺状毛或腺体。叶簇生，有柄，基部不以关节着生，横切面上有 2 条成“八”字形排列的椭圆形维管束，向上部渐融合成 U 形；叶一型，一回至五回羽状细裂，各回分枝式均为上先出；幼时各部疏被纤细易落的锈棕色腺状毛；叶脉纤细，分离，不达叶边；叶片膜质或薄草质。孢子囊群小，圆形，生于叶背面，位于稍加厚的小脉顶部或接近顶端，由少数（10～20 个）同时发生的孢子囊组成，混有腺状隔丝，无囊群盖；孢子囊梨形，有短柄，由 3 列细胞组成，环带由 14～20 个增厚细胞组成，侧面开裂；囊托小而不凸起；孢子四面体形，辐射对称，具 3 裂缝，淡黄色，表面有小疣状凸起。

本科有 2 属，分布于亚洲热带和亚热带，主产于中国西南和东南部及日本。中国有 2 属 5 种 1 变种；广西有 1 属 3 种 1 变种。

稀子蕨属 Monachosorum Kze.

土生，小型至大型蕨类。根状茎横卧或斜生，顶部有黏质棕色短腺毛。叶簇生；叶柄淡褐色，有易脱落的棕色短腺毛；叶轴及羽轴有纵沟及腺毛，叶轴上部常有大型芽胞；叶片宽大，披针形至卵形，二回至五回羽裂；叶脉羽状，分离，小脉未伸达叶边；叶片膜质或薄纸质，疏生棕色短腺毛。孢子囊群生于叶背小脉近顶处，近圆形，具有腺毛隔丝；囊托小；无囊群盖；孢子球状四面形，极面观钝三角形，赤道面观半圆形或超半圆形，外壁具疣状或不明显的网状纹饰。

本属约有 6 种，分布于亚洲南部至东部。中国有 4 种 1 变种，分布于西南、华南及台湾；广西产 3 种 1 变种。

分种检索表

1. 叶向顶部逐渐变狭成长尾状；叶轴先端往往着地生根；二回至三回羽裂或羽状。
   2. 叶二回羽状；羽片长 5～8cm，宽 1.5～2cm ………………… 1a. **尾叶稀子蕨** M. flagellare (Maxim.) Hay. var. flagellare
   2. 叶三回羽裂或近三回羽状；羽片长 8～12cm，宽 2.5～3cm ……………………………………………… 1b. **华中稀子蕨** M. flagellare (Maxim.) Hay. var. nipponicum (Mak.) Tagawa
1. 叶向顶部为渐尖头；叶轴上部常有一卵形芽胞，先端通常不着地生根；三回至四回羽状或羽裂。
   3. 植株形体较小，高 25～30cm；叶片长圆状披针形，宽达 12cm；羽片宽约 2cm，披针形 ……………………………………………… 2. **瑶山稀子蕨** M. elegans Ching
   3. 植株形体较大，高 50～100cm；叶片阔三角卵形，宽达 20cm 以上；羽片宽 4cm 以上，长圆状披针形 ……………………………………………… 3. **稀子蕨** M. henryi Christ

1. 尾叶稀子蕨（中国植物志）

Monachosorum flagellare (Maxim.) Hay. in Bot. Mag. Tokyo **41**: 540. 1927; 中国植物志 **2**: 253,

图版 21：1～2. 1959；云南植物志 **20**：210. 2006. ——*Polypodium flagellare* Maxim. ex Mak. in Bot. Mag. Tokyo **9**：18. 1895.

1a. **尾叶稀子蕨**（原变种）

Monachosorum flagellare（Maxim.）Hay. var. **flagellare**

株高约 40cm。根状茎短，斜生，顶部有棕色短腺毛。叶簇生；叶柄长 14～18cm，连同叶轴疏生淡棕色短腺毛；叶片宽披针形，长 26～30cm，宽 12～26cm，基部圆楔形，先端尾状，三回羽裂；羽片 20～25 对，线状披针形，基部近圆形，先端渐尖，二回羽裂，下部的较大，长 6～8cm，宽 1.5～2cm；二回羽片 10～14 对，斜卵形，基部偏斜宽楔形，钝头，羽状浅裂，中部的较大，长 8～12mm，宽 4～6mm；裂片 3～4 对，长圆形，顶端钝，有时有 1～2 个尖齿；二回羽片具羽状脉，侧脉分叉；叶片膜质，背面疏生淡棕色短腺毛。孢子囊群小，生在叶背小脉顶端；无囊群盖。

产于龙胜、融水；生于海拔 340～1 800m 的林下或阴湿岩隙中。分布于云南、四川、贵州、江西。日本也有分布。

全草煎水内服，治痛风、风湿骨痛。

1b. **华中稀子蕨**（变种）（中国植物志）

Monachosorum flagellare（Maxim.）Hay. var. **nipponicum**（Mak.）Tagawa in Acta Phytotax. et Geobot. **1**：88. 1932；中国高等植物 **2**：151. 2008. ——*M. nipponicum* Mak. in Bot. Mag. Tokyo **41**：246. 1927.

与原变种的区别在于本变种叶片下部为三回或几为三回羽状分裂，羽片较大，长达 12cm，宽 2.5～3cm；一回小羽片羽裂达有狭翅的小羽轴，有 5～6 个小裂片。

产于融水、龙胜；生于海拔 340～1 800m 的林下或阴湿岩隙中。分布于贵州、湖南、江西。日本也有分布。

全草的药用价值同原变种。

2. **瑶山稀子蕨**（中国植物志）

Monachosorum elegans Ching in Fl. Reipub. Popul. Sin. **2**：254，371. 1959；中国高等植物 **2**：151. 2008.

本种近似于**尾叶稀子蕨**［*M. flagellare*（Maxim.）Hay.］，不同在于本种叶片渐尖头，顶端不着地生根，三回羽状；羽片约 15 对；本种为本属中体形较小的，其羽片分裂也最细密。

产于金秀、平南、桂平；生于海拔 600～800m 的常绿阔叶林下。分布于广东。

3. **稀子蕨**（中国植物志）

Monachosorum henryi Christ in Bull. Herb. Boiss. **6**：869. 1898；中国植物志 **2**：255，图版 20：6～10. 1959；海南植物志 **1**：52，图 22. 1964；中国高等植物图鉴 **1**：139，图 278. 1972.

植株高达 80cm。根状茎横卧或斜生。叶簇生；叶柄长 25～40cm，幼时密生棕色短腺毛，后渐脱落；叶轴及羽轴疏生棕色短腺毛，叶轴上常有一卵形芽胞；叶片狭卵形，长 30～45cm，宽 18～26cm，基部圆形，渐尖头，四回羽裂；羽片 10～15 对，狭卵形，基部圆，长渐尖头，第一对最大，长 14～24cm，宽 8～12cm，三回羽裂，小羽片约 15 对，狭卵形至披针形，长 4～7cm，宽 1.2～2cm，基部圆形，渐尖头，二回羽裂；三回羽片 8～10 对，互生，略斜上，斜长圆形，长 0.6～0.8cm，宽 0.5～0.6cm，基部偏斜，圆头，两侧各有 1～2 枚具尖头的裂片，柄极短；三回羽片具羽状脉，侧脉在裂片内分叉；叶片膜质，背面疏生棕色短腺毛。孢子囊群小，圆形，生于叶背小脉近顶部；无囊群盖。

产于龙胜、阳朔、灵川、象州、金秀、环江、田林、凌云、乐业、德保、昭平、平南、武鸣；生于海拔 110～1 300m 的常绿阔叶林下。分布于云南、四川、贵州、广东、台湾。印度、越南也有分布。

全草煎水内服治风湿痛。

22. 碗蕨科 DENNSTAEDTIACEAE

土生，小型至大型蕨类。根状茎长，横走，内有管状中柱，外被白色或褐色节状刚毛，无鳞片。叶一型，远生或近生；叶柄基部无关节，腹面扁平有纵沟，常有白色节状刚毛；叶片一回至四回羽状，末回羽片或裂片基部偏斜，多少被白色节状毛；叶脉羽状，分离；叶草质或纸质。孢子囊群小，近圆形，生于叶背边缘内的小脉顶端；囊群盖碗形或圆筒形，生于叶缘，有时向下反折，或为半杯形，生于叶缘内，有时仅以基部着生；孢子囊梨形，环带纵行，不完整，有长柄；孢子球状四面形，极面观钝三角形，赤道面观椭圆形或半圆形。

本科约有 9 属，分布于热带、亚热带，少数达北美及亚洲东北和新西兰。中国有 2 属 50 余种，主要分布于秦岭以南地区、长江流域及以南地区；广西有 2 属 23 种 3 变种。

分属检索表

1. 孢子囊群着生于叶缘；囊群盖碗形或圆筒形，由内外两瓣合成，有时向下反折如烟斗 ……………………………………………………………………………………………………… 1. **碗蕨属** Dennstaedtia Bernh.
1. 孢子囊群着生于叶缘；囊群盖半杯形，以基部及两侧着生于叶肉，或肾圆形仅以阔基部着生 ……………………………………………………………………………………………………… 2. **鳞盖蕨属** Microlepia Presl

1. 碗蕨属 Dennstaedtia Bernh.

土生，小型至大型蕨类。根状茎长，横走，被白色或褐色节状刚毛或长毛。叶近生；叶片卵形、椭圆形或披针形，一回至四回羽状。孢子囊群生于叶边小脉顶端；囊群盖碗形、杯形或近筒形，有时向下反折；孢子球状四面形，极面观钝三角形，赤道面观半圆形或椭圆形，表面具疣状、带状、细网状或瘤状纹饰。

本属约有 80 种，多分布于热带及亚热带，少数达亚洲东北及美国东北部。中国有 10 种；广西产 2 种 1 变种。

分种检索表

1. 植株高约 30cm；叶片二回至三回羽裂；叶柄禾秆色 ………………………… 1. **细毛碗蕨** D. hirsuta (Sw.) Mett. ex Miq.
1. 植株高 70cm 以上；叶片三回至四回羽状；叶柄红棕色或淡栗色。
   2. 叶轴和叶柄有刚毛；叶片两面被毛 ……………………………………………… 2a. **碗蕨** D. scabra (Wall. ex Hook.) Moore
   2. 叶轴和叶柄光滑；叶片无毛或略具疏毛 ……………………………………………………………………………………… 2b. **光叶碗蕨** D. scabra (Wall. ex Hook.) Moore var. glabrescens (Ching) C. Chr.

1. 细毛碗蕨(中国植物志)

Dennstaedtia hirsuta (Sw.) Mett. ex Miq. in Ann. Mus. Bot. Lugd.-Bat. **3**: 181. 1867; 贵州蕨类植物志 261, 图版 66: 1～2. 2001; 中国高等植物 **2**: 153, 图 200. 2008.——*Davallia hirsuta* Sw. in Schrad. J. Bot. **1800**(2): 87. 1801.——*Dennstaedtia pilosella* (Hook.) Ching in Fl. Reipub. Popul. Sin. **2**: 202, t. 18, f. 6～8. 1959.

根状茎横走或斜升，密被灰棕色长毛。叶近生或几簇生；叶柄禾秆色，长 9～14cm，幼时密被灰色节状长毛，后毛落而显粗糙；叶片长 10～20cm，宽 4.5～7.5cm，长圆状披针形，先端渐尖，二回羽状；羽片 10～14 对，下部的长 3～5cm，宽 1.5～2.5cm，对生或几互生，短柄具狭翅或几无柄，斜上或略弯，羽状分裂或深裂；一回小羽片 6～8 对，长 1～1.7cm，宽约 5mm，长圆形或阔披针形，上先出，基部上侧一片较长，两侧浅裂，顶端有 2～3 个尖锯齿，基部楔形，下延与羽轴相连，小裂片先端具 1～3 个小尖齿；叶脉羽状分叉，不达齿端，每尖齿有小脉1条；叶片草质，两面密被灰色节状长毛；叶轴和羽轴均密被灰色节状毛。孢子囊群圆形，生于小裂片腋处；囊群盖浅碗形，绿色，有毛。

产于兴安、龙胜、资源、环江；生于海拔400～1 600m的溪边或林下石缝中。分布于中国东北及河北、陕西、山东、山西、河南、浙江、江西、江苏、安徽、湖北、湖南、福建、广东、贵州、四川、重庆。日本、朝鲜、俄罗斯也有分布。

全株药用，能祛风湿、通经血。

2. **碗蕨**（中国主要植物图说·蕨类植物门）

Dennstaedtia scabra (Wall. ex Hook.) Moore, Ind. Fil. 307. 1861；中国主要植物图说·蕨类植物门43，图52. 1957；中国植物志2：204，图版16：5～7. 1959. ——*Dicksonia scabra* Wall. ex Hook. Sp. Fil. 1：80，t. 28B. 1844.

2a. **碗蕨**（原变种）

Dennstaedtia scabra (Wall. ex Hook.) Moore var. **scabra**

植株高达1.2m。根状茎粗壮，密生褐色节状长毛。叶远生；叶柄长24～65cm，有褐色节状毛；叶片卵形，长34～70cm，宽16～40cm，基部圆楔形，渐尖头，三回羽状深裂至四回羽状浅裂；羽片15～20对，卵状或线状披针形，基部偏斜，渐尖头，下部羽片较大，长10～32cm，宽3～10cm；二回羽片12～18对，卵状披针形，基部圆，渐尖头，下部的较大，长2.5～10cm，宽1～3cm；三回羽片达10对，斜卵形，长0.5～2.5cm，宽0.3～1cm，边缘有少数尖齿；三回裂片具羽状脉，小脉不达叶边，顶端有水囊；叶片纸质，两面侧脉上被白色节状毛。孢子囊群生于裂片边缘小脉顶端；囊群盖碗形，边有齿缺。

产于龙胜、北流、武鸣、那坡；生于海拔400～1 800m的常绿阔叶林下或路边。分布于台湾、浙江、湖南、江西、西藏、云南、贵州、四川。印度、缅甸、泰国、老挝、越南、菲律宾、日本、马来西亚、朝鲜也有分布。

全株清热解表；治感冒头痛、咳嗽、咽喉肿痛、声音嘶哑等。

2b. **光叶碗蕨**（中国植物志）

Dennstaedtia scabra (Wall. ex Hook.) Moore var. **glabrescens** (Ching) C. Chr. in Ind. Fil. Suppl. 3：76. 1934；Tard.-Blot et C. Chr. in Fl. Indo-Chine 7(2)：92. 1939；中国植物志2：205. 1959. —— *D. glabrescens* Ching in Bull. Dept. Biol. Sun Yat-sen. Univ. 6：24. 1933.

本变种不同于原变种在于叶片光滑无毛或略有一二疏毛。

产于融水、那坡、桂平、贺州、武鸣；生于海拔300～1 200m的常绿阔叶林下。分布于广东、云南。越南也有分布。

全株药用，功效同原变种。

2. 鳞盖蕨属 Microlepia Presl

土生，中型至大型蕨类。根状茎长，横走，被白色或褐色节状刚毛。叶远生；叶片狭椭圆形至卵形，一回羽状或二回至四回羽裂，常有白色节状毛；叶脉羽状，小脉通常不伸达叶边。孢子囊群圆形，生于叶背边缘内的小脉顶端；囊群盖半杯形，以基部及两侧着生，或圆肾形，仅以基部着生；孢子球状四面形，极面观钝三角形，赤道面观为椭圆形，少为半圆形，表面具网状纹饰，少为颗粒细网状纹饰。

本属约有70种，分布于亚洲热带及亚热带，南达新西兰，西达非洲的马达加斯加。中国有50余种，分布于南部各省；广西产21种2变种。

分种检索表

1. 叶为一回至二回羽状。
   2. 叶为一回羽状；羽片不分裂或羽状深裂。

3. 羽片全缘，叶脉二叉；孢子囊群沿叶边整齐排列 ……………… 1. **虎克鳞盖蕨** M. hookeriana (Wall. ex Hook.) Presl

3. 羽片多少羽状分裂，或至少有粗大圆齿；叶脉三叉至羽状分离（在羽裂的裂片）；孢子囊群位于离叶边较远处。

4. 叶片纸质；羽片长约 10cm，叶背面有毛，腹面有毛或无毛；囊群盖有毛。

5. 羽片边缘浅裂，或仅为粗齿状，叶背面仅脉上有毛 …………… 2a. **边缘鳞盖蕨** M. marginata (Panzer) C. Chr.

5. 羽片边缘羽状浅裂，叶背面多毛 … 2b. **毛叶边缘鳞盖蕨** M. marginata (Panzer) C. Chr. var. villosa (Presl) Wu

5. 叶较大，下部羽片羽状分裂，略有毛或无毛 ……………………………………………… 2c. **二回边缘鳞盖蕨** M. marginata (Panzer) C. Chr. var. bipinnata Mak.

4. 叶片厚纸质；羽片长达 20cm，叶腹面除中肋外全无毛；囊群盖无毛 ……………………………………………… 3. **光叶鳞盖蕨** M. calvescens (Wall. ex Hook.) Presl

2. 叶为二回羽状。

6. 叶背面脉上密生长毛，脉间生有短毛 ………………………… 4. **刚毛鳞盖蕨** M. hispida C. Chr.

6. 叶背面几光滑，有疏毛生于脉上，脉间光滑无毛。

7. 叶片草质。

8. 羽片有长柄（长约 5mm），向基部变阔，基部上下两侧的小羽片为羽状深裂，下侧一枚稍长 ……………………………………………… 5. **亚粗毛鳞盖蕨** M. substrigosa Tagawa

8. 羽片有短柄或几无柄，向基部不变阔，基部上下两侧的小羽片略为浅裂或全缘，下侧一枚缩短。

9. 小羽片宽约 7mm，上侧羽裂深达 2/3 以上 ……………………… 6. **金果鳞盖蕨** M. chrysocarpa Ching

9. 小羽片宽 1cm 或更宽，上侧羽裂达 1/3 ……………………………………………… 7. **草叶鳞盖蕨** M. herbacea Ching et C. Chr. ex C. Chr. et Tard.-Blot.

7. 叶片纸质或厚纸质。

10. 羽片中肋腹面光滑。

11. 囊群盖肾形，仅以基部着生 ……………………… 8. **假粗毛鳞盖蕨** M. pseudostrigosa Mak.

11. 囊群盖杯形，两侧边着生 ……………………… 9. **粗毛鳞盖蕨** M. strigosa (Thunb.) Presl

10. 羽片中肋腹面有毛。

12. 小羽片长约 2cm，两侧深羽裂达 2/3，背面疏生长毛；囊群盖上有一簇长毛 ……………………………………………… 10. **团羽鳞盖蕨** M. obtusiloba Hay.

12. 小羽片长约 1.3cm，上侧浅裂，背面几光滑，略疏生短毛；囊群盖上几光滑 ……………………………………………… 11. **正鳞盖蕨** M. critica Ching

1. 叶为三回至四回羽状。

13. 叶背面脉上有毛，脉间无毛（或稀有一二短毛），偶光滑无毛。

14. 叶片近革质，背面光滑无毛；囊群盖肾形，仅以基部着生 ………… 12. **阔叶鳞盖蕨** M. platyphylla (D. Don) J. Sm.

14. 叶片纸质或草质，背面的脉上多少有毛；囊群盖杯形或肾形，以两侧边着生或仅以基部着生。

15. 末回小羽片圆钝头（一回小羽片常圆头），全缘或有波状圆齿。

16. 末回小羽片较大，长 1～1.5cm，宽约 7mm，叶背脉上密被有节的长毛 ……………………………………………… 13. **斜方鳞盖蕨** M. rhomboidea (Wall.) Presl

16. 末回小羽片较小，长约 7mm，宽约 4mm，叶背密生长针状毛 ……………………………………………… 14. **针毛鳞盖蕨** M. trapeziformis (Roxb.) Kuhn

15. 末回小羽片尖头（一回小羽片常渐尖头），有锯齿，或羽状深裂为有锯齿的裂片。

17. 囊群盖为肾形，宽超过高，仅以基部着生。

18. 羽片卵形，长约 7cm，基部为等形 ……………………… 15. **薄叶鳞盖蕨** M. tenera Christ

18. 羽片长圆状披针形，长约 16cm，基部不等形。

19. 末回小羽片顶部有明显的锯齿。

20. 末回小羽片长 4～4.5cm，宽约 2cm，边缘有粗齿牙 ……………… 16. **淡秆鳞盖蕨** M. pallida Ching

20. 末回小羽片长 2～3cm，宽 4～5mm，边缘不具粗齿 ……………… 17. **华南鳞盖蕨** M. hancei Prantl

19. 末回小羽片顶部仅有少数不明显的钝齿牙 ……………………… 18. **膜叶鳞盖蕨** M. tenella Ching

17. 囊群盖为杯形，高等于或超过宽，两侧边同时着生于叶上 ……………… 19. **中型鳞盖蕨** M. intermedia Ching

13. 背面的叶脉上和脉间均有毛(但生脉间的毛常为头垢状,不发育)。

21. 叶为四回羽状,末回小羽片短而狭,深裂,背面通常密被长针状、白色且发亮的毛 ……………………………………………………………………………………………………… 20. **热带鳞盖蕨** M. speluncae (L.) Moore

21. 叶为三回羽状,末回小羽片一般阔而大,边缘有圆齿,背面有短毛,不为白色,也不发亮 ……………………………………………………………………………………………………… 21. **圆齿鳞盖蕨** M. crenata Ching

1. **虎克鳞盖蕨**(中国植物志)

Microlepia hookeriana (Wall. ex Hook.) Presl in Epim. Bot. 95. 1849; Tard.-Blot et C. Chr. in Fl. Indo-Chine 7(2): 93. 1939; 中国植物志 2: 211, 图版 19: 1～5. 1959; 海南植物志 1: 47. 1964. ——*Davallia hookeriana* Wall. ex Hook. in Sp. Fil. 1: 172, t. 47B. 1846.

植株高达 80cm。根状茎长而横走,密被红棕色的钻状长毛。叶远生;叶柄长 20～30cm,禾秆色,均被灰棕色长柔毛;叶片阔披针形,长 40～50cm,宽 10～15cm,长尾头,基部稍狭,一回羽状;羽片 20～28 对,镰状披针形,长 6～12cm,宽 1～1.5cm,渐尖头,基部圆截形或为不对称的戟形,其两侧多少耳状,上侧耳片较大,边有波状圆齿;叶脉一回二叉分枝,每齿有小脉 1 条;叶片草质,干后腹面黑绿色,背面绿色;背面叶脉被灰色长柔毛,腹面主脉密被褐色长柔毛,叶轴被毛。孢子囊群生于小脉顶端,近缘生;囊群盖杯形,光滑,口部截形或波形,宿存。

广西各地均产;生于海拔 300～900m 的林下。分布于台湾、福建、广东、海南、云南。缅甸、泰国、老挝、越南、柬埔寨、马来西亚、新加坡、印度尼西亚、印度也有分布。

2. **边缘鳞盖蕨**(中国植物志)

Microlepia marginata (Panzer) C. Chr. Ind. Fil. 212. 1905; Tard.-Blot et C. Chr., Fl. Indo-Chine 7(2): 94. 1939; 中国主要植物图说·蕨类植物门 45, 图 54. 1957; 中国植物志 2: 212, 图版 19: 6～10. 1959; 中国高等植物图鉴 1: 137, 图 274. 1972. ——*Polypodium marginatum* Panzer in Pfl. Syst. 13: 199. 1786.

2a. **边缘鳞盖蕨**(原变种)

Microlepia marginata (Panzer) C. Chr. var. marginata

植株高 60～80cm。根状茎长而横走,密生褐色节状刚毛。叶远生;叶柄长 30～50cm,禾秆色或绿褐色,基部粗糙有褐色节状毛;叶轴腹面无毛,背面密生棕色短毛;叶片卵状披针形,长 35～60cm,宽 14～26cm,基部近截形,渐尖头,一回羽状;羽片 16～24 对,线状披针形,渐尖头,边有钝齿或缺刻或浅裂,下部的较大,长 8～15cm,宽 1.2～2cm;叶脉羽状,两面微凸;叶片草质,腹面多少有毛,背面脉上有毛。孢子囊群生于羽片近边的小脉顶端;囊群盖半杯状,以基部及两侧着生,有毛。

广西各地均产;生于海拔 80～1 300m 的林下。分布于台湾、云南、四川、贵州及长江中下游以南各省区。印度、尼泊尔、不丹、斯里兰卡、越南、印度尼西亚、日本也有分布。

全草清热解表、祛风除湿;治跌打损伤、瘀血肿胀、疮疖痈疽。嫩枝解毒消肿,与白糖捣烂敷治下肢疖肿、痈疮肿毒等。

2b. **毛叶边缘鳞盖蕨**(变种)(浙江植物志)

Microlepia marginata (Panzer) C. Chr. var. villosa (Presl) Wu in Bull. Dept. Biol. Sun Yat-sen Univ. 3: 112, t. 47. 1932; 中国植物志 2: 213. 1959. ——*M. villosa* Presl in Epim. Bot. 95. 1849.

与原变种的区别在于本变种的羽片羽状浅裂,叶片背面多毛。

产于田林、靖西、那坡、南丹、贺州、龙州、大新;生于海拔 130～1 300m 的林下或路边灌丛中。分布同原变种。

2c. **二回边缘鳞盖蕨**(变种)(中国植物志)

Microlepia marginata (Panzer) C. Chr. var. bipinnata Mak. in J. Jap. Bot. 3: 47. 1926; 中国植物

志 2：213. 1959.

本变种的叶较大，下部羽片羽状分裂，略有毛或无毛。

产于三江、桂平、靖西、龙州；生于海拔 200～600m 的林下。分布同原变种。

药用价值与原变种相同。

3. 光叶鳞盖蕨（中国植物志）

Microlepia calvescens (Wall. ex Hook.) Presl, Epim. Bot. 95. 1849；中国植物志 2：214，图版 16：8～9. 1959；海南植物志 1：48. 1964；中国高等植物图鉴 1：137. 1972；四川植物志 6：186. 1988.——*Davallia calvescens* Wall. ex Hook. Sp. Fil. 1：172, t. 48, f. 13. 1846.

植株高达 1m。根状茎密生褐色节状刚毛。叶远生；叶柄长 40～50cm，禾秆色，腹面扁平，基部粗糙有褐色节状毛；叶轴及羽轴腹面几无毛，背面密被褐色短毛；叶片狭卵形，长 55～65cm，宽 20～26cm，基部近截形，渐尖头，一回羽状；羽片 20～28 对，基部的近对生，上部的互生，略斜上，线状披针形，先端长渐尖，基部偏斜，上侧截形并凸出成耳状，下侧楔形，边缘浅裂状并有小钝齿，有短柄；下部的羽片较大，长 14～18cm，宽 1.6～2.2cm；叶脉羽状，两面微凸；叶片坚纸质，两面近无毛。孢子囊群圆形生于羽片近边缘的小脉顶端；囊群盖半杯状，于基部及两侧着生。

产于龙胜、武鸣、龙州；生于海拔 600～1 300m 的山谷林下。分布于台湾、福建、浙江、广东、海南、云南、四川、贵州。印度、越南也有分布。

4. 刚毛鳞盖蕨（中国植物志）

Microlepia hispida C. Chr. in Bull. Mus. Natl. Hist. Nat. ser. 2, 6：104. 1934；中国植物志 2：215. 1959；贵州蕨类植物志 436. 2001.

根状茎横走，被红棕色卷曲的针状毛。叶远生；叶柄长 30～70cm，与叶轴同密被长卷毛，脱落后有粗糙的痕；叶片长 30～45cm，宽 20～25cm，三角形或卵圆状三角形，二回羽状；羽片长 10～15cm，宽 2～3cm，镰状披针形，基部圆形，先端长渐尖，一回羽状；小羽片 15～20 对，长 1～2cm，宽 5～8mm，镰形，基部下侧下延，上侧截形，多少呈耳状急尖，几全缘或上缘圆浅裂；叶脉细，两面可见，在圆齿中 2～3 对，羽状或分叉；叶片草质，坚实，干后呈褐绿色，腹面有少数长针状毛生于叶脉上，叶背各脉密被灰棕色长针状毛，脉间也被有短毛，羽轴也密被长毛。孢子囊群小；囊群盖杯形，棕色，密被长毛。

产于融水、三江、临桂、龙胜、龙州、靖西、那坡、乐业、罗城、环江；生于海拔 300～600m 的林下。分布于贵州。越南也有分布。

5. 亚粗毛鳞盖蕨（中国植物志）

Microlepia substrigosa Tagawa in Acta Phytotax. et Geobot. 5：189. 1936；中国植物志 2：216. 1959；江西植物志 1：83. 1993.

植株高约 60cm。根状茎长而横走，密被长针状毛。叶远生，叶柄长 30～50cm，褐禾秆色，被短褐色毛，腹面有浅沟，几光滑；叶片长圆状披针形，长约 35cm，宽约 20cm，先端渐尖，二回羽状；羽片约 18 对，基部对生，上部互生，斜展，披针形，向基部渐阔，长 12～20cm，基部宽 3.5～4.5cm，向上渐变狭，先端长渐尖，基部不对称，上侧截形，下侧广楔形至圆形，有短柄；小羽片 12～13 对，有短柄，开展，近长圆形，长 2～2.2cm，宽约 1.1cm，基部下侧一片较长，先端略钝头，偶急尖，基部不对称，下部几片羽状深裂；裂片倒卵形至长圆形，基部上侧一片最大，先端圆，全缘，少有一二浅缺刻；叶脉纤细，于背面明显，在腹面仅可见，在裂片为羽状，细脉二叉分枝或向上为单一；叶片草质，干后绿色；背腹两面沿叶脉有针状长疏毛，脉间光滑，叶轴及羽轴背面密被淡棕色短毛，腹面有浅沟，几光滑。孢子囊群小，每小裂片上 1～3 枚，顶生脉端；囊群盖肾圆形，棕色，几光滑。

产于横县、兴安、都安、金秀；生于海拔 400～700m 的密林阴处。分布于台湾、江西。日本也有分布。

6. 金果鳞盖蕨（中国植物志）

Microlepia chrysocarpa Ching in Sinensia 1：3. 1930；中国蕨类植物图谱 1：图版 18. 1930；中国植

物志 2：218. 1959；贵州蕨类植物志 435. 2001.

植株高达 60cm。根状茎密被褐红色长毛。叶远生；叶柄长 32～40cm，基部密被褐红色长毛，上部被短毛；叶片长圆状卵形，长 35～42cm，宽 10～12cm，渐尖头，三回羽状深裂；羽片 14～17 对，阔披针形，长 10～12cm，宽 4～4.5cm，渐尖头，基部上侧截形，下侧楔形；小羽片 14～17 对，长圆状披针形，长 2～2.5cm，宽 7～10mm，渐尖头，基部上侧截形而与羽轴并行，下侧楔形；小裂片 6 对，密接，斜展，长圆形，长 5～7mm，宽 3～4mm，钝头，边有圆齿；叶脉在小裂片上羽状，两面明显；叶片草质，干后呈褐绿色；叶轴及羽轴密被短毛，叶两面光滑无毛，仅小羽轴背腹两面略被短毛。孢子囊群小，每小裂片上 4～6 枚；囊群盖浅杯状，远离叶缘。

产于三江、罗城、河池、田林；生于海拔 300～500m 的沟谷林下。分布于贵州。

7. **草叶鳞盖蕨**（中国植物志） 图版 32：1～2

Microlepia herbacea Ching et C. Chr. ex. C. Chr. et Tard.-Blot in Lecomte, Not. Syst. **6**：6, pl. 1, f. 1～2. 1937；中国植物志 **2**：219. 1959；M. Tagawa et K. Iwatsuki., Fl. Thail. **3**(1)：115, f. 8：1. 1979.

根状茎长而横走，被栗色长毛。叶远生；叶柄长达 60cm，禾秆色，疏被短毛；叶片广卵形，长 80cm 以上，宽 20～25cm，二回羽状；羽片披针形，长约 25cm，宽约 5cm，长渐尖头，基部对称，一回羽状；小羽片 20～25 对，偏斜长圆形，长 2.5～3cm，宽约 1cm，急尖或钝头，羽状分裂；裂片 5～6 对，下侧裂片稍弯，上侧直立且与羽轴并行，先端有疏钝齿牙；叶脉在裂片上为羽状，3～4 对，细脉单一，少有分叉；叶片薄草质，干后草绿色，除中脉两面被少数长毛外，均光滑无毛；叶轴及羽轴上均被棕色短柔毛。孢子囊群小，着生于小裂片基部；囊群盖半卵圆形，宿存，疏被长毛。

产于越南北部与广西交界处。据秦仁昌先生推测，中国的广西及海南岛亦可能有分布。

8. **假粗毛鳞盖蕨**（四川植物志） 图版 33：1～3

Microlepia pseudostrigosa Mak. in Bot. Mag. Tokyo **28**：337. 1914；四川植物志 **6**：188，图版 56：3～4. 1988；贵州蕨类植物志 438，图版 109：2. 2001；云南植物志 **20**：230. 2006.

植株高 40～80cm。根状茎密生褐色节状毛。叶远生；叶柄长 25～50cm，腹面基部有褐色节状毛；叶轴、羽轴腹面均无毛或近无毛，背面密生褐色短毛；叶片卵形，长 40～70cm，宽 16～28cm，基部圆形，渐尖或长渐尖头，二回羽状；羽片 12～20 对，线状披针形，渐尖头，下部的羽片较大，长 11～20cm，宽 1.8～4cm；小羽片 12～20 对，斜卵形，基部斜楔形，钝头，边缘上侧有缺刻并有钝齿，下部的小羽片较大，长 0.8～2cm，宽 0.4～1cm；叶脉羽状，两面微凸；叶片草质，两面叶脉上多少有毛。孢子囊群生于二回羽片近边缘的小脉顶端；囊群盖半圆形，仅以基部着生，有毛。

产于融水、三江、龙胜、临桂、罗城、环江、那坡、乐业；生于海拔 600～700m 的常绿阔叶林下。分布于广东、湖北、湖南、江西、云南、贵州、四川。越南、日本也有分布。

9. **粗毛鳞盖蕨**（中国植物志）

Microlepia strigosa (Thunb.) Presl, Epim. Bot. 95. 1894；中国植物志 **2**：222，图版 17：5～8. 1959；M. Tagawa et K. Iwatsuki, Fl. Thail. **3**(1)：116, f. 8. 1979；贵州蕨类植物志 440. 2001；云南植物志 **20**：227. 2006. ——*Trichomanes strigosum* Thunb. Fl. Jap. 339. 1874.

植株高达 1m。根状茎长而横走，密生褐色刚毛。叶远生；叶柄长 40～60cm，腹面基部有褐色节状毛，叶轴及羽轴腹面略有毛，背部密生褐色短毛；叶片卵形，长 40～70cm，宽 16～32cm，渐尖头，二回羽状；羽片 14～20 对，线状披针形，基部偏斜，渐尖头，下部的较大，长 14～20cm，宽 2～3.5cm；小羽片 14～25 对，斜卵形，基部斜楔形，钝圆头至急尖头，边缘上侧有缺刻或浅裂并有钝齿，下部的较大，长 1.5～2cm，宽 0.6～1cm；叶脉羽状，两面微凸；叶片纸质，干后绿色或褐棕色。孢子囊群生于小脉顶端；囊群盖半杯状，以基部及两侧着生，有毛。

产于罗城、龙州；生于海拔 500～1 000m 的林下。分布于台湾、福建、浙江、云南、贵州、四川。越南、

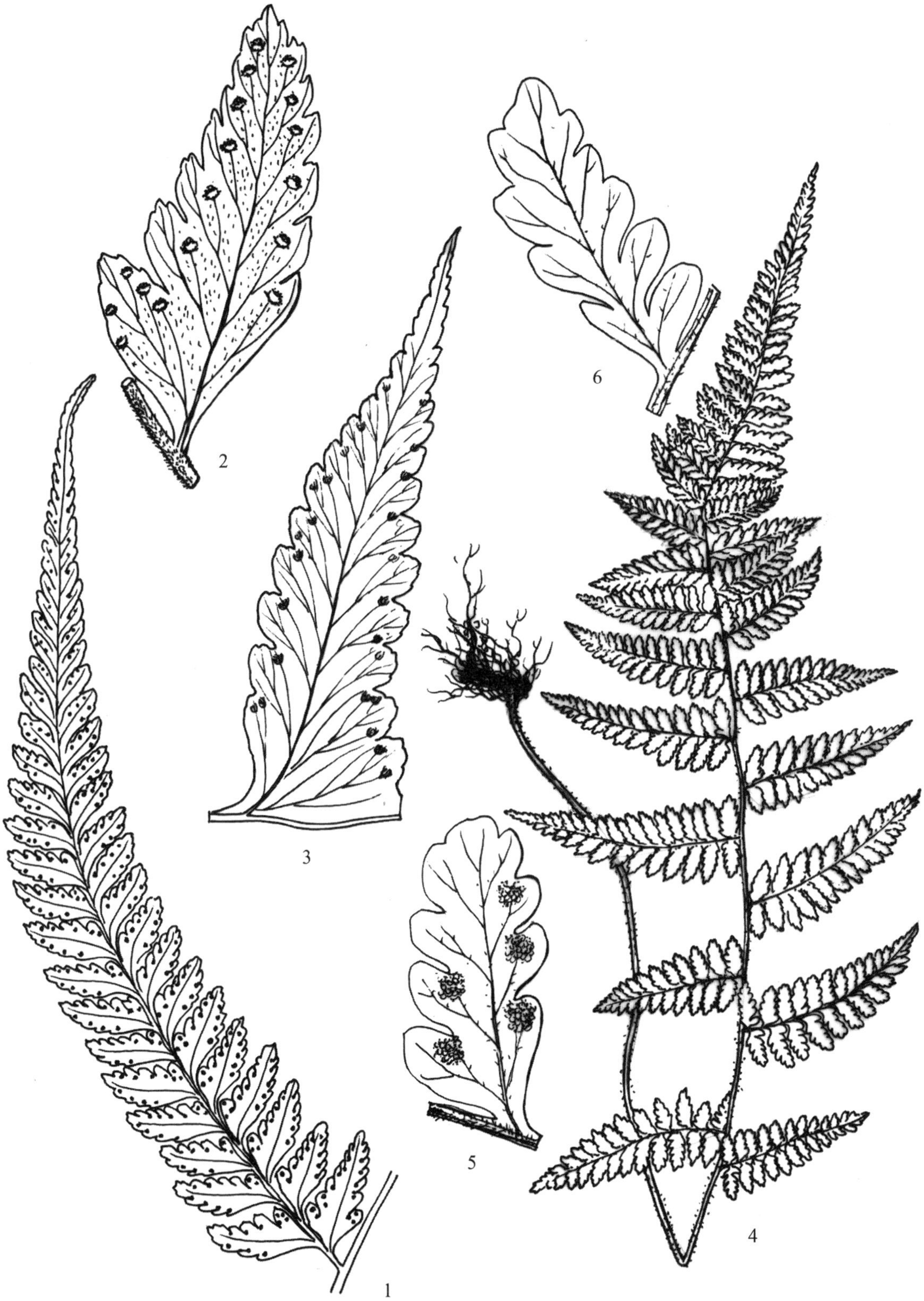

图版 32　1～2. **草叶鳞盖蕨** Microlepia herbacea Ching et C. Chr. ex C. Chr. et Tard.-Blot 1. 羽片；2. 小羽片背面，示孢子囊群着生位置和形态。　3. **阔叶鳞盖蕨** M. platyphylla (D. Don) J. Sm. 3. 小羽片背面，示孢子囊群着生位置和形态。　4～6. **薄叶鳞盖蕨** M. tenera Christ　4. 植株；5. 小羽片背面，示孢子囊群着生位置和形态；6. 小羽片腹面。（林文宏绘）

图版 33　1～3. **假粗毛鳞盖蕨** Microlepia pseudostrigosa Mak. 1. 植株；2. 裂片腹面；3. 裂片背面，示孢子囊群着生位置。4～7. **斜方鳞盖蕨** M. rhomboidea (Wall.) Presl　4. 基部羽片；5. 裂片腹面；6. 裂片背面，示孢子囊群着生位置；7. 根状茎一部分。（林文宏绘）

马来西亚、印度尼西亚、菲律宾、日本也有分布。

全草清热除湿、利湿退黄；治外感风寒、流行性感冒、汗泄不畅、咳嗽、咽喉肿痛、鼻塞流涕、黄疸型肝炎等。

10. **团羽鳞盖蕨**(中国植物志)　图版 34:1～4

Microlepia obtusiloba Hay. in Bot. Mag. Tokyo **23**: 27. 1909; 中国植物志 **2**: 225. 1959; 云南植物志 **20**: 228. 2006.

根状茎横走，密被暗红棕色刚毛。叶远生；叶柄长 40cm，棕禾秆色，通体有开展的灰色长针状毛并有粗糙的痕；叶片长 40～45cm，宽约 22cm，长卵形，下部三回深羽裂，中部二回羽状，先端急长渐尖头，一回羽状，基部一对较长，斜上，长达 20cm，宽约 5cm，披针形，渐尖头，基部相等，圆楔形，二回深羽裂，有长约 1cm 的柄；羽片约 9 对，长约 2.5cm，宽约 1.2cm，长圆形，钝头，有粗齿牙，基部不对称，下侧楔形，上侧平截并与羽轴平行，略呈耳状，羽状深裂几达小羽轴；末回裂片 3～4 对，长圆形，圆头；叶脉两面明显斜上，单一；叶片厚纸质，干后褐色，腹面无毛，背面沿中脉及小脉有相当多的棕色长刚毛；叶轴及羽轴上有较多开展的棕色刚毛。孢子囊群圆形；囊群盖杯形，棕色，有毛。

产于金秀、上思、那坡、武鸣、南宁；生于海拔 300～900m 的沟谷林下。分布于台湾、海南、云南。越南也有分布。

11. **正鳞盖蕨**(中国植物志)

Microlepia critica Ching in Fl. Reipub. Popul. Sin. **2**: 226. 1959.

植株高约 1m。根状茎长而横走，密被灰褐色长刚毛。叶远生；叶柄长约 40cm，下部多少被灰褐色长刚毛，上部的脱落，有粗糙的痕；叶片长 70cm 以上，宽 20～30cm，长圆形，长渐尖头，二回羽状；羽片 11 对以上，线状披针形，基部以上第二对羽片最大，长 20cm，宽 3.4cm，渐尖头，基部上侧平截，下侧稍狭，广楔形，一回羽状；小羽片约 20 对，长圆形，长 1.8cm，宽 9mm；先端圆，基部不对称；叶脉羽状，两面隆起，斜上，单一或在基部上侧的分叉；叶片草质，干后褐色，腹面无毛，背面沿脉疏被棕色长刚毛；叶轴及羽轴上被褐色短毛。孢子囊群小，生于缺刻的基部；囊群盖杯形，几光滑。

产于罗城；生境不详。分布于广东。

12. **阔叶鳞盖蕨**(中国植物志)　图版 32:3

Microlepia platyphylla (D. Don) J. Sm. in London J. Bot. **1**: 472. 1842; 中国植物志 **2**: 226. 1959; 贵州蕨类植物志 438. 2001; 云南植物志 **20**: 229, 图版 40: 5～6. 2006.——*Davallia platyphylla* D. Don, Prodr. Fl. Nepal. 10. 1825.

本种是属内最高大的一种，高达 2m 以上。叶柄粗壮，除基部有毛外通体光滑；叶片阔三角形，三回羽裂；羽片近三角状披针形，渐尖头；小羽片 6～7 对，长 10～15cm，基部宽约 2.5～3.5cm，镰状披针形，长渐尖头而有圆缺刻，基部不等，上侧斜截形，有圆耳状凸起，圆浅裂至 1/2，成为有小锯齿的圆裂片，有软骨质狭边；叶片近革质，干后黄绿色，两面光滑，仅小羽轴上有淡棕色短毛密生。孢子囊群圆而大，近叶缘生，每裂片 2～5 个；囊群盖肾形，棕色，膜质，全缘。

产于金秀、武鸣、凌云、隆林、靖西、那坡；生于海拔 700～1 100m 的常绿阔叶林下。分布于云南、贵州、西藏。印度、尼泊尔、缅甸、越南、菲律宾、斯里兰卡也有分布。

13. **斜方鳞盖蕨**(植物分类学报)　图版 33:4～7

Microlepia rhomboidea (Wall.) Presl, Tent. Pterid. 125. 1836; 中国植物志 **2**: 228. 1959; 海南植物志 **1**: 48. 1964; 云南植物志 **20**: 220, 图版 41: 1～2. 2006.——*Davallia rhomboidea* Wall. in List no. 257. 1828.

植株高 1.2～2m。根状茎顶端密被暗色毛。叶远生；叶柄长 60～70cm，近无毛，有深沟；叶片圆状卵形，长 65～100cm，宽 35～45cm，三回羽状，基部近四回羽状深裂；羽片 12～14 对，长圆状卵形，长 15～30cm，宽 6～8cm；一回小羽片 9～12 对，长圆形，长 2～4cm，宽 1～1.5cm，顶端圆而有不整齐的小钝齿，两侧不对称，上侧平截，下侧楔形；叶脉两面均明显，羽状，单一或分叉；叶片草质，干后绿色，叶轴、羽轴、小

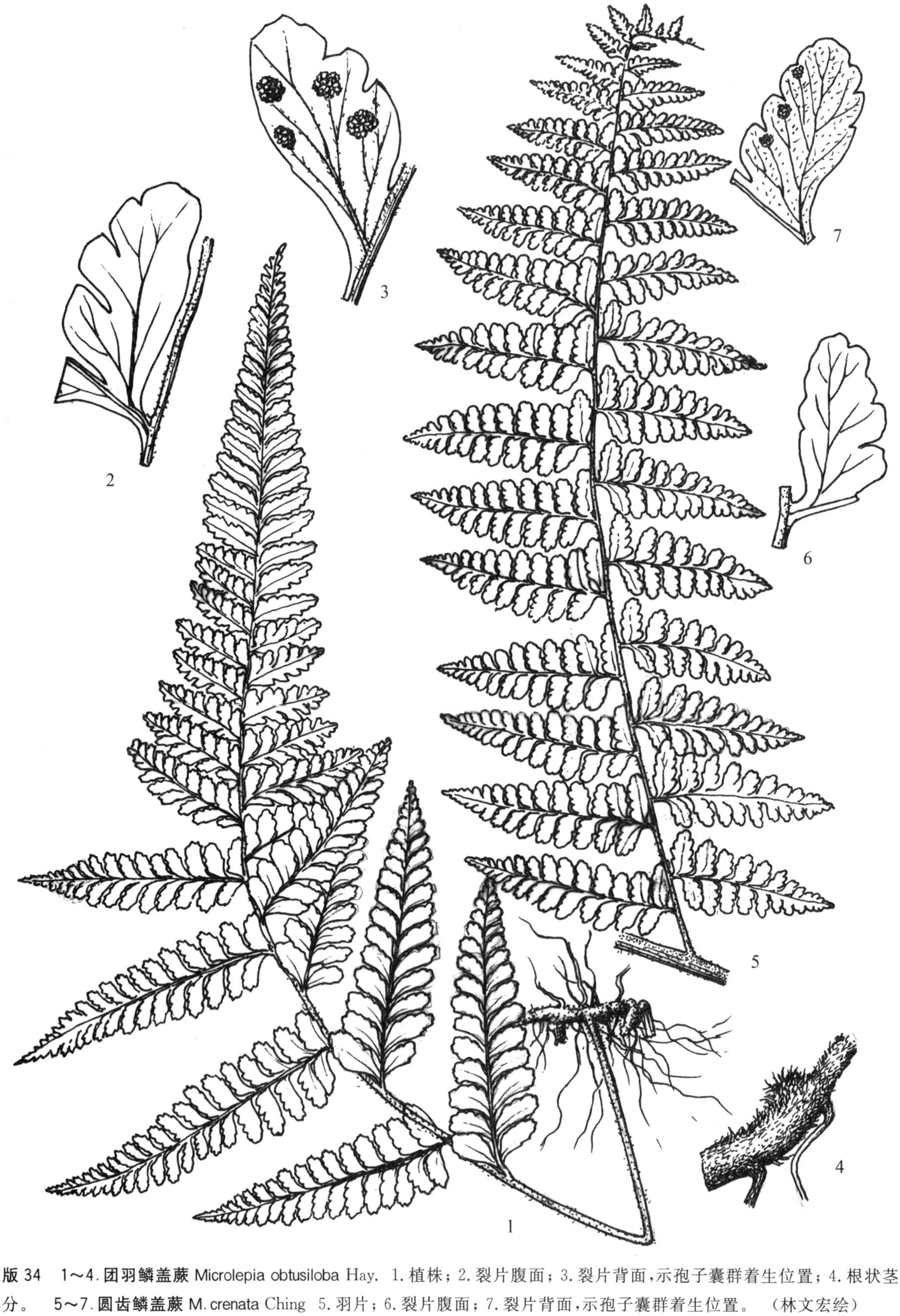

图版 34 1～4. **团羽鳞盖蕨** Microlepia obtusiloba Hay. 1. 植株；2. 裂片腹面；3. 裂片背面，示孢子囊群着生位置；4. 根状茎一部分。 5～7. **圆齿鳞盖蕨** M. crenata Ching 5. 羽片；6. 裂片腹面；7. 裂片背面，示孢子囊群着生位置。（林文宏绘）

羽轴及背面脉上密被灰白色有节的长毛，腹面的毛极稀疏。孢子囊群通常在每末回裂片上有一个，生于裂片基部分枝小脉的顶端，位于裂片基部缺刻的附近；囊群盖杯状，被节状长毛。

产于隆林、凌云、百色、田阳、那坡、扶绥；生于海拔 400～900m 的沟谷林下。分布于海南、云南。亚洲东南部热带地区也有分布。

14. **针毛鳞盖蕨**（中国植物志）　图版 35:1～4

Microlepia trapeziformis (Roxb.) Kuhn, Chaetopt. 347. 1882; Tard.-Blot et C. Chr. in Fl. Indo-Chine 7(2): 96. 1939; 中国植物志 **2**: 229. 1959; 海南植物志 **1**: 49. 1964; 云南植物志 **20**: 220, 图版 40: 3～4. 2006.——*Davallia trapeziformis* Roxb. in Calc. J. Nat. Hist. **4**: 516. 1844.

植株高达 1m 以上。根状茎横走，疏被长刚毛。叶远生；叶柄长 30～60cm，几光滑；叶片阔卵状长圆形，尾状渐尖头，长 50～60cm，宽 28～36cm，三回羽状；羽片 15 对或更多，长圆状披针形，长 17～24cm，长渐尖头，基部阔，不对称，上侧耳形，下侧楔形，二回羽状或羽裂达羽轴两侧的狭翅，腹面疏生长针状毛，背面叶脉凸出且被灰色光亮而伏贴的针状长毛；叶片草质，干后暗绿色。孢子囊群圆形，生于末回小羽片的上侧；囊群盖浅杯形，有长毛。

产于金秀、靖西；生于海拔约 1 400m 的林下。分布于台湾、广东、云南。印度、马来西亚、菲律宾、缅甸、泰国、老挝、越南、柬埔寨、新加坡也有分布。

15. **薄叶鳞盖蕨**（中国植物志）　图版 32:4～6

Microlepia tenera Christ in Lecomte, Not. Syst. **1**: 53. 1909; 中国蕨类植物图谱 **2**: 图版 101. 1934; 中国植物志 **2**: 234, 图版 17: 9～10. 1959; 贵州蕨类植物志 441. 2001; 云南植物志 **20**: 221, 图版 41: 3～4. 2006.

根状茎细长横走，疏被灰色毛，有管状中柱。叶远生；叶柄长约 20cm，有疏毛，下部几光滑而有粗糙的小痕；叶片长 30～36cm，宽约 14cm，长圆形，尾状长渐尖头，基部稍宽，三回羽状深裂；羽片约 20 对，长圆形，略呈镰状，钝头，基部圆形，渐尖头，基部一对稍长，长约 8cm，宽 3～3.5cm，二回深羽裂；一回小羽片约 10 对，长 1.5～2cm，宽 8～10mm，长圆形，略呈镰状，基部下侧楔形，上侧截形，二回深羽裂；末回小羽片 6～7 对，长圆形，圆头，长 4～5mm，宽约 2mm；叶脉纤细，羽状分枝，小脉 3～4 对，斜上，单一或在大的小羽片基部上侧为二叉；叶片薄草质，干后绿色，两面沿叶脉疏生灰色针状毛；叶轴和各回羽轴被同样而较多的毛。孢子囊群圆形，小，生于末回小羽片上侧缺刻底部；囊群盖圆肾形，以基部的缺刻着生，两侧分离，膜质，光滑，宿存。

产于隆林；生于海拔 700～900m 的林下溪边。分布于云南、贵州。

16. **淡秆鳞盖蕨**（中国植物志）

Microlepia pallida Ching in Bull. Dept. Biol. Sun Yat-sen Univ. **6**: 50. 1933; 中国植物志 **2**: 234. 1959.——*M. strigosa* f. *pinnata* Wu in Bull. Dept. Biol. Sun Yat-sen Univ. **3**: 118, t. 50. 1932.

叶远生；叶柄长约 50cm，禾秆色，无毛；叶片长约 50cm，宽约 28cm，阔卵形，渐尖头，三回羽状；羽片 7～8 对，斜上，长约 20cm，宽约 8cm，狭长圆形，短尖头，基部阔楔形，二回羽状；一回小羽片约 10 对，互生，长约 4.5cm，宽 1.7～2cm，披针形，近钝头，基部下侧楔形，上侧截形并与羽轴平行，一回羽状；末回小羽片约 5 对，长圆形，圆头，边缘有圆浅裂或有粗齿；叶脉两面明显，羽状，分叉；叶片薄草质，干后草绿色，两面光滑，唯小羽轴背面稍有灰色短毛；叶轴及羽轴上有灰色软毛。孢子囊群小，远离叶缘；囊群盖小，膜质，近圆形，光滑。

产于阳朔、金秀；生于林下。分布于广东。

17. **华南鳞盖蕨**（中国主要植物图说·蕨类植物门）

Microlepia hancei Prantl in Arb. Bot. Gaud. Bresl. **1**: 35. 1892; 中国主要植物图说·蕨类植物门 47, 图 58. 1957; 中国植物志 **2**: 236. 1959; 中国高等植物图鉴 **1**: 136, 图 272. 1972; 云南植物志 **20**: 221, 图版 42: 1～2. 2006.

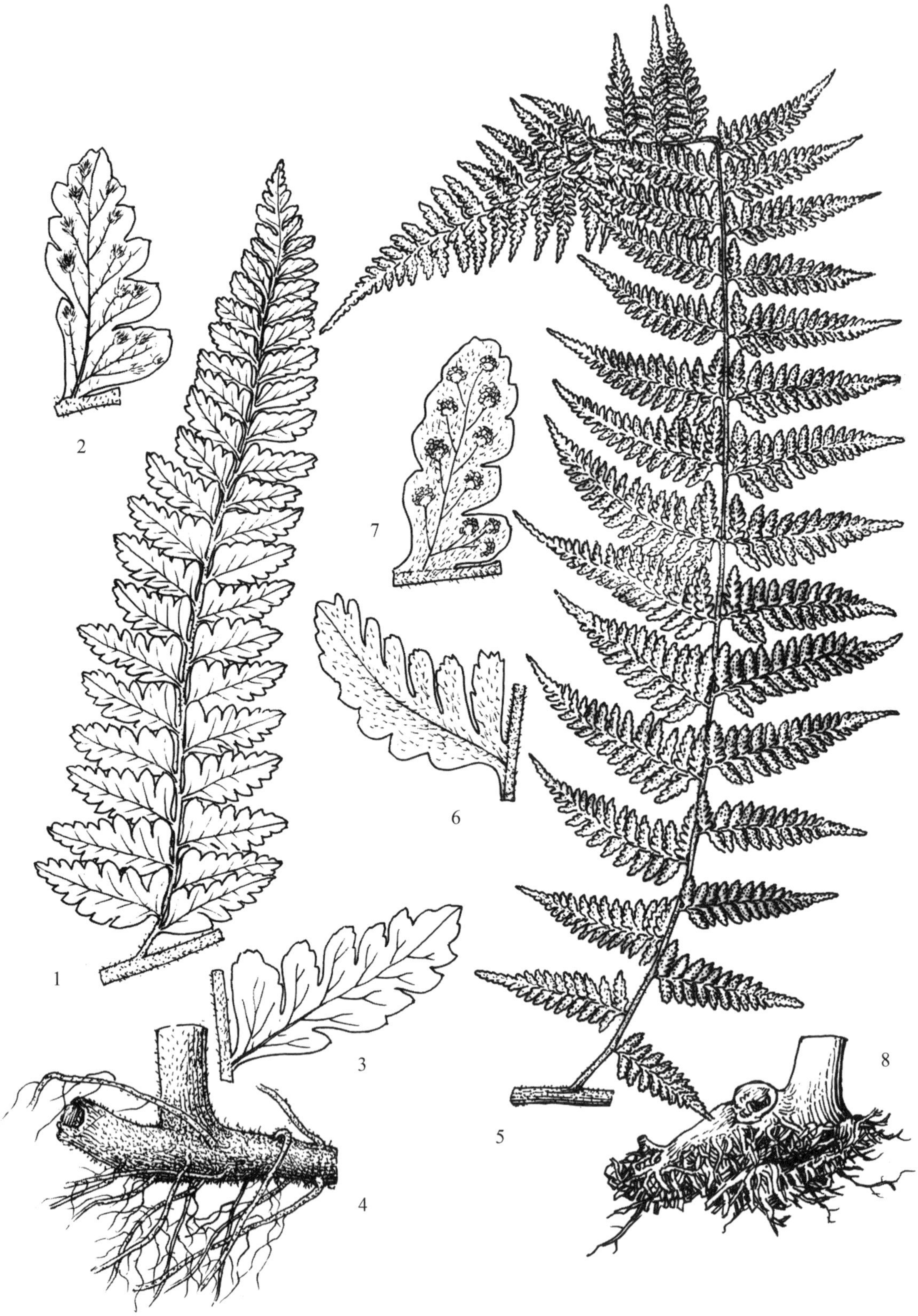

图版35 1～4. **针毛鳞盖蕨** Microlepia trapeziformis (Roxb.) Kuhn 1. 羽片；2. 小羽片背面，示形态和孢子囊群着生位置；3. 小羽片腹面；4. 根状茎一部分。 5～8. **热带鳞盖蕨** M. speluncae (L.) Moore 5. 羽片；6. 小羽片腹面；7. 小羽片背面，示孢子囊群着生位置和形态；8. 根状茎一部分。 （林文宏绘）

植株高100～120cm。根状茎横走，被毛。叶远生；叶柄长35～40cm，稍被毛；叶片卵状披针形，长50～60cm，宽约30cm，三回羽状；羽片10～16对，互生，近平展，线状披针形，长15～20cm，宽5～6cm，渐尖头，基部一对稍缩短；小羽片10～12对，三角状披针形，长2～3cm，宽1～1.5cm，渐尖头，边有浅钝齿，基部上侧有耳呈截形而与羽轴平行，下侧斜楔形，羽状深裂达有翅的小羽轴，下部有分离的末回小羽片；末回小羽片或裂片5～7对，近斜方形，长约7mm，宽4～5mm，钝头，有浅钝齿；叶脉明显，羽状，小脉单一或分叉；叶片薄草质，干后绿褐色，叶脉两面疏被灰色节状毛；腹面叶轴及羽轴有沟及疏被节状毛。孢子囊群在每末回裂片有1个，稍近缺刻；囊群盖近肾形，厚膜质，疏被毛。

产于三江、罗城、百色、苍梧、玉林、桂平、北流、灵山、上林、宾阳、武鸣、南宁；生于海拔300～500m的林下或路边灌丛中。分布于台湾、福建、广东、海南、云南、贵州、香港。日本、波利尼西亚、印度、缅甸、泰国、老挝、越南、柬埔寨、马来西亚、新加坡也有分布。

全草清热祛湿；治肝胆湿热、风湿骨痛、流行性感冒、黄疸型肝炎等。

18. **膜叶鳞盖蕨**（中国植物志）

Microlepia tenella Ching in Fl. Reipub. Popul. Sin. **2**: 235, 365. 1959.

根状茎略被灰色短毛。叶疏生；叶柄长约30cm，灰褐色，光滑；叶片狭长圆形，长50～65cm，宽20～25cm，三回羽状；羽片约10对，极斜上，基部一对小，长7～8cm，宽2～3cm，第二对长达24cm，宽4～5cm，披针形，渐尖头，基部阔楔形，下侧楔形，上侧截形，与叶轴平行并多少覆盖叶轴，二回羽状；一回小羽片约20对，三角状长圆形，长2.5～3cm，宽1～1.5cm，短尖头或钝头，基部下侧楔形，上侧截形，多少为耳状；末回小羽片4～5对，长约8mm，宽约4mm，长圆形，圆头，基部多少合生，下延，密接，基部上侧一片较大，贴近羽轴，几全缘或上侧浅裂；叶脉纤细，2～3对，斜上，单一或二叉；叶片薄草质，干后草绿色，腹面无毛或偶有长针状毛，背面光滑无毛，唯中脉、羽轴及叶轴密生灰棕色短柔毛。孢子囊群小，圆形；囊群盖小，圆肾形，仅以基部着生，膜质，光滑。

广西特有，产于罗城；生于海拔约300m的林下沟边。

19. **中型鳞盖蕨**（中国植物志）

Microlepia intermedia Ching in Fl. Reipub. Popul. Sin. **2**: 237, 366. 1959.

根状茎长而横走，密被灰棕色透明节状长绒毛。叶二列疏生；柄长30～32cm，禾秆色或棕黄色，略有短毛。叶片长50～60cm，中部宽18～27cm，先端渐尖，中部以下三回羽状，向上为三回深羽裂；羽片10～12对，互生，有短柄，基部1～2对较短，中部的长16～20cm，宽5～7cm，阔披针形，先端近尾头，斜上，二回羽状，一回小羽片在羽状尾头以下有12～14对，基部一对最大，长3～3.5cm，宽1.2～1.5cm，阔披针形，先端短尖，基部不对称，上侧平截，下侧楔形，柄极短，上侧的常与叶轴并行，上先出，向上渐短，几平展，一回羽状；末回裂片4～6对，长圆形，圆浅裂达1/3处，小裂片钝头，全缘或有圆齿；向上的末回羽片渐短，基部为不对称楔形，下延，基部相连；中脉不显，侧脉羽状分枝；中部以上的羽片渐短，一回小羽片长1～2cm，宽5～8mm，羽状深裂，小裂片全缘或有齿牙；叶片薄草质，干后腹面褐色，沿叶脉有棕色长毛，背面黄绿色，叶脉上疏被灰白色长毛；叶轴、羽轴和叶柄同色，被灰棕色毛。孢子囊群圆形，生于末回裂片基部上侧近缺刻处，每片1个，在基部上侧的一片为1～2对；囊群盖浅碗形，棕色，疏生长毛。

广西特有，产于罗城；生于海拔约1 000m的林下。

20. **热带鳞盖蕨**（中国植物志）　图版35:5～8

Microlepia speluncae (L.) Moore, Ind. Fil. 93. 1857; 中国植物志 **2**: 243. 1959; 贵州蕨类植物志 440, 图版109: 3～4. 2001; 云南植物志 **20**: 225, 图版41: 5～6. 2006.——*Polypodium speluncae* L. Sp. Pl. 1093. 1753.

植株高达2m。根状茎横走。叶疏生；叶柄长约50cm，禾秆色，疏被灰棕色节状短毛；叶片长60～90cm，宽30～40cm，卵状长圆形，渐尖头，三回羽状；羽片10～15对，阔披针形，下部的长28～30cm，宽约10cm，渐尖头，二回羽状；一回小羽片无柄，15～20对，开展，阔披针形，长2.5～3cm，宽8～10mm，渐尖头，基部不等宽，无柄；末回小羽片 6～8 对，长圆形，长 7～8mm，宽约 4mm；末回裂片全缘或顶端有 2～3 个钝齿；叶脉羽状分枝，于叶背稍隆起；叶片薄草质，干后黄绿色，腹面贴生灰白色细毛，背面密生灰白色短柔毛。孢子囊群着生于末回裂片边缘；囊群盖小，半杯形，淡棕色，有柔毛。

产于田林、百色、那坡、靖西、龙州、大新、宁明、上林；生于海拔 200～600m 的林下或灌丛中。分布于海南、云南、贵州、台湾。广布于泛热带地区。

21. **圆齿鳞盖蕨**(中国植物志) 图版 34:5～7

Microlepia crenata Ching in Fl. Reipub. Popul. Sin. 2: 241, 368. 1959; 云南植物志 20: 224. 2006.

植株高达 2m。叶片大，三回羽状深裂；羽片多数，长 35～40cm，宽 8～12cm，渐尖头，二回羽状深裂；一回小羽片 20～25 对，斜上或弯弓，中部以下的长 5～7cm，基部宽 2～2.5cm，阔披针形，急尖或渐尖头，基部上侧几平截且与羽轴并行，下侧楔形；末回裂片 6～9 对，密接；基部上方一片最大，长约 1.5cm，宽 6～7mm，长圆形，圆头且有不明显浅圆齿，两侧圆浅裂，其余的末回裂片长约 1cm，宽约 5mm，长圆形，先端有圆齿；中脉不明显，侧脉粗而显著，羽状分枝，小脉不达叶边；叶片纸质，腹面褐棕色，光滑，唯小羽轴略有短毛，背面暗绿色，遍生棕色短密毛；羽轴暗棕色，被同样的毛。孢子囊群小，2～3 对，远离叶边；囊群盖浅碗形，淡棕色，有毛。

产于贺州、桂平；生于海拔 400～900m 的林下。分布于海南、云南。缅甸也有分布。

23. 鳞始蕨科 LINDSAEACEAE

小型或中型蕨类。根状茎横走，内有原始中柱，外被狭长或钻形鳞片。叶一型，近生或远生；叶柄基部无关节，内有 1 条横切面上排成 U 形的维管束；叶片线状披针形、椭圆形或卵形等，一回羽状或多回羽状；叶脉二叉或羽状，分离或有时联结呈网状。孢子囊群短，或线形，或为长的汇生囊群，生于叶缘或缘内，单生于小脉顶端或生于联结多条小脉的边脉上；囊群盖短，或为长的线形，生于叶缘或缘内，向外开；孢子囊扁球形，环带纵行，不完整，柄细长；孢子球状四面形，极面观钝三角形，赤道面观半圆形或椭圆形，少数为左右对称形。

本科有 7 属，约 200 种，分布于热带及亚热带地区。中国有 3 属约 29 种，分布于南部各省区；广西有 2 属 9 种。

分属检索表

1. 叶为一回至二回羽状粗裂；羽片或小羽片通常为对开式，近圆形或扇形，基部不对称；或羽片不为对开式，披针形，全缘，基部两侧多少对称，或有时下部为羽状分裂；无主脉而下部的叶脉沿叶缘生，叶脉分离或稀疏联结，或有明显主脉而羽片的主脉两侧的叶脉多少联结为网状；孢子囊群和盖线形，横生于 2～3 条以上的小脉顶端 ……………………………… 1. **鳞始蕨属** Lindsaea Dry.

1. 叶为三回至五回羽裂；羽片或小羽片线形或楔形，基部近对称；主脉明显，叶脉分离，下部的叶脉不沿叶缘生；孢子囊群及其杯形的盖纵生于 1 条叶脉的顶端或极少联结 2～3 条小脉 ……………………………… 2. **乌蕨属** Sphenomeris Maxon

1. 鳞始蕨属 Lindsaea Dry.

叶近生或远生；叶片一回至二回羽状，羽片或小羽片多为对开式，近圆形或扇形，不具主脉(实际主脉靠近叶缘)，小脉分离或少有稀疏联结；或羽片不为对开式，披针形，有明显的主脉，小脉通常为疏网状。孢子囊群沿羽片(或小羽片)的上缘或外缘着生，联结二至多条小脉的顶端而为线形，或少有顶生于一条小脉上而为圆形；囊群盖线形、椭圆形或圆形，向叶边开口；孢子多为钝三角形，少数为椭圆形。

本属近 200 种，分布于泛热带地区。中国有 25 种，分布于西南、华南及华东南部各省区；广西产 8 种。

分 种 检 索 表

1. 侧生羽片为一回至三回羽状分裂。
  2. 叶一回羽状。
    3. 叶轴圆柱形；孢子囊群间断 ……………………………………………………………… 1. **鳞始蕨** L. odorata Roxb.
    3. 叶轴四棱形；孢子囊群连续，不间断 ………………………… 2. **团叶鳞始蕨** L. orbiculata (Lam.) Mett. ex Kuhn
  2. 叶二回至三回羽状。
    4. 孢子囊群通常单生于一条小脉顶端，近圆形，少有 2 个孢子囊群靠拢或联结成短条形 ……………………………………………………………………………………………… 3. **碎叶鳞始蕨** L. chingii C. Chr.
    4. 孢子囊群联结 2 条以上的小脉顶端，短条形至长条形。
      5. 顶生羽片与侧生羽片同形同大；侧生羽片有明显的柄；全部或部分侧生羽片的小羽片为下先出 ……………………………………………………………………………………… 4. **华南鳞始蕨** L. austrosinica Ching
      5. 叶片有或无顶生羽片，若有顶生羽片，则明显比侧生羽片大；侧生羽片无柄或柄短；侧生羽片的小羽片均为上先出。
        6. 叶片顶部急狭成长尾状，或叶片有 1 片顶生羽片，其基部有 1～2 对远而较小的一回羽状分裂的侧生羽片；孢子囊群在小羽片上联结 ……………………………………… 2. **团叶鳞始蕨** L. orbiculata (Lam.) Mett. ex Kuhn
        6. 叶片顶部通常羽裂渐尖，无明显顶生羽片；孢子囊群在小羽片上间断 ………… 5. **钱氏鳞始蕨** L. chienii Ching
1. 基部羽片以上的侧生羽片不分裂或很少分裂，若有分裂，通常只在羽片的中部以下分裂，顶部不分裂。
  7. 叶脉分离；孢子囊群间断 ………………………………………………………………… 6. **爪哇鳞始蕨** L. javanensis Bl.
  7. 叶脉连接；孢子囊群连续。
    8. 叶一回羽状，有顶生羽片 …………………………………………………………… 7. **剑叶鳞始蕨** L. ensifolia Sw.
    8. 叶一回或二回羽状，顶部羽裂渐尖 ……………………………………………… 8. **异叶鳞始蕨** L. heterophylla Dry.

1. 鳞始蕨(中国高等植物图鉴)

Lindsaea odorata Roxb. in Calc. J. Nat. Hist. **4**: 511. 1844; 四川植物志 **6**: 192, 图版 58. 1988; 云南植物志 **20**: 233, 图版 43: 4～5. 2006. ——*L. cultrata* auct non (Wild.) Sw.: Syn. Fil. 119. 1806; 中国植物志 **2**: 260, 图版 22: 1～7. 1959; 海南植物志 **1**: 55. 1964; 中国高等植物图鉴 **1**: 140, 图 280. 1972.

植株高 15～50cm。根状茎短，横走，密被棕色钻形鳞片。叶近生；叶柄长 7～24cm，常为棕色；叶片线状披针形，长 16～40cm，宽 2～4cm，基部近截形，尾状长渐尖，一回羽状；羽片 24～34 对，互生，斜扇形，基部斜楔形，钝头，下边全缘，平直或略内弯，上边有缺刻形成小裂片，下部的较大，长 0.5～1cm，宽 1～2.5cm；叶脉二叉分枝；叶纸质，两面无毛。孢子囊群生在羽片上缘裂片上，线形，联结二至多条小脉，每羽片 2～5 个；囊群盖长圆形或线形，边缘波状。

产于融水、罗城、那坡、贺州、武鸣、兴安、灵川；生于海拔 600～1 200m 的林下潮湿处或溪边。分布于台湾、福建、湖南、江西、广东、海南、西藏、云南、四川、贵州。印度、尼泊尔、不丹、缅甸、泰国、越南也有分布。

全草止血、利尿；治尿闭、吐血。

2. 团叶鳞始蕨(中国高等植物图鉴)

Lindsaea orbiculata (Lam.) Mett. ex Kuhn in Ann. Mus. Bot. Lugd.-Bat. **4**: 279. 1869; 中国植物志 **2**: 264, 图版 22: 10～12. 1959; 海南植物志 **1**: 51. 1964; 中国高等植物图鉴 **1**: 140, 图 279. 1972; 四川植物志 **6**: 196, 图版 58. 1988. ——*Adiantum orbiculatum* Lam. Encycl. **1**: 41. 1783. ——*Schizoloma intertextum* Ching in Fl. Reipub. Popul. Sin. **2**: 274. 1959.

植株高 25～30cm。根状茎短，横走，密被棕色钻形鳞片。叶近生；叶柄长 12～20cm，禾秆色，下部棕色，光滑无毛；叶片披针形，长 15～20cm，宽 1.5～2cm，基部近截形，渐尖头，一回羽状，下部有时有羽状羽片；羽片 15～20 对，斜扇形或近圆形，基部斜楔形，圆头，下侧边缘弧形略向外凸，全缘，上边有小齿，下部较大，长 0.7～1cm，宽 1～1.2cm；叶脉二叉分枝；叶纸质，两面无毛。孢子囊群沿羽片上部边缘着生，线形，不中断，联结多条小脉；囊群盖线形，膜质，边缘有小齿。

广西各地均产；生于海拔100～1 000m的林下或路边。分布于台湾、福建、湖南、广东、云南、贵州、四川。亚洲其他热带地区及澳大利亚也有分布。

全草抗菌收敛、止血、镇痛；治痢疾、疮疖、创伤。

3. **碎叶鳞始蕨**（蕨类名词及名称） 图版36：1～3

Lindsaea chingii C. Chr. Ind. Fil. Suppl. **3**：121. 1934；中国植物志**2**：263. 1959. —— *L. chinensis* Ching in Sinensia **1**：5. 1929.

植株高14～26cm。根状茎较短而横走，密被鳞片。叶近生；叶柄长达9cm，暗栗色，有光泽，上部色渐淡，光滑；叶片三角状披针形，长10～16cm，基部宽约5.5cm，中部宽1.2～1.8cm，下部1/3为二回羽状，上部2/3为一回羽状，有时全体为一回羽状，向顶部渐变狭；下部羽片3～6对，披针形，长2～3cm，宽6～10mm；小羽片5～8对，几为等边三角形，长宽各约4mm，深裂至1/3成2～4个短阔裂片；裂片有钝而有缺刻的急尖头，上部的常全缘；上部羽片22～30对，有短柄，肾形至扇状楔形，长宽各约1cm，上缘圆形，分裂为4～6个长圆形的裂片；叶脉细，二叉分枝。孢子囊群圆形或横长圆形，每裂片上有一个，着生于1～2条细脉的顶端；囊群盖膜质，几全缘或二裂，距裂片边缘颇远。

产于防城港、上思；生于海拔300～500m的林下潮湿处。分布于海南。

4. **华南鳞始蕨**（蕨类名词及名称） 图版36：4～7

Lindsaea austrosinica Ching in Bull. Fan Mem. Inst. Biol. new ser. **1**：297. 1949；中国植物志**2**：266. 1959；云南植物研究**16**(2)：127. 1994.

植株高约50cm。根状茎横走，直径约3mm，密被鳞片；鳞片深棕色，有光泽，线状披针形，长达3mm。叶近生；叶柄长25～30cm，深栗色或上部为栗棕色，有光泽，背面圆形，有沟，基部被鳞片，通体光滑；叶片长圆状卵形，长达15～20cm，宽10～15cm，二回羽状，尾头；叶轴栗色或在上部棕褐色，钝四方形；羽片为3对，近互生，阔披针形，长10～12cm，宽2.7～3cm，渐尖近尾头，柄长约5mm，一回羽状；小羽片10～12对，长圆状肾形，长1.4～1.6cm，宽7～9mm，基部楔形，圆头，下缘稍弯，内缘几平直，常搭在羽轴上，有短柄；叶脉二叉分枝，于叶片背面可见，于腹面不显；叶纸质，干后呈深绿色。孢子囊群横线形，沿上缘及外缘连续着生，或为2～3个浅缺刻所中断；囊群盖线形，全缘，棕灰色，膜质，与边缘等阔。

产于上思；生于海拔400～1 100m的林下。分布于海南。

5. **钱氏鳞始蕨**（蕨类名词及名称） 图版36：8～10

Lindsaea chienii Ching in Sinensia **1**：4. 1929；中国蕨类植物图谱**1**：图版19. 1930；中国植物志**2**：270. 1959；四川植物志**6**：195，图版59. 1988.——*L. recedens* Ching in Fl. Reipub. Popul. Sin. **2**：269，373. 1959.

植株高15～25cm。根状茎短，横走，密被棕色钻形鳞片。叶密生；叶柄长6～14cm，略方形；叶片三角卵形，长10～12cm，宽4～7cm，基部近截形，尾头，二回羽状；羽片8～10对；下部1～2对为奇数羽状披针形，长2.5～4cm，宽1～1.8cm；小羽片2～4对，斜倒卵形，基部楔形圆头；上部为单羽片，对开式的菱形，基部斜楔形，先端钝圆，上下两边平直，外边略呈弧形；叶脉二叉分枝，两面明显；叶草质，两面无毛。孢子囊群生于羽片上缘及外缘裂片上，短线形，联结2～4条小脉，每羽片2～7个；囊群盖长圆形，膜质，边缘波状。

产于上思、武鸣、三江、桂平；生于海拔300～800m的林下。分布于四川、云南、广东、福建、台湾。泰国、越南、日本也有分布。

6. **爪哇鳞始蕨**（贵州蕨类植物志） 图版37：1～4

Lindsaea javanensis Bl. Enum. Pl. Jav. 219. 1828；贵州蕨类植物志 400. 2001；云南植物志**20**：234. 2006.——*L. longipetiolata* Ching in Sinensia **1**：51. 1930.——*L. liankwangensis* Ching in Fl. Reipub. Popul. Sin. **2**：269，372. 1959.

植株高达25cm。根状茎短而横走，被棕红色的钻形鳞片。叶近生；叶柄长11～13cm，下部圆形，暗栗色，有光泽，除基部被鳞片外，通体光滑；叶片三角形，长12～13cm，宽7～11cm，下部为二回羽状，上部为

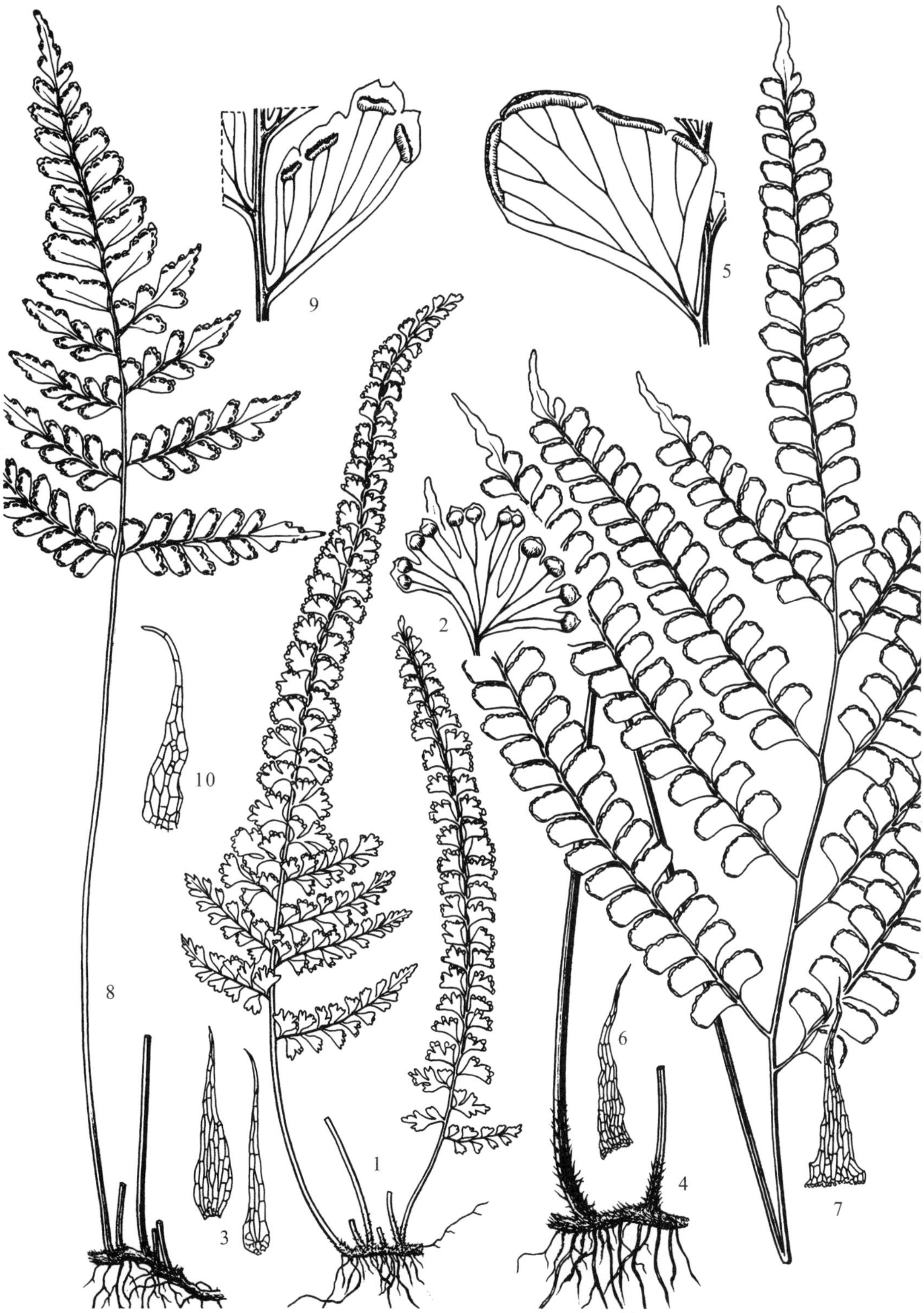

图版 36 1～3.**碎叶鳞始蕨** Lindsaea chingii C. Chr. 1.植株；2.小羽片，示形态、脉序、孢子囊群着生位置；3.根状茎上的鳞片。 4～7.**华南鳞始蕨** L. austrosinica Ching 4.植株；5.小羽片，示形态、脉序、孢子囊群着生位置；6.根状茎上的鳞片；7.叶柄基部鳞片。 8～10.**钱氏鳞始蕨** L. chienii Ching 8.植株；9.小羽片，示形态、脉序、孢子囊群着生位置；10.根状茎上的鳞片。 （朱运喜绘，其中1～3仿自《中国蕨类植物图谱》）

图版 37　1～4. **爪哇鳞始蕨** Lindsaea javanensis Bl. 1. 植株；2. 基部羽片；3～4. 小羽片及小羽片一部分，示孢子囊群的着生位置和形态。　5～8. **异叶鳞始蕨** L. heterophylla Dry. 5. 植株；6. 基部羽片；7～8. 小羽片及小羽片一部分，示形态和孢子囊群的着生位置。（林文宏绘）

一回羽状；下部羽片5对，披针形，长4.5～6cm，宽约1.2cm，一回羽状，顶部为不分裂的阔而长的渐尖头；小羽片5～6对，几无柄，对开式，扇形，长6～8mm，宽5～8mm，基部楔形，下缘及内缘平直，上缘圆弧形，全缘或稍呈波状，有1～4个浅缺刻，顶部具阔的小羽片；上部羽片7～9对，卵圆形至长圆肾形，长18～24mm，宽8～10mm，有1～2个缺刻；叶脉二叉分枝；叶草质，干后呈绿色。孢子囊群长线形，连续不断或偶有缺刻中断；囊群盖膜质，灰绿色，宽0.5mm，距叶边约0.3mm。

产于金秀、贺州；生于海拔400～1 200m的林下。分布于贵州、海南、湖南、云南、台湾、广东。越南、缅甸、泰国、马来西亚、印度、日本也有分布。

7. **剑叶鳞始蕨**（蕨类名词及名称）

Lindsaea ensifolia Sw. in Schrad. J. Bot. **1800**: 77. 1801; 云南植物志 **20**: 231, 图版 43: 1～3. 2006. ——*Schizoloma ensifolium* (Sw.) J. Sm. in J. Bot. (Hook.) **3**: 414. 1841; 中国植物志 **2**: 273, 图版 23: 1～6. 1959; 海南植物志 **1**: 56, 图 24. 1964.

植株高约40cm。根状茎横走，密被赤褐色的钻形鳞片。叶近生；叶柄长约15cm，具四棱，略光泽，光滑；叶片长圆形，长约25cm，宽约11cm，一回奇数羽状；羽片4～5对，线状披针形，长7～11.5cm，宽约8cm，基部阔楔形，渐尖头，全缘，或在不育羽片有锯齿，顶生羽片与侧生羽片相似；中脉显著，细脉沿中脉联结成2行网眼，网眼斜长，为不整齐的四边形至多边形，向叶缘分离。孢子囊群线形，连续，沿叶缘联结，各细脉着生；囊群盖两层，灰色，膜质，全缘，里层较外层的叶边稍狭，向外开口。

广西各地均产；生于海拔20～900m的林下、路边或灌丛中。分布于广东、海南、云南、台湾。广布于亚洲热带地区。

全草清热燥湿。

8. **异叶鳞始蕨**（蕨类名词及名称）　图版37:5～8

Lindsaea heterophylla Dry. in Trans. Linn. Soc. **3**: 41, pl. 8, f. 1. 1797; 云南植物志 **20**: 231. 2006. ——*Schizoloma heterophyllum* (Dry.) J. Sm. in J. Bot. (Hook.) **3**: 414. 1841; 中国植物志 **2**: 273, 图版 23: 7～11. 1959; 海南植物志 **1**: 57. 1964; 中国高等植物图鉴 **1**: 141, 图 282. 1972.

本种近似于**剑叶鳞始蕨**（*L. ensifolia* Sw.），不同在于本种叶一回或二回羽状复叶，顶部羽裂渐尖，中脉两侧小脉通常形成1列网眼。

广西各地均产；生于海拔20～1 800m的林下、路边或灌丛中。分布于台湾、福建、广东、海南、香港、云南。广布于亚洲热带地区。

2. 乌蕨属　Sphenomeris Maxon

土生，中型蕨类。根状茎短，横走，密被深褐色的钻形或毛状鳞片。叶近生；叶片三回至五回羽裂，末回羽片或裂片为楔形或线形；叶脉叉状，分离。孢子囊群位于裂片先端，生于一条小脉顶端或联结2～3条小脉；囊群盖近圆形或倒卵形；孢子左右对称，极面观椭圆形，赤道面观半圆形，具颗粒状纹饰。

本属有18种，分布于热带至亚热带，但不产于澳大利亚。中国有3种；广西产1种。

乌蕨（中国植物志）

Sphenomeris chinensis (L.) Maxon in J. Wash. Ac. Sci. **3**: 144. 1913; 四川植物志 **6**: 196, 图版 60: 1～4. 1988; 云南植物志 **20**: 235, 图版 43: 6～7. 2006. ——*Trichomanes chinensis* L., Sp. Pl. **2**: 1099. 1753. ——*Stenoloma chusanum* (L.) Ching in Sinensia **3**: 338. 1933; 中国植物志 **2**: 275, 图版 24: 3～6. 1959; 海南植物志 **1**: 59. 1964; 中国高等植物图鉴 **1**: 142, 图 283. 1972.

植株高30～70cm。根状茎横走，密生深褐色钻形鳞片。叶近生；叶柄长15～32cm，禾秆色；叶片卵形，长22～45cm，宽6～12cm，渐尖头，四回羽状深裂；羽片10～15对，互生，宽披针形，基部圆，尾状长渐尖，三回羽状深裂，下部较大，长6～13cm，宽2.5～5cm；小羽片6～10对，卵形，基部偏斜，渐尖头，二回羽状深裂，下部的较大，长2～3cm，宽1～1.5cm；三回羽片2～3对，倒卵形或菱形，基部楔形，钝头，下部的较大，长6～10mm，宽4～5mm，两面有1～2对楔形裂片；三回羽片具二叉分枝的叶脉；叶纸质，两面无毛。孢子囊群小，生在裂片先端或2条小脉顶端；囊群盖倒卵形或长圆形。

广西各地均产；生于海拔20～1 600m的林下、灌丛或路边。分布于台湾、福建、浙江、江苏、甘肃、陕西、河北、河南、湖南、江西、安徽、广东、云南、贵州、四川。印度、不丹、尼泊尔、缅甸、泰国、老挝、越南、日本也有分布。

本种可作为观赏植物。全草清热解毒、利湿、止血、退热。

24. 竹叶蕨科 TAENITIDACEAE

土生。根状茎横走，或长或短，有管状中柱，或为向网状中柱过渡的辐射状类型。被刚毛状鳞片；鳞片深棕色，有光泽，质硬，由2～4列(少有1列)膨胀的细胞组成，向上渐变狭，细胞多数，一行排列。叶中型或小型；叶柄不具关节，有维管束2行，在上部会合；单叶或为奇数一回羽状，顶生羽片相似，侧生羽片不分裂；叶脉网状，均匀，沿羽轴两侧各有2～3行或更多行近相等的、斜上的狭长网眼，不具内藏小脉，少有在近叶边处为不规则的疏网结。孢子叶的叶片或羽片通常较营养叶的为狭；叶大都为革质，光滑。孢子囊群狭线形，常位于羽轴与叶缘之间，连续或有时断裂，纵行，横跨网状叶脉，几与羽片等长，或沿叶脉不规则着生，或骤生成分离的近圆形或椭圆形孢子囊群，或生于近边的线形沟槽中或满布在羽状叶种类的狭缩羽片下面；无囊群盖；隔丝丰富，多细胞，顶部的细胞一般比基部的细胞短，顶生细胞不膨大，隔丝先于孢子囊生出，并在开始阶段覆盖孢子囊；孢子四面体形，辐射对称，三裂缝，具周壁。

本科有4属，分布于亚热带地区。中国仅有1属。

竹叶蕨属 Taenitis Willd.

土生。根状茎横走，有管状中柱，密被深棕色的刚毛状鳞片。叶中型或小型，奇数一回羽状或单叶，顶生羽片与侧生羽片同形；羽片不分裂，披针形，全缘，羽轴腹面有浅纵沟；叶脉网状，沿羽轴两侧各有2～3行或更多行斜上的狭长网眼，不具内藏小脉；叶多少为革质，光滑。孢子囊群狭长线形，常位于羽轴与叶缘之间，几与羽片等长；无囊群盖；孢子囊柄纤细，环带约由15个增厚细胞组成；隔丝有多行细胞，顶端变粗，多数，遮护幼小的孢子囊群；孢子钝三角形，具三裂缝，裂缝细长，外壁沿赤道部分明显加厚形成赤道环，周壁上有小瘤状纹饰，在赤道环上则为颗粒状纹饰，外壁表面具模糊的颗粒状纹饰。

本属有4种。中国仅有1种，广西也产。

竹叶蕨(中国植物志)

Taenitis blechnoides (Willd.) Sw. Syn. Fil. 24, 220. 1806；中国植物志 2：279，图版 25：1～6. 1959；海南植物志 1：58，图 25. 1964；广西植物 7(4)：291. 1987. ——*Pteris blechnoides* Willd. Phytogr. 13, t. 9, f. 3. 1794.

直立草本，高约1m。根状茎粗壮；鳞片红棕色，开展。叶远生；叶柄长25～50cm，坚硬，光滑，有光泽，上部禾秆色，基部褐色并被鳞片；叶片长椭圆状卵形，长约40cm，宽22～25cm，奇数一回羽状；羽片2～7对，下部的近对生，斜上，有短柄，披针形，长15～25cm，宽1.5～2cm，先端渐尖，基部楔形，叶缘软骨质而全缘或稍呈波浪形，软骨质的边下延而形成宽约2mm的狭翅达于叶轴，下部的羽片常较宽而不育，上部的能育，顶生羽片与侧生羽片同大；叶脉网状，在主脉与叶缘间有2～3行斜六角形的网眼，无内藏小脉；叶近革质，无毛。孢子囊群线形，宽约1mm，连续或很少中断，横过网脉而位于叶缘与主脉之间，常接近叶缘；隔丝密集，深红棕色，棒状，稍高于孢子囊。

产于防城港、东兴、北海、合浦；生于海拔30～200m的常绿阔叶林下或沟边湿石上。分布于海南。中南半岛、南洋群岛及斯里兰卡、印度也有分布。

25. 姬蕨科　HYPOLEPIDACEAE

土生，中型或大型蕨类。根状茎长，横走，内有双韧管状中柱，外被节状长毛，无鳞片。叶一型，直立或蔓生状，远生；叶柄粗壮，基部无关节，腹面扁平有纵沟，粗糙，常有节状毛；叶脉羽状，分离。孢子囊群圆形，生于叶背近边缘的小脉顶端；无囊群盖，常被略反折的叶缘遮盖；孢子左右对称，极面观椭圆形，赤道面观宽椭圆形或豆形，具刺状短棒状或网状纹饰。

本科仅有1属，约有50种，分布于泛热带地区，南达南非，北至日本，以新大陆热带地区的种类较多。

姬蕨属　Hypolepis Bernh.

根状茎横走，被多细胞的灰白色刚毛，无鳞片。叶柄粗壮，被毛，粗糙；叶片一回至四回羽状细裂，各回羽片偏斜，两面均被灰白色刚毛，尤以叶轴和羽轴为多；叶脉分离；叶草质或纸质。孢子囊群圆形，近叶边着生于一条小脉顶端，一般位于裂片缺刻处；无囊群盖，具线状隔丝；孢子椭圆形。

中国有6种；广西产2种。

分种检索表

1. 根状茎、叶轴密被棕色节状长毛 ……………………………… 1. **姬蕨** H. punctata (Thunb.) Mett.
1. 根状茎、叶轴混生，具节状腺毛和单细胞腺毛 ………………… 2. **腺毛姬蕨** H. glandulosopilosa H. G. Zhou et Hua Li

1. **姬蕨**(中国植物志)

Hypolepis punctata (Thunb.) Mett. in Kuhn, Fil. Afr. 120. 1868；中国植物志 **2**：248，图版 18：9. 1959；中国高等植物图鉴 **1**：138，图 275. 1972；四川植物志 **6**：199，图版 61. 1988. —— *Polypodium punctatum* Thunb. Fl. Jap. 337. 1784.

植株高80cm以上，土生。根状茎粗壮，横走，密生棕色节状长毛。叶远生；叶柄长30～55cm，禾秆色，基部棕色，有灰白色节状毛；叶片卵形，长30～40cm，宽20～25cm，基部圆楔形，渐尖头，四回羽状浅裂；羽片5～10对，互生或近对生，斜上，狭卵形或卵状披针形，基部圆形，先端渐尖，三回羽状浅裂，有柄，第一对羽片最大，长12～20cm，宽4～10cm；小羽片10～20对，宽披针形或线状披针形，二回羽状浅裂，下部较大，长2.5～5cm，宽1.2～2cm；三回羽片6～8对，长圆形，长4～10mm，宽3～4mm，圆头，两侧有3～4对浅裂片；纸质，两面有灰白色的节状毛；三回羽片具羽状脉，侧脉分叉。孢子囊群生于小裂片近边缘的小脉顶端；无囊群盖。

产于龙胜、灵川、三江、金秀、环江、容县、上思、武鸣；生于海拔500～1 500m的林下或沟边。分布于云南、四川、贵州、广东、江西、安徽、浙江、福建、台湾。印度、斯里兰卡、尼泊尔、泰国、柬埔寨、越南、印度尼西亚、菲律宾、日本及大洋洲热带地区也有分布。

全草清热解毒、收敛止血、止痛；治烧烫伤、外伤出血。

2. **腺毛姬蕨**(广西植物)　图版 38：1～2

Hypolepis glandulosopilosa H. G. Zhou et Hua Li in Guihaia 11(1): 41, f. 2. 1991.

本种近似于**姬蕨**[*H. punctata* (Thunb.) Mett.],不同在于本种根状茎和叶轴具节状腺毛和单细胞腺毛。

广西特有,产于三江、那坡、桂平、北流;生于海拔200～300m的砂岩山坡林下、灌丛或河边淤泥。

26. 蕨科 PTERIDIACEAE

土生,中型或大型蕨类。根状茎长而横走,密被锈黄色或栗色、有节的长柔毛,不具鳞片。叶一型,远生,具长柄;叶片大,通常卵形、长卵形或卵状三角形,二回至四回羽状,粗裂或细裂;叶革质或纸质,腹面无毛,背面多少被柔毛,罕有近无毛;叶脉分离。孢子囊群线形,沿叶缘生于联结小脉顶端的一条边脉上;囊群盖双层,外层为假盖,由反折变质的膜质叶边形成,线形,宿存,内层为真盖,质地较薄,不明显,或发育或退化,连续不断;孢子辐射对称或两侧对称,光滑或有细微的乳头状凸起。

本科有2属约30种,以泛热带为分布中心。中国2属均有;广西有1属。

蕨属 Pteridium Scopoli

土生,中型或大型蕨类。根状茎长,粗壮,横走,被锈黄色节状毛。叶远生;叶柄腹面扁平有纵沟,叶轴及羽轴直伸不曲折;叶片三角状卵形,三回至四回羽状,背面多少有毛,叶脉羽状,有边脉。孢子囊形成长的汇生囊群,生于羽片边缘的边脉上;囊群盖2层,线形,外盖厚膜质,内盖膜质或为撕裂状或毛状;孢子球状四面形,极面观钝三角形,赤道面观半圆形或超半圆形,具颗粒状与小刺状纹饰。

本属约有15种,广布于世界各地,以泛热带为中心。中国有3种2变种;广西产1种1变种。

分 种 检 索 表

1. 各回羽轴腹面沟内无毛……………………1b. **蕨** P. aquilinum (L.) Ruhn var. latiusculum (Desv.) Underw. ex Heller
1. 各回羽轴腹面沟内有密毛或疏毛……………………………………………………2. **毛轴蕨** P. revolutum (Bl.) Nakai

1. 欧洲蕨

Pteridium aquilinum (L.) Ruhn in Deck. Reis. Bot. 3(3): 11. 1879. ——*Pteris aquilina* L. in Sp. Pl. 2: 1075. 1753.

1a. 欧洲蕨(原变种)

Pteridium aquilinum (L.) Ruhn var. aquilinum

分布于欧洲、非洲及其邻近岛屿。中国不产。

1b. 蕨(变种)(中国高等植物图鉴)

Pteridium aquilinum (L.) Ruhn var. latiusculum (Desv.) Underw. ex Heller, Cat. N. Amer. Pl. ed 3, 17. 1909; 中国高等植物图鉴 1: 148, 图 296. 1972; 中国植物志 3(1): 2, 图版 1: 1～9. 1990. ——*Pteris latiuscula* Desv. in Mem. Soe. Linn. 6(2): 303. 1827. —— *Pteridium esculentum* (Forst) Cokayne in Engl. Vegt. Der Erde 14: 71, 308. 1921, syn. nov. ; Tard.-Blot et C. Chr. in Fl. Indo-Chine 7(2): 138, f. 17. 1939; 中国植物志 3(1): 3, 图版 1: 10～12. 1990. ——*Pteris esculenta* Forst., Pl. Escul. 74. 1786. ——*Pteridium falcatum* Ching ex S. H. Wu in Acta Bot. Austro-Sin. 2: 2. 1986; 中国植物志 3(1): 5, 图版 1: 13～14. 1990. syn. nov.

植株高达1m。根状茎长而横走,密被锈黄色柔毛,后渐脱落。叶远生;叶柄长20～80cm,褐棕色略有

图版 38　1～2. **腺毛姬蕨** Hypolepis glandulosopilosa H. G. Zhou et Hua Li　1. 小羽片背面，示孢子囊群着生位置；2. 叶腹面上的各类型腺毛。　3～4. **鸡爪凤尾蕨** Pteris gallinopes Ching ex Ching et S. H. Wu　3. 植株；4. 能育羽片背面的一部分，示孢子囊群着生方式。　5～7. **林下凤尾蕨** P. grevilleana Wall. ex Agardh　5. 植株；6. 基部羽片；7. 能育羽片背面的一部分，示孢子囊群着生方式。（林文宏绘）

光泽，光滑；叶片阔三角形，长30～60cm，宽20～45cm，渐尖头，基部圆楔形，三回羽状；羽片4～6对，斜展；基部一对最大（向上几对略小），三角形，长15～25cm，宽14～18cm，柄长3～5cm，二回羽状；小羽片约10对，披针形，长6～10cm，宽1.5～2.5cm，尾状渐尖，基部平截，一回羽状；裂片10～15对，平展，接近，长圆形，长约14mm，宽约5mm，钝头，基部不与羽轴合生，分离，全缘；叶脉稠密，仅于叶背面明显；叶干后革质，暗绿色，腹面无毛，背面在裂片主脉上多少被棕色或灰白色的疏毛或近无毛；叶轴及羽轴均光滑，小羽轴腹面光滑，背面被疏毛，少有密毛，各回羽轴腹面均有深纵沟1条，沟内无毛。

广西各地均产；生于海拔70～1 660m的山坡或林缘。分布于全国各地，主产于长江流域。其他热带及温带地区也有分布。

本种形态变化颇大，在不同的生境，叶质、叶片大小、裂片的形态和疏密程度都会发生或大或小的变化。如在阴湿环境下叶质近纸质、叶腹面秃净；山顶环境下则叶质为革质、叶腹面疏被毛，裂片的疏密和形态也发生不同的变化，所以本文将**食蕨**［*P. esculentum* (Forst) Cokayne］、**镰羽蕨**［*P. falcatum* Ching ex S. H. Wu］处理为本种的异名。

本种根状茎提取的淀粉称蕨粉，供食用；根状茎的纤维可制缆绳，能耐水湿；嫩叶可食，称蕨菜；全株均入药，祛风湿、利尿、解热，又可作驱虫剂。

2. **毛轴蕨**（蕨类名词及名称）

Pteridium revolutum (Bl.) Nakai in Bot. Mag. Tokyo **39**: 109. 1925；海南植物志 **1**: 68. 1964；中国高等植物图鉴 **1**: 148，图 295. 1972；中国植物志 **3**(1): 6，图版 1: 15～16. 1990. ——*Pteris revolute* Bl. Enum. Pl. Jav. 214. 1828.

植株高1m以上。根状茎横走。叶远生；叶柄长35～50cm；叶片阔三角形，先端渐尖，长30～80cm，宽30～50cm，三回羽状；羽片4～6对，长圆形，先端渐尖，基部几平截；下部羽片略呈三角形，长20～30cm，宽10～15cm，柄长2～3cm，二回羽状；小羽片12～18对；裂片披针形或镰状披针形，长约8mm，基部宽约3mm，先端钝或急尖，向基部渐宽；裂片背面被灰白色或浅棕色密毛，干后近革质，边缘常反卷；叶脉上凹下隆；叶轴、羽轴及小羽轴的背面和腹面的纵沟内均密被灰色或棕色柔毛，老时渐疏。

广西各地均产；生于海拔200～2 100m的常绿阔叶林下或灌丛中。分布于台湾、江西、广东、湖南、湖北、陕西、甘肃、四川、贵州、云南、西藏。亚洲其他热带及亚热带地区也有分布。

根状茎清热解毒、祛风湿、利水、收敛止血、驱虫；治风湿关节炎、尿路感染、小便不畅、疮毒、外伤出血、各种虫症。

27. 凤尾蕨科 PTERIDACEAE

土生，大型或中型蕨类。根状茎短而直立或斜升，少有横走，有管状或网状中柱，密被狭长而质厚的鳞片，鳞片以基部着生。叶一型，少为二型或近二型，簇生或疏生；叶柄通常禾秆色，间为栗红色或褐色，光滑，罕被刚毛或鳞片；叶片椭圆形或卵状三角形，罕为五角形，一回羽状或二回至三回羽裂，或罕为掌状，偶为单叶或三叉；叶脉分离，罕为网状而网眼内不具内藏小脉。叶草质、纸质或革质，光滑，罕被毛。孢子囊群线形，沿叶缘生于联结小脉顶端的一条边脉上，有由反折变质的叶边所形成的线形、膜质的宿存假囊群盖，除叶边顶端或缺刻外，连续不断；孢子囊柄细长，有3行细胞；孢子辐射对称或两侧对称。

本科有10属400余种，分布于热带和亚热带地区，尤以美洲热带地区为多。中国有2属约67种，主要分布于华南及西南，少数种类可达华东及秦岭南坡。广西有2属35种7变种。

分 属 检 索 表

1. 根状茎长而横走；叶疏生，背面常为灰白色；羽片对生，无柄，基部有1对托叶状的小羽片；叶脉全为网状 ………………

…………………………………………………………………………… 1. **栗蕨属**　Histiopteris (Agardh) J. Sm.

1. 根状茎短而直立或斜升；叶簇生，背面绿色；羽片对生或互生，有柄或近无柄，基部不具托叶状的小羽片；叶脉分离或罕有沿羽轴(有时也沿主脉)两侧联结成 1 行狭长的网眼 ………………………………………… 2. **凤尾蕨属**　Pteris L.

1. 栗蕨属　Histiopteris (Agardh) J. Sm.

土生，大型蕨类。根状茎长而横走，密被栗褐色、质厚的披针形鳞片。叶疏生；叶柄长，圆形，栗红色，有光泽，光滑；叶片三角形，二回至三回羽状；羽片对生，通常无柄，但基部有托叶状的小羽片 1 对，小羽片也同样对生。叶脉网状，不具内藏小脉；叶纸质至近革质，无毛，背面常呈灰白色。孢子囊群沿叶边成线形分布，生于叶缘内的一条联结脉上，有由反折变质的干膜质叶边变成的狭线形假囊群盖，有隔丝；孢子囊有长柄，环带大约由 18 个增厚细胞组成；孢子椭圆形，具单裂颖，周壁表面具颗粒状纹饰，外壁表面有疣块状纹饰。

本属约有 7 种，广布于泛热带地区，向南达非洲好望角、澳大利亚、新西兰和其他一些亚南极群岛。中国有 1 种；广西常见。

栗蕨(中国主要植物图说·蕨类植物门)

Histiopteris incisa (Thunb.) J. Sm., Hist. Fil. 295. 1875; Tard.-Blot et C. Chr., Fl. Indo-Chine 7(2): 139, t. 17. 1939; 中国主要植物图说·蕨类植物门 73，图 89. 1957; 海南植物志 1: 77，图 35. 1964; 中国高等植物图鉴 1: 155，图 310. 1972; 中国植物志 3(1): 89，图版 26: 1～2. 1990. ——*Pteris incisa* Thunb. Prod. Fl. Cap. 171. 1880.

株高约 2m。根状茎长而横走，密被栗褐色鳞片；鳞片质厚，有光泽，披针形，先端扭曲。叶大型，疏生；叶柄长约 1m，栗红色，有光泽；叶片三角形或长圆状三角形，长 50～100cm，二回至三回羽状；羽片对生，基部一对羽片较大，长 25～45cm，宽 13～30cm，长三角形，尖头，基部截形，一回羽状或二回深羽裂；小羽片多数，对生，下部 1～3 对较大，长 10～15cm，宽 3～4cm，披针形或长圆状披针形，长尾头(尾长 2.5～4cm)，基部圆截形至阔楔形，一回羽状或深羽裂达小羽轴；裂片 6～9 对，对生，平展或略斜，通常第二对较大，长 1.5～4cm，宽 5～8mm，长圆状披针形，钝头或短渐尖，全缘或羽裂达 1/2，边缘具波状圆齿；叶脉网状，网眼长五角形或六角形，沿主脉及小羽轴两侧的一列网眼较长而整齐，向叶边的较小，两面均明显；叶干后草质或纸质，腹面褐绿色，背面灰绿色或浅灰色，均无毛，叶轴及各回羽轴均由栗红色渐变棕禾秆色以至禾秆色，有光泽，无毛。

广西各地均产；生于海拔 100～1 500m 的林下、灌丛和草丛中。分布于台湾、广东、海南、云南。分布于泛热带地区，向南达非洲马达加斯加和亚南极群岛，日本南部也有分布。

2. 凤尾蕨属　Pteris L.

土生。根状茎短而直立或斜升，被鳞片；鳞片狭披针形，棕色或褐色，坚厚，往往有疏睫毛，以宽的基部着生。叶簇生；叶片一回羽状或为篦齿状的二回至三回羽裂，或有时三叉分枝，基部羽片(有时下部几对)的下侧常分叉，各分叉与羽片同形但较小，从不细裂，或很少为单叶或掌状分裂，而顶生羽片常与侧生羽片同形；叶脉分离，单一或二叉，或罕有沿羽轴(有时沿裂片主脉)两侧联结成 1 列狭长的网眼，不具内藏小脉，少数种的叶片表皮层下具有脉状异细胞；叶草质或纸质，有时近革质，无毛或少有被毛。孢子囊群线形，沿叶缘连续延伸，通常仅裂片先端及缺刻不育，着生于叶缘内有长柄，环带有 16～34 个增厚细胞；孢子钝三角形，具三裂缝，少数孢子具周壁，外壁表面主要为块状纹饰，多数种类的孢子外壁都具有 1 条沿赤道加厚的赤道环。

本属有 300 多种，产于热带和亚热带地区，南达新西兰、澳大利亚及非洲南部，北至日本及北美洲。中

国约有68种，主要分布于华南及西南，少数达华东及秦岭南坡；广西产34种7变种。

分种检索表

1. 叶脉分离。
  2. 叶通常为二型或近二型，三出复叶、指状分裂或一回羽状，罕为单叶；羽片通常不长线形或披针形，渐尖头，有软骨质狭边，不分裂或往往基部一对（有时下部数对）的基部下侧分叉，但从不为篦齿状羽裂，不育羽片或营养叶片边缘常有锐尖锯齿，少有全缘，沿羽轴或主脉腹面沟边不具刺，也不呈啮蚀状。
    3. 叶一型或近二型。
      4. 叶为单叶、三出复叶或指状分裂。
        5. 叶常为单叶或三出复叶。
          6. 叶为单叶，同株上偶有三出复叶或一回羽状复叶，羽片基部心形 …… 1. **荔波凤尾蕨** P. liboensis P. S. Wang
          6. 叶为三出复叶至二回羽裂，不具单叶，叶片基部不为心形 …… 2. **岩凤尾蕨** P. deltodon Bak.
        5. 叶指状或近指状分裂，有5～7(9)片羽片生于叶柄顶端 …… 3. **鸡爪凤尾蕨** P. gallinopes Ching ex Ching et S. H. Wu
      4. 叶片羽状分裂，裂片多数。
        7. 叶片一回羽状或一回羽裂，即侧生羽片不分叉。
          8. 侧生羽片多数，常达30～40对，向下渐缩短，不育羽片边缘具密的细锯齿 …… 4. **蜈蚣草** P. vittata L.
          8. 侧生羽片较少，最多达16对，下部的常不缩短。
            9. 侧生羽片2～7对，不育羽片卵形或长圆状披针形，羽片边缘有粗而尖的锯齿 …… 2. **岩凤尾蕨** P. deltodon Bak.
            9. 侧生羽片6～17对，不育羽片线状披针形，羽片边缘全缘或稍呈波状 …… 5. **全缘凤尾蕨** P. insignis Mett. ex Kuhn
        7. 叶片二回至三回羽裂，即侧生羽片分叉。
          10. 不育羽片狭线形至狭披针形 …… 6. **狭叶凤尾蕨** P. henryi Christ
          10. 不育羽片披针形至长圆状披针形、阔披针形。
            11. 羽片狭披针形，宽约1cm，短渐尖头 …… 7. **五叶凤尾蕨** P. quinquefoliata (Copel.) Ching
            11. 羽片披针形至长圆形，宽约2cm。
              12. 羽片钝头，基部一对羽片有明显的柄 …… 8. **胡氏凤尾蕨** P. hui Ching
              12. 羽片渐尖头，基部一对羽片无柄或近无柄 …… 9. **广东凤尾蕨** P. guangdongensis Ching ex Ching et S. H. Wu
    3. 叶强度二型。
      13. 顶生羽片及上部羽片的基部显著下延，在叶轴两侧形成狭翅 …… 10. **井栏边草** P. multifida Poir.
      13. 叶轴两侧无翅。
        14. 叶柄和叶轴栗色，主脉背面近基部为棕色 …… 11. **栗柄凤尾蕨** P. plumbea Christ
        14. 叶柄非栗色。
          15. 叶草质；中部不育羽片长4～6cm，宽约1cm …… 12. **剑叶凤尾蕨** P. ensiformis Burm. f.
          15. 叶纸质或薄革质。
            16. 植株高达1.5m；不育羽片披针形至长圆状披针形，中部宽2～5cm；叶干后薄革质 …… 13. **阔叶凤尾蕨** P. esquirolii Christ
            16. 植株高50～70cm；不育羽片狭披针形或披针形，中部宽1～2cm，干后纸质。
              17. 叶柄表面光滑 …… 14b. **凤尾蕨** P. cretica L. var. nervosa (Thunb.) Ching et S. H. Wu
              17. 叶柄表面粗糙 …… 14c. **粗糙凤尾蕨** P. cretica L. var. laeta (Wall. ex Ettingsh.) C. Chr. et Tard.-Blot
  2. 叶为一型，二回羽状深裂（基部往往三回羽裂）；羽片披针形，有规则的篦齿状羽裂几达羽轴，基部一对羽片的基部下侧往往有1～3(4)片篦齿状羽裂的、较短的小羽片；裂片披针形或多少为长圆状镰刀形，圆钝头或急尖头，往往不具软

骨质狭边，全缘或罕有锯齿；羽轴腹面沿沟边两侧有刺裂片，主脉腹面也多少有刺或呈啮蚀状。

18. 叶柄顶端分成三枝，侧生两枝形同中央一枝，但常稍短 ………………………… 15. **三轴凤尾蕨** P. longipes D. Don

18. 叶柄顶端不为三叉分枝。

19. 裂片不育边缘有锯齿。

20. 叶柄红色或深栗色；沿羽轴腹面的纵沟两边有啮蚀状或小齿状凸出。

21. 植株高大，常高达 1.5m；基部羽片长约 18cm；营养叶边缘的锯齿不具软骨质的刺尖头；顶生羽片的裂片长 6～8cm，宽 6～12mm，彼此远离，基部下延极为显著 ……………… 16. **疏羽半边旗** P. dissitifolia Bak.

21. 植株较小，常高 30～80cm(达 1m)；基部羽片长 4～10cm；营养叶边缘的锯齿有软骨质的刺尖头。

22. 孢子叶顶生羽片的裂片长 2～3cm，宽约 7mm，彼此远离，基部显著下延；营养叶上的小脉通常伸达有较短刺尖头的锯齿基部 ……………………………………………………………… 17. **半边旗** P. semipinnata L.

22. 孢子叶顶生羽片的裂片长 1～2cm，宽 3～5mm，彼此接近，基部不显著下延；营养叶上的小脉伸入有长刺尖头的锯齿 …………………………………………………………………… 18. **刺齿半边旗** P. dispar Kze.

20. 叶柄禾秆色或栗褐色；沿羽轴腹面的纵沟两边有刺。

23. 侧生羽片 1～3 对。

24. 叶二型。

25. 边缘全缘，平坦 ……………………………………………… 19a. **条纹凤尾蕨** P. cadieri Christ var. cadieri

25. 边缘呈有规则的波状起伏，或在中部或下部多少具小裂片 ……………………………………………………………………………… 19b. **海南凤尾蕨** P. cadieri Christ var. hainanensis (Ching) S. H. Wu

24. 叶同型或近二型 ………………………………………………… 20. **林下凤尾蕨** P. grevilleana Wall. ex Agardh

23. 侧生羽片 5 对以上。

26. 羽轴背面被糙毛，主脉和裂片背面也多少被毛。

27. 中部羽片长 8～10cm，宽 2～3cm，下部羽片逐渐缩短 ……………………………………………………………………………………………………… 21a. **多羽凤尾蕨** P. decrescens Christ var. decrescens

27. 中部羽片长约 7cm，宽约 1.3cm，下部的羽片几不缩短 ……………………………………………………………… 21b. **大明凤尾蕨** P. decrescens Christ var. parviloba (Christ) C. Chr. et Tard.-Blot

26. 羽轴光滑被毛，主脉和裂片背面均光滑无毛或偶被稀疏短柔毛。

28. 裂片长披针形 ………………………………………………………… 22a. **溪边凤尾蕨** P. excelsa Gaud.

28. 裂片阔披针形 ………………… 22b. **变异凤尾蕨** P. excelsa Gaud. var. inaequalis (Bak.) S. H. Wu

19. 裂片的不育边缘全缘，偶呈微波状。

29. 相邻裂片基部相对的两条小脉直达缺刻的底部或附近，形成一个尖三角形，有时部分小脉在缺刻下面彼此交结成网眼；羽片通常羽裂达羽轴两侧的阔翅 ……………………………… 23. **线羽凤尾蕨** P. linearis Poir.

29. 相邻裂片基部相对的两条小脉向外斜行达缺刻以上的边缘，形成一个矮钝三角形；羽片羽裂达羽轴或羽轴两侧的狭翅。

30. 裂片先端有小凸尖。

31. 裂片基部一对小脉的下侧一脉靠近羽轴并与羽轴近平行，基部一对羽片有长约 2cm 的柄 ……………………………………………………………… 24. **隆林凤尾蕨** P. splendida Ching ex Ching et S. H. Wu

31. 裂片基部一对小脉的下侧一脉斜展，不与羽轴近平行，基部一对羽片无柄或仅有长约 3mm 的短柄 …………………………………………………………………………… 25. **紫轴凤尾蕨** P. aspericaulis Wall. ex Hieron.

30. 裂片先端无小凸尖。

32. 侧生羽片斜上。

33. 侧生羽片的基部最宽或基部与中部等宽 ………………………… 26. **斜羽凤尾蕨** P. oshimensis Hieron.

33. 侧生羽片的中部最宽，基部裂片多少缩短 …………… 27a. **傅氏凤尾蕨** P. fauriei Hieron. var. fauriei

32. 侧生羽片斜展或平展。

34. 侧生羽片 9～16 对，基部一对的基部下侧通常有小羽片 2～4 片(偶 2 片)，若侧生羽片为 9～10 对，则基部一对羽片的基部下侧必有小羽片 3 片 ……………… 28. **有刺凤尾蕨** P. setuloso-costulata Hay.

34. 侧生羽片(3)5～9 对，基部一对羽片的基部下侧仅有小羽片 1～2 片。

35. 侧生羽片的基部最宽或基部与中部等宽。

36. 侧生羽片(特别是下部羽片)以直角或近直角从叶轴开展 ………………………………………………………… 29a. **平羽凤尾蕨** P. kiuschiuensis Hieron.

36. 侧生羽片斜展 ………………………… 29b. **华中凤尾蕨** P. kiuschiuensis Hieron. var. centro-chinensis Ching et S. H. Wu

35. 侧生羽片通常中部最宽,基部的裂片多少缩短。

37. 裂片线状披针形,彼此以宽间隔分开 …… 30. **线裂凤尾蕨** P. angustipinnula Ching et S. H. Wu.

37. 裂片披针形,彼此接近。

38. 侧生羽片镰状披针形,长 12~23cm,宽 3~4cm ………………………………………… 27a. **傅氏凤尾蕨** P. fauriei Hieron. var. fauriei

38. 侧生羽片阔披针形,长 16~22cm,宽 4~6cm ………………………………………… 27b. **百越凤尾蕨** P. fauriei Hieron. var. chinensis Ching et S. H. Wu

1. 叶脉在小羽轴两侧多少网结。叶一型,常从叶轴顶端分成三大枝(侧生的两枝通常再一次分成二叉);裂片不具软骨质狭边;叶脉沿羽轴(有时也沿裂片主脉)两侧形成 1 行(或多行)狭长的网眼,羽轴腹面的沿沟边有刺。

39. 叶柄顶端不分成 3 枝;叶片卵形,羽状;基部一对羽片的基部下侧有 1 片(偶 2 片)篦齿状羽裂的小羽片。

40. 叶柄禾秆色至浅绿色;叶厚纸质;羽轴具叶翅 ……………………………… 31. **狭眼凤尾蕨** P. biaurita L.

40. 叶柄栗色,有光泽;叶草质;羽轴两侧具叶翅 ……………………………… 32. **两广凤尾蕨** P. maclurei Ching

39. 叶柄顶端三叉分枝,即叶片分成 3 片(各片均为羽状分裂),轮廓为五角形,基部一对羽片的基部下侧不具篦齿状羽裂的小羽片。

41. 网眼仅沿小羽轴两侧各有 1 行,在裂片上的叶脉均分离(有时裂片下部的小脉沿主脉偶有个别网结)。

42. 叶片背面伏生红棕色节状毛 ……………………………… 33. **华南凤尾蕨** P. austrosinica (Ching) Ching

42. 叶片背面近无毛 ……………………………………………… 34. **西南凤尾蕨** P. wallichiana Agardh

41. 网眼不仅沿小羽轴两侧各有 1 行,同时(有时断裂)沿裂片主脉两侧也各有 1 行;叶柄和叶轴禾秆色或浅棕色 …………………………………………………………… 35. **疏裂凤尾蕨** P. finotii Christ

1. 荔波凤尾蕨(云南植物研究)

Pteris liboensis P. S. Wang in Acta Bot. Yunnan. **9**(4): 398, f. 1: 4~6. 1987; 贵州蕨类植物志 593. 2001.

本种多为单叶,少数为三出复叶、一回羽状复叶,基部羽片不分叉;叶片多为披针形,羽片基部心形。三出复叶者近似于**岩凤尾蕨**(*P. deltodon* Bak.),但羽片顶端长渐尖,具骨质尖齿。

产于靖西、那坡;生于海拔 850~1 200m 的石灰岩林下。分布于贵州。

2. 岩凤尾蕨(中国蕨类植物图谱)

Pteris deltodon Bak. in J. Bot. **26**(7): 226. 1888; 中国蕨类植物图谱 **1**: 图版 32. 1932; 中国高等植物图鉴 **1**: 149, 图 297. 1972; 四川植物志 **6**: 217, 图版 67. 1988; 中国植物志 **3**(1): 22, 图版 5: 1~5. 1990.

植株高 15~25cm。根状茎短而直立。叶簇生,一型;叶柄长 10~20cm,基部褐色,向上禾秆色,稍有光泽;叶片卵形或三角状卵形,长 10~20cm,宽 4~7cm,三叉或为奇数一回羽状;羽片 3~5 片,顶生羽片稍大,阔披针形,长 5~8cm,中部宽 1.2~2cm,渐尖头,基部阔楔形,上部不育的叶缘有三角形的粗齿,下部全缘,无柄或有短柄,侧生羽片较短小,镰状,短尖头,基部钝圆而偏斜,无柄;羽轴于背面隆起;侧脉很明显,单一或分叉。叶干后纸质。

广西各石灰岩地区均产;生于石灰岩林下或山洞洞口带。分布于广东、台湾、四川、贵州、云南。越南、日本、老挝也有分布。

本种形态变化极大,从三出复叶直至二回羽裂,即下部羽片再次分裂;羽片对数从 1 对直至 6~7 对;植株大小从高约 10cm 到 50cm。本属中**胡氏凤尾蕨**(*P. hui* Ching)、**广东凤尾蕨**(*P. guangdongensis* Ching ex Ching et S. H. Wu)、**五叶凤尾蕨**[*P. quinquefoliata* (Copel.) Ching]极有可能是本种的变异个体。

全草清胃热、消炎、生肌、止痢止泻;治痢疾、久咳不止、疟疾、外伤出血、淋证。

3. **鸡爪凤尾蕨**(中国科学院华南植物研究所集刊)　图版 38:3～4

Pteris gallinopes Ching ex Ching et S. H. Wu in Acta Bot. Aust.-Sin. **1**:4. 1983；四川植物志 **6**：210，图版 69. 1988；中国植物志 **3**(1)：19. 1990；贵州蕨类植物志 591，图版 144：2. 2001.

小型蕨类,植株高 10～20cm。根状茎短而直立。叶簇生;叶柄长 6～10cm;叶片掌状,长 4～6cm,宽 4～7cm,羽片常 5 片,偶有 7～9 片,集生于叶柄顶端,中央一片稍长,狭线形,长 3～7cm,宽 3～4mm,先端渐尖并有浅锐齿,基部楔形,能育羽片全缘,不育羽片的叶缘有锐浅齿,基部楔形,侧生羽片与中央一片同形,但较短小且略呈镰形,渐尖至短尖头;主脉两面无隆起,光滑,侧脉明显,斜上,单一或分叉;叶干后草质。孢子囊群线形,沿叶缘延伸,仅羽片的基部及先端不育;囊群盖线形,薄膜质,全缘。

产于靖西、大新、隆安;生于海拔 600～900m 的石灰岩林下。分布于湖北、四川、贵州、云南。

4. **蜈蚣草**(植物名实图考)　图版 39:1～3

Pteris vittata L. Sp. Pl. **2**：104. 1753；海南植物志 **1**：72. 1964；中国高等植物图鉴 **1**：151，图 302. 1972；四川植物志 **6**：219，图版 67. 1988；中国植物志 **3**(1)：37，图版 11：3～8. 1990；贵州蕨类植物志 601，图版 143：2～3. 2001.

植株高 20～150cm。根状茎直立。叶簇生;叶柄坚硬,长 10～30cm 或更长;叶片倒披针状长圆形,长 20～90cm,宽 5～25cm,一回羽状;顶生羽片与侧生羽片同形,侧生羽片多可达 40 对,斜展,无柄,向下羽片渐短,基部羽片仅为耳形,中部羽片最长,狭线形,长 6～15cm,宽 5～10mm,渐尖头,基部扩大并为浅心形,两侧稍耳形,上侧耳片较大并常覆盖叶轴,不育的叶缘有细密锯齿,不为软骨质;主脉明显,侧脉纤细,单一或分叉;叶干后薄草质。

广西各地均产;生于灌丛、草丛或屋旁、路边。广布于中国热带和亚热带,以秦岭南坡为其在中国分布区的北方界线,北起陕西(秦岭以南)、甘肃、河南,东自浙江,经福建、江西、安徽、湖北、湖南,西达四川、贵州、云南及西藏,南至广东及台湾。在旧大陆其他热带及亚热带地区也分布很广。

全草清热解毒、消炎消肿、祛湿止痢、疗疮避疫;治痢疾、泄泻、蜈蚣伤、无名肿毒、疔疮、风湿痛、跌打损伤。

5. **全缘凤尾蕨**(中国蕨类植物图谱)

Pteris insignis Mett. ex Kuhn in J. Bot. **6**：269. 1868；中国蕨类植物图谱 **2**：图版 55. 1934；海南植物志 **1**：71，图 34. 1964；中国植物志 **3**(1)：34，图版 11：1～2. 1990.

植株高 1～1.5m。根状茎斜升。叶簇生;叶柄坚硬,长 60～90cm,稍有光泽;叶片卵状长圆形,长 50～80cm,宽 20～30cm,一回羽状;羽片 6～14 对,线状披针形,渐尖头,基部楔形,全缘或波状并有软骨质边,长 16～20cm,宽约 2.5cm,基部一对羽片有时具一短的小叉,中部以上的羽片能育,宽 1～1.5cm,有短柄,顶生羽片同形,有柄;主脉背面隆起,侧脉斜展,两面均隆起,稀疏,单一或从下部分叉;叶干后厚纸质。孢子囊群线形,着生于能育羽片的中上部,羽片的下部及先端不育;囊群盖线形,全缘。

广西各地均产;生于海拔 300～1 300m 的林下或灌丛中。分布于浙江、江西、福建、湖南、广东、海南、云南、贵州。越南、马来西亚也有分布。

全草清热解毒、活血祛瘀、利尿;治风湿、痢疾、跌打损伤、各种出血等。

6. **狭叶凤尾蕨**(中国高等植物图鉴)

Pteris henryi Christ in Bull. Herb. Boiss. **6**：957. 1898；中国植物志 **3**(1)：20. 1990；贵州蕨类植物志 591，图版 144：3. 2001；云南植物志 **20**：252，图版 47：5～6. 2006. ——*P. actiniopteris* Christ in Bull. Herb. Boiss. **7**：6. 1898；中国蕨类植物图谱 **1**：图版 35. 1930；中国高等植物图鉴 **1**：149，图 298. 1972；中国植物志 **3**(1)：21，图版 4：4～5. 1990.

植株高 30～50cm。根状茎短,斜出。叶簇生,一型或略呈二型,营养叶短于孢子叶;叶柄长 15～20cm(营养叶的柄稍短),有四棱;叶片长圆状卵形,长 20～30cm,宽 10～15cm,一回羽状;羽片 2～6 对,长 5～7cm,极斜上,基部一对羽片有短柄,3～4 叉,向上无柄,顶生羽片 2～3 叉,偶单一而具短柄;裂片狭线形,长 10～20cm,宽 2～4mm(不育裂片略宽),长渐尖头,基部阔楔形而稍偏斜,孢子叶边缘全缘,营养叶边缘

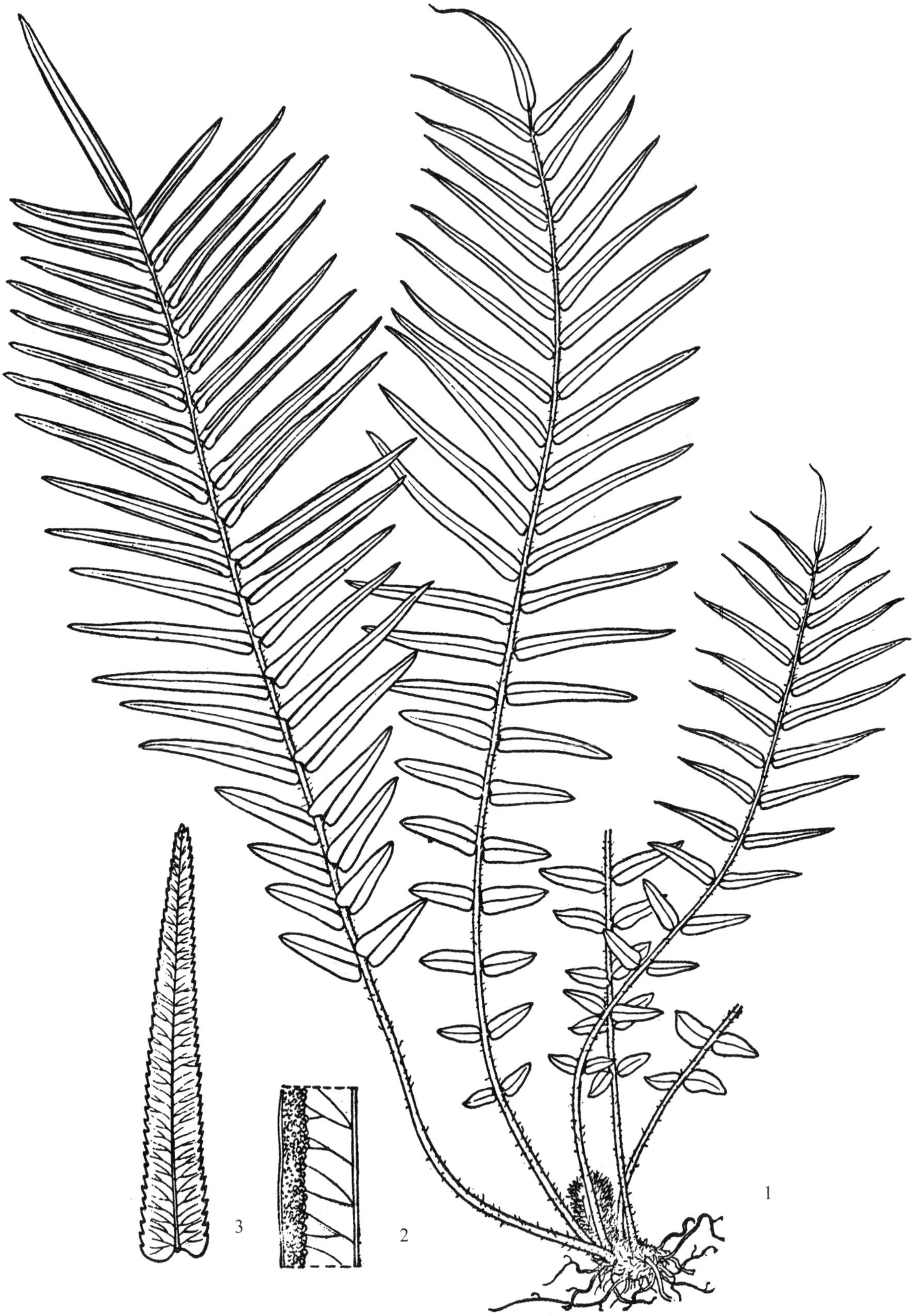

图版 39 1～3. **蜈蚣草** Pteris vittata L. 1. 植株；2. 能育羽片背面一部分，示脉序和孢子囊群着生位置；3. 营养叶小羽片。（林文宏绘）

有浅齿；主脉两面均隆起，侧脉两面均显，稍变弓，几平展，单一或分叉；叶干后纸质。囊群狭线形，沿能育羽片的边缘延伸，近基部及有齿的先端不育；囊群盖线形，全缘。

产于宜州、天峨、罗城、隆林、靖西、凌云、乐业、桂平、隆安、武鸣；生于海拔 200～1 100m 的林下或灌丛中。分布于河南、陕西、四川、贵州、云南、甘肃、湖北、湖南。越南也有分布。

全草清热解毒、利尿、生肌、疗伤；治狂犬伤、烧烫伤、刀伤、跌打损伤等。

7. 五叶凤尾蕨（中国植物志）

Pteris quinquefoliata (Copel.) Ching in Fl. Reipub. Popul. Sin. **3**(1): 24, 图版 6: 1～2. 1990.——*P. nana* Christ var. *quinquefoliata* Cop. in Philipp. J. Sci. **3**: 282. 1908.

植株高约 25cm。叶柄纤细，长约 15cm，禾秆色；叶片长约 10cm，宽几相等，羽状；中央羽片最长，披针形，长约 8cm，中部宽约 1cm，先端短尖并有尖锯齿，基部楔形而全缘，有短柄长约 1cm，侧生羽片通常 2 对，对生，斜展，基部一对略有短柄，二叉，其上方一片和第二对侧生羽片均与顶生羽片同形，但较短，下方一片长圆状披针形，长约 3cm，略向下反折；主脉背面棕禾秆色，隆起，侧脉单一或自下部二叉；叶干后纸质，无毛。

产于靖西、龙州、武鸣；生于海拔 350～600m 的石灰岩林下。分布于广东。

8. 胡氏凤尾蕨（中国蕨类植物图谱）

Pteris hui Ching in Sinensia **1**: 9. 1929; 中国蕨类植物图谱 **1**: 图版 33. 1930; 中国植物志 **3**(1): 26, 图版 6: 3～4. 1990.

植株高约 25cm。根状茎短而直立。叶簇生，一型；叶柄长 6～17cm，与叶轴均为禾秆色，光滑；叶片阔三角形，长 5～10cm，宽 10～12cm，一回至二回羽状，侧生羽片 1～2 对，对生，有柄；基部一对羽片最大，柄长 5～10mm，二叉或三叉，中央一片较长，长圆状披针形，长 3.5～6cm，中部宽 1.5～2cm，钝头，基部阔楔形，不育的叶缘有尖齿；第二对羽片单一，与基部一对羽片的中央一片相同，顶生羽片与第二对羽片同形而较长，达 8～9cm；主脉背面隆起，侧脉二叉；叶干后革质。

广西特有，产于凤山；生于海拔约 700m 的石灰岩缝隙中。

9. 广东凤尾蕨（中国科学院华南植物研究所集刊）

Pteris guangdongensis Ching ex Ching et S. H. Wu in Acta Bot. Aust.-Sin. **1**: 5. 1983; 中国植物志 **3**(1): 26, 图版 7: 1～3. 1990.

植株高 30～50cm。叶簇生，一型；叶柄长 20～35cm；叶片卵形，长 20～25cm，宽 10～15cm，一回羽状，羽片 2～6 对，顶生羽片最大，多少与其下一对侧生羽片合生，披针形，长 10～15cm，宽 2～2.5cm，渐尖头，基部阔楔形，侧生羽片与顶生羽片同形而较短，有时为阔披针形，基部一对羽片二叉，能育羽片全缘，仅不育的先端有粗尖齿，不育羽片的边缘有略不整齐的尖齿；主脉背面隆起，侧脉两面显并稍隆起，单一或二叉；叶干后薄革质。

产于贺州、隆安、宁明、大新、龙州；生于海拔 150～500m 的林下石缝中。分布于广东。

10. 井栏边草（中国高等植物图鉴）　图版 40:1～2

Pteris multifida Poir. in Lam. Encycl. **5**: 714. 1804; 中国高等植物图鉴 **1**: 150, 图 300. 1972; 中国植物志 **3**(1): 41, 图版 12: 9～13. 1990.

植株高 30～45cm。根状茎短而直立。叶簇生，二型；营养叶的叶柄长 15～25cm，稍有光泽，光滑；叶片长圆形，长 20～40cm，宽 15～20cm，一回羽状；羽片通常 3 对，线状披针形，长 8～15cm，宽 6～10mm，渐尖头，叶缘有不整齐的尖齿并具软骨质边，下部 1～2 对常分叉，偶为羽状；孢子叶的叶柄较长，羽片 4～6 对，狭线形，长 10～15cm，宽 4～7mm，仅不育部分具齿，余均全缘，基部一对偶为羽状，下部 2～3 对常二至三叉，上部几对的基部长下延；主脉两面均隆起，侧脉明显，稀疏，单一或分叉，有时在侧脉间具有或多或少的与侧脉平行的细条纹；叶干后草质。

广西各地均产；生于海拔 10～2 100m 的路边石缝、墙隙、灌丛、草丛、岩缝中及水井边。分布于中国热带、亚热带各省区。越南、菲律宾、朝鲜、日本也有分布。

图版 40　1～2. **井栏边草** Pteris multifida Poir.　1. 植株；2. 能育裂片背面，示脉序和孢子囊群着生位置。（林文宏绘）

本种是良好的观赏植物。全草味淡、性凉、清热利湿、解毒、凉血、收敛、止血、止痢。

11. **栗柄凤尾蕨**(蕨类名词及名称)

Pteris plumbea Christ in Lecomte, Not. Syst. **1**: 49. 1909; 中国植物志 **3**(1): 26, 图版 8: 1～4. 1990; 江西植物志 **1**: 102, 图 84. 1993.

植株高 25～35cm。根状茎直立或偏斜。叶簇生;叶柄具四棱,长 10～20cm,连同叶轴为栗色,有光泽,光滑;叶一型,长圆形或卵状长圆形,长 20～25cm,宽 10～15cm,一回羽状;羽片常 2 对,斜上,二叉或三叉,顶生羽片线状披针形,长 10～15cm,宽 8～10mm,渐尖头,基部阔楔形,稍偏斜,两侧的羽片远短于顶生羽片,第二对羽片偶二叉,无柄,不下延,顶生羽片常与其下一对侧生羽片合生或三叉,基部多少下延,叶缘有软骨质边,能育部分全缘,不育部分有锐齿;主脉两面隆起,侧脉明显,单一或分叉;叶干后草质。

产于桂林、阳朔、资源、桂平、灵山、武鸣、宁明、扶绥、靖西、南宁;生于海拔 80～600m 的石灰岩林下石缝或灌丛中。分布于江苏、浙江、江西、福建、湖南、广东。印度、越南、柬埔寨、菲律宾、日本也有分布。

全草清热解毒、消肿、活血止血、止痢;治痢疾、跌打损伤、外伤出血等。

12. **剑叶凤尾蕨**(中国主要植物图说·蕨类植物门)

Pteris ensiformis Burm. f. Fl. Ind. 230. 1786;中国高等植物图鉴 **1**: 151, 图 301. 1972; 中国植物志 **3**(1): 38, 图版 12: 1～6. 1990; 贵州蕨类植物志 588, 图版 141: 2. 2001; 云南植物志 **20**: 251, 图版 48: 2～3. 2006.——*P. ensiformis* Burm. f. var. *merrilli* (C. Chr. ex Ching) S. H. Wu in Fl. Reipub. Popul. Sin. **3**(1): 39. 1990, syn. nov. ——*P. merrilli* C. Chr. ex Ching in Acta Phytotax. Sin. **9**: 348. 1964; 海南植物志 **1**: 72. 1964.

株高 30～50cm。根状茎细长,斜升或横卧。叶密生,二型;叶柄长 10～30cm(营养叶的柄较短),与叶轴同为禾秆色,稍有光泽,光滑;叶片长圆状卵形,长 10～25cm(营养叶远比孢子叶短),宽 5～15cm,一回羽状至二回羽状;羽片 3～6 对,对生稍斜上;营养叶的下部羽片三角形,尖头,长 2.5～3.5(8)cm,宽 1.5～2.5(4)cm,羽状;小羽片 2～3 对,长圆状倒卵形至阔披针形,圆钝头,基部下侧下延,下部全缘,上部及先端有尖齿;孢子叶的羽片疏离(下部的相距 5～7cm),二叉或三叉,中央的分叉最长,顶生羽片基部不下延,下部 2 对羽片偶为羽状;小羽片 2～3 对,斜上,狭线形,渐尖头,基部下侧下延,先端不育的叶缘有密尖齿,其余全缘。主脉背面隆起,侧脉密接,分叉;叶干后草质。

广西各地均产;生于林下、灌丛、溪边和屋舍边。分布于海南、浙江、江西、福建、台湾、广东、贵州、四川、云南。日本、越南、老挝、柬埔寨、缅甸、印度也有分布。

本种叶分裂程度变化较大,如本种的变种**少羽凤尾蕨**[*P. ensiformis* Burm. f. var. *merrilli* (C. Chr. ex Ching) S. H. Wu],分裂程度较简单,基部多为二回羽状,本原变种有时一个植株中同时具一回羽状至充分的三回羽裂,所以将两种合并。

全草止痢、清热、利尿、凉血、解毒;治痢疾、疟疾、黄疸、血崩、扁桃体炎、腮腺炎、跌打损伤、疮毒、湿疹等。

13. **阔叶凤尾蕨**(中国植物志) 图版 41:1～3

Pteris esquirolii Christ in Lecomte, Not. Syst. **1**: 50. 1909; 中国植物志 **3**(1): 31. 1990; 贵州蕨类植物志 588,图版 141: 3. 2001; 云南植物志 **20**: 250,图版 49: 2～3. 2006.

株高 1～1.5m。根状茎短而直立。叶簇生,二型;叶柄长 60～90cm(营养叶的柄较短),深禾秆色,有时棕色,有光泽,无毛;营养叶片长 25～30cm,宽约 20cm,一回羽状;羽片 3～4(6)对,基部一对有短柄并分叉,其余的无柄,单一,披针形,长 15～28cm,中部宽 2～5cm,渐尖或急狭成尾尖,基部阔楔形,叶缘有软骨质边,下部全缘,中部以上有锐齿;孢子叶长 40～50cm,宽约 35cm,一回羽状;下部 2～3 对羽片分叉,羽片狭线形,长约 30cm,宽 1～1.3cm,渐尖头,基部楔形,除先端的营养叶缘有锐齿外,余全缘,顶生三叉羽片的基部下延;主脉背面强度隆起,侧脉两面均显,通直,平行,几平展,单一或分叉;叶干后薄革质。

产于融水、凤山、天峨、隆林、那坡、靖西、武鸣、龙州;生于海拔 500～1 100m 的林下。分布于福建、广东、云南、四川。越南也有分布。

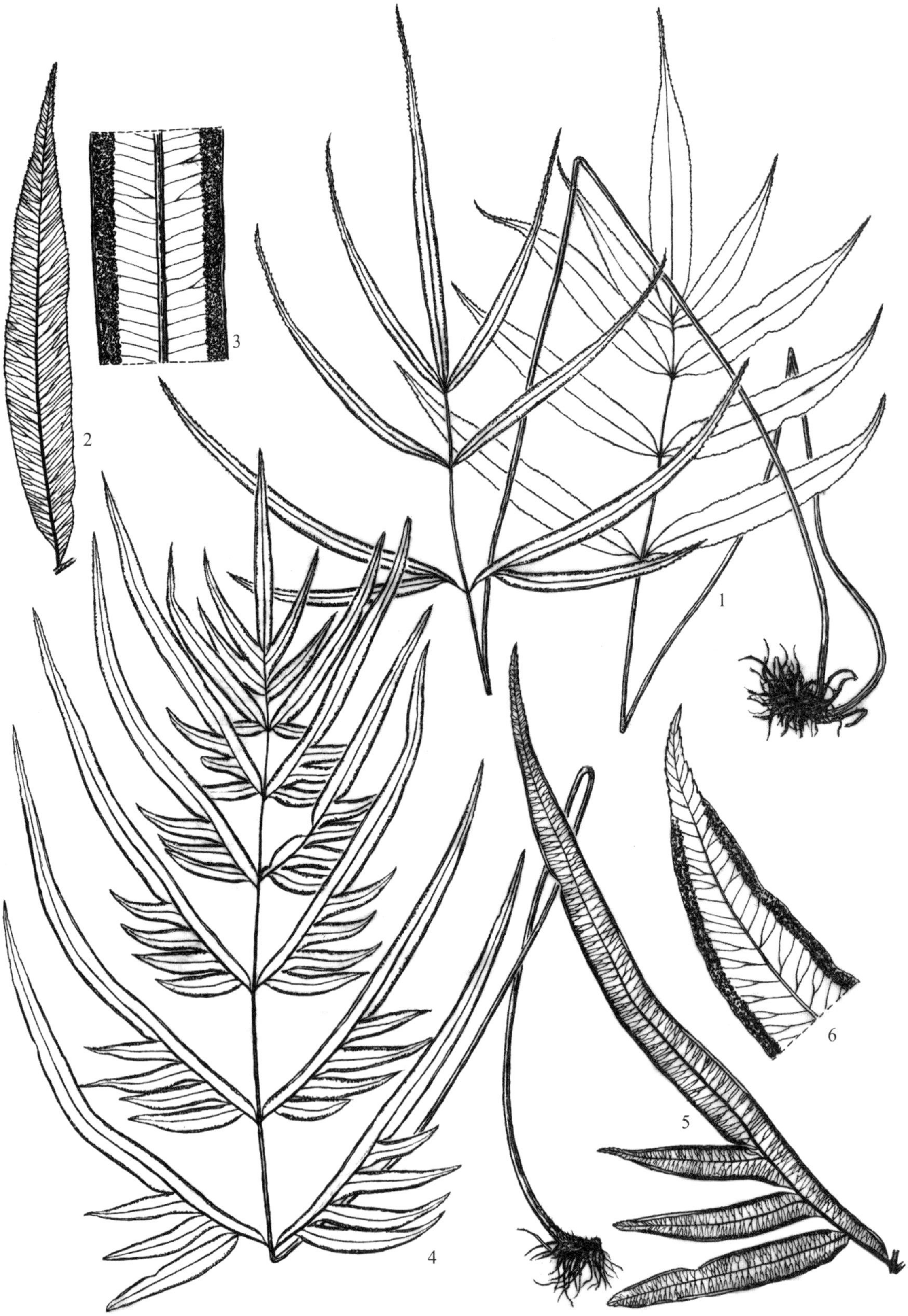

图版41　1～3. **阔叶凤尾蕨** Pteris esquirolii Christ　1. 植株；2. 小羽片；3. 小羽片背面一部分，示脉序、孢子囊群。　4～6. **疏羽半边旗** P. dissitifolia Bak.　4. 植株一部分；5. 基部羽片；6. 小羽片背面一部分，示脉序、孢子囊群。　（朱运喜绘）

14. 欧洲凤尾蕨

Pteris cretica L. Mant. Pl. **1**: 130. 1767.

14a. 欧洲凤尾蕨(原变种)

Pteris cretica L. var. **cretica**

本种中国不产。

14b. 凤尾蕨(变种)(中国高等植物图鉴)

Pteris cretica L. var. **nervosa** (Thunb.) Ching et S. H. Wu in Fl. Reipub. Popul. Sin. **3**(1): 28, 图版 8: 5~11. 1990.——*P. nervosa* Thunb. Fl. Jap. 332. 1784; 中国高等植物图鉴 **1**: 150,图 299. 1972; 秦岭植物志 **2**: 56, 图版 2. 1974.

株高 50~70cm。根状茎直立或斜升。叶簇生,二型或近二型,叶柄长 30~45cm(营养叶的柄较短);叶片卵圆形,长 25~30cm,宽 15~20cm,一回羽状;营养叶的羽片 2~5 对(偶为掌状),基部一对有短柄且为二叉(罕有三叉),向上的无柄,狭披针形(第二对也往往二叉),长 10~24cm,宽 1~2cm,渐尖头,基部阔楔形,叶缘有软骨质边并有粗而尖的齿;孢子叶的羽片 3~8 对,对生或向上渐为互生,斜上,基部一对有短柄且为二叉,向上的无柄,线形,长 12~25cm,宽 5~12mm,先端渐尖并有锐齿,基部阔楔形,顶生三叉羽片的基部不下延或下延;侧脉两面均显,稀疏,斜展,单一或从基部分叉。叶干后纸质。

广西各地均产;生于海拔 500~1 400m 的林下或灌丛中。分布于河南、陕西、湖北、江西、福建、浙江、湖南、广东、贵州、四川、云南、西藏。也广布于日本、菲律宾、越南、老挝、柬埔寨、印度、尼泊尔、斯里兰卡及斐济群岛、夏威夷群岛。

14c. 粗糙凤尾蕨(变种)(中国高等植物图鉴)

Pteris cretica L. var. **laeta** (Wall. ex Ettingsh.) C. Chr. et Tard.-Blot in Lecomte, Not. Syst. **6**: 137. 1937; Ching, Bull. Fan Mem. Inst. Biol. ser. **10**: 5. 1940; Tard.-Blot et C. Chr. in Fl. Indo-Chine **7**(2): 148. 1940; 中国植物志 **33**(1):29. 1990.——*P. laeta* Wall. ex Ettingsh., Farnke Jetztwelt 96, t. 57~58. 1865; 中国高等植物图鉴 **1**:150. 1972.

本变种不同于**凤尾蕨**[*Pteris cretica* L. var. *nervosa* (Thunb.) Ching et S. H. Wu]在于叶柄棕色或褐棕色,表面粗糙;叶片的顶生三叉羽片的基部下延;叶轴粗糙。

产于兴安、灵川、荔浦、三江、金秀、隆林、凌云、乐业、那坡;生于海拔 400~1 200m 的林下或灌丛中。分布于福建、江西、广东、贵州、四川、云南、西藏。越南、柬埔寨、印度、尼泊尔、不丹也有分布。

全草清热解毒、活血接骨、消炎利尿;治痢疾、肠炎、小便淋痛、疔疮疖肿、骨折。

15. 三轴凤尾蕨(蕨类名词及名称)

Pteris longipes D. Don, Prod. Fl. Nepal. 15. 1825; 中国植物志 **3**(1):77, 图版 21: 3~9. 1990; 云南植物志 **20**: 260, 图版 51: 6~7. 2006.

植株高 1.2~1.5m。根状茎短而直立。叶簇生;叶柄长 70~80cm;叶片三角状卵形,长 60~70cm,宽 35~45cm,三回深羽裂,自叶柄顶端分为三枝,侧生两枝形同中央一枝,侧生小羽片 12~20 对,斜展,披针形,长 10~12cm,宽 1.5~2cm,先端具长 2~3cm、边缘浅裂的线状尾尖,基部截形,篦齿状深羽裂几达小羽轴,顶生小羽片与中部的侧生小羽片同形同大,但有长约 1cm 的柄;裂片 25~28 对,略斜展,长圆形,长约 1cm,宽 3~4mm,先端钝圆有圆齿;裂片主脉腹面有少数针状小刺,侧脉两面均显,斜展,自基部以上二叉,裂片基部的两脉均出自主脉基部以上,相对的两脉达缺刻上面的边缘;叶干后革质。

产于田林;生于海拔约 700m 的灌丛中。分布于云南、台湾。也广布于中南半岛至喜马拉雅山南部地区及斯里兰卡、菲律宾、印度尼西亚。

16. 疏羽半边旗(蕨类名词及名称) 图版 41:4~6

Pteris dissitifolia Bak. in J. Bot. **28**: 263. 1890; 海南植物志 **1**: 74. 1964; 中国植物志 **3**(1): 48, 图版 13: 7~10. 1990.——*P. semipinnata* L. var. *dissitifolia* (Bak.) C. Chr. et Tard.-Blot in Lecomte, Not. Syst. **6**: 143. 1937.

植株高1～1.5m。根状茎斜升或直立。叶簇生；叶柄长40～80cm，栗褐色，向上栗红色，有光泽；叶片卵状长圆形，长35～50cm，宽25～30cm，二回羽状深裂或二回半边羽状深裂；侧生羽片5～8对，对生，下部的相距6～8cm，斜上，长圆状披针形，长15～25cm，宽4～6cm，尾尖，下部1～2对羽片通常两侧为深羽裂，下侧基部的裂片有时在其下侧再一次篦齿状羽裂，中部的羽片往往仅下侧为深羽裂，上侧全缘或仅上部深羽裂，上部羽片仅下侧羽裂，上侧全缘；裂片披针形，渐尖头，长4～12cm，宽1～1.3cm，下侧基部的最长，基部以阔翅下延，不育边缘有浅齿；侧脉两面明显，稀疏，斜上，通常一回或少有二回分叉；叶干后坚草质。

产于金秀、贺州、宁明、桂平、上思、东兴、防城港、龙州、上林、武鸣；生于海拔100～400m的疏林下。分布于云南、广东、海南。越南、老挝也有分布。

全草清热解毒、止泻、止痢、消炎止血、生肌燥湿；治久咳不止、外伤出血、疮疖、水火烫伤、蛇伤。

17. **半边旗**(中国主要植物图说·蕨类植物门)

Pteris semipinnata L. Sp. Pl. **2**: 1076. 1753；海南植物志 **1**: 73. 1964；中国高等植物图鉴 **1**:152，图304. 1972；中国植物志 **3**(1): 46，图版13: 4～6. 1990.

植株高35～120cm。根状茎长而横走。叶簇生，近一型；叶柄长15～55cm，与叶轴同为栗红色，有光泽，光滑；叶片长圆状披针形，长15～60cm，宽6～18cm，二回半边深羽裂，顶生羽片阔披针形至长三角形，长10～18cm，基部宽3～10cm，尾状头，篦齿状深羽裂几达叶轴；裂片6～12对，对生，开展，镰状阔披针形，长2.5～5cm，向上渐短，宽6～10mm，短渐尖头，基部下侧呈侧三角形的阔翅沿叶轴下延达下一对裂片；侧生羽片4～7对，开展，三角形而略呈镰状，长5～18cm，基部宽4～7cm，长尾头，基部偏斜，两侧不对称，上侧仅有一条阔翅，宽3～6mm，不分裂或很少在基部有一片或少数短裂片，下侧为篦齿状深羽裂几达羽轴，裂片3～6片或较多，镰状披针形，基部一片最长，长1.5～8.5cm，宽3～11mm，不育裂片的叶缘有尖齿，孢子叶片仅顶端有1枚尖刺或具2～3个尖齿；侧脉明显，斜上，二叉或二回二叉，小脉常伸达齿基，叶干后草质。

广西各地均产；生于林缘或灌丛中。分布于台湾、福建、江西、广东、贵州、四川、云南。日本、菲律宾、越南、老挝、泰国、缅甸、马来西亚、斯里兰卡、印度也有分布。

全草清热解毒、祛风止痢、祛瘀消肿、止血生肌；治外伤出血、疔疮疖肿、跌打损伤、痢疾、黄疸型肝炎、蛇伤。

18. **刺齿半边旗**(蕨类名词及名称)

Pteris dispar Kze. in Bot. Zeit. **6**: 539. 1848；中国高等植物图鉴 **1**: 152，图303. 1972；四川植物志 **6**: 221，图版68. 1988；中国植物志 **3**(1):45，图版13: 1～3. 1990.

植株高30～80cm。根状茎斜上。叶簇生，近二型；叶柄长15～40cm，与叶轴均为栗色，有光泽；叶片卵状长圆形，长25～40cm，宽15～20cm，二回深羽裂或二回半边深羽裂；侧生羽片5～8对，与顶生羽片同形，长6～12cm，基部宽2.5～4cm，尾状渐尖，基部偏斜，两侧或仅下侧深羽裂几达羽轴，裂片下侧的较上侧的略长，且基部下侧一片最大，斜下，有时在下部1～2对羽片上再一次篦齿状羽裂；侧脉明显，斜上，二叉，小脉伸达锯齿的软骨质刺尖头；叶干后草质。

产于龙胜、阳朔、桂林、恭城、三江、那坡、贺州、梧州、桂平、北海、横县、南宁及大瑶山；生于海拔100～600m的疏林下或林缘。分布于台湾、福建、江苏、安徽、浙江、江西、广东、湖南、贵州、四川。越南、马来西亚、菲律宾、日本、朝鲜也有分布。

全草清热解毒、涩肠止痢、活血、止血、散瘀生肌；治泄泻、痢疾、风湿痛、疮痈肿毒、外伤出血、跌打损伤、蛇伤。广西民间以根状茎作止血剂，效果近似云南白药。

19. **条纹凤尾蕨**(蕨类名词及名称)

Pteris cadieri Christ in J. Bot. (Morot) **19**: 72. 1905；中国植物志 **3**(1): 53，图版15:1～3. 1990；云南植物志 **20**: 258. 2006. ——*P. dimorpha* Copel. in Philipp. J. Sci. **3**: 282. 1908；中国蕨类植物图

谱 1：图版 34. 1930.

19a. 条纹凤尾蕨（原变种）

Pteris cadieri Christ var. **cadieri**

株高 30～40cm。根状茎短而直立。叶簇生，二型；叶柄长 15～25cm，营养叶的柄较短，顶部有浅绿色的狭翅；叶轴全部有狭翅；营养叶片为卵状三角形，长 10～15cm，宽 6～8cm，二回深羽裂，三叉状，顶生羽片最大，阔披针形，长 10～15cm，宽 3～4cm，渐尖头，基部楔形，无柄，中部两侧有 4～8 对篦齿状裂片，叶缘有斜尖齿，裂片长圆形，略呈镰状，长 1～1.5cm，宽 6～8mm，钝圆头，侧生羽片 1 对，贴近顶生羽片，镰状三角形，长 4～6cm，宽 3～4cm，两侧或仅下侧有 3～5 枚篦齿状裂片（有时仅基部下侧具 1 枚裂片）；孢子叶片为一回羽状或偶为掌状，基部下延于叶轴或狭翅，羽片线形，长 8～12cm，宽 6～10mm，侧生羽片 1～2 对，与顶生羽片同形而稍短，基部下侧下延，基部一对常二叉；主脉于背面隆起，腹面有浅纵沟并有疏刺，侧脉两面均显，斜展，常分叉，侧脉之间背面有较多的细斜条纹；叶干后草质，无毛。

产于金秀、宁明、靖西、大新、三江、上思、南宁、龙州、扶绥；生于海拔 300～800m 的林下。分布于台湾、福建、广东、贵州、云南。日本、越南也有分布。

全草清热解毒；治痢疾。

19b. 海南凤尾蕨（变种）（海南植物志）

Pteris cadieri Christ var. **hainanensis** (Ching) S. H. Wu in Fl. Reipub. Popul. Sin. **3**(1)：54. 1990.——*P. hainanensis* Ching in Acta Phytotax. Sin. **8**：142，f. 19. 1958；海南植物志 **1**：74. 1964.

与原变种的主要区别在于，本变种孢子叶变异较大，一回至二回羽状，羽片边缘波状，或在中部或下部多少具单独的或连续的圆形或长圆形裂片，或为深羽裂。

产于三江、金秀、上思、防城港、武鸣、龙州；生于海拔 200～900m 的林下。分布于广东、海南。

20. 林下凤尾蕨（海南植物志） 图版 38：5～7

Pteris grevilleana Wall. ex Agardh, Rec. Sp. Gen. Pterid. 23. 1839；海南植物志 **1**：74. 1964；中国植物志 **3**(1)：54，图版 15：4～8. 1990.

植株高 20～45cm。根状茎短而直立。叶簇生；孢子叶的柄比营养叶的柄长 2 倍以上，长 20～30cm，栗褐色，有光泽，光滑，顶端有狭翅；叶片阔卵状三角形，长 10～15cm，宽 8～12cm，二回深羽裂；顶生羽片阔披针形，长 8～12cm，宽 2.5～3.5cm，尾状，基部下延，两侧篦齿状羽裂几达羽轴；裂片镰状线形至披针形，长 1.5～2cm，宽 3～4mm，钝圆头，斜展，密接，边有短尖齿，下部的裂片渐短；侧生羽片 1～2 对，对生，斜上，无柄，与顶生羽片同形但稍短，基部以狭翅多少下延，基部一对羽片二叉，下侧的分叉，较小，能育羽片与不育羽片相似，其裂片较短且较疏；羽轴近基部栗褐色，向上为禾秆色，腹面有浅纵沟，其两侧边上有长约 0.8mm 的尖刺；侧脉两面不显，并行，极斜上，常二叉，偶三叉；叶干后坚草质，两面均有密接的细斜条纹，偶有明显的白斑。

产于龙胜、资源、兴安、临桂、金秀、罗城、贺州、桂平、防城港、龙州、宁明、横县、武鸣；生于海拔 300～800m 的林下或路边。分布于广东、海南、台湾、云南。日本、越南、泰国、印度、尼泊尔也有分布。

21. 多羽凤尾蕨（蕨类名词及名称）

Pteris decrescens Christ in Bull. Acad. Géogr. Bot. Mans 244. 1906；中国植物志 **3**(1)：56，图版 16：3～4. 1990；贵州蕨类植物志 583，图版 143：4～6. 2001；云南植物志 **20**：261，图版 52：1～2. 2006.

21a. 多羽凤尾蕨（原变种）

Pteris decrescens Christ var. **decrescens**

株高 60～70cm。根状茎短而直立。叶簇生；叶柄长 15～20cm，深禾秆色；叶片长圆状披针形，长 30～50cm，中部宽 12～15cm，两端渐狭，二回深羽裂；顶生羽片披针形，长 7～10cm，宽 2～2.5cm，基部阔楔形，向顶端狭线形的尾状，尾长 1.5～2(3)cm，宽约 2mm，篦齿状深羽裂几达叶轴，有短柄；裂片 15～

20 对，线形，长 5～12mm，宽约 2.5mm；侧生羽片 10～15 对，对生，基部圆截形，顶端尾状，形状及分裂度与顶生羽片相同，下部的羽片渐短，长 5～7cm，较宽，中部的长 8～10cm，宽 2～3cm；羽轴背面隆起，疏被多细胞的灰色短刚毛，腹面纵沟两旁有狭边，沿边上在裂片主脉的分叉处有短硬刺 1 枚；侧脉两面均显并稍凸，密接斜上，二叉；叶干后草质。

产于融水、天峨、宜州、隆林、德保、凌云、乐业、那坡、靖西、藤县、龙州、武鸣；生于海拔 200～1 200m 的石灰岩林下石缝中。分布于广东、贵州、云南。越南、柬埔寨也有分布。

21b. **大明凤尾蕨**（变种）（中国植物志）

Pteris decrescens Christ var. **parviloba** (Christ) C. Chr. et Tard.-Blot in Lecomte, Not. Syst. **6**: 137. 1937；中国植物志 **3**(1)：58. 1990. ——*P. parviloba* Christ in Bull. Acad. Int. Géogr. Bot. 149. 1907.

本种以侧生羽片长约 7cm，基部宽约 1.3cm，狭披针形，尾头长 3～4cm，基部一对羽片几不缩短而不同于原变种。

产于大明山；生于林下。分布于越南。

22. **溪边凤尾蕨**（中国高等植物图鉴）

Pteris excelsa Gaud. Freyc. Voy. Bot. 388. 1827；中国蕨类植物图谱 **1**：图版 37. 1932；中国高等植物图鉴 **1**：153，图 305. 1972；中国植物志 **3**(1)：49，图版 14:1. 1990；云南植物志 **20**：263，图版 50：5～6. 2006.

22a. **溪边凤尾蕨**（原变种）

Pteris excelsa Gaud. var. **excelsa**

植株高达 180cm。根状茎短而直立。叶簇生；叶柄长 70～90cm，为禾秆色，稍有光泽，无毛；叶片阔三角形，长 60～120cm 或更长，下部宽 40～90cm，二回深羽裂；顶生羽片长圆状阔披针形，长 20～30cm 或更长，下部宽 7～12cm，向上渐狭，先端渐尖并为尾状，篦齿状深羽裂几达羽轴，裂片 20～25 对，镰状长披针形，长 3.5～8(10)cm，宽 6～10mm，先端渐尖，基部稍扩大，下侧下延，顶部营养叶缘有浅锯齿；侧生羽片 5～10 对，形状、大小及分裂度与顶生羽片相同，基部一对最大，长 40cm 以上，有时基部下侧分叉；羽轴背面隆起，禾秆色，无毛，腹面有浅纵沟，沟两旁具粗刺；侧脉仅背面可见，稀疏，斜展，通常二叉；叶干后草质。

产于兴安、资源、全州、灵川、龙胜、金秀、贺州、来宾、上思、桂林、荔浦、三江、那坡、田林、武鸣；生于海拔 400～1 300m 的沟谷溪边或林下阴湿处。分布于台湾、江西、湖北、广东、贵州、四川、云南、西藏、湖南。日本、菲律宾、马来西亚、老挝、越南、印度、尼泊尔及夏威夷群岛、斐济群岛也有分布。

全草清热解毒、祛风解痉；治烧烫伤、狂犬伤、腹泻等。

22b. **变异凤尾蕨**（变种）（中国植物志）

Pteris excelsa Gaud. var. **inaequalis** (Bak.) S. H. Wu in Fl. Reipub. Popul. Sin. **3**(1)：50. 1990. ——*P. inaequalis* Bak. in J. Bot. 99. 1875；中国高等植物图鉴 **1**：153. 1972；云南植物志 **20**：263. 2006.

本种不同于原变种在于形体较小，植株高 80～100cm；侧生羽片的分裂度变化颇大，从近二叉、羽轴下侧深羽裂（裂片披针形）至羽轴两侧均为篦齿状羽裂[裂片阔披针形，常长 2.5～4(5)cm]。

产于龙胜、荔浦、武鸣；生于海拔 300～800m 的沟谷溪边或林下阴湿处。分布于浙江、江西、福建、广东、贵州、四川、云南。日本、印度也有分布。

全草药用价值同原变种。

23. **线羽凤尾蕨**（海南植物志）

Pteris linearis Poir. in Lam., Encycl. Meth. Bot. **5**：723. 1804；海南植物志 **1**：75. 1964；中国高等植物图鉴 **1**：154，图 307. 1972；中国植物志 **3**(1)：75，图版 22. 1990.

植株高 1～1.5m。根状茎短而直立。叶簇生；叶柄约与叶片等长；叶片长圆状卵形，长 50～70cm，宽

20～30cm，二回深羽裂或基部三回深羽裂；侧生羽片5～15对，披针形，长15～33cm，宽3～5.5cm，长尾尖，基部圆楔形稍偏斜，篦齿状羽裂达羽轴两侧的阔翅，顶生羽片与中部的侧生羽片同形同大，但基部一对羽片的基部下侧有1片篦齿状羽裂的小羽片（形状和羽片相同但较短小）；裂片25～35对，平展或斜展，镰状长圆形，长2～3cm，宽5～8mm，钝或短尖头，基部稍扩大，全缘；侧脉两面均显，斜上，从基部以上二叉，裂片基部下侧一脉出自羽片的羽轴，上侧一脉出自主脉基部，相邻裂片基部相对的两小脉直达缺刻底部或附近，在缺刻底部开口或相交成一尖的三角形，或有时沿羽轴两侧联结成一列不连续的三角形网眼，网眼以外的小脉均分离并伸向缺刻底部；叶干后近革质。

产于百色、隆林、那坡、昭平、玉林、桂平、平南、灵山、扶绥、上思、南宁、靖西、龙州、大新；生于海拔100～1 100m的林下或灌丛中。分布于台湾、广东、海南、贵州、云南。亚热带地区及马达加斯加亦广布。

24. **隆林凤尾蕨**（中国科学院华南植物研究所集刊）

Pteris splendida Ching ex Ching et S. H. Wu in Acta Bot. Aust. -Sin. 1：9. 1983；中国植物志 3(1)：63，图版 18：4. 1990；贵州蕨类植物志 601. 2001. ——*P. splendida* Ching ex Ching et S. H. Wu var. *longlinensis* Ching et S. H. Wu in Acta Bot. Aust. -Sin. 1：9. 1983；中国植物志 3(1)：63. 1990.

植株高达1m。叶柄长约80cm；叶片长卵形，长约55cm，下部宽约25cm，二回深羽裂或基部三回深羽裂，侧生羽片约7对，对生，斜上，下部羽片披针形或阔披针形，长约25cm，中部宽约8cm，先端具线状长尾，尾长约5cm，基部略狭，近截形，篦齿状深羽裂几达羽轴，最下一对羽片的基部为二叉，下侧有1片篦齿状深羽裂的小羽片，顶生羽片与其下侧生羽片同形同大，但柄较长；裂片约30对，线状披针形，稍镰状，中部的长约5cm，基部宽约8mm，向顶部略狭，急尖头或钝头，并有小凸尖，全缘；叶脉明显，自基部二叉，小脉斜上，裂片基部下侧一脉出自羽轴，上侧一脉出自主脉基部，伸达缺刻底部稍上的边缘；叶干后纸质。

产于隆林、乐业、田林、那坡；生于海拔500～1 200m的阔叶林下。分布于贵州。

25. **紫轴凤尾蕨**（中国高等植物图鉴）

Pteris aspericaulis Wall. ex Hieron. in Hedwigia 55：348. 1914；中国植物志 3(1)：60，图版 18：1～3. 1990；云南植物志 20：266. 2006.

本种近似于**隆林凤尾蕨**（*P. splendida* Ching ex Ching et S. H. Wu），不同在于本种叶轴、羽轴略带有紫色；裂片基部一对小脉的下侧一脉斜展，不与羽轴平行，基部一对羽片无柄或仅有长约3mm的短柄。

产于环江、罗城、融水、上思、那坡、靖西、隆林；生于海拔600～1 400m的林下。分布于四川、云南、西藏。印度、尼泊尔、不丹也有分布。

26. **斜羽凤尾蕨**（蕨类名词及名称）

Pteris oshimensis Hieron. in Hedwigia 55：367. 1914；中国植物志 3(1)：66，图版 20:1～2. 1990；贵州蕨类植物志 595，图版 146：1～2. 2001.

植株高50～80cm。根状茎直立。叶簇生；叶柄长25～50cm，基部褐色，向上连同叶轴及羽轴为禾秆色，光滑；叶片长圆形，长30～40cm，中部宽10～18cm，二回深羽裂或基部三回深羽裂；侧生羽片7～9对，斜上，披针形，下部长8～17cm，中部宽1.7～2.8cm，向顶渐狭而成长1～2cm的线状短尖尾，基部不变狭或稍变狭，阔楔形，对称，无柄，篦齿状深羽裂几达羽轴，顶生羽片与中部的侧生羽片同形同大，但有长约1.5cm的柄，最下一对羽片基部下侧常有1或2片篦齿状深羽裂的小羽片；裂片22～30对，斜展，裂片基部一对小脉伸达缺刻以上的边缘；叶草质。

产于阳朔、宁明、龙州、靖西、那坡；生于海拔250～400m的沟谷溪边或石灰岩林下。分布于福建、江西、湖南、广东、贵州、四川。越南、日本也有分布。

27. **傅氏凤尾蕨**（中国主要植物图说・蕨类植物门）

Pteris fauriei Hieron. in Hedwigia 55：345. 1914；中国主要植物图说·蕨类植物门 70，图 86. 1957；中国高等植物图鉴 1：153，图 306. 1972；中国植物志 3(1)：67，图版 20：3～5. 1990.

27a. **傅氏凤尾蕨**（原变种）

Pteris fauriei Hieron. var. fauriei

植株高 50～90cm。根状茎短，斜升。叶簇生；叶柄长 30～50cm；叶片卵状三角形，长 25～45cm，宽 17～30cm，二回深羽裂（或基部三回深羽裂）；侧生羽片 3～9 对，基部一对无柄或有短柄，向上的无柄，镰状披针形，长 13～23cm，宽 3～4cm，尾状渐尖，具 2～4.5cm 长的线状尖尾，基部渐狭，阔楔形，篦齿状深羽裂达到羽轴两侧的狭翅，顶生羽片与中部的侧生羽片相似，但较宽，最下一对羽片的基部下侧有 1 片篦齿状深羽裂的小羽片，形状和上侧的羽片相同而略短；裂片 20～30 对，斜展，镰状阔披针形，中部的长 1.5～2.2cm，宽 4～6mm，下侧裂片比上侧的略长，基部一对或下部数对缩短，顶部略狭，钝头，全缘；侧脉两面均显，斜展，基部以上二叉，裂片基部下侧一脉出自羽轴，上侧一脉出自主脉基部，基部相对的两脉斜上达缺刻上缘；叶干后纸质。囊群线形，沿裂片边缘延伸，仅裂片先端不育；囊群盖线形，膜质，全缘，宿存。

广西各地均产；生于海拔 200～1 000m 的林下、灌丛或路边。分布于浙江、福建、江西、湖南、广东、云南、台湾。越南、日本也有分布。

全草收敛、止血；治外伤出血、烧烫伤。

27b. **百越凤尾蕨**（变种）（中国科学院华南植物研究所集刊）

Pteris fauriei Hieron. var. chinensis Ching et S. H. Wu in Acta Bot. Aust.-Sin. 1：10. 1983；中国植物志 3(1)：69. 1990.——*P. fauriei* auct. non Hieron.：Ching, Ic. Fil. Sin. 3：t. 140. 1935.

与原变种的区别在于本种侧生羽片阔披针形，长 16～22cm，中部宽 4～6cm，羽片中部的裂片长 2～3.5cm，宽 5～8mm。

产于恭城、那坡、苍梧、藤县、玉林、平南、桂平、北流、灵山、隆安、龙州、大新、宁明、靖西；生于海拔 80～1 100m 的林下或灌丛中。分布于台湾、福建、广东、海南、贵州。

28. **有刺凤尾蕨**（台湾植物志） 图版 42：1～3

Pteris setuloso-costulata Hay.，Ic. Pl. Formos. 4：241，f. 168. 1914；中国植物志 3(1)：63，图版 18：5. 1990；云南植物志 20：265. 2006.

植株高 90～120cm。根状茎直立。叶簇生；叶柄长 50～60cm，与叶轴均为禾秆色，偶带浅棕色，光滑；叶片长圆形，长 40～60cm，宽 20～30cm，二回深羽裂或基部三回深羽裂；侧生羽片 9～16 对，长 15～18cm，宽 2～3cm，基部下侧有 2～4 片篦齿状羽裂的小羽片，线状披针形，渐尖头，基部阔楔形，篦齿状深羽裂几达羽轴，顶生羽片与中部的侧生羽片同形同大，但有长约 1cm 的短柄；裂片 28～32 对，略斜展，长圆形，有时呈镰状，长 1～1.8cm，宽 3～5mm，全缘，两边平行，圆头，基部稍扩大；主脉腹面有针状长刺，侧脉两面均显，斜展，自基部二叉，裂片基部的叶脉均向外斜行达到缺刻上面的边缘；叶干后坚草质。

产于金秀、武鸣、那坡、田林；生于海拔 900～1 300m 的林下阴湿处。分布于台湾、云南、广东、四川。日本、菲律宾也有分布。

29. **平羽凤尾蕨**（蕨类名词及名称）

Pteris kiuschiuensis Hieron. in Hedwigia 55：341. 1914；中国植物志 3(1)：64，图版 19：1～2. 1990；贵州蕨类植物志 593. 2001；湖南植物志(1)：158，图版 1～22：3～4. 2004.

29a. **平羽凤尾蕨**（原变种）

Pteris kiuschiuensis Hieron. var. kiuschiuensis

植株高 60～80cm。根状茎短而直立。叶簇生；叶柄长 25～55cm，基部红棕色，向上与叶轴均为禾秆色，稍有光泽；叶片卵形，长 25～40cm，宽 20～30cm，二回深羽裂（或基部三回深羽裂）；侧生羽片 4～9 对，直展，线状披针形，通直或镰状，长 12～18cm，基部宽 1.8～2.8cm，先端渐尖或具长 2～4cm 的尖尾，基部

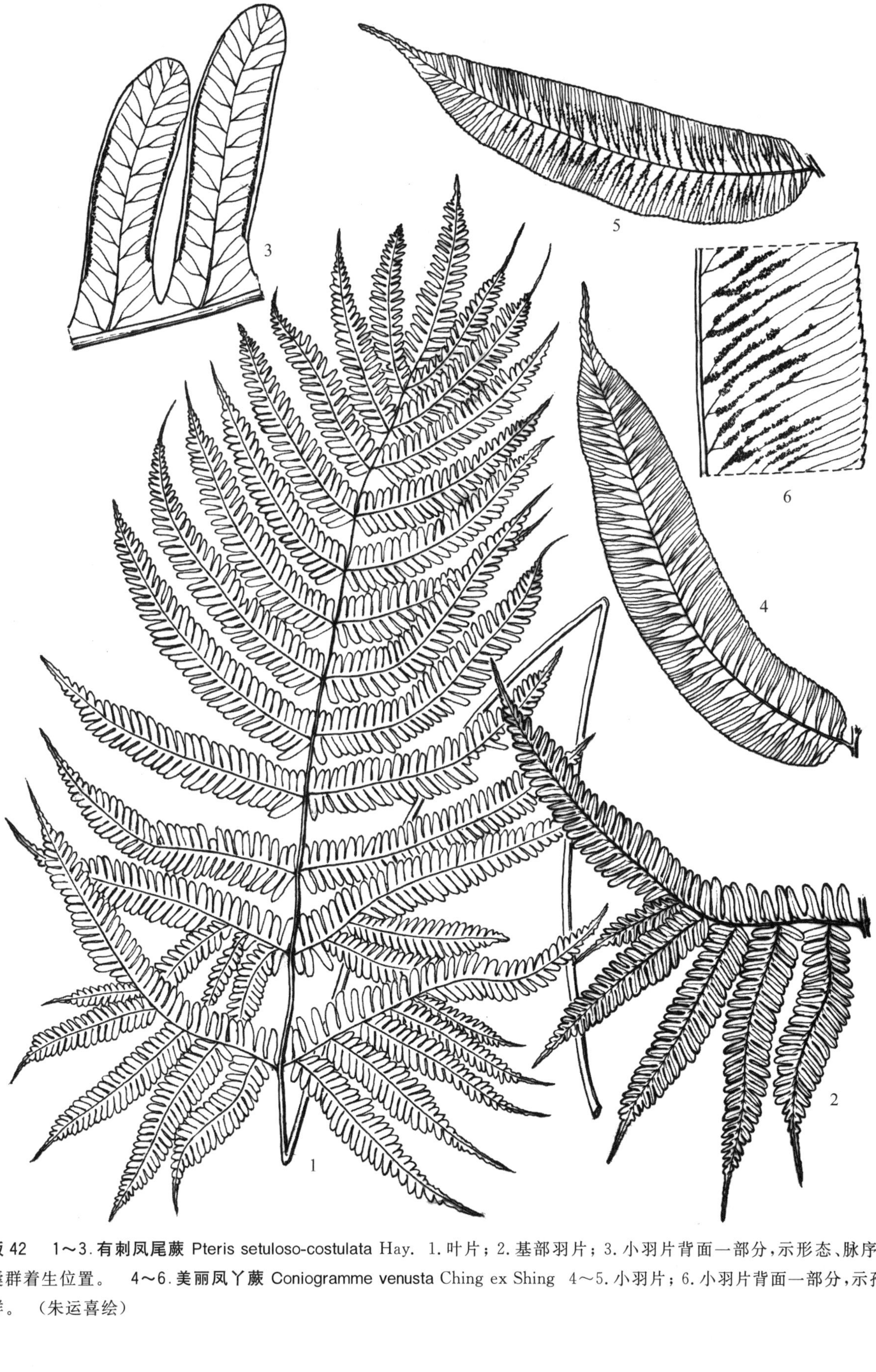

图版 42　1～3.**有刺凤尾蕨** Pteris setuloso-costulata Hay. 1.叶片；2.基部羽片；3.小羽片背面一部分，示形态、脉序、孢子囊群着生位置。　4～6.**美丽凤丫蕨** Coniogramme venusta Ching ex Shing　4～5.小羽片；6.小羽片背面一部分，示孢子囊群。（朱运喜绘）

近截形，篦齿状深羽裂达羽轴两侧的狭翅，顶生羽片与下部羽片同形或略宽，基部有时变狭，有长 1～2cm 的柄，最下一对羽片的基部下侧有篦齿状深羽裂的小羽片 1～2 片，形状和羽片相同但较短小；裂片 23～28 对，略斜展，镰状长圆形，长 1～1.5cm，基部宽 4～5mm，稍扩大，钝圆头，全缘；主脉腹面有少数针状刺或近无刺，侧脉两面均显，自基部以上二叉，裂片基部一对小脉向外斜行达到缺刻上面的边缘；叶干后薄革质。

产于融水、龙胜、三江、那坡、武鸣；生于海拔 400～1 300m 的林下或沟边。分布于福建、江西、湖南、贵州、四川、广东。日本也有分布。

29b. 华中凤尾蕨（变种）（中国科学院华南植物研究所集刊）

Pteris kiuschiuensis Hieron. var. **centro-chinensis** Ching et S. H. Wu in Acta Bot. Aust. -Sin. **1**: 10. 1983；中国植物志 **3**(1)：64，图版 19：3～4. 1990.

与原变种的区别在于，本种侧生羽片通常斜展，较宽，可达 3.7cm。

产于融水、田林、平南；生于海拔 300～1 300m 的林下或沟边。分布于福建、江西、湖南、广东、贵州、四川、云南。

30. 线裂凤尾蕨（中国科学院华南植物研究所集刊）

Pteris angustipinnula Ching et S. H. Wu in Acta Bot. Aust.-Sin. **1**:11. 1983；中国植物志 **3**(1)：70. 1990.

植株高约 1m。叶柄长 43～65cm，栗色，向上为禾秆色，略有光泽，光滑；叶片长圆状卵形，长 35～45cm，中部宽 16～24cm，二回羽状深裂（或基部三回羽状深裂）；侧生羽片 5～7 对，阔披针形，下部的长 17～22cm，中部宽 4～6.5cm，先端尾状渐尖（尾头长 4～5.5cm），基部圆楔形，篦齿状深羽裂达羽轴两侧的狭翅；顶生羽片的形状、长度及分裂度均与下部的侧生羽片相同，基部一对羽片略宽，其基部下侧有 1～2 片篦齿状深羽裂的小羽片，形状和上侧的相同但较小；裂片 21～25 对，线状披针形，略呈镰刀状，下部的裂片略缩短，中部下侧的长 2.5～4cm，宽 4～5mm，钝头，基部稍扩大，全缘；裂片主脉腹面有少数针状刺，侧脉两面均明显，二叉，连同上侧一脉伸达缺刻上面的边缘；叶干后纸质，无毛或裂片背面的下部偶为近无毛。孢子囊群线形；囊群盖线形，灰棕色，膜质，全缘，宿存。

广西特有，产于龙州、大新、扶绥；生于海拔 300～500m 的石灰岩林下。

31. 狭眼凤尾蕨（中国高等植物图鉴）

Pteris biaurita L. in Sp. Pl. **2**: 1076. 1753；海南植物志 **1**: 76. 1964；中国高等植物图鉴 **1**: 154. 1972；中国植物志 **3**(1)：79，图版 23：1～3. 1990；云南植物志 **20**：254，图版 50：1～2. 2006.

本种近似于**线羽凤尾蕨**（*P. linearis* Poir.），不同在于本种在羽轴两侧各形成 1 列狭长的并与羽轴平行的网眼，在弧形脉上有 5～6 条伸向叶缘的单一小脉。

产于融水、罗城、环江、那坡、百色、隆林、北流、桂平、武鸣、龙州、宁明；生于海拔 250～1 500m 的路边和林缘。分布于台湾、广东、海南、贵州、云南。印度、斯里兰卡、马来西亚、印度尼西亚等热带地区也有分布。

全草清热解毒、祛痰、止血、收敛、止痢；治痢疾、肠炎、外伤出血、乳痈、蛇伤等。

32. 两广凤尾蕨（蕨类名词及名称）

Pteris maclurei Ching in Bull. Dept. Biol. Sun Yat-sen Univ. **6**: 28. 1933；中国植物志 **3**(1)：80，图版 23：4. 1990；江西植物志 **1**: 110，图 94.1993.

植株高 80～90cm。根状茎斜升。叶近簇生；叶柄长 40～50cm，深栗色并被鳞片，向上及叶轴为浅栗色，有光泽，光滑；叶片阔卵形，长 40～45cm，宽 25～30cm，二回深羽裂（或下部为三回深羽裂）；侧生羽片 5～7 对，斜上，阔披针形，长 15～32cm，宽 4～8cm，先端浅裂或具长 2～7cm 的披针形长尾，基部楔形，篦齿状深羽裂达羽轴两侧的阔翅，顶生羽片与中部的侧生羽片同形同大，下部 1～3 对羽片的基部下侧有 1 片篦齿状深羽裂的小羽片，形状同上侧羽片，但较短小；裂片 14～20 对，略斜展，镰状披针形，长 2～

6.5cm，宽 6～9mm，自基部向上渐狭，渐尖或钝头，边有阔圆齿或锯齿；叶脉沿羽轴两侧各联结成 1 列狭长的且羽状平行的网眼，网眼宽相当于翅宽的 1/3～2/3，网眼的弧形脉上端出自离裂片主脉基部以下的羽轴，网眼外的小脉分离，裂片上的小脉除顶部 2～3 对外均为二叉；叶干后薄革质。

产于宁明、兴安、金秀、龙胜、象州；生于海拔 500～700m 的林下阴湿处。分布于福建、湖南、江西、广东。越南和日本也有分布。

33. **华南凤尾蕨**(植物分类学报)

Pteris austrosinica (Ching) Ching in Acta Phytotax. Sin. **10**：302. 1965；中国植物志 **3**(1)：84，图版 24：1～3. 1990. ——*P. wallichiana* Agardh var. *austrosinica* Ching in Bull. Dept. Biol. Sun Yat-sen Univ. **6**：27. 1933.

植株高约 1.5m。根状茎短粗，直立。叶簇生，叶片五角状阔卵形，长 80～100cm，基部宽约 70cm，三回深羽裂，自叶柄顶端分为三大枝，中间一枝长圆状卵形，长 60～70cm，中部宽约 25cm，侧生两枝较小，通常再一次分枝；侧生小羽片 14～20 对，披针形，长 15～20cm，基部宽 3～4cm，线状短尾头，基部阔楔形近对称，篦齿状深羽裂达到小羽轴两侧的阔翅；裂片 17～25 对，镰状披针形，长 2～2.5cm，基部宽约 3mm；叶脉两面可见，裂片基部上侧一小脉与其上一片裂片的基部下侧一小脉联结成 1 条弧形脉，在小羽轴两侧各形成 1 列狭长的并与小羽轴平行的网眼，在弧形脉上有 5～6 条伸向叶缘的单一小脉，网眼外的小脉除顶部 2～3 对为单一外，其余均自基部以上分为二叉，斜上；叶干后厚纸质。孢子囊群线形，沿裂片边缘延伸，裂片最先端不育；囊群盖同形，浅褐色，膜质，全缘，宿存。

产于金秀、平南、融水、罗城、龙州；生于海拔 400～1 000m 的林下阴湿处。分布于广东。

34. **西南凤尾蕨**(中国高等植物图鉴)

Pteris wallichiana Agardh Rec. Sp. Gen. Pterid. 69. 1839；中国高等植物图鉴 **1**：155，图 309. 1972；中国植物志 **3**(1)：81，图版 23：5～7. 1990；贵州蕨类植物志 602，图版 146：4～5. 2001；云南植物志 **20**：255，图版 51：4～5. 2006.

植株高约 1.5m。根状茎粗短，直立。叶簇生；叶柄长 60～80cm，栗红色；叶片三角状阔卵形，长 70～85cm，基部宽约 60cm，三回深羽裂，自叶柄顶端分为三大枝，侧生二枝通常再分枝 1～2 次，中央一枝长圆形，长 50～70cm，宽 20～25cm，柄长 7～10cm，侧生两枝小于中央一枝；小羽片 20 对以上，披针形，长 11～20cm，宽 2～3.5cm，先端具长 1～2cm、边缘有浅齿的线状尖尾，基部截形至阔楔形，篦齿状深羽裂达小羽轴两侧的狭翅，基部的小羽片略短，顶生小羽片与上部的侧生小羽片同形同大，但基部楔形有短柄；裂片 23～30 对，斜展，长圆状阔披针形，长 10～18mm，向基部渐宽，宽 3.5～4.5mm，钝或尖头；侧脉两面均显，斜展，裂片基部上侧一脉与其上一片裂片的基部下侧一脉联结成 1 条弧形脉，沿小羽轴两侧各形成 1 列狭长的并与小羽轴平行的网眼，在弧形脉外缘有几条外行达缺刻上面叶缘的单一小脉，网眼以外的小脉皆分离，顶部 2～3 对单一，其余皆自基部以上二叉，斜上；叶干后坚草质。

产于兴安、资源、全州、灵川、临桂、金秀、来宾、龙胜、那坡、北流、武鸣；生于海拔 300～1 300m 的沟谷溪边和林缘阴湿处。分布于台湾、广东、海南、贵州、四川、云南、西藏。日本、菲律宾、印度、不丹、尼泊尔也有分布。

全草清热解毒、止血收敛；治痢疾、小儿惊风、外伤出血。

35. **疏裂凤尾蕨**(海南植物志)

Pteris finotii Christ in J. Bot. **19**：15. 1905；海南植物志 **1**：77. 1964；中国植物志 **3**(1)：86，图版 25：1～3. 1990；云南植物志 **20**：255，图版 51：1～3. 2006.

植株高达 2.5m。根状茎粗短，直立。叶簇生；叶柄长约 1m；叶片阔三角形，长 1m 以上，基部宽约 60cm，三回深羽裂，自叶柄顶端分为 3 枝，中央一枝长圆状卵形，长 80cm 以上，宽 35～40cm，柄长 6～10cm，侧生两枝较小；顶生小羽片三角形，长 20～25cm，基部宽 15～18cm，先端长 4～5cm，边缘有浅钝锯齿的线状披针形尖尾，基部圆截形，篦齿状深羽裂达小羽轴两侧的阔翅；侧生小羽片 6～8 对，柄长约 1cm，上部的无柄，阔披针形，长20～27cm，宽6～10cm，具长尾，4～8cm，基部圆截形；裂片13～20对，线状披针形，长2.5～7cm，宽4～7mm，钝头或渐尖，不育边缘浅钝齿；小羽轴腹面有浅纵沟，沟两旁的狭边无刺或有不甚明显的小刺；小脉纤细，在小羽轴及主脉下部的两侧各有1列网眼，小羽轴两侧的网眼极狭长，主脉两侧的网眼为不规则的多角形，裂片上部小脉分离；叶干后草质。

产于上思、东兴、宁明；生于海拔200～500m的沟谷溪边。分布于广东、海南、云南。越南也有分布。

28. 卤蕨科 ACROSTICHACEAE

海岸潮汐带间的植物。根状茎粗壮，直立，有网状中柱，被鳞片。叶柄粗壮；叶二型或一型，仅其上部的羽片能育；叶片大，奇数一回羽状，羽片有粗大的主脉而无明显侧脉，叶脉联结成多数整齐的六角形网眼，无内藏小脉；叶厚革质。孢子囊群为卤蕨型，即孢子囊满布于孢子叶背面或叶片上部能育羽片的背面，混生头状而分裂的隔丝；无囊群盖。

本科有2属数种，分布于热带、亚热带海岸，偶生于热带内陆。中国仅有1属；广西也有。

卤蕨属 Acrostichum L.

海滩植物。根状茎直立，短而粗壮，木质，被鳞片，有粗根。叶大，一回羽状，有大而全缘的羽片；叶脉联结成密而整齐的网眼，无内藏小脉；叶厚革质，无毛。孢子囊密布于能育羽片的背面，其中混有头状而稍分裂的隔丝；孢子囊大型，环带有20～22个增厚细胞；孢子大，三角圆形，具三裂缝，具周壁，表面有粗颗粒状纹饰，周壁常脱落，外壁表面光滑。

本属有4种，分布于热带、亚热带海岸，偶生于热带内陆。中国有2种；广西产1种。

卤蕨（海南植物志）

Acrostichum aureum L. Sp. Pl. 2：1069. 1753；海南植物志 1：166，图 76. 1964；中国植物志 3(1)：92，图版 27：1～2. 1990.

植株高1～2m。根状茎木质，被鳞片；鳞片下部较厚，中部深褐色，两缘淡褐色而较薄。叶簇生；叶柄长30～60cm，粗壮，光亮，干后禾秆色，基部深褐色，被鳞片；叶片长60～200cm，宽30～60cm；羽片多数，互生，平展，疏离，舌状长椭圆形或披针形，长15～20cm，宽1～3cm，顶端钝圆且有小突尖，基部楔形，全缘，有柄，上部的能育羽片同形而稍小，顶部羽片无柄而贴生于叶轴；叶脉明显，网眼细小而整齐；叶厚革质；主脉腹面有沟而背面隆起。孢子囊群满布于能育羽片背面。

产于东兴、防城港、北海、钦州等沿海地区；生于海边泥滩上，常见于红树林的边缘，海滨的河流两岸也有生长，稀生于内陆热带雨林中。分布于广东、海南、香港、台湾、云南（西双版纳）。日本琉球、亚洲热带地区、非洲及美洲热带也有分布。

叶、根治热病、便秘。

29. 光叶藤蕨科 STENOCHLAENACEAE

高大攀缘植物。根状茎粗壮，圆柱形，顶端具鳞片；鳞片腹部着生，黑褐色，顶部及边缘褐棕色，随根状茎生长而脱落，有时残留圆盾形的腹部；根状茎内具复杂的分体中柱，维管束多达40条，排成3圈，内圈的较粗。叶远生，二型，通常奇数羽状，羽片多数，侧生羽片以关节着生于叶轴，顶生羽片不具关节；营养叶的羽片宽，披针形，腹面光滑，有光泽，革质或坚纸质，边缘为软骨质并具锐锯齿，羽片基部上侧具一腺体，腺体老时变黑而萎缩，叶脉密而细，从中肋两侧各具1行狭长网眼，由此向外伸出分离的小脉，小脉单一或分叉，密而斜展；孢子叶的羽片狭线形，全缘，边缘稍反卷；孢子囊群满布于羽片背面，无隔丝；孢子两面型，透明，无周壁，具疣状凸起。

本科仅有1属约8种，分布于亚洲、大洋洲和非洲热带。中国有2种，分布于云南东南部、海南；广西有1种。

光叶藤蕨属 Stenochlaena J. Sm.

属的特征同科。

光叶藤蕨(海南植物志) 图版43:1～2

Stenochlaena palustris (Burm. f.) Bedd. Ferns Brit. Ind. Suppl. 26. 1876；海南植物志 1：134. 1964；中国植物志 3(1)：95，图版 28：1～9. 1990.——*Polypodium palustre* Burm. f. Fl. Ind. 234. 1768.

根状茎横走，木质，幼时被鳞片，老时光秃，绿色。叶远生，二型，光滑，叶片奇数一回羽状；羽片多数，下部的和顶端的略较中部的为短；营养叶的中部羽片长15cm左右，宽约2cm，阔披针形，渐尖头，基部圆楔形或宽楔形，上侧有1枚小腺体，几无柄，以关节和叶轴相连，边缘软骨质，有斜的锐锯齿，革质，表面有光泽；中脉两面凸显，幼时叶背面中脉两侧疏被鳞片，侧脉密而清晰，单一或分叉，从平行于中脉的一行狭长网眼上分出，直达叶边；孢子叶的羽片线形，长20cm左右，宽达5mm，孢子囊群满布叶的背面，幼时常被叶缘覆盖。

产于东兴市江平镇；生于海拔约7m的海边灌丛。分布于海南、云南。越南、印度、老挝、柬埔寨、马来西亚至波利尼西亚也有分布。

叶治皮肤病。

30. 中国蕨科 SINOPTERIDACEAE

小型或大型蕨类。根状茎短而直立或斜生，横卧或长而横行，内有管状中柱，少为简单网状中柱，外被棕色至黑棕色鳞片。叶一型，少为二型，簇生，少远生；叶柄基部无关节，棕色至黑棕色，少为禾秆色；叶二回至五回羽裂，叶片椭圆形、卵形、披针形或五角形等，背面有时被白色或黄色蜡粉；叶脉常为羽状，分离，少数具边脉；叶片草质或坚纸质。孢子囊群沿叶边生于小脉顶端，圆形，成熟后靠合呈线形或生于边脉上呈线形；囊群盖由反折的叶边特化而成，膜质，向内开裂，线形或中断或呈长圆形、卵形等；孢子囊扁球形，环带纵行，不完整，柄细长，或球形具纵行而宽的环带；孢子球状四面形，表面有颗粒状、拟网状或刺状纹饰。

本科有14属约300种，分布于热带及亚热带，少数达温带。中国有9属约60种；广西有6属20种。

分 属 检 索 表

1. 叶柄和叶轴均呈禾秆色(偶栗棕色)；叶片三回至五回羽状细裂；末回能育小羽片形如荚果；孢子囊群生于小脉顶端的联结边脉上 ………………………………………………………………… 1. **金粉蕨属** Onychium Kaulf.

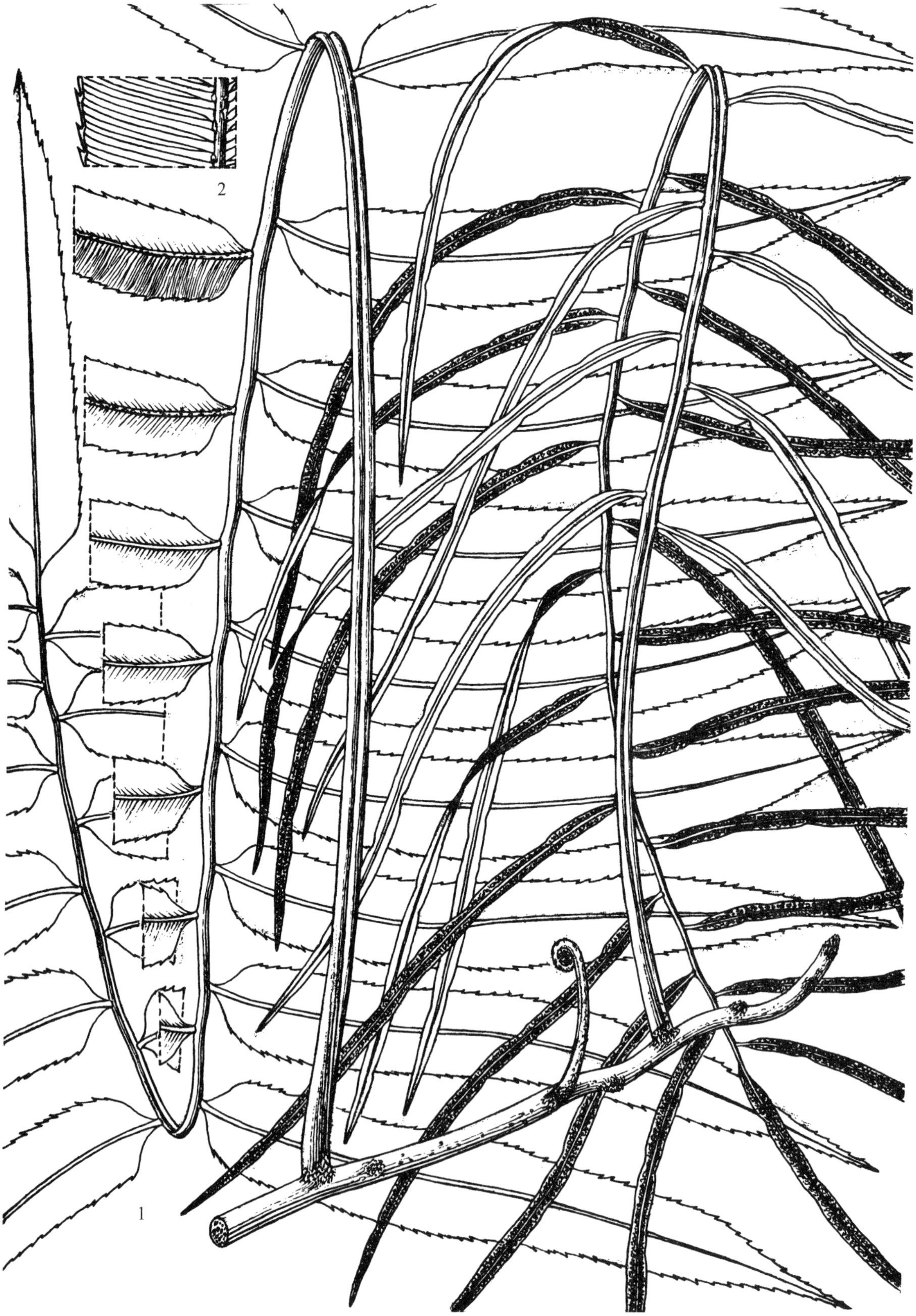

图版 43　1～2.光叶藤蕨 Stenochlaena palustris (Burm. f.) Bedd. 1.植株一部分；2.营养叶腹面，示脉序。（朱运喜绘）

1. 叶柄呈栗色或栗黑色（旱蕨属 *Pellaea* 的少数种类呈禾秆色）；叶片一回羽状至二回粗羽裂；末回能育裂片不为荚果状；孢子囊群生于小脉顶端（但成熟时彼此会合）或生于小脉顶端联结的边脉上（黑心蕨属 *Doryopteris*）。
  2. 叶片背面不被白色或黄色蜡质粉末。
    3. 叶片披针形或三角状披针形，或为细裂的椭圆形。
      4. 孢子囊群无盖（即叶边不反折）；叶片背面密被金黄色柔毛 ………………………… 2. **隐囊蕨属** Notholaena R. Br.
      4. 孢子囊群有盖（即叶边变为干膜质而反折）；叶片背面通常光秃。
        5. 通常为中生夏绿植物；叶片草质，多回羽状细裂，顶部渐尖、羽裂 ………………… 3. **碎米蕨属** Cheilosoria Trev.
        5. 通常为旱生常绿植物；叶片纸质或革质，分裂度较粗，叶片奇数羽状，顶端常有 1 片分离的羽片或为尾状 ……………………………………………………………………………………………… 4. **旱蕨属** Pellaea Link
    3. 叶片五角形（即基部羽片的下侧基部小羽片伸长）。
      6. 孢子囊群线形，生于叶缘的一条边脉上；根状茎上的鳞片中央黑色并有淡棕色膜质的阔边 ……………………………………………………………………………………………… 5. **黑心蕨属** Doryopteris J. Sm.
      6. 孢子囊群圆形，分开（成熟时会合），生于叶脉顶端；根状茎上的鳞片一色，或有淡棕色的狭边 ……………………………………………………………………………………………… 6. **粉背蕨属** Aleuritopteris Fée
  2. 叶片背面被白色或黄色蜡质粉末 ……………………………………………………………… 6. **粉背蕨属** Aleuritopteris Fée

1. 金粉蕨属 Onychium Kaulf.

陆生，小型或中型蕨类。根状茎长而横走，被披针形鳞片。叶远生或近生；叶柄禾秆色或有时带栗棕色或黑色，光滑；叶片卵形或披针形，三回至五回羽状细裂，少为二回羽状，末回裂片小而狭，着生孢子囊群的形若荚果；叶脉在不育裂片上分离，在能育裂片上的小脉顶端和边脉相连；叶片纸质或坚草质。孢子囊群生于边脉上被反折变质的叶缘所覆盖；囊群盖膜质，线形，宽几达中脉，形如荚果；孢子囊大，环带具 20 个增厚细胞；孢子球状四面形，周壁薄而不透明，表面具颗粒状纹饰；外壁具块状纹饰。

本属约有 10 种，分布于亚洲和非洲的热带及亚热带。中国有 8 种；广西产 3 种。

分种检索表

1. 孢子囊群通常长 1cm 以下，灰色，外层不覆有黄色蜡层。
  2. 叶柄较细弱，无光泽，禾秆色，基部有时呈褐色 ……………………… 1. **野雉尾金粉蕨** O. japonicum (Thunb.) Kze.
  2. 叶柄粗壮，坚硬，有光泽，栗色或红棕色 ……………………………………… 2. **栗柄金粉蕨** O. lucidum (D. Don) Spreng
1. 孢子囊群长 1～2cm 或更长，密生，外覆亮柠檬黄色的蜡质层 ………………… 3. **金粉蕨** O. siliculosum (Desv.) C. Chr.

1. 野雉尾金粉蕨（秦岭植物志）

Onychium japonicum (Thunb.) Kze. in Bot. Zeit. 507. 1848；中国高等植物图鉴 **1**：157，图 313. 1972；福建植物志 **1**：78，图 71. 1982；中国植物志 **3**(1)：108，图版 31：1～7. 1990. —— *Trichomanes japonicum* Thunb. Fl. Jap. 340. 1784.

植株高 25～60cm。根状茎长而横走，疏被鳞片；鳞片卵状披针形，棕色。叶远生；叶柄长 10～38cm，禾秆色偶带棕色，光滑；叶片卵形，长 16～26cm，宽 6～14cm，基部楔形，渐尖头，四回羽裂；羽片 8～15 对，斜上，有柄，狭卵形，基部阔楔形，长渐尖头，第一对最大，长 6～12cm，宽 2.5～6cm，三回羽状；二回羽片 8～12 对，互生，斜上，有柄，狭卵形，第一对最大，长 2～4cm，宽 1～2cm，二回羽状；三回羽片 3～4 对，互生，斜上，柄极短，椭圆形或倒卵形，长 1～1.5cm，宽 0.6～0.8cm，羽裂；四回裂片 2～3 对，互生，倒披针形或披针形，尖头；叶脉分叉，不育末回羽片或裂片有小脉 1 条，能育末回羽片或裂片为羽状脉并具边脉；叶片纸质。孢子囊群线形，长 2～6mm；囊群盖长圆形至线形，全缘，膜质，白色。

广西各地均产；生于海拔 200～1 200m 的林下或灌丛中。广布于中国长江流域至华南，北至河北，西至甘肃南部及云南。尼泊尔、印度、不丹、越南、老挝、柬埔寨、缅甸、泰国、朝鲜、日本也有分布。

全草清热解毒;外治烧烫伤。叶清热解毒、止血利湿;治跌打损伤、烧烫伤、泄泻、痢疾、黄疸型肝炎、狂犬伤、农药及砷中毒、野菰及木薯中毒等。根状茎清热、凉血、止血;治外感风热、咽喉痛、吐血、便血、尿血等。

2. **栗柄金粉蕨**(中国高等植物图鉴)

Onychium lucidum (D. Don) Spreng in Syst. Veg. **4**: 66. 1827; 中国高等植物图鉴 **1**:157. 1972; 云南植物志 **20**: 303. 2006. ——*Leptostegia lucida* D. Don, Prod. Fl. Nepal. 14. 1825. —— *Onychium japonicum* (Thunb.) Kze. var. *lucidum* (D. Don) Christ in Bull. Soc. Bot. France 52 Mém. **1**: 60. 1905; 中国植物志 **3(1)**: 111. 1990.

本种近似于**野雉尾金粉蕨**[*O. japonicum* (Thunb.) Kze.],不同在于本种形体较高大而粗壮;叶柄坚硬,有光泽,栗色或红棕色,叶质较厚,裂片较狭长。

产于融水、环江、乐业、田林、那坡、武鸣;生于海拔 960～1 300m 的林下或灌丛中。分布于西藏、四川、贵州、云南、广东、陕西、甘肃、湖北、江西、福建、台湾。印度、尼泊尔、缅甸也有分布。

全株清热解毒、祛风除湿、消炎止血;治流感、腮腺炎、乳腺炎、胃肠炎、痢疾、黄疸型肝炎、风湿病、跌打肿痛、外伤出血、骨折、狂犬伤、木薯及砷中毒等。

3. **金粉蕨**(海南植物志)

Onychium siliculosum (Desv.) C. Chr. Ind. Fil. 469. 1906; 海南植物志 **1**: 78, 图 26. 1964; 中国植物志 **3(1)**: 105, 图版 30: 1～5. 1990; 云南植物志 **20**: 301, 图版 60: 1～3. 2006. ——*Pteris siliculosum* Desv. in Berlin Mag. **5**: 324. 1811.

植株高 15～60cm。根状茎短,斜生或直立,顶端密被长钻形鳞片。叶簇生,二型或一型;叶柄粗壮,直立,光滑,长 10～35cm;叶片卵形或披针状三角形,长 15～40cm,宽 7～20cm,三回羽状至四回羽裂;羽片约 15 对,近对生,斜展,柄长 3～6mm,下部的羽片近三角形,长 6.5～12cm,宽 3.5～6.5cm;小羽片 6～12 对,互生,柄长 2～3mm,三角状披针形,急尖头,基部略不等;末回裂片二型;不育裂片常倒卵状楔形,无柄,顶端三裂,长 5～10mm,宽 0.5～1mm,能育裂片呈荚状,长 0.5～2.5cm,宽 1～2mm,渐尖或急尖头,基部楔形;营养叶的叶脉在末回裂片上单一或分叉,孢子叶的末回裂片上有分离的侧脉,顶端常会合;叶片草质,干后褐绿色,两面无毛。孢子囊群生于孢子叶的小羽片的边脉上;囊群盖膜质,与孢子囊群等长,线形或线状长椭圆形,鲜金黄色;孢子表面有块状纹饰。

产于那坡;生于海拔约 350m 的灌丛中。分布于台湾、海南、云南。印度尼西亚、菲律宾、越南、老挝、柬埔寨、缅甸、泰国、印度也有分布。

2. 隐囊蕨属 Notholaena R. Br.

旱生,中小型蕨类。根状茎通常短而横卧,少有直立,有管状中柱,被棕色、全缘的钻状披针形小鳞片。叶簇生或近生;叶柄栗色或栗黑色,圆形或腹面有纵沟;叶片椭圆形至披针形,一回至三回羽状,通常全叶(特别在背面)被厚绒毛;叶脉分离,不明显。孢子囊群近圆形或椭圆形,近叶边生于叶脉顶端,彼此接近,成熟后向两侧扩展而会合,沿叶边连续成线形,无盖,或有时部分为不变质的反卷的叶边所覆盖,成熟时隐没于绒毛中;孢子钝三角形,周壁具颗粒状纹饰和不明显的褶皱,外壁表面光滑。

本属约有 40 种,分布于热带和亚热带干旱地区,以南美洲为地理分布中心,向南到大洋洲及非洲南部,只有极少数种类到达亚洲热带和大西洋—地中海岛屿。中国有 2 种;广西均产。

分种检索表

1. 根状茎横走;叶二回羽裂;羽片除基部一对外均无柄;叶背面有黄色绒毛;孢子囊少数,成熟时在叶边略可见 ………………………………………………………………………… 1. **中华隐囊蕨** N. chinensis Bak.

1. 根状茎直立；叶中部以上二回深羽裂，中部以下三回深羽裂；羽片均有柄；叶背面有灰棕色有节的长柔毛；孢子囊多数，成熟时出露 ………………………………………………………………………………………… 2. **隐囊蕨** N. hirsuta (Poir.) Desv.

1. **中华隐囊蕨**(中国高等植物图鉴)

Notholaena chinensis Bak. in Gard. Chron. n. s. **14**: 494. 1880；中国高等植物图鉴 **1**:158. 1972；中国植物志 **3**(1)：113，图版 32：10～13. 1990.

植株高达 25cm。根状茎细长，横走，密生鳞片；鳞片披针形，长尾状，黑棕色，有淡棕色狭边。叶远生；叶柄长 10～14cm，圆柱形，深棕色，有光泽，基部有鳞片；叶片狭长圆形至狭卵形，长 10～15cm，宽 3.5～5cm，基部心形，急尖头，二回羽裂；羽片 10～15 对，无柄，第一对最大，三角状卵形，长 2.5～4cm，宽 1.5～3cm，不等羽裂；二回裂片 5～8 对，近平伸，带形至狭长圆形，长 0.6～2cm，宽 3～5mm；叶脉羽状分叉；叶片纸质，柔软，腹面有卷曲的黄毛，背面密生黄棕色卷曲长毛或厚毛被。孢子囊群生于近叶边的小脉顶端，隐藏在绒被中，叶边略反卷，但不为膜质；孢子囊少数，成熟时在叶边略可见。

产于临桂、灵川；生于海拔 300～800m 的林下石缝中。分布于湖北、四川、贵州、湖南。

为石灰岩土壤指示植物。全草治痢疾。

2. **隐囊蕨**(中国高等植物图鉴)

Notholaena hirsuta (Poir.) Desv. in J. Bot. Appl. **1**: 93. 1873；中国高等植物图鉴 **1**:158，图 315. 1972；福建植物志 **1**: 81. 1982；中国植物志 **3**(1)：115，图版 32：1～9. 1990. —— *Pteris hirsuta* Poir. Encycl. Meth. Bot. **5**: 719. 1804.

植株高 20～30cm。根状茎直立，有红棕色钻状披针形小鳞片。叶簇生；叶柄长 8～12cm，栗棕色，幼时有鳞片及长柔毛；叶片长圆状披针形，长 10～16cm，宽 2.5～7cm，中部以上二回深羽裂，中部以下三回深羽裂；羽片 8～10 对，有柄；末回裂片全缘或浅波状；叶脉羽状分叉，小脉不达叶边；叶片厚纸质，两面被节状长柔毛。孢子囊群生于小脉顶端，近叶边，幼时略为反卷的叶边覆盖，成熟时隐没于绒毛中；孢子囊多数，成熟时出露。

产于容县、桂平、北海、横县、南宁、上林；生于海拔 170～300m 的林下岩缝中。分布于福建、台湾、广东。亚洲热带地区及澳大利亚、波利尼西亚也有分布。

3. 碎米蕨属 Cheilosoria Trev.

陆生，中小型蕨类。根状茎短，直立或斜升，具管状中柱，被棕色或褐色、狭披针形鳞片。叶簇生；叶柄细长，栗褐色，圆形，基部疏被鳞片，向上光滑，有光泽；叶片披针形、长圆形或卵状五角形，二回至三回羽裂；末回小羽片或裂片小，全缘，通常无毛或被短节状毛或腺毛；叶脉分离，小脉单一或二叉，不达叶边；叶片薄革质，通常无毛，少被短节状毛或腺毛。孢子囊群小，圆形，生于小脉顶端，分离或成熟时彼此会合；囊群盖由多少变质的叶缘反卷构成，通常断裂，分离，圆肾形或三角形，内缘多少啮蚀状或有锯齿或有睫毛；孢子囊的环带有 14～24 个增厚细胞；孢子球状四面型，不透明，表面稍有疣状凸起。

本属约 10 种，分布于亚洲热带及亚热带地区，少数达大洋洲及南美洲。中国有 7 种；广西产 4 种。

分 种 检 索 表

1. 叶片披针形或狭长圆形、三角卵形或椭圆形，二回羽状，基部一对羽片略缩短，至少不为最大；孢子叶的柄远较其叶片为短，长 5cm 以下。
  2. 叶轴通直；羽片多少斜上。
    3. 叶柄、叶轴深棕色，且叶柄和叶轴腹面两侧隆起的狭边上有粗短睫毛 ……………………………………………………………………………… 1. **毛轴碎米蕨** Ch. chusana (Hook.) Ching et Shing
    3. 叶柄、叶轴栗黑色，且叶柄和叶轴腹面两侧隆起的狭边上无毛 ……………………………………………

………………………………………………… 2. **碎米蕨** Ch. mysurensis (Wall. ex Hook.) Ching et Shing
2. 叶轴左右曲折;羽片平伸或略斜下 ……………………… 3. **平羽碎米蕨** Ch. patula (Bak.) P. S. Wang et X. Y. Wang
1. 叶片卵状三角形或五角形,三回羽状,基部一对羽片最大;孢子叶的柄较其叶片为长,长 20～25cm ……………………
……………………………………………………………………… 4. **薄叶碎米蕨** Ch. tenuifolia (Burm. f.) Trev.

1. **毛轴碎米蕨**(中国高等植物图鉴)

Cheilosoria chusana (Hook.) Ching et Shing in Fl. Fujian. **1**: 84, 图 77. 1982; 中国植物志 **3**(1): 117, 图版 33. 1990.——*Cheilanthes chusana* Hook. Sp. Fil. **2**: 95, t. 106B. 1852; 中国高等植物图鉴 **1**: 159, 图 18. 1972.

植株高 18～30cm。根状茎直立,被鳞片;鳞片线状披针形,黑棕色,有棕色狭边。叶簇生;叶柄长 2～8cm,腹面扁平有纵沟,沟两侧有隆起的狭边,密生披针形至线形的黑棕色鳞片;叶片狭卵形,长 10～25cm,宽 2～5cm,基部略狭,渐尖头,二回羽状深裂;羽片 10～15 对,近对生,略斜上,狭卵形或狭长圆形,基部宽楔形或截形,急尖头,中部的较大,长 1.5～3cm,宽 0.8～1.2cm,羽状深裂,柄极短,二回裂片 4～7 对,近对称,略斜上;长圆形或狭三角形,长 3～8cm,宽 1～3cm,钝头;叶脉羽状,分离,略显;叶片纸质,无毛;叶轴腹面有纵沟及狭鳞片。孢子囊群圆形或长圆形,生于叶边小脉顶端;囊群盖长圆形或肾形,全缘,厚膜质,宿存。

广西各地均产;生于海拔 80～550m 的林下石壁上或村边墙上。分布于云南、四川、贵州、甘肃、陕西、山东、河南、湖北、湖南、江西、安徽、江苏、广东、浙江、福建。朝鲜、日本、越南、菲律宾也有分布。

全株清热解毒、止血散瘀、止泻利尿、补肾;治肝炎、痢疾、泄泻、月经不调、小便不利、咽喉痛、跌打损伤、蛇伤、外伤出血、痈疖肿痛等。

2. **碎米蕨**(中国高等植物图鉴)

Cheilosoria mysurensis (Wall. ex Hook.) Ching et Shing in Fl. Fujian. **1**: 84. 1982; 中国植物志 **3**: 119, 图版 34: 1～5. 1990.——*Cheilanthes mysurensis* Wall. ex Hook. in Sp. Fil. **2**: 94, t. 100A. 1852; 海南植物志 **1**: 80. 1964; 中国高等植物图鉴 **1**: 159. 1972.

本种近似于**毛轴碎米蕨**[*Ch. chusana* (Hook.) Ching et Shing],不同在于本种叶柄、叶轴均呈栗黑色,叶柄上的鳞片较小,叶片远较狭,分裂较细,叶柄和叶轴腹面两侧隆起的狭边上无毛。

产于靖西、龙州、上思;生于海拔 300～500*m* 的林下石壁上。分布于台湾、福建、广东、海南。越南、印度、斯里兰卡及亚洲其他热带地区也有分布。

全株清热解毒、收敛止血、涩肠止泻;治虫蛇咬伤、烂喉痧、痢疾、咽喉痛、泄泻等。

3. **平羽碎米蕨**(贵州蕨类植物志)

Cheilosoria patula (Bak.) P. S. Wang et X. Y. Wang, Pterid. Fl. Guizhou:188. 2001. ——*Cheilanthes patula* Bak. in J. Bot. 225. 1888; 四川植物志 **6**:272, 图版 88. 1988. 中国植物志 3(1):130. 1990.——*Pellaea patula* (Bak.) Ching in Acta Phytotax. Sin. **10**(4): 302. 1965; 中国植物志 **3**(1): 128. 1990.

植株高 15～30cm。根状茎短而直立,被鳞片;鳞片线状披针形,黑棕色,有光泽。叶簇生;叶柄长 7～14cm,腹面扁平有浅纵沟,棕色,基部有黑棕色鳞片,向上光滑;叶片三角状卵形,长 8～20cm,宽 4～12cm,基部截形,渐尖头,三回羽裂;羽片 8～12 对,互生,平伸或略斜下,狭卵形至狭长圆形,基部近截形,钝头或圆头,第一对最大,长 3～6cm,宽 1～2cm,二回羽裂,有短柄;小羽片 4～6 对,互生,平伸,卵形,基部圆楔形,钝头,下部的长 0.6～1.5cm,宽 4～8mm,羽裂,有短柄;二回小羽片 2～3 对,椭圆形;叶脉羽状,分离,不甚明显;叶片纸质,两面无毛;叶轴左右折曲,与羽轴均为棕色。孢子囊群生于叶边小脉顶端,圆形;囊群盖厚,长圆形,边缘膜质。

产于柳江、桂林、龙州、宁明;生于海拔 200～500m 的石灰岩林下。分布于湖北、四川。

4. **薄叶碎米蕨**(中国主要植物图说·蕨类植物门)

Cheilosoria tenuifolia (Burm. f.) Trev. Atti Dell'Istit. Veneto 5(3): 579. 1877; 中国植物志 3(1): 123, 图版 33: 10～12. 1990. ——*Trichomanes tenuifrons* Burm. f. Fl. Ind. 237. 1768. —— *Cheilanthes tenuifrons* Sw. Syn. Fil. 129, 332. 1806; 中国高等植物图鉴 1: 160, 图 319. 1972.

植株高 15～40cm。根状茎直立,有棕色钻状披针形鳞片。叶簇生;叶柄基部有鳞片,向上到叶轴及羽轴均为栗色,沿浅纵沟内有短毛;叶片五角状卵形,长 8～18cm,宽 5～12cm,三回羽状;羽片 6～8 对,基部一对最大;小羽片 5～6 对,下侧的较上侧的为长;裂片钝头,基部楔形,以狭翅与小羽轴相连;侧脉单一;叶片草质,腹面略有短毛。孢子囊群生于侧脉顶端;囊群盖由多少变质的叶边反卷而成,连续或断裂,全缘。

产于宜州、田林、百色、靖西、梧州、苍梧、上思、玉林、容县、灵山、横县、上林、武鸣、南宁;生于海拔 80～300m 的林下。分布于福建、台湾、广东、海南、湖南、江西、云南。亚热带地区以及波利尼西亚、澳大利亚也有分布。

全株止血散瘀、燥湿止痢;治跌打损伤、青紫肿胀、赤白泄泻、里急后重等。

4. 旱蕨属　Pellaea Link

旱生,小型蕨类。根状茎短而直立或斜升,有管状中柱,被鳞片;鳞片披针形,栗黑色,有淡棕色狭边,全缘。叶簇生;叶柄和叶轴淡棕色或栗褐色至深紫色,少有禾秆色,圆柱形,有光泽,常密被由单细胞或少数细胞构成的短硬毛或纤维状鳞片,干后常易整齐地折断;叶片二回羽裂至三回羽状;基部羽片对称或不对称,基部下侧发达,具三角形、长圆形或线形的裂片;叶脉分离,单一或二叉;叶片纸质或革质,无毛,少有被毛或鳞片。孢子囊群圆形,生于叶脉顶端,成熟时两侧扩展会合成线形;囊群盖薄,连续,膜质,全缘或啮蚀状或具睫毛;孢子囊的环带由 18～22 个厚壁细胞组成;孢子球状四面形,周壁表面具细颗粒状或刺状纹饰,少数具褶皱。

本属约有 80 种,主要分布于南美洲及南部非洲。中国有 10 种,主要分布于西部及西南部;广西产 1 种。

旱蕨(中国高等植物图鉴)

Pellaea nitidula (Hook.) Bak. in Hook. et Bak. Syn. Fil. 149. 1867; 中国高等植物图鉴 1: 159, 图 317. 1972; 秦岭植物志 2: 70. 1974; 中国植物志 3(1): 132, 图版 3: 3～6. 1990. —— *Cheilanthes nitidula* Hook. Ic. Pl. 10: t. 912. 1854.

植株高 30cm。根状茎短而直立,顶端密被黑色狭披针形鳞片。叶簇生;叶柄长 10～20cm,栗色或近黑色,疏生棕色狭披针形鳞片;叶片长圆状三角形,长 6～12cm,宽 4～6cm,顶部羽裂渐尖,中部以下二回羽状深裂;羽片 3～5 对,近对生,斜展,阔三角形至长圆形,基部一对最大,长 2～4cm,宽 1～3cm,羽状深裂;裂片(小羽片)5～7 对,上先出,羽轴下侧的较上侧的稍大,基部下侧一片最大,常羽裂,其余向上各片渐小,羽裂或不裂,钝头至急尖头,全缘,叶脉不明显;叶片革质,叶轴及羽轴腹面和叶柄同色,密生棕色短刚毛。孢子囊群顶生脉端,成熟时彼此接触,连续;囊群盖阔,棕色,几达主脉,内缘啮蚀状。

广西各地均产;生于海拔 200～1 100m 的林下或灌丛中。分布于长江以南各省区及台湾、甘肃、西藏。越南、尼泊尔、巴基斯坦、印度、日本及克什米尔地区也有分布。

全株药用,消食,利尿。

5. 黑心蕨属　Doryopteris J. Sm.

土生,中型蕨类。根状茎横走,或短而直立,有复式管状中柱,连同叶柄基部被鳞片;鳞片披针形,中央有 1 条厚的栗黑色的中肋,两侧质薄,淡棕色。叶簇生或散生;叶柄比叶片长,亮黑色,基部以上光滑或偶被疏短毛或鳞片，圆柱形或腹面有浅阔纵沟，沟两侧有隆起的锐边；叶片小，五角形，通常掌状分裂成三出，有时为单叶，全缘；叶脉不明显，分离或少为网状（不具内藏小脉），小脉分叉，斜上，和叶缘的一条边脉相连；叶片厚纸质或草质，无毛。孢子囊群沿边脉着生，线形，连续，仅在裂片顶端及基部中断，全缘；孢子囊的环带由14～22个增厚细胞组成；孢子钝三角形或三角圆形，周壁不平，具明显或不明显的褶皱，表面具颗粒状纹饰，外壁表面光滑。

本属为热带属，约有35种，大都产于巴西。东亚和中国仅有2种；广西均产。

分种检索表

1. 根状茎短而直立；叶簇生，一型，叶片二回全裂…………………………… 1. **黑心蕨** D. concolor (Langsd. et Fisch.) Kuhn
1. 根状茎长而横走；叶散生，明显二型，孢子叶戟形，营养叶戟形或五角状披针形 ……………………………………………………………………………………………… 2. **戟叶黑心蕨** D. ludens (Wall. ex Hook.) J. Sm.

1. **黑心蕨**（中国主要植物图说·蕨类植物门）

Doryopteris concolor (Langsd. et Fisch.) Kuhn in Deck. Reis. 3 Bot. (3): 19. 1879；海南植物志1:81，图38.1964；中国植物志3(1)：135，图版37:1～4. 1990. ——*Pteris concolor* Langsd. et Fisch. in Ic. Fil. 19, t.21. 1810.

植株高20～30cm。根状茎直立，具淡棕色边的亮黑色披针形鳞片。叶一型，簇生；叶柄、叶轴和羽轴均呈紫黑色，有光泽；叶片五角形，长宽各4～8cm，有3片大小相似的羽片，彼此以下延狭翅相连；顶生羽片阔菱形的羽片三角形，深羽裂，下侧裂片远较上侧的为长；叶脉羽状分叉；叶片纸质，两面无毛。孢子囊群生于小脉顶端；囊群盖狭，沿叶缘着生，不连续，全缘。

产于桂林、龙胜、上思；生于海拔300～600m的林下溪边或灌丛的石壁上。分布于台湾、广东、海南。其他热带地区也有分布。

全株清热、利尿、止血；治淋证、外伤出血。

2. **戟叶黑心蕨**（中国高等植物图鉴）

Doryopteris ludens (Wall. ex Hook.) J. Sm. Hist. Fil. 289. 1875; Tard.-Blot et C. Chr. in Fl. Indo-Chine 7(2): 176, t. 21, f. 1. 1940；中国高等植物图鉴1：160. 1972；中国植物志3(1)：137，图版37:5～9. 1990. ——*Pteris ludens* Wall. List n. 88. 1828, nom. nud.; Hook., Sp. Fil. 2: 210. 1858.

植株高20～60cm。根状茎粗壮，长而横走，密覆鳞片；鳞片披针形，中央栗黑色或栗棕色，两侧有具微齿的淡棕色狭边。叶远生或近生，二型；柄为亮栗黑色，圆形，腹面无沟，基部有少数鳞片，向上疏被棕色短毛和一两根长毛，老时逐渐脱落；营养叶分裂浅而粗，五角状披针形或戟形，基部深心形或戟形；孢子叶高出营养叶，柄长20～40cm，阔掌状或五角状卵形，长10～18cm，宽8～20cm，尾头，基部阔心形，羽状深裂达叶轴的阔翅，侧生羽片3～4对，基部一对最大，长6～12cm，宽1～1.5cm，长渐尖头，基部二叉或下侧常生出1～3片指向下方的裂片，第二、第三对羽片全缘；叶脉网状，网眼六角形，无内藏小脉，营养叶的边缘网眼外的小脉分离，有头状水囊，不到叶边；孢子叶沿反卷的叶边有1条边脉。叶干后厚草质，腹面灰绿色，背面黄绿色，两面无毛，叶轴和主脉背面栗黑色。孢子囊群生于能育裂片的边缘上；囊群盖全缘，连续。

产于龙州；生于海拔约350m的石灰岩林下。分布于云南。印度、缅甸、越南、老挝、柬埔寨、马来西亚、菲律宾也有分布。

6. 粉背蕨属 Aleuritopteris Fée

小型或中型蕨类，多旱生。根状茎短，直立或斜升，密被鳞片；鳞片披针形或卵形且较薄，棕色或黑棕色。叶簇生;叶有鳞片,有时上部或叶轴、羽轴也有鳞片;叶片五角形、卵形、椭圆形或披针形等,二回羽裂至三回羽状;叶脉羽状,分离;叶片纸质或薄革质;叶片背面有浓厚或较薄的白色或黄色蜡粉,少数种无粉。孢子囊群生于叶边小脉顶端,圆形,成熟后靠合成线形;囊群盖由反折的叶边特化而成,膜质或边缘为膜质,连续或中断或为矩形、卵形等;孢子球状四面形,横切面观三角形或三角状圆形,赤道面观椭圆形,表面有颗粒状或拟网状纹饰。

本属约有 30 种,分布在亚洲、非洲及美洲热带,以中国西南部及喜马拉雅山最多。中国有 27 种,为本属的现代分布中心,多生在干旱地区含钙质的岩石或土壤上;广西产 8 种。

分种检索表

1. 叶片通常五角形,长宽近相等;侧生羽片合生或少有下部一两对以无翅叶轴分离;孢子囊群盖连续不断,全缘或波状。
  2. 叶片背面被各色蜡质粉末。
    3. 叶片背面的粉末乳黄色。
      4. 叶柄基部鳞片亮黑色;囊群盖边缘呈圆齿状 ………………………… 1. **金爪粉背蕨** A. veitchii (Christ) Ching
      4. 叶柄基部鳞片红棕色;囊群盖边缘全缘 ………………………………… 2. **金粉背蕨** A. chrysophylla (Hook.) Ching
    3. 叶片背面的粉末乳白色或白色 ………………………………………………… 3. **银粉背蕨** A. argentea (Gmel.) Fée
  2. 叶片背面不具蜡质粉末或光滑或疏被褐色腺体。
    5. 叶片背面光滑,叶脉通常不见 ……………………………………………… 4. **裸叶粉背蕨** A. duclouxi (Christ) Ching
    5. 叶片背面光滑,叶脉通常清楚可见 …………………… 5. **黔桂粉背蕨** A. qianguiensis W. M. Chu et H. G. Zhou
1. 叶片长圆形或长圆状披针形,长 2~4 倍于宽;侧生羽片 5~10 对或更多。囊群盖常断裂[除金粉背蕨(*A. chrysophylla*)外],外缘具锯齿或撕裂。
  6. 叶柄上密被暗棕色短腺毛 ………………………………………………… 6. **西畴粉背蕨** A. sichouensis Ching et S. K. Wu
  6. 叶柄上不具暗棕色短腺毛。
    7. 叶片背面被鲜明的柠檬色的粉末;囊群盖全缘,外缘波状 ……… 2. **金粉背蕨** A. chrysophylla (Hook.) Ching
    7. 叶片背面被白色或硫黄色粉末;囊群盖断裂,外缘撕裂。
      8. 叶片背面被白色或硫黄粉末;沿羽轴、主脉密生棕色钻形鳞片,羽片腹面密伏红棕色或灰色节状毛 …………………………………………………………………………………… 7. **棕毛粉背蕨** A. rufa (D. Don) Ching
      8. 叶片背面被白色粉末;沿羽轴、主脉有披针形鳞片,羽片腹面无伏生的节状毛 …………………………………………………………………………………………………… 8. **粉背蕨** A. anceps (Blanf.) Panigr.

1. 金爪粉背蕨(植物分类学报)

Aleuritopteris veitchii (Christ) Ching in Hongk. Nat. **10**: 200. 1941; 中国植物志 **3**(1): 149. 1990.——*Doryopteris veitchii* Christ in Bull. Acad. Int. Géogr. Bot. 134. 1906.——*Aleuritopteris cremea* Ching ex S. K. Wu in Acta Phytotax. Sin. **19**(1): 65. 1981; 中国植物志 **3**(1):150, 图版 41:3~4. 1990.

本种近似于**裸叶粉背蕨**[*A. duclouxi* (Christ) Ching],主要区别在于本种叶片分裂度较细,裂片较狭,背面具鲜明的硫黄色粉末。

产于桂北;生于海拔 500~ 1 300m 的石壁上。分布于云南、四川、贵州。

2. 金粉背蕨(植物分类学报)

Aleuritopteris chrysophylla (Hook.) Ching in Hongk. Nat. **10**: 201. 1941; 西藏植物志 **1**: 82. 1983; 中国植物志 **3**(1): 157, 图版 42: 6~8. 1990.——*Cheilanthes chrysophylla* Hook. Sp. Fil. **2**: 113. 1852.——*Aleuritopteris humatifolia* X. C. Zhang et L. Shi in Acta Phytotax. Sin. **32**(1): 93, f. 1. 1994.

植株高 5~15cm。根状茎直立。叶簇生;叶柄长 2~10cm,红棕色或乌木色,有光泽,基部鳞片小,红棕色，线状披针形；叶片卵状三角形，长3～5cm，宽2～3cm，长渐尖头；背面基部心形，二回羽裂；侧生羽片3～4对，近对生，无柄，彼此以无翅叶轴远离；基部一对最大，长1～2cm，宽0.5～1cm，一回羽状深裂；小羽片3～4对，互生，羽轴下侧的较上侧的为长，尤以基部下侧一片最长，披针形或镰形；裂片3～4对，三角形，渐尖头；背面侧脉明显；叶片干后纸质或薄革质，腹面光滑，背面具金黄色的粉末。孢子囊群由少数圆形孢子囊组成；囊群盖膜质，边缘波状；孢子圆球形，周壁近光滑。

产于武鸣、金秀、龙胜；生于海拔900～1 400m的石壁上。分布于云南、西藏、海南。印度也有分布。

3. **银粉背蕨**（中国主要植物图说·蕨类植物门） 图版44：1～2

Aleuritopteris argentea (Gmel.) Fée, Gen. Fil. 154. 1852；中国高等植物图鉴 **1**：162，图323. 1972；中国植物志 **3**(1)：154. 1990. ——*Pteris argentea* Gmel. in Nov. Comm. Petr. **12**：519，t. 12. 1768. ——*Aleuritopteris michelii* (Christ) Ching in Hongk. Nat. **10**：198. 1941；中国植物志 **3**(1)：153. 1990.

植株高15～30cm。根状茎直立或斜升，先端被棕色、披针形、有光泽的鳞片。叶簇生；叶柄长10～20cm，红棕色，有光泽，基部疏被棕色披针形鳞片；叶片五角形或卵状五角形，长5～18cm，宽5～12cm，渐尖头，三回羽裂；侧生羽片2～5对，略斜上，无柄，基部一对三角形，长3～8cm，宽2～5cm，平展或斜上；小羽片3～4对，基部以狭翅相连，基部下侧一片最大，长2.5～2cm，宽0.5～1cm，长圆状披针形，长渐尖头；裂片3～4对，三角形、镰形或披针形，基部一对较短，羽轴上侧小羽片较短，不分裂，长约1cm，裂片边缘有明显而均匀的细齿牙；叶脉羽状，分离，不明显；叶片干后草质或薄革质，腹面褐色，光滑，背面被乳白色或乳黄粉末。孢子囊群生于叶边小脉的顶端，圆形，成熟后靠合；囊群盖连续，狭，膜质，黄绿色，全缘；孢子极面观为钝三角形，周壁表面具颗粒状纹饰。

产于全州、兴安、龙胜、桂林、柳州、来宾、龙州、大新、那坡、靖西、凌云；生于海拔150～800m的林下或灌丛中。广布于全国各省区。俄罗斯、蒙古、日本、朝鲜、尼泊尔、印度、缅甸也有分布。

全株补虚、止咳、调经活血、消肿解毒；治月经不调、肝炎、肺结核、咳嗽、吐血、跌打损伤。

4. **裸叶粉背蕨**（中国高等植物图鉴）

Aleuritopteris duclouxi (Christ) Ching in Hongk. Nat. **10**：199. 1941；中国高等植物图鉴 **1**：162，图324. 1972；中国植物志 **3**(1)：155. 1990. ——*Doryopteris duclouxii* Christ in Bull. Acad. Int. Géogr. Bot. 231. 1902.

植株高20～30cm。根状茎短而直立或斜升，密生披针形、深棕色、具狭边的鳞片。叶簇生；叶柄长20～30cm，深棕色，有光泽，基部有鳞片；叶片五角形，长6～14cm，宽5～12cm，尾状长渐尖，常二回羽裂；羽片1对，对生，平伸，无柄，三角形，长3～6cm，宽2～5cm，先端尾状，单侧羽裂；二回裂片带形或狭披针形，基部下侧一对二回裂片最大，偶为羽状浅裂，以上为羽裂；裂片3～5对，近对生，平伸或略斜上，披针形或狭长圆形，渐尖或钝头；叶脉羽状，分离，背面明显；叶片薄革质，背面无蜡粉而呈淡绿色。孢子囊群生于小脉顶端；囊群盖连续，有时在羽片或裂片间中断，全缘，膜质。

产于乐业、靖西、那坡；生于海拔600～900m的石灰岩林下或灌丛中。分布于云南、贵州、四川、陕西、湖南、甘肃。

全株清热、镇痛、止咳、利尿、止血；治口腔炎、肾炎、咯血、吐血、刀伤。

5. **黔桂粉背蕨**（广西植物） 图版45：1～4

Aleuritopteris qianguiensis W. M. Chu et H. G. Zhou in Guihaia **12**(4)：320，f. 1. 1992.

本种形体及质地近似于**裸叶粉背蕨**[*A. duclouxi* (Christ) Ching]，不同在于本种叶片背面具腺体，叶脉在叶背明显；孢子周壁具褶皱状凸起。

产于隆林；生于海拔400～800m的林下或灌丛中。分布于贵州。

6. **西畴粉背蕨**（植物分类学报）

Aleuritopteris sichouensis Ching et S. K. Wu in Acta Phytotax. Sin. **19**(1)：69，pl. 5. 1981；中国植物志 **3**(1)：157. 1990.

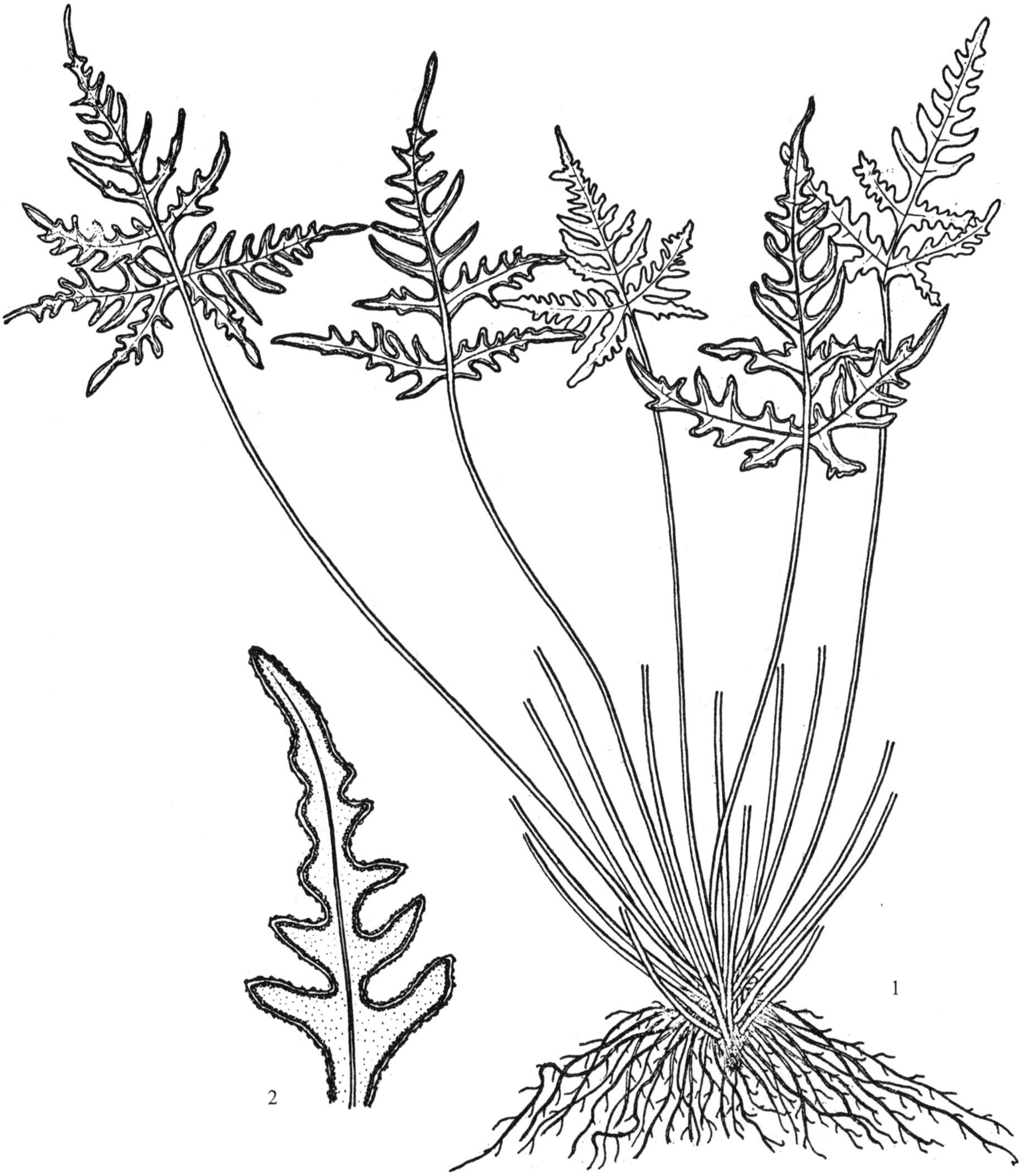

图版 44　1～2. **银粉背蕨** Aleuritopteris argentea (Gmel.) Fée　1. 植株；2. 叶片背面一部分，示孢子囊群。　(黄门生绘)

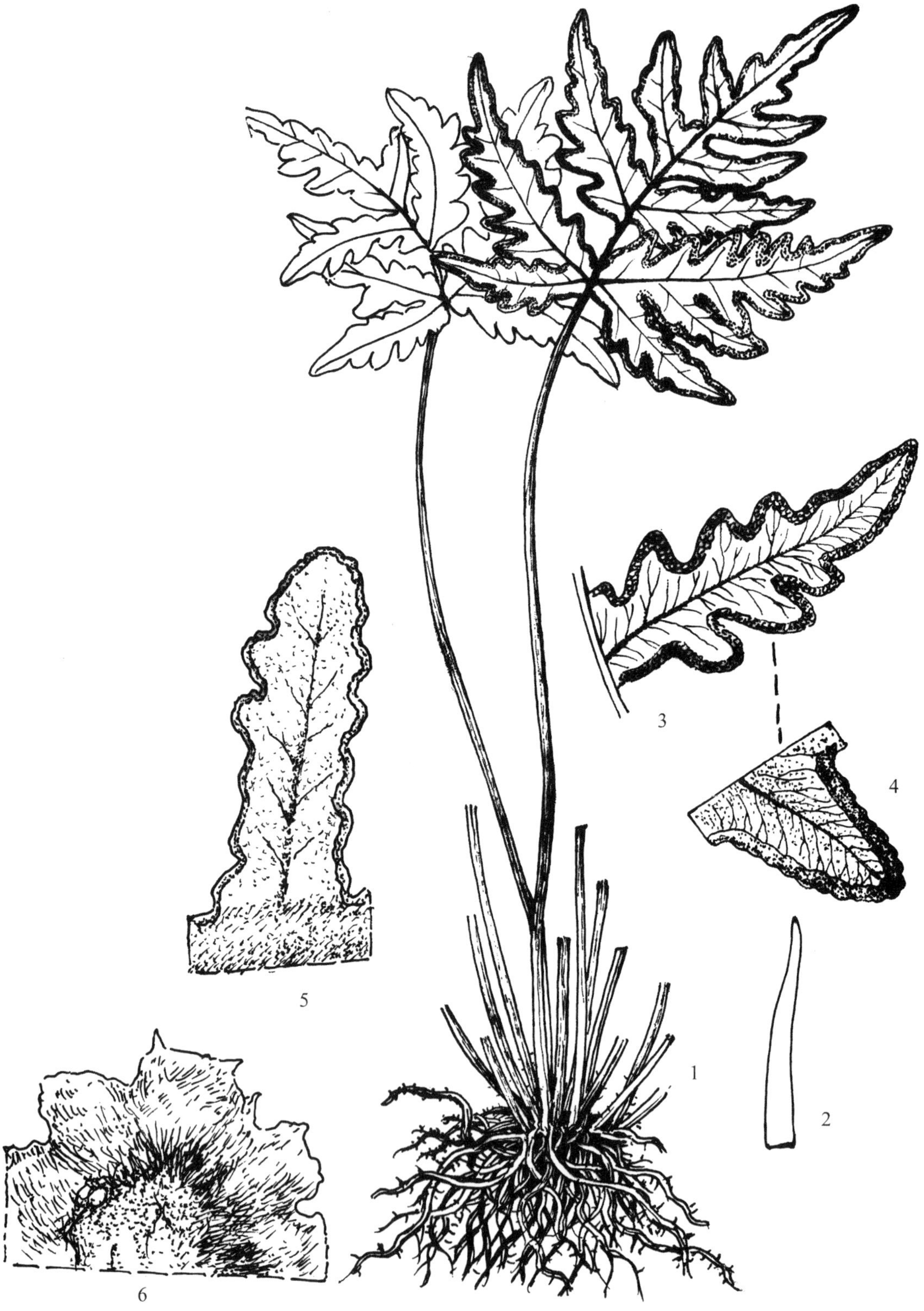

图版 45 1～4. **黔桂粉背蕨** Aleuritopteris qianguiensis W. M. Chu et H. G. Zhou 1. 植株；2. 根状茎及叶柄基部鳞片；3～4. 裂片背面，示囊群盖及腺体。 5～6. **棕毛粉背蕨** A. rufa (D. Don) Ching 5. 裂片背面，示囊群盖和被毛情况；6. 囊群盖一部分。（林文宏绘，其中 5～6 仿自廖信佩图）

植株高 25～40cm。根状茎短而直立，先端密被质厚、褐色的钻形鳞片。叶簇生；叶柄长 15～25cm，乌木色，有光泽，基部被与上相同的鳞片，上部密被易脱落的腺毛；叶片卵状披针形，长 12～15cm，宽 8～10cm，近对生，基部三回羽裂，羽裂渐尖头；侧生羽片 8～10 对，基部一对最大，卵状披针形，柄极短，二回羽裂；小羽片 6～8 对，无毛，基部以狭翅相连或无翅，基部下侧一片最长，长 2～2.5cm，宽 3～4mm，线状披针形，圆钝头，羽状半裂或浅裂；裂片 4～5 对，三角形；叶脉两面不明显；叶片干后深绿色，厚革质，腹面光滑，背面被雪白色粉末。孢子囊群圆形，由 3～4 个孢子囊组成；囊群盖极狭，多少连续，全缘。

产于龙州、大新、靖西、那坡；生于海拔 500～1 600m 的石灰岩林下。分布于云南。

7. **棕毛粉背蕨**（中国高等植物图鉴） 图版 45：5～6

Aleuritopteris rufa (D. Don) Ching in Hongk. Nat. **10**：200. 1941；中国高等植物图鉴 **1**：163. 1972；中国植物志 **3**(1)：159. 1990. ——*Cheilanthes rufa* D. Don Prod. Fl. Nepal. 16. 1825.

植株高 6～20cm。根状茎短而直立，先端密被长锥状披针形鳞片。叶簇生；叶柄长 3～9cm，暗褐色或乌木色，有光泽，密被披针形、先端钻形的棕色鳞片和鳞毛；叶片长圆形，短尖头，下部不变或略变狭，长 4～12cm，宽 2～7cm，二回羽状深裂；侧生羽片 4～8 对，对生，无柄，彼此以无翅叶轴分开，基部一对羽片斜三角形或长圆披针形，长 2～4cm，宽 1～2cm，圆钝头，基部无柄，一回羽状；小羽片 5～8 对，长圆形，全缘或具圆齿，偶为羽状半裂；叶脉不显；叶片干后草质或纸质，腹面疏具柔毛，背面被硫黄色粉末，沿羽轴和主脉密生棕色钻形鳞片，腹面密被伏生的红棕色或灰色的节状毛，叶缘具圆齿和节状缘毛。孢子囊群由多数孢子囊组成，会合成线形；囊群盖断裂，棕色，边缘撕裂成睫毛状；孢子钝三角形，周壁具拟网状纹饰，网脊细而密，不联结。

产于隆林、靖西；生于海拔 800～1 200m 的林下石壁上。分布于云南、广东、贵州。尼泊尔、泰国、不丹、菲律宾、印度、缅甸也有分布。

8. **粉背蕨**（西藏植物志）

Aleuritopteris anceps (Blanf.) Panigr. in Bull. Bot. Surv. Ind. **2**：321. 1961；中国植物志 **3**(1)：161，图版 39：1～3. 1990. ——*Cheilanthes farinosa* var. *anceps* Blanf. in J. Asiat. Soc. **25**：411. 1889. ——*Aleuritopteris pseudofarinosa* Ching et S. K. Wu in Acta Phytotax. Sin. **19**(1)：72. 1981；西藏植物志 **1**：83. 1983；中国植物志 **3**(1)：166，图版 43：1～3. 1990.

植株高 15～50cm。根状茎短而直立，密被鳞片；鳞片披针形，长渐尖头，质厚，中央黑色，具淡棕色狭边。叶簇生；叶柄长 5～30cm，栗褐色，有光泽；叶片长圆状披针形或三角状卵圆披针形，长 4～25cm，宽 2～10cm，基部三回羽状深裂；羽片 4～10 对，彼此以无翅叶轴远离，基部一对最大，斜三角形，钝尖头，基部与叶轴合生，无柄，二回羽状深裂；羽轴下侧的小羽片较上侧的大而长；基部下侧一片小羽片最长，长 1.2～2.5cm，宽 0.5～1cm，披针形，斜上，钝尖头，一回羽裂；裂片 4～6 对，长圆形或镰形，浅圆裂或全缘，叶脉两面不明显；叶片干后纸质或薄革质，腹面褐绿色，背面被白色粉末。孢子囊群密接，由多个孢子囊会合成线形；囊群盖膜质，棕色，宽达羽轴，边缘撕裂状；孢子极面观为三角形，周壁具拟网状纹饰，褶皱粗短且分布极不均匀。

产于桂平、阳朔、临桂、灵川、兴安、资源、三江、那坡、靖西；生于海拔 300～900m 的林下或灌丛的石壁上，偶尔会在洞口带出现。分布于福建、广东、云南、四川、贵州、西藏、江西、湖南。印度、尼泊尔也有分布。

31. 铁线蕨科 ADIANTACEAE

土生或附生，中小型蕨类。根状茎短而直立或长而横行，内有管状中柱或疏网状中柱，外被鳞片；鳞片厚，棕色至黑棕色，披针形。叶一型，簇生至远生；叶柄基部无关节，棕色至黑棕色，常有光泽，内有一条或下部两条向上合为一条的维管束；叶片形状多样，单叶，或奇数一回至四回（罕六回）羽状，或为叶轴二叉分枝形成的复叶；末回羽片斜长圆形、三角形、扇形或近圆形，少为披针形，基部有时有关节；叶脉为多回二叉分枝状，通常无明显主脉，少数种类具网状脉；叶片草质或纸质，有时被毛。孢子囊群圆形、长圆形或线形，位于羽片边缘反折的裂片（假囊群盖）上，生于小脉末端两侧或叶肉上；囊群盖圆形、长圆形、肾形或线形；孢子囊球形，环带纵行，不完整，有柄；孢子球状四面体，淡黄色，透明，光滑。

本科共有2属。中国有1属；广西也有。

铁线蕨属 Adiantum L.

根状茎直立或横走，被鳞片。叶簇生；叶柄坚硬，黑色或红棕色；叶片一回至三回羽片或一回至二回掌状分枝，罕为团扇形单叶；羽片或末回小羽片对开式或扇形；叶脉分离，不具主脉，扇形多回分枝；叶片草质或厚纸质，背面有时灰白色或灰绿色。孢子囊群长椭圆形，着生于反卷叶缘的叶脉上，反卷的叶缘形如囊群盖；孢子三角形。

本属约有200种，广布于世界各地。中国有30种5变种4变型，主产于温暖地区，尤以西南地区为多；广西产13种2变型。

分种检索表

1. 叶片披针形或线状披针形，一回羽状。
  2. 羽片全缘，干后易从羽柄顶端的关节处脱落。
    3. 矮小铺地植物，高1.5～3cm，有3～5枚小而近圆形的羽片；囊群盖近圆形，上缘平截，每羽片1枚 …………………… 1. **小铁线蕨** A. mariesii Bak.
    3. 直立植物，高3cm以上，常有5～7枚或更多的扇形羽片；囊群盖肾形或长形，上缘弯凹或平截，每羽片一至多枚。
      4. 植物体柔弱；叶柄细如发丝；羽片狭扇形，质薄，柄长等于羽片长度的1/3～1/2 …………………… 2. **粤铁线蕨** A. lianxianense Ching et Y. X. Lin
      4. 植物体较坚挺；柄较粗；羽片阔扇形，柄长不到羽片长度的1/5。
        5. 羽片倒三角形；囊群盖上缘凹陷；鳞片边缘有锯齿 …………………… 3. **白垩铁线蕨** A. gravesii Hance
        5. 羽片团扇形；囊群盖上缘平直或稍凹陷；鳞片边缘无锯齿 …………………… 4. **仙霞铁线蕨** A. juxtapositum Ching
  2. 羽片边缘多少分裂，干后不易从羽柄顶端的关节处脱落（少数除外）。
    6. 叶柄、叶轴和羽片两面均密被多细胞的棕色长硬毛。
      7. 叶片下部的羽片逐渐缩小，最下一对羽片最小；叶轴背面的毛稀疏，羽片背面毛较少，向各方张开；根状茎上的鳞片全缘 …………………… 5. **鞭叶铁线蕨** A. caudatum L.
      7. 叶片下部的羽片不逐渐缩小，最下一对羽片不缩小而呈扇形；叶轴背面的毛密而紧贴并朝向羽片的前方；根状茎上的鳞片边缘有锯齿 …………………… 6. **假鞭叶铁线蕨** A. malesianum Ghatak
    6. 叶柄、叶轴和羽片两面均光滑无毛，或偶有一两根硬毛。
      8. 叶柄、叶轴和羽柄两侧均具膜质棕色的狭翅 …………………… 7. **翅柄铁线蕨** A. soboliferum Wall. ex Hook.
      8. 叶柄、叶轴和羽柄两侧不具上述狭翅。
        9. 羽片半圆形、团扇形或近圆形，有较长的柄。
          10. 羽片半月形，基部不对称 …………………… 8. **半月形铁线蕨** A. philippense L.
          10. 羽片团扇形或近圆形，基部对称 …………………… 9. **团羽铁线蕨** A. capillus-junonis Rupr.
        9. 羽片半开式，几无柄 …………………… 10. **普通铁线蕨** A. edgeworthii Hook.
1. 叶片扇形，掌状，二回至三回二叉分枝，或二回至四回羽状复叶。
  11. 叶片二回至三回掌状二叉分枝 …………………… 11. **扇叶铁线蕨** A. flabellulatum L.
  11. 叶片二回至四回羽状分枝。
    12. 叶柄及各分枝和小羽柄腹面有棕色的短硬毛 …………………… 12. **圆柄铁线蕨** A. induratum Christ
    12. 叶柄及各分枝和小羽柄均光滑无毛。

13. 小羽片的裂片全缘，至多先端呈不明显的波状 ……………………………………………………………………
…………………………………………………… 13b. **蜀铁线蕨** A. edentulum Christ f. refractum (Christ) Y. X. Lin

13. 小羽片的裂片先端有啮蚀状的齿牙。

14. 小羽片线裂成 4～5 枚阔裂片 ………………………… 14a. **铁线蕨** A. capillus-veneris L. f. capillus-veneris

14. 小羽片深裂至 1/2 或更深，成为条状的裂片 ……………………………………………………………………
………………………………… 14b. **条裂铁线蕨** A. capillus-veneris L. f. dissectum (Mart. et Galeot.) Ching

1. **小铁线蕨**(中国主要植物图说·蕨类植物门)

Adiantum mariesii Bak. in Gard. Chron. n. s. **16**: 494. 1880; 中国主要植物图说·蕨类植物门 93. 1957; 中国植物志 3(1): 178, 图版 46:1～3. 1990. ——*A. nanum* Ching in Sinensia **1**: 9. 1929.

植株矮小，高仅 1.5～3cm。根状茎短而直立，被黑褐色披针形鳞片。叶簇生；叶柄细如丝，长约 1cm，深栗色；叶片卵形，长约 2cm，宽约 1cm，一回奇数羽状；羽片 1～3 对，近对生，斜展，圆形，上缘圆，基部圆楔形，全缘或稍呈波状，长宽各 2.5～4mm，具短柄(长 1～2mm)，柄端具关节，干后羽片易从柄端脱落而柄宿存；叶脉简单，自基部发出 4 条分叉小脉；叶片干后革质，背面稍带浅蓝灰色。孢子囊群每羽片一枚；囊群盖近圆形，上缘平直稍凹陷，宿存。

产于龙州、德保、靖西、宜州、凤山；附生于海拔 300～1 200m 的石壁上。分布于湖北、四川、贵州。

2. **粤铁线蕨**(植物分类学报)

Adiantum lianxianense Ching et Y. X. Lin in Acta Phytotax. Sin. **18**(1): 102. 1980; 中国植物志 3(1):181, 图版 46:4～5. 1990. ——*A. gravesii* Ching, Ic. Fil. Sin. **4**: pl. 158. 1937, non Hance 1875.

植株高 5～7cm。根状茎短而直立，被黑色披针形鳞片。叶簇生；叶柄长 2～3cm，细如发丝，与羽轴及小羽柄同呈栗黑色，略有光泽，光滑；叶片长圆形，长 3～5cm，宽 1～1.5cm，一回奇数羽状；羽片 3～4 对，互生，斜展，狭长卵形或狭扇形，长 4～6mm，宽 2.5～4mm，上缘近平截，中央有一缺刻，全缘，稍呈波状，基部楔形，两侧全缘，呈波状，柄长 1.5～4mm，为羽片长度的 1/3～1/2，柄端具关节，干后羽片易从关节脱落而柄宿存；顶生羽片与侧生羽片同形稍大；叶脉简单，自基部发出 4 条分叉小脉，两面均可见；叶片干后纸质，褐绿色，两面光滑。孢子囊群每羽片一枚；囊群盖肾形或椭圆形，棕色，上缘凹陷，革质，宿存。

产于环江、龙州、靖西；生于海拔 300～900m 的石灰岩钙质土上。分布于广东。

3. **白垩铁线蕨**(植物分类学报)

Adiantum gravesii Hance in J. Bot. 197. 1875; 中国植物志 3(1):181, 图版 46: 6～9. 1990. ——*A. leveillei* Christ in Bull. Acad. int. Géogr. Bot. 245. 1906. ——*A. greenii* Ching in Sinensia**1**: 8. 1929; 中国蕨类植物图谱 **1**: 图版 31:1～5. 1930.

植株高 4～14cm。根状茎短而直立，被黑色钻状披针形鳞片。叶簇生；叶柄长 2～6cm，纤细，栗黑色，有光泽；叶片长圆形或卵状披针形，长 3～6cm，宽 2～2.5cm，奇数一回羽状；羽片 2～4 对，羽片阔卵状三角形，长宽各约 1cm，圆头且中央具 1～2 个浅缺刻，全缘，两侧微波状，基部圆楔形，有短柄，长达 3mm，柄端具关节，干后羽片从关节处脱落而柄宿存；叶片干后厚纸质。孢子囊群每羽片一枚；囊群盖肾形或新月形，上缘弯凹，革质，宿存。

广西各地均产；生于海拔 200～1 400m 的岩洞石壁上或林下石壁上。分布于贵州、湖南、湖北、云南、广东。越南也有分布。

全株清热解毒、利水通淋；治血尿、乳腺炎、睾丸炎、乳糜尿、膀胱炎、吐血。

4. **仙霞铁线蕨**(植物分类学报)

Adiantum juxtapositum Ching in Acta Phytotax. Sin. **6**:312. 1957; 中国蕨类植物图谱 **5**: t. 212. 1958; 福建植物志 **1**: 87, 图 79. 1982; 中国植物志 **3**(1):182, 图版 46: 10～11. 1990.

植株高8～20cm。根状茎短而直立,先端被黑棕色的披针形鳞片。叶簇生;柄长2～9cm,与羽轴、小羽柄均为栗色、光滑、有光泽;叶片披针形,长4～11cm,宽1.5～3cm,奇数一回羽状;羽片5～9对,对生,向顶端近互生,平展;小羽片近圆形、阔团扇形(罕倒三角形),长约1cm,宽1.2～1.5cm,上缘圆形,略波状,基部圆楔形(罕楔形),具短柄,柄端具关节,干后羽片易从关节脱落而柄宿存,上部略小,倒三角形或扇形;叶脉多回二歧分叉,直达软骨质的边缘,两面均明显;叶片干后近革质,腹面淡草绿色,背面淡灰白色,无毛。孢子囊群每羽片常3～4(罕1或2或6)枚;囊群盖圆形或圆肾形(罕长形),上缘平直或稍凹陷,黑色,革质,全缘或微波状,宿存;孢子周壁具模糊的颗粒状纹饰,颗粒大小不一,处理后常保存。

产于大新、龙州;生于海拔260～880m的石灰岩石壁上。分布于福建、湖南、广东。越南也有分布。

5. **鞭叶铁线蕨**(植物分类学报)

Adiantum caudatum L. Mant. 308. 1771;中国蕨类植物图谱5:图版210. 1958;中国高等植物图鉴1:165,图330. 1972;中国植物志3(1):183,图版53:1～3. 1990.

植株高15～40cm。根状茎直立,被深栗色披针形全缘的鳞片。叶簇生,两面疏生多细胞长的硬毛;叶轴顶部常延伸成鞭状,顶端着地生根,萌生新植株;叶片长10～30cm,宽2～4cm,下部一回羽状;羽片对开式斜长方形或近三角形,仅上缘深裂成许多狭裂片;叶片干后纸质,褐绿色或棕绿色。孢子囊群生于由裂片顶部变质反折的囊群盖下面;囊群盖肾形,略有毛。

广西各地均产;生于海拔150～900m的林下或灌丛中。分布于福建、台湾、浙江、江西、广东、海南、贵州、云南。亚洲其他热带地区也有分布。

全株清热解毒、利水消肿、凉血、止咳;治痢疾、乳痈、淋证、血尿、蛇伤、外伤、烧烫伤等。

6. **假鞭叶铁线蕨**(中国高等植物图鉴) 图版46:1～2

Adiantum malesianum Ghatak in Bull. Bot. Surv. Ind. 5:78. 1963;中国高等植物图鉴1:165. 1972. 中国植物志3(1):184,图版47:1～6. 1990.

本种近似于**鞭叶铁线蕨**(*A. caudatum* L.),不同在于本种叶片下部的羽片不逐渐缩小,最下一对羽片不缩小而呈扇形;叶轴和羽片二者背面的毛密而紧贴并朝向羽片的前方;根状茎上的鳞片边缘有锯齿。

广西各地均产;生于海拔20～950m的林下或灌丛中。分布于广东、海南、湖南、贵州、四川、云南。缅甸、越南、泰国、印度、马来西亚、斯里兰卡、印度尼西亚、菲律宾及南太平洋岛屿也有分布。

全株清热解毒、利水通淋;治血尿、乳腺炎、睾丸炎、乳糜尿、膀胱炎、吐血。

7. **翅柄铁线蕨**(植物分类学报)

Adiantum soboliferum Wall. ex Hook. in Sp. Fil. 2:13, t. 74. 1851;海南植物志1:83. 1964;中国植物志3(1):186,图版48:6～9. 1990.

本种近似于**半月形铁线蕨**(*A. philippense* L.),不同在于本种叶柄、叶轴和羽柄两侧均具膜质棕色的狭翅。

产于凤山、百色、那坡、龙州;生于海拔300～800m的林下。分布于台湾、广东、海南、云南。越南、印度、尼泊尔、菲律宾、印度尼西亚也有分布。

全株作药,用于治肺热咳嗽。

8. **半月形铁线蕨**(植物分类学报)

Adiantum philippense L. in Sp. Pl. 2:1094. 1753;中国蕨类植物图谱5:图版214. 1958;海南植物志1:83. 1964;中国植物志3(1):187,图版48:5. 1990.

植株高15～55cm。根状茎短,直立,密被褐色披针形鳞片。叶簇生;叶柄长5～20cm,基部疏被鳞片;叶片披针形,长15～30cm,宽3～8cm,奇数一回羽状;羽片8～12对,互生,半月形或半圆肾形,长1.5～4cm,宽1～2.5cm,基部阔楔形或截形,上缘及外缘圆形,稍浅裂或近全缘,羽柄长1～1.5cm,常与羽片下缘以锐角斜交,柄端有关节,羽片脱落后柄宿存;裂片顶端圆形;叶片纸质,两面均无毛。孢子囊群生于裂片的顶部,沿叶缘有时联结成线形,每羽片2～6个并以浅缺刻分开;假囊群盖膜质,全缘,宿存。

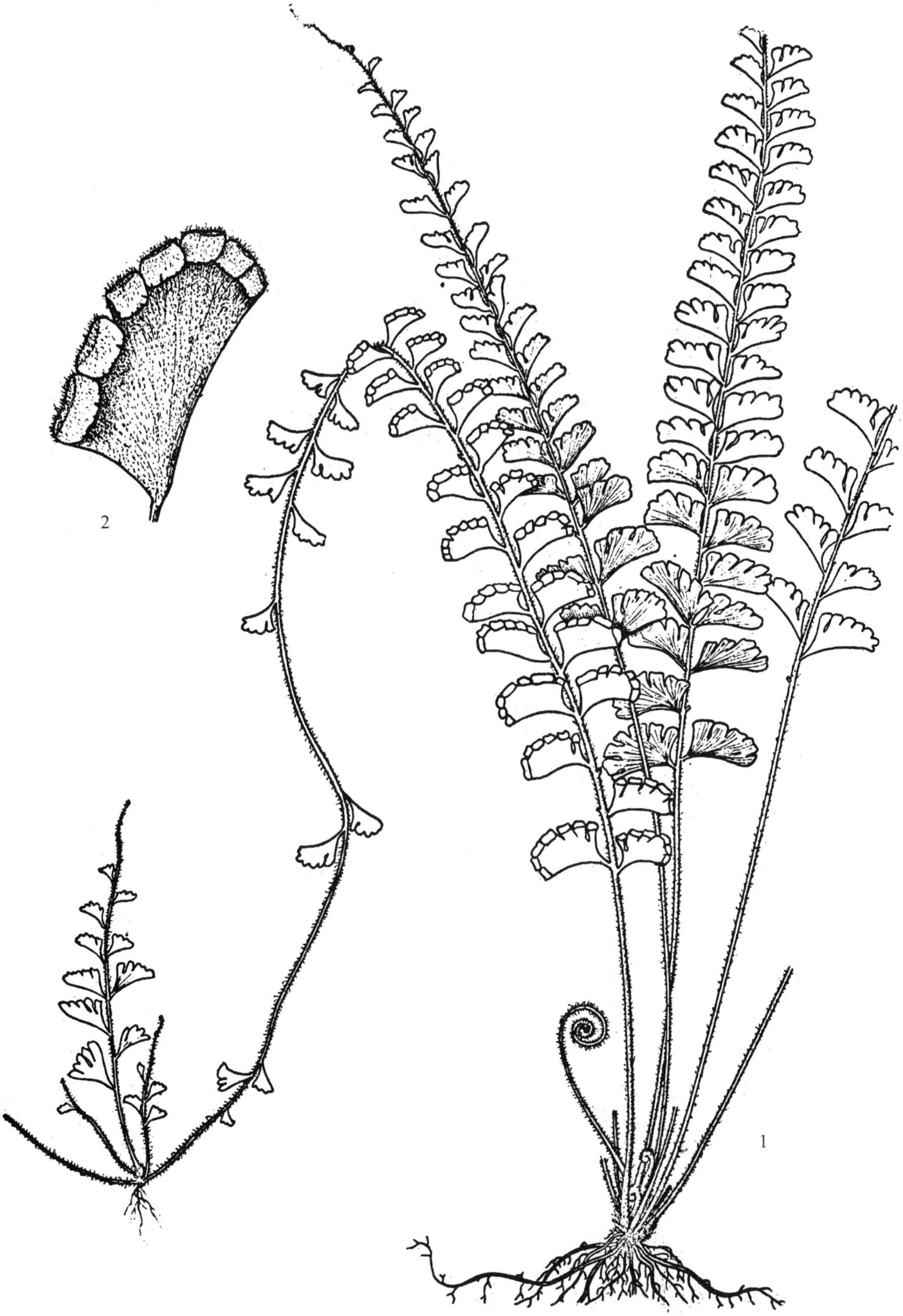

图版 46 1～2.**假鞭叶铁线蕨** Adiantum malesianum Ghatak 1.植株；2.小羽片背面，示顶部边缘的孢子囊群。 （邹贤桂绘）

产于都安、南丹、百色、靖西、那坡、田林、凌云、隆林、容县、横县、龙州、大新、武鸣；生于海拔 200～900m 的常绿阔叶林下。分布于台湾、广东、海南、贵州、四川、云南。亚洲、非洲、中美洲及太平洋群岛热带地区也有分布。

为酸性土指示植物。全株药用，有活血散瘀、利尿止咳、通乳之效；治乳痈、乳汁不通、膀胱炎、尿道炎、淋证、热咳、血崩、蛇伤等。

9. **团羽铁线蕨**（中国高等植物图鉴）

Adiantum capillus-junonis Rupr. in Distr. Crypt. Vasc. Ross. 49. 1845；中国蕨类植物图谱 5：图版 213. 1958；中国高等植物图鉴 1：165，图 329. 1972；四川植物志 6：298，图版 95. 1988；中国植物志 3(1)：189，图版 48：1～4. 1990.

植株高 10～20cm。根状茎直立，顶部有褐色披针形鳞片。叶簇生；叶柄纤细，亮栗色，基部有鳞片，叶轴顶部常延伸成鞭状，顶端着地生根，萌生新植株；叶片披针形，长 8～15cm，宽 2.5～3.5cm，一回羽状；羽片团扇形，基部有关节与羽柄相连，外缘 2～5 浅裂；裂片顶部生孢子囊群，全缘，不育部分的边缘有浅波状钝齿，小脉直达叶边。孢子囊群生于裂片边缘的小脉顶端；囊群盖条状长圆形或近肾形。

产于桂林、凌云、凤山、宜州、靖西、那坡；生于海拔 150～800m 的林下或灌丛的石缝中。分布于河北、河南、北京、山东、甘肃、湖南、四川、云南、贵州、广东、台湾。日本也有分布。

是优良的观赏植物。全草煎水服治痢疾、咳嗽、淋证、乳痈、颈淋巴结核；外敷治毒蛇咬伤、烧烫伤。

10. **普通铁线蕨**（中国高等植物图鉴）

Adiantum edgeworthii Hook. Sp. Fil. 2：14，t. 81B. 1851；中国蕨类植物图谱 3：图版 139. 1935；中国高等植物图鉴 1：166，图 331. 1972；中国植物志 3(1)：191，图版 47：10～12. 1990.

植株高约 30cm。根状茎短而直立，顶端被黑色披针形鳞片。叶簇生；叶柄栗红色，基部疏生鳞片，向上光滑；叶轴栗红色且先端常延伸成鞭状，着地生根，进行营养繁殖；叶片线状披针形，长 8～20cm，宽 2～3cm，一回羽状；羽片 15～30 对，互生或对生，平展，中部的稍大，对开式三角形，上缘浅裂至深裂，基部截形不对称，全缘；向下部各羽片稍缩短，向上的渐变小，稀疏，同形；叶脉二叉分枝，伸达叶边；叶片坚草质。孢子囊群长圆形，圆肾形，每裂片 1 个；囊群盖灰棕色，全缘，宿存。

产于隆林；生于海拔 700～900m 的林下。分布于北京、天津、河北、河南、辽宁、陕西、山东、甘肃、四川、重庆、云南、贵州、湖北、台湾、西藏。日本、印度、尼泊尔、不丹也有分布。

全株作药，用于治赤白淋病、外伤出血。

11. **扇叶铁线蕨**（植物分类学报）

Adiantum flabellulatum L. Sp. Pl. 2：1095. 1753；中国蕨类植物图谱 5：图版 223. 1958；海南植物志 1：84. 1964；中国高等植物图鉴 1：168，图 333. 1972；中国植物志 3(1)：195，图版 50：1～3. 1990.

植株高 20～70cm。根状茎短，直立或近直立，密被棕色、线状披针形、有光泽的鳞片。叶簇生；叶柄长 10～50cm，亮紫黑色；叶轴、羽轴及小羽柄均呈黑褐色，有光泽，腹面疏生红棕色短细毛，背面无毛；叶片扇形至不整齐的阔卵形，长 10～25cm，宽 8～25cm，二回至三回不对称的二叉分枝或鸟足状三叉分枝；小羽片 8～15 对，互生，平展，斜方状椭圆形至扇形，长 1～1.5cm，宽约 1cm，有短柄；叶脉扇形分叉，明显，伸达叶缘；叶片坚纸质，无毛。孢子囊群生于小羽片的上缘及外缘的小脉顶端，每小羽片 2～8 个；囊群盖椭圆形，革质，黑褐色，全缘。

广西各地均产；生于海拔 70～900m 的林下、灌丛中或路边草丛中。分布于台湾、福建、江西、广东、海南、湖南、浙江、贵州、四川、云南。日本、越南、缅甸、泰国、印度也有分布。

全株入药，味淡、涩，性凉，具清热利湿、祛瘀消肿、止血散结、止咳平喘等功效；治痢疾、传染性肝炎、咳嗽、淋证、便血、蛇伤、烧烫伤等。

12. **圆柄铁线蕨**（蕨类名词及名称） 海南铁线蕨（植物分类学报）

Adiantum induratum Christ in J. Bot. 1：233，265. 1908；中国蕨类植物图谱 5：图版 224. 1958；海南

植物志 1：85，图 39. 1964；中国植物志 3(1)：198，图版 50：4～6. 1990.

植株高 15～40cm。根状茎短，直立或斜升，密被鳞片。叶簇生；柄长 4～20cm，紫黑色，幼时腹面有一条阔纵沟，老时呈圆柱形；叶片阔卵形，长 12～25cm，宽 7～15cm，三回至四回不对称二叉分枝或羽状分枝；羽片互生，具柄；孢子叶的末回小羽片 6～10 对，互生，斜展，小羽片斜方形，长宽相等，为 6～10mm，外缘近全缘或稍有裂片，内缘略内弯，基部阔楔形或截形，两侧对称，营养叶的末回小羽片较大；叶片近革质，干后褐绿色。孢子囊群肾形至长圆形，生于小羽片上缘和外缘，每小羽片上 6～8 枚；假囊群盖坚硬，革质，全缘，宿存。

产于百色、田林、龙州；生于海拔 130～280m 的马尾松林下。分布于广东、海南、云南。越南也有分布。

13. **月芽铁线蕨**(植物分类学报)

Adiantum edentulum Christ in Ball. Soc. Bot. France 52 Mém. 1：63. 1905.

13a. **月芽铁线蕨**(原变型)

Adiantum edentulum Christ f. **edentulum**

植株高 15～30(50)cm。根状茎短而直立或斜升；叶片长卵形或卵状披针形，通常二回至三回羽状；末回小羽片为不对称的扇形，长宽不相等，基部渐狭为短楔形。每羽片上的孢子囊群 3～4 枚；囊群盖圆肾形或长形。

分布于云南、四川、贵州、陕西、湖北、湖南。广西不产。

13b. **蜀铁线蕨**(变型)(植物分类学报)

Adiantum edentulum Christ f. **refractum** (Christ) Y. X. Lin in Fl. Reipub. Popul. Sin. 3(1)：214. 1990. ——*A. refractum* Christ in Bull. Acad. Int. Géogr. Bot. 224. 1902；中国蕨类植物图谱 3：图版 137. 1935；中国主要植物图说 · 蕨类植物门 93. 1957.

本变型与原变型的区别在于植株远较高大(可达 50cm)；根状茎斜升；叶片三回羽状，末回小羽片长宽近相等，基部明显楔形；每羽片上的孢子囊群多为 3 枚；囊群盖长形。

产于桂林、德保、那坡、乐业、隆林、凤山、罗城、宜州。分布于四川。

全株止血，用于治鼻子出血。

14. **铁线蕨**(植物分类学报)

Adiantum capillus-veneris L. Sp. Pl. 2：1096. 1753；中国蕨类植物图谱 5：图版 216. 1958；中国主要植物图说 · 蕨类植物门 93，图 114. 1957；中国高等植物图鉴 1：168，图 335. 1972；中国植物志 3(1)：214，图版 54：1～4. 1990.

14a. **铁线蕨**(原变型)

Adiantum capillus-veneris L. f. **capillus-veneris**

植株高 15～40cm。根状茎横走，有淡棕色披针形鳞片。叶近生；叶柄栗黑色，基部有鳞片；叶片卵状三角形，长 10～25cm，宽 8～16cm，中部以下二回羽状，中部以上为一回奇数羽状；小羽片斜扇形或斜方形，外缘浅至深裂；裂片狭，不育裂片顶端钝圆并有细齿；叶片薄草质。孢子囊群生于变质裂片顶部反折的囊群盖下面；囊群盖圆肾形至长圆形，膜质，全缘，宿存。

产于桂林、罗城、凤山、宜州、隆林、德保、那坡、乐业、龙州、南宁、蒙山；生于海拔 200～800m 的石壁上。分布于福建、广东、湖南、湖北、江西、贵州、云南、四川、陕西、甘肃、山西、河南、河北、北京。非洲、美洲、欧洲、大洋洲及亚洲其他温暖地区也有。

全草清热解毒、祛风除湿、利尿通淋；治痢疾、肺热咳嗽、淋证、蛇伤、跌打损伤、疔疮等。

14b. **条裂铁线蕨**(变型)(植物分类学报)

Adiantum capillus-veneris L. f. **dissectum** (Mart. et Galeot.) Ching in Acta Phytotax. Sin. 6：344. 1957；中国蕨类植物图谱 5：图版 216：7. 1958；中国植物志 3(1)：216. 1990. ——*A. tenerum* Sw.

var. *dissectum* Mart. et Galeot. in Fil. Mex. 71. 1842. ——*A. capillusveneris* L. f. *fissum* (Christ) Ching in Acta Phytotax. Sin. 6：343. 1957.

本变型主要以末回小羽片顶端深裂成一些条状的裂片而与原变型有区别。

产于桂林、德保、靖西、那坡、乐业、隆林、贺州、凤山、罗城、宜州、武鸣、大新、龙州；生于海拔 200～1 100m 的石壁上。分布于福建、广东、湖南、四川、重庆、贵州、云南、北京。越南、日本也有分布。

全草解热、利尿；治淋浊、淋巴结核并能镇咳。

32. 水蕨科 PARKERIACEAE

水生或少为土生，中型蕨类。根状茎短而直立，内有网状中柱，顶端疏生宽鳞片。叶二型，簇生；叶柄基部无关节，腹面扁平，背面圆形有纵脊；营养叶一回至五回羽裂，膜质或纸质，网状脉，网眼长形，无内藏小脉；孢子叶的柄较长，叶片二回至三回羽状深裂，裂片极狭呈线形。孢子囊群线形，生于裂片中脉的两侧，被反折的边缘包被；孢子囊大，圆球形，环带纵行由十多个至数十个宽的厚壁细胞组成；孢子球状四面形，极面观钝三角形，赤道面观超半圆形，具肋条状纹饰。

本科仅有 1 属。

水蕨属 Ceratopteris Brongn.

属的特征同科。

本属有 6～7 种，广布于世界热带、亚热带地区。中国有 2 种；广西产 1 种。

本属所有种类均被国务院 1999 年批准的《国家重点保护野生植物名录(第一批)》收录为国家Ⅱ级保护植物。

水蕨(中国蕨类植物志属)

Ceratopteris thalictroides (L.) Brongn. in Bull. Sci. Soc. Philom. Paris 186, cum. tab. 1821；海南植物志 **1**：88，图 43 1964；中国高等植物图鉴 **1**：173，图 345. 1972；中国植物志 **3**(**1**)：275，图版 77：1～4. 1990. —— *Acrostichum thalictroides* L. in Sp. Pl. **2**：1070. 1753.

植株高 30～80cm。根状茎短而直立，以须根固着于淤泥中。叶二型，无毛，营养叶直立或幼时漂浮，狭长圆形，长 10～30cm，宽 5～15cm，二回至四回羽裂；末回裂片矩圆状披针形，宽约 6mm；孢子叶较大，长圆形或卵状三角形，长 15～40cm，宽 10～22cm，二回至三回羽状深裂；末回裂片条形，角果状，宽不过 2mm，叶脉网状，无内藏小脉。孢子囊沿网脉疏生，幼时为连续不断的反卷叶缘覆盖，成熟后多少张开。

广西各地均产；生于水田、水沟及池塘边的淤泥中，有时漂浮于深水面上。分布于台湾、福建、江西、山东、江苏、浙江、广东、云南、四川、湖北、安徽。亚洲、非洲其他热带和暖温带地区，欧洲暖温带地区也有分布。

全株为民间常用草药，具散瘀拔毒功效；用于治疮伤。嫩叶可作蔬菜。

33. 裸子蕨科 HEMIONITIDACEAE

土生，小型或中型蕨类。根状茎横走或直立，内有网状中柱或管状中柱，外被鳞片或毛。叶一型，远生、密生或丛生；叶柄基部无关节，腹面略扁平或有纵沟，禾秆色有时带紫红色或棕色，内有 2 条维管束；叶片一回至三回羽状或奇数羽状，少为单叶，有时被毛或鳞片；叶脉羽状，分离或联结呈网状。孢子囊群线形，沿小脉着生，小脉分叉或呈网状；无囊群盖；孢子囊扁圆形、环带纵行，不完整，柄细长；孢子球状四面形。

本科约有17属，分布于热带和亚热带，少数达北半球温带。中国有5属约50种；广西有3属12种1变种。

分属检索表

1. 叶背面被白粉 ………………………………………………………………………… 1. **粉叶蕨属** Pityrogramme Link
1. 叶背面不被白粉。
   2. 小型植物，高一般不达10cm；叶片羽状细裂，幼叶团扇形 ……………………………… 2. **翠蕨属** Anogramma Link
   2. 大型植物，高达1m左右；叶片羽状分裂，单羽片或小羽片通常长超过10cm，宽1cm以上，披针形 ……………………………………………………………………………………… 3. **凤丫蕨属** Coniogramme Fée

1. 粉叶蕨属 Pityrogramme Link

陆生中型植物。根状茎短而直立或斜升，内有网状中柱，外被红棕色、钻状、全缘的薄鳞片，全体无毛。叶簇生；叶柄紫黑色有光泽，腹面从基部向上至叶轴渐有浅沟；叶片卵形至长圆形，渐尖头，二回至三回羽状复叶；羽片多数，披针形，渐尖头，基部几对称，多少有柄，斜上；小羽片多数，基部不对称，上先出，多少下延于羽轴，边缘有锯齿；叶脉分离，单一或分叉，斜上；叶片草质至革质，两面光滑，但背面密被白色至黄色的蜡质粉末。孢子囊群沿叶脉着生，不达顶部；无囊群盖，亦无隔丝；孢子圆球状四面体形，有不规则脊状隆起的网状周壁。

本属约有40种，以热带美洲为分布中心，少数种类达非洲及马达加斯加岛。中国有1种；广西也产。

粉叶蕨(中国高等植物图鉴)

Pityrogramme calomelanos (L.) Link in Handb. d. Gewachs. 3：20. 1833；中国植物志3(1)：220，图版55：7～9. 1990；香港植物志·蕨类植物门 189，图24：8～9. 2003. ——*Acrostichum calomelanos* L. in Sp. Pl. 2：1072. 1753.

根状茎短而直立或斜升，被红棕色狭披针形全缘薄鳞片。叶簇生；柄亮紫黑色，下部略被和根状茎同样的鳞片，向上光滑，腹面有纵沟；叶片狭长圆形或长圆状披针形，长15～40cm，宽10～20cm，渐尖头，基部阔楔形，一回至二回羽状复叶；羽片16～20对，近对生至互生，斜上，有狭翅的短柄，基部一对羽片不缩短，披针形，长渐尖头，基部略不对称，上侧多少与叶轴并行，下侧圆楔形，羽状全裂或深裂达羽轴的狭翅；小羽片16～18对，上先出，斜上，彼此接近或疏离，三角形、卵状披针形或披针形，尖头或渐尖头，基部不对称，上侧与羽轴并行，下侧楔形，并多少下延，下部的小羽片基部浅裂，向上有锯齿，裂片通常上侧的较大，边缘有锯齿(或两侧全缘而顶端有一两个齿牙)；中部羽片向上逐渐缩短，向顶部为羽裂渐尖。叶脉在小羽片上羽状，单一或分叉，两面均不明显；叶干后厚纸质，背面被乳白色蜡质粉末，老时部分散落；叶轴及羽轴亮紫黑色，光滑，腹面有沟。孢子囊群沿主脉两侧的小脉着生，不到叶边，棕色，无盖，成熟时几满布小羽片背面。

产于防城港、上思、东兴；生于海拔300～500m的路边灌丛中。分布于海南、台湾、广东、云南。广布于热带亚洲、非洲、南美洲。

可作药用，根状茎浸剂有补肾壮阳的功效；叶捣烂外用，可促进伤口和溃疡愈合。

2. 翠蕨属 Anogramma Link

一年生小型草本。根状茎短而不发达，直立，疏被纤维状鳞片。叶多数，簇生；具栗色或栗棕色的长柄；叶片光滑，腹面有纵沟；叶片小，变异大，卵形、卵状三角形至卵状披针形或披针形，一回至二回羽状复叶(幼时常为团扇形单叶)；末回小羽片或裂片小，长圆形、匙形、倒卵形而全缘，或为倒三角形、扇形而顶端浅裂，基部楔形，下延；叶脉分离，二叉，每裂片有小脉1条，远离叶边；叶片薄草质或近膜质，通常两面光滑。孢子囊群沿小脉着生；无囊群盖，无隔丝；孢子囊的环带由22个增厚细胞组成；孢子四面体形，表面微有棱脊。

本属约有6种，广布于热带、亚热带和地中海地区以及大西洋沿岸地区。中国有2种；广西产1种。

翠蕨（中国主要植物图说·蕨类植物门）

Anogramma microphylla（Hook.）Diels in Engl. u. Prantl，Nat. Pflanzenfam. 1(4)：259. 1899；中国高等植物图鉴 1：170，图 340. 1972；中国植物志 3(1)：228，图版 55：10～11. 1990.

植株高5～14cm。根状茎极短，疏生钻状鳞片。叶簇生；叶柄较叶片长，纤细如丝，光滑；叶片长2～4.5cm，基部宽2～4cm，三角状卵形，三回羽状细裂，基部一对羽片最大；一回小羽片上先出，有短柄；末回裂片宽1～2mm，椭圆形或匙形，锐尖头，基部楔形下延，全缘；每末回裂片有小脉1条，不达叶边；叶片薄草质，两面无毛。孢子囊群条形，沿小脉中部着生，既不达小脉顶部，也不达小脉基部，由4～10个孢子囊组成；无囊群盖。

产于金秀、马山、上林、武鸣；生于海拔600～1 500m的阔叶林下。分布于台湾、云南、贵州。印度、缅甸、不丹也有分布。

3. 凤丫蕨属 Coniogramme Fée

中型至大型蕨类。根状茎长而横行，内有管状中柱，外面疏被鳞片。叶远生少近生；叶柄腹面有纵沟，禾秆色偶带红紫色晕或少为栗棕色，有光泽，维管束2条常联结且在叶柄横切面上呈U形；叶片卵形至椭圆形，一回至二回，少为三回奇数羽状，末回羽片边缘常透明呈软骨质，多数有齿；叶脉羽状，分离，少数在主脉两侧联结成1～3行网眼，小脉顶端有膨大的水囊体；叶片草质或纸质，两面无毛或背面(偶腹面)具淡灰色有节短毛或具乳头的短刚毛。孢子囊群线形，沿侧脉着生，不到叶边；无囊群盖。

本属约有50种，分布于亚洲东部至东南部，以中国南部和西南部为现代分布中心。中国有39种3变种；广西产10种1变种。

属内各种的嫩叶可作蔬菜，根状茎可提取淀粉。

分种检索表

1. 叶片主脉两侧的小脉分离。
  2. 羽片全缘或至多略为波状。
    3. 叶三出或一回羽状(有时基部羽片二叉)；叶柄、叶轴及羽轴背面呈淡禾秆色 …………………………………… 1. **全缘凤丫蕨** C. fraxinea (D. Don) Diels
    3. 叶为完全的二回羽状(即下部羽片为羽状)；叶柄、叶轴和羽轴背面呈紫红色 …………………………………… 2. **紫秆凤丫蕨** C. rubicaulis Ching ex Shing
  2. 羽片边缘有锯齿或仅有不规则的矮钝齿。
    4. 叶脉顶端的水囊往往不达锯齿基部。
      5. 叶柄呈栗黑色 …………………… 3. **黑轴凤丫蕨** C. robusta Christ
      5. 叶柄淡禾秆色 …………………… 4. **美丽凤丫蕨** C. venusta Ching ex Shing
    4. 叶脉顶端的水囊常不同程度地伸达叶缘锯齿内，偶有伸达锯齿基部。
      6. 叶脉顶端的水囊伸达锯齿基部 …………………… 5. **峨眉凤丫蕨** C. emeiensis Ching et Shing
      6. 叶脉顶端的水囊不同程度地伸入叶缘锯齿。
        7. 叶背面密被基部具乳头状凸起的毛 …………………… 6. **乳头凤丫蕨** C. rosthornii Hieron.
        7. 叶背面不被基部具乳头状凸起的毛。
          8. 羽片背面有毛 …………………… 7a. **普通凤丫蕨** C. intermedia Hieron. var. intermedia
          8. 羽片背面光滑 …………………… 7b. **无毛凤丫蕨** C. intermedia Hieron. var. glabra Ching
1. 叶片主脉两侧的小脉形成1～3行网眼，或有时仅有一两个网眼。
  9. 主脉两侧仅有1行连续的网眼或偶有一两个网眼。

10. 主脉两侧偶有一两个网眼；叶柄栗色……………………………………… 8. **单网凤丫蕨** C. simplicior Ching ex Shing
10. 主脉两侧有1行不连续的网眼；叶柄禾秆色 ……………………………………… 9. **疏网凤丫蕨** C. wilsonii Hieron.
9. 主脉两侧有1～2(3)行连续的网眼 ……………………………………… 10. **凤丫蕨** C. japonica (Thunb.) Diels

1. **全缘凤丫蕨**（中国蕨类植物图谱）　大凤丫蕨（云南植物研究）

Coniogramme fraxinea (D. Don) Diels in Engl. u. Prantl, Nat. Pflanzenfam. 1(4): 262. 1899; 中国蕨类植物图谱 4: 图版 166. 1937; 中国植物志 3(1): 233, 图版 58: 1～2. 1990. —— *Diplazium fraxineum* D. Don, Prod. Fl. Nepal. 13. 1825. ——*Coniogramme gigantea* Ching ex Shing in Acta Bot. Yunnan. 3(2): 220. 1981; 中国植物志 3(1): 237, 图版 60: 3. 1990.

植株高可达2.5m。根状茎粗硬，短而横走，顶端被棕色狭披针形鳞片。叶近生或远生；叶柄粗壮，长约1m，深禾秆色，基部疏生鳞片，向上光滑；叶片长卵形或卵状长圆形，下部二回羽状，有小羽片3～5枚；小羽片长圆状披针形，长约20cm，宽5～6cm，急尾头长达3cm，下部渐狭，基部阔楔形，有短柄，有膜质狭边，全缘，顶端一枚小羽片最大，长可达38cm，宽达7cm；侧脉二叉，斜上，顶端有粗大的纺锤形水囊，不达叶边；叶片薄纸质，干后绿色，背面有极短的柔毛，尤以叶边的较密，叶面有时被花色条纹。孢子囊群沿侧脉分布，伸达距叶边3/4～4/5处。

产于融水、三江、武鸣、龙州；生于海拔300～1 000m的常绿阔叶林下。分布于台湾、西藏、云南。印度、尼泊尔、越南、印度尼西亚、马来西亚也有分布。

2. **紫秆凤丫蕨**（云南植物研究）

Coniogramme rubicaulis Ching ex Shing in Acta Bot. Yunnan. 3(2): 219. 1981; 中国植物志 3(1): 237, 图版 60: 1～2. 1990.

植株高达1.5m。叶柄长60～70cm，基部疏生深棕色阔披针形鳞片，腹面有沟，连同叶轴呈紫红色；叶片长80～90cm，宽约40cm，卵状三角形，下半部二回羽状，向上为一回羽状；侧生羽片8～10对，下部两对长约30cm，宽12～15cm，柄长3～3.5cm，奇数一回羽状，侧生小羽片3～5对，基部一对较长，长8～10cm，宽约3.5cm，卵状披针形，急尾头，基部阔圆略下延，无柄；中部羽片长15～20cm，三出或二叉，各羽片上的项生小羽片较大，长约15cm，宽3.5～5cm，尾状长渐尖，基部圆楔形；上部羽片和其下的顶生小羽片同形，但较小，羽片全缘；侧脉二回分叉，斜上，顶端有膨大的水囊，不达叶边；叶片薄草质，干后褐绿色。孢子囊群细线状，延伸达侧脉的3/4。

广西特有，产于罗城、融水；生于海拔约750m的林下深谷中。

3. **黑轴凤丫蕨**（蕨类名词及名称）

Coniogramme robusta Christ in Bull. Acad. Int. Géogr. Bot. 175. 1909; 中国植物志 3(1): 240, 图版 61. 1990; 贵州蕨类植物志 209, 图版 53: 1. 2001.

植株高50～70cm。根状茎横走，连同叶柄基部疏被棕色披针形鳞片。叶远生；叶柄长25～35cm，亮栗黑色，腹面有沟，背面圆形；叶片长圆形或阔卵形，几与叶柄等长，宽15～22cm，奇数一回羽状；侧生羽片2～4对，几同形同大，长13～17cm，宽3～6cm，长圆状披针形，短尾头，基部略不对称而圆楔形，上侧略下延，无柄；顶生羽片较其下的为大，柄长1～2cm；羽片边缘软骨质，有矮钝疏齿；叶脉明显，一回至二回分叉，顶端有棒形或长卵形水囊，伸达叶缘锯齿基部以下；叶片干后草质，绿色或黄绿色，两面无毛；叶轴及羽轴背面均呈栗黑色，有光泽。孢子囊群沿侧脉分布至水囊基部。

产于罗城、融水；生于山谷林下。分布于贵州、江西、湖南、四川、广东。

4. **美丽凤丫蕨**（中国蕨类植物孢子形态）　图版 42:4～6

Coniogramme venusta Ching ex Shing in Acta Bot. Yunnan. 3(2): 222. 1981; 中国植物志 3(1): 242. 1990.

植株高0.7～1.2m。叶柄长30～50cm，淡禾秆色；叶片长45～65cm，宽约25cm，三角状长圆形或长圆形，二回羽状；侧生羽片4～7对，基部一对最大，长20～30cm，宽10～14cm，卵状三角形，柄长1.5～3cm，三出或羽状；侧生小羽片1～3对，基部下侧一枚较长，为10～15cm，宽1.5～2.5cm，披针形，略弯，尾状渐尖，基部圆楔形；羽片和小羽片边缘有疏矮钝齿；侧脉顶端的水囊纺锤形，伸达叶缘锯齿基部；叶片干后草质，腹面褐绿色，背面灰绿色，两面无毛。孢子囊群沿侧脉的3/4分布。

产于武鸣；生于海拔约800m的常绿阔叶林下。分布于云南。

5. **峨眉凤丫蕨**（中国蕨类植物孢子形态）

Coniogramme emeiensis Ching et Shing in Acta Bot. Yunnan. 3(2)：223. 1981；中国植物志 **3**(1)：243. 1990；四川植物志 **6**：323，图版102：3～4. 1988；贵州蕨类植物志 204，图版52：3～4. 2001.

本种体形颇似**普通凤丫蕨**（*C. intermedia* Hieron.），但本种羽片较狭小，向基部变狭而成楔形，锯齿向前伏贴呈浅缺刻状或波状，水囊仅达锯齿基部或有时略伸入。

产于桂北地区；生于林下。分布于贵州、重庆、四川、福建、广东、河南、湖北、湖南、江苏、江西、安徽、浙江。

6. **乳头凤丫蕨**（中国高等植物图鉴）

Coniogramme rosthornii Hieron. in Hedwigia **57**：307. 1916；秦岭植物志 **2**：84. 1974；中国植物志 **3**(1)：252，图版66：1～6. 1990；贵州蕨类植物志 204，图版52：5～6. 2001.

植株高60～100cm。根状茎长而横走，密被棕色披针形鳞片。叶远生；叶柄长40～55cm，禾秆色或下部饰有棕色斑点，基部略有鳞片；叶片几与柄等长或较短，宽18～26cm，长卵形，二回羽状；侧生羽片4～6对，下部的有柄（长2～3cm），羽状；侧生小羽片1～3对，长6～12cm，宽1.5～2.5cm，披针形，先端尾状渐尖，基部圆楔形或近圆形；中部羽片单一，和其下羽片的顶生小羽片同形，长10～20cm，中部或中部以上宽2～3cm，披针形或阔披针形，长渐尖头，向基部略狭而圆楔形，有短柄；上部的羽片渐变小，无柄；羽片边缘有向前伸的尖锯齿；水囊细长，略加厚，伸达锯齿基部；叶片干后草质，腹面褐绿色，仅沿羽轴有短毛，背面淡绿色，密生乳头凸起，且凸起上生灰白色短毛。孢子囊群伸达离叶边不远处。

产于武鸣、融水、三江；生于海拔900～1 200m的林下。分布于云南、四川、重庆、贵州、湖南、湖北、陕西、甘肃、河南。越南也有分布。

根状茎治腿痛。

7. **普通凤丫蕨**（中国高等植物图鉴）

Coniogramme intermedia Hieron. in Hedwigia **57**：301. 1916；中国蕨类植物图谱 **3**：图版14. 1935；中国高等植物图鉴 **1**：172，图343. 1972；四川植物志 **6**：319，图版101. 1988. 中国植物志 **3**(1)：265，图版73：1～2. 1990.

7a. **普通凤丫蕨**（原变种）

Coniogramme intermedia Hieron. var. **intermedia**

植株高60～120cm。根状茎横走，疏生披针形鳞片。叶远生；叶柄长30～50cm，禾秆色或间有棕色斑点，基部有鳞片；叶片长圆状三角形，长27～70cm，宽20～25cm，基部二回羽状，向上一回羽状；小羽片或上部羽片阔披针形，尾状渐尖，基部圆，羽片边缘有密而前弯的细尖齿，齿缘软骨质；侧脉二回分叉，顶端略加厚成条形水囊，伸达锯齿内；叶片薄草质，干后草质，背面略具短柔毛，植株有时被花色条纹。孢子囊群沿侧脉的3/4分布。

产于融水、金秀、龙胜、全州、临桂、容县、隆林、田林；生于海拔600～1 300m的常绿阔叶林下。分布于云南、西藏、贵州、四川、甘肃、河南、陕西、河北、吉林、湖北、浙江、江西、福建。朝鲜、日本、印度、俄罗斯也有分布。

根状茎可祛风除湿、舒筋活络、理气活血、止痛；治风湿关节痛、跌打损伤、痢疾、咳嗽、吐血、淋浊、疮毒等。

7b. **无毛凤丫蕨**（变种）

Coniogramme intermedia Hieron. var. **glabra** Ching in Ic. Fil. Sin. **3**：t. 143. 1935；西藏植物志 **1**：100. 1983；中国植物志 **3**(1)：267. 1990.

与原变种不同之处仅在于叶片两面光滑无毛。

产于融水、龙胜、容县、那坡、隆林；生于海拔 500～900m 的林下。分布于云南、西藏、贵州、四川、甘肃、河南、陕西、河北、吉林、湖北、浙江、台湾。朝鲜、日本、越南、俄罗斯也有分布。

8. **单网凤丫蕨**（云南植物研究）　花叶单网凤丫蕨

Coniogramme simplicior Ching ex Shing in Acta Bot. Yunnan. **3**(2)：237. 1981；中国植物志 **3**(1)：268，图版 74：1～2. 1990；云南植物志 **20**：337. 2006.

植株高约 70cm。根状茎粗而横卧，先端连同叶柄基部密被鳞片。叶柄栗褐色，长约 35cm，粗约 3mm，基部以上光滑；叶片和叶柄等长，宽 18～20cm，卵状三角形或卵状长圆形，一回羽状；侧生羽片约 5 对，基部一对最大，长 14～18cm，宽约 2.5cm，披针形，尾状长渐尖，基部不对称，下侧叉裂出一枚长 6～9cm 的小裂片，柄长约 1cm；向上的羽片单一，并略渐缩短，第二对羽片长 13～16cm，基部宽 2.5～3cm，披针形，尾状长渐尖，基部阔圆形，略有短柄（上部的羽片无柄），顶生羽片较其下的为大，基部叉裂；羽片边缘有前弯的细尖齿；侧脉一回至二回分叉，偶联结成一两个网眼，侧脉顶端的水囊线形，仅伸达锯齿基部；叶片薄草质，干后褐绿色，腹面光滑，背面疏生棕色短柔毛。孢子囊群沿侧脉 2/3 分布。

产于龙胜；生于海拔约 900m 的林下。分布于云南。

9. **疏网凤丫蕨**（秦岭植物志）

Coniogramme wilsonii Hieron. in Hedwigia **57**：321. 1916；秦岭植物志 **2**：85. 1974；四川植物志 **6**：328，图版 104：1～2. 1988；中国植物志 **3**(1)：270，图版 74：3～4. 1990.

本种形体近似于**凤丫蕨**[*C. japonica* (Thunb.) Diels]，但本种单羽片及小羽片向基部不变狭而稍变宽，基部通常不对称，并多少呈心形，叶脉仅羽轴下部两侧偶有一两个不连续的网眼。

产于龙胜；生于海拔 600～650m 常绿阔叶林下。分布于陕西、甘肃、河南、湖北、四川、湖南、贵州。

10. **凤丫蕨**（中国主要植物图说·蕨类植物门）

Coniogramme japonica (Thunb.) Diels in Engl. u. Prantl, Nat. Pflanzenfam. **1**(4)：262. 1899；中国主要植物图说·蕨类植物门 83，图 103. 1957；中国高等植物图鉴 **1**：172，图 344. 1972；中国植物志 **3**(1)：270，图版 75：1～2. 1990. ——*Hemionitis japonica* Thunb. Fl. Jap. 333. 1784.

植株高 80～120cm。根状茎横走，略有鳞片。叶远生；叶柄禾秆色，基部疏生披针形鳞片；叶片长圆状三角形，长 50～70cm，宽 22～30cm，下部二回羽状，向上一回羽状；小羽片或中部以上的羽片狭长披针形，渐尖头，基部楔形，边缘有疏细齿；叶脉网状，在主脉两侧各形成 2～3 行网眼，网眼外的小脉分离，顶端有伸达叶缘锯齿基部的纺锤状水囊；叶片干后草质。孢子囊群沿叶脉分布几达叶边；无囊群盖。

产于龙胜、兴安、三江、龙州、隆林；生于海拔 600～1 300m 的常绿阔叶林下。分布于云南、台湾、福建、浙江、江苏、江西、广东、安徽、河南、湖北、湖南、四川、重庆、贵州、陕西。朝鲜、日本也有分布。

全草入药，可消肿解毒、祛风除湿、活血止痛、化痰止咳；治风湿骨痛、跌打损伤、咳嗽、闭经、瘀血腹痛、目赤肿痛、乳痈、肿毒等。

34. 车前蕨科　ANTROPHYACEAE

小型附生蕨类，直立。根状茎短，直立或横走，内有原生中柱或网状中柱，外密被鳞片；鳞片黑色，具粗筛孔，披针形，先端长线形，边缘具齿牙。叶通常簇生，一型，单叶；叶片全缘，线状披针形或倒卵形；叶脉网状，网眼呈长六角形，无内藏小脉；多少具叶柄；叶片肉质，表皮有骨针状细胞，干时多少起皱。孢子囊群为长线形的汇生囊群，少为散布于叶片背面的卤蕨型囊群，于叶表面着生或常多少陷入叶肉内，沿中脉着生或与各脉平行着生；有隔丝混生，隔丝丝状、带状或棍棒状，罕无隔丝；无囊群盖；孢子透明，通常为四面体形，具三裂缝或单裂缝，不具周壁。

本科有 4 属 50 余种，多产于热带及亚热带地区。中国仅有 1 属。

车前蕨属 Antrophyum Kaulf.

附生。根状茎短，直立或横走，外被黑褐色粗筛孔的狭鳞片。叶近生或簇生，单叶，小型或中型；叶无柄或有柄（叶柄内有 2 条维管束），基部不具关节；叶片披针形或倒卵形，全缘，无毛；小脉多回二歧分叉，联结成多行且大而伸长的网眼，不具内藏小脉。孢子囊群沿小脉延伸，成网状汇合于囊群，于叶表面着生或多少陷于叶肉中；无囊群盖，有隔丝；孢子囊为水龙骨型，环带纵行而中断，由 20～25 个增厚细胞组成；孢子钝三角形，不具周壁，外壁表面光滑或纹饰模糊。

本属有 40 余种，遍布波利尼西亚至非洲各地，而以亚洲热带及亚热带最为丰富。中国有 9 种；广西产 4 种。

分种检索表

1. 孢子囊群中具球杆状的隔丝；隔丝具细长分节的柄，顶端细胞膨大；叶具长 2～10cm 的柄；叶片倒卵形…………………………………………………………………………………………………… 1. **长柄车前蕨** A. obovatum Bak.
1. 孢子囊群中具丝状或带状隔丝；隔丝柄极短，分节少；叶无柄或仅具长约 1cm 的短柄；叶片倒披针形或线形。
  2. 隔丝带状 ……………………………………………………………………………… 2. **车前蕨** A. henryi Hieron.
  2. 隔丝丝状。
    3. 叶片线形，宽 0.7～1cm；孢子囊群线在中肋两侧各 1 条，靠近叶边 …………… 3. **书带车前蕨** A. vittarioides Bak.
    3. 叶片阔倒披针形或长圆状披针形，宽 1.5～10cm；孢子囊群线多条 ……………… 4. **美叶车前蕨** A. callifolium Bl.

1. **长柄车前蕨**（中国蕨类植物图谱）

Antrophyum obovatum Bak. in Kew Bull. 233. 1898；中国高等植物图鉴 **1**：282，图 563. 1972；四川植物志 **6**：35，图版 107. 1988；中国植物志 **3**(2)：4，图版 1：1～3. 1999. ——*A. petiolatum* Bak. in Kew Bull. 14. 1906. ——*A. latifolium* auct. non Bl.：Wu et al. in Bull. Dept. Biol. Sun Yat-sen Univ. **3**：256，t. 119. 1932.

植株高 5～20cm，附生。根状茎短，直立或斜生，密被鳞片；鳞片披针形，先端尾状，边缘有睫毛状齿，棕色。叶密生；叶柄长 2～10cm，扁平；叶片倒卵形或狭倒卵形，长 4～10cm，宽 2～6cm，基部楔形，先端急尖或短尾尖；叶脉不明显，连接成长条形网眼，无主脉；叶质肥厚。孢子囊群生于叶背，沿叶脉着生成网状或线形；隔丝线形，先端膨大呈头状或倒圆锥形；无囊群盖。

产于融水、金秀、环江、象州、凌云、田林、德保、靖西、那坡、龙胜、灵川、荔浦；生于海拔 500～1 300m 的林下石壁上。分布于台湾、江西、福建、广东、云南、贵州、湖南、四川、重庆、西藏。日本、印度、缅甸、泰国、越南、不丹、尼泊尔也有分布。

全株清热解毒、活血散瘀、消炎利湿；治乳痈、关节痛、扁桃体炎等。

2. **车前蕨**（中国蕨类植物图谱）

Antrophyum henryi Hieron. in Hedwigia **57**：208. 1916；中国植物志 **3**(2)：8，图版 2：2～9. 1999. ——*A. formosanum* auct. non Hieron.：Ching，Ic. Fil. Sin. **3**：t. 145. 1935，p. p. excl. pl. Taiwan.

植株较矮小，高 9～16cm。根状茎纤细，横卧或直立。叶簇生；叶柄无或极短；叶片披针形，长 8～15cm，宽 1～1.5cm，中部或上部最宽，向两端渐狭，先端狭尖头；无中肋及倒生主脉，小脉联结成狭条形，有 5～10 行的网脉；叶片近革质，干后草绿色，两面光滑，下部 1/3 不育。孢子囊群线形；隔丝基部纤细，分节，上部膨大，呈宽带状。

产于那坡、隆林、凌云、天峨、龙州、隆安、武鸣；生于海拔 150～1 200m 的石壁上。分布于云南、贵州、湖南、福建、台湾、广东。印度、泰国、越南也有分布。

全株去根毛后可治咳嗽。

3. **书带车前蕨**(中国植物志)

Antrophyum vittarioides Bak. in J. Bot. **28**: 267. 1890; 中国植物志 **3**(2): 10, 图版 2: 1～3. 1999. ——*A. stenophyllum* Bak. in Kew Bull. 233. 1898, non Rovirosa 1909.

根状茎细，密被灰褐色鳞片；鳞片钻状披针形，下部边缘网眼不规则，撕裂状，睫毛状齿较细长。叶近生或簇生；叶柄长约 1cm 或更短，两侧压扁，具狭翅，基部略膨大，被鳞片，鳞片脱落后在叶柄基部留下疣状凸起；叶片线形，宽 0.7～1cm；叶片革质，干后褐色，边缘略反卷；中肋明显，在叶片中部以上消失，小脉在中肋与叶边之间形成 2～3 列狭长网眼。孢子囊群线形，较靠近叶缘着生，中肋两侧常各一条，与中肋平行，或呈不完整的两条，连续或间断，略下陷于沿网脉的沟槽中；叶片下部及顶部不育；隔丝多数，线形，基部有分节的短柄，上部狭长，不分节，左向螺旋状扭曲，棕褐色，长于孢子囊。

产于那坡、宁明；生于海拔 300～600m 的山谷岩石上。分布于贵州、云南。越南也有分布。

4. **美叶车前蕨**(蕨类名词及名称)

Antrophyum callifolium Bl. Enum. Pl. Jav. 111. 1828; 海南植物志 **1**: 203, 图 100. 1964; 中国高等植物图鉴 **1**: 282, 图 564. 1972; 中国植物志 **3**(2): 8, 图版 3: 1～3. 1999.

本种近似于**长柄车前蕨**(*A. obovatum* Bak.)，不同在于本种的叶片为长圆状倒披针形而非倒卵形；叶柄不明显或仅具带翅的短柄；孢子囊群中的隔丝为线形先端膨大。

产于靖西、那坡、龙州、大新；生于海拔 400～900m 的林下树干、石壁上或溪边石壁上。分布于海南、西藏、云南。越南、老挝、柬埔寨、泰国、印度、斯里兰卡、菲律宾、马来西亚、印度尼西亚、澳大利亚也有分布。

广西曾记载龙州有**革叶车前蕨**[*A. coriaceum* (D. Don) Wall. ex Moore]，通过对实地调查和对标本研究，本种的记载来源于梁乃宽于 1962 年在龙州县科甲乡采集的标本号为 21556 的标本鉴定，经对此标本的研究，实为**美叶车前蕨**(*A. callifolium* Bl.)的错误鉴定，所以**革叶车前蕨**在广西没有分布。

35. 书带蕨科　VITTARIACEAE

多为小型附生蕨类。根状茎短，横卧或长而横走，内有原生中柱或网状中柱，外部密生粗筛孔状的薄鳞片。叶一型，单叶，密生至远生；无柄或有短柄，基部无关节；叶片狭长线形或披针形、倒披针形，有时叶缘具或深或浅的纵沟，或沿叶缘纵裂为二唇状的夹缝，有时叶片为楔形，先端二叉分裂；叶脉羽状，侧脉在叶缘与叶脉联合或不具侧脉；叶片纸质或革质。孢子囊沿主脉或主脉的两侧或叶缘形成长的汇生囊群，生在叶背的表面或多少下凹的纵沟内或叶缘的夹缝内；无囊群盖，有丝状或先端头状的隔丝；孢子囊扁球形，环带纵行，不完整；孢子球状四面形，或两侧对称形。

本科有 4 属 50 余种，分布于热带及亚热带。中国有 3 属约 15 种；广西产 1 属 5 种。

书带蕨属　Haplopteris Presl

附生。根状茎密集，密被鳞片；鳞片狭，先端渐尖，褐色而常有虹色光泽。叶簇生，具柄或无柄；叶片狭线形，全缘，坚实，无毛；中脉明显，小脉在中脉与叶缘之间形成一行网眼。孢子囊群沿叶背面近叶缘的小脉上着生，连续不断，在两侧叶缘上各有 1 条，深陷叶肉中或着生于叶表面；孢子常为椭圆形，单裂缝，外壁表面一般纹饰模糊或具不明显的颗粒状纹饰。

本属约有 50 种，主要分布于热带及亚热带地区，附生于林中树干上或阴湿岩石上。中国约有 13 种；广西产 5 种。

分种检索表

1. 孢子囊群生于叶缘的二唇形夹缝内 …………………………………… 1. **唇边书带蕨** H. elongata (Sw.) E. H. Crane
1. 孢子囊群着生于叶缘内，叶缘通常反卷或具平坦叶缘，而囊群近缘生或表面生。
  2. 孢子囊群着生于近叶边的沟槽里；叶缘常反卷。
    3. 鳞片蓬松，扭曲，网眼壁薄，棕褐色；叶片腹面中脉隆起，其两侧叶肉凹陷成沟槽状 ………………………………………………………………………………… 2. **平肋书带蕨** H. fudzinoi (Mak.) E. H. Crane
    3. 鳞片通直，网眼壁厚，黑褐色或褐棕色；叶片腹面中脉不隆起，背面中脉隆起 ………………………………………………………………………………… 3. **书带蕨** H. flexuosa (Fée) E. H. Crane
  2. 孢子囊群几为叶表面着生；叶缘平或略反卷。
    4. 鳞片平，短小，黑褐色，网眼壁厚；孢子囊群线较近叶缘，常被反卷叶缘遮盖 ………………………………………………………………………………… 4. **剑叶书带蕨** H. amboinensis (Fée) X. C. Zhang
    4. 鳞片大而蓬松，扭曲，网眼壁薄，褐棕色；孢子囊群线与叶缘间有较宽的不育带 ………………………………………………………………………………… 5. **带状书带蕨** H. doniana (Mett. ex Hieron.) E. H. Crane

1. **唇边书带蕨**（中国高等植物图鉴） 图版 47：1～3

Haplopteris elongata (Sw.) E. H. Crane in Syst. Bot. **22**: 514. 1997. ——*Vittaria elongata* Sw. Syn. Fil. 109, 302. 1806；中国主要植物图说·蕨类植物门 252，图 338. 1957；海南植物志 **1**: 201. 1964；中国高等植物图鉴 **1**: 281，图 561. 1972；中国植物志 **3**(2): 25，图版 7: 1～4. 1999. ——*V. zosterifolia* Willd. Sp. Pl. **5**: 406. 1810；海南植物志 **1**: 202. 1964.

植株高 30～80cm。根状茎长而横走，密被黑褐色的、渐尖头呈纤毛状的、边有疏齿的、筛状孔灰白色而透明的、有虹彩的钻状条形鳞片。叶远生，常成丛而倒垂；叶柄短，长 5～8cm，基部略有鳞片；叶片线状长带形，长可达 100cm，宽 0.5～1.5cm，钝头，下部渐狭而下延于叶柄，全缘；中脉于叶背隆起或两面扁平而不明显，侧脉斜上与边脉相联结成网眼；叶片革质或纸质。孢子囊群狭线形，着生于叶缘的双唇状的沟中，向外开口；隔丝多数，顶端环状；孢子狭长椭圆形，单裂缝。

产于上思、容县、南宁、龙州；生于海拔 300～500m 的常绿阔叶林或季雨林下。分布于福建、台湾、海南、广东、云南、西藏。越南、日本、尼泊尔、印度、菲律宾、新加坡、马来西亚、印度尼西亚、澳大利亚也有分布。

2. **平肋书带蕨**（中国主要植物图说·蕨类植物门）

Haplopteris fudzinoi (Mak.) E. H. Crane in Syst. Bot. **22**: 514. 1997. ——*Vittaria fudzinoi* Mak. in Bot. Mag. Tokyo **12**: 28. 1898；中国高等植物图鉴 **1**: 281，图 562. 1972；四川植物志 **6**: 338，图版 107. 1988；中国植物志 **3**(2): 20. 1999. ——*V. suberosa* Christ in Bull. Soc. Bot. France 52 Mém. **1**: 12. 1905；中国主要植物图说·蕨类植物门 262，图 340. 1957.

植株高 25～40cm。根状茎横走或斜上，顶部密生钻针状条形灰褐色有虹彩边有疏齿的鳞片。叶簇生，几无柄；叶片条形，宽 3～5mm，渐尖头，腹面主脉两侧各有 1 条纵沟，背面主脉宽而平坦，两侧下陷成纵沟；叶片厚，近肉质。孢子囊群着生于叶边的沟中，满布沟内，外侧为反卷的叶边覆盖，有具长柄的杯状隔丝；孢子长椭圆形，单裂缝。

产于武鸣、融水、兴安、龙胜、资源；生于海拔约 1 200m 的常绿阔叶林下。分布于贵州、云南、四川、湖北、湖南、安徽、浙江、江西、福建、广东。日本也有分布。

3. **书带蕨**（中国主要植物图说·蕨类植物门） 图版 47：4～9

Haplopteris flexuosa (Fée) E. H. Crane in Syst. Bot. **22**: 514. 1997. ——*Vittaria flexuosa* Fée, Mém. Foug. **3**: 16. 1851；中国高等植物图鉴 **1**: 280，图 560. 1972；四川植物志 **6**: 338，图版 107. 1988；中国植物志 **3**(2): 23，图版 4: 5～8. 1999. ——*V. caricina* Christ in Bull. Acad. Int. Géogr. Bot. 109. 1904；西藏植物志 **1**: 106. 1983；四川植物志 **6**: 340. 1988. ——*V. modesta* Hand. -Mazz.

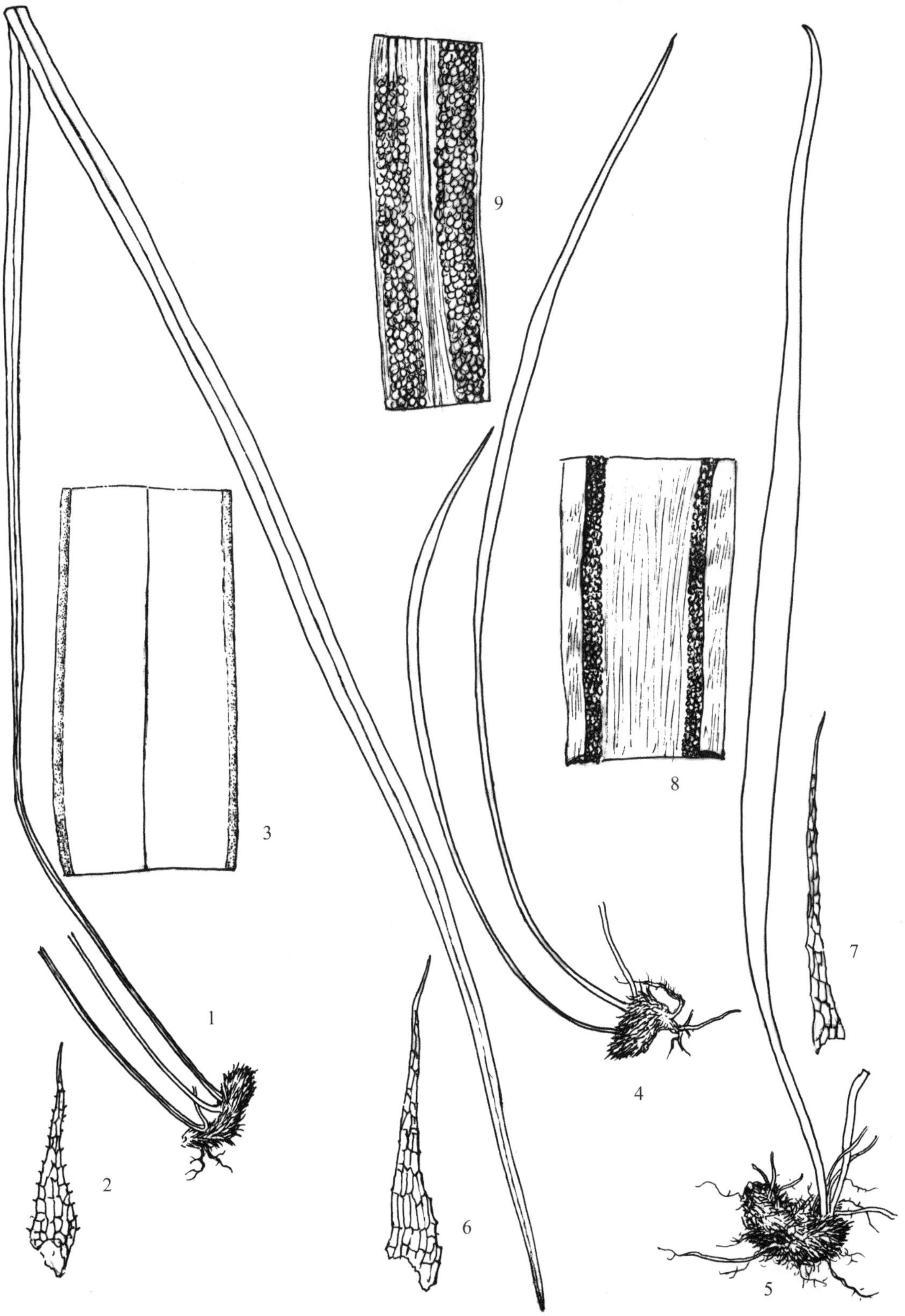

图版 47　1～3. **唇边书带蕨** Haplopteris elongata (Sw.) E. H. Crane　1. 植株；2. 根状茎上的鳞片；3. 叶片背面一部分，示孢子囊群着生位置。　4～9. **书带蕨** H. flexuosa (Fée) E. H. Crane　4～5. 植株；6～7. 根状茎上的鳞片；8～9. 叶片背面一部分，示孢子囊群着生位置。　（林文宏绘）

Symb. Sin. **6**: 42. 1929; 中国高等植物图鉴 **1**: 279. 1972. ——*V. filipes* Christ in Bull. Acad. Int. Géogr. Bot. 150. 1907; 中国高等植物图鉴 **1**: 279, 图 558. 1972.

植株高 40～60cm。根状茎横走,密被褐棕色、有虹彩、小而呈钻状线形的鳞片。叶柄纤细如铁丝;叶片线形,长 15～40cm 或更长,亦有小型个体,其叶片仅长 5～12cm,宽 1～3mm;主脉在叶片腹面略凹,在背面隆起呈龙骨状,侧脉斜上与边脉相连形成网眼。囊群线形,充满叶边与中肋之间,与中肋等宽;叶片先端和下部不育;隔丝先端倒圆锥形,亮褐色;孢子长椭圆形,无色透明,单裂缝。

广西各地均产;附生于海拔 200～1 300m 的林下石壁中或树干上。分布于江西、福建、台湾、香港、广东、海南、贵州、云南、西藏、四川、重庆、湖南、安徽、甘肃、湖北、湖南、江苏、浙江。日本、韩国、越南、老挝、缅甸、泰国、印度、不丹、尼泊尔也有分布。

全株清热熄风、补虚、续筋骨;治跌打损伤、筋骨痛、手足麻木、小儿惊风、目翳等。

4. 剑叶书带蕨(中国植物志)

Haplopteris amboinensis (Fée) X. C. Zhang in Ann. Bot. Fennici **40**: 460. 2003. —— *Vittaria amboinensis* Fée, Mém. Foug. **3**: 14, t. 1, f. 1. 1851; 中国植物志 **3**(2): 14, 图版 4: 1～4. 1999.

根状茎粗而横走,全部密被鳞片;鳞片黑褐色,暗淡或略有光泽,钻状披针形,边缘具长而明显的睫毛状小齿,鳞片顶部不透明,网眼壁上具明显凸出的疣点。叶近生;叶柄扁,长 4～10cm,基部被鳞片;叶片长 20～40cm,中部宽 1～2.5cm,先端长渐尖,基部沿叶柄下延,边缘干后略反卷;腹面上中肋不明显而仅有 1 条狭缝,叶背面上中肋则粗宽而隆起;叶片坚纸质或近革质,干后褐色。孢子囊群线形,靠近叶缘着生,表面生或略下陷,常被反卷的叶边遮盖,叶片中部以下及顶部不育;隔丝顶端细胞喇叭形,长约为宽的 1 倍;孢子长椭圆形,单裂缝,透明,表面具大小不一致的小疣状纹饰。

产于融水、灵川、兴安、平南、金秀、容县、象州;生于海拔 600～1 300m 的林下石壁上。分布于广东、海南、香港、云南。印度、缅甸、越南、泰国、老挝、柬埔寨、马来西亚也有分布。

5. 带状书带蕨(西藏植物志)

Haplopteris doniana (Mett. ex Hieron.) E. H. Crane in Syst. Bot. **22**: 54. 1997. ——*Vittaria doniana* Mett. ex Hieron. in Hedwigia **57**: 204. 1916; 中国植物志 **3**(2): 16, 图版 5: 5～8. 1999. —— *V. forrestiana* Ching in Sinensia **1**(12): 191, pl. 6: 1～2. 1931 et Ic. Fil. Sin. **3**: pl. 44. 1935; 中国高等植物图鉴 **1**: 280, 图 559. 1972.

植株高 30～45cm。根状茎横走,连同叶柄基部被披针形、长渐尖头、边有疏齿、褐色有虹彩的鳞片。叶近生;几无柄;叶片披针形,宽 1.5～2.5cm,渐尖头,下部渐狭,下延达基部,叶片腹面平坦,边缘略反卷或平展,有透明软骨质边;主脉于两面隆起,侧脉斜上与多少呈波状的边脉联结成网眼;叶片纸质。孢子囊群沿边脉着生,有时分布至侧脉顶部,有具长柄的杯状隔丝;孢子长椭圆形,单裂缝,表面具条纹状纹饰。

产于融水、金秀、象州、田林、凌云;生于海拔 300～700m 的常绿阔叶林下。分布于贵州、云南、湖南、西藏。缅甸、不丹、印度、越南也有分布。

36. 蹄盖蕨科 ATHYRIACEAE

通常中小型,稀大型蕨类。根状茎细长横走,或粗短而直立或斜升,内具网状中柱,外被棕色、卵状披针形鳞片。叶簇生,远生或近生;叶柄腹面有 1～2 条纵沟,通常禾秆色,基部光滑或疏生鳞片,或叶轴被有多细胞的节状毛,基部有阔扁的维管束 2 条,向上会合成 V 形;叶片一回至三回羽状或多回羽裂,少为单叶;小羽片或末回裂片上先出,边缘常有锯齿,少有全缘;叶脉分离,少有为网状或一至多对小脉顶端向外联结成为三角形网眼;叶草质,两面均无毛或各回羽轴和中脉多少被多细胞节状毛或灰色单细胞短毛。孢子囊群圆形、长圆形、线形、马蹄形或顶端常弯过末回小脉的顶端而成钩形,背生或侧生于叶脉上;囊群盖圆肾形、半月形、线形或马蹄形，一侧开裂，或有时如猪肠形而从背部作不规则纵裂，或无囊群盖；孢子两面型，肾形或近圆球形，透明或半透明，表面光滑或有翅状、波状或疣状周壁。

本科有20属约500种，广布于世界各地，以热带和亚热带地区为多。中国各属均有，约400种；广西有12属79种3变种1变型。

分属检索表

1. 叶片无毛或多少被单细胞的淡灰色短毛或腺毛。
  2. 孢子囊群着生在叶脉的背上。
    3. 孢子囊群无盖。
      4. 根状茎短粗，横卧或斜升；叶柄基部不膨大成腹背凹凸面；叶片椭圆形至椭圆三角形，干后常呈黑褐色；孢子囊群椭圆形或近圆形；羽轴与小羽轴或主脉分叉处有一角状肉质扁刺 ………………… 1. **角蕨属** Cornopteris Nakai
      4. 根状茎粗短直立；叶柄基部膨大为腹背呈凹凸面的纺锤形，两侧边有气囊体；叶片倒披针形，干后罕变为黑褐色；孢子囊群圆形；羽轴与小羽轴或主脉分叉处无角状扁刺 ………………………………… 2. **蹄盖蕨属** Athyrium Roth
    3. 孢子囊群有盖。
      5. 叶为奇数一回羽状 ……………………………………………………………………………… 2. **蹄盖蕨属** Athyrium Roth
      5. 叶为二回至四回羽状，若为一回羽状则顶部为深羽裂，渐尖头。
        6. 根状茎细长横走；叶远生，光滑或有腺毛；末回裂片边缘有软骨质的尖锯齿 … 3. **安蕨属** Anisocampium Presl
        6. 根状茎粗而横卧或斜升；叶近生，常疏被由1～3行筛孔组成的蠕虫形鳞片；末回裂片边缘不具软骨质的尖锯齿 ……………………………………………………………………………………… 4. **介蕨属** Dryoathyrium Ching
  2. 孢子囊群着生在叶脉的上侧边（有时下侧边也有）。
    7. 羽轴腹面有浅纵沟或近无沟，两侧边缘钝圆，不呈显著的刀口状隆起，在主脉着生处无缺刻，而是连续通直。
      8. 叶为奇数一回羽状或有时为单叶，通常厚纸质或革质；孢子囊群长线形，通直，往往成对地双生于一脉；叶脉向叶边偶有联结 ……………………………………………………………………………… 5. **双盖蕨属** Diplazium Sw.
      8. 叶为二回至三回羽状深裂，草质或薄纸质；孢子囊群短，单生于一脉，多少弯曲或为马蹄形；叶脉常分离 ……………………………………………………………………………………………… 4. **介蕨属** Dryoathyrium Ching
    7. 羽轴、小羽轴和主脉腹面有深纵沟，两侧有高起的刀口状狭边，在与小羽轴或主脉分叉处有一缺刻，因此各沟相通。
      9. 孢子囊群线形或椭圆形，通直，常成对地双生于一脉（常在基部上侧一脉），从不弯曲，顶端也不联合；末回小羽片或裂片的基部通常对称。
        10. 叶脉分离，偶有不规则的结合。
          11. 叶片三回至四回羽状；孢子囊群和盖单生于一脉（铁角蕨型），紧靠小羽轴或主脉，并彼此近平行；囊群盖新月形，厚膜质 …………………………………………………………………… 6. **轴果蕨属** Rhachidosorus Ching
          11. 叶片一回至三回羽裂；孢子囊群常成对地双生于一脉，并与主脉斜交；囊群盖线形或椭圆形，薄膜质 ……………………………………………………………………………………… 7. **短肠蕨属** Allantodia R. Br.
        10. 裂片下部多对小脉在叶边缺刻下面联结，略呈星毛蕨型 ……………………………… 8. **菜蕨属** Callipteris Bory
      9. 孢子囊群通常为半月形、马蹄形、肾圆形或多少呈弯弓形，往往上端弯过叶脉的另一侧，但从不真正双生于一脉，顶端不断裂；末回小羽片或裂片基部通常不对称，上侧多少呈耳状凸起 ………… 2. **蹄盖蕨属** Athyrium Roth
1. 叶片多少被多细胞的、透明有节的棕色长柔毛。
  12. 叶片三回至四回羽状细裂；孢子囊群小，圆球形，生于叶脉背上，囊群盖为淡灰色的鳞片形，基部被压在成熟的孢子囊群下面，有如下位 ……………………………………………………………… 9. **亮毛蕨属** Acystopteris Nakai
  12. 叶片一回羽状至二回羽深裂；孢子囊群长形或线形，生于叶脉的侧边（常在上侧边），囊群盖同形，棕色，基部不被压在成熟的孢子囊群下面。
    13. 叶脉分离。
      14. 根状茎粗短，直立或斜升；叶簇生；叶片一回羽状 ……………… 10. **毛轴线盖蕨属** Monomelangium Hay.
      14. 根状茎长而横走；叶远生；叶片二回羽裂 ……………………………… 11. **假蹄盖蕨属** Athyriopsis Ching
    13. 叶脉网状；叶片一回羽状或羽裂 ……………………………………………… 12. **网蕨属** Dictyodroma Ching

1. 角蕨属 Cornopteris Nakai

根状茎粗而横走、斜升或直立，顶端及叶柄基部有卵形或卵状披针形、全缘的红棕色鳞片。叶簇生；叶柄长，向基部加厚，近肉质或草质，干后压扁，腹面有阔纵沟，近光滑；叶片椭圆形至卵状三角形，二回至三回羽状或二回羽状半裂；羽片近无柄或有短柄，几以直角自叶轴开展，基部对称，通常下 1～2 对向基部变狭，羽轴下侧裂片或小羽片较上侧的为长；叶轴及各回羽轴腹面有阔深纵沟，两侧有隆起的狭翅，相交处有一肉质角状扁粗刺；叶脉羽状，分离，小脉单一或分叉，斜上，不达叶边。叶草质，干后深褐色或黑褐色，无毛或叶轴及各回羽轴背面有时多少被淡灰色短毛。孢子囊群生于小脉背上，粗短线形、椭圆形或罕为圆形，无囊群盖；孢子椭圆形，周壁明显，表面不平，具少数褶皱，表面具不明显的颗粒状纹饰，或为小刺状，或纹饰模糊，外壁表面光滑。

本属约有 15 种，分布于亚洲热带和亚热带地区，向北达亚洲东部的温带，向南达非洲东部的马达加斯加。中国有 11 种 3 变型；广西产 2 种 1 变型。

分 种 检 索 表

1. 根状茎横卧或细长横走 ………………………………………………… 1. **角蕨** C. decurrenti-alata (Hook.) Nakai
1. 根状茎斜升至直立。
  2. 叶轴、羽轴及小羽片主脉下面显著宿存略卷曲的多细胞短节毛 … 2a. **黑叶角蕨** C. opaca (D. Don) Tagawa f. opaca
  2. 叶无毛或后变几无毛 ………………………… 2b. **变光黑叶角蕨** C. opaca (D. Don) Tagawa f. glabrescens Kurata

1. 角蕨(中国高等植物图鉴)

Cornopteris decurrenti-alata (Hook.) Nakai in Bot. Mag. Tokyo **44**: 8. 1930; 中国高等植物图鉴 **1**: 186, 图 371. 1972; 中国植物志 3(2): 357, 图版 81: 1～8. 1999. ——*Gymnogramme decurrenti-alata* Hook. Sp. Fil. **5**: 142, t. 294. 1864.

植株高 60～80cm。根状茎粗而横卧。叶近生；叶柄长 28～40cm；叶片长 35～40cm，宽 25～30cm，腹面沿羽轴和叶轴顶有肉质扁刺，二回羽状或三回羽裂；羽片对生，无柄，平展，基部以狭翅相连，边有齿或羽半齿；裂片圆头，有疏钝齿；叶草质，干后变褐色。孢子囊群短圆形，无囊群盖。

产于兴安、龙胜、那坡、武鸣、金秀、平南；生于海拔 800～1 100m 的林下沟边。分布于台湾、福建、江苏、浙江、广东、江西、湖南、四川、重庆、贵州、云南。韩国、日本也有分布。

2. 黑叶角蕨(中国高等植物图鉴)

Cornopteris opaca (D. Don) Tagawa in Acta Phytotax. Geobot. **8**: 92. 1939; 江西植物志 **1**: 141, 图 122. 1993; 中国植物志 3(2): 355, 图版 80: 5～9. 1999. —— *Hemionitis opaca* D. Don, Prod. Fl. Nepal. 13. 1825.

2a. 黑叶角蕨(原变型)

Cornopteris opaca (D. Don) Tagawa f. opaca

常绿植物。根状茎粗短，斜升或直立，先端被褐色、披针形或阔披针形鳞片。叶簇生；孢子叶长可达 120cm；叶柄深禾秆色(较嫩的标本，干后常呈深褐色)，基部疏被鳞片，向上鳞片早落；叶片长 30～60cm，宽 20～30cm，三角状卵形，基部圆楔形，羽裂渐尖的顶部以下一回至二回羽状；侧生羽片约 10 对，具短柄，近对生，略斜展，或有时几平展，基部一对不缩短或略缩短，长 10～20cm，宽 4～15cm，椭圆形，先端长渐尖，基部近平截，羽裂至羽状；小羽片可达 10 对，平展，椭圆形或椭圆披针形，羽状半裂至深裂，渐尖头或钝头，基部平截，互生，无柄或几无柄，通常上侧的略短，基部一对特别短小，圆钝头；裂片近椭圆形或长方形，先端近平截或钝圆，全缘；中脉于叶背面可见，小脉单一或中部以上分叉，斜上；叶草质，叶轴、羽轴及中脉背面有多细胞短节毛，且疏被线形、褐色、全缘的小鳞片。孢子囊群短线形或椭圆形，背生于小脉中部或较接近中脉，或生于小脉分叉处。

产于龙胜、临桂、灵川、融水、金秀、三江、田林、那坡、隆林、桂平、上思、上林、武鸣；生于海拔170～1 200m的林下沟边。分布于云南、江西、台湾。越南、缅甸、印度、不丹、尼泊尔、日本也有分布。

2b. 变光黑叶角蕨（变型）（中国植物志）

Cornopteris opaca (D. Don) Tagawa f. glabrescens Kurata in J. Geobot. 12(2): 41. 1963; 中国植物志 3(2): 356. 1999.

与原变型的区别仅在于本变型通体几无毛。

产于上林、靖西；生于海拔800～1 000m的林下。分布于福建、台湾、云南。日本、越南、泰国、印度尼西亚也有分布。

2. 蹄盖蕨属 Athyrium Roth

根状茎直立或斜升而叶簇生，罕为根状茎横走而叶远生。叶柄基部往往加粗，背隆起，腹面凹陷，两侧各有1列瘤状气囊体，向下变为尖削，密被膜质鳞椭圆形、卵形或阔披针形，二回至三回羽状或深羽裂，罕为四回羽裂，各回羽轴与其上一回羽轴（或裂片主脉）的接合处有断裂缺口，彼此互通，其下侧通常有1个肉质的刺状凸起；叶脉分离；叶草质，不被鳞片，常无毛。孢子囊群为马蹄形、钩形或新月形，通常有同形的囊群盖；囊群盖边缘有睫毛或啮蚀状，或为全缘；孢子肾形或椭圆形。

本属有160多种，主产于亚洲温带和亚热带高山林下。中国有117种和一些变种、杂种；广西产24种1变种。

分 种 检 索 表

1. 羽轴和小羽轴上无刺状凸起。
  2. 孢子囊群盖圆形或椭圆形；囊群无盖或盖早落。
    3. 叶片一回奇数羽状，羽片边缘浅裂；孢子囊群有盖，但盖小，早落 …… 1. **拟鳞毛蕨** A. cuspidatum (Bedd.) M. Kato
    3. 叶片羽状渐尖，羽片边缘浅裂至深裂；孢子囊群无盖 ………………… 2. **疏叶蹄盖蕨** A. dissitifolium (Bak.) C. Chr.
  2. 孢子囊群形状多样；孢子囊群具盖。
    4. 叶二回至三回羽状；根状茎横卧或斜升 ……………………………… 3. **日本蹄盖蕨** A. niponicum (Mett.) Hance
    4. 叶一回羽状或一回羽状深裂，根状茎直立或斜升。
      5. 羽片基部上侧呈明显耳状；具马蹄形或弯钩形的囊群盖 ……………………… 4. **宿蹄盖蕨** A. anisopterum Christ
      5. 羽片基部上下两侧之小羽片等大或下部的较大；囊群盖发育不全 ……… 5. **裸囊蹄盖蕨** A. pachyphyllum Ching
1. 叶轴、羽轴和小羽轴上或多或少有刺状凸起。
  6. 叶片狭披针形，羽片有20～30对 ……………………………………………… 6. **长叶蹄盖蕨** A. elongatum Ching
  6. 叶片较阔，不为狭披针形，羽片不超过20对。
    7. 囊群盖呈弯钩形、马蹄形、圆肾形、短线形等多种形态，侧生、横跨或背生于叶脉上；叶柄基部鳞片常为黄褐色、褐色或深褐色。
      8. 叶中部以上羽片之小羽片或羽裂片上先出，偶下先出或近对生；叶轴及羽轴禾秆色，偶带淡紫红色，背面无毛或具极疏毛；羽轴两侧狭翅边缘及羽裂片间缺刻处无毛。
        9. 羽片通常平伸或斜上，顶部的向下弯弓；孢子囊群马蹄形或近圆形；囊群盖短，马蹄形 ……………………………………………………………………… 7. **湿生蹄盖蕨** A. devolii Ching
        9. 羽片或小羽片向上伸展或至多近平伸；孢子囊群椭圆形；囊群盖多为长圆形，少为肾形或弯钩形 ……………………………………………………… 8. **薄叶蹄盖蕨** A. delicatulum Ching et S. K. Wu
      8. 叶中部以上羽片之小羽片或羽裂片下先出或近对生；叶轴及羽轴通常带淡紫红色，少有禾秆色，背面有毛；羽轴两侧狭翅边缘及羽裂片间缺刻处有毛或无毛。

10. 羽轴带淡紫红色；叶片薄草质，顶部急缩明显 ……………… 9. **尖头蹄盖蕨** A. vidalii (Franch. et Sev.) Nakai

10. 羽轴禾秆色；叶片纸质，顶部急缩往往不甚明显 …………… 10. **川滇蹄盖蕨** A. mackinnonii (Hope) C. Chr.

7. 囊群盖通常为短线形或长圆形，通直，侧生于叶脉上，紧靠中肋，至多在叶片顶部或小羽片基部上侧偶有弯弓；叶柄基部鳞片常为黑色或黑褐色。

11. 羽轴腹面的刺状凸起钻形，较短，小羽轴或中肋腹面无刺状凸起，偶有也很短。

12. 叶片阔卵形或卵形，先端往往急缩，少为长卵形，先端短渐尖；羽片通常有明显的柄。

13. 叶下部2～3对羽片的小羽片上先出，小羽片有明显的柄(3～5mm)；叶轴和羽轴背面无毛 ……………………………………………………………………………………… 11. **坡生蹄盖蕨** A. clivicola Tagawa

13. 叶下部除基部一对羽片的小羽片为上先出外，其他羽片的小羽片均近对生或下先出，有较短的柄；叶轴和羽轴背面被短毛，罕近无毛。

14. 小羽片边缘有整齐的、张开的、长达1mm的浅裂或粗重牙齿 …… 12. **凌云蹄盖蕨** A. infrapuberulum Ching

14. 小羽片近全缘，或边缘有斜上细锯齿或裂片。

15. 叶片三角形或三角状卵形，除顶部急缩的羽片外有羽片5对左右；小羽片较阔，中部宽通常在5mm以上，边缘具锯齿；羽轴背面密被短毛 ………………………… 13. **华中蹄盖蕨** A. wardii (Hook.) Mak.

15. 叶片狭三角状卵形、长卵形或卵形，除顶部急缩的羽片以外有羽片7对以上；小羽片较狭，中部宽通常在5mm以下，近全缘；羽轴背面疏被短毛。

16. 叶柄基部鳞片黑色；叶柄光滑，叶轴及羽轴背面疏被短毛 ……………………………………………………………………… 14a. **紫柄蹄盖蕨** A. kenzo-satakei Kurata var. kenzo-satakei

16. 叶柄鳞片深褐色；叶柄、叶轴及羽轴背面密被短腺毛 ……………………………………………… 14b. **介贵山蹄盖蕨** A. kenzo-satakei Kurata var. jieguishanense (Ching) Z. R. Wang

12. 叶片长圆状卵形或披针形，少有卵形，先端渐尖，少有急缩；羽片通常无柄，或有极短的柄。

17. 小羽片或裂片圆钝头或截头，边缘有圆形浅裂片或波状齿；中肋两边囊群之间的间隔通常宽于囊群到叶边缘的距离 ……………………………………………………… 15. **中越蹄盖蕨** A. christensenii Tard.-Blot

17. 小羽片或裂片尖头或钝尖头，边缘裂片或锯齿不为圆形波状；中肋两边囊群之间的间隔通常窄于囊群到叶边的距离。

18. 羽片基部一对小羽片覆盖叶轴；小羽片钝头 ……………………… 16. **翅轴蹄盖蕨** A. delavayi Christ

18. 羽片基部一对小羽片不覆盖叶轴。

19. 叶片狭卵形或披针形，先端渐尖。

20. 叶柄、叶轴及羽轴带淡紫红色；羽片有短柄或近无柄 … 17 **轴果蹄盖蕨** A. epirachis (Christ) Ching

20. 叶柄、叶轴及羽轴禾秆色；羽片无柄 …………… 18. **贵州蹄盖蕨** A. pubicostatum Ching et Z. Y. Liu

19. 叶片卵形或三角状卵形，少有长卵形，先端稍急缩或短渐尖 ……………………………………………………………………………… 19. **光蹄盖蕨** A. otophorum (Miq.) Koidz.

11. 羽轴和小羽轴腹面有长针形刺状凸起，在末回裂片中肋腹面也常有刺状凸起。

21. 叶片披针形至线状披针形；分离羽片通常在18对以上；叶轴近顶部通常有芽胞。

22. 小羽片三角状阔披针形；边缘的浅裂片上仅有细微锯齿 ……………… 20. **胎生蹄盖蕨** A. viviparum Christ

22. 小羽片卵状长圆形；边缘的浅裂片上有长约1mm的尖锯齿 ……………………………………………… 21. **软刺蹄盖蕨** A. strigillosum (Moore ex Lowe) Moore ex Salom

21. 叶片阔卵形、卵形或披针形；分离羽片不超过15对；叶轴近顶部通常无芽胞，稀有芽胞。

23. 小羽片浅裂至深裂，钝圆头，边缘有钝锯齿；孢子囊群通直；叶干后薄纸质 ……………………………………………………………………… 22. **高山蹄盖蕨** A. silvicola Tagawa

23. 小羽片中裂至全裂，尖头或钝尖头，边缘有尖锯齿；孢子囊群有直有弯或通直，叶干后草质。

24. 叶片中部羽片的小羽片近对生；囊群盖全缘 ……………………… 23. **长江蹄盖蕨** A. iseanum Rosenst.

24. 叶片中部羽片的小羽片上先出；囊群盖边缘啮齿状……… 24. **合欢山蹄盖蕨** A. cryptogrammoides Hay.

1. 拟鳞毛蕨(西藏植物志)

Athyrium cuspidatum (Bedd.) M. Kato in Bot. Mag. Tokyo **90**: 27. 1977；中国高等植物 **2**: 295，图 403. 2008. —— *Kuniwatsukia cuspidata* (Bedd.) Pic. Ser. in Webbia **28**: 455. 1973；中国植物志 3

(2)：78，图版 16：1～9. 1999. ——*Lastrea cuspidata* Bedd. Ferns Brit. Ind. Corr. **2**：t. 18. 1870.

根状茎短，直立或略斜升，先端密被深褐色线形鳞片。叶簇生。叶长可达 1m；叶柄长 30～65cm，疏被与根状茎上同样的鳞片，向上淡紫色或浅褐色，近光滑；叶片长圆状披针形，长 35～70cm，宽 16～30cm，先端渐尖，基部圆楔形，一回奇数羽状，侧生羽片 7～23 对，互生，具柄，斜展，披针形，长渐尖头，基部圆楔形或斜楔形，边缘有缺刻状的尖锯齿或粗锯齿，齿尖喙状，指向前，并有 1～2 个小齿；顶生羽片与侧生羽片同形，略较大，通常基部有 1～2 个小裂片，下部边缘浅裂，裂片钝圆，先端有 1～3 个小齿；叶脉分离，两面明显，侧脉羽状；叶干后纸质，暗绿色，腹面光滑，羽轴背面偶被少数褐色小鳞片。孢子囊群小，稠密，圆形，肉桂色，背生于小脉基部或下部（偶有生于中部）；囊群盖小，圆肾形，褐色，薄膜质，边缘撕裂成流苏状，早落，不易见；孢子表面有脊状纹饰。

产于靖西、那坡、德保、百色、田林、隆林、田阳、大新、龙州、天峨；生于海拔 400～1 500m 的林下沟边。分布于云南、西藏。缅甸、印度、尼泊尔、不丹、泰国也有分布。

2．**疏叶蹄盖蕨**（蕨类名词及名称） 图版 48:1～5

Athyrium dissitifolium (Bak.) C. Chr. in Contr. U. S. Nat. Herb. **26**：296，f. 18. 1931；中国植物志 **3**(2)：123，图版 22：1～6. 1999. ——*Polypodium dissitifolium* Bak. in Kew Bull. **1895**：54. 1895.

根状茎短而匍匐。叶簇生；叶柄长达 30cm，禾秆色，基部扩大呈深棕色，下部被鳞片；叶片狭长，基部最宽，向顶渐缩至渐尖，生孢子囊群的叶片长 12～30cm，营养叶则宽约 15cm，二回羽裂；羽片 12～25 对，下部羽片具短柄，线状披针形，镰状，基部截形，顶端渐尖，长 1.5～6cm，营养叶的羽片长 2.2～8cm，深裂几达叶轴；上部的羽片向上渐短；末回裂片斜展，长圆形至近三角形、圆形，顶端尖，边缘具牙齿；叶脉羽状，侧脉单一或二叉，在边缘的尖齿内；叶纸质或近草质，淡绿色，两面光滑。孢子囊群长圆形或偶为圆形，生于小脉中上部，略近叶边；无囊群盖；孢子周壁表面有明显的褶皱。

产于隆林；生于海拔 600～900m 的林下或路边。分布于云南、四川、贵州、湖南。喜马拉雅山脉东部及缅甸、泰国、越南也有分布。

3．**日本蹄盖蕨**（中国主要植物图说 · 蕨类植物门）

Athyrium niponicum (Mett.) Hance in J. Linn. Soc. **13**：92. 1873；中国主要植物图说 · 蕨类植物门 108，图 135. 1957；中国植物志 **3**(2)：132，图版 25：1～8. 1999. ——*Asplenium niponicum* Mett. in Ann. Mus. Bot. Lugd.-Bat. **2**：240. 1866.

根状茎横卧、斜升，先端和叶柄基部密被浅褐色、狭披针形的鳞片。叶簇生；孢子叶长 25～120cm；叶柄长 10～50cm，基部黑褐色，向上禾秆色，疏被较小的鳞片；叶片卵状长圆形，先端急狭缩，基部阔圆形，中部以上二回至三回羽状；急狭缩部以下有羽片 5～14 对，基部一对略长，较大，长圆状披针形，先端骤缩，长渐尖，略成尾状，基部阔斜形或圆形，中部羽片披针形，一回至二回羽状；小羽片 8～15 对，互生，斜展或平展，有短柄或几无柄，常为阔披针形或长圆状披针形，渐尖头，基部不对称，上侧近截形，成耳状凸起，与羽轴并行，下侧楔形，两侧有粗锯齿或羽裂几达小羽轴两侧的阔翅；裂片 8～10 对，披针形、长圆形或线状披针形，尖头，边缘有向内紧靠的尖锯齿；叶脉于叶背面明显，在裂片上为羽状，侧脉 4～5 对，斜上，单一；叶干后草质或薄纸质，灰绿色或黄绿色，两面无毛；叶轴和羽轴背面带淡紫红色，略被浅褐色线形小鳞片。孢子囊群长圆形、弯钩形或马蹄形；囊群盖同形，褐色，膜质，边缘略呈啮蚀状，宿存或部分脱落；孢子周壁表面有明显的条状，褶皱。

产于武鸣、上林、马山、三江、乐业、隆林、桂林；生于海拔 300～1 200m 的林下或灌丛中。分布于辽宁、北京、河北、山西、陕西、宁夏、甘肃、山东、江苏、安徽、台湾、浙江、江西、河南、湖北、湖南、广东、四川、重庆、贵州和云南。朝鲜半岛及日本、越南、缅甸和尼泊尔也有分布。

根状茎清热解毒、消肿止血；治疮毒疖肿、痢疾、衄血、蛔虫病等。

4．**宿蹄盖蕨**（中国蕨类植物图谱） 图版 48:6～10

Athyrium anisopterum Christ in Bull. Herb. Boiss. **6**：962. 1898；中国植物志 **3**(2)：149，图版 27：

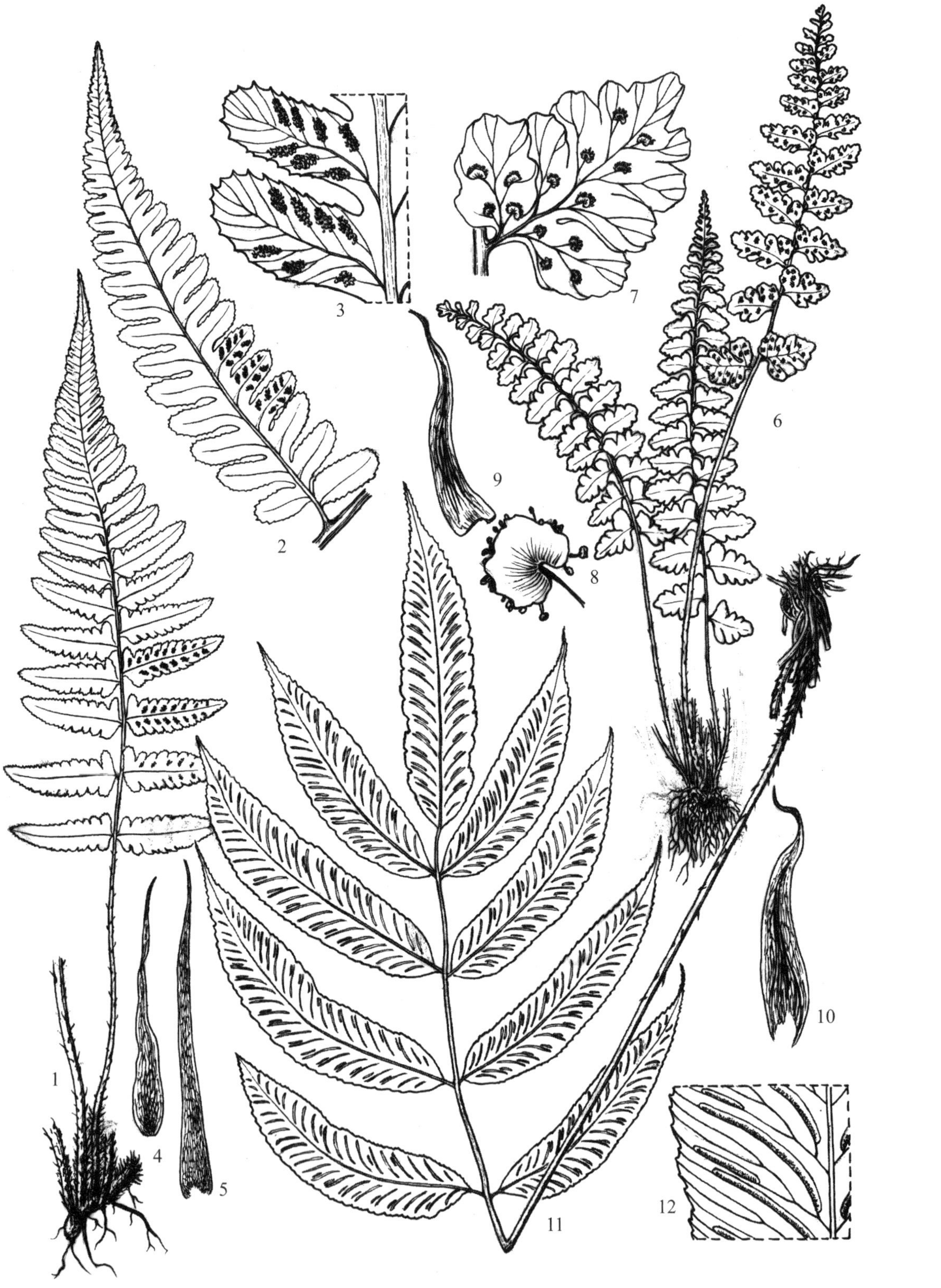

图版 48 1～5. **疏叶蹄盖蕨** Athyrium dissitifolium (Bak.) C. Chr. 1. 小型植株；2. 中型植株羽片；3. 小羽片背面，示孢子囊群；4. 叶柄基部的鳞片；5. 根状茎上的鳞片。 6～10. **宿蹄盖蕨** A. anisopterum Christ 6. 植株；7. 羽片背面，示脉序和孢子囊群；8. 孢子囊群，示囊群盖；9. 叶柄基部鳞片；10. 根状茎上的鳞片。 11～12. **薄叶双盖蕨** Diplazium pinfaense Ching 11. 植株；12. 羽片背面一部分，示脉序和孢子囊群。 （朱运喜绘）

5～8. 1999.

植株高 35～45cm。根状茎短，直立。叶簇生；叶柄长 20～25cm，基部粗约 1.5cm，向上呈禾秆色；叶片狭披针形，长 25～30cm，宽 9～12cm，渐尖头，一回羽状（基部有时近二回）；小羽片（或裂片）约 6 对，卵圆形，长约 1.5cm，宽约 1cm，钝头，基部圆，边缘浅羽裂；裂片全缘；叶脉于叶背面明显，侧脉羽状，小脉单一；叶干后草质，光滑。孢子囊群大，圆肾形、马蹄形或弯钩形，生于上侧小脉上；囊群盖大，同形，灰棕色，膜质边缘啮状，宿存；孢子有周壁，有少数褶皱。

产于武鸣、恭城、兴安；生于海拔 1 100～1 900m 的岩缝中。分布于台湾、江西、广东、湖南、贵州、四川、云南和西藏。尼泊尔、印度和缅甸也有分布。

5. **裸囊蹄盖蕨**（西北植物学报）

Athyrium pachyphyllum Ching in Acta Bot. Bor. -Occ. Sin. **6**(2)：102. 1986；中国植物志 **3**(2)：159，图版 33：1～7. 1999.

根状茎短，直立或斜升，先端和叶柄基部密被鳞片；鳞片红褐色，线状披针形，先端纤维状。叶簇生；孢子叶长 20～78cm；叶柄基部深褐色，向上呈禾秆色，略有光泽，光滑；叶片长圆状披针形，长 12～35cm，宽 3.5～9cm，先端渐尖，基部略变狭，一回羽状；羽片 8～12 对，互生，斜展，近无柄，基部 1～2 对略缩短，基部略变狭，中部羽片长圆状披针形，先端短渐尖，基部近对称，圆截形，较阔，两侧羽裂达 1/2～2/3；裂片 10～12 对，基部的近对生，向上的互生，接近，略斜展，长圆形，钝圆头，先端有小尖锯齿；叶脉于叶片腹面不显，于叶片背面仅可见，在裂片上为羽状，侧脉 3～4 对，斜上，单一；叶干后纸质，褐色，两面无毛，叶轴禾秆色，连同羽轴背面略被浅褐色短腺毛。孢子囊群短线形或长圆形，少有弯钩形或椭圆形；囊群盖极度退化；孢子周壁表面无褶皱，有颗粒状纹饰。

产于凌云；生于海拔约 1 000m 的阔叶林下。分布于贵州、云南、湖南。

6. **长叶蹄盖蕨**（西北植物学报）

Athyrium elongatum Ching in Acta Bot. Bor. -Occ. Sin. **6**(2)：101. 1986；中国植物志 **3**(2)：177，图版 39：5～8. 1999.

植株高 18～25cm。根状茎直立。叶簇生；叶柄长 2～6.5cm，向上呈禾秆色，有光泽；叶片线状披针形，长 13～26cm，宽 2.8～5.2cm，先端尾状渐尖，二回羽状深裂；羽片 20～30 对，下部的三角状卵形或长圆状卵形，长约 1.4cm，宽约 0.8cm，羽裂；裂片 2～3 对，长圆形，钝头，边缘有粗锯齿；中部的羽片三角状披针形，长 1.5～2.4cm，宽 0.9～1cm，裂片 5～8 对，边缘成芒刺状的长锯齿；叶干后薄草质，两面光滑无毛。孢子囊群短，长圆形、弯钩形或马蹄形，生于上侧小脉上，靠近主脉；囊群盖同形，膜质，近全缘，宿存；孢子周壁表面无褶皱。

产于龙胜；生于海拔 1 000～1 150m 的山坡林下。分布于浙江、江西、贵州。

7. **湿生蹄盖蕨**（蕨类名词及名称）　图版 49：1～6

Athyrium devolii Ching in Sunyats. **3**(2)：1，pl. 1. 1935；江西植物志 **1**：146，图 128. 1993；中国植物志 **3**(2)：180，图版 41：1～5. 1999.

植株细瘦，高约 90cm。根状茎横卧且斜升，先端被浅棕色披针形鳞片。叶簇生；叶柄细弱，长约 50cm，基部膨大而向下变尖削，黑褐色，疏被鳞片，向上呈禾秆色，光滑；叶片长 30～40cm，下部宽 16～20cm，狭长圆形，先端渐尖，基部不变狭，三回深羽裂；羽片 12～14 对，长 10～11cm，基部宽 2.5～3.5cm，阔披针形，先端长渐尖，基部平截，或上侧有时略覆盖叶轴，二回深羽裂；小羽片约 12 对，通常多少斜向下，基部的长 1～1.5cm，宽 5～6mm，披针形，渐尖头，羽裂深达小羽轴两侧的阔翅；裂片 5～6 对，上侧的常较下侧的为大，长圆形，钝头，边缘有不整齐的尖锯齿；叶脉于叶片背面明显羽状，侧脉 2～3 对，单一，达到齿顶；叶草质，干后灰绿色，两面无毛。孢子囊群近圆形或马蹄形；囊群盖短，质厚，棕色，马蹄形，边缘有睫毛，宿存；孢子周壁表面无褶皱，有颗粒状纹饰。

产于龙胜、兴安、融水、北流；生于海拔 600～1 300m 的常绿阔叶林下。分布于浙江、江西、福建、贵

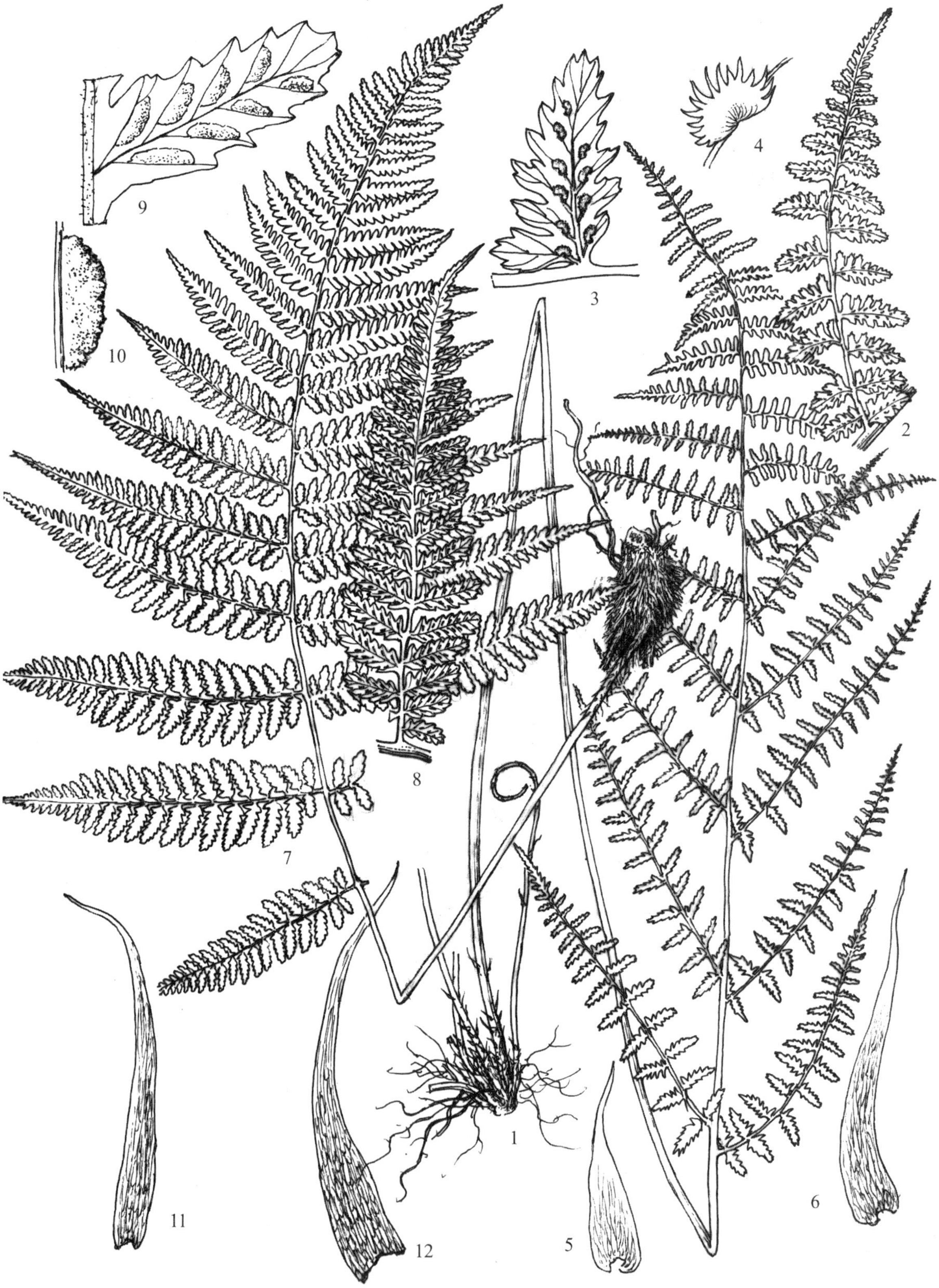

图版 49 1～6. **湿生蹄盖蕨** Athyrium devolii Ching 1. 植株；2. 基部羽片；3. 小羽片，示其形态、脉序、孢子囊群；4. 囊群盖；5. 叶柄基部的鳞片；6. 根状茎上的鳞片。 7～12. **凌云蹄盖蕨** A. infrapuberulum Ching 7. 植株；8. 羽片；9. 小羽片，示其形态、脉序、孢子囊群；10. 囊群盖；11. 叶柄基部的鳞片；12. 根状茎上的鳞片。 （林文宏绘）

州、云南、四川、重庆、西藏。

8．**薄叶蹄盖蕨**（西藏植物志）

Athyrium delicatulum Ching et S. K. Wu in Fl. Xizang. **1**：139，t. 3，f. 5～6. 1983；中国植物志 **3**(2)：186，图版 42：1～5. 1999. ——*A. remotum* Ching in Acta Bot. Bor.-Occ. Sin. **6**(3)：150. 1986.

植株高达 1m。叶柄略比叶片长，粗约 2mm；叶片卵形，长达 48cm，渐尖头，基部略狭，二回至三回深羽裂；羽片约 12 对，基部一对羽片略缩短，阔披针形，长达 15cm，中部宽约 4cm；小羽片卵形或长圆状披针形，长 1.8～2.2cm，基部宽 8～12mm，钝尖头，基部不对称，阔楔形，两侧上缘深羽裂；裂片 5～6 对，略斜展，长圆形，长约 5mm，宽约 2.5mm，钝圆头，两侧边缘有粗齿；从第二对羽片起向上各对羽片与基部一对同形而渐短，但基部不变狭或较阔；叶脉羽状，侧脉 3～4 对，斜上，单一；叶干后草质，暗绿色，无毛。孢子囊群椭圆形；囊群盖多为长圆形，少为肾形或弯钩形，膜质，边缘啮蚀状或有睫毛，宿存；孢子周壁表面无褶皱，有颗粒状纹饰。

产于兴安、龙胜、武鸣；生于海拔 800～1 600m 的竹林下。分布于云南、贵州、四川、重庆、西藏。

9．**尖头蹄盖蕨**（蕨类名词及名称）

Athyrium vidalii (Franch. et Sev.) Nakai in Bot. Mag. Tokyo **39**：110. 1925；中国植物志 **3**(2)：196，图版 47：1～5. 1999. ——*Asplenium vidalii* Franch. et Sav. Enum. Pl. Jap. **2**：229，624. 1879.

植株高约 60cm。根状茎短，直立。叶簇生；叶柄长约 30cm，禾秆色，光滑；叶片长卵形，长约 30cm，中部宽约 16cm，先端渐尖，二回羽状；侧生羽片 10～12 对，披针形，长 10～15cm，宽 2～2.5cm，先端长渐尖；小羽片约 16 对，互生，几平展，无柄，尖头，基部不对称，上侧截形，下侧楔形；叶干后纸质，褐绿色，无毛。孢子囊群长圆形；囊群盖长圆形或基部有时为弯钩形，膜质，宿存；孢子周壁表面无褶皱。

产于罗城、融水、龙胜；生于海拔 600～1 200m 的林下沟边。分布于浙江、安徽、江西、福建、台湾、河南、湖北、湖南、四川、重庆、贵州、云南、陕西。日本、朝鲜也有分布。

10．**川滇蹄盖蕨**（秦岭植物志）

Athyrium mackinnonii (Hope) C. Chr., Ind. Fil. 143. 1906；西藏植物志 **1**：142. 1983；中国植物志 **3**(2)：201，图版 45：1～4. 1999. ——*Asplenium mackinnonii* Hope in J. Bot. **34**：124. 1896.

本种近似于**尖头蹄盖蕨**[*A. vidalii* (Franch. et Sev.) Nakai]，不同在于本种叶柄基部鳞片中央黑褐色，边缘褐色，狭披针形；叶干后纸质，顶部急缩往往不甚明显；叶轴和羽轴背面均呈禾秆色，疏被灰白色短直毛，腹面有伏贴的状钻短硬刺。

产于罗城；生于海拔约 800m 的林下沟边。分布于陕西、甘肃、湖北、湖南、四川、重庆、贵州、云南和西藏。越南、泰国、缅甸、尼泊尔、印度、阿富汗也有分布。

11．**坡生蹄盖蕨**（蕨类名词及名称）

Athyrium clivicola Tagawa in Acta Phytotax. Geobot. **3**：32. 1934；浙江植物志 **1**：143. 1993；中国植物志 **3**(2)：216，图版 49：1～3. 1999.

根状茎短，直立，先端密被深褐色、线状披针形、先端纤维状的鳞片。叶簇生；孢子叶长 30～40cm；叶柄基部黑褐色，密被与根状茎上同样的鳞片，向上呈禾秆色，光滑；叶片三角状卵形，长 20～25cm，基部宽 16～20cm，顶部急狭缩，二回羽状；侧生羽片 6～7 对，互生，密接，斜展，有柄，下部的阔披针形，先端长渐尖，基部截形，对称，一回羽状；小羽片约 12 对，互生，几平展，有短柄或无柄，下部的长圆状三角形，钝圆至钝尖头，基部上侧截形并有圆头的耳状凸起，下侧楔形，向先端有小锯齿。叶干后草质，淡绿色，光滑；叶轴和羽轴背面禾秆色，有时带淡紫红色，光滑，腹面沿沟边两侧边上有伏贴的钻状短硬刺。孢子囊群长圆形或短线形，在主脉两侧各排成一行，稍近主脉；囊群盖同形，有时在小羽片基部的为肾形，浅褐色，膜质，全缘，宿存；孢子周壁表面无褶皱。

产于融水、罗城、环江；生于海拔 400～700m 的山谷林下。分布于安徽、浙江、江西、福建、台湾、湖北、湖南、四川、重庆和贵州。日本、朝鲜也有分布。

12. **凌云蹄盖蕨**（西北植物学报） 图版 49:7～12

Athyrium infrapuberulum Ching in Acta Bot. Bor.-Occ. Sin. 6(2): 100. 1986; 中国植物志 3(2): 219, 图版 49: 4～7. 1999.

根状茎直立，先端和叶柄基部密被黄褐色、线状披针形的鳞片。叶簇生；孢子叶长 40～70cm；叶柄基部黑褐色，向上呈褐禾秆色，带紫红色，近光滑；叶片阔卵形，长 22～42cm，宽 18～25cm，先端渐尖，略成缩急状，基部几不变狭，二回羽状；羽片 12～17 对，平展或略斜展，有柄或无柄，基部一对几不缩短，阔披针形，向基部明显变狭，中部羽片长圆状披针形或披针形，先端渐尖，基部略变狭，上侧近截形，下侧阔楔形，一回羽状；小羽片 20～22 对，居中者长圆形或略成镰刀状，圆头或钝头，基部下延，在羽轴上成狭翅，两侧浅羽裂，裂片有粗锯齿，居下者与前者圆形而略缩小。叶干后纸质，褐绿色，两面无毛；叶轴和羽轴背面均呈淡紫红色，密被浅褐色短腺毛，腹面有伏贴的钻状短硬刺。孢子囊群长圆形，有时为弯钩形，生于侧脉基部上侧小脉，在主脉两侧各排成一行，并略近主脉；囊群盖同形，浅褐色，膜质，边缘啮蚀状，宿存；孢子周壁表面无褶皱，有颗粒状纹饰。

广西特有，产于凌云、百色、上思；生于海拔 550～800m 的常绿阔叶林下。

13. **华中蹄盖蕨**（中国高等植物图鉴）

Athyrium wardii (Hook.) Mak. in Bot. Mag. Tokyo 13: 15. 1899; 中国主要植物图说 · 蕨类植物门: 108, 图 136. 1957; 中国高等植物图鉴 1: 180, 图 359. 1972; 中国植物志 3(2): 220, 图版 50: 1～4. 1999. ——*Asplenium wardii* Hook. Sp. Fil. 3: 189. 1960.

植株高 40～60cm。根状茎短。叶柄长 15～25cm，细弱，基部密生线形鳞片；叶片三角状卵形，长 30～40cm，宽 20～25cm，最下部的羽片的基部小羽片稍短；小羽片卵状菱形，长约 1.5cm，宽约 1.6cm，钝圆头，基部上侧稍呈耳状，下侧斜楔形，边有圆齿，稍具缺刻；叶脉在中脉上侧的羽状分枝，下侧的叉分；叶薄草质。孢子囊群 2 行，沿中脉两侧排列；囊群盖同形，膜质，全缘，宿存；孢子周壁表面无褶皱。

产于龙胜、环江、融水；生于海拔 650～1 200m 的山谷林下。分布于浙江、安徽、江西、福建、湖北、湖南、重庆、贵州、云南。日本、朝鲜也有分布。

14. **紫柄蹄盖蕨**（蕨类名词及名称）

Athyrium kenzo-satakei Kurata in Hokuriku J. Bot. 7: 75. 1958; 中国植物志 3(2): 224, 图版 50: 5～6. 1999.

14a. **紫柄蹄盖蕨**（原变种）

Athyrium kenzo-satakei Kurata var. kenzo-satakei

根状茎直立，先端和叶柄基部密被黑色、线形、先端纤维状的鳞片。叶簇生；孢子叶长 42～62cm；叶柄基部黑色，向上淡紫色，光滑；叶片狭三角形，长 20～30cm，基部宽 10～18cm，先端渐尖，基部几不变狭，截形，二回羽状；羽片 12～16 对，基部一对羽片略缩短，基部变狭，第二至第四对羽片几等大，披针形，先端尾状渐尖，基部对称，近截形，较阔，一回羽状（或深羽裂）；小羽片 8～12 对，下先出，三角状披针形或长圆形，基部不对称，上侧圆截形，有耳状凸起，耳片长圆形，几全缘，下侧楔形，边缘浅圆裂或为波状。叶干后厚纸质，腹面黑褐色，背面褐绿色，两面无毛；叶轴和羽轴背面均呈淡紫色，疏被短毛，腹面有伏贴的钻状硬刺。孢子囊群长圆形，生于小脉上侧，在主脉两侧各排成 1 行，略近主脉；囊群盖同形，少为弯钩形，褐色，膜质，全缘，宿存；孢子周壁表面无褶皱。

产于龙胜、环江、武鸣、金秀、天峨；生于海拔 800～1 400m 的林下阴湿处。分布于广东和四川。日本也有分布。

14b. **介贵山蹄盖蕨**（变种）（西北植物学报）

Athyrium kenzo-satakei Kurata var. jieguishanense (Ching) Z. R. Wang in Fl. Reipub. Popul. Sin. 3(2): 225, 图版 55: 5～6. 1999. ——*A. jieguishanense* Ching in Ching et Hsieh in Acta Bot. Bor.-Occ. Sin. 6(3): 157. 1986.

本变种与原变种的区别在于本变种叶柄鳞片深褐色；叶柄、叶轴及羽轴背面均密被短腺毛。

广西特有，产于金秀（介贵山）；生于海拔 300～900m 的疏林中。

15. **中越蹄盖蕨**（蕨类名词及名称）

Athyrium christensenii Tard.-Blot in Aspl. Tonkin 80, 182, t. 12, f. 1～2. 1932; Tard.-Blot et C. Chr., Fl. Indo-Chine **7**(2): 272. 1941; 中国植物志 **3**(2): 226, 图版 51: 1～4. 1999. —— *Lunathyrium christensenii* (Tard.-Blot) Ching in Acta Phytotax. Sin. **9**(1): 72. 1964.

根状茎直立。叶簇生。叶柄长 18～30cm，禾秆色；叶片长圆状披针形，长 30～55cm，宽 12～15cm，先端渐尖，基部变狭，奇数羽状；侧生羽片 16～18 对，下部羽片短而密接，长 7～9cm，宽 1.5～2cm，无柄，近平展，镰形，羽裂；裂片长圆形，略具齿；部分的上部羽片纤细，具齿；叶轴、羽轴被较多的小鳞片和少数腺体（尤其是幼株上）；叶脉羽状，每组 5～7 条；叶草质。孢子囊群短，长圆形，在主脉两侧各排成一行；囊群盖淡栗色，膜质，全缘，宿存；孢子周壁表面无褶皱，有颗粒状纹饰。

产于田林、百色、凌云、乐业、那坡、天峨；生于海拔 1 300～1 750m 的常绿阔叶林下。分布于云南。越南也有分布。

16. **翅轴蹄盖蕨**（中国高等植物图鉴）

Athyrium delavayi Christ in Bull. Soc. Bot. France 52 Mém. **1**: 47. 1905; 中国主要植物图说 · 蕨类植物门 111, 图 141. 1957; 中国高等植物图鉴 **1**: 179, 图 358. 1972; 中国植物志 **3**(2): 228, 图版 52: 1～4. 1999.

植株高 40～60cm。根状茎短而直立。叶簇生；叶柄长 15～25cm，淡禾秆色；叶片长圆形，长 25～35cm，宽 14～20cm，先端急狭缩成尾状，二回羽状；羽片 16～18 对，上弯，下部几对略缩短，中部的长 13～18cm，宽 1.2～1.5cm，披针形或条状披针形，先端尾状长渐尖，并有尖齿；小羽片 18～20 对，通常密接，无柄，基部一对略大，常覆盖叶轴，近方形，边缘有大而张开的尖齿；叶薄纸质，背面多少被短腺毛。孢子囊群长圆形；囊群盖同形，全缘，宿存；孢子周壁表面无褶皱，有拟网状纹饰。

产于龙胜、融水、罗城、隆林；生于海拔 600～1 600m 的山谷林下。分布于云南、四川、重庆、贵州、湖北。缅甸、印度也有分布。

全草清热解毒、消肿止痛；用于治烧烫伤。

17. **轴果蹄盖蕨**（蕨类名词及名称）

Athyrium epirachis (Christ) Ching in C. Chr. Ind. Fil. Suppl. **3**: 41. 1934; 中国植物志 **3**(2): 235, 图版 54: 1～6. 1999. ——*Diplazium epirachis* Christ in Bull. Soc. France 52 Mém. **1**: 51. 1905.

本种形体近似于**贵州蹄盖蕨**（*A. pubicostatum* Ching et Z. Y. Liu），不同在于本种叶柄、叶轴及羽轴带淡紫红色；羽片有短柄或近无柄。

产于龙胜、融水、环江；生于海拔 800～1 400m 的林下。分布于湖南、湖北、福建、广东、台湾、贵州、云南、重庆、四川。日本也有分布。

18. **贵州蹄盖蕨**（中国蕨类植物孢子形态）

Athyrium pubicostatum Ching et Z. Y. Liu in Bull. Bot. Res., Harbin **4**(3): 7, t. 9. 1984.; 中国植物志 **3**(2): 237, 图版 54: 7. 1999. ——*A. guizhouense* Ching in Acta Bot. Bor.-Occ. Sin. **6**(1): 11. 1986. ——*A. sessile* Ching in Acta Bot. Bor.-Occ. Sin. **6**(3): 154. 1986.

根状茎短，直立，先端和叶柄基部密被鳞片；鳞片深褐色，线状披针形，先端纤维状。叶簇生；孢子叶长 35～45cm；叶柄基部黑褐色，向上呈禾秆色，顶部被浅褐色短腺毛；叶片近长三角形，长 25～30cm，宽 15～20cm，先端渐尖，基部不变狭，二回羽状；羽片 13～16 对，近平展，无柄，基部一对羽片略缩短，基部变狭，并往往向下反折；下部的羽片披针形，先端长渐尖，基部对称，截形；上部的羽片镰状披针形，逐渐缩短，先端渐尖，基部略偏斜，上侧成耳状凸起，下侧楔形，并略下延，一回羽状；小羽片 12～16 对，三角状长圆形，尖头或急尖头，基部偏斜，上侧斜截形，有显著的耳状凸起，下侧楔形，略下延，边缘有浅钝锯齿；叶干后纸质，浅褐绿色，两面无毛；叶轴和羽轴背面禾秆色，密被浅褐色短腺毛，腹面有伏贴的钻状短硬刺。孢子囊群长圆形或短线形，在主脉两侧各排成一行，略近主脉；囊群盖同形，褐色，膜质，全缘，宿存。

产于融水、罗城、环江；生于海拔 400～800m 的林下。分布于湖北、湖南、四川、重庆、贵州和云南。

19. **光蹄盖蕨**（中国蕨类植物图谱）

Athyrium otophorum (Miq.) Koidz. Fl. Symb. Orient. -Asiat. 40. 1930；中国蕨类植物图谱 3：图版 109. 1935；中国主要植物图说・蕨类植物门 110，图 140. 1957；中国植物志 3(2)：238，图版 55：1～4. 1999. ——*Asplenium otophorum* Miq. in Ann. Mus. Bot. Lugd. -Bat. 3：175. 1867.

根状茎短，先端斜升，密被深褐色或黑褐色、线状披针形、先端纤维状的鳞片。叶簇生；孢子叶长 45～70(85)cm；叶柄基部黑褐色，密被与根状茎上同样的鳞片，向上略带淡紫红色，光滑；叶片长卵形或三角状卵形，长 25～35(50)cm，中部宽 20～25cm，先端急狭缩，基部不变狭，二回羽状；羽片约 15 对，急狭缩部以下约有 7 对，基部的对生，向上的互生，几平展，无柄或有极短柄，披针形，先端长渐尖，基部截形，一回羽状；小羽片 14～17 对，无柄，下部的近三角形至长圆状披针形，尖头，基部不对称，上侧截形，并有三角形的耳状凸起，与羽轴并行，下侧楔形，近全缘或上侧边缘有小锯齿。叶干后纸质，浅褐色，两面无毛；叶轴和羽轴背面均呈淡紫红色，光滑，腹面沿沟两侧边上有伏贴的钻状短硬刺。孢子囊群长圆形或短线形，生于叶边与主脉中间，稍近主脉；囊群盖同形，浅褐色，膜质，全缘，宿存。

产于兴安、龙胜、田林、隆林、环江、天峨、融水、金秀；生于海拔 500～1 300m 的林下或竹林边。分布于安徽、浙江、福建、台湾、湖北、湖南、广东、四川、重庆、贵州和云南。日本和朝鲜也有分布。

20. **胎生蹄盖蕨**（蕨类名词及名称）

Athyrium viviparum Christ in Bull. Acad. Int. Géogr. Bot. **20**：13. 1910；江西植物志 **1**：145，图 126. 1993；中国植物志 3(2)：255，图版 59：8. 1999. ——*A. spinosissimum* Ching in Acta Bot. Bor. -Occ. Sin. **6**(3)：155. 1986.

本种近似于**软刺蹄盖蕨**[*A. strigillosum* (Moore ex Lowe) Moore ex Salom]，不同在于本种小羽片三角状阔披针形；边缘的浅裂片上仅有细微锯齿，裂片边缘的齿较钝。

产于龙胜、金秀、环江、凌云、乐业、田林、隆林、武鸣；生于海拔 500～1 400m 的常绿阔叶林下。分布于四川、重庆、贵州、云南、湖南、广东、江西。

21. **软刺蹄盖蕨**（蕨类名词及名称）

Athyrium strigillosum (Moore ex Lowe) Moore ex Salom, Nomenc. Gefasskrypt. 112. 1883；中国主要植物图说・蕨类植物门 112，图 143. 1957；中国植物志 3(2)：256，图版 59：1～4. 1999. ——*Asplenium strigillosum* Moore ex Lowe, Ferns Brit. Exot. **5**：107，t. 36. 1858.

植株高 50～70cm。根状茎直立，先端疏被披针形鳞片。叶簇生；叶柄禾秆色，光滑；叶片长圆形，长 20～50cm，宽 12～15cm，三回深羽裂，羽片 18 对左右，渐尖头，基部阔圆形；小羽片 12～16 对疏离，裂片边缘具锐尖齿；羽轴、小羽轴腹面有长芒刺状针状软刺，叶轴顶端常生有芽胞。孢子囊群一型，通常长圆形，近裂片主脉着生；囊群盖膜质，全缘，最后脱落。

产于龙胜、金秀、凌云、乐业；生于海拔 700～900m 的常绿阔叶林下。分布于四川、贵州、云南、西藏、湖南、广东、台湾。日本、缅甸、印度、尼泊尔也有分布。

全草清热解毒、止血收敛；治痢疾、外伤出血、下肢疖肿。

22. **高山蹄盖蕨**（台湾植物志） 林下蹄盖蕨（蕨类名词及名称）

Athyrium silvicola Tagawa in Acta Phytotax. Geobot. **2**：17. 1933；Fl. Taiwan 2nd. 2. **1**：425. 1994；中国植物志 3(2)：260. 1999.

根状茎短，直立，先端密被深褐色、线状披针形的鳞片。叶簇生；叶柄淡禾秆色，基部被与根状茎上同样的鳞片，向上光滑；叶片三角状卵形，长 15～45cm，宽 12～40cm，先端渐尖，基部最阔，二回羽状，小羽片羽裂；羽片 8～13 对，斜展，有柄，基部一对较大，卵状披针形，长 5～20cm，宽 2～5cm，先端渐尖，基部近对称，略变狭（向上各对基部不变狭），一回羽状，小羽片羽裂；小羽片 8～15 对，有短柄，卵状长圆形，钝圆头，基部不对称，上侧截形并稍成耳状凸起，下侧楔形，羽裂深达 1/2 以上；裂片 5～9 对，长圆形或卵状长圆形，基部上侧的一对较大，先端有少数浅锯齿；叶干后薄纸质，浅褐绿色，两面无毛；叶轴和羽轴背面禾秆色，疏被浅褐色短腺毛，腹面连同小羽轴（或主脉）有伏贴的针状软刺。孢子囊群长圆形或短线形，近主脉着生；囊群盖同形，浅褐色，膜质，全缘，宿存。

产于隆林；生于海拔约 600m 的林下。分布于台湾、四川和云南。日本和印度也有分布。

23. **长江蹄盖蕨**（中国高等植物图鉴）

Athyrium iseanum Rosenst. in Fedde, Report Sp. Nov. **13**: 124. 1913; 中国高等植物图鉴 **1**: 181, 图 362. 1972; 西藏植物志 **1**: 138. 1983; 中国植物志 **3**(2): 263, 图版 61: 1～2. 1999.

植株高 30～50cm。根状茎直立，顶部和叶柄基部密生披针形鳞片。叶簇生；叶柄长 12～25cm，禾秆色，光滑；叶片长圆形，长 18～45cm，宽 11～14cm，渐尖头，基部圆形，三回深羽裂，叶轴腹面有密腺毛；羽片 10～20 对，有具狭翅的短柄，深羽裂；裂片 4～6 对，长圆形有几个短尖锯齿；主脉腹面有细长刺；叶草质，两面无毛。孢子囊群长圆形，生于裂片上侧的多为马蹄形；囊群盖同形，全缘，宿存。

产于龙胜、融水、武鸣；生于海拔 900～1 300m 的常绿阔叶林下。分布于安徽、江苏、浙江、福建、台湾、广东、贵州、云南、四川、重庆、江西、湖南、湖北、西藏。日本、韩国也有分布。

24. **合欢山蹄盖蕨**（台湾植物志）

Athyrium cryptogrammoides Hay., Ic. Pl. Formos. **6**: 156. 1916; 台湾植物志(ed. 2)**1**: 418, f. 169. 1994; 中国植物志 **3**(2): 262. 1999.

本种近似于**长江蹄盖蕨**（*A. iseanum* Rosenst.），不同在于本种叶柄基部被卵状披针形鳞片；叶片中部羽片的小羽片上先出；囊群盖边缘啮齿状。

产于龙胜；生于海拔 800～1 500m 的山谷林下。分布于浙江、台湾、湖北、湖南和贵州。日本也有分布。

3. 安蕨属 Anisocampium Presl

陆生，中型蕨类。根状茎横走，疏被鳞片；鳞片灰棕色，披针形，全缘。叶近生或簇生；叶柄基部被鳞片，向上光滑；叶片一回羽状，羽片少数，有短柄，斜卵圆形，边缘浅裂，有刺状尖锯齿或圆齿状；叶脉羽状，小脉单一或二叉，分离，或下部的小脉成锐角的联结，并结合成一延伸的细脉；叶纸质或草质，无毛或背面沿羽轴和中脉有疏短毛或少数小鳞片。孢子囊群圆形，着生于小脉中部；囊群盖小，圆肾形，边缘有睫毛，早落，或无盖；孢子囊有长柄，环带由 14～16 个增厚细胞组成；孢子椭圆形，单裂缝，周壁明显而透明，表面不平，具脊状隆起。

本属有 3 种，分布于东南亚热带和亚热带。中国有 2 种；广西产 1 种。

华东安蕨（中国高等植物图鉴）

Anisocampium sheareri (Bak.) Ching in Acta Bot. Yunnan. **7**(3): 314. 1985; 江西植物志 **1**: 151, 图 135. 1993; 中国植物志 **3**(2): 75, 图版 15: 1～6. 1999. —— *Nephrodium sheareri* Bak. in J. Bot. 200. 1875. ——*Athyrium sheareri* Ching in C. Chr. Ind. Fil. Suppl. **3**: 44. 1934; 中国蕨类植物图谱 **3**: 图版 108. 1935.

植株高 45～75cm。根状茎长而横走，顶部疏被棕褐色、披针形鳞片。叶疏生；叶柄长 25～50cm，禾秆色；叶片长圆形或卵状三角形，长 20～25cm，宽 6～18cm，先端长渐尖，基部近截形或圆楔形，一回羽状；羽片 7～9 对，镰状披针形，基部一对与其上的同大，长 3～9cm，宽 1～3cm，先端渐尖，基部楔形或截形，边缘浅裂并有刺状尖锯齿，下部羽片分离，上部羽片和叶轴合生；叶脉在裂片上为羽状，侧脉约 6 对，分叉，两面稍明显；叶纸质或薄纸质，腹面光滑，背面被小鳞片和短毛。孢子囊群小，圆形，着生于小脉中部；囊群盖小，圆肾形，边缘有长毛，早落。

产于环江、灵川、龙胜、三江；生于海拔300～800m的林下沟边。分布于福建、江苏、浙江、安徽、江西、湖北、湖南、广东、四川、重庆、贵州、云南。日本、韩国也有分布。

根状茎清热利湿。

4. 介蕨属 Dryoathyrium Ching

中型蕨类。根状茎粗壮，横走、斜升或直立，光滑或有时疏被鳞片。叶近生或远生；叶片卵状长圆形或三角状卵形，顶端渐尖，基部不缩狭，二回至三回深羽裂；羽片或小羽片互生，几无柄，基部一对不缩短，基部对称，一回羽状或二回羽裂；叶脉通常羽状，分离，侧脉分叉或单一；叶草质或纸质，无毛或仅在叶轴或羽轴腹面有浅纵沟，互不相通，多少被有粗筛孔状小鳞片或多细胞的毛，有时中脉或小脉上也被疏毛。孢子囊群圆肾形、马蹄形或新月形，着生于小脉中部；囊群盖同形，深褐色，膜质，边全缘、啮蚀状、撕裂或有睫毛；孢子两面形，略透明，表面有翅状周壁。

本属约有20种，主要分布于亚洲温带及亚热带地区。中国有14种，以四川、湖北西部及秦岭以南为分布中心；广西产4种。

分种检索表

1. 孢子囊群圆形至圆肾形(鳞毛蕨型)。
  2. 叶为三回至四回羽状分裂；叶片不呈长圆形而多呈三角状卵形。
    3. 小羽片一般为深裂；裂片长，先端圆，有整齐的缺刻 ………………………… 1. **介蕨** D. boryanum (Willd.) Ching
    3. 小羽片一般为羽状半裂；裂片较短，先端截形，近全缘 …………………… 2. **无齿介蕨** D. edentulum (Kze.) Ching
  2. 叶二回羽状深裂；叶片长圆形，裂生圆头，全缘或下部羽片的裂片锯齿状浅裂 ………………………………………………………………………… 3. **峨眉介蕨** D. unifurcatum (Bak.) Ching
1. 孢子囊群马蹄形、钩形至线形(蹄盖蕨型)或混有圆形，裂片羽状半裂至深裂 ………………………………………………………………………… 4. **华中介蕨** D. okuboanum (Mak.) Ching

1. 介蕨(海南植物志)

Dryoathyrium boryanum (Willd.) Ching in Bull. Fan Mem. Inst. Biol. Bot. **11**: 81. 1941；海南植物志 **1**: 90，图 44. 1964；中国高等植物图鉴 **1**: 183. 1972；中国植物志 **3**(2): 285，图版 67: 1～2. 1999. ——*Asplenium boryanum* Willd. Sp. Pl. **4**: 285. 1810.

植株高1～1.7m。根状茎粗。叶近生；叶柄长40～75cm，基部有钻状披针形鳞片，向上近光滑；叶片阔卵形，长70～100cm，宽60～80cm，先端渐尖，基部变狭，三回深羽裂；基部一对羽片长30～45cm，宽约12cm，一回羽状；小羽片14～16对，互生，平展，渐尖头，有短柄，羽状深裂几达羽轴；裂片约12对，密接，钝圆头，两边有粗钝圆齿；叶干后草质；黄绿色，腹面疏被短毛。孢子囊群小，圆形，背生于侧脉中部或小脉分叉处；囊群盖马蹄形或圆肾形，膜质，近全缘，早落。

产于融水、隆林、田林、那坡、北流、玉林、上思、龙州；生于海拔300～1 100m的林下。分布于云南、贵州、西藏、陕西、浙江、湖南、福建、广东、海南、台湾。亚热带其他地区也有分布。

根状茎清热凉血；治蛔虫病、子宫出血、流行性感冒。

2. 无齿介蕨(中国蕨类植物孢子形态)

Dryoathyrium edentulum (Kze.) Ching in Bull. Fan Mem. Inst. Biol. Bot. **11**: 81. 1941；中国主要植物图说·蕨类植物门 125. 1957；中国植物志 **3**(2): 287. 1999. ——*Aspidium edentulum* Kze. in Bot. Zeit. 474. 1846.

本种近似于**介蕨**[*D. boryanum* (Willd.) Ching]，不同在于本种小羽片一般为羽状半裂；裂片较短，先端截形，近全缘。

产于隆林、那坡；生于海拔 350～1 200m 的林下。分布于广东、贵州、云南。越南、缅甸、印度、印度尼西亚也有分布。

3. **峨眉介蕨**（中国高等植物图鉴）

Dryoathyrium unifurcatum（Bak.）Ching in Bull. Fan Mem. Inst. Biol. Bot. **11**：81. 1941；中国主要植物图说·蕨类植物门 125. 1957；中国植物志 **3**(2)：278，图版 65：1～4. 1999.—— *Nephrodium unifurcatum* Bak. in J. Bot. **26**：228. 1888.

植株高 60～90cm。根状茎横走，略有披针形小鳞片。叶近生；叶柄长 30～40cm，疏被披针形鳞片，向上呈禾秆色，近光滑；叶片卵状长圆形，长 35～50cm，宽 20～25cm，二回深羽裂或近二回羽状；基部一对羽裂略短，中部羽片长 14～16cm，宽 3～4cm，羽裂几达羽轴；裂片 12～15 对，长圆形，圆钝头，全缘或有齿；叶脉羽状，小脉单一或分叉；叶干后草质，淡绿色。孢子囊群圆形，生于小脉中部，多少靠近叶边；囊群盖小，圆肾形；膜质，全缘，宿存；孢子具周壁，表面有棒状或刺状纹饰。

产于靖西、那坡；生于海拔 900～1 100m 的林下。分布于四川、重庆、贵州、云南、陕西、浙江、湖北、湖南、台湾。日本也有分布。

全草清热利湿。

4. **华中介蕨**（中国高等植物图鉴）

Dryoathyrium okuboanum（Mak.）Ching in Acta Phytotax. Sin. **10**(4)：303. 1965；江西植物志 **1**：139，图 120. 1993；中国植物志 **3**(2)：282，图版 65：5～12. 1999. —— *Athyrium okuboanum* Mak. in Bot. Mag. Tokyo **13**：16. 1899.

植株高达 80cm。根状茎横走，先端斜升。叶近生；叶柄长 30～50cm，疏被披针形鳞片，光滑；叶片长圆形，长约 50cm，宽 30～40cm，二回羽状或三回羽裂；基部一对羽片长 16～25cm，宽 7～10cm，几无柄；小羽片长圆状披针形，长 4～7cm，宽达 1.5cm，尖头或钝头，基部与羽轴合生，两侧锐裂至羽状半裂；裂片近长方形，全缘；叶脉在叶片上羽状，单一；叶薄草质。孢子囊群圆形，在小羽轴两侧各成一行或在裂片上有 3～5 枚；囊群盖圆肾形，膜质，全缘，宿存。

产于龙胜、罗城、融水、田林、那坡；生于海拔 600～1 300m 的林下。分布于华东、中南、西南。日本也有分布。

全草清热消肿；治疮疖肿毒、下肢疖肿。

5. 双盖蕨属 Diplazium Sw.

中小型蕨类。根状茎横走、直立或斜升，顶端常被黑色或棕色披针形鳞片。叶近生或簇生，稀远生，一型；叶柄长，基部近黑色，略被鳞片，向上通常光滑，淡绿色或灰禾秆色，坚实；叶片长圆形，奇数一回羽状或偶有披针型的单叶或三出，或有时三种叶同生于一株；羽片 3～8 对，顶生的羽片分离并和侧生羽片同形，斜展；叶脉明显，中脉于叶背面隆起，腹面近圆形或略有浅纵沟，侧脉分叉，小脉每组 3～5 条，平行，略斜展，伸达叶边；叶纸质或近草质。孢子囊群线形，生于每组小脉的上侧或下侧 1 条脉，或仅生上侧 1 条脉，双生或单生，自中脉向外伸达近叶边；囊群盖线形，膜质，全缘，双生或单生，或二者混生于 1 片羽片上；孢子肾形或长圆形，有阔翅或粗刺状外周壁。

本属约有 30 种，广布于亚洲和美洲的热带或亚热带地区。中国有 11 种；广西产 7 种。

分 种 检 索 表

1. 叶为单叶 ………………………………………………… 1. **单叶双盖蕨** D. subsinuatum（Wall. ex Hook. et Grev.）Tagawa
1. 叶为奇数一回羽状，或羽状深裂至全裂。

2. 叶片羽状深裂至全裂 ………………………………………………………… 2. **羽裂叶双盖蕨** D. tomitaroanum Masam.
2. 叶片一回羽状。
3. 羽片边缘自基部向上有明显的锯齿。
4. 叶纸质或草质;根状茎上鳞片棕色,全缘;羽片边缘具密细齿 ………………… 3. **薄叶双盖蕨** D. pinfaense Ching
4. 叶近革质;根状茎上鳞片黑色、线形,边缘具小齿;羽片边具浅锯齿 ……… 4. **锯齿双盖蕨** D. serratifolium Ching
3. 羽片全缘或中部以上略有锯齿。
5. 根状茎横走或直立;叶近生;孢子囊群双生于小脉上,每组小脉通常有1~2个囊群。
6. 根状茎直立;羽片基部阔楔形;叶轴和主脉背面疏生红棕色小鳞片 ……… 5. **大叶双盖蕨** D. splendens Ching
6. 根状茎横走,羽片基部狭楔形,叶轴和主脉背面光滑 ……………… 6. **双盖蕨** D. donianum (Mett.) Tard.-Blot
5. 根状茎粗短而直立;叶簇生;孢子囊群单生于小脉上,每组小脉只有1个孢子囊群 ……………………………………………………………………………………… 7. **厚叶双盖蕨** D. crassiusculum Ching

1. **单叶双盖蕨**(中国主要植物图说·蕨类植物门)

Diplazium subsinuatum (Wall. ex Hook. et Grev.) Tagawa, Col. Ill. Jap. Pterid. 135, 203, t. 55, f. 298. 1959; 中国植物志 3(2): 489, 图版 118: 4~10. 1999; 云南植物志 20: 548, 图版 114: 4~6. 2006. ——*Asplenium subsinuatum* Wall. ex Hook. et Grev. Ic. Fil. 1: t. 27. 1827. ——*Diplazium lanceum* (Thunb.) Presl, Tent. Pterid. 113. 1836, non Bory 1833; 中国主要植物图说·蕨类植物门 166, 图 148. 1957; 海南植物志 1: 91. 1964. ——*Triblemma lancea* (Thunb.) Ching in Acta Phytotax. Sin. 16(3): 24. 1978; 江西植物志 1: 152, 图 137. 1993.

植株高15~40cm。根状茎细长横走,有黑色阔披针形鳞片。叶远生,单叶;叶柄长5~16cm,中部以下密生鳞片;叶片条状披针形,中部宽1.5~2.5cm,渐尖头,基部楔形,全缘或浅波状;侧脉羽状;叶纸质。孢子囊群条形,生于每组侧脉的上侧一脉,单一(偶有双生于一脉);囊群盖同形。

广西各地均产;生于海拔100~1 200m的林下或沟边或田埂边。分布于长江以南各省区。日本、越南、缅甸、斯里兰卡、印度、尼泊尔也有分布。

全草清热凉血、止血、利尿通淋;治肺结核、咳嗽、目赤肿痛、热淋尿血、烧烫伤、蛇伤。

2. **羽裂叶双盖蕨**(中国植物志) 图版 50:1~4

Diplazium tomitaroanum Masam. in J. Soc. Trop. Agr. Formos. 2: 33. 1930; 中国植物志 3(2): 487, 图版 118: 1~3. 1999; 云南植物志 20: 546, 图版 114: 1~3. 2006; 中国高等植物 2: 310, 图 430: 1~3. 2008.

本种近似于**单叶双盖蕨**[*D. subsinuatum* (Wall. ex Hook. et Grev.) Tagawa],不同在于本种不为单叶,而是奇数一回羽状,羽片基部羽状深裂至全裂。

产于灵川;生于海拔600~800m的灌丛中或林下阴湿处。分布于浙江、江西、福建、台湾、湖南、广东、香港、海南、四川、重庆、云南。日本也有分布。

全草清热凉血、利尿通淋;治肺结核、乳痈、乳腺炎、淋证、尿路感染。

3. **薄叶双盖蕨**(中国蕨类植物孢子形态) 图版 48:11~12

Diplazium pinfaense Ching in Lingnan Sci. J. 15: 279. 1936; 江西植物志 1: 155, 图 139. 1993; 中国植物志 3(2): 492, 图版 119: 10. 1999; 云南植物志 20: 548. 2006; 中国高等植物 2: 312, 图 433. 2008.

植株高30~55cm。根状茎粗短,直立或略斜升,顶部密被鳞片。叶簇生;叶柄长15~30cm,禾秆色,基部被褐色鳞片;叶片卵状长圆形,长15~25cm,宽12~17cm,一回羽状;侧生羽片2~4对,互生,略斜上升,具短柄,镰状或长圆状披针形,长9~16cm,宽2.2~4cm,顶渐尖,基部圆楔形,边具细齿,顶生羽片与侧生羽片同大或稍大;中脉明显,侧脉分叉,小脉每组3~4条,通直,平行,伸达叶边;叶纸质或草质。孢子囊群线形,单生于每组小脉的上侧1条脉,偶有双生于小脉的上下两侧;囊群盖线形,膜质。

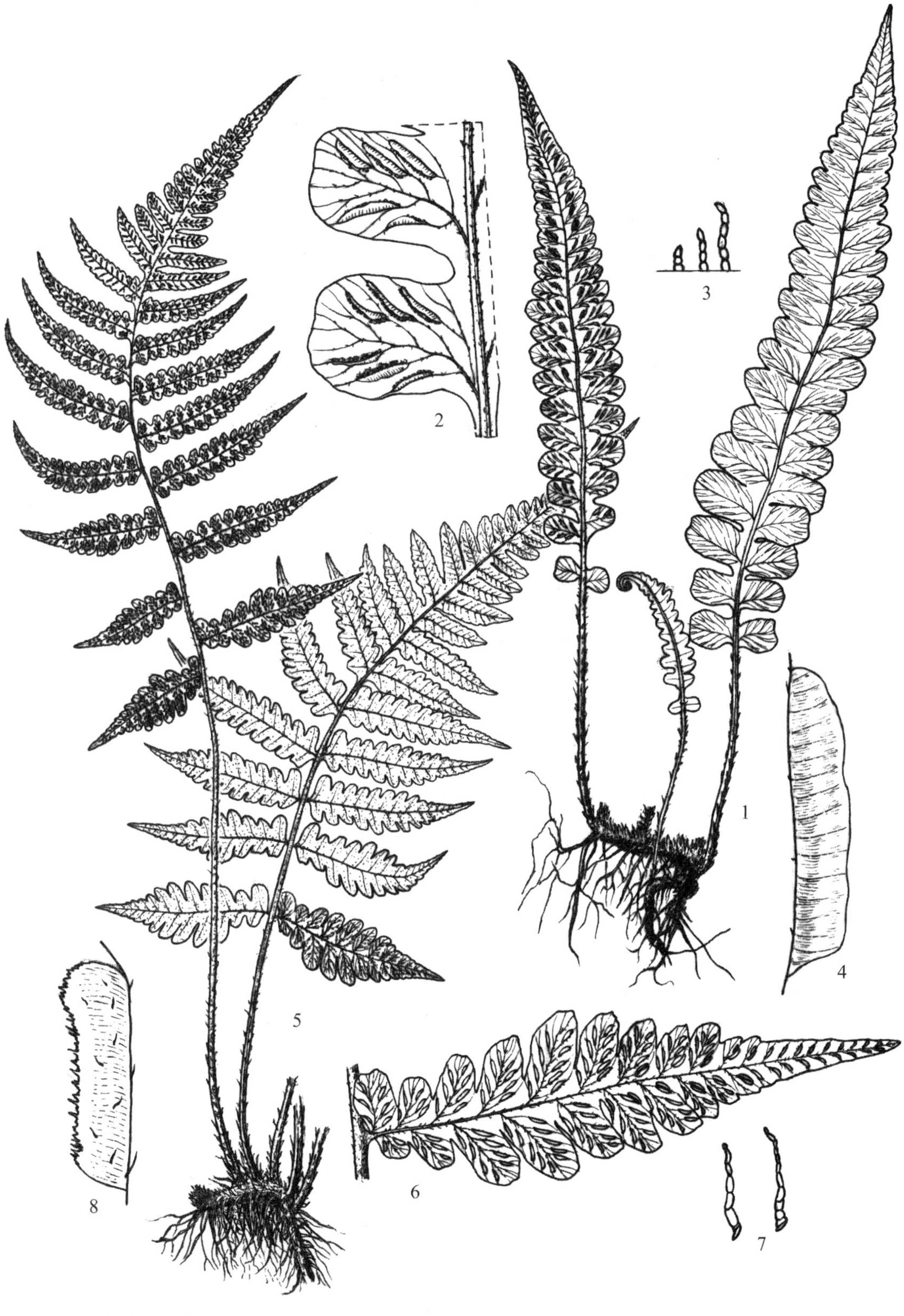

图版 50 1～4. **羽裂叶双盖蕨** Diplazium tomitaroanum Masam. 1. 植株；2. 基部羽片部分，示其形态、脉序和孢子囊群；3. 中肋背面单行细胞的节毛；4. 囊群盖。 5～8. **毛轴假蹄盖蕨** Athyriopsis petersenii (Kze.) Ching 5. 植株；6. 基部羽片，示脉序和孢子囊群；7. 叶轴上的节状毛；8. 囊群盖。 [朱运喜绘，其中 3,7 分别仿自中国植物志 3(2)：488，图版 118. 1999 和中国植物志 3(2)：342，图版 77. 1999]

产于临桂、兴安、灵川、龙胜、三江、金秀、靖西；生于400～800m的林下沟边。分布于贵州、福建、浙江、湖南、江西、四川、重庆、云南。日本也有分布。

4. **锯齿双盖蕨**（植物分类学报）

Diplazium serratifolium Ching in Acta Phytotax. Sin. **8**(2)：145，t. 20，f. 20. 1959；海南植物志 **1**：95. 1964；中国植物志 **3**(2)：496，图版 119：9. 1999；云南植物志 **20**：549，图版 115：1～2. 2006. —— *D. saposhanense* Ching in Acta Phytotax. Sin. **9**(4)：352. 1964；海南植物志 **1**：96. 1964.

植株高50～70cm。根状茎直立，顶端密被鳞片；鳞片线形，长约3mm，宽0.3～0.4mm，顶端渐尖，边缘有小齿，黑色，质坚厚。叶簇生；叶柄长35～40cm；叶片长圆形，长30～40cm，宽10～20cm，奇数一回羽状；羽片4～5对，长圆状披针形，略呈镰状，长15～18cm，宽3～3.5cm，上部长渐狭，顶端渐尖，基部稍狭而为阔楔形；边缘有疏浅锯齿或浅波状，干后略反卷；主脉背面隆起，腹面有浅纵沟，小脉两面均明显，斜展或略斜上，每组3～4条，纤细，通直，直达叶边；叶近草质。孢子囊群线形双生，在每组小脉上有2～3条；囊群盖线形，薄膜质，淡褐色，宿存。

产于宁明、龙州、金秀、平南；生于海拔约350m的常绿阔叶林下。分布于云南、海南。越南也有分布。

5. **大叶双盖蕨**（中国植物志）

Diplazium splendens Ching in Bull. Fan Mem. Inst. Biol. Bot. **2**：205，t. 21. 1931；中国植物志 **3**(2)：497. 1999；云南植物志 **20**：549. 2006.

根状茎直立，鳞片暗棕色，边缘具睫毛状齿。叶簇生；叶柄粗壮，长40～50cm，绿禾秆色，基部褐色，密被鳞片，向上渐光滑；叶片长50～70cm，宽20～25cm，长圆形，奇数一回羽状；羽片9～12对，长15～20cm，宽4～5cm，阔披针形，渐尖头，基部楔形，边缘全缘；羽片主脉两面明显，侧脉较多，分离，平展，基部或中部二叉；叶草质，腹面深绿色，背面灰白色，叶轴和主脉背面疏生红棕色小鳞片。孢子囊群细小，生于脉分枝前端不靠近中脉，伸达叶缘；囊群盖细小，棕色，早落；孢子肾形，周壁透明，表面有不明显的颗粒状纹饰。

产于金秀、百色、平南、容县、东兴、上思、那坡、靖西；生于海拔300～800m的山谷溪边。分布于广东、湖南、云南。越南也有分布。

6. **双盖蕨**（中国高等植物图鉴）

Diplazium donianum (Mett.) Tard.-Blot, Aspl. Tonkin 58，t. 5，f. 1～2. 1932；中国主要植物图说·蕨类植物门 117，图 149. 1957；海南植物志 **1**：96. 1964；中国植物志 **3**(2)：494，图版 119：1～8. 1999；云南植物志 **20**：551，图版 115：3. 2006. —— *Asplenium donianum* Mett. Fil. Lechl. **2**：177，n. 198 b. 1859.

植株高40～60cm。根状茎横走、直立或横卧，顶部密生黑色披针形鳞片。叶近生；叶柄长25～32cm，棕禾秆色，基部有鳞片；叶片卵状长圆形，长25～40cm，宽15～20cm，奇数一回羽状；顶生羽片和侧生的同大，侧生羽片长圆披针形，长10～16cm，宽3～4cm，基部阔楔形，全缘，向顶部略有疏齿；侧脉羽状，每组3～5条，直达叶边；叶厚纸质。孢子囊群条形，每组侧脉有1～2个，常双生于一脉，相距1.5～3mm，几达叶边；囊群盖同形，膜质。

广西各地均产；生于海拔300～1 200m的山谷溪边或林下。分布于安徽、福建、台湾、广东、海南、香港和云南。亚洲其他热带地区也有分布。

全草清热解毒、利湿、凉血、利尿通淋；治小便淋涩不畅、尿中带血、妇女痛经及腰痛、外伤出血、蛇伤。

7. **厚叶双盖蕨**（中国高等植物图鉴）

Diplazium crassiusculum Ching in Lingnan Sci. J. **15**：279. 1936；Tard.-Blot et C. Chr. in Fl. Indo-Chine 7(2)：250. 1940；江西植物志 **1**：155，图 140. 1993；中国植物志 **3**(2)：490，图版 119：11. 1999.

植株高达1.6m。根状茎直立或斜升。叶簇生；叶片长圆形，长30～50cm，宽16～24cm，奇数一回羽状；顶生羽片和侧生的同大或略大，侧生羽片长16～23cm，宽3.5～4.3cm，基部圆楔形，有柄，边缘从中部以上有细齿;侧脉每组有小脉3~4条;叶厚纸质。孢子囊群长条形,生于每组侧脉上侧小脉,单生每组小脉仅一个孢子囊群;囊群盖同形。

广西各地均产;生于海拔300~1 300m的沟边或林下。分布于浙江、福建、广东、贵州、海南、江西和湖南。日本也有分布。

全草清热凉血、利尿、通淋。

6. 轴果蕨属 Rhachidosorus Ching

根状茎直立或横走,先端和叶柄基部疏被披针形、全缘的鳞片。叶远生或近生;叶柄常与叶片近等长,基部不加厚;叶片卵状三角形,两面光滑,三回羽状至四回深羽裂;叶脉分离;叶草质,淡绿色。孢子囊群线形,单生于末回小羽片(或裂片)基部上侧一小脉上,紧靠小羽轴(或主脉);囊群盖新月形,厚膜质,稍膨胀,全缘,宿存。孢子椭圆形。

本属有8种,大都分布于中国亚热带地区,东至日本,南达印度尼西亚。中国有5种;广西产3种。

分种检索表

1. 小羽片急尖头 …………………………………………………………… 1. **喜钙轴果蕨** Rh. consimilis Ching
1. 小羽片渐尖头。
  2. 小羽片基部对称,阔披针形 ………………………………………………… 2. **云贵轴果蕨** Rh. truncatus Ching
  2. 小羽片基部不对称,上侧耳状凸起,下侧楔形,三角状披针形 ……………… 3. **脆叶轴果蕨** Rh. blotianus Ching

1. 喜钙轴果蕨(中国植物志)

Rhachidosorus consimilis Ching in Acta Phytotax. Sin. **9**(1): 75. 1964; 中国植物志 **3**(2): 272, 图版 63: 4~6. 1999.

根状茎直立;叶近生;叶柄长达1m,深褐色,基部密被披针形鳞片,叶轴向上呈淡禾秆色,无毛;叶片与叶柄近等长,三角形或长圆状三角形,基部宽25~30cm,三回羽裂,向顶渐尖羽裂;羽片约10对,长16~18cm,宽5~6cm,披针形,长渐尖头,基部近圆形,二回羽状深裂;小羽片约10对,长3~4cm,宽1~1.5cm,三角状披针形,顶端急尖或短渐尖,基部极不对称,上侧截形而扩大,下侧骤斜,一回羽裂;裂片5~6对,接近斜展,长圆形,基部上侧较大,其余的长约5cm,宽约3cm,顶端近截形,边缘具齿牙;裂片叶脉3~4对,斜展,单一或下部二叉,背面明显;叶草质,干后稍呈绿色。孢子囊群每裂片上4~5对,线形,着生于叶脉基部,极近羽轴;囊群盖新月形,全缘;孢子周壁表面有不规则尾状凸起。

产于靖西、那坡、宁明、大新、龙州;生于海拔250~1 000m的石灰岩林下。分布于四川、贵州、云南。

2. 云贵轴果蕨(贵州科学)

Rhachidosorus truncatus Ching in Acta Phytotax. Sin. **9**(1): 75. 1964; 中国植物志 **3**(2): 269, 图版 63: 1~3. 1999. ——*Rh. subfragilis* Ching in Acta Phytotax. Sin. **9**(1): 76. 1964.

本种近似于**喜钙轴果蕨**(*Rh. consimilis* Ching),不同在于本种小羽片及裂片密接或接近,裂片截头,先端全缘或有浅圆齿。

产于大新、靖西、那坡;生于海拔800~1 200m的石灰岩林下。分布于云南、贵州。

3. 脆叶轴果蕨(植物分类学报)

Rhachidosorus blotianus Ching in Acta Phytotax Sin. **9**(1): 74. 1964; 中国植物志 **3**(2): 273, 图版 63: 4~5. 1999.

本种近似于**喜钙轴果蕨**(*Rh. consimilis* Ching),不同在于本种基部羽片较宽,呈长卵形;裂片及二回小羽片卵形。

产于大新、龙州、靖西、百色、隆林、凤山；生于海拔 600～900m 的常绿阔叶林下。分布于云南、贵州。越南也有分布。

7. 短肠蕨属 Allantodia R. Br.

大中型蕨类。根状茎粗短，直立、斜升，或少有细长横走，具网状中柱，多少被鳞片。叶簇生，少疏生；叶柄基部疏被鳞片，向上常光滑；叶片阔卵形或三角形或长圆形，通常为二回羽状或三回深羽裂，少有为一回羽状；叶脉分离，侧脉单一或二叉斜上；叶草质或纸质，少革质，通常无毛；叶轴和羽轴偶有少数钻形或披针形鳞片，各回羽轴与中脉腹面的纵沟彼此相通。孢子囊群线形、长圆形或卵形，常生于侧脉的上侧小脉上，或仅在裂片基部上侧一脉为双生，着生于小脉基部、中部或全部，通直或下部略弯弓；囊群盖薄或厚，灰白色或浅棕色，膜质，成熟时由外侧展开，或为腊肠形而由背部破裂，宿存或早落；孢子两面形，圆肾形或卵圆形，透明，表面有翅状或粗疣状凸起。

本属约有 100 种，分布于热带及亚热带地区，少数达温带。中国有 73 种 4 变种，广布于长江以南各省区；广西产 30 种。

分种检索表

1. 叶一回羽状，羽片多少羽裂或深波状。
  2. 叶脉联结，侧生羽片三角状披针形 …………………… 1. **网脉短肠蕨** A. stenochlamys (C. Chr.) Ching ex W. M. Chu
  2. 叶脉分离。
    3. 叶片顶端急缩羽裂渐尖。
      4. 根状茎长而横走；叶远生 ………………………… 2. **假江南短肠蕨** A. yaoshanensis (Wu) W. M. Chu et Z. R. He
      4. 根状茎粗短，斜升至直立；叶簇生，罕见近生或疏生。
        5. 羽片阔而大，长圆阔披针形，长达 25cm，宽达 5cm，基部多呈浅心形；孢子周壁具少数褶皱 …………………………………………………………………………………… 3. **大羽短肠蕨** A. megaphylla (Bak.) Ching
        5. 羽片镰状披针形，长不超过 15cm，宽 3cm 以下，基部圆楔形或几平截；孢子周壁具明显而均匀的网状纹饰 ……………………………………………………………………………………… 4. **羽裂短肠蕨** A. pinnatifido-pinnata (Hook.) Ching
    3. 叶片顶端羽裂渐尖。
      6. 羽片边缘锯齿状，基部不对称，上侧向上明显凸出呈耳状。
        7. 根状茎长而横走；叶远生，叶片阔披针形；羽片 14～18 对，边缘具重齿 ……………………………………………………………………………………… 5. **耳羽短肠蕨** A. wichurae (Mett.) Ching
        7. 根状茎斜生；叶簇生，叶片卵状三角形；羽片 6～8 对，深裂达 1/2 或更深，边缘具齿牙 ……………………………………………………………… 6. **独山短肠蕨** A. dushanensis Ching ex W. M. Chu et Z. R. He
      6. 羽片边缘羽裂，基部对称或近对称。
        8. 根状茎直立或斜升。
          9. 叶柄、叶轴被黑褐色或黑色鳞片；羽片几无柄，浅裂 …………… 7. **鳞轴短肠蕨** A. hirtipes (Christ) Ching
          9. 叶柄基部疏具鳞片，叶轴近光滑；羽片有柄，深裂……………… 8. **草绿短肠蕨** A. viridescens (Ching) Ching
        8. 根状茎横走或横卧。
          10. 羽片浅裂 ………………………………………………… 9. **江南短肠蕨** A. metteniana (Miq.) Ching
          10. 羽片深裂至全裂，裂片呈镰形 ………………………… 10. **镰羽短肠蕨** A. griffithii (Moore) Ching
1. 叶二回羽状至多回羽状复叶。
  11. 孢子囊群短，卵圆形或长圆形；囊群盖膨胀，呈短肠形。
    12. 孢子囊群生于叶脉上部或近顶部，颇靠近叶边………………… 11. **边生短肠蕨** A. contermina (Christ) Ching
    12. 孢子囊群生于叶脉基部腋间或中部以下。
      13. 叶柄基部近光滑，无鳞片。

14. 叶二回羽状复叶，小羽片深羽裂；孢子囊群较长，长圆形 …… 12. **光脚短肠蕨** A. doederleinii (Luerss.) Ching
14. 叶三回或四回羽状复叶，末回小羽片羽裂；孢子囊群卵圆形 …………………………………………………… 13. **高大短肠蕨** A. procera (Wall. ex C. B. Clarke) Ching
13. 叶柄基部密被棕色鳞片；叶三回羽状复叶，小羽轴上具狭翅，末回小羽片羽裂，羽片具短柄 …………………………………………………… 14. **狭翅短肠蕨** A. alata (Christ) Ching
11. 孢子囊群长线形；囊群盖平坦，线形。
15. 叶三回羽状复叶。
16. 根状茎横走，羽片平展 …………………………………… 15. **中华短肠蕨** A. chinensis (Bak.) Ching
16. 根状茎横卧，羽片斜升。
17. 孢子囊群中生 …………………………………… 16. **双生短肠蕨** A. prolixa (Rosenst.) Ching
17. 孢子囊群靠近主肋 …………………………………… 17. **矩圆短肠蕨** A. pseudosetigera (Christ) Ching
15. 叶二回羽状复叶，羽片具齿至深裂。
18. 孢子囊群短肠形，从叶脉基部生出，紧靠主脉。
19. 叶柄、叶轴禾秆色，具稀疏的刺；叶脉两面凸起 ………………… 18. **粗糙短肠蕨** A. aspera (Bl.) Ching
19. 叶柄、叶轴黑褐色，无刺；叶脉两面不凸起 ………………… 19. **褐色短肠蕨** A. himalayensis Ching
18. 孢子囊群线形中生或从叶脉基部伸出，或短肠形中生。
20. 小羽片具齿或浅裂。
21. 小羽片较大，长 8～15cm，宽 1.5～2cm，披针形、三角形或卵状披针形。
22. 叶柄、叶轴上密生肉质刺凸 ………………………………… 20. **肉刺短肠蕨** A. similis W. M. Chu
22. 叶柄、叶轴无肉质刺凸。
23. 叶柄偶具棕色薄鳞片；小羽片三角形或卵状披针形，钝头或急尖；孢子囊群中生 …………………………………………………… 21. **阔片短肠蕨** A. matthewii (Copel.) Ching
23. 叶柄密被线形褐色具黑边的鳞片；小羽片披针形，渐尖；孢子囊群从小脉基部伸出 …………………………………………………… 22. **毛柄短肠蕨** A. dilatata (Bl.) Ching
21. 小羽片较短，长 2～5cm，宽 0.5～1.5cm，镰刀状披针形，叶柄基部具黑色鳞片 …………………………………………………… 23. **假镰羽短肠蕨** A. petri (Tard.-Blot) Ching
20. 小羽片深羽裂。
24. 羽片线状披针形；小羽片卵形或长卵形，长达 3cm；叶柄、叶轴被甚多的褐色或黑褐色披针形鳞片 …………………………………………………… 24. **鳞柄短肠蕨** A. squamigera (Mett.) Ching
24. 羽片长圆形，宽达 10cm 或更宽；小羽片披针形，长达 10cm 以上；叶轴几无鳞片。
25. 叶柄基部密被黑色鳞片，鳞片边缘具齿 ………………… 25. **淡绿短肠蕨** A. virescens (Kze.) Ching
25. 叶柄基部密被棕色、黑褐色鳞片或疏具鳞片。
26. 叶柄疏被伏贴卵形薄鳞片，小羽片基部显著不对称(上侧裂片远短且小于下侧裂片)，羽柄基部常黑褐色 …………………………………… 26. **异裂短肠蕨** A. laxifrons (Rosent.) Ching
26. 叶柄上不具上述鳞片；小羽片基部对称或近对称。
27. 叶柄上的鳞片棕色或黑褐色，边缘全缘 ………… 27. **薄盖短肠蕨** A. hachijoensis (Nakai) Ching
27. 叶柄上的鳞片棕色，边缘具齿。
28. 孢子囊群从小脉基部伸出。
29. 叶下面具有腺毛 ………………………………… 28. **深绿短肠蕨** A. viridissima (Christ) Ching
29. 叶下面光滑无腺毛 ……………………………… 29. **长果短肠蕨** A. calogramma (Christ) Ching
28. 孢子囊群中生；裂片较大，宽 0.8～1cm，长圆钝头 … 30. **大叶短肠蕨** A. maxima (D. Don) Ching

1. 网脉短肠蕨(中国植物志)

Allantodia stenochlamys (C. Chr.) Ching ex W. M. Chu in Fl. Reipub. Popul. Sin. 3(2): 429, pl. 98, f. 4～7. 1999. ——*Diplazium stenochlamys* C. Chr. Ind. Fil. 240. 1906.

根状茎短，斜升。叶簇生；叶柄棕色，光滑，长 15～50cm；叶片三角形，奇数羽状；侧生羽片 4～7 对，三角状披针形，长 12～30cm，宽 5～10cm，具柄，边缘有齿或裂片，下部常深裂，少数羽裂达羽轴，长 2cm；顶生羽片骤狭，尖而纤细，具齿或波状，三角状披针形，下侧耳状，长约 15cm，基部宽约 12cm，裂片扩大或深裂；叶近草质，叶面、叶轴无毛；侧脉网结。孢子囊群线形，不规则形；囊群盖膜质，宿存；孢子周壁透明，表面有颗粒状纹饰。

产于靖西、东兰；生于海拔 400～900m 的林下。分布于云南。越南、老挝也有分布。

2. **假江南短肠蕨**（中国植物志） 图版 51：1～5

Allantodia yaoshanensis（Wu） W. M. Chu et Z. R. He in Fl. Reipub. Popul. Sin. 3(2)：416. 1999. ——*Diplazium japonicum* Bedd. var. *yaoshanense* Wu in Bull. Dept. Biol. Sun Yat-sen Univ. 3：152，pl. 67. 1932. ——*D. yaoshanense*（Wu） Tard.-Blot in Bull. Mus. Hist. Nat.（Paris） 2 ser. 6：115. 1934.

本种近似于**江南短肠蕨**[*A. metteniana*（Miq.） Ching]，不同之处在于本种叶片顶部急缩羽裂渐尖，而后者为叶片顶部羽裂渐尖。

产于上思、金秀、桂平、防城港；生于海拔 300～600m 的林下沟边。分布于广东。越南、日本也有分布。

3. **大羽短肠蕨**（植物分类学报） 图版 51：6～10

Allantodia megaphylla（Bak.） Ching in Acta Phytotax. Sin. 9(1)：50. 1964；中国植物志 3(2)：423，图版 93：3～6. 1999. ——*Asplenium megaphyllum* Bak. in J. Bot. 264. 1890. ——*Diplazium megaphyllum*（Bak.） Christ in Bull. Herb. Boiss. 6：961. 1898.

叶奇数一回羽状，粗壮，高 50～100cm。叶通常簇生，稀近生或疏生；叶柄长约 60cm，密而粗壮，密被褐色卷曲光亮鳞片；鳞片基部阔倒心形，明显凹入，顶端渐狭，沿长的边缘侧生着二叉状刺，细胞壁褐色，具光泽，淡黄色；叶片披针形，侧生羽片 7～10 对，长圆形，长 15～20cm，宽 3.5～5cm，上部的羽片具短柄或近无柄；羽片基部不对称，基部下侧略耳状，多少较大，边缘具细锯齿，长 5～8mm，通常向顶具齿；叶脉明显向背面凹下，羽状分枝 7～11 条达齿端；叶纸质，干后暗绿色。孢子囊群伸长略弯曲，多达边缘；囊群盖线形，常宿存，灰色。

产于凤山、天峨、凌云、隆林、百色、那坡、靖西、扶绥、龙州；生于海拔 400～1 300m 的石灰岩林下或洞口带。分布于贵州、云南、四川、台湾。越南也有分布。

4. **羽裂短肠蕨**（植物分类学报）

Allantodia pinnatifido-pinnata（Hook.） Ching in Acta Phytotax. Sin. 9(1)：50. 1964；海南植物志 1：100. 1964；中国植物志 3(2)：424，图版 99：1～2. 1999. —— *Asplenium pinnatifidopinnatum* Hook. Sp. Fil. 3：238. 1860.

根状茎直立，黑褐色，先端被鳞片；鳞片披针形，深褐色，边缘有小齿。叶簇生；叶柄基部褐色，疏被与根状茎上相同的鳞片，向上光滑，绿禾秆色，腹面有浅纵沟；叶片卵形或卵状长圆形，长达 40cm，宽达 20cm，急缩羽裂渐尖的顶部以下一回羽状，先端急缩，部分浅羽裂，其下深羽裂至全裂；侧生羽片达 10 对，互生，斜展，镰状披针形，先端渐尖，基部圆截形，对称，边缘有阔浅锯齿，具短柄或无柄。叶坚纸质，干后腹面多呈深灰绿色，背面浅灰绿色，两面均无毛；叶轴禾秆色，或浅绿禾秆色，光滑，腹面有浅纵沟。孢子囊群线形，每组小脉上通常有 2 对，自小脉基部或近基部向上斜展，不达羽片边缘；囊群盖线形，浅褐色，膜质，全缘，宿存。

产于龙州；生于海拔约 1100m 的石灰岩林下。分布于海南、云南。缅甸、越南及印度也有分布。

5. **耳羽短肠蕨**（植物分类学报）

Allantodia wichurae（Mett.） Ching in Acta Phytotax. Sin. 9(1)：49. 1964；江西植物志 1：157，图 142. 1993；中国植物志 3(2)：407，图版 92：4～11. 1999. ——*Asplenium wichurae* Mett.，Ann. Mus. Lugd. Bot. 2：237. 1866. ——*Dilazium wichurae*（Mett.） Diels in Engl. u. Prantl，Nat. Pflanzen-

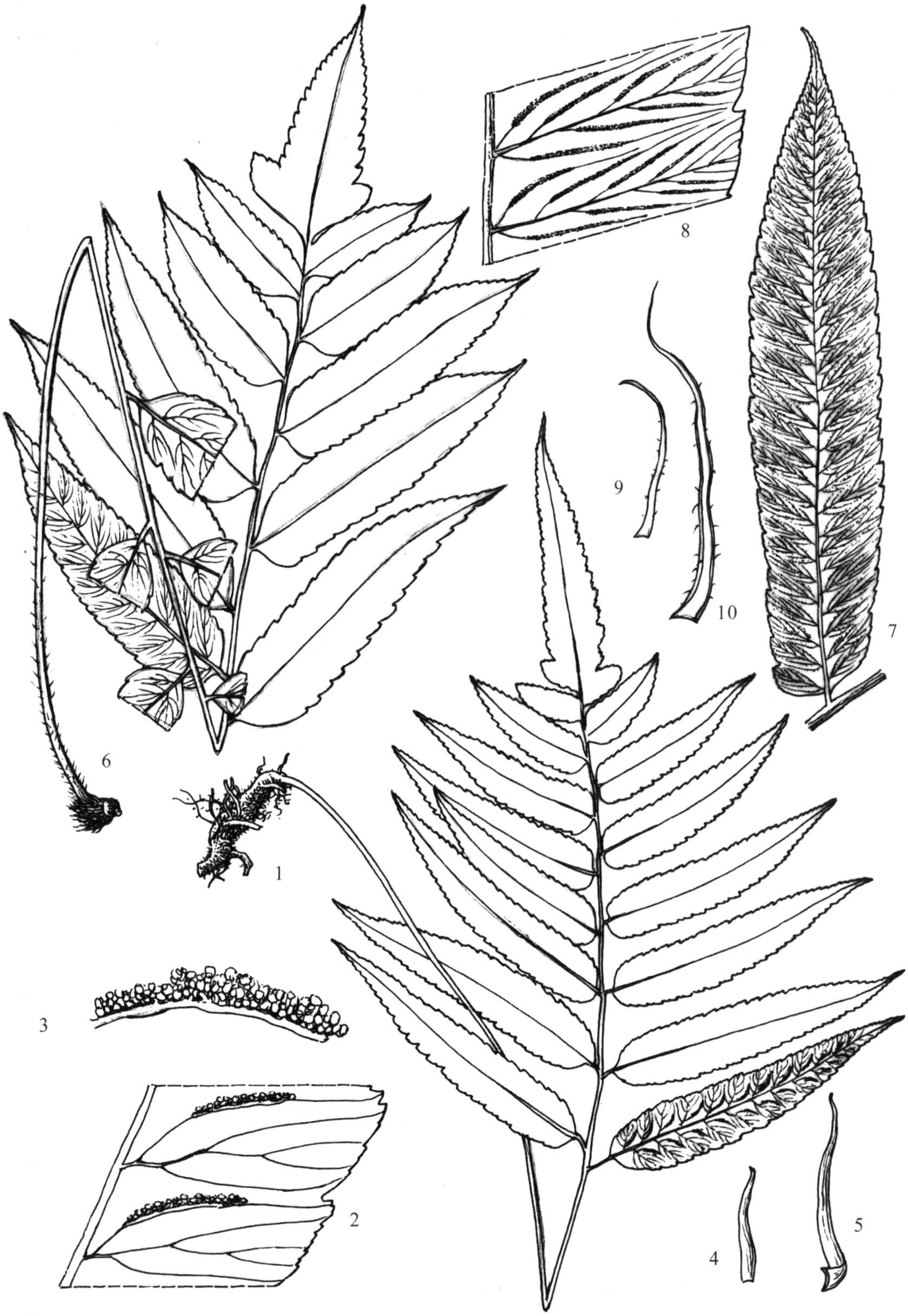

图版 51　1～5. **假江南短肠蕨** Allantodia yaoshanensis (Wu) W. M. Chu et Z. R. He　1. 植株；2. 小羽片背面一部分，示其形态、脉序和孢子囊群；3. 孢子囊群；4. 根状茎上的鳞片；5. 叶柄基部鳞片。　6～10. **大羽短肠蕨** A. megaphylla (Bak.) Ching　6. 叶片一部分；7. 羽片；8. 小羽片背面一部分，示其形态、脉序和孢子囊群；9. 叶柄基部鳞片；10. 根状茎上的鳞片。　（林文宏绘）

fam. 1(4): 226. 1899; 中国主要植物图说·蕨类植物门 118. 1957.

根状茎细长横走,先端密被鳞片;鳞片披针形,褐色,厚膜质,全缘。叶远生;叶柄基部深褐色,疏被褐色线形鳞片,向上绿禾秆色,光滑,腹面有狭纵沟;叶片阔披针形,长 30~35cm,宽 8~14cm,羽裂尾状长渐尖的顶部以下一回羽状;羽片可达 18 对,互生,近平展,镰状披针形,先端渐尖至尾尖,两侧不对称,下侧楔形,上侧有三角形的耳状凸起,边缘有重锯齿,除近顶部的少数羽片,羽柄均无狭翅。叶坚纸质或近革质,干后淡绿色,两面均光滑;叶轴绿禾秆色,光滑,腹面有狭纵沟。孢子囊群粗线形,通直或略弯弓,于中肋两侧各排成 1 行,较接近中肋;与囊群同形的囊群盖浅褐色,膜质,全缘,宿存。

产于龙胜;生于海拔 300~800m 的林下溪沟边。分布于安徽、江苏、浙江、福建、台湾、江西、广东、贵州、四川。韩国和日本也有分布。

6. **独山短肠蕨**(植物分类学报)

Allantodia dushanensis Ching ex W. M. Chu et Z. R. He in Acta Phytotax. Sin. **36**(4): 379, t. 2, f. 1~2. 1998; 中国植物志 **3**(2): 410, 图版 94: 1~2. 1999.

根状茎斜升,具肉质褐色须根,先端密被鳞片;鳞片披针形,褐色,膜质,全缘。叶簇生。叶柄浅绿禾秆色,基部疏被披针形的褐色鳞片,上部光滑,腹面有浅纵沟;叶片卵状三角形或近三角形,长 10~30cm,基部宽 8~20cm,羽裂渐尖的顶部以下一回羽状—羽片羽状半裂至深裂或基部近二回羽状;侧生羽片 6~10 对,互生,略斜展,披针形,先端渐尖,基部不对称,上侧呈耳状凸起,下侧斜切,具短柄,边缘羽状半裂至全裂;羽片的裂片约 8 对,斜展,密接,卵形或长圆形,先端钝圆或急尖,边缘有小牙状疏浅锯齿,以狭翅相连;叶草质,干后灰绿色,两面均光滑;叶轴绿禾秆色,光滑,腹面有浅纵沟。孢子囊群线形,稍弯弓;囊群盖线形,褐色,厚膜质,全缘,宿存。

产于龙州、环江;生于海拔 300~600m 的石灰岩林下。分布于贵州。

7. **鳞轴短肠蕨**(植物分类学报) 图版 52:1~5

Allantodia hirtipes (Christ) Ching in Acta Phytotax. Sin. **9**(1): 50. 1964; 中国植物志 **3**(2): 420, 图版 98: 1~3. 1999. ——*Diplazium hirtipes* Christ in Bull. Herb. Boiss. **7**: 11. 1899. ——*D. pellucidum* Ching in Sinensia **1**: 7. 1929.

根状茎直立或斜升。叶簇生,被黑色披针形鳞片;叶奇数羽状复叶;叶柄长约 25cm,基部黑色,腹面被大量黑色、卷曲的鳞片;叶轴、羽柄、叶背面及裂片被多数的黑色鳞片;叶片长圆披针形,长约 30cm,宽 20cm;侧生羽片约 10 对,披针形,顶端具齿,纤细,基部略不对称,边缘具齿;叶膜质。孢子囊群线形,稍弯弓;囊群盖线形,膜质,全缘,宿存。

产于龙胜、兴安、融水、罗城、田林、隆林、武鸣;生于海拔 200~1 300m 的常绿阔叶林下。分布于湖北、湖南、贵州、云南、四川、重庆。越南也有分布。

8. **草绿短肠蕨**(植物分类学报)

Allantodia viridescens (Ching) Ching in Acta Phytotax. Sin. **9**(1): 51. 1964; 中国植物志 **3**(2): 455. 1999. ——*Diplazium viridescens* Ching in Acta Phytotax. Sin. **8**(2): 146. 1959; 海南植物志 **1**: 100. 1964.

植株高 30~40cm。根状茎近直立,黑褐色。叶簇生;叶柄长 12~15cm,基部疏披鳞片,上部光滑;叶片长圆状三角形,长 25~30cm,基部宽约 15cm,顶端渐尖,边缘具钝齿,二回羽状深裂或下部近二回羽状;羽片约 10 对,阔线状披针形,顶端渐尖;边缘有钝齿,基部截形而下侧稍短,羽状深裂几达羽轴;裂片长圆状四边形,长 5~8mm,宽 4~5mm,顶端截形而近全缘或呈微波状,两侧近平行而全缘,基部贴生而下侧稍下延,近平展;叶脉于叶背面明显,于叶腹面仅可见,在裂片上呈羽状,小脉单一或分叉;叶薄纸质,干后草绿色,腹面光滑,背面羽轴下部附近偶被线形的褐色鳞片。孢子囊群细小,长圆形,长约 1mm,着生于小脉上侧脉的中部;囊群盖膜质,锈褐色,膜质,全缘,宿存。

产于上思、阳朔、临桂、龙州、隆林;生于海拔 300~900m 的山谷林下溪旁阴处。分布于海南。越南也

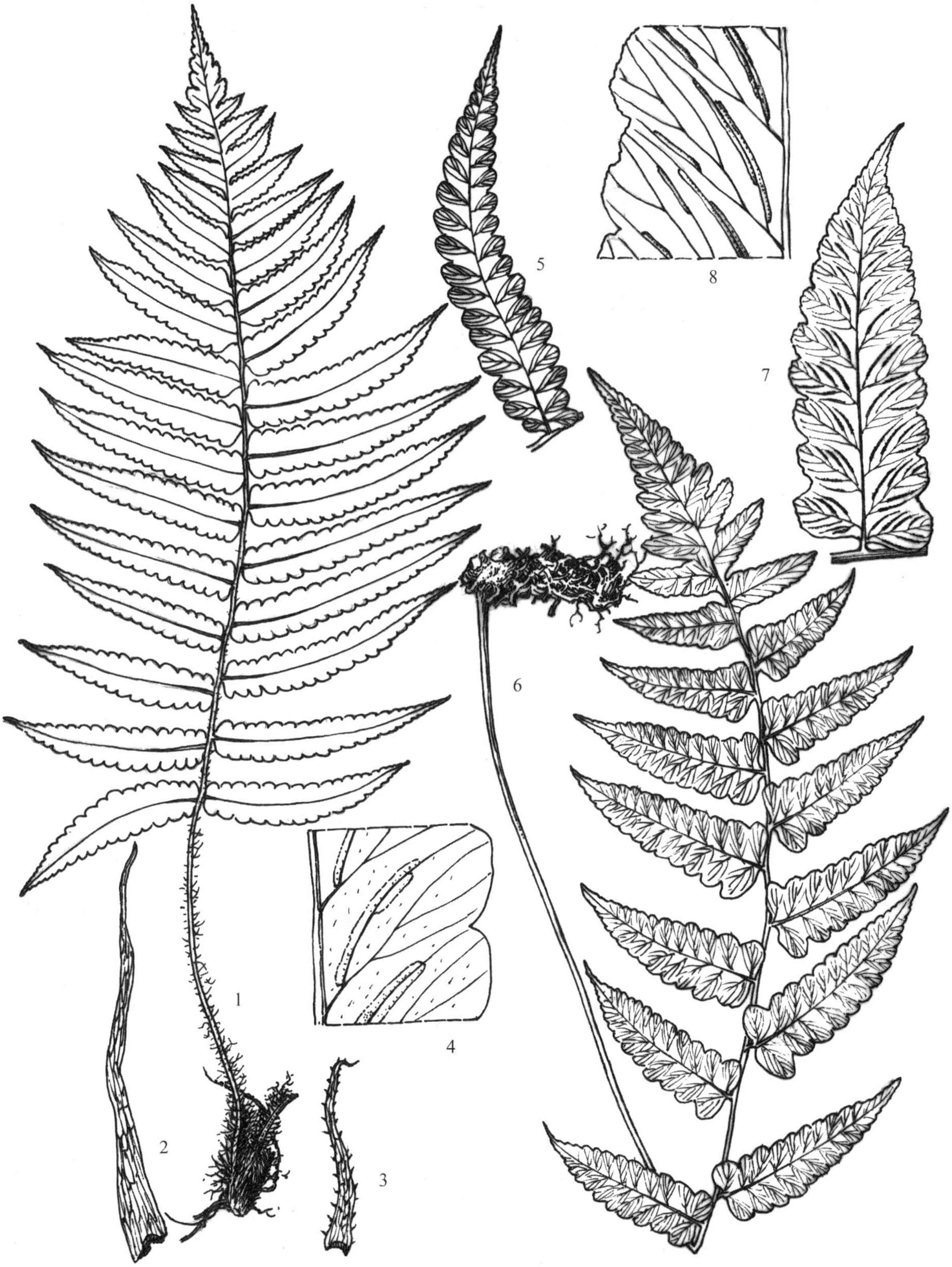

图版 52 1～5. **鳞轴短肠蕨** Allantodia hirtipes (Christ) Ching 1. 植株；2. 根状茎上的鳞片；3. 叶柄基部的鳞片；4. 小羽片背面一部分，示孢子囊群；5. 羽片。 6～8. **阔片短肠蕨** A. matthewii (Copel.) Ching 6. 小型植株；7. 羽片；8. 小羽片背面一部分，示孢子囊群。 （林文宏绘）

有分布。

9. **江南短肠蕨**(中国高等植物图鉴)

Allantodia metteniana (Miq.) Ching in Acta Phytotax. Sin. **9**(1): 51. 1964; 中国高等植物图鉴 **1**: 189, 图 378. 1972; 江西植物志 **1**: 158, 图 143. 1993; 中国植物志 **3**(2): 412, 图版 95: 1～7. 1999. ——*Asplenium mettenianum* Miq. in. Ann. Mus. Bot. Lugd. -Bat. **3**: 174. 1867. —— *Diplazium mettenianum* (Miq.) C. Chr., Ind. Fil. 236. 1905; 中国主要植物图说·蕨类植物门 114, 图 153. 1957.

根状茎长而横走,先端密被鳞片;鳞片狭披针形,黑色或黑褐色,有光泽,厚膜质,边缘有小齿。叶远生;叶柄基部褐色,疏被狭披针形的褐色鳞片,向上有浅纵沟;叶片三角形或三角状阔披针形,长 25～40cm,基部宽 20～25cm,羽裂长渐尖的顶部以下一回羽状—羽片羽状浅裂至深裂;侧生羽片约 10 对,互生或近对生,近平展,镰状披针形或长圆状披针形,顶部长渐尖,两侧羽状浅裂至深裂,基部截形或阔楔形,基部羽片具长柄;侧生羽片的裂片约达 15 对,稍斜展,密接,半圆形或镰状披针形,圆头或短渐尖头,边缘有浅钝锯齿;叶纸质至革质,干后绿色或灰绿色,两面光滑;叶轴禾秆色,光滑,腹面有浅纵沟。孢子囊群线形,略弯曲;囊群盖浅褐色,薄膜质,全缘,宿存。

产于龙胜、兴安、灵川、融水、金秀、三江、田林、龙州、平南、贺州、武鸣;生于海拔 300～1 300m 的常绿阔叶林下。分布于安徽、浙江、江西、台湾、福建、广东、海南、香港、贵州、四川、云南、重庆和湖南。越南、日本也有分布。

10. **镰羽短肠蕨**(植物分类学报)

Allantodia griffithii (Moore) Ching in Acta Phytotax. Sin. **9**(1): 52. 1964; 中国植物志 **3**(2): 441, 图版 96: 5～7. 1999. ——*Diplazium griffithii* Moore, Ind. Fil. 330. 1861 non Bedd. 1869.

根状茎横卧,黑褐色,先端密被鳞片;鳞片黑色或黑褐色,厚膜质,披针形至线状披针形,上部边缘有细齿。叶近生至簇生;叶柄基部黑褐色,疏被与根状茎上相同的鳞片,向上禾秆色或绿禾秆色,光滑,腹面有浅纵沟;叶片三角形,长 20～50cm,基部宽 20～30cm,羽裂渐尖的顶部以下一回羽状—羽片羽状半裂至深裂,或下部二回羽状;侧生羽片 8～10 对,互生,稍斜上或平展,镰状披针形,不对称,先端尾状长渐尖,基部浅心形或阔楔形,两侧羽状深裂或下部羽状;下部羽片的分离小羽片 1 片至 2 对,裂片约达 15 对,近平展,彼此接近或密接,镰状披针形或近长圆形,先端短渐尖或钝圆,边缘有锯齿,偶为浅羽裂;叶干后坚草质,灰绿色,两面光滑;叶轴绿禾秆色,光滑,腹面有浅纵沟。孢子囊群短线形,从小脉基部或近基部向上,不达边缘,大多单生于小脉上侧,在基部上出小脉常为双生,并常沿小脉的分叉上端叉开;囊群盖成熟时褐色,膜质,全缘,从外侧张开,宿存。

产于玉林、上思、防城港、龙州、百色;生于海拔 400～900m 的林下沟边。分布于云南、贵州、湖南。越南、印度也有分布。

11. **边生短肠蕨**(植物分类学报)　图版 53:1～3

Allantodia contermina (Christ) Ching in Acta Phytotax. Sin. **9**(1) : 47. 1964; 浙江植物志 **1**: 129. 1993; 中国植物志 **3**(2): 394, 图版 88: 1～3. 1999. ——*Diplazium conterminum* Christ in J. Bot. **19**: 67. 1905.

植株高 70～100cm。根状茎直立或斜升,顶部被黑色、披针形、边有小齿的鳞片。叶簇生或近生;叶柄长 30～50cm,禾秆色,基部被鳞片;叶片卵状披针形,长 40～60cm,宽 25～35cm,渐尖头并羽裂,二回羽状;羽片 8～11 对,下部的羽柄长 2～3cm,向上渐短,长圆状披针形,基部一对较大,长 15～25cm,宽 4～6cm,渐尖头;小羽片或裂片略平展,长圆状披针形,短渐尖或钝圆头,基部圆截形,边有锯齿或浅圆裂;叶脉羽状,小脉二叉,少单一。孢子囊群长圆形,着生于小脉上部或近顶部,靠近叶边,每裂片有 2～4 对;囊群盖腊肠形,成熟时沿背部破裂。

产于百色、武鸣、临桂、金秀、平南;生于海拔 700～1 100m 的林下。分布于福建、江西、浙江、广东、云

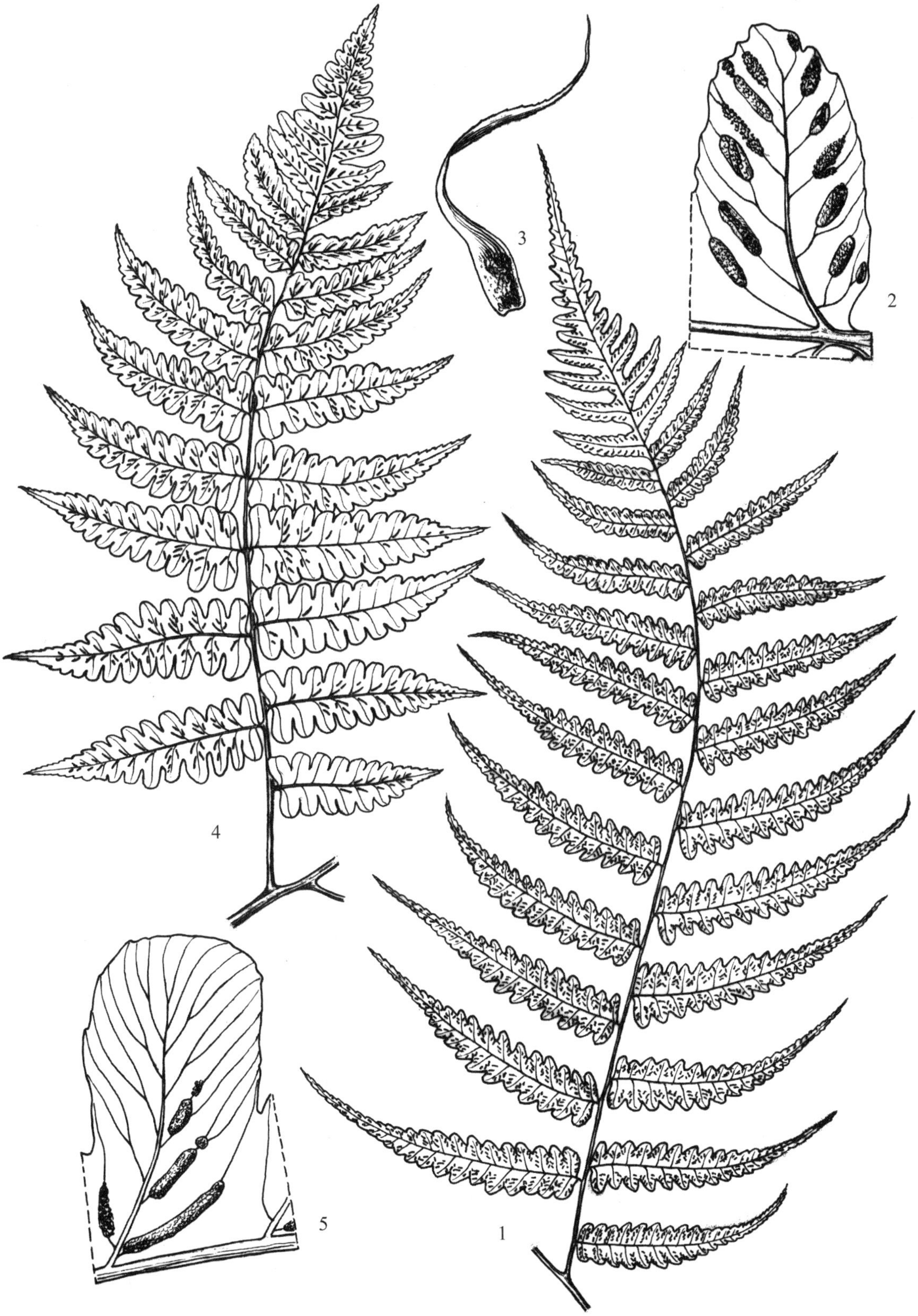

图版 53 1～3. **边生短肠蕨** Allantodia contermina (Christ) Ching 1. 带叶轴羽片；2. 裂片背面，示脉序、孢子囊群形态和着生位置；3. 根状茎上的鳞片。 4～5. **光脚短肠蕨** A. doederleinii (Luerss.) Ching 4. 带叶轴羽片；5. 裂片背面，示脉序、孢子囊群形态和着生位置。 （朱运喜绘）

南、贵州、四川、重庆。越南、泰国、日本也有分布。

12. **光脚短肠蕨**(植物分类学报) 图版 53:4～5

Allantodia doederleinii (Luerss.) Ching in Acta Phytotax. Sin. 9(1): 47. 1964; 福建植物志 1: 106. 1982; 中国植物志 3(2): 388, 图版 85: 4～6. 1999. ——*Asplenium doederleinii* Luerss. in Engl. Bot. Jahrb. 4: 358. 1883. ——*Diplazium doederleinii* (Luerss.) Mak. in C. Chr. Ind. Fil. 231. 1906; 中国主要植物图说·蕨类植物门 121, 图 158. 1957.

植株高约 60cm。根状茎直立,被鳞片。叶丛生;叶柄基部疏被棕色、披针形鳞片;叶片卵状披针形,长 50～70cm,宽 30～50cm,先端羽裂渐尖,以下为二回羽状;羽片 8～10 对,长圆状披针形,小羽片长 3～6cm,宽 1.5～2cm,渐尖头,基部圆截形,羽状深裂;裂片广长圆形,圆头或截形,有圆或尖齿,两侧几全缘或有齿;叶脉羽状分离;叶近革质,两面无毛。孢子囊群线形;囊群盖同形。

产于阳朔、融水、都安、罗城、金秀、田林、靖西、那坡、贺州、北流、玉林、桂平、平南、上思、龙州、武鸣;生于海拔 400～1100m 的林下溪边。分布于浙江、福建、台湾、广东、香港、湖南、四川、贵州、云南。日本和越南也有分布。

13. **高大短肠蕨**(植物分类学报) 图版 54:1～2

Allantodia procera (Wall. ex C. B. Clarke) Ching in Acta Phytotax. Sin. 9(1): 49. 1964; 中国植物志 3(2): 386, 图版 84: 4～6. 1999. ——*Asplenium procerum* Wall. (List. n. 2203. 1828, nom. nud.) ex C. B. Clarke in Trans. Linn. Soc. ser. 2. Bot. 1: 495. 1880. ——*Allantodia yaoshanicola* Ching in Acta Phytotax. Sin. 9(1): 49. 1964.

根状茎横走,黑褐色,先端疏被鳞片;鳞片褐色,卵形,厚膜质,全缘,伏贴。叶远生;叶柄绿禾秆色,腹面有纵沟,幼嫩时密被与根状茎上相同的伏贴鳞片,鳞片基部近盾状着生,少数鳞片生于坚硬的圆锥形短刺状凸起上,鳞片脱落后叶柄略粗糙;叶片三角形,长达 1.2m,宽达 1m,羽裂渐尖的顶部以下三回羽状—末回小羽片羽状分裂;侧生羽片约 10 对,互生或有时近对生,斜展,卵形或三角形,先端渐尖,基部截形,具长柄;一回小羽片达 14 对,互生,几平展,长圆状披针形,先端渐尖,基部截形;二回小羽片约 10 对,互生,平展,披针形,通常先端急尖,偶为渐尖,基部阔楔形,略不对称,基部略有柄,其余的基部下延,羽状深裂;小羽片的裂片约 8 对,略斜展,长圆形,先端钝圆,边缘浅羽裂或有锯齿,有时为浅波状,上部近全缘;叶薄草质或膜质,干后绿色,两面无毛;叶轴及羽轴禾秆色,背面常有很稀疏的小刺状凸起,腹面有浅纵沟。孢子囊群卵圆形,每一末回裂片有 1 个,通常单生于小脉基部上侧,少数双生于一脉两侧;囊群盖卵圆形,膨胀,薄膜质,灰色,成熟时由背部不规则裂开,早消失。

产于金秀;生于海拔 900～1 200m 的山谷林下。分布于云南、西藏。缅甸、印度、尼泊尔也有分布。

14. **狭翅短肠蕨**(植物分类学报) 图版 55:1～5

Allantodia alata (Christ) Ching in Acta Phytotax. Sin. 9(1): 49. 1964; 中国植物志 3(2): 404, 图版 88: 4～6. 1999. ——*Athyrium alatum* Christ in Bull. Herb. Boiss. 6: 963. 1898.

根状茎横卧至斜升,先端及叶柄基部密被深褐色至黑色、线状披针形、全缘、长尾头并卷曲的鳞片。叶丛生;叶柄基部黑色,向上禾秆色,光滑;叶片三角形;侧生羽片 13～18 对,顶部羽裂渐尖,基部一对常对生或近对生,近顶部几对羽裂,无柄或略有具翅的短柄;侧生小羽片 10～15 对,披针形或长圆状披针形,羽状全缘,稍不对称,先端渐尖或短尾尖,基部截形;小羽片的一回裂片 10～20 对,长圆状披针形,略不对称,彼此以狭翅相连,羽状深裂;叶脉不明显,在末回裂片上多为羽状或二叉,少单一;叶薄草质,干后绿色。孢子囊群长圆形或粗短线形,长达小脉长度的 2/3～3/4,生于小脉上侧,少数双生于小脉两侧;囊群盖薄膜质,常膨胀,从外侧张开后破碎,仅部分残留;孢子近肾形,周壁表面具不规则的刺状纹饰。

产于百色、靖西、大新、龙州;生于海拔 300～900m 的石灰岩林下。分布于贵州、云南。

15. **中华短肠蕨**(植物分类学报)

Allantodia chinensis (Bak.) Ching in Acta Phytotax. Sin. 9(1): 57. 1964; 中国高等植物图鉴 1:

图版 54 1～2. **高大短肠蕨** Allantodia procera (Wall. ex C. B. Clarke) Ching 1. 带叶轴羽片；2. 小羽片背面一部分，示脉序、孢子囊群形态和着生位置。 3～5. **双生短肠蕨** A. prolixa (Rosenst.) Ching 3. 带叶轴羽片；4. 小羽片背面一部分，示脉序、孢子囊群形态和着生位置；5. 根状茎上的鳞片。 (林文宏绘)

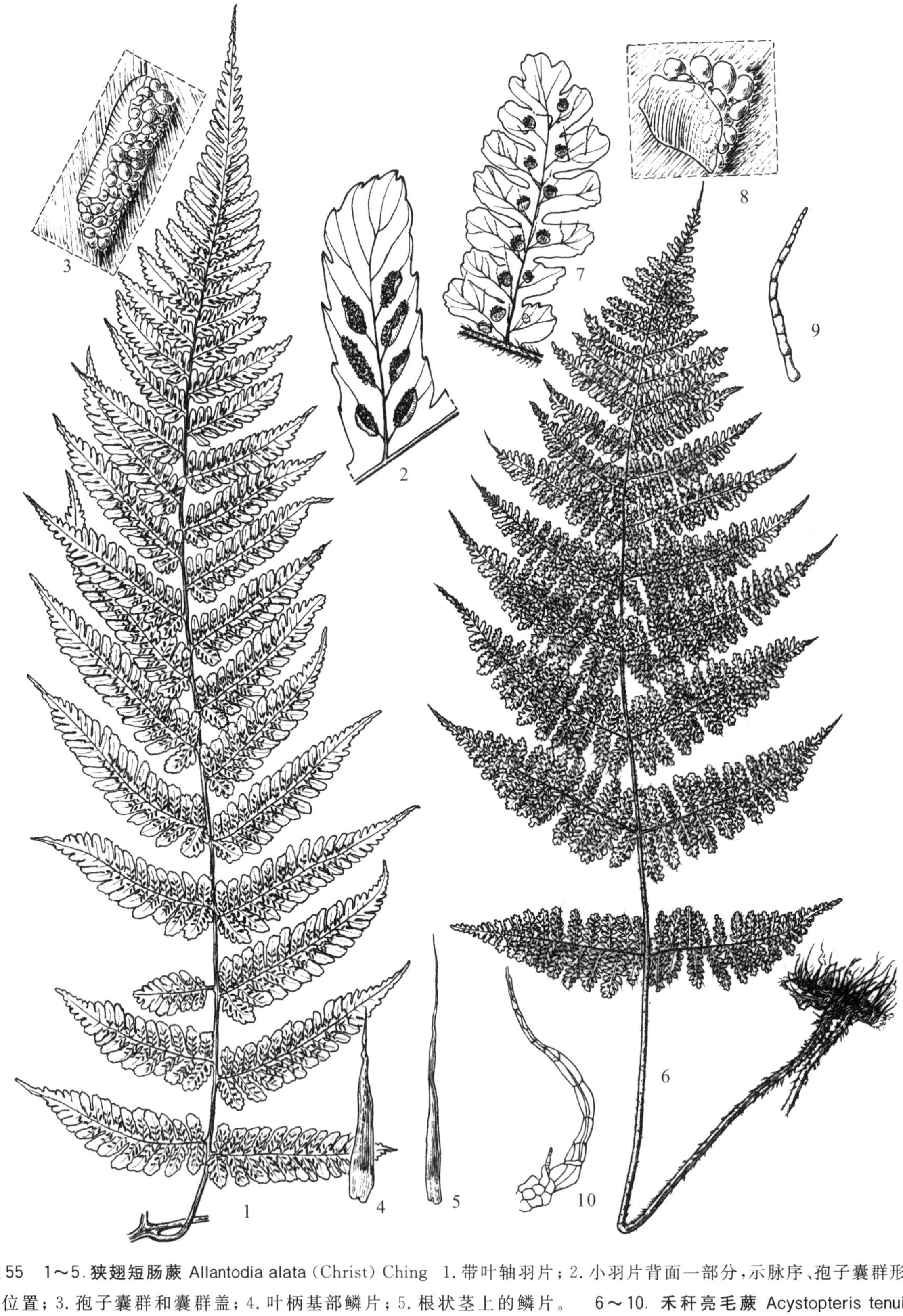

图版55　1～5. **狭翅短肠蕨** Allantodia alata (Christ) Ching　1. 带叶轴羽片；2. 小羽片背面一部分，示脉序、孢子囊群形态和着生位置；3. 孢子囊群和囊群盖；4. 叶柄基部鳞片；5. 根状茎上的鳞片。　6～10. **禾秆亮毛蕨** Acystopteris tenuisecta (Bl.) Tagawa　6. 植株；7. 小羽片；8. 孢子囊群和囊群盖；9. 叶背面的节状毛；10. 叶柄基部鳞片。　［朱运喜绘，其中10引自中国植物志 3(2)：41，图版 8. 1999］

191，图 382. 1972；江西植物志 1：159，图 114. 1993；中国植物志 3(2)：459，图版 91：5～6. 1999. ——*Asplenium chinense* Bak. in Hook. et Bak. Syn. Fil. 237. 1867. ——*Diplazium chinense* (Bak.) C. Chr. Ind. Fil. 229. 1906；中国主要植物图说·蕨类植物门 120，图 156. 1957.

根状茎横走，黑褐色，先端密被鳞片；鳞片褐色至黑褐色，披针形，先端长渐尖，全缘，膜质；叶近生。叶柄基部黑褐色，疏被鳞片，向上变为深禾秆色，光滑，腹面有浅沟；叶片三角形，长 30～60cm，基部宽 25～40cm，羽裂渐尖的顶部以下二回羽状一小羽片羽状深裂至全裂；侧生羽片达 13 对，斜展，多数互生，不对称，先端羽裂渐尖，基部一对最大，近对生或对生，长圆状阔披针形，近叶片顶部的几对缩小，呈披针形，羽状深裂，略有短柄或无柄；侧生小羽片约达 13 对，平展，多数互生，对称或近对称，略有短柄或无柄，披针形至长圆形，羽状深裂达中肋，裂片以狭翅相连，先端渐尖，基部阔楔形至浅心形；小羽片的裂片达 15 对，略斜上，下部小羽片稍疏离，上部小羽片接近或密接，长圆形至线状披针形，先端钝圆或急尖，边缘有粗齿，或下部几对羽状半裂；叶草质，干后呈草绿色或褐绿色，两面光滑；叶轴及羽轴禾秆色，光滑，腹面有浅沟。孢子囊群细短线形，偶有长椭圆形至椭圆形，生于小脉中部或接近主脉，多数单生于小脉上侧，其长多数超过小脉长度的 1/2～2/3；囊群盖成熟时浅褐色，膜质，从一侧张开，宿存或部分残留。

产于百色、靖西；生于海拔 400～800m 的山谷林下。分布于安徽、浙江、江苏、江西、福建、四川、重庆、贵州。韩国、日本、越南也有分布。

根状茎清热祛湿；治流行性感冒、黄疸。

16. **双生短肠蕨**（植物分类学报） 图版 54:3～5

Allantodia prolixa (Rosenst.) Ching in Acta Phytotax. Sin. 9(1)：57. 1964；中国植物志 3(2)：401，图版 91：1～2. 1999. ——*Diplazium prolixum* Rosenst. in Fedde, Report. Sp. Nov. 13：126. 1913.

本种近似于**中华短肠蕨**[*A. chinensis* (Bak.) Ching]，不同在于本种根状茎横卧，羽片斜升；也近似于**矩圆短肠蕨**[*A. pseudosetigera* (Christ) Ching]，不同在于矩圆短肠蕨囊群靠近主脉着生，而本种为中生。

产于龙胜、天峨、百色、那坡、靖西、隆林、田林、乐业、宁明、大新、龙州；生于海拔 200～1 300m 的林下。分布于浙江、江西、湖南、广东、重庆、云南、贵州。越南、泰国、日本也有分布。

17. **矩圆短肠蕨**（植物分类学报）

Allantodia pseudosetigera (Christ) Ching in Acta Phytotax. Sin. 9(1)：56. 1964；中国植物志 3(2)：403，图版 91：3～4. 1999. ——*Athyrium pseudosetigerum* Christ in Bull. Acad. Int. Géogr. Bot. 146. 1907.

根状茎横卧，被黑色具光泽的鳞片；鳞片披针形，边缘延伸，细胞壁深褐色。叶二回羽状至四回羽裂；叶柄长 25～75cm，褐色，基部褐色，疏被披针形褐色鳞片；叶片三角形；羽片卵状长圆形，长 20～25cm，宽 8～13cm；小羽片 12～15 对，顶生羽片羽裂，渐尖，小羽片三角状长圆形，长约 12cm，宽约 3cm，渐尖头，一回羽裂；裂片对称，锐尖头；叶脉羽状，伸达裂片；叶近革质或革质。孢子囊群卵形，伸长，斜展。

产于龙州、宁明、百色、天峨；生于海拔 300～500m 的石灰岩地区林下。分布于贵州、重庆。越南也有分布。

18. **粗糙短肠蕨**（植物分类学报）

Allantodia aspera (Bl.) Ching in Acta Phytotax. Sin. 9(1)：54. 1964；海南植物志 1：103. 1964；中国植物志 3(2)：454，图版 109：1～4. 1999. ——*Diplazium asperum* Bl. in Enum. Pl. Jav. 195. 1828.

植株高 1～2m。根状茎直立，粗壮，树干状，黑褐色，顶端及叶柄基部被鳞片；鳞片线形，长约 7mm，厚膜质，褐色，边缘有小齿。叶簇生；叶柄粗壮，长 60～100cm，粗 1～1.5cm；叶片长圆形，长 100～150cm，宽 80～100cm，三回深羽裂；羽片 8～9 对，互生，稍斜上，相距 8～10cm，柄长 1～2cm，长圆状阔披针形，长 40～50cm，宽约 15cm，顶端渐尖，基部截形；小羽片 15～18 对，线状披针形，长 7～8cm，宽 1.5～2cm，顶端长渐尖，基部截形，深羽裂达到小羽轴两侧的阔翅；裂片镰刀状长圆形，宽约 3mm，近平展，圆头或钝头，边缘有小锯齿；叶脉明显，羽状小脉 10～12 对，单一，斜上；叶坚纸质，干后暗褐色，两面均无毛。孢子囊群线形，短，只着生于小脉下部，每裂片有 6～8 对；囊群盖线形，褐色，膜质，全缘，宿存。

产于上思、那坡；生于海拔 300～700m 的林下。分布于海南、云南。广布于印度及东南亚地区。

19．**褐色短肠蕨**(蕨类植物名词及名称)

Allantodia himalayensis Ching in Acta Phytotax. Sin. **9**(1)：55. 1964；西藏植物志 **1**：153. 1983；中国植物志 **3**(2)：462，图版 111：1～3. 1999.

植株高达 3m 以上。根状茎直立。叶簇生；叶柄长达 1m，深褐色，密被鳞片；鳞片长达 1.5cm，线形，膜质，褐色，有黑边和小齿，顶部呈卷曲的毛发状；叶片三角形，长达 2m，宽达 1.2m，三回羽状深裂；羽片 15 对以上，长圆披针形，长达 60cm，中部宽达 20cm，长渐尖头，基部截形；小羽片达 20 对，披针形，长达 13cm，宽达 3cm，尾状渐尖，基部截形，羽裂几达中肋；裂片达 15 对，近平展，长圆形，长达 1cm，宽达 4mm，圆钝头，边有钝齿，干后常反卷；叶脉在裂片上达 8 对；叶纸质，干后褐色，背面有红棕色、线形鳞片和伏贴的腺毛，叶轴和羽轴具有相当密的同样的鳞片和腺毛。孢子囊群粗线形，在裂片上达 5～6 对，自主脉外行达离裂片边缘 1/12 处，基部上侧的大都双生；囊群盖膜质，成熟时膨胀，常不规则破裂。

产于融水、罗城、环江、田林、那坡；生于海拔 800～1 300m 的阔叶林下。分布于西藏、云南、贵州、四川。印度、斯里兰卡也有分布。

20．**肉刺短肠蕨**(云南植物研究)

Allantodia similis W. M. Chu in Acta Bot. Yunnan. **3**(3)：336, t. 5, f. 1～5. 1981；中国植物志 **3**(2)：449，图版 107：1～4. 1999.

本种近似于**大叶短肠蕨**[*A. maxima* (D. Don) Ching]，不同在于本种的根状茎斜升，顶端鳞片稀少而伏贴，鳞片暗褐色，黑边通常不明显；叶柄鲜时具绿色的小疣状或短刺状凸起，羽轴及中肋腹面有粒状细腺体；后者根状茎直立，顶端密被疏松的鳞片，鳞片褐色，黑边显著，叶柄无上述肉质绿色凸起及腺体。

产于凤山、那坡；生于海拔 700～1 100m 的林下或山谷溪边。分布于云南。

21．**阔片短肠蕨**(植物分类学报)　图版 52：6～8

Allantodia matthewii (Copel.) Ching in Acta Phytotax. Sin. **9**(1)：52. 1964；福建植物志 **1**：108. 1982；中国植物志 **3**(2)：429，图版 97：4～6. 1999. ——*Athyrium matthewii* Copel. in Philipp. J. Sci. **3**：278. 1908. ——*Diplazium matthewii* (Copel.) C. Chr. Ind. Fil. Suppl. **1**：27. 1913.

植株高 50～70cm 以上。根状茎粗壮，斜升或直立，顶部被鳞片；鳞片棕色，披针形，长约 5mm。叶簇生或近生；叶柄长 23～28cm，深禾秆色，基部疏被鳞片，向上连叶轴均光滑；叶片长圆状披针形，长 30～40cm，宽 15～20cm，渐尖头，二回羽裂至二回羽状；羽片 6～8 对，卵状披针形，基部一对较大，长 10～13cm，基部宽 4～6cm，短尖头，基部截形或近心形，并有小耳，边缘有钝齿、波状圆齿或浅羽裂；裂片长圆形或卵形，钝头，边有浅钝齿；叶脉羽状分离，小脉单一或二叉；叶草质或厚革质。孢子囊群线形，自小脉基部外行达叶边，单生，或有时双生于每组小脉上侧一条脉上，每裂片有 2～8 对；囊群盖膜质，宿存。

产于兴安、灵川、临桂、龙胜、金秀、融水、平南、贺州、上思、防城港、靖西、容县；生于海拔 400～700m 的山谷溪边或林下。分布于福建、广东、云南、香港。越南也有分布。

22．**毛柄短肠蕨**(植物分类学报)　膨大短肠蕨(植物分类学报)

Allantodia dilatata (Bl.) Ching in Acta Phytotax. Sin. **9**(1)：54. 1964；海南植物志 **1**：103. 1964；福建植物志 **1**：108. 1982；中国植物志 **3**(2)：444，图版 107：1～6. 1999. —— *Diplazium dilatatum* Bl. Enum. Pl. Jav. 194. 1828. ——*D. yaoshanicum* Ching in Bull. Fan Mem. Inst. Biol. Bot. **10**：176. 1940. non(Wu)Tard.-Blot 1934. ——*Allantodia crinipes* (Ching) Ching in Acta Phytotax. Sin. **9**(1)：53. 1964；海南植物志 **1**：101，图 48. 1964.

植株高 1～1.5m。根状茎直立，顶部密生条形鳞片。叶簇生；叶柄长 30～60cm，禾秆色，下部有密鳞片；叶片三角形，顶渐尖并羽裂，长 70～100cm，基部宽约 80cm，二回羽状；羽片斜上，基部一对最大；小羽片长约 10cm，宽约 2cm，披针形，渐尖头，基部近截形，边缘具圆齿或羽裂 1/3～1/2，裂片略有细齿；每裂片有小脉 4～5 对，单一；叶纸质，无毛。孢子囊群条形，生于小脉中部以下，在基部上侧小脉上的双生，余单一；囊群盖同形，宿存。

产于融水、金秀、兴安、三江、罗城、都安、巴马、隆林、那坡、靖西、百色、凌云、贺州、平南、北流、桂平、扶绥、宁明、上林、武鸣、南宁；生于海拔 150～900m 的常绿阔叶林下、沟谷溪边或石灰岩地带。分布于台湾、福建、浙江、广东、海南、香港、四川、重庆、云南、贵州。日本、越南、缅甸、尼泊尔、印度、泰国、老挝、马来西亚、印度尼西亚、菲律宾也有分布。

根状茎清热解毒、除湿驱虫；治肝炎、流行性感冒、痈肿、肠道寄生虫。

23. **假镰羽短肠蕨**(蕨类名词及名称) 彼得短肠蕨 (植物分类学报)

Allantodia petri (Tard.-Blot) Ching in Acta Phytotax. Sin. **9**(1)：53. 1964；海南植物志 **1**：101. 1964；中国植物志 **3**(2)：442，图版 95：8～11. 1999. ——*Diplazium petri* Tard.-Blot, Aspl. Tonkin 67, 181, t. 9, f. 1～2. 1932.

本种形体近似于**镰羽短肠蕨**[*A. griffithii* (Moore) Ching]，区别在于羽片近对称(即两侧的小羽片近等长)，下部羽片常有多对分离的小羽片；后者羽片不对称(下侧小羽片及裂片显著较长)，羽裂，或仅基部羽片有 1～2 对分离的小羽片。

产于凌云、百色、田林、上思、武鸣、玉林；生于海拔 300～1 300m 的阔叶林下或林下溪边。分布于浙江、台湾、海南、贵州、云南。越南、菲律宾、日本也有分布。

24. **鳞柄短肠蕨**(植物分类学报)

Allantodia squamigera (Mett.) Ching in Acta Phytotax. Sin. **9**(1)：55. 1964；福建植物志 **1**：109，图 99. 1982；西藏植物志 **1**：151. 1983；中国植物志 **3**(2)：432，图版 101：4～7. 1999. —— *Asplenium squamigerum* Mett. in Ann. Mus. Bot. Ludg. -Bat. **2**：239. 1866. ——*Diplazium squamigerum* (Mett.) Matsumura, Ind. Pl. Jap. **1**：304. 1904；中国主要植物图说·蕨类植物门 120，图 155. 1957.

植株高 30～60cm。根状茎短而横走，顶部密被黑褐色、边有小刺的鳞片。叶近生；叶柄长 10～25cm，禾秆色，基部密被鳞片，向上直达叶轴疏被同样的鳞片；叶片卵状三角形，长宽几相等，为 20～40cm，基部不变狭，三回深羽裂；羽片 5～10 对，阔披针形，基部一对较大，长 15～20cm，宽 6～8cm，短尾尖头，向下稍狭，二回深羽裂；小羽片 10～15 对，长圆形至披针形，下部的较小，中部的长 3～5cm，宽 1～1.5cm，基部圆截形，钝头或急尖头，羽状深裂；裂片长圆形，钝头；叶脉羽状，侧脉分叉，伸达叶边；叶坚草质。孢子囊群短线形，常单生于侧脉上侧，有时裂片基部上侧 1 条常双生；囊群盖棕色，薄膜质，全缘，宿存。

产于兴安；生境不详。分布于陕西、甘肃及长江流域各省。日本、朝鲜、印度也有分布。

根状茎清热解毒。

25. **淡绿短肠蕨**(植物分类学报) 图版 56：1～3

Allantodia virescens (Kze.) Ching in Acta Phytotax. Sin. **9**(1)：53. 1964；安徽植物志 **1**：109. 1977；江西植物志 **1**：160，图 146. 1992；中国植物志 **3**(2)：396，图版 89：1～4. 1999. —— *Diplazium virescens* Kze. in Bot. Zeit. 537. 1848；中国主要植物图说·蕨类植物 120，图 157. 1957.

根状茎横走至横卧，黑色，先端密被鳞片；鳞片披针形，黑褐色，厚膜质，边缘有小齿。叶近生或远生；叶柄基部黑褐色并疏被残存的黑褐色鳞片，向上禾秆色或绿禾秆色，变光滑，腹面有浅沟；叶片三角形，长 30～60cm，基部宽 25～40cm，二回羽状—小羽片羽状浅裂至半裂，顶部尾状羽裂渐尖；侧生分离羽片 8～10 对，互生，稍向上斜展，对称或近对称，下部的三角状阔披针形，有显著的羽柄，顶部长渐尖；基部一对羽片最大，长达 35cm，基部宽达 20cm，柄长 4cm 左右；上部的羽片渐缩小，披针形，羽裂，无柄；小羽片约 10

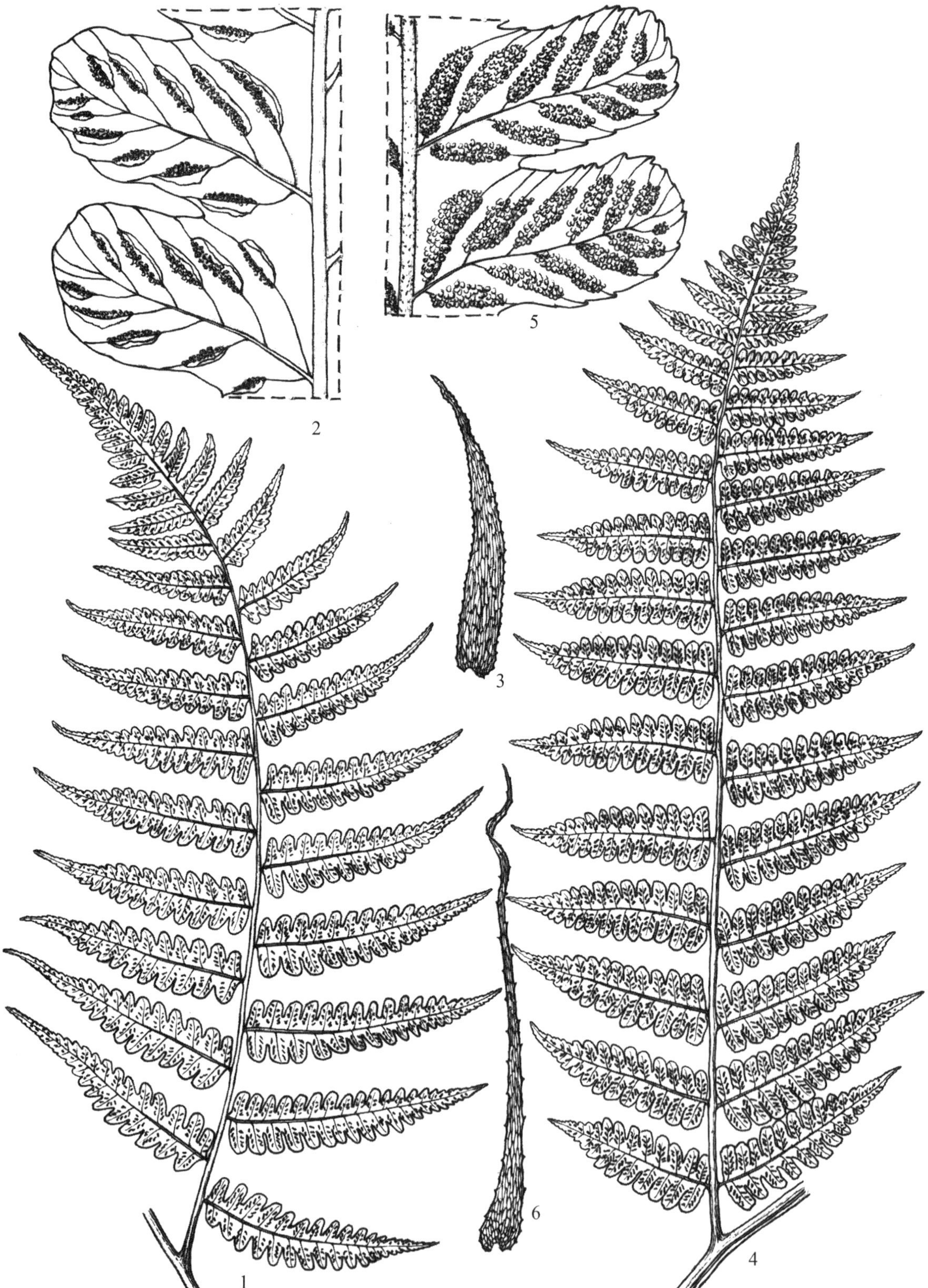

图版 56 1～3. **淡绿短肠蕨** Allantodia virescens (Kze.) Ching 1. 带叶轴羽片；2. 小羽片背面一部分，示脉序、孢子囊群形态和着生位置；3. 根状茎上的鳞片。 4～6. **深绿短肠蕨** A. viridissima (Christ) Ching 4. 带叶轴羽片；5. 小羽片一部分，示脉序、孢子囊群形态和着生位置；6. 根状茎上的鳞片。 （朱运喜绘）

对，互生，平展，通常披针形，先端渐尖，少有钝头长圆形，基部较阔而不对称，有时基部近对称而平截或阔楔形；小羽片的裂片大多不超过10对，近平展，密接，长方形或长圆形，先端近平截或钝圆，边缘有波状小齿或近全缘；叶干后纸质，通常呈草绿色，背面色较浅，两面均光滑；叶轴和羽轴禾秆色或绿禾秆色，光滑，腹面有浅沟。孢子囊群长圆形，短而直，大多单生于小脉中部或近中部的上侧，少见双生；囊群盖成熟时褐色，膜质，从外侧张开。

产于临桂、龙胜、阳朔、三江、那坡、贺州、昭平、金秀、平南、百色、上思、北流、宁明、武鸣、龙州；生于海拔400～1 100m的林下或山谷溪边。分布于长江流域以南各省区和台湾。越南、日本、韩国也有分布。

26. **异裂短肠蕨**（西藏植物志）　图版57:1～3

Allantodia laxifrons (Rosent.) Ching in Acta Phytotax. Sin. **9**(1): 55. 1964; 中国植物志 **3**(2): 451, 图版108: 1～7. 1999. ——*Diplazium laxifrons* Rosent. in Hedwigia **56**: 337. 1915.

植株高达2m。根状茎横走，近光滑。叶远生；叶柄长达1m，粗约7mm，下部贴生褐色、卵圆形薄鳞片；叶片卵状三角形，长达1m，基部宽达80cm，三回深羽裂（或基部近三回羽状）；羽片约12对，基部一对最大，长达50cm，宽达20cm，狭圆形，渐尖头；小羽片羽裂几达中肋；裂片达15对，近平展，长圆形，长达1.4cm，宽约5mm，圆钝头，下部的边缘有齿，中部小羽片的基部下侧一裂片比其上侧一片显著较大并为羽状半裂；叶脉羽状，小脉二叉或三至五叉，少单一；叶草质。孢子囊群线形，斜上，沿小脉基部外行达1/2～1/3，基部的常双生；囊群盖线形，膜质，宿存。

产于龙胜、临桂、金秀、玉林、北流、容县、梧州、百色、武鸣；生于海拔200～1 100m的常绿阔叶林下或山谷溪边。分布于云南、贵州、重庆、四川、福建、台湾、湖南、广东、西藏。不丹、印度也有分布。

27. **薄盖短肠蕨**（植物分类学报）　图版57:4～7

Allantodia hachijoensis (Nakai) Ching in Acta Phytotax. Sin. **9**(1): 55. 1964; 福建植物志 **1**: 109. 1982; 江西植物志 **1**: 161, 图147. 1993; 中国植物志 **3**(2): 460, 图版110: 4～7. 1999. —— *Diplazium hachijoense* Nakai in Bot. Mag. Tokyo **35**: 148. 1921. —— *D. omeiense* Ching in Bull. Fan Mem. Inst. Biol. Bot. **2**(10): 204, t. 20. 1931.

植株高50～60cm。根状茎短，直立或斜升，顶部被黑褐色、线状披针形鳞片。叶簇生或近生；叶柄长36～40cm，禾秆色，基部被鳞片；叶片三角状卵形或阔卵形，长30～35cm，宽约25cm，顶端羽裂渐尖，二回羽状；羽片约10对，互生，斜展，有柄，披针形，基部一对最大，长13～18cm，宽8～15cm；小羽片约10对，互生，平展，有短柄，长圆状披针形，长3.5～5.5cm，宽1.2～1.5cm，顶渐尖，基部近截形，边缘羽裂达2/3；裂片长圆形，全缘或近顶疏生小齿；叶脉羽状，分离，小脉二叉；叶干后厚草质，绿色。孢子囊群长圆形，生于小脉上侧；囊群盖膜质。

产于融水、临桂、龙胜、阳朔、桂平、武鸣；生于海拔350～1 200m的林下或山谷溪边。分布于福建、浙江、江苏、浙江、安徽、山东、河南、湖南、湖北、江西、福建、广东、贵州、四川、重庆。日本、韩国也有分布。

28. **深绿短肠蕨**（植物分类学报）　图版56:4～6

Allantodia viridissima (Christ) Ching in Acta Phytotax. Sin. **9**(1): 56. 1964; 西藏植物志 **1**: 153, 图36: 1～5. 1982; 中国植物志 **3**(2): 469, 图版102: 7～9, 图版111: 4～7. 1999. —— *Diplazium viridissimum* Christ in Lecomte, Not. Syst. **1**: 45. 1909. ——*Allantodia austrochinensis* Ching in Acta Phytotax. Sin. **9**(4): 353. 1964; 海南植物志 **1**: 104. 1964.

植株高达4m。根状茎斜升至直立，粗壮如小树干。叶丛生；叶柄长达1m，粗约2cm，禾秆色，基部密被鳞片；鳞片线状披针形，长达1.5cm，褐色，开展；叶片卵状三角形，长达2m以上，下部宽达1.2m，三回羽状深裂；羽片约10对，长圆状披针形，长达60cm，宽达20cm，渐尖头，基部平截，二回羽裂；小羽片达15对，披针形，长达11cm，宽约3cm，渐尖头，基部近平截，羽状深裂达离小羽轴不远处，小羽片中肋背面具腺毛；裂片达15对，近平展，长圆形，长约1.5cm，宽达6mm，圆头，有浅齿；叶脉羽状达7对，常二叉或单一；叶草质，干后深绿色。孢子囊群线形，自小脉基部向上达裂片中部，基部上侧一条常分叉；囊群盖线形，膜

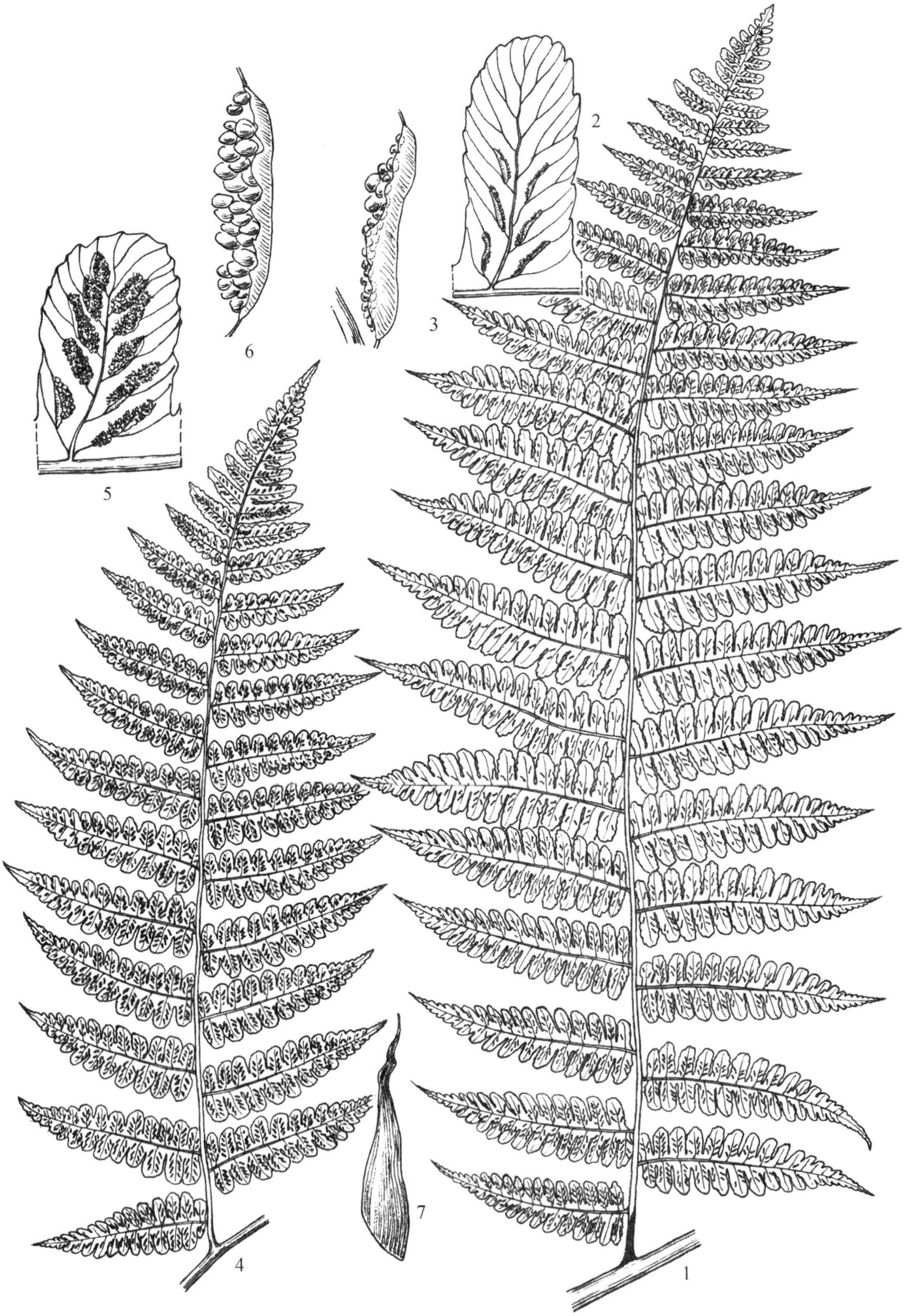

图版 57 1～3. **异裂短肠蕨** Allantodia laxifrons (Rosent.) Ching 1. 带叶轴羽片；2. 小羽片背面一部分，示脉序、孢子囊群形态和着生位置；3. 孢子囊群和囊群盖。 4～7. **薄盖短肠蕨** A. hachijoensis (Nakai) Ching 4. 带叶轴羽片；5. 小羽片背面一部分，示脉序、孢子囊群形态和着生位置；6. 孢子囊群和囊群盖；7. 根状茎上及叶柄基部的鳞片。 （朱运喜绘）

质，成熟时常仅存残片。

产于桂林、龙胜、金秀、融水、三江、百色、隆林、田林、龙州、北流、武鸣；生于海拔 300～1 200m 的林下或溪边。分布于台湾、四川、广东、海南、云南、贵州、西藏。越南、菲律宾、缅甸、尼泊尔、印度也有分布。

29. **长果短肠蕨**（植物分类学报）

Allantodia calogramma (Christ) Ching in Acta Phytotax. Sin. **9**(1): 54. 1964；中国植物志 **3**(2): 471，图版 107: 5～7. 1999. ——*Diplazium calogramma* Christ in Lecomte, Not. Syst. **1**: 45. 1909.

本种近似于**肉刺短肠蕨**（*A. similis* W. M. Chu），区别在于本种羽轴及小羽片中肋背面有许多鲜时肉质绿色的小刺，但叶柄、叶轴不具肉质绿色疣状及小刺状凸起，羽轴及小羽片中肋腹面无腺体，裂片不密接。

产于融水、金秀、平南、靖西、容县；生于海拔 900～1 400m 的林下。分布于四川、贵州、云南。越南、老挝也有分布。

30. **大叶短肠蕨**（植物分类学报）

Allantodia maxima (D. Don) Ching in Phytotax. Sin. **9**(1): 53. 1964；中国植物志 **3**(2): 472，图版 109: 5～8. 1999. ——*Asplenium maximum* D. Don, Prodr. Fl. Nepal. 8. 1825.

根状茎短而直立，被大量棕色鳞片。叶近生，二回羽状；叶柄粗状直立，长 50cm～1m，基部被鳞片；叶片长达 2m；侧生羽片长达 40cm，宽约 10cm，下部羽裂，上部深裂达羽轴；小羽片三角状披针形，无柄，基部平直，先端细而长，具齿，边缘羽裂达 1/2；小羽片上叶脉伸达裂片，每组分枝有 6 条；叶纸质。孢子囊群线形，密集分布达叶缘。

产于罗城、那坡、龙州、武鸣；生于海拔 700～1 000m 的常绿阔叶林下。分布于江西、福建、海南、贵州、云南。缅甸、尼泊尔、不丹、印度也有分布。

8. 菜蕨属 Callipteris Bory

大型植物。根状茎粗壮，直立或斜升，密被棕色、边有缘毛状齿的鳞片。叶簇生；叶柄粗壮，光滑或有刺；叶片长圆形，顶渐尖并羽裂，一回至二回羽状；羽片大，顶端渐尖，基部平截，对称，全缘或有锯齿或羽裂，下部羽片基部的裂片有时分离，但其基部与羽轴合生；叶脉明显，下部几对小脉斜上，顶端联结成斜长方形网眼，并有一条短脉从联结点外行，略呈星毛蕨型；叶草质或近革质，无毛或叶轴、羽轴及叶脉背面被锈黄色节状短毛。孢子囊群长圆形至线形，几着生于全部小脉上，通常成对双生于基部 1～2 对小脉上；囊群盖线形，厚膜质，全缘，宿存或消失。孢子周壁表面具大颗粒状或小瘤状纹饰。

本属约有 5 种，分布于太平洋岛屿及亚洲东南部。中国有 2 种 1 变种，分布于长江以南各省区；广西产 1 种 1 变种。

菜蕨（中国主要植物图说·蕨类植物门）

Callipteris esculenta (Retz.) J. Sm. ex Moore et Houlst. in Gard. Mag. Bot. **3**: 265. 1851；海南植物志 **1**: 93. 1964；江西植物志 **1**: 162，图 148. 1993；中国植物志 **3**(2): 477，图版 115: 1～3. 1999. ——*Hemionitis esculenta* Retz., Ohs. Bot. 38. 1791. ——*Diplazilium escutentum* (Retz.) Sm. Schrad. J. Bot. **1801**(2): 312. 1803；中国主要植物图说·蕨类植物门 121，图 199. 1957.

1a. **菜蕨**（原变种）

Callipteris esculenta (Retz.) J. Sm. ex Moore et Houlst. var. esculenta

植株高 30～140cm。根状茎直立或斜升，有密鳞片；鳞片狭披针形，边有细齿。叶簇生；叶柄长 50～60cm，仅基部有疏鳞片，向上光滑；叶片长 60～80cm，宽 30～60cm，长圆形，二回（少一回）羽状；羽片开展，有柄；小羽片长 4～6cm，宽 6～10mm，披针形，渐尖头，基部近截形；叶脉羽状，下部 2～3 对联结；叶厚草质，无毛或叶轴和羽轴背面有锈黄色绒毛。孢子囊群线形，生于小脉上，伸达叶边；囊群盖线形，膜质，全缘。

广西各地均产；生于海拔 20～1 000m 的沟边、溪边或山谷林下。分布于浙江、福建、台湾、广东、海南、香港、云南、贵州、江西和安徽。亚洲其他热带、亚热带地区也有分布。

嫩叶可作蔬菜；亦可用于解热。

1b. **毛轴菜蕨**（变种）（植物分类学报）

Callipteris esculenta (Retz.) J. Sm. ex Moore et Houlst. var. pubescens (Link) Ching in Acta Phytotax. Sin. 9(4)：350. 1964；海南植物志 1：93. 1964；中国植物志 3(2)：479. 1999.

本变种与原变种的区别在于本变种叶轴及羽轴嫩时密被白色绒毛，老时绒毛变成锈黄色。

产于上思、龙州、那坡、靖西、武鸣、贺州、上林、宜州；生于海拔 200～800m 的水沟边或山谷溪边。分布于贵州、云南、四川、西藏、海南、江西、浙江。越南、缅甸、印度也有分布。

嫩叶可作蔬菜。

9. 亮毛蕨属 Acystopteris Nakai

中型植物。根状茎横走，疏被披针形、边缘有腺毛状疏齿的鳞片。叶近生或远生；叶柄与叶片近等长，栗褐色或禾秆色，多少被鳞片和节状毛，并混有少数鳞片状毛（即基部由 2～4 列细胞组成，向上由 1 列细胞组成的节状毛）；叶片阔卵形至卵状披针形，基部不缩狭，二回至三回羽状；羽片多数，披针形，渐尖头，基部对称，截形或圆楔形；小羽片卵状披针形或披针钝头或渐尖头；叶脉羽状，分离，侧脉单一或二叉；叶薄草质，各回羽轴、叶脉及叶柄两面多少被节状毛，羽轴上还混生有或多或少的鳞片。孢子囊群小，圆球形，着生于小脉上，沿中脉两侧各排成一行；囊群盖卵圆形，膜质，边缘疏生腺状毛；孢子半圆形或圆肾形，无周壁，表面具致密的棒状纹。

本属有 3 种，分布于亚洲东南部的热带和亚热带地区及新西兰。中国 3 种均产，为其分布中心；广西产 2 种。

分种检索表

1. 叶柄、叶轴、羽轴均呈栗紫色；叶上毛较疏 ……………… 1. **亮毛蕨** A. japonica (Luerss.) Nakai
1. 叶柄、叶轴、羽轴均呈禾秆色；叶上毛较密 ……………… 2. **禾秆亮毛蕨** A. tenuisecta (Bl.) Tagawa

1. **亮毛蕨**（中国高等植物图鉴）

Acystopteris japonica (Luerss.) Nakai in Bot. Mag. Tokyo 47：180. 1933；中国高等植物图鉴 1：176，图 351. 1972；福建植物志 1：94，图 85. 1983；中国植物志 3(2)：39，图版 8：1～11. 1999. —— *Cystopteris japonica* Luerss. in Engl. Bot. Jahrb. 4：363. 1883.

植株高 35～55cm。根状茎横走，疏生披针鳞片。叶近生；叶柄长 15～25cm，连同叶轴为栗紫色；叶片阔卵形或卵状长圆形，长 20～35cm，宽 15～18cm，三回羽状或三回深羽裂；羽片斜展，中部以下羽片长 8～15cm，基部稍上处宽 3～6cm；小羽片羽裂达小羽轴两侧的狭翅，裂片有粗齿或锐裂；裂片上侧脉单一；叶草质，两面沿叶脉疏生无色透明有节的毛。孢子囊群小，生于小叶脉中部；囊群盖极小，压于成熟的孢子囊群下。

产于龙胜、融水、金秀、上思、武鸣；生于海拔 700～1 300m 的林下。分布于浙江、江西、湖北、湖南、台湾、福建、四川、重庆、云南和贵州。日本也有分布。

根状茎可治疖肿。

2. **禾秆亮毛蕨**（中国高等植物图鉴） 图版 55：6～10

Acystopteris tenuisecta (Bl.) Tagawa in Acta Phytotax. Geobot. **7**: 73. 1938；中国高等植物图鉴 **1**: 176. 1972；西藏植物志 **1**: 115，图 3. 1983；中国植物志 **3**(2): 42，图版 8: 12～18. 1999. ——*Aspidium tenuisectum* Bl. Enum. Pl. Jav. 170. 1828.

本种近似于**亮毛蕨**[*A. japonica* (Luerss.) Nakai]，不同在于本种叶柄、叶轴、羽轴均为禾秆色，叶上毛较密。

产于恭城、融水、金秀、田林、武鸣；生于海拔 600～1 300m 的常绿阔叶林下。分布于台湾、云南、四川、西藏。印度、越南、马来西亚、印度尼西亚、菲律宾、缅甸、日本也有分布。

10. 毛轴线盖蕨属　Monomelangium Hay.

陆生，中型蕨类。根状茎粗短，直立或斜升，幼时顶部略被深棕色、披针形小鳞片，后则脱落变光滑。叶簇生；叶柄短于叶片，连同叶轴密被棕色、透明、多少卷曲的多细胞节状长柔毛，腹面有纵沟；叶片狭长圆形，一回羽状，顶渐尖并羽裂；羽片平展，无柄，镰状披针形，渐尖头，基部不对称，下侧圆形，上侧耳形凸起，全缘或略呈波状；叶脉明显，向上斜展，基部不下延，二叉或三叉，上先出，在基部耳片上为羽状；叶草质，两面无毛，仅中脉背面与叶柄被节状密毛；叶轴腹面有浅沟，与羽轴交接处断裂。孢子囊群线形，自中脉沿上侧一条小脉延伸几达叶边；囊群盖线形，暗棕色，膜质，全缘，宿存，孢子近圆形，透明，表面密生细长毛。

全属有 2 种 1 变种，分布于中国南部及日本、越南、泰国、缅甸、印度、尼泊尔、斯里兰卡。中国均产；广西仅产 1 种。

毛轴线盖蕨（中国蕨类植物科属志）

Monomelangium pullingeri (Bak.) Tagawa in J. Jap. Bot. **12**: 539. 1936；海南植物志 **1**: 91. 1964；中国高等植物图鉴 **1**: 185，图 369. 1972；中国植物志 **3**(2): 347，图版 15: 9～12. 1999. ——*Asplenium pullingeri* Bak. in Gard. Chron. new ser. **4**: 484. 1875.

植株高 35～60cm。根状茎短而直立或略斜升。叶簇生；叶柄长 12～20cm，连同叶轴和羽轴背面密被暗棕色有节的粗毛；叶片长椭圆形，一回羽状，向顶羽裂，渐尖头；羽片 17～25 对，平展，披针形，略呈镰状，下部的几不缩短，长 5～7cm，宽约 1cm，渐尖头或锐尖头，基部上侧耳状凸起，下侧圆形，全缘或呈波状，有时有粗钝齿；叶脉羽状，侧脉二叉或三叉（基部的羽状）。孢子囊群线形，每组叶脉有 1 条，生于上侧一脉，不达叶边；囊群盖线形，开向上方，膜质，宿存。

产于融水、桂平、容县、上林、武鸣、兴安、上思；生于海拔 400～1 400m 的林下。分布于浙江、江西、贵州、云南、台湾、福建、广东、海南、香港。日本、越南、泰国、缅甸、印度、尼泊尔、斯里兰卡也有分布。

11. 假蹄盖蕨属　Athyriopsis Ching

根状茎长而横走或短而斜升至直立，被棕色、膜质、披针形或卵形鳞片。叶疏生；叶柄禾秆色，基部圆柱形，疏被与根状茎同样的鳞片；叶片椭圆形或披针形，渐尖头并羽裂，二回羽状深裂；羽片披针形，开展，互生，先端渐尖，基部对称，近无柄；叶轴、羽轴及叶面通常疏被有卷曲的红棕色多细胞节状毛；叶干后草质或近膜质，绿色。孢子囊群线形或椭圆形，单生于小脉上侧呈铁角蕨型，或在裂片基部上侧出一脉常双生于上下两侧为双盖蕨型；囊群盖同形，膜质，边缘常撕裂或为啮蚀状的睫毛，宿存。孢子椭圆形，周壁明显而透明，表面通常具棒状或刺状凸起，少数为裂片状或不规则的形状，外壁表面光滑或纹饰模糊。

本属约有 25 种，主要分布于亚洲热带和亚热带地区。中国已知有 15 种 2 变种，主要产于长江以南各省区；广西产 2 种 1 变种。

分 种 检 索 表

1. 羽片两面无毛或近无毛，或至多仅叶轴和羽轴背面疏被节状短毛；羽片渐尖或圆头。
  2. 植株较大；侧生羽片的裂片以 40°～50°的夹角向上斜展…… 1a. **假蹄盖蕨** A. japonica (Thunb.) Ching var. japonica
  2. 植株较小；侧生羽片的裂片以约 30°的夹角极其向上斜展……………………………………………… 1b. **斜羽假蹄盖蕨** A. japonica (Thunb.) Ching var. oshimensis (Christ) Ching
1. 羽片两面有毛，叶轴、羽轴和叶脉密生棕色卷曲短毛和疏生鳞片；羽片短渐尖 …………………………………… 2. **毛轴假蹄盖蕨** A. petersenii (Kze.) Ching

1. 假蹄盖蕨(植物分类学报)

Athyriopsis japonica (Thunb.) Ching in Acta Phytotax. Sin. 9(1): 65. 1964; 福建植物志 1: 96, 图 87. 1982; 江西植物志 1: 136, 图 118. 1993; 中国植物志 3(2): 333, 图版 75: 11～18. 1999. ——*Asplenium japonicum* Thunb. Fl. Jap. 334. 1784. —— *Diplazium japonicum* (Thunb.) Bedd. Ferns Brit. Ind. Suppl. 12. 1876; 中国主要植物图说·蕨类植物门 118, 图 152. 1957.

1a. 假蹄盖蕨(原变种)

Athyriopsis japonica (Thunb.) Ching var. **japonica**

植株高 30～45cm。根状茎细长，横走，疏被棕色、阔披针形鳞片。叶疏生；叶柄长 15～20cm，疏被鳞片和灰棕色的节状短毛；叶片卵状披针形，长 15～25cm，宽 6～10cm，顶部羽裂长渐尖或急缩长渐尖，二回羽裂；羽片 8～10 对，披针形，中部以下的长 4～10cm，宽 1～2cm，渐尖或圆头，羽状深裂达羽轴两侧的阔翅；裂片长圆形；叶草质，通常两面被毛，沿羽轴及叶脉有节状短毛。孢子囊群线形；囊群盖棕色，边缘啮蚀状，在囊群盖成熟前内弯，宿存。

产于阳朔、龙胜、兴安、灵川、临桂、上思、龙州、三江、融水、金秀、桂平、北流、横县、上林；生于海拔 200～1 300m 的林下或溪边。分布于长江以南各省区，北达陕西、甘肃。韩国、日本、越南、印度尼西亚、马来西亚也有分布。

全草清热消肿；治肿毒、乳痈、目赤肿痛。

1b. 斜羽假蹄盖蕨 (变种)(安徽植物志)

Athyriopsis japonica (Thunb.) Ching var. **oshimensis** (Christ) Ching in Acta Phytotax. Sin. 9(1): 65. 1964; 安徽植物志 1: 137. 1993; 浙江植物志 1: 118. 1993; 中国植物志 3(2): 336. 1999. —— *Athyrium osliimense* Christ in Bull. Herb. Boiss. ser. 2, 1: 1017. 1901.

本变种与原变种的区别主要在于本变种侧生羽片的裂片以约 30°的夹角极斜上，近尖头，羽片通常也显著斜上；囊群盖边缘在囊群成熟前平展，不内弯。

产于龙胜、灵川、临桂、上林、武鸣；生于海拔 600～900m 的林下溪边。分布于山东、浙江、河南、安徽、江西、福建、湖北、湖南、贵州。日本也有分布。

2. 毛轴假蹄盖蕨(植物分类学报) 图版 50:5～8

Athyriopsis petersenii (Kze.) Ching in Acta Phytotax. Sin. 9(1): 66. 1964；安徽植物志 1: 105, 图 98. 1985; 江西植物志 1: 136, 图 117. 1993；中国植物志 3(2): 340, 图版 77: 1～8. 1999. ——*Asplenium petersenii* Kze., Anal. Pterid. 24. 1837.

本种近似于假蹄盖蕨[*A. japonica* (Thunb.) Ching]，不同在于本种羽片两面有毛，叶轴、羽轴和叶脉密生棕色卷曲短毛和疏生鳞片；羽片短渐尖。

广西各地均产；生于海拔 20～1 300m 的林下、溪边、沟边或村边墙上。分布于长江以南各省区，北达陕西、甘肃。韩国、日本、澳大利亚及东南亚、南亚也有分布。

本种形态变化颇大，叶片最小的仅长 6cm，大的长达 1m 以上，羽片长渐尖至钝头，羽片边缘浅裂至深裂,叶质及被毛情况都变化很大,仍有待观察研究。

12. 网蕨属　Dictyodroma Ching

根状茎短而直立,顶端被披针形鳞片。叶簇生,有柄;叶片椭圆形,下部羽状(少羽裂),上部羽裂,渐尖头;羽片少数,对生或近对生,近无柄,全缘或波状,少为圆齿状的浅裂片;主脉明显,两侧的侧脉明显或无侧脉,小脉网结成网状,在主脉和叶片之间成3～4行偏斜的长网眼,沿主脉两侧的一行网眼为尖三角形或近圆形,自顶端或外缘发出1～4条外行小脉;叶草质,干后深绿色或褐绿色;叶轴和羽片的主脉背面多少被透明的蠕虫形鳞片。孢子囊群线形,长短不一;囊群盖线形,膜质,宿存;孢子椭圆形,周壁表面具颗粒状纹饰,外壁表面光滑。

本属有4种,分布于亚洲东南部热带和亚热带地区,西达喜马拉雅山地,南至越南和马来西亚北部。中国4种均有;广西产2种。

分种检索表

1. 叶几光滑,仅叶轴及主脉基部下稍被短毛;羽片宽3～3.5cm,侧生羽片2～3对;侧脉不明显 ……………………………………………………………………………………………………… 1. **全缘网蕨** D. formosanum (Rosenst.) Ching
1. 叶轴被很多蠕形粗毛;羽片宽2.3～2.7cm,侧生羽片3～5对,侧脉明显 …… 2. **网蕨** D. heterophlebium (Mett.) Ching

1. **全缘网蕨**(蕨类名词及名称)　台湾网蕨(植物分类学报)

Dictyodroma formosanum (Rosenst.) Ching in Acta Phytotax. Sin. **9**(1): 60. 1964; 中国植物志 3(2): 483, 图版 117: 1～9. 1999. ——*Diplazium formosanum* Rosenst. in Hedwigia **56**: 337. 1915.

根状茎先端被披针形鳞片。叶簇生;叶柄长20～30cm,青灰色;叶片长30～45cm,中部宽20～28cm,长圆形,基部略变狭,羽状;分离羽片2～3对,近对生,延展,披针形,长8～12cm,中部宽3～3.5cm,有短柄,向基部略变狭,多少呈镰形,无明显侧脉,沿主脉两侧的一列网眼外缘为圆形,向外发出2～3(4)条小脉,背腹两面光滑,仅叶轴及主脉基部背面有锈黄色粗毛疏生。

产于龙胜、金秀、武鸣、上思、象州、容县;生于海拔500～1 100m的林下潮湿处。分布于台湾、云南。

2. **网蕨**(植物分类学报)

Dictyodroma heterophlebium (Mett.) Ching in Acta Phytotax. Sin. **9**(1): 59, pl. 5, f. 9～14. 1964; 中国植物志 3(2): 480, 图版 116: 1～6. 1999. ——*Asplenium heterophlebium* Mett. in Hook. et Bak., Syn. Fil. 243. 1867.

本种近似于**全缘网蕨**[*D. formosanum* (Rosenst.) Ching],不同在于本种叶轴被很多蠕形粗毛;羽片较窄,为2.3～2.7cm,后者为3～3.5cm;侧生羽片3～5对,边缘多少为浅片裂或呈波状,侧脉明显。叶片长30～35cm,宽15～20cm,长圆形,一回羽状;羽片5～6对,下部3～4对分离,镰状披针形,边缘波状或偶呈圆齿状,长渐尖头。

产于金秀、容县;生于海拔900～1 300m的林下。分布于云南和西藏。尼泊尔、印度、缅甸、越南、泰国、马来西亚也有分布。

37. 肿足蕨科　HYPODEMATIACEAE

中小型的石灰岩旱生蕨类。根状茎短而横卧或斜升,连同叶柄基部的膨大部分密被一丛大鳞片;鳞片红棕色,膜质,披针形,长尾状,全缘。叶近生;叶柄禾秆色,基部膨大部分隐没在红棕色鳞片中,向上近光滑或被柔毛;叶片卵状三角形或阔卵状五角形,二回至四回羽裂;羽片三角状披针形,有柄,基部一对最大,二回至三回羽裂;末回小羽片长圆形,锐裂几达小羽轴;叶脉羽状,分离,侧脉伸达叶边,于叶背面隆起;叶草质或纸质,常被灰白色柔毛或背面和羽轴多有腺毛。孢子囊群圆形,着生于侧脉上;囊群盖圆肾形,灰色,膜质,多少有毛;孢子卵圆形,不透明,表面有疣状凸起。

本科仅有 1 属。

肿足蕨属 Hypodematium Kze.

属的特征与科相同。

本属约有 16 种,产于亚洲和非洲亚热带至暖温带北部。中国已知有 12 种,为本属的分布中心,除东北及西北地区外,全国均有分布,生于低地干旱荫蔽的石灰岩缝中;广西产 3 种。

分 种 检 索 表

1. 叶片背面沿叶轴和各回羽轴密被长柔毛,无腺体 ……………………………… 1. **肿足蕨** H. crenatum (Forsk.) Kuhn
1. 叶片背面沿叶轴和各回羽轴多少被短柔毛和腺毛。
  2. 叶片背面和羽轴密被金黄色球形腺毛 ………………………………………… 2. **福氏肿足蕨** H. fordii (Bak.) Ching
  2. 植株瘦弱,叶两面密生亮银色的长针状毛,叶片背面银丝状毛之间被稀疏混生短腺毛 …………………………………………………………………………………… 3. **球腺肿足蕨** H. glanduloso-pilosum (Tagawa) Ohwi

1. **肿足蕨**(中国蕨类植物图谱)

Hypodematium crenatum (Forsk.) Kuhn in Deck. Reis. Bot. **3**: 37. 1879; Ching in Sunyatsenia **3**: 9, f. 1. 1935; 中国高等植物图鉴 **1**: 204, 图 408. 1972; 中国植物志 **4**(1): 3, 图版 1: 1～3. 1999. ——*Polypodium crenatum* Forsk. Fl. Aegypt. Arab. 185. 1775.

植株高 40～60cm。根状茎连同叶柄基部密生棕色披针形的大鳞片。叶近生;叶柄长 22～28cm,基部膨大成纺锤形,隐没于鳞片中,向上无鳞片;叶片卵状五角形,宽约 22cm,四回羽裂;羽片有柄,基部一对最大;羽轴下侧的小羽片较上侧的为大;末回裂片圆头,全缘或呈波状;侧脉单一;叶草质,两面有密柔毛。孢子囊群大,生于侧脉中部;囊群盖大,肾形或马蹄形,有密柔毛。

产于桂林、阳朔、罗城、宜州、巴马、靖西、那坡、乐业、凌云、隆林、陆川、龙州、宁明、武鸣;生于海拔 100～950m 的常绿阔叶林下。分布于甘肃、河南、安徽、台湾、广东、云南、贵州、四川。越南、日本、印度及非洲也有分布。

全草清热解毒、祛风利湿、疗伤、止血生肌;治乳痈、疮疖、淋浊、痢疾、风湿痛、外伤出血。

2. **福氏肿足蕨**(蕨类植物图谱) 图版 58:1～7

Hypodematium fordii (Bak.) Ching in Ic. Fil. Sin. **3**: pl. 122. 1935; 福建植物志 **1**: 134, 图 125. 1982; 中国植物志 **4**(1): 13, 图版 2: 7～15. 1999. ——*Nephrodium fordii* Bak. in J. Bot. 177. 1889.

本种以叶两面及囊群盖疏生球杆形腺毛而不同于同属其他种;个体小的植株,叶两面及囊群盖仅具短腺毛,随着个体增大,叶两面及囊群盖上针状毛逐渐增多,由偶见发展到疏生,囊群盖上甚至密生。

产于灵山;生于海拔约 70m 的石灰岩石缝。分布于广东、福建、贵州、安徽、江西。

3. **球腺肿足蕨**(中国蕨类植物孢子形态) 图版 58:8～10

Hypodematium glanduloso-pilosum (Tagawa) Ohwi in Bull. Natl. Sci. Mus. Tokyo no. **3**: 98. 1956; 中国植物志 **4**(1): 14. 图版 2: 16～20. 1999. ——*H. fauriei* (Kodama) Tagawa f. *glanduloso-pilosum* Tagawa in J. Jap. Bot. **27**: 321. 1952.

本种以植株瘦弱,叶两面密生亮银色的长针状毛,叶背面银丝状毛之间被稀疏混生短腺毛而不同于同

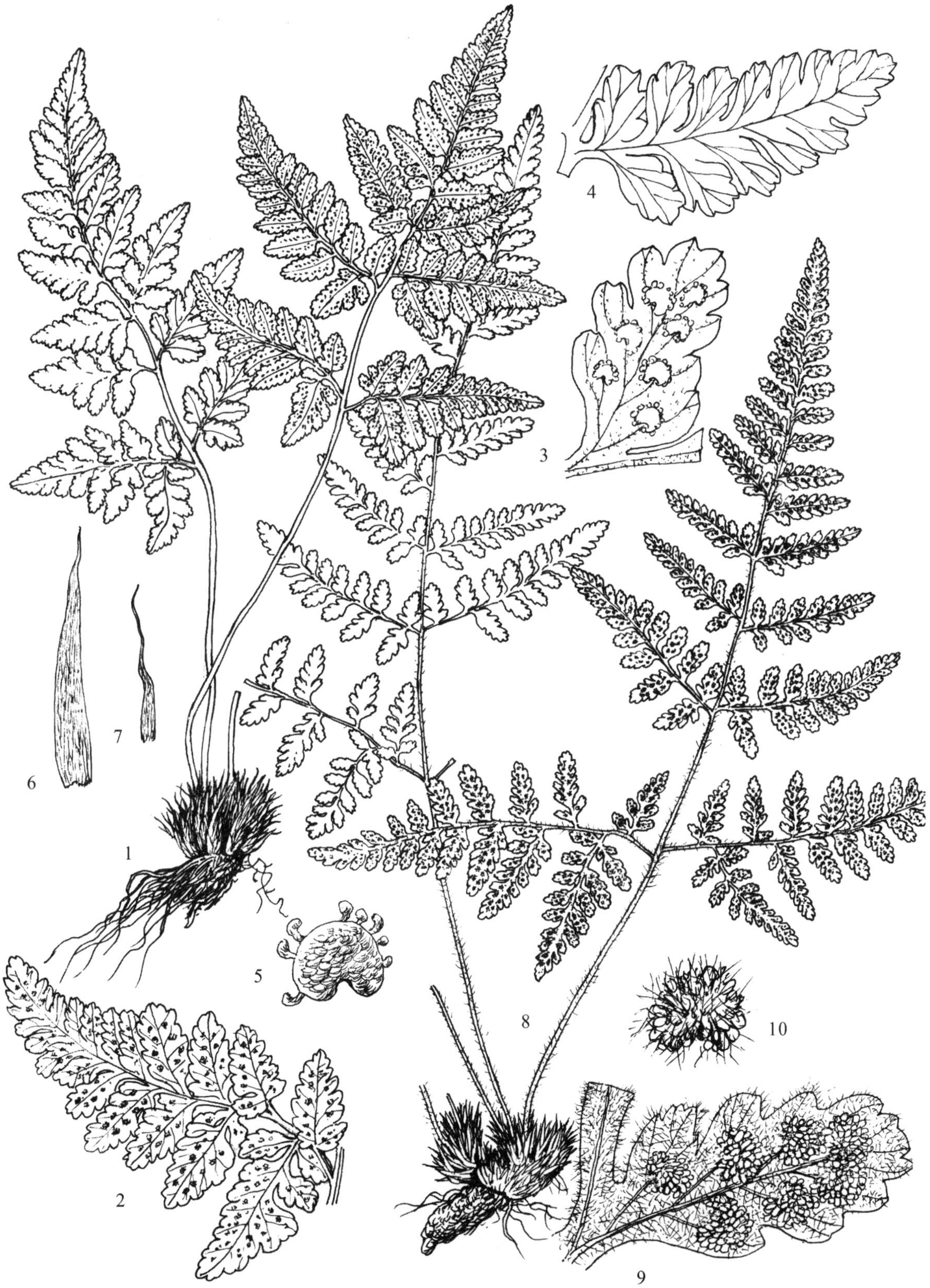

图版58　1～7. **福氏肿足蕨** Hypodematium fordii (Bak.) Ching　1. 植株；2. 羽片背面；3. 小羽片背面一部分，示孢子囊群着生位置；4. 羽片；5. 囊群盖；6. 根状茎上的鳞片；7. 叶柄基部的鳞片。　8～10. **球腺肿足蕨** H. glanduloso-pilosum (Tagawa) Ohwi　8. 植株；9. 小羽片背面一部分，示孢子囊群着生位置；10. 囊群盖。　（林文宏绘）

属其他种。

产于桂平；生于海拔约100m的石灰岩石壁。分布于山东、江苏、安徽、陕西、湖南、贵州。日本也有分布。

38. 金星蕨科 THELYPTERIDACEAE

中小型至大型蕨类。根状茎直立、斜升或横走，内具简单的网状中柱，外疏被刚毛状厚鳞片，并有单细胞的针状毛或分叉毛，或少有由2～4个细胞组成的针状毛。叶簇生、近生或远生，一型或少为二型；叶柄不具关节，略被鳞片，向上或多或少被与根状茎同样的毛，有时毛端呈钩状；叶片常为长圆形或倒披针形，少为卵形或卵状三角形，通常二回深羽裂，少为三回至四回羽裂；羽片披针形或长圆形，羽轴腹面凹陷成纵沟或隆起，密被针状毛或短刚毛，少无毛；叶脉分离，侧脉单一或分叉，或联结为星毛蕨型或新月形，少有肉状；叶草质、纸质或近革质，两面常被单细胞针状毛或分叉毛，尤以叶轴、羽轴和中脉为多，有时混生多细胞针状毛，少有无毛。孢子囊群圆形或长圆形，通常生于小脉中部或近顶端；囊群盖小而早落，圆肾形，无毛或被短刚毛；孢子囊柄长，由3行细胞组成，顶部常有刚毛；孢子两面型，长圆状肾形，表面有疣状凸起，或往往有翅状周壁。

本科约有23属近1 000种，主要分布于热带和亚热带地区。中国已知有18属365种；广西有14属68种1变种。

分种检索表

1. 叶脉分离。
  2. 孢子囊群无盖(或盖小而不易见，如针毛蕨属 *Macrothelypteris*)。
    3. 孢子囊群圆形。
      4. 叶片为狭椭圆形或披针形，二回羽状深裂；小脉达于叶边。
        5. 植株遍体无毛 ………………………………………… 1. **龙津蕨属** Mesopteris Ching
        5. 植株遍体被单细胞的短毛。
          6. 羽片基部背面有疣状凸起的褐色气囊体；叶干后多少呈褐色；裂片的缺刻内无软骨质的驼峰 ……………………………………………………………… 2. **钩毛蕨属** Cyclogramma Tagawa
          6. 羽片基部背面无气囊体；叶干后黄绿色；裂片间的缺刻内有软骨质的驼峰 ……………………………………………………………… 3. **方秆蕨属** Glaphylopteridopsis Ching
      4. 叶片为卵状三角形，三回羽状至四回羽裂；小脉不达叶边；植株遍体被多细胞的长毛 ……………………………………………………………… 4. **针毛蕨属** Macrothelypteris (H. Ito) Ching
    3. 孢子囊群长形或椭圆形，偶为卵圆形。
      7. 孢子囊群长形，小脉单一；裂片全缘 ……………………………… 5. **茯蕨属** Leptogramma J. Sm.
      7. 孢子囊群椭圆或卵圆形；小脉多少分叉；裂片或小羽片通常羽裂。
        8. 植株较小，叶柄通常呈淡禾秆色，无光泽；叶片为三角形或狭披针形，侧生羽片基部沿叶轴两侧下延，偶为下部1～3对分离；叶脉伸达叶边 ……………………………… 6. **卵果蕨属** Phegopteris Fée
        8. 植株高大，叶柄呈红棕色或禾秆色而基部棕色，有光泽；叶片为长圆形，罕为阔披针形，侧生羽片(至少下部的)彼此分离，基部亦不沿叶轴两侧下延；叶脉不伸达叶边 ……………… 7. **紫柄蕨属** Pseudophegopteris Ching
  2. 孢子囊群有盖。
    9. 羽轴腹面圆形隆起；叶脉先端不到达叶边；囊群盖小，淡绿色 ………… 8. **凸轴蕨属** Metathelypteris (H. Ito) Ching
    9. 羽轴腹面凹陷成一条纵沟；叶脉先端到达叶边；囊群盖大，棕色。
      10. 羽片基部背面不具气囊体，裂片基部一对叶脉伸达不具软骨质的缺刻以上的叶边；叶为草质至纸质，背面往往有球形的橙色腺体 ……………………………… 9. **金星蕨属** Parathelypteris (H. Ito) Ching

10. 羽片基部背面有一疣状凸起的褐色气囊体，裂片基部一对叶脉或仅上侧一脉伸达有软骨质的缺刻处；叶为厚纸质或近革质，背面无腺体 …………………………………………………… 10. **假毛蕨属** Pseudocyclosorus Ching

1. 叶脉联结。

11. 叶脉联结成新月蕨型或星毛蕨型；孢子囊群圆形或线形。

12. 孢子囊群有盖；叶脉为星毛蕨型(即裂片基部1～4对小脉联结，并自交结点有外行小脉)，羽片深羽裂，缺刻内有棕色透明膜，叶背面往往有黄色或橙色腺体 ………………………………………… 11. **毛蕨属** Cyclosorus Link

12. 孢子囊群无盖，或发育不良而早落；羽片浅羽裂或近全缘缺刻内无棕色透明膜，叶背面无腺体。

13. 叶脉为新月蕨型(即小脉除近叶缘有1～2对分离外，全部联结成方形或斜方形的整齐网眼)；羽片大，阔披针形；孢子囊群幼时为圆形，成熟时往往成双会合成新月形 ……………………… 12. **新月蕨属** Pronephrium Presl

13. 叶脉为星毛蕨型；羽片小，披针形；孢子囊群圆形 ……………………………… 13. **星毛蕨属** Ampelopteris Kze.

11. 叶脉网状；孢子囊沿网脉散生，满布叶背面 ………………………………………………… 14. **圣蕨属** Dictyocline Moore

1. 龙津蕨属　Mesopteris Ching

土生，大型蕨类。植株高达2m，通体无毛。根状茎长而横走，连同叶柄基部密被鳞片；鳞片棕褐色，披针形，全缘。叶远生；叶柄粗壮，近四方形，长达1.2m，基部以上光滑，不具瘤状气囊体；叶片大，狭椭圆形，奇数二回羽状半裂，顶生羽片和其下的侧生羽片几同形同大，有柄；侧生羽片多达30对，羽状半裂，背面多少有细微金色球状的无柄腺体散生；裂片尖头，有脉8～10对，脉单一，极斜下，下部两对以锐头三角形斜升达缺刻内的半透明膜，但从不靠合；缺刻发达，伸长，顶部在叶背面伸出一胼胝质的拱形坚硬凸起；叶干后坚纸质。孢子囊群颇大，圆形，无囊群盖，沿羽轴两侧至少排成一行，生于裂片基部一对小脉的基部，靠近羽轴或往往排成不规则2～5行，上部的侧脉全部不育；孢子囊光滑无毛。

本属仅1种，分布于中国广西及越南北部。

龙津蕨(植物分类学报)　图版59：1～2

Mesopteris tonkinensis (C. Chr.) Ching in Acta Phytotax. Sin. **16**(4): 21. 1978; 中国植物志 4(1): 167. 1999; 中国高等植物 **2**: 372, 图 512. 2008. —— *Dryopteris tonkinensis* C. Chr. in Bull. Mus. Hist. Nat. (Paris) ser. 2, **6**: 103. 1934. ——*Thelypteris tonkinensis* Ching in Bull. Fan Mem. Inst. Biol. Bot. **6**: 292. 1936.

根状茎横走。叶远生；叶柄四棱柱形，基部具鳞片，向上渐光滑，淡褐色，长达70cm；叶片长45～80cm，基部宽约40cm，二回羽裂；羽片多对(下侧羽片不缩短)，互生，无柄，长达40cm，宽2～3cm，平展，相距2～3cm，线状长圆形，基部狭，顶端渐尖，羽裂；裂片斜展，略呈镰形，尖头，全缘；叶脉伸达胼胝质缺刻；叶干后坚纸质，褐色，叶片、羽轴、小羽轴及叶脉均无毛。孢子囊群无盖，无毛，生于侧脉中部；孢子囊卵形，深褐色，具乳状凸起。

产于龙州、大新；生于海拔480～500m的石灰岩季雨林下、灌丛或路边。越南北部也有分布。

2. 钩毛蕨属　Cyclogramma Tagawa

中型蕨类。根状茎直立或横走，被灰白色短毛和阔披针形厚鳞片。叶簇生或散生；叶柄多少被毛；叶片椭圆形或阔披针形，二回深羽裂；羽片基部下面有一个黑褐色瓣状弯曲的气囊体；叶脉羽状分离；叶草质或纸质，干后褐色，两面多少被灰白色短毛和长针状毛，后者顶端往往呈钩状。孢子囊群圆形，背生于小脉中部以上，在主脉两侧各成一行；无囊群盖；孢子囊近顶处有1～4根直立刚毛，刚毛顶端呈钩状；孢子椭圆形。

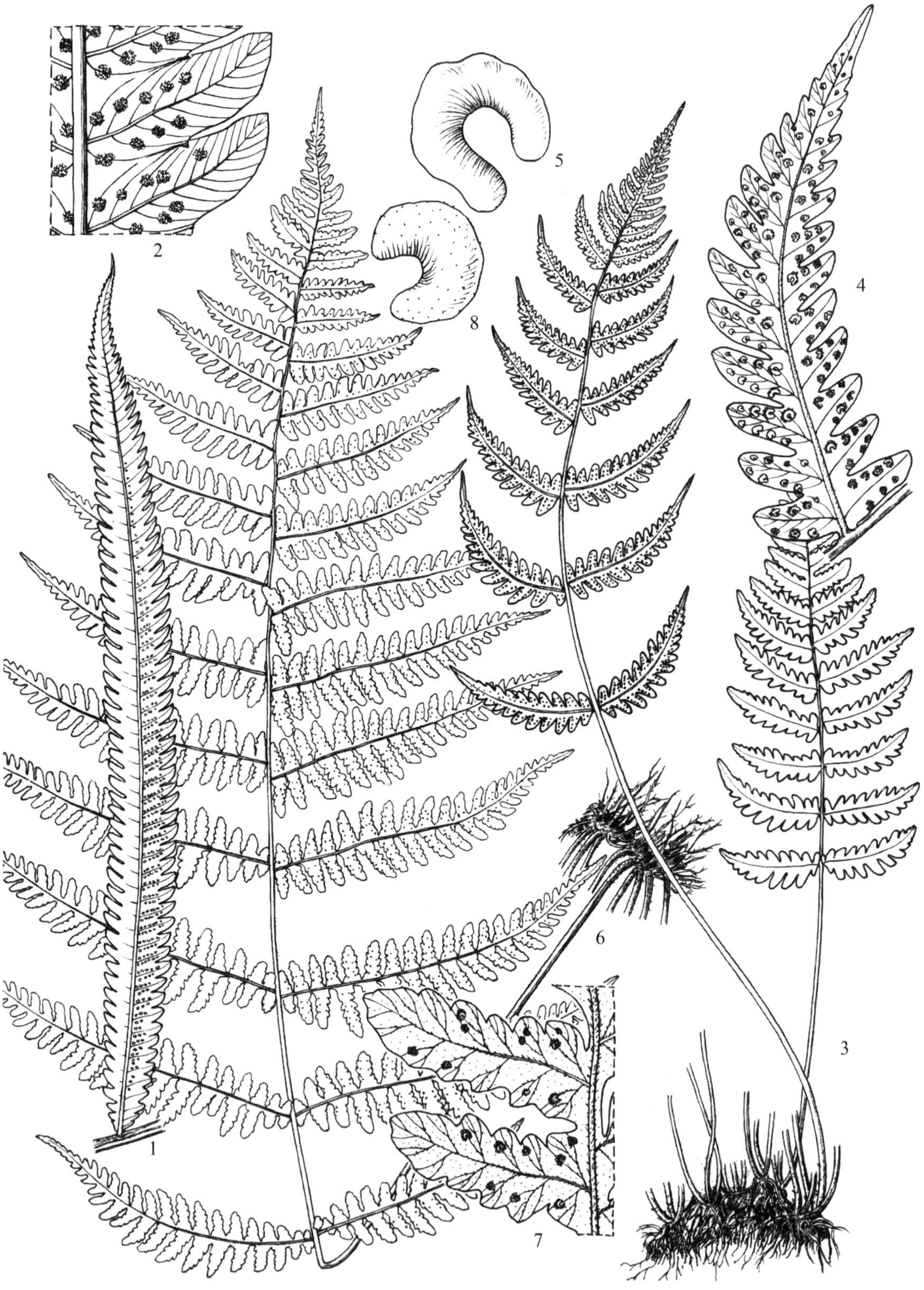

图版 59 1～2. **龙津蕨** Mesopteris tonkinensis (C. Chr.) Ching 1. 羽片背面；2. 羽片背面一部分，示脉序及孢子囊群着生位置。 3～5. **微毛凸轴蕨** Metathelypteris adscendens (Ching) Ching 3. 植株；4. 羽片背面，示脉序及孢子囊群着生位置；5. 囊群盖。 6～8. **具腺凸轴蕨** M. glandulosa H. G. Zhou et Hua Li 6. 植株；7. 羽片背面一部分，示脉序及孢子囊群着生位置；8. 囊群盖。 (朱运喜绘)

本属约有 10 种，主产于中国亚热带地区，西至喜马拉雅，东至日本南部和菲律宾。中国有 9 种；广西产 3 种。

分种检索表

1. 叶片基部一对羽片明显缩短；羽轴背面有短柔毛 ………………………… 1. **狭基钩毛蕨** C. leveillei (Christ) Ching

1. 叶片基部一对羽片不缩短。

  2. 羽轴背面有长针状毛混生；羽片宽约 1cm，长达 5cm，纸质 ……………… 2. **小叶钩毛蕨** C. flexilis (Christ) Tagawa

  2. 羽轴被短硬毛；羽片宽约 3cm，长 10cm 以上，质地薄而软 ……………… 3. **焕镛钩毛蕨** C. chunii (Ching) Tagawa

1. **狭基钩毛蕨**（植物分类学报）

Cyclogramma leveillei (Christ) Ching in Acta Phytotax. Sin. 8(4)：317. 1963；中国高等植物图鉴 1：208，图 415. 1972；中国植物志 4(1)：109，图版 18：5～10. 1999. ——*Dryopteris leveillei* Christ in Bull. Acad. Géogr. Bot. Mans 20：176. 1909.

植株高 50～90cm。根状茎长而横走。叶近生；叶柄长 20～25cm；叶轴、羽轴、叶脉和叶片腹面有长针状毛（有时毛先端呈钩形）和短毛混生，羽片（尤其羽轴）背面有短柔毛，并在羽片着生处的叶轴上有 1 个披针形的肉质气囊体；侧脉单一；叶厚草质。孢子囊群小，圆形，无囊群盖；孢子囊顶部有 1～2 根针状毛。

产于武鸣；生于海拔约 1 100m 的常绿阔叶林下。分布于台湾、福建、广东、贵州、云南、四川。日本也有分布。

全株清热、利尿。

2. **小叶钩毛蕨**（中国高等植物图鉴）

Cyclogramma flexilis (Christ) Tagawa in Acta Phytotax. Geobot. 7：53. 1938；中国高等植物图鉴 1：208，图 415. 1972；中国植物志 4(1)：112，图版 18：11～13. 1999. ——*Aspidium flexile* Christ in Bull. Acad. Int. Géogr. Bot. 252. 1902. ——*Thelypteris flexilis* (Christ) Ching in Bull. Fan Mem. Inst. Biol. Bot. 6：283. 1936.

本种与**狭基钩毛蕨**［*C. leveillei* (Christ) Ching］相近，不同在于本种叶片基部一对羽片不缩短，羽轴背面有长针毛混生。

产于田林；生于海拔约 1 300m 的常绿阔叶林下。分布于四川、贵州。

3. **焕镛钩毛蕨**（蕨类名词及名称） 图版 60：1～2

Cyclogramma chunii (Ching) Tagawa in Acta Phytotax. Geobot. 7：55. 1938；中国植物志 4(1)：112. 1999；云南植物志 20：563. 2006. ——*Thelypteris chunii* Ching in Bull. Fan Mem. Inst. Biol. Bot. 6：284. 1936.

根状茎短而横卧，黑色。叶近生；叶柄长 40～50cm，基部褐棕色，上部为深禾秆色，近基部疏被暗棕色、卵状披针形、全缘的硬直鳞片；叶片长圆形与叶柄同长，基部宽约 25cm，下部二回羽裂，顶部渐尖深羽裂；羽片约 13 对，最下一对不缩短，平展，向上的羽片斜展，均无柄，基部一对长约 13cm，宽达 3cm，基部楔形，上部的羽片基部斜截形，渐尖头，羽裂达羽轴约 4mm 宽的翅部；裂片约 20 对，长圆形，近镰状，边缘全缘，圆头，长 1～1.3cm，宽约 5mm；叶脉 7～12 对，基部一对极弯曲；叶薄草质，粗糙，两面绿色，叶柄与叶羽轴被短硬毛，叶两面无毛，除羽轴和叶脉处均被直硬毛，边皆具睫毛。孢子囊群小，圆形；孢子囊具硬毛。

产于那坡；生于海拔 100～1 200m 的石灰岩常绿阔叶林下。分布于广东、云南、贵州。

3. 方秆蕨属 Glaphylopteridopsis Ching

中大型蕨类。根状茎横卧或斜升，光滑。叶簇生或近生；叶柄光滑；叶片椭圆形，二回深羽裂，裂片间

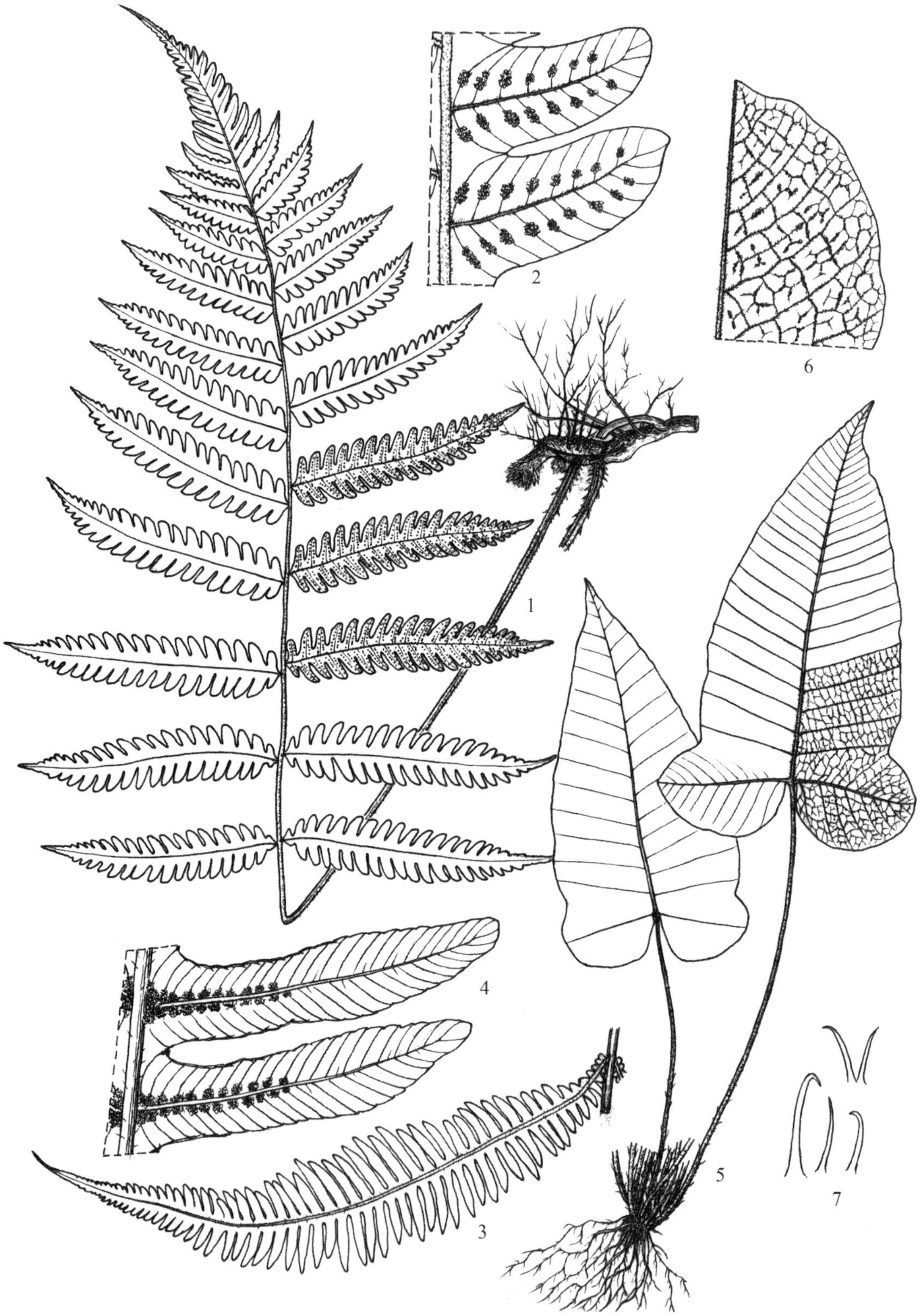

图版 60　1～2. **焕镛钩毛蕨** Cyclogramma chunii (Ching) Tagawa　1. 植株；2. 羽片背面一部分，示脉序及孢子囊群着生位置。　3～4. **方秆蕨** Glaphylopteridopsis erubescens (Wall. ex Hook.) Ching　3. 基部羽片；4. 羽片背面一部分，示其边缘、脉序及孢子囊群着生位置。　5～7. **戟叶圣蕨** Dictyocline sagittifolia Ching　5. 植株；6. 叶片一部分，示脉序及孢子囊群着生位置；7. 叶背面的毛。　[朱运喜绘，其中 7 仿自中国植物志 4(1)：316，图版 61. 1999]

缺刻内有软骨质的驼峰;叶轴背面方形,光滑,干后常呈微红色;叶脉分离,在裂片上为羽状,小脉多而密;叶纸质或近革质,干后黄绿色,叶轴和羽轴及羽片两面多少被灰白色针状毛,无腺体。孢子囊群圆形,生于侧脉基部,靠近裂片主脉两侧各成一行,成熟时彼此接近而会合成线形;无囊群盖或盖极小;孢子囊近顶处往往有针状毛;孢子椭圆状,两面型。

本属有12种,分布于喜马拉雅至中国西南诸省、台湾及马来群岛;广西仅产1种。

方秆蕨(植物分类学报) 图版60:3～4

Glaphylopteridopsis erubescens (Wall. ex Hook.) Ching in Acta Phytotax. Sin. 8(4): 320. 1963; 中国植物志 4(1): 127, 图版 24: 1～2. 1999; 中国高等植物 2: 367, 图 504. 2008; 云南植物志 20: 565, 图版 119: 1. 2006. ——*Polypodium erubescens* Wall. ex Hook. Sp. Fil. 4: 236. 1862. ——*Thelypteris erubescens* Ching in Bull. Fan Mem. Inst. Biol. Bot. 6: 293. 1936.

植株高达2m或更高。根状茎粗壮,横走,光滑。叶簇生;叶柄长1～2m。叶轴下方呈四方形,干后常呈微红色;叶片长1～2m,二回深羽裂,全体近光滑;叶脉多对。孢子囊群无盖,在裂片的主脉两侧各成一行,并紧靠主脉,成熟时密接并会合成线形,孢子囊体无毛。

产于田林、靖西、那坡;生于海拔约850m的常绿阔叶林下。分布于台湾、四川、云南、西藏。克什米尔地区及不丹、尼泊尔、印度、缅甸、越南、马来西亚、菲律宾、日本也有分布。

4. 针毛蕨属 Macrothelypteris (H. Ito) Ching

中大型蕨类。根状茎短,直立、斜升或横走,被鳞片;鳞片棕色披针形,质厚,边有针状疏睫毛。叶簇生,向上光滑;叶片阔卵状三角形,顶端渐尖并羽裂,三回羽状或四回深羽裂;各回羽片披针形,斜展或近平展;一回小羽片或裂片无柄,基部以狭翅下延于羽轴,各回羽轴腹面圆而隆起,多少被灰白色针状毛;叶脉羽状,分离,侧脉单一或偶有二叉,不达叶边;叶草质或纸质,两面沿羽轴多少被灰白色、多细胞的长针状毛,少有无毛,叶轴上除被毛外,常有少数厚鳞片和棕色多细胞的针状粗毛,鳞片脱落后留下凸状物。孢子囊群小,着生于侧脉近顶端;无囊群盖或囊群盖不发育,易脱落;孢子两面型,近阔肾形,透明,表面存阔翅。

本属有10种,分布于亚洲热带和亚热带、大洋洲和太平洋岛屿。中国有7种,主要分布于长江以南各省区;广西产3种。

分 种 检 索 表

1. 羽片背面光滑或被单细胞的针状毛;小羽片与羽轴以锐角相交 ………………… 1. **针毛蕨** M. oligophlebia (Bak.) Ching
1. 羽片背面被开展的多细胞针状毛。
  2. 羽片明显由羽轴斜展;裂片也斜展 ……………………………………………… 2. **普通针毛蕨** M. torresiana (Gaud.) Ching
  2. 羽片以直角由羽轴生出;小羽片或裂片以直角由主脉伸出;叶片分裂较细 ……………………………………………… 3. **细裂针毛蕨** M. contingens Ching

1. 针毛蕨(植物分类学报)

Macrothelypteris oligophlebia (Bak.) Ching in Acta Phytotax. Sin. 8(4): 309. 1963; 中国植物志 4(1): 76, 图版 13: 10～12. 1999; 中国高等植物 2: 352, 图 485. 2008. ——*Nephrodium oligophlebium* Bak. in J. Bot. 291. 1875. ——*Thelypteris oligophlebia* Ching in Bull. Fan Mem. Inst. Biol. Bot. 6: 339. 1936.

植株高60～150cm。根状茎短而斜升,连同叶柄基部被深棕色的披针形、边缘具疏毛的鳞片。叶簇生;叶柄禾秆色,基部以上光滑;叶片几与叶柄等长,三角状卵形,先端渐尖并羽裂,基部不变狭,三回羽裂;

羽片约14对，斜上。叶草质，干后黄绿色，两面光滑无毛，仅背面有橙黄色、透明的头状腺毛，或沿小羽轴及主脉的近顶端偶有少数单细胞的针状毛，腹面沿羽轴及小羽轴被灰白色的短针状毛，羽轴常具浅紫红色斑。孢子囊群小，圆形，生于侧脉的近顶部；囊群盖小，圆肾形，灰绿色，光滑，成熟时脱落或隐没于囊群中；孢子圆肾形。

产于龙胜、兴安；生于海拔约700m的林下或水沟边。分布于浙江、江苏、安徽、江西、河南、湖北、湖南。日本也有分布。

根状茎清热解毒、止血、利尿消肿、敛疮生肌、杀虫；治烧烫伤、外伤出血、疮疖肿毒、瘙痒、蛔虫病等。

2. **普通针毛蕨**(植物分类学报)

Macrothelypteris torresiana (Gaud.) Ching in Acta Phytotax. Sin. **8**(4): 310. 1963; 中国高等植物图鉴 **1**: 205, 图 410. 1972; 中国植物志 **4**(1): 79, 图版 14: 7～12. 1999. —— *Polystichum toressianum* Gaud. in Frey. Voy. Bot. 333. 1824. ——*Thelypteris uliginosa* Ching in Bull. Fan Mem. Inst. Biol. Bot. **6**: 342. 1936; 中国主要植物图说·蕨类植物门 133. 1957.

植株高50～70cm。根状茎顶部密生有毛的条状披针形鳞片。叶簇生；叶柄长30～50cm；叶片三角状卵形，宽24～50cm，三回羽状；基部一对羽片较大，长圆披针形，仅基部一对小羽片略短，末回小羽片以狭翅相连，钝头，全缘或常锐裂；叶草质，背面有灰白色多细胞长毛，腹面仅沿小羽轴和主脉略有针状毛。孢子囊群小，生于侧脉近顶端；囊群盖小，圆肾形，成熟时隐没于囊群中，常不易见。

产于融水、龙胜、三江、宜州、凌云、靖西、那坡、昭平、桂平、玉林、灵山、宾阳、上林、武鸣、南宁、大新、龙州；生于海拔80～1 400m的常绿阔叶林下。广布长江以南各省区。亚洲其他热带地区和大洋洲及美洲热带、亚热带地区也有。

全株治疗水肿、疮毒。

3. **细裂针毛蕨**(植物分类学报)

Macrothelypteris contingens Ching in Acta Phytotax. Sin. **8**(4): 310. 1963; 中国植物志 **4**(1): 82. 1999; 云南植物志 **20**: 570. 2006.

本种近似于**普通针毛蕨**[*M. torresiana* (Gaud.) Ching]，区别在于本种形体较小，叶较薄，更细裂，羽片、小羽片、裂片以直角出生于粗壮的轴上。

产于那坡、龙州；生于海拔350～1 100m的常绿阔叶林下。分布于云南和浙江。

5. 茯蕨属 Leptogramma J. Sm.

土生，中型蕨类。根状茎直立或斜升，与叶柄基部均疏被鳞片。叶簇生；叶柄深禾秆色，被灰色的针状长毛和短刚毛；叶片长椭圆形、戟形或披针形，二回羽裂，仅下部数对羽片分离；叶脉分离，斜伸至叶边或缺刻；叶草质或纸质，干后褐棕色或褐绿色，两面常有针状毛和短刚毛。孢子囊群长形，沿小脉着生；无囊群盖；孢子囊上有直立刚毛；孢子椭圆形。

本属约有15种，分布于亚洲热带及亚热带，西达非洲。中国有10种，产于长江以南各省区；广西产2种。

分种检索表

1. 叶片基部一对羽片比其上方的羽片长，因此呈戟形 …………………………………………… 1. **小叶茯蕨** L. tottoides H. Ito
1. 叶片基部一对羽片与其上方的等长或略短，不呈戟形 ………………………………………… 2. **峨眉茯蕨** L. scallanii (Christ) Ching

1. **小叶茯蕨**(中国高等植物图鉴)

Leptogramma tottoides H. Ito in Bot. Mag. Tokyo **44**: 434, f. 7. 1935; 中国植物志 **4**(1): 115, 图版 19:1～6. 1999. ——*L. totta* var. *tottoides* H. Ito in Nakai et Honda, Nova Fl. Jap. no. **4**: 166.

1939. ——*L. caudata* Ching in Sinensia 7：98，t. 4. 1936.

植株高 17～32cm。根状茎短而直立，连同叶柄基部疏被红棕色的阔披针形鳞片和密被灰白色针状毛。叶簇生；叶柄深禾秆色，通体疏被单细胞针状长毛；叶片戟状披针形，长 14～20cm，基部戟形，向顶端渐变狭，渐尖头，一回羽状；羽片平展，近无柄，羽片同形，基部一对最大，长圆状披针形，钝头或短急尖头；叶脉明显，小脉在裂片上 3～4 对，单一，斜上，基部一对出自主脉基部以上甚远处，其上侧一条伸达缺刻内或稍上处的叶边，下侧一条伸达远离缺刻以上的叶边；叶薄草质，干后褐棕色，羽片腹面布满针状毛，背面沿羽轴连同叶轴有开展的灰白色针状细毛，沿叶脉疏被柔毛。孢子囊群线形，通常沿基部一对小脉的下半部着生；孢子囊体近顶处有 3～4 根刚毛。

产于兴安；生于海拔约 1 800m 的针阔混交林下。分布于台湾、福建、浙江、江西、贵州。

2. **峨眉茯蕨**（中国蕨类植物图谱）

Leptogramma scallanii (Christ) Ching in Sinensia 7：101，pl. 7. 1936；中国高等植物图鉴 1：208，图 416. 1972；秦岭植物志 2：134，图版 33. 1974；中国植物志 4(1)：119，图版 20：5～9. 1999. ——*Aspidium scallani* Christ in Bull. Soc. Bot. Ital. 296. 1901.

植株高 20～30cm。根状茎短而直立，连同叶柄下部疏生红棕色有毛的鳞片和针状毛。叶簇生；叶柄长 5～10cm，上部有针状长毛；叶片长圆形，长 14～20cm，宽 5～7cm，二回羽裂；下部羽片有短柄，向上的合生，基部一对羽片和其上的羽片同大；裂片斜上，圆头；侧脉单一，分离；叶纸质，沿叶脉两面和羽轴背面疏生针状毛。孢子囊群长圆形或短条形，生于侧脉中下部，无囊群盖；孢子囊近顶部有 2～4 根长针状毛。

产于融水、武鸣；生于海拔 900～1 100m 的常绿阔叶林下或沟谷溪边。广布于长江以南各省区。越南也有分布。

6. 卵果蕨属　Phegopteris Fée

陆生，中小型植物。根状茎横走，偶直立，密被鳞片和毛。叶远生或簇生；叶柄基部密被鳞片；叶片三角状卵形或狭披针形，二回羽裂；羽片基部与叶轴合生或下部 1～2 对羽片分离；叶脉分离，羽状；叶草质或软纸质，两面多少有针状毛，各回羽轴及主脉腹面有毛，背面被相当多的披针形鳞片。孢子囊群椭圆形，无囊群盖，生于侧脉中部以上或顶部；孢子囊上往往有少数直立的针状毛；孢子椭圆形。

本属有 4 种，分布于北半球温带和亚热带。中国有 3 种，分布于台湾、福建、江苏、江西、贵州、四川；广西仅产 1 种。日本、朝鲜也有分布。

延羽卵果蕨（中国高等植物图鉴）

Phegopteris decursive-pinnata (van Halle) Fée in Gen. Fil. 242，pl. 20A，f. 1. 1852；中国高等植物图鉴 1：206，图 411. 1972；中国植物志 4(1)：87，图版 15：9～18. 1999. ——*Polypodium decursive-pinnatum* van Hall. in Nieuwe Verhdl. Nederl. Inst. 5：204c. 1836. ——*Thelypteris decursive-pinnata* Ching in Bull. Fan Mem. Inst. Biol. Bot. 6：275. 1936；中国主要植物图说·蕨类植物门 130，图 170. 1957.

植株高 30～60cm。根状茎短而直立，被具长缘毛的卵形鳞片。叶簇生；叶柄长 10～14cm，连同叶轴和羽轴同被略呈披针形具缘毛的小鳞片；叶片倒披针形，宽 5～12cm，顶部渐尖并羽裂，下部渐狭，一回羽状或二回羽裂；羽片互生，基部以耳状或钝三角状的翅相连，羽裂深达 1/3～1/2，下部羽片成三角形耳状；裂片钝头；侧脉单一；叶革质，两面沿叶脉有疏针状毛和分枝毛。孢子囊群近圆形或长圆形，生于侧脉顶部以下；无囊群盖。

产于龙胜、临桂、灵川、阳朔、兴安、资源、罗城、三江、金秀、环江、隆林、那坡、乐业、容县、武鸣、上思、防城港、东兴、靖西；生于海拔 150～1 200m 的林下、沟谷边或路边缓坡山。分布于长江以南各省区，向北到河南以及陕西南部，西南到云南，东至台湾。日本及韩国南部、越南北部也有分布。

7. 紫柄蕨属 Pseudophegopteris Ching

中型蕨类。根状茎短而直立、斜升，或长而横走，密被灰白色长柔毛，顶部被棕色、阔披针形鳞片。叶疏生、远生或簇生；叶柄、叶轴红棕色或栗色，少为禾秆色，有光泽，基部疏被披针形鳞片；叶片长圆形，二回羽状至三回羽裂；羽片披针形，近对生，近无柄，基部不与叶轴合生；叶脉羽状，分离，侧脉单一或常分叉，几达叶边；叶草质或纸质，两面及叶缘多少被毛，羽轴两面隆起，腹面有毛，背面常呈红棕色，有光泽，无毛或疏被单细胞短毛。孢子囊群长圆形、卵圆形或近圆形，背生于侧脉中部以上；无囊群盖；孢子两面型，肾形或圆肾形，透明，表面光滑。

本属约有 20 种，主要分布于亚洲热带和亚热带地区。中国有 12 种，主要分布于西南部低山区和长江中下游地区，东至台湾；广西产 5 种。

分种检索表

1. 羽片基部小羽片常远长于其他小羽片，呈耳状 ………………………………… 1. **耳状紫柄蕨** P. aurita (Hook.) Ching
1. 羽片基部小羽片不呈耳状。
  2. 叶片较狭，二回羽裂 ……………………………………………………… 2. **对生紫柄蕨** P. rectangularis (Zoll.) Holtt.
  2. 叶片三回羽状分裂。
    3. 叶片卵形，基部一对最大，小羽片羽状深裂几达小羽轴 …………… 3. **云贵紫柄蕨** P. yunkweiensis (Ching) Ching
    3. 叶片长圆形，或长圆状披针形，基部一对羽片和其上方的羽片同大或略缩短；小羽片羽状分裂达 1/2。
      4. 根状茎长而横走；叶背面具短毛或光滑无毛；孢子囊亦无毛 …………… 4. **紫柄蕨** P. pyrrhorachis (Kze.) Ching
      4. 根状茎短而斜升；叶背面密被针状短毛；孢子囊体上具二至多根短刚毛 ……………………………………………………………………………………………………… 5. **密毛紫柄蕨** P. hirtirachis (C. Chr.) Holtt.

1. 耳状紫柄蕨（植物分类学报） 图版 61：1～3

Pseudophegopteris aurita (Hook.) Ching in Acta Phytotax. Sin. 8(4): 314. 1963; 中国植物志 **4**(1): 97. 1999; 中国高等植物 **2**: 358, 图 492: 1～2. 2008. ——*Gymnogramma aurita* Hook. in Ic. Pl. **10**: t. 974, t. 989. 1854. ——*Thelypteris aurita* Ching in Bull. Fan Mem. Inst. Biol. Bot. **6**: 266. 1936.

植株高 40～60cm。根状茎长而横走，顶部密被长柔毛和棕色、狭披针形、边有缘毛的鳞片。叶疏生或远生；叶柄长 20～32cm，与叶轴、羽轴同呈红棕色，有光泽；叶片卵状披针形，长 20～30cm，宽 13～20cm，顶端渐尖头并羽裂，基部略变狭，二回深羽裂；羽片 13～18 对，戟状卵形或披针形，基部一对最大，长 6～10cm，基部宽 3～6cm，其基部下侧小羽片特长并成耳状，长可达 4cm，长渐尖，基部心形，羽状深裂或半裂，向上各羽片渐短；小羽片或裂片 10～15 对，基部一对最大，两侧不等大，其下侧一片特大，镰状披针形或近耳形，长 2.5～4cm，宽约 1cm，渐尖头，边有粗钝齿或浅裂，上侧一片为披针形或长圆形，长 1.2～1.8cm，钝头，向上各对小羽片或裂均较短，长圆形，圆钝头，全缘或波状，侧脉分叉；叶纸质，仅羽轴和小羽轴腹面密被短毛。孢子囊群近圆形，生于侧脉近顶部，近叶边，无毛；无囊群盖。

产于融水、三江、金秀、田林、那坡、靖西、上思、恭城、兴安、临桂、灵川；生于海拔 340～1 300m 的常绿阔叶林下或溪流边。分布于中国西部及福建、江西。中南半岛及印度、日本也有分布。

2. 对生紫柄蕨（植物分类学报）

Pseudophegopteris rectangularis (Zoll.) Holtt. in Blumea **17**: 19. 1969; 中国植物志 **4**(1): 102. 1999; 中国高等植物 **2**: 360, 图 495. 2008. ——*Polypodium rectangulare* Zoll. in Syst. Verz. **37**: 48. 1854. ——*Thelypteris oppositipinna* Ching in Bull. Fan Mem. Inst. Biol. Bot. **6**: 268. 1936. ——

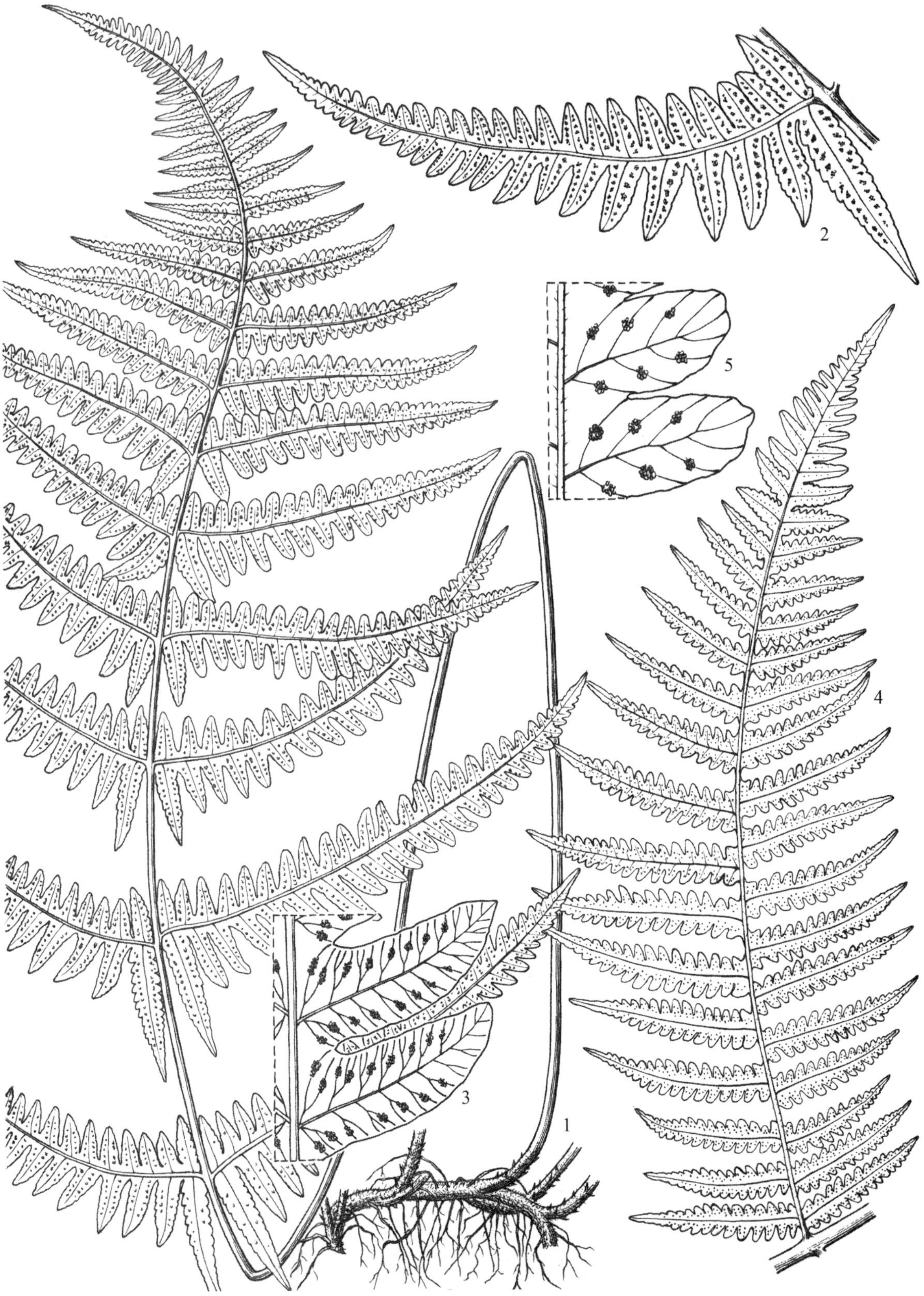

图版 61　1～3. **耳状紫柄蕨** Pseudophegopteris aurita (Hook.) Ching　1. 植株；2. 基部羽片背面；3. 羽片背面的一部分，示脉序及孢子囊群着生位置。　4～5. **云贵紫柄蕨** P. yunkweiensis (Ching) Ching　4. 带叶轴羽片背面；5. 小羽片背面的一部分，示脉序及孢子囊群着生位置。　(朱运喜绘)

Pseudophegopteris oppositipinna Ching in Acta Phytotax. Sin. 8(4): 315. 1963.

植株高40～70cm。根状茎短而直立。叶簇生;叶柄栗棕色,有光泽,通体被开展的短针毛,基部被狭披针形、浅棕色、具疏毛的薄鳞片;叶片长30～45cm,中部宽7～12cm,狭长圆状披针形,先端长渐尖并羽裂,向基部略变狭,二回羽状深裂;羽片约20对,对生,平展,无柄,下部1～3对略缩短,长仅3cm,相距2～6cm,向上的羽片长4～6cm,基部宽8～18mm,披针形,先端渐尖,全缘,羽状深裂达3/4;裂片12～17对,斜展,长圆状三角形,钝尖头,边缘全缘;叶脉较明显,基部一对侧脉出自主脉基部以上,斜上,其上侧一条伸向缺刻,均不达叶边;叶草质,干后淡绿色,腹面除沿羽轴被毛外几光滑,背面疏生细针状毛,沿羽轴毛较密,脉间还生有少数头状短毛,叶轴与叶柄同色,密被针状毛。孢子囊群近圆形,背生于侧脉中部;孢子囊体通常在近顶部具1～2根细针状刚毛;孢子圆肾形。

产于环江、兴安、融水;生于海拔900～1 200m的溪边林下或路边岩壁上。分布于云南、西藏。不丹、印度、马来西亚和印度尼西亚也有分布。

3. **云贵紫柄蕨**(植物分类学报) 图版61:4～5

Pseudophegopteris yunkweiensis (Ching) Ching in Acta Phytotax. Sin. 8(4): 315. 1963; 中国植物志 4(1): 101. 1999; 中国高等植物 2: 360. 2008. ——*Thelypteris yunkweiensis* Ching in Bull. Fan Mem. Inst. Biol. Bot. 6: 274. 1936.

叶柄长40～55cm,栗色,具光泽;叶轴下部黑色,连同羽轴背面无毛,腹面被较多的短毛;叶片卵形,长约1m,先端渐尖并羽裂,三回羽状深裂;羽片10对或更多,基部一对羽片最长,长30～45cm,向下的基部小羽片不明显伸长;小羽片15～20对,最大的小羽片长约12cm,宽约2.4cm,渐尖头,贴生于羽轴,基部近截形上侧稍加宽,小羽片裂达离主脉约1mm处;裂片边缘有齿,钝头;叶脉二叉状,中脉背面或少数侧脉疏生短毛,中脉腹面明显具毛;叶厚纸质,干后浅绿色。孢子囊群中生,几为圆形;无囊群盖;孢子囊无柄;孢子圆肾形,具微凸的网状纹饰或较大的网眼。

产于上思、融水、罗城、金秀、武鸣;生于海拔340～1 100m的常绿阔叶林下。分布于云南、贵州。越南也有分布。

4. **紫柄蕨**(植物分类学报)

Pseudophegopteris pyrrhorachis (Kze.) Ching in Acta Phytotax. Sin. 8(4): 315. 1963; 中国高等植物图鉴 1: 207, 图 414. 1972; 中国植物志 4(1): 99, 图版 17: 5～8. 1999; 中国高等植物 2: 359, 图 493. 2008. ——*Polypodium pyrrhorachis* Kze. in Linn. 24: 257. 1851. ——*Thelypteris brunnea* Ching in Bull. Fan Mem. Inst. Biol. Bot. 6: 269. 1936.

植株高达1m。根状茎横走。叶远生;叶柄长约40cm,亮红棕色至栗褐色,基部有短刚毛和少数披针形鳞片;羽片对生,下部1～2对稍缩短;小羽片平展,基部与羽轴合生,多少以狭翅相连;裂片斜上,钝尖头;裂片的侧脉单一,不到叶边;叶草质,背面疏生短刚毛或几无毛,腹面仅小羽轴有毛。孢子囊群近圆形或卵形,生于基部一对侧脉的中部,无毛或有短针毛;无囊群盖。

产于龙胜、资源、恭城、兴安、灵川、融水、上思、宁明、环江;生于海拔400～1 300m的常绿阔叶林下。广布于长江以南各省区,东到台湾,西南至云南、西藏。越南、斯里兰卡、缅甸、印度、不丹、尼泊尔也有分布。

5. **密毛紫柄蕨**(蕨类植物名词及名称)

Pseudophegopteris hirtirachis (C. Chr.) Holtt. in Blumea 17: 22. 1969; 中国植物志 4(1): 100. 1999; 中国高等植物 2: 359, 图 494. 2008. ——*Dryopteris hirtirachis* C. Chr. in Lév. Cat. Pl. Yunnan 104. 1916. ——*Thelypteris brunnea* var. *hirtirachis* Ching in Bull. Fan Mem. Inst. Biol. Bot. 6: 271. 1936. ——*Pseudophegopteris pyrrhorachis* var. *hirtirachis* Ching in Ic. Corm. Sin. 1: 207. 1972.

本种近似于**紫柄蕨**[*P. pyrrhorachis* (Kze.) Ching],区别在于本种的根状茎较短,斜升;叶轴和羽轴背面被短硬而开展的刚毛,背面连同小羽轴和主脉密被灰白色的短针毛;孢子囊体具二至多根短刚毛。

产于临桂；生于海拔约 1 500m 的沟谷林下。分布于广东、四川、贵州和云南。缅甸、印度也有分布。

8．凸轴蕨属　Metathelypteris（H. Ito）Ching

中小型蕨类。根状茎长或稍短，横卧、斜生或直立，稍被鳞片。叶簇生或近生；叶柄淡绿色，近光滑或被短柔毛；叶片长圆形，二回深羽裂，少三回羽状；羽片和各回小羽片开展或近平展，若叶为三回羽状，则一回小羽片彼此分离，单一，少为不对称的二叉，不达叶边；叶草质，两面多少被单细胞（少有 2～4 个细胞）的针状毛或短柔毛，沿叶轴和羽轴的毛较密，背面通常无橙色球形腺体。孢子囊群小，圆形，常生于侧脉顶端；囊群盖小或中等大，圆肾形，以缺刻着生，有毛或近无毛，宿存；孢子两面型，肾形，透明，外壁表面具细网状纹饰。

本属约有 12 种，主要分布于亚洲大陆的热带和亚热带地区，以中国南部为分布中心。中国有 10 种；广西产 6 种。

分种检索表

1．羽片背面无橙红色的圆球形腺体；沿羽轴背面被有灰白色的单细胞针状毛或近光滑。
　2．叶片三回羽状深裂或三回羽状至四回羽裂，卵状三角形 …………………… 1．**林下凸轴蕨** M. hattorii（H. Ito）Ching
　2．叶片二回羽状，圆形或披针形。
　　3．叶质厚，纸质或近纸质；植株较高大，通常高达 75～95cm 或过之；羽片背面光滑或沿羽轴和主脉偶被稀疏的针状短毛 …………………………………………………………………… 2．**鲜绿凸轴蕨** M. singalanensis（Bak.）Ching
　　3．叶质较薄，草质或薄草质；植株较矮小，高不过 65cm；羽片背面多少被有短针毛或光滑无毛。
　　　4．羽片背面光滑，或至多沿羽轴、主脉偶被极稀的短针毛；羽片互生，相距 1.5～2cm ……………………………………………………………………………………… 3．**微毛凸轴蕨** M. adscendens（Ching）Ching
　　　4．羽片背面至少沿羽轴被较密的短针毛，羽片近对生，相距 2～4cm ………………………………………………………………………………… 4．**疏羽凸轴蕨** M. laxa（Franch. et Sav.）Ching
1．羽片背面具橙色的圆球形腺体或无腺体，沿羽轴背面被灰白色的多细胞长针毛。
　5．叶片三回羽状深裂；羽片背面不具腺体 ……………………………………… 5．**薄叶凸轴蕨** M. flaccida（Bl.）Ching
　5．叶片一回羽状深裂至二回羽状深裂；羽片背面具腺体 ………… 6．**具腺凸轴蕨** M. glandulosa H. G. Zhou et Hua Li

1．林下凸轴蕨（植物分类学报）　图版 62：1～3

Metathelypteris hattorii（H. Ito）Ching in Acta Phytotax. Sin. **8**(4)：306. 1963；中国高等植物图鉴 **1**：204，图 407. 1972；中国植物志 **4**(1)：68，图版 12：6～11. 1999. ——*Dryopteris hattorii* H. Ito in Bot. Mag. Tokyo **99**：359. 1935. —— *Thelypteris nemoralis* Ching in Bull. Fan Mem. Inst. Biol. Bot. **6**：338. 1936. —— *Metathelypteris shinganensis* Ching in Sporae Pterid. Sin. 291，t. 58：30～32. 1976，nom. nud. ——*M. lang-sunensis* Ching in Sporae Pterid. Sin. 292，t. 58：19～20. 1976，nom. nud.

植株高 30～60cm。根状茎短，横卧，顶部连同棕褐色的叶柄基部密被易脱落的红棕色、披针形鳞片和灰白色的刚毛。叶近簇生；叶柄长 15～30cm，基部以上禾秆色，近光滑；叶片长 15～35cm，基部最宽，卵状三角形，先端渐尖并羽裂，基部圆截形，三回羽状深裂；羽片 12～16 对，下部的近对生，向上为互生，斜展，相距 2.5～4cm，无柄，或下部羽片有时有长 0.5～1mm 的短柄，基部一对不缩短，和其上方的羽片同形、同大，披针形，渐尖头；小羽片约 16 对，近对生，中部以上的彼此以狭翅相连，下部的长 2.5～3cm，宽约 1cm，长圆状披针形，先端圆钝或急尖，基部下延，无柄，彼此分离，羽状深裂达 2/3；裂片向上，长 3.5～4mm，宽约 2.4mm，长圆形，圆钝头，全缘。叶脉不甚明显，侧脉单一或二叉，每裂片 2～3 对，不达叶边。叶草质，干后绿色，两面被较密的灰白色短柔毛。孢子囊群小，圆形，生于基部上侧小脉的近顶处；囊群盖

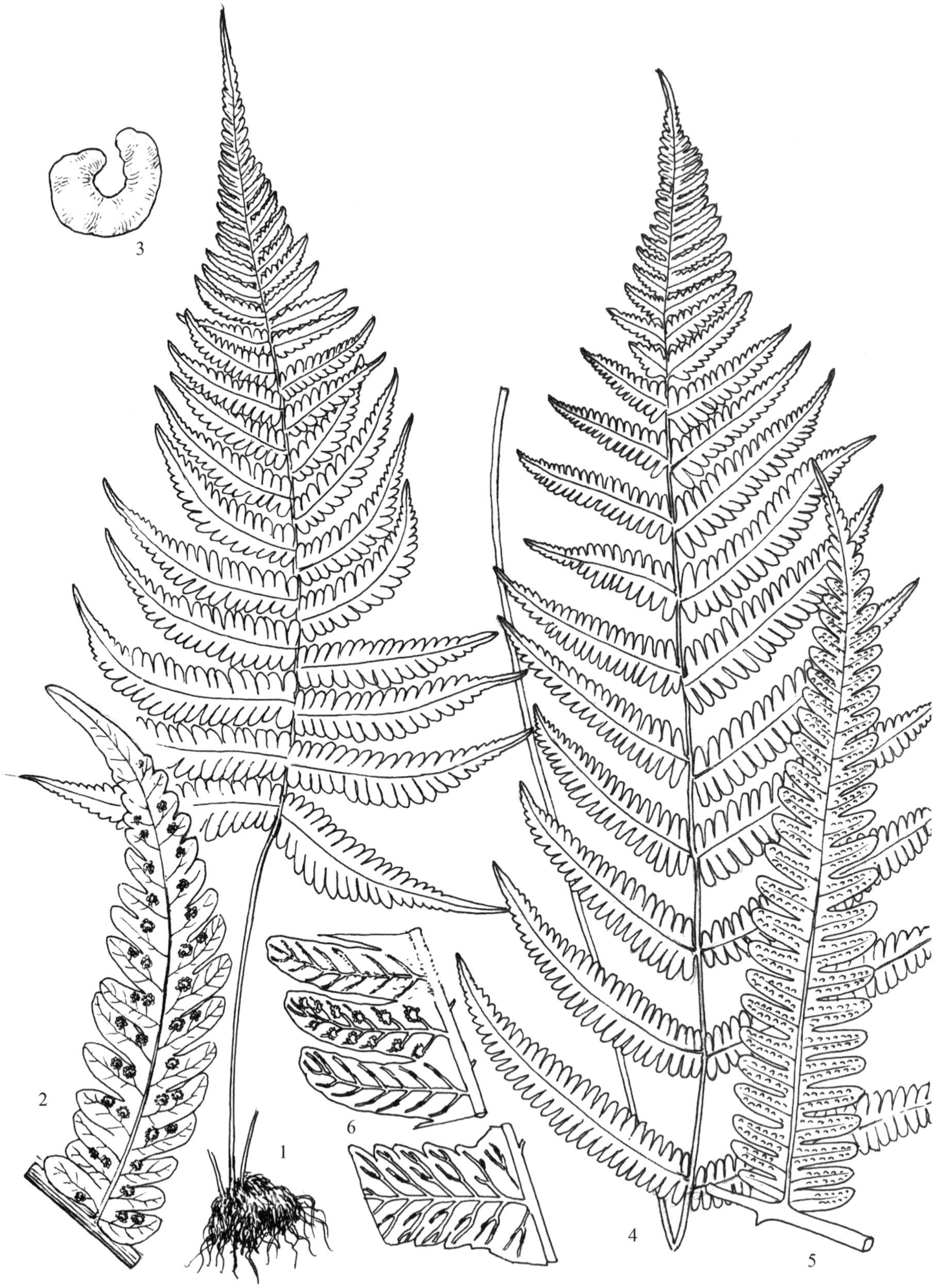

图版 62　1～3. **林下凸轴蕨** Metathelypteris hattorii (H. Ito) Ching　1. 植株；2. 羽片背面，示脉序及孢子囊群着生位置；3. 囊群盖。　4～6. **鲜绿凸轴蕨** M. singalanensis (Bak.) Ching　4. 叶片；5. 羽片；6. 羽片一部分，示脉序及孢子囊群着生位置。　(林文宏绘)

小，圆肾形，膜质，背面疏被柔毛，宿存；孢子圆肾形。

产于临桂、灵川、龙胜、兴安、武鸣、上思；生于海拔 250～1 400m 的常绿阔叶林下。分布于安徽、浙江、江西、福建、湖南和四川。日本也有分布。

全株清热解毒。

2. **鲜绿凸轴蕨**（植物分类学报）　图版 62:4～6

Metathelypteris singalanensis (Bak.) Ching in Acta Phytotax. Sin. 8(4):306. 1963；中国植物志 4(1)：60. 1999；中国高等植物 2：346，图 477. 2008. ——*Nephrodium singalanensis* Bak. in J. Bot. 18：212. 1880. ——*Thelypteris singalanensis* (Bak.) Ching in Bull. Fan Mem. Inst. Biol. Bot. 6：334. 1936.

根状茎直立。叶簇生；叶柄长 30～60cm，从基部至顶端被小鳞片，禾秆色，向上光滑；鳞片狭披针形，黑色。叶簇生；叶片长圆状披针形，长 30～45cm，宽 15～25cm，二回羽状深裂；羽片披针形，无柄，基部的近对生，向上互生，略呈镰状，顶端渐尖，相距 5～6cm，下侧羽片略偏短，裂片宽，斜展，全缘，略具圆点或具缺刻，基部近截形；叶脉前端伸达缺刻；叶薄草质，羽轴、小羽轴及叶腹面无毛，背面沿中肋生绒毛。孢子囊群小，中生；囊群盖小，早落，无毛；孢子卵形，淡黄色。

产于上思；生于海拔 450～800m 的沟谷溪边。分布于台湾、海南、云南。越南、马来西亚、印度尼西亚、泰国也有分布。

3. **微毛凸轴蕨**（台湾植物志）　图版 59:3～5

Metathelypteris adscendens (Ching) Ching in Acta Phytotax. Sin. 8(4)：306. 1963；中国植物志 4(1)：63，图版 11：5～8. 1999. ——*Thelypteris adscendens* Ching in Bull. Fan Mem. Inst. Biol. Bot. 6：332. 1936.

植株高 55～70cm。根状茎短而横卧，被疏短毛和红棕色、卵状披针形鳞片。叶簇生；叶柄长 30～35cm，禾秆色，基部以上光滑；叶片长圆形或长圆状披针形，长 25～35cm，宽 6～12cm，先端长渐尖并为羽裂，基部不缩狭，二回羽状深裂；羽片 10～15 对，互生或近对生，无柄，狭披针形，长 5～9cm，中部宽 1～2cm，先端长渐尖，往往呈尾状，边缘深羽裂达羽轴两侧的狭翅；裂片长圆状披针形，先端钝，全缘或下端略呈锐裂状；叶脉羽状，侧脉在裂片上通常二叉，基部一对出自中脉基部稍上处；叶草质，两面无毛。孢子囊群小，着生于侧脉近顶端，较靠近叶边；囊群盖圆肾形，无毛或偶有几条短毛；孢子圆肾形。

产于梧州、贺州、玉林、桂平；生于海拔 300～500m 的常绿阔叶林下或沟谷溪边。分布于台湾、福建、广东、浙江。

4. **疏羽凸轴蕨**（植物分类学报）

Metathelypteris laxa (Franch. et Sav.) Ching in Acta Phytotax. Sin. 8(4)：306. 1963；中国高等植物图鉴 1：203，图 406. 1972；中国植物志 4(1)：64，图版 11：9～18. 1999. ——*Aspidium laxum* Franch. et Sav. Enum. Pl. Jap. 2：237. 1876. ——*Thelypteris laxa* Ching in Bull. Fan Mem. Inst. Biol. Bot. 6：333. 1936；中国主要植物图说·蕨类植物门 133，图 173. 1957.

植株高 40～60cm。根状茎略有灰白色短毛和阔披针形鳞片。叶远生；叶柄长 15～35cm；叶片狭长圆形，宽 10～14cm，顶渐尖并羽裂，基部不变狭，二回羽状深裂；羽片远离，中部宽 1.2～1.7cm，下部的向基部变狭，羽裂达羽轴两侧狭翅；裂片锐尖或钝尖头，全缘或有时呈粗齿状缺刻；侧脉在裂片上二叉，基部一对出自主脉基部以上；叶草质，背面遍生柔毛，羽轴腹面隆起，连同叶脉有针状毛。孢子囊群小，生于侧脉上侧小脉的顶端；囊群盖小，圆肾形，有疏柔毛；孢子圆肾形。

产于临桂、三江、金秀、罗城、田林、那坡、凌云、武鸣、上思、兴安、灵川；生于海拔 300～1 300m 的常绿阔叶林下。分布于长江流域、西南地区以及福建、台湾。朝鲜、日本也有分布。

根状茎清热解毒、止血消肿、杀虫；治烫伤、外伤出血、疖肿及蛔虫病。

5．**薄叶凸轴蕨**（植物分类学报）

Metathelypteris flaccida (Bl.) Ching in Acta Phytotax. Sin. **8**(4)：306. 1963；中国蕨类植物孢子形态 292，图 94a，图版 58：13～15. 1976；中国植物志 **4**(1)：72，图版 13：5～9. 1999. ——*Aspidium flaccidum* Bl. Enum. Pl. Jav. 161. 1828. ——*Thelypteris flaccida* Ching in Bull. Fan Mem. Inst. Biol. Bot. **6**：336. 1936.

植株高达 40～60cm。根状茎粗短，直立，被深棕色的线状披针形鳞片。叶簇生；叶柄长 15～30cm，基部褐棕色，被与根状茎上同样的鳞片和灰白色的短针毛，向上呈禾秆色，疏被短毛；叶片长 25～40cm，下部宽 12～16cm，长圆状披针形，先端渐尖并羽裂，向基部几不变狭，三回羽状深裂；羽片 10～15 对，近平展，近对生，相距 4～6cm，无柄，下部的长 7～9cm，宽 2～2.5cm，披针形，先端尾状渐尖，基部多少变狭，圆截形，二回羽状深裂；小羽片 10～15 对，平展，披针形，圆钝头，基部下延，沿羽轴形成狭翅；羽状深裂达 1/2～2/3；裂片 5～7 对，斜展，三角状披针形，钝尖头，全缘；叶脉不甚明显，侧脉单一或二叉，每裂片 2～3 对，基部一对出自主脉基部以上，不达叶边；叶薄草质，干后黄绿色，两面密被开展的多细胞针状毛。孢子囊群小，圆形，每裂片通常 1 枚，生于基部分叉侧脉的上侧一脉的中部以上；囊群盖小，圆肾形，膜质，淡绿色，干后灰棕色，无毛或边缘偶有少数针状毛，宿存；孢子阔圆肾形。

产于桂北地区；生于海拔 600～1 800m 的沟边林下。分布于贵州、云南。越南、印度、斯里兰卡、泰国、马来西亚、印度尼西亚和菲律宾也有分布。

6．**具腺凸轴蕨**（云南植物研究） 图版 59：6～8

Metathelypteris glandulosa H. G. Zhou et Hua Li in Acta Bot. Yunnan. **14**(1)：34，t. 2. 1992.

本种近似于**疏羽凸轴蕨**[*M. laxa* (Franch. et Sav.) Ching]，区别在于本种叶片背面均匀着生圆球形无柄的橙色腺体，囊群盖背面亦有同样的腺体；叶的裂片顶端钝头；根状茎及叶柄基部的鳞片近无毛，边缘偶有腺体。

广西特有，产于龙胜、融水、三江、那坡、上林、宁明；生于海拔 170～1 300m 的常绿阔叶林下。

9．金星蕨属 Parathelypteris (H. Ito) Ching

中小型蕨类。根状茎长而横走或短而斜升或直立，稍被鳞片或几无鳞片。叶远生、近生或簇生；叶柄淡禾秆色，或下部为栗褐色或黑色，向上栗色、棕色或禾秆色，稍有光泽，基部无毛或有灰白色多细胞的针状毛，向上近无毛或有柔毛；叶片卵状长圆形、长圆状披针形或披针形，二回深羽裂；羽片多数，狭披针形或线状披针形，基部不缩短或下部的渐缩短成小耳片；裂片常多数，斜展或近平展，长圆形或近方形；叶脉羽状，分离，侧脉单一，极少为二叉，每裂片有 3～8 对，伸达叶边；叶草质或纸质，背面通常有橙色腺体，两面多少有针状毛或柔毛，或很少背面无毛。孢子囊群圆形，着生于侧脉中部或上部，较靠近叶边；囊群盖圆肾形，棕色，有毛或无毛；孢子两面型，圆肾形，透明，表面有连续翅状的周壁。

本属约有 60 种，广布于热带地区。中国已知有 24 种 6 变种，主要分布于长江以南各省区；广西产 9 种 1 变种。

分种检索表

1. 叶柄下部呈淡禾秆色，基部光滑或略有疏短毛；孢子囊群生于叶脉顶端较近叶边。
  2. 下部羽片缩短成小耳片，基部一对往往退化；叶背面无腺体或略有 1～2 个腺体。
    3. 植株较矮小，高通常不超过 40cm；根状茎细长，横走；中部羽片长不过 3.5cm；羽片背面沿羽轴被较多的多细胞（通常具 3～7 个细胞）细长针状毛 ………………………… 1. **长根金星蕨** P. beddomei (Bak.) Ching
    3. 植株高超过 45cm；根状茎较粗壮，横走或斜升；中部羽片通常长 4cm 以上；羽片背面沿羽轴通常被单细胞针状毛，少有被具 2～3 个细胞的多细胞毛。

4. 叶片背面无腺体或偶有少数橙黄色的圆球形腺体;根状茎长而横走,近光滑 ……………………………………………………………………………………… 2. **中日金星蕨** P. nipponica (Franch. et Sav.) Ching

4. 叶片背面被较多的橙黄色、圆球形腺体;根状茎斜升或横走,密被锈黄色柔毛 ………………………………………………………………………………………… 3. **狭脚金星蕨** P. borealis (Hara) Shing

2. 下部羽片不缩短,至多基部1对略缩;叶背面具橙色腺体 …………………… 4. **金星蕨** P. glanduligera (Kze.) Ching

1. 叶柄下部或全部呈栗色或栗棕色;孢子囊群中生。

5. 叶片背面有球形腺体。

6. 叶柄基部密被开展的灰色针状长毛(由2～4个细胞组成)。

7. 裂片边缘有粗锯齿,叶脉7～8对;叶片背面有紫红色腺体 …………… 5. **长毛金星蕨** P. petelotii (Ching) Ching

7. 裂片全缘(偶有波状齿牙),叶脉4～5对;叶片背面有柠檬色或紫红色腺体 ……………………………………………………………………………… 6. **毛脚金星蕨** P. hirsutipes (C. B. Clarke) Ching

6. 叶柄基部无毛。

8. 叶柄基部近黑色,向上呈栗褐色或栗棕色;羽片背面被长柔毛;囊群盖背面被较多的白色柔毛 ……………………………………………………………………………… 7a. **光脚金星蕨** P. japonica (Bak.) Ching

8. 叶柄和叶轴均呈禾秆色;羽片背面和囊群盖背面光滑无毛 ……………………………………………… 7b. **光叶金星蕨** P. japonica (Bak.) Ching var. glabrata (Ching) Shing

5. 叶片背面不具腺体。

9. 羽片背面沿羽轴被短柔毛,两面脉间常光滑 ………………………… 8. **钝角金星蕨** P. angulariloba (Ching) Ching

9. 羽片背面密被灰白色长针状毛(长达3mm) ………………………… 9. **滇越金星蕨** P. indo-chinensis (Christ) Ching

1. **长根金星蕨**(植物分类学报) 图版63:1～5

Parathelypteris beddomei (Bak.) Ching in Acta Phytotax. Sin. 8(4): 302. 1963; 中国植物志 4(1): 32, 图版 5: 1～3. 1999; 云南植物志 20: 589, 图版 122: 3. 2006. ——*Nephrodium beddomei* Bak. in Hook. et Bak. Syn. Fil. 267. 1867. ——*Thelypteris beddomei* (Bak.) Ching in Bull. Fan Mem. Inst. Biol. Bot. 6: 308. 1936.

植株高20～40cm。根状茎细长横走。叶近生或远生;叶柄长4～10cm,淡禾秆色,基部疏被短毛和红棕色的阔卵形鳞片;叶片披针形,长15～30cm,宽3～6cm,先端渐尖并为羽裂,二回深羽裂;羽片20～30对,下部的近对生,上部的互生,无柄,下部多对逐渐缩短成蝶形;基部1～2对几退化,中部的最大,长3～4.5cm,宽5～8mm,狭披针形;侧脉单一,伸达叶边;叶纸质,腹面脉上有毛,背面有橙色腺体,叶轴、羽轴和中脉上及叶缘均有较多的灰白色长毛。孢子囊群圆形,着生于侧脉上部,靠近叶边;囊群盖圆肾形,边缘无毛,宿存。

产于兴安、龙胜、田林、武鸣;生于海拔600～1 300m的路边或灌丛中,喜较潮湿生境。分布于云南、台湾、浙江。日本、印度、马来西亚、菲律宾、印度尼西亚也有分布。

2. **中日金星蕨**(植物分类学报)

Parathelypteris nipponica (Franch. et Sav.) Ching in Acta Phytotax. Sin. 8(4): 302. 1963; 中国高等植物图鉴 1: 202, 图 404. 1972; 秦岭植物志 2: 128, 图版 32. 1974; 中国植物志 4(1): 35, 图版 5: 8～18. 1999. ——*Aspidium nipponicum* Franch. et Sav. Enum. Pl. Jap. 2: 242, 636. 1879. ——*Thelypteris nipponica* Ching in Bull. Fan Mem. Inst. Biol. Bot. 6: 308. 1936; 中国主要植物图说·蕨类植物门 135, 图 177. 1957.

植株高约50cm。根状茎长而横走,近光滑。叶近生;叶柄长15～20cm,基部有红棕色阔卵形鳞片;叶片披针形,宽7～9cm,顶部渐尖并羽裂,下部渐狭,二回深羽裂;羽片无柄,下部多对渐缩短成小耳形,最下的几对退化成气囊体;裂片斜展,长3～4.5mm,宽1.6～2mm,圆钝头,全缘或边缘具浅粗齿;侧脉单一,基部一对出自主脉基部以上;叶草质,沿羽轴背面有很多灰白色针状毛,羽轴连同主脉和叶边有少数短毛。孢子囊群小,生于侧脉中部稍上处;囊群盖大,圆肾形,有疏长毛;孢子两面型,圆肾形。

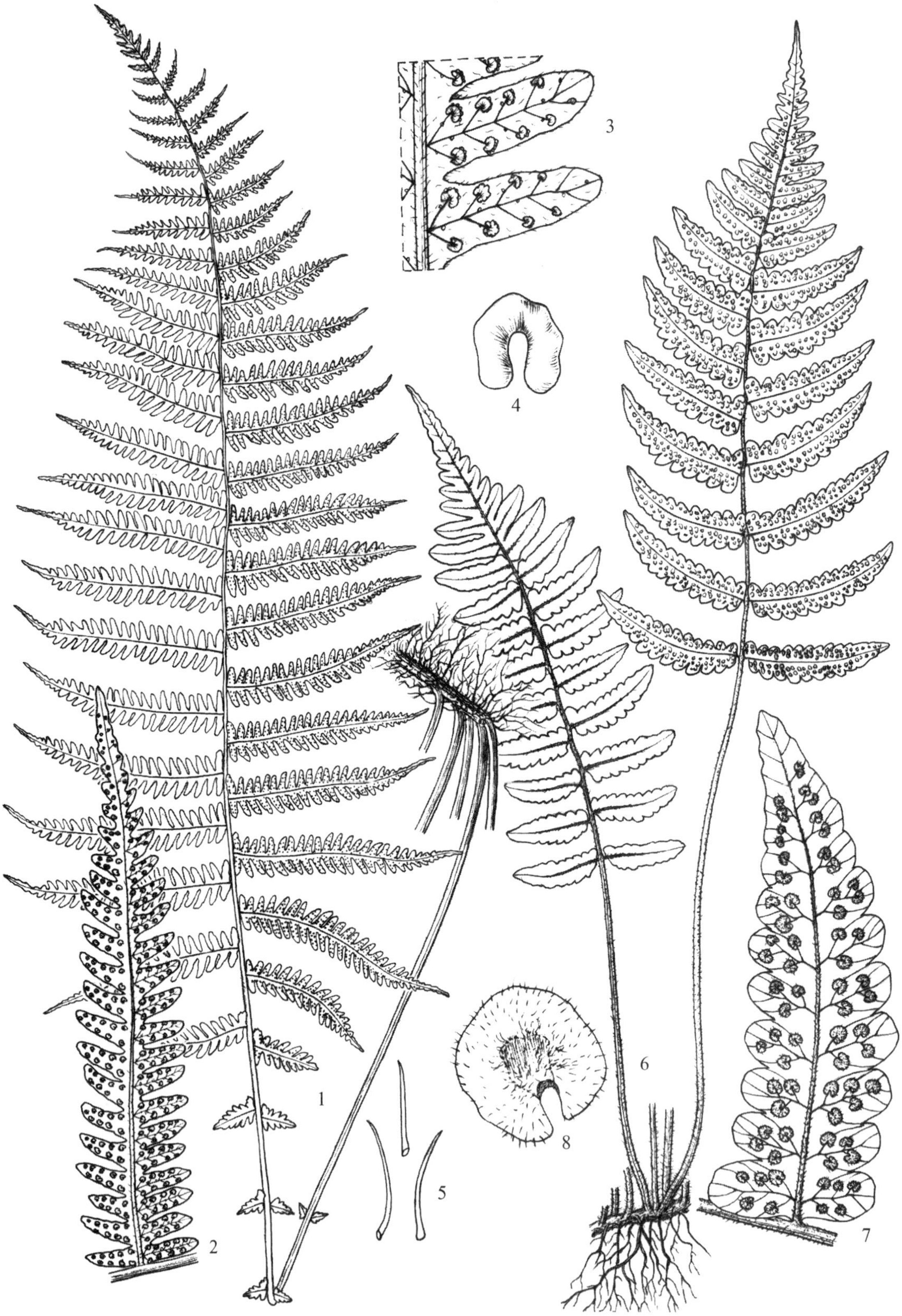

图版63 1～5. **长根金星蕨** Parathelypteris beddomei (Bak.) Ching 1. 植株；2. 羽片；3. 羽片背面一部分，示脉序及孢子囊群着生位置；4. 囊群盖；5. 叶片背面的针状毛。 6～8. **钝角金星蕨** P. angulariloba (Ching) Ching 6. 植株；7. 羽片背面，示脉序及孢子囊群着生位置；8. 囊群盖。 [朱运喜绘，其中5仿自中国植物志4(1)：34，图版5]

产于龙胜、融水、扶绥；生于海拔 300～1 200m 的路边或溪边。分布于长江以南各省区，北至河南、陕西，西南到云南。韩国、日本、尼泊尔也有分布。

叶收敛、消炎、止血、凉血；治外伤出血。

3．**狭脚金星蕨**（中国蕨类植物孢子形态）

Parathelypteris borealis（Hara）Shing in Fl. Reipub. Popul. Sin. **4**（1）：37，图版 5：19～21. 1999；中国高等植物 2：346，图 477. 2008. ——*Dryopteris nipponica* C. Chr. var. *borealis* Hara in Bot. Mag. Tokyo **48**：695. 1934.

本种形体与**中日金星蕨**[*Parathelypteris nipponica*（Franch. et Sav.）Ching]极相似，不同在于本种的叶片背面密被橙黄色的圆球形腺体；囊群盖背面近光滑无毛。

产于龙胜；生于海拔约 600m 的溪边。分布于陕西、安徽、江西、福建、湖南、四川、贵州。日本也有分布。

4．**金星蕨**（植物分类学报）

Parathelypteris glanduligera（Kze.）Ching in Acta Phytotax. Sin. **8**(4)：302. 1963；海南植物志 **1**：119，图 52. 1964；中国植物志 **4**(1)：42，图版 7：1～9. 1999. ——*Aspidium glanduligera* Kze. in Anal. Pterid. 44. 1837.

植株高 30～60cm。根状茎长而横走，顶端被披针形鳞片。叶近生；叶柄长 10～20cm，栗色或近黑色，疏生鳞片；叶片长圆状三角形，长 18～30cm，宽 7～13cm，二回羽状深裂；羽片 12～15 对，阔三角形至长圆形，基部一对最大，长 2～4cm，宽 1～3cm，羽状深裂；裂片（小羽片）15～20 对，钝头至急尖头，全缘；叶脉不明显；叶草质，叶轴和羽轴均密生棕色短粗毛。孢子囊群顶生于脉端，沿裂片缘内排列，成熟时彼此接触，连续；囊群盖阔，棕色，几达主脉，内缘啮蚀状。

产于临桂、龙胜、兴安、灵川、阳朔、融水、上思、柳州、三江、百色、凌云、乐业、那坡、隆林、贺州、北流、桂平、防城港、灵山、武鸣；生于海拔 130～1 200m 的路边、林下、草坡或沟谷边。分布于长江以南各省区和台湾、甘肃、西藏。尼泊尔、巴基斯坦、印度北部、克什米尔地区、越南、韩国、日本也有分布。

叶清热、消炎、凉血、止血、止痢；治烧伤烫伤、吐血、痢疾。

5．**长毛金星蕨**（植物分类学报）

Parathelypteris petelotii（Ching）Ching in Acta Phytotax. Sin. **8**(4)：303. 1963；中国植物志 **4**(1)：46，图版 8：1～3. 1999；云南植物志 **20**：591. 2006. ——*Thelypteris petelotii* Ching in Bull. Fan Mem. Inst. Biol. Bot. **6**：326. 1936.

本种近似于**毛脚金星蕨**[*P. hirsutipes*（C. B. Clarke）Ching]，不同在于本种的于裂片边缘有粗锯齿，叶脉 7～8 对；叶片背面有紫红色腺体；囊群盖密被灰白色长针毛。

产于上思、防城港；生于海拔约 400m 的常绿阔叶林下。分布于云南、贵州。越南也有分布。

6．**毛脚金星蕨**（植物分类学报）　图版 64：1～4

Parathelypteris hirsutipes（C. B. Clarke）Ching in Acta Phytotax. Sin. **8**(4)：303. 1963；中国植物志 **4**(1)：48，图版 8：4～6. 1999；云南植物志 **20**：590. 2006. ——*Nephrodium gracilescens* var. *hirsutipes* C. B. Clarke in Trans. Linn. Soc. 2，Bot. **1**：514，t. 67，f. 1. 1880. ——*Thelypteris hirsutipes*（C. B. Clarke）Ching in Bull. Fan Mem. Inst. Biol. Bot. **6**：314. 1936.

植株高 35～60cm。根状茎短，圆柱形，直立。叶簇生；叶柄长 10～20cm，褐色基部密被多细胞开展的针状长毛，灰禾秆色，向上被微柔毛；叶片长 25～35cm，长圆形，二回深羽裂；侧生羽片 20～25 对，接近，平展，无柄，长 5～6cm，宽 1.5cm，披针形，顶端渐尖，一回羽裂达宽的 2/5；裂片阔或截形，顶端具齿；叶草质，叶轴被硬糙毛，羽轴及小羽轴被分长枝的绒毛，叶片腹面的绒毛伏贴，背面疏具腺体。孢子囊群圆形，每裂片 1～5 对；囊群盖大，膜质，褐色，被硬糙毛；孢子囊卵形，黄色；孢子两面型，圆肾形。

产于金秀、武鸣；生于海拔 1 100～1 300m 的常绿阔叶林下。分布于贵州、海南、云南。越南、缅甸、印度、日本也有分布。

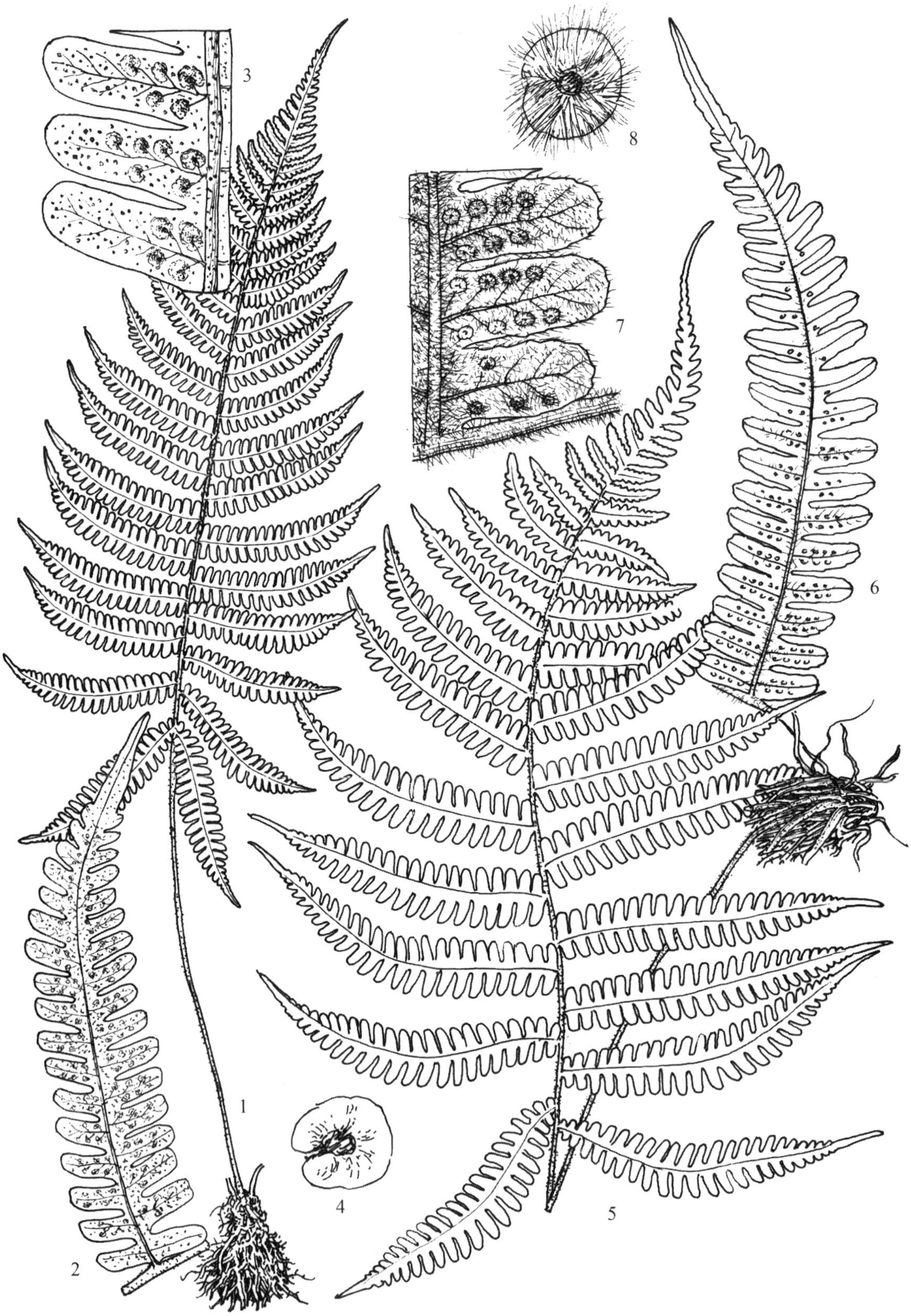

图版 64 1～4. **毛脚金星蕨** Parathelypteris hirsutipes (C. B. Clarke) Ching 1. 植株；2. 羽片；3. 羽片背面一部分，示脉序、腺体和孢子囊群着生位置；4. 囊群盖。 5～8. **滇越金星蕨** P. indo-chinensis (Christ) Ching 5. 植株；6. 羽片背面；7. 羽片背面一部分，示脉序、被毛情况及孢子囊群着生位置；8. 囊群盖。 （林文宏绘）

7．**光脚金星蕨**(植物分类学报)

Parathelypteris japonica (Bak.) Ching in Acta Phytotax. Sin. **8**(4)：304. 1963；福建植物志 **1**：148，图 136. 1983. 中国植物志 **4**(1)：51，图版 9：4～12. 1999.——*Nephrodium japonicum* Bak. in Ann. Bot. **5**：318. 1891.

7a．**光脚金星蕨**(原变种)

Parathelypteris japonica (Bak.) Ching var. **japonica**

植株高 50～60cm。根状茎短，横卧或斜升，疏被棕色毛、披针形鳞片。叶近生或簇生；叶柄长 25～30cm，栗褐色；叶片卵状长圆形，长 30～35cm，下部宽 17～20cm，顶端长渐尖并羽裂，基部不缩狭，二回深羽裂；羽片 15～20 对，披针形，中部的较大，长 8～10cm，宽 1.3～1.6cm，顶渐尖，羽裂深达羽轴两侧的狭翅，基部一对不缩短但斜上；裂片披针形，钝头或急尖，全缘；侧脉单一，伸达叶边；叶薄草质，腹面沿羽轴密被针状毛，叶脉有疏短毛，背面沿羽轴和中脉及叶缘均被灰白色疏柔毛和橙色球形腺体。孢子囊群圆形，背生于侧脉中部以上，靠近叶边；囊群盖圆形，有灰白色柔毛，宿存。

产于龙胜、金秀、北流、武鸣；生于海拔 600～1 300m 的常绿阔叶林下。分布于江苏、福建、台湾、广东、江西、贵州、四川。日本、韩国也有分布。

7b．**光叶金星蕨**（变种)(植物分类学报)

Parathelypteris japonica (Bak.) Ching var. **glabrata** (Ching) Shing in Fl. Jiangxi. **1**：201. 1993；中国植物志 **4**(1)：53. 1999. —— *Thelypteris japonica* var. *glabrata* Ching in Bull. Fan Mem. Inst. Biol. Bot. **6**：313. 1936.

与原变种的区别在于叶柄和叶轴均呈禾秆色；羽片背面和囊群盖背面均光滑无毛。

产于桂北地区；生于林下。分布于江西。日本和韩国也有分布。

8．**钝角金星蕨**(植物分类学报)　图版 63：6～8

Parathelypteris angulariloba (Ching) Ching in Acta Phytotax. Sin. **8**(4)：304. 1963；福建植物志 **1**：148. 1982；中国植物志 **4**(1)：55，图版 10：4～8. 1999. ——*Thelypteris angularloba* Ching in Bull. Fan Mem. Inst. Biol. Bot. **6**：323. 1936. ——*Parathelypteris auriculata* H. G. Zhou et Hua Li in Acta Bot. Yunnan. **14**(1)：33，f. 1. 1992.

植株高 25～45cm。根状茎短，横卧或斜升。叶近簇生；叶柄长 7～23cm，棕色或淡栗棕色，基部密被多细胞开展的针状长毛；叶片长圆形，长 17～25cm，中部宽 6～12cm，顶渐尖并羽裂，基部不缩狭，二回深羽裂；羽片约 20 对，披针形，长 3～6cm，宽 7～10mm，顶渐尖，全缘，羽裂深达 1/2～1/3；裂片 8～12 对，长圆形或近方形，圆钝头，有 2～4 个显著钝棱角，基部下侧 1 枚裂片略短，上侧的略长；侧脉单一，伸达叶边；叶厚草质，两面仅羽轴和叶脉被短针毛。孢子囊群圆形，生于每裂片基部 1～2 对侧脉的中部；囊群盖圆肾形，密生短毛；孢子两面型，圆肾形。

产于融水、金秀、上思、那坡、武鸣；生于海拔 340～1 200m 的常绿阔叶林下。分布于台湾、福建、广东。日本也有分布。

9．**滇越金星蕨**(植物分类学报)　图版 64：5～8

Parathelypteris indo-chinensis (Christ) Ching in Acta Phytotax. Sin. **8**(4)：304. 1963；中国植物志 **4**(1)：58. 1999；云南植物志 **20**：591. 2006. ——*Dryopteris indo-chinensis* Christ in J. Bot. France **21**：231. 1908. ——*Thelypteris indo-chinensis* Ching in Bull. Fan Mem. Inst. Biol. Bot. **6**：327. 1936.

植株高约 60cm。根状茎短而横卧。叶近簇生；叶柄长约 30cm，黑色，且基部被灰白色、多细胞的长针状毛，向上呈灰禾秆色；叶片披针形，长约 30cm，宽约 20cm，基部二回羽状深裂；下部的羽片不缩短，长 10～12cm，中部宽约 2cm，卵状披针形向羽轴渐狭，深裂，顶端长渐尖；中部羽片基部不缩短，裂片长而斜展，线形，具圆齿，被腺毛；叶脉单一；叶革质，干后灰绿色。孢子囊群圆形；囊群盖小，被硬糙毛；孢子卵形或骨形，黄色。

产于上思、龙州;生于海拔 380～700m 的常绿阔叶林下。分布于云南。越南也有分布。

10. 假毛蕨属 Pseudocyclosorus Ching

中型蕨类。根状茎短,横走或直立,顶部被柔毛和鳞片。叶远生、近生或簇生;叶柄禾秆色,无毛或少有被疏毛;叶片长圆状披针形,二回羽状深裂;羽片狭披针形,近无柄,羽裂深达近羽轴,下部羽片常缩成耳形,或退化成瘤状,羽轴与叶轴着生点下面常有 1 个褐色瘤状气囊体;裂片镰状披针形,斜上;叶脉羽状,分离,侧脉单一,伸达软骨质的圆形缺刻,或仅上侧 1 小脉伸达缺刻以上叶边;叶纸质或近革质,疏被柔毛或近无毛。孢子囊群圆形,着生于侧脉上;囊群盖圆肾形,无毛或少有被毛;孢子两面型,卵圆形,表面有刺状凸起,少有狭翅。

本属约有 50 种,分布于热带和亚热带地区。中国有 40 种;广西产 6 种。

分 种 检 索 表

1. 叶片基部羽片不缩短也不变形 ………………………………………… 1. **溪边假毛蕨** P. ciliatus (Wall. ex Benth.) Ching
1. 叶片基部羽片逐渐缩短或骤缩而变形为耳形或变为叶柄上的气囊体。
  2. 叶片下部羽片突然缩短变形为气囊体;叶背面光滑 ………………………………… 2. **假毛蕨** P. tylodes (Kze.) Ching
  2. 下部羽片逐渐缩短成线状裂片或蝶形;叶背面常具毛。
    3. 侧生羽片基部下方具有明显的气囊体;裂片极前倾 …………………… 3. **镰片假毛蕨** P. falcilobus (Hook.) Ching
    3. 侧生羽片基部下方无气囊体;裂片平展或稍向前倾斜。
      4. 羽片长于 15cm,宽于 2cm,背面光滑,中部羽片的小羽片多于 30 对。
        5. 羽片宽约 2cm,囊群中生,叶脉背面不凸起,叶亚革质 …………… 4. **西南假毛蕨** P. esquirolii (Christ) Ching
        5. 羽片在基部以上宽约 3cm,囊群边生,中脉背面凸起;叶革质 …… 5. **苍山假毛蕨** P. duclouxii (Christ) Ching
      4. 羽片长 10～15cm,宽约 1.5cm,背面具毛;裂片一般达 15 对,倾斜 ……………………………………………………… 6. **普通假毛蕨** P. subochthodes (Ching) Ching

1. 溪边假毛蕨(植物分类学报)

Pseudocyclosorus ciliatus (Wall. ex Benth.) Ching in Acta Phytotax. Sin. **8**(4): 324. 1963; 海南植物志 **1**: 121, 图 54. 1964; 中国植物志 **4**(1): 164, 图版 28: 6～8. 1999. ——*Aspidium ciliatum* Wall. ex Benth. Fl. Hongk. 455. 1861. ——*Thelypteris ciliata* Ching in Bull. Fan Mem. Inst. Biol. Bot. **6**: 289. 1936.

植株高 25～40cm。根状茎直立,被长柔毛。叶簇生;叶柄长 10～20cm,全部与叶轴同被密毛,下部疏被卵状披针形的褐色鳞片;叶片长圆形或卵状披针形,长 15～20cm,宽 6～8cm,一回羽状,顶端渐尖或急尖为羽裂;羽片 7～9 对,线状披针形,长 3.5～5cm,宽 6～10mm,顶端短尖或长渐尖头,基部截形,下部的羽片较短并略反折;裂片镰状长圆形,长 3～4mm,宽 2～2.5mm,基部上侧的裂片较长;叶脉羽状,小脉 5～6 对,基部一对小脉达于缺刻;叶草质,叶缘被疏睫毛。孢子囊群圆形,细小,每裂片有 2～4 对,生于小脉中部;囊群盖肾形,被毛,厚膜质,锈黄色,腹面密被针状毛,宿存;孢子三裂缝,四面型。

产于贺州、苍梧、平南、桂平、玉林、金秀、扶绥、宁明、龙州、靖西、横县、武鸣、南宁;生于海拔 200～500m 的溪边。分布于广东、海南、香港、云南、贵州。尼泊尔、印度、缅甸、老挝、越南及马来半岛也有分布。

2. 假毛蕨(植物分类学报) 图版 65:1～4

Pseudocyclosorus tylodes (Kze.) Ching in Acta Phytotax. Sin. **8**(4): 324. 1963; 中国植物志 **4**(1): 140, 图版 27: 1～6. 1999; 云南植物志 **20**: 593. 2006. ——*Aspidium tylodes* Kze. in Linn. **24**: 283. 1851. ——*Thelypteris tylodes* Ching in Bull. Fan Mem. Inst. Biol. Bot. **6**: 296. 1936. ——*Dryopter-*

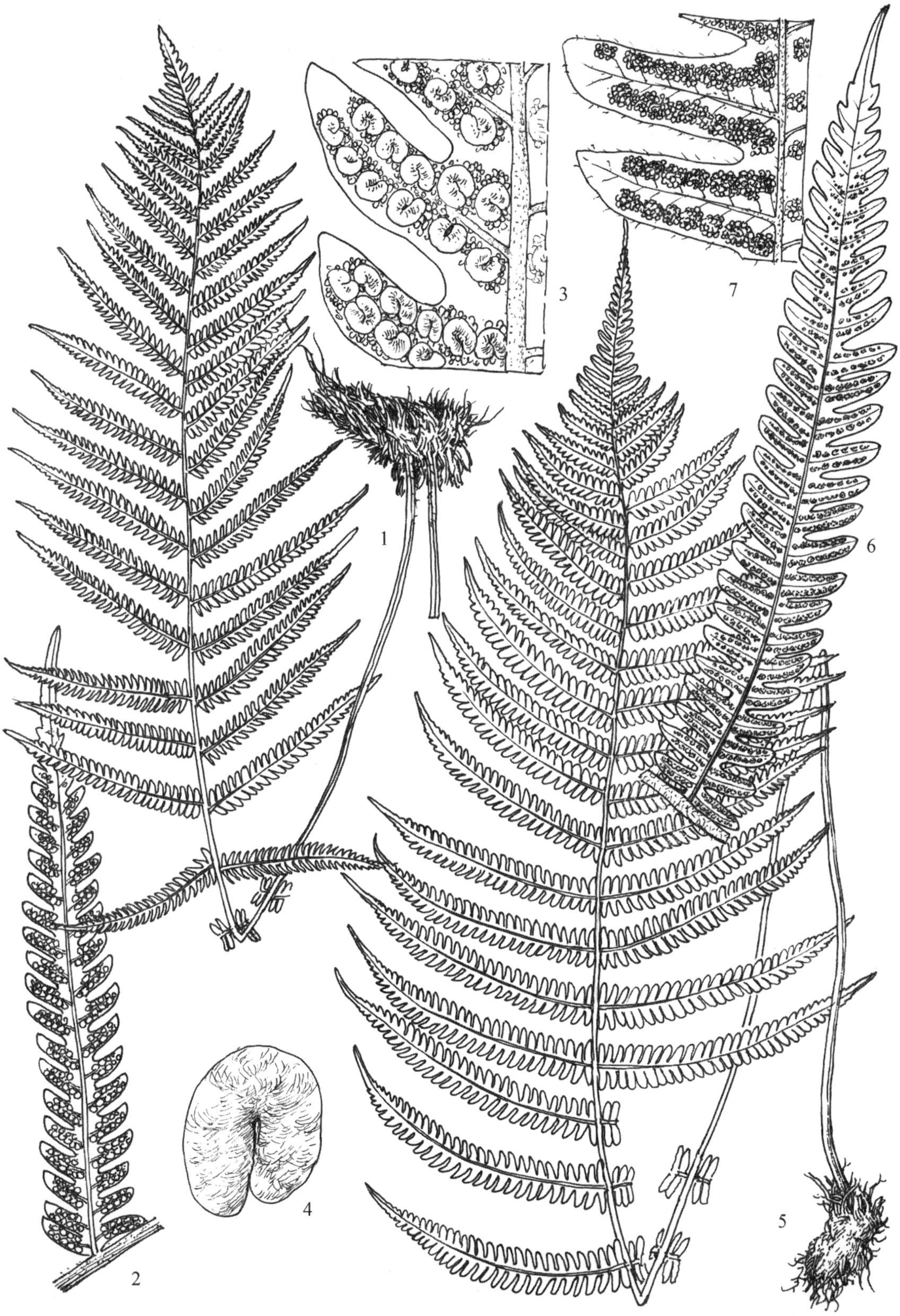

图版 65　1～4. **假毛蕨** Pseudocyclosorus tylodes (Kze.) Ching　1. 植株；2. 羽片背面；3. 羽片背面一部分，示叶脉和孢子囊群；4. 囊群盖。　5～7. **西南假毛蕨** P. esquirolii (Christ) Ching　5. 植株；6. 羽片背面；7. 羽片背面一部分，示叶脉及孢子囊群着生位置。（林文宏绘）

is tuberculifera C. Chr. in Contr. U. S. Nat. Herb. **26**：275. 1931.

植株高达120cm。根状茎直立，连同叶柄基部密被棕色阔披针形鳞片。叶簇生；叶柄长达40cm；叶片披针形，尾状渐尖，基部略狭，二回羽状深裂；羽片约24对（下部多对骤缩成小瘤状气囊体），线状披针形，长渐尖头或近于尾尖，基部最宽，羽状深裂；裂片长圆状镰形，顶有一小凸尖，全缘；侧脉单一，基部一对伸达裂片缺刻；叶厚草质。孢子囊群圆形，生于侧脉基部，近主脉；囊群盖肾形，光滑。

产于融水、恭城、罗城、田林、那坡、贺州、藤县、容县、北流、武鸣、上思、防城港；生于海拔300～1 300m的沟谷溪边。分布于广东、海南、西藏、贵州、云南、四川。印度、缅甸、斯里兰卡及中南半岛也有分布。

3. **镰片假毛蕨**（植物分类学报）

Pseudocyclosorus falcilobus (Hook.) Ching in Acta Phytotax. Sin. 8(4)：324. 1963；海南植物志 **1**：121. 1964；中国高等植物图鉴 **1**：209，图418. 1972；中国植物志 **4**(1)：153，图版29：3～7. 1999. ——*Lastrea falciloba* Hook. in J. Bot. **9**：337. 1857. ——*Pseudocyclosorus guangxiensis* Y. X. Lin in Fl. Reipub. Popul. Sin. **4**(1)：147，327. 1999.

植株高65～80cm。根状茎直立，顶部及叶柄基部有疏的阔披针形鳞片。叶簇生；叶柄长6～10cm；叶片阔披针形，中部宽14～18cm，沿叶轴、羽轴和主脉两面多少有长针状毛；二回深羽裂；下部6～8对羽片骤缩成条形，中部羽片披针形，向基部变宽，着生处的叶轴背面有1个褐色瘤状气囊体；裂片斜上；侧脉全部分离；叶厚纸质。孢子囊群生于侧脉中部；囊群盖圆肾形，无毛。

产于巴马、北流、容县、玉林、扶绥、宁明、靖西、上思、防城港；生于海拔300～400m的溪边。分布于浙江、福建、台湾、广东、海南、香港、贵州、云南和四川。印度、老挝、越南、泰国、缅甸、日本也有。

叶清热解毒、收敛；治痢疾、肠炎、烧伤、烫伤。

4. **西南假毛蕨**（植物分类学报） 图版65：5～7

Pseudocyclosorus esquirolii (Christ) Ching in Acta Phytotax. Sin. 8(4)：324. 1963；中国高等植物图鉴 **1**：210. 1972；中国植物志 **4**(1)：155，图版31：1～5. 1999. ——*Dryopteris esquirolii* Christ in Bull. Acad. Geogr. Bot. Mans 144. 1907. ——*Thelypteris esquirolii* Ching in Bull. Fan Mem. Inst. Biol. Bot. **6**：301. 1936；中国主要植物图说·蕨类植物门134，图175. 1957.

植株高70～100cm。根状茎顶部疏被卵状披针形鳞片。叶近生；叶柄长约20cm，疏被灰白色柔毛，基部疏被鳞片；叶片长圆状披针形，长50～70cm，宽15～20cm，顶渐尖，基部渐狭，二回深羽裂；羽片多数，线状披针形，中部的长约17cm，宽2.5～3cm，长渐尖，边缘深羽裂，在着生处的叶轴背面有1个明显的气囊体，下部数对渐小，最下的变为瘤状；裂片近平展，长圆状披针形，钝头；叶近草质，两面近无毛；羽轴仅腹面密生针状毛。孢子囊群圆肾形，生于侧脉中部稍上处；囊群盖圆肾形，无毛。

产于龙胜、融水、临桂、兴安、三江、那坡、乐业、凌云、隆林、武鸣、扶绥；生于海拔420～1 200m的沟谷溪边。分布于台湾、福建、云南、贵州、四川、重庆、湖南。

5. **苍山假毛蕨**（植物分类学报）

Pseudocyclosorus duclouxii (Christ) Ching in Acta Phytotax. Sin. 8(4)：324. 1963；中国植物志 **4**(1)：159. 1999；云南植物志 **20**：596. 2006. ——*Dryopteris duclouxii* Christ in Bull. Acad. Int. Géogr. Bot. 139. 1907. ——*Thelypteris duclouxii* Ching in Bull. Fan Mem. Inst. Biol. Bot. **6**：303. 1936.

植株高达2m。根状茎横卧。叶远生；叶柄粗如小指；叶片的下部羽片渐缩成蝶形，最下一对呈瘤状，羽片背面的基部不具明显的气囊，叶轴密被粗硬毛；裂片锐尖，具明显粗壮的叶脉；叶纸质，腹面被较多的硬糙毛。孢子囊群圆形，近缘生；囊群盖圆肾形，宿存，无毛。

产于那坡；生于海拔约1 200m的常绿阔叶林下。分布于云南。

6. **普通假毛蕨**（植物分类学报）

Pseudocyclosorus subochthodes (Ching) Ching in Acta Phytotax. Sin. 8(4)：325. 1963；中国高等

植物图鉴 1：210，图 419. 1972；福建植物志 1：150，图 138. 1983；中国植物志 4(1)：162. 1999. ——*Thelypteris subochthodes* Ching in Bull. Fan Mem. Inst. Biol. Bot. 6：305. 1936. ——*Pseudocyclosorus damingshanensis* Ching et Y. X. Lin in Fl. Reipub. Popul. Sin. 4(1)：162，330. 1999. ——*P. obliquus* Ching ex Y. X. Lin in Fl. Reipub. Popul. Sin. 4(1)：162，331. 1999.

植株高 90～110cm。根状茎横走，顶部有卵形鳞片。叶近生；叶柄长 20～25cm；叶片长圆状披针形，宽约 20cm，羽轴腹面密生(叶脉两面偶有)针状毛，背面有短柔毛，二回深羽裂；下部羽片渐短小，最下的缩成瘤状，中部羽片长约 11cm，向基部变宽(约 1.5cm)，着生处的叶轴背面有 1 个褐色瘤状气囊体；裂片斜上，侧脉单一，基部上侧一脉达缺刻，下侧一脉达缺刻以上的叶边；叶薄纸质。孢子囊群圆形，生于侧脉中部稍上处；囊群盖圆肾形，无毛，宿存。

产于融水、三江、金秀、临桂、上思、兴安、罗城、环江、北流、扶绥、武鸣；生于海拔 300～1 250m 的沟谷溪边。广布于长江以南各省区。韩国和日本也有分布。

全株清热解毒。

11. 毛蕨属 Cyclosorus Link

中小型植物。根状茎横走或直立，疏被鳞片。叶疏生或近生，少有簇生；叶柄禾秆色，基部疏被鳞片及长毛，向上被针状毛和柔毛；叶片长圆形或三角状披针形，二回深羽裂；羽片互生，常无柄，披针形或线状披针形，下部羽片缩短成耳形或退化成气囊体，羽状浅裂至深裂；裂片镰状披针形或长圆形，基部上侧裂片通常较长；叶脉羽状，裂片基部一对或下部 1～4 对侧脉与相邻的基部或下部侧脉交结成三角形网眼，从交结点上伸出 1 条短脉，伸达缺刻的透明膜，其余侧脉分离，伸达缺刻以上的叶边；叶草质、纸质或近革质，腹面有短毛，背面常有圆球形或偶为棒形的橙色腺体。孢子囊群圆形，生于小脉上；囊群盖圆肾形，有刺或小疣点。

本属约有 250 种，广布于热带及亚热带地区。现今记载中国有 127 种，主要分布于长江以南各省区；广西产 19 种。

分 种 检 索 表

1. 叶片中部羽片的中部以下，其相邻裂片的侧脉，仅基部一对的顶端彼此交结成一个三角形网眼，并自交结点延伸出一条外行小脉达于缺刻或和缺刻下的透明膜相连；裂片上的第二对侧脉或伸达缺刻以上的叶边，或上侧一脉伸达缺刻，下侧一脉伸达缺刻以上的叶边，少有第二对侧脉全部伸达缺刻下的透明膜质连线。
  2. 羽片背面无腺体。
    3. 囊群盖小，密被白色长毛 ……………………………………… 1. **针毛毛蕨** C. molliusculus (Wall. ex Kuhn) Ching
    3. 囊群盖大，孢子囊群被短毛或近无毛。
      4. 中部羽片的基部对称，即基部两侧裂片等长 ……………………………… 2. **齿牙毛蕨** C. dentatus (Forssk.) Ching
      4. 中部羽片的基部不对称，即上侧裂片较下侧的为长……… 3. **渐尖毛蕨** C. acuminatus (Houtt.) Nakai ex H. Ito
  2. 羽片背面有腺体。
    5. 下部多对羽片突然缩短成瘤状或逐渐缩短成蝶形。
      6. 下部多对羽片突然缩短，基部一对成瘤状，羽片背面的腺体球状 …… 4. **异果毛蕨** C. heterocarpus (Bl.) Ching
      6. 下部多对羽片向下逐渐缩小，基部一对成蝶形，羽片背面的腺体棒状 …………………………………………………………………………………… 5. **粗齿毛蕨** C. grossodentatus Ching ex Shing
    5. 下部羽片不缩短，或仅基部一对略缩短，或多对羽片突然或逐渐缩短，基部的变成三角形耳片。
      7. 孢子囊群仅生于裂片上部，即下部 1～3 对侧脉不育，因此羽轴两侧各有一条不育带 …………………………………………………………………………………… 6. **毛蕨** C. interruptus (Willd.) H. Ito
      7. 孢子囊群自基部侧脉起均有分布，所以羽轴两侧无不育带。
        8. 根状茎长而横走；叶片基部不缩短 ……………………………… 7. **华南毛蕨** C. parasiticus (L.) Farwell.
        8. 根状茎直立或斜升；叶片基部常缩短。

9\. 叶片先端羽状渐尖 ………………………………………………… 8. **景洪毛蕨** C. jinghongensis Ching ex Shing

9\. 叶片具明显的顶生羽片 ……………………………………………… 9. **宽羽毛蕨** C. latipinnus (Benth.) Tard.-Blot

1\. 中部羽片的相邻裂片上的侧脉，除基部一对顶端彼此交结成三角形网眼，并自交结点伸出一条外行小脉和缺刻下的透明膜质线相连，第二对侧脉伸达缺刻或与缺刻下的透明膜质线相连外，第三对或更多对侧脉和外行小脉相连或伸达缺刻下的膜质连线，形成多个斜长方形网眼，即缺刻下有侧脉两对半以上。

10\. 羽片背面有腺体 …………………………………………………………… 10. **干旱毛蕨** C. aridus (D. Don) Tagawa

10\. 叶脉背面不具腺体。

11\. 相邻裂片间的缺刻下有侧脉 2.5～3.5 对。

12\. 叶片下部羽片不缩短或 1～4 对羽片渐缩短。

13\. 侧生羽片基部不对称；囊群盖近无毛 ……………………………… 3. **渐尖毛蕨** C. acuminatus (Houtt.) Nakai

13\. 侧生羽片基部对称；囊群盖密被针状毛 ………………………… 11. **毛囊毛蕨** C. hirtisorus (C. Chr.) Ching

12\. 叶片下部羽片逐渐或突然缩短，最下部的成耳形或瘤状。

14\. 根状茎直立。

15\. 叶片顶端具一大的顶生羽片；侧生羽片少数，一般 6～10 对 ………………………………………………………………………… 12. **长尾毛蕨** C. paralatipinnus Ching ex Shing

15\. 叶片顶部渐尖；侧生羽片通常 20 对左右；裂片顶端截形或圆截形，具一二齿 …………………………………………………………………………… 13. **截裂毛蕨** C. truncatus (Poir.) Farwell

14\. 根状茎横走或横卧。

16\. 下部多对羽片突然缩短，其羽片缩小成戟形至矛状。

17\. 羽片宽 1～1.5cm；脉间光滑 ……………………………………… 14. **河口毛蕨** C. hokouensis Ching

17\. 羽片宽 2～2.5cm；脉间有糙毛 ………………………………… 15. **巨型毛蕨** C. subelatus (Bak.) Ching

16\. 叶片下部羽片逐渐缩短，基部的成三角形 ……… 16. **秦氏毛蕨** C. chingii Z. Y. Liu ex Ching et Z. Y. Liu

11\. 相邻裂片间的缺刻下有侧脉 4 对以上。

18\. 下部羽片不缩短或基部一对略缩短。

19\. 下部羽片不缩短；根状茎直立；囊群盖无毛 ………………………… 17. **河池毛蕨** C. euphlebius Ching

19\. 基部一对羽片缩短；根状茎横走或横卧；囊群盖被毛或近光滑。

20\. 中部羽片向基部变狭；侧生羽片少数，约 5 对 ……………… 18. **楔形毛蕨** C. pseudocuneatus Ching ex Shing

20\. 中部羽片向基部不变狭；侧生羽片多数。

21\. 羽轴背面及囊群盖均被密针毛 ………………………………… 11. **毛囊毛蕨** C. hirtisorus (C. Chr.) Ching

21\. 羽轴背面光滑无毛；囊群盖近光滑 ………… 16. **秦氏毛蕨** C. chingii Z. Y. Liu ex Ching et Z. Y. Liu

18\. 下部二至多对羽片突然或逐渐缩短。

22\. 下部 10～16 对羽片突然缩小；羽片背面有毛 ………………………… 14. **河口毛蕨** C. hokouensis Ching

22\. 下部 2～3 对羽片略渐或突然缩小；羽片背面光滑或具泡状凸起 ………… 19. **三合毛蕨** C. calvescens Ching

1. 针毛毛蕨（中国蕨类植物孢子形态）

Cyclosorus molliusculus (Wall. ex Kuhn) Ching in Bull. Fan Mem. Inst. Biol. Bot. **8**: 197. 1938; 中国植物志 **4(1)**: 198，图版 35: 4～7. 1999; 贵州蕨类植物志 235. 2001; 云南植物志 **20**: 605. 2006. —— *Aspidium molliusculum* Kuhn in Bot. Zeit. **26**: 41. 1868.

植株高达 1.1m。根状茎长而横走，连同叶柄基部疏被有毛的披针形鳞片。叶近生至远生；叶柄长 20～40cm，禾秆色，疏被披针形鳞片；叶片长圆状披针形，长 30～85cm，宽 15～25cm，二回深羽裂，羽片约 30 对，无柄，斜展；裂片 25～30 对，彼此接近；叶脉两面明显，侧脉斜上，单一，基部裂片上的偶有二叉；叶草质，干后淡褐绿色，两面疏生细长针状毛。孢子囊群小，生于侧脉基部稍上处；囊群盖小，膜质，密被白色针状长毛，宿存。

产于龙胜、三江、隆林、那坡、龙州；生于海拔 350～900m 的林下。分布于台湾、云南、贵州。泰国、缅甸、尼泊尔、印度也有分布。

2. **齿牙毛蕨**(中国主要植物图说·蕨类植物门)

Cyclosorus dentatus (Forssk.) Ching in Bull. Fan Mem. Inst. Biol. Bot. **8**: 206. 1938; 海南植物志 **1**: 129. 194; 中国植物志 **4**(1): 189, 图版 33: 1~5. 1999; 云南植物志 **20**: 603. 2006. —— *Polypodium dentatum* Forssk., Fl. Aegypt. Arab. 185. 1773. ——*Cyclosorus procurrens* (Mett.) Ching in Acta Phytotax. Sin. **8**: 328. 1963. —— *Aspidium procurrens* Mett. in Ann. Mus. Bot. Lugd. -Bat. **1**: 231. 1864. ——*Cyclosorus stenopes* Ching et Shing ex Shing in Fl. Reipub. Popul. Sin. **4**(1): 211, 336, 图版 37: 4~6. 1999. ——*C. subacutus* Ching in Fl. Fujian. **1**: 155, 598, f. 142. 1982.

植株高 30~70cm。根状茎短,直立或横卧,顶部密被棕色披针形鳞片。叶近生或簇生;叶柄长约 20cm,密被灰白色硬毛;叶片长圆状披针形,长达 35~50cm,宽 8~15cm,长渐尖头,基部略狭,二回羽裂;羽片 12~18 对,互生,略平展,无柄,披针形,中部 1~3 对有时略短但不变形;裂片稍斜展,长圆形,圆头;侧脉每裂片 7~8 对,基部一对交结,第二对上侧一条脉伸达缺刻底部,并与第一对的延伸小脉相连,仅下侧一条脉伸达缺刻以上的叶边;叶薄纸质,两面密被短毛,羽轴和中脉两面被短硬毛。孢子囊群圆形,生于侧脉中部;囊群盖圆肾形,密被毛。

广西各地均产;生于海拔 20~1 200m 的灌丛、路边、沟边、房屋墙壁上。分布于长江以南各省区及台湾。越南、泰国、缅甸、印度及非洲南部地区、美洲热带地区也有分布。

全株舒筋活络、祛风、祛寒、祛瘀、活血;治风湿骨痛、手足麻木、淋巴结核、痢疾、跌打损伤。

3. **渐尖毛蕨**(中国主要植物图说·蕨类植物门)

Cyclosorus acuminatus (Houtt.) Nakai ex H. Ito in Bot. Mag. Tokyo **51**: 710. 1937; Ching in Bull. Fan Mem. Inst. Biol. Bot. **8**: 189. 1938; 中国高等植物图鉴 **1**: 211, 图 421. 1972; 中国植物志 **4**(1): 234, 图版 41: 1~8. 1999; 贵州蕨类植物志 229, 图版 58: 1~2. 2001. ——*Polypodium acuminatum* Houtt. in Nat. Hist. **14**: 181, t. 99, f. 2. 1783. ——*Cyclosorus longqishanensis* Shing in Fl. Reipub. Popul. Sin. **4**(1): 219, 337. 1999. ——*C. parvilobus* Ching et Shing ex Shing in Fl. Reipub. Popul. Sin. **4**(1): 219, 338. 1999. ——*C. subacuminatus* Ching ex Shing et J. F. Cheng in Jiangxi Sci. **8**(**3**): 45. 1990.

植株高 80~150cm。根状茎长而横走,顶部密被披针形鳞片。叶远生;叶柄长 30~42cm;叶片阔披针形,宽 15~30cm,基部不变狭,腹面密被短刚毛,背面仅羽轴有针状毛疏生,二回羽裂;中部以下的羽片长 7~11cm,宽 8~12mm,披针形,渐尖头,基部上侧平截,下侧圆截,羽裂 1/2~2/3;裂片斜上,骤尖头;侧脉 7~9 对,仅基部一对联结,第二对和第三对的上侧一脉伸达缺刻下的透明膜;叶厚纸质。孢子囊群生于侧脉上部;囊群盖大,圆肾形,疏被毛或近光滑。

广西各地均产;生于海拔 20~2 000m 的林缘、灌丛、路边。分布于长江以南各省区,东至台湾,北到陕西南部。日本、印度也有分布。

全株清热解毒、消炎、健脾、镇惊;治消化不良、小儿疳积、痢疾、烧烫伤、狂犬伤等。

4. **异果毛蕨**(中国主要植物图说·蕨类植物门) 图版 66:1~4

Cyclosorus heterocarpus (Bl.) Ching in Bull. Fan Mem. Inst. Biol. Bot. **8**: 180. 1938; 中国主要植物图说·蕨类植物门 139, 图 182. 1957; 中国植物志 **4**(1): 183, 图版 32: 6~9. 1999. —— *Aspidium heterocarpum* Bl. Enum. Pl. Jav. 155. 1828.

植株高 60~100cm。根状茎横走或近直立,被卵状披针形的棕色鳞片。叶簇生;叶柄长 30~60cm,密被脱落的柔毛,基部光亮而疏被鳞片;叶片卵状披针形,长 30~90cm,宽 20~40cm,顶端渐尖,二回羽裂;羽片约 30 对,线状披针形,长 8~13cm,宽 20~40cm,顶端渐尖,基部截形并多少渐狭,边缘羽裂达 1/2~3/4,下部 4~5 对羽片远生并缩成耳状或有时变为瘤状;裂片线状长圆形,宽约 4mm,近平展,钝头,全缘;叶脉羽状,小脉 8~10 对,最下一对联结;叶草质,干后褐色,坚硬,背面密被球形黄色的腺点;叶轴及叶脉背面被毛。孢子囊群圆形,着生于小脉中部,每裂片有 7~9 对;囊群盖圆肾形,棕色,厚膜质,被毛或

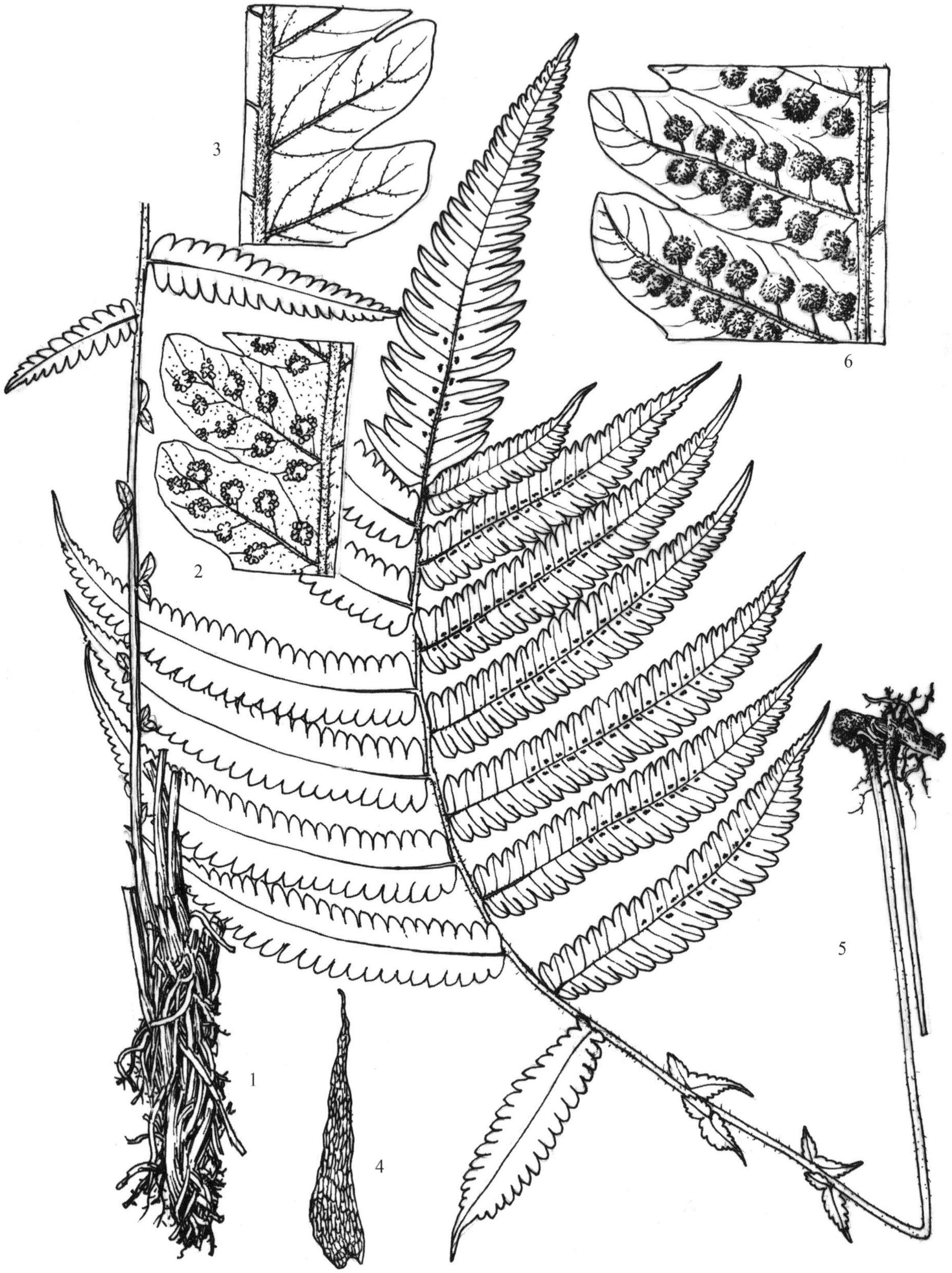

图版 66 1～4. **异果毛蕨** Cyclosorus heterocarpus (Bl.) Ching 1. 带根状茎的叶片基部，示叶片向基部狭缩；2. 羽片背面的一部分，示脉序及孢子囊群着生位置；3. 羽片腹面的一部分，示脉序；4. 根状茎上的鳞片。 5～6. **河口毛蕨** C. hokouensis Ching 5. 植株；6. 羽片背面的一部分，示脉序及孢子囊群着生位置。 （林文宏绘）

无毛；孢子囊光滑。

产于上思、东兴、防城港、桂平、扶绥；生于海拔 100～500m 的林下阴湿处。分布于福建、香港、海南、广东。越南、菲律宾、印度尼西亚、马来西亚、波利尼西亚也有分布。

5. **粗齿毛蕨**(中国植物志)

Cyclosorus grossodentatus Ching ex Shing in Fl. Reipub. Popul. Sin. 4(1): 186, 332. 1999.

植株高近 45cm。根状茎短而横卧，先端密被褐棕色的狭披针形鳞片。叶簇生；叶柄极短，长 6～9cm，灰禾秆色，基部疏被鳞片；叶片长约 40cm，中部宽约 12cm，披针形，先端渐尖，并具较其下侧生羽片为大的长尾状的顶生羽片，下部渐变狭，二回浅羽裂；羽片 8～14 对，下部 4～6 对逐渐缩小成三角形耳片；中部羽片长 7～8cm，中部宽 1.2～1.4cm，披针形，渐尖头，基部圆截形，略不对称，上侧稍凸出呈耳状，边缘浅裂呈三角形的粗大锯齿，锯齿长宽各约 3mm，全缘，急尖头，斜上；叶脉两面明显，侧脉斜上，每裂片 4～6 对，基部一对出自主脉基部以上，先端交结成高三角形网眼，并自交结点向缺刻延伸出一条外行小脉和第二对侧脉在缺刻相遇，或第二对侧脉的上侧一脉和外行小脉靠合。叶纸质，干后褐绿色，腹面光滑，背面沿羽轴及主脉略有短柔毛。孢子囊群圆形，生于侧脉中部以上，每裂片 4～5 对；囊群盖中等大，淡棕色，偶有少数短毛，宿存。

广西特有，产于大新、武鸣、横县；生于海拔 280～300m 的山谷密林下。

6. **毛蕨**(中国主要植物图说·蕨类植物门)

Cyclosorus interruptus (Willd.) H. Ito in Bot. Mag. Tokyo **51**: 714. 1937; 中国植物志 **4**(1): 223, 图版 38: 4～7. 1999; 云南植物志 **20**: 611. 2006. ——*Pteris interrupta* Willd. in Phytogr. **1**: 13, t. 10. 1794; Holtt. in Amer. Fern J. **63**: 81. 1973. ——*Asplenium gongylodes* Schkuhr, Krypt. Gewas. **1**: 193, t. 133 c. 1809.

植株高达 130cm。根状茎横走，顶部疏被少数卵状披针形鳞片。叶近生；叶片长约 60cm，宽 20～25cm，尾状渐尖并为羽裂，基部略狭，二回羽裂；羽片 22～25 对，顶生羽片三角状披针形，长约 5cm，基部宽约 1.8cm，中部羽片较大，线状披针形，长 15～17cm，宽约 1.2cm，顶端渐尖，基部楔形，羽裂达 1/3，基部羽片略短达边缘三角状粗齿；裂片三角形，尖头；侧脉每裂片 8～10 对，基部一对的上侧 1 条脉出自中脉基部，下侧 1 条脉出自羽轴，顶端交结成三角形网眼，和两对侧脉伸达缺刻底部的透明膜，第三对以上伸达缺刻以上的叶边；叶近革质，背面沿羽轴及中脉被柔毛及少数橙红色腺体。孢子囊群圆形，生于侧脉中部，每裂片 5～9 对，下部 1～2 对侧脉不育，即沿羽轴两侧各有 1 条狭的不育带；囊群盖小，圆形，有灰白色柔毛，宿存。

产于北海、东兴、防城港、临桂；生于海拔 100～600m 的林缘和沟谷溪边。分布于台湾、福建、广东、江西、云南、海南、香港。广布于全球热带及亚热带地区。

全株祛风、除湿、活络；治风湿痛、瘫痪、肢体麻木、脚抽筋。

7. **华南毛蕨**(中国主要植物图说·蕨类植物门)

Cyclosorus parasiticus (L.) Farwell. in Amer. Midl. Naturalist **12**: 259. 1931; 中国高等植物图鉴 **1**: 210, 图 420. 1972; 中国植物志 **4**(1): 206, 图版 36: 5～8. 1999; 云南植物志 **21**: 604. 2006. ——*Polypodium parasiticum* L. Sp. Pl. **2**: 1090. 1753. ——*Cyclosorus damingshanensis* Ching ex Shing in Fl. Reipub. Popul. Sin. **4**(1): 226, 339. 1999.

植株高 50～70cm。根状茎横走，连同叶柄基部有深棕色披针形鳞片。叶近生；叶柄长达 40cm；叶片长圆状披针形，长约 35cm，宽 13～20cm，基部不变狭，二回羽裂；中部以下的羽片长约 10cm，宽 1.2～1.4cm，披针形，渐尖头，基部平截，羽裂 1/2 或稍深；裂片斜展；侧脉在裂片上 6～8 对，仅基部一对联结，自第二对起各对伸到缺刻以上的叶边；叶草质，两面沿叶脉有针状毛(背面较密，并有橙色腺体)，腹面脉间疏生短刚毛。孢子囊群生于侧脉中部稍上处；囊群盖小，圆肾形，密生柔毛。

广西各地均产；生于海拔 50～1 600m 的灌丛、沟边、屋舍边。广布于长江以南各省区。亚洲热带及亚热带地区也有分布。

全株祛风、除湿、清热、止痢；治风湿骨痛、发热感冒、痢疾。

8. **景洪毛蕨**（中国植物志）

Cyclosorus jinghongensis Ching ex Shing in Fl. Reipub. Popul. Sin. **4**(1)：217，337. 1999；云南植物志 **21**：604. 2006.

植株高约56cm。根状茎短而直立，先端和叶柄基部疏被深棕色的披针形鳞片。叶簇生；叶柄长约15cm，基部以上禾秆色，近光滑；叶片长约50cm，中部宽约16cm，披针形，渐尖头，基部变狭，二回羽裂；羽片约15对，近平展，下部3～4对向基部逐渐缩小成三角形耳片，对生，中部羽片长约8cm，中部宽约1.5cm，披针形，渐尖头，基部近平截，对称，羽裂达1/3或稍深；裂片约18对，斜展，近方形，钝头，全缘；叶脉两面明显，侧脉斜上，每裂片5对，基部一对出自主脉基部以上，先端交结成钝三角形网眼，并自交结点向缺刻延伸出一条外行小脉和第二对（有时仅和其上侧一脉）交结，形成斜长方形网眼，第三对侧脉（或仅其上侧一脉）伸到缺刻的膜质处；叶草质，干后淡褐绿色，腹面密生极短的刚毛，背面仅稀疏地饰有橙红色腺体，无毛。孢子囊群圆形，生于侧脉中部，每裂片约4对；囊群盖中等大，厚膜质，褐棕色，无毛，宿存。

产于百色；生于林下。分布于云南。

9. **宽羽毛蕨**（海南植物志）

Cyclosorus latipinnus (Benth.) Tard.-Blot in Lecomte, Not. Syst. **7**：73. 1938；海南植物志 **1**：124. 1964；中国植物志 **4**(1)：227，图版39：1～3. 1999；贵州蕨类植物志234，图版58：3～4. 2001. ——*Nephrodium latipinnum* Hook., Syn. Fil. 292. 1867. ——*Aspidium subpubescens* Bl., Enum. Pl. Jav. 149. 1828.

植株高20～30cm。根状茎短而直立，顶部及叶柄基部疏被深棕色披针形鳞片。叶簇生；叶柄长5～15cm，疏被短柔毛；叶片长圆状披针形，长15～20cm，中部宽5～10cm，尾状渐尖，基部渐狭，二回浅羽裂；羽片4～6对，披针形，顶生羽片最大，长8～11cm，基部宽2～3cm，中部羽片长3～5cm，中部以上宽1～1.2cm，顶渐尖，基部圆截形，边缘浅羽裂，下部2～3对羽片渐短，基部一对变成耳形或蝶形，长仅约1cm；裂片15～20对，三角状披针形，锐尖头；基部一对侧脉出自中脉基部以上，顶端交结，并有一条外行小脉伸达缺刻下透明膜，第二对侧脉达缺刻底部，第三对以上伸达缺刻上的叶边；叶纸质，腹面近无毛，背面密被短柔毛。孢子囊群圆形，生于侧脉近顶端；囊群盖小，被短柔毛。

产于贺州、梧州、金秀、龙胜、来宾、柳州、隆安、宁明、上思、武鸣、靖西、那坡、南宁、玉林、容县、北流；生于海拔200～900m的沟谷溪边石壁上。分布于浙江、香港、海南、贵州、云南、台湾、福建、广东。亚洲东南部也有分布。

10. **干旱毛蕨**（中国主要植物图说·蕨类植物门）

Cyclosorus aridus (D. Don) Tagawa in Acta Phytotax. Geobot. **7**：78. 1938；Ching in Bull. Fan Mem. Inst. Biol. Bot. **8**：194. 1938；中国高等植物图鉴 **1**：211，图422. 1972；中国植物志 **4**(1)：276，图版50：4～6. 1999；贵州蕨类植物志229，图版59：1～2. 2001. ——*Aspidium aridum* D. Don, Prod. Fl. Nepal. 4. 1825. ——*Cyclosorus sparsisorus* Ching ex Shing in Fl. Reipub. Popul. Sin. **4**(1)：241，342. 1999. ——*C. houi* Ching in Bull. Fan Mem. Inst. Biol. new ser. **1**(3)：290. 1949. ——*C. abbreviatus* Ching et Shing ex Shing et J. F. Cheng in Sci. Jiangxi **8** (3)：45. 1990. ——*C. aureoglandulifer* Ching ex Shing in Fl. Reipub. Popul. Sin. **4**(1)：248，345，t. 44：1～3. 1999. —— *C. serrifer* Ching et Shing in Fl. Reipub. Popul. Sin. **4**(1)：276，349. 1999. ——*C. fukienensis* Ching in Bull. Fan Mem. Inst. Biol. Bot. **8**：109. 1938.

植株高达1.4m。根状茎长而横走，连同叶柄基部疏生棕色披针形鳞片。叶远生；叶柄长约35cm；叶片阔披针形，长60～80cm，宽12～25cm，基部渐变狭，背面沿叶脉有针状毛和淡黄色棒形腺体，二回羽裂；下部6～10对羽片渐缩成小耳片，中部羽片披针形，基部宽约1.5cm，平截，羽裂达1/3；裂片斜展；侧脉 9～10 对，下部 2 对(有时 1 对)结合，第三对(有时第二对下侧一脉)到第六对均伸达缺刻下的透明膜；叶近革质。孢子囊群生于侧脉中部；囊群盖圆肾形，疏被白色短毛或无毛。

广西各地均产；生于海拔 80～1 200m 的林缘、路边或草丛中。分布于台湾、福建、江西、安徽、广东、云南、四川、贵州、海南、湖南、浙江、西藏。尼泊尔、越南、马来西亚、印度尼西亚、菲律宾及印度北部也有分布。

本种形态变化较大，羽片宽度、叶脉联结对数都发生一定的变化，但叶片向基部狭缩，叶背面被棒状腺体，具较稳定的性状。

11. **毛囊毛蕨**(中国植物志)

Cyclosorus hirtisorus (C. Chr.) Ching in Bull. Fan Mem. Inst. Biol. Bot. **8**：221. 1938；中国植物志 **4**(1)：258，图版 42：5～8. 1999；云南植物志 **20**：611. 2006. —— *Dryopteris hirtisora* C. Chr. in Contr. U. S. Nat. Herb. **26**：277. 1931.

本种近似于**干旱毛蕨**［*C. aridus*(D. Don) Tagawa］和**巨型毛蕨**［*C. subelatus* (Bak.) Ching］，不同点在于本种叶背面无腺体；囊群盖密被针状毛。

产于防城港；生于海拔 500～600m 的疏林下。分布于云南。缅甸也有分布。

12. **长尾毛蕨**(中国植物志)

Cyclosorus paralatipinnus Ching ex Shing in Fl. Reipub. Popul. Sin. **4**(1)：253，345. 1999；云南植物志 **20**：603. 2006.

本种近似于**截裂毛蕨**［*C. truncatus* (Poir.) Farwell］，不同在于本种裂片顶端圆头，不平截，无钝齿；叶片具极大的顶生羽片。

产于武鸣、上思、东兴、南宁、龙胜；生于海拔 300～800m 的沟谷林下。分布于云南。

13. **截裂毛蕨**(中国主要植物图说·蕨类植物门)

Cyclosorus truncatus (Poir.) Farwell in Amer. Midl. Naturalist **12**：250. 1931；Ching in Bull. Fan Mem. Inst. Biol. Bot. **8**：216. 1938；中国高等植物图鉴 **1**：212，图 423. 1972；中国植物志 **4**(1)：254，图版 45：1～4. 1999. ——*Polypodium truncatum* Poir. in Lam. Encycl. Bot. **5**：534. 1804.

植株高达 2m。根状茎直立，顶部密生淡棕色披针形鳞片。叶簇生；叶柄长 30～50cm，有少数卵状披针形鳞片贴生；叶片长圆状披针形，长 1～1.1m，宽 30～40cm，基部急狭，两面有瘤状凸起，二回羽裂；下部 5～6 对羽片骤缩成三角形耳片，中部羽片披针形，长 15～30cm，宽 1.8～2.5cm，基部常变宽(偶变狭)且圆截；裂片斜展，顶端截形，有侧脉 6～10 对，仅下部 $1\frac{1}{2}$对结合，第二对下侧一脉和第三对一脉伸达缺刻底部；叶纸质。孢子囊群生于侧脉中部稍下处；囊群盖无毛。

产于罗城、三江、巴马、田林、那坡、隆安、扶绥、龙州、靖西、武鸣、上思、防城港；生于海拔 150～850m 的林下阴湿处。分布于贵州、湖南、海南、福建、台湾、广东和云南。亚洲其他热带地区、大洋洲北部也有分布。

14. **河口毛蕨**(中国植物志) 图版 66：5～6

Cyclosorus hokouensis Ching in Bull. Fan Mem. Inst. Biol. new ser. **1**(3)：289. 1949；中国植物志 **4**(1)：260，图版 46：1～3. 1999；云南植物志 **20**：612. 2006.

植株高达 1.1m。根状茎横卧，密被糙毛，无鳞片；叶远生；叶柄长约 15cm，粗约 4mm，禾秆色，疏生糙毛，坚硬；叶片长 90～100cm，宽 24～28cm，长圆状披针形，中部向下渐狭，顶端尾状，具独立的羽状分裂披针形、大型的顶生羽片；羽片 30 对，伸展，下部 10～11 对缩短且反折呈螺形小耳片，最下的 5～7 对已退化不见，上述各对长约 2cm，最上一对长约 5cm；上部羽片长达 10cm，中部羽片长 13～15cm，宽 1.5～2cm，基部圆截对称略宽；羽状分裂达 2/5(或 1/3 以上)；裂片三角状镰形，尖头，以宽缺刻分离；叶脉 7～8 对，疏松，斜展，略波状，细且两面隆起，下侧两对网结，小脉由基部一对延伸达上侧相邻侧脉的顶端，第三对或通常第四对伸达膜质缺刻处；叶草质，干后暗绿色，叶轴、羽轴腹面均密被坚硬的开展的针状毛，羽轴、小羽轴及叶脉背面同疏生混针状毛及较短的毛，腹面无毛，仅羽轴略被微柔毛或近无毛。孢子囊群6～7对，小而远离，中生，由基部一对脉向前；囊群盖中等大，红棕色，坚硬，密被暗白色、长而直立的硬毛，宿存。

产于靖西、罗城、那坡；生于海拔200～900m的林下。分布于云南。越南也有分布。

15. **巨型毛蕨**（中国植物志）

Cyclosorus subelatus (Bak.) Ching in Bull. Fan Mem. Inst. Biol. Bot. **8**: 224. 1938; 中国植物志 **4**(1): 260. 1999; 云南植物志 **20**: 608. 2006. ——*Nephrodium subelatum* Bak. in Bull. Misc. Inf. Kew **1906**: 11. 1906.

本种近似于**河口毛蕨**（*C. hokouensis* Ching），不同之处在于本种的羽片较宽大，宽2～2.5cm，脉间有糙毛，非光滑。

产于那坡、靖西；生于海拔800～900m的石灰岩林下。分布于云南。泰国、印度也有分布。

16. **秦氏毛蕨**（植物分类学报） 薄叶毛蕨（植物研究）

Cyclosorus chingii Z. Y. Liu ex Ching et Z. Y. Liu in Bull. Bot. Res. **3**(4): 25, pl. 22. 1983; 中国植物志 **4**(1): 265, 图版 47: 1～3. 1999; 贵州蕨类植物志 232. 2001.

本种近似于**河口毛蕨**（*C. hokouensis* Ching），不同之处在于本种下部两对羽片强度缩短，基部一对圆耳形；囊群盖近光滑。

产于那坡、桂林；生于海拔300～800m的沟谷林下阴湿处。分布于重庆、云南。

17. **河池毛蕨**（中国蕨类植物孢子形态）

Cyclosorus euphlebius Ching in Bull. Fan Mem. Inst. Biol. Bot. **8**: 226. 1938; 中国植物志 **4**(1): 265, 图版 47: 4～6. 1999; 贵州蕨类植物志 234. 2001.

根状茎粗短，直立。叶簇生；叶柄长达40～100cm，污褐色或带黑色，坚硬，光滑或偶有1～2枚卵状披针形鳞片，鳞片表面被长毛；叶片长60～140cm，宽约20cm，长圆状披针形，尾状渐尖头，基部不变狭，二回浅羽裂；羽片约20对，斜展，互生，下部羽片长13～17cm，宽2～2.5cm，披针形，长渐尖头，基部阔楔形，对称，具短柄，浅羽裂，有时呈粗齿牙状，裂片边缘为不明显的波状；上部羽片向顶部逐渐缩短，顶生羽片和其下的羽片分离，羽裂达1/2，基部一侧常具一片披针形裂片；叶脉每裂片7～11对，下部5对结合，基部一对出自主脉基部稍上处，其先端交结成阔三角形网眼，并自交结点伸出一条外行小脉，和第二到第五对侧脉联结，在外行小脉两侧各形成数个斜长方形网眼，第六对及第七对的上侧一脉伸达缺刻下的透明膜质连线处；叶纸质，干后褐绿色，腹面仅沿叶脉及羽轴基部和主脉有1～2根针状毛，背面沿叶轴、羽轴及主脉疏被短细毛。孢子囊群大，圆形，生于侧脉中部；孢子囊柄顶部有长的棒状腺毛；囊群盖圆肾形，近光滑。

产于河池；生于海拔约300m的石灰岩林下。分布于贵州、云南。越南、泰国也有分布。

18. **楔形毛蕨**（中国植物志）

Cyclosorus pseudocuneatus Ching ex Shing in Fl. Reipub. Popul. Sin. **4**(1): 270, 348. 1999.

植株高达1m。根状茎粗短，横卧，连同叶柄基部被锈棕色短硬毛及深棕色的披针形鳞片。叶近生；叶柄长40～55cm，褐色，近光滑；叶片长26～36cm，中部宽约25cm，卵形，顶部狭缩成一羽裂的大型羽片，向基部变狭，一回羽状；羽片约5对，近对生，或上部的互生，几无柄，基部一对明显缩短，长5～12cm，中部羽片长12～16cm，中部宽达3cm，狭长圆状披针形，先端渐尖并具线形长尾，基部变狭，楔形或圆楔形，边缘浅裂成粗锯齿；叶脉每裂片6～10对，基部一对出自主脉基部以上，其交结点向缺刻下的透明膜质连线延伸出一条外行小脉，和第二至第三对侧脉及第四对上侧一脉相连，第四对下侧一脉和第五对侧脉伸达缺刻下的膜质处。叶纸质，干后暗绿色，除腹面沿羽轴及主脉有少数针状毛，背面沿羽轴有疏短毛外，其余光滑。孢子囊群生于侧脉中部稍上处；囊群盖暗棕色，无毛，宿存。

广西特有，产于龙州；生于海拔300～600m的石灰岩林下。

19. **三合毛蕨**（植物分类学报）

Cyclosorus calvescens Ching in Bull. Fan Mem. Inst. Biol. Bot. **8**: 225. 1938; 中国植物志 **4**(1):

274.1999；贵州蕨类植物志 232，图版 59：3. 2001；云南植物志 **21**：610. 2006.

植株高约 1m。根状茎横走，被鳞片。叶近生；叶柄禾秆色，由基部向上被鳞片，有微柔毛或近无毛，长约 50cm，鳞片披针形深褐色，边缘具多数延伸的芒齿；叶片卵形，一回奇数羽状，长 30～40cm，宽 20～25cm；侧生羽片 3～8 对，具短柄或近无柄，披针状长圆形，长约 15cm 或更长，宽 3～3.5cm，基部一对略缩短，基部楔形或截形，渐尖头，边缘具锐尖斜展的齿牙；除羽轴上向外植株无毛；裂片侧脉 9～10 对，斜上弯曲，下侧 3～4 对会合。孢子囊群生于侧脉中部；囊群盖圆肾形，无毛。

产于桂西南地区；常生于林下，多见于酸性土上。分布于贵州、云南。越南北部也有分布。

12. 新月蕨属 Pronephrium Presl

中型植物。根状茎长而横走，疏被鳞片；鳞片棕色披针形且有毛。叶远生或近生，一型或少二型；叶柄基部疏被鳞片，向上多少被单细胞针状毛；叶片一回羽状或三出复叶或单叶；羽片 1～10 对，近无柄或有短柄，披针形，渐尖头，基部圆楔形，全缘或有粗齿；侧脉多对，叶脉为新月形，即小脉在侧脉之间形成两行四角形或斜方形网眼，伸达叶边，外行小脉断裂或联结；叶纸质或草质，偶革质，干后绿色或褐色，通常多少被针状毛（至少沿叶轴及羽轴腹面基部），背面常有小而密的疣状凸起。无孢子囊群盖或囊群盖细小而为圆肾形，通常被毛；孢子囊体上光滑或有针状毛；孢子两面型，肾形，具瘤状凸起或很少具狭翅。

本属共有 61 种，分布于亚洲热带及亚热带地区。中国有 18 种；广西产 8 种。

分 种 检 索 表

1. 植物体无钩状毛。
  2. 孢子囊群无盖。
    3. 羽片宽 4～6cm，边缘全缘，叶脉达 20 对 …………………… 1. **红色新月蕨** P. lakhimpurense (Rosenst.) Holtt.
    3. 羽片通常宽约 2cm，边缘具锯齿，叶脉达 8～11 对 ………………… 2. **披针新月蕨** P. penangianum (Hook.) Holtt.
  2. 孢子囊群有盖。
    4. 羽片阔线状披针形，基部不变狭或略变狭，边缘具规则的锯齿 ………… 3. **大羽新月蕨** P. nudatum (Roxb.) Holtt.
    4. 羽片卵状披针形或镰刀形，基部明显狭缩成楔形，边缘全缘或具不规则的波状圆齿。
      5. 叶片背面仅羽轴和叶脉上有稀疏的短毛；羽片长椭圆形 ………… 4. **新月蕨** P. gymnopteridifrons (Hay.) Holtt.
      5. 叶脉背面脉间、羽轴和叶脉上均密被长毛；羽片卵圆状披针形 ………………………………………………………………… 5. **硕羽新月蕨** P. macrophyllum Ching et Y. X. Lin
1. 根状茎上具钩状毛，在植物体的其他部分包括孢子囊也常具有钩状毛。
  6. 单叶，基部心形或戟形，稀具一对小的分离羽片 ………………………… 6. **单叶新月蕨** P. simplex (Hook.) Holtt.
  6. 叶为羽状复叶。
    7. 最下的一对羽片明显缩小，所有羽片具骤尖头，尖头长 2～4cm …… 7. **微红新月蕨** P. megacuspe (Bak.) Holtt.
    7. 最小的羽片通常最长或略缩短；羽片不突缩成长的骤尖头 …………… 8. **三羽新月蕨** P. triphyllum (Sw.) Holtt.

1. 红色新月蕨（中国主要植物图说·蕨类植物门）

Pronephrium lakhimpurense (Rosenst.) Holtt. in Blumea **20**：110. 1972；中国植物志 4(1)：304，图版 57：3～4. 1999；云南植物志 **20**：618. 2006. ——*Dryopteris lakhimpurensis* Rosenst., Medel. Rijks Herb. **31**：7. 1917. ——*Abacopteris rubra* (Ching) Ching in Bull. Fan Mem. Inst. Biol. Bot. **8**：245. 1938；中国高等植物图鉴 **1**：214，图 427. 1972.

植株高达 1.5m。叶远生；叶柄长达 70cm，粗 4～5mm；叶片宽 30～40cm，两面无细疣状凸起，奇数一回羽状；侧生羽片 8～12 对，同大，阔披针形，长约 25cm，宽 4～6cm，基部圆形，渐尖头，全缘或略波状，干后变红色或褐红色；侧脉间的小脉除近叶边 2～3 对分离外，有 14～15 对联结成 2 行斜方网眼；叶薄纸质。

孢子囊群圆形，生于小脉中部或稍上处，在侧脉间排成整齐的2行，偶有会合成新月形；囊群无盖，无毛。

产于龙胜、融水、上思、防城港、三江、罗城、凌云、武鸣、龙州、靖西、那坡；生于海拔250～900m的常绿阔叶林下或沟谷溪边。分布于福建、江西、广东、四川、重庆、云南。印度、缅甸、越南和泰国也有分布。

根状茎清热、消炎、止血；治跌打损伤、疮疡肿毒、外伤出血。

2. **披针新月蕨**（中国高等植物图鉴）

Pronephrium penangianum（Hook.）Holtt. in Blumea **20**：110. 1972；中国植物志 **4**(1)：301，图版57：1～2. 1999；云南植物志 **20**：617. 2006. ——*Polypodium penangianum* Hook. Sp. Fil. **5**：13. 1863. ——*Abacopteris penangiana*（Hook.）Ching in Bull. Fan Mem. Inst. Biol. Bot. **8**：255. 1938；中国高等植物图鉴 **1**：215，图 429. 1972.

植株高1.2～2m。根状茎长而横走，偶有披针形鳞片。叶近生；叶柄长达1m，淡红棕色；叶片长圆状披针形，长40～80cm，宽25～40cm，奇数一回羽状；中部以下的羽片长20～30cm，宽2～2.7cm，基部阔楔形，边具软骨质尖齿或大锯齿，顶生羽片同形，有长柄；侧脉间的小脉除顶部2～3对分离外，均联结成2行斜长方形网眼；叶纸质，干后多呈淡紫色。孢子囊群圆形，生于小脉中部或中部稍下处，在侧脉间排成2行；无囊群盖。

广西各地均产；生于海拔150～1 200m的林下、路边或沟谷岩壁上。分布于河南、湖北、湖南、浙江、江西、广东、四川、贵州、云南。缅甸、印度、尼泊尔也有分布。

全株散瘀血、除湿；治跌打腰痛、血凝气滞、劳伤、痢疾。

3. **大羽新月蕨**（中国主要植物图说・蕨类植物门）

Pronephrium nudatum（Roxb.）Holtt. in Blumea **20**：111. 1972；中国植物志 **4**(1)：305. 1999；中国高等植物 **2**：395，图 546. 2008. ——*Polypodium nudatum* Roxb. in Calc. J. Nat. Hist. **4**：491. 1844. ——*Abacopteris multilineata*（Wall.）Ching in Bull. Fan Mem. Inst. Biol. Bot. **8**：253. 1938；中国主要植物图说・蕨类植物门 148. 1957.

大型植物，高达2m以上。叶柄长达1m以上，粗壮；羽片达12对，最大羽片长约30cm，宽约5cm，尾尖，基部宽楔，边有圆齿；叶干后绿色，两面有浅囊状凸起，羽轴腹面密具短针状毛，叶轴、羽轴及侧脉背面疏具短粗毛。孢子囊群小，具发育不良而早落的囊群盖。

产于隆林、那坡、靖西；生于海拔800～900m的常绿阔叶林下。分布于西藏、云南、贵州。印度、缅甸、泰国、越南、菲律宾和印度尼西亚也有分布。

根状茎活络、理气、利湿；治月经不调、胃气痛、痢疾、劳伤。

4. **新月蕨**（植物分类学报） 图版67：1～2

Pronephrium gymnopteridifrons（Hay.）Holtt. in Blumea **20**：112. 1972；中国植物志 **4**(1)：310. 1999；中国高等植物 **2**：395，图 547. 2008. ——*Dryopteris gymnopteridifrons* Hay.，Ic. Pl. Formos. **8**：148，f. 75～76. 1919. ——*Abacopteris gymnopteridifrons*（Hay.）Ching in Bull. Fan Mem. Inst. Biol. Bot. **8**：251. 1938；海南植物志 **1**：132. 1964. ——*Abacopteris aspera*（Presl）Ching in Acta Phytotax. Sin. **8**(4)：332. 1963，p. p.；中国高等植物图鉴 **1**：214，图 428. 1972.

植株高1～1.5m。叶远生；叶柄长达1m；叶片阔卵形，长60～80cm，宽30～40cm，奇数一回羽状；羽片7～9对，互生，斜上，相距6～9cm，柄长6～12mm；羽片长椭圆形，长20～25cm，宽3～4cm，顶端长尾状，基部狭楔形，叶缘浅波状或有齿；小脉12～18对，联结成斜方形网眼；叶近革质，腹面有小疣点，背面密被刚毛。孢子囊群圆形，生于小脉中部，在侧脉之间排成两行；囊群盖被刚毛。

产于靖西、那坡、隆安、巴马、苍梧、扶绥、武鸣、龙州；生于海拔150～450m的常绿阔叶林下。分布于台湾、海南、广东、贵州、云南。亚洲其他热带地区也有分布。

5. **硕羽新月蕨**（中国植物志）

Pronephrium macrophyllum Ching ex Y. X. Lin in Fl. Reipub. Popul. Sin. **4**(1)：311，352. 1999；

图版 67　1～2. **新月蕨** Pronephrium gymnopteridifrons (Hay.) Holtt.　1. 植株；2. 羽片背面一部分，示脉序和孢子囊群着生位置。　3～4. **微红新月蕨** P. megacuspe (Bak.) Holtt.　3. 植株；4. 羽片背面一部分，示脉序及孢子囊群着生位置。5～6. **三羽新月蕨** P. triphyllum (Sw.) Holtt.　5. 植株；6. 羽片一部分，示脉序及孢子囊群着生位置。　(林文宏绘)

中国高等植物 2：396. 2008.

本种与新月蕨[*P. gymnopteridifrons*（Hay.）Holtt.]十分相似，不同在于本种叶脉背面脉间、羽轴和叶脉均密被长针状毛；羽片卵圆状披针形。

产于环江、凌云；生于海拔 540～760m 的沟边林下。分布于云南。

6．**单叶新月蕨**（海南植物志）

Pronephrium simplex（Hook.）Holtt. in Blumea **20**：122. 1972；中国植物志 **4**(1)：294，图版 55：1～2. 1999；云南植物志 **20**：615. 2006. ——*Menisicum simplex* Hook. in London J. Bot. **1**：294，f. 11. 1842. ——*Abacopteris simplex*（Hook.）Ching in Bull. Fan Mem. Inst. Biol. Bot. **8**：239. 1938；中国主要植物图说·蕨类植物门 146，图 191. 1957.

植株高 28～40cm。根状茎疏被披针形鳞片和钩状短毛。叶远生，二型；营养叶的柄长 14～18cm；叶片椭圆状披针形，长渐尖头，基部心形（或偶有 1 对耳片），全缘或具粗齿，仅沿叶缘有少数柔毛；叶脉网状，侧脉间形成 2 行整齐的方形网眼；叶纸质，干后绿色；孢子叶高出营养叶，叶柄长 30～35cm，叶片披针形，长 5～10cm，宽 8～15mm，基部心形或戟形，全缘。孢子囊群生于小脉上，成熟时满布叶片背面；无囊群盖。

产于柳州、苍梧、博白、玉林、容县、陆川、上思、防城港、上林；生于海拔 200～450m 的常绿阔叶林下。分布于台湾、福建、广东、海南、香港和云南。越南、日本也有分布。

全株清热解毒；治疮疡肿毒、蛇伤。

7．**微红新月蕨**（蕨类名词及名称） 图版 67：3～4

Pronephrium megacuspe（Bak.）Holtt. in Blumea **20**：122. 1972；中国植物志 **4**(1)：299，图版 56：9～10. 1999；云南植物志 **20**：617. 2006. ——*Polypodium megacuspe* Bak. in J. Bot. **28**：266. 1890. ——*Abacopteris sampsoni*（Bak.）Ching in Bull. Fan Mem. Inst. Biol. Bot. **8**：244. 1938.

植株高 50～70cm。根状茎横走。叶远生；叶柄长 25～35cm，由基部向上被鳞片及分枝的绒毛，禾秆色，向上光滑；叶片略呈披针形，长 20～30cm，宽 15～20cm，奇数一回羽状；侧生羽片 3～5 对，与顶生羽片同形，略呈镰形，椭圆状长圆形，基部斜楔，常不对称，基部下侧羽裂，上侧上延，顶端骤缩成尾状，尾尖长 3～4cm，宽约 0.5cm，边缘全缘或粗波状；侧脉 8～10 对，以钝角由羽轴汇集至侧边；叶近革质，干后变红。孢子囊群会合，弯曲；孢子囊被分枝的绒毛；孢子卵形或肾形，淡黄色，疏网状，波状隆起，边缘具齿。

产于都安、田林、百色、田阳、昭平、贺州、桂平、平南、金秀、上思、上林；生于海拔 130～500m 的常绿阔叶林下。分布于江西、广东、云南。越南、泰国和日本也有分布。

8．**三羽新月蕨**（中国主要植物图说·蕨类植物门） 图版 67：5～6

Pronephrium triphyllum（Sw.）Holtt. in Blumea **20**：122. 1972；中国植物志 **4**(1)：296，图版 56：1～8. 1999；中国高等植物 **2**：392，图 541，图 542：1～8. 2008. ——*Menisicum triphyllum* Sw. in Schrad. J. Bot. **1800**(2)：16. 1801. ——*Abacopteris triphylla*（Sw.）Ching in Bull. Fan Mem. Inst. Biol. Bot. **8**：246. 1938；中国高等植物图鉴 **1**：213. 1972. ——*Pronephrium parishii*（Bedd.）Holtt. in Blumea **20**：123. 1972.

植株高 20～50cm。根状茎密被灰白色短毛及疏生棕色带毛的披针形鳞片。叶疏生或近生，一型；叶柄长 10～35cm，有短毛，基部疏被鳞片；叶片卵状披针形，三出复叶，极少为 5 小叶的奇数一回羽状；顶生羽片特大，椭圆状长圆形，长 10～19cm，宽 2～4.5cm，顶端骤狭呈长渐尖，基部楔形，全缘或波状；侧生羽片与顶生羽片同形，但远较小，长 2～6.5cm，宽 1～2.5cm，通常 1 对，少有 2 对，近对生，略有短柄；叶脉网状，在侧脉间形成 2 行整齐的网眼；叶纸质或坚纸质，仅背面叶脉有疏短毛；孢子叶稍高出于营养叶，柄较长，羽片较窄。孢子囊群着生于小脉上，幼时圆形，成熟后满布叶片背面；无囊群盖；孢子囊体上有 2 条钩状毛。

产于永福、那坡、百色、苍梧、平南、桂平、玉林、贵港、防城港、灵山、上思、宁明、大新、龙州、凭祥、靖西、武鸣、南宁；生于海拔 100～600m 的常绿阔叶林下或灌丛中。分布于台湾、福建、广东、香港、云南。泰国、缅甸、印度、斯里兰卡、马来西亚、印度尼西亚、日本、韩国、澳大利亚也有分布。

全株解毒消肿、止痒；治疮痈肿毒、跌打损伤、湿疹、瘙痒、蛇伤。

13. 星毛蕨属 Ampelopteris Kze.

根状茎横走。叶簇生或近生；叶柄禾秆色，坚硬，光滑；叶片无限生长（即从羽片腋间的鳞芽生出小叶片），一回羽状，叶轴上部常延长成鞭状；叶脉多联结少分离，在叶轴或叶边有时可见针状毛。孢子囊群圆形或长圆形，无囊群盖，背生于小脉中部，成熟时往往会合，覆盖 3 叶片背面；孢子椭圆形。

全属仅 1 种。

星毛蕨（中国高等植物图鉴）

Ampelopteris prolifera (Retz.) Copel. Gen. Fil. **144**. 1947；中国植物志 **4**(1)：290，图版 54：1～8. 1999；中国高等植物 **2**：390，图 538. 2008. ——*Hemionitis prolifera* Retz. in Obs. Bot. **6**：36. 1791.

植株高 50～90cm。根状茎常平卧地上，连同叶柄基部疏生披针形小鳞片，鳞片上生有短柄的分叉星状毛。叶簇生；叶柄长 25～40cm；叶片长 30～70cm，宽 10～15cm，顶部延伸成鞭状，着地生根，形成新的植株，一回羽状（羽片腋间常有 1 个鳞芽再发育成一回羽状的小叶片）；羽片披针形，边缘波状浅裂，仅沿叶轴和羽轴有柔毛；相邻裂片间的侧脉有 5～6 对联结成斜方网眼；叶纸质。孢子囊群长圆形；无囊群盖。

广西各地均产；生于海拔 0～1 100m 的沟边或田边。分布于台湾、江西、湖南、福建、广东、海南、贵州、云南、四川。亚洲其他热带地区、大洋洲和非洲也有分布。

嫩叶可作蔬菜；入药可清胃热、止痢。

14. 圣蕨属 Dictyocline Moore

中型植物。根状茎短，直立或斜升，连同叶柄基部疏被鳞片；鳞片褐色披针形，边缘被针状刚毛。叶簇生；叶柄灰禾秆色，密被毛，腹面有 1 条浅纵沟；叶片长圆形、三角形至截形，顶渐尖并羽裂，一回羽状或羽裂或单叶，基部心形；如为羽状则有 1～6 对羽片；羽片斜展，阔披针形，顶渐尖，基部圆，全缘，分离或合生，羽轴两面隆起；侧脉斜上，明显，伸达叶边，侧脉两侧小脉网状，粗而明显，网眼 3～4 行，略呈四角形或五角形，无内藏小脉或有单一或分叉的内藏小脉；叶纸质，粗糙，两面被顶端呈钩状的粗毛。孢子囊群线形，着生于网脉上，连接面网状，无囊群盖；孢子囊近顶部有直针状刚毛；孢子两面型，肾形，表面有疣状凸起。

约 4 种，分布于印度、越南、日本。中国 4 种都有；广西产 3 种。

分种检索表

1. 叶脉的网眼内均有内藏小脉；叶为单叶，深羽裂或波状或全缘。
  2. 单叶，戟形，侧脉间另有明显的纵隔脉，主脉两侧的网藏小脉最多，通体不被针状长毛，而仅有短柔毛 ………………………………………………………………………… 1. **戟叶圣蕨** D. sagittifolia Ching
  2. 叶常为一回深羽裂，羽片较宽，每一网眼通常具单一或分叉的内藏小脉；叶片腹面满布短刚毛 ………………………………………………………………………… 2. **羽裂圣蕨** D. wilfordii (Hook.) J. Sm.
1. 叶脉的网眼内无内藏小脉；叶为一回羽状复叶，被有密而开展的长针状毛 ……………………… 3. **圣蕨** D. griffithii Moore

1. **戟叶圣蕨**(植物分类学报) 图版 60:5~7

Dictyocline sagittifolia Ching in Acta Phytotax. Sin. 8(4): 335. 1963; 中国植物志 4(1): 317, 图版 61: 5~7. 1999; 中国高等植物 2: 398, 图 551. 2008.

单叶,戟形,侧脉间另有明显的纵隔脉,网眼内有内藏小脉,尤以主脉两侧的网眼内最多,遍体不被针状长毛,而仅有短柔毛而不同于本属其他种。

产于龙胜、临桂、灵川、兴安、金秀、凌云、武鸣;生于海拔 650~1 300m 的常绿阔叶林下或沟边。分布于广东、湖南、江西、贵州。

根状茎治小儿惊风。

2. **羽裂圣蕨**(植物分类学报)

Dictyocline wilfordii (Hook.) J. Sm. in Hist. Fil. 149. 1875; 中国高等植物图鉴 1: 216, 图 431. 1972; 中国植物志 4(1): 315, 图版 61: 1~4. 1999. ——*Hemionitis wilfordii* Hook. Fil. Exot. t. 93. 1859.

植株高 30~50cm。根状茎粗短,斜升,连同叶柄基部密生有缘毛的披针形鳞片。叶簇生;叶柄长 17~30cm,密生短刚毛和针状长毛;叶片三角形,长约 20cm,宽约 17cm,基部心形,背面沿叶脉有针状毛,腹面满覆短刚毛,羽裂几达叶轴,基部一对裂片最大,长达 9cm,宽 2.5~3.5cm,全缘或呈波状;侧脉间小脉形成 2~3 行斜方形或五角形网眼,仅沿羽轴 1 行网眼内有单一或分叉的内藏小脉;叶纸质。孢子囊群沿网脉着生;无囊群盖。

产于龙胜、融水、金秀、罗城、贺州、田林、容县、平南、上思、武鸣;生于海拔 200~1 300m 的常绿阔叶林下或沟谷溪边。分布于台湾、福建、浙江、江西、湖南、广东、贵州、云南和四川。日本和越南也有分布。

3. **圣蕨**(中国蕨类植物图谱)

Dictyocline griffithii Moore in Gard. Chron. 854. 1855; Tard.-Blot et C. Chr. Fl. Indo-Chine 7(2): 402. 1941; 中国高等植物图鉴 1: 215, 图 430. 1972; 中国植物志 4(1): 313, 图版 60: 1~6. 1999.

植株高 35~60cm。根状茎斜升,连同叶柄基部疏生有缘毛鳞片和密的针状长刚毛。叶簇生;叶柄长 12~30cm,有密而开展的长针毛;叶片长圆形,长 20~35cm,宽 12~19cm,遍体有毛,单数羽状;侧生羽片 2~3 对,长圆状披针形,宽 3~3.6cm,全缘,顶生羽片大,三叉;侧脉间有 2~3 行斜方形或五角形网眼,无内藏小脉;叶纸质。孢子囊群沿网脉着生,无囊群盖;孢子囊圆球形,近顶部为 3~4 条直刚毛;孢子椭圆形。

产于龙胜、融水、金秀、贺州、上思、平南、容县;生于密林下或山沟边。分布于台湾、福建、浙江、江西、云南、四川、贵州。越南、缅甸、印度北部也有分布。

根状茎治虚劳内伤、小儿惊风。

39. 铁角蕨科 ASPLENIACEAE

小型或中型植物,石生、土生或附生,有时为攀缘。根状茎长,横走,或短而斜生或直立,内有网状中柱,外被鳞片;鳞片为粗筛孔型。叶一型,远生、近生或簇生,单叶全缘或一回至四回羽状;叶柄基部无关节,内有两条弧形维管束;叶脉通常分离,有时联结;叶片草质至革质。孢子囊群线形或长圆形,通常沿小脉中部上侧着生,少有生于相近脉的下侧;囊群盖纸质或膜质,线形或长圆形,一边着生在小脉上,另一边开向主脉中部或小羽轴;孢子囊扁圆形,环带纵行,不完整,约有 20 个增厚细胞,柄细长;孢子为两侧不对称型。

本科约有 10 属 700 余种,广布于全世界;主产于热带地区。中国现有 8 属 131 种,分布于全国各地,以南部和西南部为分布中心;广西有 4 属 56 种 1 变种。

分属检索表

1. 叶为单叶，不分裂。
  2. 叶脉多少联结；叶边全缘。
    3. 叶片团扇形或卵形，基部心形。
      4. 根状茎短而直立；叶簇生，叶片为团扇形；无明显主脉，小脉顶端具明显的膨大水囊 …… 1. **水鳖蕨属** Sinephropteris Mickel
      4. 根状茎长而横走；叶远生，叶片卵形；主脉明显，小脉顶端不具膨大的水囊 …… 2. **细辛蕨属** Boniniella Hay.
    3. 叶片披针形或倒披针形，基部楔形，偶为心形 …… 3. **巢蕨属** Neottopteris J. Sm.
  2. 叶脉分离，从不在近叶边处彼此结合 …… 4. **铁角蕨属** Asplenium L.
1. 叶为羽状深裂或通常为一回至多回羽状 …… 4. **铁角蕨属** Asplenium L.

1. 水鳖蕨属 Sinephropteris Mickel

小型植物，土生。根状茎短，直立；鳞片线状披针形，粗筛孔型。叶簇生；具膨大水囊，叶片近圆形，全缘，基部深心形；叶脉纤细，多回二叉分枝，从叶片基部辐射状生出，无主脉，小脉不达叶边，先端具膨大水囊，分离或偶有联结成少数狭长网眼；叶柄细长，栗黑色有光泽，基部有鳞片。孢子囊群线形，生于小脉的一侧或两侧；囊群盖线形；孢子极面观椭圆形，赤道面观半圆形，表面具网状褶皱并有刺状纹饰。

单种属，分布于中国西南部至缅甸及印度北部；广西亦产。

水鳖蕨(中国高等植物图鉴)

Sinephropteris delavayi (Franch.) Mickel in Brittonia **28**: 326, f. 2. 1976; 四川植物志 **6**: 342, 图版 108: 1. 1988; 中国植物志 **4**(2): 144, 图版 25: 1～4. 1999. ——*Scolopendrium delavayi* Franch. in Bull. Soc. Bot. France **32**: 29. 1885. ——*Schaffneria delavayi* (Franch.) Tard.-Blot in Nat. Malg. **9**:30. 1957; 中国高等植物图鉴 **1**: 200, 图 400. 1972; 秦岭植物志 **2**: 114, 图版 29. 1974.

植株高达 15cm；根状茎短小，密生黑色、披针形且边有疏齿的膜质鳞片。叶簇生；叶柄长 3～10cm，亮栗黑色光滑，腹面有纵沟；叶片圆形，状若水鳖，大小变异甚大，直径 3～6cm，基部深心形；叶脉偶有联结；叶片纸质，干后棕绿色，无毛。孢子囊群生于第二回或第三回分叉小脉的相对两侧，成熟时会合；囊群盖线形，全缘，膜质，相对开，宿存。

产于隆林；生于海拔 600～800m 的林下岩石上。分布于甘肃、西藏、四川、重庆、贵州、云南。印度、缅甸、越南也有分布。

全株收敛、止痢；治痢疾。

2. 细辛蕨属 Boniniella Hay.

土生，中型植物。根状茎长而横走，密被黑褐色卵状披针形小鳞片。叶远生；叶柄乌木色，略有光泽，基部以上光滑无鳞片；叶片卵圆形或长卵形，先端渐尖，基部深心形，全缘；主脉明显，侧脉羽状，多回二叉分枝，近叶边形成两行不规则的长网眼，或在主脉两侧形成一些近三角形的网眼，小脉先端分离，略膨大，不达叶边；叶片薄纸质，无毛。孢子囊群线形，生于主脉与叶缘之间，斜出；囊群盖线形，向轴开或间开或相对开；孢子囊倒卵形，有长柄，环带由 20～22 个增厚细胞组成；孢子椭圆形，周边不透明，具褶皱，褶皱相联结但一般不成网状，周壁表面具稀而较大的刺状纹饰，外壁光滑。

东亚特有属，共有 2 种。中国和日本各有 1 种；广西亦产。

细辛蕨(静生生物调查所汇报)

Boniniella cardiophylla (Hance) Tagawa in J. Jap. Bot. **12**: 541. 1936; Ching in Bull. Fan Mem. Inst. Biol. Bot. **10**: 7. 1940; 海南植物志 **1**: 104, 图 49. 1964; 中国高等植物图鉴 **1**: 201, 图 402. 1972; 中国植物志 **4**(2): 146, 图版 25: 5~7. 1999. ——*Micropodium cardiophyllum* Hance in J. Bot. 268. 1883.

植株高达 30cm。根状茎有密鳞片和棕黄色毛。叶远生;叶柄基部有疏毛,向上至主脉为亮乌木色;叶片阔卵形,长 9~14cm,宽 5~9cm,渐尖或短尾尖头,基部深心形;侧脉羽状,多回分叉,小脉向叶边联结,形成狭长网眼,网眼外的小脉分离,不达叶边;叶片薄纸质。孢子囊群生于每组侧脉的最上侧小脉,较近主脉;囊群盖线形,薄膜质,全缘,宿存。

产于龙州、大新;生于海拔 300~450m 的石灰岩林下。分布于台湾、海南。

3. 巢蕨属 Neottopteris J. Sm.

小型或中型植物,附生。根状茎粗壮,直立,顶端密被粗筛孔型鳞片。叶簇生;近无柄;单叶,叶片披针形、线形或倒披针形,全缘;具羽状脉,主脉明显凸出,侧脉常分枝,密集,通直平行,在叶缘联结成边脉;叶片纸质或革质,两面无毛,干后叶缘常反卷。孢子囊群线形,生于小脉上侧;囊群盖线形,全缘,厚膜质,常呈灰白色,宿存;孢子两侧对称,极面观椭圆形,赤道面观肾形,具微褶皱,有时较密,表面光滑或有刺状、网状或颗粒状纹饰。

本属有 30 余种,分布于亚洲热带地区,有 1 种分布达非洲和大洋洲。中国现有 11 种,分布于西南至华南及台湾;广西产 8 种。

分 种 检 索 表

1. 叶片狭椭圆形,最宽处在中部,向两端渐变狭;叶柄干后为木质,背面为半圆形隆起,腹面有阔纵沟,不皱缩。
  2. 根状茎及叶柄基部的鳞片阔披针形,全缘;孢子囊群相隔宽于 1.5mm,从小脉基部外行达 2/3 或更远。
    3. 叶柄基部以上无翅或略有狭翅 ………………………………………… 1. **长叶巢蕨** N. phyllitidis (D. Don) J. Sm.
    3. 叶片下部稍变狭;叶柄基部以上有阔翅 ………………………………… 2. **大鳞巢蕨** N. antiqua (Mak.) Masam.
  2. 根状茎及叶柄基部的鳞片线形,边缘有几条卷曲的纤毛;孢子囊群靠近,相距 1mm,从小脉基部向外行常不达叶脉的 1/2 ……………………………………………………………………………… 3. **巢蕨** N. nidus (L.) J. Sm.
1. 叶片匙形,通常上部最宽;叶柄为多汁草质,干后在两面扁平并皱缩成小纵沟,腹面不平滑。
  4. 叶柄明显,长 4~8(24)cm,无翅或偶有极狭的翅。
    5. 叶柄两侧无翅 ……………………………………………………… 4. **长柄巢蕨** N. longistipes Ching ex S. H. Wu
    5. 叶柄具狭翅。
      6. 主脉在叶背出现明显龙骨状 ……………………… 5. **狭鳞巢蕨** N. grevillei (Wall. ex Hook. et Grev.) J. Sm.
      6. 主脉在叶背不隆起 …………………………………………………… 6. **扁柄巢蕨** N. humbertii (Tard.-Blot) Tagawa
  4. 叶柄不明显,两侧有狭窄或宽的翅直达基部,翅在中部宽于 2.5cm。
    7. 叶片向下以极宽的翅下延;孢子囊群较长,几达叶边 ……………… 7. **阔翅巢蕨** N. latipes Ching ex S. H. Wu
    7. 叶片向下以较窄的翅下延;孢子囊群较短,仅达主脉到叶边的 2/3 ……………………………………………………………………………………… 8. **狭翅巢蕨** N. antrophyoides (Christ) Ching

1. 长叶巢蕨(中国植物志) 图版 68:1~3

Neottopteris phyllitidis (D. Don) J. Sm. in J. Bot. **3**: 409. 1841; 海南植物志 **1**: 106. 1964; 四川植物志 **6**: 345, 图版 109: 1. 1988; 中国植物志 **4**(2): 138, 图版 23: 1~3. 1999. ——*Asplenium phyllitidis* D. Don, Prodr. Fl. Nepal 7. 1825; M. Tagawa et K. Iwatsuki Fl. Thailand **3**(2): 268, f. 21. 1985.

图版 68 1～3.**长叶巢蕨** Neottopteris phyllitidis (D. Don) J. Sm. 1.叶片；2.叶片中段背面一部分，示边缘、脉序及孢子囊群着生位置；3.根状茎上的鳞片。 4～6.**变异铁角蕨** Asplenium varians Wall. ex Hook. et Grev. 4.植株；5.羽片；6.根状茎上的鳞片。 7～9.**南方铁角蕨** A. belangeri (Bory) Kze. 7.植株；8.羽片背面；9.根状茎上的鳞片。（朱运喜绘）

植株高约60cm,附生;根状茎直立,顶端与叶柄基部密被黑褐色、宽披针形鳞片。叶簇生;叶柄长3～7cm,禾秆色,腹面有宽纵沟;叶片倒披针形,长60～72cm,宽5～6cm,向基部渐变狭而长下延,先端渐尖或有小尖凸;主脉在叶片腹面微凹,在背面凸起呈半圆形,侧脉二叉状,不明显,在边缘联结;叶片革质,干后绿色。孢子囊群线形,约占侧脉长度的4/5或更多;囊群盖线形,全缘,厚膜质。

产于隆林、田林、龙州、扶绥、容县;生于海拔约900m的常绿阔叶林下。分布于海南、云南、贵州、四川、西藏。印度、尼泊尔、缅甸、泰国、越南也有分布。

2. **大鳞巢蕨**(海南植物志)

Neottopteris antiqua (Mak.) Masam. in Trans. Nat. Hist. Soc. Formos. **22**: 215. 1932; 海南植物志 **1**: 107. 1964; 福建植物志 **1**: 119, 图 109. 1983; 中国植物志 **4**(2): 136, 图版 21: 3～4. 1999. —— *Asplenium antiquum* Mak. in J. Jap. Bot. **6**: 32. 1929.

植株高60～100cm;根状茎直立,顶部密被鳞片;鳞片深棕色,阔披针形,长约2cm,宽约5mm,长渐尖,基部圆楔形,全缘。叶柄长2～3cm,干后棕褐色,基部被与根状茎上同样的鳞片;叶片带状披针形,长60～95cm,中部最宽处为5.5～8cm,渐尖头,下部稍狭并短下延,全缘并有软骨质边,干后稍反卷;中脉于两面隆起,腹面在中部以下为阔纵沟,叶片腹面平滑不皱缩;侧脉单一或二叉,近平行;叶片革质,两面无毛。孢子囊群线形,长2.5～3.5cm,生于小脉上侧,自小脉基部以上外行达离叶边2/3或离叶边不远处,叶片下部常不育;囊群盖线形,厚膜质,全缘,宿存。

产于防城港、上思;生于海拔350～500m的林下。分布于广东、海南、福建、台湾、湖南、江西、云南、贵州、四川。朝鲜、日本也有分布。

3. **巢蕨**(中国主要植物图说·蕨类植物门)

Neottopteris nidus (L.) J. Sm. in J. Bot. **3**: 409. 1841; 海南植物志 **1**: 107, 图 50. 1964; 中国高等植物图鉴 **1**: 199, 图 398. 1972; 福建植物志 **1**: 120, 图 110. 1983; Tard.-Blot et C. Chr. in Fl. Indo-Chine **7**(2): 219. 1939; 中国植物志 **4**(2): 135, 图版 23: 4～6. 1999.

植株高60～100cm。根状茎粗短,直立,顶端与叶柄基部密被鳞片;鳞片线形,长约1.5cm,基部宽约0.5cm,顶端纤毛状分枝并卷曲,基部圆截,边有几条长而卷曲的纤毛。叶簇生;叶柄长2～3cm,粗壮,腹面有阔纵沟,基部两侧无翅;叶片带状阔披针形,长50～95cm,宽5～8cm,渐尖头,下部渐狭下延,全缘并有软骨质边,干后反卷;叶片纸质。孢子囊群线形,长1.5～2cm,生于小脉上侧,自小脉基部外行达离叶边1/2,叶片下部常不育;囊群盖线形,厚膜质,全缘,宿存。

产于巴马、天峨、柳州、河池、乐业、凌云、那坡、靖西、平南、上思、扶绥、大新、宁明、凭祥、龙州、隆安、武鸣;生于海拔150～1 000m的常绿阔叶林下。分布于福建、广东、贵州、云南、海南、香港、澳门、台湾、西藏。斯里兰卡、菲律宾、印度尼西亚、马来西亚、新加坡及中南半岛、大洋洲热带地区乃至非洲东部也有分布。

全株活血散瘀、强筋壮骨;治跌打损伤、骨节疼痛、骨折、阳痿。

4. **长柄巢蕨**(广西植物)

Neottopteris longistipes Ching ex S. H. Wu in Guihaia **9**(4): 289, f. 1. 1989; 中国植物志 **4**(2): 132. 1999; 云南植物志 **20**: 626. 2006.

植株高20～40cm。根状茎粗而短,深棕色,木质,密被鳞片;鳞片长卵形,渐尖头,基部圆形,边缘有疏睫毛,深棕色,质厚。叶簇生;叶柄长8～24cm,宽约3mm,草质,灰禾秆色,干后腹背两面扁平,表面皱缩成小纵沟,无翅,基部密被长卵形的深棕色鳞片,向上部几光滑;叶片长卵形,长15～20cm,中部宽4.5～5.5cm,先端尾状渐尖,下部突然变狭,长下延,叶边全缘并有软骨质的狭边,干后平坦或稍呈波状;主脉两面均平坦,干后背面稍皱缩,淡禾秆色,光滑;侧脉隐约可见,斜展,单一或分叉,并行;叶片革质,干后淡灰绿色,两面光滑。孢子囊群线形,长1～1.5mm,生于小脉上侧,由小脉近基部外行达2/3;囊群盖线形,灰白色,厚膜质,全缘,宿存。

产于龙州、凭祥；生于海拔 250～400m 的密林下。分布于云南。

5. **狭鳞巢蕨**（蕨类植物名词及名称）

Neottopteris grevillei (Wall. ex Hook. et Grev.) J. Sm. in J. Bot. **4**: 176. 1841. ——*Asplenium grevillei* Wall. ex Hook. et Grev. in Ic. Fil. t. 228. 1831; Tard.-Blot et C. Chr. in Fl. Indo-Chine **7** (2): 217. 1940.

本种近似于**狭翅巢蕨**[*N. antrophyoides* (Christ) Ching]，不同在于本种的叶柄具狭翅，中部的翅宽不及 1.5cm；根状茎上的鳞片狭窄，宽不及 1.0～2.5mm；主脉于叶背隆起。

产于龙州、宁明、大新、靖西、那坡；生于林下。

6. **扁柄巢蕨**（中国植物志）

Neottopteris humbertii (Tard.-Blot) Tagawa in J. Jap. Bot. **22**: 161. 1948; 中国植物志 **4**(2): 130, 图版 21: 1～2. 1999; 云南植物志 **20**: 626. 2006. ——*Asplenium humbertii* Tard.-Blot Aspl. du Tonkin in Bull. Soc. Hist. Nist. Nat. Toulouse 25, t. 2, f. 1～2. 1932.

本种近似于**狭翅巢蕨**[*N. antrophyoides* (Christ) Ching]，不同在于本种的营养叶的叶片狭下延，翅在叶柄中部每边约宽 3mm。

产于龙州；生于石灰岩地区。分布于云南、贵州、海南。越南北部也有分布。

7. **阔翅巢蕨**（广西植物）

Neottopteris latipes Ching ex S. H. Wu in Guihaia **9**(4): 290, f. e. 1989; 中国植物志 **4**(2): 134, 图版 22: 1～4. 1999.

本种近似于**狭翅巢蕨**[*N. antrophyoides* (Christ) Ching]，不同在于本种的叶片向下部逐渐变狭以极宽的翅下延，直达基部，叶轴翅两侧平行；孢子囊群较长，几达叶边。

产于桂林；生于海拔约 300m 的石灰岩林下。分布于贵州。

8. **狭翅巢蕨**（中国植物志）

Neottopteris antrophyoides (Christ) Ching in Bull. Fan Mem. Inst. Biol. Bot. **10**: 7. 1940; 中国高等植物图鉴 **1**: 199, 图 397. 1972; 福建植物志 **1**: 119, 图 108. 1983; 中国植物志 **4**(2): 132, 图版 22: 5～8. 1999. ——*Asplenium antrophyoides* Christ in Bull. Acad. Int. Géogr. Bot. **20**: 170. 1909.

植株高 50～70cm。根状茎直立，顶端与叶柄基部密被黑棕色、阔披针形、长渐尖、全缘的鳞片。叶簇生；叶柄极短或近无柄，基部两侧有狭翅；叶片带状披针形，长 50～90cm，中部宽 5.5～6.5cm，顶端骤狭为短尾尖，下部渐狭长下延，全缘并有软骨质边；叶片厚纸质。孢子囊群线形，长 1.5～2.5cm，生于小脉的上侧，自小脉基部以上外行达离叶边 2/3，叶片中部以下常不育；囊群盖线形，厚膜质，全缘，宿存。

广西各地均产；生于海拔 130～1 200m 的常绿阔叶林下。分布于福建、广东、云南、贵州、湖南。越南、老挝也有分布。

全株清热解毒、活络消肿、利尿通淋；治淋病、尿路感染、急慢性肾炎、小儿惊风、风湿痛、疮疖痈肿、跌打损伤、蛇伤。

4. 铁角蕨属 Asplenium L.

小型或中型植物，附生或土生，有时为攀缘。根状茎横走、斜生或直立；鳞片粗筛孔型。叶远生、近生或簇生；叶柄无关节；叶轴上部或顶端有时有芽胞，能萌发成新植株；单叶全缘或一回至三回羽状，叶片形式多样；叶脉分离；叶片草质至革质，有时近肉质，无毛。孢子囊群多为线形或长圆形，沿小脉上侧着生；囊群盖线形或长圆形，多数开向主脉；孢子两侧对称，极面观椭圆形，赤道面观半圆形或肾形，周壁具褶皱，表面有小刺状纹饰或光滑。

全属约有 660 种，分布于全世界，以热带最多。中国有 110 种，产于热带、亚热带地区；广西产 46 种 1

变种。

分 种 检 索 表

1. 叶为单叶。
  2. 叶缘有一条黑边；叶片椭圆形，钝头 ………………………………………………… 1. **黑边铁角蕨** A. speluncae Christ
  2. 叶缘不具黑边；叶片披针形，渐尖头。
    3. 叶缘具波状圆齿或有细缺刻；孢子囊群斜展。
      4. 叶片基部狭楔形并缓慢下延，几无柄或具长 2～7cm 的短柄；叶片下部不羽裂。
        5. 叶片革质，叶缘通体有圆锯齿或细缺刻 ………………………………… 2. **狭叶铁角蕨** A. scortechinii Bedd.
        5. 叶片肉质，叶缘仅上部有细缺刻或波状圆齿 …………………………… 3. **厚叶铁角蕨** A. griffithianum Hook.
      4. 叶片基部楔形，多少突然变狭并下延，有长 7～17cm 的柄；叶片下部通常羽裂或有三角形小凸起 ……………… ………………………………………………………………………… 4. **长柄铁角蕨** A. sublongum Ching ex S. H. Wu
    3. 叶边全缘或多少呈波状，不具缺刻；孢子囊群极斜上。
      6. 叶无柄或具短柄；主脉在叶背不显著隆起 ………………………… 5. **江南铁角蕨** A. loxogrammioides Christ
      6. 叶具柄；主脉在叶背显著隆起 ……………………………… 6. **剑叶铁角蕨** A. ensiforme Wall. ex Hook. et Grev.
1. 叶为复叶，一回至四回羽状或羽裂。
  7. 叶片草质、纸质或革质，干后表面不皱缩；末回裂片或羽片不为线形，有叶脉及孢子囊群多条；囊群盖开向主脉，偶有同时开向叶边。
    8. 叶一回羽状，较小；叶片披针形；叶柄和叶轴腹面的纵沟两侧边有棕色膜质的狭翅或啮蚀状的锯齿(有时背面的背脊上也有一条同样的翅)。
      9. 叶轴有狭翅 2 条 ……………………………………………………………………… 7. **铁角蕨** A. trichomanes L.
      9. 叶轴有阔翅 3 条 …………………………………………………………………… 8. **三翅铁角蕨** A. tripteropus Nakai
    8. 叶为一回至四回羽状或羽裂，大小不一；叶片披针形至阔椭圆形；叶柄和叶轴腹面的纵沟两侧无翅或锯齿，而为平滑。
      10. 叶片草质或薄草质，偶为纸质；一回羽状，羽片为近对开式的不等边四边形。
        11. 侧生羽片钝头，偶为急尖头。
          12. 根状茎短而直立；叶簇生 ………………………………………………… 9. **倒挂铁角蕨** A. normale D. Don
          12. 根状茎长而横走；叶散生。
            13. 孢子囊群生于小脉上部，位于锯齿内 …………………… 10. **齿果铁角蕨** A. cheilosorum Kze. ex Mett.
            13. 孢子囊群生于小脉下部或中部，位于锯齿以下，接近主脉。
              14. 侧生羽片下缘强烈向上弯弓，前端显著地向下凸起；锯齿长，顶端微凹 ……………………………… …………………………………………………………………… 11. **微凹铁角蕨** A. retusulum Ching
              14. 侧生羽片下缘呈直线形或有时略向内弯而前端略向下凸起。
                15. 叶片草质或薄草质 ……………………………… 12a. **半边铁角蕨** A. unilaterale Lam. var. unilaterale
                15. 叶片为透明的膜质……… 12b. **阴湿铁角蕨** A. unilaterale Lam. var. udum Atkinson ex C. B. Clarke
        11. 侧生羽片渐尖头。
          16. 叶片向基部稍变宽；羽片呈菱形 ……………………………………………… 13. **切边铁角蕨** A. excisum Presl
          16. 叶片向基部不变宽；羽片略呈菱状披针形。
            17. 叶柄和叶轴光滑无毛；羽片上缘有尖齿，锯齿顶端全缘，小脉伸向锯齿顶端。
              18. 叶片先端渐尖并羽裂；叶轴呈褐色，腹面纵沟的边缘呈灰绿色。
                19. 叶片草质或薄草质 ………………………………………………… 12a. **半边铁角蕨** A. unilaterale Lam.
                19. 叶片为透明的膜质……… 12b. **阴湿铁角蕨** A. unilaterale Lam. var. udum Atkinson ex C. B. Clarke
              18. 叶片先端急变狭并尾状；叶轴呈灰绿色 ……………………… 14. **绿秆铁角蕨** A. obscurum Bl.
            17. 叶柄和叶轴均被鳞片；羽片上缘有不整齐的粗钝齿或圆齿，小脉伸入齿内 …………………… ……………………………………………… 15. **大瑶山铁角蕨** A. subtrapezoideum Ching ex S. H. Wu
      10. 叶片草质、纸质或革质；叶片一回至四回羽状或羽裂，羽片不为对开式的不等边四边形。

20. 叶为一回羽状；羽片披针形，边缘有锯齿或圆齿，羽片主脉两侧各有一行孢子囊群；囊群盖均开向主脉；叶脉在两面不显著隆起，在腹面也不呈沟脊状。

21. 叶片为奇数羽状，即顶生一片羽片分离，并和侧生羽片同形或近同形 ………………………………………………………………………… 16. **网脉铁角蕨** A. finlaysonianum Wall. ex Hook.

21. 叶片不为奇数羽状，而向顶部为羽裂，裂片逐渐缩小。

22. 中轴两侧的狭翅下达中部，羽片边缘有单锯齿或重锯齿。

23. 下部羽片弯弓，边缘有粗而疏的锯齿 ……………………… 17. **狭翅铁角蕨** A. wrightii Eaton ex Hook.

23. 下部羽片通直，边缘有小锯齿 ………………………………… 18. **两广铁角蕨** A. pseudowrightii Ching

22. 叶轴两侧的狭翅仅出现于顶部。

24. 羽片边缘有重锯齿 ……………………… 19. **重齿铁角蕨** A. duplicatoserratum Ching ex S. H. Wu

24. 羽片边缘有明显的疏锯齿 ………………………………………… 20. **疏齿铁角蕨** A. wrightioides Christ

20. 叶为一回至四回羽状；羽片形状多样，但不为长披针形，边缘啮蚀状和不同程度的分裂。

25. 叶柄浅绿色、青灰色至褐色；叶片纸质至革质，常呈椭圆形；叶轴上如有鳞片，则鳞片基部星芒形且易脱落；叶脉两面往往显著隆起，叶面常呈沟脊状；孢子囊群在主脉两侧(或上侧)有多行，囊群盖除开向主脉外，下侧的往往开向叶边。

26. 叶为一回羽状或二回羽裂。

27. 叶为奇数羽状，顶生羽片往往大于侧生羽片 ……………………… 21. **镰叶铁角蕨** A. falcatum Lam.

27. 叶不为奇数羽状，即顶端羽裂，裂片向上逐渐变小。

28. 羽片不深裂，边缘仅有不规则的锯齿或条裂。

29. 叶柄和叶轴均密被黑褐色鳞片。

30. 叶柄和叶轴密被基部为星芒状的黑褐色鳞片 …………… 22. **黑鳞铁角蕨** A. asterolepis Ching

30. 叶柄和叶轴均密被黑褐色纤维状鳞片 ……………………… 23. **毛轴铁角蕨** A. crinicaule Hance

29. 叶柄和叶轴近光秃或有少数红棕色纤维状鳞片 …………… 24. **胎生铁角蕨** A. yoshinagae Mak.

28. 羽片边缘片裂，往往深裂几达主脉。

31. 叶柄和叶轴均密被红棕色纤维状薄鳞片 …………………… 25. **西南铁角蕨** A. praemorsum Sw.

31. 叶柄和叶轴均无鳞片或均被黑褐色披针形鳞片 …………… 26. **石生铁角蕨** A. saxicola Ros.

26. 叶为二回至三回羽状或四回羽裂。

32. 叶为二回羽状至三回羽裂。

33. 植株较强壮；叶片坚革质；羽片顶端尾状渐尖，基部上侧的小羽片比下侧的略大 ……………………………………………………………………… 27. **华南铁角蕨** A. austrochinense Ching

33. 植株较瘦弱；叶片韧纸质；羽片顶端渐尖，基部上侧的小羽片比下侧的特大 ………………………………………………………… 28. **相似铁角蕨** A. consimile Ching ex S. H. Wu

32. 叶为三回羽状至四回羽裂。

34. 叶片草质；叶脉两面不隆起，也不呈沟脊状；囊群盖椭圆形，长约 4mm，灰白色 ……………………………………………………………………… 29. **大盖铁角蕨** A. bullatum Wall. ex Mett.

34. 叶片厚纸质或近革质；叶脉两面隆起，呈沟脊状；囊群盖线形。

35. 末回小羽片阔倒卵形，长宽几相等，顶端为撕裂状 ……………………………………………………………………… 30. **拟大羽铁角蕨** A. sublaserpitiifolium Ching

35. 末回小羽片舌形或倒三角状卵形，宽约 4mm，长超过宽的 2 倍 ………………………………………………………… 31. **假大羽铁角蕨** A. pseudolaserpitiifolium Ching

25. 叶柄栗色、近黑色或浅绿色，通常向基部呈栗色；叶片草质或薄草质，披针形或椭圆状披针形，偶为卵形或三角形；叶轴上如有鳞片，则鳞片基部全缘；叶面平坦，叶脉不隆起；囊群盖开向主脉。

36. 叶为一回羽状或二回羽状至三回羽裂，如为二回羽状至三回羽裂，则基部羽片逐渐缩短，常为耳形。

37. 叶轴顶端往往延长成鞭状；中部羽片椭圆形，深羽裂，边缘具齿牙 ……………………………………………………………………… 32. **云南铁角蕨** A. yunnanense Franch.

37. 叶轴顶端从不延长成鞭状；羽片长宽几相等，近斜方形或卵圆形，边缘有粗齿牙 ………………………

………………………………………………………… 33. **虎尾铁角蕨** A. incisum Thunb.

36. 叶为二回至三回羽状或四回羽裂，如为二回羽状至三回羽裂，基部羽片不缩短或略缩短。

38. 叶为二回羽状至三回羽裂。

39. 叶片干后为坚草质或纸质。

40. 叶柄(至少下半部)呈黑褐色；小羽片顶端有阔而钝的锯齿或齿牙 ……………………………………………………………………………… 34. **都匀铁角蕨** A. toramanum Mak.

40. 叶柄通体为浅绿色(基部偶为红棕色)；小羽片顶端有狭而尖的锯齿或齿牙。

41. 叶片椭圆形；叶柄下部近光滑；叶质较薄；基部羽片不缩短或几不缩短，裂片狭线形，较短 ………………………………………………………………………… 35. **华中铁角蕨** A. sarelii Hook.

41. 叶片披针形；叶柄下部疏生黑褐色披针形鳞片；叶质较厚；基部羽片略缩短，裂片较宽而长 ………………………………………………………………… 36. **北京铁角蕨** A. pekinense Hance

39. 叶片干后为薄草质；小羽片顶端的锯齿或齿牙短细 ……………………………………………………… 37. **变异铁角蕨** A. varians Wall. ex Hook. et Grev.

38. 叶为三回羽状或四回羽裂。

42. 叶柄、叶轴均呈乌木色。

43. 叶片的末回裂片卵形至舌形 …………… 38. **黑柄铁角蕨** A. subtoramanum Ching ex S. H. Wu

43. 叶片的末回裂片线形，全缘。

44. 叶柄上的鳞片一色，边缘具睫毛状腺齿 ……………………………………… 39. **角状铁角蕨** A. cornutissimum X. C. Zhang et R. H. Jiang

44. 叶柄上的鳞片两色，边缘具淡棕色边，近全缘。

45. 植株细小，通常高达 25cm；末回裂片二型，即不育裂片为狭线形，能育裂片则较宽 ……………………………………………………………… 40. **线裂铁角蕨** A. coenobiale Hance

45. 植株较强壮；末回裂片一型，较宽 ………………… 41. **乌木铁角蕨** A. fuscipes Bak.

42. 叶柄呈浅绿色，或部分饰有棕色，或呈红棕色。

46. 叶片阔三角形或三角状卵形；叶柄长超过叶片；末回小羽片卵形 ……………………………………………………………………… 42. **贵阳铁角蕨** A. interjectum Christ

46. 叶片椭圆形或阔披针形；叶柄比叶片短；末回裂片线形或狭线形 ……………………………………………………………………… 43. **细裂铁角蕨** A. tenuifolium D. Don

7. 叶片近肉质，通常多汁，干后表面略皱缩；末回小羽片或裂片线形(偶为膜联)，仅有一条叶脉或一条线形的孢子囊群；囊群盖宽达叶边并向外开。

47. 叶轴顶端往往延长成鞭状；羽片斜上；中部羽片的上侧有小羽片 2～5 片，下侧为 0～3(4)片 ……………………………………………………………………… 44. **长叶铁角蕨** A. prolongatum Hook.

47. 叶轴顶端不延长成鞭状；羽片几平展；中部羽片的两侧各有小羽片 5 片以上。

48. 植株高约 40cm；叶柄长达 13cm；羽片向下略缩短，中部羽片长 2.5～4cm；小羽片 10～16 对 ……………………………………………………………………… 45. **南方铁角蕨** A. belangeri (Bory) Kze.

48. 植株高约 20cm；叶柄长约 6cm；羽片向下显著缩短，中部羽片长 1.5～2cm；小羽片通常 5～7(8)对 ……………………………………………………………………… 46. **岭南铁角蕨** A. sampsonii Hance

1. **黑边铁角蕨**(江西植物志)　小叶铁角蕨(广西植物名录)　图版 69：1～3

Asplenium speluncae Christ in Bull. Acad. Int. Géogr. Bot. **13**：113，cum fig. 1904；江西植物志 **1**：167，图 151. 1993；中国植物志 **4**(2)：24，图版 2：5～8. 1999.

本种近似于**厚叶铁角蕨**(*A. griffithianum* Hook.)，不同在于本种植株矮小，高仅 4～8cm；叶柄、主脉均呈紫黑色；叶缘、囊群盖边缘均具黑色或紫色狭边；叶片质地较薄，仅背面主脉基部偶被小鳞片。

产于龙胜、资源、灵川、金秀、靖西；生于海拔 300～1 100m 的山谷石壁上。分布于广东、贵州、江西、湖南。

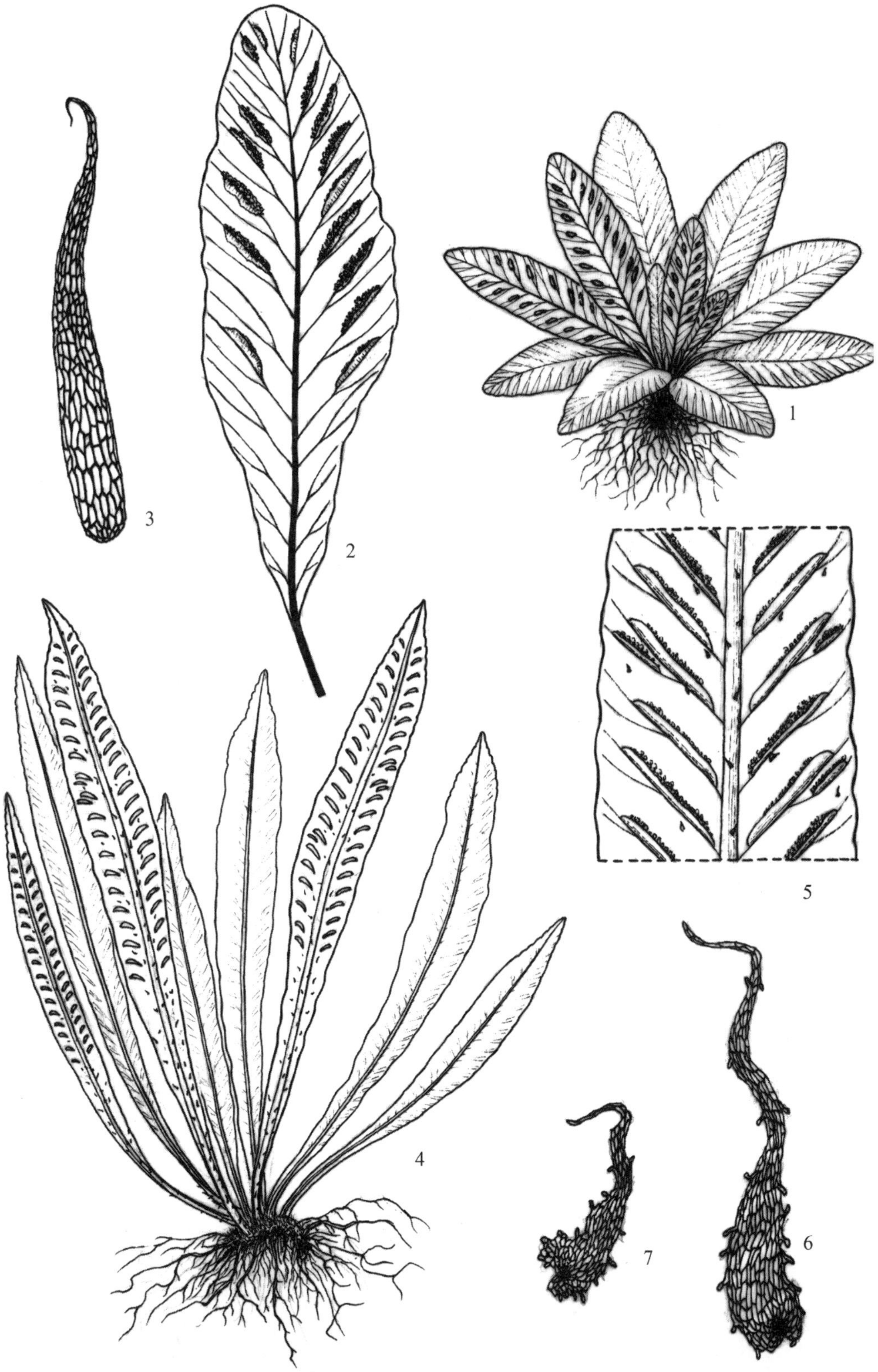

图版 69 1～3. **黑边铁角蕨** Asplenium speluncae Christ 1. 植株；2. 叶片，示叶缘、脉序及孢子囊群着生位置；3. 根状茎上的鳞片。 4～7. **厚叶铁角蕨** A. griffithianum Hook. 4. 植株；5. 叶片中段背面的一部分，示叶缘、脉序及孢子囊群着生位置；6. 根状茎上的鳞片；7. 叶柄基部鳞片。 （朱运喜绘）

2. **狭叶铁角蕨**(中国植物志)

Asplenium scortechinii Bedd. in J. Bot. 25(11): 322. 1887; Tard.-Blot et C. Chr. in Fl. Indo-Chine 7(2): 220. 1940; 海南植物志 1: 109. 1964; 中国植物志 4(2): 16, 图版 1: 1～4. 1999. ——*A. annamense* Christ in J. Bot. (Morot). 21: 264. 1908.

植株高 30～40cm。根状茎短,直立,顶端与叶柄密被鳞片。叶簇生,单叶;叶柄长 4～5cm 或叶片基部下延而近无柄;叶片披针状线形,长 15～40cm,宽约 2cm,长渐尖,基部渐狭下延,全缘或具齿;小脉平行而密集,叉状分枝或少二回分枝,不达叶边;叶片近革质,背面沿主脉两侧及基部疏被小鳞片。孢子囊群密集,平行整齐,由主脉伸至小脉的上侧分枝处;囊群盖厚膜质,全缘,宿存。

产于上思、龙州、扶绥;生于海拔 900～1 400m 的林下。分布于海南、广东、云南。缅甸、泰国、老挝、越南、柬埔寨、马来西亚、新加坡、印度、印度尼西亚也有分布。

3. **厚叶铁角蕨**(海南植物志) 图版 69:4～7

Asplenium griffithianum Hook. Ic. Pl. t. 928. 1854; 海南植物志 1: 110. 1964; 中国高等植物图鉴 1: 192. 1972; 中国植物志 4(2): 19, 图版 1: 5～14. 1999.

植株高 20～25cm。根状茎横走,顶端被鳞片。叶近生,单叶;叶柄长 3～5mm,疏被鳞片;叶片线状倒披针形,长 20～25cm,宽 1.5～2cm,短渐尖头,下部渐狭并长下延于叶柄,全缘或顶部有小圆齿,略波状;小脉二叉,斜上,主脉两面隆起,于背面疏被小鳞片;叶片厚革质,两面均被小鳞片。孢子囊群线形,长 5～7mm,在主脉两侧各排成一行,生于小脉上侧分叉处,由小脉基部外行达 2/3;囊群盖线形,厚膜质,全缘,宿存。

产于临桂、田林、靖西、那坡、容县、扶绥、隆安、龙州、贺州;生于海拔 150～1 300m 的常绿阔叶林下。分布于福建、台湾、广东、香港、海南、贵州、湖南、四川、西藏、云南。日本、越南、印度、尼泊尔、不丹、缅甸也有分布。

根状茎清热解毒、利尿通淋、消炎;治黄疸、高热、烧烫伤。

4. **长柄铁角蕨**(植物研究)

Asplenium sublongum Ching ex S. H. Wu in Bull. Bot. Res. 9(2): 82. 1989; 中国植物志 4(2): 17. 1999.

本种形体近似于**狭叶铁角蕨**(*A. scortechinii* Bedd.),但本种的叶有长柄(长达 10cm),叶基部楔形,略下延,故易辨别。

广西特有,产于上思;生于海拔 500～800m 的潮湿密林下石上。

5. **江南铁角蕨**(中国植物志)

Asplenium loxogrammioides Christ in Bull. Acad. Int. Géogr. Bot. 20: 171. 1909; 海南植物志 1: 109. 1964; 四川植物志 6: 350. 1988; 中国植物志 4(2): 20. 1999.

植株高约 30cm。根状茎短而直立,先端与叶片基部及叶柄均密生披针形鳞片。单叶,簇生;叶柄极短,灰禾秆色;叶片倒披针形,长 20～30cm,宽 1.8～2.5cm,渐尖头,边缘波状或全缘;侧脉二叉,不明显;叶片软纸质,两面主脉显著隆起。孢子囊群线形,沿上侧小脉着生;囊群盖线形,全缘,厚膜质,宿存。

产于融水、金秀、象州、桂林、灵川、龙胜、兴安、罗城、环江、上思、容县、大新;生于海拔 600～1 700m 的林下石壁上。分布于云南、四川、重庆、贵州、湖北、湖南、江西、广东、海南、台湾。越南、日本也有分布。

6. **剑叶铁角蕨**(中国主要植物图说·蕨类植物门)

Asplenium ensiforme Wall. ex Hook. et Grev. Ic. Fil. 1: pl. 71. 1828; 中国高等植物图鉴 1: 192, 图 383. 1972; 四川植物志 6: 350, 图版 108. 1988; 中国植物志 4(2): 21, 图版 2: 1～4. 1999.

植株高约 30cm,附生。根状茎短,直立,先端与叶片基部及叶柄均密生披针形鳞片。单叶,簇生;叶柄长 1～7cm,禾秆色;叶片线状披针形,长 15～35cm,宽 1.5～2.5cm,基部渐狭,渐尖头,全缘或波状,干后常内卷;侧脉二叉,不达叶边;叶片革质,腹面光滑,背面疏被小鳞片,老时脱落。孢子囊群线形,沿侧脉着生;囊群盖线形,全缘或略有齿,厚膜质,宿存。

产于龙胜、兴安、临桂、灵川、融水、融安、金秀、那坡、田林、贺州、龙州、大新、武鸣；生于海拔400～1 300m的常绿阔叶林下。分布于台湾、江西、湖南、广东、云南、四川、贵州、西藏。尼泊尔、不丹、越南、缅甸、泰国、斯里兰卡、日本、印度也有分布。

酸性土指示植物。全株入药，治胃脘痛。

7. **铁角蕨**（中国主要植物图说·蕨类植物门）

Asplenium trichomanes L. Sp. Pl. 2：1080. 1753；中国高等植物图鉴 1：192，图 384. 1972；秦岭植物志 2：114. 1974；四川植物志 6：351，图版 110. 1988；中国植物志 4(2)：25，图版 3：1～6. 1999.

植株高约25cm。根状茎直立，密生线状披针形、黑褐色鳞片。叶簇生；叶柄长2～5cm，深棕色带光泽；叶片线状披针形，长8～22cm，宽0.8～1.8cm，基部略狭，顶端渐尖，一回羽状；羽片25～35对，无柄，长圆形或卵形，基部斜楔形，圆头，边缘有钝齿，中部的羽片较大，长0.4～1cm，宽2～5mm，基部的羽片缩小；侧脉分叉，不达叶边；叶片纸质；叶轴两侧有狭翅。孢子囊群短线形，沿上侧小脉着生；囊群盖同形，全缘，厚膜质，宿存。

产于全州、灵川、临桂、兴安、龙胜、资源、三江、防城港、那坡；生于海拔350～1 900m的常绿阔叶林下或灌丛中。中国其他各省区均有分布；广布于温带至亚热带山地。

全草清热解毒、收敛止血、补肾、调经、散瘀、利湿；治烫火伤、痢疾、便血、骨髓炎、外伤出血、月经不调、淋浊、胃溃疡、疮疖肿毒、小儿高热惊风、阴虚盗汗。

8. **三翅铁角蕨**（中国高等植物图鉴）

Asplenium tripteropus Nakai in Bot. Mag. Tokyo 44：9. 1930；秦岭植物志 2：120，图版 130：9～11. 1974；四川植物志 6：351. 1988；中国植物志 4(2)：27，图版 3：14～18. 1999.

本种形体与铁角蕨(*A. trichomanes* L.)近似，但本种的叶轴有阔翅3条，即叶轴腹面两侧和背面棱脊上各有1条，叶轴向顶部有1～2个腋生芽胞。

产于融水、上思、资源；生于海拔400～1 200m的林下。分布于陕西、甘肃、河南、安徽、山西、浙江、江苏、江西、福建、台湾、湖北、湖南、四川、重庆、贵州、云南。日本、朝鲜、缅甸也有分布。

全株舒筋活络、利水通淋；主治跌打损伤、腰痛、小便淋痛。

9. **倒挂铁角蕨**（中国主要植物图说·蕨类植物门）

Asplenium normale D. Don，Prod. Fl. Nepal. 7. 1825；Tard.-Blot et C. Chr. in Fl. Indo-Chine 7(2)：225. 1940；中国高等植物图鉴 1：193，图 385. 1972；四川植物志 6：352. 1988；中国植物志 4(2)：31，图版 4:1～7. 1999.

植株高10～40cm。根状茎密生黑褐色披针形鳞片。叶簇生；叶柄长0.5～1.4cm，紫棕色，有平伏小鳞片，叶轴近顶处常有芽胞能萌发新株；叶片线形，长10～28cm，宽2～3.5cm，基部略狭，渐尖头，一回羽状；羽片14～32对，无柄，三角状卵形或长圆形，基部上侧截形略耳状，下侧楔形，圆头，上缘疏具齿，中部的较大，长0.8～1.8mm，宽4～8mm；侧脉不分叉，不达叶边；叶片纸质。孢子囊群短线形，沿小脉着生；囊群盖短线形，全缘，厚膜质。

广西各地均产；生于海拔100～1 700m的常绿阔叶林下或沟谷溪边。分布于辽宁、西藏、云南、四川、重庆、贵州、江苏、江西、湖北、湖南、广东、香港、海南、浙江、福建、台湾。非洲东部至东南亚以及日本也有分布。

酸性岩土指示植物。全草清热解毒、镇痛止血、活血散瘀；治肝炎、痢疾、外伤出血、蜈蚣咬伤。

10. **齿果铁角蕨**（植物分类学报）

Asplenium cheilosorum Kze. ex Mett. Farngatt. Aspl. 133，n. 104，t. 5，f. 12～13. 1859；海南植物志 1：111，图 51. 1964；中国高等植物图鉴 1：193，图 386. 1972；中国植物志 4(2)：33，图版 4：10～18. 1999.

植株高约30cm。根状茎长而横走，密被棕色、线状披针形鳞片。叶远生；叶柄长10～15cm，光亮，和叶轴同呈紫色或栗褐色，下部稍被鳞片；叶片线状披针形，长15～30cm，宽3～5cm，短尖或渐尖头，一回羽状；羽片达30对，无柄，近平展，密集，斜长圆形不等边，长1.5～2cm，宽约0.5cm，钝头，基部斜楔，上缘及外缘深裂为多个具有双齿的裂片，下部的羽片稍反折；叶脉叉状；叶片膜质。孢子囊群长圆形，只在上缘及外缘的裂片上能育，生于每组小脉的上侧分枝的上部，接近叶缘；囊群盖膜质，开向主脉。

产于三江、融水、罗城、乐业、金秀、桂平、容县、上思、武鸣、贺州、临桂、兴安、灵川；生于海拔300～1 100m的常绿阔叶林下或沟谷溪边。分布于福建、浙江、台湾、广东、香港、海南、贵州、云南、西藏、湖南。日本、印度、斯里兰卡、印度尼西亚、菲律宾、马来西亚、文莱、巴布亚新几内亚、缅甸、泰国、老挝、越南、柬埔寨、新加坡也有分布。

11. **微凹铁角蕨**(植物分类学报)

Asplenium retusulum Ching in Acta Phytotax. Sin. **10**(3): 185. 1965; 中国植物志 **4**(2): 35. 1999; 云南植物志 **20**: 648. 2006.

本种形态近似于**半边铁角蕨**(*A. unilaterale* Lam.)，不同在于本种的羽片为强度不等边四方形，顶端钝而反折，下缘显著向上弯弓，上缘及外缘撕裂较深，锯齿长，钝头，并微凹，小脉伸达裂片顶端的缺刻内；孢子囊群少数，限于羽片的上半部，位于羽片外侧。

产于桂西地区及容县；生于杂木林下。分布于云南、贵州。

12. **半边铁角蕨**(中国主要植物图说·蕨类植物门)

Asplenium unilaterale Lam. Encycl. **2**: 305. 1786; 中国高等植物图鉴 **1**: 194, 图387. 1972; 四川植物志 **6**: 356. 1988; 中国植物志 **4**(2): 37, 图版5: 1～9. 1999.

12a. **半边铁角蕨**(原变种)

Asplenium unilaterale Lam. var. **unilaterale**

植株高20～40cm。根状茎细长而横走，密生棕色披针形鳞片。叶远生；叶柄长10～18cm，连同叶轴呈深棕色或紫棕色，带光泽，基部疏生鳞片；叶片线状披针形或宽披针形，长16～22cm，宽4～6cm，渐尖头，一回羽状；羽片16～22对，有细短柄，三角形或斜长圆形，基部上侧截形，下侧楔形，圆头、钝头或渐尖头，上缘及外缘均有钝齿，下部的羽片较大，长2～3cm，宽5～7mm；主脉偏于羽片下侧，其下部与羽片下缘合一，侧脉分叉；叶片薄纸质，两面均无毛。孢子囊群线形，沿小脉中部着生；囊群盖线形，全缘，膜质，宿存。

广西石灰岩地区均产；生于海拔200～1 300m的常绿阔叶林下或石灰岩洞口石壁上。分布于台湾、福建、湖北、湖南、浙江、江西、海南、香港、广东、甘肃、云南、四川、重庆、贵州。非洲以及日本、印度、斯里兰卡、缅甸、越南、马来西亚、菲律宾、印度尼西亚至波利尼西亚、夏威夷群岛也有分布。

钙质土指示植物。全株入药，止血解毒。

12b. **阴湿铁角蕨**(变种)(植物分类学报)

Asplenium unilaterale Lam. var. **udum** Atkinson ex C. B. Clarke in Trans. Linn. Soc. 2. Bot. **1**: 481. 1880; 中国植物志 **4**(2): 38. 1999; 云南植物志 **20**: 649. 2006. ——*A. unilaterale* Lam. var. *decurrens* (Bedd.) H. S. Kung in Fl. Sichuan. **6**: 357. 1988.

与原变种不同在于株形较小；羽片膜质，半透明状，边缘的齿较深。

产地及分布同原变种。为阴湿生境类型。

13. **切边铁角蕨**(海南植物志)

Asplenium excisum Presl, Epim. Bot. 74. 1849; 海南植物志 **1**: 113. 1964; 中国高等植物图鉴 **1**: 194, 图388. 1972; 中国植物志 **4**(2): 42, 图版5: 10～12. 1999.

植株高40～60cm。根状茎横走，顶端与叶柄基部密被披针形鳞片。叶远生；叶柄长18～30cm，栗褐色，有光泽，叶柄下部疏被绒毛；叶片长22～35cm，基部宽9～14cm，尾状渐尖，一回羽状；羽片18～22对，平展，最下一对羽片不反折或稍反折，斜方状披针形，稍呈镰状，基部最大的长 4.5～8cm，宽 1～1.5cm，渐尖，基部上侧截形并与叶轴平行，下侧楔形而近基部 1/3 切去无叶肉，内缘及下缘切去的部分全缘，其余叶缘均有齿；小脉一回分叉，主脉下部 1/4 紧贴叶缘；叶片薄草质，两面均无毛。孢子囊群线形，长 3～5mm，在主脉两侧各排成一行，生于小脉上侧分枝的中部；囊群盖线形，薄膜质，全缘，宿存。

产于融水、隆林、百色、凌云、靖西、那坡、田林、金秀、玉林、扶绥、龙州、宁明、上思、南宁；生于海拔 250～900m 的常绿阔叶林下。分布于台湾、浙江、湖南、广东、海南、贵州、云南、西藏。缅甸、越南、马来西亚、印度、波利尼西亚、印度尼西亚、菲律宾、文莱、巴布亚新几内亚也有分布。

形体秀丽，可供观赏。全株入药，清热利湿。

14. **绿秆铁角蕨**(中国植物志)　图版 70：1～3

Asplenium obscurum Bl. Enum. Pl. Jav. 181. 1828；海南植物志 **1**：112. 1964；福建植物志 **1**：124. 1983；中国植物志 **4**(2)：43. 1999；中国高等植物 **2**：411，图 564. 2008.

植株高 25～70cm。根状茎细长，横走，顶部与叶柄基部同被棕色、披针形鳞片；叶远生；叶柄长 10～25cm，腹面有阔纵沟；叶片披针状长圆形，长 15～30cm，宽 4～8cm，短尖至长渐尖头，基部不缩狭，一回羽状；羽片 20～30 对，斜方披针状圆形，长 3～7.5cm，基部宽 1～1.5cm，顶渐尖，略上弯，基部上侧楔状近截形，下侧近基部的 1/2～2/3 无叶肉，上缘及外缘有撕裂状小齿；叶脉羽状，侧脉一回至二回分叉；叶片薄草质，两面均无毛。孢子囊群线状长圆形，生于小脉分枝近基部或中部；向主脉开裂；囊群盖同形，膜质，全缘。

产于隆林、那坡、龙州、上思、武鸣、宁明；生于海拔 400～900m 的常绿阔叶林下或沟谷溪边。分布于台湾、福建、广东、香港、海南、云南、贵州。印度尼西亚、马来西亚、越南、马达加斯加也有分布。

15. **大瑶山铁角蕨**(植物研究)

Asplenium subtrapezoideum Ching ex S. H. Wu in Bull. Bot. Res. **9**(2)：84. 1989；中国植物志 **4**(2)：44，图版 6：9～11. 1999.

植株高 60～70cm。根状茎短而直立，先端与叶柄基部同被卵状披针形、褐棕色、厚膜质的鳞片。叶簇生；叶柄长 14～24cm，绿禾秆色或稍带灰褐色，于腹面有纵沟，上部疏被星状小鳞片；叶片椭圆状披针形，长 35～45cm，基部以上宽 9～12cm，短尾头，一回羽状；羽片 12～14 对，斜展，有柄(长 2～3mm)，各对羽片相距 2.5～4cm，彼此疏离，下部羽片不缩短，菱状阔披针形，略呈镰刀状，长 8～10cm，渐尖头，基部楔形，极不对称，上侧平截，与叶轴近平行，有明显的耳状凸起，下侧强度斜切，边缘有不整齐的粗钝锯齿；叶脉羽状，两面均可见，小脉纤细，二回二叉或羽片基部上侧 1～2 脉近羽状，极斜上，通常每组小脉的上侧一脉下部与主脉平行；叶片厚纸质，干后棕绿色或灰绿色，背面疏被褐棕色的星状小鳞片；叶轴绿禾秆色，疏被深褐色变形虫状小鳞片，腹面有阔纵沟，顶部两侧有狭翅。孢子囊群狭线形，长 1～1.5 (2) cm，极斜上，与主脉近平行，稍弯弓，生于上侧一脉，在基部的脉间或上侧两脉均生有孢子囊群，呈 V 形，每羽片有 6～8 对，靠近主脉，不达叶边；囊群盖狭线形，淡棕色，后变褐色，膜质，全缘，开向主脉，但若基部上侧两小脉均能育时，则其下侧的囊群盖开向叶边。

广西特有，产于金秀、平南；生于海拔约 600m 的林下石上。

16. **网脉铁角蕨**(海南植物志)

Asplenium finlaysonianum Wall. ex Hook. Ic. Pl. t. 937. 1854；中国蕨类植物图谱 **1**：图版 22. 1930；海南植物志 **1**：111. 1964；中国植物志 **4**(2)：46，图版 7：9～12. 1999. —— *Asplenidictyum finlaysonianum* J. Sm. Hist. Fil. 334. 1875.

植株高 30～50cm。根状茎短而直立，先端与叶柄基部均密被披针形、褐棕色、厚膜质、全缘的鳞片。叶簇生；叶柄长 15～26cm，灰绿色或淡禾秆色，上部疏被针状小鳞片，腹面有平阔纵沟；叶片椭圆形，长 20～32cm，宽 10～22cm，奇数一回羽状；侧生羽片 2～6(9)片，斜展，有短柄，下部羽片不缩短，卵状披针形，长渐尖头，基部近对称，楔形，向下渐狭而成羽柄，全缘，略呈浅波状；顶生羽片常为三叉形或二叉形，或略斜方形；叶脉羽状，主脉明显，小脉极斜上，二叉分枝，不达叶边，但有时多少结合；叶片纸质或近革质，

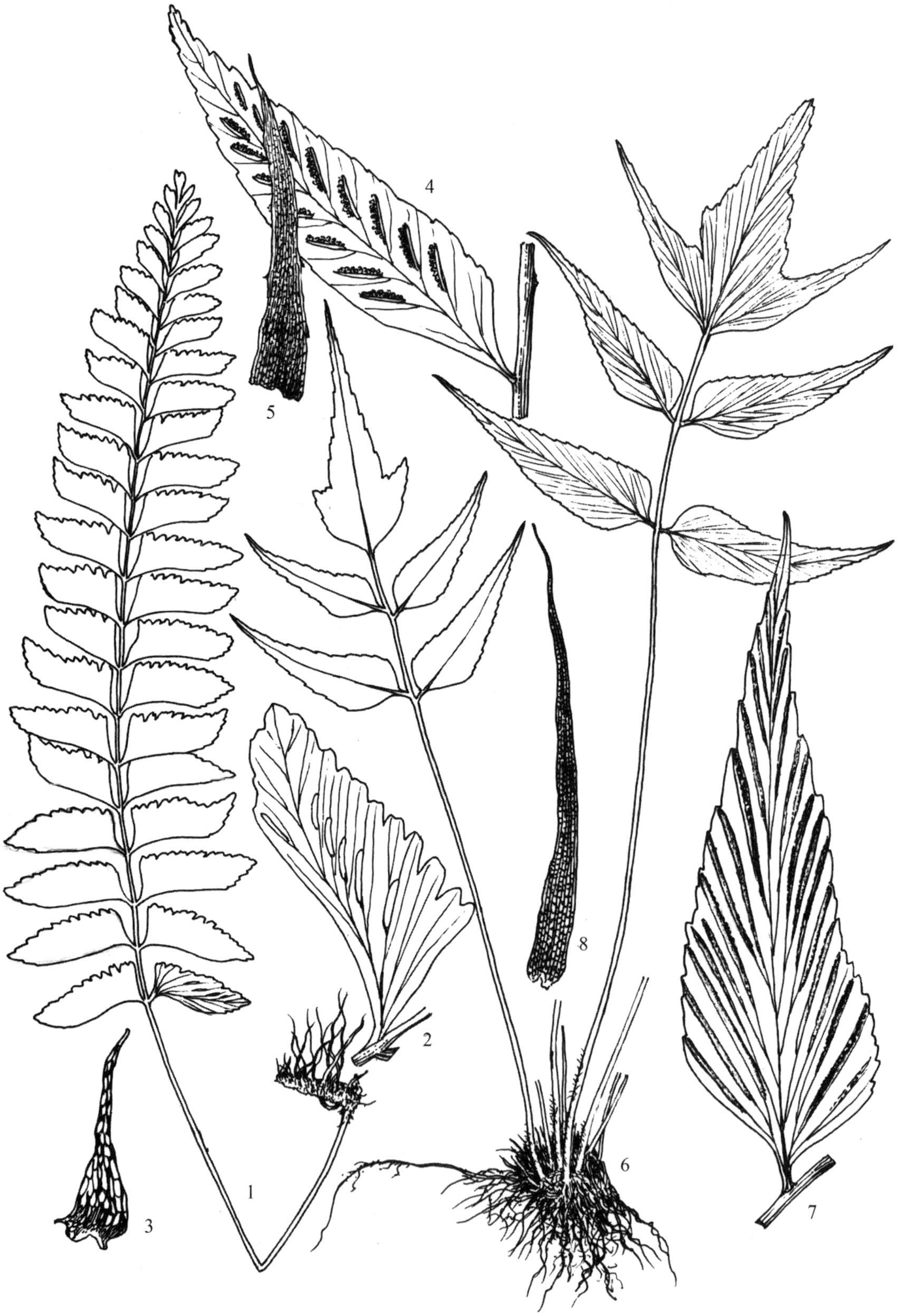

图版 70 1～3. **绿秆铁角蕨** Asplenium obscurum Bl. 1. 植株；2. 羽片背面示孢子囊群着生位置；3. 根状茎上的鳞片。 4～5. **疏齿铁角蕨** A. wrightioides Christ 4. 羽片背面示孢子囊群着生位置；5. 根状茎上的鳞片。 6～8. **镰叶铁角蕨** A. falcatum Lam. 6. 植株；7. 羽片背面示孢子囊群着生位置；8. 根状茎上的鳞片。 （林文宏绘）

干后棕绿色，幼时背面沿主脉附近疏被褐色的星状小鳞片，老时脱落而变光滑；叶轴禾秆色或灰绿色，疏被针状小鳞片。孢子囊群长线形，长短不一，棕色，极斜上，自主脉斜出，不达叶边，通常生于小脉上侧；囊群盖长线形，纸质，黄棕色，后变棕色，全缘，开向主脉，有时生于小脉下侧者则开向叶边，宿存。

产于凌云、乐业、上思；生于海拔 300～1 100m 的林下岩石上。分布于海南、云南、西藏。印度、越南、马来西亚、印度尼西亚也有分布。

17. **狭翅铁角蕨**（中国高等植物图鉴）

Asplenium wrightii Eaton ex Hook. Sp. Fil. **3**：113，pl. 182. 1860；Tard.-Blot et C. Chr. in Fl. Indo-Chine **7**(2)：228. 1940；中国高等植物图鉴 **1**：195，图 389. 1972；四川植物志 **6**：357. 1988；中国植物志 **4**(2)：50，图版 7：1～8. 1999.

植株高达 1m。根状茎粗短，直立，顶端密生披针形、厚膜质、全缘的鳞片。叶簇生；叶柄长 20～32cm，连同叶轴疏生卷曲棕色鳞片；叶片狭卵形，长 30～46cm，宽 10～12cm，基部圆或截形，渐尖尾状，一回羽状；羽片 12～24 对，有短柄，披针形，基部上侧截形，渐尖尾头，边缘有开张的齿，基部偶有 1～2 对裂片，下部羽片较大，长 7～11cm，宽 1.4～2cm；叶脉羽状，侧脉二回分叉，不达叶边；叶片纸质，背面疏生小鳞片及棒状毛。孢子囊群线形，沿上侧小脉着生；囊群盖线形，边缘波状，厚膜质，宿存。

广西各地均产；生于海拔 200～1 100m 的常绿阔叶林下或沟谷中。分布于台湾、福建、广东、香港、四川、重庆、贵州、湖南、湖北、江苏、江西、浙江。越南、日本也有分布。

根状茎入药，治疮疖肿毒。

18. **两广铁角蕨**（中国植物志）

Asplenium pseudowrightii Ching in Acta Phytotax. Sin. **9**(4)：360. 1964；海南植物志 **1**：114. 1964；中国植物志 4(2)：51. 1999.

植株高 60～70cm。根状茎短而直立，先端与叶柄基部同密被披针形、褐棕色、有光泽、膜质、边缘有锯齿的鳞片。叶簇生；叶柄长约 15cm，灰绿色，腹面有纵沟，上部光滑；叶轴灰绿色，略有光泽，在羽片柄着生处略被褐色纤维状鳞片，腹面有纵沟，向顶部两侧有狭翅；叶片椭圆形，长约 55cm，宽约 24cm，急尖尾头，一回羽状；羽片约 20 对，下部的对生，向上互生，平展或略斜展，柄长 2～3mm，各对羽片相距 3～3.5cm，疏离（间隔为羽片宽的 3～4 倍），基部 1～2 对羽片略短，中部的长 12～14cm，宽 1～1.3cm，狭披针形，渐尖头，几通直，基部近对称，狭楔形，边缘下部近全缘或略有疏矮齿，向上有疏矮细齿，顶部锯齿较粗大；叶脉羽状，两面均明显，小脉纤细，略隆起，下部的二回二叉，斜上，不达叶边，先端有明显的纺锤形水囊；叶片纸质，干后灰绿色。孢子囊群椭圆形或短线形，长约 6mm，斜上，生于上侧小脉，位于主脉与叶边之间，不达主脉与叶边；囊群盖线形，淡棕色，后变褐色，厚膜质，全缘，开向主脉，宿存。

产于兴安、龙胜、恭城、资源、阳朔、临桂、融水、金秀；生于海拔 600～1 400m 的林下。分布于江西、湖南、广东。

19. **重齿铁角蕨**（植物研究）

Asplenium duplicatoserratum Ching ex S. H. Wu in Bull. Bot. Res. **9**(2)：86. 1989；中国植物志 **4**(2)：55. 1999.

本种形体近似于**狭翅铁角蕨**（*A. wrightii* Eaton ex Hook.），但本种叶片草质，叶柄和叶轴均呈淡禾秆色，叶轴仅在顶部具翅；羽片渐尖头，基部为近对称的楔形，具长柄，故易区别。

产于融水、三江、临桂、阳朔、兴安、恭城、罗城、贺州、凌云、乐业、容县、金秀、平南、北流、武鸣；生于海拔 300～1 100m 的常绿阔叶林下或灌丛中。

20. **疏齿铁角蕨**（中国高等植物图鉴） 图版 70：4～5

Asplenium wrightioides Christ in Bull. Acad. Int. Géogr. Bot. **11**：238. 1902；中国高等植物图鉴 **1**：195. 1972；四川植物志 **6**：359. 1988；中国植物志 **4**(2)：52，图版 6：6～8. 1999.

植株高 30～50cm。根状茎短，直立，顶端密生披针形、尾状、有缘毛、褐棕色的鳞片。叶簇生；叶柄长

12～16cm，上部及叶轴疏生卷曲棕色鳞片；叶片狭椭圆形，长 26～42cm，宽 7～10cm，基部圆，渐尖尾状，一回羽状；羽片 14～18 对，有柄或近无柄，披针形，基部上侧宽楔形，下侧狭楔形，渐尖状，中部羽片较大，长 4.5～6cm，宽 1～1.2cm；叶脉羽状，侧脉分叉，不达叶边；叶片纸质。孢子囊群线形或短线形，沿上侧小脉着生；囊群盖线形，边缘波状，厚膜质。

产于融水、桂林、那坡、隆林、武鸣、龙州；生于海拔 800～1 200m 的常绿阔叶林下。分布于云南、四川、重庆、贵州、湖南。

21. **镰叶铁角蕨**(中国植物志) 图版 70：6～8

Asplenium falcatum Lam. Encycl. **2**：306. 1786；Tard.-Blot et C. Chr. in Fl. Indo-Chine **7**(2)：229. 1940；海南植物志 **1**：110. 1964；中国植物志 **4**(2)：56，图版 6：1～5. 1999. ——*A. longjinense* Ching et S. H. Wu in Bull. Bot. Res. **9**(2)：89. 1989.

植株高 15～45cm。根状茎短，直立，密被披针形黑褐色的鳞片。叶簇生；叶柄灰色至淡褐色，长 7～15cm，基部鳞片较密，上部与叶轴及羽片柄均偶被鳞片；叶片阔披针状卵形，长 15～25cm，宽 10～15cm，奇数一回羽状；顶生羽片最大，单生，戟形或深三叉，具长柄；侧生羽片 4～8 对，披针形，稍镰状，长 2～8cm，宽 1～1.5cm，长渐尖头，基部楔形且上侧稍具耳片，叶缘有疏浅锐齿；叶脉扇形分枝，在叶片腹面形成凸出而平行的条纹，小脉达于叶边；叶片革质，两面均呈沟脊状。孢子囊群线形，长 7～20mm，在顶生羽片上的长达 30mm，密集；囊群盖线形，膜质，全缘，宿存。

广西各地的石灰岩地区均产；生于海拔 200～900m 的常绿阔叶林下。分布于云南、贵州、台湾、香港、海南、广东。马达加斯加经马来西亚至澳大利亚及波利尼西亚、北达印度北部也有分布。

全株清热、利尿、消炎；治黄疸、高热、烧烫伤、淋证、淋浊。

22. **黑鳞铁角蕨**(中国植物志)

Asplenium asterolepis Ching in Bull. Fan Mem. Inst. Biol. new ser. **1**(3)：274. 1949；中国植物志 **4**(2)：59. 1999；贵州蕨类植物志 118. 2001.

本种近似于**毛轴铁角蕨**(*A. crinicaule* Hance)，不同在于本种的植株较小，高约 25cm；叶柄和叶轴上均密被星状鳞片；羽片长圆形，基部对称，边缘具齿；孢子囊群一行。

产于三江、武鸣；生于海拔 400～1 000m 的常绿阔叶林下或灌丛中。分布于贵州。

23. **毛轴铁角蕨**(中国高等植物图鉴)

Asplenium crinicaule Hance in Ann. Sci. Nat. Bot. **5**：254. 1866；中国蕨类植物图谱 **3**：图 114. 1937；Tard.-Blot et C. Chr. in Fl. Indo-Chine **7**(2)：227. 1940；海南植物志 **1**：114. 1964；中国高等植物图鉴 **1**：195，图 390. 1972；四川植物志 **6**：354，图版 111. 1988；中国植物志 **4**(2)：59，图版 8：5～11. 1999.

植株高 20～50cm。根状茎直立或斜升，密被披针形的黑褐色鳞片。叶簇生；叶柄长 12～16cm，紫棕色，连同叶轴密被深褐色的纤维状狭鳞片；叶片狭披针形，长 8～45cm，宽 6～9cm，基部略狭，渐尖头，一回羽状；羽片近 30 对，有短柄，菱状卵形至披针形，基部略偏斜，顶渐尖狭呈钝形或圆形，边缘有长齿，稀为浅裂，中部以下的较大，长 3～5cm，宽 1.5～2cm，下部数对渐缩短；侧脉分叉，不达叶边；叶片薄革质。孢子囊群线形，沿上侧小脉着生；囊群盖线形，全缘，厚膜质，宿存。

广西各地均产；生于海拔 200～1 800m 的林下或沟谷溪边石壁上。分布于福建、江西、浙江、湖南、广东、香港、海南、云南、西藏、四川、重庆、贵州。印度、越南、缅甸、马来西亚、菲律宾及大洋洲也有分布。

全株消肿止痛、化湿利尿；治白浊、前列腺炎、肾炎、烦渴、刀伤出血。

24. **胎生铁角蕨**(中国高等植物图鉴)

Asplenium yoshinagae Mak., Phan. Pterid. Jap. Ic. Ⅲ. **1**：64. 1900；Ching et Iwatsuki，J. Jap. Bot. **57**(5)：130. 1982；云南植物志 **20**：660，图版 133：3～4. 1999. ——*A. planicaule* Wall. List no. 189. nom. nud.；中国高等植物图鉴 **1**：196，图 391. 1972. ——*A. indicum* Sledge in Bull. Brit. Mus.

Bot. 3(6): 264. 1965; 中国植物志 4(2): 61, 图版 8: 1～4. 1999. ——*Asplenium yoshinagae* Mak. var. *indicum* Ching et S. K. Wu in Fl. Xizang. 1: 182. 1983; 云南植物志 20: 661. 1999. ——*A. indicum* var. *yoshinagae* Ching et S. H. Wu in Fl. Reipub. Popul. Sin. 4(2): 63. 1999.

植株高达 40cm。根状茎直立,密生线状披针形、棕褐色鳞片。叶簇生;叶柄长 10～18cm,幼时有披针形鳞片;叶片线状披针形或狭椭圆形,长 15～30cm,宽 4.5～7cm,基部略狭,渐尖尾头,一回羽状或二回羽裂;羽片 12～18 对,有柄,斜卵形,渐尖头,上缘及下缘有缺刻的齿或浅羽裂,中部或下部羽片较大,长 2.5～3.8cm,宽 1.5～2.5cm;侧脉分叉;叶片革质。孢子囊群线形,沿小脉着生;囊群盖线形,全缘。

产于龙胜、兴安、融水、金秀、象州、罗城、隆林、上思、武鸣;生于海拔 600～1 300m 的常绿阔叶林下。分布于台湾、福建、广东、湖北、湖南、江西、浙江、四川、云南、西藏、甘肃。马达加斯加、印度、斯里兰卡、尼泊尔、菲律宾、印度尼西亚、日本、缅甸、泰国、老挝、越南、柬埔寨、马来西亚、新加坡也有分布。

25. **西南铁角蕨**(中国植物志)

Asplenium praemorsum Sw. Prod. 130. 1788; 四川植物志 6: 361, 图版 114: 1～9. 1988; 中国植物志 4(2): 64. 1999; 云南植物志 20: 661. 1999.

植株高达 30cm。根状茎短,直立,密生线状披针形的棕色鳞片。叶簇生;叶柄长 8～24cm,腹面有浅纵沟,背面和叶轴均被狭披针形鳞片;叶片线状披针形或狭椭圆形,绿色偶带紫色,长 12～20cm,宽 4～5.5cm,基部变狭,渐尖头,一回羽状或二回羽裂;羽片 9～14 对,有短柄,斜卵形或狭菱状卵形,基部上侧阔楔,下侧狭楔,渐尖头,上缘及外缘均有缺刻状齿或羽裂,下部羽片较大,长 2.5～3cm,宽约 1.4cm;侧脉分叉,不达叶边;叶片革质,背面有卷的鳞毛。孢子囊群线形,沿小脉着生;囊群盖线形,全缘,厚膜质,宿存。

产于桂北地区;生于林下或岩石上。分布于云南、四川、贵州。印度、缅甸、越南、泰国、马来西亚、印度尼西亚也有分布。

全株清热利尿、消炎;治痢疾、泄泻、咽喉痛、淋巴结炎、小便涩痛、淋证。

26. **石生铁角蕨**(中国植物志)

Asplenium saxicola Ros. in Fedde, Rep. Sp. Nov. 13: 122. 1913; 中国蕨类植物图谱 3: 图 115. 1935; 四川植物志 6: 359, 图版 113: 3～4. 1988; 中国植物志 4(2): 67, 图版 9: 1～5. 1999.

植株高约 30cm。根状茎斜升,密被线状披针形、边有小齿的鳞片。叶簇生;叶柄长 12～18cm,幼时有披针形鳞片;叶片宽披针形,长 13～24cm,宽 6～7cm,基部不变狭,顶端渐尖,一回羽状;羽片 5～12 对,有柄,宽菱形,第一对最大,长 3.5～5cm,宽 2～3cm,顶生一片略呈三叉状;侧脉分叉,斜上,彼此密接,不达叶边;叶片革质。孢子囊群线形,生于小脉上侧或下侧;囊群盖线形,全缘,厚膜质。

广西各地均产;生于海拔 100～1 200m 的常绿阔叶林下或灌丛中。分布于云南、四川、重庆、贵州、广东、海南、湖南。越南也有分布。

全株清热润肺、消炎利湿;治肺病、膀胱炎、小便涩痛、跌打损伤、疮痈。

27. **华南铁角蕨**(中国主要植物图说・蕨类植物门)

Asplenium austrochinense Ching in Bull. Fan Mem. Inst. Biol. Bot. 2: 209, pl. 27. 1931; 中国高等植物图鉴 1: 196. 1972; 四川植物志 6: 379, 图版 122: 1～4. 1988; 中国植物志 4(2): 75, 图版 12: 10～12. 1999.

植株高达 40cm。根状茎直立或斜生,密被披针形、全缘、棕褐色的鳞片。叶簇生;叶柄长 10～13cm,连同叶轴疏生棕色小鳞片。叶片狭卵形,基部狭,渐尖头,三回羽裂;羽片 8～12 对,有柄,狭卵形,基部斜卵形,长渐尖或呈尾状,下部羽片较大,长 3～6cm,宽 1.5～2.5cm,二回羽裂;二回羽片 2～3 对,互生,斜上,有短柄,卵形至倒卵形,基部楔形,先端圆头,羽裂;裂片 1～2 对,互生,斜上,楔形,顶端有数个尖齿;小脉扇状二叉,几达叶边;叶片革质,背面有时疏生小鳞片。孢子囊群线形,生于小脉中部以上;囊群盖线形,厚膜质,全缘,宿存。

产于桂林、象州、凌云、乐业；生于海拔 300～1 400m 的林下或溪边石壁上。分布于台湾、福建、浙江、安徽、江西、湖北、湖南、广东、海南、香港、云南、四川、重庆、贵州。越南、日本也有分布。

全株消肿止痛、化湿利尿；治白浊、刀伤、烦渴。

28. **相似铁角蕨**(植物研究)

Asplenium consimile Ching ex S. H. Wu in Bull. Bot. Res. **9**(2)：90. 1989；江西植物志 **1**：175，图 164. 1993；中国植物志 **4**(2)：77. 1999.

本种近似于**华南铁角蕨**(*A. austrochinense* Ching)，但本种植株较瘦弱；叶片纸质，干后灰绿色，分裂度远较细，基部上侧的小羽片最大，下侧的较小并紧靠羽轴，故易区别。

产于融水；生于海拔 1 400～1 600m 的林下。分布于江西。

29. **大盖铁角蕨**(中国植物志)

Asplenium bullatum Wall. ex Mett. Farngat. Aspl. 106，51. 1859；福建植物志 **1**：133. 1983；四川植物志 **6**：381，图版 123：1～4. 1988；中国植物志 **4**(2)：72，图版 11：11～13. 1999.

植株高 40～60cm。根状茎短，与叶柄基部一同密被披针形、膜质、边缘略具齿的鳞片。叶簇生；叶柄长 8～20cm，上部渐光滑或疏被小鳞片；叶片披针形，长 30～45cm，基部宽 12～20cm，二回羽状；羽片 5～18 对，有柄，长披针形，基部一对较大，长 4～10cm，宽 1.7～3.5mm，渐尖头；末回小羽片或裂片长圆形或成尾状长圆形，长 1～2.2cm，宽 6～12mm，边缘浅裂或深裂，每裂片顶部有 2～3 粗齿；侧脉二叉单一；叶片薄革质，两面被毛。孢子囊群近椭圆状线形，生于小脉中部以上，每裂片 1 条；囊群盖近椭圆状线形，膜质，全缘，宿存。

产于隆林；生于海拔 1 600～1 800m 的林下。分布于台湾、福建、湖南、云南、贵州、四川、西藏。印度、缅甸、越南、日本也有分布。

30. **拟大羽铁角蕨**(中国植物志)

Asplenium sublaserpitiifolium Ching in Lecomte，Not. Syst. **5**：146，t. 6，f. 3～4. 1936；Tard.-Blot et C. Chr. in Fl. Indo-Chine **7**(2)：240. 1939；中国植物志 **4**(2)：81. 1999，中国高等植物 **2**：421，图 579. 2008.

植株高达 1m 或更高。根状茎直立，粗壮，先端密被鳞片；鳞片线状披针形，长 14～22mm，宽约 1mm，褐棕色，有虹色光泽，膜质，全缘。叶簇生；叶柄长 20～45cm，青灰色，有光泽，腹面有纵沟，基部略被棕色纤维状小鳞片，向上渐光滑，叶轴及羽轴与叶柄同色，腹面有浅纵沟，小羽轴与叶片同色；叶片椭圆形，长 40～65cm，宽 16～30cm，渐尖头，三回羽状；羽片 13～16 对，下部的对生，向上互生，斜展，有长柄(基部一对的柄长达 1.6cm)，基部一对不缩短，长 15～23cm，宽 7～11cm，长三角形，多少镰状，短尾头，基部阔楔形，上侧紧靠或略覆盖叶轴，二回羽状；小羽片 10～14 对，互生，上先出，斜展，有长 5～7mm 的柄，基部一对较长，上侧一片直立并紧靠叶轴，下侧一片斜向外，远离叶轴，长 4～7cm，宽 2.5～3cm，长三角形，尖头，基部圆截略偏斜，羽状；末回小羽片 4～6 对，互生，斜展，略呈覆瓦状，基部一对较大，长 1.5～2cm，宽 1.5～1.7cm，阔倒卵形，钝头，基部阔楔形，有短柄，掌状 2～3 深裂或浅裂；裂片舌形，圆截头，两侧全缘，顶端撕裂，其余末回小羽片较短，顶端仅为浅裂或不分裂，无柄；叶脉两面均明显隆起，小脉在末回小羽片或裂片，为扇状二叉分枝，极斜上，彼此密接，达于叶边；叶片软纸质，干后草绿色，腹面有润滑感。孢子囊群狭线形，长 4～6mm，棕色，极斜上，每末回小羽片有 2～3 条；囊群盖狭线形，棕色，膜质，全缘，宿存。

产于南宁、宁明、上思；生于海拔 800～900m 的林下或沟谷石壁上。分布于台湾、广东。印度、缅甸、越南、马来西亚也有分布。

31. **假大羽铁角蕨**(中国植物志) 图版 71:1～3

Asplenium pseudolaserpitiifolium Ching in Lecomte，Not. Syst. **5**：150. 1936；Tard.-Blot et C. Chr. in Fl. Indo-Chine **7**(2)：241. 1941；海南植物志 **1**：116. 1964；福建植物志 **1**：128. 1983；中国植物志 **4**(2)：80. 1999.

图版71　1～3. **假大羽铁角蕨** Asplenium pseudolaserpitiifolium Ching　1. 羽片；2. 小羽片背面，示孢子囊群着生位置；3. 根状茎上的鳞片。　4～7. **细裂铁角蕨** A. tenuifolium D. Don　4. 植株；5～6. 羽片背面，示孢子囊群着生位置；7. 根状茎上的鳞片。（林文宏绘）

植株高 60～100cm。根状茎斜升，被线状披针形、棕褐色、膜质、全缘的鳞片。叶簇生；叶柄长 15～30cm，初被鳞片，后光滑；叶片卵状披针形，长 30～60cm，宽 12～18cm，渐尖头，基部三回至四回羽裂；羽片 10～12 对，柄长 1.5～2cm，三角状披针形，长 8～14cm，宽 3～5cm，短渐尖头；小羽片 5～7 对，三角形，长 2～3cm，宽 1～1.5cm，圆头，羽状深裂或羽状；末回裂片斜方形或狭楔形，具柄，圆头，边有不整齐的分裂；叶脉明显，小脉在末回小羽片或裂片，为近扇形，二叉分枝，极斜上，密接，达于叶边；叶片近革质，干后黄色。孢子囊群线形，密集，每一裂片有 4～5 条；囊群盖线形，膜质，全缘，宿存。

产于临桂、兴安、灵川、龙胜、金秀、三江、罗城、桂平、南宁、上林、靖西、龙州、上思、防城港；生于海拔 100～900m 的常绿阔叶林下或沟谷石壁上。分布于广东、香港、海南、福建、台湾、云南、湖南。越南、印度、印度尼西亚、菲律宾也有分布。

全株祛风除湿、强腰膝；治风湿关节痛、腰腿痛。

32. **云南铁角蕨**（中国主要植物图说·蕨类植物门）

Asplenium yunnanense Franch. in Bull. Soc. Bot. France **32**：28，t. 32. 1885；四川植物志 **6**：367，图版 117. 1988；中国植物志 **4**(2)：86，图版 14：13～21. 1999.

植株高 5～16cm。根状茎直立，顶密生披针形、边缘流苏状的鳞片。叶簇生；叶柄长 0.5～6cm，连同叶轴下部为深色或至少在背面为深棕色，腹面疏生黑褐色毛状鳞片；叶轴先端有时延伸成鞭状，有顶生芽胞，能着地生根萌发新株；叶片线形、狭披针形、倒披针形或狭椭圆形，长 4～10cm，宽 0.6～4cm，基部渐狭，渐尖头，二回羽裂；羽片 10～18 对，几无柄，狭卵形，少长圆形，基部阔楔，钝尖头或圆头，中部羽片较大，长 0.3～2cm，宽 0.2～0.8cm，羽裂；小羽片 2～4 对，长圆形或楔形，钝头有 2～3 个尖齿，并有小芽胞 1 个；每裂片有一条小脉，不明显；叶片草质，干后草绿色。孢子囊群短线形或长圆形，沿小脉着生；囊群盖短线形或弧形，全缘，膜质。

产于临桂、乐业、那坡、靖西；生于海拔 650～1 200m 的石灰岩裂缝中或灌丛石壁中。分布于河北、河南、陕西、山西、青海、湖南、西藏、云南、贵州、四川、重庆、福建。越南、印度、缅甸也有分布。

全株清热利尿、通乳、接骨；治感冒高热、小便涩痛、淋证、乳汁不通、麻疹、跌打损伤、外伤出血、膀胱炎、睾丸炎。

33. **虎尾铁角蕨**（中国高等植物图鉴）

Asplenium incisum Thunb. in Trans. Linn. Soc. **2**：342. 1974；中国高等植物图鉴 **1**：197，图 394. 1972；福建植物志 **1**：126，图 116：1～4. 1983；四川植物志 **6**：367，图版 116：1～4. 1988；中国植物志 **4**(2)：89，图版 14：1～9. 1999.

植株高 10～20cm。根状茎直立，先端密生狭披针形鳞片。叶簇生；叶柄长 1～5cm，背面连同叶轴呈棕色；叶片倒披针形或中部较宽，长 8～18cm，宽 1.5～2.5cm，基部渐狭，渐尖头，二回羽裂；羽片 14～20 对，卵形，基部斜阔楔形，圆或钝头，中部羽片长 0.8～1.5cm，宽 4～10mm，基部羽片缩成半圆形；叶片膜质。孢子囊群短线形，沿侧脉着生；囊群盖长圆形或弧形，全缘，膜质。

产于桂林、全州、资源、龙胜、靖西；生于海拔 300～800m 的林下。中国各省区均有分布。日本、朝鲜、俄罗斯也有分布。

酸性土指示植物。全草清热解毒、息风镇惊、祛湿止痛；治小儿惊风、肝炎、肺热咳嗽、胃痛、小便淋痛、蛇伤。

34. **都匀铁角蕨**（中国植物志） 图版 72:1～4

Asplenium toramanum Mak. in Bot. Mag. Tokyo **13**：13. 1899；中国植物志 **4**(2)：113. 1999；贵州蕨类植物志 141，图版 30：3～4. 2001.

本种近似于**线裂铁角蕨**（*A. coenobiale* Hance），不同在于本种的叶二型；叶柄呈栗黑色；羽片分裂较粗，裂片较大。

产于临桂、罗城、武鸣；生于海拔 100～400m 的石灰岩灌丛中。分布于广东、台湾、湖南、重庆、贵州。

图版72 1～4.**都匀铁角蕨** Asplenium toramanum Mak. 1.植株；2～3.羽片、小羽片背面，示孢子囊群着生位置；4.根状茎上的鳞片。 5～8.**线裂铁角蕨** A. coenobiale Hance 5.植株；6～7.羽片、小羽片背面，示孢子囊群着生位置；8.根状茎上的鳞片。 （林文宏绘）

越南、日本也有分布。

35. **华中铁角蕨**（中国蕨类植物图谱）

Asplenium sarelii Hook. in Blakiston, Five Months on the Yang-tsze Append. 363. 1862；中国蕨类植物图谱 **3**：图 111. 1935；四川植物志 **6**：377，图版 121：1～4. 1988；中国植物志 **4**(2)：97，图版 16：1～4. 1999；贵州蕨类植物志 138，图版 36：3～4. 2001.

植株高达 20cm。根状茎直立，先端密生狭披针形、边缘有小齿的鳞片。叶簇生；叶柄长 5～8cm；叶片卵形至狭椭圆形，渐尖头，三回羽裂或三回羽状；羽片 8～10 对，有柄，卵形，基部楔形，渐尖头，下部的较大，长 1～2.5cm，宽 0.6～1.5cm，二回羽裂或羽状；二回羽片 2～4 对，有短柄，长圆形至倒卵形，下部的较大，长 0.5～1cm，宽 3～6cm，羽裂或羽状；裂片或三回羽片 1～2 对，线形或狭椭圆形，尖头略有 2 枚小齿；叶片纸质。孢子囊群短线形，沿小脉上侧着生；囊群盖同形，全缘，厚膜质，宿存。

产于龙胜、桂林、那坡、乐业、隆林、靖西、龙州、大新；生于海拔 200～1 300m 的常绿阔叶林下。分布于东北、西北、华北、西南至华南、华东。日本、朝鲜、俄罗斯也有分布。

全株消炎解毒、利湿、止血生肌；治黄疸、流感、肠胃出血、白喉、流行性腮腺炎、疖疮、刀伤出血、烧烫伤。

36. **北京铁角蕨**（中国主要植物图说·蕨类植物门）

Asplenium pekinense Hance in J. Bot. **5**：262. 1867；中国高等植物图鉴 **1**：197，图 393. 1972；秦岭植物志 **2**：122，图版 31. 1974；福建植物志 **1**：130，图 121. 1983；四川植物志 **6**：372，图版 116. 1988；中国植物志 **4**(2)：100，图版 16：5～11. 1999.

植株高 10～20cm。根状茎直立，先端密生披针形、边缘或呈微波状的鳞片。叶簇生；叶柄长 3～8cm，腹面有毛状鳞片；叶片倒披针形至狭卵状椭圆形，长 6～15cm，宽 1.5～4cm，基部渐狭，渐尖头，二回羽状或三回羽裂；羽片 8～12 对，菱状卵形，基部楔形，顶端钝尖；中部羽片长 1.0～2.5cm，宽 0.6～1.5cm，一回羽状或二回羽裂；裂片楔形，疏生黑褐色毛状鳞片；裂片中叶脉单一，小脉扇状二叉，斜上，伸入齿端，但不达叶缘；叶片纸质。孢子囊群短线形，沿小脉着生；囊群盖短线形，近全缘，厚膜质，宿存。

产于阳朔、罗城、宜州、东兰、德保、凌云、乐业、靖西、那坡、大新、龙州、武鸣；生于海拔 200～1 800m 的灌丛石缝中或石灰岩石缝中或路边。分布于华北至华南、西南各地。印度、日本、朝鲜也有分布。

全草化痰止咳、止泻、止血；治感冒咳嗽、肺结核、腹泻、痢疾、外伤出血。

37. **变异铁角蕨**（中国主要植物图说·蕨类植物门） 图版 68：4～6

Asplenium varians Wall. ex Hook. et Grev. Ic. Fil. **2**(9)：t. 172. 1830；Tard.-Blot et C. Chr., Fl. Indo-Chine **7**(2)：235. 1940；秦岭植物志 **2**：122. 1974；四川植物志 **6**：366. 1988；中国植物志 **4**(2)：110，图版 17：6～8. 1999.

植株高 5～15cm。根状茎直立，先端密生披针形、近全缘、黑褐色鳞片。叶簇生；叶柄长 2～10cm，腹面有浅宽纵沟；叶片狭卵形或披针形，长 5～12cm，宽 1～5cm，基部不变狭或略狭，渐尖头，二回羽状裂或二回羽状；羽片 8～12 对，有柄，卵形，基部阔楔形，钝头，中部羽片长 0.6～3cm，宽 0.5～1.2cm，羽裂至羽状；二回羽片或裂片 2～3 对，宽倒卵形，长宽各约 3mm，基部楔形，钝头有锯齿；侧脉分叉；叶片纸质。孢子囊群短线形，沿小脉着生；囊群盖短线形，全缘，膜质，宿存。

产于那坡、靖西、隆林、乐业、武鸣、大新；生于海拔 700～1 200m 的常绿阔叶林石缝中。分布于台湾、浙江、云南、贵州、四川、重庆、西藏、宁夏、陕西、山东、山西、河南、湖南。尼泊尔、印度、斯里兰卡、不丹、缅甸、越南、印度尼西亚、日本及夏威夷群岛和非洲也有分布。

全株止血生肌、清热、散瘀消肿；治刀伤、痈疖、骨折、小儿疳积及惊风、烧烫伤、疮疡溃烂。

38. **黑柄铁角蕨**（植物研究）

Asplenium subtoramanum Ching ex S. H. Wu in Bull. Bot. Res. **9**(2)：24，f. 9. 1989；中国植物志 **4**(2)：114. 1999.

本种形体极似于**线裂铁角蕨**(*A. coenobiale* Hance),但本种的末回小羽片(或裂片)远较阔,卵形至舌形,有钝齿牙;有孢子囊群2～3枚。形体也近似于**都匀铁角蕨**(*A. toramanum* Mak.),但本种的植株远较高大;叶柄较叶片为短;叶片卵形,一回小羽片具柄,末回小羽片有较长的锯齿,易区别。

产于宜州;生于海拔700～900m的林下。分布于云南、贵州。

39. **角状铁角蕨**(新拟) 图版73:1～8

Asplenium cornutissimum X. C. Zhang et R. H. Jiang in Brittonia **63**(1): 83. 2011.

植株细弱。根状茎直立,顶端密被深棕色鳞片;鳞片狭披针形,长2.6～3.5mm,宽0.3～0.5mm,边缘近全缘或具小腺毛。叶簇生;叶柄长0.7～4cm,基部宽0.2～0.4mm,叶片的1/4～1/3栗色并散生小腺毛,基部疏被深棕色纤维状鳞片,腹面具沟槽;叶片长椭圆形,长3.5～11.5cm,宽1～3.2cm,渐尖头,三回羽状细裂,末回羽片二叉状,羽片8～17对;一回羽片卵形或阔卵形,中部羽片长0.6～2cm,宽0.4～1.3cm,具短柄,二回羽裂,上部羽片基部的1对或2对羽片缩短至羽片长的一半,孢子叶上着生1或2枚孢子囊群,小羽片2对或3对,羽裂;基部羽片最大,阔卵形或椭圆形,具柄;二回羽片二叉或单一;末回裂片能育或不育,线状镰形,长1～2.5mm,宽0.2～0.5mm,先端急尖,边全缘,每裂片具1条中脉,伸达先端的水囊处,能育裂片明显宽于不育裂片,边缘裂瓣全缘或具齿;叶片薄草质,干后禾秆色;叶轴背面淡栗色,无毛或具散生小腺毛,腹面具沟槽并被棕色腺毛。孢子囊群椭圆形,长0.6～0.8mm,散生于羽片上或几于延长裂片的基部;囊群盖长卵形,膜质透明,边缘波状或具齿;孢子棕色,椭圆形。

广西特有,产于靖西;生于海拔700～800m的石灰岩山洞中。

40. **线裂铁角蕨**(中国植物志) 图版72:5～8

Asplenium coenobiale Hance in J. Bot. **12**: 142. 1874; Tard.-Blot et C. Chr. in Fl. Indo-Chine 7(2): 237. 1940; 四川植物志 **6**: 375, 图版120: 1～4. 1988; 中国植物志 **4**(2): 115, 图版19: 1～4. 1999.

植株高达20cm。根状茎直立,密生线形、边缘略具齿的鳞片。叶簇生;叶柄长4～25cm,粗0.5～0.8mm,连同叶轴下部呈紫色;叶片三角形,长9～11cm,宽3～7cm,基部最宽且近楔形,渐尖头或尾头,三回羽状或四回羽裂;羽片8～10对;末回裂片细小,狭椭圆形或线形,具小脉一条;叶片纸质。孢子囊群长圆形,沿小脉上侧着生;囊群盖长圆形,全缘,膜质,灰白色,宿存。

产于桂林、阳朔、罗城、宜州、巴马、凌云、那坡、靖西、德保、龙州、武鸣;生于海拔100～800m的石灰岩林下或灌丛中。分布于福建、台湾、浙江、广东、海南、湖南、贵州、四川、重庆、云南。越南也有分布。

全株治风湿痹痛、小儿麻痹、月经不调。

41. **乌木铁角蕨**(中国植物志)

Asplenium fuscipes Bak. in J. Bot. **17**: 304. 1879; 福建植物志 **1**: 129. 1991; 中国植物志 **4**(2): 117. 1999.

本种近似于**线裂铁角蕨**(*A. coenobiale* Hance),但本种的植株较大,高达40cm;叶柄粗硬,粗约2mm,末回裂片一型,较宽。

产于桂林、那坡、靖西、来宾、龙州、大新;生于海拔300～1 600m的石灰岩疏林下或灌丛石缝中。分布于福建、广东。

42. **贵阳铁角蕨**(中国植物志)

Asplenium interjectum Christ in Bull. Acad Int. Géogr. Bot. **11**: 241. 1902; 中国蕨类植物图谱 **4**: 图176. 1937; 中国植物志 **4**(2): 113. 1999; 贵州蕨类植物志 131, 图版30: 5～6. 2001.

本种形态变化颇大,从单叶或一回羽状到三回羽状,但叶柄中下部呈栗褐色,上部和叶轴、羽轴呈绿色,叶片三角形或卵状三角形,薄草质,末回裂片卵形至倒卵形、较宽等性状较为稳定,易于识别。

产于龙州、那坡、来宾、环江;生于海拔300～600m的石灰岩林下石壁上或石缝中。分布于贵州、云南、重庆、湖南。越南也有分布。

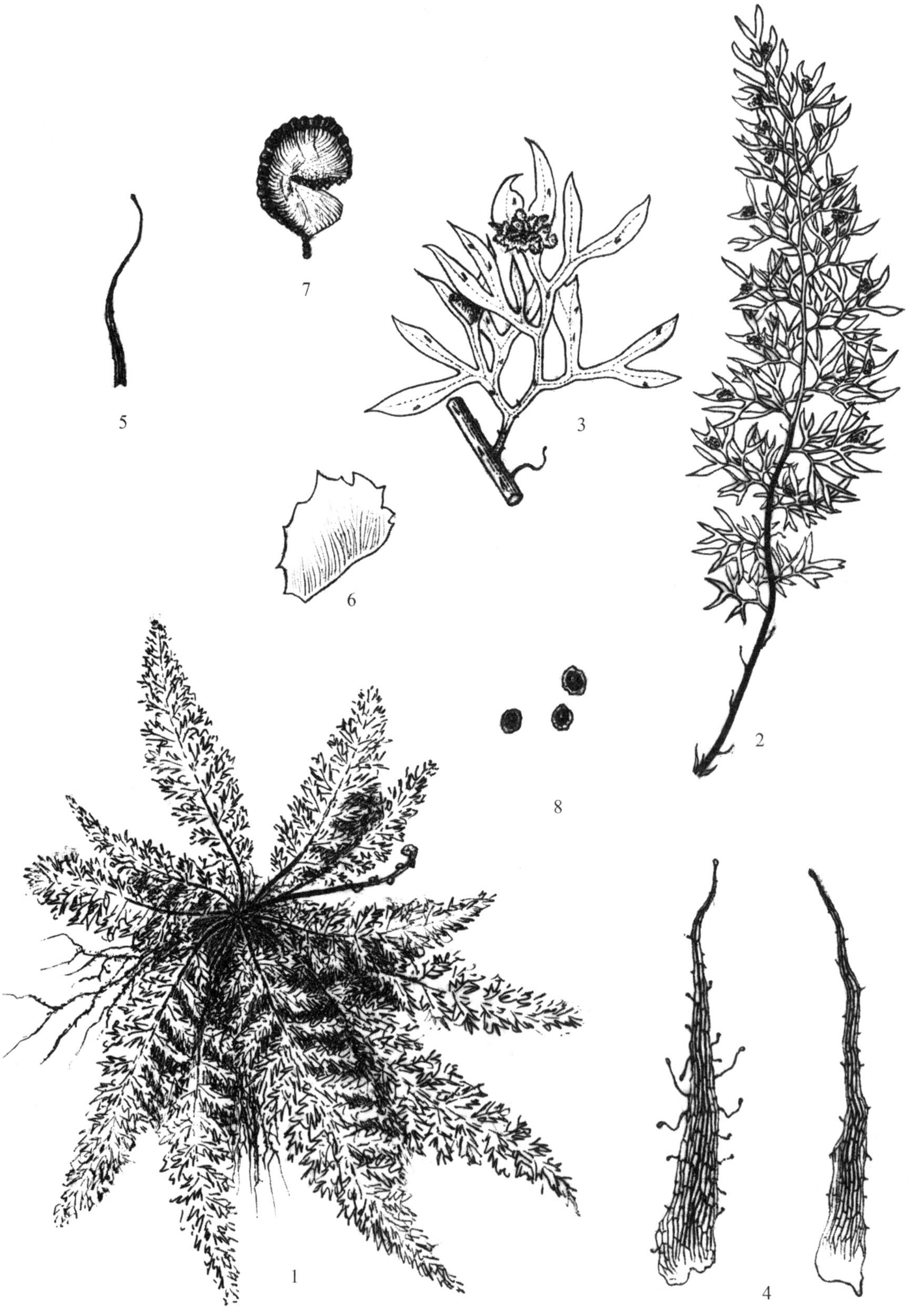

图版 73　1～8.角状铁角蕨 Asplenium cornutissimum X. C. Zhang et R. H. Jiang　1.植株；2.叶片；3.羽片背面示孢子囊群着生位置；4.叶柄上的鳞片；5.叶轴上的鳞片；6.囊群盖；7.孢子囊环带；8.孢子。　（朱运喜绘）

43. **细裂铁角蕨**(海南植物志) 图版 71:4～7

Asplenium tenuifolium D. Don, Prod. Fl. Nepal. 8. 1825；海南植物志 1：117. 1964；四川植物志 6：379，图版 118：2～4. 1988；中国植物志 4(2)：118. 1999. ——*A. tenuifolium* D. Don var. *minor* Ching in Bull. Bot. Res. 9(2)：92，t. 10. 1989.

植株高 10～40cm。根状茎短而斜升，密生卵形、尾状、黄褐色鳞片。叶丛生；叶柄长 8～16cm，纤细，下部常有小鳞片；叶片狭卵形，长 12～30cm，宽 4～12cm，基部略狭近圆形，长渐尖，二回至三回羽状或四回羽裂；羽片 10～12 对，有柄，卵形，基部阔楔，渐尖头，下部的较大，长 3～7cm，宽 1.2～2.5cm，三回羽裂；末回裂片 1～2 枚，椭圆形，尖头；裂片具小脉一条；叶片近膜质。孢子囊群沿小脉生，短线形；囊群盖全缘，膜质。

产于龙胜、临桂、金秀、象州、凌云、乐业、田林、武鸣；生于海拔 900～1 300m 的常绿阔叶林下。分布于台湾、广东、海南、云南、四川、西藏、贵州。尼泊尔、不丹、印度、斯里兰卡、越南、缅甸、马来西亚、印度尼西亚、菲律宾也有分布。

44. **长叶铁角蕨**(中国高等植物图鉴) 长生铁角蕨(通称)

Asplenium prolongatum Hook. Second Cent. Ferns t. 42. 1860；中国蕨类植物图谱 3：图 113. 1935；Tard.-Blot et C. Chr. in Fl. Indo-Chine 7(2)：242. 1940；中国高等植物图鉴 1：198，图 396. 1972；中国植物志 4(2)：121，图版 19：6～9. 1999.

植株高 15～30cm。根状茎直立，密生黑褐色、边全缘或具微齿的披针形鳞片。叶簇生；叶柄长 6～16cm，叶轴先端常延伸成鞭状，有顶生芽胞能萌发新株；叶片狭椭圆形或近线形，长 10～15cm，宽 2～3cm，基部不变狭，渐尖头，二回羽状；羽片 8～16 对，有柄，长圆形或倒卵形，羽状；中部及下部羽片较大，长 1.5～3cm，宽 0.6～1cm，羽状；每小羽片或裂片有一条小脉，先端有水囊，不达叶边；叶片厚革质，无毛。孢子囊群线形，沿小脉着生；囊群盖线形，全缘，膜质，宿存。

产于广西各地；多附生于海拔 200～1 400m 的沟谷密林树干上或石壁上。分布于华南、华东。斯里兰卡、日本、韩国及斐济群岛、缅甸、泰国、老挝、越南、柬埔寨、马来西亚、新加坡也有分布。

全株清热解毒、消炎止血、止咳化痰；治咳嗽多痰、肺结核、痢疾、淋证、肝炎、小便涩痛、乳痈、崩漏、跌打骨伤、烧烫伤、外伤出血、蛇犬咬伤。

45. **南方铁角蕨**(中国植物志) 图版 68:7～9

Asplenium belangeri (Bory) Kze. in Bot. Zeit. 6：176. 1848；海南植物志 1：115. 1964；中国植物志 4(2)：123. 1999. ——*Darea belangeri* Bory. in Bel. Voy. Bot. 2：51. 1833.

植株高 20～30cm。根状茎短而直立，顶端与叶柄基部均密被褐棕色、边缘有小齿的披针形鳞片。叶簇生；叶柄长 6～13cm，羽轴两侧有阔翅，与叶轴同疏被小鳞片；叶片线状披针形，长 15～30cm，宽 4.3～7.3cm，尾尖头，二回羽状；羽片 20～35 对，无柄，下部羽片向基部渐短，中部羽片较长，有小羽片 10～16 对，线形，略呈镰状，长 2～4cm，宽 7～8mm，钝头或圆头；叶脉于叶片腹面明显隆起，于叶片背面不显，每小羽片有小脉一条；叶片近肉质。孢子囊群线形，长 2～3mm，每小羽片上一条；囊群盖线形，膜质，全缘，宿存。

产于天峨、宜州、田阳、平果、靖西、那坡、宁明、隆安、龙州、凭祥、大新；生于海拔 100～1 100m 的石灰岩林下或灌丛中。分布于海南、广东。印度、越南、马来西亚、印度尼西亚也有分布。

46. **岭南铁角蕨**(中国蕨类植物图谱)

Asplenium sampsonii Hance in Ann. Sci. Nat. 5：257. 1866；C. Chr. Ind. Fil. 130. 1905；中国蕨类植物图谱 3：图 112. 1935；中国植物志 4(2)：124，图版 20：1～6. 1999.

本种近似于**南方铁角蕨**[*A. belangeri* (Bory) Kze.]，但本种植株较小；叶片呈倒披针形，下部的羽片逐渐变狭，中部羽片常有小羽片 5～9 对。

产于天峨、巴马、百色、靖西、龙州、凭祥、宁明、大新、来宾、金秀；生于海拔 300～700m 的石灰岩林下石缝中。分布于广东、海南、云南、贵州。

全株清热解毒、化痰、止咳、止血；治蜈蚣咬伤、痢疾、感冒、咳嗽、小儿疳积、外伤出血。

41. 球子蕨科 ONOCLEACEAE

土生。根状茎粗短，直立或横走，有网状中柱，被膜质、卵状披针形至披针形的鳞片。叶簇生或疏生，有柄，二型；营养叶椭圆状披针形或卵状三角形，一回羽状至二回深羽裂，羽片线状披针形至阔披针形，羽裂深达 1/2，裂片镰状披针形至椭圆形，全缘或有微齿；叶脉羽状，分离或联结成网状，无内藏小脉；孢子叶椭圆形至线形，一回羽状，羽片强度反卷成荚果状，深紫色或黑褐色，成圆柱状或圆球形，叶脉分离，在裂片上为羽状或叉状分枝，孢子叶的末回小脉的先端常凸起成囊托。孢子囊群圆形，着生于囊托上；囊群盖下位或无盖，外被反卷的变质叶片包被着；孢子囊圆球形，有长柄，环带由 36～40 个增厚细胞组成，纵行；孢子两侧对称，单裂缝，不具边缘，具透明的周壁，呈薄膜状，疏松地包在孢子外面，略微褶皱，表面上有小刺状纹饰，外壁表面光滑。

本科有 2 属 6 种，分布于北半球温带。中国有 2 属 4 种；广西有 1 属 1 种。

荚果蕨属 Matteuccia Todaro

土生。根状茎粗壮，直立或倾斜，被棕色披针形鳞片。叶簇生，有柄，二型；营养叶叶片椭圆状披针形或倒披针形，顶部羽裂，基部不狭缩或狭缩，二回深羽裂，羽片狭披针形且深羽裂达 1/2，裂片镰状披针形至椭圆形，近全缘或有微齿；叶脉羽状，分离，小脉伸达叶边；叶草质或纸质，近光滑或仅沿叶轴、羽轴和主脉有少数柔毛或疏生鳞片；孢子叶叶片椭圆形至阔披针形，一回羽状，羽片线形，互生，几无柄，两侧强度反卷成褐色荚果状，包着孢子囊群。孢子囊群圆球形，着生于由小脉顶端形成的囊托上，无隔丝；囊群盖或有或无；孢子囊大，柄纤细，环带通常约由 40 个增厚细胞组成；孢子椭圆形，具透明的周壁，呈薄膜状，略微褶皱，表面具小刺状纹饰，外壁表面光滑。

本属有 5 种，分布于北半球温带，产于欧洲北部及中部、北美洲大西洋沿岸、亚洲东北部及西南部。中国有 3 种；广西产 1 种。

东方荚果蕨(中国高等植物图鉴)

Matteuccia orientalis (Hook.) Trev. Atti. 1st Veneto **3**(14): 586. 1869；中国高等植物图鉴 **1**: 220，图 440. 1972；秦岭植物志 **2**: 140，图版 35. 1974；福建植物志 **1**: 175，图 164. 1983；中国植物志 **4**(2): 162，图版 29: 1～10. 1999.——*Struthiopteris orientalis* Hook. Second Cent. Ferns t. 4. 1861.

植株高约 1m。根状茎连同叶柄基部密生披针形大鳞片。叶二型；营养叶的柄长 30～80cm；叶片长圆形，长 50～80cm，宽 25～40cm，顶渐尖，深羽裂；小羽片半裂；羽片长 12～22cm，宽 2.5～3cm；裂片钝尖头，边缘略具钝齿；侧脉单一；叶纸质，无毛。孢子叶一回羽状；羽片栗褐色，有光泽，向下反卷包被孢子囊群呈荚果状。孢子囊群圆形，生于侧脉分枝顶端，成熟时会合成条形；囊群盖白膜质，近圆心形，基部着生，向外卷盖孢子囊群，成熟时压在囊群下部，后散失。

产于资源、兴安、融水、阳朔、恭城、金秀、龙胜、全州；生于海拔 800～1 900m 的林下。分布于福建、台湾、广东、浙江、安徽、湖南、湖北、陕西、江西、云南、贵州、重庆、四川、西藏、甘肃。俄罗斯、朝鲜、日本、印度也有分布。

全株祛风除湿、凉血、止血；治风湿骨痛、创伤止血等。

42. 乌毛蕨科 BLECHNACEAE

土生或为附生;植株有时为亚乔木状。根状茎匍匐或直立,有时形成树干状的直立主轴,有网状中柱,被细密筛孔的全缘棕色鳞片。叶一型或二型,有柄;叶柄内有多条圆柱形维管束;叶片一至二回羽裂,罕为单叶;叶脉分离或网状,如为分离则小脉单一或分叉,平行,如网状则小脉常沿主脉两侧各形成1～3行多角形网眼,无内藏小脉,网眼外的小脉分离,直达叶缘;叶厚纸质至革质,无毛或常被鳞片。孢子囊群为长的汇生囊群,或为椭圆形,着生于与主脉平行的小脉上或网眼外侧的小脉上,均紧靠主脉;囊群盖同形,开向主脉,很少无盖;孢子囊大;孢子椭圆形,两侧对称,单裂缝,具周壁,周壁常形成褶皱,上面分布有颗粒,外壁表面光滑或纹饰模糊。

本科有13属约240种,主产于南半球热带地区。中国有7属13种,分布于西南、华中、华南及华东。广西有5属8种。

分属检索表

1. 孢子囊群无盖;植株形体如裸子植物苏铁(*Cycas*),有直立的粗圆柱状主轴 ……………… 1. **苏铁蕨属** Brainea J. Sm.
1. 孢子囊群有盖;植株形体不同上述。
  2. 孢子囊群长线形,连续不中断。
    3. 叶一型;孢子囊群紧靠主脉两侧 …………………………………………………………… 2. **乌毛蕨属** Blechnum L.
    3. 叶二型,孢子囊群位于主脉与叶边之间 ………………………………………………… 3. **荚囊蕨属** Struthiopteris Scopoli
  2. 孢子囊群椭圆形或线形,不连续,每网眼内有1个孢子囊群。
    4. 植株高大,根状茎短而直立或斜升;叶簇生,侧生羽片不合生,彼此分离;孢子囊群外侧有1～2列网眼,小脉向叶边分离 ……………………………………………………………………………… 4. **狗脊蕨属** Woodwardia Smith
    4. 植株细瘦,根状茎长而横走;叶散生,侧生羽片合生,经常沿叶轴两侧以狭翅彼此相连;孢子囊群外侧的叶脉均为网状 ……………………………………………………………………………… 5. **崇澍蕨属** Chieniopteris Ching

1. 苏铁蕨属 Brainea J. Sm.

土生;大型植物。根状茎粗短,木质,为直立的圆柱状主轴,内部维管束排列成环,与叶柄基部同被红棕色至褐棕色的线形鳞片。叶簇生,有柄;叶片椭圆状披针形,先端渐尖,下部略缩短,一回羽状,侧生羽片多对,近生,平展,无柄或略具短柄,狭披针形,渐尖头,基部为不对称的心形,略扩大,呈圆耳形,边缘有细密锯齿,或呈不规则的浅裂,或呈褶皱状,通常向内反卷;叶脉明显,沿主脉两侧各形成1行三角形至多角形的网眼,网眼倾向前方,其余小脉分离,单一或分叉,达于叶边;叶革质。孢子囊群沿小脉着生而成为汇生孢子囊群,无囊群盖;孢子囊的环带约由16个增厚细胞组成;孢子椭圆形,周壁微褶皱,其上分布有颗粒,外壁表面光滑。

单种属。

苏铁蕨(中国高等植物图鉴)

Brainea insignis (Hook.) J. Sm., Cat. Kew Fern 5. 1856; Tard.-Blot et C. Chr. in Fl. Indo-Chine 7(2): 207, t. 23. 1940; 中国高等植物图鉴 **1**: 216,图 432. 1972; 福建植物志 **1**: 170, 图 159. 1983; 中国植物志 **4**(2): 197, 图版 34: 1～9. 1999. ——*Bowringia insignis* Hook. in J. Bot. **5**: 237, t. 3. 1853.

植株高约1.2m。根状茎粗短,有圆柱状主轴,密生红棕色长钻形鳞片。叶簇生于主轴顶部;叶柄长 6～20cm；叶片长圆形至卵状披针形，长 60～100cm，宽 10～30cm，一回羽状；羽片条状披针形，长 10～15cm，宽 10～13mm，渐尖头，基部不对称心形，边有细密钝齿，常向下反卷（基部有时浅裂或波状）；叶脉下凹，主脉两侧各有一行斜上的三角网眼，网眼外的小脉分离；叶革质。孢子囊群初沿网脉着生，后向外布满羽片背面；无囊群盖。

产于桂林、柳州、百色、隆林、靖西、藤县、北流、博白、平南、桂平、扶绥、武鸣；生于海拔 300～900m 的马尾松林下或灌丛中。分布于台湾、福建、广东、海南、贵州、云南。印度、菲律宾也有分布。

根状茎清热解毒、活血散瘀、抗菌收敛、止血、杀虫；治烫火伤、感冒、外伤出血、蛔虫病、流感、血崩等。

本种被国务院 1999 年批准的"国家重点保护野生植物名录（第一批）"收录为国家Ⅱ级保护植物。

2. 乌毛蕨属 Blechnum L.

土生。根状茎通常粗短，直立，被质厚、深棕色、全缘的披针形鳞片。叶簇生，一型；叶柄粗硬；叶片一回羽状；羽片线状披针形，两边平行，全缘或具锯齿；主脉粗壮，腹面有纵沟，背面隆起，小脉分离，平行，密接，单一或二叉；叶通常革质，无毛。孢子囊群线形，连续，少有中断，紧靠主脉并与之平行，着生于主脉两侧不甚明显的一条纵脉上，仅羽片先端（或有时基部）不育；囊群盖与孢子囊群同形；孢子具周壁，松软包于外面，稍褶皱，外壁表面光滑。

本属约有 35 种，泛热带产，主产于南半球。中国仅有 1 种；广西也产。

乌毛蕨（海南植物志）

Blechnum orientale L. Sp. Pl. **2**：1077. 1753；海南植物志 **1**：133，图 58. 1964；中国高等植物图鉴 **1**：217，图 433. 1972；福建植物志 **1**：169，图 158. 1983；中国植物志 **4**(2)：193，图版 33：1～4. 1999.

植株高 1～2m。根状茎粗短，直立，连同叶柄基部密生钻状披针形鳞片。叶簇生；叶柄坚硬，腹面纵沟两侧疏生瘤状气囊体，基部以上无鳞片；叶片长阔披针形，长 50～120cm，宽 25～40cm，基部略狭，一回羽状；羽片多数，下部数对缩短，最下的骤成耳片，中部羽片长 15～40cm，宽 1～2cm，条状披针形，基部圆楔形，无柄，全缘；侧脉细密，分叉少单一；叶革质。孢子囊群条形，沿主脉两侧着生；囊群盖同形，开向主脉。

广西各地均产；生于海拔 20～1 200m 的林下、灌丛中或草丛、路边。分布于浙江、台湾、福建、江西、广东、海南、贵州、云南、西藏、四川、重庆、湖南。亚洲其他热带地区也有分布。

根状茎清热解毒、抗菌杀虫、止血；防治流感、乙脑、烫火伤、吐血、衄血。嫩叶芽捣烂外敷可消炎肿，亦可作蔬菜。

3. 荚囊蕨属 Struthiopteris Scopoli

石生，中小型蕨类。根状茎粗短而直立，或长而斜生，被质厚、全缘、棕色的披针形鳞片。叶簇生，近二型，有柄；叶片倒披针形，向下渐变狭，一回羽状；羽片多数，篦齿状排列，平展，镰状披针形，基部与叶轴合生，孢子叶与营养叶同形而略较狭；叶脉不明显，小脉分离，二叉，基部的往往三叉，不达叶边；叶革质。孢子囊群线形，连续不断，沿羽片主脉两侧各 1 行，几与羽片等长，仅羽片的喙状先端不育；囊群盖纸质，紧包孢子囊群，与孢子囊群同着生于主脉与叶缘间的囊托上，成熟时开向主脉；孢子椭圆形，周壁具褶皱，外壁表面光滑。

本属约 10 种，主要分布于北半球温带，向南至澳大利亚温带地区。中国有 2 种，产于台湾、广西、湖南、四川、贵州；广西产 1 种。

荚囊蕨（中国高等植物图鉴）

Struthiopteris eburnea（Christ）Ching in Sunyatsenia **5**：243. 1940；中国高等植物图鉴 **1**：217，图 434. 1972；中国植物志 4(2)：211，图版 37：1～8. 1999. ——*Blechnum eburnea* Christ in Bull. Acad. Int. Géogr. Bot. **11**：233，f. 234. 1902.

植株高 25～40cm。根状茎粗短，直立或斜升，密生栗棕色披针形鳞片。叶近簇生，二型；营养叶的柄长 3～15cm；叶片披针形，长 20～40cm，宽 2.5～6cm，锐尖头，基部变狭，一回羽裂几达叶轴；裂片向下逐渐缩成耳形，中部的长 1.5～2.5cm，宽 4～6mm，镰状披针形，短尖头，全缘；侧脉单一，不明显；孢子叶同形，略长，裂片较短而狭。叶厚革质，无毛。孢子囊群线形，生于主脉与叶缘之间，于主脉两侧各 1 行并与主脉并行；囊群盖线形，外缘着生，幼时紧覆孢子囊群，成熟时开向主脉，边缘多少啮蚀状。

产于龙胜；生于海拔 500～650m 的溪边岩石上。分布于四川、贵州、湖南、湖北、安徽、福建、台湾。

全株清热解毒、利尿通淋、散瘀消肿、止痛、止咳；治排尿涩痛、尿路感染、跌打损伤、烧烫伤等。

4. 狗脊蕨属　Woodwardia Smith

土生，大型植物。根状茎短而粗壮，直立或斜升，密被棕色、厚膜质的狭披针形大鳞片。叶簇生，有柄；叶片椭圆形，二回深羽裂，侧生羽片多对，披针形，分离，深羽裂，裂片边缘有细锯齿；叶脉部分为网状，部分分离，即沿羽轴及主脉两侧各有 1 行平行于羽轴或主脉的狭长能育网眼，其外侧还有 1～2 行多角形网眼，无内藏小脉；其余的小脉均为分离，直达叶边；叶纸质至近革质。孢子囊群粗线形或椭圆形，不连续，呈单行并行于主脉(有时也沿羽轴)两侧，着生于靠近主脉网眼的外侧小脉上，并多少陷入叶肉中；囊群盖与孢子囊群同形，厚纸质，深棕色，略隆起，亦着生于靠近主脉网眼的外侧小脉上，成熟时开向主脉，宿存；孢子椭圆形，周壁具褶皱，外壁表面光滑。

本属约有 12 种，分布于亚洲、欧洲及美洲的温带至亚热带地区。中国约有 5 种，产于长江以南各省区，向西达西藏；广西产 3 种。

分种检索表

1. 叶轴近顶部的羽片腋间有 1 个被红棕色鳞片的大芽胞 ……………………………………………… 1. **单芽狗脊蕨** W. unigemmata（Mak.）Nakai

1. 叶轴近顶部的羽片腋间无上述的大芽胞。

  2. 下部羽片的基部近对称，裂片略为下先出，腹面沿中脉两侧不生小芽胞；孢子囊群线形，顶端直向前 ……………………………………… 2. **狗脊蕨** W. japonica（L. f.）Sm.

  2. 下部羽片的基部不对称，上侧裂片较长并为上先出，腹面沿中脉两侧生小芽胞；孢子囊群近新月形，顶端略向外弯 ………………………………… 3. **胎生狗脊蕨** W. prolifera Hook. et Arnold

1. 单芽狗脊蕨（中国高等植物图鉴）

Woodwardia unigemmata（Mak.）Nakai in Bot. Mag. Tokyo **39**：103. 1925；Ching in Bull. Fan Mem. Inst. Biol. Bot. **2**：5，pl. 3. 1931；中国高等植物图鉴 **1**：218，图 436. 1972；福建植物志 **1**：172，图 161. 1982；中国植物志 4(2)：200. 1999. ——*W. radicans* var. *unigemmata* Mak. in J. Jap. Bot. **2**：7. 1918.

植株高达 2m。根状茎粗短横走，连同叶柄基部密生棕色披针形大鳞片。叶近生；叶柄长 30～100cm；叶片卵状长圆形，长 40～80cm，宽 25～30cm，在叶轴顶部和羽片着生处下面生 1 个有红棕色鳞片的大芽胞，二回深羽裂；羽片长 18～25cm，宽 5～7cm，基部对称，羽裂达 4/5；裂片有软骨质尖齿，有网脉 2～3 行；叶厚纸质，无毛。孢子囊群粗短线形，生于近主脉两侧的一行网脉上；囊群盖同形，厚膜质，以外侧边着生于网脉上，成熟时开向主脉。

产于龙胜、兴安、乐业、那坡、武鸣；生于海拔 700～1 200m 的林缘或灌丛中。分布于广东、云南、贵州、福建、台湾、陕西、甘肃和西藏以及长江中上游各省。越南、缅甸、菲律宾、不丹、尼泊尔、印度、日本也有分布。

根状茎清热解毒、散瘀、强腰膝、除风湿、杀虫；治风寒湿痹、便血、痈疮肿毒等。

2. **狗脊蕨**（中国高等植物图鉴）

Woodwardia japonica (L. f.) Sm. in Mem. Acad. Turin. 5: 411. 1793; Ching in Bull. Fan Mem. Inst. Biol. Bot. 2: 6. 1931；中国高等植物图鉴 1：218，图 435. 1972；福建植物志 1：173，图 162. 1982；中国植物志 4(2)：203，图版 35：5～10. 1999. ——*Blechnum japonica* L. f. Supll. Syst. Veg. 447. 1781.

植株高 65～90cm。根状茎密生红棕色披针形大鳞片。叶簇生；叶柄长 30～50cm，基部以上至叶轴被同样且较小的鳞片；叶片长圆形，长 40～80cm，宽 24～35cm，仅羽轴下部有小鳞片，二回羽裂；下部羽片长 11～15(20)cm，宽 2～3cm，向基略狭，羽裂 1/2 或略深；裂片三角状长圆形（基部下侧的缩成圆耳形），锐尖头，边具矮齿；叶脉有网眼 1～2 行，网眼外的小脉分离，无内藏小脉；叶厚纸质。孢子囊群线形，生于主脉两侧相对的网脉上；囊群盖线形，草质，以外侧边着生于网脉，成熟时开向主脉或羽轴。

广西各地均产；生于海拔 100～2 000m 的林下、灌丛或草丛中。广布于长江以南各省区，向西南至云南。朝鲜、日本也有分布。

酸性土指示植物。根状茎祛风湿、壮腰膝；治腰腿痛、痢疾、蛇伤。根状茎可取淀粉或酿酒；亦可作农药，用以防治蚜虫及红蜘蛛。

3. **胎生狗脊蕨**（中国高等植物图鉴）

Woodwardia prolifera Hook. et Arnold in Bot. Beech. Voy. 275, 56. 1836；中国高等植物图鉴 1：219，图 437. 1972；中国植物志 4(2)：201. 1999. ——*W. orientale* var. *prolifera* (Hook. et Arnold) Ching in Bull. Fan Mem. Inst. Biol. Bot. 2: 4. 1931.

植株高 1～1.2m。根状茎粗短而横走，密生红棕色披针形大鳞片。叶近生；叶柄长约 70cm，初有鳞片，后光滑；叶片卵状长圆形，宽约 35cm，腹面常有多数小芽胞生于裂片主脉两侧网脉交叉点，芽胞密覆鳞片，常萌发出 1 枚有柄的匙形幼叶，落地长成新株，二回深羽裂；羽片长 20～30cm，宽 7～10cm，基部不对称，羽裂深达距羽轴 1～2mm 处；裂片强度上先出，向顶有细密尖齿，羽轴上侧的裂片远较下侧的为长；叶厚纸质。孢子囊群新月形，先端稍外弯，生于主脉两侧的网脉上；囊群盖同形，草质，以稍弯弓的一边着生于网脉，以另一边开向主脉。

产于桂东北地区；生于林下阴湿处，喜酸性土。分布于台湾、福建、浙江、安徽、湖南、广东、江西。

根状茎补肝肾、强腰膝、除风湿；治风寒湿痹、肾虚腰痛、腹中邪热。

5. 崇澍蕨属 Chieniopteris Ching

土生，中小型植物。根状茎长而横走，褐黑色，被全缘、质厚的棕色阔披针形鳞片。叶远生，有长柄；叶片远比叶柄为短，单叶，三裂或常为卵状三角形而羽深裂达叶轴；侧生羽片（或裂片）少数（1～5 对），披针形，渐尖头，向基部略变狭，沿叶轴两侧彼此以狭翅相连（基部一对往往与第二对以无翅的叶轴分开），顶片一片羽片与侧生羽片同形，或略较长，全缘、波状或为不规则的羽裂，边缘有 1 条软骨质的狭边，通常向上部有疏而细的锯齿；主脉明显，两面均隆起，小脉网状，不甚明显，沿主脉两侧各形成 1 列狭长的网眼，向外有 2～3 行六角形的斜网眼。叶厚纸质或近革质，两面均无毛。孢子囊群叶表面生，不下陷于叶肉内，粗线形，不连续，沿主脉两侧着生并与之并行（有时向外侧另伸出 1 对）；囊群盖粗线形，背面呈拱圆形，纸质，深棕色，着生于靠近主脉的狭长网眼的小脉上，成熟时开向主脉，宿存；孢子椭圆形，周壁微褶皱，外壁具模糊的颗粒状纹饰。

本属有 2 种，主产于中国南部，向南分布到越南北部，向东到日本南部诸岛屿；广西 2 种均产。

分种检索表

1. 侧生羽片 1～3 对，全缘或略呈波状，斜上，顶端一片最长，基部全缘 …………… 1. **崇澍蕨** Ch. harlandii (Hook.) Ching
1. 侧生羽片达 5～7 对，呈不规则的羽裂，基部一对近平展，其上各对斜展，顶端一片较短而基部羽裂 …………………………………………………………………… 2. **裂羽崇澍蕨** Ch. kempii (Copel.) Ching

1. 崇澍蕨（植物分类学报）

Chieniopteris harlandii (Hook.) Ching in Acta Phytotax. Sin. **9**(1)：39，f. 4. 1964；海南植物志 **1**：134，图 59. 1964；中国植物志 **4**(2)：207，图版 36：1～5. 1999. ——*Woodwardia harlandii* Hook. Fil. Eoxt. t. 7. 1857；中国蕨类植物图谱 **2**：图版 52. 1934；中国高等植物图鉴 **1**：219，图 438. 1972.

植株高达 1.2m。根状茎长而横走，密被棕色披针形鳞片。叶远生，近二型；营养叶较小，叶柄长约 20cm，禾秆色，基部以上光滑；叶片通常三裂（少有披针形单叶）；孢子叶较大，叶柄长 20～45cm，叶片阔卵形，长 20～30cm，宽 15～20cm，深羽裂或近羽裂（有时单一或三裂）；下部羽片长约 20cm，宽 2～3cm，带状披针形，基部沿叶轴下延成狭翅；叶脉全部网状，紧靠主脉两侧有细长网眼 1 行，向外为多角形的斜上网眼；叶厚纸质至近革质，无毛。孢子囊群粗线形，生于主脉两侧的 1 行网脉旁侧，紧靠主脉（有时也生于侧脉）；囊群盖同形，纸质，开向主脉或侧脉，成熟时向外反卷。

产于金秀、荔浦、平南、上思、象州、贺州；生于海拔 300～600m 的山坡林下。分布于海南、湖南、台湾、福建、广东。越南也有分布。

根状茎祛风除湿；治关节痛。

2. 裂羽崇澍蕨（植物分类学报）

Chieniopteris kempii (Copel.) Ching in Acta Phytotax. Sin. **9**(1)：39. 1964；中国植物志 **4**(2)：208，图版 36：6. 1999. ——*Woodwardia kempii* Copel. in Philipp. J. Sci. **3**：280. 1908.

本种近似于**崇澍蕨**［*Ch. harlandii* (Hook.) Ching］，不同主要在于本种的叶片为阔卵状三角形，侧生羽片可多达 7 对，基部一对较大，近平展，向上的逐渐缩短，斜展，并均多少为不规则的羽裂，裂片披针形，长 1～3cm，宽约 5mm，渐尖头，全缘或波状，顶生羽片短，基部多少羽裂。

产于金秀、象州、贺州；生于海拔 400～1 000m 的林下阴湿处。分布于福建、台湾、广东。日本也有分布。

44. 球盖蕨科　PERANEMACEAE

土生，中型植物。根状茎直立或斜上，粗短，木质，有复杂的网状中柱，密被具细密筛孔的栗色阔鳞片。叶簇生，一型；叶柄粗，基部不以关节着生，被鳞片，脱落后粗糙，具有多条分离的维管束；叶片大，长卵形或三角状卵形，三回羽状至四回羽裂；末回小羽片腹面略被粗短的红棕色节状毛，背面无毛或有腺体；叶脉分离，羽状，小脉斜上，不达叶边；叶纸质或草质，略有粗糙感。孢子囊群圆球形，背生或顶生于小脉上，无柄或有细长柄；囊群盖或为革质，圆球形，幼时完全包封着孢子囊群，成熟时自顶端纵裂为 2～3 枚宿存的裂瓣，或为半球形，膜质，幼时包着孢子囊群，成熟时其下部压于孢子囊群的下面；囊托隆起；孢子囊为水龙骨型，有细长柄，不具隔丝；孢子体积较小，椭圆形，两侧对称，具单裂缝，周壁呈薄膜状。

本科有 3 属约 20 种，分布于亚洲热带及亚热带山地。中国有 3 属 14 种 1 变种；广西有 3 属 2 种 1 变种。

分 属 检 索 表

1. 各回羽轴基部着生处有1枚通常宿存的心形大鳞片；囊群盖膜质，半球形，不纵裂；孢子囊柄下部具有少数多细胞的棒状短毛；叶柄基部的鳞片边缘有多细胞的棍棒状附属物 ………………………………… 1. **鱼鳞蕨属** Acrophorus Presl

1. 各回羽轴基部着生处无心形大鳞片；囊群盖革质，圆球形，成熟后顶端纵裂成2～3瓣。

  2. 孢子囊群无柄；孢子囊柄下部具少数单细胞的棍棒状短毛；叶柄基部的鳞片全缘，边缘无附属物 …………………………………………………………………………………………… 2. **红腺蕨属** Diacalpe Bl.

  2. 孢子囊群具有线形的细长柄；孢子囊柄下部不具短毛；叶柄基部的鳞片边缘有短的单细胞棍棒状附属物 …………………………………………………………………………………………… 3. **柄盖蕨属** Peranema D. Don

1. 鱼鳞蕨属 Acrophorus Presl

土生。根状茎直立或斜上，短粗，木质，被栗色阔鳞片。叶簇生；叶柄长，禾秆色；叶片大，三角状卵形，四回羽状细裂；羽片多为对生；一回小羽片近对生，并以直角开展；末回小羽片腹面疏被粗短的节状毛，背面无毛；羽轴及各回小羽轴均为禾秆色，在基部着生处密被棕色短节状毛，背面圆形，往往在基部着生处有1枚宿存的心形大鳞片；叶脉分离，羽状；叶纸质，干后绿色或棕色。孢子囊群圆形；囊群盖半球形，膜质，下位，幼时包着孢子囊群，成熟时其下部压于孢子囊群的下面；囊托略隆起；孢子囊球形或左右两侧稍压扁，有细长柄；孢子长椭圆形，周壁具褶皱，形成规则的大网，表面具细网状纹饰，外壁表面光滑。

本属约有8种，产于亚洲东南部及大洋洲。中国有6种；广西产1种。

鱼鳞蕨（中国高等植物图鉴）

Acrophorus stipellatus (Wall.) Moore, Gard. Chron. **1854**: 135. 1854; 中国蕨类植物图谱 **4**: 图版177. 1937; 中国高等植物图鉴 **1**: 224, 图448. 1972; 中国植物志 **4**(2): 231, 图版41. 1999; 贵州蕨类植物志 33, 图版1: 1～5. 2001. ——*Davallia stipellata* Wall. List no. 260. 1828, nom. nud.

植株高1m以上。根状茎直立或斜升，顶部连同叶柄基部密生卵状披针形鳞片。叶簇生；叶柄长40～80cm；叶片卵形，四回（偶五回）羽裂，基部一对羽片最大；一回小羽片在羽轴下侧的较长，基部一对缩短；末回裂片长圆形，边缘浅裂或波状；叶薄纸质，腹面略生棕色有节粗毛，各回羽轴着生处下面有1枚心形膜质鳞片。孢子囊群小，圆形；囊群盖近半球形或卵圆形，下位，膜质，仅基部一点着生。

产于兴安、灵川、资源、全州、临桂、龙胜、融水、罗城、金秀、平南、桂平、容县、武鸣、上林；生于海拔200～1 300m的林下阴处或沟谷溪边。分布于福建、湖南、江西、浙江、云南、贵州、四川、西藏、广东、海南、台湾。印度、不丹、尼泊尔、马来西亚、越南、菲律宾、日本也有分布。

全株清热解毒。

2. 红腺蕨属 Diacalpe Bl.

土生。根状茎直立、短粗，被密的鳞片；鳞片阔披针形，栗色、质厚、全缘。叶簇生；叶柄长，密被鳞片；叶片卵形或长卵形，三回羽状至四回羽状深裂，基部一对最大；一回小羽片上先出，向上的羽片较狭，二回小羽片下先出；末回小羽片腹面疏被短粗的节状毛，背面沿叶脉饰有橙红色或柠檬黄色的球形小腺体，羽轴及各回小羽轴（特别在基部）均被小鳞片及短节状毛；叶脉分离，羽状；叶草质或纸质，干后褐棕色或草绿色。孢子囊群圆球形；囊群盖下位，圆球形，革质，栗色，幼时完全包封着孢子囊群，成熟时自顶端纵裂为2～3瓣，宿存；囊托在囊群盖内的底部，半球形；孢子长椭圆形，周壁不透明，褶皱有时形成大网，网脊较宽，网眼大小不一，表面具小穴状纹饰。

本属约有10种，分布于亚洲热带地区。中国有7种；广西产1种。

红腺蕨（植物分类学报）

Diacalpe aspidioides Bl.，En. Pl. Jav. 241. 1828；Tard.-Blot et C. Chr. in Fl. Indo-Chine 7(2)：292，f. 31. 1941；中国高等植物图鉴 1：224，图 447. 1972；西藏植物志 1：194，图 46. 1983；中国植物志 4(2)：221，图版 39. 1999.

植株高30～70cm。根状茎短，直立，顶部和叶柄基部密生卵状披针形鳞片。叶柄长25～33cm；叶片长30～48cm，宽17～40cm，四回深羽裂；各回小羽片以基部下侧一片较大；末回裂片圆头形，具小齿或全缘；叶纸质，腹面略生有节的短粗毛，背面沿叶脉有腺体，腺体初为橙色后变枣红色，叶轴及各回羽轴略生棕色小鳞片及有节的粗毛。孢子囊群圆形，生于小脉基部或中部；囊群盖圆形，包被整个囊群，成熟时自顶端纵裂。

产于上思、宁明、东兴；生于海拔300～700m的林下。分布于台湾、云南、海南。亚洲其他热带地区也有分布。

3. 柄盖蕨属　Peranema D. Don

土生，中型植物。根状茎直立，被稠密的大鳞片。叶簇生，叶柄长，密被较小的鳞片，脱落后粗糙；叶片大，长卵形，三回羽状至四回羽裂，末回小羽片仅腹面疏被短粗的栗色节状毛，羽轴及各回小羽轴均被小鳞片及短粗的节状毛，腹面有纵沟；叶脉分离，羽状，小脉不达叶边，先端有明显的水囊；叶纸质，干后棕褐色，略有粗糙感。孢子囊群圆球形，有细长柄；囊群盖下位，圆球形，革质，栗色，着生于细长柄的顶端，幼时完全包封着孢子囊群，成熟时从顶部纵裂为2～3片宿存裂瓣；囊托在囊群盖内底部，为圆球形，孢子囊多数，有柄，环带纵行而中断，由11～15个增厚细胞组成；孢子长椭圆形，周壁具褶皱，表面具小穴状纹饰，外壁表面光滑。

单种属，分布于亚洲热带及亚热带地区。中国产于西藏、云南、广西、台湾。

柄盖蕨（中国高等植物图鉴）

Peranema cyatheoides D. Don，Prodr. Fl. Nepal. 12. 1825；Ching in Sunyatsenia 5(4)：246. 1940；植物分类学报 21 (4)：373. 1983；西藏植物志 1：197. 1983；中国植物志 4(2)：217. 1999.

a. **柄盖蕨**（原变种）

Peranema cyatheoides D. Don var. cyatheoides

植株高0.8～2m。根状茎直立，短粗，木质，先端密被鳞片；鳞片卵状披针形，长1.5～2cm，基部宽2.5～5mm，边缘有棍棒状短毛，厚膜质，棕色或红棕色而有光泽。叶簇生；柄长25～65cm，基部粗5～10mm，棕禾秆色，被与根状茎上同样的鳞片，鳞片极稠密并较大，叶柄向上为深禾秆色，有光泽，连同叶轴密被褐色的长钻状鳞片，向上的鳞片较疏并逐渐变小，脱落后常留下近圆形或长形隆起的褐色鳞痕，腹面有纵沟；叶片长卵形，长70～130cm，基部宽32～70cm，先端渐尖，三回羽状至四回羽裂；羽片15～20对，对生，向上的渐变为互生，斜展，彼此接近，有短柄（长约1cm），下部2～3对羽片同大，相距7～8cm，椭圆形或椭圆状披针形，略成镰刀状，长23～28cm，中部宽8～10cm，先端渐尖，基部不变狭或略变狭，两侧近对称，下侧小羽片较大，三回羽裂；小羽片15～20对，有短柄，下部的近对生或对生，近平展，相距1.5～2cm，通常略缩短，向上互生，近平展或斜展，相距1.8～2.2cm，彼此接近或稍覆叠，中部下侧的小羽片较大，长5.8～7cm，宽2.3～2.8cm，阔披针形，略呈镰刀状，先端短渐尖，基部平截并与羽轴平行或紧靠羽轴，二回羽裂；末回小羽片9～16对，下部2～4对对生，向上互生，无柄，平展，彼此以狭间隔分开，长1～1.5cm，宽4～5mm，椭圆形，钝头并有圆齿，基部近平截或为圆截形，羽状深裂几达小羽轴；裂片4～5对，对生，椭圆形，长 3～4mm，宽约 2mm，先端平截或圆截形，边缘全缘或仅于顶端有 2～3 个不明显的小圆齿；叶脉不明显，在裂片（或末回小羽片）近羽状，纤细，小脉单一，几达叶边，先端有略膨大的水囊；叶纸质，干后褐棕色，腹面疏被深棕色短粗节状毛，背面无毛或偶有短毛；叶轴、羽轴及小羽轴均为深禾秆色，羽轴及小羽轴略被长钻状、边缘有疏睫毛的棕色鳞片和棕色卷曲的节状毛，腹面均有浅纵沟。孢子囊群球形，直径约 1mm，包于圆球形的囊群盖内，通常每末回小羽片或裂片各有 1 枚，背生于基部上侧一小脉上，沿小羽轴两侧各成 1 行；囊群盖革质，初为棕色，后变为褐色，有细长柄（柄长于囊群盖，背生于末回小羽片或裂片背面的基部上侧一小脉上），成熟时自顶部开裂成 2～3 瓣，裂瓣褐色，通常不等大，宿存。

本种产于云南、西藏，广西不产。分布于印度、尼泊尔、缅甸。原记录为**东亚柄盖蕨**［*P. cyatheoides* D. Don var. *luzonicum* (Copel.) Ching et S. H. Wu］的错误记载。

b. **东亚柄盖蕨**（变种）（植物分类学报）

Peranema cyatheoides D. Don var. **luzonicum** (Copel.) Ching et S. H. Wu in Acta Phytotax. Sin. 21(4): 373. 1983；中国植物志 4(2): 218，图版 38. 1999；云南植物志 20: 707，图版 141: 1～13. 2006. ——*P. luzonicum* Copel. in Philipp. J. Sci. 4: Ⅲ. 1909.

本变种与原变种的主要区别为叶柄上部和叶轴疏被棕色或深棕色的线状披针形鳞片，末回小羽多片少锐裂。

产于融水、罗城、兴安、龙胜、那坡；生于海拔 600～1 700m 的林下。分布于云南、贵州、四川、湖北、湖南、台湾。菲律宾、印度、尼泊尔也有分布。

根状茎清热解毒。

45. 鳞毛蕨科　DRYOPTERIDACEAE

陆生植物。根状茎粗短、直立或斜生，或长而横走，具网状中柱，密被鳞片；鳞片大，质厚，卵形至卵状披针形，红棕色或褐色。叶簇生或散生，少数近生；叶柄基部不具关节，常被与根状茎上相同的鳞片，内有多条圆柱形的维管束；叶一型，叶片一回至五回羽状，稀单叶，纸质或革质，干后淡绿色，光滑，叶轴、各回羽轴或主脉背面多少被披针形或钻形鳞片；羽片和各回小羽片基部对称或不对称，叶缘常有锯齿或有芒刺；叶脉常分离，上先出或下先出，小脉不达叶边，顶端长膨大呈球杆状的小囊。孢子囊群小，圆形，顶生或背生于小脉，有盖或无盖；囊群盖圆肾形，以深缺刻着生，或圆形，盾状着生，稀椭圆形，草质，近黑色，以外侧边中部凹点着生于囊托，成熟时开向主脉；孢子两面型。

本科约有 14 属 1 200 余种，广布于世界各地，主产于北半球温带及亚热带地区。中国有 13 属 472 种，分布于全国各地，尤以长江以南地区为最丰富；广西有 10 属 116 种 3 变种。

分属检索表

1. 囊群盖圆肾形，以深缺刻着生，偶为无盖。
  2. 根状茎粗短而直立；叶簇生或偶有近生，一回至四回羽状，若为二回羽状者，则除假复叶耳蕨属（*Acrorumohra*）和基部一对羽片的二回小羽片为上先出外，其余各回小羽片均为下先出。
    3. 叶片三回至四回羽状，侧生羽片的羽轴下部往往向地弯弓；小羽片均为上先出；末回小羽片基部不对称 ……………………………………………………………… 1. **假复叶耳蕨属** Acrorumohra (H. Ito) H. Ito
    3. 叶片一回至四回羽状；侧生羽片的羽轴下部通直，斜上，若叶片为二回以上羽状者，则除基部一对羽片的二回小羽片为上先出外，其余均为下先出；末回小羽片基部绝大多数对称。
      4. 叶纸质或近革质；叶柄上的鳞片通常为棕色，质薄，全缘或有不规则的齿牙；小羽轴和主脉腹面不具红棕色的肉质粗刺 ……………………………………………… 2. **鳞毛蕨属** Dryopteris Adans.
      4. 叶近革质；叶柄上的鳞片红棕色至褐棕色，质坚厚，全缘；小羽轴和主脉腹面具红棕色的肉质粗刺 …………

…………………………………………………………………… 3. **肉刺蕨属** Nothoperanema (Tagawa) Ching

2. 根状茎长而横走；叶散生，三回至四回羽状（偶为一回羽状），若为二回以上羽状者，则各回小羽片均为上先出。

5. 叶为薄革质；各回羽轴腹面密被单细胞短柔毛 ………………………… 4. **毛枝蕨属** Leptorumohra (H. Ito) H. Ito

5. 叶为革质、纸质，罕为草质；各回羽轴腹面无毛。

6. 叶片椭圆状披针形，一回羽状；羽片披针形，基部楔形，近对称 ……………… 5. **黔蕨属** Phanerophlebiopsis Ching

6. 叶片三角形或卵状五角形，基部三回至四回羽状，末回小羽片基部不对称，上侧多少呈耳状凸起 ……………………………………………………………………………… 6. **复叶耳蕨属** Arachniodes Bl.

1. 囊群盖圆形，膜质，全缘，盾状着生，或椭圆形，革质，以外侧边中部着生；或为无盖。

7. 孢子囊群无盖；叶片一回羽状，偶为羽裂或单叶；羽片全缘或略有波状圆齿 ……… 7. **鞭叶蕨属** Cyrtomidictyum Ching

7. 孢子囊群有盾形或椭圆形的盖；叶片一回至五回羽状，边缘通常有锯齿或芒刺。

8. 叶脉网状，网眼内有1～3条能育内藏小脉。

9. 羽片全缘，基部楔形，对称，主脉两侧的叶脉仅向叶边联结成1行狭长网眼 … 8. **柳叶蕨属** Cyrtogonellum Ching

9. 羽片通常有锯齿，基部多少不对称（上侧凸起）；主脉两侧的叶脉通常联结成2～8行短阔网眼 ……………………………………………………………………………… 9. **贯众属** Cyrtomium Presl

8. 叶脉分离。

10. 叶片为一回羽状；羽片披针形，基部楔形，对称或近对称，全缘或略具缺刻状矮齿 ……………………………………………………………………………… 8. **柳叶蕨属** Cyrtogonellum Ching

10. 叶片为二回羽状或二回羽裂；羽片形状多样，披针形、椭圆形、斜菱形或三角形，羽片或小羽片基部通常不对称，上侧呈耳状凸起，边缘有尖锯齿或芒刺，少有全缘 …………………………………… 10. **耳蕨属** Polystichum Roth

1. 假复叶耳蕨属 Acrorumohra (H. Ito) H. Ito

土生，中型植物。根状茎短，直立或斜升，被鳞片；鳞片披针形或线状披针形，全缘。叶簇生；叶柄基部被与根状茎上同样的鳞片，向上光滑；叶片卵形、椭圆形或三角形，二回至三回羽状至四回羽裂，侧生羽片的羽轴下部往往向地弯弓，小羽片均为上先出，末回小羽片基部不对称，裂片边缘及顶端均不具芒状锯齿；叶脉分离，小脉单一或分叉，顶端不膨大，不达叶边；叶草质或纸质，无毛或疏被短毛。孢子囊群小，圆形，顶生于小脉上；囊群盖圆肾形，全缘，以深缺刻着生，或为无盖；孢子囊群的环带由14～17个增厚细胞组成；孢子球形，两面型。

本属有7种，主要分布于东亚和东南亚地区。中国有4种，分布于华南和西南；广西产3种。

分种检索表

1. 侧生羽片的羽轴斜上，不为弯弓状；叶轴通直；无囊群盖 …………………… 1. **草质假复叶耳蕨** A. hasseltii (Bl.) Ching

1. 侧生羽片的羽轴向下弯弓；叶轴曲折；具囊群盖。

2. 叶轴“之”字形曲折明显，以约30°角向下反折 ………………………… 2. **弯柄假复叶耳蕨** A. diffracta (Bak.) H. Ito

2. 叶轴稍呈“之”字形曲折，以约70°角向下反折 …………… 3. **微弯假复叶耳蕨** A. subreflexipinna (M. Ogata) H. Ito

1. 草质假复叶耳蕨（植物分类学报） 图版74:1～2

Acrorumohra hasseltii (Bl.) Ching in Acta Phytotax. Sin. **9**(4): 385. 1964；中国植物志 **5**(1): 10. 2000；中国高等植物 **2**: 475，图 652. 2008. ——*Polypodium hasseltii* Bl. Fl. Jav. Fil. 195, t. 92. 1828. ——*Arachniodes hasseltii* (Bl.) Ching in Acta Bot. Sin. **10**: 258. 1962；海南植物志 **1**: 149. 1964.

植株高达72cm。根状茎短，直立，先端连同叶柄基部密被栗棕色、披针形的全缘鳞片，略有光泽。叶簇生；叶柄禾秆色，向上直达叶轴，疏被小型鳞片；叶片三角状披针形，先端渐尖，羽裂，基部不变狭，三回羽状；羽片14～16对，互生，有柄，斜展，基部一对较大，卵状披针形，二回羽状；小羽片约15对，互生，有柄，基部下侧1片较大，阔披针形，一回羽状；末回小羽片9～10对，互生，中部以下的有柄，基部上侧1片略较

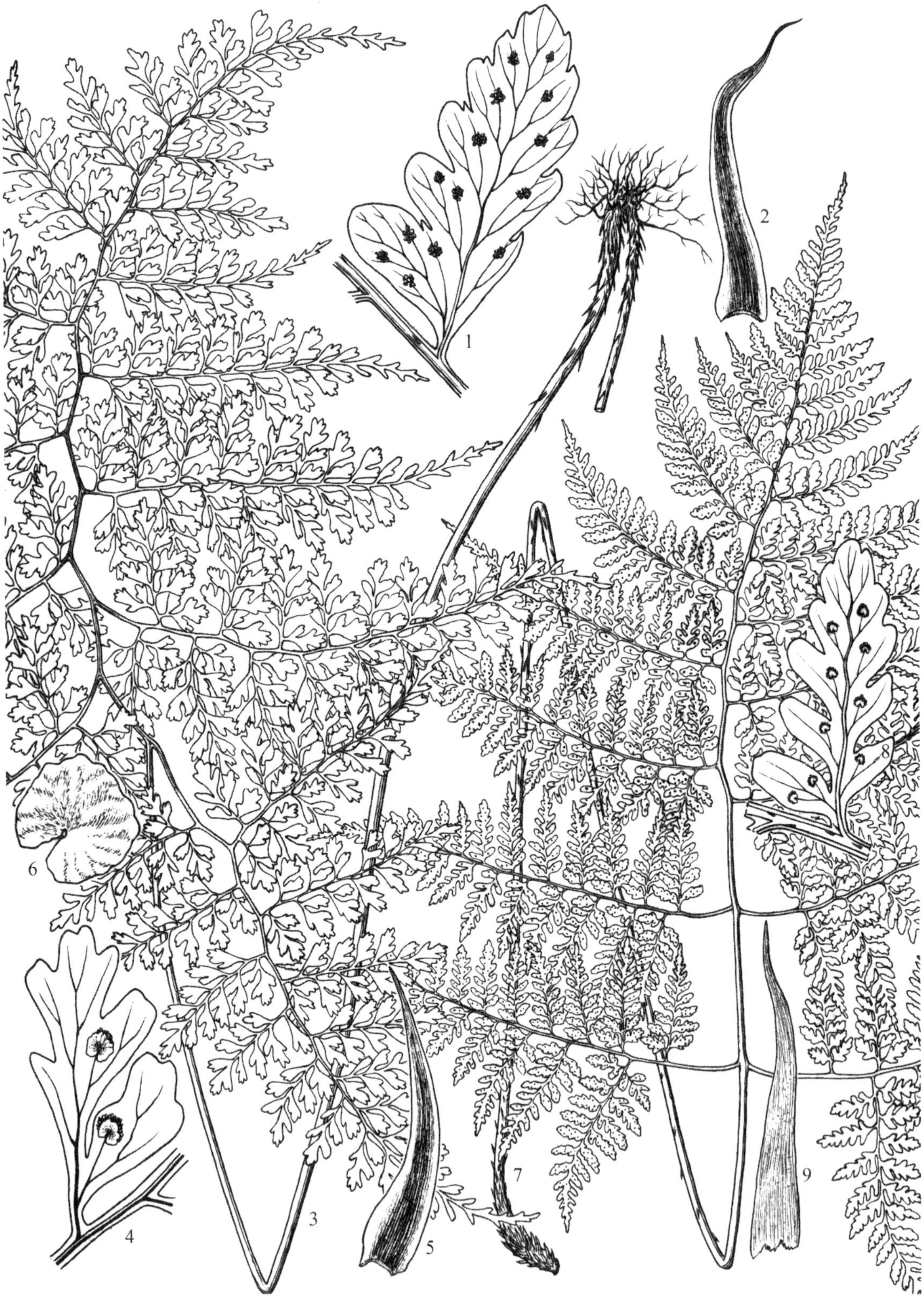

图版 74 1～2.**草质假复叶耳蕨** Acrorumohra hasseltii (Bl.) Ching 1.小羽片背面，示脉序及孢子囊群着生位置；2.叶柄基部的鳞片。3～6.**弯柄假复叶耳蕨** A. diffracta (Bak.) H. Ito 3.植株；4.小羽片背面，示脉序及孢子囊群着生位置；5.叶柄基部的鳞片；6.囊群盖。 7～9.**微弯假复叶耳蕨** A. subreflexipinna (M. Ogata) H. Ito 7.叶片；8.小羽片背面，示脉序及孢子囊群着生位置；9.叶柄基部的鳞片。 （朱运喜绘）

大，卵状长圆形，圆头，浅羽裂，基部上侧一片几分离，先端有 2～3 个钝锯齿，其余的末回小羽片较小，长圆形，基部上侧略呈耳状，耳片圆形，先端有 2～3 个钝锯齿；自第二对羽片起，向上各对羽片逐渐缩短；叶脉在末回小羽片上为羽状，小脉分叉或单一，背面可见；叶干后草质，绿色，两面光滑；各回羽轴背面略被棕色、披针形小鳞片。孢子囊群小，圆形，生于小脉顶部；无囊群盖。

产于融水、罗城；生于海拔 340～700m 的常绿阔叶林下。分布于台湾、海南。印度尼西亚也有分布。

2. **弯柄假复叶耳蕨**（植物分类学报）　图版 74：3～6

Acrorumohra diffracta (Bak.) H. Ito in Nakai et Honda, Nov. Fl. Jap. **4**: 101. 1930；中国植物志 **5(1)**: 8，图版 1: 2. 2000；中国高等植物 **2**: 474，图 651. 2008. ——*Nephrodium diffractum* Bak. in Kew Bull. 230. 1898. ——*Arachniodes diffracta* (Bak.) Ching in Acta Bot. Sin. **10**: 257. 1962；海南植物志 **1**: 149. 1964.

植株高 50～70cm。根状茎直立，被鳞片；鳞片红褐色，披针形，质厚坚硬，有光泽，渐尖头，全缘。叶柄基部亦被鳞片；叶片三角形，四回羽裂，下部几对羽片的轴基部强度反折而与叶轴稍成锐角，羽轴中部以上则上弯，故羽片外形弧状，中部羽片的基部近平展而上部向上，上部羽片则完全斜上，但羽轴不呈弧形；末回小羽片卵状斜方形，长宽各约 4mm，上部钝浅裂，基部楔形；叶草质，背面尤以二回小羽轴及小脉上疏生有节的红褐色毛。孢子囊群细小，圆形，生于小脉顶端，每裂片 1～2 个；囊群盖圆肾形。

产于金秀、象州、武鸣；生于海拔 800～1 100m 的常绿阔叶林下。分布于台湾、海南、云南、西藏。越南、日本也有分布。

3. **微弯假复叶耳蕨**（植物分类学报）　图版 74：7～9

Acrorumohra subreflexipinna (M. Ogata) H. Ito in Nakai et Honda, Nov. Fl. Jap. **4**: 102. 1930；中国植物志 **5(1)**: 9. 2000. ——*Dryopteris subreflexipinna* M. Ogata in J. Jap. Bot. **11**: 30, f. 2. 1935.

本种近似于**弯柄假复叶耳蕨**［*A. diffracta* (Bak.) H. Ito］，不同在于本种叶轴稍呈“之”字形曲折；羽柄以约 70°角向下反折。

产于武鸣、上林、马山；生于海拔 1 000～1 200m 的阔叶林下。分布于台湾。

2. 鳞毛蕨属　Dryopteris Adans.

陆生，中型蕨类。根状茎粗短，直立或少有斜升，顶端密被鳞片。叶簇生；叶柄粗壮，通常密被鳞片；叶片阔披针形、长圆形、长圆状卵形、卵状披针形至三角状卵形或五角形，一回至三回羽状或四回羽裂；末回小羽片基部圆形对称，少数种类略不对称，但上侧不呈尖三角形的耳状凸出；叶脉羽状，分离；叶纸质或革质，有时草质，腹面无毛，沿叶轴及各回羽轴有沟互通，背面沿叶轴、羽轴、小羽轴或中脉通常被鳞片；鳞片泡状或披针形、纤维状，全缘或有睫毛。孢子囊群圆形；囊群盖圆肾形，以缺刻着生，全缘或很少有小齿或腺体，褐色，宿存；孢子囊近球形，有长柄，环带有 14～20 个增厚细胞；孢子椭圆形或半圆形，具单裂缝，周壁具褶皱，常形成片状或瘤块状凸起。

本属约 230 种，广布于世界各地。中国有 127 种；广西产 37 种 2 变种。

分 种 检 索 表

1. 叶片一回奇数羽状，顶生羽片与侧生羽片同形。
  2. 植株高大，高可达 2.5m；侧生羽片 8～14 对，草质，每组叶脉下部 2～3 对不达叶边，羽片边缘近全缘或仅有波状浅圆齿；孢子囊群不规则排列，不靠近主脉 ………………………………… 1. **大平鳞毛蕨** D. bodinieri (Christ) C. Chr.
  2. 植株较矮小；侧生羽片 1～5 对，罕有较多，草质或革质，每组叶脉的基部下侧一条不达叶边。
    3. 叶柄基部的鳞片淡棕色或红棕色，披针形；侧生羽片纸质向基部不变狭 ……………………………………………………………………… 2. **奇数鳞毛蕨** D. sieboldii (van Houtte ex Mett.) O. Ktze.

3. 叶柄基部的鳞片黑色或褐色,线状钻形;侧生羽片薄革质向基部多少变狭 …………………………………………… 3. **柄叶鳞毛蕨** *D. podophylla* (Hook.) O. Ktze.

1. 叶片一回至四回羽状或羽裂,顶生羽片羽裂渐尖,不与侧生羽片同形。

4. 鳞片扁平,即基部不为泡囊状。

5. 小羽片基部两侧不对称。

6. 孢子囊群无盖 …………………………………… 4. **蓝色鳞毛蕨** *D. polita* Rosenst.

6. 孢子囊群具盖。

7. 叶柄上部至叶轴呈亮栗色 …………………………… 5. **栗柄鳞毛蕨** *D. yoroii* Seriz.

7. 叶柄上部至叶轴呈禾秆色 ………………… 6. **稀羽鳞毛蕨** *D. sparsa* (Buch.-Ham. ex D. Don) O. Ktze.

5. 小羽片基部对称。

8. 叶片长圆形,基部羽片为披针形或长圆形,其基部下侧一片小羽片不比同侧第二对小羽片为长而往往缩短。

9. 叶片一回羽状,羽片全缘、羽状浅裂或深裂。

10. 孢子囊群无盖。

11. 叶柄、叶轴疏被黑色或黑褐色线状披针形鳞片;羽片 10~16 对,长 10~12cm …………………………………………… 7. **无盖鳞毛蕨** *D. scottii* (Bedd.) Ching ex C. Chr.

11. 叶柄、叶轴密被深棕色或褐棕色阔披针形鳞片;羽片多达 30 对,长达 20cm …………………………………………… 8. **两广鳞毛蕨** *D. liangkwangensis* Ching

10. 孢子囊群有盖。

12. 孢子囊群紧靠或近羽片边缘着生,羽轴两侧有宽的不育带 …………………………………………… 9. **远轴鳞毛蕨** *D. dickinsii* (Franch. et Sav.) C. Chr.

12. 孢子囊群着生于羽轴两侧,不紧靠叶脉,在羽轴两侧无明显的不育带。

13. 羽片羽状半裂或在羽片基部羽状深裂;叶轴、叶柄鳞片细钻形或毛鬃状 …………………………………………… 10. **细鳞鳞毛蕨** *D. microlepis* (Bak.) C. Chr.

13. 羽片具粗齿或羽状浅裂。

14. 叶柄被棕色鳞片 ………………… 11. **近密鳞鳞毛蕨** *D. subpycnopteroides* Ching ex Fraser-Jenkins

14. 叶柄被黑色或褐黑色鳞片。

15. 基部羽片缩短常向下反折 …………… 12. **桫椤鳞毛蕨** *D. cycadina* (Franch. et Sav.) C. Chr.

15. 基部羽片不缩短或略缩短,不向下反折。

16. 羽片通常 30~40 对,边缘缺刻状 ………………… 13. **狭鳞鳞毛蕨** *D. stenolepis* (Bak.) C. Chr.

16. 羽片通常 20 对左右,边缘浅裂。

17. 孢子囊群盖不覆盖孢子囊群;羽片具短柄,草质 ……… 14. **混淆鳞毛蕨** *D. commixta* Tagawa

17. 孢子囊群盖覆盖孢子囊群;羽片无柄,纸质 ……… 15. **暗鳞鳞毛蕨** *D. atrata* (Kze.) Ching

9. 叶片三回羽裂或多数为三回羽裂至四回羽裂。

18. 叶片长圆状披针形,基部通常略变狭;叶明显二型 …………………………………………… 16. **二型鳞毛蕨** *D. cochleata* (Buch.-Ham. ex D. Don) C. Chr.

18. 叶片宽三角状披针形,基部最宽;叶一型 …………… 17. **边果鳞毛蕨** *D. marginata* (C. B. Clarke) Christ

8. 叶片五角形,羽片下侧小羽片比上侧的为长;叶柄和叶轴具淡褐色和棕色鳞片 …………………………………………… 18. **中华鳞毛蕨** *D. chinensis* (Bak.) Koidz.

4. 植株除具扁平鳞片外,叶柄、叶轴尤其是羽轴和小羽轴具泡状或基部扩大、先端毛发状的鳞片。

19. 基部羽片下侧的基部下侧小羽片通常特别伸长。

20. 叶片基部一对羽片的羽柄通常长达 3~4cm …………………………………………… 19. **寻乌鳞毛蕨** *D. xunwuensis* Ching et Shing ex Shing et J. F. Cheng

20. 叶片基部一对羽片的羽柄长通常在 1cm 以下。

21. 根状茎顶端及叶柄基部的鳞片棕色或暗棕色,鳞片顶端毛状 ……… 20. **变异鳞毛蕨** *D. varia* (L.) O. Ktze.

21. 根状茎顶端及叶柄基部的鳞片两色,通常基部和边缘棕色,中央或上部黑色 …………………………………………… 21. **两色鳞毛蕨** *D. setosa* (Thunb.) Akasawa

19. 叶片基部羽片的基部下侧小羽片不伸长或往往较短。

22. 叶柄基部的鳞片披针形或阔披针形，棕色或淡棕色，叶柄至叶轴鳞片密。

23. 叶片一回羽状或二回羽裂。

24. 羽片边缘有锯齿，羽片基部圆形或浅心形 …………………………………………………… 22a. **迷人鳞毛蕨** D. decipiens (Hook.) O. Ktze. var. decipiens

24. 羽片羽状深裂至全裂 …………………………………………………… 22b. **深裂迷人鳞毛蕨** D. decipiens (Hook.) O. Ktze. var. diplazioides (Christ) Ching

23. 叶片二回羽状或三回羽状。

25. 叶柄基部为黑色 …………………………………………………… 23. **黑足鳞毛蕨** D. fuscipes C. Chr.

25. 叶柄基部不为黑色。

26. 叶柄基部被栗黑色鳞片 …………………………………… 24. **红盖鳞毛蕨** D. erythrosora (Eaton) O. Ktze.

26. 叶柄基部被棕色鳞片。

27. 羽片有柄；叶柄和叶轴的鳞片边缘具疏齿 …………………………………………………… 25. **阔鳞鳞毛蕨** D. championii (Benth.) C. Chr. apud Ching

27. 羽片无柄；叶柄和叶轴的鳞片近全缘。

28. 叶片二回至三回羽状，即小羽片羽状深裂或羽状全裂；鳞片密 …………………………………………………… 26a. **高鳞毛蕨** D. simasakii (H. Ito) Kurata var. simasakii

28. 叶片二回羽状，即小羽片边缘仅羽状浅裂；植株鳞片极密 …………………………………………………… 26b. **密鳞高鳞毛蕨** D. simasakii (H. Ito) Kurata var. paleacea (H. Ito) Kurata

22. 叶柄基部鳞片狭披针形或线状披针形，黑色或黑棕色，叶柄中部向上叶轴的鳞片稀疏。

29. 孢子囊群无盖；羽片对生或近对生，几无柄 ………………… 27. **裸果鳞毛蕨** D. gymnosora (Mak.) C. Chr.

29. 孢子囊群具盖。

30. 侧生羽片无柄或几无柄；羽轴基部平展，垂直于叶轴。

31. 羽片基部的小羽片收缩或略收缩并与叶轴平行，覆盖叶轴 …………………………………………………… 28. **平行鳞毛蕨** D. indusiata (Mak.) Mak. et Yamamoto ex Yamamoto

31. 羽片基部的小羽片不收缩或略收缩，下侧小羽片斜展，不平行叶轴，也不覆盖叶轴。

32. 叶片二回羽状；小羽片边缘具锯齿或羽状浅裂；齿尖具芒刺；叶柄通常呈紫红色 …………………………………………………… 29. **华南鳞毛蕨** D. tenuicula Matthew et Christ

32. 叶片三回羽状；小羽片边缘羽状深裂至羽状全裂；裂片顶端钝圆或具齿，但齿尖无芒刺；叶柄呈禾秆色 …………………………………………………… 30. **无柄鳞毛蕨** D. submarginata Rosenst.

30. 侧生羽片有明显的短柄；羽轴斜展，不垂直于叶轴。

33. 小羽片基部与羽轴贴生，即羽片羽状深裂或羽状全裂，小羽片完全无柄 …………………………………………………… 31. **广西鳞毛蕨** D. guangxiensis S. G. Lu

33. 小羽片基部不与羽轴贴生，即叶片二回羽状，小羽片有短柄或无柄。

34. 小羽片长圆形，顶端钝圆或具钝齿，上下几乎等宽。

35. 叶片三角状卵形，即基部一对羽片最长；小羽片顶端通常圆钝头 …………………………………………………… 32. **三角鳞毛蕨** D. subtriangularis (Hope) C. Chr.

35. 叶片卵状披针形，即基部 2～3 对羽片等长；小羽片顶端通常截形或具钝齿 …………………………………………………… 33. **阿萨姆鳞毛蕨** D. assamensis (Hope) C. Chr. et Ching

34. 小羽片披针形或卵状披针形，即基部最宽，顶端短渐尖或钝圆，边缘羽状浅裂或深裂。

36. 小羽片基部心形，有长 2～3mm 的柄。

37. 羽轴基部密被黑色披针形鳞片；孢子囊群较靠近小羽片边缘着生 …………………………………………………… 34. **羽裂鳞毛蕨** D. integriloba C. Chr.

37. 羽轴基部疏被暗棕色披针形鳞片；孢子囊群较靠近小羽片的中脉着生 …………………………………………………… 35. **大明鳞毛蕨** D. tahmingensis Ching

36. 小羽片基部圆形或截形，具短柄或无柄。

38. 叶片基部羽片的基部下侧小羽片羽状深裂至羽状全裂，比上侧小羽片长 2～3 倍；叶柄基部的鳞片线状披针形，全黑色 ……………………………… 36. **齿头鳞毛蕨** D. labordei (Christ) C. Chr.

38. 叶片基部羽片的基部下侧小羽片通常羽状浅裂至半裂，比上侧小羽片长约 1 倍；叶柄基部的鳞片披针形，暗棕色或基部黑色，向上暗棕色 …………… 37. **假稀羽鳞毛蕨** D. pseudosparsa Ching

1. **大平鳞毛蕨**(中国植物志)图版 75:1～3

Dryopteris bodinieri (Christ) C. Chr. Ind. Fil. 254. 1905；中国高等植物图鉴 1：237. 1972；中国植物志 5(1)：105，图版 16：1～3. 2000. ——*Aspidium bodinieri* Christ in Bull. Acad. Int. Géogr. Bot. 11：248，cum f. 1902.

植株高达 3m。根状茎短而直立，密被全缘鳞片。叶柄淡禾秆色，近基部密被鳞片；侧生羽片达 15 对，线状披针形，长约 30cm(下部数对较短)，宽 4～5cm，短渐尖头，基部楔形，边缘锐裂具圆齿，或为圆形缺刻呈全缘圆形的裂片；每组侧脉有小脉 4～5 对；叶纸质，叶轴及羽片背面多少被流苏状鳞片。孢子囊群为不规则的 4～5 列，背生于侧脉中部；孢子囊群无盖。

产于龙胜、那坡、靖西；生于海拔 900～1 300m 的阔叶林下。分布于贵州、云南、四川、湖南。

2. **奇数鳞毛蕨**(中国高等植物图鉴)

Dryopteris sieboldii (van Houtte ex Mett.) O. Ktze. Rev. Gen. Pl. 2：813. 1891；中国高等植物图鉴 1：237，图 473. 1972；中国植物志 5(1)：106，图版 16：4～5. 2000. ——*Aspidium sieboldii* van Houtte ex Mett. Fil. Hort. Bot. Lips. 87，t. 20，f. 1～4. 1856.

根状茎近直立，与叶柄基部密生棕色披针形鳞片。叶柄长 25～40cm，深禾秆色，基部偶有鳞片；叶片阔卵形或卵状三角形，奇数一回羽状；侧生羽片 1～4 对，同形或披针形，全缘或具波状钝齿；每组侧脉有小脉 4～6 条；叶近革质。孢子囊群圆形，生于小脉中部稍下处，在主脉两侧各形成不整齐的 3～4 行；囊群盖圆肾形，全缘。

产于龙胜、阳朔、临桂、灵川、融水、罗城、金秀、凌云、贺州；生于海拔 500～1 300m 的林下。分布于浙江、福建、广东、贵州、江西、湖南、安徽。日本也有分布。

根状茎驱虫。

3. **柄叶鳞毛蕨**(海南植物志)

Dryopteris podophylla (Hook.) O. Ktze. Rev. Gen. Pl. 2：813. 1891；海南植物志 1：141. 1964；中国植物志 5(1)：109. 2000. ——*Aspidium podophylla* Hook. in J. Bot. Kew Misc. 5：236，t. 1. 1853.

本种近似于**奇数鳞毛蕨** [*D. sieboldii* (van Houtte ex Mett.) O. Ktze.]，但其叶柄坚硬，基部鳞片黑色或褐色，线状披针形；侧生羽片较狭，薄革质，向基部多少变窄。

产于上思、防城港、玉林、那坡；生于海拔 300～800m 的阔叶林下。分布于福建、广东、海南、香港、云南。

4. **蓝色鳞毛蕨**(中国植物志)

Dryopteris polita Rosenst. in Fedde, Rep. Sp. Nov. 13：218. 1914；中国植物志 5(1)：181，图版 31：1～2. 2000. ——*Dryopteris chapaensis* C. Chr. et Ching ex Ching in Bull. Fan Mem. Inst. Biol. Bot. 8：174. 1938；海南植物志 1：144. 1964.

本种近似于**稀羽鳞毛蕨**[*D. sparsa* (Buch.-Ham. ex D. Don) O. Ktze.]，不同在于本种叶柄通体呈淡禾秆色，叶片干后绿色，羽片有较长的柄(基部羽片的柄长 2～3cm)，小羽片基部均为圆形或圆楔形对称，裂片全缘；孢子囊群无盖。

产于融水、金秀、武鸣；生于海拔 340～1 100m 的常绿阔叶林下。分布于台湾、云南、海南。越南、泰国、印度尼西亚、日本也有分布。

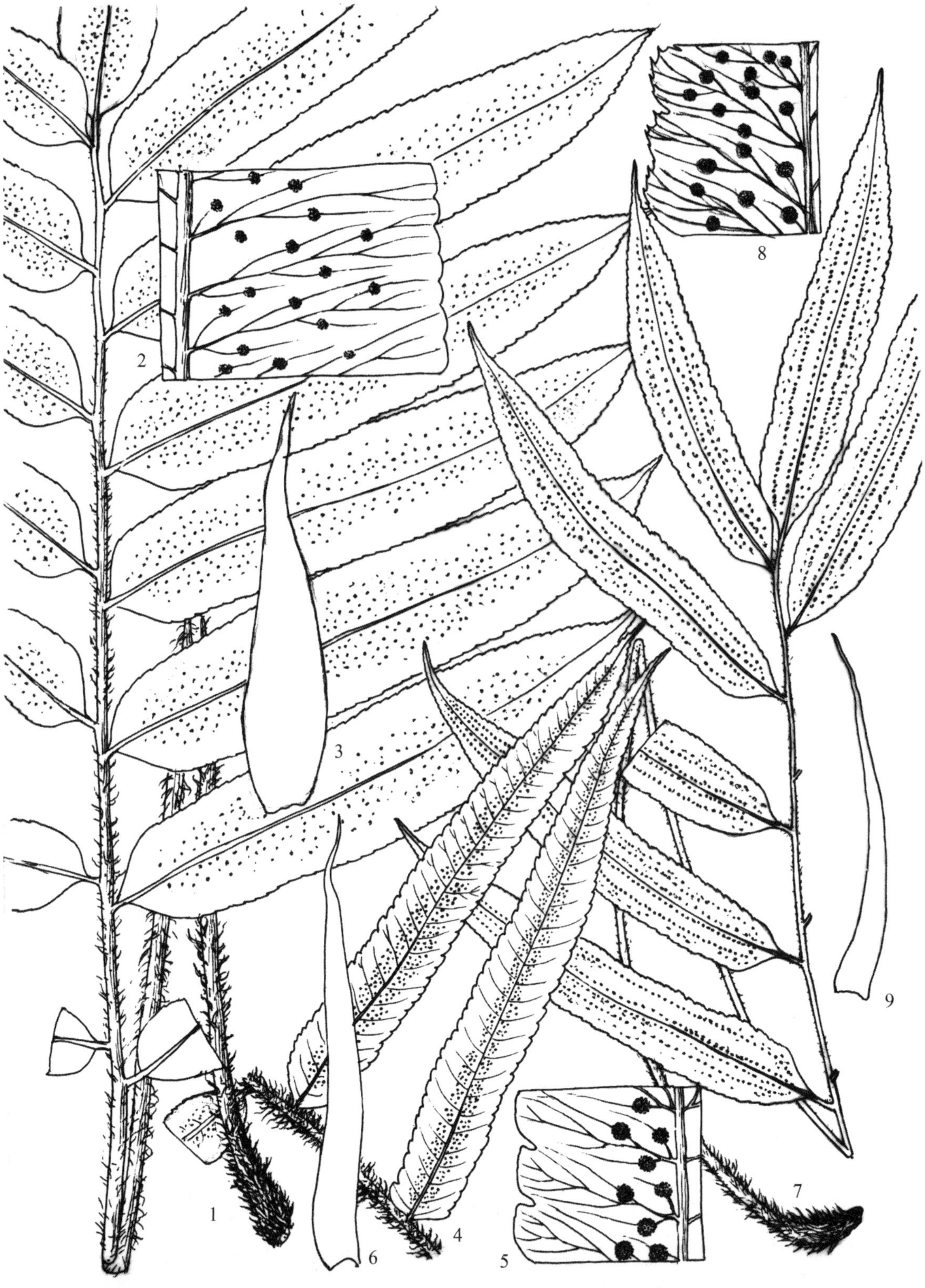

图版75 1～3. **大平鳞毛蕨** Dryopteris bodinieri (Christ) C. Chr. 1. 叶片一部分；2. 羽片背面一部分，示脉序及孢子囊群着生位置；3. 叶柄基部的鳞片。 4～6. **两广鳞毛蕨** D. liangkwangensis Ching 4. 叶片背面一部分；5. 羽片背面一部分，示脉序及孢子囊群着生位置；6. 叶柄基部的鳞片。 7～9. **长叶黔蕨** Phanerophlebiopsis neopodophylla (Ching) Ching ex Y. T. Xie 7. 叶片背面一部分；8. 羽片背面一部分，示脉序及孢子囊群着生位置；9. 叶柄基部的鳞片。 (林文宏绘)

5. **栗柄鳞毛蕨**(中国植物志)

Dryopteris yoroii Seriz. in J. Jap. Bot. **46**: 20, t. 16. 1971; 中国植物志 **5**(1): 185. 2000; 中国高等植物 **2**: 520. 2008.

本种近似于**稀羽鳞毛蕨**[*D. sparsa* (Buch.-Ham. ex D. Don) O. Ktze.],不同在于本种体形较小,植株高 30～50cm,叶柄长 15～20cm,叶片长 15～20cm;叶柄叶轴均具光泽,栗红色。

产于隆林;生于海拔 500～1 200m 的林下溪边。分布于云南、贵州、四川、西藏、台湾。印度、缅甸及喜马拉雅地区也有分布。

6. **稀羽鳞毛蕨**(中国高等植物图鉴)

Dryopteris sparsa (Buch.-Ham. ex D. Don) O. Ktze. Rev. Gen. Pl. **2**: 813. 1891; 海南植物志 **1**: 143. 图 63. 1964; 中国高等植物图鉴 **1**: 242. 图 483. 1972; 中国植物志 **5**(1): 185, 图版 32: 1～3. 2000. ——*Nephrodium sparsum* Buch.-Ham. ex D. Don, Prodr. Fl. Nepal. 6. 1825.

植株高 50～70cm。根状茎短,直立或斜升,连同叶柄基部密被棕色、全缘的披针形鳞片。叶簇生;叶柄长 20～40cm,淡栗褐色或上部为棕禾秆色,基部以上连同叶轴、羽轴均无鳞片;叶片卵状长圆形至三角状卵形,长 30～45cm,宽 15～25cm,顶端长渐尖并为羽裂,基部不缩狭,二回羽状至三回羽裂;羽片 7～9 对,对生或近对生,略斜上,有短柄,基部一对最大,三角状披针形,多少呈镰形,长 10～18cm,宽达 10cm,顶端尾状渐尖,其余向上各对羽片逐渐缩短,披针形;小羽片 13～15 对,互生,披针形或卵状披针形,基部阔楔形,通常不对称,基部一对的基部下侧一片小羽片较长,长 6～8cm,基部宽约 2cm,一回羽状,其余向上各对小羽片逐渐缩短;裂片长圆形,顶端钝圆并有几个尖齿,边缘有疏细齿;叶近纸质,两面光滑。孢子囊群圆形,着生于小脉中部;囊群盖圆肾形,全缘。

产于龙胜、全州、兴安、灵川、融水、三江、罗城、南丹、那坡、田林、凌云、贺州、平南、桂平、玉林、上思;生于海拔 200～1 300m 的林下沟边。广布于长江以南各省区。亚洲其他地区也有分布。

根状茎驱虫、解毒。

7. **无盖鳞毛蕨**(中国高等植物图鉴)

Dryopteris scottii (Bedd.) Ching ex C. Chr. in Bull. Dept. Biol. SunYat-sen Univ. **6**: 3. 1933; 中国高等植物图鉴 **1**: 237, 图 474. 1972; 中国植物志 **5**(1): 117, 图版 17: 1～3. 2000. —— *Polypodium scottii* Bedd. Fern. Brit. Ind. **2**: 345, t. 345. 1870.

植株高 50～80cm。根状茎直立,与叶柄基部密生黑色披针形大鳞片。叶柄长 20～30cm,深禾秆色,基部以上至叶轴偶有黑色条状钻形鳞片;叶片长圆形,长 25～35cm,宽 15～20cm,羽裂渐尖头,基部不变狭,背面沿羽轴及叶脉偶有黑色小鳞片,一回羽状;羽片 10～16 对,披针形,长 10～15cm,宽 1.5～2.5cm,渐尖头,边有锐尖粗齿;叶纸质。孢子囊群圆形,生于小脉中部稍下处,靠近主脉两侧排成不整齐的 2～3 行;无囊群盖。

产于龙胜、兴安、灵川、阳朔、临桂、恭城、罗城、环江、融水、金秀、象州、田林、那坡、隆林、凌云、乐业、昭平、容县;生于海拔 600～1 300m 的常绿阔叶林下。分布于长江以南各省区,东到台湾,西至西川、贵州、云南。印度、缅甸、不丹、泰国、越南、日本也有分布。

根状茎消炎;治烫伤。

8. **两广鳞毛蕨**(中国蕨类植物图谱) 图版 75:4～6

Dryopteris liangkwangensis Ching, Ic. Fil. Sin. **4**: t. 180. 1937; 中国植物志 **5**(1): 117. 2000.

本种近似于**无盖鳞毛蕨**[*D. scottii* (Bedd.) Ching ex C. Chr.],不同在于本种植株较高大,高达 150cm,具 20 对或更多的羽片,长达 20cm,叶柄、叶轴密生红棕色、近流苏状的较大鳞片,鳞片长达 1cm。

产于三江、融水、临桂、罗城;生于海拔 300～700m 的林下溪边。分布于云南、广东。越南也有分布。

9. **远轴鳞毛蕨**(中国植物志)

Dryopteris dickinsii (Franch. et Sav.) C. Chr. Ind. Fil. 262. 1905; 中国植物志 **5**(1): 122. 2000;

中国高等植物 2：496，图 675. 2008. ——*Aspidium dickinsii* Franch. et Sav. Enum. Pl. Jap. **2**：236. 1879.

植株高约 45cm。根状茎短而直立，密被棕色披针形鳞片。叶柄长约 17cm，向上至叶轴疏被鳞片；叶片长圆状披针形，长约 30cm，宽约 10cm，顶渐尖，基部不缩狭，一回羽状，仅叶轴和羽轴背面疏被线状披针形小鳞片；羽片约 17 对，有短柄，披针形，中部的长 4～5cm，宽 1～1.5cm，短尖头至渐尖，基部圆截形，边缘具粗钝齿或羽裂达 1/3；叶脉羽状，侧脉每组 3～5 条；叶厚纸质。孢子囊群圆形，沿中脉两侧各排成不整齐的 2～3 行，靠近叶边，即沿中脉两侧有宽的不育带；囊群盖圆肾形，全缘。

产于融水、灵川、罗城；生于海拔 1 000～1 200m 的阔叶林下。分布于长江流域各省区。印度、日本也有分布。

酸性土指示植物。根状茎清热止痛。

10. 细鳞鳞毛蕨（广西植物）

Dryopteris microlepis（Bak.）C. Chr. Ind. Fil. Suppl. **1**：36. 1913；广西植物 **11**(3)：224. 1991；中国植物志 **5**(1)：127. 2000；中国高等植物 **2**：500. 2008. —— *Nephrodium microlepis* Bak. in Kew Bull. **1906**：10. 1906.

植株高 40～60cm。根状茎直立或横走状，先端密被鳞片；鳞片棕色或褐棕色，钻形，全缘。叶簇生或近生；叶柄长 10～20cm，粗 2～3mm，禾秆色至淡棕色，基部密被棕色、线状披针形、边缘疏具齿的鳞片，鳞片易脱落；叶片长 25～50cm，宽 10～20cm，先端羽裂，渐尖或尾状渐尖，基部略变狭或不变狭，一回羽状；羽片 12～21 对，互生，斜展，彼此以近等距间隔分开，披针形，长 5～6cm，宽约 1cm，先端渐尖，基部略呈耳形，阔楔形，具短柄，羽状浅裂或仅有缺刻状锯齿，如浅裂，边缘全缘；叶干后淡绿色，坚纸质，两面近光滑，叶轴密被棕色线形鳞片，背面沿羽轴被棕色细小鳞片；叶脉羽状，每裂片 2～3 对，不分叉，两面不显。孢子囊群小，沿羽轴两侧各排成两行，偶为整齐的一行；囊群盖小，红棕色，早落。

产于那坡、隆林、凌云；生于海拔 800～1 200m 的阔叶林下。分布于贵州、云南。

11. 近密鳞鳞毛蕨（横断山区维管植物）

Dryopteris subpycnopteroides Ching ex Fraser-Jenkins in Bull. Brit. Mus. Nat. Hist. Bot. **14**：199. 1986；横断山区维管植物(上册) 123. 1993；中国植物志 **5**(1)：126. 2000.

植株高 80～100cm。根状茎直立，密被亮棕色、卵状披针形鳞片。叶簇生；叶柄长为叶片长的 1/4～1/3，基部呈棕褐色或禾秆色，密被亮棕色、披针形全缘鳞片，常贴生，向上渐变窄，披针形，开展；叶片长 40～70cm，宽 15～25cm，披针形，先端羽裂渐尖，基部不变狭，一回羽状；羽片 18～30 对，彼此以阔间隔分开，下部数对相距 3～4cm，披针形，长 10～13cm，宽 10～13cm，先端渐尖或尾状渐尖，基部平截，具短柄，羽状浅裂至半裂；裂片先端有 1～2 个鸟喙状齿；叶干后草质或纸质，绿棕色，两面光滑，沿叶轴和羽轴背面被棕色披针形或线形鳞片，尤以羽轴下部最密；叶脉羽状，每裂片 3～4 对，单一，不分叉，于背面凸起，于腹面略凹陷，明显可见。孢子囊群圆形，生于叶脉背部，每裂片 2～3 对，靠近中肋，两侧有宽的不育带；囊群盖圆肾形，膜质，全缘，成熟时易脱落。

产于融水、环江；生于海拔 700～1 000m 的阔叶林下。分布于云南。

12. 桫椤鳞毛蕨（云南植物研究）

Dryopteris cycadina（Franch. et Sav.）C. Chr. Ind. Fil. 260. 1905；中国植物志 **5**(1)：122. 2000；中国高等植物 **2**：496，图 676. 2008. ——*Aspidium cycadium* Franch. et Sav. Enum. Pl. Jav. **2**：236. 1877.

本种近似于**暗鳞鳞毛蕨**［*D. atrata*（Kze.）Ching］，不同在于本种基部羽片缩短并强度反折；裂片一回羽状半裂或深裂。

产于金秀、融水、灵川、兴安、龙胜、武鸣；生于海拔 450～1 800m 的林下。分布于广东、西藏、云南、贵州、四川、台湾、福建、江西、浙江、湖北、湖南。尼泊尔、印度、缅甸、日本也有分布。

根状茎清热解毒、止血、驱虫;治崩漏、蛔虫病。

13．**狭鳞鳞毛蕨**(秦岭植物志)

Dryopteris stenolepis (Bak.) C. Chr. Ind. Fil. 294. 1905；中国植物志 5(1)：124. 2000；中国高等植物 2：498，图 679. 2008. ——*Polypodium stenolepis* Bak. in Kew Bull. **1898**：231. 1898.

本种近似于**暗鳞鳞毛蕨**[*D. atrata* (Kze.) Ching],不同在于本种羽片较多而狭长,达 30～40 对,长约 15cm,宽 1.3～1.5cm,边缘具齿状锯齿;根状茎上的鳞片边缘全缘。

产于隆林、田林;生于海拔 700～1 000m 的林下溪边。分布于台湾、云南、贵州、四川、西藏、甘肃。印度、不丹也有分布。

14．**混淆鳞毛蕨**(广西植物)

Dryopteris commixta Tagawa in Acta Phytotax. Geobot. 2：190. 1933；广西植物 11(3)：222. 1991；中国植物志 5(1)：124. 2000；中国高等植物 2：497，图 678. 2008.

本种近似于**暗鳞鳞毛蕨**[*D. atrata* (Kze.) Ching],不同在于本种孢子囊群生于小脉中上部,不整齐散生于羽轴两侧,不覆盖孢子囊群;叶片长 35～45cm,羽片具短柄,草质;鳞片线状披针形。

产于龙胜;生于海拔约 400m 的林下溪边。分布于浙江、江西、福建、四川。日本也有分布。

15．**暗鳞鳞毛蕨**(中国高等植物图鉴)

Dryopteris atrata (Kze.) Ching in Sinensia 3：326. 1933；中国植物志 5(1)：123. 2000；中国高等植物 2：497，图 677. 2008. ——*Aspidium atratum* Kze. in Linn. **24**：279. 1851，non Wall. 1828，nom nud. ——*Nephrodium atratum* (Kze.) Hand.-Mazz. Symb. Sin. 6：23 1929；中国高等植物图鉴 1：238，图 475. 1972.

植株高 50～60cm。根状茎短而直立,密被棕色、披针形大鳞片。叶簇生;叶柄长 20～30cm,禾秆色,基部密被黑褐色、披针形鳞片,向上直达叶轴密被黑褐色、边缘有疏缘毛的线形或钻状鳞片;叶片披针形或阔披针形,长达 30cm,中部宽约 15cm,顶端狭缩成尾状渐尖并为羽裂,基部不变狭,一回羽状;羽片约 20 对,互生,几平展,披针形,中部的长 8～10cm,宽 1.2～1.5cm,顶端长渐尖,基部截形,近无柄,边缘有粗锯齿或浅羽裂;侧脉单一;叶纸质,叶片背面沿羽轴和叶脉疏生黑褐色小鳞片。孢子囊群圆形,着生于小脉中部,满布于中脉两侧,无不育带;囊群盖小,圆肾形。

产于灵川、龙胜、凌云、罗城、融水、金秀;生于海拔 500～1 600m 的林下或小道边。分布于长江以南各省区,东到台湾,北至甘肃,西南达西藏。印度、斯里兰卡、不丹、尼泊尔、缅甸、泰国也有分布。

根状茎清热解毒、止血、驱虫;治崩漏、蛔虫病。

16．**二型鳞毛蕨**　图版 76:1～4

Dryopteris cochleata (Buch.-Ham. ex D. Don) C. Chr. Ind. Fil. 258. 1905；中国植物志 5(1)：164. 2000；中国高等植物 2：512，图 706. 2008. ——*Nephrodium cochleata* Buch.-Ham. ex D. Don, Prodr. Fl. Nepal. 6. 1825.

植株高 60～70cm。根状茎横卧,密被亮棕色、线状披针形、全缘鳞片。叶近生,二型;营养叶叶柄长 20～30cm,禾秆色,疏被棕色线状披针形和线形鳞片;叶片卵圆形,长 30～40cm,基部宽 14～26cm,先端渐尖,基部心形,二回羽状深裂;羽片 8～12 对,基部一对羽片三角状披针形,长 10～12cm,宽 3～4cm,先端渐尖,具短柄,羽状深裂;裂片(小羽片)10～12 对,长圆形,或近于镰刀形,圆钝头,边缘具缺刻状锯齿,羽轴下侧裂片稍长于上侧裂片,基部不发育(即较上侧少生一裂片)。第二对羽片以上羽片披针形,渐尖头,基部心形,具短柄,羽轴下侧裂片与上侧裂片相等;叶草质,叶轴、羽轴近光滑,疏具棕色线形鳞片;孢子叶叶柄往往长于叶片,禾秆色,除基部被棕色线状披针形鳞片外,其上近于光滑;叶片长圆状披针形,先端渐尖,基部不变狭或略变狭,二回羽状;羽片 10～12 对,彼此以阔间隔约 1cm 分开,长条形,钝头,具柄,羽状浅裂。孢子囊群圆形,在裂片上排成整齐的两行,多覆盖于叶面;囊群盖圆肾形,红棕色,全缘。

产于隆林;生于海拔 700～900m 的常绿阔叶林下。分布于四川、贵州、云南。尼泊尔、不丹、越南、印

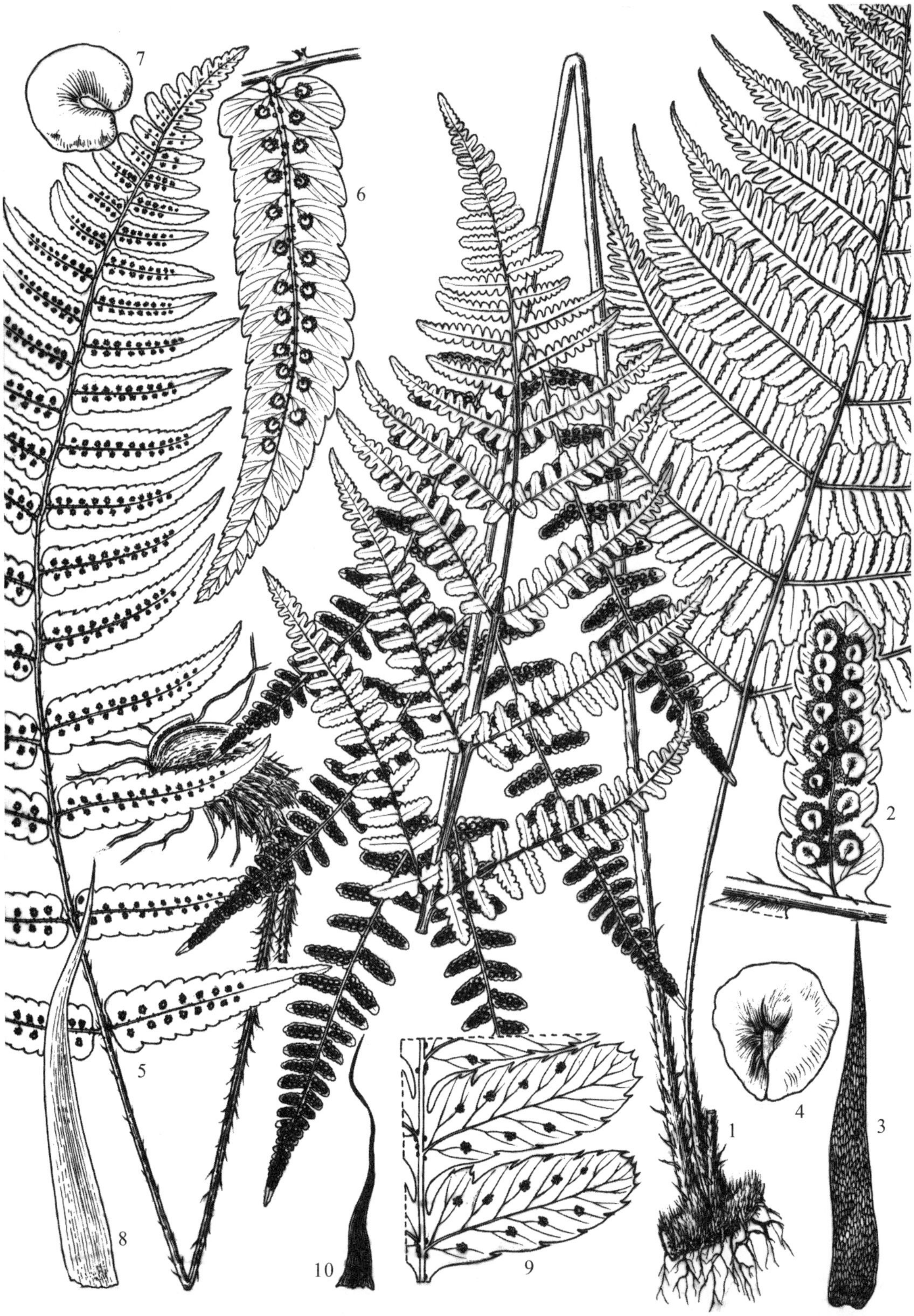

图版 76 1～4.**二型鳞毛蕨** Dryopteris cochleata (Buch.-Ham. ex D. Don) C. Chr. 1.植株；2.能育小羽片背面，示孢子囊群着生位置；3.叶柄基部的鳞片；4.囊群盖。 5～8.**迷人鳞毛蕨** D. decipiens (Hook.) O. Ktze. var. decipiens 5.植株；6.羽片背面，示孢子囊群着生位置；7.囊群盖；8.叶柄基部的鳞片。 9～10.**裸果鳞毛蕨** D. gymnosora (Mak.) C. Chr. 9.小羽片背面，示其脉序及孢子囊群着生位置；10.叶柄基部的鳞片。 （朱运喜绘）

度、马来西亚、缅甸及东南亚和南亚的其他大部分地区也有分布。

17. **边果鳞毛蕨**(中国植物志)

Dryopteris marginata (C. B. Clarke) Christ in Philipp. J. Sci. **2**: 212. 1907; 中国植物志 **5**(1): 168. 2000. ——*Nephrodium filixmas* (L.) Rich. var. *marginatum* C. B. Clarke in Trans Linn. Soc. Lond. ser. 2, Bot. **1**: 521, pl. 71. 1880. ——*Dryopteris metacalfii* Ching in Bull. Fan Mem. Inst. Biol. Bot. **8**: 463. 1938.

植株高可达1.7m。根状茎粗壮,横卧,密被深棕色披针形鳞片。叶从根状茎先端先出,近生;叶柄禾秆色,长约80cm。基部密被深棕色鳞片;鳞片长圆形,先端渐尖,边缘全缘;叶片三角状卵圆形,长约90cm,基部宽约80cm,先端渐尖,三回羽状深裂;一回羽片10对,彼此以阔间隔分开,叶片基部1~2对羽片卵圆状披针形,长约40cm,基部最宽,宽约20cm,先端长渐尖,基部有约2cm长的柄,二回深羽裂;二回羽片12~14对,斜展,彼此以阔间隔分开,披针形,羽状深裂,基部往往羽裂;裂片(三回小羽片)约10对,斜展,彼此以间隔分开,长方形,先端圆钝,具三角状锯齿,两侧边具缺刻,基部以狭翅与羽轴合生;叶片中部以上羽片渐次变小,变狭,二回羽状半裂或浅裂;二回羽片长圆形钝尖头,无柄;叶干后淡绿色,草质,叶片叶轴及各回羽轴近光滑,疏被淡棕色披针形鳞片和具节会珠状鳞片。孢子囊群圆形,在二回小羽轴和中肋两侧各排成整齐的一行,不靠近小羽轴和中肋;孢子囊群盖圆肾形,红棕色,全缘,宿存。

产于桂林、灵川、平南、金秀;生于海拔900~1 300m的林下溪边。分布于台湾、四川、贵州、云南。印度、尼泊尔、缅甸、泰国、越南也有分布。

根状茎清热解毒、散瘀、止血、杀虫;治斑疹、血崩、衄血、痢疾、麻疹、流行性感冒等。

18. **中华鳞毛蕨**(中国高等植物图鉴)

Dryopteris chinensis (Bak.) Koidz. Fl. Symb. Orient. Asiat. 39. 1930; 中国高等植物图鉴 **1**: 241, 图482. 1972; 江苏植物志 **1**: 277, 图280. 1977; 中国植物志 **5**(1): 173. 2000. —— *Nephrodium chinensis* Bak. in Hook. Syn. Fil. 278. 1867.

植株高24~35cm。根状茎与叶柄基部密生棕色披针形鳞片。叶柄长12~17cm,禾秆色,向上至叶轴疏生小鳞片;叶片五角形,长宽几相等,各12~20cm,三回至四回羽裂;基部一对羽片最大,三角形,长7~15cm,宽4~10cm,基部下侧小羽片明显增大,长4~7cm,其余小羽片较短,卵状三角形,渐尖头,基部上侧与羽轴并行,下侧阔楔形,疏离;末回小羽片或裂片边缘有疏浅齿;叶草质,侧脉羽状分叉。孢子囊群生于小脉顶部,靠近叶边;囊群盖圆肾形,近全缘,宿存。

产于陆川;生于海拔400~1 200m的林下。分布于辽宁、河南、山东、江苏、安徽、浙江和江西。朝鲜、日本也有分布。

19. **寻乌鳞毛蕨**(中国植物志)

Dryopteris xunwuensis Ching et Shing ex Shing et J. F. Cheng in J. Sci. Jiangxi **8**(3): 48. 1990; 江西植物志 **1**: 275, 图278. 1993; 中国植物志 **5**(1): 212. 2000.

植株高60~80cm。根状茎横卧,顶端密被披针形、栗黑色鳞片。叶簇生或近生;叶柄长30~40cm,基部褐棕色,密被与根状茎顶端相同的鳞片,上部禾秆色,疏生黑褐色至棕色的披针形小鳞片,鳞片基部具睫毛;叶片五角状卵形,长约35cm,宽20~25cm,三回羽状;羽片约10对,互生,彼此不接近,卵状披针形,基部一对最大,长约15cm,宽约8cm,基部的柄长1~3cm;小羽片5~8对,披针形,羽状全裂;末回小羽片6~8对,卵形,中下部全缘,中上部至顶端具疏齿;叶近革质,干后褐绿色,腹面光滑,叶轴和羽轴具有较密的棕色毛状鳞片,鳞片基部具睫毛,小羽轴背面被较多的棕色鳞片,鳞片基部泡状不明显,边缘具睫毛。叶片通常下部不育,上部能育。孢子囊群小,位于小羽片中脉与边缘之间;囊群盖棕色,边缘有长睫毛。

产于桂北地区;生于林下。分布于江西。

20. **变异鳞毛蕨** 图版77:1~3

Dryopteris varia (L.) O. Ktze. Rev. Gen. Pl. **2**: 814. 1891; 中国主要植物图说·蕨类植物门175,

图 233. 1957；中国植物志 5(1)：216，图版 37：1～2. 2000. ——*Polypodium varium* L. Sp. Pl. 2：1090. 1753.

植株高 50～70cm。根状茎横卧或斜升，顶端密被褐棕色狭披针形鳞片；鳞片顶端毛状卷曲。叶簇生；叶柄长 20～30cm，最长可达 50cm，禾秆色，最基部密被与根状茎顶端相同的鳞片，向上密被棕色小鳞片或鳞片脱落后近光滑；叶片五角状卵形，长 30～40cm，基部宽 20～25cm，三回羽状或二回羽状基部小羽片羽状深裂，基部下侧小羽片向后伸长呈燕尾状；羽片 10～12 对，披针形，基部一对最大，长 15～20cm，基部宽可达 10～15cm，顶端羽裂渐尖，基部有短柄，柄长约 0.5～1cm；小羽片 6～10 对，披针形，基部羽片的小羽片上先出，下侧羽片较大，下侧第一片小羽片最大，长可达 15cm，基部宽达 3cm，羽状全裂，较小植株的基部下侧小羽片为羽状深裂，叶片中上部的小羽片为羽状半裂或边缘具锯齿；基部小羽片的末回裂片或末回小羽片披针形，顶端短渐尖，边缘羽状浅裂或有齿；叶近革质，干后绿色，叶轴和羽轴疏被黑色毛状小鳞片，小羽轴和裂片中脉背面疏被棕色泡状鳞片。孢子囊群较大，靠近小羽片或裂片边缘着生；囊群盖圆肾形，棕色，全缘。

广西各地均产；生于海拔 100～2 100m 的灌丛、林下、沟谷、田埂边等生境中。分布于长江以南各省区及台湾。日本、朝鲜、菲律宾、印度也有分布。

根状茎清热解毒、止痛；治内热腹痛、肺结核。

21. 两色鳞毛蕨(中国高等植物图鉴)

Dryopteris setosa (Thunb.) Akasawa in Bull. Kochi Worn. Univ. 7：27. 1959；中国植物志 5(1)：219，图版 37：3～4. 2000；中国高等植物 2：532，图 742. 2008. ——*Polypodium setosum* Thunb. Fl. Jap. 337. 1784. ——*Dryopteris bissetiana* (Bak.) C. Chr. Ind. Fil. 245. 1906；中国高等植物图鉴 1：241，图 481. 1972.

本种近似于**变异鳞毛蕨**［*D. varia* (L.) O. Ktze.］，不同在于本种根状茎顶端及叶柄基部的鳞片两色，通常基部和边缘棕色，中央或上部黑色。

产于三江、龙胜；生于海拔约 400m 的灌丛中。分布于长江流域各省和陕西、甘肃。朝鲜、日本也有分布。

根状茎清热解毒、活血祛瘀、利水通淋；治流行性感冒、水肿、跌打损伤、蛔虫病。

22. 迷人鳞毛蕨

Dryopteris decipiens (Hook.) O. Ktze. in Rev. Gen. Pl. 2：812. 1891；中国植物志 5(1)：191，图版 33：3. 2000；中国高等植物 2：521，图 721. 2008. ——*Nephrodium decipiens* Hook. Sp. Fil. 4：86, t. 243. 1862.

22a. 迷人鳞毛蕨(原变种)　图版 76：5～8

Dryopteris decipiens (Hook.) O. Ktze. var. **decipiens**

植株高 30～60cm。根状茎粗短直立或斜升，与叶柄基部一同密被深褐色披针形大鳞片。叶柄长 10～25cm，禾秆色，向上疏被鳞片；叶片长圆状披针形，长 25～40cm，宽 8～15cm，顶渐尖并为羽裂，基部略狭，一回羽状，沿叶轴、羽轴背面及中脉基部疏被棕色泡状小鳞片；羽片 10～15 对，镰状披针形，中部的较大，长 6～8cm，宽 1～1.5cm，渐尖头，基部圆楔形或微心形，边缘波状或浅裂为圆钝齿；侧脉除基部上侧一条小脉外，其余的均伸达叶边；叶纸质，干后灰绿色。孢子囊群圆形，生于侧脉中部以下，沿羽轴两侧各排成一行；囊群盖圆肾形，全缘。

产于龙胜、融水、三江、金秀、贺州、上思、武鸣；生于海拔 300～1 300m 的常绿阔叶林下。分布于安徽、浙江、湖南、福建、广东、贵州、四川、海南、香港、江西。日本也有分布。

22b. 深裂迷人鳞毛蕨(变种)

Dryopteris decipiens (Hook.) O. Ktze. var. **diplazioides** (Christ) Ching in Bull. Fan Mem. Inst. Biol. Bot. 8：476. 1938；中国植物志 5(1)：193. 2000；中国高等植物 2：521. 2008. ——*Polypodium diplazioides* Christ in Bull. Acad. Int. Géogr. Bot. 1902：260. 1902.

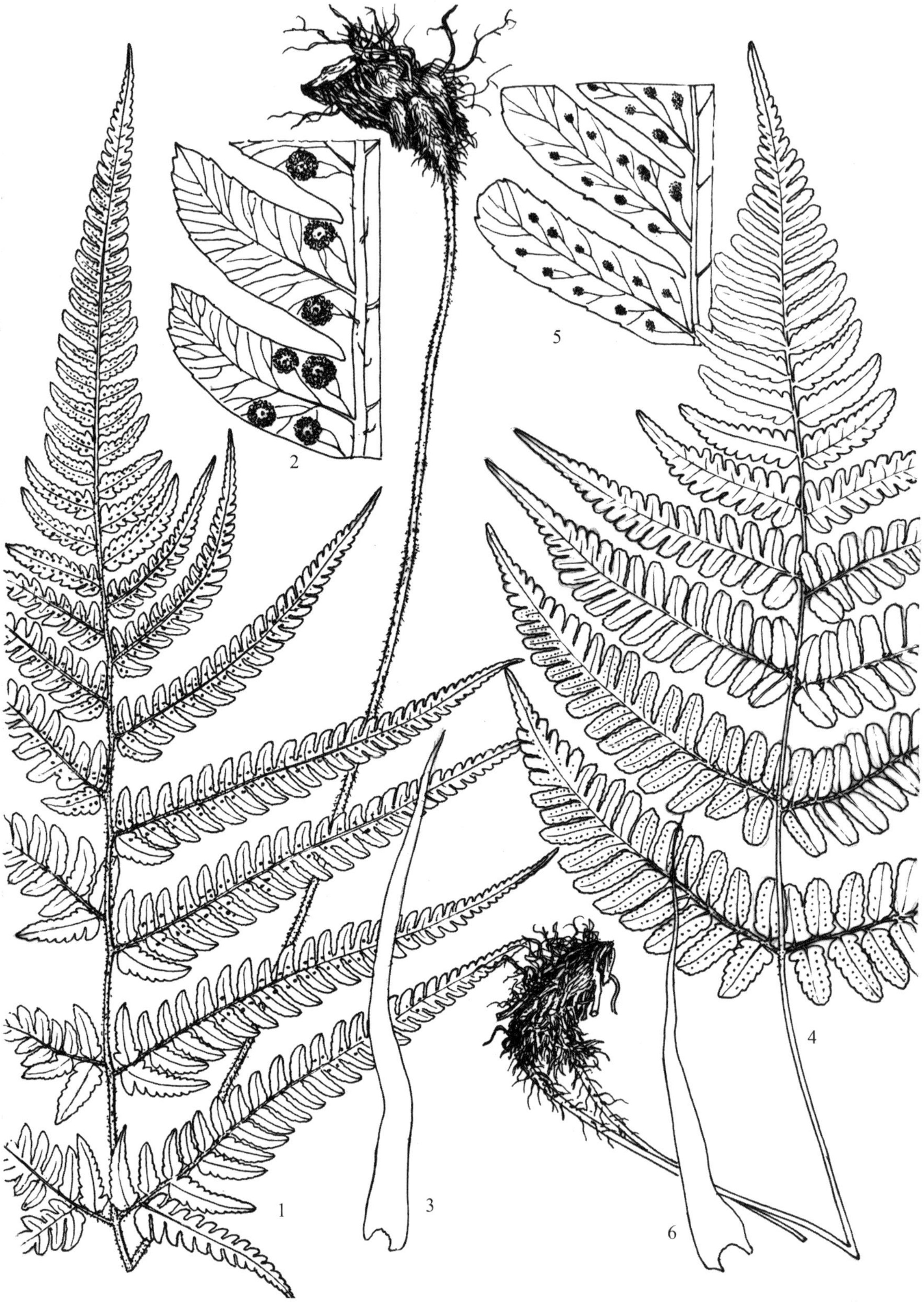

图版 77　1～3.**变异鳞毛蕨** Dryopteris varia (L.) O. Ktze. 1.植株；2.羽片背面一部分，示孢子囊群着生位置；3.叶柄基部的鳞片。　4～6.**三角鳞毛蕨** D. subtriangularis (Hope) C. Chr. 4.植株；5.羽片背面一部分，示孢子囊群着生位置；6.叶柄基部的鳞片。（林文宏绘）

本变种与原变种的区别在于羽片羽状深裂或羽状全裂，因全裂而呈二回羽状。

产于武鸣、上林、马山；生于海拔900～1 200m的常绿阔叶林下。分布于安徽、江苏、浙江、福建、贵州、四川、江西。日本也有分布。

23. 黑足鳞毛蕨（中国高等植物图鉴）

Dryopteris fuscipes C. Chr. Ind. Fil. Suppl. **2**：14. 1917；中国高等植物图鉴 **1**：239，图477. 1972；中国植物志 **5**(1)：193，图版33：2. 2000；中国高等植物 **2**：521，图722. 2008.

植株高50～90cm。根状茎斜升或直立，与叶柄基部密生深棕色至栗褐色披针形鳞片。叶簇生；叶柄长25～40cm，与叶轴疏生狭披针形至钻形小鳞片；叶片卵状长圆形，长25～60cm，宽15～25cm，沿羽轴背面疏生泡状鳞片（有时脱落），二回羽状；中部羽片长10～15cm（基部一对略短），宽2.5～4cm；小羽片长圆形，圆头，边有浅钝齿；叶纸质，干后褐绿色。孢子囊群生于小脉中部，靠近主脉；囊群盖圆肾形，全缘。

产于桂林、灵川、罗城、融水、三江、靖西、那坡、宁明、武鸣；生于海拔250～1 300m的常绿阔叶林下。分布于长江以南各省区。日本、朝鲜及中南半岛也有分布。

根状茎收敛、消炎、敛疮生新；治疮毒溃烂、久不愈合。

24. 红盖鳞毛蕨

Dryopteris erythrosora (Eaton) O. Ktze. in Rev. Gen. Pl. **2**：812. 1891；中国植物志 **5**(1)：195，图版33：1. 2000；中国高等植物 **2**：522，图723. 2008. ——*Aspidium erythrosorum* Eaton in Perry. Narr. Exp. China **2**：330. 1856.

植株高60～95cm。根状茎短而直立，顶端和叶柄基部密被深棕色至黑褐色、线形至线状披针形、全缘的鳞片。叶簇生；叶柄长25～45cm，禾秆色，疏生与基部上相同而变小的鳞片；叶片长圆形至卵状长圆形，长35～50cm，宽18～25cm，先端急收缩成尾状渐尖，基部圆形，下部二回羽状；羽片9～11对，长圆状披针形，先端尾状渐尖，基部圆形；小羽片12～16对，线状长圆形或线状披针形，先端钝而有尖锯齿，基部两侧对称，上侧常有耳状凸起，边缘有尖齿，基部的羽片缩小；叶纸质，羽轴和小羽轴背面密生棕色泡状鳞片，叶轴有线状披针形鳞片，基部有时成勺状。孢子囊群着生于小脉中部，较近主脉；囊群盖红色，圆肾形，全缘，宿存。

产于兴安、灵川、桂林、金秀、三江；生于海拔600～1 200m的林下。分布于江苏、浙江、安徽、江西、福建、湖南、湖北、广东、四川、贵州。朝鲜、日本也有分布。

25. 阔鳞鳞毛蕨（中国高等植物图鉴）

Dryopteris championii (Benth.) C. Chr. apud Ching in Sinensia **3**：327. 1933；中国高等植物图鉴 **1**：239，图478. 1972；中国植物志 **5**(1)：201，图版34：5～6. 2000. ——*Aspidium championii* Benth. Fl. Hongk. 456. 1861.

植株高50～95cm。根状茎横卧或斜升，密被深棕色或栗黑色披针形全缘的鳞片。叶簇生；叶柄长25～50cm，密生棕色阔披针形顶端渐尖边缘有尖齿的鳞片；叶片长圆形，长与叶柄几相等，宽20～30cm，长渐尖尾头，沿叶轴和羽轴有棕色卵状披针形鳞片（有时鳞片下部隆起呈泡状），二回羽状或三回羽裂；羽片披针形，基部的长10～18cm，宽3～4cm，长渐尖头；小羽片长圆状披针形，钝头，基部耳形，边缘浅裂或有疏钝齿；叶厚纸质。孢子囊群生于小脉中部；囊群盖圆肾形，全缘。

产于阳朔、桂林、灵川、金秀、三江、罗城、贺州、北流、桂平、宾阳、上林、隆安、武鸣；生于海拔200～1 200m的林下或山坡上。广布于长江流域及其以南地区。日本、朝鲜也有分布。

根状茎清热活血、止咳平喘；治烧伤、烫伤、痛经、感冒、气喘、便血、毒疮溃烂、目赤肿痛等。

26. 高鳞毛蕨

Dryopteris simasakii (H. Ito) Kurata in J. Geobot. **18**：5. 1970；中国植物志 **5**(1)：199. 2000；中国高等植物 **2**：524，图727. 2008. ——*Dryopteris indusiata* (Mak.) Yamamoto var. *simasakii* H. Ito in J. Jap. Bot. **9**：57，t. 6. 1973.

26a. **高鳞毛蕨**(原变种)

Dryopteris simasakii (H. Ito) Kurata var. **simasakii**

植株高 50～90cm。根状茎横卧或斜升,顶端及叶柄基部密被披针形、棕色鳞片。叶簇生;叶柄长 20～30cm,禾秆色,密被披针形、棕色、易脱落的鳞片;叶片卵状披针形,长 30～50cm,宽 15～25cm,二回羽状,小羽片羽状深裂或叶片基部的小羽片羽状全裂而使叶片变成三回羽状;羽片 12～15 对,近对生,基部几对羽片的羽轴几乎垂直于叶轴,长圆状披针形,顶端渐尖,基部的一对小羽片略覆盖叶轴;小羽片 10～15 对,披针形,长 2～4cm,宽 0.8～1.2cm,基部浅心形,具短柄,顶端短渐尖或钝圆,边缘羽状浅裂至羽状全裂;裂片 5～8 对,圆头,在顶端前方具一喙状齿,指向小羽片顶端;叶干后纸质,黄绿色,叶轴具有较密的披针形、棕色鳞片,边缘具疏齿;羽轴具有较密的泡状鳞片;叶腹面光滑,背面有少量的毛状小鳞片。孢子囊群靠近裂片边缘着生;囊群盖圆肾形,全缘。

产于龙胜;生于阔叶林下。分布于浙江、云南、贵州、四川。日本也有分布。

26b. **密鳞高鳞毛蕨**(变种)

Dryopteris simasakii (H. Ito) Kurata var. **paleacea** (H. Ito) Kurata in J. Geobot. **18**: 5. 1970; 中国植物志 **5**(1): 200. 2000; 中国高等植物 **2**: 524. 2008. ——*Dryopteris indusiata* (Mak.) Yamamoto var. *paleacea* H. Ito in J. Jap. Bot. **9**: 57, f. 7. 1933.

本变种与原变种的主要区别在于叶柄、叶轴和羽轴的鳞片更密,在较大的阔披针形鳞片间还混杂有较小的狭披针形鳞片。

产于武鸣、那坡;生于海拔 400～800m 的林下。分布于四川、贵州、云南。日本也有分布。

27. **裸果鳞毛蕨** 图版 76:9～10

Dryopteris gymnosora (Mak.) C. Chr. Ind. Fil. 269. 1905; 中国植物志 **5**(1): 202. 2000; 中国高等植物 **2**: 525, 图 729. 2008. ——*Nephrodium gymnosora* Mak. in Bot. Mag. Tokyo **13**: 64. 1899.

植株高 50～70cm。根状茎短而斜升,与叶柄基部密被黑褐色线状披针形鳞片。叶簇生;叶柄长 20～25cm,深禾秆色;叶片卵状披针形,长 30～35cm,宽 20～27cm,顶渐尖羽裂,基部不缩狭,二回羽状;羽片 8～10 对,有短柄,卵状或长圆状披针形,基部一对较大,长 20～25cm,宽 7～10cm,渐尖头,基部圆截,其基部下侧一枚小羽片也较长,其余向上各对渐短;小羽片约 15 对,卵状披针形,钝尖头,边缘多少浅裂至半裂;叶纸质,干后灰绿色,叶轴和羽轴上有槽,沿羽轴和小羽轴背面被棕褐色泡状鳞片。孢子囊群圆形,生于小脉中部;无囊群盖。

产于龙胜、罗城、融水、三江、金秀;生于海拔 200～1 100m 的林下。分布于安徽、浙江、江西、湖北、四川、福建、贵州、云南。日本也有分布。

28. **平行鳞毛蕨**

Dryopteris indusiata (Mak.) Mak. et Yamamoto ex Yamamoto, Suppl. Ic. Pl. Formos. **5**: 3. 1932; 中国植物志 **5**(1): 203, 图版 35: 2. 2000; 中国高等植物 **2**: 525, 图 730. 2008. —— *Nephrodium gymnosorum* Mak. var. *indusiatum* Mak. in Bot. Mag. Tokyo **13**: 65. 1899.

本种近似于**华南鳞毛蕨** (*D. tenuicula* Matthew et Christ),不同在于本种羽片基部的小羽片收缩或略收缩并与叶轴平行,覆盖叶轴;小羽片顶端圆钝,非短尖。

产于武鸣、马山、上林;生于海拔 800～1 200m 的林下或山坡上。分布于浙江、江西、福建、湖南、四川、贵州、云南。日本也有分布。

29. **华南鳞毛蕨**(浙江植物志)

Dryopteris tenuicula Matthew et Christ in Lecomte, Not. Syst. **1**: 51. 1909; Ching in Bull. Fan Mem. Inst. Biol. Bot. **8**: 484. 1938; 中国植物志 **5**(1): 203, 图版 35: 1. 2000.

植株高 50～60cm。根状茎粗短,斜升,密被深褐色、线状披针形鳞片。叶簇生;叶柄长 23～28cm,浅褐棕色,基部密被狭披针形黑色鳞片,向上连同叶轴均光滑;叶片卵状披针形;长 25～30cm,宽 10～15cm,

顶端渐尖并为羽裂，基部不偏狭，二回羽状；羽片10～12对，披针形，下部的较大，长8～13cm，宽2.5～3.5cm，顶端长渐尖，有时多少呈尾状；小羽片约12对，平展，下侧的小羽片较上侧的略长，长圆状披针形，下部的长1.5～2cm，顶端短尖，基部截形，边缘具粗钝齿或近羽状浅裂；叶脉羽状，侧脉二叉，伸达叶边；叶纸质，在羽轴和中脉背面疏被棕色、泡状小鳞片。孢子囊群圆形，着生于小脉中部；囊群盖圆肾形，棕色，全缘。

产于龙胜、临桂、兴安、灵川、金秀、罗城、三江、德保、田林、百色、贺州、昭平、武鸣；生于海拔300～1 500m的林下或山坡上。分布于浙江、福建、贵州、四川、湖南、广东、江西。日本及朝鲜半岛也有分布。

30. **无柄鳞毛蕨**(植物学集刊)

Dryopteris submarginata Rosenst. in Fedde, Rep. Sp. Nov. **13**: 132. 1914; 中国植物志 **5**(1): 205. 2000; 中国高等植物 **2**: 526. 2008.

本种近似于**华南鳞毛蕨**(*D. tenuicula* Matthew et Christ)，不同在于本种叶柄基部密被黑色顶端毛发状披针形鳞片；叶片三回羽状，小羽片卵状披针形，羽状深裂至全裂，叶干后灰绿色，背面沿叶轴有黑色披针形鳞片。

产于武鸣、马山、上林；生于海拔400～1 200m的山坡林下沟边。分布于浙江、江西、福建、广东、湖南、四川、贵州。

31. **广西鳞毛蕨**(广西植物)

Dryopteris guangxiensis S. G. Lu in Guihaia **19**(1): 27. 1999; 中国植物志 **5**(1): 206. 2000; 中国高等植物 **2**: 526. 2008. ——*Dryopteris parafuscipes* Ching et Chiu in Bot. Res. **2**: 4, pl. 2, f. 1. 1987, non Ching et Z. Y. Liu, 1984.

植株高约50cm。根状茎斜升。叶簇生；叶柄长15～20cm，禾秆色，基部密被鳞片，鳞片线状披针形，黑色；叶片三角状卵形，长25～30cm，宽18～20cm，一回羽状，羽片羽状深裂；羽片8～10对，近对生，卵状披针形，长8～10cm，宽约3cm，基部阔楔形，边缘羽状深裂，顶端羽裂渐尖；裂片7～10对，三角状卵形，顶端短渐尖，边缘近全缘。叶纸质，干后绿色，腹面光滑，背面羽轴具有黑色泡状鳞片。孢子囊群小，略靠近裂片边缘着生；囊群盖圆肾形，棕色，全缘。

广西特有，产于上林、武鸣；生于常绿阔叶林下。

32. **三角鳞毛蕨** 图版77:4～6

Dryopteris subtriangularis (Hope) C. Chr. Ind. Fil. 296. 1905; Ching in Bull. Fan Mem. Inst. Biol. Bot. **8**: 485. 1938; Tard.-Blot et C. Chr. in Fl. Indo-Chine **7**(2): 315, pl. 35. 1940; 中国植物志 **5**(1): 207, 图版 36: 7. 2000. ——*Nephrodium subtriangularis* Hope in J. Bot. **28**: 327. 1890.

植株高40～50cm。根状茎横卧或斜升。叶簇生；叶柄长20～30cm，基部密被鳞片，向上近光滑，禾秆色；鳞片披针形，黑色或黑棕色；叶片三角形，长30～35cm，基部最宽，宽20～25cm，二回羽状；羽片5～7对，基部一对羽片最大，长12～13cm，宽4～5cm，基部具柄，往上羽片逐渐变小，到第四对羽片其长度仅有基部羽片的一半；通常叶片基部的1～3对羽片的小羽片明显，小羽片4～6对，长圆形，基部羽片的下侧小羽片最大，顶端圆，并具疏齿，基部截形；边缘具波状齿或羽状浅裂；叶纸质，干后灰绿色，叶轴近光滑，羽轴和小羽片中脉基部具有较多的棕色泡状鳞片。孢子囊群大，位于小羽片中脉与叶边缘之间；囊群盖圆肾形，棕色，全缘。

产于融水、梧州、金秀、罗城、那坡、防城港、上思、扶绥、龙州、平南；生于海拔500～1 100m的常绿阔叶林下。分布于台湾、海南、云南、贵州、四川、西藏。越南、菲律宾、泰国、缅甸、印度也有分布。

33. **阿萨姆鳞毛蕨**

Dryopteris assamensis (Hope) C. Chr. et Ching in Bull. Dept. Biol. Sun Yat-sen Univ. **6**: 4. 1933; 中国植物志 **5**(1): 207. 2000. ——*Nephrodium assamense* Hope in J. Bot. **28**: 326. 1890.

本种近似于**三角鳞毛蕨**[*D. subtriangularis* (Hope) C. Chr.]，不同在于本种叶片卵状披针形，叶片基部 2～3 对羽片等长；小羽片顶端通常截形或具钝齿，非圆钝头。

产于上思、防城港；生于海拔 300～800m 的林下。分布于广东、贵州、云南。印度东北部也有分布。

34. **羽裂鳞毛蕨**(海南植物志) 图版 78：1～4

Dryopteris integriloba C. Chr. in Bull. Dept. Biol. Sun Yat-sen Univ. **6**：5. 1933；海南植物志 **1**：145. 1964；中国植物志 **5**(1)：208. 2000.

植株高 50～70cm。根状茎短而直立或斜升，与叶柄基部密被黑褐色线状披针形鳞片。叶簇生；叶柄长 30～35cm，深禾秆色，叶轴、羽轴及小羽轴基部背面也疏被鳞片；叶片卵形或三角状披针形，长 30～35cm，宽 15～20cm，顶渐尖羽裂，二回羽状至二回深羽裂；羽片 8～10 对，长圆状披针形，长 8～12cm，宽 3～4cm，尾状渐尖略呈镰状，基部一对羽片与其上的羽片同大，其基部下侧的小羽片也不增大；小羽片 10～12 对，卵状长圆形至三角状披针形，长 1.5～2cm，宽 5～8mm，钝圆头，基部两侧有阔耳片，全缘至深羽裂为长圆状卵形而全缘的圆裂片，上部的小羽片基部贴生，下部的具短柄；叶坚草质，小羽轴背面有许多褐色泡状鳞片。孢子囊群细小，每小羽片有 6～10 对，接近叶缘；囊群盖圆肾形，深棕色，宿存。

产于金秀、上思、宁明；生于海拔 400～700m 的常绿阔叶林下。分布于广东、海南、云南。越南也有分布。

35. **大明鳞毛蕨**

Dryopteris tahmingensis Ching in Bull. Fan Mem. Inst. Biol. Bot. **8**：480. 1938；中国植物志 **5**(1)：209. 2000.

本种近似于**羽裂鳞毛蕨**(*D. integriloba* C. Chr.)，不同在于叶柄、叶轴与羽轴背面被稀疏的暗棕色披针形的泡状鳞片；叶较薄，小羽片具锐齿；孢子囊群近小羽片主脉着生。

产于武鸣、上林、马山、阳朔；生于海拔 400～1 200m 的林下。分布于广东、福建、云南。

36. **齿头鳞毛蕨** 图版 78：5～8

Dryopteris labordei (Christ) C. Chr. Ind. Fl. 273. 1906；Ching in Bull. Fan Mem. Inst. Biol. Bot. **8**：488. 1938；中国植物志 **5**(1)：209. 2000. ——*Asplenium labordei* Christ in Bull. Soc. Bot. France 52 Mém. **1**：40. 1905.

本种近似于**假稀羽鳞毛蕨**(*D. pseudosparsa* Ching)，不同在于本种叶片基部羽片基部下侧小羽片羽状深裂至全裂，比上侧小羽片长 2～3 倍；叶柄基部鳞片线状披针形，黑色。

产于龙胜、临桂、融水、三江、都安、百色、田林、贺州、陆川、武鸣；生于海拔 400～1 200m 的常绿阔叶林下或山坡上。分布于台湾、安徽、浙江、福建、广东、贵州、云南、四川、湖北、湖南、江西。日本也有分布。

根状茎清热利湿、通络活血；治肠炎、泄泻、痢疾、痛经、外伤出血。

37. **假稀羽鳞毛蕨**

Dryopteris pseudosparsa Ching in Bull. Fan Mem. Inst. Biol. Bot. **8**：489. 1938；中国植物志 **5**(1)：210，图版 35：3. 2000.

植株高 50～60cm。根状茎横卧或斜升，顶端密被鳞片；鳞片披针形，黑色或褐黑色。叶柄长 25～30cm，禾秆色，基部密被披针形、乌黑色或褐棕色鳞片，向上鳞片渐稀疏；叶片卵状披针形，长 35～40cm，宽 20～25cm，二回羽状；羽片 10～13 对，卵状披针形，基部具短柄，顶端羽裂渐尖；小羽片 10～13 对，披针形，长 2～3cm，基部近截形并最宽，宽 1～1.2cm，顶端短渐尖，边缘羽状浅裂或基部的小羽片达羽状半裂，裂片顶端前方具 1 个尖齿。叶纸质，干后灰绿色，腹面近光滑，背面叶轴具乌黑色披针形鳞片，羽轴和小羽片中脉基部具有棕色泡状鳞片。孢子囊群大，位于小羽片中脉与边缘之间，略靠近中脉着生；囊群盖圆肾形，中央红色，边缘淡红色，全缘。

产于武鸣、三江、北流；生于海拔 800～1 200m 的林下。分布于四川、贵州、云南。

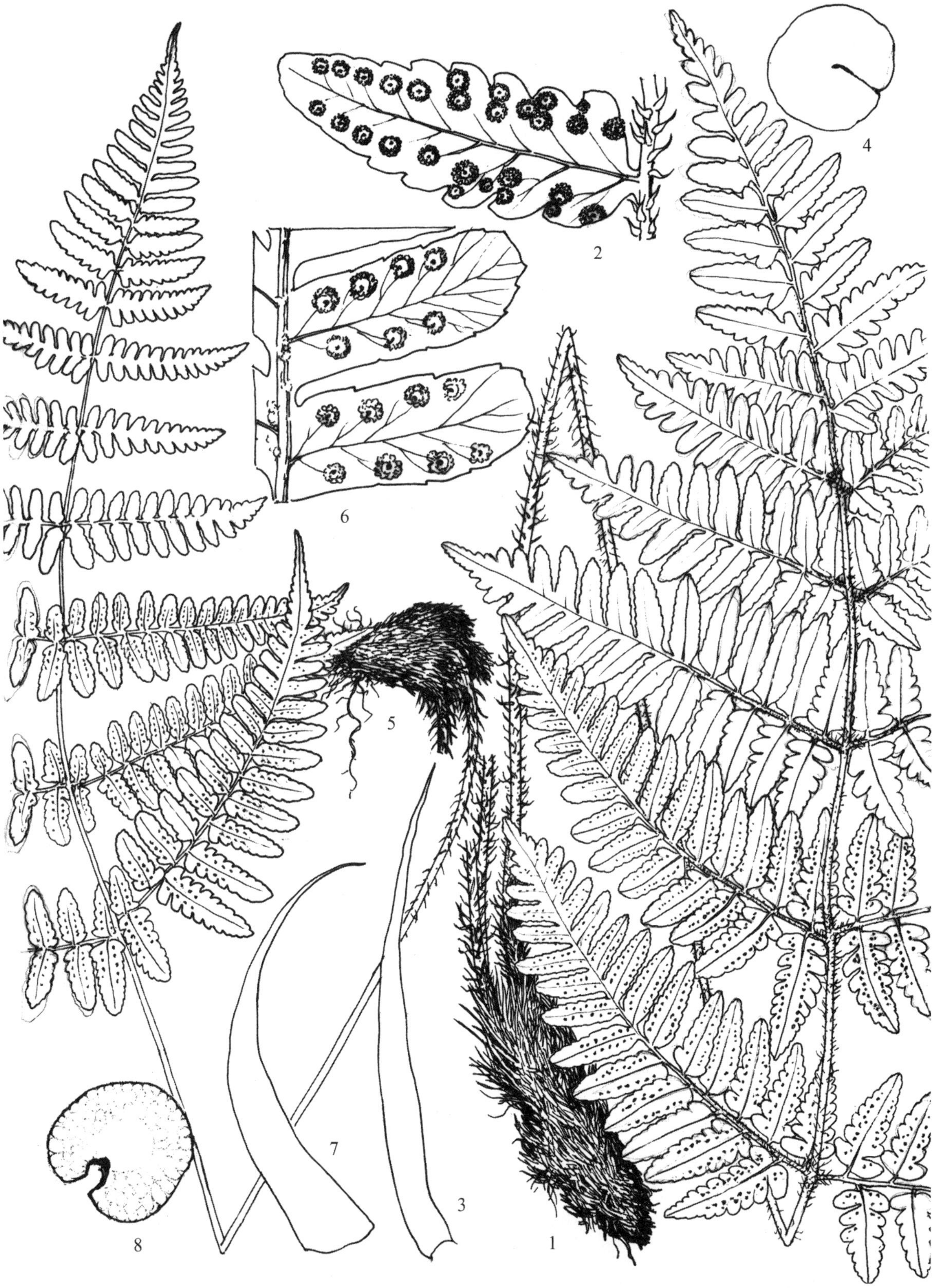

图版 78　1～4. **羽裂鳞毛蕨** *Dryopteris integriloba* C. Chr.　1. 植株；2. 小羽片背面一部分，示孢子囊群着生位置；3. 叶柄基部的鳞片；4. 囊群盖。　5～8. **齿头鳞毛蕨** *D. labordei* (Christ) C. Chr.　5. 植株；6. 羽片背面一部分，示孢子囊群着生背面；7. 叶柄基部的鳞片；8. 囊群盖。　（林文宏绘）

3. 肉刺蕨属 Nothoperanema (Tagawa) Ching

土生，中型蕨类。根状茎粗而直立或斜升。叶簇生；叶柄下部密被鳞片；叶片宽大，卵状三角形，基部最宽，三回羽状至四回羽裂，向上三回深羽裂，基部一对羽片最大，近三角形，基部不对称，下侧一片小羽片特大，向下伸展，小羽片的分枝图式在基部一对羽片为上先出，自第二对羽片起向上多少为下先出，第二对羽片起为披针形或阔披针形，基部对称；叶脉分离如鳞毛蕨型，小脉不伸达叶边，顶端有 1 个半透明的水囊；叶近革质，干后棕色，叶轴被相当多的狭披针形或钻形鳞片，张开，羽轴及小羽轴腹背两面光滑，在小羽轴的主脉交叉点各有 1 枚红棕色的短粗肉刺。孢子囊群圆形，背生于小脉中部，有囊群盖或有时无盖；囊群盖圆肾形，质厚，以缺刻着生，边缘全缘；孢子长椭圆形，周壁分解后均脱落。

本属有 5 种，广布于中国西南部、中部及台湾。在国外的分布地区，向东到日本，向西达印度、尼泊尔，向南至非洲中部、南部和东部。中国 5 种均产；广西只产 1 种。

无盖肉刺蕨（植物分类学报） 图版 79:1～3

Nothoperanema shikokianum (Mak.) Ching in Acta Phytotax. Sin. **11**(1): 28. 1966; 中国植物志 **5**(1): 7. 2000. ——*Nephrodium shikokianum* Mak. in Bot. Mag. Tokyo **13**: 62. 1899.

植株高 56～120cm。根状茎粗，直立，先端连同叶柄下部密被暗棕色、卵形、先端渐尖的全缘鳞片。叶簇生；叶柄、叶轴同被暗棕色、卵状披针形鳞片；叶片卵状五角形，长 30～65cm，宽 26～30cm，先端短渐尖，基部不变狭，三回羽状；羽片约 16 对，基部一对或两对对生，向上的互生，有柄，斜展，密接，基部一对较大，披针形，长达 15cm，宽约 7cm，尾状渐尖头，基部不对称，二回羽状；小羽片 15 对，互生，有柄，下侧的较上侧的为大，基部下侧一片长圆披针形，尖头，基部对称，圆形，羽状；末回小羽片约 10 对，长圆形，长达 1.4cm，宽约 5mm，圆钝头，基部阔楔形，边缘浅裂至深裂；裂片 4～5 个，长圆形，近截头，全缘；第二对羽片与基部的同形而略短，二回羽状；自第三对羽片起向上各对逐渐缩短，自第六对或第七对羽片起急狭缩，叶片顶部呈三角形；叶干后纸质，棕色，各回羽轴背面被棕色、披针形小鳞片。孢子囊群圆形，生于小脉顶部，每末回小羽片 4～5 对，位于主脉与叶边中间，并在主脉两侧各排成 1 行；无囊群盖。

产于平南、金秀、灵川；生于海拔 800～1 200m 的竹林或杂木林内。分布于湖南、贵州、云南、四川。印度北部及日本也有分布。

4. 毛枝蕨属 Leptorumohra (H. Ito) H. Ito

陆生，中型蕨类。根状茎长而横走，顶端被棕色、阔披针形的厚鳞片。叶近生或远生；叶柄长，连同叶轴呈深棕色或禾秆色，腹面有纵沟，并与羽轴、小羽轴相通，沟中密被单细胞毛，多少有透明薄鳞片；叶片卵状五角形，三回至四回羽状；羽片通常 6 对或略多，互生或近对生，基部一对最大，下侧基部一片小羽片最长，各回小羽片均为上先出；叶脉羽状，侧脉上先出，单一或分叉，不伸达叶边；叶草质或薄纸质，两面疏生单细胞毛，小脉上较多，羽轴、小羽轴背面有或无淡棕色、卵形或披针形、透明的薄鳞片。孢子囊群圆形，着生于小脉背上靠近顶端；囊群盖红棕色，圆肾形，边缘有毛或全缘；孢子囊环带由 14～18 个增厚细胞组成；孢子两面型。

本属现知有 4 种，分布于亚洲大陆及中国台湾和日本亚热带山地。中国有 3 种；广西产 1 种。

四回毛枝蕨（植物学报） 图版 79:4～5

Leptorumohra quadripinnata (Hay.) H. Ito in Nakai et Honda, Nov. Fl. Jap. **4**: 121. 1939; Ching in Acta Bot. Sin. **10**(3): 261. 1962; 中国植物志 **5**(1): 14, 图版 1: 3. 2000. —— *Microlepia quadripinnata* Hay., Mater. Fl. Formos. 434. 1911.

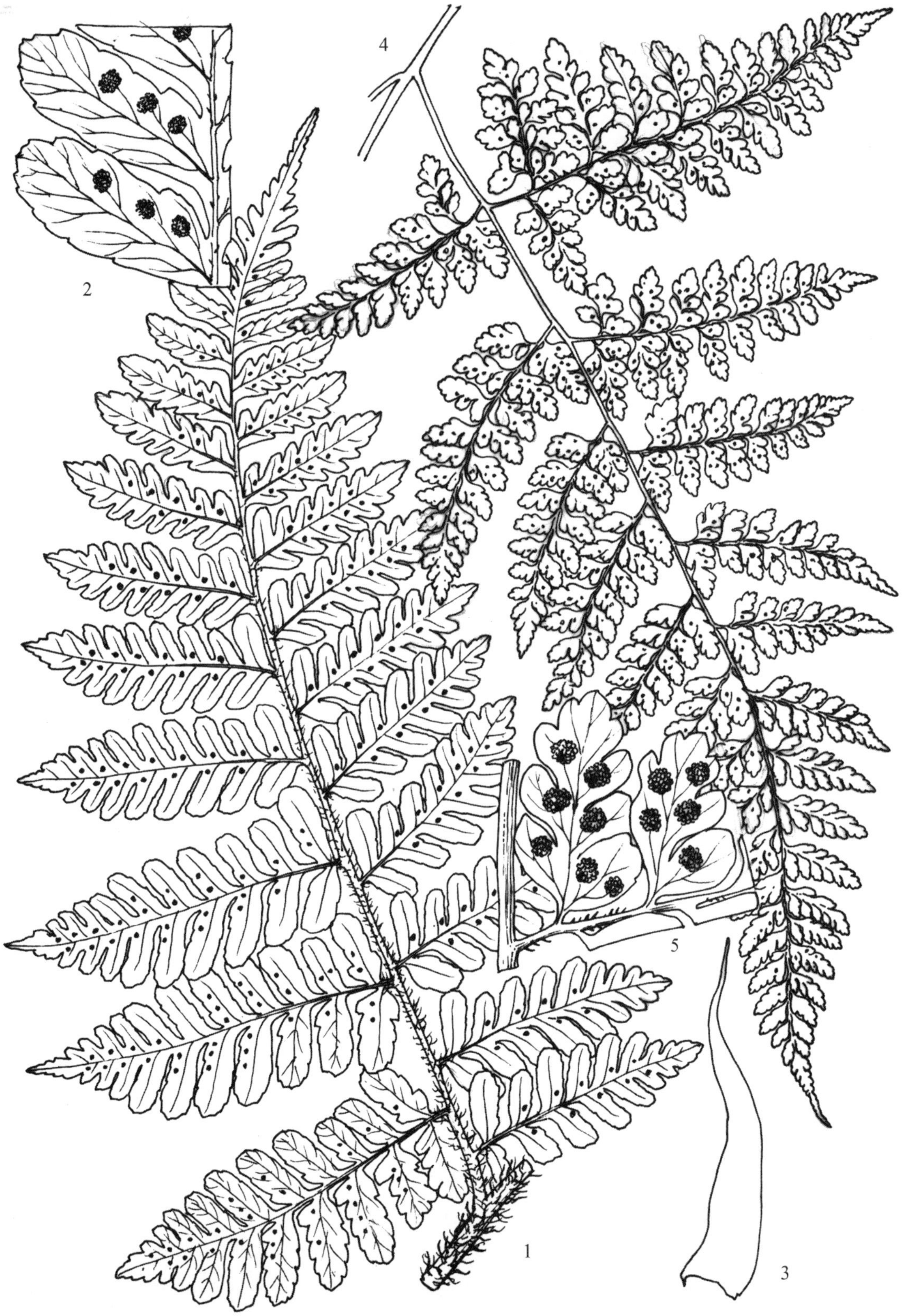

图版 79　1～3.**无盖肉刺蕨** Nothoperanema shikokianum (Mak.) Ching　1.基部羽片背面；2.小羽片背面一部分，示孢子囊群着生位置；3.叶柄基部的鳞片。　4～5.**四回毛枝蕨** Leptorumohra quadripinnata (Hay.) H. Ito　4.基部羽片背面；5.小羽片背面一部分，示孢子囊群着生位置。（林文宏绘）

植株高85～100cm或更高。根状茎长，横走，连同叶柄基部密被棕色、卵状披针形的全缘鳞片。叶近生；叶柄禾秆色，向上直达叶轴，疏被褐棕色钻状线形小鳞片；叶片阔卵形，长42～48cm，宽30～38cm，先端渐尖，基部不变狭，四回羽状；羽片约10对，互生，下部的有柄，斜展，基部一对较大，卵状披针形，渐尖头，基部不对称，上侧截形，下侧圆形，三回羽状；一回小羽片8～10对，基部一对对生，有柄，向上的互生，下侧的较上侧的为大，基部下侧一片较大，卵状披针形，渐尖头，基部近对称，阔楔形，二回羽状；二回小羽片约12对，互生，有短柄，卵状披针形，中部的长达3.5cm，基部宽约1.2cm，尖头，基部对称，一回羽状；末回小羽片6～7对，互生，基部上侧一片较大，卵状长圆形，钝头，浅裂至深裂，裂片边缘有粗锯齿；第二对羽片披针形，渐尖头，二回羽状；向上的各对羽片逐渐缩短。叶脉在末回小羽片上为羽状；叶干后草质，淡绿色，两面密被灰白色粗毛；各回羽轴背面疏被棕色、钻状线形小鳞片。孢子囊群小，圆形，背生于小脉上，每末回小羽片1～4枚；囊群盖圆肾形，膜质，棕色，边缘有睫毛。

产于百色、融水、兴安；生于海拔600～1 800m的山谷林下。分布于台湾、云南。日本也有分布。

5. 黔蕨属 Phanerophlebiopsis Ching

土生，中型蕨类。根状茎长而横走，连同叶柄基部密被鳞片；鳞片小，棕色，披针形，全缘。叶远生、近生或近簇生；叶柄长，下部疏被鳞片；叶片椭圆状披针形，通常为奇数一回羽状，顶生羽片与侧生羽片不同大，或为羽状半裂；侧生羽片6～12对，披针形，几同大，先端渐尖，基部楔形，对称或略不对称，边缘具软骨质的尖锯齿；叶脉分离，主脉明显，侧脉羽状，每组小脉2～3对纤细，不达叶边，先端也不膨大；叶纸质、近革质或革质，无毛。孢子囊群圆形，生于小脉顶端，在主脉两侧不规则地排成1～3行；囊群盖大，膜质，圆肾形，以深缺刻着生；孢子椭圆形，周壁具褶皱，形成瘤块状凸起，外壁层次不明显。

本属为中国特有属，现知有9种，产于贵州、四川、湖南、江西、广西；广西产4种。

分种检索表

1. 主脉两侧各有1行孢子囊群 ………………………… 1. **湖南黔蕨** Ph. hunanensis Ching
1. 主脉两侧各有2～3行孢子囊群。
  2. 叶柄的鳞片黑褐色；叶片长比宽大6倍以上 ………… 2. **长叶黔蕨** Ph. neopodophylla (Ching) Ching ex Y. T. Xie
  2. 叶柄的鳞片棕色；叶片长比宽大5倍以下。
    3. 羽片边缘浅羽裂，有粗锯齿 ………………………… 3. **粗齿黔蕨** Ph. blinii (Lévl.) Ching
    3. 羽片边缘有小尖齿 ………………………… 4. **黔蕨** Ph. tsiangiana Ching

1. 湖南黔蕨（植物研究）

Phanerophlebiopsis hunanensis Ching in Bull. Bot. Res. 7(1): 74. 1987；中国植物志 5(1): 96，图版 15: 1～3. 2000.

植株高达45cm。叶柄长20cm，禾秆色，连同叶轴密被棕色、线状披针形鳞片；鳞片先端纤维状。叶片长圆形，长约24cm，中部宽约13cm，一回羽状；顶生羽片与侧生羽片同形而较小，侧生羽片8对，基部两对或三对近对生，向上的互生，有柄，斜展，披针形，长达9cm，宽约1.6cm，长渐尖头，基部不对称，上侧近截形，下侧楔形，边缘有浅羽裂，裂片先端有1～3个尖锯齿。叶脉羽状，侧脉分枝，小脉伸达叶边以内。叶革质，干后黄绿色，腹面光滑，背面主脉被棕色、线形小鳞片。孢子囊群大，圆形，生于小脉顶端，在主脉两侧各排成1行；囊群盖圆肾形，以缺刻处着生，棕色，膜质，脱落。

产于环江；生于海拔约400m的林下溪边。分布于湖南。

2. 长叶黔蕨（植物研究） 图版75:7～9

Phanerophlebiopsis neopodophylla (Ching) Ching ex Y. T. Xie in Bull. Bot. Res. 10(1): 88.

1990；中国植物志 5(1)：98. 2000. ——*Dryopteris neopodophyllum* Ching in Bull. Fan Mem. Inst. Biol. Bot. **8**：401. 1938.

植株高达 75cm。根状茎较粗，横走，先端斜升，连同叶柄基部密被黑褐色、线状披针形鳞片。叶近簇生；叶柄长约 45cm，禾秆色；叶片卵形，长达 30cm，宽 16～24cm，一回羽状；顶生的羽片与侧生羽片同形而较大，侧生羽片 6～7 对，基部一对对生，向上的互生，有柄，斜展，线状披针形，中部的长 12～15cm，宽约 1.8cm，尾状长渐尖，基部近对称，楔形，边缘浅羽裂，裂片先端有 1～3 个尖锯齿；叶革质，干后棕绿色，腹面光滑，背面主脉和小脉上被黑色、披针形、先端渐大的鳞片。孢子囊群圆形，生于小脉顶端或背生于中部，在主脉两侧各排成 2 行；囊群盖圆肾形，以缺刻处着生，棕色，膜质，以后脱落。

产于桂北地区；生于林中。分布于贵州。

3. **粗齿黔蕨**（植物分类学报）

Phanerophlebiopsis blinii（Lévl.）Ching in Acta Phytotax. Sin. **10**：117，pl. 21，f. 1～4. 1965；中国植物志 5(1)：99，图版 15：4～7. 2000. ——*Aspidium blinii* Lévl. Fl. Kouy- Tcheou 456. 1915.

植株高 30～65cm。根状茎长，横走，连同叶轴密被褐色、线形鳞片。叶近生，叶柄长 13～30cm，禾秆色；叶片阔披针形，长 16～35cm，宽 9～14cm，一回羽状；顶生羽片长卵形，先端尖，基部羽裂深达 1/2；侧生羽片 9 对，基部一对对生，向上的互生，有柄，斜展，远离，披针形，中部的长 6～12cm，宽 1.5～2cm，渐尖头并略呈尾状，基部不对称，楔形，边缘有疏浅裂，裂片先端有 1～2 个短尖齿；叶近革质，干后绿色，两面光滑；叶轴和主脉背面疏被棕色、线形小鳞片。孢子囊群圆形，生于小脉顶端，在主脉两侧各排成 2 行；囊群盖圆肾形，以缺刻处着生，棕色，膜质，脱落。

产于灵川、龙胜、兴安、金秀；生于海拔 500～900m 的林下。分布于江西、湖南、四川和贵州。

根状茎治腰痛、瘰疬。

4. **黔蕨**（植物分类学报）　合顶黔蕨（植物研究）

Phanerophlebiopsis tsiangiana Ching in Acta Phytotax. Sin. **10**：116，pl. 21，f. 5～7. 1965；中国植物志 5(1)：100. 2000.

植株高 45～58cm。根状茎长，横走，连同叶柄密被鳞片；鳞片棕色，卵形，先端尖，全缘。叶近生；叶柄长 25cm，禾秆色，叶片阔披针形，长 20～33cm，宽 10～12cm，一回羽状；顶生羽片基部有 1 枚裂片，侧生羽片 6～8 对，下部的近对生，上部的互生，有柄，近平展，远离，披针形，长 7～8cm，宽 1.5～2cm，渐尖头，基部近对生，楔形，边缘有稀疏缺刻，先端有 1 个小尖齿；叶近革质，干后黄绿色，腹面光滑；叶轴和主脉背面疏被棕色、披针形小鳞片。孢子囊群圆形，生于小脉顶端，在主脉两侧各排成 2 行；囊群盖圆肾形，以缺刻处着生，棕色，膜质，脱落。

产于东兰；生于海拔约 500m 的林下。分布于贵州。

6. 复叶耳蕨属　Arachniodes Bl.

陆生，中型蕨类。根状茎粗壮，长而横走，密被鳞片；鳞片大，纤维状，长披针形或钻形，向上渐削小，不具睫毛，也无毛或流苏，近全缘，有由两个细胞组成的齿牙。叶远生或近生；叶柄粗且长，禾秆色，光滑，有纵沟，基部密被鳞片；叶片阔三角形成卵状五角形，二回羽状至五回羽裂；羽片具长柄，基部一对较大，三角形，基部下侧的小羽片最长，一回至三回小羽片均为上先出；末回小羽片为三角形或斜方形，顶端急尖，边缘有芒状齿或尖锯齿；叶脉羽状分离，上先出。孢子囊群圆形，顶生或近顶生于小脉上，少为背生；囊群盖圆肾形，膜质；孢子囊具长柄，环带具 12～16 个增厚细胞；孢子两面型，椭圆形，周壁具宽的刺状凸起。

本属有 150 余种，广布于热带、亚热带和南温带，亚洲、非洲，向南达大洋洲，东达中美洲、南美洲热带均有分布。中国长江流域及其以南地区为本属的现代分布中心，现记载中国有 103 种；广西产

19 种。

分种检索表

1. 孢子囊群背生于小脉上 …………………………………………………………… 1. **背囊复叶耳蕨** A. cavalerii (Christ) Ohwi
1. 孢子囊群顶生于或近顶生于小脉上。
  2. 叶片顶端长尾状，即顶生羽片与中部的侧生羽片同形且等大。
    3. 小羽片或末回小羽片宽 1.5～2.5cm …………………………………… 2. **阔羽复叶耳蕨** A. assamica (Kuhn) Ohwi
    3. 小羽片或末回小羽片宽约 1cm。
      4. 叶柄基部被栗棕色、卵状披针形鳞片 ………………………………… 3. **多羽复叶耳蕨** A. amoena (Ching) Ching
      4. 叶柄基部鳞片非上述形态。
        5. 孢子囊群近叶边生。
          6. 小羽片披针形或长圆形，略呈镰刀状，基部近对称 …………… 4. **异羽复叶耳蕨** A. simplicior (Mak.) Ohwi
          6. 小羽片菱状长方形，基部不对称。
            7. 孢子囊群盖边缘全缘，叶草质，基部羽片的基部下侧小羽片不伸长 …………………………………………………………………………… 5. **假斜方复叶耳蕨** A. hekiana Kurata
            7. 孢子囊群盖边缘睫毛状或全缘，基部羽片的基部下侧小羽片明显伸长 ………………………………………………………………… 6. **斜方复叶耳蕨** A. rhomboidea (Wall. ex Mett.) Ching
        5. 孢子囊群中生，即孢子囊群生于叶脉与叶边中间。
          8. 叶二回羽状；小羽片狭长镰刀形 ………………………………… 7. **假长羽复叶耳蕨** A. pseudolongipinna Ching
          8. 叶三回羽状；小羽片菱状斜长方形或斜长方形。
            9. 基部羽片的基部一对小羽片伸长，下侧的尤长，羽状或羽裂；顶生羽片的基部一侧通常无一片较短的侧生羽片 ……………………………………………………………… 8. **刺头复叶耳蕨** A. exilis (Hance) Ching
            9. 基部羽片仅基部下侧一片小羽片伸长，并为羽状；顶生羽片的基部一侧常有一片较短的侧生羽片。
              10. 叶柄基部鳞片褐色；孢子囊群在中脉两侧各排成 1 行 ………… 9. **长羽复叶耳蕨** A. longipinna Ching
              10. 叶柄基部鳞片棕色；孢子囊群在中脉上侧 1 行，在下侧半行 …… 10. **尾形复叶耳蕨** A. caudata Ching
  2. 叶片顶端缩狭呈长渐尖、渐尖，即顶生羽片与中部的侧生羽片不同形也不同大。
    11. 叶为四回羽状。
      12. 末回小羽片或裂片顶端有芒刺 ……………………………… 11. **华东复叶耳蕨** A. sporadosora (Kze.) Nakaike
      12. 末回小羽片或裂片无芒刺。
        13. 叶柄和叶轴的鳞片黑色、卵形 ……………………………… 12. **黑鳞复叶耳蕨** A. nigrospinosa (Ching) Ching
        13. 叶柄和叶轴的鳞片棕色，披针形或钻形。
          14. 叶为草质，末回小羽片或裂片为卵形，边缘有张开的三角形牙齿 ……………………………………………………………………… 13. **华南复叶耳蕨** A. festina (Hance) Ching
          14. 叶为纸质，末回小羽片或裂片为斜方形 ………………… 14. **川滇复叶耳蕨** A. henryi (Christ) Ching
    11. 叶为二回至三回羽状。
      15. 小羽片或末回小羽片为镰刀形；基部羽片为披针形、长圆状披针形或长三角形。
        16. 叶为二回羽状；有时基部羽片的基部一对或下侧一片小羽片全缘；孢子囊群在中脉两侧各排 2～3 行 ………………………………………………………………………… 15. **粗裂复叶耳蕨** A. grossa (Tard. et C. Chr.) Ching
        16. 叶为三回羽状。
          17. 叶片卵状三角形，顶部略狭缩呈长三角形 ………………… 16. **中华复叶耳蕨** A. chinensis (Rosenst.) Ching
          17. 叶片长圆形五角状，顶部明显狭缩呈阔三角形 …………………… 17. **长刺复叶耳蕨** A. setifera Ching
      15. 小羽片或末回小羽片不为镰刀形；基部羽片为长圆形、卵状披针形或三角形。
        18. 叶柄基部鳞片暗棕色，线形，顶部毛鬃状 ……………… 18. **花坪复叶耳蕨** A. huapingensis Ching et P. C. Chiu
        18. 叶柄基部鳞片褐棕色，卵状披针形 ………………………… 19. **美丽复叶耳蕨** A. speciosa (D. Don) Ching

1. **背囊复叶耳蕨**(植物学研究)　图版 80:1～3

Arachniodes cavalerii (Christ) Ohwi in J. Jap. Bot. **37**: 76. 1962; 中国植物志 **5**(1): 27, 图版 3: 1～3. 2000. ——*Aspidium cavalerii* Christ in Bull. Acad. Géogr. Bot. Mans 116. 1904. ——*Arachniodes baiseensis* Ching in Bull. Bot. Res. **6**(3): 25. 1986. ——*A. guangxiensis* Ching in Bull. Bot. Res. **6**(3): 27. 1986.

植株高 60～110m。根状茎斜升,密被黄褐色长披针形鳞片。叶近生;叶柄长 40～80cm;叶片近三角形至三角状卵形,顶骤缩成渐尖,基部不缩狭,二回至三回羽状;羽片 4～7 对,基部一对最大,卵状三角形或阔三角形,其基部下侧一枚小羽片较长,深羽裂或一回羽状;末回小羽片较粗大;叶厚纸质。孢子囊群圆形,生于小脉中部;囊群盖肾形,早落。

产于兴安、灵川、武鸣、上思、金秀、百色;生于海拔 400～1 200m 的林下。分布于贵州、福建、浙江、江苏、安徽、广东、湖南、湖北、江西。越南、日本也有分布。

2. **阔羽复叶耳蕨**(植物研究)　西南复叶耳蕨(植物学报)

Arachniodes assamica (Kuhn) Ohwi in J. Jap. Bot. **37**: 76. 1962; 中国植物志 **5**(1): 50, 图版 6: 5～7. 2000. ——*Aspidium assamicum* Kuhn in Linn. **36**: 108. 1869.

植株高达 1.2m。根状茎短,匍匐或近直立;鳞片狭椭圆形,顶端毛发状急尖,长达 2.5cm,均呈棕色,全缘。叶柄禾秆色,长约 25cm,疏被鳞片;叶片二回羽状,长圆形,渐尖头,基部圆形,长与宽均约 3.5cm;叶轴上生有线状鳞片;基部一对羽片常最大,具约 5mm 长的柄,狭椭圆形,基部圆形,长渐尖头,上部的羽片渐短,较斜上;小羽片近菱形,尖头,基部朝上近截形略呈耳状,基部朝下狭楔形,边缘具圆齿,长 1～3cm;叶脉背面明显,背面具微小的流苏状鳞片;叶革质。孢子囊群圆形;囊群盖无毛。

产于金秀、百色、乐业、凌云、隆林、田林;生于海拔 1 000～1 600m 的常绿阔叶林下。分布于云南和西藏。泰国、印度、尼泊尔、越南、日本、缅甸也有分布。

3. **多羽复叶耳蕨**(植物研究)

Arachniodes amoena (Ching) Ching in Acta Bot. Sin. **10**: 256. 1962; 中国高等植物图鉴 **1**: 234, 图 468. 1972; 中国植物志 **5**(1): 47, 图版 5: 8～11. 2000. ——*Rumohra amoena* Ching in Sinensia **5**: 40, t. 1. 1934.

植株高 60～90cm。根状茎长而横卧,顶部密生深棕色卵状披针形厚鳞片。叶近生;叶柄长 30～50cm,禾秆色,基部密生同样的鳞片;叶片近五角形,长 30～45cm,宽 30～40cm,尾尖,二回羽状或基部四回羽裂;侧生羽片 3～6 对,基部一对最大,其基部一对小羽片伸长(下侧 1 枚特长),顶生 1 枚羽片和其下的侧生羽片同形;末回小羽片三角状披针形,上侧深裂,基部不凸起,下侧浅裂成粗齿;裂片顶端有几个刺状粗齿;叶厚纸质。孢子囊群生于末回小羽片或裂片上侧;囊群盖圆肾形,全缘。

产于融水、龙胜、兴安、灵川、恭城、贺州、昭平、桂平、武鸣;生于海拔 400～1 300m 的常绿阔叶林下。分布于浙江、福建、江西、湖南、广东、贵州。

全株祛风散寒;治关节疼痛。

4. **异羽复叶耳蕨**(植物研究)

Arachniodes simplicior (Mak.) Ohwi in J. Jap. Bot. **37**: 76. 1962; Ching in Acta Bot. Sin. **10**(3): 259. 1962; 中国高等植物图鉴 **1**: 235, 图 469. 1972; 中国植物志 **5**(1): 40, 图版 5: 1～5. 2000. ——*Polystichum aristatum* (Fost.) Sw. var. *simplicius* Mak. in Bot. Mag. Tokyo **15**: 65. 1901.

植株高 60～80cm。根状茎横卧,连同叶柄基部密生棕色狭披针形或条状钻形鳞片。叶近生;叶柄长 30～40cm,禾秆色,叶片卵状长圆形,与叶柄近等长,宽 18～30cm,顶部尾尖(即顶生羽片与其下侧生羽片的同形),背面沿叶轴和羽轴及主轴偶有小鳞片,三回羽裂或基部三回羽状;羽片 3～5 对,基部一对最大,其基部一对小羽片伸长(下侧一枚特长);小羽片三角状长圆形,基部上侧明显凸起呈耳状,边缘浅裂而具芒刺状齿;叶厚纸质。孢子囊群生于小脉顶端,主脉两侧各成 1 行;囊群盖圆肾形。

图版 80 1～3. **背囊复叶耳蕨** Arachniodes cavalerii (Christ) Ohwi 1. 叶片背面一部分；2. 小羽片背面一部分，示孢子囊群着生位置；3. 叶柄上的鳞片。 4～7. **离脉柳叶蕨** Cyrtogonellum caducum Ching 4. 植株；5. 羽片背面，示孢子囊群着生位置；6. 叶柄上的鳞片；7. 囊群盖。 （林文宏绘）

产于阳朔、龙胜、三江、靖西、田林、隆林；生于海拔 400～1 300m 的林下。分布于长江流域及其以南地区。日本也有分布。

根状茎清热解毒；治内热腹痛。

5. 假斜方复叶耳蕨　图版 81：1～4

Arachniodes hekiana Kurata in J. Geobot. **13**：99. 1965.

本种形体极近于**斜方复叶耳蕨**［*A. rhomboidea*（Wall. ex Mett.）Ching］，区别在于本种的叶草质；基部羽片的下部小羽片不伸长；囊群盖边缘全缘。

产于金秀、那坡、武鸣；生于海拔 800～1 200m 的常绿阔叶林下。分布于湖南、贵州。日本也有分布。

6. 斜方复叶耳蕨（植物分类学报）

Arachniodes rhomboidea（Wall. ex Mett.）Ching in Acta Phytotax. Sin. **9**(4)：383. 1964；中国高等植物图鉴 **1**：235，图 470. 1972；中国植物志 **5**(1)：35，图版 4：6～7. 2000. ——*Aspidium rhomboideum* Wall. ex Mett. Farngatt. Aspid. et Pheg. 350. 1858. ——*Arachniodes rhomboidea*（Wall. ex Mett.）Ching var. *sinica* Ching in Acta Phytotax. Sin. **9**(4)：384. 1964.

植株高 50～80cm。根状茎横卧，连同叶柄基部密生棕色披针形或条状披针形鳞片。叶远生；叶柄长 25～45cm，禾秆色，基部以上光滑或有少数鳞片；叶片卵状长圆形或卵状三角形，长 30～50cm，宽 20～35cm，尾尖，三回羽状（偶二回）至四回羽裂；羽片 5～7 对，基部一对最大，其基部下侧一枚小羽片明显伸长并羽裂，顶生一枚羽片与其下侧生羽片同形；末回小羽片近三角形或斜菱形，基部上侧三角状凸起，下侧斜切，锐尖头，边生刺头粗齿（偶浅裂）；叶纸质。孢子囊群生于小脉顶端，靠近锯齿基部；囊群盖圆肾形，边缘有睫毛或全缘。

产于龙胜、临桂、灵川、兴安、资源、融水、金秀、罗城、三江、环江、田林、贺州、昭平、平南、扶绥、武鸣；生于海拔 300～1 300m 的林下。广布于长江流域及其以南各省区和台湾。日本、缅甸、印度、尼泊尔也有分布。

7. 假长羽复叶耳蕨（植物研究）

Arachniodes pseudolongipinna Ching in Bull. Bot. Res. **6**（3）：17. 1986；中国植物志 **5**(1)：33. 2000.

植株高达 70cm。叶柄淡禾秆色，基部密被褐棕色、披针形且顶部毛髯状鳞片，向上连同叶轴有较多的黑褐色、线状钻形小鳞片，脱落后留下红棕色痕迹。叶片椭圆形，长约 40cm，宽约 20cm，中部突然狭缩成羽状的长尾形，基部楔形，二回羽状；羽状羽片 4～5 对，基部一对近对生，向上的互生，有短柄，斜展，接近，下部 3（4）对伸长，同形，线状披针形，渐尖头，基部一对长达 22cm，宽约 5cm，羽状；小羽片约 22 对，近对生或互生，有短柄，镰刀状披针形，基部上侧一片略伸长，急尖头，基部不对称，上侧截形，略凸出呈耳状，下侧近平切，边缘有粗浅锯齿，顶有芒刺；第五对羽片起急缩短，披针形，长 3～4cm，宽 1～1.2cm，与基部羽片的小羽片同形同大，约有 18 对；叶干后厚纸质，灰绿色，光滑，羽轴和中脉背面有极密的褐棕色、线状钻形小鳞片。孢子囊群小，顶生于小脉上，位于中脉和叶边中间；囊群盖棕色，膜质，早落。

广西特有，产于凌云；生于林下。

8. 刺头复叶耳蕨（中国高等植物图鉴）　图版 82：1～3

Arachniodes exilis（Hance）Ching in Acta Phytotax. Sin. **10**：256. 1962；中国高等植物图鉴 **1**：236. 1972；中国植物志 **5**(1)：39，图版 5：6～7. 2000. ——*Aspidium exile* Hance in J. Bot. **21**：268. 1883.

植株高 30～90cm。根状茎长而横走，密被棕褐色钻状鳞片。叶柄长 15～50cm，禾秆色，连同叶轴和羽轴被棕褐色线状钻形小鳞片；叶片三角形或卵状三角形，长 20～35cm，宽约 20cm，顶端骤狭成尾状渐尖，三回羽状；羽片 5～8 对，有柄，基部一对最大，卵状三角形，长 15～20cm，宽 7～10cm，基部下侧一枚小羽片特长，并为一回羽状，长 8～10cm，余向上各对渐缩狭，披针形或线状披针形，长 6～15cm，至近叶端则骤缩成尾状渐尖；小羽片长圆形，长 1～1.5cm，锐尖头，基部上侧略呈耳状凸起或为分离的耳片，边缘浅裂

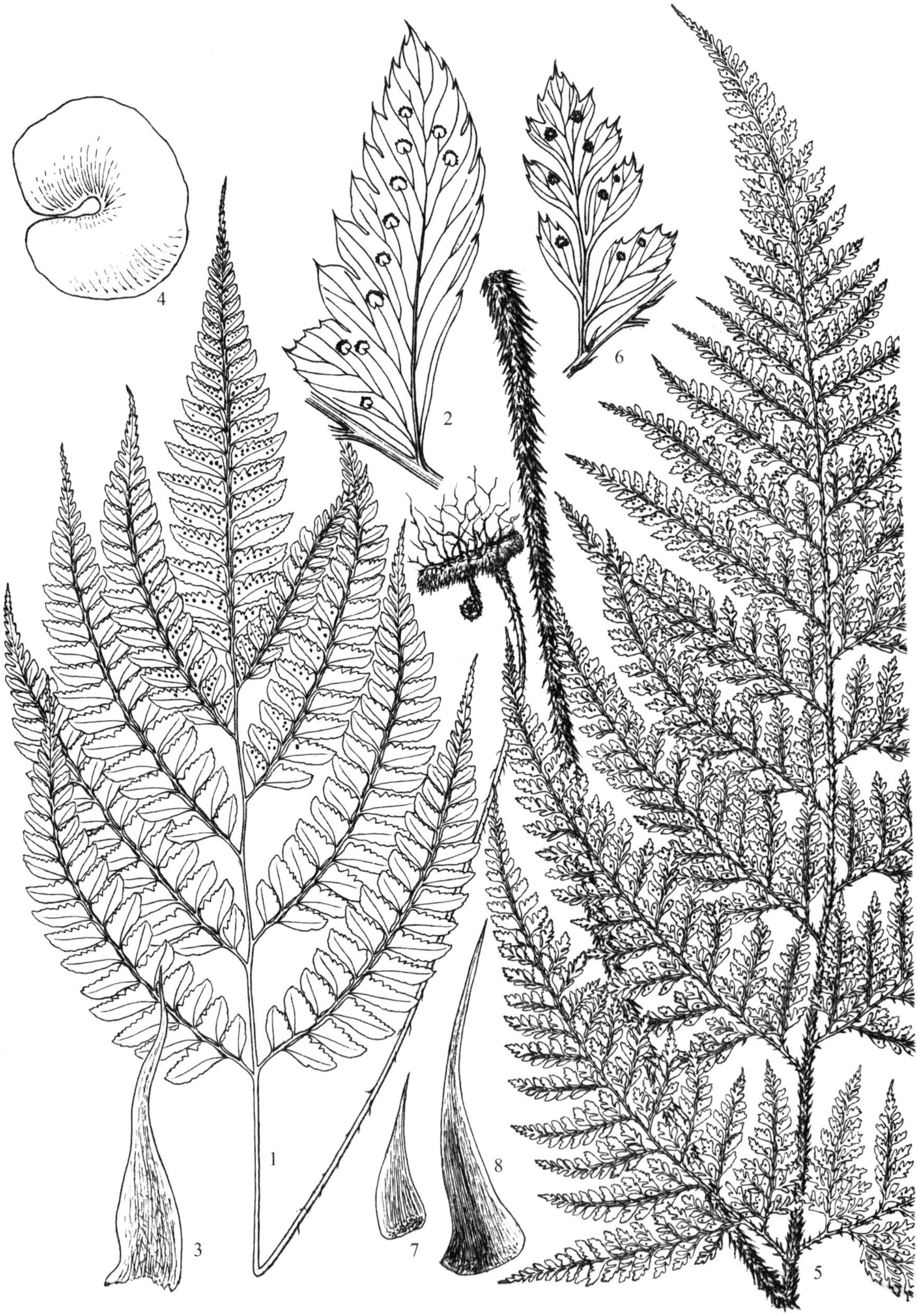

图版 81　1～4. 假斜方复叶耳蕨 Arachniodes hekiana Kurata　1. 植株；2. 小羽片背面，示孢子囊群着生位置；3. 根状茎及叶柄基部上的鳞片；4. 囊群盖。　**5～8. 黑鳞复叶耳蕨** A. nigrospinosa (Ching) Ching　5. 叶片背面；6. 小羽片，示孢子囊群着生位置；7～8. 叶柄基部上的鳞片。　（朱运喜绘）

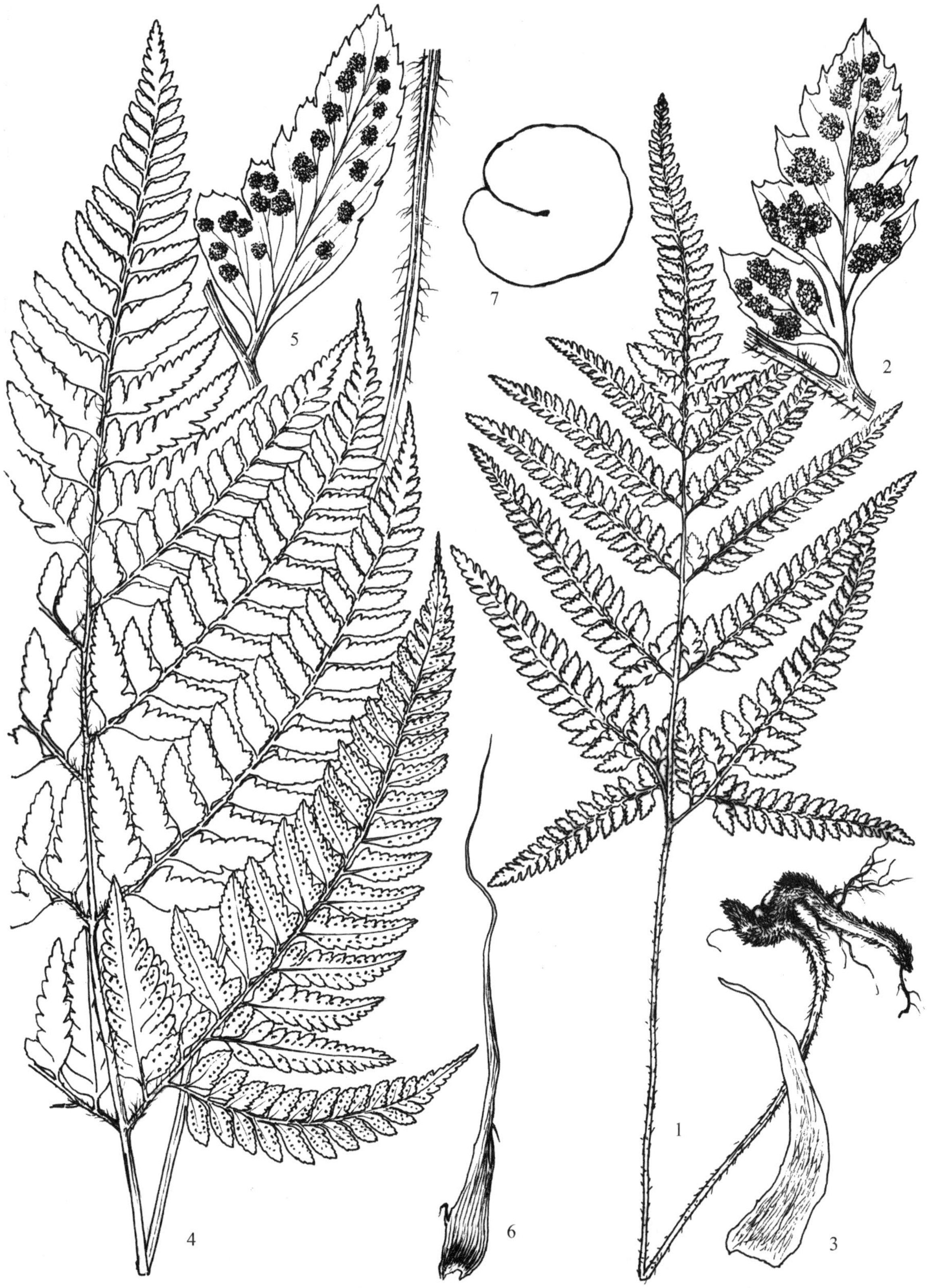

图版 82　1～3. **刺头复叶耳蕨** Arachniodes exilis (Hance) Ching　1. 植株；2. 小羽片，示孢子囊群着生位置；3. 叶柄上的鳞片。　4～7. **尾形复叶耳蕨** A. caudata Ching　4. 叶片；5. 小羽片背面，示孢子囊群着生位置；6. 叶柄上的鳞片；7. 囊群盖。　（林文宏绘）

或具长芒刺状齿；侧脉二叉至四叉；沿中脉疏生棕色小鳞片。孢子囊群圆形，生于小脉顶端，位于中脉和叶边之间；囊群盖圆肾形，早落。

产于兴安、桂林、阳朔、罗城、三江、靖西、百色、贺州、武鸣；生于海拔 200～500m 的林下。广布于长江以南各省区及台湾。

根状茎清热、消炎、收敛、止痢；治痢疾、烧伤、烫伤。

9. **长羽复叶耳蕨**（植物研究）

Arachniodes longipinna Ching in Bull. Bot. Res. **6**(3): 13, pl. 3, f. 3. 1986; 中国植物志 **5**(1): 37. 2000.

植株高约 85cm。叶柄基部密被褐色、披针形、厚膜质的鳞片，向上淡禾秆色，连同叶轴被黑褐色、钻状披针形或线形鳞片；叶片长卵形，上部急狭缩呈线形长尾状，长约 45cm，中部宽约 20cm，三回羽状；侧生羽片 5～6 对，基部一对近对生，向上的互生，有柄，斜展，线状披针形，基部一对长达 23cm，基部以上宽约 4.8cm，先端长渐尖，基部阔楔形，二回羽状；一回小羽片约 28 对，互生，有柄，基部下侧一片伸长，披针形，先端渐尖，基部楔形，一回羽状；二回小羽片约 15 对，互生，长椭圆形，上部边缘具有短芒刺的尖锯齿；向上的各对羽片逐渐缩短，线状披针形；叶干后纸质，腹面棕绿色，背面灰绿色，脉基部略被褐棕色、线形小鳞片。孢子囊群圆形，生于小脉顶端，在主脉两侧各排列成 1 行，近主脉着生；囊群盖圆肾形，棕色、膜质，脱落。

广西特有，产于凌云；生于海拔约 1 200m 的林下。

10. **尾形复叶耳蕨**（植物分类学报） 图版 82:4～7

Arachniodes caudata Ching in Acta Phytatax. Sin. **9**(4): 384. 1964; 秦岭植物志 **2**: 230. 1974; 江西植物志 **1**: 243. 1993.——*Arachniodes australis* Y. T. Hsieh in Bull. Bot. Res. **11**(3): 27. 1991; 中国植物志 **5**(1): 63, 图版 9: 1～2. 2000.

植株高 60～97cm。根状茎匍匐，连同叶柄基部密被暗棕色、线状钻形、全缘的鳞片。叶柄长 25～60cm，禾秆色，基部以上疏生纤维状鳞片或近光滑；叶片长圆形，长 25～35cm，基部宽约 20cm，向顶部急狭缩而呈长尾状渐尖，基部三回羽状，向上二回羽状；羽片基部一对最大，长约 15cm，基部宽约 10cm，长三角形，先端渐尖，二回羽状；小羽片约 10 对，镰状披针形，基部下侧的最大，长约 8cm，羽状或深羽裂；裂片边缘有刺齿；叶脉羽状或分枝。孢子囊群圆形，大而中生，中脉两侧各 1 行；囊群盖暗棕色，坚厚。

产于靖西、那坡；生于海拔 1 100～1 500m 的常绿阔叶林下。分布于福建、浙江、湖南、江西、广东、四川、贵州、云南。日本也有分布。

11. **华东复叶耳蕨**（植物分类学报）

Arachniodes sporadosora (Kze.) Nakaike, Enum. Pterid. Jap. Filic. 192. 1975. —— *Aspidium sporadosorum* Kze., Bot. Zeitung (Berlin) **6**: 556. 1848. ——*Arachniodes pseudo-aristata* (Tagawa) Ohwi in J. Jap. Bot. **37**: 76. 1962; 中国植物志 **5**(1): 81, 图版 12: 4～6. 2000.

植株高 75～86cm。叶柄长达 45cm，深禾秆色，基部密被暗棕色、披针形、顶部毛髯状鳞片，向上略被同样较小的鳞片。叶片近卵形，长达 37cm，宽约 23cm，顶部略狭缩呈长三角形，渐尖头，四回羽状；羽状羽片 8 对，基部一对对生或近对生，向上的互生，有柄，斜展，密接，基部一对最大，三角状卵形，长达 27cm，基部宽约 15cm，长渐尖头，基部楔形，三回羽状；一回小羽片约 16 对，互生，下部的有柄，下侧的比上侧的略大，基部下侧一片三角状阔披针形，渐尖头，二回羽状；二回小羽片约 12 对，互生，披针形，渐尖头，羽状；末回小羽片 5～7 对，长椭圆形，尖头，边缘具有芒刺的尖锯齿；第二对羽片长圆状披针形，长约 26cm，基部宽约 7cm，三回羽状，基部上侧一枚一回小羽片略大，二回羽状；第三至第六对羽片阔披针形，逐渐缩小，二回、一回羽状至羽裂，裂片均具有芒刺的尖锯齿；第七对羽片及向上各对羽片逐渐缩短缩小；叶干后近革质、淡绿色、光滑，叶轴和各回羽轴略被棕色、线形钻状小鳞片。孢子囊群每二回小羽片或裂片 3～6 对，略靠近中脉；囊群盖棕色，厚膜质，脱落。

产于龙胜;生于海拔 400～900m 的林下。分布于浙江、江西、福建、台湾、湖北、湖南、四川和贵州。日本也有分布。

12．**黑鳞复叶耳蕨**(植物学报) 图版 81:5～8

Arachniodes nigrospinosa (Ching) Ching in Acta Bot. Sin. **10**(3): 258. 1962; 中国植物志 **5**(1): 86. 2000. ——*Polystichum nigrospinosum* Ching in Bull. Fan Mem. Inst. Biol. Bot. **2**: 191, pl. 6. 1931.

本种近似于**华南复叶耳蕨**[*A. festina* (Hance) Ching],不同在于本种叶轴、羽轴密被厚而扭曲的披针形黑色的急尖头鳞片;叶片长圆状卵形,一回羽片约 20 对,末回小羽片卵状长圆形或褶扇形。

产于金秀、象州、容县、融水;生于海拔 900～1 100m 的常绿阔叶林下。分布于广东、香港、贵州、台湾。

13．**华南复叶耳蕨**(植物学报)

Arachniodes festina (Hance) Ching in Acta Bot. Sin. **10**: 257. 1962; 中国高等植物图鉴 **1**: 236. 图 472. 1972; 中国植物志 **5**(1): 85, 图版 2: 2. 2000. ——*Aspidium festinum* Hance in J. Bot. **21**: 269. 1883.

植株高 60～95cm 或更高。叶柄禾秆色,基部被相当多暗棕色、披针形、顶部毛髯状鳞片,向上疏被同样较小鳞片。叶片卵状三角形或长圆形,长 32～65cm,宽 18～30cm,顶部渐尖,四回羽状;羽状羽片 7～9 对,互生,有柄,斜展,接近,基部一对最大,三角形,长 14～24cm,下部宽 6～10cm,渐尖头,基部近对称,阔楔形,三回羽状;一回小羽片 12～16 对,互生,有短柄,基部下侧一片略较大,长圆状披针形,渐尖头,基部近对称,阔楔形,二回羽状;二回小羽片 10～16 对,三角形或卵形,急尖头,基部不对称,上侧近圆形,下侧斜切,羽状;末回小羽片 3～4 对,下部的分离,卵状三角形,钝头,基部不对称,楔形,边缘具有 3～5 个粗尖牙齿;第二对羽片阔披针形,长 14～20cm,宽约 7cm,二回羽状或三回羽裂,基部上侧一片一回小羽片略较大;第三对羽片以上各对羽片逐渐缩小,披针形,二回、一回羽状至羽裂,裂片边缘均有三角状粗牙齿;叶干后草质,暗绿色,光滑,叶轴和各回羽轴背面偶有棕色、披针形小鳞片。孢子囊群每末回小羽片或裂片 2～4 (5)枚;囊群盖暗棕色,厚膜质,脱落;孢子无周壁,外壁具有刺状纹饰。

产于阳朔、临桂、灵川、资源、金秀、凌云、乐业、容县、武鸣;生于海拔 700～1 100m 的林下溪边。分布于江西、福建、台湾、广东和贵州。

14．**川滇复叶耳蕨**(中国植物志)

Arachniodes henryi (Christ) Ching in Acta Bot. Sin. **10**: 258. 1962; 中国植物志 **5**(1): 86. 2000. ——*Polystichum henryi* Christ in Lecomte, Not. Syst. **1**: 36. 1909.

本种近似于**华南复叶耳蕨**[*A. festina* (Hance) Ching],不同在于本种叶纸质;末回小羽片或裂片斜方形,边缘羽裂。

产于桂西地区;生于常绿阔叶林下。分布于四川、云南。

15．**粗裂复叶耳蕨**(海南植物志)

Arachniodes grossa (Tard.-Blot et C. Chr.) Ching in Acta Bot. Sin. **10**: 257. 1962; 海南植物志 **1**: 148,图 65. 1964; 中国植物志 **5**(1): 52, 图版 7: 1～3. 2000. ——*Rumohra grossa* Tard.-Blot et C. Chr. in Fl. Indo-China **7**(2): 323, t. 37, f. 3～4. 1941.

植株高达 2m。根状茎短而横走,与叶柄下部同密被鳞片;鳞片线状披针形,长达 3cm,黄褐色,长渐尖头呈纤毛状,全缘,略波状卷曲。叶柄长达 50cm,具四棱;叶片三角形,长约 50cm,宽约 25cm,顶端略呈三角形且深羽裂几达叶轴,基部三回深羽裂,上部为二回深羽裂至二回羽状;羽片 6～8 对,基部一对羽片最大,三角状披针形,长达 25cm,下部宽约 10cm,顶端渐尖而呈羽裂,下部有几对分离小羽片;小羽片有短柄,镰状披针形,长 8～10cm,宽 1.5～2cm,顶渐狭,基部上侧截形不具耳,下侧楔形,下部的小羽片深羽裂;裂片长圆形;叶脉每组 3～4 对,小脉单一;叶近革质,草绿色。孢子囊群圆形,生于小脉顶部,在主脉两侧各有不整齐的 1～3 行;囊群盖早落。

产于贺州、容县、靖西；生于海拔约500m的常绿阔叶林下沟边。分布于广东、海南。越南也有分布。

16. **中华复叶耳蕨**(植物学报)

Arachniodes chinensis (Rosenst.) Ching in Acta Bot. Sin. **10**: 257. 1962；中国高等植物图鉴 **1**: 236，图471. 1972；中国植物志 **5**(1)：57，图版8：1～3. 2000. ——*Polystichum amabile* var. *chinensis* Rosenst. in Fedde, Rep. Sp. Nov. **13**: 130. 1914. ——*Rumohra chinensis* Ching in Sinensia **5**: 46. 1934；中国主要植物图说·蕨类植物门 187，图252. 1957. ——*Arachniodes abrupta* Ching in Bull. Bot. Res. **6**(3)：35. 1986.

植株高40～65cm。叶柄长14～30cm，禾秆色，基部密被褐棕色、线状钻形、顶部毛髯状鳞片，向上连同叶轴被有相当多的黑褐色、线状钻形小鳞片。叶片卵状三角形，长26～35cm，宽17～20cm，顶部略狭缩呈长三角形，渐尖头，基部近圆形，二回羽状或三回羽状；羽状羽片8对，基部一对或两对对生，向上的互生，有柄，斜展，密接，基部一对较大，三角状披针形，长10～18cm，基部宽4～8cm，渐尖头，基部近对称，阔楔形，羽状或二回羽状；小羽片约25对，互生，有短柄，基部下侧一片略较大，披针形，略呈镰刀状，渐尖头，基部阔楔形，羽状（或羽裂）；末回小羽片（或裂片）9对，长圆形，急尖头，上部边缘具2～4个有长芒刺的骤尖锯齿；基部上侧一片小羽片比同侧的第二片略较长，羽状或羽裂；第二对至第五对羽片披针形，羽状，基部上侧一片略较大，羽裂；第六对或第七对羽片明显缩短，披针形，深羽裂；叶干后纸质，暗棕色，光滑，羽轴背面被有相当多的黑褐色、线状钻形、基部棕色、阔圆形小鳞片。孢子囊群每小羽片5～8对(耳片3～5枚)，位于中脉与叶边之间；囊群盖棕色，近革质，脱落。

广西各地均产；生于海拔200～1 300m的林下。广布于长江以南各省区。越南、日本也有分布。

全株清热解毒、消肿散瘀、止血。

17. **长刺复叶耳蕨**(植物研究)

Arachniodes setifera Ching in Bull. Bot. Res. **6**(3)：25，pl. 7，f. 1. 1986；中国植物志 **5**(1)：60，图版8：4～6. 2000.

本种近似于**华东复叶耳蕨**[*A. sporadosora* (Kze.) Nakaike]，不同在于本种叶为三回羽状，不为四回羽状，小羽片为镰状披针形，裂片或锯齿顶端有长芒刺。

广西特有，产于武鸣、上林、马山；生于海拔600～1 100m的常绿阔叶林下。

18. **花坪复叶耳蕨**(植物研究)

Arachniodes huapingensis Ching et P. C. Chiu in Bull. Bot. Res. **6** (3)：53，pl. 7，f. 2. 1986；中国植物志 **5**(1)：66，图版9：6～7. 2000.

植株高约78cm。叶柄长28～33cm，禾秆色，基部密被暗棕色、线形、顶部毛髯状鳞片；向上连同叶轴被有相当多褐棕色、钻形、顶部毛髯状较小鳞片。叶片长卵形，长达45cm，宽25～28cm，顶部渐尖，三回羽状；羽状羽片约11对，互生，有柄，斜展，密接，基部一对最大，三角状披针形，长20～24cm，基部宽约14cm，渐尖头，二回羽状；小羽片22～24对，互生，有柄，基部下侧一片伸长，披针形，渐尖头，羽状；末回小羽片12～15对，互生，中部以下的有短柄，长椭圆形，钝头，并有2～4个芒刺，基部不对称，上侧截形，下侧斜切，边缘具有芒刺的锯齿；基部上侧的小羽片与下侧的同形，羽状；第二对羽片阔披针形，长达20cm，基部宽约11cm，渐尖头，二回羽状；基部下侧一片小羽片较上侧的为大，羽状；第三对羽片以上各对羽片逐渐缩小，基部上侧一片小羽片略大，顶部羽片披针形镰刀状，浅羽裂或有粗锯齿，具芒刺；叶干后纸质，暗绿色，光滑，羽轴和小羽轴背面密被黑褐色或棕色、钻形小鳞片。孢子囊群每小羽片5～9对（下部裂片或耳片2～3对），位于中脉和叶边中间；囊群盖棕色，厚膜质，脱落。

广西特有，产于龙胜；生于海拔约400m的山谷密林下。

19. **美丽复叶耳蕨**(植物学报)

Arachniodes speciosa (D. Don) Ching in Acta Bot. Sin. **10**: 259. 1962；中国植物志 **5**(1)：74. 图版11：4～6. 2000. ——*Aspidium speciosum* D. Don, Prodr. Fl. Nepal. 5. 1825. ——*Rumohra speciosa*

Ching in Sinensia **5**：53，t. 7. 1934；海南植物志 **1**：147. 1964.

植株高达 95cm。叶柄长 35～57cm，棕禾秆色，基部密被褐棕色、卵状披针形鳞片，向上近光滑。叶片阔卵状五角形，长约 35cm，宽约 28cm，顶部略狭缩呈长三角形，渐尖头，三回羽状；羽状羽片约 6 对，基部一对或两对对生，向上的互生，有柄，斜展，密接，基部一对最大，三角形，长约 24cm，基部宽约 16cm，渐尖头，基部阔楔形，二回羽状；小羽片约 18 对，互生，有柄，基部一对较大，尤其下侧一片，阔披针形，渐尖头，基部阔楔形，羽状；末回小羽片约 16 对，互生，长圆形，基部上侧一片边缘浅裂至全裂，椭圆形，顶端具 3～4 个长尖芒刺，基部下侧一片较同侧第二片为小，第二对羽片阔披针形，二回羽状，基部上侧一片小羽片略大，羽状或羽裂；第六对羽片明显缩短，披针形，长约 5cm；叶干后薄纸质，棕色，腹面有光泽，触之无粗糙感觉；叶轴和各回羽轴背面偶有棕色、披针形小鳞片。孢子囊群每末回小羽片 3～5 对，位于中脉与叶边中间；囊群盖棕色，膜质，脱落。

产于兴安、凌云；生于海拔 900～1 400m 的杂木林下。分布于海南、云南。尼泊尔也有分布。

根状茎清热解毒、祛风止痒、散瘀活血；治热泻、风疹、跌打瘀肿。

7. 鞭叶蕨属　Cyrtomidictyum Ching

小型蕨类。根状茎短而直立，与叶柄基部密被鳞片；鳞片卵状披针形，渐尖头，红棕色，边缘流苏状。叶簇生，同型或近二型；叶柄淡禾秆色；叶片卵形至披针形，一回羽状或单叶；侧生羽片卵状披针形、披针形或卵形，通常为渐尖头，基部楔形，对称或近对称，基部上侧不呈耳状凸起，有短柄，边缘全缘或多少具圆齿，顶生羽片分离并与侧生羽片同形，或为羽裂；主脉腹面具纵沟，两侧的小脉分离或仅向叶边联结成 1 行狭长的网眼，网眼具内藏小脉；叶革质，罕为纸质。孢子囊群圆形，分离，着生于每组小脉的基部上侧一脉顶端，在主脉两侧各有 1 行，位于主脉与叶缘之间；无囊群盖；孢子椭圆形，周壁常脱落，外壁两层，外层厚于内层。

本属有 4 种，主产于中国东部和中南部，1 种分布至朝鲜和日本；广西产 2 种。

分 种 检 索 表

1. 叶为线状披针形，孢子叶和营养叶颇相似，单叶或通常下部羽裂到中轴，裂片与中轴合生，基部上方不为耳形；羽片或裂片为长圆形，急尖头或近钝头 ………………………………………… 1. **单叶鞭叶蕨** C. basipinnatum (Bak.) Ching
1. 叶为阔长圆状披针形，孢子叶和营养叶有显著的近二型现象，均为羽叶；孢子叶的羽片镰状披针形，渐尖头，基部上方具耳片 ………………………………………………………………… 2. **鞭叶蕨** C. lepidocaulon (Hook.) Ching

1. 单叶鞭叶蕨（中国主要植物图说·蕨类植物门）

Cyrtomidictyum basipinnatum (Bak.) Ching in Acta Phytotax. Sin. **6**：262，pl. 51. 1957；中国主要植物图说·蕨类植物门 191. 1957；中国植物志 **5**(2)：219. 2001. —— *Aspidium basipinnatum* Bak. in J. Bot. 176. 1889.

植株高 30～40cm。根状茎短而直立，连同叶柄密被棕色、卵形、先端纤维状、边缘有睫毛的鳞片。叶簇生，二型；柄长 6～16cm，棕禾秆色；孢子叶叶片线状披针形，长 15～20cm，中部宽 2.2～3.5cm，渐尖头，基部近截形，羽状浅裂至全裂；基部一对长圆形，长 1.3～1.8cm，宽约 1cm，钝尖头，基部近圆形，全缘或有不明显的波状齿；向上的羽片基部或多或少与叶轴合生，中部以上为浅裂至深裂，裂片先端全缘；营养叶与孢子叶同形，通常羽裂较浅，叶轴伸长呈鞭状匍匐茎，顶端有 1 芽胞，着地生成新植株；叶厚革质，干后暗棕色，腹面光滑；叶轴和羽轴或主脉背面密被淡棕色、卵形或线形、边缘有睫毛的较小鳞片。孢子囊群圆形，生于小脉上，在下部羽片上 3～4 对，并在主脉两侧各排成 1 行；无囊群盖。

产于容县、临桂；生于海拔 300～500m 的林下或山坡石缝中。分布于广东和香港。

2. **鞭叶蕨**（中国主要植物图说·蕨类植物门）

Cyrtomidictyum lepidocaulon (Hook.) Ching in Bull. Fan Mem. Inst. Biol. Bot. 10: 162. 1940; 中国高等植物图鉴 1: 226, 图 451. 1972; 中国主要植物图说·蕨类植物门 191, 图 256. 1957; 中国植物志 5(2): 220, 图版 63: 2～5. 2001. ——*Aspidium lepidocaulon* Hook. Sp. Fil. 4: 12, t. 217. 1862.

植株高 28～48cm。根状茎短，直立或斜升，连同叶柄和叶轴密生鳞片；鳞片阔卵形，有密睫毛，棕色。叶近二型；叶柄长 12～20cm，禾秆色，营养叶和孢子叶同形或较小，常平卧地上，叶轴顶端常延伸成鞭状，着地生根，萌生新植株；孢子叶叶片阔披针形，顶部羽裂，一回羽状；羽片镰状披针形，全缘，背面伏生卵形小鳞片，叶脉羽状分枝，每组侧脉有小脉 4～5 条，基部上侧一条远离叶边（其余伸达叶边）；叶厚革质，干后绿色。孢子囊群圆形，生于小脉中部，在主脉两侧各排成 2～3 行；无囊群盖。

产于三江、武鸣、上思、龙胜、临桂、兴安、灵川；生于海拔 300～900m 的林下溪边。分布于台湾、福建、浙江、江苏、安徽、江西、湖南。

8. 柳叶蕨属 Cyrtogonellum Ching

小型蕨类。根状茎短而直立，与叶柄基部密被鳞片；鳞片卵状披针形，渐尖头，红棕色，边缘流苏状。叶簇生；叶柄淡禾秆色；叶片卵形至披针形，一回羽状，侧生羽片卵状披针形、披针形或卵形，通常为渐尖头，基部楔形，对称或近对称，基部上侧不呈耳状凸起，有短柄，边缘全缘或多少具圆齿，顶生羽片分离并与侧生羽片同形，或为羽裂；主脉腹面具纵沟，两侧的小脉分离或仅向叶边联结成一行狭长的网眼，网眼具内藏小脉；叶革质，罕为纸质。孢子囊群圆形，分离，着生于每组小脉的基部上侧一脉顶端，在主脉两侧各有 1 行，位于主脉与叶缘之间；囊群盖圆形，膜质，以中央一点盾状着生；孢子椭圆形，周壁常脱落，外壁两层，外层厚于内层。

本属有 8 种，主产于中国西南部地区；广西产 5 种。

分种检索表

1. 叶脉分离，侧脉分叉。
  2. 羽片对数常少于 15 对；羽片狭披针形或披针形，基部对称或近对称 ………………… 1. **离脉柳叶蕨** C. caducum Ching
  2. 羽片对数常多于 15 对；羽片短而菱形或镰刀状，基部不对称。
    3. 羽片常羽状渐尖；羽片镰刀形，基部上侧有耳状凸起，边缘有规则的圆锯齿 ………………………………………………………………………… 2. **西畴柳叶蕨** C. xichouensis S. K. Wu et Mitsuda
    3. 羽片常奇数一回羽状；羽片斜长卵形，基部上侧圆形或有耳状凸起，下侧斜切 ………………………………………………………………………… 3. **斜基柳叶蕨** C. inaequalis Ching
1. 叶脉联结，形成 1～2 行网眼，具内藏脉，向外的小脉二分叉。
  4. 羽片奇数一回羽状 ………………………………………… 4. **柳叶蕨** C. fraxinellum (Christ) Ching
  4. 羽片羽状渐尖 ………………………………………… 5. **石生柳叶蕨** C. ×rupicola P. S. Wang et X. Y. Wang

1. **离脉柳叶蕨**（中国高等植物图鉴） 图版 80:4～7

Cyrtogonellum caducum Ching in Bull. Fan Mem. Inst. Biol. Bot. 8: 330, pl. 7, f. 3. 1938; 中国高等植物图鉴 1: 226. 1972; 中国植物志 5(2): 178. 2001.

植株高 30～65cm。根状茎短，直立，先端与叶柄密被棕色、卵形、先端渐尖、边缘具睫毛的鳞片。叶簇生；叶柄长 18～29cm，禾秆色；叶片披针形，长 17～35cm，宽 5～12cm，一回羽状，顶部尾状渐尖，羽裂；侧生羽片 9～16 对；下部 3 对近对生，向上的互生，有柄，斜展，披针形，渐尖头，基部对称，楔形，全缘或顶部边缘呈波状；叶脉分离，侧脉分枝；叶厚革质，干后暗绿色，腹面光滑；叶轴和主轴背面疏被棕色、线形小鳞片。孢子囊群圆形，生于上侧小脉顶端，在主脉两侧各排成 1 行；囊群盖圆形，盾状着生，厚膜质，边缘有睫毛，脱落。

产于天峨、百色、凌云、靖西、那坡、龙州、大新、宁明、巴马；生于海拔400～1 200m的石灰岩林下。分布于四川、云南、贵州、台湾。越南也有分布。

2．**西畴柳叶蕨**（植物分类·地理）

Cyrtogonellum xichouensis S. K. Wu et Mitsuda in Acta Phytotax. Geobot. **36**（1～3）：25，f. 2. 1985；中国植物志 **5**（2）：179. 2001. ——*Cyrtogonellum simile* Ching ex Y. T. Hsieh in Bull. Bot. Res. **9**（3）：16，pl. 2. 1989.

植株高60～70cm。根状茎短而直立，叶柄基部密被暗棕色、披针形、先端纤维状的鳞片。叶簇生；柄长25～30cm，禾秆色，连同叶轴密被黑棕色、阔披针形鳞片；叶片披针形，长约35cm，中部宽约6cm，一回羽状，顶部羽裂，尾状渐尖，基部略变狭；羽片约30对，互生，密接，镰刀形，中部的长约3cm，宽约1cm，先端急尖，基部不对称，上侧略呈耳状，下侧斜切，边缘有规则的圆锯齿，向上羽片逐渐缩短；叶干后纸质，灰绿色，沿叶脉背面疏被纤维状鳞片。孢子囊群小，在中脉两侧各排成整齐的1行；囊群盖膜质，棕色，全缘。

产于那坡、凤山；生于海拔800～1 200m的石灰岩林下。分布于云南。

3．**斜基柳叶蕨**（植物研究）

Cyrtogonellum inaequalis Ching in Bull. Fan Mem. Inst. Biol. Bot. **8**：331，pl. 7，f. 4. 1938；中国植物志 **5**（2）：181. 2001.

植株高达60cm。根状茎短，直立，先端连同叶柄密被鳞片；鳞片棕色、卵形，先端渐尖，边缘有睫毛。叶簇生；柄长20～26cm，禾秆色；叶片线状披针形，长达28cm，宽约3.2cm，一回羽状；顶生羽片渐尖，羽裂，侧生羽片约22对，互生，有柄，下部的斜展，上部的近平展，斜长圆形，中部的长达2.2cm，宽约9mm，钝尖头，基部不对称，上侧近圆形，下侧楔形，边缘略有浅裂齿；叶厚革质，干后腹面暗绿色，光滑，背面黄绿色；叶轴和主脉背面疏被棕色、卵形、先端渐尖的小鳞片。孢子囊群大，圆形，生于小脉顶端，在主脉两侧各排成1行，成熟时往往彼此密接；囊群盖圆形，盾状着生，棕色，厚膜质，全缘，以后脱落。

产于环江、巴马、靖西、那坡；生于海拔500～1 000m的石灰岩林下。分布于四川和贵州。

4．**柳叶蕨**（中国主要植物图说·蕨类植物门）

Cyrtogonellum fraxinellum（Christ）Ching in Bull. Fan Mem. Inst. Biol. Bot. **8**：329，t. 7，f. 1. 1938；中国主要植物图说·蕨类植物门 191，图257. 1957；中国高等植物图鉴 **1**：226，图452. 1972；中国植物志 **5**（2）：182. 2001. ——*Aspidium fraxinellum* Christ in Bull. Herb. Boiss. **7**：15. 1899.

植株高28～45cm。根状茎短，直立，先端连同叶柄密被鳞片；鳞片棕色、卵形，先端渐尖，边缘疏生睫毛。叶簇生；柄长12～20cm，禾秆色；叶片长卵圆形，长17～25cm，宽8～10cm，一回羽状；顶生羽片全缘或羽裂，侧生羽片5～10对，互生，有柄，斜出，披针形，下部的长8～10cm，宽约1.5cm，渐尖头，基部近对称，楔形，近全缘或上部边缘呈波状；叶脉网结，在主脉两侧各有一行斜长方形网眼，有内藏小脉，向外小脉分离，两面可见；叶厚革质，干后暗绿色，腹面光滑；叶轴和主脉背面疏被棕色、披针形小鳞片。孢子囊群大，圆形，生于内藏小脉顶端，在主脉两侧各排成1行，位于主脉与叶边中间；囊群盖圆形，盾状着生，棕色，厚膜质，全缘，以后脱落。

产于防城港、上思、那坡、靖西、凤山、龙州；生于海拔600～1 100m的石灰岩林下。分布于台湾、云南、贵州、四川。越南也有分布。

根状茎清热解毒。

5．**石生柳叶蕨**（贵州蕨类植物志）

Cyrtogonellum × rupicola P. S. Wang et X. Y. Wang, Pterid. Fl. Guizhou 242，f. 61：2. 2001.

本种近似于**柳叶蕨**［*C. fraxinellum*（Christ）Ching］和**离脉柳叶蕨**［*C. caducum* Ching］，不同在于本种叶片先端羽状羽裂，羽片上的叶脉连接成不连续的1列网眼。

产于那坡；生于海拔约1 200m的石灰岩林下。分布于贵州。

9. 贯众属 Cyrtomium Presl

陆生中型蕨类。根状茎短，斜升或直立，密被鳞片。叶簇生；叶柄基部被鳞片；鳞片大，质厚，卵形或阔披针形，暗褐色或深棕色，边缘有缘毛；叶簇生；叶片长圆形至披针形，通常奇数一回羽状，少有单叶或具3小叶；羽片镰刀形、披针形或戟形，基部上侧或两侧具耳或无耳，全缘或有锯齿；叶脉网状，中脉显著，两侧各有2～6行斜而略呈六角形的网眼，每网眼内有1～3条不分叉的内藏小脉，网眼外的小脉分离。叶革质、纸质或草质，叶背面及叶轴多少被纤维状小鳞片。孢子囊群圆形，在中脉两侧排成一至多行，着生于内藏小脉顶端或中部；囊群盖大而圆，盾状着生；孢子椭圆形，周壁具褶皱，并形成片状凸起。

本属近50种，主产于亚洲东部地区，以中国西部和西南部为分布中心。中国有38种；广西产14种。

分种检索表

1. 叶为厚革质；羽片边缘加厚，全缘，无锯齿(罕有一两个疏浅缺刻)。
  2. 羽片通常小(偶有单叶)，卵形或卵状长圆形，圆头或钝尖头。
    3. 羽片或叶片基部为心形，对称。
      4. 叶为单叶，心形或三角状卵形 ………………………… 1. **单叶贯众** C. hemionitis Christ
      4. 叶为一回羽状复叶，羽片卵形或卵状长圆形。
        5. 叶柄长(等于或长于叶片)；羽片1～6对，长4～10cm，短尖头 ………………………… 2. **厚叶贯众** C. pachyphyllum (Rosenst.) C. Chr.
        5. 叶柄短(长约为叶片的1/4)；羽片通常15～20对，长1～2cm，圆头 ………………………… 3. **低头贯众** C. nephrolepioides (Christ) Copel.
    3. 羽片基部不为心形，不对称，上侧多少隆起 ………………………… 4. **斜基贯众** C. obliquum Ching et Shing ex Shing
  2. 羽片大，镰刀状披针形，长渐尖头。
    6. 侧生羽片披针形 ………………………… 5. **披针贯众** C. devexiscapulae (Koidz.) Ching
    6. 侧生羽片为偏斜的卵形或卵状披针形 ………………………… 6. **全缘贯众** C. falcatum (L. f.) Presl
1. 叶为纸质，少为革质；羽片边缘不加厚，通体或至少向顶端有细尖锯齿。
  7. 叶片羽状渐尖。
    8. 羽片主脉两侧各有网眼1行(有时仅上侧有少数网眼)；孢子囊群通常1行(基部上侧耳片上往往2行) ………………………… 7. **单行贯众** C. uniseriale Ching
    8. 羽片主脉两侧各有网眼2～3行；孢子囊群为不规则的2～3行。
      9. 羽片阔镰刀形或镰刀状披针形，基部上侧呈尖三角形耳状凸起 …… 8. **镰羽贯众** C. balansae (Christ) C. Chr.
      9. 羽片阔披针形，基部近楔形或圆楔形，多少对称或上侧略隆起 … 9. **尖羽贯众** C. hookerianum (Presl) C. Chr.
  7. 叶为奇数羽状复叶，顶端有一枚2～3叉或不分裂的顶生羽片。
    10. 羽片边缘有开张的尖齿 ………………………… 10. **刺齿贯众** C. caryotideum (Wall. ex Hook. et Grev.) Presl
    10. 羽片边缘有前倾的小齿或至少在顶部有齿，有时不明显全缘。
      11. 羽片基部不对称 ………………………… 11. **贯众** C. fortunei J. Sm.
      11. 羽片基部对称。
        12. 侧生羽片基部一对或两对羽片较大为卵形，其他的为长圆形 … 12. **大叶贯众** C. macrophyllum (Mak.) Tagawa
        12. 侧生羽片披针形或线状披针形。
          13. 囊群着生处叶背面常下凹成小穴，无明显凸起的囊托；囊群盖中央平坦或下凹，不凸起 ………………………… 13. **线羽贯众** C. urophyllum Ching
          13. 囊群有明显的囊托；囊群盖中央凸起成帽状 ………………………… 14. **台湾贯众** C. taiwanense Tagawa

1. 单叶贯众(中国蕨类植物图谱) 图版83:1～5

Cyrtomium hemionitis Christ in Bull. Acad. Int. Géogr. Bot. 20: 138, cum fig. 1910; 中国植物志5

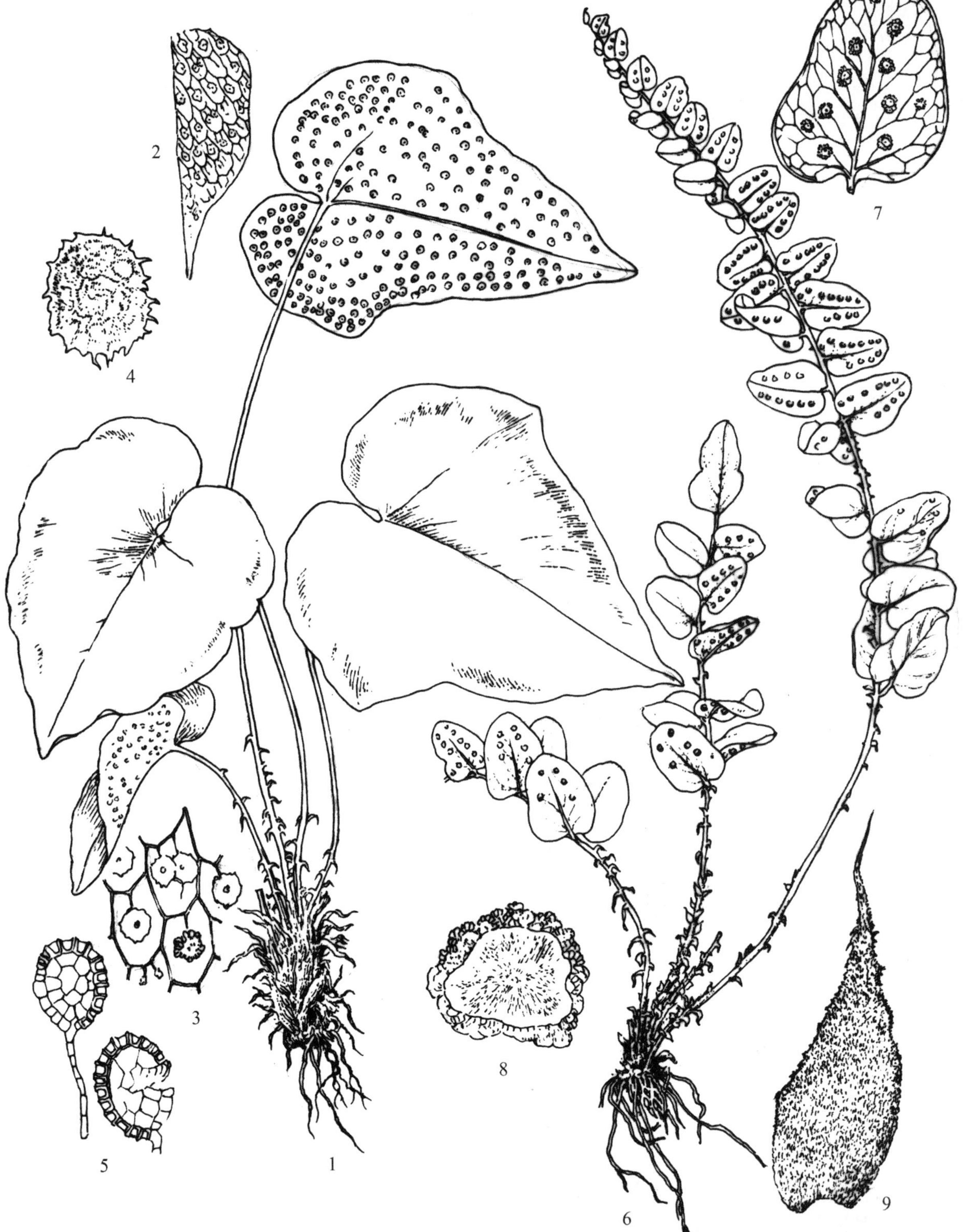

图版 83　1～5. **单叶贯众** Cyrtomium hemionitis Christ　1. 植株；2～3. 叶片背面一部分，示叶脉及孢子囊群着生位置；4. 囊群盖；5. 孢子囊及其环带。　6～9. **低头贯众** C. nephrolepioides (Christ) Copel.　6. 植株；7. 羽片背面，示叶脉及孢子囊群着生位置；8. 孢子囊群及囊群盖；9. 叶柄上的鳞片。　（林文宏绘，引自《中国蕨类植物图谱》）

(2)：190，图版 55：1～5. 2001.

植株高 4～28cm。根状茎直立，密被披针形深棕色鳞片。叶簇生；叶柄长 4～28cm，禾秆色，腹面有浅纵沟，通体有披针形及线形深棕色鳞片；鳞片边缘全缘或有睫毛状小齿，常扭曲；叶通常为单叶，三角状卵形或心形，基部两侧常有钝角状凸起，先端急尖或渐尖，基部深心形，边缘全缘；有时下部深裂成一对裂片或成一对分离的羽片；具三出脉或五出脉，小脉联结成多行网眼，腹面微凸出，背面不明显。叶为革质，腹面光滑，背面有毛状小鳞片。孢子囊群遍布羽片背面；囊群盖圆形，盾状，边缘有小齿。

产于那坡、靖西、大新、龙州；生于海拔 600～1 200m 的石灰岩林下。分布于贵州、云南。

本种被国务院 1999 年批准的《国家重点保护野生植物名录（第一批）》收录为国家Ⅱ级保护植物。

2. **厚叶贯众**（植物分类学报）

Cyrtomium pachyphyllum (Rosenst.) C. Chr. Ind. Fil. Suppl. **2**：11. 1917；中国植物志 **5**(2)：190，图版 56：1～2. 2001. ——*Polystichum pachyphyllum* Rosenst. in Fedde, Rep. Sp. Nov. **13**：130. 1914.

植株高 12～40cm。根状茎直立，密被披针形棕色鳞片。叶簇生；叶柄长 4～22cm，禾秆色，腹面有浅纵沟，通体有披针形及线形棕色鳞片；鳞片全缘或有睫毛状齿，略扭曲；叶片长圆形或三角形，长 7～18cm，宽 7～10cm，先端急尖，基部不变狭，奇数一回羽状；侧生羽片 1～5 对，互生或近对生，平伸，柄短，三角状卵形或卵形，长 3.5～5cm，宽 2.5～3cm，先端狭而钝，基部心形，边缘全缘；具羽状脉，小脉联结成 2～3 行网眼，两面不明显；顶生羽片三角状卵形，长 3～8cm，宽 3～5cm，有时基部一侧或两侧凸出。叶为革质，腹面光滑，背面有毛状小鳞片。孢子囊群遍布羽片背面；囊群盖圆形，盾状，边缘有小齿。

产于那坡、靖西；生于海拔 700～1 300m 的石灰岩林下。分布于贵州、云南。

根状茎清热凉血；治流行性感冒、蛔虫病、小儿高热。

3. **低头贯众**（中国蕨类植物图谱） 图版 83：6～9

Cyrtomium nephrolepioides (Christ) Copel. in Philipp. J. Sci. **38**：136. 1929；中国植物志 **5**(2)：187，图版 53：4～5. 2001. ——*Polystichum nephrolepioides* Christ in Bull. Acad. Int. Géogr. Bot. **11**：258. 1902.

本种近似于**厚叶贯众**[*C. pachyphyllum* (Rosenst.) C. Chr.]，不同在于本种叶柄短（长约为叶片的 1/4）；羽片通常 15～20 对，长 1～2cm，顶端圆头；孢子囊群于中脉两侧各成 1 行。

产于靖西、那坡、龙州；生于海拔 800～1 200m 的石灰岩地区。分布于贵州、湖北、四川、湖南。

4. **斜基贯众**（植物分类学报）

Cyrtomium obliquum Ching et Shing ex Shing in Acta Phytotax. Sin. Addit. Ⅰ：11. 1965； 中国植物志 **5**(2)：194，图版 56：4～5. 2001. ——*C. calcicola* Ching ex Shing in Acta Phytotax. Sin. Addit. Ⅰ：12. 1965.

植株高 40～70cm。叶柄长 12～30cm，基部密被棕色、卵状披针形、渐尖头、边缘啮齿状的鳞片，向上连同叶轴散生红棕色、披针形、边缘有小齿的鳞片；叶片长 28～40cm，中部宽 5.5～8cm，披针形，先端羽裂渐尖，一回羽状；侧生羽片约 20 对，中部的长 2.5～4cm，基部宽 1.5～2.4cm，狭三角形，钝尖头，基部强烈不等，近心形，上侧具钝三角耳状凸起并覆盖叶轴，下侧近圆楔形，边缘全缘或微波状；叶脉不明显，主脉两侧各有网眼 2 行，有内藏小脉 1～2 条；叶坚纸质，干后灰绿色，叶轴和羽轴背面疏生红棕色披针形鳞片。孢子囊群在主脉两侧呈不整齐的 1～2 行；囊群盖全缘，干后常上卷。

产于临桂、贺州；生于林下。分布于广东、浙江。

5. **披针贯众**（植物分类学报） 图版 84：1～4

Cyrtomium devexiscapulae (Koidz.) Ching in Bull. Chin. Bot. Soc. **2**(2)：96. 1936；福建植物志 **1**：183. 1983；中国植物志 **5**(2)：195，图版 56：3. 2001. ——*Polystichum devexiscapulae* Koidz. in Acta Phytotax. Geobot. **1**：33. 1932.

植株高 35～70cm。根状茎直立和叶柄基部均密被棕褐色或黑褐色、有缘毛的卵形大鳞片。叶柄长

图版 84　1～4. **披针贯众** Cyrtomium devexiscapulae (Koidz.) Ching　1. 植株；2. 羽片背面，示叶脉和孢子囊群着生位置；3. 根状茎上的鳞片；4. 叶柄上的鳞片。　5～7. **尖羽贯众** C. hookerianum (Presl) C. Chr.　5. 叶片背面；6. 羽片背面，示叶脉和孢子囊群着生位置；7. 根状茎上的鳞片。　(林文宏绘)

20～40cm，禾秆色；叶片一回羽状；羽片约10对，有短柄，镰状披针形，长12～16cm，宽2～2.5cm，长渐尖头，基部楔形，全缘或有时具波状钝齿，顶生羽片与侧生羽片同形或偶为2～3叉；叶脉每网眼内藏小脉1～2条；叶革质，两面光滑，或沿叶轴、羽轴和背面中脉基部疏被纤维状小鳞片。孢子囊群圆形，遍布羽片背面；囊群盖圆盾形，边缘波状。

产于桂林、阳朔、罗城、三江、柳州、那坡；生于海拔150～1 200m的林下或灌丛中。分布于福建、广东、贵州、四川、浙江、江西。日本、朝鲜、越南也有分布。

根状茎清热解毒、活血散瘀、利尿通淋；治流行性感冒、水肿、血崩、跌打损伤等。

6. **全缘贯众**（中国主要植物图说·蕨类植物门）

Cyrtomium falcatum (L. f.) Presl, Tent. Pterid. 86. 1836; 中国主要植物图说·蕨类植物门 193，图 259. 1957; 中国植物志 5(2): 195. 2001. ——*Polypodium falcatum* L. f. Sp. Pl. Suppl. 446. 1781.

植株高30～40cm。根状茎直立，密被披针形棕色鳞片。叶簇生；叶柄长15～27cm，禾秆色，腹面有浅纵沟，下部密生卵形棕色有时中间带黑棕色、边缘流苏状鳞片，向上秃净；叶片宽披针形，长22～35cm，宽12～15cm，先端急尖，基部略变狭，奇数一回羽状；侧生羽片5～14对，互生，平伸或略斜上，有短柄，偏斜的卵形或卵状披针形，常向上弯，中部的长6～10cm，宽2.5～3cm，先端长渐尖或成尾状，基部偏斜圆楔形，上侧圆形，下侧宽楔形或弧形，边缘全缘常成波状；顶生羽片卵状披针形，二叉或三叉状，长4.5～8cm，宽2～4cm；叶为革质，两面光滑；叶轴腹面有浅纵沟，有披针形边缘有齿的棕色鳞片或秃净。孢子囊群遍布羽片背面；囊群盖圆形，盾状，边缘有小齿缺。

产于靖西、那坡；生于林下。分布于山东、江苏、浙江、福建、台湾、广东。日本也有分布。

根状茎清热解毒、驱虫、止血；治外伤出血、钩虫病、蛔虫病。

7. **单行贯众**（植物分类学报）

Cyrtomium uniseriale Ching ex Shing in Acta Phytotax. Sin. Addit. Ⅰ: 15. 1965; 中国植物志 5(2): 198. 2001.

本种近似于**镰羽贯众**[*C. balansae* (Christ) C. Chr.]，不同在于本种羽片主脉两侧各有网眼1行；孢子囊群通常1行（基部上侧耳片往上2行）。

产于龙州；生于海拔约400m的林下。分布于四川、重庆。

8. **镰羽贯众**（植物分类学报）

Cyrtomium balansae (Christ) C. Chr. Ind. Fil. Suppl. Ⅰ: 23. 1913; 中国主要植物图说·蕨类植物门: 193，图 258. 1957; 海南植物志 1: 151，图 67. 1964; 中国植物志 5(2): 198. 2001. —— *Polystichum balansae* Christ in Acta Hort. Petrop. **28**: 193. 1908. ——*Cyrtomium balansae* (Christ) C. Chr. f. *edentatum* Ching ex Shing in Acta Phytotax. Sin. Addit. Ⅰ: 18. 1965; 中国植物志 5(2): 198. 2001.

植株高30～50cm。根状茎与叶柄基部密生披针形鳞片。叶柄长15～30cm；叶片披针形，长25～35cm，宽10～12cm，顶渐尖羽裂，一回羽状；中部以下的羽片镰状披针形，长4.5～6cm，宽约1.5cm，基部不对称，上侧尖三角形耳状，下侧斜切，边缘全缘或仅中部以上有疏尖齿；叶脉网状，在主脉两侧各有网眼2行；叶纸质。孢子囊群生于内藏小脉中或上部；囊群盖圆肾形，全缘。

广西各地均产；生于海拔300～1 600m的常绿阔叶林下。广布于长江以南各省区。越南、日本也有分布。

根状茎清热解毒、驱虫、散积；治流行性感冒、蛔虫病，小儿疳积等。

9. **尖羽贯众**（植物分类学报） 图版84：5～7

Cyrtomium hookerianum (Presl) C. Chr., Ind. Fil. Suppl. Ⅰ: 101. 1913; 中国高等植物图鉴 1: 227. 1972; 中国植物志 5(2): 199，图版 57: 3～4. 2001. ——*Lastrea hookeriana* Presl, Tent. Pterid. 77. 1836, based on *Aspidium caducum* Wall. ex Hook. et Grev.

本种近似于**镰羽贯众**[*C. balansae* (Christ) C. Chr.]，不同在于本种羽片阔披针形，基部近楔形或圆楔形，多少对称或上侧略隆起。

产于龙胜、兴安、融水、田林、德保、那坡；生于海拔 600～ 1 300m 的林下。分布于湖北、湖南、贵州、四川、云南、西藏、台湾。日本、越南、印度、不丹、尼泊尔也有分布。

10．**刺齿贯众**（植物分类学报）

Cyrtomium caryotideum（Wall. ex Hook. et Grev.）Presl，Tent. Pterid. 86，t. 2，f. 26. 1836；中国高等植物图鉴 **1**：228，图 456. 1972；中国植物志 **5**(2)：211. 2001. ——*Aspidium caryotideum* Wall. ex Hook. et Grev.，Ic. Fil. **1**：t. 69. 1828.

植株高 40～70cm。根状茎与叶柄基部密生阔披针形深褐色大鳞片。叶簇生；叶柄长 15～30cm，禾秆色；叶片长圆状披针形，长 25～40cm，宽 10～20cm，仅羽柄有纤维状鳞片，奇数一回羽状；侧生羽片 3～7 对，互生，镰状三角形，基部圆形，上侧（有时下侧同样）呈尖三角形耳状凸起，边有整齐的刺状齿；主脉两侧各有网眼 6～7 行，内藏小脉 1～3 条；叶纸质。孢子囊群大而密，生于内藏小脉中部；囊群盖边缘有长睫毛。

产于靖西、那坡、凌云、乐业、隆林、田林；生于海拔 700～1 300m 的常绿阔叶林下。分布于云南、贵州、四川、西藏、广东、湖北、湖南、甘肃、陕西、江西、台湾。越南、缅甸、印度、尼泊尔、不丹、菲律宾、巴基斯坦、日本也有分布。

根状茎清热解表、活血散瘀、利尿、通淋、杀虫；治瘰疬、淋巴结核、疔毒疖肿、流感、崩漏、跌打损伤、小便不利、麻疹、蛇伤。

11．**贯众**（植物分类学报） 图版 85：1～2

Cyrtomium fortunei J. Sm. Ferns Brit. et Fore. 286. 1866；中国高等植物图鉴 **1**：227，图 454. 1972；中国植物志 **5**(2)：205，图版 59：1～2. 2001. ——*C. yamamotoi* Tagawa in Acta Phytotax. Geobot **7**：187. 1938；中国植物志 **5**(2)：207，图版 60：3～5. 2001. —— *C. yamamotoi* Tagawa var. *intermedium* (Diels) Ching et Shing ex Shing in Acta Phytotax. Sin. Addit. Ⅰ：29. 1965；中国植物志 **5**(2)：205，图版 60：5. 2001. —— *Polystichum falcatum* Diels f. *intermedium* Diels in Engl. Bot. Jahrb. **29**：195. 1900.

根状茎与叶柄基部密生阔卵状披针形黑褐色大鳞片。叶簇生；叶柄长 15～25cm，疏生鳞片；叶片阔披针形或长圆状披针形，长 25～45cm，宽 10～15cm，沿叶轴和羽柄有少数纤维状鳞片，奇数一回羽状；羽片镰状披针形，基部上侧稍呈耳状凸起，下侧圆楔形，边有缺刻状细齿；叶脉网眼有内藏小脉 1～2 条；叶纸质，两面光滑。孢子囊群生于内藏小脉顶端，在主脉两侧各排成不整齐的 3～4 行；囊群盖大，圆盾形，全缘。

广西各地均产；生于海拔 200～1 200m 的林下、灌丛或路边。广布于华北、西北和长江以南各省区。越南、日本、朝鲜、泰国也有分布。

根状茎清热解毒、凉血、止血、平肝、消淡、驱虫；治感冒、斑疹、疟疾、痢疾、便血、肝炎、血崩、乳痈、跌打、外伤出血、蛔虫病、毒菌中毒。亦可作农药。

12．**大叶贯众**（中国蕨类植物图谱）

Cyrtomium macrophyllum（Mak.）Tagawa in Acta Phytotax. Geobot. **3**(2)：62，f. 3：5～7. 1934；江西植物志 **1**：295，图 304. 1993；中国植物志 **5**(2)：201. 2001. ——*Aspidium falcatum*（L. f.）Sw. var. *macrophyllum* Mak. in Bot. Mag. Tokyo **16**：90. 1902.

植株高 30～60cm。根状茎直立，密被披针形黑棕色鳞片。叶簇生；叶柄长 16～38cm，禾秆色，腹面有浅纵沟，下部密生卵形及披针形黑棕色鳞片，鳞片边缘有齿，常扭曲，叶柄向上部渐秃净；叶片长圆状卵形或狭长圆形，长 28～54cm，宽 10～30cm，先端钝，基部不变狭或略宽，奇数一回羽状；侧生羽片 3～8 对，互生，略斜上，有短柄，基部一对或两对为卵形，常较大，其他为长圆状卵形，中部的长 12～20cm，宽 4～7cm，先端渐尖或急尖成短尾状，基部宽楔形或圆楔形，边缘全缘有时近顶处有小齿；具羽状脉，小脉联结成多行网眼，腹面不明显，背面微凸起；顶生羽片卵形或菱状卵形，二叉或三叉状，长 10～16cm，宽 10～12cm；叶坚纸质，腹面光滑，背面有时疏生披针形棕色小鳞片；叶轴腹面有浅纵沟，有披针形及线形黑棕色鳞片。孢

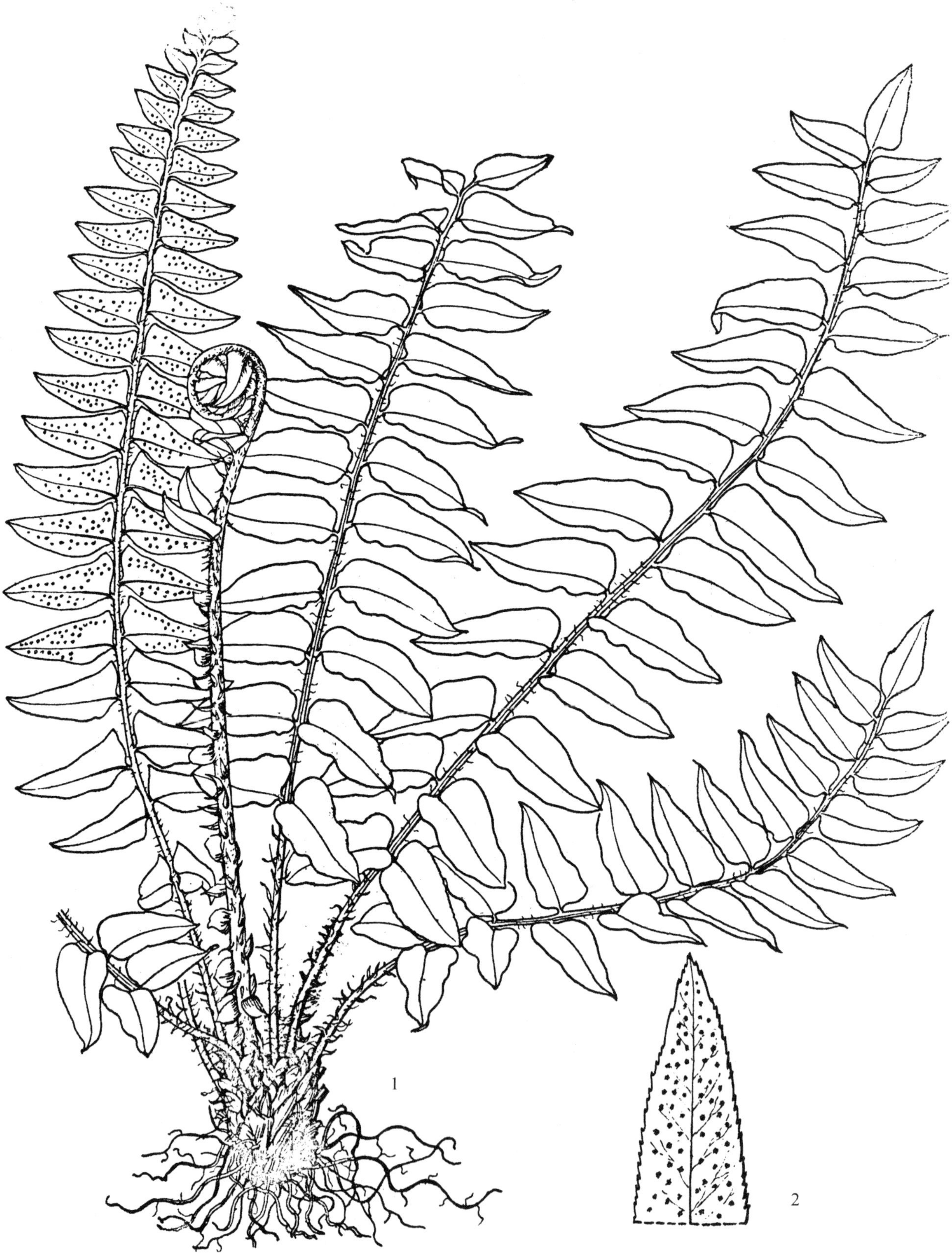

图版 85　1～2. **贯众** Cyrtomium fortunei J. Sm.　1. 植株；2. 羽片背面一部分，示叶脉及孢子囊群着生位置。　（林文宏绘）

子囊群遍布羽片背面；囊群盖圆形，盾状，全缘。

产于兴安；生于海拔约 1 200m 的林下。分布于江西、台湾、陕西、甘肃、湖北、湖南、四川、贵州、云南、西藏。日本、不丹、尼泊尔、印度、巴基斯坦也有分布。

根状茎清热解毒、杀虫、止血；治流感、乙型脑炎、崩漏、功能性子宫出血、蛔虫病。

13. **线羽贯众**(植物分类学报)

Cyrtomium urophyllum Ching in Bull. Chin. Bot. Soc. 2(2): 101. 1936; 中国植物志 5(2): 204, 图版 58: 3～4. 2001.

根状茎粗壮、直立。叶簇生；叶柄粗壮，长 30～40cm，深禾秆色，腹面被早落的棕栗色大鳞片；叶片宽披针形，长 45～60cm，宽约 15cm，奇数一回羽状；顶生羽片大形，具 3 裂片，侧生羽片 10～14 对，互生，斜展，长 12～16cm，宽 3～4cm，线状披针形，渐尖头，基部对称，楔形，基部以上边缘均密生有短芒状齿直至叶尖；主脉明显，极斜展，侧脉网状联结成 3～5 行网眼，每网眼有 2～3 条延伸小脉(中肋网眼，每个具 1 条小脉)；叶革质，干后棕色，叶轴和叶片背面被流苏状鳞片。孢子囊群小，多数，于主脉的各对侧脉间排成 2 行，腹面具腺点；囊群盖大而圆，灰色。

产于龙胜、金秀；生于海拔 500～800m 的常绿阔叶林下溪边。分布于四川、贵州、云南、湖南。

根状茎清热解毒、散热。

14. **台湾贯众**(植物分类学报)

Cyrtomium taiwanense Tagawa in Acta Phytotax. Geobot. 7: 78. 1938; 中国植物志 5(2): 204, 图版 57: 5. 2001.——*Cyrtomium tsinglingense* Ching et Shing ex Shing in Acta Phytotax. Sin Addit. Ⅰ: 41. 1965; 中国植物志 5(2): 211, 图版 61: 1～3. 2001.

植株高 40～80cm。根状茎直立，密被披针形棕色鳞片。叶簇生，叶柄长 18～36cm，禾秆色，腹面有浅纵沟，下部密生卵形及披针形深棕色鳞片，鳞片边缘有齿，常扭曲，叶柄向上部渐秃净；叶片长圆形或长圆披针形，长 30～60cm，宽 15～26cm，先端钝，基部不变狭或略宽，奇数一回羽状；侧生羽片 5～7 对，互生，斜上，有短柄，基部一对或两对卵形，常较大，其他为长圆状披针形，中部的长 11～20cm，宽 3.5～5cm，先端渐尖或急尖成尾状，基部宽楔形或圆楔形，上侧微有耳状凸起，边缘有开张的小尖齿；具羽状脉，小脉联结成多行网眼，两面微凸；顶生羽片宽倒卵形，二叉或三叉状，长 9～15cm，宽 6～9cm；叶坚纸质，腹面光滑，背面有披针形棕色小鳞片；叶轴腹面有浅纵沟，有披针形及线形棕色鳞片。孢子囊群遍布羽片背面；囊群盖圆形，盾状，全缘。

产于隆林；生于海拔约 1 200m 的林下。分布于陕西、甘肃、四川、贵州、云南、台湾。

10. 耳蕨属 Polystichum Roth

通常为土生，中小型蕨类。根状茎短粗，直立或斜升，连同叶柄基部被鳞片；鳞片质厚，阔披针形或阔卵形，或为纤维状，全缘或有缘毛，腹部着生，基部通常呈撕裂状，棕色、褐色或黑色，有光泽。叶密集簇生；叶柄被鳞片；叶片披针形或椭圆形，或为线状披针形，一回至四回羽裂；末回小羽片通常为镰形，少为椭圆形，钝头或渐尖头，基部不对称，上侧截形并常有耳状凸起，下侧楔形，或有时下延成翅，边缘常具芒状锯齿；叶脉分离，羽状；叶纸质或革质，少为草质，质坚实至粗糙，通常被纤维状鳞片，叶轴及羽轴多少被鳞片。孢子囊群圆形，通常顶生于小脉上，有时为背生；囊群盖圆盾形，盾状着生，罕为无盖；孢子囊的环带由 18 个或更多的增厚细胞组成；孢子椭圆形，周壁具褶皱，在有些种形成片状凸起或网状，表面具小瘤状、小刺状或颗粒状纹饰，外壁两层。

本属约有 300 种，广布于世界各地，主产于温带及亚热带山地，以中国为分布中心。中国约有 170 种；广西产 30 种 1 变种。

分种检索表

1. 叶轴有芽胞。
 2. 叶片一回羽状至二回羽状分裂。
  3. 叶近二型，孢子叶较短小；叶片阔披针形；叶柄鳞片边缘的锯齿不整齐，常分叉或不整齐羽状分枝 …………………… 1. **锯鳞耳蕨** P. prionolepis Hay.
  3. 叶一型；叶片狭长椭圆状披针形；叶柄鳞片边缘有整齐的单锯齿 ………… 2. **柔软耳蕨** P. lentum (D. Don) Moore
 2. 叶片二回羽状。
  4. 下部羽片的小羽片基部不下延于羽轴。
   5. 小羽片顶端及上部两侧的锯齿顶端有锐尖的短芒刺 …………………… 3. **疏羽耳蕨** P. disjunctum Ching ex W. M. Chu et Z. R. He
   5. 小羽片无芒刺，顶端急尖，两侧有急尖头的浅裂片或锯齿，或边缘浅缺刻状至波状 …………………… 4. **灰绿耳蕨** P. anomalum (Hook. ex Arnold) C. Chr.
  4. 下部羽片的小羽片基部或多或少以狭翅下延于羽轴。
   6. 鳞片均呈棕色；羽片腹面有棕色的线形小鳞片；叶轴的芽胞有2个 …………………… 5. **双胞耳蕨** P. bigemmatum Ching ex L. L. Xiang
   6. 叶柄下部的大鳞片多呈亮栗黑色，边缘棕色，至少一部分大鳞片的中部增厚呈亮栗黑色；羽片腹面光滑；叶轴的芽胞通常1个，少见2个。
    7. 小羽片及下部羽片的裂片阔菱状卵形或倒卵形，顶端骤尖，有芒刺 ……………… 6. **陈氏耳蕨** P. chunii Ching
    7. 小羽片及下部羽片的裂片卵形或长圆形，顶端钝头渐尖或具短尖头 …………………… 7. **长羽芽胞耳蕨** P. attenuatum Tagawa et Iwatsuki
1. 叶轴无芽胞。
 8. 叶草质、纸质或薄纸质；叶片二回至四回羽状细裂，或虽为一回至二回羽状，但倾向于细裂即裂片及末回裂片通常狭窄，线形、条形、狭楔形或匙形，仅有1条小脉(细裂耳蕨组)。
  9. 叶片三回至四回羽状，末回裂片线形 …………………… 8. **峨眉耳蕨** P. omeiense C. Chr.
  9. 叶片一回至二回羽状，羽片或小羽片羽状浅裂至深裂或全裂，裂片不为线形。
   10. 叶片二回羽状；羽片基部对称或近对称；小羽片通常羽状浅裂至半裂，基部阔楔形；裂片通常卵圆三角形 …………………… 9. **中越耳蕨** P. tonkinense (Christ) W. M. Chu et Z. R. He
   10. 叶片一回羽状，羽片羽状浅裂至全裂，基部上侧的耳状凸起内侧仅略向下浅裂 …………………… 10. **钳形耳蕨** P. bifidum Ching
 8. 叶较坚实，纸质至革质；叶片一回至二回羽状，末回裂片不为线形、条形、狭楔形或匙形。
  11. 叶革质或近革质，腹面常有光泽；羽片或小羽片顶端有棘手的硬尖刺或芒状尖刺，边缘也往往有较短的硬尖刺或芒状尖刺。
   12. 叶轴被均一的黑色或深棕色钻形鳞片 ………………………… 11. **对马耳蕨** P. tsus-simense (Hook.) J. Sm.
   12. 叶轴上的鳞片棕色或红棕色，多型 …………………………………… 12. **瓦鳞耳蕨** P. fimbriatum Christ
  11. 叶草质、纸质或厚纸质，少有近革质；羽片或小羽片顶端及边缘无硬尖刺，仅有短尖头或细软的芒刺。
   13. 孢子囊群生于小脉背部，囊群盖早落或无囊群盖(新生耳蕨组) ………… 13. **大叶耳蕨** P. grandifrons C. Chr.
   13. 孢子囊群生于小脉顶端，囊群盖宿存。
    14. 叶片二回羽状分裂或二回羽状；羽片及小羽片不为对开式，主脉居中部，基部近对称，背面被或长或短的纤毛状小鳞片(后生耳蕨组)。
     15. 叶柄仅具线形或线状披针形鳞片 ……………………… 14. **分离耳蕨** P. discretum (D. Don) J. Sm.
     15. 叶柄具卵形、卵状披针形或阔披针形鳞片。
      16. 中上部羽片的小羽片上侧无明显的耳状凸起；叶轴鳞片阔卵形至卵状披针形；小羽片背面的小鳞片为长纤毛状 …………………… 15. **长鳞耳蕨** P. longipaleatum Christ
      16. 中上部羽片的小羽片上侧有明显的耳状凸起。
       17. 叶轴鳞片一色；孢子囊群近小羽片边缘着生 ……………… 16. **假黑鳞耳蕨** P. pseudomakinoi Tagawa

17. 叶轴鳞片一色或二色;孢子囊群中生或近主脉着生 …… 17. **黑鳞耳蕨** P. makinoi (Tagawa) Tagawa

14. 叶片一回羽状,披针形,或基部一对羽片常特长并为羽状或羽裂而呈“十”字形;羽片及小羽片对开式,主脉偏生于下侧,基部明显不对称。

18. 基部一对羽片羽状或羽裂,常特长,叶常呈“十”字形(戟叶耳蕨组)。

19. 中央羽片的小羽片斜长方形,先端急尖或钝,背面近光滑 … 18. **小戟叶耳蕨** P. hancockii (Hance) Diels

19. 中央羽片的小羽片镰状披针形,先端通常渐尖,背面沿中脉疏生棕色披针形小鳞片 ………………………………………………………………………………………… 19. **戟叶耳蕨** P. tripteron (Kze.) Presl

18. 基部一对羽片不显著伸长,不为羽状或羽裂,叶片呈披针形(半开羽耳蕨组)。

20. 羽片两面密被棕色长毛 ……………………… 20. **节毛耳蕨** P. articulatipilosum H. G. Zhou et Hua Li

20. 羽片腹面光滑。

21. 叶脉顶端增粗呈棒状 …………… 21. **粗脉耳蕨** P. crassinervium Ching ex W. M. Chu et Z. R. He

21. 叶脉顶端不增粗呈棒状。

22. 羽片边缘除下侧基部,通体有密而整齐并具长芒刺头的锯齿 … 22. **芒齿耳蕨** P. hecatopteron Diels

22. 羽片边缘无上述特征。

23. 羽片顶端钝、圆形、圆截形或截形,有或无短尖头。

24. 羽片顶端圆形,无小尖头,边缘浅波状或全缘 ……………………………………………………………………………… 23. **广西耳蕨** P. guangxiense W. M. Chu et H. G. Zhou

24. 羽片顶端圆形、圆截形或截形,有小尖头。

25. 叶柄上的鳞片卵状披针形,暗棕色,边缘有纤毛,网孔二型,周边的不规则弯曲,中部的狭长形 ……………………………………………………… 24. **广东耳蕨** P. kwangtungense Ching

25. 叶柄上的鳞片披针形,深棕色至栗黑色,全缘或边缘有疏短齿,网孔均为狭长形 ……………………………………………………………………………… 25. **圆顶耳蕨** P. dielsii Christ

23. 羽片顶端急尖或渐尖。

26. 羽片通常卵形、菱状卵形、长圆形、短镰刀形或短阔弯刀形,中部羽片的长度与基部宽度的比例为 2∶1 或更宽,少见同一植株个别叶片的羽片稍长。

27. 羽片边缘的锯齿通常钝或急尖,无短刺头 … 26. **新对生耳蕨** P. paradeltodon L. L. Xiang

27. 羽片边缘的锯齿或多或少有短刺头。

28. 羽片边缘的锯齿通常不整齐,兼有单锯齿及重锯齿,下部的锯齿通常较短而钝,顶端有或无短刺头,上部的锯齿较长,齿端有短刺头 ………………………………………………………………… 27a. **对生耳蕨** P. deltodon (Bak.) Diels var. deltodon

28. 羽片通常呈短阔弯刀形,仅中部以上边缘有少数急尖或具短刺头的浅锯齿,中部以下的边缘波状或有缺刻状浅钝齿,偶见上侧接近耳状凸起的边缘有 1 个具短刺头的小齿 ……… …… 27b. **刀羽耳蕨** P. deltodon (Bak.) Diels var. cultripinnum W. M. Chu et Z. R. He

26. 羽片披针形、镰刀状披针形、长圆状披针形或近直角三角形,中部羽片的长宽比通常为 3∶1 或更长。

29. 羽片小,长不超过 1.7cm,最宽部位宽 5mm 以下;叶片狭长线状披针形;羽片极多 ………………………………………………………… 28. **多羽耳蕨** P. subacutidens Ching ex L. L. Xiang

29. 在同一植株上,至少部分叶片的中部羽片长 2cm 以上,最宽部位宽 7mm 以上;叶片披针形或阔披针形。

30. 羽片边缘有尖锯齿,齿端有短刺头 ……………………… 29. **尖齿耳蕨** P. acutidens Christ

30. 羽片下侧边缘波状,或有缺刻状浅圆齿,或为浅钝锯齿或少数急尖头的浅锯齿 ………………………………………………………………………… 30. **尖顶耳蕨** P. excellens Ching

1. **锯鳞耳蕨**(中国植物志) 图版 86:1~6

Polystichum prionolepis Hay., Ic. Pl. Formos. 4: 198, f. 134. 1914; 中国植物志 5(2): 11, 图版 3: 1~2. 2001.

植株高 40~60cm。根状茎短而斜升。叶簇生,近二型,孢子叶较短小;叶柄深禾秆色,通体被大小二型鳞片,鳞片边缘均密生棕色至深棕色的不整齐细锯齿,锯齿常分叉或不整齐羽状分枝,大鳞片卵形或卵

图版 86 1～6. **锯鳞耳蕨** Polystichum prionolepis Hay. 1. 植株；2. 羽片背面，示脉序及孢子囊群着生位置；3. 根状茎上的鳞片；4～5. 叶柄基部的大、小鳞片；6. 叶轴上的鳞片。 7～13. **对马耳蕨** P. tsus-simense (Hook.) J. Sm. 7. 植株；8. 带叶轴小羽片背面，示脉序及孢子囊群着生位置；9. 根状茎上的鳞片；10～11. 叶柄基部的大、小鳞片；12. 叶轴中部的鳞片；13. 囊群盖。 14～17. **尖顶耳蕨** P. excellens Ching 14. 叶片；15. 羽片背面，示脉序及孢子囊群着生位置；16. 叶柄基部的鳞片；17. 叶轴中部的鳞片。 （朱运喜绘）

状披针形，有线形长尾尖，棕色，厚膜质，或中部增厚而呈栗黑色，有棕色阔边，小鳞片披针形，有线状长尾尖，或呈线状长钻形，棕色至深裂棕色；叶片阔披针形，顶端渐尖，基部略缩狭或不缩狭，营养叶的长达30cm，宽达12cm，孢子叶的长达16cm，宽达6cm，一回羽状至二回羽状分裂；羽裂渐尖顶部以下的侧生羽片8～20对，中部的平展，下部的略后反折，披针形，顶端短渐尖或急尖，基部上侧凸起呈耳状，与叶轴平行，下侧阔斜切形，两侧羽状半裂至浅裂，上部的仅有粗浅锯齿，基部1～3对的基部上侧有时有分裂几达中肋，形成一枚卵形的耳片；裂片上倾截形，有1～5个锐尖的小齿，耳状凸起及几分离的耳片上部常略弯向叶轴，边缘的锐齿较多；羽片腹面中肋明显，凹陷，侧脉不明显，背面侧脉略可见，在裂片上羽状，小脉单一，耳凸上的小脉上部分叉；叶革质，干后绿色或黄绿色，腹面色较深；叶轴禾秆色，腹面有深沟槽，背面密被小鳞片，小鳞片棕色或栗黑色，披针形或狭披针形，下部边缘有疏长齿，叶轴背面近顶端有时生长1个密被棕色鳞片的芽胞，羽片中肋及叶脉背面被甚多浅棕色、钻形或狭长披针形的膜质细小鳞片。孢子囊群小，生于小脉背部，较接近中肋；盾状囊群盖成熟时浅棕色，边缘浅裂，易脱落；孢子赤道面观半圆形，周壁具细网状纹饰。

产于隆林；生于海拔400～800m的林下。分布于台湾、云南。

2. **柔软耳蕨**(蕨类名词及名称)

Polystichum lentum (D. Don) Moore, Ind. Fil. 86. 1858；中国植物志 **5**(2)：13，图版4：1～3. 2001；云南植物志 **21**：94，图版17：2～4. 2005. ——*Aspidium lentum* D. Don, Prodr. Fl. Nepal. 4. 1825.

本种近似于**陈氏耳蕨**(*P. chunii* Ching)，不同在于本种叶片为一回羽状，非二回羽状，羽片羽状分裂，叶片狭长椭圆状披针形；叶柄鳞片一型，非二型，边缘有整齐的单锯齿。

产于环江；生于海拔约1 000m的常绿阔叶林下沟边岩石上。分布于云南、四川、西藏。不丹、尼泊尔及印度东北部至喜马拉雅山南坡也有分布。

3. **疏羽耳蕨**(中国植物志)

Polystichum disjunctum Ching ex W. M. Chu et Z. R. He in Fl. Reipub. Popul. Sin. **5**(2)：18，图版3：6～9. 2001.

植株高达1.5m。根状茎直立，顶端密被鳞片；鳞片深棕色，狭披针形，两侧仅顶端有细齿，其下几全缘。叶簇生；叶柄下部密被大小二型鳞片，上部仅疏被小鳞片，大鳞片阔披针形至披针形，向一侧弯曲，深棕色或中部质地厚，亮栗黑色，两侧有棕色的膜质阔边，顶部两侧有细齿，其下几全缘，小鳞片狭披针形，棕色或亮栗黑色，或呈钻状狭披针形至钻状线形，基部阔而圆，浅棕色，向上亮栗黑色；叶片卵状披针形或长三角形，长达60cm，宽达30cm，顶部略急缩渐尖，基部略缩狭或不缩狭，二回羽状；叶片羽裂渐尖的顶部以下侧生羽片达20对，略向上斜展或基部有时平展，互生或近对生，均有明显的间距，近顶部的几对斜卵状披针形至斜卵形，急尖头，羽状深裂至浅裂，其余的均为披针形或长圆镰刀状披针形，先端长渐尖，基部略缩狭或不缩狭，羽状；羽片羽裂渐尖的顶部以下侧生小羽片可达15对，密接或接近，互生或对生，略向上斜展，斜卵形，顶端略向上弯，急尖并有1个短芒刺；基部上侧平截，略凸起呈钝耳状与羽轴平行，下侧弧形，边缘有疏缺刻，上半部常有少数短芒刺；叶草质，干后绿色或浅绿色，腹面色略深；叶轴及羽轴禾秆色，腹面均有深沟槽，背面均宿存甚多钻状狭披针形至钻状线形的棕色至栗黑色的小鳞片，叶轴近顶部通常有1～2个密被棕色披针形小鳞片的芽胞；小羽片背面有甚多棕色至深棕色的线形细小鳞片。孢子囊群生于较短的小脉顶端，中生或近边缘着生；囊群盖圆盾形，全缘，成熟时中央下凹呈浅漏斗状，浅棕色。

产于凌云；生于海拔约1 100m的林下。分布于云南。越南也有分布。

4. **灰绿耳蕨**(中国主要植物图说·蕨类植物门)

Polystichum anomalum (Hook. ex Arnold) C. Chr. in Ferns Brit. For. 151. 1866. —— *Polypodium anomalum* Hook. ex Arnold in J. Bot. **8**：360, t. 11. 1856. ——*Polystichum eximium* (Mett. ex Kuhn) C. Chr. in Bull. Dept. Biol. Sun Yat-sen Univ. **6**：8. 1933；中国主要植物图说·蕨类植物门183，图245. 1957；中国植物志 **5**(2)：19. 2001. ——*P. tialooshanense* Ching in Acta Phytotax. Sin. **9**

(4)：336. 1964；海南植物志 1：145，图 64. 1964.

植株高 90～115cm。根状茎短而直立，顶部密被黑褐色、边缘棕色有疏齿、卵状披针形的鳞片。叶近二型，簇生；叶柄长 35～45cm，禾秆色，下部被黑褐色披针形大鳞片及棕色的线状披针形小鳞片，上部连同叶轴被小鳞片及鳞毛；叶片长 60～70cm，宽 24～26cm，卵状长圆形，或卵状披针形，二回羽状；羽片 15～18 对，披针形，长 12～15cm，宽 2～3cm，先端渐尖，一回羽状；小羽片 12～15 对，有短柄，菱状卵形，略呈镰刀状，长 1.2～2cm，宽 5～7mm，先端急尖，边缘上侧及下侧前半部具疏粗齿，下侧后半部全缘，无刺芒；叶脉羽状；叶草质，干后灰绿色，羽轴腹面有沟，通常营养叶的叶轴在距顶端 6～7cm 处长出密被褐棕色鳞片的芽胞，能落地生根发育成新株。孢子囊群圆形，着生于小脉背上；囊群盖圆盾形，小，早落。

广西各地均产；生于海拔 300～1 600m 的林下溪边。分布于台湾、浙江、江西、湖南、海南、香港、四川、贵州、云南。日本、越南、泰国、斯里兰卡也有分布。

5. **双胞耳蕨**(隐花植物生物学)

Polystichum bigemmatum Ching ex L. L. Xiang in Chenia **3-4**：133，t. 1-4. 1997；中国植物志 **5**(2)：15，图版 4：4～6. 2001.

本种近似于**陈氏耳蕨**(*P. chunii* Ching)，不同在于本种叶柄下部的鳞片均为棕色，羽片腹面有棕色的线形小鳞片；叶轴上的芽胞 2 个。

产于环江；生于海拔约 1 000m 的林下沟边。分布于四川。

6. **陈氏耳蕨**(中国主要植物图说・蕨类植物门)

Polystichum chunii Ching in Sinensia **1**：2. 1929；中国主要植物图说・蕨类植物门 182. 1957；中国植物志 **5**(2)：15，图版 4：7～12. 2001.

植株高 30～40cm。根状茎粗短斜升，密被膜质锈色的广卵形大鳞片。叶柄长 8～12cm，与叶轴密被鳞片；鳞片二型，一种与根状茎上的相同，一种较小，呈纤维状或线状；叶片披针形，长 25～30cm，宽 4～5cm，基部稍缩短，长渐尖头，叶端或叶端以下有芽胞，二回羽状；羽片 30～35 对，长圆状披针形，长 2～2.5cm，宽约 1cm，基部各羽片反折，基部上方耳状，急尖头；小羽片菱状卵圆形，圆尖有刺齿；叶薄草质，干后黄绿色或浅黄色。孢子囊群小，位于中脉与叶缘中间。

产于罗城、融水、上思、防城港、金秀、马山、上林、武鸣，生于海拔 300～800m 的林下石壁上。分布于湖南、广东、贵州、云南。

7. **长羽芽胞耳蕨**(中国植物志) 长叶芽胞耳蕨(云南植物研究)

Polystichum attenuatum Tagawa et Iwatsuki in Acta Phytotax. Geobot. **23**：113，f. 9. 1968；中国植物志 **5**(2)：16. 2001. ——*P. subattenuatum* Ching et W. M. Chu in Acta Bot. Yunnan. Suppl. **5**：51，1992. ——*P. attenuatum* Tagawa et Iwatsuki var. *subattenuatum* (Ching et W. M. Chu) W. M. Chu et Z. R. He in Fl. Reipub. Popul. Sin. **5**(2)：17. 2001.

本种近似于**陈氏耳蕨**(*P. chunii* Ching)，不同在于本种叶柄长达 35cm，叶片长三角形或狭长椭圆状披针形，近革质，羽轴两侧具绿色窄翅；侧生小羽片斜卵形；孢子囊群生于小脉顶端，在主脉两侧各排成一行。

产于武鸣、龙胜；生于海拔 1 200～1 400m 的林下。分布于湖南、云南、贵州。泰国、缅甸、印度也有分布。

8. **峨眉耳蕨**(中国蕨类植物图谱)

Polystichum omeiense C. Chr. Ind. Fil. 585. 1906；中国主要植物图说・蕨类植物门 184，图 248. 1957；中国高等植物图鉴 **1**：234，图 467. 1972；中国植物志 **5**(2)：166，图版 47：3～4. 2001.

植株高 25～35cm。根状茎短而斜升，与叶柄基部疏被卵状披针形小鳞片。叶柄长 10～14cm；叶片披针形，长 15～25cm，宽 4～7cm，向基部变狭，三回至四回细羽裂；末回裂片狭细，倒披针形，宽约 1mm，锐尖头或顶端分叉，每裂片仅有小脉 1 条；叶草质。孢子囊群生于小脉顶部；囊群盖大，圆盾形，早落。

产于隆林；生于海拔 800～1 200m 的林下石壁上。分布于云南、贵州、四川。

全草清热解毒、利尿生津；煎水内服，治胃热、肺热、呕吐、小便涩痛、肠炎、便秘。

9. **中越耳蕨**（中国植物志）

Polystichum tonkinense（Christ） W. M. Chu et Z. R. He in Fl. Reipub. Popul. Sin. 5(2)：169，pl. 48，f. 1-2. 2001. ——*Aspidium aculeatum* Sw. var. *tonkinense* Christ in Bull. Sci. France et Belg. **28**：268，pl. 12，f. 6. 1898.

植株高30～100cm。根状茎直立或斜升。叶簇生；叶柄禾秆色，通体至叶轴被相当多的鳞片；鳞片贴生，深棕色，薄膜质，卵形，全缘，急尖头，易脱落。叶片卵形或卵状披针形，长18～47cm，中部宽7～23cm，顶端渐尖，基部阔楔形略缩狭或不缩狭，二回羽状；羽状的羽片10～15对，略向上斜展，具短柄，略上弯，长圆形或镰刀状披针形，渐尖头；小羽片长圆形或长圆状卵形，3～17对，互生，密接，略向上斜展，顶端渐尖，基部楔形下延形成具狭翅的小羽柄，不对称，上侧较宽，略凸起呈耳状，下侧狭楔形，边缘羽状浅裂至深裂；裂片2～5对，向上斜展，通常卵圆三角形，罕为条状长圆形，顶端急尖，常具略向上弯的短芒刺，通常不分裂，全缘，偶见浅裂成2～3个粗齿状小裂片；叶脉两面略可见，羽状，侧脉在羽片上侧的裂片上自下而上羽状至二叉状，顶部的单一，不达边缘；叶草质，干后绿色，腹面色较深；叶轴、羽轴禾秆色，下部两侧通常无绿色狭翅，向上有明显的绿色狭翅，腹面光滑，有沟槽，背面疏被暗棕色或红棕色、卵形或长卵形、顶端尾状长渐尖、全缘、上部不贴生的膜质薄鳞片；小羽片腹面光滑，背面疏被披针形、棕色的细小鳞片。孢子囊群小，生于小脉顶端，在小羽片上侧中生或近中生；圆盾形的囊群盖棕色或深棕色，全缘，厚膜质，易脱落。

产于龙州、那坡、靖西、凤山、武鸣；生于海拔600～1 400m的林下或洞口带。分布于贵州、云南。越南也有分布。

10. **钳形耳蕨**（中国蕨类植物图谱）

Polystichum bifidum Ching, Ic. Fil. Sin. **5**：pl. 242. 1958；中国植物志**5**(2)：172，图版49：1～2. 2001.

植株高25～50cm。根状茎直立。叶簇生；叶柄禾秆色，疏被鳞片；鳞片卵状披针形，渐尖头，中部深棕色至栗黑色，边缘有细齿；叶片长圆状披针形，长20～35cm，中部宽3～4cm，顶端短渐尖，中部以下略缩狭，一回羽状；羽片30～40对，接近，近平展，长圆形或近镰刀形，两侧羽状浅裂至半裂，上侧边除耳状裂片有4～7个短裂片，每个裂片顶端常再浅裂成2个不等长的二回小裂片，耳状裂片边缘有4～5个二回小裂片，下侧边有4～5个同样或稍长的短裂片，基部一片不分裂；裂片均斜上，顶端锐尖，常呈短芒刺状；叶草质，干后绿色，腹面色略深；叶轴禾秆色，疏被狭长披针形、边缘有锯齿的棕色小鳞片，腹面有深沟槽；羽片腹面光滑，背面疏被节毛状的线形细小鳞片。孢子囊群小，生于小脉顶端，接近羽片边缘；圆盾形的囊群盖全缘，易脱落。

产于那坡；生于海拔约1 200m的石灰岩林下。分布于云南。

11. **对马耳蕨**（中国主要植物图说·蕨类植物门）　图版86：7～13

Polystichum tsus-simense（Hook.） J. Sm. Hist. Fil. 219. 1875；中国高等植物图鉴**1**：232，图463. 1972；中国植物志**5**(2)：34. 2001. ——*Aspidium tsus-simense* Hook. Sp. Fil. **4**：16，pl. 220. 1862.

植株高30～50cm。根状茎与叶柄基部有黑褐色卵状披针形和棕色钻状披针形鳞片。叶柄长15～30cm，向上达叶轴疏生黑色条形鳞毛；叶片披针形，长15～30cm，宽8～15cm，基部不变狭，二回羽状；羽片镰状披针形，中部以下的长3.5～6cm，宽10～15mm，基部上侧一枚小羽片大而凸起，与叶轴并行，浅裂，向上的小羽片边缘仅有刺状尖齿；叶厚纸质。孢子囊群生于小脉顶端；囊群盖圆盾形，全缘。

产于资源、龙胜、三江、那坡、隆林、西林、田林；生于海拔400～1 400m的林下。分布于吉林、陕西、甘肃、山东、安徽、浙江、江西、福建、台湾、河南、湖北、湖南、四川、贵州、云南、西藏。朝鲜、日本、越南、印度也有分布。

全株清热解毒；治胃痛、乳痈、痢疾、疮毒、目赤肿痛。

12. **瓦鳞耳蕨**（中国蕨类植物图谱）　图版87：1～6

Polystichum fimbriatum Christ in Bull. Acad. Int. Géogr. Bot. **16**：237. 1906；中国植物志**5**(2)：41.

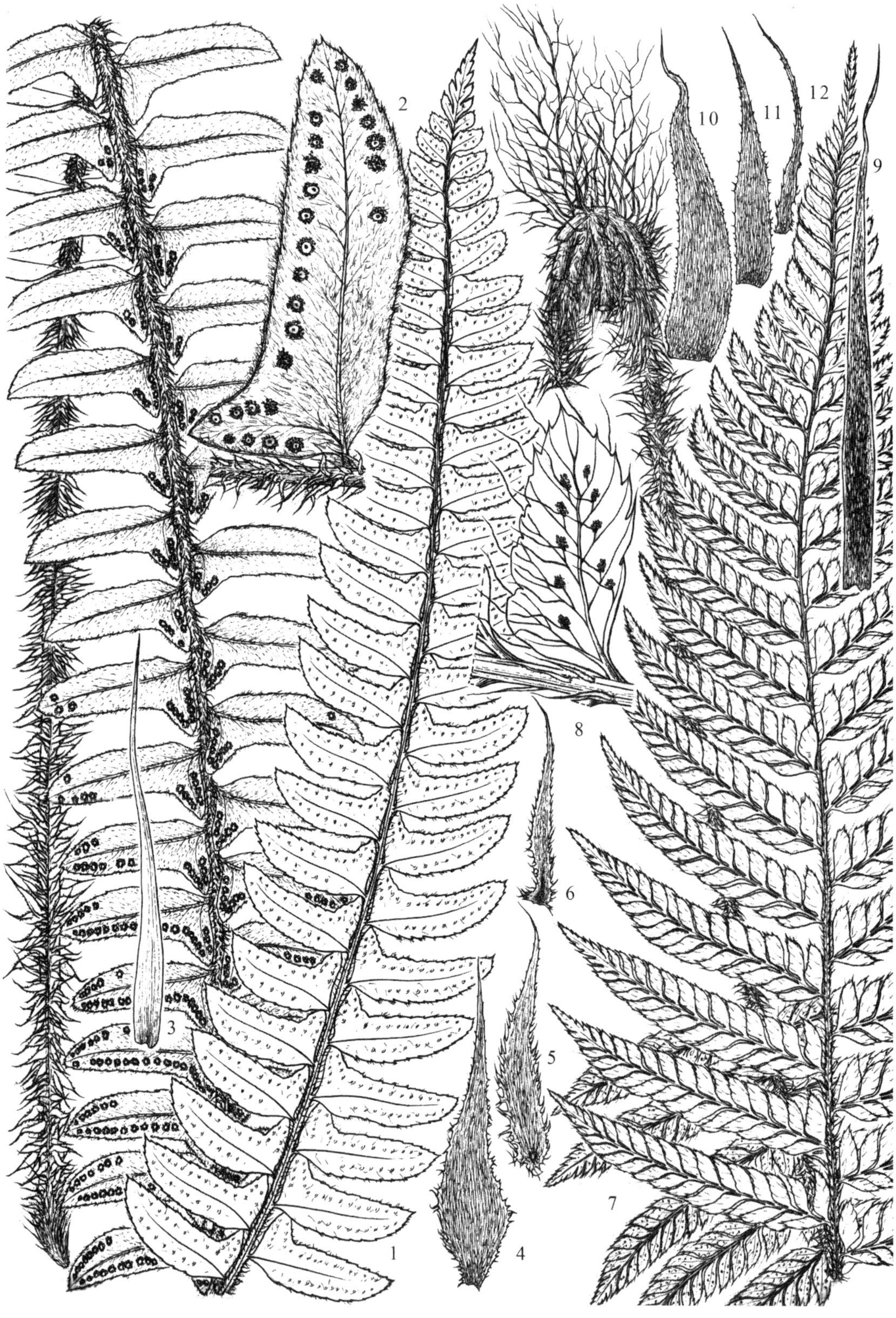

图版 87 1～6. **瓦鳞耳蕨** Polystichum fimbriatum Christ 1. 叶片；2. 小羽片背面，示脉序及孢子囊群着生位置；3. 根状茎上的鳞片；4～5. 叶柄基部较大、较小的鳞片；6. 叶轴中部的鳞片。 7～12. **长鳞耳蕨** P. longipaleatum Christ 7. 植株；8. 小羽片背面，示脉序及孢子囊群着生位置；9. 根状茎上的鳞片；10～11. 叶柄基部的大、小鳞片；12. 叶轴中部的鳞片。（朱运喜绘）

2001.

植株高 40～60cm。根状茎粗壮，密生狭卵形棕色鳞片。叶簇生；叶柄禾秆色，腹面有纵沟，密生卵形及披针形红棕色边缘有齿的鳞片；叶片线状披针形，长 34～42cm，宽 5～5.5cm，先端渐尖，基部近截形，一回羽状，羽片 30～34 对，平伸，柄极短，密接或略重叠，长圆形，中部的长 2.4～2.8cm，宽 1～1.2cm，先端圆形或略狭成钝尖状，基部偏斜的宽楔形，上侧有耳凸，边缘有刺状齿；具羽状脉，侧脉二回二叉状，腹面隐没，背面微凸；叶坚革质，背面有较多的纤毛状红棕色的鳞片；叶轴腹面有纵沟，有披针形红棕色鳞片，背面下部密生卵形边缘有齿的红棕色鳞片，向上逐渐变为披针形及线形鳞片。孢子囊群靠近羽片上下边缘，各成 1 行；囊群盖圆形，全缘，盾状。

产于那坡、靖西、环江；生于海拔 600～900m 的石灰岩林下。分布于贵州、湖南。

13. **大叶耳蕨**（植物分类学报）

Polystichum grandifrons C. Chr. Ind. Fl. Suppl. **3**：163. 1934；中国植物志 **5**(2)：53，图版 14：5～7. 2001.

植株高达 1m。根状茎直立。叶簇生；叶柄长 40～50cm，禾秆色，基部密被鳞片；鳞片披针形，基部心形，顶端骤狭，边缘流苏状；叶片长 70～90cm，宽 30～40cm，二回羽状达顶端；羽片 15～20 对，线状披针形，长达 15～20cm；小羽片具柄，长约 1.8cm，宽约 1cm，菱状卵形，基部对称，基部上侧耳状钝头，基部下侧斜截，顶端阔钝具芒点，边缘近全缘，顶生羽片羽裂片贴生，会合；叶轴和羽片轴被鳞片，叶片背面被多数流苏状鳞片，腹面光滑，叶轴上部具芽胞；叶脉常二叉状；叶革质，干后褐色。孢子囊群小，沿中肋两侧 5～7 个；无囊群盖。

产于金秀；生于海拔 500～1 600m 的林下。分布于云南、贵州、台湾。日本、越南也有分布。

14. **分离耳蕨**（蕨类名词及名称）

Polystichum discretum (D. Don) J. Sm. in J. Bot. **3**：413. 1841；中国植物志 **5**(2)：88，图版 25：5～9. 2001.——*Aspidium discretum* D. Don，Prodr. Fl. Nepal. 4. 1825.

本种近似于**长鳞耳蕨**（*P. longipaleatum* Christ），不同在于本种叶轴上的鳞片线形，棕色至黑棕色；小羽片边缘具尖锐锯齿，上侧有耳状凸起；叶草质，腹面近光滑。

产于融水、兴安、龙胜、凌云、象州；生于海拔 900～1 600m 的林下。分布于云南、西藏。印度、尼泊尔、不丹、缅甸、巴基斯坦也有分布。

根状茎清热解毒。

15. **长鳞耳蕨**（梵净山蕨类植物）　图版 87：7～12

Polystichum longipaleatum Christ in Lecomte，Not. Syst. **1**：35. 1909；中国植物志 **5**(2)：91. 2001.

植株高 50～120cm。根状茎直立或斜升，密生线形棕色鳞片。叶簇生；叶柄基部密生棕色线形、披针形和较大鳞片；大鳞片卵形或卵状披针形，具光泽，先端尾状，边缘近全缘或具细齿；叶片长圆状披针形或长圆形，长 32～87cm，近基部宽 11～25cm，先端尾状，能育，向基部不变狭或略变狭，基部不育，二回羽状；羽片 25～40 对，互生，斜上，具短柄，披针形，先端尾状，基部不变狭，不对称，近基部羽片长 7～14cm，宽 1.7～2.0cm，一回羽状；小羽片 16～38 对，互生，近无柄，长圆形，长 0.5～1.0cm，宽 0.3～0.5cm，先端急尖，具短尖头，基部楔形，上侧全缘无芒，不具耳状凸（极少数大型个体例外），下侧具短芒，羽片基部上侧一片最大，具缺刻；小羽片具羽状脉，侧脉 5～7 对，二歧分叉，明显。叶纸质，两面密被长纤毛状小鳞片；叶轴腹面有纵沟，背面密生棕色线形、披针形和较大鳞片，大鳞片卵状披针形和宽披针形，疏生，先端长渐尖，边缘密生小齿；羽轴腹面有纵沟，背面具棕色线形鳞片。孢子囊群圆形，小而不明显；早落，主脉两侧各 1 行，靠近主脉，生于小脉末端；无囊群盖。

产于兴安、龙胜、金秀、融水，田林；生于海拔 900～1 600m 的阔叶林下或竹林下。分布于湖南、四川、贵州、云南、西藏。印度也有分布。

16. **假黑鳞耳蕨**(植物分类学报)

Polystichum pseudomakinoi Tagawa in Acta Phytotax. Geobot. 5(2): 257. 1936; 中国植物志 5(2): 103, 图版 30: 1~3. 2001.

本种近似于**黑鳞耳蕨**[*P. makinoi* (Tagawa) Tagawa],不同在于本种叶片先端狭缩,短渐尖;孢子囊群近边缘着生。

产于武鸣、融水、灵川、兴安;生于海拔 600~1 200m 的林下。分布于安徽、河南、江苏、浙江、江西、湖南、贵州、四川、福建、广东。日本也有分布。

17. **黑鳞耳蕨**(中国高等植物图鉴)

Polystichum makinoi (Tagawa) Tagawa in Acta Phytotax. Geobot. 5: 258. 1936; 江西植物志 1: 257. 1993; 中国植物志 5(2): 111, 图版 33: 1~4. 2001. ——*P. aculeatum* (L.) Roth ex Mertens var. *makinoi* Tagawa in Acta Phytotax. Geobot. 1: 88. 1932.

植株高 40~60cm。根状茎直立或斜升,密生线形棕色鳞片。叶簇生;叶柄基部密生线形、披针形的较大鳞片;大鳞片卵形或卵状披针形,二色,中间黑棕色,有光泽,先端尾状,边缘近全缘;叶片三角状卵形或三角状披针形,长 28~52cm,近基部宽 9~18cm,先端渐尖,能育,基部略狭,下部 1~2 对羽片常不育,二回羽状;羽片 13~20 对,互生,平伸,具短柄,披针形,先端渐尖,基部不变狭不对称,下部羽片长 3.5~8cm,宽 1~2cm,一回羽状;小羽片 14~22 对,互生,具短柄,镰状三角形至狭长圆形,先端急尖,基部楔形,上侧具弧形耳状凸起,边缘全缘或近全缘,常具短芒,羽片基部上侧一片最大,具深缺刻或羽状浅裂;小羽片具羽状脉,侧脉 5~8 对,二歧分叉,较明显;叶草质,腹面近光滑,背面疏生短纤毛状小鳞片;叶轴腹面有纵沟,背面生线形和披针形鳞片,披针形鳞片淡棕色至棕色(极少数下部叶轴鳞片呈二色),先端渐尖,边缘近全缘;羽轴腹面有纵沟,生线形淡棕色或棕色鳞片。孢子囊群每小羽片 5~6 对,主脉两侧各 1 行,靠近主脉,生于小脉末端;囊群盖圆形,盾状,边缘浅齿裂。

产于武鸣、马山、上林、融水、桂林、灵川、兴安、龙胜、防城港、上思、凌云、隆林、金秀;生于海拔 500~1 800m 的林下溪边或山坡林缘。分布于河北、陕西、甘肃、江苏、安徽、浙江、江西、福建、河南、湖北、湖南、四川、贵州、云南、西藏。尼泊尔、不丹、日本也有分布。

根状茎和嫩叶清热解毒、消炎、止痢;治下肢疖肿、外伤出血、痢疾。

18. **小戟叶耳蕨**(中国植物志)

Polystichum hancockii (Hance) Diels in Engl. u. Prantl, Nat. Pflanzenfam. 1(4): 191. 1899; 中国主要植物图说·蕨类植物门 178. 1957; 江西植物志 1: 253, 图 250. 1993; 中国植物志 5(2): 163, 图版 46: 3~6. 2001. ——*Ptilopteris hancockii* Hance in J. Bot. 22: 139. 1884.

植株高 30~50cm。根状茎直立,先端及叶柄基部密被深棕色、顶部有齿的卵状披针形鳞片。叶簇生;叶柄疏生鳞片或近光滑;叶片戟状披针形,长 20~25cm,基部宽 8~12cm,具 3 枚线状披针形的羽片;侧生一对羽片短小,长 2~5cm,宽 1~2cm,先端短渐尖,基部有短柄,羽状,有小羽片 5~6 对;中央羽片远较侧生羽片为大,长 20~25cm,宽 3~6cm,先端长渐尖,基部有长柄,一回羽状,有小羽片 20~25 对;小羽片均互生,近平展,下部的有短柄,上部的近无柄,中部的斜长方形,先端急尖或钝,基部上侧有三角形耳状凸起,边缘有具小刺头的粗锯齿;叶脉在裂片上羽状,小脉单一,罕二分叉;叶薄草质,干后绿色,两面近光滑。孢子囊群圆形,生于小脉顶端;囊群盖圆盾形,膜质,边缘略呈啮蚀状,早落。

产于龙胜、兴安、资源、贺州、金秀、容县、龙州;生于海拔 600~1 200m 的林下。分布于安徽、浙江、江西、福建、台湾、湖南、广东。日本及朝鲜半岛也有分布。

根状茎清热解毒、消肿、凉血、止血;煎水内服或捣汁外敷治外伤、外伤出血、蛇伤。

19. **戟叶耳蕨**(中国植物志)

Polystichum tripteron (Kze.) Presl, Epim. Bot. 55. 1849; 中国高等植物图鉴 1: 231, 图 462. 1972; 中国植物志 5(2): 164, 图版 46: 7~9. 2001. ——*Asplenium tripteron* Kze. in Bot. Zeit. 6: 569. 1848.

本种近似于**小戟叶耳蕨**[*P. hancockii* (Hance) Diels],不同在于本种叶中央羽片的小羽片镰状披针形,先端通常渐尖,背面沿中脉疏生棕色披针形小鳞片。

产于三江、金秀、资源、龙胜、兴安、灵川;生于海拔600～1 400m的林下溪边。分布于华北、东北及陕西、甘肃,直至长江以南各省区。日本、朝鲜、俄罗斯也有分布。

根状茎清热解毒、利尿通淋、活血调经、止血补肾;治内热腹痛、痢疾、淋浊、肠炎、乳痈、下肢疖肿。

20. **节毛耳蕨**(广西植物)　图版88:1～4

Polystichum articulatipilosum H. G. Zhou et Hua Li in Guihaia **16**(3): 205, f. 2. 1996; 中国植物志**5**(2): 120. 2001.

植株高6～12cm。根状茎直立或斜升,顶端密被棕色、狭披针形、近全缘的小鳞片。叶多数簇生;叶柄深禾秆色或浅棕色,长2～6cm,腹面有浅沟槽,基部被质地较厚、全缘或有疏齿的披针形小鳞片,向上至叶轴密被细长的棕色节状毛,并混生少数狭披针形的棕色小鳞片;叶片长圆状披针形,长2.5～8.5cm,宽1.5～2.2cm,顶端短,羽裂钝头,基部略缩狭或不缩狭,一回羽状;羽片4～11对,互生,有狭间距或密接,平展或略斜上,具短柄,长圆形或斜卵状长圆形,基部不对称,上侧有明显的三角形耳状凸起,其顶端急尖或钝,外侧与叶轴平行或略覆盖叶轴,下侧圆楔形,基部以上两侧近等宽,边缘波状;叶脉腹面不明显,背面略可见,羽状,侧脉单一或二叉状,不达边缘;叶厚纸质,干后浅绿色,腹面色略深;叶轴深禾秆色或浅棕色,腹面有浅沟槽;羽片两面密被棕色长节状毛。孢子囊群小,圆形,生于小脉顶端,较接近羽片边缘;无囊群盖。

广西特有,产于凤山;生于海拔约500m的荫蔽处石灰岩洞内。

21. **粗脉耳蕨**(中国植物志)　图版88:5～9

Polystichum crassinervium Ching ex W. M. Chu et Z. R. He in Fl. Reipub. Popul. Sin. **5**(2): 121, 224, pl. 35, f. 1-4. 2001.

植株高25～65cm。根状茎斜升;根状茎顶端及叶柄基部均密被有光泽、披针形或阔披针形、全缘、开展的厚膜质鳞片。叶少数簇生;叶柄浅绿禾秆色,基部以上疏被较小的披针形、边缘流苏状的膜质棕色鳞片;叶片狭长椭圆状披针形,长15～45cm,中部宽2.5～6cm,顶端渐尖或短渐尖,中部以下渐缩狭,基部宽1～2.5cm,一回羽状;羽片20～50对,互生或近对生,通常有明显的间距,中部以上的平展,下部的或多或少向下反折,长圆形或镰刀形,少见镰刀状披针形,顶端通常钝圆,有时急尖,基部显著不对称,上侧的耳状凸起呈三角形,其顶端渐尖,边缘有少数波状浅齿,外侧或多或少向内弯,与叶轴平行,下侧的下部狭楔形,与叶轴垂直或近垂直,上部呈向上弯的弧形,羽片基部以上的两侧边缘有浅钝齿,少有急尖头的长齿;叶脉羽状,腹面不明显,背面常显著隆起,侧脉粗壮,顶端增粗呈棒状,几达边缘;叶纸质或厚纸质;叶轴浅禾秆色,背面疏被棕色、卵状披针形、顶端尾尖、边缘流苏状的膜质小鳞片。孢子囊群小,在羽片主脉两侧各有一行,上侧较多,中生或较接近边缘,生于较短的小脉顶端,有时仅羽片顶部能育;圆盾形的囊群盖棕色,边缘浅啮蚀状或有疏钝齿,少见撕裂状。

产于罗城、灵川、阳朔、桂林、平乐、容县、龙州、靖西、那坡;生于300～600m的石灰岩石缝中。分布于湖南、广东。

22. **芒齿耳蕨**(中国高等植物图鉴)

Polystichum hecatopteron Diels in Engl. Bot. Jahrb. **29**: 193. 1900; 中国植物志**5**(2): 123, 图版37: 1～4. 2001.

植株高25～60cm。根状茎直立或斜升,顶部密生阔长钻形鳞片。叶柄长5～10cm,疏生鳞片;叶片披针形,长20～30cm,宽2.5～3cm,向基部渐狭,背面沿叶脉疏被披针形小鳞片,一回羽状;下部羽片缩短,斜下,中部羽片呈三角形凸起,下侧平切,边缘具整齐的芒刺状细尖刺;叶纸质。孢子囊群生于分叉的上侧小脉顶端,主脉下侧中部以下的小脉不育;叶纸质。孢子囊群生于分叉的上侧小脉顶端,主脉下侧中部以下的小脉不育;囊群盖圆肾形,全缘。

产于龙胜、临桂;生于海拔约1 000m的林下石缝中。分布于台湾、浙江、江西、湖北、湖南、云南、贵

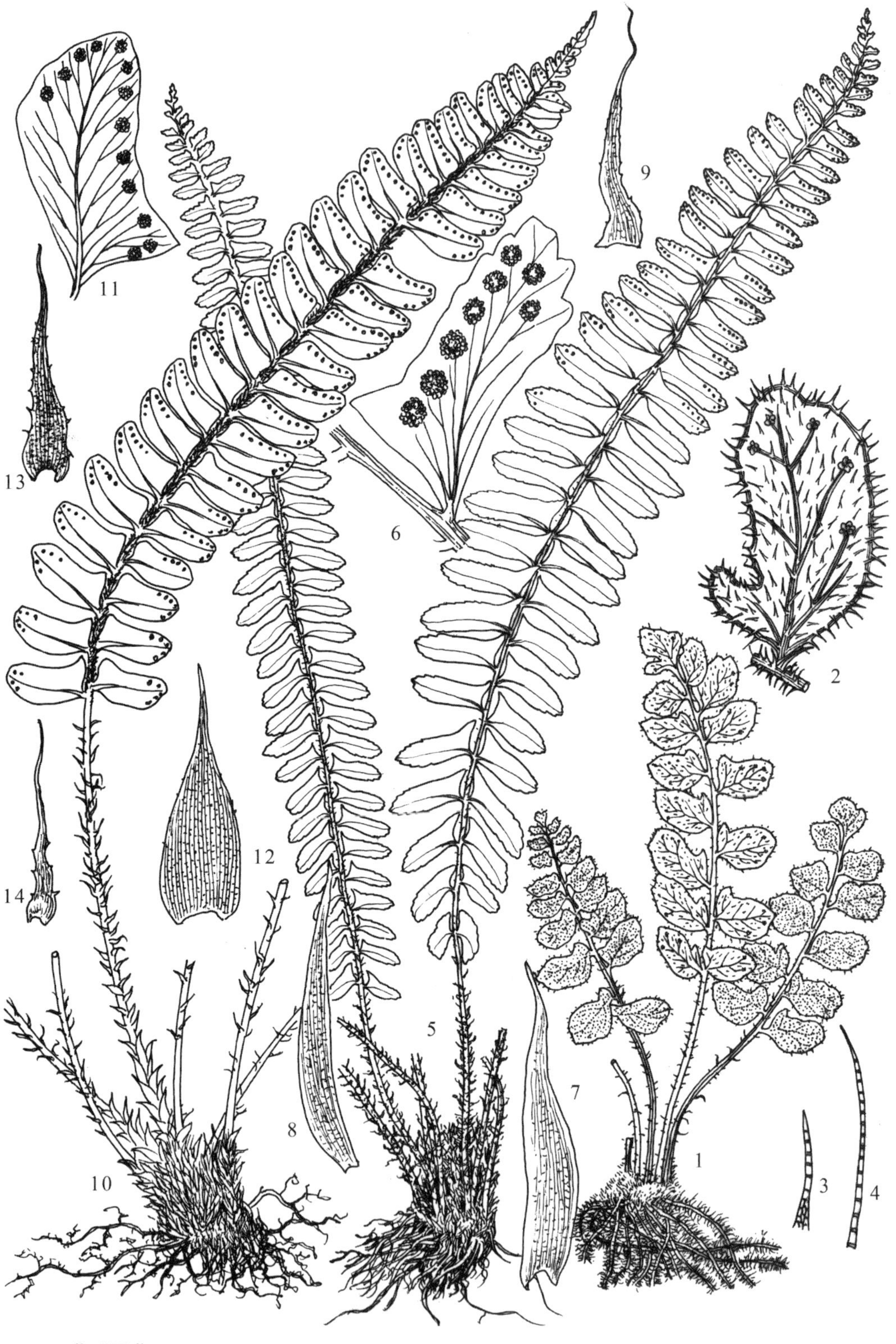

图版 88　1～4.**节毛耳蕨** Polystichum articulatipilosum H. G. Zhou et Hua Li　1.植株；2.羽片背面，示脉序及孢子囊群着生位置；3.鳞片；4.节状毛。　5～9.**粗脉耳蕨** P. crassinervium Ching ex W. M. Chu et Z. R. He　5.植株；6.羽片背面，示脉序及孢子囊群着生位置；7.叶柄上的鳞片；8.根状茎上的鳞片；9.叶轴中部的鳞片。　10～14.**广西耳蕨** P. guangxiense W. M. Chu et H. G. Zhou　10.植株；11.羽片背面，示脉序及孢子囊群着生位置；12.叶柄基部的大鳞片；13.叶柄中部的较大鳞片；14.叶柄的小鳞片。（林文宏绘，1～4 仿谢宝贵图，11～14 仿廖信佩图）

州、四川。

全株润肺止咳。

23. **广西耳蕨**(广西植物)　图版 88:10～14

Polystichum guangxiense W. M. Chu et H. G. Zhou in Guihaia **16**(3): 205, f. 2. 1996; 中国植物志 **5**(2): 127. 2001.

本种近似于**瓦鳞耳蕨**(*P. fimbriatum* Christ),不同在于本种叶顶端尾尖而非急尖头;叶两面光滑;叶柄和叶轴上的鳞片较少,常为披针形,长 5～6mm,宽 1～1.5mm,边缘具疏齿而不为流苏状;羽片全缘或顶端具波状疏齿,圆钝头;羽片基部上侧具耳状凸起,圆钝头,不具软骨质芒刺。

产于靖西、那坡;生于海拔 900～1 300m 的石灰岩石壁上。越南也有分布。

24. **广东耳蕨**(中国蕨类植物图谱)

Polystichum kwangtungense Ching, Ic. Fil. Sin. **5**: pl. 236. 1958; 中国植物志 **5**(2): 129, 图版 39: 1～2. 2001.

本种近似于**圆顶耳蕨**(*P. dielsii* Christ),不同在于本种叶柄的鳞片卵状披针形,暗棕色,边缘有纤毛,网孔二型,周边的不规则弯曲,中部的狭长形。

产于龙州、大新;生于海拔 350～600m 的石灰岩林下。分布于广东。

25. **圆顶耳蕨**(中国蕨类植物图谱)

Polystichum dielsii Christ in Bull. Acad. Int. Géogr. Bot. **16**: 238. 1906; 中国植物志 **5**(2): 129, 图版 40: 1～2. 2001.

植株高可达 50cm,但生于干燥环境的有时高仅约 6cm。根状茎直立,连同叶柄基部密被棕色至深棕色或栗黑色、披针形、全缘或边缘有疏短齿的厚鳞片。叶常多数簇生;叶柄浅禾秆色,通体被相当多与根状茎顶端鳞片相同而易脱落的开展鳞片;叶片狭长椭圆状披针形,顶端羽状浅裂至深裂,钝头或短渐尖至长渐尖,中部以下渐略缩狭或显著渐缩狭,一回羽状;羽片 8～60 对,无柄,通常彼此密接或呈覆瓦状,下部的有时有狭间距,互生,少见近对生,平展或大部分或多或少向下斜展,较少略向上斜展,近长圆形,下部的常近直角三角形,中部的较大,顶端钝圆或急尖并略向上弯,有时具短尖头,两侧不对称,上侧基部或多或少凸起呈三角形急尖头或短芒刺头的耳状,凸起的外侧近截形,与叶轴平行或略覆盖叶轴,凸起以上的边缘近截形,浅波状,有时顶端有 1～2 个急尖头或短刺头的锯齿,有时基部上侧圆钝,无明显的耳状凸起,下侧的下部狭楔形,平截,全缘,上部呈弯向上的弧形,边缘波状或有 3～4 个与上侧相同的锯齿;叶通常纸质,有时近革质或革质,干后浅绿色或浅棕绿色,腹面色较深;叶轴浅禾秆色,疏被棕色至深棕色或近栗色、钻状披针形、边缘有疏齿、常被伏贴的小鳞片;羽片腹面光滑,背面疏被浅棕色或灰白色的短节状毛及狭披针形的细小鳞片。孢子囊群小,生于较短的小脉顶端,接近羽片边缘,在主脉上侧多达 9 个,下侧在上部有 1～3 个或不育;圆盾形的囊群盖灰棕色,全缘,易脱落。

广西石灰岩区域均产;生于海拔 200～1 200m 的林下或洞穴口部阳光带。分布于湖南、四川、贵州、云南。越南北部也有分布。

26. **新对生耳蕨**(植物分类学报)

Polystichum paradeltodon L. L. Xiang in Acta Phytotax. Sin. **32**(3): 265, pl. 4. 1994; 中国植物志 **5**(2): 144, 图版 44: 5～6. 2001.

植株高 10～30cm。根状茎直立。叶簇生;叶柄禾秆色,基部疏被长卵形或阔披针形、边缘有齿的棕色膜质鳞片,并混生少数基部阔卵形、顶端线形长尾状、边缘有齿的膜质小鳞片,向上变光滑;叶片披针形,长 7～20cm,中部宽 2～4.5cm,顶端羽裂渐尖,基部平截,不缩狭或略缩狭,一回羽状;羽片 12～20 对,互生,有短柄或无柄,近长圆形,顶端略向上弯,圆截形,急尖头,基部不对称,上侧具低矮三角形或近半圆形、急尖头或钝头的耳状凸起,其外侧截形或略呈弧形,与叶轴平行或略覆盖叶轴,羽片下侧的下部狭楔形,近平截,上部向上弧形弯曲,边缘有牙状粗齿或略向内弯的锯齿;叶纸质,干后绿色或灰绿色,腹面色较深;叶轴禾秆色，腹面有沟槽，背面疏被浅棕色、卵状披针形或阔卵形、基部盾状贴生的膜质小鳞片；羽片腹面光滑，背面略有浅棕色短节状毛。孢子囊群生于侧脉较短枝的顶端，中生或较接近羽片边缘，在羽片主脉两侧各有1行，下侧较多，有时不育；圆盾形的囊群盖浅棕色，边缘波状。

产于凤山、环江；生于海拔500～1 000m的石灰岩石缝中。分布于贵州、云南。

27. **对生耳蕨**（中国主要植物图说·蕨类植物门）

Polystichum deltodon (Bak.) Diels in Engl. u. Prantl, Nat. Pflanzenfam. **1**(4): 191. 1899；中国主要植物图说·蕨类植物门179，图238. 1957；中国植物志**5**(2): 142，图版42: 3～4. 2001. —— *Aspidium deltodon* Bak. in Gard. Chron. n. s. **14**: 494. 1880.

27a. **对生耳蕨**（原变种）

Polystichum deltodon (Bak.) Diels var. **deltodon**

植株高15～50cm。根状茎斜升或直立，连同叶柄基部密被棕色至深棕色、卵形或卵状披针形、顶端渐尖、近全缘的厚膜质鳞片。叶簇生；叶柄禾秆色，基部以上疏被棕色至暗棕色、大小不等、卵状披针形或卵形、顶端尾状长渐尖、边缘有疏长齿、易脱落的薄膜质鳞片，残留的鳞片大多伏贴；叶片披针形或狭长椭圆状披针形，长9～30cm，中部宽2～4.5cm，顶端羽裂渐尖，基部不缩狭或略缩狭，一回羽状；羽片18～40对，通常互生，少有近对生，彼此接近，下部的有较明显的间距，通常近平展，有时上部的略向上斜展，有时大部分或中部以下的略向下斜展，长圆形或镰刀状长圆形，顶端略向上弯，急尖并有1个短芒刺头，两侧显著不对称，上侧基部耳状凸起呈三角形或近三角形，其顶端急尖或渐尖并具短芒刺头，外侧截形或略凸出呈弧形，全缘或有1～2个浅钝锯齿，与叶轴平行或略覆盖叶轴，内侧通常有1～2个缺刻状浅圆齿或具短刺头的浅锯齿，有时为急尖头的粗锯齿，耳状凸起以上的边缘截形或呈略内弯的弧形，通体有粗锯齿或重锯齿，下侧的下部狭楔形，通直，全缘，上部呈上弯的弧形，边缘有粗锯齿，锯齿顶端常有短刺头；叶坚纸质或薄革质，干后浅绿色或浅棕绿色；叶轴禾秆色，腹面有沟槽，两面疏被棕色或浅暗棕色、卵形、长尖头、边缘有疏长齿的膜质鳞片及长钻形、全缘的小鳞片；羽片腹面光滑，背面疏被浅棕色、狭披针形的细小鳞片、鳞毛及短节状毛。孢子囊群小，生于小脉顶端，接近羽片边缘，通常多在主脉上侧自顶部至基部排成1行，多达10个，下侧仅在顶部有1～3个或不育；圆盾形的囊群盖棕色，边缘啮蚀状，早落。

产于环江、凤山、隆林、那坡、靖西、龙州；生于海拔400～1 000m的石灰岩林下。分布于安徽、浙江、台湾、湖北、湖南、四川、贵州、云南。越南、日本、菲律宾、缅甸也有分布。

全株活血、止血、止痛消肿、利尿；治流感、外伤出血、跌打损伤、蛇伤、小便不利、水肿。

27b. **刀羽耳蕨**（变种）（中国植物志）

Polystichum deltodon (Bak.) Diels var. **cultripinnum** W. M. Chu et Z. R. He in Fl. Reipub. Popul. Sin. **5**(2): 225. 143. 2001. ——*Polystichum deltodon* (Bak.) Diels in Hu et Ching, Ic. Fil. Sin. **1**: pl. 11. 1930 (quoad pl.).

与原变种的区别在于羽片通常呈短阔弯刀形，仅中部以上边缘有少数急尖或具短刺头的浅锯齿，中部以下的边缘全缘、波状或有缺刻状钝齿，偶见上侧接近耳状凸起的边缘有1个短刺头小齿。

产于那坡、靖西；生于海拔900～1 400m的石灰岩林下。分布于四川、贵州、云南。

28. **多羽耳蕨**（植物分类学报）

Polystichum subacutidens Ching ex L. L. Xiang in Acta Phytotax. Sin. **32**(3): 261, pl. 2. 1994；中国植物志**5**(2): 145，图版40: 5～6. 2001.

植株高35～60cm。根状茎直立。叶柄基部密被黄棕色、有光泽、线状披针形、全缘的厚膜质鳞片。叶簇生；叶柄禾秆色或绿禾秆色，下部密被黄棕色至深棕色、卵状披针形、边缘有细齿、伏贴或上部开展的厚膜质鳞片，向上鳞片渐稀疏，混生伏贴或下部伏贴、卵状披针形、披针形、狭长披针形、阔卵形、长钻形等多种形态、大小不等、边缘啮蚀状或近流苏状的膜质及薄膜质鳞片，部分鳞片的基部盾状着生；叶片狭长椭圆状披针形，长25～50cm，中部宽1.8～3cm，顶端渐尖，中部以下常渐略缩狭，基部宽1～1.5cm，一回羽状；

羽片 40～110 对，互生或近对生，无柄，平展或上部的有时略斜上，基部的一对至数对或有时中部以上的或多或少向下反折，长圆状披针形或直角三角形，顶端钝圆或急尖，两侧不对称，基部上侧耳状凸起呈急尖头的三角形，其外侧平截形或略凸出呈弧形，与叶轴平行，基部下侧狭楔形，通直或略内弯弓，边缘上侧通体波状，或有大多不整齐的粗钝齿，下侧仅顶部略呈浅波状或有 2～3 个粗钝齿，顶部以下全缘，罕见羽片上侧浅羽裂，部分裂片顶端锐尖；叶纸质，干后绿色或黄绿色，两面同色；叶轴绿或浅绿禾秆色，腹面有沟槽，背面被甚多易脱落的细长纤维状棕色小鳞片；羽片腹面光滑，背面疏被细线形的纤维状微小鳞片及短节状毛。孢子囊群小，生于较短的小脉顶端，较接近羽片边缘；圆盾形的囊群盖浅棕色，中央色较深，全缘，早落。

产于那坡、环江；生于海拔约 1 100m 的石灰岩林下。分布于云南。越南也有分布。

29. **尖齿耳蕨**（中国主要植物图说·蕨类植物门）

Polystichum acutidens Christ in Bull. Acad. Int. Géogr. Bot. **11**：259. 1902；中国高等植物图鉴 **1**：231，图 461. 1972；中国植物志 **5**(2)：150，图版 43：6～7. 2001.

植株高 45～60cm。根状茎直立，与叶柄基部密生卵状披针形或披针形鳞片。叶簇生；叶柄长 18～28cm，叶片披针形或阔条状披针形，长 30～40cm，宽 4.5～5cm，基部不变狭，仅沿叶轴偶有小鳞片，一回羽状；羽片长 2.5～3cm，宽 6～8mm，镰状披针形，基部上侧凸起呈尖三角形，下侧平切，边有前伸具芒刺的尖齿；叶薄纸质，干后绿色或灰绿色。孢子囊群生于分叉的上侧小脉顶端；囊群盖圆盾形，近全缘，早落。

产于隆林、西林；生于海拔 600～1 000m 的石灰岩林下。分布于云南、贵州、四川、西藏、湖南、湖北、浙江、台湾。越南北部也有分布。

全株清热解毒、收敛止血、止痛；治胃痛、胃炎、肠炎、胃及十二指肠溃疡、痢疾。

30. **尖顶耳蕨**（中国蕨类植物图谱）　图版 86：14～17

Polystichum excellens Ching, Ic. Fil. Sin. **5**：234. 1958；中国植物志 **5**(2)：148，图版 43：3～5. 2001.

本种近似于**尖齿耳蕨**（*P. acutidens* Christ），不同在于本种羽片为斜方披针形，不为明显的镰形，基部上侧为凸起成耳状（非凸起尖三角形）；羽片边缘具浅齿，而非具芒的尖刺。

产于那坡、靖西、大新；生于海拔约 1 100m 的石灰岩林下。分布于云南、贵州、湖南。

46. 叉蕨科　ASPIDIACEAE

中型至大型陆生蕨类，少为小型。根状茎短而直立或斜升（少有长而横走），有网状中柱，外被鳞片；鳞片棕色，膜质，披针形，边缘全缘或有睫毛。叶簇生或疏生；叶柄基部无关节，腹面有浅沟，光滑或被有节的毛，通常基部或有时全部及叶轴和羽轴背面均被鳞片，鳞片有时为泡状；叶一型或有时二型，通常一回羽状或数回羽裂，少为单叶；叶脉多型，分离或联结成方形的或六角形的网眼，网眼内有单一或分叉的内藏小脉或无内藏小脉；叶片草质或厚纸质，通常腹面或两面被淡棕色节状毛或光滑，叶轴和羽轴通常被同样的毛和鳞片或有时光滑。孢子囊群圆形，着生于分离小脉的顶端或中部，或生于形成网眼的小脉上或交结处，或漫生于小脉上，或成熟时会合而满布孢子叶片的背面；有或无囊群盖，若有囊群盖则为圆肾形，膜质，宿存或早落；孢子囊的环带由 12～16 个增厚细胞组成；孢子为两面形，椭圆形至卵形，单裂缝，周壁具褶皱或刺状纹饰。

本科约有 20 属 400 种，主产于热带地区。中国有 9 属约 90 种，分布于西南及华南热带亚热带地区，向北到四川峨眉山；广西有 9 属 39 种 1 变种。

分属检索表

1. 叶脉分离，或裂片基部的小脉偶于叶缘缺刻下相遇。
  2. 叶轴及羽轴腹面被淡棕色有关节的毛；叶缘缺刻内无三角形凸起的尖齿。
    3. 裂片基部一对小脉出自主脉基部。
      4. 叶轴与小羽轴具纵沟；鳞片全缘，无网眼或网眼狭长且不透明；孢子囊群着生于分叉小脉顶端 …………………

…………………………………………………………………………… 1. **轴鳞蕨属** Dryopsis Holttum et Edwards

4. 叶轴与小羽轴不具纵沟；鳞片边缘有齿，有网眼；孢子囊群着生于小脉中部 ……………………………………………………………………………… 2. **肋毛蕨属** Ctenitis (C. Chr.) C. Chr. ex Tard.-Blot

3. 裂片基部一对小脉的上侧一条出自主脉基部，而下侧一条则出自小羽轴或羽轴。

5. 孢子囊群通常着生于小脉顶端或近顶端；至少叶片腹面被节状毛 ……………………………………………………………………………… 3. **轴脉蕨属** Ctenitopsis Ching ex Tard.-Blot et C. Chr.

5. 孢子囊群着生于脉背；叶片两面无毛 ……………………………… 4. **三相蕨属** Ataxipteris Holttum

2. 叶轴及羽轴腹面光滑无毛；叶缘缺刻内有 1 枚三角形凸起的尖齿 …………… 5. **牙蕨属** Pteridrys C. Chr. et Ching

1. 叶脉多少联结，或沿羽轴、小羽轴和主脉两侧形成狭长而无内藏小脉或在侧脉间形成多数方形的或近六角形的网眼，内有单一或分叉的内藏小脉或有时无内藏小脉。

6. 叶一型，或有时略近二型；孢子囊群圆形，分开，通常有盖。

7. 叶缘的缺刻内有 1 枚尖齿；叶背主脉及侧脉上均被黄色圆柱形腺体 ……………… 6. **黄腺羽蕨属** Pleocnemia Presl

7. 叶缘的缺刻内无尖齿；叶背主脉及侧脉上均无腺体。

8. 叶脉沿羽轴、小羽轴及主脉两侧多少联结成狭长的或三角形网眼，无内藏小脉。

9. 叶脉沿羽轴、小羽轴及主脉两侧联成一行网眼……… 3. **轴脉蕨属** Ctenitopsis Ching ex Tard.-Blot et C. Chr.

9. 叶脉沿羽轴、小羽轴及主脉两侧偶联成一二网眼 ……………………… 4. **三相蕨属** Ataxipteris Holttum

8. 叶脉在侧脉之间联结成多数方形或近六角形的网眼，通常有单一或分叉的内藏小脉（或有时无内藏小脉） …………………………………………………………………………………………… 7. **叉蕨属** Tectaria Cav.

6. 叶二型；孢子囊满布于狭缩的孢子叶背面而成会合孢子囊群，囊群无盖。

10. 根状茎横走；叶疏生；叶柄纤细；叶片呈槲叶形，腹面被多细胞的节状毛，边缘有睫毛 ……………………………………………………………………………………… 8. **地耳蕨属** Quercifilix Copel.

10. 根状茎直立或斜升；叶簇生；叶柄粗壮；叶片不为槲叶形，两面无毛 …………… 9. **沙皮蕨属** Hemigramma Christ

1. 轴鳞蕨属 Dryopsis Holttum et Edwards

陆生，中型蕨类。根状茎密被鳞片；鳞片披针形，全缘，膜质，不透明。叶簇生；叶柄腹面有纵沟，基部密被与根状茎上同样的鳞片。叶片一回至三回羽状，羽片羽状分裂，平展或斜伸；叶轴与小羽轴背面同被鳞片，腹面有浅沟，密被淡棕色节状毛；叶脉羽状，分离，单一或二叉；叶片草质，两面沿叶脉被淡棕色节状毛，背面较稀。孢子囊群圆肾形，着生于分叉小脉顶端，在裂片主脉两侧各一行；囊群盖圆肾形，宿存。

本属与**肋毛蕨属**[*Ctenitis* (C. Chr.) C. Chr. ex Tard.-Blot]的区别是叶轴与小羽轴具纵沟，鳞片全缘，无网眼或网眼狭长不透明；孢子囊群着生于分叉小脉顶端而非着生于中部。

本志收载的本属种类，有的学者将其归入肋毛蕨属。全属约有 23 种，分布于亚洲亚热带中山至亚高山上，尤以东喜马拉雅至横断山区的种类最多，生于海拔 800～1 100m，喜阴湿而光照充足的环境。中国约有 15 种；广西产 4 种。

分 种 检 索 表

1. 叶片三回羽状 …………………………………………… 1. **阔鳞轴鳞蕨** D. maximowicziana (Miq.) Holttum et Edwards

1. 叶片二回羽状或三回羽裂。

2. 叶轴和羽轴背面的鳞片不为泡状………………………… 2. **膜边轴鳞蕨** D. clarkei (Bak.) Holttum et Edwards

2. 叶轴和羽轴背面的鳞片为泡状，或至少鳞片基部为泡状。

3. 叶片三回羽裂，即至少基部羽片的小羽片深裂…… 3. **异鳞轴鳞蕨** D. heterolaena (C. Chr.) Holttum et Edwards

3. 叶片二回羽状，小羽片全缘或波状浅裂 ……………… 4. **泡鳞轴鳞蕨** D. mariformis (Rosenst.) Holttum et Edwards

1. 阔鳞轴鳞蕨（梵净山蕨类植物） 阔鳞肋毛蕨（中国高等植物图鉴）

Dryopsis maximowicziana (Miq.) Holttum et Edwards in Kew Bull. **41**(1): 197. 1986. —— *As-*

pidium maximowiczianum Miq. in Ann. Mus. Bot. Lugd. Bat. **3**: 178. 1867.——*Ctenitis maximowicziana* (Miq.) Ching in Bull. Fan Mem. Inst. Biol. Bot. **8**: 294. 1938; 中国高等植物图鉴 **1**: 242, 图 484. 1972; 福建植物志 **1**: 215, 图 203. 1983; 中国植物志 **6**(1): 27, 图版 5: 1～4. 1999.

植株高 50～70cm。根状茎短而直立或斜升,顶部密被棕褐色、披针形全缘鳞片。叶簇生;叶柄长 18～23cm,褐色,偶禾秆色,连同叶轴背面密被鳞片;鳞片质厚,渐尖头,全缘,密筛孔状,无虹色光泽;叶片卵状三角形,长 35～45cm,基部宽 25～30cm,渐尖头,基部不缩狭,三回羽状或羽裂;羽片 10～13 对,长圆状披针形,基部一对较大,长 15～17cm,宽 3.5～5cm,其基部下侧的小羽片明显缩短;末回裂片长圆形,顶端圆钝,基部与羽轴合生,边缘具疏浅细齿;叶脉羽状,略明显,侧脉分叉;叶片薄纸质,两面脉上近无毛或疏被少数节状毛和极疏的小鳞片。孢子囊群圆形,着生于小脉顶端;囊群盖圆心形,边缘撕裂状,膜质,宿存。

产于金秀;生于海拔 900～1 100m 的常绿阔叶林下。分布于浙江、江西、福建、台湾、广东、贵州、四川、湖南。日本也有分布。

2. **膜边轴鳞蕨**(怒江自然保护区报告)　膜边肋毛蕨(蕨类名词及名称)　图版 89:1～5

Dryopsis clarkei (Bak.) Holttum et Edwards in Kew Bull. **41**(1): 181. 1986; 云南植物志 **21**: 166, 图版 39: 1～2. 2005. ——*Nephrodium clarkei* Bak. in Hook. et Bak. Syn. Fil. 497. 1874. —— *Ctenitis clarkei* (Bak.) Ching in Bull. Fan Mem. Inst. Biol. Bot. **8**: 287. 1938; 中国植物志 **6**(1): 14. 1999.

植株高 75～80cm。根状茎短而直立,顶部密被鳞片。叶簇生;叶柄长 3～12cm,密被长线状披针形鳞片;叶片倒披针形,向下渐缩,基部一对羽片长圆形,长仅 1～2cm,卵形,一回羽状或羽裂;小羽片长方形,全缘,有膜质半透明的边,顶端平截;叶轴、羽轴背面有棕色线形鳞片;叶片纸质,干后棕褐色。每小羽片上有圆形孢子囊群 3～4 对,孢子囊群生于小脉近顶处,近叶边;囊群盖厚膜质,全缘。

产于融水、恭城、龙胜、兴安、象州、隆林、容县;生于海拔 1 600～2 100m 的高山矮林下。分布于贵州、西藏、四川、云南。印度、不丹、缅甸、尼泊尔也有分布。

3. **异鳞轴鳞蕨**(梵净山蕨类植物)　异鳞肋毛蕨(蕨类名词及名称)　图版 90:1～7

Dryopsis heterolaena (C. Chr.) Holttum et Edwards in Kew Bull. **41**(1): 185. 1986; 梵净山蕨类植物 132. 1992; 云南植物志 **21**: 166, 图版 38: 1～3. 2005.——*Dryopteris heterolaena* C. Chr. in Acta Hort. Gothob. **1**: 62, t. 17. 1924. ——*Ctenitis heterolaena* (C. Chr.) Ching in Bull. Fan Mem. Inst. Biol. Bot. **8**: 293. 1938; 中国植物志 **6**(1): 9. 1999. ——*C. kwangsiensis* Ching et Chiu in Acta Phytotax. Sin. **19**(1): 120. 1981.

本种近似于**泡鳞轴鳞蕨**[*D. mariformis* (Rosenst.) Holttum et Edwards],区别在于本种叶柄和叶轴下半部呈红棕色,有光泽,表面粗糙;羽轴及腹面叶脉均被灰白色节状毛;叶干后鲜绿色至暗绿色。

产于龙胜、罗城、融水、金秀、武鸣;生于海拔 900～1 100m 的常绿阔叶林下。分布于云南、贵州、四川、西藏、湖南、广东。

4. **泡鳞轴鳞蕨**　泡鳞肋毛蕨(中国高等植物图鉴)

Dryopsis mariformis (Rosenst.) Holttum et Edwards in Kew Bull. **41**(1): 188. 1986; 梵净山蕨类植物 133. 1992; 云南植物志 **21**: 162, 图版 39: 3～5. 2005.——*Dryopteris mariformis* Ros. in Fedde, Rep. Sp. Nov. **13**: 131. 1914.——*Ctenitis mariformis* (Ros.) Ching in Bull. Fan Mem. Inst. Biol. Bot. **8**: 286. 1938; 中国高等植物图鉴 **1**: 243, 图 485. 1972; 福建植物志 **1**: 214, 图 202. 1983; 中国植物志 **6**(1): 9. 1999.

植株高 30～45cm。根状茎直立,密被披针形全缘、长渐尖鳞片。叶簇生;叶柄长 10～15cm,深禾秆色,腹面有浅沟,与叶轴同被稍卷曲的鳞片;叶片阔披针形,长 20～30cm,宽 8～12cm,渐尖头,二回深羽裂,背面沿叶轴和羽轴均有泡状鳞片,腹面密生褐色短节状毛;下部几对羽片略缩短,中部羽片长 4～6cm,宽 1.2～1.6cm,基部平截,无柄;裂片近长方形,截头或圆截头,边有疏浅齿;叶脉羽状,小脉 3～5 对,二叉;叶片纸质,叶背面侧脉偶有亮黄色棒状腺毛,腹面疏生短节状毛。孢子囊群生于分叉的上侧小脉顶部,近叶边;囊群盖圆心形,膜质,宿存,边缘多少啮齿状。

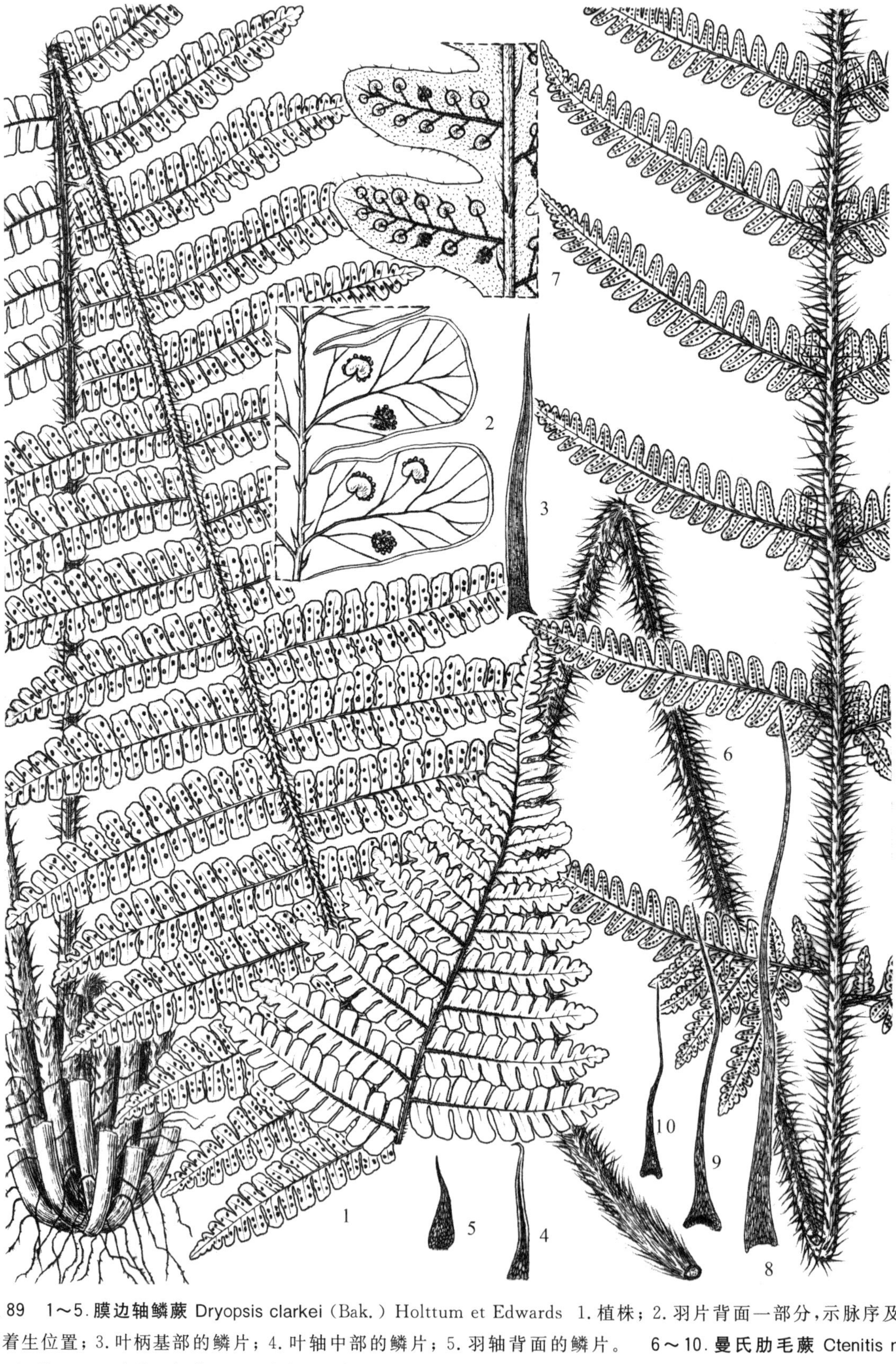

图版 89 1～5. **膜边轴鳞蕨** Dryopsis clarkei (Bak.) Holttum et Edwards 1. 植株；2. 羽片背面一部分，示脉序及孢子囊群着生位置；3. 叶柄基部的鳞片；4. 叶轴中部的鳞片；5. 羽轴背面的鳞片。 6～10. **曼氏肋毛蕨** Ctenitis mannii (Hope) Ching 6. 叶片一部分；7. 羽片背面一部分，示脉序及孢子囊群着生位置；8. 叶柄基部的鳞片；9. 叶轴中部的鳞片；10. 羽轴背面的鳞片。 （朱运喜绘）

图版 90　1～7. **异鳞轴鳞蕨** Dryopsis heterolaena（C. Chr.）Holttum et Edwards　1. 植株；2. 羽片背面一部分，示脉序及孢子囊群着生位置；3. 根状茎上的鳞片；4. 叶柄基部上的鳞片；5. 叶轴中部上的鳞片；6～7. 小羽轴背面的鳞片。
8～11. **靠脉肋毛蕨** Ctenitis costulisora Ching　8. 叶片一部分；9. 羽片背面一部分，示脉序及孢子囊群着生位置；10. 叶轴中部上的鳞片；11. 小羽轴背面的鳞片。　（林文宏绘）

产于资源、龙胜；生于林下。分布于云南、贵州、四川、湖南、浙江、江西、福建、广东。

2. 肋毛蕨属 Ctenitis (C. Chr.) C. Chr. ex Tard.-Blot

陆生，中型蕨类。根状茎短而粗壮，直立或斜生，和叶柄叶轴同样被多数鳞片；鳞片卵形至线状披针形，顶端渐尖或毛状，粗筛孔，具虹色光泽，或晦暗而质厚。叶簇生；叶片倒披针形、长圆状披针形或卵状三角形或有时五角形，二回至四回羽裂；叶脉分离，单一或有时分枝，不达叶缘；叶片近膜质或草质；小羽轴在叶片腹面隆起，少有浅沟；叶轴、羽轴、小羽轴及主脉的腹面均具多数锈棕色的节状毛，小羽轴及主脉背面疏被鳞片。孢子囊群圆形，通常生于小脉中部；囊群盖圆肾形，棕色，质薄，早落或宿存。

本属约有100种，主要分布于热带美洲和热带亚洲。中国有10～13种；广西产6种。

分种检索表

1. 叶柄基部以上的鳞片质薄，顶端纤维状，边缘常有齿或缘毛，有虹色光泽，具透明的六角形粗筛孔。
  2. 叶轴、羽轴和小羽轴腹面的节状毛为灰色或淡黄色；孢子囊群着生于小脉近基部，靠近中脉，具盖 ………… 1. **靠脉肋毛蕨** C. costulisora Ching
  2. 叶轴、羽轴和小羽轴腹面的节状毛为红棕色或棕色；孢子囊群生于中脉与叶边之间稍近中脉，盖小早落 ………… 2. **虹鳞肋毛蕨** C. rhodolepis (C. B. Clarke) Ching
1. 叶柄基部以上的鳞片质厚，顶端渐尖，全缘，无虹色光泽，具密而狭长的筛孔。
  3. 植株较矮小，高30cm以下，第二对羽片长6cm，一回羽裂，具全缘或锐尖裂片。
    4. 裂片斜上，顶端锐尖，边缘常分裂；叶脉常分叉；孢子囊群生于上侧小脉基部近分叉处，近主脉，每裂片3～4对 ………… 3. **直鳞肋毛蕨** C. eatoni (Bak.) Ching
    4. 裂片略斜上，顶端圆钝，近全缘；叶脉单一；孢子囊群中生，每裂片5～6对 ………… 4. **曼氏肋毛蕨** C. mannii (Hope) Ching
  3. 植株较高，高60cm以上，第二对羽片长10cm以上，具二回羽裂。
    5. 叶背面具灰白色或淡黄色秆状腺体 ………… 5. **桂滇肋毛蕨** C. guidianensis H. G. Zhou et W. M. Chu
    5. 叶背面无腺体 ………… 6. **棕鳞肋毛蕨** C. pseudorhodolepis Ching

1. 靠脉肋毛蕨（蕨类名词及名称） 图版90：8～11

Ctenitis costulisora Ching in Bull. Fan Mem. Inst. Biol. Bot. **2**: 200, t. 15. 1931；福建植物志 **1**: 215. 1983；中国植物志 **6**(1): 32. 1999.

植株高约1m。根状茎粗短，直立，密被棕黄色或浅棕色、顶端纤维状的线状披针形鳞片。叶簇生；叶柄长35～40cm，禾秆色，腹面有两条纵沟，连同叶轴密被鳞片；鳞片褐色，质薄，阔披针形或卵形，顶端纤维状，边略有缘毛，具透明的六角形粗筛孔，有虹色光泽；叶片三角状卵形，长50～90cm，宽30～50cm，顶端渐尖并羽裂，基部不缩狭，三回羽状至四回羽裂；羽片约10对，披针形，基部一对最大，三角形，长25～40cm，宽20～30cm；羽片基部下侧的小羽片也较长，长可达20cm；末回裂片长圆形，顶端钝或略尖，边缘具疏钝齿；叶脉羽状，分离，侧脉单一，少二叉；叶片纸质，羽轴、小羽轴和中脉腹面被灰色或淡黄色的节状毛；叶背有具光泽的卵形小鳞片。孢子囊群圆形，生于侧脉近基部，靠近中脉；囊群盖圆肾形，每裂片上有2～3对，边缘撕裂状。

产于那坡；生于海拔850～1 100m的常绿阔叶林下。分布于福建、广东。

2. 虹鳞肋毛蕨（中国高等植物图鉴） 二型肋毛蕨（植物分类学报）

Ctenitis rhodolepis (C. B. Clarke) Ching in Bull. Fan Mem. Inst. Biol. Bot. **8**: 302. 1938；中国高等植物图鉴 **1**: 243，图486. 1972；中国植物志 **6**(1): 33. 1999；云南植物志 **21**: 170，图版40：4～9. 2005. ——*Nephrodium rhodolepis* C. B. Clarke in Trans. Linn. Soc. 2. Bot. **1**: 526, t. 72. 1880. ——*Ctenitis dingnanensis* Ching in Acta Phytotax. Sin. **19**(1): 122. 1981.

植株高约 1m。根状茎直立或斜升，与叶柄基部均密生狭披针形、全缘、红棕色的鳞片。叶柄长 45～60cm，向上达叶轴，羽轴和小羽轴及叶背主脉上均有阔披针形、粗筛孔、有虹彩的鳞片；叶片卵状三角形，长 45～90cm，宽 40～60cm，渐尖头，基部心形，四回深羽裂；羽片 8～10 对，基部一对最大；小羽片上先出，基部下侧一枚最大；末回裂片边缘疏具小齿或全缘；叶片纸质，腹面沿各回羽轴、叶脉和叶缘均生短节状毛，背面沿叶脉略有短腺毛。孢子囊群生于小脉中部；囊群盖小，早落。

广西各地均产；生于海拔 200～1 200m 的林下、灌丛中或洞穴口处。分布于云南、贵州、四川、重庆、湖北、广东、江西、台湾。亚洲其他热带地区也有分布。

根状茎治风湿骨痛。

3. **直鳞肋毛蕨**（蕨类名称及名词）

Ctenitis eatoni (Bak.) Ching in Bull. Fan Mem. Inst. Biol. Bot. **8**: 291. 1938; Holttum in Blumea **31**(1): 21. 1985; 中国植物志 **6**(1): 24. 1999. ——*Nephrodium eatoni* Bak. in Hook. Syn. Fil. 276. 1867.

本种近似于**桂滇肋毛蕨**（*C. guidianensis* H. G. Zhou et W. M. Chu），不同在于本种植株较矮小，高 30cm 以下；第二对羽片长约 6cm，一回羽裂，具全缘或锐尖裂片；毛短，仅含 1～2 个细胞。

产于靖西、龙州；生于海拔 700～900m 的石灰岩洞穴口。分布于江西、贵州、台湾。日本也有分布。

4. **曼氏肋毛蕨**（西北植物学报） 图版 89:6～10

Ctenitis mannii (Hope) Ching in Bull. Fan Mem. Inst. Biol. Bot. **8**: 289. 1938; Holtt. Rev. Fl. Malaya **2**: 497. 1955; Tagawa. et Iwatsuki in Fl. Thailand **3**(3): 357～358, f. 33: 4～5. 1988; 西北植物学报 **31**(2): 413, 图版Ⅰ～Ⅱ. 2011. ——*Nephrodium mannii* Hope in J. Bot. 145. 1890.

植株高 50～80cm。根状茎短，直立或斜升，顶端密被鳞片；鳞片线状披针形，长约 1cm，先端纤维状并稍卷曲，全缘，厚膜质，平直，棕褐色。叶簇生；叶柄长 30～50cm，禾秆色，腹面有浅沟，与叶轴、羽轴密被鳞片；小羽轴背面疏被鳞片；鳞片线状披针形，长约 6mm，先端纤维状，厚膜质，全缘，棕褐色；叶片椭圆状披针形，长 30～60cm，基部宽 14～22cm，先端渐尖，基部心形，三回羽裂，羽片 12～15 对，下部几对近对生，近平展，柄长 1～4mm，向上的互生，间隔 2～3. 5cm，无柄或在近基部几对有极短的柄；基部一对羽片最大，近三角形，长 7～12cm，基部宽约 8cm，先端渐尖，基部截形或宽楔形，其下侧 2～3 个小羽片明显伸长，近二回羽状；第二对以上羽片披针形并稍呈镰刀状，长 7～9cm，宽 1. 5～2cm，先端渐尖，基部宽楔形或近楔形，不对称；基部一对羽片的小羽片约 7 对，斜上，无柄，披针形，基部下侧一片最大的长 4～7cm，宽约 1. 5cm，先端渐尖，基部宽楔形或近截形，羽裂几达小羽轴，裂片 9～11 对，间隔约 1mm，斜上，近长方形，顶端圆钝，边缘具疏浅齿或者全缘；叶脉羽状，小脉 5～7 对，单一，斜上，右叶腹面不明显，背面可见并疏被淡棕色细毛，主脉两面隆起，腹面密被淡棕色节状毛，背面疏被淡棕色节状毛；叶纸质，干后绿色或淡褐色，叶轴、羽轴均为禾秆色，被有关节的淡棕色毛。孢子囊群小，圆形，每裂片 5～6 对，生于小脉中部；囊群盖圆形，全缘或边缘浅波状，膜质，淡棕色，宿存。

产于防城港、上思；生于海拔 300～500m 的阔叶林下或沟谷边。分布于印度、泰国、马来西亚。

5. **桂滇肋毛蕨**（云南植物研究）

Ctenitis guidianensis H. G. Zhou et W. M. Chu in Acta Bot. Yunnan. **17**(4): 424. 1995; 云南植物志 **21**: 171. 2005.

植株高 85～170cm。根状茎斜升，顶端密被鳞片；鳞片褐色，线形，长 1～1. 5cm，全缘，细胞狭长，不透明。叶簇生；叶柄长 50～90cm，禾秆色，基部暗褐色，密被与根状茎上同样的鳞片；向上至叶轴禾秆色，密被卵形或卵状披针形、伏贴、边缘具锯齿、顶端渐尖、粗筛孔状的鳞片；叶片卵状披针形，长 50～80cm，宽 20～30cm，二回至三回羽状，小羽片羽状深裂至全裂；羽片 6～11 对，阔披针形至披针形，中部以下的具柄，上部的无柄或基部贴生；基部羽片长 15～30cm，宽 8～15cm，基部对称，先端渐尖，一回至二回羽状，小羽片羽状深裂至全裂；小羽片 10～12 对，披针形，长 2～8cm，宽 1～3cm，先端急尖或渐尖，基部不对称，上侧裂片较长，无柄或具短柄，中肋背面密被卵状伏贴鳞片，腹面密被节状毛，一回羽状或羽裂；裂片全缘或羽裂，8～10 对，镰刀形，长 0.8～1.5cm，宽 0.4～0.5cm，急尖头；中肋明显，背面疏被伏贴的卵形鳞片，腹面疏被节状毛，裂片的侧脉分离，大多单一，少数二叉，腹面不明显，背面明显可见；叶近革质，腹面墨绿色或暗褐色，背面浅褐色，具灰白色或淡黄色杆状腺体。孢子囊群圆形，每裂片 1～8 个，中生或略近主脉；囊群盖小，圆肾形，早落。

产于那坡；生于海拔 1 000～1 100m 的石灰岩林下。分布于云南。

6. **棕鳞肋毛蕨**（植物分类学报）

Ctenitis pseudorhodolepis Ching in Acta Phytotax. Sin. **19**(1): 121. 1981；中国植物志 **6**(1): 34. 1999；贵州蕨类植物志 220，图版 55: 6～8. 2001.

本种近似于**虹鳞肋毛蕨**[*C. rhodolepis* (C. B. Clarke) Ching]，区别在于本种叶柄和叶轴上的鳞片较疏，线形，先端纤维状并卷曲，深棕色至暗晦，筛孔小，壁厚，边缘有齿；末回裂片以较宽的间隔分开，基部下侧明显下延；孢子囊群贴近主脉。

产于龙州；生于海拔 300～700m 的季雨林下。分布于四川、贵州。

3. 轴脉蕨属 Ctenitopsis Ching ex Tard.-Blot et C. Chr.

中型至大型蕨类。根状茎短，直立。叶簇生；叶柄栗棕色或暗禾秆色，近基部被鳞片；鳞片大而厚，深棕色或近黑色，卵形至线状披针形，全缘；叶片卵状三角形或偶为五角状三角形，二回至四回羽裂；叶脉通常分离，很少基部一对联结或沿羽轴和主脉形成网眼，无内藏小脉，二回至三回分枝，不达叶缘；叶片近膜质或薄草质；小羽轴在叶片腹面隆起，少有浅沟槽；叶轴、羽轴、小羽轴及腹面主脉上均具多数锈棕色节状毛，小羽轴及背面主脉上疏被鳞片。孢子囊群圆形，通常生于小脉上部；囊群盖圆肾形，棕色或黑色，宿存或少有不发育；孢子两面型，卵形或长圆形，或表面常有刺状凸起。

本属有 20 余种，主要分布于亚洲热带、亚热带地区。中国有 17 种，分布于华南及西南地区；广西产 7 种 1 变种。

分种检索表

1. 基部羽片的基部下侧小羽片或裂片不延长或略缩短。
  2. 叶柄及叶轴暗棕黑色；基部一对羽片略缩短，两侧对称；孢子囊群无盖，在中脉两侧各两行，生于小脉中部 ………………………………………………………………………… 1. **无盖轴脉蕨 C. subsageniaca** (Christ) Ching
  2. 叶柄及叶轴均呈栗褐色至近黑色；基部羽片不缩短，下部下侧 2～3 枚裂片明显缩短；孢子囊群具盖，在中脉两侧各一行，生于小脉顶端。
    3. 羽片两面均被淡棕色长节状毛 ………………………… 2a. **轴脉蕨 C. sagenioides** (Mett.) Ching var. **sagenioides**
    3. 羽片背面光滑，腹面疏被淡棕色短节状毛 ……………………………… 2b. **光叶轴脉蕨 C. sagenioides** (Mett.) Ching var. **glabrescens** Ching et C. H. Wang
1. 基部一对羽片的基部下侧小羽片或裂片显著延长。
  4. 植株高达 2m；叶片基部三回羽状至四回羽裂，向上为二回羽状至三回羽裂，基部一对羽片不反折，长 40～50cm ………………………………………………………………………… 3. **褐叶轴脉蕨 C. setulosa** (Bak.) Ching
  4. 植株高 1m 以下；叶片基部为三回羽裂至近三回羽状，向上为二回羽裂。
    5. 叶柄上的鳞片狭披针形，褐黑色至深黑色。
      6. 羽片 3～6 对；第二对羽片无柄；羽轴及羽片两面均被有关节的淡棕色长毛 ……………………………………………… 4. **黑鳞轴脉蕨 C. fuscipes** (Wall. ex Bedd.) Tard.-Blot et C. Chr.
      6. 羽片 7～10 对；第二对羽片有短柄；羽轴及羽片背面光滑，羽轴腹面被有关节的淡棕色短毛，羽片背面偶贴生短毛 ………………………………… 5. **光滑轴脉蕨 C. glabra** Ching et C. H. Wang

5. 叶柄上的鳞片阔披针形至长卵形，褐棕色至棕色。

7. 叶脉沿羽轴及主脉联结成明显的网眼 ………………… 6. **毛叶轴脉蕨** C. devexa (Kze.) Ching et C. H. Wang

7. 叶脉分离，羽状小脉二叉 ………… 7. **台湾轴脉蕨** C. kusukusensis (Hay.) C. Chr. ex Tard.-Blot et C. Chr.

1. **无盖轴脉蕨**（蕨类名词及名称） 图版 91：1～3

Ctenitopsis subsageniaca (Christ) Ching in Bull. Fan Mem. Inst. Biol. Bot. **8**: 311. 1938；中国植物志 **6**(1)：40. 1999；贵州蕨类植物志 223，图版 56：2. 2001；云南植物志 **21**：175. 2005. —— *Aspidium subsageniaca* Christ in Bull. Acad. Int. Géogr. Bot. **1906**: 240, cum fig. 1906. —— *Dryopteris austrosinensis* Christ in Bull. Acad. Int. Géogr. Bot. **1907**: 145. 1907.

植株高达 60～100m。根状茎直立。叶柄禾秆色，疏生深棕色、流苏状线形、长 1.5cm 的鳞片；叶片由多数羽片（约 20 对）构成；羽片远离，斜展，线状披针形，长达 20cm，宽 3～4cm，先端渐尖，基部戟形，一回羽裂达 2/3；裂片约 20 对，长圆状镰形，锐尖或钝头，弯缺处圆形，具睫毛；基部一对羽片与上部羽片相似但稍短；叶脉羽状分离，小脉二叉或三叉，仅基部一对单一；叶片近膜质，干后黑色，叶轴腹面和羽轴两面均密被皱的锈色梳状毛。孢子囊群成不规则排列，但羽片或裂片最上方排成规则的一行，中生或背生于小脉上；无囊群盖。

产于罗城、凤山、百色、那坡、靖西、龙州、宁明、隆安；生于海拔 150～950m 的阔叶林下或洞穴中。分布于贵州、云南。越南北部也有分布。

2. **轴脉蕨**（海南植物志）

Ctenitopsis sagenioides (Mett.) Ching in Bull. Fan Mem. Inst. Biol. Bot. **8**: 312. 1938；海南植物志 **1**：154，图 69. 1964；中国植物志 **6**(1)：42，图版 7：1～2. 1999；云南植物志 **21**：176，图版 41：1～3. 2005. ——*Aspidium sageniodes* Mett. Fangatt. Pheg. u. Aspid. 133. 1858.

2a. **轴脉蕨**（原变种）

Ctenitopsis sagenioides (Mett.) Ching var. **sagenioides**

根状茎短而直立；顶部密被阔披针形、先端渐尖、全缘的膜质鳞片。叶簇生；叶柄长 15～50cm，纤细，黑色或栗棕色，光亮，基部被与根状茎上相同而较狭的鳞片；叶片长圆状披针形，长 30～60cm，宽 15～30cm，顶端羽裂；羽片 8～10 对，长 10～12cm，宽 2.5～3cm，短渐尖头，基部近楔形，羽裂几达羽轴，形成线状长圆形而具齿缘或全缘的裂片；基部一对羽片反折，较上部的羽片稍短，其下侧的裂片有时较长；每裂片有侧脉 6～10 对，分叉或上部的单一；叶片纸质至草质，两面均被淡棕色的长节状毛。孢子囊群生于上侧小脉顶端，在主脉两侧各成一行，位于主脉与叶缘之间；囊群盖膜质，早落。

产于百色、龙州；生于海拔约 480m 的林下。分布于海南、云南。印度、缅甸、泰国、越南、马来西亚、印度尼西亚、菲律宾也有分布。

2b. **光叶轴脉蕨**（变种）（植物分类学报）

Ctenitopsis sagenioides (Mett.) Ching var. **glabrescens** Ching et C. H. Wang in Acta Phytotax. Sin. **19**: 125. 1981；中国植物志 **6**(1)：44. 1999.

本变种异于原变种在于叶片背面光滑，仅于腹面被少数淡棕色短节状毛。

产于百色、靖西、那坡、龙州；生于海拔 300～800m 的石灰岩林下。分布于云南。

3. **褐叶轴脉蕨**（中国主要植物图说·蕨类植物门） 棕毛轴鳞蕨（蕨类名词及名称）

Ctenitopsis setulosa (Bak.) Ching in Bull. Fan Mem. Inst. Biol. Bot. **8**: 321. 1938; Tard.-Blot et C. Chr. in Fl. Indo-Chine **7**(2): 352. 1941；中国主要植物图说·蕨类植物门 197，图 265. 1957；中国植物志 **6**(1)：54. 1999. ——*Neiphrodium setulosum* Bak. in J. Bot. 265. 1890.

植株高达 2m。根状茎粗而直立，顶部密被深棕色鳞片。叶簇生；叶柄紫棕色，长 60～80cm，同叶轴密被棕色柔毛，疏被大型披针形深棕色厚鳞片；叶片长圆状披针形，长 65～80cm，宽 25～30cm，急尖头，二回

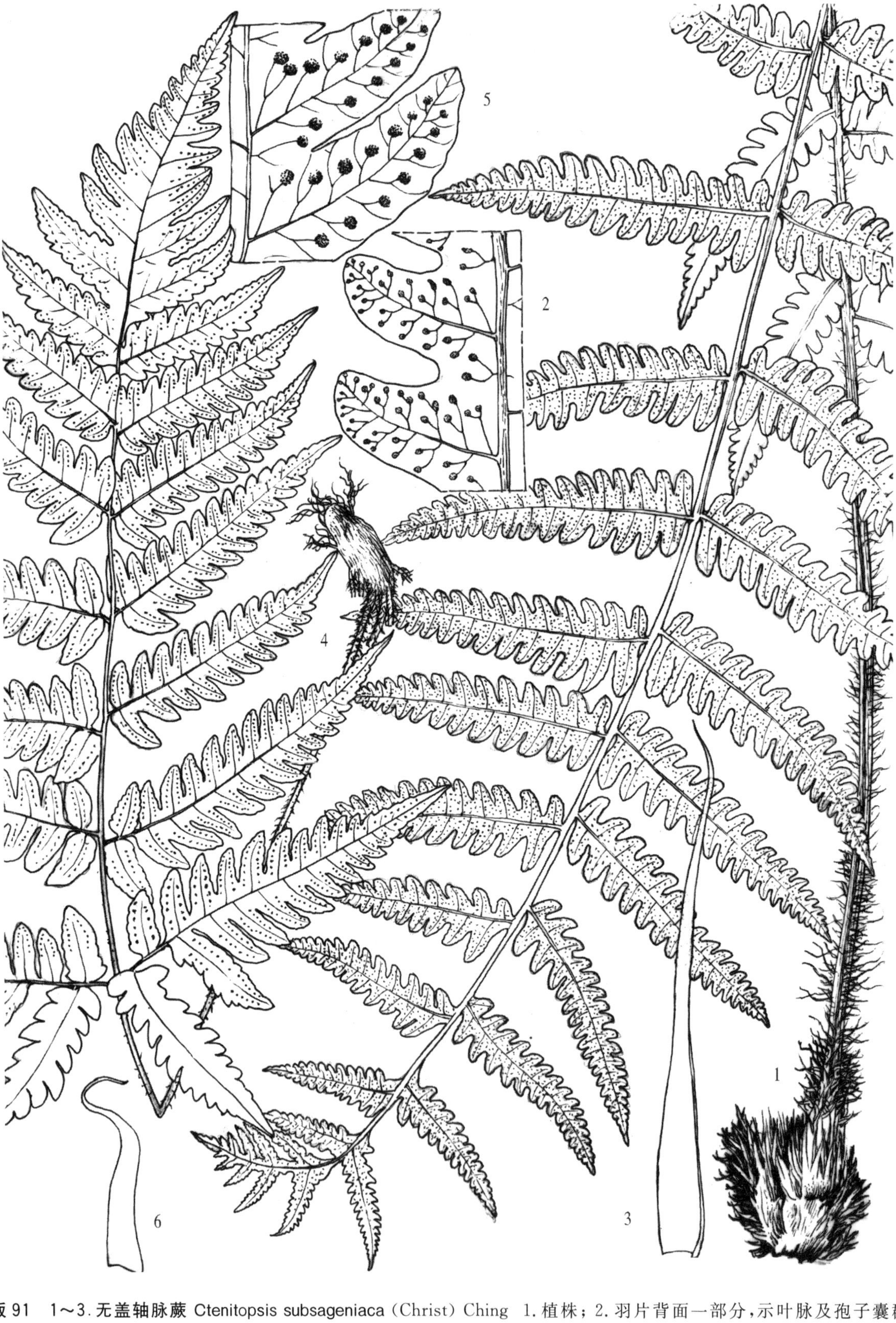

图版91 1～3.**无盖轴脉蕨** Ctenitopsis subsageniaca (Christ) Ching 1.植株；2.羽片背面一部分,示叶脉及孢子囊群着生位置；3.叶柄上的鳞片。 4～6.**光滑轴脉蕨** C. glabra Ching et C. H. Wang 4.植株；5.羽片背面一部分,示叶脉及孢子囊群着生位置；6.叶柄上的鳞片。 （林文宏绘）

深羽裂，基部常为二回羽状；羽片披针形，长 17～20cm，宽约 3cm，渐尖头，无柄或有短柄；裂片线状长圆形，钝头，边有齿；叶片草质，两面仅中脉处被锈毛。孢子囊群圆形，位于中脉与叶缘之间；囊群盖圆肾形，小，宿存。

产于融水、三江、宜州、平南、桂平、上思、扶绥、宁明、武鸣；生于海拔 300～900m 的常绿阔叶林下。分布于广东、云南。越南也有分布。

4. **黑鳞轴脉蕨**（蕨类名词及名称）

Ctenitopsis fuscipes (Wall. ex Bedd.) Tard.-Blot et C. Chr. in Lecomte, Not. Syst. **7**: 87. 1938; 中国植物志 **6**(1): 44. 1999; 贵州蕨类植物志 223. 2001. ——*Aspidium fuscipes* Wall. ex Bedd., Ferns Brit. Ind. Suppl. 15, t. 366. 1876.

植株高 40～50cm。根状茎短而直立，顶部密被披针形、全缘、膜质的黑褐色鳞片。叶簇生；叶柄长 20～25cm，深禾秆色，腹面有浅沟且疏被淡棕色短节状毛；叶片二型，椭圆状卵形，长 25～30cm，基部宽 15～18cm，长渐尖头，基部三回羽裂，向上成二回羽裂；羽片 3～6 对，下部的近对生，向上互生，稍斜上，仅基部一对有短柄，余无柄；基部一对羽片最大，斜三角形，长 8～10cm，基部宽 6～7cm，长渐尖头，基部有一对分离小羽片，下侧小羽片明显伸长，向上深羽裂达 2/3；中部羽片披针形，长 6～7cm，基部宽 2.5～3.5cm，长渐尖头，深羽裂达 2/3；裂片约 8 对，稍斜上，镰状长圆形，长 6～7mm，基部宽 4～5mm，钝头，边全缘或浅波状；叶脉常分离，但营养叶裂片下部的常联结为三角形网眼，小脉羽状，二叉；叶片纸质，干后淡褐棕色，两面均密被淡棕色长节状毛，叶缘具密睫毛；叶轴深禾秆色，偶有线形卷曲的黑褐色小鳞片，与羽轴、小羽轴及主脉两面均密被棕色节状毛。孢子叶通常缩狭；孢子囊群圆形，着生于上侧小脉顶端，每裂片有 5～7 对；囊群盖圆肾形，全缘，薄膜质，淡棕色，被毛，宿存。

产于隆安、百色、那坡、靖西、凌云、田林、隆林、巴马、扶绥、宁明、龙州；生于海拔 300～900m 的阔叶林下。分布于西藏、云南、贵州、海南、台湾。越南、泰国、缅甸、印度也有分布。

5. **光滑轴脉蕨**（植物分类学报）　图版 91:4～6

Ctenitopsis glabra Ching et C. H. Wang in Acta Phytotax. Sin. **9**: 370. 1964; 中国植物志 **6**(1): 45. 1999; 云南植物志 **21**: 176, 图版 42: 4～7. 2005.

植株高 40～60cm。根状茎与叶柄同被黑褐色线状披针形鳞片。叶柄长 20～30cm，禾秆色，下部被开展的鳞片；叶片卵状披针形，略呈五角形，长 30～40cm，宽 15～25cm，顶渐尖浅羽裂，基部浅心形，基部三回羽裂；羽片 7～10 对，具短柄；基部一对羽片最大，其基部下侧裂片伸长并羽裂，外形呈三角形，长约 10cm，宽约 7cm；上部羽片为披针形，长 6～8cm，深羽裂；裂片镰状长圆形，长 7～8mm，宽 5～6mm，钝头，全缘；侧脉上部的小脉常分叉，营养叶下部小脉有时联结为三角形网眼；叶片草质，主脉腹面被锈色毛，叶轴、羽轴及小羽轴腹面被节状软毛。孢子囊群圆形，每裂片有 6～7 对，生于上侧小脉顶端；囊群盖圆肾形，全缘，薄膜质，宿存。

产于巴马、百色、凌云、田林、那坡、隆林、隆安、扶绥、龙州、武鸣；生于海拔 150～900m 的常绿阔叶林下。分布于海南、贵州、云南。越南也有分布。

6. **毛叶轴脉蕨**（植物分类学报）

Ctenitopsis devexa (Kze.) Ching et C. H. Wang in Acta Phytotax. Sin. **9**: 369. 1964; 中国高等植物图鉴 1: 244, 图 487. 1972; 中国植物志 **6**(1): 47. 1999; 云南植物志 **21**: 178, 图版 42: 1～3. 2005. ——*Aspidium devexum* Kze. in Bot. Zeit. 259. 1848.

植株高 50～70cm。根状茎直立，顶部与叶柄基部密生披针形鳞片。叶簇生；叶柄长 25～30cm，腹面有纵沟并被短节状毛，背面光滑；叶片卵状三角形，长 25～40cm，宽 20～25cm，两面疏生节状毛，三回羽裂；羽片 3～5 对，基部一对羽片最大，具柄，其基部下侧一枚小羽片最大；末回小羽片边缘浅裂成粗齿或略具浅钝齿；叶脉沿羽轴、小羽轴两侧联结形成 1 行长网眼，其外的小脉分离，无内藏小脉；叶片草质，两面疏被节状毛。孢子囊群圆形，生于裂片上的小脉顶端，近叶缘；囊群盖圆肾形，边缘多少不整齐，偶有毛。

广西石灰岩地区均产；生于海拔 100～1 000m 的石灰岩常绿阔叶林下。分布于云南、贵州、四川、广东、海南、台湾。亚洲其他热带地区也有分布。

全株清热解毒。

7. **台湾轴脉蕨**（海南植物志）

Ctenitopsis kusukusensis（Hay.）C. Chr. ex Tard.-Blot et C. Chr. in Lecomte, Not. Syst. **7**：87. 1938；海南植物志 **1**：155. 1964；中国植物志 **6**(1)：50. 1999. ——*Dryopteris kusukusensis* Hay.，Ic. Pl. Formos. **4**：157, pl. 98. 1914.

植株高 90～100cm。根状茎短而直立，顶部与叶柄基部被披针形、灰棕色鳞片。叶柄长 20～25cm，上部与叶轴密被节状毛；叶片卵状披针形，长 35～45cm，宽 15～25cm，长渐尖头，基部最宽，三回羽裂，向上部二回羽裂；羽片 7～10 对，近无柄；基部一对羽片最大，三角形，长 14～20cm，宽 8～10cm，其基部下侧裂片伸长并深羽裂；上部的羽片披针形，长 10～16cm，尾尖，整齐的深羽裂几达羽轴；裂片镰状圆形，长 1.5～2cm，钝头，边缘略波状，基部上侧裂片较长，叶缘有睫毛；叶脉分离，羽状，小脉二叉；叶片草质至近膜质，叶片腹面疏被长节状毛，背面近光滑，边缘疏背睫毛，叶轴、羽轴及主脉两面均被早落的粗节状毛。孢子囊群圆形，生于上侧小脉顶端，在主脉两侧各成一行；囊群盖圆肾形，全缘。

产于容县；生于海拔 300～500m 的山谷林下溪边。分布于海南、台湾。

4. 三相蕨属 Ataxipteris Holttum

中型蕨类。根状茎粗短，直立或斜生，顶端连同叶柄基部被蓬松的鳞片；鳞片狭披针形，先端纤维状，全缘，锈棕色。叶簇生；叶片三回羽状深裂，羽片约 6 对；基部一对羽片具 1～3 对小羽片，其基部下侧小羽片伸长并羽裂；向上的羽片基部近对称；叶脉通常分离，偶尔不规则网结。孢子囊群生于小脉中部，无盖。

本属有 2 种，分布于浙江、福建、湖南、广东、海南。日本也有分布。广西均产。

分 种 检 索 表

1. 叶轴、羽轴的鳞片钻形，黑色；叶两面具金黄色杆状腺体；基部羽片羽状分裂 ………………………… 1. **滇桂三相蕨** A. dianguiensis W. M. Chu et H. G. Zhou
1. 叶轴、羽轴的鳞片卵形，棕色；叶两面具灰白色棒状腺体；基部羽片一回羽状 ………………………… 2. **三相蕨** A. sinii (Ching) Holttum

1. **滇桂三相蕨**（云南植物研究） 图版 92：1～4

Ataxipteris dianguiensis W. M. Chu et H. G. Zhou in Acta Bot. Yunnan. **17**(4)：423. 1995.

本种异于**三相蕨** [*A. sinii*(Ching) Holttum]，在其叶轴、羽轴的鳞片为钻形而非卵形，黑色而非棕色；叶两面的腺体多为金黄色杆状而非灰白色棒状；基部羽片羽裂而非一回羽状。

产于靖西、那坡；生于海拔 700～900m 的林下。分布于云南。

2. **三相蕨**（浙江植物志） 厚叶轴脉蕨（蕨类名词及名称）图版 92：5～9

Ataxipteris sinii (Ching) Holttum in Blumea **30**(1)：10, f. 1, pl. 1. 1984；浙江植物志 **1**：288，图 1：299. 1993. ——*Tectaria sinii* Ching in Bull. Dept. Biol. Sun Yat-sen Univ. **6**：22. 1933. —— *Ctenitopsis sinii* (Ching) Ching in Bull. Fan Mem. Inst. Biol. Bot. **8**：319. 1938；中国植物志 **6**(1)：55. 1999.

植株高 60～110cm。根状茎短而直立，顶端及叶柄基部均密被鳞片；鳞片线状披针形，先端纤维状，全缘，具狭长筛孔。叶簇生；叶柄长 30～55cm，与叶轴同呈栗色且密被鳞片，上部的鳞片褐色，卵状披针形或披针形，具粗筛孔，大小不等且透明；叶片长 30～55cm，宽 21～40cm，卵形，长渐尖头，基部心形，三回羽裂；羽片

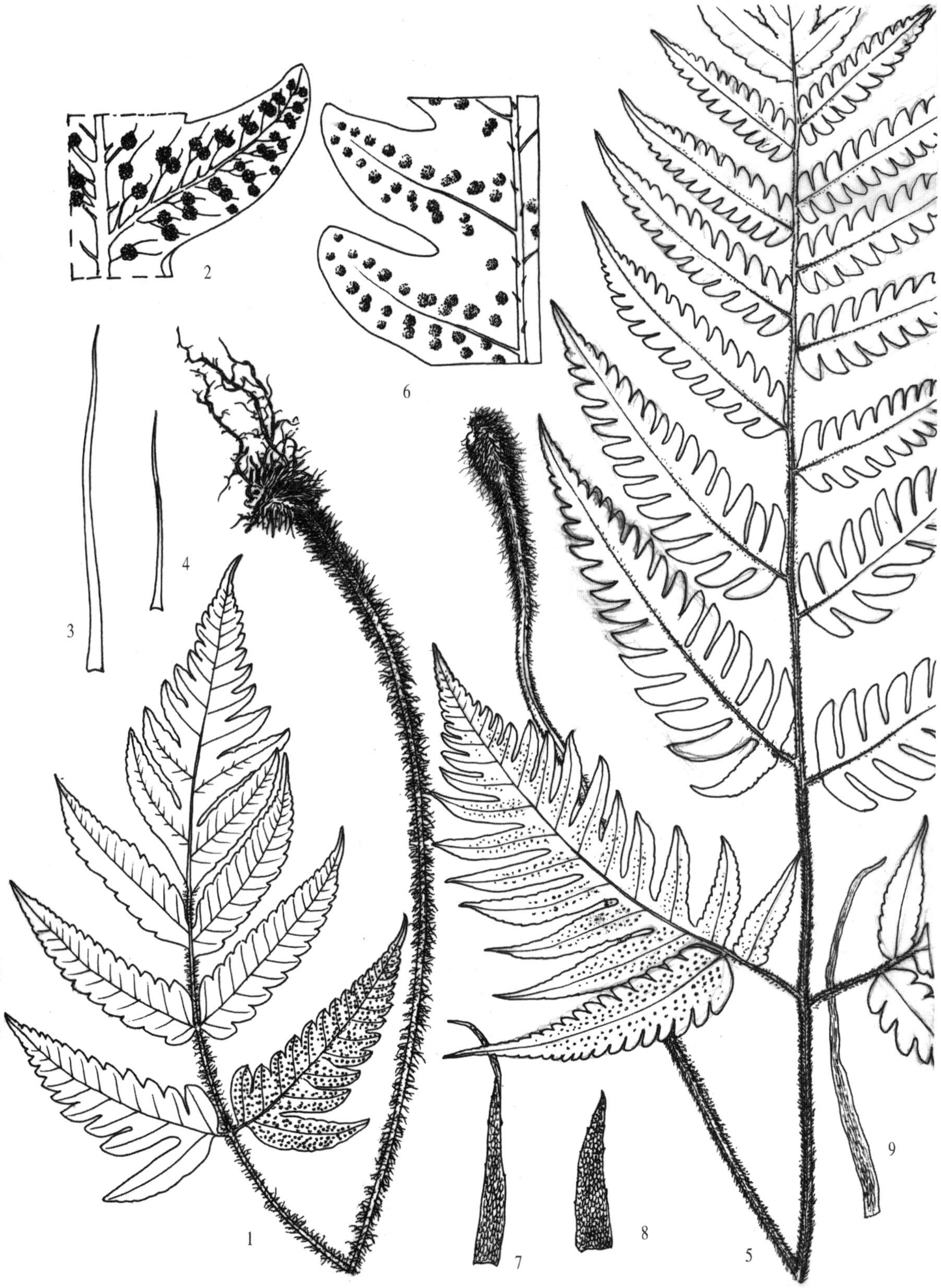

图版 92　1～4. **滇桂三相蕨** Ataxipteris dianguiensis W. M. Chu et H. G. Zhou　1. 植株；2. 裂片背面，示脉序及孢子囊群着生位置；3. 叶柄基部的长鳞片；4. 叶柄中部的钻形鳞片。　5～9. **三相蕨** A. sinii (Ching) Holttum　5. 植株一部分；6. 羽片背面一部分，示孢子囊群着生位置；7. 叶柄中部的鳞片；8. 羽轴上的鳞片；9. 叶柄基部的鳞片。　（林文宏绘，1～4 仿廖信佩图）

3～7对，基部一对最大，长14～33cm，宽9～16cm，斜三角形，二回羽裂；小羽片1～3对，下侧的远比上侧的为长，基部第一片增大，镰状披针形或长圆状披针形，长8～13cm，宽2.3～3.5cm，羽裂达1/2～2/3；裂片镰状长圆形，钝头，全缘；叶脉在裂片上羽状，其基部下侧一脉有时出自羽轴；主脉在叶背隆起，侧脉在叶腹面可见，侧脉分叉伸达叶边，下部小脉偶联结成一二网眼，但无内藏小脉；叶片厚纸质，干后黄绿色，除羽柄、羽轴或主脉上偶有鳞片外，两面光滑无毛。孢子囊群圆形，生于小脉背上；囊群盖圆肾形，膜质。

产于龙胜、阳朔、三江、金秀、平南、罗城、贺州、靖西、那坡、来宾；生于海拔400～1 100m的常绿阔叶林下。分布于福建、浙江、湖南、广东、海南。日本也有分布。

5. 牙蕨属 Pteridrys C. Chr. et Ching

土生，中型至大型蕨类。根状茎圆柱形，斜升，具网状中柱，顶部与叶柄基部同被棕色、坚膜质、全缘的披针形鳞片。叶簇生或近生；叶柄长，圆柱形，腹面有纵沟，光滑无毛；叶片椭圆形至卵形，顶部深羽裂，向下二回羽裂；羽片6～20对，具柄或近无柄，线状披针形，羽状深裂，基部一对羽片不缩短或有时其基部下侧伸长；裂片多数，镰刀形或披针形，边缘有锯齿，缺刻狭窄或为阔圆形，其基部有1枚三角形尖齿；叶脉羽状，分离，或裂片基部的小脉偶有联结，小脉二叉至三叉，基部下侧一脉出自主脉的基部，基部上侧一脉出自羽轴并达至缺刻尖齿；叶片厚纸质，两面无毛，叶轴及羽轴光滑或偶于背面被节状毛。孢子囊群小，圆形，生于小脉上侧分叉的顶端或中部，在主脉两侧各成一行，位于主脉与叶缘之间；囊群盖圆形，膜质；孢子囊的环带约由12个增厚细胞组成。孢子椭圆形，表面具不明显网状疣点。

本属约有8种，分布于亚洲热带地区，自喜马拉雅经中南半岛、中国南部及菲律宾、马来西亚至波利尼西亚。中国有4种，产于西南及华南；广西产2种。

分种检索表

1. 植株各部均较大，高2～3m；羽片有长柄；裂片狭长，披针形，尖头，边缘具整齐的缺刻状锯齿 ………………………………………………………………………………………… 1. **薄叶牙蕨** P. cnemidaria (Christ) C. Chr. et Ching
1. 植株各部均较小，高不及1.5m；羽片无柄；裂片长圆形，钝头，边缘具疏浅缺刻 ……… 2. **毛轴牙蕨** P. australis Ching

1. **薄叶牙蕨**(蕨类名词及名称)

Pteridrys cnemidaria (Christ) C. Chr. et Ching in Bull. Fan Mem. Inst. Biol. Bot. **5**: 136, t. 12, 18, 20. 1934; 中国高等植物图鉴 **1**: 248. 1972; 中国植物志 **6**(1): 98. 1999; 云南植物志 **21**: 182, 图版 43: 3～5. 2005. ——*Dryopteris cnemidaria* Christ in Bull. Acad. Int. Géogr. Bot. 140. 1910.

本种与**毛轴牙蕨**(*P. australis* Ching)相似，不同在于本种植株各部均较大；羽片有长柄，基部一对特大，三角形，二回羽裂；裂片狭长，披针形，边缘具整齐的缺刻状锯齿。

产于隆安、那坡、田林；生于海拔400～600m的常绿阔叶林下，喜砂岩环境。分布于云南、贵州、台湾。印度、越南、老挝、缅甸也有分布。

2. **毛轴牙蕨**(蕨类名词及名称)

Pteridrys australis Ching in Bull. Fan Mem. Inst. Biol. Bot. **5**: 142, f. 15～16, 19. 1934; 中国高等植物图鉴 **1**: 248, 图 495. 1972; 中国植物志 **6**(1): 99. 1999; 云南植物志 **21**: 184, 图版 43: 1～2. 2005.

植株高达1.5m。根状茎和叶柄基部密生棕色、披针形的鳞片。叶柄长30～80cm，腹面有纵沟，光滑无毛；叶片长圆形，长40～80cm，宽25～35cm，二回羽状半裂；羽片约15对，披针形，长20～30cm，宽3～4cm，渐尖头，基部略狭，无柄，羽状半裂；裂片约25对，长圆形，钝头，边缘具疏浅缺刻且缺刻底部有1枚三角形小齿；通常裂片基部上侧一脉出自主脉基部，下侧一脉出自羽轴；叶片纸质，仅叶轴、羽轴和主脉略有灰色短刚毛。孢子囊群圆形，生于分叉侧脉的上侧小脉顶部；囊群盖小，圆形。

产于隆安、那坡；生于海拔约 150m 的常绿阔叶林下。分布于云南、广东。缅甸、泰国、老挝、越南、柬埔寨、马来西亚、新加坡也有分布。

全株清热止血；治痢疾、衄血、便血、淋浊。

6. 黄腺羽蕨属　Pleocnemia Presl

植株高 1～3m。根状茎直立或斜升，顶端和叶柄基部同被条形鳞片。叶簇生；叶柄长 60～100cm，亮褐色，腹面略被短毛；叶片卵状三角形，长 1～2m，宽 1.2～1.3m，四回羽裂；基部一对羽片最大，其基部下侧小羽片明显伸长，有多对深羽裂的二回小羽片；末回裂片长圆形，钝头，边全缘或有疏浅齿，裂片间缺刻底部有 1 枚三角形小齿；叶脉在羽轴及主脉下部两侧联结成长网眼，无内藏小脉；叶片纸质，背面沿小羽轴及叶脉疏生柠檬色的棒状或圆柱形腺体。孢子囊群生于分离小脉的顶端或中部，在主脉两侧各排成不整齐的 1～3 行；囊群盖圆肾形或缺。

本属有 16 种，分布于亚洲热带地区，包括中国南部、中南半岛及印度、马来西亚、印度尼西亚、菲律宾。中国有 2 种；广西产 1 种。

黄腺羽蕨（中国高等植物图鉴）

Pleocnemia winitii Holttum in Reinwardtia **1**(2)：181. 1951；海南植物志 **1**：156，图 70. 1964；中国高等植物图鉴 **1**：244，图 488. 1972；中国植物志 **6**(1)：60. 1999；云南植物志 **21**：186，图版 44：1～6. 2005. ——*P. kwangsiensis* Ching et C. H. Wang in Acta Phytotax. Sin. **19**(1)：125. 1981；中国植物志 **6**(1)：63，图版 9：5～9. 1999.

植株高 1～3m。根状茎直立，顶端和叶柄基部密生条形鳞片。叶簇生；叶柄长 60～100cm，亮褐色，腹面略被短毛；叶片卵状三角形，长 1～2m，宽 1.2～1.3m，四回羽裂；基部一对羽片最大，其基部下侧小羽片明显伸长，有多对深羽裂的二回小羽片；末回裂片长圆形，钝头，边全缘或有疏浅齿，裂片间缺刻底部有 1 枚三角形小齿；叶脉在羽轴及主脉下部两侧联结成长网眼，无内藏小脉；叶片纸质，背面沿小羽轴及叶脉疏生柠檬色的棒状或圆柱形腺体。孢子囊群生于分离小脉中部，在主脉两侧各排成不整齐的 1～3 行；无囊群盖。

产于那坡、桂平、罗城、贺州、上思、金秀、宁明、上林；生于海拔 400～1 200m 的常绿阔叶林下和沟谷边。分布于云南、广东、海南、福建、台湾。泰国、越南、印度也有分布。

7. 叉蕨属　Tectaria Cav.

中型或大型陆生蕨类。根状茎粗壮，直立或有横走，被鳞片；鳞片披针形，全缘或有睫毛。叶簇生；叶柄常褐色，基部密被鳞片；叶片一回至多回羽状深裂，少为单叶，羽片或裂片一般全缘，从不具芒齿，无针状毛或很少被柔毛；小脉联结成不整齐的网眼，有单一或分叉的内藏小脉或无内藏小脉；叶轴及羽轴上通常被棕色的粗节状毛或光滑。孢子囊群一般为圆形，着生于小脉交叉处或内藏小脉顶端或中部；无盖或有圆肾形或盾形的盖（鳞毛蕨型）；孢子囊的环带约有 14 个增厚细胞；孢子椭圆形，单裂缝，周壁刺状或褶皱形或网状。

本属约有 240 种，主产于热带的湿润地区，向北到喜马拉雅地区及中国西南、华南各省区，北至北美洲佛罗里达，南达澳大利亚的昆士兰及南非都有分布。中国约有 27 种；广西产 15 种。

分种检索表

1. 孢子囊群大，常生于内藏小脉顶端，在侧脉间有 2 行；囊群盖大，宿存。
  2. 羽轴两侧有明显的弧状脉，形成 1 行狭长的网眼；叶脉的网眼无内藏小脉或通常有单一的内藏小脉。

3. 叶二型;孢子叶的叶柄长为叶片的2倍 ………………………………………… 1. **疣状叉蕨** T. impressa (Fée) Holttum
3. 叶一型;叶柄与叶片等长或短于叶片 …………… 2. **大齿叉蕨** T. coadunata (Wall. ex Hook. et Grev.) C. Chr.
2. 羽轴两侧无明显的弧状脉形成的狭长网眼;叶脉的网眼内有分叉的内藏小脉。
4. 叶片基部下延于叶柄两侧形成阔翅几达叶柄基部。
5. 叶片奇数一回羽裂,长卵形;侧生羽片3～8对 …………………………… 3. **下延叉蕨** T. decurrens (Presl) Copel.
5. 叶片为单叶或一回羽裂;侧生羽片不超过3对 ……………… 4. **剑叶叉蕨** T. leptophylla (C. H. Wright) Ching
4. 叶片基部不下延,叶柄无翅。
6. 叶柄、叶轴及羽轴均呈乌木色并有光泽 ……………………………… 5. **黑柄叉蕨** T. ebenina (Bedd.) Ching
6. 叶柄、叶轴及羽轴均呈栗色或近禾秆色,无光泽或稍有光泽。
7. 叶柄禾秆色;叶片掌状三裂至五裂 ……………………………………… 6. **掌状叉蕨** T. subpedata (Harr.) Ching
7. 叶柄棕色至褐棕色,叶片一回羽状至三回羽裂。
8. 羽片5对以上;基部一对羽片的基部两侧不对称;中部的羽片披针形,条状撕裂 …………………………… ………………………………………………………………… 7. **条裂叉蕨** T. phaeocaulis (Ros.) C. Chr.
8. 羽片3～4对,基部一对羽片的基部两侧对称;中部羽片三角状椭圆形,深羽裂 …………………………… ………………………………………………………………………… 8. **云南叉蕨** T. yunnanensis (Bak.) Ching
1. 孢子囊群通常小,生于形成网眼的小脉上或网眼的交结处,在主脉两侧排成不规则多列或散生;囊群盖小,早落。
9. 顶生羽片与下部羽片同形。
10. 叶柄及叶轴均呈乌木色 ………………………………………………… 9. **燕尾叉蕨** T. simonsii (Bak.) Ching
10. 叶柄及叶轴均呈禾秆色。
11. 叶明显二型 …………………………………………… 10. **桂越三叉蕨** T. stenosemioides (Alderw.) C. Chr.
11. 叶一型或略二型。
12. 顶生羽片的基部浅心形至圆楔形,不下延 ………… 11. **多形叉蕨** T. polymorpha (Wall. ex Hook.) Copel.
12. 顶生羽片的基部狭楔形并明显下延。
13. 顶生羽片三叉,基部一对羽片二叉;根状茎直立 ……………… 12. **五裂叉蕨** T. quinquefida (Bak.) Ching
13. 顶生羽片及侧生羽片均单一(有时叶为单叶);根状茎横走 ………………………………………………… ………………………………………………………………… 13. **多变叉蕨** T. variabilis Tard.-Blot et Ching
9. 顶生羽片与下部羽片不同形。
14. 叶柄及叶轴均呈禾秆色 ……………………………………… 14. **三叉蕨** T. subtriphylla (Hook. et Arnold) Copel.
14. 叶柄及叶轴栗褐色至深棕色 …………………………………………… 15. **中形叉蕨** T. media Ching ex Ching et Wang

1. 疣状叉蕨(中国植物志) 图版93:1～2

Tectaria impressa (Fée) Holttum in Kew Bull. **43**(3): 483. 1988; 云南植物志 **21**: 193, 图版46: 2. 2005. ——*Phlebiogonium impressa* Fée in Mém. Foug. 5. Gen. Filic. 314, t. 24A, f. 2. 1852. ——*Aspidium variolosum* Wall. ex Hook. Sp. Fil. **4**: 58. 1862. ——*Tectaria variolosa* (Wall. ex Hook.) C. Chr. in Contr. U. S. Nat. Herb. **26**: 289. 1931; 中国植物志 **6**(1): 73. 1999; 贵州蕨类植物志 658. 2001; 中国高等植物 **2**: 618, 图870. 2008.

植株高40～70cm。根状茎直立或横走,顶端与叶柄基部均被鳞片;鳞片线形,长约8mm,宽约1mm,边缘具疏睫毛,质薄,棕色,有光泽,边有灰白色睫毛。叶二型;营养叶的柄长30～35cm;叶片三角形,长宽各约30cm,长渐尖头,二回羽状;顶生羽片三角形而下延并深羽裂;侧生羽片1～4对,下部羽片的柄长达2cm,上部羽片近无柄;基部一对羽片最大,斜三角形,长约20cm,顶渐尖羽裂,基部不对称;小羽片1～3对,其基部下侧小羽片最大,镰状披针形,长约12cm,宽约3.5cm,渐尖头,基部圆,其下部深裂或呈羽状;小脉沿小羽轴及主脉联结成数行整齐的狭网眼,少有内藏小脉,其余小脉联结成不整齐的网眼,大多有内藏小脉;孢子叶与营养叶同形,但较小,裂片均呈圆形,小脉较简单,仅在小羽轴及主脉两侧各有1行网眼;叶片近革质,叶轴及各回羽轴腹面密被节状短毛。孢子囊群大,生于内藏小脉顶端,在主脉两侧各1行;囊群盖大,圆肾形,坚硬,全缘,宿存。

图版93　1～2.**疣状叉蕨** Tectaria impressa (Fée) Holttum　1.植株；2.羽片背面一部分，示脉序及孢子囊群着生位置。

3～5.**黑柄叉蕨** T. ebenina (Bedd.) Ching　3.带叶轴的基部羽片；4.羽片背面一部分，示脉序及孢子囊群着生位置；5.囊群盖。（朱运喜绘）

产于融水、来宾、靖西、那坡、河池、罗城、龙州、宁明、大化；生于海拔350～600m的常绿阔叶林下。分布于台湾、海南、云南、贵州。尼泊尔、印度、越南、老挝、泰国、印度尼西亚也有分布。

2. **大齿叉蕨**（中国主要植物图说·蕨类植物门）

Tectaria coadunata（Wall. ex Hook. et Grev.）C. Chr. in Contr. U. S. Nat. Herb. **26**：331. 1931；中国高等植物图鉴 **1**：245，图489. 1972；中国植物志 **6**(1)：67. 1999；贵州蕨类植物志652，图版158：1～2. 2001；云南植物志 **21**：190，图版45：1～2. 2005. ——*Aspidium coadunate* Wall. ex Hook. et Grev. in Ic. Fil. **2**：pl. 202. 1831. ——*Tectaria macrodonta*（Fée）C. Chr.，Ind. Fil. Suppl. **3**：181. 1934；中国蕨类植物图谱 **3**：图125.1935；中国主要植物图说·蕨类植物门 201，图270.1957.

植株高70～80cm。根状茎斜生至直立，顶部与叶柄基部均密被披针形的鳞片。叶簇生；叶柄栗褐色，腹面有浅沟；叶片三角形，长30～90cm，宽25～50cm，三回羽裂；羽片2～5对，基部一对羽片最大，三角状披针形，长10～30cm，宽8～12cm；小羽片羽裂至1/2～2/3，有柄；裂片披针形，略上弯，全缘或偶有粗齿，有睫毛；叶脉无内藏小脉或单一的短小脉；叶片薄纸质，两面均被节状毛。孢子囊群圆形，生于裂片主脉两侧网眼内的短小脉上，各成一行；囊群盖大，圆肾形，全缘，膜质，宿存。

产于龙州、靖西、那坡、田林；生于海拔1 100～1 450m的常绿阔叶林下。分布于云南、四川、贵州、广东、台湾。缅甸、印度、尼泊尔、马来西亚及中南半岛乃至非洲热带地区也有分布。

根状茎清热解毒。

3. **下延叉蕨**（中国主要植物图说·蕨类植物门）

Tectaria decurrens（Presl）Copel. in Philipp. J. Sci. **2**：412. 1907；海南植物志 **1**：158. 1964；中国高等植物图鉴 **1**：245，图490. 1972；中国植物志 **6**(1)：74. 1999；云南植物志 **21**：195，图版47：1. 2005. ——*Aspidium decurrens* Presl in Rel. Haenk. **1**：28. 1825.

植株高约1m。根状茎直立，与叶柄基部均密生披针形的褐棕色鳞片。叶簇生；叶柄长20～30cm，腹面有浅沟，两侧有狭翅下延几达基部，翅宽3～5mm；叶片长圆形或卵状长圆形，长30～100cm，宽25～50cm，基部楔形或戟形，下延，深羽裂（基部羽片的下侧基部常叉裂出一枚小羽片），沿叶轴有宽1～2.5cm的阔翅；裂片3～8对，对生，稍斜上，长15～25cm，宽2～5cm，披针形，边缘波状或全缘；叶脉网眼有单一或分枝的内藏小脉；叶片草质，两面光滑。孢子囊群圆形，下陷，在侧脉间形成两行，叶轴两侧的阔翅上也有1～3行；囊群盖大，圆形，盾状着生，膜质，全缘，宿存。

产于百色、那坡、田阳、宁明、龙州、上思、武鸣；生于海拔200～400m的林下或沟谷溪边。分布于福建、台湾、广东、海南、云南。亚洲其他热带地区也有分布。

全株消炎；治疮毒。

4. **剑叶叉蕨**（中国植物志）

Tectaria leptophylla（C. H. Wright）Ching in Sinensia **2**(2)：22. 1931；中国植物志 **6**(1)：75. 1999；云南植物志 **21**：197. 2005. ——*Nephrodium leptophyllum* C. H. Wright in Kew Bull. **1906**：11. 1906. ——*Aspidium leptophyllum* C. Chr. Ind. Fil. Suppl. **1**：8. 1913.

植株高25～40cm。根状茎短而直立，顶部及叶柄基部密被线状披针形的棕色鳞片。叶簇生；叶柄长2～5cm，淡棕色至深禾秆色，腹面有浅沟，两侧有阔翅几达基部；单叶，二型：营养叶阔披针形，长20～25cm，中部宽4～6cm，长渐尖头，基部渐狭长下延，全缘；孢子叶狭披针形，长35～40cm，中部宽3～4cm，渐尖头，基部渐狭长下延，全缘；叶脉联结成近六角形网眼，腹面叶脉不明显，于背面略可见，有分叉的内藏小脉；叶片薄纸质，干后淡褐色，两面光滑。孢子囊群圆形，生于内藏小脉顶端，在侧脉间有2行；囊群盖圆盾形，膜质，棕色，全缘，宿存并略反卷。

产于龙州；生于海拔约250m的石灰岩山谷密林中。分布于云南。越南北部也有分布。

5. **黑柄叉蕨**（中国植物志） 图版93：3～5

Tectaria ebenina（Bedd.）Ching in Sinensia **2**(2)：18. 1931；Tard.-Blot et C. Chr. in Fl. Indo-

Chine 7(2): 410. 1941; 中国植物志 6(1): 75. 1999; 云南植物志 21: 197. 2005. —— *Aspidium ebeninum* C. Chr. in Bull. Acad. Int. Géogr. Bot. 138. 1913; 中国蕨类植物图谱 1: 图版 8. 1930.

本种近似于**大齿叉蕨**[*T. coadunata* (Wall. ex Hook. et Grev.) C. Chr.],区别在于本种叶柄乌木黑色,具光泽而非栗褐色;叶片两面光滑无毛,非两面被淡棕色节状毛。

产于那坡、龙州;生于海拔 850～1 100m 的常绿阔叶林下。分布于云南、贵州。越南北部也有分布。

6. **掌状叉蕨**(中国植物志)　图版 94:1～2

Tectaria subpedata (Harr.) Ching in Sinensia 2(2): 23, f. 4. 1931; Tard.-Blot et C. Chr. in Fl. Indo-Chine 7(2): 407. 1941; 中国植物志 6(1): 76. 1999; 贵州蕨类植物志 657, 图版 158: 5～6. 2001. ——*Nephrodium subpedatum* Harr. in J. Linn. Soc. 16: 30. 1877.

植株高 30～45cm。根状茎短,横走或斜升。叶簇生;叶柄长 20～25cm,禾秆褐色,被鳞片;鳞片披针形,基部凹入;叶片三角卵形,基部心形,长约 20cm,宽约 25cm,掌状 3～5 裂(幼叶为单叶);顶生裂片较侧生裂片为大,长约 17cm,宽约 9cm,顶端骤缩成尾状,尾长 2～3cm,边缘不规则波状;侧生裂片大或二回分裂,下侧裂片平展或略反折,狭长渐尖头;细脉多且网眼不规则;叶片纸质,羽轴、小羽轴及叶片腹面均被硬毛。孢子囊群排成整齐的两行,密集,顶生于侧脉;囊群盖宿存;孢子卵形,黄褐色,具细硬长刺。

产于百色、靖西、巴马、宜州、隆安、宁明、龙州、大新;生于海拔 100～700m 的林下或灌丛中。分布于台湾、贵州。越南、缅甸也有分布。

叶或根清热解毒、消炎、散瘀消肿;治结核病、肺炎、支气管炎、哮喘、咽喉疼痛、跌打损伤、瘀血肿痛。

7. **条裂叉蕨**(中国主要植物图说·蕨类植物门)　条裂三叉蕨(中国高等植物图鉴)

Tectaria phaeocaulis (Ros.) C. Chr. in Ind. Fil. Suppl. 3: 183. 1934; 中国高等植物图鉴 1: 246, 图 492. 1972; 福建植物志 1: 219, 图 207. 1983; 中国植物志 6(1): 78. 1999; 云南植物志 21: 198. 2005. ——*Aspidium phaeocaulis* Ros. in Hedwigia 56: 345. 1915. ——*Tectaria laciniata* Ching in Bull. Fan Mem. Inst. Biol. Bot. 2: 200, t. 15. 1931 et Sinensia 2(2): 24. 1931.

植株高 75～140cm。根状茎直立,与叶柄基部均密生披针形有缘毛的鳞片。叶柄长 30～80cm,栗褐色;叶片卵状长圆形,长 45～60cm,宽 30～40cm,二回至三回羽裂;羽片 5～7 对,基部一对羽片最大,三角状披针形,除基部有 1 对(有时仅下侧 1 枚)羽裂的小羽片外,其余为条裂;裂片狭长,渐尖或钝尖头;叶脉网眼为不整齐的四边形,有单一或分叉的内藏小脉;叶片薄草质,两面光滑,仅羽轴腹面具节状短毛。孢子囊群圆形,生于内藏小脉顶端;囊群盖圆形,盾状着生,膜质,全缘,宿存。

产于兴安、临桂、灵川、罗城、金秀、三江、那坡、靖西、平南、桂平、南宁、武鸣、龙州、东兴;生于海拔 200～800m 的常绿阔叶林下。分布于台湾、福建、广东、香港、海南、湖南、云南。日本、越南、缅甸、老挝、泰国、柬埔寨、马来西亚、新加坡也有分布。

8. **云南叉蕨**(植物分类学报)

Tectaria yunnanensis (Bak.) Ching in Sinensia 2(2): 24, f. 6. 1931; 中国植物志 6(1): 79, 图版 10: 1～3. 1999; 中国高等植物 2: 620, 图 874. 2008. ——*Nephrodium yunnanense* Bak. in Kew Bull. 1906: 11. 1906.

植株高达 2m。根状茎横走。叶柄长达 1m,褐红色,被长而硬的鳞片;鳞片披针形,长渐尖头,淡黄色;叶片长达 1m,二回羽裂;侧生羽片 3～4 对,下部羽片具长柄,羽片长约 50cm,宽 20～25cm,基部羽裂,顶部羽状分裂,裂片长达 20cm,披针形,顶生裂片三角形,羽裂;上部羽片相距约 10cm,无柄,下延,镰形,基部不对称,羽状深裂,裂片三角形,斜展,尖头,分裂达宽缺刻处,基部截形;叶片顶端三角形,羽状分裂;叶脉网状,网眼包藏大量细脉;叶片坚革质,淡褐色,腹面无毛。孢子囊群大,沿羽轴或宽裂片排成 1 行;囊群盖圆盾形,全缘,宿存;孢子卵形具细疣。

产于罗城;生于海拔约 260m 的林下。分布于云南、四川、海南、台湾。越南也有分布。

图版 94 1～2. **掌状叉蕨** Tectaria subpedata (Harr.) Ching 1. 植株；2. 羽片背面一部分，示叶脉及孢子囊群着生位置。 3～4. **燕尾叉蕨** T. simonsii (Bak.) Ching 3. 植株；4. 羽片背面一部分，示叶脉及孢子囊群着生位置。 5～6. **五裂叉蕨** T. quinquefida (Bak.) Ching 5. 植株；6. 羽片背面一部分，示叶脉及孢子囊群着生位置。（林文宏绘）

9. **燕尾叉蕨**（海南植物志）　燕尾三叉蕨　图版 94:3～4

Tectaria simonsii (Bak.) Ching in Sinensia 2(2): 32, f. 13. 1931; 海南植物志 1: 160. 1964; 中国植物志 6(1): 89. 1999; 云南植物志 21: 206, 图版 47: 2. 2005. ——*Nephrodium simonsii* Bak. in Syn. Fil. 504. 1874.

植株高 80～100cm。根状茎与叶柄基部一同密被披针形黑褐色鳞片。叶柄长 40～60cm，亮紫黑色，腹面有浅沟；叶片近三角形或卵形，长 30～45cm，宽 25～30cm，羽片 3 枚或为一回至二回羽状；顶生羽片卵状披针形，长约 25cm，宽 7～9cm，渐尖头，基部稍耳状，下部两侧有 1 对长约 15cm 的镰形裂片；侧生羽片阔披针形或长圆状镰形，长 15～20cm，宽约 5cm，顶端渐尖，基部上侧截形而偏斜，下侧耳状，全缘或略波状；基部一对羽片最大，叉状分裂或有时具分离的裂片，下侧裂片镰形，长 8～10cm；侧脉平行，小脉连成不整齐网眼，有内藏小脉；叶片革质，羽轴及侧脉两面以及小脉背面有灰褐色短毛。孢子囊群圆形，细小，多数，散生，有时会合，生于小脉网眼上；囊群盖早落。

产于上思、东兰、百色、凌云、隆林、靖西、那坡、扶绥、宁明、大新、龙州、南宁；生于海拔 200～900m 的阔叶林下。分布于海南、云南、贵州、广东、海南、福建、台湾。越南、印度也有分布。

10. **桂越三叉蕨**（新拟）

Tectaria stenosemioides (Alderw.) C. Chr. Ind. Fil. Suppl. 3: 184. 1934 et in Fl. Indo-Chine 7(2): 420, f. 46. 1941. ——*Pleocnemia stenosemioides* Alderw. in Bull. Jard. Bot. Buitenzorg 3, 2: 164. 1920.

根状茎横走，被褐色鳞片。叶二型；营养叶柄长 10～20cm，禾秆色，细瘦，基部被鳞片；叶片三角形，长 10～15cm，宽 12～14cm，基部二回羽裂，顶部一回羽裂；下部羽片有 1 对独立羽片，对生，具柄，羽片镰形，长 7～8cm，宽 4～5cm，下侧明显发育，羽状深裂，渐尖头，裂片钝头，斜展，全缘；其余羽片无柄，一回羽裂，顶端三角形，一回羽裂，裂片与基部羽片同形；叶轴、羽轴均被小绒毛；孢子叶的柄长 20～40cm，孢子叶片较营养叶为狭，远高出且纤细；顶生羽片与侧生羽片分开；叶脉网结，沿中脉成两行网眼，细脉游离其中。孢子囊群小，在中脉与叶边之间排成 2 行。

产于那坡；生于海拔约 450m 的常绿阔叶林下。越南也有分布。

11. **多形叉蕨**（中国植物志）　多形三叉蕨（蕨类名词及名称）

Tectaria polymorpha (Wall. ex Hook.) Copel. in Philipp. J. Sci. 2(6): 413. 1907; 西藏植物志 1: 272, 图 65. 1983; 中国植物志 6(1): 86. 1999; 云南植物志 21: 202, 图版 49. 2005. ——*Aspidium polymorpha* Wall. ex Hook. in Sp. Fil. 4: 54. 1862.

植株高约 1.5m。根状茎粗壮直立，顶部和叶柄下部密被线状披针形的褐棕色鳞片。叶柄长 40～60cm，禾秆色，腹面有浅沟，光滑；叶片长圆形，长约 70cm，宽约 40cm，奇数一回羽状；顶生羽片长约 24cm，宽约 7cm，椭圆形，尾尖长约 2cm，基部渐狭，两侧各有 1 枚略合生的小羽片，长仅约 12cm，宽约 3cm，尾尖，边缘波状或有少数不整齐的粗点；侧生羽片 1～4 对，具短柄或无柄，基部一对较大，下侧有 1 枚较小羽片分离；侧脉斜上直达叶边，无内藏小脉；叶片薄纸质，腹面光滑，背面沿主脉和侧脉密被棕色短节状毛。孢子囊群圆形，成熟时多少会合，密布，生于小脉上或交结点上；囊群盖圆盾形，早落。

产于隆林、田林、凌云、乐业、上思；生于海拔 300～1 000m 的常绿阔叶林下。分布于云南、贵州、台湾。尼泊尔、柬埔寨、马来西亚、印度尼西亚、菲律宾、印度也有分布。

孢子入药；治皮肤病。

12. **五裂叉蕨**（植物分类学报）　图版 94:5～6

Tectaria quinquefida (Bak.) Ching in Sinensia 2: 26, f. 7. 1931; 中国植物志 6(1): 84. 1999. ——*Nephrodium quinquefidum* Bak. in J. Bot. 1890: 265. 1890.

植株高约 60cm。根状茎斜升，顶部密被披针形鳞片。叶簇生；叶柄长 50～60cm，褐色，密被披针形边缘乳头状凸起的鳞片，无翅；叶片三角形，长 20～25cm，宽 20～22cm，仅 3 枚羽片；顶生羽片 3 裂，下延，其顶生裂片披针状长圆形，侧生裂片较小，较狭，斜展，渐尖头；侧生羽片常 2 裂，上侧裂片以 30°～35°角伸出，下侧裂片长圆形，渐尖头或具缺刻，基部偏斜并下延，边缘全缘或波状；羽片基部被鳞片且具芽胞；叶脉网眼不规则；叶片近草质，干后褐棕色，两面光滑。孢子囊群多而小，不规则散生于联合的细脉上；孢子卵形，淡黄色，表面具细硬长刺。

产于那坡；生于海拔约850m的常绿阔叶林下。分布于贵州、云南。越南也有分布。

13. **多变叉蕨**(海南植物志)

Tectaria variabilis Tard.-Blot et Ching in Lecomte, Not. Syst. **5**(2): 81. 1936; 海南植物志 **1**: 161. 1964; 中国植物志 **6**(1): 83. 1999.

植株高50～60cm。根状茎长而横走，顶部与叶柄基部均密被线状披针形淡棕色鳞片。叶近生；叶柄长30～35cm，禾秆色，光滑无毛；叶片三角形，长20～25cm，基部宽15～20cm，奇数一回羽状或为披针形的单叶；顶生羽片披针形，长约20cm，中部宽4.5～5cm，长渐尖头，基部楔形而下延，边近全缘，柄长约2cm；侧生羽片1～2对，斜上，披针形，长15～17cm，中部宽2.5～4cm，长渐尖头，基部楔形，全缘，柄长3～5mm；叶脉联结成近六角形网眼，于腹面不明显，于背面略可见，有单一或分叉的内藏小脉，侧脉两面均隆起而稍曲折，无毛；叶片纸质，干后灰褐色，两面光滑。孢子囊群圆形，着生于网眼交结处，在侧脉间有不整齐的2～3行；囊群盖圆盾形，薄膜质，淡棕色，全缘，宿存。

产于桂南地区；生于山谷林下岩石上。分布于海南。越南也有分布。

14. **三叉蕨**(中国蕨类植物图谱)

Tectaria subtriphylla (Hook. et Arnold) Copel. in Philipp. J. Sci. **2**: 410. 1907; 中国高等植物图鉴 **1**: 246, 图491. 1972; 福建植物志 **1**: 220, 图71. 1983; 中国植物志 **6**(1): 93. 1999. ——*Polypodium subtriphyllum* Hook. et Arnold. Bot. Beechey's Voy. Herald. 256, t. 50. 1838.

植株高45～75cm。根状茎横走，与叶柄基部均密生披针形黑鳞片。叶近生，叶柄长20～45cm，深禾秆色，向上与叶轴、叶脉均被棕色的短节状毛；叶片三角状五角形，长25～35cm，宽20～25cm，二回羽裂或三叉；基部一对羽片卵状三角形，其基部下侧有1枚较长的小羽片，向上浅裂，有柄，第二对羽片披针形，浅羽裂；顶生羽片三角形，深羽裂，基部楔形；叶脉网眼不整齐，少有分叉的内藏小脉；叶片纸质，腹面光滑，背面疏被节状短毛。孢子囊群小，散生于网脉交叉处；囊群盖圆肾形，脱落。

产于那坡、靖西、贺州、苍梧、藤县、北流、玉林、河池、武鸣、隆安、横县、扶绥、大新、龙州；生于海拔150～1 200m的常绿阔叶林下。分布于台湾、福建、广东、海南、云南、贵州。印度、越南、斯里兰卡、印度尼西亚也有分布。

叶祛风除湿、止血、解毒；治风湿疼痛、痢疾、刀伤、蛇伤。

15. **中形叉蕨**(植物分类学报)

Tectaria media Ching ex Ching et Wang in Acta Phytotax. Sin. **8**: 150, pl. 22, f. 27. 1959; 海南植物志 **1**: 160. 1964; 中国植物志 **6**(1): 90. 1999.

植株高约60cm。叶柄长35～40cm，紫栗褐色，腹面有浅沟，基部疏被淡棕色节状毛及疏生线状披针形的棕色鳞片；叶片三角形，长约30cm，基部宽约25cm，一回羽状；顶生羽片卵状三角形，三叉，长约18cm，中部宽5.5～6cm，先端渐尖，基部浑圆，边缘有浅圆裂片，基部两侧各有1枚镰状披针形长约8cm的裂片；侧生羽片2对，稍斜上，基部一对的柄长约2cm，第二对近无柄；基部一对羽片三角形，长约18cm，基部宽约12cm，先端长渐尖，基部浅心形，两侧各有一对镰状披针形的斜展裂片，边缘有浅圆裂片；第二对羽片镰状阔披针形，长约15cm，基部宽约3.5cm，先端长渐尖，基部不对称截形，其外侧稍耳形，边缘有波状的浅圆裂片；叶脉联结成近六角形网眼，于两面稍隆起，有单一或分叉的内藏小脉；侧脉于叶片腹面不明显，于背面隆起而稍曲折并疏被淡棕色短节状毛；叶片纸质，干后淡褐色，两面光滑；叶轴紫栗褐色，腹面有浅沟并密被淡棕色短节状毛，背面光滑；羽轴基部紫栗褐色，向上呈禾秆色，腹面密被淡棕色节状毛，背面几光滑。孢子囊群圆形，生于小脉联结处，在侧脉间有不规则的多行；囊群盖圆盾形，膜质，锈棕色，宿存。

产于桂西南地区；生于林下。分布于海南。

8. 地耳蕨属 Quercifilix Copel.

小型蕨类。根状茎横走或斜升，被黑褐色的阔鳞片。叶疏生；叶柄基部被较狭窄而渐尖的鳞片，全部密被灰白色、多细胞的节状毛；叶二型，营养叶有短柄，形如槲叶，长圆形或卵形，边缘有阔齿或波状浅裂，裂片有缘毛，基部通常有1对分离的羽片；孢子叶有长柄，其柄长比营养叶柄长两倍以上，叶片缩狭，裂片少而呈线形；叶脉网状，小脉联结成多角形的网眼，内有分叉而反折的内藏小脉或无小脉；羽轴及侧脉在腹面光滑，背面密被节状长毛；叶片草质，常被易脱落的节状毛。孢子囊群幼时生于网脉上，最后满布于整个孢子叶片的背面；孢子囊的环带约有13个增厚细胞；无囊群盖；孢子长圆形，表面有网状粗疣点。

本属仅有1种，分布于中国华南及西南地区、东南亚和太平洋群岛等热带地区。广西亦产。

地耳蕨（中国蕨类植物图谱）

Quercifilix zeylanica（Houtt.）Copel. in Philipp. J. Sci. **37**：409. 1928；中国蕨类植物图谱 **3**：图版 118. 1935；海南植物志 **1**：161，图 72. 1964；中国高等植物图鉴 **1**：247，图 493. 1972；中国植物志 **6**(1)：94，图版 17：1～4. 1999. ——*Ophioglossum zeylanicum* Houtt. in Nat. Hist. **14**：43，t. 94. 1783.

植株高10～20cm。根状茎被卵状披针形鳞片。营养叶的柄长2～5cm，基部以上至叶轴和叶脉被灰棕色的、节状长细毛；叶片卵状至长圆状卵形，三出，长6～9cm，宽3～4cm；侧生羽片短小，全缘或浅裂，顶生羽片浅羽裂；孢子叶的长度远超出营养叶，柄长10～15cm，其叶片狭缩，三出或单一，裂片长条形，沿主脉两侧各有1行狭长网眼。孢子囊群生于沿主脉两侧的网脉上；无囊群盖。

产于东兰、田林、百色、靖西、那坡、隆安、崇左、宁明、凭祥、大新、龙州、南宁、上思；生于海拔150～900m的常绿阔叶林下或沟谷中。分布于云南、贵州、广东、海南、福建、台湾。亚洲其他热带地区也有分布。

全株治痢、止血；治红白痢疾、便血、尿血、小便短少、淋浊、小儿稀便。

9. 沙皮蕨属 Hemigramma Christ

小型或中型蕨类。根状茎直立或斜升，顶部和叶柄基部密被披针形棕色鳞片。叶二型；幼株营养叶的叶片卵状披针形，全缘，无柄或近无柄，成熟植株营养叶具长柄，叶片羽裂至一回羽状，叶脉网状；叶片纸质，无毛。孢子叶的叶片幼时线形，成熟后羽状，具长柄，叶脉网状。孢子囊群沿叶脉着生，成熟后布满孢子叶叶片的背面；环带约有14个增厚细胞；无囊群盖；孢子椭圆形。

本属有6种，分布于亚洲热带地区，北达中国南部。中国仅有1种；广西亦产。

沙皮蕨（中国主要植物图说·蕨类植物门）

Hemigramma decurrens（Hook.）Copel. in Philipp. J. Sci. **37**：404. 1928；Ching in Bull. Fan Mem. Inst. Biol. Bot. **1**：155. 1930；海南植物志 **1**：162，图 73. 1964；中国高等植物图鉴 **1**：247，图 494. 1972；中国植物志 **6**(1)：102，图版 17：5～8. 1999. ——*Gymnopteris decurrens* Hook. in J. Bot. Kew. Gard. Misc. **9**：359. 1857.

植株高35～50cm。根状茎被棕色、披针形、边有睫毛的硬质鳞片。营养叶的柄长15～25cm，淡栗色，基部以上光滑；叶片阔卵形，长16～35cm，宽15～20cm，三裂或奇数羽状；裂片或羽片长圆状披针形或披针形，长15～20cm，宽4～6cm，基部楔形下延，全缘或波状；叶脉网眼内具单一或分叉的内藏小脉；孢子叶的柄长达40cm，单叶或三叉或羽状，叶片或羽片（或裂片）较狭，宽1.2～1.5cm，披针形，边缘波状；叶片纸质。孢子囊群初时沿内藏小脉分布，后满布孢子叶叶片的背面。

产于博白、上思、宁明、东兴、防城港；生于海拔300～800m的常绿阔叶林下。分布于广东、海南、福建、台湾、云南。日本、越南、缅甸、老挝、泰国、柬埔寨、马来西亚、新加坡也有分布。

根和根状茎清热解毒;治痢疾。全株治疗疮肿毒。

47. 实蕨科 BOLBITIDACEAE

植株中小型,有限生长。根状茎粗短,横卧,有腹背结构,生于土中、石上、溪边,偶有水生,极少攀缘于树干基部,密被阔披针形鳞片。叶近簇生,叶二型(幼叶一型并有长柄),单叶或大都为一回羽状,顶部有芽胞,能着地生根形成新植株,羽片不以关节着生于叶轴,营养叶的羽片较宽,无柄或几无柄,全缘、波状或为浅羽裂;主脉明显,两侧小脉分离或为多样的网结,在侧脉间形成多行的拱形网眼,有或无内藏小脉;叶纸质或草质;孢子叶较高而狭,叶柄较长,羽片较小。孢子囊满布于孢子叶羽片背面;孢子两侧对称,近球形或椭圆形,单裂缝,周壁具褶皱,表面具颗粒状或细网状纹饰。

本科有3属约100种,分布于全世界热带地区,主产于亚洲和大洋洲岛屿。中国有1属约20种,产于华南和西南地区。

实蕨属 Bolbitis Schott

土生,中小型蕨类。根状茎横走,有网状中柱,被黑色、全缘鳞片。叶通常近生,二型;叶柄基部不具关节,疏被鳞片;叶片一回羽状,少为单叶或二回羽裂,叶缘具钝齿至深裂或为撕裂,缺刻有时有小脉延伸的小刺1枚;叶脉明显,叶脉分离或沿主脉及侧脉两侧形成网眼;叶草质,无毛;孢子叶缩小并有长柄。孢子囊满布孢子叶叶片的背面;孢子囊的环带由(12)14～16(20)个增厚细胞组成;孢子近球形,周壁具褶皱,表面具少许颗粒状纹饰,外壁表面光滑;无囊群盖或隔丝。

本属约有85种,分布于热带各地,主产于印度、马来群岛及南美洲。中国有23种;广西产6种1杂交种。

分 种 检 索 表

1. 叶脉完全分离。
  2. 营养叶一回羽状,侧生羽片基部不对称,基部上侧具耳片 …………… 1. **刺蕨** B. appendiculata (Willd.) K. Iwats.
  2. 营养叶二回羽状半裂,侧生羽片基部对称,羽片长达11cm,形体远较大 ………………………………………… 2. **中华刺蕨** B. sinensis (Bak.) K. Iwats.
1. 叶脉多少网结。
  3. 叶脉式样不整齐,只有靠近羽片中肋的小脉多少不规则地联结成1行与中肋平行的网眼,其他小脉分离,网眼内无内藏小脉 ………………………………………… 3. **网脉实蕨** B. ×laxireticulata K. Iwats.
  3. 叶脉式样整齐,较多的小脉规则地联结,网眼内有或无内藏小脉。
    4. 顶生羽片特大,具长尾;5～8条小脉联结,叶缘小脉多少联结;叶干后通常呈褐色 ………………………………………… 4. **长叶实蕨** B. heteroclita (Presl) Ching
    4. 顶生羽片与下部羽片近同形;1～4条小脉联结,叶缘的小脉分离;叶干后绿色或很少带紫红色。
      5. 叶片奇数羽状,侧生羽片基部截形至圆形;孢子周壁平滑 ………… 5. **多羽实蕨** B. angustipinna (Hay.) H. Ito
      5. 叶片羽状渐尖,侧生羽片基部圆形、截形或近心形;孢子周壁鸡冠状至波状。
        6. 网眼内无内藏小脉;侧生羽片基部近心形 ……………………… 6. **贵州实蕨** B. christensenii (Ching) Ching
        6. 网眼内有内藏小脉;侧生羽片基部圆形. ………………………… 7. **华南实蕨** B. subcordata (Copel.) Ching

1. 刺蕨(海南植物志)

Bolbitis appendiculata (Willd.) K. Iwats. in Acta Phytotax. Geobot. 18: 48. 1959; 植物分类学报

43(2)：104，pl. 1，f. A. 2005. ——*Acrostichum appendiculatum* Willd. Sp. Pl. 5：114. 1810. ——*Egenolfia appendiculata*（Willd.）J. Sm. Ferns Br. For. 111. 1866；中国植物志 6（1）：117，图版 22：1～6. 1999；中国高等植物 2：628，图 885. 2008；*E. crenata* Ching et P. S. Chiu in Acta Phytotax. Sin. 21. 212. 1983.

根状茎被披针形鳞片。营养叶的柄长 6～12cm，向上至叶轴有鳞片；叶片披针形，草质，长 15～22cm，宽 4～6cm，在顶部的长尾基部上面有 1 个芽胞，能着地生根生成新株，一回羽状；羽片边缘具波状圆齿，并在弯缺处（即每组侧脉的上侧小脉顶端）有 1 个尖刺；孢子叶同形较狭小，叶柄长 16～24cm，叶片长 10～12cm，宽约 2cm。孢子囊群沿侧脉着生，成熟时布满孢子叶羽片背面；无囊群盖。

产于融水、防城港、上思、平南、容县、金秀、贺州、罗城；生于海拔 300～900m 的常绿阔叶林下或沟谷溪边。分布于台湾、广东、海南、云南。亚洲其他热带地区也有分布。

2. **中华刺蕨**（中国高等植物图鉴）

Bolbitis sinensis（Bak.）K. Iwats. in Acta Phytotax. Geobot. **18**：49. 1959；植物分类学报 **43**(2)：106，f. 1：F. 2005. ——*Acrostichum sinense* Bak. in Kew Bull. **1906**：14. 1906. ——*Egenolfia sinensis*（Bak.）Maxon in Proc. Biol. Soc. Wash. **36**：173. 1923；中国植物志 6（1）：120，图版 22：9～11. 1999；中国高等植物 2：629，图 887. 2008.

本种近似于**刺蕨**[*B. appendiculata*（Willd.）K. Iwats.]，但本种形体远较大，营养叶二回羽状半裂，羽片长达 11cm，裂片间缺刻处有 1 个短尖刺，裂片边缘有短刺。

产于龙州、田林；生于海拔 600～900m 的密林下。分布于云南、贵州。印度、孟加拉国、印度尼西亚以及中南半岛也有分布。

3. **网脉实蕨**（植物分类学报）

Bolbitis × laxireticulata K. Iwats. in Acta Phytotax. Geobot. **18**：50，f. 7，8. 1959；S. Y. Dong et X. C. Zhang in Acta Phytotax. Sin. **43**(2)：108. 2005. ——*Egenolfia laxireticulata*（K. Iwats.）C. M. Kuo in Fl. Taiwan. **1**：352. 1975.

本种与同属其他种的区别在于叶一回羽状，边缘具浅波状圆齿；叶轴具狭翅；侧生羽片基部不对称、叶脉式样不整齐，只有靠近羽片中肋的小脉多少不规则地联结成 1 行与中肋平行的网眼，其他小脉分离，网眼内无内藏小脉。

产于武鸣；生于海拔 300～600m 的山谷石壁或林下阴湿处。分布于广东、海南、香港、台湾。日本也有分布。

4. **长叶实蕨**（中国蕨类植物图谱）

Bolbitis heteroclita（Presl）Ching in C. Chr. Ind. Fil. Suppl. **3**：48. 1934；中国蕨类植物图谱 3：图版 119. 1935；海南植物志 1：165，图 75. 1964；中国高等植物图鉴 1：248，图 496. 1972；中国植物志 6（1）：108，图版 19：1～4. 1999. ——*Acrostichum heteroclita* Presl，Rel. Haenk. **1**：51，pl. 2. 1825. ——*Bolbitis annamensis* Tard.-Blot et C. Chr. in Not. Syst.（Paris）7：100. 1938.

根状茎密生卵状披针形鳞片。营养叶的柄长 10～35cm；叶片形式多样，单叶、三出或羽状；顶生羽片特大，长 30～40cm，具长尾，顶端能育，着地生根萌发新株；侧生羽片 1～4 对，长圆形或长圆状披针形，渐尖头，基部楔形或圆楔形，全缘或浅波状；叶脉无内藏小脉；叶片薄草质，干后黑色；孢子叶同形，叶柄长 25～38cm，叶片狭小。孢子囊群沿网脉着生，成熟时满布叶片背面；无囊群盖。

广西各地均产；生于海拔 20～1 100m 的林下阴湿处。分布于广东、云南、贵州、四川、台湾、福建、海南。亚洲其他热带地区也有分布。

全株清热解毒、止咳、止血、收敛；治咳嗽、吐血、痢疾、烧伤、烫伤、跌打损伤、蛇伤。

5. **多羽实蕨**（中国植物志）

Bolbitis angustipinna（Hay.）H. Ito in J. Jap. Bot. **14**：443. 1938；中国植物志 6(1)：110，图版

21：4～6. 1999. ——*Leptochilus angustipinna* Hay.，Ic. Pl. Formos. **5**：297，f. 119. 1915.

根状茎长而横走，粗壮，密被垢状鳞片和疏被披针形、褐色至近黑色鳞片。叶二型，近生；营养叶较大，长 1.1～1.5m，叶柄长 50～70cm，较粗，禾秆色，疏被阔披针形鳞片；营养叶片椭圆形，长 60～80cm，基部宽 30～40cm，一回羽状；侧生羽片 12～20 对，互生，稍斜上，无柄或下部两对有短柄，羽片线状披针形，长 20～30cm，宽 2.5～3cm，顶部羽片有 1 个大芽胞，先端长尾状，基部圆形，边缘有浅圆齿或不规则的缺刻并具锯刺；侧脉明显，近平展；小脉在羽轴两侧联结成 1 行三角形的大网眼，在侧脉间有数行长四角形或六角形网眼，网眼内无内藏小脉，小脉在近叶缘处分离；叶坚草质，干后黄绿色，两面均光滑无毛；孢子叶长 1.3～1.8m，叶柄长 60～90cm，叶片长 70～90cm，宽 15～25cm，一回羽状；羽片明显狭缩，线形，下部几对有短柄，先端长尾状。孢子囊群满布能育羽片背面。

产于隆林；生于海拔约 1 100m 的沟谷林下岩石上。分布于台湾、云南。缅甸、泰国、斯里兰卡、印度、不丹、尼泊尔亦有分布。

6. **贵州实蕨**（中国植物志）

Bolbitis christensenii (Ching) Ching in C. Chr. Ind. Fil. Suppl. **3**：47. 1934；Tard.-Blot et C. Chr. in Fl. Idno-Chine **7**(2)：437. 1941；中国植物志 **6**(1)：109. 1999；贵州蕨类植物志 180. 2001. ——*Campium christensenii* Ching in Bull. Fan Mem. Inst. Biol. Bot. **2**：214，t. 31. 1931.

根状茎粗壮直立。叶簇生；叶柄长 30～40cm，灰褐色，具沟槽，被多数褐色鳞片，向上渐疏；鳞片披针形，基部盾形，边缘狭长扭曲。营养叶片长 40～60cm，宽 20～25cm，长圆形，羽裂，顶端三角形，一回羽状深裂；侧生羽片 7～10 对，平展，下部羽片对生，具柄（长 0.7～1cm）；中部羽片长 12～18cm，宽 3～4cm，披针形，基部心形，边缘具圆齿状裂片，顶端渐狭，上部羽片斜展，具圆齿；叶脉凸出，伸达叶缘，第二级侧脉联结成 3～4 行网眼，小脉包含其中；叶草质，干后黑色，叶轴黑色，具鳞片，羽轴腹面无毛，背面被鳞片；孢子叶具长柄，较营养叶的狭，长 20～30cm，宽约 10cm；能育羽片长 4～7cm，宽约 1cm，相距约 6cm，全裂或具缺刻；孢子囊群布满能育羽片背面；孢子卵形，淡黄色。

产于龙州、大新、宁明、那坡、靖西；生于海拔 200～1 100m 的林下。分布于贵州。越南也有分布。

7. **华南实蕨**（中国蕨类植物图谱）

Bolbitis subcordata (Copel.) Ching in C. Chr. Ind. Fil. Suppl. **3**：50. 1934；中国蕨类植物图谱 **3**：图版 120. 1935；海南植物志 **1**：166. 1964；福建植物志 **1**：224，图 213. 1982；中国植物志 **6**(1)：110，图版 20：1～12. 1999. ——*Campium subcordatum* Copel. in Philipp. J. Sci. **37**：369，t. 23，f. 16. 1828.

植株高 30～80cm。根状茎粗壮，长而横走，密被深棕色、卵状披针形鳞片。叶近生或近簇生，二型；营养叶的叶柄长 30～60cm，禾秆色，中部以下疏被鳞片；叶片长圆形或卵状长圆形，长 20～50cm，宽 15～25cm，一回羽状，羽片 4～8 对，互生，近平展，有短柄，顶生羽片狭长披针形或披针形，长 15～30cm，宽 2～4cm，顶端长渐尖，尖顶延伸成鞭状，着地生根，基部楔形或圆楔形，边缘有粗圆钝裂片，侧生羽片披针形，长 9～13cm，宽 2.5～3.5cm，顶端渐尖，基部圆形或圆截形，边缘有深波状圆钝裂片，裂片上有细齿；孢子叶与营养叶同形，但远较狭窄，羽片近线形，长 6～8cm，宽 5～10mm；叶脉网状，明显，在侧脉之间约有 3 行不整齐的网眼，有或无内藏小脉；叶草质，无毛。孢子囊群沿网脉着生，成熟时满布于孢子叶背面。

广西各地均产；生于海拔 100～700m 的林下阴湿处。分布于浙江、海南、云南、台湾、福建、广东、江西。日本、越南也有分布。

全株凉血、止血、解毒；治蛇伤、痢疾、吐血。

48. 藤蕨科 LOMARIOPSIDACEAE

大型或中型攀缘蕨类。根状茎高攀于树干上，扁平，有腹背之分。叶柄基部延于根状茎而形成棱脊，有网状中柱,顶端被鳞片;鳞片披针形,黑色,边缘具睫毛。叶远生,质厚,二型,成熟叶一回羽状,少二回羽状(中国不产),羽片基部以关节着生于叶轴,但顶生羽片一般不具关节;营养叶的羽片较宽,披针形、全缘或有齿,叶脉分离或网结而不具内藏小脉,通常又可分为基生叶和顶生叶,基生叶的羽片一般较大;孢子叶的羽片狭缩,孢子囊群为卤蕨型,满布于能育羽片的背面;无囊群盖,隔丝有或无,孢子囊大,环带由14～22个增厚细胞组成;孢子囊椭圆形。

本科有4属约40种,分布于亚洲、非洲和大洋洲热带。中国有2属6种,产于华南和西南地区;广西有2属2种。

分属检索表

1. 叶脉分离,有时小脉顶端为一软骨质的边脉所连接 ………………………… 1. **藤蕨属** Lomariopsis Fée
1. 叶脉在主脉两侧联结成2～3行网眼,无内藏小脉 ………………………… 2. **网藤蕨属** Lomagramma J. Sm.

1. 藤蕨属　Lomariopsis Fée

大型攀缘蕨类,常攀缘至树冠顶部。根状茎粗壮,扁平,有腹背之分,顶端密被黑色、不透明的披针形鳞片。叶二型;叶柄禾秆色,腹面有纵沟,被鳞片,不具关节,基部下延于根状茎上而成棱脊;幼叶为单叶,成长叶为一回羽状,侧生羽片基部以关节着生于叶轴,但顶生羽片一般不具关节;不育羽片披针形,能育羽片狭缩;叶脉分离,小脉单一或二叉,有时顶端为一软骨质的边脉所连接。孢子囊群满布于能育羽片的背面,孢子囊大,环带由14～22个增厚细胞组成;孢子椭圆形,褐色。

本属约有20种,其中11种产于东南亚及南太平洋岛屿,内有3种北达中国南部,另9种产于非洲热带地区及其邻近岛屿。广西产1种。

美丽藤蕨　图版95:1～2

Lomariopsis spectabilis (Kze.) Mett. Fil. Lips. 22. 1856; Holtt. in Gard. Bull. Str. Settl. **9**: 141. 1937; 海南植物志 **1**: 163. 1964; 中国植物志 **6(1)**: 126, 图版23: 1～4. 1999. ——*Lomaria spectabilis* Kze. in Bot. Zeit. **6**: 144. 1848.

攀缘树干上,高达4～5m。根状茎腹背压扁,粗壮,顶端密被鳞片;鳞片披针形,长约6mm,宽约2mm,线状钻头,基部盾状,边有疏睫毛,褐色。叶远生;叶柄长10～20cm,基部被易脱落的褐色大鳞片,下延于根状茎形成棱脊;幼株上的单叶线状披针形,长20～25cm,宽1～1.5cm,渐尖头,基部渐狭而下延,近无柄;老株的营养叶卵状长圆形,长40～50cm,宽20～25cm,一回羽状,侧生羽片10～15对,柄长5～10mm或近无柄,下部的羽片披针形,长12～18cm,宽1.5～1.8cm,先端长渐尖头,基部楔形,下延,略不对称,其下侧较偏斜,叶缘有软骨质的边,近全缘或略波状,以关节着生于叶轴,顶生羽片较大,其基部下延于叶轴而无关节;能育羽片狭线形,长10～20cm,宽1.5～2mm,无柄或有短柄;叶革质,两面光滑,叶轴上部有狭翅,疏被线状的褐色鳞片,孢子叶叶轴上的鳞片较密。孢子囊群满布于能育羽片背面;无囊群盖。

产于那坡;生于海拔约600m的常绿阔叶林下。分布于台湾、海南。越南、菲律宾、印度尼西亚也有分布。

2. 网藤蕨属　Lomagramma J. Sm.

大型或中型攀缘蕨类。根状茎扁平,有腹背之分,腹面生根,背面有叶多行,顶端密被鳞片;根状茎幼时纤细,上面仅有2行营养基生叶,攀缘于溪涧旁的潮湿石壁上,攀缘至树干之后根状茎变粗,生出不育顶生叶;鳞片黑色,披针形,筛孔透明。叶远生,异型;柄长,叶片为一回羽状,很少为二回羽状,侧生羽片以关节着生于叶轴,顶生羽片有时不具关节;营养叶的羽片多数,披针形,全缘、波状或具锯齿;孢子叶的羽片狭

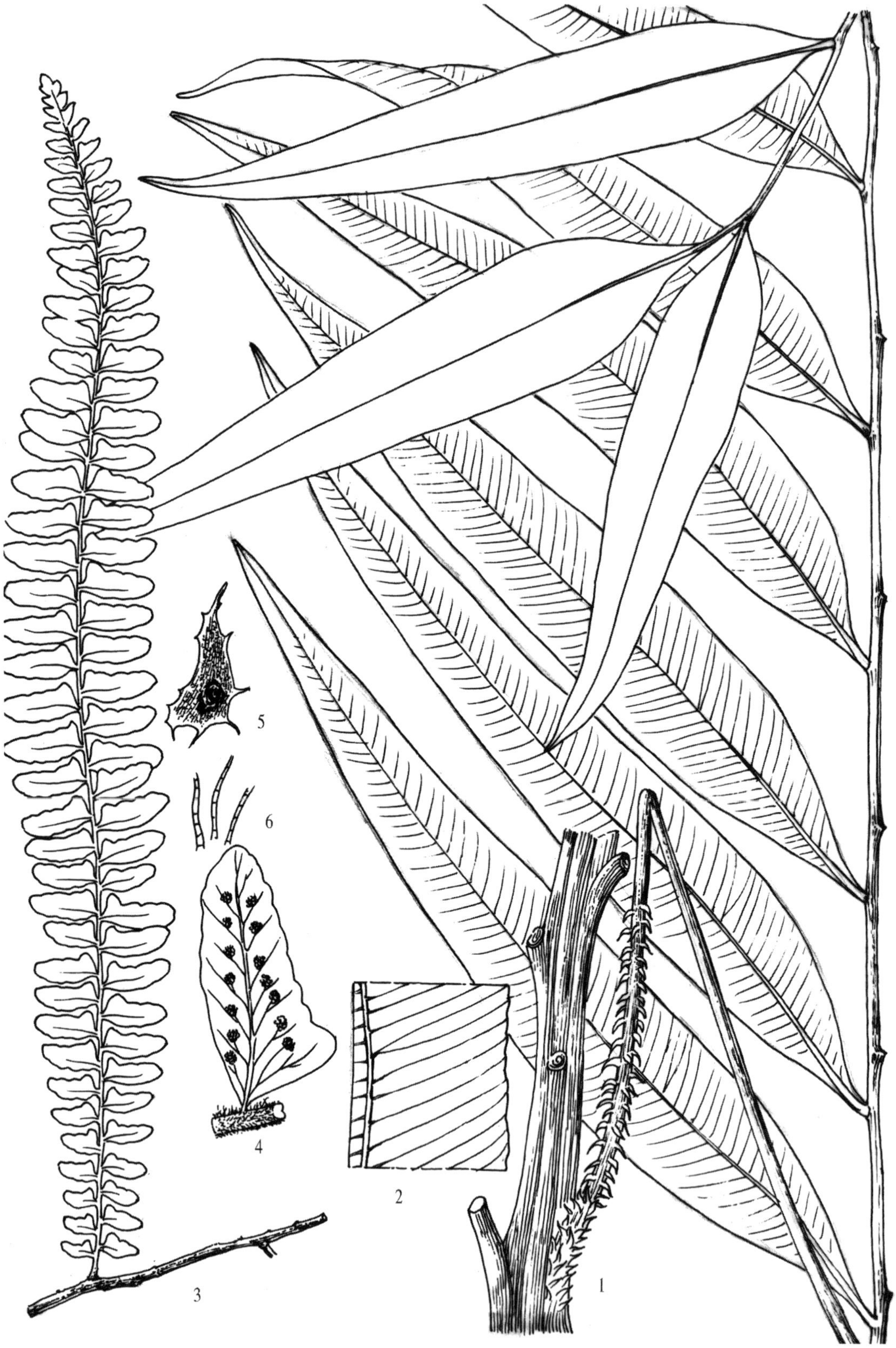

图版 95 1～2. **美丽藤蕨** Lomariopsis spectabilis (Kze.) Mett. 1. 植株一部分；2. 不育羽片背面一部分。 3～6. **桂南爬树蕨** Arthropteris guinanensis H. G. Zhou et Y. Y. Huang 3. 植株一部分；4. 羽片背面，示脉序及孢子囊群着生位置；5. 茎上的鳞片；6. 叶轴上的节状毛。（林文宏绘，其中 3～6 仿廖信佩图）

缩;叶脉网状,在主脉两侧联结成2～3行网眼,无内藏小脉,孢子叶的网眼较少。孢子囊群无盖,满布于能育羽片的背面。

本属约有15种,分布于亚洲热带。中国有2～3种,分布于华南和西南地区;广西产1种。

网藤蕨　图版96:1～4

Lomagramma matthewii (Ching) Holttum in Gard. Bull. Str. Settl. **9**(2): 206. 1937; 中国植物志**6**(1): 130, 图版24: 1～3. 1999; 云南植物志**21**: 229, 图版57: 1～6. 2005. ——*Campium matthewii* Ching in Bull. Fan Mem. Inst. Biol. Bot. **1**(9): 158, f. 3. 1930. ——*Lomagramma yunnanensis* Ching in Acta Phytotax. Sin. **21**(2): 217. 1983;中国植物志**6**(1): 130, 图版24: 4～5. 1999.

大型攀缘蕨类。叶二型;营养叶一回羽状渐尖或奇数一回羽状;小羽片基部圆截形,边缘浅圆齿或具粗锯齿或近全缘,先端渐尖,叶脉具网眼多行;孢子叶一回羽状,小羽片线形,基部阔楔形,先端渐尖,边缘全缘。孢子囊群满布于孢子叶背面;偶有营养叶的上部小羽片狭缩成为能育羽片。

产于上思、防城港、武鸣;生于海拔350～600m的常绿阔叶林峡谷溪边。分布于香港、广东、福建、云南。

49. 舌蕨科　ELAPHOGLOSSACEAE

附生,常生于岩石上或石缝中,偶有生于树干上。根状茎近直立或横走,具网状中柱,被卵状披针形鳞片。叶近生或簇生,偶远生或疏生,略呈二型;单叶,全缘,具柄,通常被鳞片,与叶足连接处有关节;营养叶披针形至椭圆形,革质,有软骨质狭边,叶脉通常分离,小脉单一或分叉,平行;孢子叶略狭,通常叶柄较长。孢子囊群为卤蕨型,满布于孢子叶背面;环带纵行,由12个增厚细胞组成;孢子两侧对称,椭圆形,单裂缝,有周壁。

本科有4属400～500种,大部分产于美洲热带,尤以南美洲安第斯山脉最为丰富。中国有1属8种;广西有1属4种。

舌蕨属　Elaphoglossum Schott

附生,间有土生,中型或小型蕨类,少为大型。根状茎直立或斜升,或短而横走,少为长而纤细的;被鳞片。叶簇生或近生,少远生或疏生;叶柄与膨大的叶足间有关节相连或无明显的关节;单叶,全缘,有时具软骨质边;孢子叶通常较狭,有较长的叶柄;叶脉明显或不明显,通常分叉,小脉通直,平行,分离,偶有顶端相连;叶硬革质,被鳞片或近光滑。孢子囊群为卤蕨型,满布于孢子叶背面,不具隔丝;孢子具周壁,形成多少不等的褶皱,上具不甚清晰的小刺或颗粒,外壁较薄,表面光滑。

本属有400种以上,分布于热带及南温带地区,主要产于美洲热带(约290种),尤以南美洲安第斯山脉最为丰富,其余产于东半球热带地区,主产于马达加斯加。中国约有8种;广西产4种。

分种检索表

1. 根状茎长而横走,叶远生或疏生。
  2. 营养叶圆形,卵形或椭圆形 ………………………………………… 4. **圆叶舌蕨** E. sinii C. Chr. ex Wu.
  2. 营养叶披针形至椭圆状披针形 …………………………………… 2. **爪哇舌蕨** E. angulatum (Bl.) Moore
1. 根状茎直立或斜出,如为横走则短而粗壮,叶簇生或近生。
  3. 根状茎上鳞片较小,披针形,全缘;营养叶的柄长5～8cm,叶片顶端短尖或钝头,基部楔形,短下延 ……………

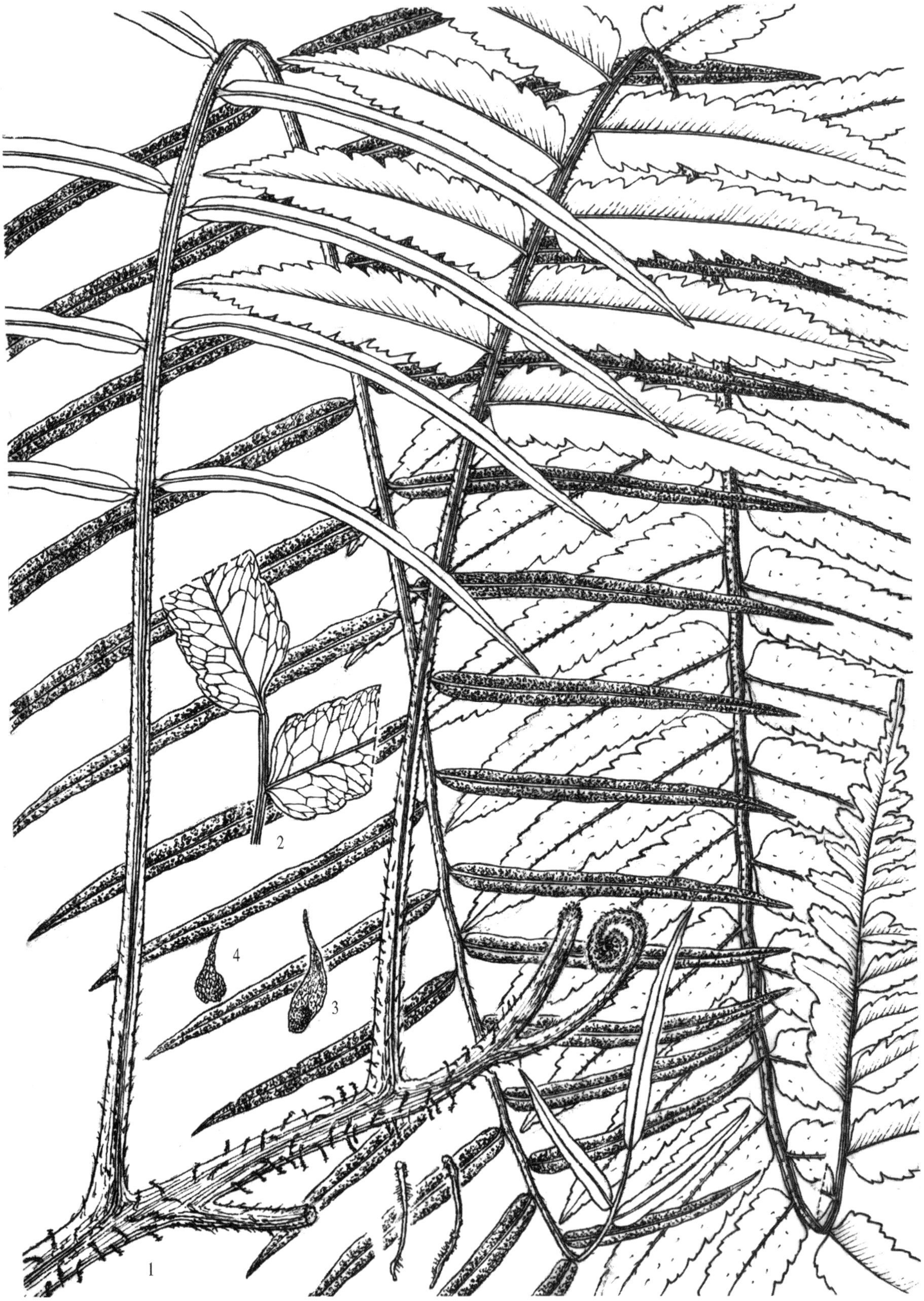

图版 96 1～4. 网藤蕨 Lomagramma matthewii (Ching) Holttum 1. 植株一部分；2. 不育顶生叶的顶端；3. 根状茎上的鳞片；4. 羽片背面的鳞片。 （朱运喜绘）

……………………………………………………………………………… 1. 舌蕨 E. conforme (Sw.) Schott. ex J. Sm.

3. 根状茎上的鳞片较大，卵状披针形，边缘有睫毛；营养叶几无柄，顶端渐尖，基部渐狭，长下延，主脉宽而平坦 ………

……………………………………………………………………………… 3. 华南舌蕨 E. yoshinagae (Yatabe) Mak.

1. **舌蕨**（中国植物志）　褐斑舌蕨（中国高等植物图鉴）

Elaphoglossum conforme (Sw.) Schott. ex J. Sm. in J. Bot. (Hook.) 4: 148. 1841；云南植物研究 16(2): 129. 1994.——*E. conforme* (Sw.) Schott. Gen. Fil. ad. t. 14. 1834, nom. nud.；西藏植物志 1: 280. 1983. ——*Acrostichum conforme* Sw. Syn. Fil. 10: 192, pl. 1, f. 1. 1806. —— *Elaphoglossum fuscopunctatum* Christ in Bull. Herb. Boiss. 6: 867. 1899；中国高等植物图鉴 1: 278, 图 556. 1972.

植株高 12～35cm。根状茎短，顶部密生褐棕色披针形全缘的鳞片。叶近生，二型；营养叶的柄长 5～8cm，多少被卵形或披针形的棕色鳞片；叶片肥厚，披针形，长 10～30cm，宽 2～4cm，钝头或短尖头，基部楔形，短下延，两面有多数棕褐色不规则分裂的极小鳞片伏生，形如斑点，全缘，有软骨质狭边；孢子叶同形，略短狭，叶柄长 10～15cm；叶革质。孢子囊群沿侧脉着生，成熟时布满孢子叶片背面。

产于龙胜、金秀、融水、武鸣、上思；附生于林中潮湿的石上或树上。分布于云南、贵州、四川、西藏和台湾。印度也有分布。

全株清热解毒。

2. **爪哇舌蕨**（台湾植物志）

Elaphoglossum angulatum (Bl.) Moore, Ind. Fil. 5. 1857；台湾植物志 1: 353. 1975；中国植物志 6(1): 137. 1999. ——*Acrostichum angulatum* Bl. in Enum. Pl. Jav. 101. 1828 et Fl. Jav. 25, pl. 6. 1829. ——*Elaphoglossum ogatai* C. Chr. in Dansk. Bot. Ark. 9 (3): 67. 1937.

根状茎细长而横走，单一或分枝，粗 3～5mm，密被鳞片；鳞片卵形，长 4～7mm，膜质，亮棕色，尖头，全缘或具疏睫毛。叶疏生，略呈二型；营养叶的柄长 5～15cm，禾秆色，疏被鳞片；叶片披针形至椭圆状披针形，略长于叶柄或与叶柄等长，宽 1.5～3cm，渐尖头，基部楔形，全缘，边缘平展且具薄的软骨质狭边，主脉明显，两面均隆起，并略被棕色小鳞片，侧脉不明显，二叉，直达叶边；叶革质，干后棕色；孢子叶的柄较长，达 20cm，叶片形似营养叶，但较狭较小。孢子囊沿侧脉着生，成熟时满布于孢子叶片背面。

产于武鸣；生于海拔约 1 300m 的潮湿岩石上或树干的基部。分布于台湾、海南。越南、马来西亚、印度尼西亚、菲律宾、斯里兰卡也有分布。

3. **华南舌蕨**（中国蕨类植物图谱）

Elaphoglossum yoshinagae (Yatabe) Mak., Phan. Pterid. Jap. Ic. 3(1): pl. 51～52. 1901；中国高等植物图鉴 1: 279, 图 557. 1972；福建植物志 1: 257, 图 244. 1983；中国植物志 6(1): 140, 图版 26: 6～13. 1999. ——*Acrostichum yoshinagae* Yatabe in Bot. Mag. Tokyo 5: 109, t. 23. 1891. ——*Elaphoglossum austrosinicum* Matthew et Christ in Not. Syst. 1: 57. 1909.

植株高 15～30cm。根状茎短，同叶柄基部密生卵状披针形、淡棕色、边有睫毛的大鳞片。叶二型，近生，肥厚，两面疏被褐色不规则分裂的极小鳞片，背面较多；营养叶几无柄，披针形，长 15～30cm，宽 3～4cm，渐尖头，基部渐狭，长下延；孢子叶略小而狭，有长 7～10cm 的柄；叶革质。孢子囊群沿侧脉着生，成熟时布满孢子叶片背面。

产于龙胜、灵川、融水、金秀、上林、武鸣、上思、防城港、马山、桂平；生于海拔 340～1 130m 的常绿阔叶林下，常附生于石上或树干上。分布于浙江、福建、广东、台湾、贵州、湖南、江西。日本也有分布。

根状茎利尿；治淋浊

4. **圆叶舌蕨**（中国植物志）　图版 97：1～2

Elaphoglossum sinii C. Chr. ex Wu in Bull. Dept. Biol. Sun Yat-sen Univ. 3: 346, f. 164. 1932；中国植物志 6(1): 135, 图版 25: 1～5；云南植物志 21: 232, 图版 29: 1～4. 2003.

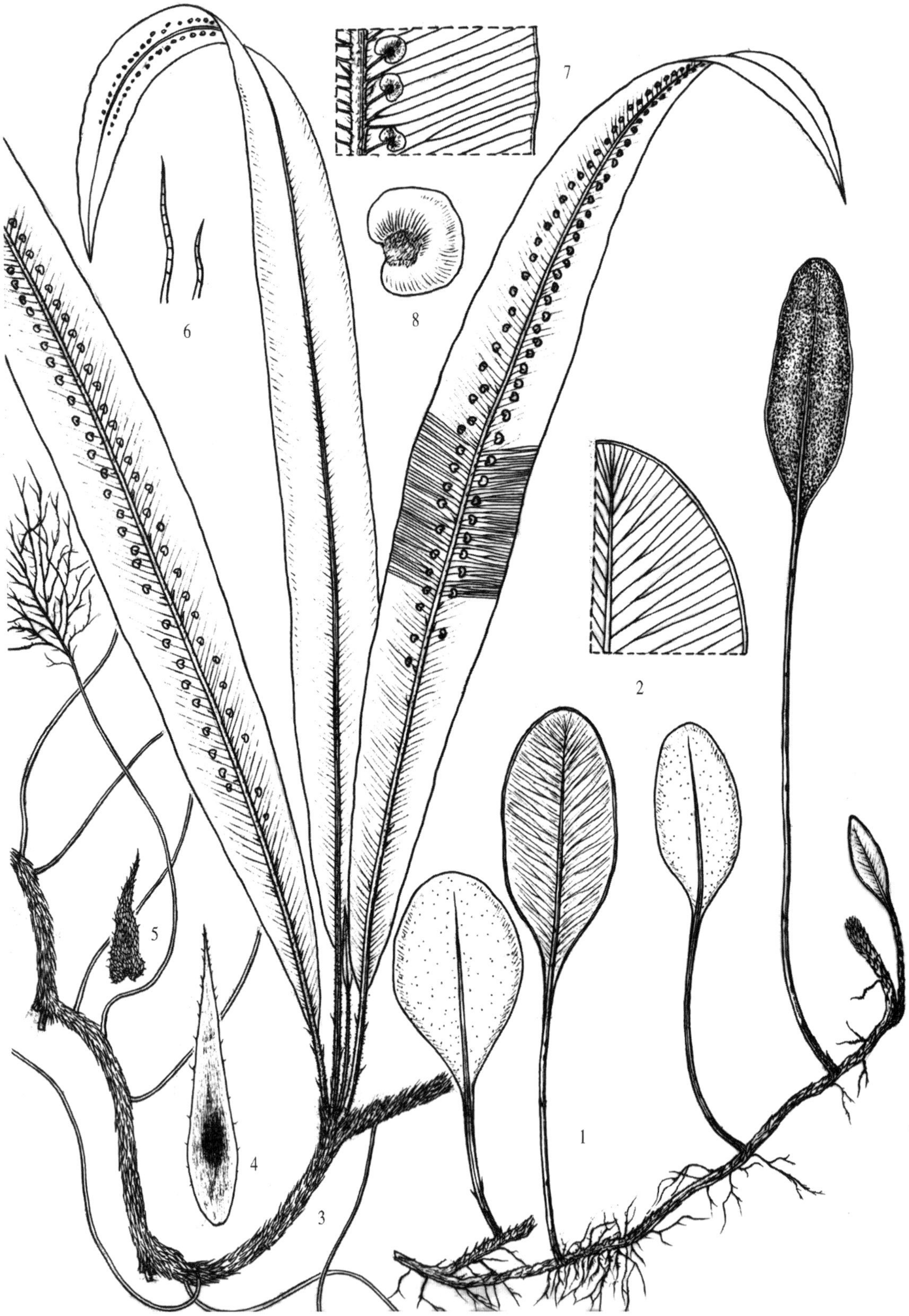

图版 97 1～2. **圆叶舌蕨** Elaphoglossum sinii C. Chr. ex Wu 1. 植株；2. 营养叶片一部分，示其边缘、顶端、脉序。 3～8. 光叶条蕨 Oleandra musifolia (Bl.) Presl 3. 植株；4. 根状茎上的鳞片；5. 主脉背面的小鳞片；6. 叶片腹面的短柔毛；7. 叶片一部分，示其边缘、脉序及孢子囊群着生位置；8. 囊群盖。 ［朱运喜绘，其中 6 仿中国植物志 6(1)：156，图版 29］

本种近似于**舌蕨**[*E. conforme*(Sw.) Schott ex J. Sm.],不同在于本种叶片短椭圆形或几为倒扇形,顶部极圆,叶背面密被小鳞片,叶色淡绿;根状茎细长,横走。

产于金秀、象州、平南;生于海拔 1 100～1 900m 的常绿阔叶林下,常生于石壁上。分布于云南。

50. 肾蕨科 NEPHROLEPIDACEAE

中型草本,土生或附生,少有攀缘。根状茎长而横走,有腹背之分,或短而直立,辐射状,并发出细瘦的匍匐枝,生有小块茎,二者均被鳞片,具管状中柱或网状中柱。叶一型,一回羽状;羽片多数(通常 40～80 对),基部不对称,无柄,以关节着生于叶轴上,干后易脱落,长而狭,披针形或椭圆状披针形,全缘或多少具缺刻;叶脉分离,侧脉羽状,几达叶边;叶草质或纸质,无毛或很少被毛,或罕有略具糠秕状鳞片伏生。孢子囊群表面生,单一,圆形,偶有两侧结合,顶生于每组侧脉的上侧一小脉,或背生于小脉中部,近叶边以一行排列或远离叶边以多行排列;囊群盖圆肾形或少为肾形,以缺刻着生,向外开,少有线形并与叶边平行,或无囊群盖;孢子囊为水龙骨型,不具隔丝;孢子两侧对称,椭圆形或肾形,具单裂缝,周壁有或无。

本科有 3 属,分布于热带地区。中国有 2 属 8 种;广西有 2 属 5 种。

分属检索表

1. 附生,蔓生;叶远生,叶柄以关节着生于叶足上或蔓生茎上,羽片基部也以关节着生于叶轴 ………………………………………………………………………………………… 1. **爬树蕨属** Arthropteris J. Sm.
1. 土生或附生,直立;叶簇生,叶柄不以关节着生于根状茎上,仅羽片基部以关节着生于叶轴 ………………………………………………………………………………………… 2. **肾蕨属** Nephrolepis Schott

1. 爬树蕨属 Arthropteris J. Sm.

附生。根状茎攀缘,有管状中柱,被盾状伏贴的鳞片。叶远生,二列,柄短,以关节着生于短叶足上或蔓生茎上;叶片长披针形,一回羽状;羽片多数,近无柄,接近,多少斜展,以关节着生于叶轴,近镰形,基部不对称,边有疏圆齿或波状;叶纸质;叶脉明显,有中脉,侧脉分离,羽状,小脉二叉至三叉或为羽状,不达叶边。孢子囊群圆形,顶生于每组侧脉上侧一小脉;囊群盖圆肾形,以缺刻着生;孢子囊成熟期先后不同,有长柄,环带直,由 10～13 个增厚细胞组成;孢子椭圆形,有周壁,上具细颗粒纹饰,外壁光滑。

本属约有 20 种,分布于马达加斯加至新西兰及南美洲,北达阿拉伯半岛、吕宋岛及斐济群岛。中国有 2 种,分布于台湾、海南、广西、云南;广西各地均产。

分种检索表

1. 叶片较大,披针形,顶端稍狭;羽片较大,基部三角形耳状;孢子囊群有盖,着生于叶脉上侧分枝的顶端 ………………………………………………………………………………………… 1. **爬树蕨** A. palisotii (Desv.) Alston
1. 叶片较小,线状披针形或线形,顶端羽状渐尖;羽片较小,基部明显耳状;孢子囊群无盖,着生于近侧脉分叉处 ………………………………………………………………………………………… 2. **桂南爬树蕨** A. guinanensis H. G. Zhou et Y. Y. Huang

1. 爬树蕨(中国蕨类植物科属志)　藤蕨(中国蕨类植物图谱)

Arthropteris palisotii (Desv.) Alston in Bol. Soc. Brot. II. **30**: 6. 1956; Tagawa et Iwatsuki in Fl. Thail. 3(2): 178. 1985; 中国植物志 **6**(1): 151, 图版 28: 5～13. 1999, excl. syn. *A. guinanensis* H. G. Zhou et Y. Y. Huang——*Aspidium palisotii* Desv. in Ges. Nat. Berl. and Mag. **5**: 320. 1811. ——*Arthropteris obliterata* auct. non (R. Br.) J. Sm. 1827; 中国植物志 **2**: 318, 图版 28. 1959; 海南

植物志 1：65，图 31. 1964.

根状茎细长，蔓生，攀缘于树干上或岩石上，长达数米，被鳞片；鳞片黑褐色，基部近圆形，向上狭缩成披针形，盾状贴生。叶远生，两行互生，相距 5～10cm；叶柄长 1～2cm，基部以关节着生于蔓性根状茎的叶足上；叶片披针形，长 20～40cm，宽 4～6cm，两端稍狭，一回羽状；羽片 30～40 对，顶生一片长三角形先端尖；侧生羽片披针状镰形，长 3～4cm，宽约 1cm，钝尖头，基部上侧为三角形的耳状凸起，下侧斜削，叶缘有波状齿牙，近无柄，以关节着生于叶轴；叶脉明显，斜出，叉状，顶端接近叶缘处有水囊；叶纸质，干后褐色或褐绿色；叶轴密被棒状单细胞的毛，主脉腹面亦疏被同样的毛。孢子囊群圆形，直径约 1mm，着生于叶脉上侧分枝的顶端；囊群盖肾形，红棕色，光滑，宿存。

产于百色、宁明、龙州；生于海拔 200～610m 的石灰岩季雨林中，常附生于树干或石壁上。分布于台湾、海南。日本、印度、斯里兰卡、越南、马来西亚、菲律宾、澳大利亚、波利尼西亚及非洲热带地区也有分布。

2. **桂南爬树蕨**（广西植物） 图版 95：3～6

Arthropteris guinanensis H. G. Zhou et Y. Y. Huang in Guihaia **16**(1)：203，f. 1. 1996；中国植物志 **6**(1)：151. 1999，pro syn.

本种近似于**爬树蕨**[*A. palisotii* (Desv.) Alston]，不同在于本种叶片较小，线状披针形或线形，顶端羽状渐尖，羽片较小，基部明显耳状；孢子囊群无盖，着生于近侧脉分叉处。

产于宁明、龙州、大新、靖西；生于海拔 250～700m 的石灰岩季雨林中，常附生于树干或石壁上。越南也有分布。

2. 肾蕨属 Nephrolepis Schott

土生或附生。根状茎通常短而直立，有网状中柱，向上有簇生的叶丛，向下有铁丝状的细长侧生枝（或称匍匐枝）；匍匐枝出自每个叶柄的基部下侧，向四面横走，并生有许多须状小根和侧枝或块茎，能发育成新的植株。根状茎及叶柄被鳞片；鳞片腹部着生，边缘较薄且颜色较浅，常有纤细睫毛；叶长而狭，有柄，不以关节着生于根状茎；叶片一回羽状，羽片多数（通常 40～80 对），无柄，以关节着生于叶轴上，干后易脱落，披针形或镰刀形，渐尖头，基部阔，通常不对称，上侧多少为耳形凸起或有 1 个小耳片，向叶端的羽片逐渐缩小，边缘有疏圆齿或矮钝齿；主脉明显，侧脉羽状，二叉至三叉；叶草质或纸质。孢子囊群圆形，生于每组叶脉的上侧一小脉顶端，成为 1 列，接近叶边；囊群盖圆肾形或少为肾形，以缺刻着生，暗棕色，宿存；孢子椭圆形或肾形，裂缝细狭，不具边缘，不具周壁，外壁表面具不规则的疣状纹饰。

在形体上颇为相似的约有 30 个种，广布于热带各地区和邻近热带的地区，南至新西兰，北达日本。中国有 6 种；广西产 3 种。

分 种 检 索 表

1. 孢子囊群生于近羽片主脉和叶缘的近中部；中部羽片长 8cm 以上，基部近对称…………………………………………………………………………………………………… 1. **长叶肾蕨** N. biserrata (Sw.) Schott

1. 孢子囊群近叶缘生；中部羽片长 8cm 以下，基部不对称或近对称。

  2. 羽片长不及 4cm，钝头；叶柄及中轴无毛或被亮棕色薄狭鳞片；叶片背面无毛 … 2. **肾蕨** N. auriculata (L.) Trimen

  2. 羽片较长，长 5cm 以上，羽片略呈镰形，密被不规则毛状鳞片；叶柄及中轴被流苏状或毛绒状的棕红色鳞片；叶片背面被绒毛 ………………………………………………………………………… 3. **毛叶肾蕨** N. hirsutula (Forst.) Presl

1. **长叶肾蕨**（中国植物志）

Nephrolepis biserrata (Sw.) Schott in Gen. Fil. t. 3. 1834；中国植物志 **2**：316，图版 28：5～6. 1959；海南植物志 **1**：64. 1964；中国植物志 **6**(1)：148，图版 27：4～5. 1999.——*Aspidium biserra-*

tum Sw. in Schrad. J. Bot. **1800**(2): 32. 1801.

根状茎生有匍匐茎，向四方横展，近攀缘状，伏生披针形鳞片；鳞片红棕色，略有光泽，边缘有睫毛。叶簇生；柄长 10～30cm，坚实，腹面有纵沟，背面圆形，灰褐色或淡褐棕色，略有光泽，基部被披针形鳞片及纤维状鳞片；叶片通常长 70～80cm 或超过 1m，宽 14～30cm，狭椭圆形，一回羽状，羽片多数（35～50 对），互生，偶有近对生，相距 1.5～3cm，有极短柄或近无柄，以关节着生于叶轴，叶轴两侧疏被柔毛，中部羽片披针形或线状披针形，长 8～15cm，宽 1～2.5cm，先端急尖或短渐尖，基部近对称，近圆形或斜截形，叶缘有疏缺刻或粗钝锯齿，主脉两面均明显，侧脉纤细，自主脉斜上，二叉至四叉，达叶边附近；下部羽片披针形，较短，先端短尖；叶薄纸质或纸质，干后褐绿色，两面均无毛，幼时两面均略被披针形小鳞片或线形的纤维状鳞片，尤以主脉背面较密，成长时部分或全部脱落。孢子囊群圆形，成整齐的一行生于自叶缘至主脉的 1/3 处；囊群盖圆肾形，有深缺刻，褐棕色，边缘红棕色，无毛。

产于东兴；生于海拔约 10m 的海滩灌丛中。分布于台湾、广东、海南、云南。在亚洲广布于日本、印度、马来西亚以及中南半岛。

2. **肾蕨**（中国主要植物图说·蕨类植物门）　图版 98：1～2

Nephrolepis auriculata（L.）Trimen in J. Linn. Soc. Bot. **24**: 152. 1887；西藏植物志 **1**: 280. 1983；中国植物志 **6**(1): 146，图版 27: 1～3. 1999. ——*Polypodium auriculatum* L. Sp. Pl. **2**: 1089. 1753. ——*Nephrolepis cordifolia* auct. non Presl. 1836；中国植物志 **2**: 315，图版 28: 7～8. 1959；海南植物志 **1**: 64，图版 30. 1964；中国高等植物图鉴 **1**: 146，图 291. 1972.

根状茎有直立主轴及从主轴向四面发出长匍匐枝，并从其上的短枝长出椭圆形块茎，主轴和根状茎上密被钻状披针形鳞片，匍匐枝、叶柄和叶轴疏生鳞片。叶簇生；叶片披针形，长 30～70cm，宽 3～5cm，一回羽状；羽片无柄，以关节着生于叶轴，边有疏浅钝齿；叶草质，光滑。孢子囊群生于每组侧脉的上侧小脉顶端；囊群盖肾形，棕褐色，无毛。

广西各地均产；生于海拔 70～1 200m 的林下，常附生于石壁或树干上。分布于台湾、福建、浙江、湖南、广东、海南、贵州、云南、四川、西藏。亚洲其他热带地区也有分布。

为广泛栽培的观叶植物。块茎含淀粉，可食，入药治感冒咳嗽、肠炎腹泻；全草治五淋白浊、崩带、乳痈、产后浮肿等症。

3. **毛叶肾蕨**（中国植物志）

Nephrolepis hirsutula（Forst.）Presl，Tent. Pterid. 79. 1836；Tard.-Blot et C. Chr. in Fl. Indo-Chine **7**(2): 290. 1941；中国植物志 **6**(1): 149，图版 27: 8. 1999；海南植物志 **1**: 65. 1964. ——*Polypodium hirsutulum* Forst，Fl. Ind. Austr. Prodr. 81. 1786.

本种近似于**肾蕨**［*N. auriculata*（L.）Trimen］，不同在于本种羽片较长，长 5cm 以上，羽片略呈镰形，密被不规则毛状鳞片；叶柄及中轴被流苏状或毛绒状的棕红色鳞片；叶腹面被绒毛及星状小鳞片。

产于那坡、苍梧、上思、东兴、钦州、防城港、北海、南宁；常生于海拔 100～300m 的灌丛中或附生于石壁上。分布于台湾、福建、海南、云南。印度、越南、柬埔寨、马来西亚、印度尼西亚及琉球南部和小笠原群岛也有分布。

51. 条蕨科　OLEANDRACEAE

附生或土生，小型或中型，匍匐或半攀缘蕨类。根状茎长而分枝，横走或少为直立的半灌木状，坚硬，有网状中柱，下面生有坚硬细长的气生根，遍体密被覆瓦状的红棕色厚鳞片；鳞片长披针形，先端长渐尖而易落，基部圆钝，以腹部盾状着生，伏贴或顶端多少松开，边缘有长睫毛。叶足螺旋排列于根状茎上，远生或密集，往往高达数厘米，与叶柄连接处有关节；叶常为一型，单叶，疏生，偶簇生；叶片披针形或线状披针

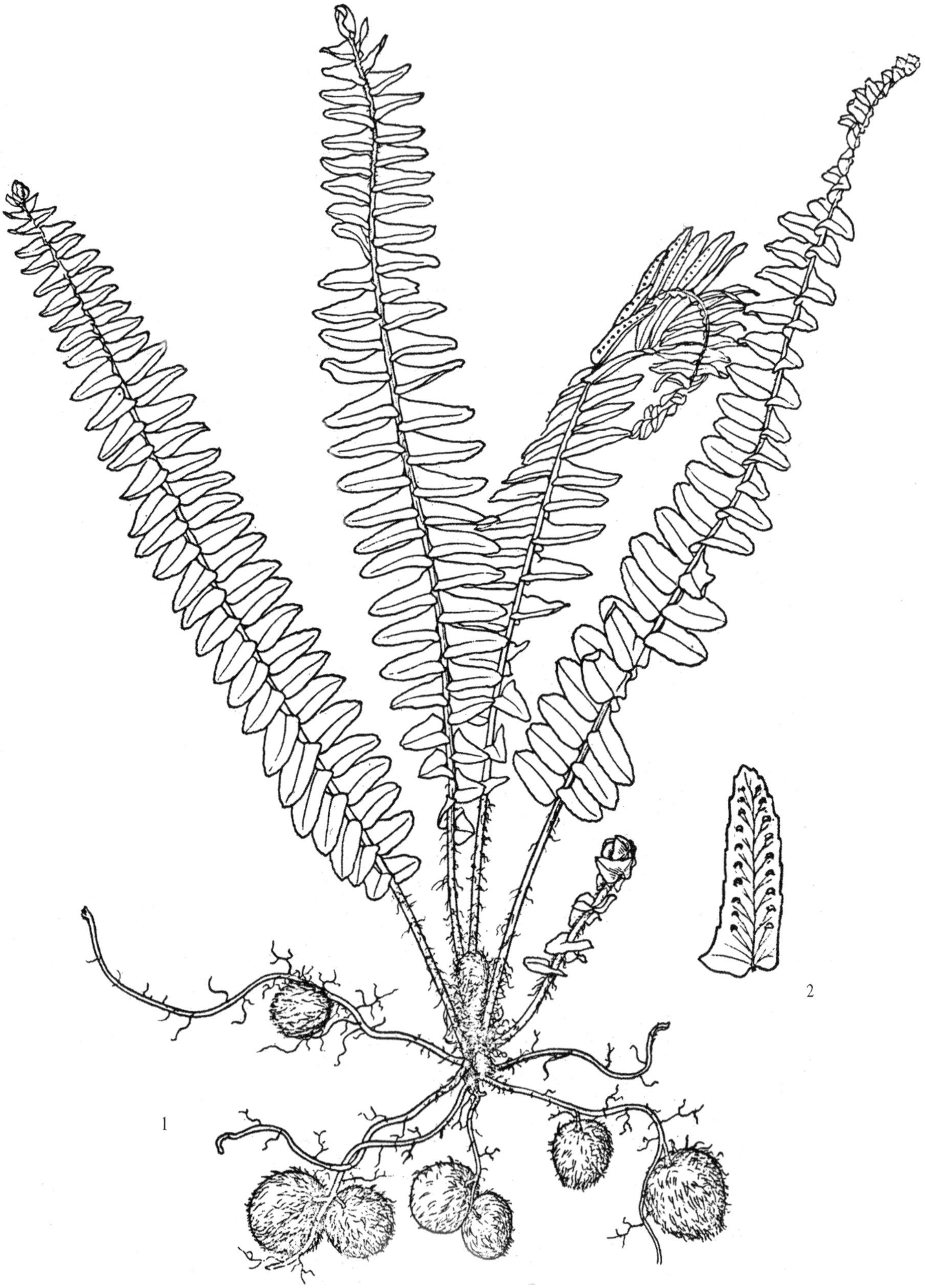

图版 98 1～2. **肾蕨** Nephrolepis auriculata (L.) Trimen 1. 植株；2. 羽片背面，示叶脉及孢子囊群着生位置。（林文宏绘）

形，全缘或波状，有软骨质狭边；叶脉明显，中脉凸起，侧脉分离，单一或二叉，平展或略斜展，密而平行；叶草质、纸质或革质，干后黄褐色，无毛或常有棕色节状细毛和疏生小鳞片。孢子囊群圆形，背生，位于小脉的近基部，成单行排列于中脉两侧，有时紧靠中脉，有时稍离中脉；囊群盖大，肾形或圆肾形，以缺刻着生，宿存；孢子囊为水龙骨型，有由3列细胞组成的长柄，环带由12或14个增厚细胞组成；孢子两侧对称，椭圆形，具单裂缝，周壁表面具颗粒状纹饰，周壁内具刺状分子，或周壁表面具大小疏密不同的刺状纹饰，外壁表面光滑。

本科仅1属，产于热带及亚热带山地。

条蕨属　Oleandra Cav.

特征与科相同。

本属约有45种，分布于热带及亚热带地区，美洲及非洲各有3种，其余均产于亚洲及南太平洋岛屿。中国有8种，产于西南、华南及台湾；广西产5种。

分种检索表

1. 叶足短，长1～3mm，常隐藏于根状茎上的鳞片中不易见。
  2. 叶3～6片簇生成小丛 …………………… 1. **光叶条蕨** O. musifolia (Bl.) Presl
  2. 叶二列疏生或近生 …………………… 2. **高山条蕨** O. wallichii (Hook.) Presl
1. 叶足较长，为10～45mm，常高出根状茎1cm以上。
  3. 叶背面光滑无毛 …………………… 3. **波边条蕨** O. undulata (Willd.) Ching
  3. 叶背面被节状毛。
    4. 叶片卵形或阔卵形，基部宽楔形或截形；根状茎上的鳞片狭披针形，先端长尾尖 …………………… 4. **圆基条蕨** O. intermedia Ching
    4. 叶片披针形或狭披针形，基部狭楔形；根状茎上的鳞片阔披针形 …………………… 5. **广州条蕨** O. cantonensis Ching

1. **光叶条蕨**　（中国植物志）　瑶山条蕨（中国蕨类植物图谱）　图版97:3～8

Oleandra musifolia (Bl.) Presl, Epim. Bot. 42. 1849; Wu et al. in Bull. Dept. Biol. Sun Yat-sen Univ. No. 3: pl. 37. 1932; Tard.-Blot et C. Chr. in Fl. Indo-Chine 7(2): 284. 1941; 中国植物志 6(1): 157, 图版 29 : 1～5. 1999. ——*Aspidium musifolium* Bl. Enum. Pl. Jav. 141. 1828. ——*Oleandra whangii* Ching in Bull. Dept. Biol. Sun Yat-sen Univ. No. 6: 23. 1933; 中国蕨类植物图谱 4: 图版 170. 1937.

根状茎匍匐，被卵状披针形鳞片；鳞片先端长渐尖，基部钝圆，边缘及先端淡红棕色，中部着生为黑褐色，全缘，无毛，盾状着生。叶常3～4枚簇生；叶柄连叶足长约1cm，粗约1.5mm，全缘，无毛，暗褐色，疏生披针形鳞片；叶足长仅1～2mm，隐没于根状茎鳞片内；叶片披针形，长41～43cm，中部宽3～3.5cm，基部楔形或近圆形，先端长渐尖，全缘，有平伏的软骨质狭边；中脉明显，侧脉纤细，直达叶边；叶草质，干后褐绿色，背面几光滑无毛，沿中脉两侧偶有少数鳞片疏生，腹面疏生棕色短毛或几光滑。孢子囊群肾形或近圆形，在中脉两侧各成一行排列，距中脉2.5～4mm；囊群盖肾形，质厚，无毛。

产于金秀、平南；生于海拔300～1 800m的密林中。分布于云南。越南、泰国、马来西亚、印度尼西亚、斯里兰卡也有分布。

2. **高山条蕨**（中国蕨类植物图谱）

Oleandra wallichii (Hook.) Presl in Tent. Pterid. 78. 1836; 中国蕨类植物图谱 2: 图版 51. 1934; 中国主要植物图说·蕨类植物门 61. 1957; 中国植物志 6(1): 155, 图版 29: 6～10. 1999. ——*Aspidium wallichii* Hook. in Exotic Fl. 1: t. 5. 1823. ——*Neuronia asplenioides* D. Don, Prodr. Fl. Nepal. 6. 1825.

植株高 30～50cm。根状茎长而横走，分枝，粗 3～4mm，老时灰白色，密被鳞片；鳞片卵状披针形，长 3～4mm，腹部宽约 1mm，先端长渐尖，基部钝圆，中部黑褐色，边缘及先端棕色，边缘有流苏状长毛，紧贴，后松开。叶二列疏生，柄连叶足长 3～7cm，粗约 1mm，禾秆色或淡褐色，下部疏生鳞片；叶足短，长仅 2～3mm，隐没于根状茎的鳞片之内；叶片披针形，长 26～40cm，中部宽 1.8～3.8cm，先端急尖或成尾头（长 1～2cm），基部楔形或阔楔形，偶有圆楔形，全缘，有软骨质狭边，并有较密的节状睫毛。叶脉明显，主脉在腹面稍隆起并有浅纵沟，在背面凸起，侧脉细密，平行，近斜展，单一或从基部分叉，直达叶边；叶薄草质，干后棕绿色，腹面沿主脉及叶面疏被短柔毛，背面沿主脉疏被棕色披针形鳞片及灰白色短毛，沿小脉两侧也略有短毛。孢子囊群近圆形，直径约 1.5mm，贴近主脉两侧各成一行；囊群盖圆肾形，红棕色，略有毛。

产于金秀、象州；生于海拔 1 500～1 900m 的常绿阔叶林中，常附生于石壁或树干上。分布于台湾、四川、云南、西藏。印度北部、缅甸北部及尼泊尔、泰国、越南也有分布。

3. **波边条蕨**（中国植物志）

Oleandra undulata (Willd.) Ching in Lingnan Sci. J. **12**: 565. 1933; Tard.-Blot et C. Chr. in Fl. Indo-Chine **7** (2): 286, f. 30: 1～2. 1941；中国主要植物图说·蕨类植物门 61. 1957；海南植物志 **1**: 66，图 32. 1964；中国植物志 **6**(1): 158. 1999；云南植物志 **21**: 243，图版 61: 1～4. 2005. ——*Polypodium undulatum* Willd. Sp. Pl. **5**: 155. 1810. ——*Oleandra cumingii* var. *longipes* Hook. Sp. Fil. **4**: 158. 1860.

植株高 30～40cm。根状茎长而横走，两侧稍压扁，粗 4～5mm，密被鳞片；鳞片卵状披针形，长约 6mm，宽约 1mm，先端长渐尖，基部钝圆，盾状着生，先端及边缘红棕色，中部黑褐色。叶二列疏生或近生，柄连叶足长 11～12cm，粗约 1.5mm，暗褐色，基部疏生鳞片；叶足长 3～4.5cm，宿存；叶片阔披针形，长 23～25cm，中部宽 4～4.5cm，先端短渐尖，基部楔形或阔楔形（幼叶有时呈圆楔形），全缘而有软骨质狭边，常呈波状起伏；主脉明显，腹面稍隆起而有浅沟，背面凸起，侧脉细密，平展，平行，单一或从基部分叉，少有从中部分叉，直达叶边；叶厚纸质，干后褐绿色，腹面及叶边无毛，背面沿叶脉密被棕色柔毛。孢子囊群近圆形，直径约 1.5mm，成不整齐的一行排列于主脉的两侧，距主脉 2～5mm；囊群盖肾形，质厚，红棕色，略被短毛。

产于上思、防城港；生于海拔 350～1 200m 的山地石缝中或林下石上。分布于广东、海南、云南、四川、西藏。中南半岛、马来西亚、菲律宾、印度也有分布。

4. **圆基条蕨**（中国植物志）

Oleandra intermedia Ching in Bull. Fan Mem. Inst. Biol. Bot. **2**: 187, pl. 2. 1931; C. Chr. Ind. Fil. Suppl. **3**: 132. 1934；中国植物志 **6**(1): 159. 1999；云南植物志 **21**: 245，图版 61: 5～9. 2005. ——*Oleandra guangxiensis* S. L. Mo et Y. C. Zhong in Guihaia 7(4): 289, f. 2. 1987.

根状茎匍匐，被松开的红棕色狭长钻状披针形鳞片；鳞片基部钝圆，腹部黑褐色。叶二列疏生或近生，叶柄连叶足长 4～7cm，粗不达 1mm，深禾秆色，疏被节状长毛，叶足长 1.5～2cm，宿存；叶片长 8～14cm，基部宽 2～4cm，卵状披针形，先端短渐尖头，向下部较阔，基部阔圆形，边缘多少波状，有软骨质狭边及相当密的节状长毛；中脉明显，侧脉纤细，小脉直达叶边；叶纸质，干后褐绿色，两面沿中脉及侧脉被棕色毛，背面较密。孢子囊群圆形，靠近中脉两侧排列成一行；囊群盖肾形，红棕色，微有毛。

产于桂平、武鸣、上林、靖西；常生于海拔 200～1 000m 的崖壁石缝中。分布于广东、贵州、云南。

5. **广州条蕨**(中国植物志)

Oleandra cantonensis Ching in Fl. Reipub. Popul. Sin. **2**: 324, 378. 1959; Pic. Serm. Ind. Fil. Suppl. **4**: 211. 1965；中国植物志 **6**(1): 160. 1999.

本种近似于**波边条蕨**[*O. undulata* (Willd.) Ching]，不同之处在于本种叶背面被节状毛；囊群盖无毛。

产于上思；生于海拔 300～900m 的林下石缝中。分布于广东。

本种曾被合并至**波边条蕨**[*O. undulata*(Willd.) Ching],但其叶面被节状毛而相区别,所以本志仍承认其为独立的种。

52. 骨碎补科 DAVALLIACEAE

附生,少土生,中型蕨类。根状茎横走,少直立,有网状中柱,常密被鳞片;鳞片以伏贴的阔腹部盾状着生,少为基部着生。叶远生;叶柄基部以关节着生于根状茎上;叶片通常三角形,二回至四回羽状裂,羽片不以关节着生于叶轴,叶脉分离;叶草质至坚革质,光滑或很少被鳞片及毛。孢子囊群为叶缘内生或叶背生,着生于小脉顶端;囊群盖为管形、杯形、圆形、半圆形或肾形,基部着生或同时多少以两侧着生,仅口部开向叶边;孢子囊柄细长,环带由 12～16 个增厚细胞组成;孢子两侧对称,椭圆形或长椭圆形,单裂缝,裂缝梭形或线形,有或无边缘,常不具周壁。

本科有 8 属约 100 种,主要分布于亚洲热带及亚热带地区。中国有 5 属约 30 种;广西有 4 属 11 种。

分属检索表

1. 叶草质。
   2. 附生;根状茎有鳞片而无毛,鳞片盾状着生;叶轴和羽轴腹面隆起,至少上部两侧边有狭翅;叶片细裂,末回裂片为狭线形,全缘,有一脉;孢子囊群和囊群盖均小 ………………………………………… 1. **小膜盖蕨属 Araiostegia** Copel.
   2. 土生;根状茎上有鳞片及毛,鳞片以基部着生;叶轴和羽轴腹面有沟;叶片分裂度粗,末回裂片为斜方三角形,边有齿牙,具多脉;孢子囊群和囊群盖均大 ……………………………………………………… 2. **大膜盖蕨属 Leucostegia** Presl
1. 叶革质。
   3. 囊群盖管形或杯形,以基部和两侧着生 ………………………………………………………… 3. **骨碎补属 Davallia** Sm.
   3. 囊群盖近圆形或半圆形,以基部着生,或少为阔肾形,以基部和两侧下部着生 …………… 4. **阴石蕨属 Humata** Cav.

1. 小膜盖蕨属 Araiostegia Copel.

中型附生蕨类。根状茎长而横走,密被鳞片而无毛;鳞片大而质薄,全缘,红棕色,以腹部盾状着生。叶柄长,通常呈紫或淡紫色,基部以不甚明显的关节着生于根状茎上,多少被鳞片或光滑;叶片阔卵形或狭卵形,大小不一,幼时全无毛,多回羽状细裂,末回裂片狭线形,有 1 条小脉;叶轴和羽轴腹面隆起,至少上部两侧有狭翅;叶草质,无毛。孢子囊群小,圆形,背生于裂片上,位于上侧短小脉的顶端;囊群盖小,膜质,半圆形或圆肾形,基部着生,罕为圆形或近杯形并以基部和两侧边下部着生;孢子囊柄由 3 纵行细胞组成,环带具 12～14 个增厚细胞;孢子椭圆形,大多数种不具周壁,外壁具顶部较平的疣状纹饰,少数为不规则的网状及穴状纹饰。

本属约有 13 种,以中国西南山地为分布中心,向西到缅甸及印度北部,向东达台湾。中国有 9 种;广西产 2 种。

分种检索表

1. 根状茎上的鳞片阔披针形,渐尖头;末回裂片短披针形;各回羽轴分叉处具阔卵形鳞片;孢子囊群外侧有 1 条长线形的角状凸起 ……………………………………………………………… 1. **鳞轴小膜盖蕨 A. perdurans** (Christ) Copel.
1. 根状茎上的鳞片阔卵圆形,圆钝头;末回裂片狭长圆状镰形;各回羽轴分叉处无鳞片;孢子囊群外侧无角状凸起 ……… ……………………………………………………………………… 2. **云南小膜盖蕨 A. yunnanensis** (Christ) Copel.

1. 鳞轴小膜盖蕨(中国植物志)

Araiostegia perdurans (Christ) Copel. in Univ. Calif. Publ. Bot. **12**: 400. 1931; 中国植物志 **2**:

294. 1959；中国植物志 **6**(1)：175，图版 31：1～10. 1999；中国高等植物图鉴 **1**：143，图 285. 1972. ——*Davallia perdurans* Christ in Bull. Herb. Boiss **6**：970. 1898.

植株高 50～70cm。根状茎粗壮，同叶柄基部有密鳞片；鳞片阔披针形，边有不整齐的小齿，蓬松地盾状着生于根状茎上。叶片卵状，长 30～40cm，宽 20～35cm，下部五回细羽裂；基部一对羽片矩圆状披针形，长 10～20cm，宽 3.5～8cm；基部一回小羽片上侧的远较下侧的小；末回裂片短披针形，或顶部分裂成长短不等的钳形裂片，尖头；叶薄草质，除各回羽轴分叉处有几枚卵形大鳞片外，余皆光滑。孢子囊群半圆形，位于裂片的缺刻之下，着生于小脉分叉处；囊群盖同形，全缘。

产于隆林、凌云、乐业；附生于海拔约 1 750m 的林中树干上。广布于中国西南山地及浙江、江西、福建、台湾。

全株清热利尿、补肾、祛风、续筋骨、驱虫；治风热感冒、蛔积腹痛。

2. 云南小膜盖蕨（中国植物志） 图版 99：1～4

Araiostegia yunnanensis（Christ）Copel. in Philipp. J. Sci. **34**：240. 1927；中国植物志 **2**：290. 1959；中国植物志 **6**(1)：172. 1999. ——*Davallia yunnanensis* Christ in Bull. Herb. Boiss **6**：970. 1898. ——*Leucostegia yunnanensis* C. Chr. Ind. Fil. Suppl. **3**：121. 1934.

植株高 50～60cm。根状茎长而横走，密被鳞片；鳞片阔卵圆形，圆钝头，全缘。叶远生；叶柄长 18～24cm，禾秆色或淡绿色；叶片长圆状卵形，长 25～30cm，宽 10～15cm，先端渐尖，基部楔形，四回羽裂；羽片约 12 对，长圆状披针形，长约 15cm，宽 5～6cm，先端渐尖，基部偏斜，楔形；一回小羽片 12～15 对，三角状披针形，长约 4cm，宽 1.5～2cm，急尖头，基部不对称，其上侧为截形而与羽轴并行，下侧楔形；二回小羽片 6～8 对，羽状深裂到有极狭翅的小羽轴；末回裂片狭长圆状镰形，宽 0.8～1mm，尖头或几钝头，全缘或缺裂为不等长的短裂片；叶脉分枝，每裂片有小脉 1 条；叶为坚草质，干后暗绿色，光滑无毛。孢子囊群小；囊群盖杯形。

产于那坡、靖西、凌云、乐业；生于海拔 800～1 200m 的混交林岩石上。分布于贵州、云南。越南北部也有分布。

全株清热解毒、消炎、收敛；治跌打损伤、烧伤烫伤、刀伤、痢疾、食物中毒。

2. 大膜盖蕨属 Leucostegia Presl

土生，中型蕨类。根状茎横走，粗壮，被鳞片及柔毛；鳞片卵形，渐尖头，全缘或近全缘，以腹部着生。叶远生，光滑；叶柄长，以关节着生于叶足；叶片大，幼时有柔毛，长卵状三角形，多回羽裂，羽片及各回小羽片基部偏斜上先出，末回小羽片阔，具多脉；叶轴和羽轴上面有纵沟；叶草质，无毛，干后浅绿色。孢子囊群大，缘内生，位于小脉顶端；囊群盖大，阔肾形，膜质，透明，灰白色，基部着生或两侧下部也稍附着；孢子囊柄长而纤细，有 3 行细胞，环带由 16 个增厚细胞组成。孢子椭圆形，不具周壁，外壁具不规则的疣状纹饰。

本属有 2 种。中国有 1 种；广西亦产。

大膜盖蕨（中国植物志）

Leucostegia immersa（Wall. ex Hook.）Presl，Tent. Pterid. 95，pl. 4，f. 11. 1836；Tard.-Blot et C. Chr. in Fl. Indo-Chine **7**(2)：113. 1939；中国植物志 **6**(1)：178，图版 30：1～4. 1999；中国高等植物图鉴 **1**：143，图 286. 1972. ——*Davallia immersa* Wall. ex Hook. Sp. Fil. **1**：156. 1846.

植株高 35～50cm。根状茎密被卵状披针形鳞片及棕黄色长柔毛。叶片长三角状卵形，长 25～35cm，宽 17～25cm，三回羽状；羽片柄长 5～15cm，基部一对最大，宽 6～10cm，羽裂尾尖，基部下侧一枚小羽片最大，三角状披针形；末回小羽片以狭翅相连，上缘浅裂，下缘及顶部有钝齿；小脉顶端有棒形小囊，不达叶边；叶膜质。孢子囊群位于裂片基部上侧缺刻处，生于小脉顶端；囊群盖大，纸质，扁圆形或半圆形，以基部着生。

图版 99 1～4.云南小膜盖蕨 Araiostegia yunnanensis (Christ) Copel. 1.植株；2.小羽片背面一部分，示孢子囊群着生位置；3.根状茎上的鳞片；4.囊群盖。 5～8.阔叶骨碎补 Davallia solida (Forst.) Sw. 5.植株；6.小羽片背面一部分，示叶脉及孢子囊群着生位置；7.根状茎上的鳞片；8.囊群盖。（林文宏绘）

产于金秀、象州；生于海拔约 1 700m 的混交林下或灌丛中。分布于台湾、云南、西藏。越南、泰国、缅甸、柬埔寨、尼泊尔、印度、马来西亚、菲律宾、波利尼西亚也有分布。

根状茎活血散瘀、温补肝肾及腰膝；治腰膝酸痛、跌打损伤。

3. 骨碎补属 Davallia Sm.

附生，中型蕨类。根状茎长而横走，被覆瓦状鳞片；鳞片以腹部盾状着生于根状茎上，向上渐尖，边有睫毛。叶远生；叶柄基部以关节着生于根状茎上；叶片五角形至卵形，一型或少为二型，通常为多回羽状细裂，羽裂达有翅的小羽轴；叶脉分离，小脉分叉，有时先端达软骨质叶边，小脉间偶具假脉；叶革质，偶坚草质，坚厚，无毛。孢子囊群生于小脉顶端，每末回裂片 1 枚；囊群盖以基部及两侧着生于叶面，长形，有时长逾宽 2 倍，呈管状或杯状，其先端达或近叶缘，边缘外侧常有 1 个角状凸起；孢子囊的柄细长，环带约由 14 个增厚细胞组成；孢子椭圆形，不具周壁，外壁具疣状纹饰。

本属约有 45 种，分布很广，从大西洋岛屿横跨非洲至亚洲南部达马来西亚，经东亚分布至澳大利亚及萨摩亚等太平洋岛屿，北达日本，其中以马来西亚的种类最为丰富。中国有 8 种，主产于南部及西南部，由台湾经广东、海南、广西至云南，只有 1 种向北经江苏到达河北及山东、辽宁；广西产 5 种。

分 种 检 索 表

1. 囊群盖杯状，长宽几相等或长稍过于宽。
  2. 叶片三回羽状，末回小羽片宽约 4mm ………………………………………… 1. **麻栗坡骨碎补** D. brevisora Ching
  2. 叶片四回羽状至五回羽状深裂，末回小羽片宽约 2mm。
    3. 植株较大，高达 1m；叶片长 40～70cm，四回羽状或五回羽裂 ………………… 2. **云桂骨碎补** D. amabilis Ching
    3. 植株较小，高仅 30cm；叶片长约 17cm，四回羽状深裂 ……………………… 3. **华南骨碎补** D. austrosinica Ching
1. 囊群盖管状，长为宽的 1.5～2 倍。
  4. 叶片四回羽状，末回小羽片细狭，宽约 2mm；根状茎上鳞片红棕色 …………… 4. **大叶骨碎补** D. formosana Hay.
  4. 叶片三回羽状或三回羽裂，末回小羽片较宽大，宽 5mm 以上；根状茎上鳞片深褐棕色 ………………………………………………………………………… 5. **阔叶骨碎补** D. solida (Forst.) Sw.

1. 麻栗坡骨碎补（中国植物志）

Davallia brevisora Ching in Fl. Reipub. Popul. Sin. **2**：305，377. 1959；Pic. Serm. Ind. Fil. Suppl. **4**：95. 1965；中国植物志 **6**(1)：187. 1999.

植株高 25～45cm。根状茎长而横走，粗 5～7mm，木质，密被鳞片；鳞片披针形，长约 5mm，先端长钻状，边缘有睫毛，中部有黑褐色纵条，四周边缘为棕色。叶远生，相距 2～3cm；叶柄长 15～20cm，粗约 2mm，棕禾秆色，腹面有浅纵沟，基部密被鳞片，向上光滑；叶片五角形，长宽各 20～25cm，先端渐尖，基部心形，三回羽状或基部为四回羽裂；羽片约 10 对，下部的近对生，向上互生，斜上，彼此密接，柄长 4～8mm，基部一对最大，三角状卵形，长 12～16cm，宽 6～11cm；一回小羽片 8～10 对，互生，有短柄，斜上，彼此密接，基部下侧一片特大，长 6～9cm，宽 2.5～3.5cm，卵状披针形，渐尖头，基部不对称，上侧截形并与羽轴平行，下侧楔形，一回羽状；末回小羽片 7～8 对，互生，无柄，斜上，彼此密接，基部一对较大，椭圆形，长 2～2.8cm，宽 6～10mm，先端短渐尖并有粗齿，基部两侧均下延，下部 2～3 对深羽裂，向上的仅于上部边缘有粗齿；裂片椭圆形，斜上，边缘有浅钝齿；向上的羽片逐渐缩小为阔披针形，先端渐尖，基部稍偏斜；叶脉在背面明显，在腹面仅可见，棕褐色，极斜上，多回二叉分枝，小脉纤细，几达叶边。叶近革质，干后暗褐色，无毛。孢子囊群着生于末回小羽片上部近边缘处，每粗齿上通常有 1 枚；囊群盖杯形，长约 1mm，长宽几相等或长稍过于宽，先端截形，不达叶边，其顶部叶缘两侧各有 1 个凸出的小钝角，棕褐色，膜质。

产于临桂；生于海拔 120～1 500m 的山地混交林中的岩石上。分布于云南。

2. 云桂骨碎补（中国植物志）

Davallia amabilis Ching in Fl. Reipub. Popul. Sin. **2**：303，376. 1959；中国植物志 **6**（1）：187. 1999.

植株高达 1m。根状茎长而横走，全部密被蓬松的棕褐色狭披针形鳞片。叶远生；叶柄长 25～35cm；叶片大，三角形，长 40～70cm，宽 30～40cm，渐尖头，四回羽状或五回羽裂；羽片约 10 对，下部的柄长 2～5cm，开展，基部一对最大，长三角形，长达 30cm，宽约 15cm，长渐尖头，基部最阔，其两侧几相等；小羽片 12～15 对，三角形，长 7～8cm，宽 5～6cm，长渐尖头；末回裂片 3～5 对，长圆形，宽 2.5～3mm，边缘有粗钝齿，密接；叶脉羽状，每个粗齿有小脉 1 条。孢子囊群多数；囊群盖杯状。

产于凌云、融水、罗城、上思、上林、玉林；生于海拔 170～600m 的低山山谷阴湿岩石上。分布于云南。

3. 华南骨碎补（中国植物志）

Davallia austrosinica Ching in Fl. Reipub. Popul. Sin. **2**：301，376. 1959；中国植物志 **6**（1）：186. 1999.

植株高 25～30cm。根状茎粗壮，长而横走，粗 8～10mm，密被覆瓦状的蓬松鳞片；鳞片披针形，长约 7mm，先端长渐尖并成柔毛状，基部盾状着生，近全缘，深棕褐色。叶远生，相距 3～4cm；叶柄暗红褐色，长 10～15cm，粗 1～2mm，腹面有纵沟；叶片五角状三角形，长 17～20cm，宽 10～15cm，先端渐尖，基部心形，四回羽裂；羽片 8～10 对，互生，斜上，彼此密接，下部的具长 6～10mm 的柄，基部一对最大，长 10～12cm，宽 6～8cm，长三角形，先端渐尖，基部两侧近对称；一回小羽片约 10 对，互生，斜展，疏离，上部的近无柄，下部的具短柄，基部一对较大，长三角形，长约 4cm，宽约 2.5cm，钝头并有浅齿，基部近截形，两侧近对称，向上的逐渐缩小，基部偏斜；二回小羽片约 6 对，下部 1～2 对对生，向上的互生，无柄，斜展，彼此接近，基部一对或上侧一片较大，卵状三角形，长 10～15mm，宽 5～7mm，先端钝并有浅齿，基部楔形，近对称，深羽裂；裂片椭圆形，宽约 2mm，斜上，边缘浅波状或有矮齿。叶脉在背面明显，羽状；叶厚草质，干后绿褐色。孢子囊群着生于裂片上近叶缘处，每裂片有 1～6 枚；囊群盖杯形，长宽几相等或长稍过于宽，长约 1mm，先端截形，不达叶边，其顶部叶边外侧有时具凸出的小钝角，棕褐色，稍有光泽，厚膜质。

产于那坡；生于海拔约 310m 的石灰岩常绿阔叶林下。分布于广东、香港。

根状茎治腰腿痛、扭挫伤。

4. 大叶骨碎补（中国植物志）

Davallia formosana Hay. in J. Coll. Sci. Univ. Tokyo **30**：430. 1911；中国植物志 **6**（1）：183，图版 32：7～10. 1999. ——*D. orientalis* C. Chr. apud Wu et al. in Bull. Dept. Biol. Sun Yat-sen Univ. **3**：104，t. 43. 1932；中国高等植物图鉴 **1**：144，图 288. 1972.

植株高达 1m。根状茎粗壮，同叶柄基部密生披针形长渐尖头、亮棕色、边有微齿的膜质鳞片。叶片三角形，长宽各 60～90cm，羽裂渐尖头，顶部以下四回羽状或五回羽裂；羽片有长柄，三角形，长 20～30cm，宽 12～18cm，中部以上羽片渐小，阔披针形；小羽片有短柄，同小羽轴有狭翅；末回裂片斜三角形，常二裂成不等长的尖齿；叶纸质。孢子囊群生于小脉中部稍下的弯弓处或小脉分叉处；囊群盖管状，着生处远离叶缘。

产于靖西、那坡、陆川、桂平、龙州、上思、武鸣、金秀、凌云、乐业；常生于海拔 400～900m 的山谷岩石上或树干上。分布于台湾、福建、广东、香港、海南、云南。

根状茎活血、止血、祛风止痛、补肾强骨；治跌打损伤、肾虚腰痛、外伤出血。

5. 阔叶骨碎补（中国植物志）　图版 99：5～8

Davallia solida (Forst.) Sw. in Schrad. J. Bot. **1800**（2）：87. 1801；中国植物志 **6**（1）：184，图版 32：1～6. 1999. ——*Trichomanes solidum* Forst. Prodr. 86. 1786. ——*Davallia solida* var. *sinensis* Christ in Bull. Herb. Boiss **7**：18. 1899. ——*D. sinensis* Ching in Bull. Fan Mem. Inst. Biol. Bot. **2**：

202, t. 16. 1931; 中国植物志 **2**: 304. 1959. ——*D. subsolida* Ching in Fl. Reipub. Popul. Sin. **2**: 304, 376. 1959.

植株高 30～35cm。根状茎长而横走,全部密被鳞片;鳞片基部卵形,上部长钻形,长达 7mm,边缘有睫毛,深棕色。叶远生;叶柄长约 15cm,棕禾秆色;叶片五角形,长与宽 18～22cm,先端渐尖而有浅齿,基部心形,三回羽状或基部为四回羽裂;羽片约 10 对,三角形,长 10～12cm,宽 8～10cm;向上的羽片渐缩小而为长圆状披针形,短渐尖头,基部偏斜,密接;小羽片 8～10 对,长圆状披针形,长 5～6cm,宽 2.5～3cm,急尖头;末回小羽片约 6 对,长圆形,长 10～12mm,宽 4～5mm,圆钝头;叶脉扇状分枝;叶厚纸质,干后暗褐色。孢子囊群着生于小羽片的上部近边缘处;囊群盖管状,长约 1.5mm,为宽的 1.5 倍。

产于临桂、灵川、金秀、桂平、隆林、上思、上林、武鸣;生于海拔 170～900m 的山谷岩石上或树干上。分布于云南、台湾、广东。越南、泰国、缅甸、菲律宾、马来西亚也有分布。

4. 阴石蕨属 Humata Cav.

附生,小型蕨类。根状茎长而横走,密被鳞片;鳞片腹部盾状伏生,向上渐狭,但不为钻形。叶远生;叶柄基部以关节着生于根状茎上;叶片常为一型或近二型,多为三角形,多回羽裂(孢子叶的分裂度较细),少为披针形的单叶,或为阔羽裂;叶脉分离,小脉特别粗大;叶革质,光滑或稍被鳞片。孢子囊群生于小脉顶端,常近于叶缘;囊群盖圆形或半圆状阔肾形,革质,仅以基部或有时也以两侧的下部着生于叶背;孢子囊的柄细长,有 3 行细胞,环带由 12 个增厚细胞组成;孢子椭圆形不具周壁,外壁表面具疣状纹饰。

本属约有 50 种,主要分布于马来西亚至波利尼西亚,北达日本,西抵喜马拉雅,南到非洲的马达加斯加。中国约有 9 种;广西产 3 种。

分 种 检 索 表

1. 叶片小,三角状卵形,长 5～10cm,等宽或稍狭;叶柄为叶片长的 1.5～2 倍 ………… 1. **阴石蕨 H. repens** (L. f.) Diels
1. 叶片一般远较大,为长三角状卵形,长超过 10cm;叶柄与叶片等长,若短于叶片则叶不为二型。
   2. 囊群盖圆形或略扁圆形,仅以狭基部着生 ………………………………………… 2. **圆盖阴石蕨 H. tyermanni** Moore
   2. 囊群盖半圆形,宽过于高,以阔基部着生 ………………………………… 3. **半圆盖阴石蕨 H. platylepis** (Bak.) Ching

1. 阴石蕨(中国植物志)

Humata repens (L. f.) Diels in Engl. u. Prantl, Nat. Pflanzenfam. **1(4)**: 209. 1899; Wu in Bull. Dept. Biol. Sun Yat-sen Univ. **3**: 100, t. 41. 1932; 中国植物志 **6(1)**: 191. 1999; 中国高等植物图鉴 **1**: 145, 图 289. 1972. ——*Adiantum repens* L. f. Suppl. 446. 1781.

植株高达 20cm。根状茎被蜡质白粉和密鳞片;鳞片膜质、披针形、红棕色、盾状着生。叶柄以关节着生于根状茎上,偶有鳞片;叶片三角状卵形,长 5～10cm,宽 3.5～5cm,二回至三回羽裂;羽片无柄,以狭翅相连,常上弯,基部一对最大,长 2～4cm,三角状披针形,基部下侧一枚小羽片最大,浅裂或仅顶部有粗钝齿;每齿有小脉 1 条。孢子囊群生于小脉顶端;囊群盖半圆形,近革质,略有光泽,以阔基部着生。

产于龙胜、临桂、永福、融水、罗城、金秀、上思、平南、武鸣、靖西、那坡;常生于海拔 340～1 200m 的岩石上或树干上。分布于浙江、江西、台湾、福建、广东、海南、四川、贵州、云南。亚洲其他热带地区也有分布。

根状茎活血散瘀、清热利湿、接骨续筋;治骨折、扭伤、腰腿痛、痈疮肿毒、淋证、疳积,亦为治牙痛的良药。

2. 圆盖阴石蕨(中国植物志)

Humata tyermanni Moore in Gard. Chron. 870, f. 178. 1871; Wu in Bull. Dept. Biol. Sun Yat-sen Univ. **3**: t. 42. 1932; 中国植物志 **6(1)**: 194, 图版 33: 8～9. 1999; 中国高等植物图鉴 **1**: 145, 图 290. 1972.

植株高达 20cm。根状茎同叶柄基部被密的狭披针形鳞片。叶片阔卵状三角形，长宽各 10～15cm，三回至四回深羽裂；羽片有柄，基部一对最大，三角状披针形，其各回小羽片以基部下侧的较大，第二对以上的羽片远较小，披针形，钝头，以基部上侧一枚小羽片最大；末回裂片有 2 个不等钝齿，每齿有小脉 1 条。孢子囊群生于小脉顶端；囊群盖近圆形，仅基部一点着生。

产于全州、兴安、阳朔、桂林、乐业、田林、靖西、融水、罗城、三江、贺州、桂平、金秀、容县、上思、合浦、武鸣；常生于海拔 130～700m 的林中岩石上或附生于树干上。分布于华东、华南和西南。越南北部及老挝也有分布。

根状茎清热解毒、祛风除湿；治湿热黄疸、风湿痹痛、腰肌劳损、跌打、牙龈肿痛、蛇伤。

3. 半圆盖阴石蕨（中国植物志）

Humata platylepis (Bak.) Ching in Fl. Reipub. Popul. Sin. **2**: 311. 1959；中国植物志 **6**(1)：195. 1999. ——*Davallia platylepis* Bak. in Kew Bull. Misc. Inform. 229. 1898.

根状茎横走，密覆蓬松的线状披针形鳞片。叶远生，叶柄长 12～14cm，棕色；叶片长 18～25cm，宽 14～18cm 或较小，阔卵状三角形，渐尖头，基部近圆形，三回羽状深裂；羽片 10～15 对，长 10～12cm，宽约 4cm，三角状披针形，先端短渐尖；小羽片 10～12 对，长 2～3.5cm，宽 5～12mm，长圆状披针形，急尖头，基部为不对称楔形，羽状或羽状深裂几达小羽轴；末回裂片长约 3mm，基部上侧一片较大，宽约 2mm，近三角形，先端尖而略向上弯弓，全缘或上缘有一角状浅裂；羽片向上渐短，长 5～9.5cm，宽 1.5～2.5cm，披针形；叶脉不显；叶革质，干后棕色，通体光滑。孢子囊群生于末回裂片上缘，1～2 个；囊群盖半圆形，以阔基部着生，两侧分离，棕色。

产于凌云、隆林、那坡；生于海拔 900～1 200m 的林中树干上或岩石上。分布于云南、贵州。

根状茎治跌打损伤、风湿痹痛。

53. 雨蕨科　GYMNOGRAMMITIDACEAE

附生，中型蕨类。根状茎横走，具网状中柱，密被鳞片；鳞片小，覆瓦状排列，膜质，披针形，棕色，有长钻头，腹部盾状着生，边缘有长而密的睫毛，网眼狭长。叶远生；叶柄圆柱形，细瘦，棕色，有光泽，基部以上光滑，基部以关节着生于高出的灰蓝色的叶足上，老则由此脱落；叶片长卵形，渐尖头，基部圆楔形，四回羽状细裂，各回羽片及小羽片密接，以锐角从叶轴和小羽轴斜展，末回小羽片或裂片小，披针形，圆头或近尖头，全缘，各有单一的小脉 1 条，不达叶边；叶薄草质，极光滑。孢子囊群颇小，圆形，由少数孢子囊组成，每末回裂片有 1 枚，生于小脉的背部，成熟时稍扩大，较裂片为阔；无囊群盖；孢子两侧对称，椭圆形，透明，单裂缝，不具周壁，外壁表面具细长的棒状纹饰，外壁表面尚有不明显的细网。

本科仅 1 属。

雨蕨属　Gymnogrammitis Griffith

属特征与科相同。

单种属。

雨蕨（中国主要植物图说·蕨类植物门）

Gymnogrammitis dareiformis (Hook.) Ching ex Tard.-Blot et C. Chr. in Fl. Indo-Chine **7**(2): 117. 1939; Ching in Sunyatsenia **5**: 220. 1940；中国植物志 **6**(1)：198，图版 28：1～4. 1999；海南植物志 **1**：62，图 29. 1964；中国高等植物图鉴 **1**:146，图 292. 1972. ——*Polypodium dareiforme* Hook. 2nd.

Cent. Ferns t. 24. 1860.

植株高 30～35cm。根状茎上的鳞片膜质，下部阔圆形，上部长钻形，有睫毛，盾状着生。叶柄与叶轴栗褐色；叶片卵状三角形，长 20～30cm，宽 15～25cm；羽片密接，基部一对较大，长圆形，长 8～12cm，宽 4～6mm，渐尖头，基部近圆形；各回小羽片均具短柄，小羽轴有狭翅；末回裂片条形，长 2～3mm，宽 0.8mm，尖头，全缘。孢子囊群生于小脉中部，圆形，无囊群盖。

产于武鸣、马山、上林、兴安、资源、融水、金秀；附生于海拔 800～1 500m 的林中石壁上或树上。分布于海南、广东、湖南、贵州、云南、西藏。越南、泰国、老挝、缅甸、柬埔寨、印度、不丹、尼泊尔也有分布。

全株理气散结、利尿通淋；治腹胀、便秘、热淋、痨淋。

54. 双扇蕨科 DIPTERIDACEAE

土生，较大型蕨类。根状茎长而横走，粗壮，木质，有管状中柱，被黑褐色、坚硬的刚毛状鳞片。单叶，一型，远生；叶柄光滑；基部不具关节；叶片及主脉多回两歧分叉，形成多数不等长而排列成扇形的裂片，第一回分叉通常分离而将叶片等分为两份，然后各自再多回二歧分叉；叶脉网状，小脉明显，网眼内有反折而分叉的内藏小脉。孢子囊群小，圆形，点状或近汇生于联结的小脉上，隔丝棒状或盘状，无囊群盖；孢子囊少数，球状梨形，柄短且有 4 行细胞，环带垂直，由 12～14 个增厚细胞组成，裂口横向；孢子体积较小，两侧对称，椭圆形，透明，单裂缝，无周壁，外壁表面光滑或纹饰模糊不清。

本科仅 1 属。

双扇蕨属 Dipteris Reinw.

属特征与科相同。

本属约 8 种，产于亚洲热带地区。中国有 3 种，分布于华南、西南及台湾；广西产 1 种。

中华双扇蕨（中国主要植物图说·蕨类植物门）

Dipteris chinensis Christ in Bull. Acad. Int. Géogr. Bot. 1090, f. et t. c. 1904；中国蕨类植物图谱 **4**：图版 154. 1937；中国高等植物图鉴 **1**：250，图 99. 1972；中国植物志 **6(2)**：2，图版 1：1～4. 2000. ——*D. conjugata* auct. non Reinw：Hand.-Mazz. Symb. Sin **6**：28. 1929；Wu et al. in Bull. Dept. Biol. Sun Yat-sen Univ. **3**：94，t. 38. 1932.

植株高 60～90cm。根状茎上的鳞片狭钻状披针形。叶柄长 30～60cm；叶片长 20～30cm，宽 30～60cm，二裂成相等的扇形，每扇再 4～5 裂；裂片宽 5～8cm，顶部再浅裂；末回裂片短尖头，有疏粗齿；叶纸质，背面沿主脉疏生灰棕色有节的硬毛。孢子囊群小，近圆形，散布于网脉交叉点，有浅杯状隔丝；无囊群盖。

产于融水、罗城、武鸣、资源、龙胜、金秀、柳江；生于海拔 340～1 200m 的林下或竹林下。分布于台湾、云南、贵州、西藏。中南半岛及缅甸也有分布。

55. 燕尾蕨科 CHEIROPLEURIACEAE

土生。根状茎粗壮，横走，有原生中柱或管状中柱，密被棕色长柔毛。叶疏生；叶柄直立，与根状茎连接处无关节；叶二型，单叶；营养叶卵形至圆形，顶端二裂且缺刻宽广，或为不裂，全缘；孢子叶阔线形，全缘;主脉 4～5 条从叶片基部呈放射状向叶片上部伸展,小脉联结成网状,内藏小脉单一或分叉;叶近革质,光滑。孢子囊满布于孢子叶的背面;孢子囊具长柄,有 4 行细胞,环带稍斜,由 24 个增厚细胞组成;隔丝棒状;孢子辐射对称,三角形,具三裂缝,外壁表面光滑,外壁在近极面沿三裂缝形成明显的弓形加厚,在三角处凸出成弧形。

本科仅 1 属,产于亚洲热带地区。

燕尾蕨属 Cheiropleuria Presl

属特征及分布与科相同。中国有 2 种;广西产 1 种。

全缘燕尾蕨(中国高等植物图鉴) 图版 100:1～3

Cheiropleuria integrifolia (Eaton ex Hook.) M. Kato, Y. Yatabe Sahashi et N. Murakin in Blumea **46**(3): 522. 2001;武汉植物研究 **28**(5): 552,图 2. 2010. ——*Acrostichum bicuspe* (Bl.) Hook. var. *integrifolia* Eaton ex Hook. Sp. Fil. **5**. 272. 1864.——*Cheiropleuria bicuspis*(Bl.) Presl var. *integrifolia* Eaton ex Luerss. in Bot. Jahrb. Syst. **4**. 354. 1883;中国高等植物图鉴 **1**. 249. 1972.

成熟植株高 10～30cm。根状茎粗短,横走,木质,密生锈棕色有节的绢丝状长毛。叶近生,二型,营养叶的柄长 5～20cm,棕禾秆色,光亮,下部圆柱形,上部有纵沟,顶端稍膨大;叶片多为单叶而呈卵圆形,少有顶端二浅裂达叶片基部 1/4～1/3 处,厚革质,长 5～10cm,中部宽 5～10cm,基部圆形而略下延,全缘而不见缺刻,两面光滑无毛;裂片三角形,渐尖头,长 3～5cm,基部最宽,达 1～2cm,裂片之间夹角 30°～40°;主脉 3～4 条,自基部以上约 2cm 处二分叉后呈掌状向顶部呈弧形伸展,稍曲折,其间有不整齐的横隔脉相连,小脉联结成网,有单一或分叉的内藏小脉;孢子叶柄长可达 10～20cm,叶片线状披针形,长约 10cm,宽约 1cm,向两端变狭,不分裂,主脉 3～4 条。孢子囊群满布于孢子叶叶片背面的网状脉上,幼时为棒状隔丝覆盖;孢子为四面体形三缝孢。

产于上思、靖西、武鸣、金秀;生于海拔 900～1 150m 的林下或峡谷的石缝或石壁上。分布于台湾、广东。印度、印度尼西亚、菲律宾也有分布。

56. 水龙骨科 POLYPODIACEAE

中型或小型蕨类,通常为附生,少为土生。根状茎长而横走或有时斜升,有网状中柱,被鳞片;鳞片阔,盾状着生,通常具粗筛孔,全缘或有齿牙,很少为具刚毛或柔毛。叶一型或二型,以关节着生,单叶全缘,或深裂,或为羽状,草质或纸质,或为革质,无毛或被星状毛;叶脉为各式的网状,少有分离,网眼内通常有分叉的内藏小脉。孢子囊群叶表面着生或稍陷入叶肉内,通常为圆形或近圆形,或为椭圆形,或为线形,或有时满布于孢子叶片背面的全部或一部分;囊群盖缺;孢子囊圆形或倒卵形,柄长,有 3 行细胞,环带纵行而中断,由(12)14～18 个增厚细胞组成,裂口发育良好。孢子两侧对称,椭圆形或长椭圆形,具单裂缝,周壁有或无,周壁或外壁有各种纹饰或光滑;原叶体倒心形,表面有多细胞(3 个)的分枝毛。

本科**瓦韦亚科**(SubFam. Lepisorioideae)经王丽(Wang Li)、张宪春(Zhang Xianchun)等学者研究,**骨牌蕨属**(*Lepidogrammitis*)和**高平蕨属**(*Caobangia*)已被处理为**伏石蕨属**(*Lemmaphyllum*)的异名,**鳞果星蕨属**(*Lepidomicrosorium*)、**盾蕨属**(*Neolepisorus*)和**星蕨属**(*Microsorum*)也已进行了重新界定,但本志为所用系统的统一,仍按秦仁昌系统(1978 年)进行处理。

本科 40 余属约 500 种,广布于全世界,但主要产于热带和亚热带地区,包括附生蕨类的大部。中国有

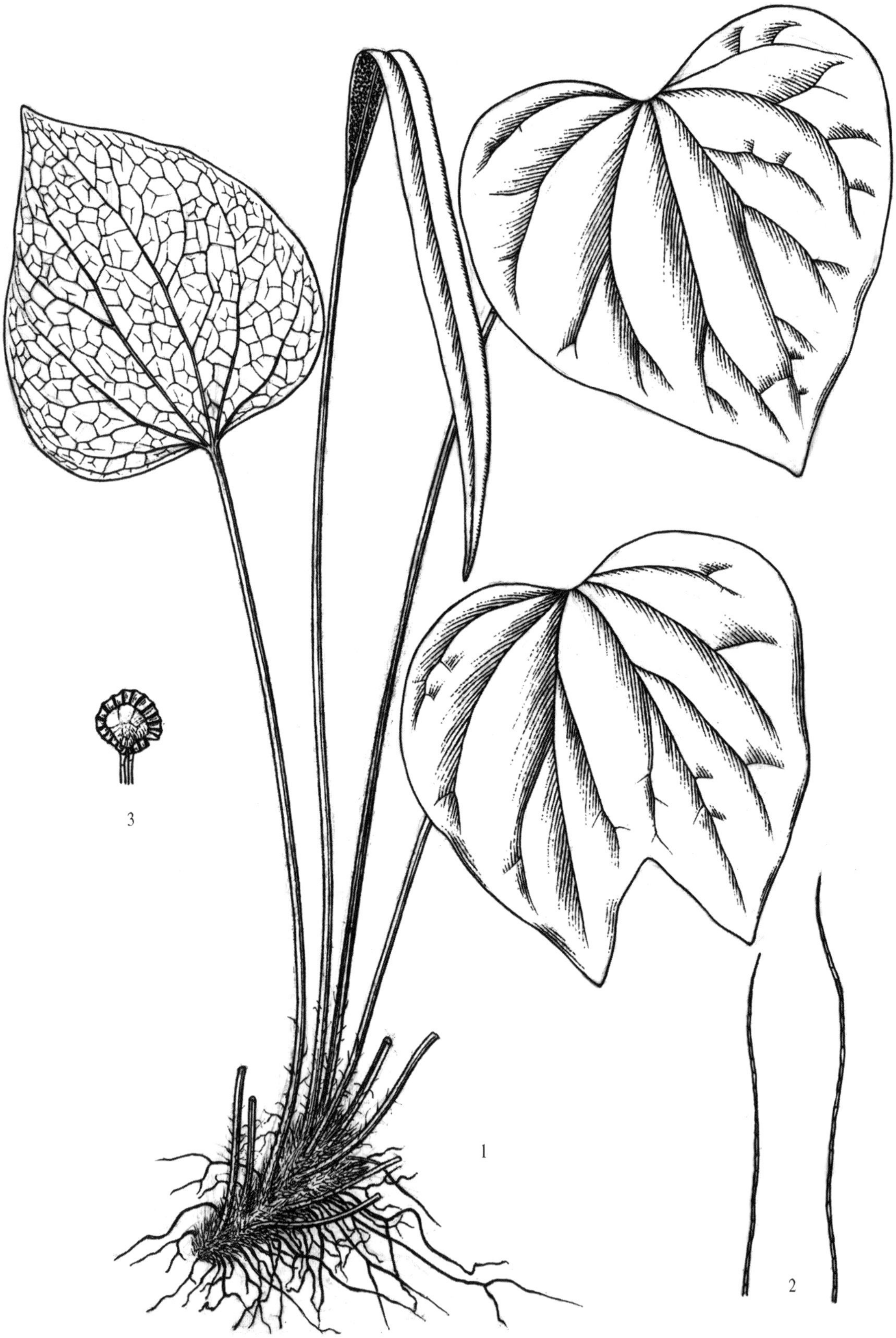

图版 100　1～3. 全缘燕尾蕨 *Cheiropleuria integrifolia* (Eaton ex Hook.) M. Kato, Y. Yatabe Sahashi & N. Murakin　1. 植株；2. 根状茎和叶柄基部上的鳞片；3. 孢子囊外观，示其环带。　(朱运喜绘)

25 属 272 种，主产于长江以南各省区；广西有 17 属 88 种 7 变种 1 变型。

分属检索表

1. 叶两面密被红棕色鳞片 ………………………………………… 1. **高平蕨属** Caobangia A. R. Smith et X. C. Zhang
1. 叶被鳞片不同上述。
  2. 叶具星状毛 ……………………………………………………………………………… 2. **石韦属** Pyrrosia Mirbel
  2. 叶不具星状毛，至多具单毛。
    3. 叶脉在羽轴两侧各有 1 行网眼，内有 1 条不分枝的内藏小脉，能育，网眼外的叶脉分离或形成 1～2 个小网眼。
      4. 叶片深羽裂到叶轴两侧的狭翅，有时基部几裂达叶轴；羽片 15 对左右，彼此接近 ……………………………………………………………………………………………………… 3. **水龙骨属** Polypodiodes Ching
      4. 叶片羽状，叶轴两侧无翅；基部羽片 10 对左右，下部羽片彼此分开 ……… 4. **拟水龙骨属** Polypodiastrum Ching
    3. 叶脉网结成复杂的大小网眼，内有 1～3 条通常分枝的内藏小脉。
      5. 孢子囊群不集生成分离的囊群，而是满布于孢子叶片的背面 …………………… 5. **薄唇蕨属** Leptochilus Kaulf.
      5. 孢子囊群圆形至长线形。
        6. 孢子囊群线形，与主脉斜交。
          7. 叶草质或纸质；根状茎上具褐色而透明的薄鳞片 ……………………………… 6. **线蕨属** Colysis Presl
          7. 叶革质；根状茎上具棕色而不透明的厚鳞片 ……………………………………… 7. **修蕨属** Selliguea Bory
        6. 孢子囊群圆形，有时椭圆形，少有在主脉两侧形成一条线形并与主脉并行。
          8. 叶通常为羽裂或羽状单叶；孢子囊群在主脉两侧形成 1 行或 2～3 行，或密而星散，幼时有盾状或伞状的粗筛孔隔丝覆盖。
            9. 孢子囊群线形，在主脉两侧各成 1 行，并与主脉并行 …………………… 8. **伏石蕨属** Lemmaphyllum Presl
            9. 孢子囊群圆形，有时为椭圆形。
              10. 侧脉明显；根状茎上的鳞片具簇生的柔毛和刚毛；孢子囊群在主脉两侧各排列成 1～3(4)行。
                11. 叶片线状披针形至长卵形，有时为不规则分裂；叶片背面疏被鳞片；根状茎上的鳞片在基部着生处有时簇生柔毛 ……………………………………………………… 9. **盾蕨属** Neolepisorus Ching
                11. 叶片披针形至带状；叶片光滑；根状茎上的鳞片在基部有时有一丛棕色长刚毛 ……………………………………………………………………………… 10. **毛鳞蕨属** Tricholepidium Ching
              10. 侧脉不明显；根状茎上的鳞片无毛；孢子囊群在主脉两侧各排列成 1 行或为星散。
                12. 叶革质或肉质；孢子囊群大，在主脉两侧各排成 1 行；孢子不具周壁。
                  13. 叶一型，革质；根状茎粗短，横生如粗铁丝，不呈绿色，通常密被鳞片 ……………………………………………………………………………… 11. **瓦韦属** Lepisorus (J. Sm.) Ching
                  13. 叶二型或近二型，肉质；根状茎细长蔓生如细铁丝，淡绿色，几无鳞片覆盖 ……………………………………………………………………………… 12. **骨牌蕨属** Lepidogrammitis Ching
                12. 叶纸质；孢子囊群小，通常密而星散；孢子具周壁 ……………………………………………………………………… 13. **鳞果星蕨属** Lepidomicrosorium Ching et Shing
          8. 叶通常羽裂，或为羽状；孢子囊群在主脉两侧多行，幼时无盾状或伞状的隔丝，有时仅有线状隔丝。
            14. 孢子囊群细点状，小而不规则地满布于叶片背面，偶有成 1 行；叶边无缺刻 ……………………………………………………………………………………… 14. **星蕨属** Microsorum Link
            14. 孢子囊群圆形，大而规则地在主脉两侧排成 1 行、在侧脉两侧排成 2 行；叶边通常有缺刻。
              15. 羽片以关节着生于叶轴 ……………………………… 15. **节肢蕨属** Arthromeris (T. Moore) J. Sm.
              15. 羽片不以关节着生于叶轴。
                16. 根状茎粗肥，肉质，有具透明大筛孔的褐色卵形鳞片；裂片全缘 ……………………………………………………………………………… 16. **瘤蕨属** Phymatosorus Pic. Serm.
                16. 根状茎细长，不为肉质，有具不透明狭长筛孔的棕色披针形鳞片；裂片边缘有缺刻和锯齿，少有全缘 ……………………………………………………………………………… 17. **假瘤蕨属** Phymatopteris Pic. Serm.

1. 高平蕨属 Caobangia A. R. Smith et X. C. Zhang

根状茎横走，丝状，分枝稀疏，近圆柱形，密被鳞片；鳞片基部盾状着生，粗筛孔状，基部边缘具有强度不规则的齿，基部以上呈针状，疏有睫毛或近全缘。叶具短柄或近无柄；叶柄被鳞片，基部不膨大，无明显的关节；叶片草质或纸质，全缘，椭圆形至卵形，一型或近二型，干时暗棕绿色，不具星状毛，两面密被宿存的红棕色鳞片；鳞片毛发状，基部盾状着生，粗筛孔状，边缘具有细长的齿，基部以上长钻形，均为棕红色，不为粗筛孔状，近全缘或有细长的睫毛状齿。中脉明显，侧脉不明显，每边 10～13 条，相互会合，网孔形状不规则。孢子囊群着生于中脉与叶缘中间的主侧脉之间的大网孔中，每边各 1 行，圆形，不会合，被一些针状鳞片遮蔽而略不明显，无隔丝；孢子囊环带由 16～19 个厚壁细胞构成；孢子单裂缝，淡白色，表面乳头状凸起或有皱纹。

本属仅 1 种。

高平蕨（植物分类学报） 图版 101：1～8

Caobangia squamata A. R. Smith et X. C. Zhang in Novon **12**：549，f. 1. 2002；Weibin Xu et al. in J. Syst. Evol. **46**(6)：917，f. 1：1～5. 2008.

根状茎纤细，长而横走，密被多数开展的、向外弯曲的鳞片；鳞片暗棕红色，长 5～8mm，宽 0.4～0.8mm，盾状着生。叶远生；叶柄长 1～20mm，与叶片被相同的鳞片；营养叶卵形至阔椭圆形或短圆形，长达 4.0cm，宽达 1.5cm；孢子叶长卵形至长圆形，长达 8.0cm，宽达 1.8cm；叶片两面密被鳞片，鳞片红棕色，长 5～10mm，基部粗筛孔状，基部边缘具有细长的齿。孢子囊群生于中脉的两边，成整齐的一排，圆形，直径约 2mm，被鳞片所遮蔽。

产于龙州、大新、靖西；生于海拔 400～900m 的石灰岩山顶。越南也有分布。

2. 石韦属 Pyrrosia Mirbel

中型，附生或土生蕨类。根状茎横走，或长或短，有网状中柱，密被细筛孔状。全缘或具纤毛的盾状鳞片。单叶，一型或稍二型，散生或近生；叶柄长或近无柄，基部以关节着生于根状茎上，不具鳞片；叶片线形至披针形或长卵形，全缘，或少为戟形或掌状分裂；主脉明显，侧脉斜展，明显或隐没于叶肉中，联结成各式网眼，有内藏小脉；叶片革质，柔软或坚硬，密被星芒状毛，少无毛；毛一型或二型，棕色或灰白色；毛为二型时则上层为上述毛，常为棕色，下层毛色淡而呈柔毛状或有卷发状的细星芒，常为灰白色。孢子囊群圆形或会合，叶表面着生或略下陷，在主脉和叶缘之间有 1～3 行或多行，无囊群盖；隔丝星芒状；孢子囊有长柄，环带由 14～18 个增厚细胞组成；孢子椭圆形，周壁上有较密的小瘤状纹饰，外壁上有时具不明显的小穴。

本属约 100 种，主产于亚洲热带亚热带地区，少数达非洲及大洋洲。中国有 37 种；广西产 20 种 1 变种 1 变型。

分种检索表

1. 孢子囊群线形 ………………………………………………… 1. **石蕨** P. angustissima (Gies. ex Diels) Tagawa et K. Iwats.
1. 孢子囊群圆形或椭圆形。
  2. 叶片背面仅覆盖一层星状毛。
    3. 叶片背面的星状毛的分枝臂是单型的。
      4. 星状毛的分枝臂披针形，长与宽之比为 3∶1。

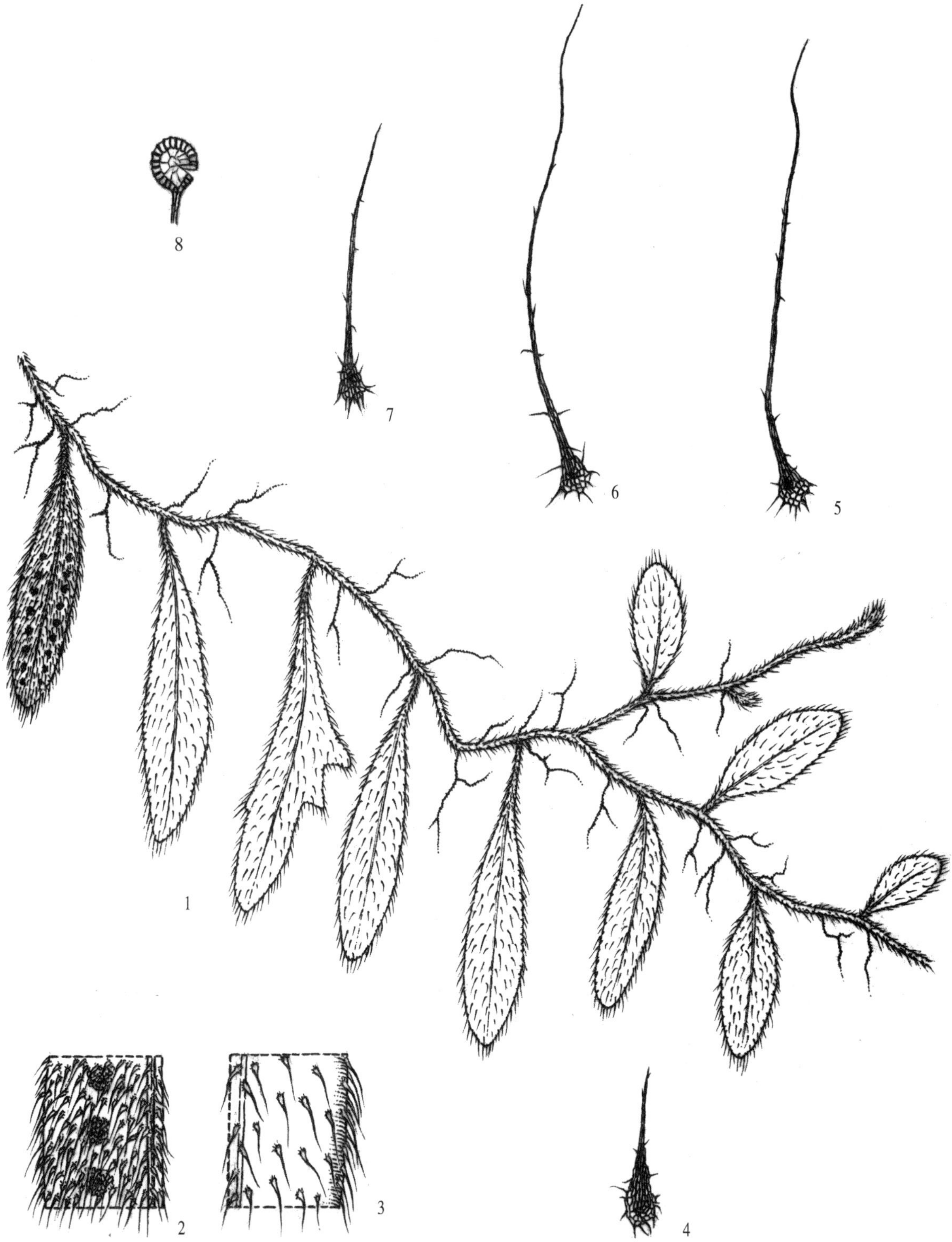

图版 101　1～8. 高平蕨 Caobangia squamata A. R. Smith et X. C. Zhang　1. 植株一部分；2. 叶片背面，示被毛情况和孢子囊群着生位置；3. 叶片背面，示被毛情况；4. 叶柄上的鳞片；5. 叶片腹面上的鳞片；6. 叶片背面上的鳞片；7. 根状茎上的鳞片；8. 孢子囊外观，示其环带。　(朱运喜绘)

5. 叶二型,孢子叶与营养叶不同,且远长于营养叶。
6. 植株高5~12cm;叶片腹面平滑,被薄毛…………… 2a. **贴生石韦** *P. adnascens* (Sw.) Ching f. *adnascens*
6. 植株高2~7cm;叶片腹面有石灰质的斑点,被厚毛 ……………………………………………………… 2b. **钙生石韦** *P. adnascens* (Sw.) Ching f. *calcicola* Shing
5. 叶一型,或有的孢子叶叶柄稍长。
7. 叶片狭披针形 ……………………………………………………… 3. **裸叶石韦** *P. nuda* (Gies.) Ching
7. 叶片阔长圆形,或长圆披针形。
8. 叶片阔披针形,基部近心形或圆截形,通常对称,为最宽 ………… 4. **庐山石韦** *P. sheareri* (Bak.) Ching
8. 叶片长圆形,中部最宽,基部两侧对称,平截或圆截形。
9. 叶片具尾状尖头,纸质,被薄的星状毛层 ……………………………………………………… 5. **尾叶石韦** *P. caudifrons* Ching, Boufford et K. H. Shing
9. 叶片渐尖头或圆钝头,革质,被厚的星状毛层。
10. 叶片通常长3~6cm,常内卷,被密毛,侧脉不显;具长柄,柄长通常是叶片长度的1~2倍 ……………………………………………………… 6. **有柄石韦** *P. petiolosa* (Christ) Ching
10. 叶片长达20cm,或更长,平展,光滑无毛,侧脉明显;叶柄短于叶片 ……………………………………………………… 7. **石韦** *P. lingua* (Thunb.) Farw.
4. 星状毛的分枝臂针状或钻形,长与宽之比约为7∶1。
11. 叶片线状披针形,短尖头,背面被厚毛……………………………… 8. **相近石韦** *P. assimilis* (Bak.) Ching
11. 叶片长披针形,向上渐变狭,基部长下延,背面近无毛…………………… 9. **光石韦** *P. calvata* (Bak.) Ching
3. 叶片背面的星状毛的分枝臂二型。
12. 根状茎上的鳞片边缘具齿。
13. 叶片长圆披针形或长圆形,宽4~6cm,尾状尖头 ……… 10. **纸质石韦** *P. heteractis* (Mett. ex Kuhn) Ching
13. 叶片披针形,宽2~2.5cm …………………………………… 11. **琼崖石韦** *P. eberhardtii* (Christ) Ching
12. 根状茎上的鳞片边缘全缘 ……………………………………………………… 12. **长圆石韦** *P. oblonga* Ching
2. 叶片被有二层不同分枝臂的星状毛覆盖。
14. 上层的星状毛具有宽的分枝臂。
15. 鳞片线状披针形,长渐尖,全缘;叶片中部最宽,基部楔形或圆形 ……………………………………………………… 13. **卷毛石韦** *P. flocculosa* (D. Don) Ching
15. 鳞片卵形,渐尖,基部处全缘,向上具齿;叶片基部最宽,基部近截形或心形 ……………………………………………………… 14. **截基石韦** *P. subtruncata* Ching
14. 上层的星状毛的分枝臂为钻形或针状。
16. 上层的星状毛具有钻状分枝臂。
17. 叶片线状披针形。
18. 根状茎上的鳞片基部鞘状,在底部的星状毛稀疏,上层的星状毛分枝臂不等长 ……………………………………………………… 15. **相似石韦** *P. similis* Ching
18. 根状茎上的鳞片基部圆形,底层星状毛紧密,上层星状毛分枝臂等长 ……………………………………………………… 16. **中越石韦** *P. tonkinensis* (Gies.) Ching
17. 叶片披针形或长圆披针形。
19. 叶片基部楔形,对称,质薄,毛被稀薄 ……………………… 17. **波氏石韦** *P. bonii* (Christ ex Gies.) Ching
19. 叶片基部圆形,不对称,质厚,被厚毛 ………………… 18. **拟毡毛石韦** *P. pseudodrakeana* K. H. Shing
16. 上层的星状毛具有针状的分枝臂。
20. 叶片线状 ……………………………………………………… 16. **中越石韦** *P. tonkinensis* (Gies.) Ching
20. 叶片披针形、长圆披针形至阔披针形。
21. 叶片披针形。
22. 叶柄至主脉均密被星状毛 ……………………… 19a. **柔软石韦** *P. porosa* (Presl) Hovenk. var. *porosa*
22. 叶片近光滑或在叶柄至主脉上有少量的毛 ……………………………………………………

………………………………… 19b. **平绒石韦** P. porosa (Presl) Hovenk. var. mollissima (Ching) Shing

21. 叶片阔披针形或基部阔展成提琴形。

23. 叶片基部圆形,两侧通常不对称 ………………………… 20. **绒毛石韦** P. subfurfuracea (Hook.) Ching

23. 叶片基部楔形,两侧对称 ……………………………………………………… 9. **光石韦** P. calvata (Bak.) Ching

1. **石蕨**(植物分类学报) 拟石韦(中国蕨类植物属志)

Pyrrosia angustissima (Gies. ex Diels) Tagawa et K. Iwats. in Acta Phytotax. Geobot. **26**. 171. 1975. ——*Saxiglossum angustissimum* (Gies.) Ching in Acta Phytotax. Sin. 10(4): 301. 1965; 中国高等植物图鉴 1: 270, 图 540. 1972; 中国植物志 6(2): 153. 2000. ——*Nipholobus angustissimus* (Bak.) Gies. Farngatt. Niph. 132. 1901. ——*Saxiglossum taenoides* (C. Chr.) Ching in Contr. Inst. Bot. Acad. Peiping 2: 1. 1933.

植株高 3～9cm。根状茎鳞片阔披针形,长渐尖头,边有细齿。叶无柄或近无柄;叶片长 5～10cm,宽 1.5～3.5cm,条形,钝尖头;背面与主脉平行的狭长网眼 2～3 行,叶两面密生星状毛,腹面的毛常早落。孢子囊群初时被反卷的叶边覆盖,成熟时挤开叶边而裸露。

产于龙胜、全州、资源、临桂、阳朔、兴安、南丹、凌云、乐业、田林;生于海拔 710～900m 的常绿阔叶林下。分布于台湾、福建、浙江、江西、安徽、湖北、湖南、河南、山西、陕西、甘肃、广东、贵州、四川。日本也有分布。

全株清热利尿、接骨;治咳嗽、跌打损伤、小便不通。

2. **贴生石韦**(海南植物志)

Pyrrosia adnascens (Sw.) Ching in Bull. Chin. Bot. Soc. **1**: 45. 1935; 海南植物志 1:187. 1964; 中国高等植物图鉴 1: 266, 图 532. 1972. 中国植物志 6(2): 120. 2000. ——*Polypodium asnascens* Sw. Syn. Fil. **25**: 222, t. 2: 2. 1806.

2a. **贴生石韦** (原变型)

Pyrrosia adnascens (Sw.) Ching f. **adnascens**

植株高 5～12cm。根状茎密生披针形、长渐尖头、有睫毛的鳞片。叶二型,肉质,两面散生极小的星状毛;营养叶小,倒卵状长圆形或长圆形,长 2～4cm 宽 8～10mm;孢子叶条形至狭披针形,长 8～15cm,宽 5～8mm,全缘。孢子囊群散布于孢子叶叶片中部以上,密集;无囊群盖,但有星芒状隔丝。

产于那坡、玉林、桂平、博白、防城港、合浦、钦州、东兴、上思、灵山、隆安、宁明、大新、扶绥、龙州、凭祥、武鸣、南宁、金秀;生于海拔 20～610m 的阔叶林下。分布于台湾、福建、广东、海南、云南。亚洲其他热带地区也有分布。

茎、叶清热利尿、散结解毒;治腮腺炎、瘰疬、蛇伤。

2b. **钙生石韦**(变型)(日本植物杂志)

Pyrrosia adnascens (Sw.) Ching f. **calcicola** Shing in J. Jap. Bot. **72** (1): 28. 1997; 中国植物志 6 (2): 121. 2000.

本变型植物体远比原变型小,营养叶仅长约 2cm,宽约 1.5cm;孢子叶长约 7cm,宽约 1cm,叶片腹面布满石灰质的洼点,背面密被星状毛,厚革质,易于区别。

广西特有,产于凌云;附生于山顶岩石上。

3. **裸叶石韦**(日本植物杂志) 图版 102:1～4

Pyrrosia nuda (Gies.) Ching in Bull. Chin. Bot. Soc. **1**: 70. 1935; Tard.-Blot et C. Chr. in Fl. Indo-Chine 7(2): 514. 1941; 中国植物志 6(2): 123. 2000. ——*Niphobolus nudus* Gies., Farngatt. Niph. 149. 1901.

根状茎长而横走。叶远生;叶柄长 3～4cm,禾秆色;叶片线形或线状披针形,长 10～15cm,宽 1～

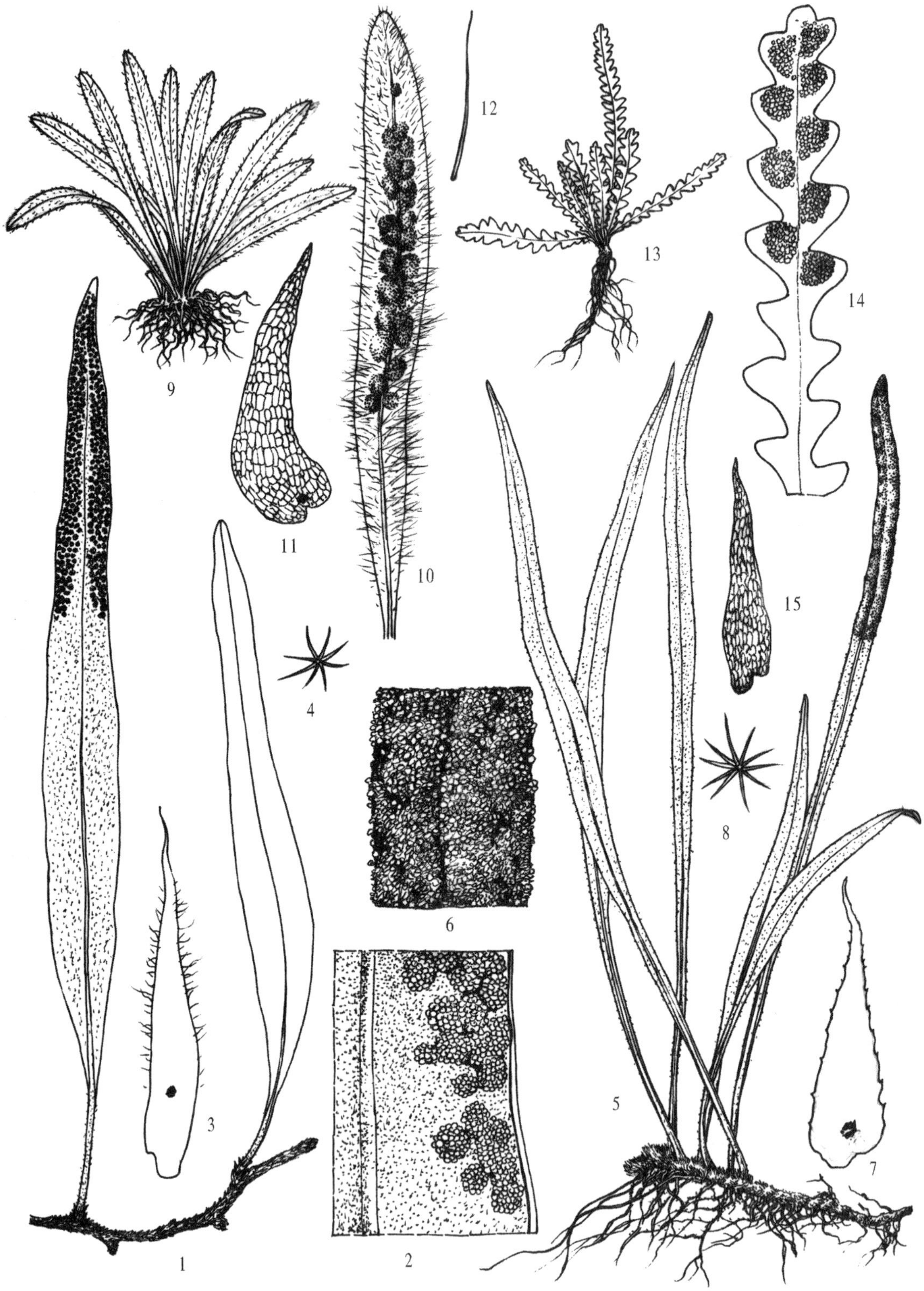

图版 102 1～4.**裸叶石韦** Pyrrosia nuda (Gies.) Ching 1.植株；2.叶片背面一部分，示孢子囊群着生位置；3.根状茎上的鳞片；4.星状毛。 5～8.**中越石韦** P. tonkinensis (Gies.) Ching 5.植株；6.叶片背面一部分，示孢子囊群着生位置；7.根状茎上的鳞片；8.星状毛。 9～12.**短柄禾叶蕨** Grammitis dorsipila (Christ) C. Chr. et Tard.-Blot 9.植株；10.叶片背面，示被毛情况及孢子囊群着生位置；11.根状茎上的鳞片；12.叶片背面上的毛。 13～15.**锯蕨** Micropolypodium okuboi (Yatabe) Hay. 13.植株；14.叶片背面一部分，示孢子囊群；15.根状茎上的鳞片。（林文宏绘）

1.5cm，基部顶端渐缩短；叶干时卷折，叶草质，腹面光滑，背面疏生星状绒毛。孢子囊群小，下凹，分布于叶片上侧，在羽脉及叶缘之间整齐地排成4～6行；孢子卵形，淡黄色，光滑。

产于那坡；生于海拔350～1 100m的常绿阔叶林下。分布于海南、云南、四川。印度、缅甸、老挝、尼泊尔、不丹也有分布。

4. **庐山石韦**（中国蕨类植物图谱）

Pyrrosia sheareri (Bak.) Ching in Bull. Chin. Bot. Soc. **1**: 54. 1935；中国高等植物图鉴 **1**: 270，图 539. 1972；中国植物志 **6**(2)：128，图版 24：6～9. 2000. ——*Polypodium sheareri* Bak. in J. Bot. **5**: 201. 1875.

植株高20～60cm。根状茎密被披针形边缘有齿的鳞片。叶一型；叶片阔披针形，长20～40cm，宽3～5cm，向顶渐狭，锐尖头，向基稍宽，为不等的圆耳形或心形，不下延；叶坚革质，腹面无毛，有细密不整齐的凹点，背面有分枝短阔的黄色紧密的星状毛。孢子囊群小，在侧脉间排成多行；无囊群盖。

产于龙胜、全州、临桂、阳朔、融水、金秀、凌云、乐业；生于海拔900～1 900m的常绿阔叶林下。分布于长江以南各省区及台湾。

全草清肺泻热、利尿、通淋；治淋病、热咳、尿血、尿路结石、肾炎、崩漏、痢疾、慢性气管炎、痈疽等。

5. **尾叶石韦**（日本植物杂志）　尾头石韦（横断山区维管植物）

Pyrrosia caudifrons Ching, Boufford et K. H. Shing in J. Arnold. Arbor. **64**: 37, f. 7: d-g. 1983；横断山区维管植物（上册）170. 1993；中国植物志 **6**(2)：125. 2000.

植株高20～30cm。根状茎细长横走，密被鳞片；鳞片披针形，长渐尖头，边缘具长的睫状毛，棕色。叶远生，一型；叶柄长6～12cm，淡棕色至深棕色，基部被鳞片，向上光滑无毛；叶片椭圆形，中部最宽，向两端渐变狭，长尾状渐尖头，基部楔形，长下延，长12～16cm，中部宽3.5～7cm（孢子叶通常较狭）；叶干后厚纸质，腹面光滑无毛，呈淡棕色或灰绿色，背面被薄层的星状毛，棕色或深棕色；主脉于叶片腹面隆起，于叶片背面凹陷，侧脉在两面均隆起，小脉网状，隐约可见。孢子囊群近卵形，满布孢子叶片背面，或聚生于孢子叶片上大半部，成熟时略扩散，但不会合；无囊群盖，幼时被星状毛。

产于环江；生于海拔600～800m的常绿阔叶林下，或附生于山坡岩面上。分布于湖北、四川。

6. **有柄石韦**（中国主要植物图说·蕨类植物门）

Pyrrosia petiolosa (Christ) Ching in Bull. Chin. Bot. Soc. **1**: 59. 1935；中国高等植物图鉴 **1**: 268，图 536. 1972；中国植物志 **6**(2)：125，图版 23：2～5. 2000. ——*Polypodium petiolosum* Christ in Nuov. Giorn. Bot. Ital. n. s. **4**: 96, pl. 1, f. 2. 1897.

植株高5～15cm。根状茎横走，密被鳞片；鳞片褐色，披针形，覆瓦状排列，边缘有睫毛。叶近二型；营养叶短小，有短柄，叶片卵形至长圆形，长3～4cm，宽10～18mm，钝头，基部楔形下延，全缘，腹面幼时疏生星状毛并有洼点，背面密被灰棕色星状毛；叶脉不明显；孢子叶较大，高12～15cm，柄长2～3倍于叶片，叶片长卵形至长圆状披针形，长4～7cm，宽1～2cm，常内卷。孢子囊群棕色，会合，满布孢子叶背面。

产于桂林、南宁、百色、隆林、来宾；常附生于海拔200～800m的岩石上。分布于东北、华北、华中、西北、西南。朝鲜、俄罗斯也有分布。

全草入药；可治急慢性肾炎、肺热咳嗽。

7. **石韦**（海南植物志）

Pyrrosia lingua (Thunb.) Farw. in Amer. Midl. Nat. **12**: 302. 1931; Ching in Bull. Chin. Bot. Soc. **1**: 60. 1935；海南植物志 **1**: 189，图 89. 1964；中国高等植物图鉴 **1**: 269，图 537. 1972；中国植物志 **6**(2)：127，图版 24：1～5. 2000. ——*Acrostichum lingus* Thunb. Fl. Jap. 330, t. 33. 1784.

植株高10～30cm。根状茎密生披针形有睫毛的鳞片。叶近二型；营养叶和孢子叶同形或略短而阔，叶柄基部均有关节；孢子叶的柄长5～10cm，叶片披针形或长圆状披针形，长8～18cm，宽2～5cm；叶干后革质，腹面偶有星状毛，并有小凹点，背面密覆灰棕色星状毛。孢子囊群在侧脉间紧齐地排列，初为星状毛包被，成熟时露出；无囊群盖。

广西各地均产；常附生于海拔 150～1 200m 的林下树干上或岩石上。分布于长江以南各省区，向东至台湾。印度、越南、朝鲜、日本也有分布。

全草清热利尿、通淋、止血；治小便赤短、尿血、崩漏、热淋、外伤出血等。

8. **相近石韦**（中国植物志） 相似石韦（中国高等植物图鉴）

Pyrrosia assimilis (Bak.) Ching in Bull. Chin. Bot. Soc. **1**: 49. 1935；中国高等植物图鉴 **1**: 267，图 533. 1972；中国植物志 **6**(2): 130，图版 23: 6～9. 2000. ——*Polypodium assimilis* Bak. in J. Bot. **13**: 201. 1857.

植株高 5～25cm。根状茎与叶柄基部密生披针形、有齿的鳞片。叶一型；叶片宽 3～10mm，基部长下延，无柄或有短柄；叶革质，背面疏生细长灰色星状毛，腹面无毛，有凹点。孢子囊群在主脉两侧各 2～4 行。

产于桂林、龙胜、阳朔、金秀、桂平、北流、防城港、上思、扶绥、龙州、靖西、天峨、融水；常附生于海拔 200～900m 的林下或岩石上。广布于长江以南各省区。

茎叶清热、镇静、调经；治肺热咳嗽、尿路感染、癫痫。

9. **光石韦**（中国主要植物图说 · 蕨类植物门）

Pyrrosia calvata (Bak.) Ching in Bull. Chin. Bot. Soc. **1**: 62. 1935; Tard.-Blot et C. Chr. in Fl. Indo-Chine **7**(2): 509. 1941；中国高等植物图鉴 **1**: 269，图 538. 1972；中国植物志 **6**(2): 133，图版 25: 1～4. 2000. ——*Polypodium calvatum* Bak. in J. Bot. **17**: 304. 1879.

植株高 25～60cm。根状茎密生披针形、长渐尖头、边缘有齿的鳞片。叶一型；叶柄长 5～10cm；叶片披针形，长 20～50cm，宽 2～4cm，渐尖头，向基部变狭，楔形下延；叶革质，腹面偶有星状毛及小凹点，背面幼时有白色细长星状毛，后完全无毛并为绿色。孢子囊群分布于在叶片中部以上；无囊群盖。

产于临桂、永福、阳朔、天峨、凤山、靖西、那坡、隆林、凌云、乐业、德保、田东、贺州、都安、河池、天等、南宁、武鸣、大新、龙州；附生于海拔 80～900m 的林中树干或岩石上。分布于浙江、湖北、湖南、陕西、甘肃、广东、福建、云南、贵州、四川。越南也有分布。

全草收敛、利尿、清热、止血、消肿散结；治吐血、小便不利、瘰疬、淋证、尿路结石、外伤出血、烧伤、烫伤。

10. **纸质石韦**（秦岭植物志）

Pyrrosia heteractis (Mett. ex Kuhn) Ching in Bull. Chin. Bot. Soc. **1**: 57. 1935；秦岭植物志 **2**: 192. 1974；中国植物志 **6**(2): 135，图版 26: 1～6. 2000. ——*Polypodium heteractis* Mett. ex Kuhn, Linn. **36**: 140. 1869.

植株高 10～30cm。根状茎略粗壮，长而横走，密被狭披针形鳞片；鳞片长尾状尖头，顶部具长睫毛，盾状着生，着生处黑色，其余淡棕色。叶远生，近二型（营养叶远比孢子叶宽大）；营养叶的柄长 4～14cm，禾秆色，基部密被鳞片，向上被二型分枝臂的星状毛；叶片椭圆状披针形或长圆状披针形，长 14～25cm，中部最宽，4～7.5cm，两端渐变狭，长尾状尖头，基部楔形，几不下延，干后硬纸质，腹面淡绿色，沿主脉有稀疏的星状毛，背面淡红棕色，被二型分枝臂的星状毛；主脉背面明显隆起，腹面几不下凹，侧脉两面均隆起，小脉隐约可见；孢子叶通常狭长并高过营养叶。孢子囊群近圆形或椭圆形，整齐地着生于孢子叶背面侧脉间，无囊群盖，幼时被星状毛覆盖，棕色，成熟时孢子囊开裂而彼此会合，呈砖红色。

产于龙州；生于林下树干上或岩石上。分布于海南、云南、西藏。不丹、印度、缅甸、泰国和越南也有分布。

11. **琼崖石韦**（海南植物志）

Pyrrosia eberhardtii (Christ) Ching in Bull. Chin. Bot. Soc. **1**: 59. 1935; Tard.-Blot et C. Chr. in Fl. Indo-Chine **7**(2): 507. 1941；海南植物志 **1**: 188. 1964；中国植物志 **6**(2): 135. 2000. ——*Cyclosorus eberhardtii* Christin J. Bot. (Morot) **21**: 237, 270. 1918.

植株高 6～20cm。根状茎细长横走，密被狭披针形鳞片；鳞片长尾状尖头，边缘具弯曲的长睫状毛，盾状着生，着生处黑色，其余淡棕色。叶远生，近二型；营养叶的柄长 4～12cm，深棕色，木质，基部密被鳞片，向上被星状毛；叶片披针形或卵形，圆钝头，基部楔形，几不下延，长 4～12cm，中部宽 2～3cm，全缘，干后厚革质，腹面棕色，几光滑无毛，背面灰棕色，密被二型分枝臂的星状毛；主脉在叶片背面明显隆起，在腹面略凹陷，侧脉在背面隆起，小脉不显；孢子叶狭长并远高于营养叶，腹面几光滑无毛，淡棕色，背面密生孢子囊群。孢子囊群幼时被星状毛覆盖，呈淡棕色；无囊群盖；成熟时孢子囊开裂而彼此多少会合，呈砖红色。

产于上思、龙州、天等、阳朔等；常附生林下树干上或岩石上。分布于海南、广东。越南和泰国也有分布。

12. 长圆石韦（海南植物志）

Pyrrosia oblonga Ching in Bull. Chin. Bot. Soc. 1：58. 1935；Tard.-Blot et C. Chr. in Fl. Indo-Chine 7(2)：507. 1941；海南植物志 1:189. 1964.

植株高约 5cm。根状茎与叶柄基部密生披针形全缘的深棕色鳞片，着生于根状茎顶端及分枝上的鳞片开展而呈锈黄色，其余的贴生。根状茎多分枝且分枝几与主茎垂直。叶近二型；叶柄长 0.5～2cm，背面密被平贴的褐色星芒状毛；叶片卵状长圆形，长 2～3cm，宽 1～1.6cm，钝头至圆头，基部楔形，叶干后沿主脉强度卷折，坚革质，腹面无毛但表面粗糙不平，水囊不明显，背面密被两种星状毛，下层的灰棕色，有 5～6 条阔披针形的星芒，并有 3～4 条长卷发状的丝毛，上层的毛褐色，较大而稀疏，有 6～7 条针状的星芒。孢子囊群密布于孢子叶片背面，明显从主脉至叶缘排列成行，斜展。

产于上思、防城港；生于海拔 200～400m 的阔叶林下沟谷石壁上。分布于海南。越南也有分布。

13. 卷毛石韦（蕨类名词及名称）

Pyrrosia flocculosa (D. Don) Ching in Bull. Chin. Bot. Soc. 1：66. 1935；Tard.-Blot et C. Chr. in Fl. Indo-Chine 7(2)：512. 1941；中国植物志 6(2)：139. 2000. ——*Polypodium flocculosum* D. Don, Prodr. Fl. Nepal. 1. 1825.

植株高 25～50cm。根状茎短而横卧，先端密被线状披针形鳞片；鳞片长尾状尖头，全缘，棕色。叶近簇生，一型；叶柄长 6～20cm，基部密被鳞片，向上被两种星状毛，禾秆色至棕色；叶片长圆状披针形，中部或下部为最宽，向顶部渐变狭，渐尖头，基部近圆楔形，略下延，全缘，干后厚革质，两面均为灰棕色，腹面几光滑无毛，背面密被两层不同分枝臂的星状毛；主脉粗壮，背面圆形隆起，腹面不凹陷，侧脉与小脉均不显。孢子囊群密布于孢子叶片背面，幼时被星状毛覆盖，呈淡棕色；成熟时孢子囊开裂并会合，呈砖红色。

产于龙州；附生于林下树干上或岩石上。分布于云南。不丹、尼泊尔、印度、缅甸、泰国、越南及加里曼丹岛也有分布。

14. 截基石韦（日本植物杂志） 图版 103:1～4

Pyrrosia subtruncata Ching in Bull. Chin. Bot. Soc. 1：67. 1935；Tard.-Blot et C. Chr. in Fl. Indo-Chine 7(2)：510. 1941；中国植物志 6(2)：141. 2000.

根状茎横走。叶近生；叶柄坚挺；叶片长 8～15cm，宽 3～5cm，锐尖头，基部近心形，或近截形，腹面具多数下陷的水囊；幼嫩株上被星状绒毛，后渐落，背面密被灰色绒毛，羽轴上的明显。孢子囊群小，占叶面 2/3，排成行，明显；孢子卵形，光滑。

产于河池、武鸣、隆安、龙州；生于海拔 150～610m 的常绿阔叶林下。越南北部也有分布。

15. 相似石韦（蕨类名词及名称） 图版 103:5～8

Pyrrosia similis Ching in Bull. Chin. Bot. Soc. 1：56. 1935；中国植物志 6(2)：142，图版 29：1～4. 2000.

小型植物，植株长 5～10cm。根状茎短而横走，密被披针形鳞片。叶一型；叶片狭披针形，长 5～10cm，宽 3～5mm，向两端渐狭，下延，几无柄；叶厚纸质，腹面被疏毛，背面被密毛，星状毛一型。孢子囊群小，在侧脉间排成一行至多行，无囊群盖。

产于龙胜、罗城、宜州、河池、天等、龙州、那坡、乐业、凌云；常附生于海拔 480～1 100m 的林下岩石

图版 103 1～4. **截基石韦 Pyrrosia subtruncata** Ching 1. 植株；2. 叶片背面一部分，示孢子囊群着生位置；3. 根状茎上的鳞片；4. 星状毛。 5～8. **相似石韦 P. similis** Ching 5. 植株；6. 叶片背面一部分，示孢子囊群着生位置；7. 根状茎上的鳞片；8. 星状毛。 9～14. **绒毛石韦 P. subfurfuracea**（Hook.）Ching 9. 植株；10. 叶片一部分，示孢子囊群着生位置；11～12. 根状茎上的鳞片；13～14. 星状毛。 （林文宏绘）

上。分布于贵州、四川。越南也有分布。

16. **中越石韦**(中国植物志)　越南石韦(海南植物志)　图版 102:5~8

Pyrrosia tonkinensis (Gies.) Ching in Bull. Chin. Bot. Soc. 1: 55. 1935; Tard.-Blot et C. Chr. in Fl. Indo-Chine 7(2): 506. 1941; 中国高等植物图鉴 1: 267. 1972. 中国植物志 6(2): 144, 图版 29: 5~7. 2000. ——*Nipholobus tonkinensis* Gies. Farngatt. Niph. 144. 1901.

本种与**相似石韦**(*P. similis* Ching)相似,不同在于本种根状茎上的鳞片基部圆形,非鞘状;叶片背面除被细长黄色星状毛外,还有一层极细的星状绒毛。

产于三江、河池、罗城、融水、金秀、百色、靖西、那坡、隆林、上思、龙州、宁明、马山、扶绥、大新、武鸣;生于海拔 130~1 100m 的常绿阔叶林下。分布于广东、海南、贵州、云南。越南和泰国也有分布。

全株清热利尿;治淋病、热咳、尿路感染、急性肾炎浮肿。

17. **波氏石韦**(蕨类植物名词及名称)

Pyrrosia bonii (Christ ex Gies.) Ching in Bull. Chin. Bot. Soc. 1: 67. 1935; Tard.-Blot et C. Chr. in Fl. Indo-Chine 7(2): 510, f. 60: 2~4. 1941; 中国植物志 6(2): 145. 2000. ——*Niphobolus bonii* Christ ex Gies. Farngatt. Niph. 120. 1901.

根状茎短而横卧。叶远生;叶柄长 10~17cm,被分散的鳞片和密的灰色绒毛及星状绒毛;鳞片披针形,基部略宽凹入,顶端渐狭,边缘全缘,褐色,质薄;叶片长 17~25cm,宽 3~4cm,舌形,顶端锐尖或渐尖,基部楔形,边缘全缘,卷曲;叶脉明显,伸达叶片顶部,侧脉不明显;叶草质,腹面光滑,背面被二型毛,一种为几无色的底部绒毛,另一种为疏而坚挺的褐色针状毛。孢子囊群位于叶片上侧 1/3 处,每行斜展全部 3~4 行;孢子卵形,淡黄色,光滑。

产于融水、罗城、百色、靖西、马山、龙州、灵山、钦州;生于海拔 480~1 100m 的林下岩石上。分布于贵州。越南也有分布。

全株清热利尿、化痰止咳、通淋利湿;治咳嗽、淋病、湿热黄疸、舌苔黄腻。

18. **拟毡毛石韦**(横断山区维管植物)

Pyrrosia pseudodrakeana K. H. Shing in Acta Phytotax. Sin. 31: 81, 571. 1993;横断山区维管植物(上册)170. 1993; 中国植物志 6(2): 145. 2000. ——*Pyrrosia intermedia* (Goy) Shing in Amer. Fern J. 73: 78. 1983.

植株高 25~38cm。根状茎粗短横卧,密被棕色披针形鳞片;鳞片周身密生睫毛,长渐尖头。叶近生,一型;叶柄长 10~23 (28)cm,粗壮,坚硬,基部密被鳞片,向上被两种星状毛,禾秆色;叶片椭圆状披针形,中下部为最宽,向上渐变狭,圆钝短尖头,基部通常扩展成圆截形,或圆楔形,通常不对称,略下延,全缘,或略呈波状,罕有下部浅裂,长 15~25cm,宽 5~8.5cm,干后厚软革质,腹面淡灰棕色,几光滑无毛,但布满洼点,背面灰白棕色,密被两种星状毛,上面的为厚层针状臂星状毛,底层的为绒毛状星状毛;主脉粗壮,背面隆起,腹面平坦,侧脉可见,小脉不显。孢子囊群近圆形,整齐地排列于主脉两侧的侧脉之间,幼时被星状毛覆盖,呈淡棕色;无囊群盖;成熟时孢子囊开裂而会合,呈砖红色。

产于隆林、龙州、大新、靖西、那坡等;附生于林下或山坡和沟边的岩石上和岩壁上。分布于湖北、陕西、甘肃、四川、云南。

全株镇咳祛痰、止血、利尿;治慢性气管炎、胃炎。

19. **柔软石韦**(横断山区维管植物)

Pyrrosia porosa (Presl) Hovenk. in Blumea 30: 208. 1984;横断山区维管植物(上册)171. 1993; 中国植物志 6(2): 148. 2000. ——*Niphobolus proposus* Presl, Tent. Pterid. 200. 1836. ——*Pyrrosia mollis* (Kze.) Ching f. *alciacornu* (Christ) Ching in Bull. Chin. Bot. Soc. 1: 54. 1935.

19a. **柔软石韦**(原变种)

Pyrrosia porosa (Presl) Hovenk. var. porosa

植株高 7～25cm。根状茎短而横卧，密被披针形边缘具睫毛的棕色鳞片。叶近生，一型；几无柄；叶片披针形，最宽处在上半部，短钝尖头，下半部突然变狭，并以狭翅沿主脉和叶柄下延几到与根状茎连接处，长 10～23cm，最宽为 7～25mm，全缘，干后厚革质，腹面淡灰绿色，几光滑无毛，背面棕色，被两种星状毛，自叶柄至主脉均被针状臂的星状毛；主脉在背面隆起，腹面平坦，侧脉和小脉不显。孢子囊群近圆形，聚生于叶片上半部，在主脉每侧成多行排列，幼时被棕色星状毛覆盖；成熟时孢子囊开裂，彼此稍会合，呈砖红色。

产于凌云、那坡；附生疏林下树干上或岩石上。分布于台湾、浙江、海南、云南、贵州、四川、西藏。不丹、印度、斯里兰卡、缅甸、泰国、越南和菲律宾也有分布。

19b. 平绒石韦（变种）（横断山区维管植物） 大叶石韦（中国高等植物图鉴）

Pyrrosia porosa (Presl) Hovenk. var. **mollissima** (Ching) Shing in Pl. Hengduan Mts. **1**: 171. 1993；中国植物志 **6**(2)：148. 2000. ——*Polypodium mollissimum* Christ in Bull. Herb. Boiss. **7**: 5. 1899, non Fée, 1866. ——*Pyrrosia mollis* (Kze.) Ching var. *mollissima* (Christ) Ching in Bull. Chin. Bot. Soc. **1**: 54. 1935；中国高等植物图鉴 **1**：268. 1972.

本变种与原变种不同在于本变种根状茎上的鳞片披针形，无长睫毛；叶柄与主脉近光滑无毛，故易区别。

产于隆林；附生于林下岩石上。分布于贵州、四川、云南。

20. 绒毛石韦（中国高等植物图鉴） 图版 103：9～14

Pyrrosia subfurfuracea (Hook.) Ching in Bull. Chin. Bot. Soc. **1**: 68. 1935；Tard. et C. Chr. in Fl. Indo-Chine **7**(2)：512. 1941；西藏植物志 **1**：337. 1982；中国植物志 **6**(2)：150. 2000. ——*Polypodium subfurfuraceum* Hook. Sp. Fil. **5**: 52. 1863.

植株高达 80cm。根状茎密被棕色、狭披针形、先端毛发状、全缘的鳞片。叶柄长 5～6cm，密被星状毛；叶片阔披针形，长约 75cm，宽约 9cm，短渐尖头，基部楔形下延；叶干后纸质或薄草质，腹面光滑，无明显水囊，背面密被二型星状毛，上层的短而具阔芒，下层的为毡毛状。

产于龙胜、罗城、宜州、那坡；生于海拔 310～1 100m 的林下。分布于云南、贵州、西藏。不丹、印度、缅甸、越南也有分布。

3. 水龙骨属 Polypodiodes Ching

附生，中型蕨类。根状茎横走，近黑色，多少被白粉，幼时密被盾状着生的薄鳞片。叶远生；叶柄的关节生于叶足上；叶片椭圆形至披针形，一回深羽裂，叶轴两侧有狭翅；叶脉网状，网眼内有分离的内藏小脉，脉端有大水囊；叶草质，无毛或有短柔毛，叶轴背面和羽片基部腋间常生小鳞片。孢子囊群圆形，在羽轴两侧各排成 1 行，生于网眼内的内藏小脉顶端；无囊群盖，幼时具盾状隔丝；孢子椭圆形。

本属约有 16 种，广布于亚洲大陆热带山地。中国有 11 种 3 变种；广西产 6 种 1 变种。

分种检索表

1. 根状茎无毛或近无毛，粗约 2mm，疏被鳞片，黑色或变苍白色，多少被白粉，叶宽约 6cm …………………………………… 1. **日本水龙骨 P. nipponica** (Mett.) Ching
1. 根状茎通常密被鳞片，暗晦，不苍白。
  2. 根状茎鳞片淡黄色，长 8～9mm …………………… 2. **滇越水龙骨 P. bourretii** (C. Chr. et Tard.-Blot) W. M. Chu
  2. 根状茎鳞片棕色、暗棕色或黑色，长 2～5mm。
    3. 裂片之间的基部一对侧脉不相连，即在叶轴的两侧无狭长的网眼；叶柄和叶轴多呈栗紫色 …………………………………… 3. **栗柄水龙骨 P. microrhizoma** (C. B. Clarke ex Bak.) Ching
    3. 裂片之间的基部一对侧脉相连，即在叶轴的两侧有狭长的网眼；叶轴和叶柄多呈禾秆色。
      4. 叶片长条形，裂片对数多（达 40～60 对），裂片较短（长 2～5cm），顶端圆钝，根状茎上的鳞片黑色 …………………………………… 4. **濑水龙骨 P. lachnopus** (Wall. ex Hook.) Ching

4. 叶片卵状披针形或阔披针形，裂片对数少（达 10～20 对），裂片较长（长 5～15cm），顶端渐尖。

5. 根状茎的鳞片乌黑色；侧生裂片较狭，宽 4～8mm，彼此远离；孢子囊群靠近裂片中脉着生 ………………………………………………………………………… 5. **中华水龙骨** P. chinensis (Christ) S. G. Lu

5. 根状茎的鳞片棕色；侧生裂片较宽，宽 1.5～1.8mm；彼此接近；孢子囊群位于裂片中脉与边缘之间。

6. 叶片两面及叶轴和裂片中脉均无毛 …………………… 6a. **友水龙骨** P. amoena (Wall. ex Mett.) Ching

6. 叶片两面被毛，至少叶轴及裂片中脉被短毛 ……………………………………………… 6b. **柔毛水龙骨** P. amoena (Wall. ex Mett.) Ching var. pilosa (C. B. Clarke) Ching

1. **日本水龙骨**（植物分类学报）

Polypodiodes niponica (Mett.) Ching in Acta Phytotax. Sin. 16(4): 27.1978；福建植物志 1：249，图 237.1982；中国植物志 6(2)：15.2000. ——*Polypodium niponicum* Mett. in Ann. Mus. Bot. Lugd.- Bat. 2：222.1866；中国高等植物图鉴 1：274，图 547.1972.

植株高 15～40cm。根状茎黑褐色，光秃而有白粉，顶部被鳞片；鳞片卵状圆披针形，长渐尖头，边有细齿，盾状着生。叶柄长 5～20cm；叶片长 10～20cm，宽 4～8cm，长圆状披针形，向顶部短渐尖，常有短尾尖，深羽裂达叶轴；裂片长 2～3.5cm，钝头或短尖头，全缘；叶薄纸质，两面密生灰白色短柔毛。孢子囊群生于内藏小脉顶端，在主脉两侧各排成整齐的 1 行；无囊群盖。

产于龙胜、临桂、灵川、资源、全州、兴安、灌阳、永福、上思、金秀、环江、罗城；附生于海拔 960～1 200m 的林下石壁上或树干上。广布于长江以南各省区。日本、越南、印度也有分布。

根状茎舒筋活络、活血、止痛、止咳；治骨节疼痛、骨折、咳嗽、疮肿、跌打损伤。

2. **滇越水龙骨**（中国植物志）

Polypodiodes bourretii (C. Chr. et Tard.-Blot) W. M. Chu apud P. S. Wang in Guizhou Sci. 2：12.1985. 中国植物志 6(2)：18，图 3：7～9.2000. ——*Polypodium bourretii* C. Chr. et Tard.-Blot in Not. Syst. (Paris) 8：183.1939；Tard.-Blot et C. Chr. in Fl. Indo-Chine 7(2)：536.1941.

附生植物。根状茎长而横走，粗约 4cm，密被鳞片；鳞片狭披针形，淡黄色，长 8～9cm，顶端渐尖，两侧全缘，基部阔，盾状着生，边缘有细齿。叶远生；叶柄长 10～15cm，禾秆色，除最基部密被与根状茎上相同的鳞片外，其余光滑无毛；叶片卵状披针形，羽状深裂，长 20～40cm，宽 8～14cm，基部略收缩，浅心形，顶端羽状渐裂；裂片 20～30 对，披针形，长 4～7cm，宽 6～8cm，顶端短渐尖，边缘有缺刻状浅齿，基部几对裂片略反折，上部裂片近平展；叶脉网状，裂片的侧脉和小脉不明显；叶草质，干后淡绿色，腹面疏被针状白毛，背面密被极短的柔毛或毛被脱落后近光滑。孢子囊群圆形，在裂片中脉两侧各 1 行，较靠近中脉着生；无囊群盖。

产于那坡、靖西、永福、融水、环江；附生于海拔 800～1 100m 的林下树干上或石壁上。分布于云南、贵州。越南也有分布。

3. **栗柄水龙骨**（台湾植物志）

Polypodiodes microrhizoma (C. B. Clarke ex Bak.) Ching in Acta Phytotax. Sin. 16(4): 27.1978；西藏植物志 1：294，图版 71：4～6.1983；中国植物志 6(2)：18，图版 4：1～3.2000. —— *Polypodium microrhizoma* C. B. Clarke ex Bak. in Hook. et Bak., Syn. Fil. ed. 2.511.1874.

本种近似于**滇越水龙骨**[*P. bourretii* (C. Chr. et Tard.-Blot) W. M. Chu]，不同在于本种叶柄栗色；根状茎鳞片褐色或棕褐色。

产于那坡、靖西、环江；生于海拔 800～1 200m 的石灰岩阔叶林下。分布于云南、四川、西藏、台湾。泰国北部、印度东北部、不丹、尼泊尔及克什米尔地区也有分布。

4. **濑水龙骨**（中国蕨类植物图谱）

Polypodiodes lachnopus (Wall. ex Hook.) Ching in Acta Phytotax. Sin. 16 (4): 27.1978；西藏植物志 1：259，图版 72：1～4.1983；中国植物志 6(2)：19，图版 3：4～6.2000. ——*Polypodium lach-*

nopum Wall. ex Hook., Ic. Pl. t. 952. 1854.

植株高 35～50cm。根状茎上的鳞片下部卵状，上部毛发状，基部有许多鳞毛状分枝。叶纸质；叶柄长约 10cm；叶片线状披针形，渐尖头，基部不变狭或略变狭，长可达 35cm，宽 5～7cm，深羽裂几达叶轴；裂片多达 35～40 对，披针形，锐尖，全缘或有微缺刻；叶脉不显或略显，中脉两侧各有 1 行网眼，叶轴两侧的叶脉在裂片之间联结；叶仅叶轴和中肋背面疏具卵圆形或先端为毛发状的鳞片。孢子囊群生于中肋与叶边缘之间，有多数棕色盾状隔丝；无囊群盖。

产于桂西；附生于林下树干上或石壁上。分布于云南、四川、西藏。印度、不丹、尼泊尔也有分布。

5. **中华水龙骨**(秦岭植物志)

Polypodiodes chinensis (Christ) S. G. Lu in Acta Bot. Yunn. **21**(1): 24. 1999; 中国植物志 **6**(2): 24. 2000. ——*Polypodium subamoenum* C. B. Clarke var. *chinense* Christ in Nuov. Giom. Bot. Ital. **4**: 99. 1897.

本种近似于**友水龙骨**[*P. amoena* (Wall. ex Mett.) Ching]，不同在于本种根状茎上的鳞片乌黑色，非棕色，侧生裂片小，宽为 5～7mm，友水龙骨的侧生裂片宽达 1.5～2cm。

产于兴安、恭城；附生于海拔 1 200～1 800m 的石壁上或树干上。分布于陕西、甘肃、山西、河南、河北、湖北、江西、安徽、四川、云南、贵州、广东、浙江。

6. **友水龙骨**(中国蕨类植物图谱)

Polypodiodes amoena (Wall. ex Mett.) Ching in Acta Phytotax. Sin. **16**(4): 27. 1978; 西藏植物志 **1**: 293. 1983; 中国植物志 **6**(2): 24. 2000. ——*Polypodium amoenum* Wall. ex Mett. Farngatt. Polypod. 131. 1857; 中国高等植物图鉴 **1**: 275, 图 549. 1972.

6a. **友水龙骨**(原变种)

Polypodiodes amoena (Wall. ex Mett.) Ching var. amoena

植株高 25～70cm。根状茎密生棕色鳞片。叶纸质，仅背面疏生褐色卵状披针形小鳞片；叶片长 15～40cm，宽 8～12cm，长圆形，深羽裂几达叶轴；裂片宽 1～2cm，边有缺刻状齿；叶脉明显，有网眼 2 行。孢子囊群稍离主脉；无囊群盖。

产于龙胜、临桂、灵川、阳朔、融水、罗城、象州、金秀、三江、靖西、那坡、田林、凌云、乐业、桂平、容县、北流、上思(十万大山)、武鸣；附生于海拔 200～1 300m 的常绿阔叶林下岩石上或树干上。广布于长江以南和西南地区及台湾。

根状茎舒筋活络、活血止痛；治骨节疼痛、骨折、咳嗽、小儿高热、牙痛。

6b. **柔毛水龙骨**(变种)(中国高等植物图鉴)

Polypodiodes amoena (Wall. ex Mett.) Ching var. pilosa (C. B. Clarke) Ching in Fl. Xizang. **1**: 294. 1983; 中国植物志 **6**(2): 26. 2000; 贵州蕨类植物志 514. 2001. ——*Polypodium amoenum* Wall. ex Mett. var. *pilosum* C. B. Clarke in J. Linn. Soc. **24**: 417. 1888; 中国高等植物图鉴 **1**: 275. 1972.

本变种与原变种的区别在于本变种叶两面被毛或至少在叶轴及裂片中脉上疏被短柔毛。

产于融水；附生于海拔 1 200～1 800m 的林下树干或石壁上。分布于云南、西藏、四川、贵州、湖北、浙江。印度、尼泊尔也有分布。

4. 拟水龙骨属 Polypodiastrum Ching

小型附生蕨类，少为大中型。根状茎长而横走，黑褐色，往往被白粉，幼时密被具粗筛孔的小鳞片，以后大都脱落而变光滑。叶散生，叶柄以关节着生于叶足上；叶片一回羽状；羽片通常少数(10 对左右)，不以关节着生于叶轴，披针形或线形，下部的分离，无柄，向上的多少与叶轴合生，顶部下延于叶轴；叶脉明显，在羽轴两侧各成 1 行椭圆形大的网眼，其长约占羽片的 2/3，有能育的内藏小脉 1 条，网眼外侧的叶脉分离，偶有再形成 1 个不具内藏小脉的小网眼；叶草质或薄草质。孢子囊群圆形，在羽轴两侧各 1 行，表面生于内行网眼的内藏小脉顶端，幼时有不规则的盾状隔丝覆盖；隔丝三角形，有粗筛孔，早落；孢子椭圆形，不具周壁，外壁具疣状纹饰。

本属约有 8 种，分布于亚洲热带、亚热带山地及大洋洲。中国有 2 种 2 变种，产于西南、华南和台湾；广西产 1 种。

尖齿拟水龙骨（植物分类学报）

Polypodiastrum argutum (Wall. ex Hook.) Ching in Acta Phytotax. Sin. 16(4): 28. 1978；西藏植物志 1: 297，图版 73. 1983；中国植物志 6(2): 27. 2000. ——*Polypodium argutum* Wall. ex Hook., Sp. Fil. 5: 32. 1864；中国高等植物图鉴 1: 274. 1972. ——*Polypodium mengtzeense* Christ in Bull. Herb. Boiss. 6: 867. 1898. ——*Polypodiastrum mengtzeense* (Christ) Ching in Acta Phytotax. Sin. 16 (4): 28. 1978.

植株高大，达 100cm。根状茎粗壮，密被褐棕色、披针形、粗筛孔状的小鳞片。叶薄纸质，仅羽轴基部疏具鳞片；叶柄长 10～20cm；叶片长 30～80cm，宽 20～30cm，一回羽状；羽片 20 对以上，披针形尾状渐尖，长 10～15cm，宽达 2cm，斜上，上部数对羽片基部常与叶轴合生且下延，边缘具齿。孢子囊群生于网眼内小脉的顶端，圆形。

产于龙胜、兴安、灵川、恭城、金秀、象州、武鸣、那坡；附生于海拔 900～1 300m 的常绿阔叶林下石壁或树干上。分布于云南、贵州、西藏。泰国、缅甸、印度、不丹、尼泊尔也有分布。

根状茎活血散瘀、解热；治跌打损伤，在台湾被用作解热药。

5. 薄唇蕨属　Leptochilus Kaulf.

土生或附生蕨类。根状茎横走或攀缘，具网状中柱，无厚壁细胞束，被鳞片；鳞片细小，粗筛孔状，黑色，顶端渐尖，早落。叶远生，二型；叶柄稍长或近无柄，基部有不明显的关节；营养叶为单叶，披针形或卵形，边缘全缘，很少呈撕裂状；孢子叶狭缩成线形，其宽度常与叶柄相近；侧脉稍明显，小脉联结成多数网眼，内藏小脉单一或分叉，顶端有水囊；叶草质或纸质，无毛。孢子囊满布孢子叶片背面，靠近主脉两侧，形成汇生囊群，有时间断而偏斜；不具隔丝；孢子囊的环带一般由 14 个增厚细胞组成；孢子极面观椭圆形，赤道面观豆形，淡黄色，单裂缝，表面平坦，散生球形颗粒和缺刻状刺。

本属有 4 种，产于亚洲热带地区。中国有 3 种，分布于华南、西南地区及台湾；广西产 1 种。

似薄唇蕨（蕨类名词及名称）　网囊蕨（中国蕨类植物图谱）

Leptochilus decurrens Bl., Enum. Pl. Jav. 206. 1828；海南植物志 1:182，图 87. 1964；中国高等植物图鉴 1:263，图 525. 1972；中国植物志 6(2): 262，图版 58: 1～3. 2000. ——*Paraleptochilus decurrens* (Bl.) Copel. Gen. Fil. 198, pl. 7. 1947.

植株高 20～60cm。根状茎攀缘，顶部密生卵圆状披针形鳞片。叶近生，二型，纸质；营养叶大，无叶柄或有短柄；叶片卵状长圆形至阔披针形，长 15～50cm，宽 4～10cm，渐尖或锐尖头，基部急狭，下延，全缘；孢子叶的柄长 10～35cm；叶片狭条形，长 15～25cm，宽 2～7mm。孢子囊群沿整个网脉着生，成熟时满布孢子叶片背面；无囊群盖。

产于那坡、天峨、隆林、田林、龙胜；生于海拔 350～1 100m 的常绿阔叶林下。分布于台湾、海南、广东、云南、贵州。波利尼西亚、印度及中南半岛也有分布。

全株治跌打损伤、腰腿痛。

6. 线蕨属 Colysis Presl

土生，中型蕨类。根状茎细，长而横走，被鳞片；鳞片细小，质薄，卵形至披针形而先端渐尖至尾尖，褐色，具粗筛孔，全缘或近全缘。叶远生；一型或罕二型；叶柄长，与根状茎相连处有不明显关节，通常有翅；叶为单叶或指状深裂至深羽裂，或为一回羽状而羽片基部贴着叶轴，全缘或浅波状；叶脉网状，在每对侧脉之间形成 2 行网眼，有内藏小脉；叶草质或纸质，无毛。孢子囊群线形，连续或偶中断，在每对侧脉间有 1 行，并与侧脉平行而与主脉斜交，无隔丝；孢子囊柄有 3 行细胞，环带由 12～14 处增厚细胞组成；孢子椭圆形，不具周壁，外壁具有较短的刺状或小颗粒状纹饰。

本属约 12 种，主产于亚洲温暖地区，向西达非洲，向东南至伊里安岛及澳大利亚的昆士兰。中国约有 10 种 5 变种；广西产 9 种 5 变种。

分 种 检 索 表

1. 叶为单叶，全缘或多少有不规则的条裂。
  2. 孢子囊群长圆形或近圆形，间断着生 ……………………………… 1. **断线蕨** C. hemionitidea (Wall. ex Mett.) Presl
  2. 孢子囊群线形，连续不间断。
    3. 叶片戟形，基部以下的边缘常有不规则的条裂 ……………………………… 2. **胄叶线蕨** C. hemitoma (Hance) Ching
    3. 叶片全缘或呈波状。
      4. 叶明显二型，孢子叶远高出。
        5. 叶披针形或椭圆状披针形，自近中部向两端狭缩，基部明显下延；孢子叶明显小于营养叶 …………………… ……………………………………………………………… 3. **长柄线蕨** C. pedunculata (Hook. et. Grev.) Ching
        5. 叶卵状椭圆形，基部最宽，截形或心形；孢子叶与营养叶近同形………… 4. **吴氏线蕨** C. wui (C. Chr.) Ching
      4. 叶一型或近二型。
        6. 叶片背面有小鳞片；孢子囊群中有鳞片状隔丝着生…………………… 5. **褐叶线蕨** C. wrightii (Hook.) Ching
        6. 叶片背面无小鳞片；孢子囊群中无鳞片状隔丝着生。
          7. 叶片椭圆形或卵状披针形；叶片中部以下突变狭；叶质厚，叶脉隐约可见 ……………………………………… ……………………………………………………………………… 6. **矩圆线蕨** C. henryi (Bak.) Ching
          7. 叶片狭长线形；以狭翅下延近达基部；叶草质，叶脉清晰可见 …… 7. **绿叶线蕨** C. leveillei (C. Chr.) Ching
1. 叶为羽状深裂或为一回羽状。
  8. 叶为掌状分裂或二叉至三叉状 ………………………………………………… 8. **掌叶线蕨** C. digitata (Bak.) Ching
  8. 叶为羽状分裂或羽状半裂。
    9. 叶片二回羽裂，即基部裂片常分裂……………………………………………………………………………………… ……………… 9c. **三江线蕨** C. elliptica (Thunb.) Ching var. sanjiangensis (H. G. Zhou et Hua Li) R. H. Jiang
    9. 叶一回羽裂，基部裂片不分裂。
      10. 叶轴两侧有宽翅；羽片边缘呈明显波状褶皱 ……………………………………………………………………… ……………………… 9b. **曲边线蕨** C. elliptica (Thunb.) Ching var. flexiloba (Christ) L. Shi et X. C. Zhang
      10. 叶轴两侧有狭翅或无翅；羽片边缘全缘或有时呈不明显浅波状。
        11. 羽片 5～9 对。
          12. 叶近二型；叶纸质，侧脉及小脉不明显；植株较矮小，一般高约45cm，最大羽片长7～12cm；根状茎较纤细 ……………………………………………………………………… 9a. **线蕨** C. elliptica (Thunb.) Ching var. elliptica
          12. 叶一型；叶草质，侧脉及小脉明显；植株较高大，一般高约 70cm，最大羽片长 15～25cm；根状茎较粗壮 … ……………………………………………… 9d. **宽羽线蕨** C. elliptica (Thunb.) Ching var. pothifolia Ching
        11. 羽片 2～5 对。
          13. 叶近革质；叶长 17～30cm，宽小于 12cm；最大羽片长 5～8cm，宽 1.4～2.2cm. ………………………… ……………… 9e. **长叶柄线蕨** C. elliptica (Thunb.) Ching var. longipes (Ching) L. Shi et X. C. Zhang

13. 叶草质；叶长 40～70cm，宽 12～22cm；最大羽片长 11～18cm，宽 2.2～3.7cm …………………………
………………… 9f. **滇线蕨** C. elliptica (Thunb.) Ching var. pentaphylla (Bak.) L. Shi et X. C. Zhang

1. **断线蕨**(中国蕨类植物图谱)　图版 104:1～2

Colysis hemionitidea (Wall. ex Mett.) Presl, Epim. Bot. 147. 1894；中国蕨类植物图谱 4:图版 195. 1937;海南植物志 1:184. 1964；中国植物志 6(2):236,图 50：1～4. 2000. ——*Polypodium hemionitidea* Wall. (List no. 284. 1828, nom. nud.) ex Mett. Farngatt. Polypod. 112. 1857.

植株高 30～60cm。根状茎疏生卵状披针形、长渐尖头、缘有疏齿的红棕色鳞片。叶一型；叶片几无柄或有短柄，阔披针形，宽 3～8cm，渐尖头，向基渐狭，下延达基部，全缘；在近于平行的侧脉间形成 2～3 行网眼；叶革质。孢子囊群长圆形、短条形或圆形，生于侧脉间网脉的交叉点；通常孢子叶仅叶片上半部能育；无囊群盖。

广西各地均产；附生于海拔 200～1 200m 的沟谷石壁上。分布于浙江、台湾、福建、江西、湖南、香港、海南、四川、广东、云南、贵州、西藏。越南、缅甸、泰国、印度、尼泊尔、不丹、菲律宾、日本也有分布。

叶清热解毒、利尿；治尿路感染、淋证、斑疹、蛇伤。

2. **胄叶线蕨**(中国蕨类植物图谱)

Colysis hemitoma (Hance) Ching in Bull. Fan Mem. Inst. Biol. Bot. 4:326. 1933；中国蕨类植物图谱 4：图版 197. 1937；中国高等植物图鉴 1:265，图 529. 1972；中国植物志 6(2):246，图版 53:1～8. 2000. ——*Polypodium hemitomum* Hance in J. Bot. 1883:269. 1883.

植株高 25～60cm。根状茎密生卵状披针形、长渐尖头、边缘有齿的褐色鳞片；叶柄长 15～30cm，上部有狭翅；叶片戟形(即基部有一对平展的披针形裂片)或边缘条裂(有裂片 2～6 枚)，少为单叶，基部长下延，全缘或浅波状；叶为草质，背面幼时沿中脉、叶轴和叶柄疏有鳞片。孢子囊群有时中断，沿主脉两侧斜出伸达叶边；无囊群盖。

产于贺州、金秀、临桂、龙州、扶绥、三江、昭平；附生于海拔 150～600m 的林下沟谷石壁上。分布于浙江、湖南、海南、贵州、四川、福建、广东、江西。越南、马来西亚、印度尼西亚、日本也有分布。

全株治外伤感染。

3. **长柄线蕨**(植物分类学报)

Colysis pedunculata (Hook. et Grev.) Ching in Bull. Fan Mem. Inst. Biol. Bot. 4：321. 1933；植物分类学报．37：59. 1999；中国植物志 6(2)：239. 2000. —— *Ceterach pedunculatum* Hook. et Grev. Ic. Fil. t. 5. 1829. —— *Colysis membranacea* Presl, Epim. Bot. 147. 1849. ——*C. bonii* Ching in Bull. Fan Mem. Inst. Biol. Bot. 4：322. 1933.

植株高 20～40cm。根状茎直立，密被鳞片，鳞片褐色、卵状披针形。叶丛生，二型；营养叶披针形，边缘波状，叶柄长 1～3cm，叶片长 6～7cm，中部宽 1～2.5cm，顶端边尖或圆钝，下部变狭并下延，叶干后薄纸质，淡黄色；孢子叶远高于营养叶，叶柄长约 30cm，叶片披针形，叶干后腹面淡绿色，背面淡黄色。孢子囊群线形，与主脉斜交。

产于靖西、那坡、龙州、大新、德保、宁明、上思、防城港、北流、贺州、金秀；生于海拔 100～800m 的林下沟边或岩石上。分布于海南、云南。菲律宾、巴布亚新几内亚、印度、越南也有分布。

全株活血散瘀、清热利尿；治跌打损伤、刀伤、淋证、尿路感染。

4. **吴氏线蕨**(中国蕨类植物图谱)　图版 104:3～6

Colysis wui (C. Chr.) Ching in Bull. Fan Mem. Inst. Biol. Bot. 4：322. 1933；中国蕨类植物图谱 4：图版 194. 1937;中国植物志 6(2):240. 2000, as syn. ——*Polypodium wui* C. Chr. in Bull. Dept. Biol. Sun Yat-sen Univ. 6：17, pl. 150. 1933. ——*Colysis saxicola* H. G. Zhou et Hua Li in Acta Bot. Yunnan. 3：253, pl. 1. 1993.

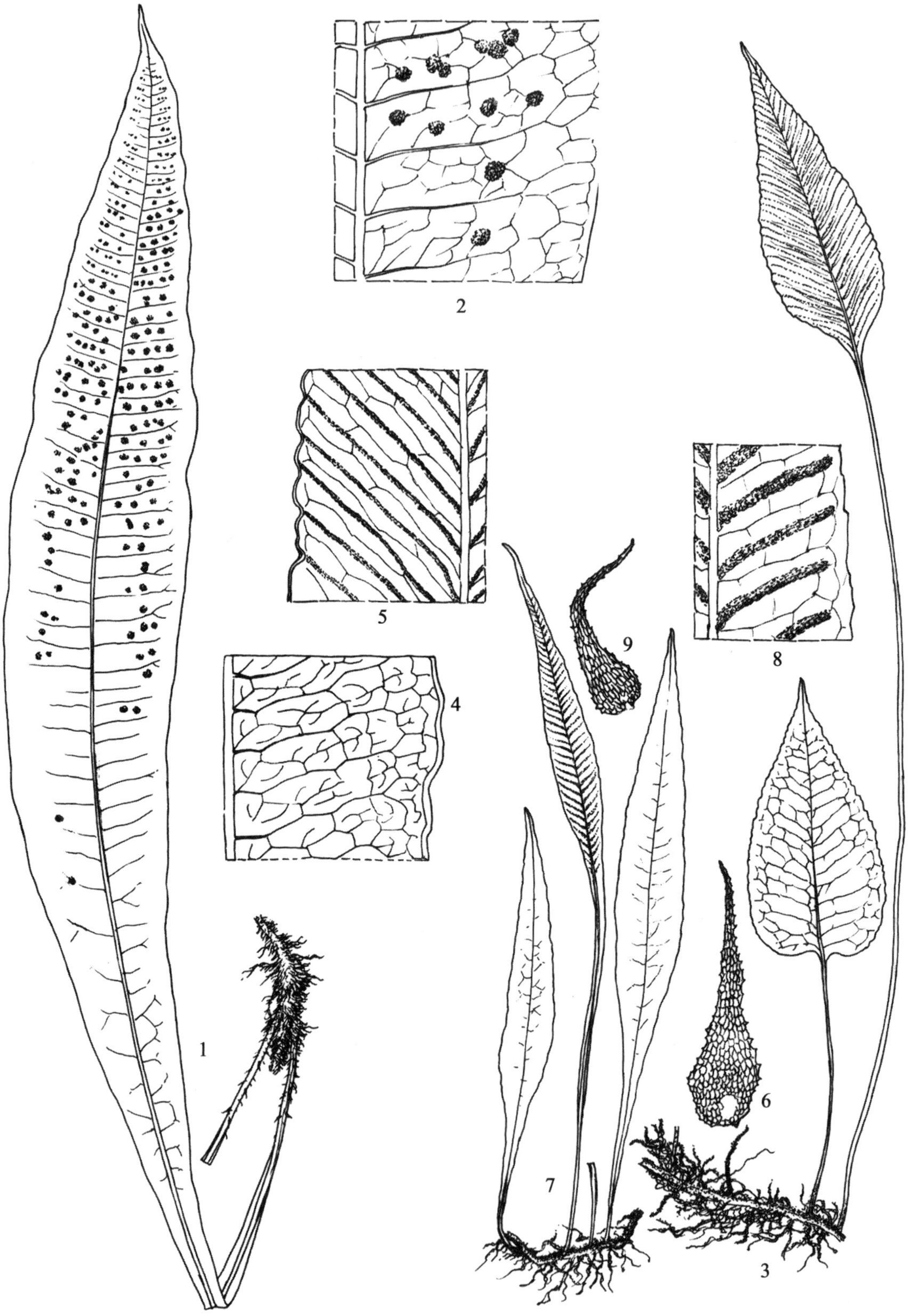

图版 104 1～2. 断线蕨 Colysis hemionitidea (Wall. ex Mett.) Presl 1. 植株；2. 叶片背面一部分，示叶脉及孢子囊群着生位置。3～6. 吴氏线蕨 C. wui (C. Chr.) Ching 3. 植株；4. 叶片背面一部分，示叶脉；5. 叶片背面一部分，示孢子囊群着生位置；6. 根状茎上的鳞片。 7～9. 褐叶线蕨 C. wrightii (Hook.) Ching 7. 植株；8. 叶片背面一部分，示叶脉和孢子囊群着生位置；9. 根状茎上的鳞片。 (林文宏绘)

本种近似于**长柄线蕨**[*C. pedunculata* (Hook. et Grev.) Ching]，不同在于本种根状茎鳞片线状披针形或三角状披针形；叶片卵状椭圆形，基部截形或心形。

产于金秀、上思、那坡；生于海拔 300～1 100m 的林下阴湿处或沟谷中。分布于广东。越南也有分布。

药用同长柄线蕨。

5. **褐叶线蕨**(中国高等植物图鉴)　图版 104:7～9

Colysis wrightii (Hook.) Ching in Bull. Fan Mem. Inst. Biol. Bot. **4**:324. 1933；中国蕨类植物图谱 **4**：图版 196. 1937；中国高等植物图鉴 **1**:264，图 527. 1972；植物分类学报 **37**：61. 1999；中国植物志 **6**(2):241，图版 51：1～6. 2000. ——*Gymnogramma wrightii* Hook. Sp. Fil. **5**:160，t. 303. 1864.

植株高 25～35cm。根状茎被卵状披针形、边缘有疏齿的褐色鳞片。叶常一型；无翅的叶柄短(长 2～5cm)或几无柄；叶片近倒披针形，渐尖头，向基渐狭翅下延，长 20～25cm，宽 2～4cm，边缘浅波状；叶薄草质。孢子囊群斜展达叶边；无囊群盖。

广西各地均产；附生于海拔 100～1 200m 的林下树干上、石壁上或沟谷石壁上。分布于浙江、台湾、福建、广东、江西、香港、贵州、云南。越南、日本也有分布。

6. **矩圆线蕨**(中国高等植物图鉴)

Colysis henryi (Bak.) Ching in Bull. Fan Mem. Inst. Biol. Bot. **4**:325. 1933；中国蕨类植物图谱 **2**：图版 91. 1934；中国高等植物图鉴 **1**:264，图 528. 1972；植物分类学报 **37**：64. 1999；中国植物志 **6**(2)：243，图版 52：1～3. 2000. ——*Gymnogramme henryi* Bak. in J. Bot. **1887**:171. 1887.

植株高 35～70cm。根状茎密生卵状披针形、边缘有细齿的褐色鳞片。叶一型；叶柄长 15～35cm；叶片长圆状披针形或卵状披针形，宽 5～8cm，向基部急狭，楔形下延，渐尖头，全缘；叶革质或薄革质。孢子囊群斜出达叶边；无囊群盖。

产于龙州、靖西、那坡、桂平、上思、灵川、兴安、龙胜、贺州、金秀；生于海拔 200～1 200m 的林下阴湿处或沟谷石壁上。分布于陕西、浙江、湖北、云南、贵州、四川、重庆、江西、福建、湖南。

全株清热解毒、祛风除湿、利尿通淋、止血、接骨；治肺结核、咯血、淋浊、尿路感染、接骨、外伤出血。

7. **绿叶线蕨**(中国高等植物图鉴)

Colysis leveillei (C. Chr.) Ching in Bull. Fan Mem. Inst. Biol. Bot. **4**:323. 1933；中国高等植物图鉴 **1**:264. 1972；植物分类学报 **37**：65. 1999；中国植物志 **6**(2)：245. 2000；贵州蕨类植物志 199，图版 51:3～5. 2001. ——*Selliguea leveillei* Christ in Bull. Acad. Int. Géogr. Bot. **1906**:236. 1906.

植株高 25～40cm。根状茎密生卵状披针形、渐尖头、边缘有粗齿粗筛孔状的褐棕色鳞片。叶常一型，近无柄；叶片线状披针形至线形，长 20～40cm，宽 8～20mm，尾状长渐尖，中部以下渐狭下延，几达基部，边缘浅波状，每对侧脉间 2 行网眼；叶薄革质或近膜质。孢子囊群生于网脉上，在每对侧脉之间排成 1 行，斜出伸达叶边；无囊群盖。

产于蒙山、上思、那坡、田林、西林、隆林、荔浦、阳朔、永福、临桂、兴安、灵川、贺州、金秀、三江、桂平、平南、北流；生于海拔 300～900m 的林下阴湿处。分布于广东、福建、湖南、江西、贵州。

全株治淋证、风湿骨痛、跌打损伤。

8. **掌叶线蕨**(中国蕨类植物图谱)

Colysis digitata (Bak.) Ching in Bull. Fan Mem. Inst. Biol. Bot. **4**:328. 1933；中国蕨类植物图谱 **4**:图版 198. 1937；海南植物志 **1**:185，图 88. 1964；中国高等植物图鉴 **1**:265，图 530. 1972；中国植物志 **6**(2):255，图版 56:1～5. 2000. ——*Gymnogramme digitata* Bak. in J. Bot. **1890**:267. 1890.

植株高 30～50cm。根状茎上的鳞片长渐尖头、披针形，边有疏齿，盾状着生。叶近二型；营养叶与孢子叶同形，但柄略短，裂片较宽；孢子叶的柄长 20～30cm；叶片长宽各 10～18cm，掌状分裂或偶二叉至三叉，基部略下延；裂片披针形，渐尖头，向基部狭，长 10～16cm，宽 1.5～3cm，边略波状；叶脉在侧脉间有 2

行斜上的长网眼，偶有单一内藏小脉；叶纸质。孢子囊群沿侧脉斜出；无囊群盖。

产于三江、那坡、宁明、龙州、容县、蒙山、罗城、苍梧、岑溪、玉林、博白、上思、防城港；生于海拔 100～1 000m 的林下阴湿处。分布于海南、云南、广东、四川、重庆、贵州。越南也有分布。

9. **线蕨**(中国主要植物图说·蕨类植物门)

Colysis elliptica (Thunb.) Ching in Bull. Fan Mem. Inst. Biol. Bot. **4**: 333. 1933; 植物分类学报 **37** (1): 68. 1999; 中国植物志 **6**(2): 249，图版 54: 1～2. 2000；云南植物志 **21**: 398，图版 111: 1～3. 2005. ——*Polypodium ellipticum* Thunb. Fl. Jap. 335. 1784. —— *Colysis boisii* (Christ) Ching in Bull. Fan Mem. Inst. Biol. Bot. **4**: 329. 1933. ——*C. morsel* Ching in Bull. Fan Mem. Inst. Biol. Bot. **4**: 330. 1933; 中国蕨类植物图谱 **4**: 图版 200. 1937.

9a. **线蕨**(原变种) 图版 105: 1～3

Colysis elliptica (Thunb.) Ching var. elliptica

植株高 20～60cm。根状茎细长而横走，密生鳞片；鳞片褐棕色，卵状披针形，顶端渐尖，基部圆形，边缘有疏锯齿。叶近二型；营养叶叶片长圆状卵形或卵状披针形，长 45 (20～70)cm，宽 15(8～25)cm，顶端圆钝，一回羽裂深达叶轴；羽片或裂片 6(3～11)对，对生或近对生，下部的分离，狭长披针形或线形，顶端长渐尖，基部狭楔形而下延，在叶轴两侧形成狭翅，全缘或稍呈不明显浅波状；孢子叶和营养叶近同形，但叶柄较长，羽片较狭或有时近等大；叶纸质，较厚，干后稍呈褐棕色，两面无毛。孢子囊群线形，斜展，在每对侧脉间各排列成 1 行，伸达叶边；无囊群盖。

广西各地均产；生于海拔 200～800m 的林下阴湿处或沟谷石壁上。分布于江苏、安徽、浙江、江西、福建、湖南、广东、海南、香港、贵州和云南。越南、日本也有分布。

全株清热利尿、敛肺止咳、散瘀消肿；治淋证、尿路感染、小便涩痛、跌打损伤、肺结核。

9b. **曲边线蕨**(变种)(中国高等植物图鉴) 图版 106: 1～3

Colysis elliptica (Thunb.) Ching var. flexiloba (Christ) L. Shi et X. C. Zhang in Acta Phytotax. Sin. **37**: 74. 1999；中国植物志 **6**(2): 254. 2000. ——*Polypodium flexilobum* Christ, Bull. Acad. Int. Géogr. Bot. **13**: 107. 1904. ——*Colysis flexiloba* (Christ) Ching in Bull. Fan Mem. Inst. Biol. Bot. **4**: 330. 1933.

本变种与原变种的不同在于本变种叶轴两侧有宽达 1cm 的阔翅；羽片较宽，边缘呈波浪状。

产于天峨、罗城、环江、凌云、隆林、西林、德保、那坡、田林、百色、兴安、全州、龙胜、临桂、融水、三江、贺州；生于海拔 300～1 300m 的林下阴湿处。分布于云南、湖南、江西、贵州、四川、台湾。越南也有分布。

全株活血祛瘀。

9c. **三江线蕨**(变种)(云南植物研究)

Colysis elliptica (Thunb.) Ching var. sanjiangensis (H. G. Zhou et Hua Li) R. H. Jiang, comb. nov. —— *Colysis sanjiangensis* H. G. Zhou et Hua Li in Acta Bot. Yun. **15**(3): 254, pl. 2. 1993.

本变种与原变种的不同在于本变种基部裂片下侧常分叉，裂片渐尖，边缘波状褶皱，囊群从主脉伸达叶缘，叶草质。

广西特有，产于三江、来宾；生于海拔 350～500m 的沟谷林下。

9d. **宽羽线蕨**(变种)(中国主要植物图说·蕨类植物门) 图版 105: 4～6

Colysis elliptica (Thunb.) Ching var. pothifolia Ching in Bull. Fan Mem. Inst. Biol. Bot. **4**: 334. 1933；中国主要植物图说·蕨类植物门 234. 1957；植物分类学报 **37**(1): 71. 1999；中国植物志 **6**(2): 252. 2000. ——*Polypodium ellipticum* Thunb. var. *pothifolium* Mak., Bot. Mag. Tokyo **23**: 72. 1909. ——*Hemionitis pothifolia* D. Don, Prodr. Fl. Nepal. 13. 1825. ——*Colysis pothifolia* (D. Don) Presl, Epim. Bot. 148. 1851；海南植物志 **1**: 186. 1964.

本变种与原变种的不同在于本变种植株远高大粗壮，一般高约 75cm，根状茎粗大；羽片多数(7～14)

图版 105　1～3. **线蕨** Colysis elliptica (Thunb.) Ching var. elliptica　1. 植株；2. 带叶轴羽片背面，示孢子囊群着生位置；3. 根状茎上的鳞片。　4～6. **宽羽线蕨** C. elliptica (Thunb.) Ching var. pothifolia Ching　4. 植株；5. 羽片背面一部分，示孢子囊群着生位置；6. 根状茎上的鳞片。　（林文宏绘）

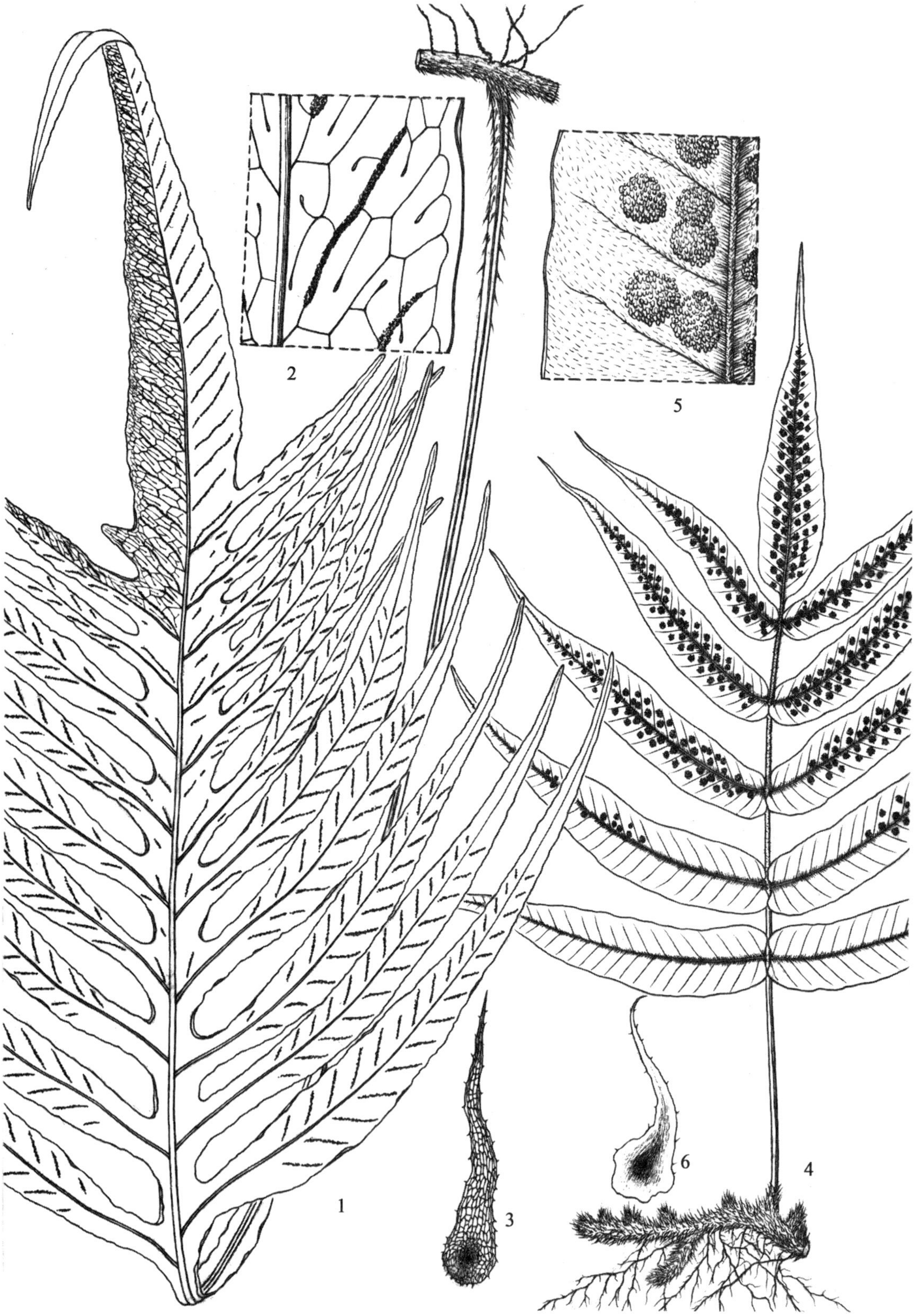

图版 106 1～3. **曲边线蕨** Colysis elliptica (Thunb.) Ching var. flexiloba (Christ) L. Shi et X. C. Zhang 1. 植株；2. 羽片背面一部分，示其边缘、脉序及孢子囊群着生位置；3. 根状茎上的鳞片。 4～6. **龙头节肢蕨** Arthromeris lungtauensis Ching 4. 植株；5. 羽片背面一部分，示孢子囊群着生位置；6. 根状茎上的鳞片。 （朱运喜绘）

对，线状披针形或阔披针形。

广西各地均产；生于海拔 200～1 600m 的林下阴湿处或沟谷石壁上。分布于浙江、江西、福建、台湾、湖南、广东、海南、香港、重庆、贵州和云南。日本、尼泊尔、不丹、泰国、菲律宾、印度、越南、缅甸也有分布。

全株补虚损、强筋骨、活血祛瘀、止痛；治跌打损伤、风湿腰痛。

9e. 长叶柄线蕨（变种）（海南植物志）

Colysis elliptica (Thunb.) Ching var. **longipes** (Ching) L. Shi et X. C. Zhang in Acta Phytotax. Sin. 37(1)：76. 1999；中国植物志 6(2)：254. 2000. ——*Colysis longipes* Ching Bull. Fan Mem. Inst. Biol. Bot. 4：332. 1933；海南植物志 1：186. 1964.

本变种与原变种的不同在于本变种的叶柄细长，为羽片的 1.5 倍以上；羽片通常 2～3 对，叶质厚，近革质，小脉全部不见；叶片呈三角形。

产于龙州；生于海拔 300～400m 的石灰岩林下阴湿处。分布于海南。

9f. 滇线蕨（变种）（中国蕨类植物图谱）

Colysis elliptica (Thunb.) Ching var. **pentaphylla** (Bak.) L. Shi et X. C. Zhang in Acta Phytotax. Sin. 37(1)：77. 1999；中国植物志 6(2)：254，图版 55：1～3. 2000. ——*Polypodium pentaphyllum* Bak. Ann. Bot. 5：478. 1891. ——*Colysis pentaphylla* (Bak.) Ching in Bull. Fan Mem. Inst. Biol. Bot. 4：332. 1933；中国蕨类植物图谱 4：图版 199. 1937.

本变种与其他变种的不同在于本变种的羽片对数少，为 2～5 对，裂片宽大，宽 2.5cm 以上。

产于桂平、贺州、龙州、宁明、藤县、大新、靖西、那坡、田林、隆林；生于海拔 300～1 500m 的林下。分布于广东、贵州、云南和西藏。

7. 修蕨属 Selliguea Bory

中小型附生蕨类。根状茎长，铁丝状，攀缘树干或石壁，顶部无叶，呈鞭状，密被鳞片；鳞片红棕色，披针形，长渐尖头（少为卵形，钝头），透明，具粗筛孔，边缘有疏齿。叶疏生；叶二型或近一型；有叶柄，少有几无柄；叶形多变，披针形、戟形或卵形，基部楔形或心形，边缘全缘，或有时波状；侧脉不明显，曲折，网状，有内藏小脉；叶纸质。孢子囊群小，圆形，往往密而星散，少有在中脉两侧呈不规则的 1～2 行，幼时有隔丝覆盖；隔丝盾状，几无柄，具透明粗筛孔，随孢子囊发育而早落；孢子两面型，圆肾形，周壁具网状纹饰。

本属约有 15 种，分布于亚洲热带地区、太平洋岛屿、澳大利亚和南非。中国有 1 种；广西亦产。

修蕨（蕨类名词及名称）

Selliguea feei Bory, Dict. Class. Hist. Nat. 6：588. 1824；中国植物志 6(2)：200，图版 41：4～5. 2000；中国高等植物 2：7 44，图 1070. 2008.

附生植物。根状茎细长，攀缘于树干或石壁，密被鳞片。叶疏生；叶二型或近一型；有叶柄；叶片披针形，基部楔形，边缘全缘，或有时波状；侧脉不明显，曲折，网状，有内藏小脉；叶纸质。孢子囊群小，圆形，密而星散，幼时有隔丝覆盖；隔丝盾状，几无柄，具透明粗筛孔，随孢子囊发育而早落；孢子两面型，圆肾形，周壁具网状纹饰。

产于桂南地区；附生于树干上。分布于广东。印度尼西亚、菲律宾及亚洲热带地区也有分布。

8. 伏石蕨属 Lemmaphyllum Presl

附生，小型蕨类。根状茎长而横走，被有粗筛孔的卵状披针形鳞片。叶二型，肉质，略被鳞片；营养叶片倒卵形、卵形或圆形，全缘；孢子叶叶片线状披针形或线形；叶脉网状，内藏小脉朝向中脉，无明显侧脉。孢子囊群线形，沿中脉两侧连续延伸，但叶片顶部常不育；隔丝盾形，粗筛孔状，边缘有齿，透明或近透明，光滑。

本属约有 6 种，分布于马来西亚及印度东北部、日本。中国有 1 种；广西亦产。

肉质伏石蕨（中国高等植物图鉴） 图版 107：1～4

Lemmaphyllum carnosum (J. Sm. ex Hook.) Presl in Abh. Königl. Böhm. Ges. Wiss., ser. 5, 6: 518. 1851.——*Drymoglossum carnosum* J. Sm. ex Hook. Gen. Fil., pl. 78: A. 1842.——*Lemmaphyllum carnosum* (Wall.) Presl, Epim. Bot. 158. 1849；中国高等植物图鉴 1：258. 1972；中国植物志 6(2)：99. 2000.——*L. microphyllum* Presl, Epim. Bot. 263. 1849, syn. nov.——*L. microphyllum* Presl var. *obovatum* (Harr.) C. Chr. in Dansk. Bot. Archiv. 6：47, pl. 5. 1929, syn. nov.

根状茎疏生鳞片，鳞片顶部长钻形，下部圆形且两侧分叉。叶显著二型，革质稍肉质；营养叶近圆形至阔卵状披针形，基部楔形至圆形，具柄或无柄；孢子叶舌形或披针形。孢子囊群近主脉，幼叶有盾状隔丝覆盖。

广西各地均产；附生于海拔 10～900m 的林下树干或石壁上。分布于台湾、安徽、浙江、江苏、福建、湖北、湖南、江西、广东、海南、云南。越南、朝鲜、日本也有分布。

本种营养叶形态变化极大，同一居群甚至同一根状茎上均有团圆形至长卵状披针形叶片，所以本志将**伏石蕨**（*L. microphyllum* Presl）、**倒卵伏石蕨**［*L. microphyllum* Presl var. *obovatum* (Harr.) C. Chr.］均归并处理为本种的异名。

全株清热、散瘀消肿；治肝脾肿大、痈疮、中耳炎、风湿痛、痨伤咳嗽、蛇伤。

9. 盾蕨属 Neolepisorus Ching

中型蕨类。根状茎长而横走，密被鳞片；鳞片褐色，卵状披针形，盾状着生。叶远生；单叶，有叶柄；叶片长圆形至长圆状披针形，全缘或稍波状，少有不规则分裂；侧脉明显，直达叶边，小脉网状，网眼内有分叉的内藏小脉；叶纸质。孢子囊群圆形，着生于网结交结处，沿中脉两侧各排成不整齐的二至多行，而在侧脉间仅有一行，幼时有盾状隔丝覆盖；孢子囊的环带有 14 个增厚细胞；孢子两面型，褐色，有疣状凸起。

本属有 11 种，分布于亚洲和非洲的亚热带地区。中国有 10 种；广西产 3 种。

分 种 检 索 表

1. 叶片腹面侧脉间有黄色条纹 ………………………………………… 1. **截基盾蕨** N. truncatus Ching et P. S. Wang
1. 叶片腹面侧脉间无黄色条纹。
  2. 叶片卵状长圆形或长圆形，基部最宽 ………………………………………… 2. **盾蕨** N. ovatus (Bedd.) Ching
  2. 叶片卵状披针形或椭圆状披针形，中部或近中部最宽 ……………………… 3. **剑叶盾蕨** N. ensatus (Thunb.) Ching

1. 截基盾蕨（植物分类学报）

Neolepisorus truncatus Ching et P. S. Wang in Acta Phytotax. Sin. 21(3): 270, t. 1, f. 3. 1983；中国植物志 6(2)：39. 2000；贵州蕨类植物志 458. 2001.

本种极近似于**盾蕨**［*N. ovatus* (Bedd.) Ching］，不同在于本种的叶片基部截形，稍内弯；叶片腹面侧脉间有黄色条纹。

产于环江、靖西、凌云、乐业、那坡；生于海拔 800～1 200m 的石灰岩地区林下。分布于湖南、贵州。

根状茎清热、凉血、止血、利尿；治痢疾、尿血、风湿肿痛。

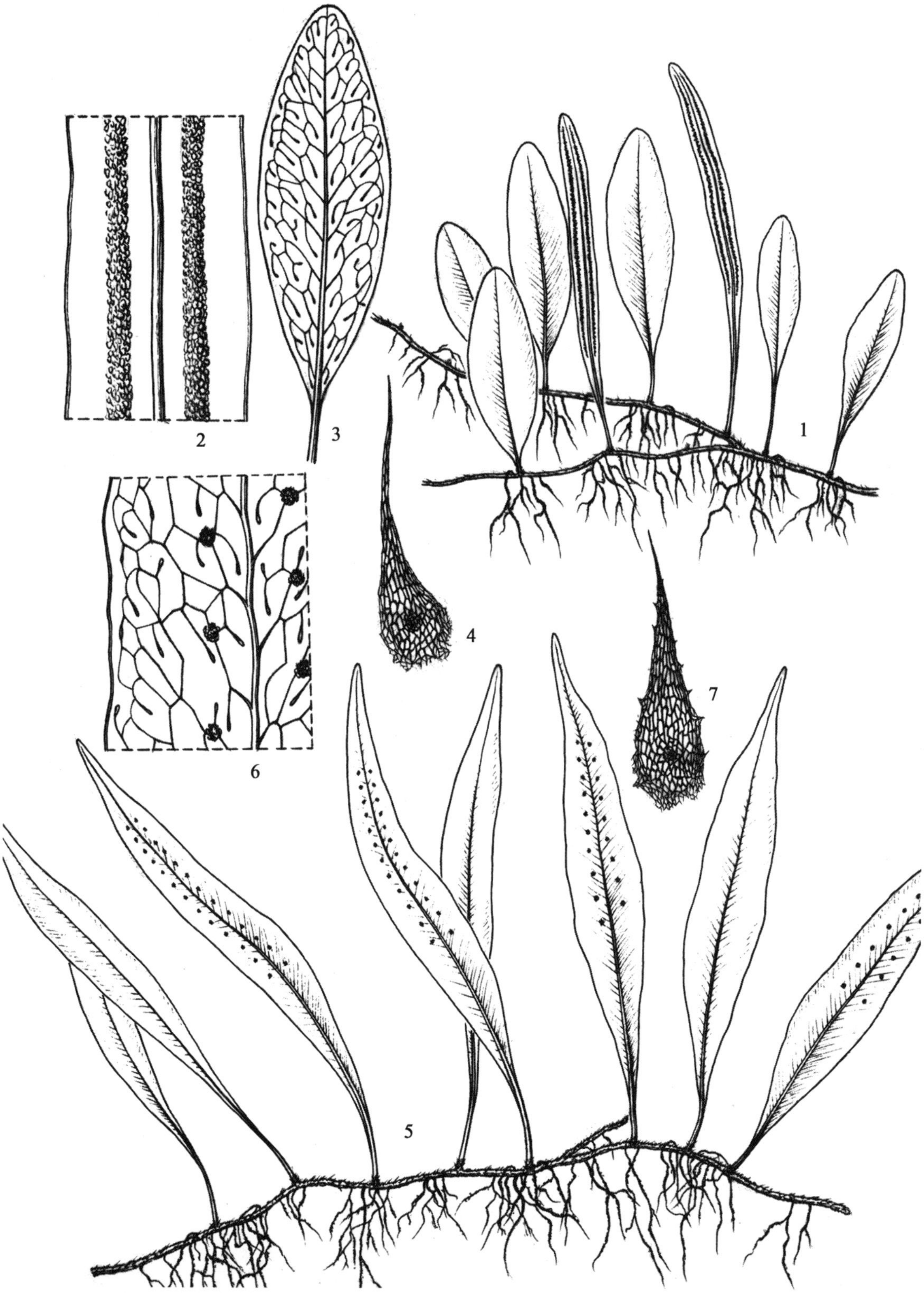

图版 107　1～4. **肉质伏石蕨** Lemmaphyllum carnosum (J. Sm. ex Hook.) Presl　1. 植株一部分；2. 孢子叶叶片背面一部分，示孢子囊群着生位置；3. 营养叶片，示脉序；4. 根状茎上的鳞片。　5～7. **披针骨牌蕨** Lepidogrammitis diversa (Ros.) Ching　5. 植株一部分；6. 孢子叶叶片一部分，示脉序及孢子囊群着生位置；7. 根状茎上的鳞片。（朱运喜绘）

2. **盾蕨**(植物分类学报)

Neolepisorus ovatus (Bedd.) Ching in Acta Phytotax. Sin. **9**(1):99. 1964, p. p.; 中国高等植物图鉴 **1**:259, 图 517. 1972; 秦岭植物志 **2**:185, 图版 46. 1974; 中国植物志 **6**(2): 36, 图版 7:1～3. 2000.——*Pleopeltis ovata* Bedd. Ferns Brit. Ind. t. 157. 1866.

植株高 20～40cm。根状茎密生卵状披针形、长渐尖头、边有疏齿的鳞片。叶柄长 10～20cm;叶片卵状披针形至卵状长圆形或三角形,宽 7～12cm,渐尖头,基部圆至圆楔形,多少下延于柄,全缘或下部略分裂;叶厚纸质,背面略有具粗齿的小鳞片。孢子囊群大,圆形,在侧脉两旁排成不整齐的 1～2 行。

广西各地均产;生于海拔 300～1 100m 的林下。广布于长江以南各省区,东至台湾。越南、缅甸、印度、尼泊尔也有分布。

全株清热、利湿、止血、止咳;治风热感冒、咳嗽、跌打损伤、劳伤吐血、小便不利、烧烫伤、疔毒痈肿、创伤出血。

3. **剑叶盾蕨**(植物分类学报)

Neolepisorus ensatus (Thunb.) Ching in Bull. Fan Mem. Inst. Biol. Bot. **10**: 14. 1940;中国植物志 **6**(2):42. 2000; 云南植物志 **21**:315. 2005.——*Polypodium ensatum* Thunb. in Trans. Linn. Soc. **2**: 341. 1974.——*Neolepisorus sinensis* Ching in Acta Phytotax. Sin. **21**(3): 274, f. 4: 1. 1983.——*N. minor* W. M. Chu in Acta Bot. Yunnan. **1**(2): 95, pl. 2. 1979.

根状茎长而横走,密被鳞片;鳞片深棕色,披针形或阔圆形,基部向上为披针形,渐尖头,膜质,粗筛孔,边缘有齿。叶远生;叶片卵形至椭圆披针形,全缘先端渐尖,基部楔形,有时下延几到叶柄基部,干后纸质,腹面光滑,背面疏被小鳞片;叶脉明显,两面略隆起。孢子囊群通常为圆形,偶为长圆形,在主脉两侧排成 1 行或不规则的 1～2 行,幼时被粗筛孔盾状隔丝覆盖。

产于那坡、靖西、环江;生于海拔 800～1 400m 的石灰岩林下。分布于云南、四川、贵州、台湾。朝鲜、日本也有分布。

10. 毛鳞蕨属 Tricholepidium Ching

根状茎攀缘,幼时被鳞片,老则脱落而近光滑;鳞片圆形,伏贴,深棕色,具粗筛孔,全缘,背部中央有 1 簇红棕色开展的长刚毛,以后脱落。单叶,多数,散生;有短柄或近无柄,或为无柄,短柄下部被鳞片;叶片披针形或带状,中部最宽,两端渐狭,全缘或波状;主脉不明显,网脉明显,在主脉两侧形成 2～3 行不规则的网眼,具内藏小脉,叶边的小脉分离;叶膜质、草质或纸质,绿色,无毛。孢子囊群圆形,大或中等大,位于主脉两侧排列为不整齐的 1～3 行,或满布孢子叶的叶片背面;隔丝盾状,质薄,棕色,具粗筛孔,幼时覆盖孢子囊群;孢子椭圆形。

本属约有 7 种,产于亚洲热带。中国有 6 种;广西产 1 种。

毛鳞蕨(植物分类学报)

Tricholepidium normale (D. Don) Ching in Acta Phytotax. Geobot. **29**: 43. 1978;中国植物志 **6**(2): 105,图版 9:1～3. 2000; 云南植物志 **21**:322. 2005.——*Polypodium nomale* D. Don, Prodr. Fl. Nepal. 1. 1825.——*Tricholepidium maculosum* (Christ) Ching in Acta Phytotax. Geobot. **29**:45. 1978.

根状茎可攀达高处,细长,被鳞片;鳞片伏贴、棕色、圆形、全缘,背面被有一丛长而红棕色的刚毛。叶远生,单叶;具短柄或几无柄;叶片披针形,向两端渐狭,全缘;叶干后草质,灰绿色或淡棕色;主脉两面隆起,小脉明显。孢子囊群圆形,在主脉两侧各排成不规则的 2～3 行。

产于兴安、百色、凌云、那坡;附生于海拔 700～1 400m 的林下树干上或石壁上。分布于云南、西藏。印度、不丹、尼泊尔、缅甸、泰国也有分布。

11. 瓦韦属　Lepisorus (J. Sm.) Ching

附生蕨类。根状茎粗壮，横走，被鳞片；鳞片黑褐色至棕色，阔卵形、卵状披针形或线状钻形，全缘或有小齿。叶远生或近生，一型；单叶，披针形至线状披针形，两端渐狭，基部下延于短柄上或几达基部，全缘或波状，干后略向下反卷；中脉明显，侧脉不明显，小脉联成网状，网眼内有内藏小脉，通常分叉，顶端稍呈棒状；叶多为革质，少草质，无毛，背面多少被鳞片。孢子囊群圆形或椭圆形，分离，少汇生，在中脉与叶边之间排成1行；隔丝圆盾形，褐色，有长柄，覆盖孢子囊群，老时脱落；孢子囊有长柄，环带有14个增厚细胞；孢子两面型，近肾形，平滑。

本属有70余种，主要分布于亚洲东部，少数到非洲。中国有68种，广布全国各地，为本属的分布中心；广西产13种。

分种检索表

1. 根状茎上的鳞片只有边上1～2行细胞透明，其余均不透明。
  2. 根状茎短而横卧；叶近簇生 ……… 1. **阔叶瓦韦** L. tosaensis (Mak.) H. Ito
  2. 根状茎长而横走；叶远生。
    3. 叶片线形。
      4. 叶干后强烈反卷；孢子囊群成熟后凸出叶边缘而呈念珠状 ……… 2. **庐山瓦韦** L. lewissi (Bak.) Ching
      4. 叶干后边缘微卷；孢子囊群成熟后不凸出边缘不呈念珠状 ……… 3. **狭叶瓦韦** L. angustus Ching
    3. 叶片披针形。
      5. 叶片背面没有或仅有少数鳞片；根状茎上的鳞片全缘或仅有微细齿牙 ……… 4. **瓦韦** L. thunbergianus (Kaulf.) Ching
      5. 叶片背面密被鳞片；根状茎上的鳞片边缘有锯齿。
        6. 叶片在中部最宽，叶背面密被鳞片；孢子囊群密接 ……… 5. **鳞瓦韦** L. oligolepidus (Bak.) Ching
        6. 叶片下部1/3处最宽，叶背面鳞片较少；孢子囊群分离 ……… 6. **拟鳞瓦韦** L. suboligolepidus Ching
1. 根状茎上的鳞片网眼全部或大部分透明，仅中部具有不透明的狭带。
  7. 根状茎上的鳞片网眼大部分透明，中部具有不透明的狭带。
    8. 叶片阔披针形，在下部1/3处最宽，叶柄栗褐色 ……… 7. **粤瓦韦** L. obscurevenulosus (Hay.) Ching
    8. 叶片狭披针形，中部最宽，叶柄禾秆色 ……… 8. **扭瓦韦** L. contortus (Christ) Ching
  7. 根状茎上的鳞片网眼全部透明。
    9. 根状茎上的鳞片卵圆形，网眼细密，等径。
      10. 孢子囊群在叶边或靠近叶边着生；叶脉明显可见 ……… 9. **大瓦韦** L. macrosphaerus (Bak.) Ching
      10. 孢子囊群着生于主脉和叶边之间或略近主脉；侧脉不显，叶片背面无贴生鳞片 ……… 10. **黄瓦韦** L. asterolepis (Bak.) Ching
    9. 根状茎上的鳞片披针形，网眼为细密或粗筛孔状。
      11. 根状茎的鳞片边缘明显锯齿状 ……… 11. **长柄瓦韦** L. petiolatus Ching et Y. X. Lin
      11. 根状茎上的鳞片全缘或啮齿状。
        12. 叶草质或纸质，宽3～6cm；根状茎的鳞片近长卵形；孢子囊群位于主脉和叶边之间 ……… 12. **瑶山瓦韦** L. kuchenensis (Y. C. Wu) Ching
        12. 叶硬革质，宽1～2.5cm；根状茎的鳞片披针形；孢子囊群近叶边着生 ……… 13. **短柄瓦韦** L. subsessilis Ching et Y. X. Lin

1. 阔叶瓦韦(中国高等植物图鉴)

Lepisorus tosaensis (Mak.) H. Ito in J. Jap. Bot. **11**:93. 1935；中国高等植物图鉴 **1**:255. 1972；福建植物志 **1**:230. 1983；江西植物志 **1**: 313. 1993；中国植物志 **6**(2):54，图版 10:1～2. 2000. ——*Poly-*

podium tosaense Mak. in Bot. Mag. (Tokyo) **27**: 127.1913.

植株高 10～20cm。根状茎密生披针状钻形有疏点的黑褐色鳞片。叶柄长 0.5～3cm 或近无柄，基部被鳞片；叶片披针形，长 8～18cm，宽 1～3cm，尾状渐尖，基部渐狭下延于叶柄成狭翅；叶薄纸质。孢子囊群较小，圆形，稍近中脉，分离。

产于武鸣、马山、上林、金秀、平南、资源、兴安、龙胜、上思、靖西；附生于海拔 400～1 600m 的沟谷石壁上或树干上。分布于福建、浙江、江西、广东、云南、贵州、四川、台湾、安徽、重庆、湖南、西藏。日本也有分布。

全株利尿通淋；治淋浊、小便淋痛。

2. **庐山瓦韦**(中国蕨类植物图谱)

Lepisorus lewissi (Bak.) Ching in Bull. Fan Mem. Inst. Biol. Bot. **4**: 65.1933；中国蕨类植物图谱 **2**：图版 57.1934；中国植物志 **6**(2)：56，图版 10：5～7.2000. —— *Polypodium lewisii* Bak. J. Bot. 201.1875.

植株高 10～15cm。根状茎上的鳞片黑褐色，披针状钻形，基部卵圆形，边缘微齿，网眼不透明，但向边稍透明。叶近生；叶柄长 1～2cm，无毛，基部被鳞片；叶片线形，长 6～12cm，宽 3～4cm，顶端急狭或锐尖或长尖，基部两侧下延几达叶柄基部，边缘强烈反卷呈念珠状；叶厚革质，背面沿中脉两侧偶有少数小鳞片。孢子囊群圆形或长圆形，常被强烈反卷的叶边覆盖一半，致使孢子叶叶片的能育部分呈念珠状，孢子叶叶片下半部常不育。

产于龙胜、恭城、金秀、象州；附生于海拔 400～900m 的林下石壁上或树干上。分布于浙江、福建、安徽、贵州、广东、江西、湖南、四川。

全株清热利湿、消炎止痛；治感冒咳嗽、肠炎、泄泻、尿路感染、跌打损伤。

3. **狭叶瓦韦**(中国蕨类植物图谱)

Lepisorus angustus Ching in Bull. Fan Mem. Inst. Biol. Bot. **4**: 86.1933；中国蕨类植物图谱 **2**：图版 73.1934；中国植物志 **6**(2)：58.2000.

植株高 12～25cm。根状茎横走，密被披针形鳞片；鳞片中部不透明，棕色，边缘有 1～2 行狭长透明的网眼。叶近生；叶柄长 1.5～3cm，禾秆色；叶片狭长披针形，长 10～22cm，中部宽 3～5mm，长渐尖头，向基部渐变狭并长下延，干后淡绿色或淡黄绿色至灰绿色，叶革质。孢子囊群椭圆形或短棒形，聚生于叶片上半部，位于主脉和叶边之间，幼时被深棕色近圆形的隔丝覆盖。

产于金秀、全州；附生于海拔约 1 000m 的林下树干上或石壁上。分布于浙江、安徽、河南、湖南、湖北、陕西、甘肃、四川、云南、西藏。

全株利尿、通经、消肿止痛；治淋证、月经不调、跌打损伤。

4. **瓦韦**(中国蕨类植物图谱)

Lepisorus thunbergianus (Kaulf.) Ching in Bull. Fan Mem. Inst. Biol. Bot. **4**:88.1933；中国蕨类植物图谱 **2**：图版 76.1934；海南植物志 **1**:171.1964；中国植物志 **6**(2)：60，图版 11：4～5.2000. —— *Pleopeltis thunbergianus* Kaulf. Wesen. d. Farnkr. 113.1827.

植株高 6～20cm。根状茎密生长钻形且边缘有齿的黑色鳞片；叶有短柄或几无柄；叶片宽 6～13cm，条状披针形，短渐尖或锐尖，基部渐狭，楔形；叶革质，无或背面偶有鳞片。孢子囊群稍近叶边。

广西各地均产；附生于海拔 100～1 900m 的林下树干或石壁上。分布于华东、华南、西南地区。朝鲜、日本也有分布。

全株清热解毒、祛湿消肿；治痢疾、蛇伤、肝炎，可止血。

5. **鳞瓦韦**(中国蕨类植物图谱)

Lepisorus oligolepidus (Bak.) Ching in Bull. Fan Mem. Inst. Biol. Bot. **4**:80. 1933；中国蕨类植物图谱 **2**：图版 70. 1934；中国植物志 **6**(2)：59.2000；贵州蕨类植物志 389，图版 96：4.2001. ——*Polypodi-*

um oligolepidum Bak. in Gard. Chron. n. s. **14**:494. 1880.

植株高10～20cm。根状茎密被披针状钻形、基部阔卵形边有疏齿的棕黑色薄鳞片。叶近生;叶柄长2～3cm,基部疏被鳞片;叶片披针形,背面常被较多的黑色卵状鳞片,叶片长8～15cm,宽1.5～2.5cm,顶渐尖,基部渐狭于叶柄形成狭翅,全缘;叶薄革质。孢子囊群大,圆形,成熟时密接,近中脉。

产于龙胜、富川;附生于海拔300～600m的石壁上或树干上。分布于福建、湖北、安徽、陕西、广东、云南、四川、贵州。

全株清热祛湿、消肿止痛、通经、利尿、健脾、止血;治膀胱炎、肺结核、疟疾、尿路感染、淋证、小儿疳积。

6. **拟鳞瓦韦**(中国蕨类植物图谱)

Lepisorus suboligolepidus Ching in Bull. Fan Mem. Inst. Biol. Bot. **4**:77. 1933;中国蕨类植物图谱**2**:图版69. 1934;中国植物志**6**(2):60. 2000;云南植物志**21**:329. 2005.

本种近似**鳞瓦韦**[*L. oligolepidus* (Bak.) Ching],区别在于本种的叶片披针形,中部以下加宽,向顶端渐呈尾状渐尖,叶质坚挺,干后纸质或近革质;孢子囊群多而小,着生于叶片中部中脉和叶缘之间。

产于那坡、隆林;附生于海拔800～1 200m的林下树干上或石壁上。分布于云南、湖北、重庆、四川、台湾。

7. **粤瓦韦**(中国蕨类植物图谱)　图版108:1～3

Lepisorus obscurevenulosus (Hay.) Ching in Bull. Fan Mem. Inst. Biol. Bot. **4**:76. 1933;中国蕨类植物图谱**2**:图版66. 1934;中国植物志**6**(2):62. 2000;贵州蕨类植物志388,图版96:2～3. 2001. ——*Polypodium obscurevenulosum* Hay., Ic. Pl. Formos. **5**:322. 1915.

植株高20～30cm。根状茎上的鳞片黑褐色,卵状披针形或披针形,长渐尖头,基部圆,有微齿,老时脱落。叶远生;叶柄长3～6cm,栗褐色,基部被鳞片;叶片披针形,长15～25cm,宽1.5～2.3cm,尾状长渐尖,基部狭楔形,全缘,干后略反卷但不呈念珠状;叶片腹面有明显的栗褐色斑点。孢子囊群圆形。

广西各地均产;附生于海拔200～2 100m的树干上或石壁上。分布于台湾、福建、浙江、湖南、江西、广东、贵州、安徽、四川、重庆、云南。日本、越南也有分布。

全草入药,治喉肿、肠胃炎;与韭菜同捣叶敷,治烫伤。

8. **扭瓦韦**(中国蕨类植物图谱)

Lepisorus contortus (Christ) Ching in Bull. Fan Mem. Inst. Biol. Bot. **4**:90. 1933;中国蕨类植物图谱**2**:图版75. 1934;中国植物志**6**(2):63. 2000;贵州蕨类植物志384,图版96:1. 2001;云南植物志**21**:330,图版90:4～6. 2005. ——*Polypodium contortum* Christ in Bot. Gaz. **51**:347. 1911.

植株高10～30cm。根状茎密生卵状披针形边有齿的褐棕色鳞片。叶有短柄或几无柄,以关节着生;叶片条状披针形,向两端渐尖,宽5～10mm,干后反卷;叶革质,沿主脉两侧略具鳞片。孢子囊群大,长圆形,成熟时密接或略会合。

产于桂林、兴安、三江、那坡、乐业、桂平;附生于海拔200～900m的树干上或石壁上。分布于福建、江西、浙江、安徽、湖北、河南、甘肃、重庆、陕西、云南、四川、西藏。

全草清热解毒、消炎止痛、生肌;治内伤、跌打损伤、烧烫伤。

9. **大瓦韦**(中国蕨类植物图谱)

Lepisorus macrosphaerus (Bak.) Ching in Bull. Fan Mem. Inst. Biol. Bot. **4**:73. 1933;中国蕨类植物图谱**2**:图版62. 1934;中国植物志**6**(2):63. 2000;贵州蕨类植物志387,图版95:7～9. 2001;云南植物志**21**:334,图版90:1～3. 2005. ——*Polypodium macrosphaerum* Bak. in Kew Bull. **1895**:55. 1895.

植株高25～65cm。根状茎密生钝头全缘的卵形鳞片;鳞片棕色、先端圆、透明。叶远生;叶柄长5～15cm;叶片披针形,长20～50cm,宽2.5～3cm,渐尖头,向基部渐狭,楔形背延,有软骨质狭边,干后反卷;叶厚纸质或革质,背面疏生鳞片。孢子囊群大,近叶边着生。

产于龙胜、融水、罗城、象州、金秀、隆林、凌云、乐业、那坡、靖西;附生于海拔700～1 500m的林下树

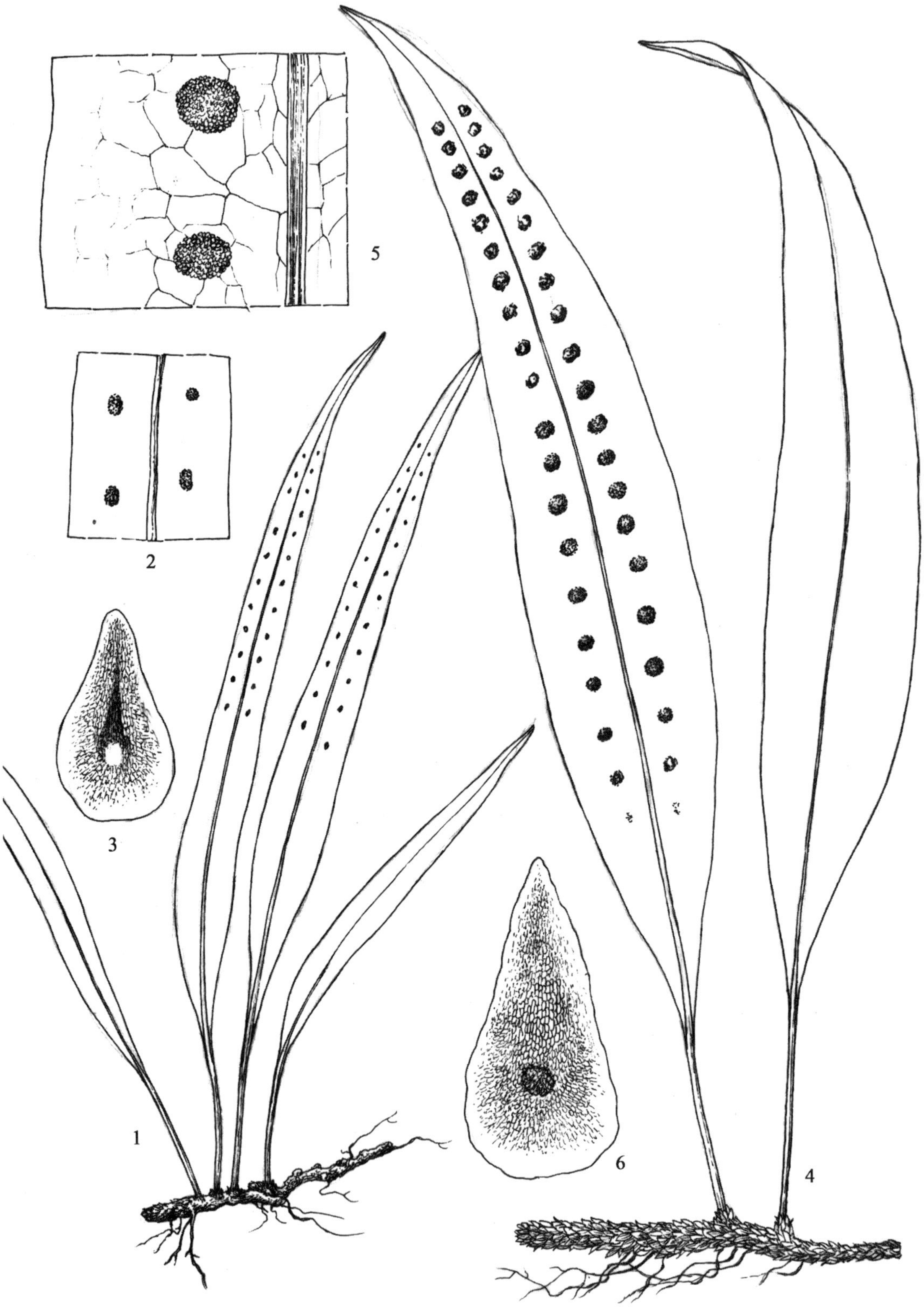

图版 108 1～3.**粤瓦韦** Lepisorus obscurevenulosus (Hay.) Ching 1.植株一部分；2.叶片背面一部分，示孢子囊群着生位置；3.根状茎上的鳞片。 4～6.**瑶山瓦韦** L. kuchenensis (Y. C. Wu) Ching 4.植株一部分；5.叶片背面一部分，示脉序及孢子囊群着生位置；6.根状茎上的鳞片。 （林文宏绘）

干上或石壁上。分布于浙江、江西、湖南、云南、贵州、四川、甘肃、西藏。越南、缅甸也有分布。

全株清热解毒、祛湿利尿、散瘀消肿；治小便短赤、血崩、水肿、疔疮、便秘、月经不调。

10. **黄瓦韦**（中国蕨类植物图谱）

Lepisorus asterolepis (Bak.) Ching in Fl. Jiangsu. **1**：74，pl. 112. 1977；中国植物志 **6** (2)：65，图版 12：5～6. 2000；云南植物志 **21**：334，图版 90：1～3. 2005. ——*Polypodium asterolepis* Bak. in J. Bot. 230. 1888.

本种近似于**大瓦韦**[*L. macrosphaerus* (Bak.) Ching]，不同在于本种的根状茎上鳞片卵状，极尖头；孢子囊群居中或近边缘着生；叶草质，具不明显黄色叶脉。

产于兴安、龙胜、武鸣、金秀；附生于海拔 800～1 700m 的林下树干上或石壁上。分布于贵州、四川、湖南、湖北、福建、浙江、江苏、安徽、江西、陕西、云南。尼泊尔、印度、日本也有分布。

民间用全草治肺病、鼓胀症、大便秘结、炭疽、喉风症、咳嗽。孢子收敛、消炎；治小儿对口疮、刀伤出血。

11. **长柄瓦韦**（植物分类学报）

Lepisorus petiolatus Ching et Y. X. Lin in Acta Phytotax. Sin. **31**(5)：475，f. 1. 1993；中国植物志 **6** (2)：82. 2000.

植株高 8～15cm。根状茎横走，粗约 3mm；鳞片暗棕色，披针形，边缘具毛状齿，筛孔大而透明。叶远生；叶柄长 2～6cm，禾秆色，粗约 1mm；叶片披针形，长 5～9cm，中部以下宽 8～12mm，向上渐狭，顶端圆钝，基部变狭并下延；叶脉不明显；叶干后纸质。孢子囊群圆形，靠近主脉。

广西特有，产于田阳、那坡；附生于海拔 400～900m 的林下树干上或石壁上。

全草治急性肾炎水肿、小便不利、尿路感染。

12. **瑶山瓦韦**（中国蕨类植物图谱） 图版 108：4～6

Lepisorus kuchenensis (Y. C. Wu) Ching in Bull. Fan Mem. Inst. Biol. Bot. **4**：69. 1933；中国植物志 **6** (2)：72，图版 14：1～4. 2000；云南植物志 **21**：336，图版 89：4～6. 2005. ——*Polypodium kuchenensis* Y. C. Wu in Bull. Dept. Biol. Sun Yat-sen Univ. **3**：276，pl. 129. 1932.

植株高 15～30cm。根状茎长而横走，粗壮，密被紧贴的鳞片，鳞片一般不脱落；鳞片披针形或近长卵形，淡棕色，粗筛孔状，边缘呈波状至粗长刺；叶柄长 3.0～10cm；叶片阔披针形，纸质，长 10～22cm，宽 4～6cm，中部最宽，有时具有细长的顶端；叶鳞片稀疏；叶脉或多或少可见。孢子囊群大，略近中脉着生；隔丝圆形。

产于象州、金秀、凌云；附生于海拔 600～1 400m 的林下树干上或石壁上。分布于台湾、贵州、云南。

13. **短柄瓦韦**（中国植物志）

Lepisorus subsessilis Ching et Y. X. Lin in Fl. Reipub. Popul. Sin. **6**(2)：77，347，图版 15：3～4. 2000.

植株高 10～25cm。根状茎长而横走，密被鳞片；成熟根状茎上的鳞片常脱落，只在幼嫩的生长点处和叶足处留有较多的鳞片；鳞片披针形，长 2.5～4.0mm，宽 0.8～1.5mm，基部着生，全缘，鳞片二色，边缘黄色，中央近黑色，具有略等径的网眼。叶片披针形，厚革质，新鲜时淡绿色，长 18～30cm，宽 1.0～2.5cm，中部或下 1/3 处最宽，具有逐渐变细的长顶端；叶面上的鳞片圆形或披针形，具有细胞壁加厚的网眼；叶脉不显。孢子囊群居中着生或略近边缘着生；隔丝圆形，网眼细胞壁常加厚。

产于靖西、那坡、凤山；生于海拔 800～1 100m 的石灰岩林下。分布于广东。

12. 骨牌蕨属 Lepidogrammitis Ching

中小型附生蕨类。根状茎横走，纤细如铁丝，淡绿色，疏被具粗筛孔的鳞片或近光滑，基部有关节；营养叶的叶片倒卵形至圆形，少为披针形疏被鳞片；营养叶线状披针形至舌形；叶脉网状，常有朝向中脉的内藏小脉；叶多为肉质，无毛，干后革质。孢子囊群圆形，分离，在中脉两侧各排成 1 行，幼时被有盾状隔丝；孢子两面型，光滑。

本属约 8 种，均产于中国，只有 1 种分布达缅甸和印度。广西产 3 种。

分 种 检 索 表

1. 叶近一型；叶片卵状披针形或宽披针形，先端锐尖 …………………………………… 1. **骨牌蕨** L. rostrata (Bedd.) Ching
1. 叶二型。
  2. 叶片先端圆形或圆钝形；营养叶的叶片圆形或倒卵状圆形，孢子叶的叶片倒披针形或舌形 …………………………………………………………………………………………… 2. **抱石莲** L. drymoglossoides (Bak.) Ching
  2. 叶片先端长渐尖或锐尖；营养叶的叶片长圆形至长圆状披针形，孢子叶的叶片披针形 …………………………………………………………………………………………… 3. **披针骨牌蕨** L. diversa (Ros.) Ching

1. **骨牌蕨**(植物分类学报)

Lepidogrammitis rostrata (Bedd.) Ching in Acta Phytotax. Sin. 9(4): 372. 1964; 海南植物志 1: 172, 图 80. 1934; 中国植物志 6(2): 94, 图版 19: 12. 2000. ——*Pleopeltis rostrata* Bedd., Ferns Brit. Ind. t. 159. 1867.

植株高 4～10cm。根状茎上的鳞片基部圆形，向上钻状披针形，有粗齿。叶一型；叶柄极短或几无柄；叶片卵状披针形，长 6～10cm，宽 1.5～2.5cm，锐尖头，基部短楔；叶近肉质。孢子囊群生于叶片中部以上，近主脉。

广西各地均产；常附生于海拔 200～1 800m 的林下树干上或石壁上。分布于台湾、广东、海南、云南、贵州、浙江等。印度、缅甸也有分布。

2. **抱石莲**(中国主要植物图说·蕨类植物门)

Lepidogrammitis drymoglossoides (Bak.) Ching in Sunyatsenia 5(4): 258. 1940; 中国高等植物图鉴 1: 257, 图 514. 1972; 福建植物志 1: 227, 图 214. 1982; 中国植物志 6(2): 96, 图版 19: 7～11. 2000. ——*Polypodium drymoglossoides* Bak. in J. Bot. 170. 1887.

植株高约 5cm。根状茎上的鳞片顶部长钻形，下部近圆形并呈星芒状。叶二型；营养叶短小，长圆形，近圆形或倒卵形，长 1.5～3cm，宽 1～1.5cm；孢子叶较长，有短柄或无柄，倒披针形或舌形，偶与营养叶圆形；叶肉质。孢子囊群在主脉两侧分离，偶略会合。

产于资源、恭城、龙胜、兴安、灵川、全州、桂林、阳朔、三江、罗城、凌云、乐业、隆林、桂平、上思、隆安、武鸣；附生于海拔 100～1 600m 的常绿阔叶林下树干上或石壁上。分布于长江流域、福建、广东、贵州、陕西。

全株清热解毒、利湿舒筋；治淋巴结核、腮腺炎、乳癌、骨髓炎、刀伤筋缩、黄疸、尿路感染、咳嗽。

3. **披针骨牌蕨**(中国高等植物图鉴) 图版 107: 5～7

Lepidogrammitis diversa (Ros.) Ching in Acta Bot. Yunn. 1: 24. 1979; 中国植物志 6(2): 94, 图版 19: 5～6. 2000. ——*Polypodium diversum* Ros. in Hedwigia 56: 346. 1915.

本种近似**骨牌蕨**[*L. rostrata* (Bedd.) Ching]，不同在于本种的叶明显二型，狭披针形。

产于龙胜、融水、罗城、金秀、上思、武鸣；附生于海拔 400～1 200m 的常绿阔叶林下树干上或石壁上。分布于长江中下游各省区及台湾。

全株清热利湿、止痛、止血；治热咳、风湿痛、小儿高热、跌打损伤、外伤出血。

13. 鳞果星蕨属 Lepidomicrosorium Ching et Shing

附生，中小型蕨类。根状茎长铁丝状，攀缘树干或石壁，顶部无叶，呈鞭状，密被鳞片；鳞片红棕色，披针形，长渐尖头，透明，具粗筛孔，边缘有疏齿。叶疏生，叶二型或近一型，有柄，少有几无柄；叶形多变，披针形、戟形或卵形，基部楔形或心形，边缘全缘，或有时波状；侧脉不明显，曲折，网状，有内藏小脉；叶纸质，除中脉背面有 1～2 枚狭披针形的粗筛孔小鳞片外，其余光滑。孢子囊群小，圆形，往往密而星散，少有在中脉两侧呈不规则的 1～2 行，幼时有隔丝覆盖；隔丝盾状，几无柄，具透明粗筛孔，随孢子囊发育而早落；孢子两面型，圆肾形，周壁具网状纹饰。

本属约有 10 种，主产于中国西南部和中部。广西产 2 种。

分种检索表

1. 叶片披针形，基部下延，渐狭 ………………………… 1. **云南鳞果星蕨** L. hymenodes (Kze.) L. Shi et X. C. Zhang
1. 叶片三角状披针形或椭圆状披针形，基部通常变宽，多少呈耳状，戟状或心形 ………………………………………………………………………… 2. **鳞果星蕨** L. buergerianum (Miq.) Ching et Shing

1．云南鳞果星蕨（植物分类学报）

Lepidomicrosorium hymenodes (Kze.) L. Shi et X. C. Zhang in Acta Phytotax. Sin. 37(5): 518. 1999；云南植物志 21：344. 2005. ——*Polypodium hymenodes* Kze. in Linn. 23: 279. 1850. ——*Microsorium hymenodes* (Kze.) Ching in Bull. Fan Mem. Inst. Biol. Bot. 4:301. 1933；中国蕨类植物图谱 2：图版 84. 1934. ——*Lepidomicrosorium longshengense* Ching et K. H. Shing in Bot. Res. Acad. Sin. 1: 9. 1983. ——*L. lineare* Ching et Chiu ex Ching et Shing in Bot. Res. Acad. Sin. 1: 5. 1983.

根状茎长而横走，密被鳞片；鳞片披针形，具粗筛孔，深棕色，边缘全缘。叶远生；叶柄短，禾秆色或深棕色，基部疏生鳞片；叶片纸质或薄纸质，干后黄绿色，两面光滑无毛，披针形、狭披针形或带状披针形，先端渐尖或尾状渐尖，基部渐狭，下延于叶柄并形成狭翅，全缘或波状，有软骨质边；中肋在叶片背面明显隆起，侧脉可见。孢子囊群较大，圆形，在羽片中肋两侧散生，幼时被盾状隔丝覆盖。

产于融水、临桂、龙胜、资源、防城港、上思、乐业、田林、隆林、那坡；附生于海拔 600～1 300m 的林下树干上或石壁上。分布于云南、贵州、四川、西藏、湖南。越南、缅甸、不丹、尼泊尔、印度也有分布。

2．鳞果星蕨（蕨类名词名称）

Lepidomicrosorium buergerianum (Miq.) Ching et Shing in Fl. Jiangxi. 1: 322, f. 332. 1993；中国植物志 6(2)：113，图版 21：7～14. 2000. ——*Polypodium buergerianum* Miq. in Ann. Mus. Bot. Lugd. Bot. 3: 170. 1867. ——*Microsorium buergerianum* (Miq.) Ching in Bull. Fan Mem. Inst. Biol. Bot. 4: 302. 1933；中国蕨类植物图谱 2：图版 85. 1934. ——*Polypodium hederaceum* Christ in Bull. Acad. Int. Géogr. Bot. 11:215. 1902.

植株高 4～10cm。根状茎细长攀缘，密被深棕色披针形鳞片。叶疏生，近二型；孢子叶长 5～20cm，披针形、卵状披针形至三角状披针形，向下渐变宽，两侧通常扩大成戟形，基部圆截形或心形，略下延形成狭翅，全缘；营养叶远较短，近同形，干后纸质，褐绿色，沿主脉背面两侧有 1～2 枚小鳞片，全缘；主脉两面隆起，小脉不显。孢子囊群小，星散分布于主脉背面两侧，幼时被盾状隔丝覆盖。

产于武鸣、融水、三江、苍梧、上思、玉林、容县、凌云、乐业、贺州、东兰、象州、金秀、临桂、龙胜、资源、兴安；附生于海拔 300～1 000m 的林下树干上或石壁上。分布于浙江、江西、湖南、湖北、甘肃、四川、贵州、云南。日本也有分布。

14．星蕨属　Microsorum Link

附生或半附生，中型至大型蕨类。根状茎粗而横走，肉质，被鳞片；鳞片阔卵形至披针形，通常细小而色暗，具粗筛孔，基部盾状着生。叶远生；叶柄与叶足连接处有关节；叶片为全缘的单叶或深羽裂，罕为一回羽状;叶脉网状,侧脉明显或不可见,小脉联结为不整齐的网眼,有指向各方的分叉内藏小脉,顶端具水囊;叶革质至草质。孢子囊群圆形,着生于网脉联结处,通常细小而不规则地散布,在主脉两侧各有不整齐的多行或偶为一行,不具隔丝;孢子囊的环带由 14~16 个增厚细胞组成;孢子椭圆形,不具周壁,外壁轮廓线为小的凹凸不平或波纹状。

本属约有 40 种,主要分布于亚洲热带地区,少数分布到非洲。中国约有 9 种 1 变种;广西产 8 种 1 变种。

分 种 检 索 表

1. 叶为单叶,全缘,披针形。
  2. 叶脉凸出,两面明显。
    3. 叶片披针形,长 10~20cm,宽 1.5~2.5cm;叶柄、叶轴背面密被鳞片 ……… 1. **有翅星蕨** M. pteropus (Bl.) Copel.
    3. 叶片阔披针形,较大,长 30~70cm,宽 6~14cm;叶柄、叶轴背面近光滑、无鳞片。
      4. 根状茎上的鳞片阔卵形;孢子囊群小,散生,不规则排列;叶薄草质。
        5. 叶轴及叶片中肋背面横切面呈半圆或钝三角形 …………………………………………………………………… 2a. **膜叶星蕨** M. membranaceum (D. Don) Ching var. membranaceum
        5. 叶轴及叶片中肋背面具锐龙骨状凸起,横切面呈锐三角形 ……………………………………………………………… 2b. **龙骨星蕨** M. membranaceum (D. Don) Ching var. carinatum W. M Chu et Z. R. He
      4. 根状茎上的鳞片披针形;孢子囊群稍大,在主侧脉间两行规则排列;叶厚纸质 ………………………………………………………………………………………… 3. **显脉星蕨** M. zippelii (Bl.) Ching
  2. 叶脉不凸出,仅于叶片基部可见,叶片狭披针形。
    6. 根状茎细长,攀缘;叶远生。
      7. 根状茎上的鳞片披针形,渐尖 …………………………………………… 4. **表面星蕨** M. superficiale (Bl.) Ching
      7. 根状茎上的鳞片阔卵形,钝头,浅棕色,稀疏 ……………………… 5. **江南星蕨** M. fortunei (T. Moore) Ching
    6. 根状茎粗壮,肉质,短而横走;叶近生。
      8. 叶片宽倒披针形,顶端骤缩成短尾状;叶肉质,干后皱缩 ………………… 6. **广叶星蕨** M. steerei (Harr.) Ching
      8. 叶片线状披针形,渐尖或钝头;叶纸质,干后平滑 ……………………………… 7. **星蕨** M. punctatum (L.) Copel.
1. 叶为羽裂或叉状分裂。
  9. 叶片三叉状;叶柄及叶轴背面密被鳞片,叶干后变褐色………………………… 1. **有翅星蕨** M. pteropus (Bl.) Copel.
  9. 叶片羽裂;叶背面光滑,叶干后绿色 ……………………………………………… 8. **羽裂星蕨** M. insigne (Bl.) Copel.

1. 有翅星蕨(中国主要植物图说·蕨类植物门)

Microsorum pteropus (Bl.) Copel. in Univ. Calif. Publ. Bot. **16**:112. 1929; Ching in Bull. Fan Mem. Inst. Biol. Bot. **4**:312. 1933; 海南植物志 **1**:179. 1964; 中国高等植物图鉴 **1**:260. 1972;中国植物志 **6**(2):231,图版 49:1~5. 2000. —— *Polypodium pteropus* Bl. Enum Pl. Jav. Addend. 1828.

植株高 15~30cm。根状茎密生披针形渐尖头粗筛孔状且全缘的灰棕色鳞片。叶深三裂,少为单叶;单叶的叶柄长约 2cm,三裂叶的柄长达 15cm,上部有狭翅,疏被鳞片;单叶的叶片披针形,长 10~15cm,宽 1.5~2.5cm,顶渐尖,基部急狭而下延于具翅的短柄上,全缘;三裂叶的叶片长约 20cm,顶生裂片与单叶略相似而较宽,宽 2.5~3cm,侧生裂片较狭小;各侧脉顶端在叶边附近有 1 条波状小脉联结,在中脉两侧各形成 1 行稍偏斜的长圆形大网眼,网眼内的小脉再联成许多不整齐的小网眼,大网眼外侧直达叶缘还有 1~2 行较小的网眼,均有内藏小脉;叶薄纸质,干后褐色。孢子囊群圆形,散生于大网眼内,或偶沿网脉延伸而多少会合。

广西各地均产;常附生于海拔 200~800m 的沟谷石壁上或林下石壁上。分布于台湾、江西、福建、广东、香港、海南、湖南、云南、贵州。印度尼西亚 、印度、越南、缅甸也有分布。

2. 膜叶星蕨(中国蕨类植物图谱)

Microsorum membranaceum (D. Don) Ching in Bull. Fan Mem. Inst. Biol. Bot. **4**:309. 1933; 中国

蕨类植物图谱 2:图版 88.1934；中国植物志 6(2):221,图版 45:1～3.2000. ——*Polypodium membranaceum* D. Don, Prodr. Fl. Nepal. 2.1825.

2a. **膜叶星蕨**(原变种)

Microsorum membranaceum (D. Don) Ching var. membranaceum

植株高 50～80cm。根状茎鳞片阔披针形,渐尖头,近全缘。叶柄长 1～2cm;叶片阔披针形至椭圆披针形,长 50～80cm,宽达 14cm,渐尖头,基部下延成狭翅,几达柄基,全缘或略波状;横脉在每对侧脉间有 4～6 条;叶干后绿色,膜质或薄纸质。孢子囊群小,生于小脉联结处,不规则散布于各侧脉间。

产于河池、南丹、天峨、金秀、荔浦、融水、武鸣、那坡、田林、西林、容县;生于海拔 600～1 100m 的林下。分布于台湾、福建、广东、海南、云南、贵州、四川。不丹、尼泊尔、缅甸、菲律宾及中南半岛也有分布。

全株清热利湿、散瘀消肿、止血、接骨;治小便涩痛、淋证、尿道炎、尿频、水肿、外伤出血、疮疥、便秘。

2b. **龙骨星蕨**(变种)(云南植物研究)

Microsorum membranaceum (D. Don) Ching var. carinatum W. M. Chu et Z. R. He in Acta Bot. Yunn. 22(3): 257, t. 1, f. 4.2000;云南植物志 21:357.2005.

本变种与原变种不同在于叶轴及叶片中肋远轴面具锐龙骨状凸起,横切面呈锐三角形。

产于那坡、靖西、大新、环江;附生于海拔 300～1 400m 的林下石壁上。分布于云南。越南也有分布。

3. **显脉星蕨**(海南植物志)

Microsorum zippelii (Bl.) Ching in Bull. Fan Mem. Inst. Biol. Bot. 4:308.1933; 中国蕨类植物图谱 2: 图版 87.1934; 海南植物志 1:178.1964;中国植物志 6(2):224,图版 46: 1～3.2000. —— *Polypodium zippelii* Bl. Fl. Jav. Fil. 172, t. 80. 1829.

植株高约 50cm。根状茎黑色,被卵形、短尖头、基部盾形、边稍具齿、灰褐色的硬质鳞片。叶柄圆柱形,基部被鳞片,有沟,两侧有翅几达基部;叶片阔披针形,连短柄长 50～70cm,宽 6～8cm,渐尖尾状,基部渐狭下延,全缘略浅波状;叶近革质或厚纸质,侧脉显著,两面均隆起。孢子囊群大,圆形,在侧脉之间或排成较整齐的 2 行。

产于金秀、武鸣、上思、靖西、兴安;生于海拔 300～800m 的沟谷石壁或树干上。分布于海南、云南、贵州。马来群岛、中南半岛也有分布。

4. **表面星蕨**(中国主要植物图说・蕨类植物门) 图版 109:1～3

Microsorum superficiale (Bl.) Ching in Bull. Fan Mem. Inst. Biol. Bot. 4: 299.1933; 中国植物志 6(2):218.2000;云南植物志 21:354,图版 99: 1～3.2005. ——*Polypodium superficiale* Bl. Fl. Jav. Fil. 136, t. 56, f. 1.1828.

植株高约 30cm。根状茎密被卵圆形渐尖头的褐棕色鳞片。叶柄长 5～7cm,光滑;叶片长圆状披针形,长约 20cm,宽约 5cm,短尾尖或渐尖,基部楔形;叶干后褐色,厚纸质或薄革质。孢子囊群大,圆形,常彼此会合,散布整个叶面。

广西各地均产;附生于海拔 400～1 600m 的林下树干上或石壁上。广布于长江以南各省。印度、尼泊尔、缅甸、越南、印度尼西亚也有分布。

5. **江南星蕨**(海南植物志) 福氏星蕨(中国蕨类植物图谱) 图版 110:1～2

Microsorum fortunei (T. Moore) Ching in Bull. Fan Mem. Inst. Biol. Bot. 4: 304.1933; 中国蕨类植物图谱 2: 图版 83.1934; 海南植物志 1: 178.1964; 中国植物志 6(2):219,图版 44: 1～3.2000. —— *Drynaris fortunei* T. Moore, Gard. Chron. 708.1855.

根状茎长而横走,被鳞片;鳞片棕褐色,卵状三角形,盾状伏贴着生,易脱落。叶远生;叶柄禾秆色,腹面有浅沟,基部疏被鳞片,向上近光滑;叶片线状披针形至披针形,大小变异极大,长 10～150cm,顶端长渐尖,基部渐狭,下延于叶柄并形成狭翅,全缘,有软骨质的边;中脉两面明显隆起,侧脉不明显;叶厚纸质,两面无毛,幼时背面沿中脉两侧偶有极少数鳞片。孢子囊群大,圆形,沿中脉两侧排列成较整齐的 1 行或有

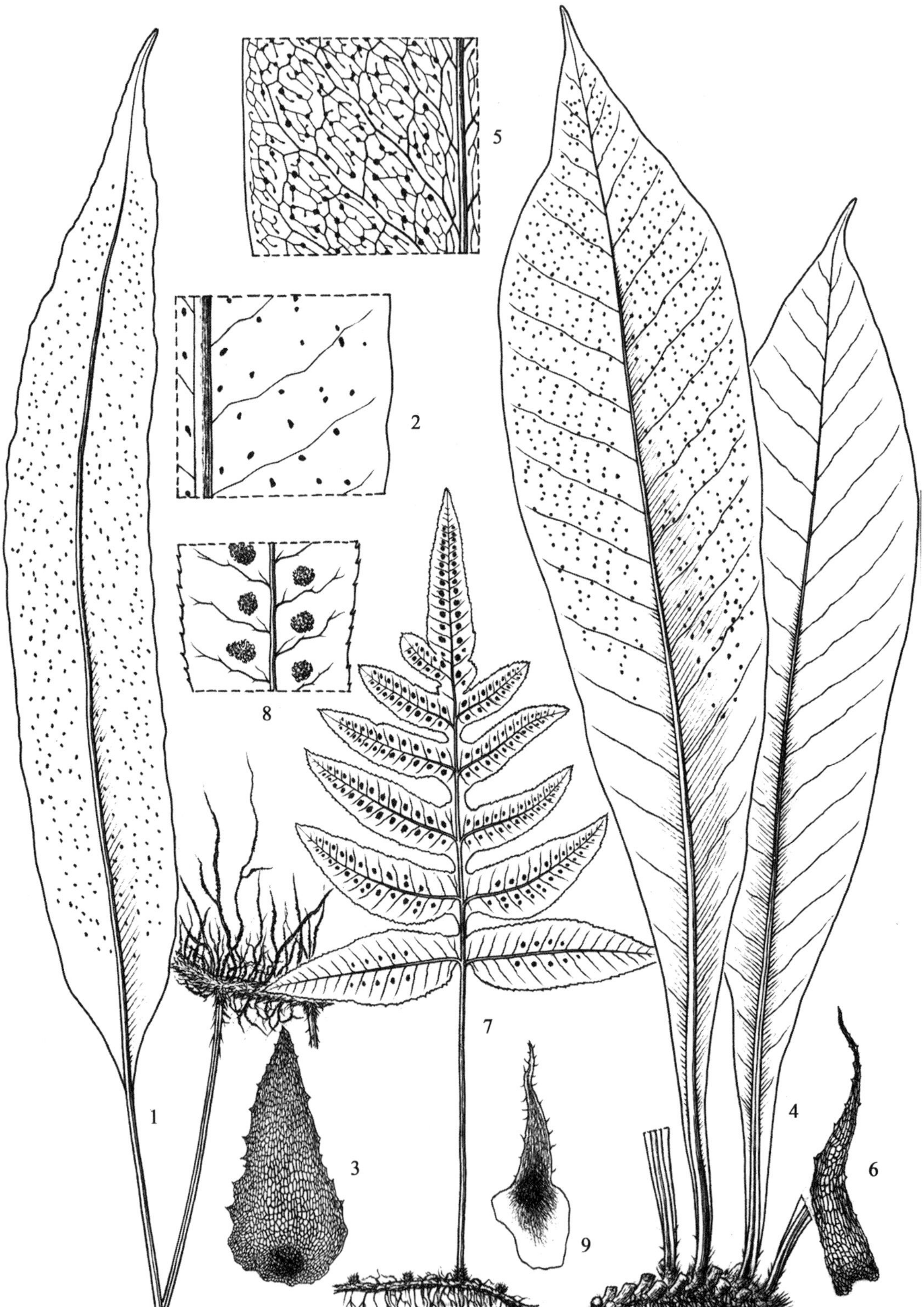

图版 109 1～3. **表面星蕨** Microsorum superficiale (Bl.) Ching 1. 植株一部分；2. 叶片背面一部分，示孢子囊群着生位置；3. 根状茎上的鳞片。 4～6. **广叶星蕨** M. steerei (Harr.) Ching 4. 植株一部分；5. 叶片背面一部分，示脉序及孢子囊群着生位置；6. 根状茎上的鳞片。 7～9. **紫柄假瘤蕨** Phymatopteris crenatopinnata (C. B. Clarke) Pic. Serm. 7. 植株一部分；8. 羽片背面一部分，示边缘、脉序及孢子囊群着生位置；9. 根状茎上的鳞片。 （朱运喜绘）

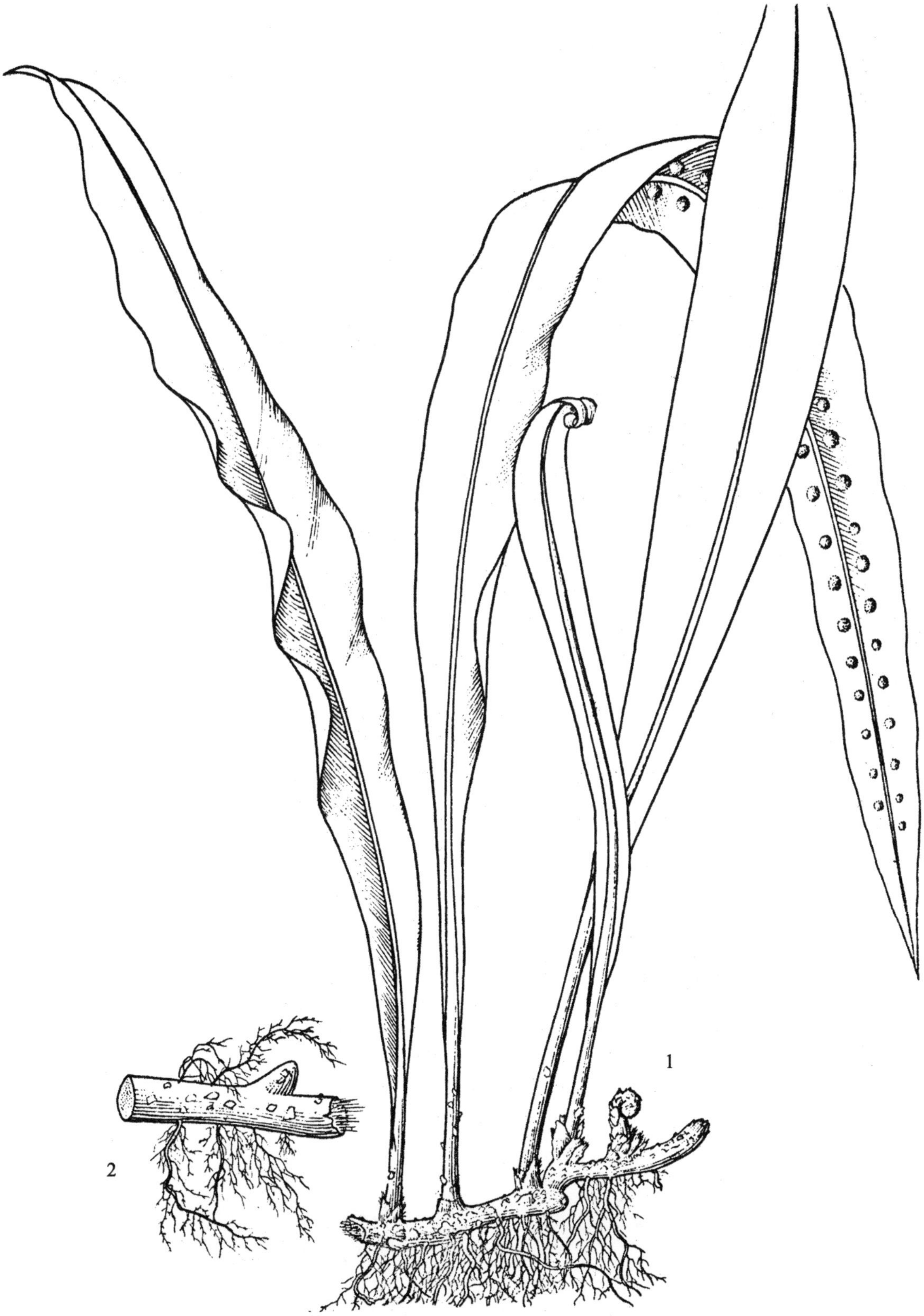

图版 110 1～2. **江南星蕨** Microsorum fortunei (T. Moore) Ching 1. 植株；2. 根状茎一部分。 （邹贤桂绘）

时为不规则的2行。

广西各地均产；附生于海拔10～1 800m的林下树干或石壁上。广布于长江流域及以南各省区，北达陕西和甘肃。马来西亚、不丹、缅甸、越南也有分布。

全草活血散瘀、清热解毒、利湿、通淋、止血；治跌打损伤、风湿、淋巴炎、蛇伤、肝脾肿大、疔疮痈肿、衄血。

6. **广叶星蕨**(台湾植物志) 图版109:4～6

Microsorum steerei (Harr.) Ching in Bull. Fan Mem. Inst. Biol. Bot. **4**:306. 1933; Fl. Taiwan 2nd. ed. **1**:54. 1994;中国植物志**6**(2): 228. 2000; 贵州蕨类植物志448,图版111:3. 2001. ——*Polypodium steerei* Harr. in J. Linn. Soc. **16**:32. 1877.

本种近似于**星蕨**[*M. punctatum* (L.) Copel.],不同在于本种的植株较矮小;叶较宽,倒披针形,肉质于时多少皱褶。

产于天峨、罗城、隆安、武鸣、天等、大新、龙州、凭祥、靖西、武宣;生于海拔150～800m的石灰岩林下。分布于台湾、贵州。越南也有分布。

全株清热利尿、散瘀消肿;治膀胱炎、脾脏肿大、风湿痛、小儿疳积、跌打损伤、小便涩痛。

7. **星蕨**(中国蕨类植物图谱)

Microsorum punctatum (L.) Copel. in Univ. Calif. Pub. Bot. **16**:111. 1929;中国蕨类植物图谱**2**:图版86. 1934;海南植物志**1**:179,图84. 1964; 中国高等植物图鉴**1**:260, 图520. 1972. —— *Acrostichum punctatum* L. Sp. Pl. ed. **2**:1524. 1763.

植株高35～70cm。根状茎灰白色,偶生卵圆形、锐尖头、边有不规则疏齿的鳞片。叶簇生成丛,无柄;叶片阔披针形,宽3.5～8cm,渐尖头,向下变狭下延达基部,全缘,有软骨质狭边;叶纸质。孢子囊群小而密,散生(有时几会合);无囊群盖。

产于桂林、凌云、东兰、玉林、北流、博白、苍梧、龙州、宁明、大新、横县、武鸣、隆安、南宁、防城港、上思、靖西、那坡;生于海拔80～1 400m的林下。分布于台湾、广东、海南、香港、湖南、云南、贵州。亚洲其他热带地区和非洲也有分布。

全株清热利尿、燥湿止渴;治尿路感染、淋证、痢疾、跌打损伤、风湿痛。

8. **羽裂星蕨**(海南植物志) 韩克星蕨(中国主要植物图说·蕨类植物门)

Microsorum insigne (Bl.) Copel. in Univ. Calif. Pub. Bot. **16**: 112. 1929; 中国植物志**6**(2): 229,图版48:1～3. 2000;中国高等植物**2**:753,图1085. 2008. —— *Polypodium insignis* Bl. in Enum. Pl. Jav. 127. 1828. ——*Microsorium dilatatum* (Bedd.) Sledge in Bull. Brit. Mus. Bot. **2**:143. 1960. ——*M. hancokii* Ching in Bull. Fan Mem. Inst. Biol. Bot. **4**: 309. 1933.

植株高40～100cm。根状茎被全缘的卵状披针形鳞片。叶柄基部有关节;叶片卵形,宽15～30cm,深羽裂,叶轴两侧有阔翅,下延达柄基;裂片宽1.5～4.5cm,向基部略狭,全缘;叶纸质,干后绿色无毛。孢子囊群细小,近圆形或不定形,散生于网脉联结处,无囊群盖。

产于广西各地;生于海拔300～900m的沟谷林下。分布于江西、福建、台湾、广东、海南、香港、四川、贵州、云南、西藏。日本、尼泊尔、不丹、印度、越南、马来西亚及中南半岛也有分布。

全株清热祛湿、活血散瘀、止血;治跌打、湿热黄疸、关节痛、外伤出血、疝气、闭经。

15. 节肢蕨属 Arthromeris (T. Moore) J. Sm.

土生或附生,中型蕨类。根状茎长而横走,粗壮,肉质,密覆鳞片,鳞片脱落后常呈灰白色;鳞片披针形,尾状钻形,基部阔圆,盾状着生,全缘,棕色。叶一型,远生;叶柄基部以关节着生于根状茎上;叶片奇数一回羽状,侧生羽片同形,与叶轴连接处有关节,披针形,渐尖头,近无柄,全缘并有软骨质或阔膜质的边;

侧脉明显，并行，从主脉伸出几直达叶边，小脉不显，网状，网眼不整齐，细密，有内藏小脉；叶纸质或近革质，无毛或偶被柔毛。孢子囊群圆形，分离，无隔丝；孢子囊的环带由14～16个增厚细胞组成；孢子椭圆形，周壁具疣状纹饰。

本属约有20种，分布于喜马拉雅山地区、中南半岛至中国台湾。中国约有15种；广西产3种。

分种检索表

1. 侧生羽片8～12对；土生植物；叶片两面光滑无毛 ………………………… 1. **多羽节肢蕨 A. mairei** (Brause) Ching
1. 侧生羽片3～8对；附生植物；羽片两面多少有柔毛。
   2. 根状茎上的鳞片基部阔，上部骤缩呈狭披针形；叶片两面老时无毛 …………… 2. **节肢蕨 A. lehmanni** (Mett.) Ching
   2. 根状茎上的鳞片披针形或卵状披针形；叶片两面密被短柔毛 …………………… 3. **龙头节肢蕨 A. lungtauensis** Ching

1. **多羽节肢蕨**（中国高等植物图鉴）

Arthromeris mairei (Brause) Ching in Sunyatsenia **6**(1): 5. 1941；中国主要植物图说·蕨类植物门 229. 1957；中国植物志 6(2): 211. 2000. ——*Polypodium mairei* Brause in Hedwigia **54**: 208, pl. 4, f. m. 1914.

根状茎横走，密被鳞片；鳞片卵状披针形，浅棕色或灰白色，顶端渐尖，边缘有睫毛。叶柄禾秆色或淡紫色。叶片一回羽状，卵状披针形；羽片4～15对，披针形，短尾尖，基部心形，边缘骨质，略波状；顶生羽片与侧生羽片同形或略小，有柄；叶纸质、两面无毛。孢子囊群于每对侧脉间多行，成熟时常会合成1行。

产于融水；附生于海拔300～700m的林下石壁上。分布于陕西、云南、四川、贵州、西藏、湖北、江西。缅甸和印度也有分布。

根状茎祛风活络、消积、通便、降火；治风湿骨痛、坐骨神经痛、食积腹胀、胃痛、便秘、牙痛。

2. **节肢蕨**（海南植物志）

Arthromeris lehmanni (Mett.) Ching in Contr. Inst. Bot. Nat. Acad. Peiping **2**(3): 96. 1933；海南植物志 **1**:180，图 85. 1964；中国植物志 **6**(2): 211，图 43: 5～6. 2000. —— *Polypodium lehmanni* Mett. in Farngatt. Polypod. 117, pl. 3, f. 3～5. 1857.

本种近似于**龙头节肢蕨**（*A. lungtauensis* Ching），不同在于本种的根状茎上的鳞片基部阔，上部骤缩呈狭披针形；叶片两面老时无毛。

产于兴安、灵川、武鸣；附生于海拔900～1 300m的林下石壁上或树干上。分布于台湾、浙江、广东、海南、江西、湖北及西南地区。不丹、尼泊尔、印度、缅甸、泰国、菲律宾也有分布。

全株活血散瘀、解毒；治狂犬伤。

3. **龙头节肢蕨**（福建植物志）　图版106:4～6

Arthromeris lungtauensis Ching in Contr. Inst. Bot. Nat. Acad. Peiping **2**(3):98. 1933；中国植物志 6(2): 212. 2000；中国高等植物 **2**: 748，图 1077. 2008.

根状茎长而横走，粗4～5mm，密被鳞片，鳞片脱落处露出白粉；鳞片卵状披针形，渐尖尾状，基部阔圆，有缘毛，中央深褐色，边缘有与顶端淡褐色，上部通常早落，余下近圆形的下部贴着根状茎。叶柄淡紫色，光滑无毛；叶片一回羽状，披针形或卵状披针形；羽片3～6对，披针形，基部一对较大，长8～12cm，宽2～2.5cm，长尾状渐尖，基部略心形，下侧耳片常盖叶轴，全缘，有膜质薄边；顶生羽片与侧生羽片同形，基部圆；叶纸质，两面被毛。孢子囊群小，在每对侧脉之间各排成2行，在中脉至叶边之间则有3～4行。

产于金秀、武鸣、那坡；附生于海拔900～1 100m的林下石壁上或树干上。分布于云南、贵州、四川、福建、广东、湖南、湖北、江西、浙江。尼泊尔、越南、老挝也有分布。

根状茎清热利尿、止痛；治淋证、骨折。

16. 瘤蕨属 Phymatosorus Pic. Serm.

附生或土生。根状茎长而横走，粗壮，肉质，被鳞片；鳞片卵形至近圆形，大而透明，褐色，质薄，盾状着生，具粗筛孔，细胞壁粗厚而隆起。叶一型，远生；叶柄基部有关节；叶片通常为具少数裂片的深羽裂，或为指状三裂，少为单叶或一回羽状，裂片全缘；侧脉不明显，小脉联结成网状，多数具内藏小脉；叶革质至草质，有光泽。孢子囊群圆形、长卵形，大而分离，在主脉两侧各成一行或为不规则的多行，多少下陷于叶肉中，不具隔丝；孢子椭圆形，是否具周壁不易确定，外壁较厚，上具很小的颗粒状或刺状纹饰，经常脱落成光滑的孢子。

本属约有 13 种，分布于热带地区。中国有 6 种，分布于西南及华南；广西产 3 种。

分 种 检 索 表

1. 叶片一回羽状 ………………………………………………………… 1. **光亮瘤蕨** Ph. cuspidatus (D. Don) Pic. Serm.
1. 叶片羽状深裂。
   2. 叶片纸质；叶脉两面极明显，裂片宽 3～4cm …………………… 2. **显脉瘤蕨** Ph. membranifolius (R. Br.) S. G. Lu
   2. 叶片革质；叶脉两面不明显，裂片宽不足 3cm …………………… 3. **瘤蕨** Ph. scolopendria (Burm. f.) Pic. Serm.

1. 光亮瘤蕨（云南植物研究）

Phymatosorus cuspidatus (D. Don) Pic. Serm. in Webbia **31**(1): 249. 1977；中国植物志 **6**(2): 156. 2000；中国高等植物 **2**: 728，图 1041. 2008. ——*Polypodium cuspidatum* D. Don, Prod. Fl. Nepal. 2. 1825. ——*Phymatodes lucida* (Roxb.) Ching in Contr. Inst. Bot. Nat. Acad. Peiping **2**(3): 61. 1933；海南植物志 **1**: 176. 1964. ——*Ph. cuspidata* (D. Don) Alston f. *dichotoma* H. C. Zhou et Hua Li in Guihaia **11**(1): 42. 1991.

根状茎横走，粗约 2cm，灰绿色，疏被鳞片；鳞片卵圆形，盾状着生，褐色，边缘不整齐。叶柄禾秆色，粗壮，无毛；叶片一回羽状，长 30～50cm，宽 20～25cm；羽片 8～15 对，长 15～20cm，宽 2～3.5cm，顶端渐尖，基部具柄(柄长达 1cm)，边缘全缘；侧脉不明显，小脉网状；叶近革质，两面光滑无毛。孢子囊群在羽片中脉两侧各 1 行，位于中脉与边缘之间。

广西各地均产；附生于海拔 200～1 300m 的林下石壁上或树干上。分布于云南、西藏、四川、贵州、广东、海南。越南、老挝、缅甸、泰国、印度、尼泊尔也有分布。

根状茎补肾、壮筋骨、活血止痛、接骨消肿；治腰腿痛、跌打损伤、骨折、丹毒、小儿疳积、传染性肝炎。

2. 显脉瘤蕨(中国植物志)

Phymatosorus membranifolius (R. Br.) S. G. Lu in Guihaia **19**(1): 27. 1999；中国植物志 **6**(2): 159，图 32:2. 2000；中国高等植物 **2**: 729，图版 1043. 2008. ——*Polypodium membranifolium* R. Br. Prod. 147. 1810. ——*Microsorummem branifolium* (R. Br.) Ching in Bull. Fan Mem. Inst. Biol. Bot. **10**: 239. 1941.

土生植物，植株高达 1m。根状茎长而横走，粗 1～1.5cm，被鳞片；鳞片卵圆形，盾状着生，质薄，边缘不整齐，褐色。叶远生；叶柄禾秆色，光滑无毛；叶片单叶不分裂或 3 裂至羽状深裂；裂片斜展，通常 5～10 对，长 15～20cm，宽 3～4cm，顶端渐尖，边缘全缘；叶脉两面均极明显，侧脉曲折，不直达叶边；小脉网状，具分叉的内藏小脉；叶片膜质，两面光滑无毛。孢子囊群大，圆形，在裂片中脉两侧各 1 行，位于中脉与边缘之间，在叶片表面形成明显的乳头状凸起。

产于龙胜、三江；附生于海拔 200～1 200m 的林下石壁上或树干上。分布于云南、海南。越南、柬埔寨、泰国、印度、斯里兰卡、马来西亚、印度尼西亚、澳大利亚也有分布。

3．**瘤蕨**（中国植物志）

Phymatosorus scolopendria (Burm. f.) Pic. Serm. in Webbia 28(2): 460. 1973; 中国植物志 6(2): 160, 图版 32:3～5. 2000. ——*Polypodium scolopendria* Burm. f. Fl. Ind. 232. 1768. ——*Phymatodes scolopendria* (Burm. f.) Ching in Contr. Inst. Bot. Nat. Acad. Peiping 2(3): 63. 1933; 海南植物志 1: 175. 1964.

根状茎长而横走，直径 3～5mm，肉质，疏被鳞片；鳞片基部阔，盾状着生，中上部狭披针形，边缘有细齿，褐色。叶远生；叶柄禾秆色，光滑无毛；叶片通常羽状深裂，少有单叶不裂或 3 裂；裂片通常 3～5 对，披针形，渐尖头，边缘全缘，长 12～18cm，宽 2～2.5cm；侧脉和小脉均不明显，小脉网状；叶近革质，两面光滑无毛。孢子囊群在裂片中脉两侧各一行或不规则的多行，凹陷，在叶表面明显凸起；孢子表面具很小的刺。

产于防城港；附生于海拔约 200m 的林中树干上或石壁上。分布于海南、台湾、广东。日本、菲律宾、马来西亚、泰国、印度、斯里兰卡及中南半岛也有分布。

17. 假瘤蕨属　Phymatopteris Pic. Serm.

附生，偶土生。根状茎细长横走，木质；鳞片披针形，长尖头，棕色，有狭长而不透明的筛孔。叶一型或近二型，单叶，三出或为羽裂至羽状，边缘有细缺刻或锯齿，少全缘；主脉两侧有明显的侧脉；叶常为纸质，背面灰白色或灰绿色。孢子囊群圆形，在主脉两侧各成 1 行，叶表面着生或略下陷于叶肉中。孢子椭圆形，但具周壁，上具短的刺状纹饰或小瘤状纹饰，周壁不易脱落。

本属约有 60 种，分布于亚洲热带地区，少数向南达马来群岛。中国有 49 种；广西产 12 种。

分种检索表

1. 叶片不分裂。
  2. 叶二型；营养叶远较小，卵圆形至长圆形；孢子叶披针形，近顶上部紧缩如喙 ………………………………………… 1. **喙叶假瘤蕨** Ph. rhynchophylla (Hook.) Pic. Serm.
  2. 叶一型，披针形，卵形或卵状披针形。
    3. 叶片长圆形，卵形或卵状披针形，边缘全缘；孢子囊群较大。
      4. 叶片卵形，先端钝圆；孢子囊群靠近中脉着生；叶柄较短，长 6～10cm ………………………………………… 2. **圆顶假瘤蕨** Ph. obtusa (Ching) Pic. Serm.
      4. 叶片披针形或卵状披针形，先端渐尖或尾尖；孢子囊群较靠近中脉着生；叶柄较长，长 10～15cm。
        5. 叶片基部截形或圆截形，背面呈灰白色 ………………… 3. **宽底假瘤蕨** Ph. majoensis (C. Chr.) Pic. Serm.
        5. 叶片基部阔楔形，背面灰绿色 ……………………………… 4. **大果假瘤蕨** Ph. griffithiana (Hook.) Pic. Serm.
    3. 叶片长条形或倒披针形，边缘缺刻状；孢子囊群较小。
      6. 孢子囊群在叶片背面凹陷，在叶表面凸起；叶面纸质，背面灰绿色 ………………………………………… 5. **屋久假瘤蕨** Ph. yakushimensis (Mak.) Pic. Serm.
      6. 孢子囊群在叶片背面不凹陷，叶表面平滑；叶片近革质，背面灰绿色 ………………………………………… 6. **恩氏假瘤蕨** Ph. engleri (Luerss.) Pic. Serm.
1. 叶为戟状三分裂，掌裂分裂，羽状深裂或羽状全裂，少数种类同时有不分裂叶。
  7. 叶片通常戟状三分裂，或间有掌状深裂及不分裂叶 …………… 7. **金鸡脚假瘤蕨**　Ph. hastata (Thunb.) Pic. Serm.
  7. 叶片羽状深裂或羽状全裂，裂片一至多对。
    8. 裂片边缘全缘，三角形或阔披针形 ……………………… 8. **尖裂假瘤蕨** Ph. oxyloba (Wall. ex Kze.) Pic. Serm.
    8. 裂片边缘具缺刻或锯齿。
      9. 裂片边缘具缺刻，顶端渐尖。
        10. 根状茎上的鳞片棕色 ……………………………………… 9. **展羽假瘤蕨** Ph. quasidivaricata (Hay.) Pic. Serm.
        10. 根状茎上的鳞片灰白色或白色 ………………… 10. **灰鳞假瘤蕨** Ph. albopes (C. Chr. et Ching) Pic. Serm.

9. 裂片边缘具锯齿。

11. 侧生裂片的顶端钝圆或锐尖，边缘具圆齿或波状浅裂；叶柄基紫色 …………………………………………………………………………………………………… 11. **紫柄假瘤蕨** Ph. crenatopinnata (C. B. Clarke) Pic. Serm.

11. 侧生裂片的顶端为渐尖头或尾尖头，边缘具突尖的锯齿，基部一对裂片向下反折；叶柄禾秆色 ……………………………………………………………………………… 12. **交连假瘤蕨** Ph. conjuncta (Ching) Pic. Serm.

1. **喙叶假瘤蕨**（福建植物志）

Phymatopteris rhynchophylla (Hook.) Pic. Serm. in Webbia **28**(2): 464. 1973；中国植物志 **6**(2): 166. 2000；中国高等植物 **2**: 732，图 1045. 2008. ——*Polypodium rhynchophyllum* Hook. Ic. Pl. t. 954. 1854. ——*Phymatopsis rhynchophylla* (Hook.) J. Sm. Hist. Fil. 104. 1875；中国高等植物图鉴 **1**: 252，图 504. 1972.

根状茎细长横走，被鳞片；鳞片红棕色，卵状披针形。叶远生，二型；营养叶卵圆形或长圆形，顶端圆，基部圆楔形；孢子叶线状披针形或披针形，近顶部紧缩成喙状，顶端钝，基部楔形，边缘软骨质，在侧脉之间有 1 个浅缺刻；叶草质，两面无毛。孢子囊群圆形，着生于孢子叶的上部，沿中脉两侧各排成 1 行，不会合。

产于龙胜、临桂、兴安、灵川、资源、恭城、融水、金秀、容县、那坡；常附生于海拔 600～1 800m 的常绿阔叶林下的石壁上或树干上。分布于台湾、福建、江西、湖北、湖南、广东、云南、贵州、四川。柬埔寨、老挝、缅甸、越南、泰国、尼泊尔、菲律宾、印度尼西亚及印度北部也有分布。

全株清热利尿。

2. **圆顶假瘤蕨**（植物分类学报）

Phymatopteris obtusa (Ching) Pic. Serm. in Webbia **28**(2): 463. 1973；中国植物志 **6**(2): 169. 2000；中国高等植物 **2**: 733，图 1046. 2008. ——*Phymatopsis obtusa* Ching in Acta Phytotax. Sin. **9**(2): 184. 1964；海南植物志 **1**: 176，图 83. 1964.

本种近似于**宽底假瘤蕨**［*Ph. majoensis* (C. Chr.) Pic. Serm.］，不同在于本种的叶片长圆形或卵圆形，顶端钝圆，基部楔形。

产于武鸣、宁明、上思；常附生于海拔 700～1 300m 的树干或石壁上。分布于海南、西藏。

3. **宽底假瘤蕨**（中国植物志）

Phymatopteris majoensis (C. Chr.) Pic. Serm. in Webbia **28**(2): 463. 1973；中国植物志 **6**(2): 170. 2000；中国高等植物 **2**: 733，图 1048. 2008. ——*Polypodium majoense* C. Chr. in Lévl. Cat. Pl. Yunnan. 108. 1916. ——*Phymatopsis majoensis* (C. Chr.) Ching in Acta Phytotax. Sin. **9**(2): 183. 1964；中国高等植物图鉴 **1**:251. 1972.

植株高 12～20cm。根状茎密被红棕色、全缘的披针形鳞片。叶柄长 10～15cm，基部关节处被鳞片；叶片披针形，长 5～12cm，宽 3～4cm，向上稍缩狭，骤尖头，基部阔圆，背面灰白色，边缘软骨质并有浅缺刻；叶近革质，背面灰白色。孢子囊群圆形，在主脉两侧各有 1 行，近主脉；无囊群盖。

产于上思、武鸣；附生于海拔 800～1 300m 的林下树干上或石壁上。分布于云南、贵州、四川、陕西、湖南、湖北、安徽、江西。

根状茎利尿、通经。星状毛止血；治刀伤。

4. **大果假瘤蕨**（中国植物志）

Phymatopteris griffithiana (Hook.) Pic. Serm. in Webbia **28**(2): 462. 1973；中国植物志 **6**(2): 170，图版 33:3～4. 2000. ——*Polypodium griffithianum* Hook. Ic. Pl. **10**: t. 951. 1854. ——*Phymatopsis griffithiana* (Hook.) J. Sm. Hist. Fil. 104. 1875；植物分类学报 **9**(2):183. 1964；中国高等植物图鉴 **1**: 251，图 502. 1972.

本种近似于**宽底假瘤蕨**［*Ph. majoensis* (C. Chr.) Pic. Serm.］，不同在于本种叶片基部阔楔形，叶革质或厚纸质，背面灰绿色。

产于龙胜、融水、兴安、灵川、罗城、百色、凌云、龙州、武鸣；附生于海拔 900～1 600m 的林下树干或石壁上。分布于中国西南部及安徽。越南、泰国、缅甸、印度、尼泊尔、不丹也有分布。

全株清热止咳、凉血、祛风除湿、理气止痛、散瘀止血；治肺热咳嗽、瘰疬、风湿骨痛、咯血、血崩、小便不利、痈肿疮疡。

5. **屋久假瘤蕨**（中国植物志）

Phymatopteris yakushimensis (Mak.) Pic. Serm. in Webbia **28**(2): 465. 1973; 中国植物志 **6**(2): 171. 2000. ——*Polypodium engleri* Luerss. var. *yakushimense* Mak. in Bot. Mag. Tokyo **23**: 248. 1909. ——*Phymatopsis yakushimensis* (Mak.) H. Ito in J. Jap. Bot. **11**: 100. 1935; Ching in Acta Phytotax. Sin. **9**(2): 186. 1964. ——*Ph. fukienensis* Ching in Acta Phytotax. Sin. **9**(2): 186. 1964.

本种近似于**大果假瘤蕨**[*Ph. griffithiana* (Hook.) Pic. Serm.]，不同在于本种叶片卵状披针形，基部楔形，边缘具缺刻。孢子囊群圆形，位于中脉与叶缘之间。大果假瘤蕨叶片披针形、边缘全缘或波状，向背面反卷；孢子囊群紧靠中脉。

产于兴安、龙胜；常附生于海拔 400～800m 的林下树干或石壁上。分布于福建、浙江、江西、台湾、湖南和贵州。日本、朝鲜也有分布。

6. **恩氏假瘤蕨**（中国植物志）

Phymatopteris engleri (Luerss.) Pic. Serm. in Webbia **28**(2): 462. 1973; 中国植物志 **6**(2): 172. 2000; 中国高等植物 **2**: 735, 图 1051. 2008. ——*Polypodium engleri* Luerss. in Engl. Bot. Jahrb. Syst. **4**: 361. 1883. ——*Phymatodes engleri* (Luerss.) Ching in Acta Phytotax. Sin. **9**(2): 185. 1964.

根状茎长而横走，粗 2～3mm，密被鳞片；鳞片披针形，棕色，顶端渐尖，边缘全缘。叶近生或远生；叶柄淡棕色，光滑无毛；叶片倒披针形，中上部最宽，宽 1～3cm，先端短渐尖，基部楔形，边缘具缺刻和加厚的软骨质边，通直或呈波状；叶坚纸质或近革质，背面通常灰白色，两面光滑无毛。孢子囊群圆形，在叶片中脉两侧各 1 行，略靠近中脉着生，孢子囊群在叶片背面不凹陷。

产于兴安、灵川、资源；常附生于海拔 600～1 400m 的林下树干或石壁上。分布于台湾、福建、浙江、江西和贵州。日本、朝鲜也有分布。

全株清热镇咳、祛风镇惊、活血散瘀；治感冒咳嗽、小儿惊风、跌打损伤。

7. **金鸡脚假瘤蕨**（中国植物志）

Phymatopteris hastata (Thunb.) Pic. Serm. in Webbia **28**(2): 462. 1973; 中国植物志 **6**(2): 174, 图版 34: 1～3. 2000; 中国高等植物 **2**: 736, 图 1053. 2008. ——*Polypodium hastatum* Thunb. Fl. Jap. 335. 1784. ——*Phymatodes hastata* (Thunb.) Ching in Sinensia **3**: 344. 1933. —*Phymatopsis hastata* (Thunb.) *kitagawa* ex H. Ito f. *simplex* (Christ) Ching in Acta Phytotax. Sin. **9**(2): 188. 1964.

土生植物。根状茎长而横走，粗约 3mm，密被鳞片；鳞片披针形，棕色，顶端长渐尖，边缘全缘或偶有疏齿。叶远生；叶柄的长短和粗细均变化较大，长 2～20cm，直径 0.5～2mm，禾秆色，光滑无毛。叶片为单叶，形态变化极大，单叶不分裂，或戟状二裂至三裂；单叶不分裂叶的形态变化亦极大，从卵圆形至长条形，长 2～20cm，宽 1～2cm，顶端短渐尖或钝圆，基部楔形至圆形；分裂的叶片其形态也极其多样，常见的是戟状二裂至三裂，裂片或长或短，或较宽，或较狭，但通常都是中间裂片较长和较宽；叶片（或裂片）的边缘具缺刻和加厚的软骨质边，通直或呈波状；叶纸质或草质，背面通常灰白色，两面光滑无毛。孢子囊群大，圆形，在叶片中脉或裂片中脉两侧各 1 行，着生于中脉与叶缘之间；孢子表面具刺状凸起。

产于资源、兴安、灵川、桂林、永福、贺州、来宾、金秀、三江、东兰、德保、隆林；生于海拔 300～1 000m 的林缘或土坡上。分布于云南、西藏、四川、贵州、广东、湖南、湖北、江西、福建、浙江、江苏、安徽、山东、辽宁、河南、陕西、甘肃、台湾。日本、朝鲜、俄罗斯也有分布。

酸性土指示植物。全株清热解毒、祛风利湿、凉血、利尿、通络；治蛇伤、小儿疳积、痢疾、关节疼痛、咽喉肿痛、扁桃体炎、泄泻、痈肿疔毒、跌打损伤、指缝生疮。

8. **尖裂假瘤蕨**(横断山区维管植物)

Phymatopteris oxyloba (Wall. ex Kze.) Pic. Serm. in Webbia **28**(2): 464. 1973；中国植物志 **6**(2): 180，图版 34: 7～9. 2000；中国高等植物 **2**: 738，图 1057. 2008. ——*Polypodium oxylobum* Wall. ex Kze. in Linn. **24**: 255. 1851. ——*Phymatodes oxyloba* (Wall. ex Kze.) Presl ex Ching in Contr. Inst. Bot. Nat. Acad. Peiping **2**(3): 67. 1933. ——*Phymatopsis oxyloba* (Wall. ex Kze.) Ching in Acta Phytotax. Sin. **9**(2): 190. 1964；横断山区维管植物(上册) 175. 1993.

根状茎长而横走，粗 4～5mm，密被鳞片；鳞片披针形，棕色，顶端渐尖，边缘及两面具纤维状白色。叶近生或远生；叶柄禾秆色或淡棕色，光滑无毛；叶片通常羽状深裂，裂片通常 2～5 对，最多可达 8 对，斜向叶尖，长 10～15cm，宽 1.5～5cm，顶端渐尖，基部不收缩或略收缩，边缘全缘或波状，具加厚的软骨质边；叶片基部楔形；中脉和侧脉两面隆起，小脉网状；叶纸质，两面光滑无毛。孢子囊群大，在裂片中脉两侧各一行，略靠近中脉着生。

产于桂西北地区；土生或附生于林中树干上或石壁上。分布于云南、四川、广东。越南、缅甸、泰国、尼泊尔及印度北部也有分布。

9. **展羽假瘤蕨**(中国植物志)

Phymatopteris quasidivaricata (Hay.) Pic. Serm. in Webbia **28**(2): 464. 1973；中国植物志 **6**(2): 188. 2000；中国高等植物 **2**: 739，图 1060. 2008. ——*Polypodium quasidivaricatum* Hay., Mat. Fl. Formos. 446. 1911. ——*Phymatodes quasidivaricata* (Hay.) Ching in Contr. Inst. Bot. Nat. Acad. Peiping **2**(3): 87. 1933. ——*Phymatopsis quasidivaricata* (Hay.) H. Ito in J. Jap. Bot. **11**: 100. 1935.

根状茎长而横走，粗约 3mm，密被鳞片；鳞片披针形，顶端渐尖，边缘具缘毛，盾状着生处栗黑色，其余部分棕色或边缘和顶端淡棕色。叶远生；叶柄禾秆色，无毛；叶片羽状深裂；裂片 2～5 对，基部裂片反折，长 5～7cm，宽 1～1.5cm，披针形，顶端渐尖，基部有时略收缩，边缘具缺刻或浅锯齿；叶草质，两面无毛。孢子囊群通常生于叶片中上部的裂片背面，在裂片中脉两侧各 1 行，较靠近中脉着生。

产于兴安；附生于海拔 1 300～2 100m 的石壁上和树干上。分布于云南、西藏、四川、湖北、台湾。尼泊尔及印度北部也有分布。

根状茎治泄泻。

10. **灰鳞假瘤蕨**(中国植物志)

Phymatopteris albopes (C. Chr. et Ching) Pic. Serm. in Webbia **28**(2): 461. 1973；中国植物志 **6**(2): 189，图版 36:1～2. 2000；中国高等植物 **2**: 740，图 1061. 2008. ——*Polypodium albopes* C. Chr. et Ching in Bull. Dept. Biol. Sun Yat-sen Univ. **6**: 15. 1933. ——*Phymatodes chinensis* Ching in Bull. Fan Mem. Inst. Biol. Bot. **10**: 180. 1940. ——*Phymatopsis albopes* (C. Chr, et Ching) Ching in Acta Phytotax. Sin. **9**(2): 192. 1964.

根状茎长而横走，密被鳞片；鳞片淡棕色或灰白色，在老根状茎上残存者暗棕色，狭披针形，边缘和顶端色较浅，盾状着生处深棕色。叶远生；叶柄淡棕色，光滑无毛；叶片羽状深裂；裂片 8～10 对，披针形，长约 7cm，宽 1～1.5cm，顶端渐尖，边缘具缺刻；叶纸质，两面光滑无毛。孢子囊群靠近裂片边缘着生或略靠近裂片边缘着生，在叶背略凹陷，在叶腹面明显凸起。

产于融水、兴安、灵川、恭城、龙胜、容县、象州、金秀；附生于海拔 900～1 700m 的树干上或石壁上。分布于云南、广东、湖南、江西、福建。

11. **紫柄假瘤蕨**(中国植物志) 图版 109:7～9

Phymatopteris crenatopinnata (C. B. Clarke) Pic. Serm. in Webbia **28**(2): 461. 1973；中国植物志 6

(2)：194，图版 38:1～2. 2000；中国高等植物 2：741，图 1064. 2008. ——*Polypodium crenatopinnatum* C. B. Clarke in J. Linn. Soc. Bot. 25：99，t. 42. 1889. ——*Phymatodes crenatopinnata* (C. B. Clarke) Ching in Contr. Inst. Bot. Nat. Acad. Peiping 2(3)：80. 1933. ——*Phymatopsis crenatopinnata* (C. B. Clarke) Ching in Acta Phytotax. Sin. 9(2)：197. 1964.

土生植物。根状茎细长而横走，粗约 2mm，密被鳞片，鳞片脱落处见白粉；鳞片披针形，棕色，盾状着生处栗黑色，顶端渐尖，边缘具睫毛。叶远生；叶柄紫色，无毛；叶片三角状卵形，羽状深裂或基部达全裂；裂片 3～6 对，彼此远离，基部以狭翅相连，长 5～10cm，宽 5～12mm，顶端短渐尖或钝，基部明显收缩，边缘具波状齿，或达波状半裂；叶纸质，两面无毛。孢子囊群圆形或椭圆形，在裂片或羽片中脉两侧各一行，居中或靠近中脉着生。

产于隆林；常生于海拔 600～1 700m 的松林下。分布于云南、贵州、四川、西藏、湖南。印度也有分布。

全株清热解毒、舒筋活络、消食导滞；治食积腹胀、便秘、风湿骨痛、咽喉炎、小儿惊风、蛇伤、狂犬伤、淋巴结核等。

12. **交连假瘤蕨**（福建植物志）

Phymatopteris conjuncta (Ching) Pic. Serm. in Webbia 28(2)：461. 1973；中国植物志 6(2)：197. 2000；中国高等植物 2：742，图 1066. 2008. ——*Phymatopsis conjuncta* Ching in Acta Phytotax. Sin. 9(2)：196. 1964. ——*Ph. wuyishania* Ching et Shing in J. Wuyi Sci. 1：10. 1981.

根状茎长而横走，密被鳞片；鳞片披针形，通常盾状着生处黑色，其余部分棕色或灰棕色，顶端渐尖，边缘具睫毛。叶远生；叶柄禾秆色，光滑无毛；叶片羽状深裂，基部心形；裂片 2～4 对，基部一对反折，卵状披针形，长 5～8cm，宽 1.5～2cm，顶端短渐尖或钝圆，基部略收缩或不收缩，边缘具突尖的锯齿；叶革质，两面光滑无毛。孢子囊群圆形，在裂片中脉两侧各 1 行，靠近中脉着生。

产于桂北地区；附生于石上或树干上。分布于云南、西藏、四川、贵州、湖南、湖北、陕西、河南、安徽和福建。

根状茎消食导滞、消热凉血、化瘀生新；治食积气滞、消化不良、泻痢腹痛。

57. 槲蕨科　DRYNARIACEAE

附生，大型或中型蕨类。根状茎粗，横走，肉质，密被褐棕色、狭长不透明、大型的盾状鳞片。叶近生或疏生于根状茎上；叶片深羽裂，二型或一型，如为一型，基部扩大成阔状耳形，枯棕色或枯黄色，以聚积腐殖质，向上为正常的绿色孢子叶，如为二型，则一种为大而正常的叶能育或营养，一种为聚积腐殖质的营养叶；孢子叶绿色，兼具营养和生长孢子囊群，聚积腐殖质的叶为坚硬的干革质，枯棕色或幼时淡绿白色；羽片或裂片以关节着生于叶轴上，老时或干后全部脱落；叶脉为槲蕨型，即各回中脉粗而隆起，彼此以直角相连，形成大小四方形网眼，小网眼内具少数分离小脉。孢子囊群着生于小网眼内的分离小脉上或有时生于几条小脉交结点上，或多少沿叶脉扩展成长形，或生于两脉之间；无囊群盖，也无隔丝；孢子囊为水龙骨型。

本科有 8 属 12 种；分布于亚洲热带地区至大洋洲。中国有 4 属 12 种；广西有 2 属 4 种。

分属检索表

1. 叶二型；营养叶为槲叶型，远较小，枯棕色，覆盖于根状茎上以积聚腐殖质；孢子叶高大而具叶绿素 ……………………………………………………………………………… 1. **槲蕨属** Drynaria (Bory.) J. Sm.
1. 叶一型；仅叶的基部扩大以聚积腐殖质 ……………………………… 2. **崖姜蕨属** Pseudodrynaria C. Chr.

1. 槲蕨属 Drynaria (Bory.) J. Sm.

附生，大型或中型蕨类。根状茎横走，粗大，肉质，密被鳞片；鳞片纤细，边有缘毛。叶二型，槲叶型的营养叶矮小，无柄，黄绿色至枯黄色，干膜质，基部心形，边缘浅裂或少为深羽裂；孢子叶高大，有柄，基部无关节，一回深羽裂；裂片披针形，边缘有缺刻状细齿，基部以关节着生于叶轴，但不易脱落；叶脉明显，侧脉联结成细小的网眼，有内藏小脉。孢子囊群圆形，着生于网脉的交结点上，通常不陷于叶肉内，不具隔丝；环带约有 13 个增厚细胞；孢子两面型，椭圆形至肾形，透明，表面具细刺或平滑。

本属约有 20 种，主要分布于亚洲至大洋洲。中国约有 9 种，主产于长江以南各省区；广西产 3 种。

本属植物的根状茎在许多地区作“骨碎补”用，补肾坚骨，活血止痛；治跌打损伤、腰膝酸痛。

分 种 检 索 表

1. 孢子囊群在中肋两旁各排成整齐的 1 行；根状茎上的鳞片质厚而硬化，覆瓦状；孢子叶近革质，光滑无毛 ………………………………………………………………………… 1. **石莲姜槲蕨** D. propinqua (Wall. ex Mett.) J. Sm. ex Bedd.

1. 孢子囊群在中肋两旁排成多行或散生；根状茎上的鳞片质薄，卷曲而蓬松；孢子叶纸质，腹面多少有刚毛或无毛。

  2. 营养叶边缘浅裂似槲树叶；囊群较大，生于内藏小脉的交叉点，在主脉两侧各有 2～3 行；孢子叶的裂片宽 2～3cm ……………………………………………………………………………… 2. **槲蕨** D. roosii Nakaike

  2. 营养叶边缘全缘或有圆形的浅裂；囊群较小，在侧脉间散生于网脉交叉点；孢子叶的裂片较宽(3.5～5cm) ………………………………………………………………………………… 3. **团叶槲蕨** D. bonii Christ

1. 石莲姜槲蕨（中国高等植物图鉴）

Drynaria propinqua (Wall. ex Mett.) J. Sm. ex Bedd., Ferns Brit. India 160. 1866; Tard.-Blot et C. Chr. in Fl. Indo-Chine 7(2): 521. 1941; 中国高等植物图鉴 1: 272, 图 544. 1972. 中国植物志 6(2): 287, 图版 66: 1～3. 2000. ——*Polypodium propinquum* Wall. (List. 293, 1828, nom. nud.) ex Mett. Farngatt. Polypod. 120, t. 3, f. 50. 1857.

植株高达 65cm。根状茎肉质粗肥，横走，密生披针形或卵状披针形边缘有睫毛的鳞片。叶二型，无毛，营养叶淡棕色，革质，卵形，长 8～16cm，宽 6～10cm，羽裂至叶片的 1/2～2/3；孢子叶柄长 8～20cm，以关节着生于根状茎；叶片长 25～45cm，宽 20～30cm，长圆形或长圆状卵形，羽状深裂达叶轴；中部的裂片长 12～18cm，宽 1.5～2.5cm，渐尖头，基部有关节和叶轴相连，边缘略加厚，有疏浅缺刻，网状叶脉明显。孢子囊群在主脉两侧各排成整齐的 1 行，靠近主脉；无囊群盖。

产于那坡、凌云；生于海拔 1 100～1 200m 的常绿阔叶林或石灰岩季雨林下。分布于四川、云南、贵州、西藏。越南、泰国、老挝、缅甸、不丹、尼泊尔及印度北部也有分布。

根状茎补肾、接骨、活血；治风湿痹痛、肾虚腰痛、牙痛、跌打损伤、小儿疳积、神经衰弱。

2. 槲蕨（中国蕨类植物图谱） 图版 111: 1～3

Drynaria roosii Nakaike, New Fl. Jap. Pterid. Rev. et Enlarg. 841, f. 882. 1992; 中国植物志 6(2): 284, 图版 65: 1～4. 2000; 中国高等植物 2. 766, f. 1104, pl. 151. 2008. —— *Polypodium fortunei* Kze. ex Mett. Farngatt. Polypod. 121, t. 3, f. 42-45. 1857. ——*Drynaria fortunei* (Kze.) J. Sm. Bot. Voy. Herald. 425. 1857; 云南植物志 21: 407. 2005; 中国高等植物图鉴 1: 271, 图 541. 1972.

植株高 25～40cm。根状茎密生钻状披针形边缘有睫毛的鳞片。营养叶革质，卵形，无柄，背面有短毛，长 5～7cm，宽 3～6cm，边缘浅裂似槲树叶；孢子叶纸质，无毛，宽 14～18cm，长椭圆形，向基部变狭而呈波状，下延成有翅的短柄，中部以上深羽裂；裂片互生，宽 2～3cm，短尖头，边缘具不明显的疏缺刻。孢子囊群圆形，生于内藏小脉的交叉点，在主脉两侧各有 2～3 行；无囊群盖。

广西各地均产；常附生于海拔 80～1 300m 的树干上或石壁上。分布于台湾、福建、安徽、江苏、浙江、

图版 111　1～3. **槲蕨** Drynaria roosii Nakaike　1. 植株一部分；2. 营养叶；3. 根状茎上的鳞片。　（黄门生绘）

广东、海南、香港、贵州、云南、四川、重庆、江西、湖南、湖北。越南、泰国、柬埔寨、老挝也有分布。

根状茎补肾接骨、活血散瘀;治风湿腰痛、肾虚牙痛、跌打损伤、小儿疳积、神经衰弱。根状茎可提取淀粉或酿酒。

3. **团叶槲蕨**(中国高等植物图鉴)

Drynaria bonii Christ in Not. Syst. (Paris) 1: 186. 1909;中国高等植物图鉴 1: 272, 图 543. 1972. 中国植物志 6(2): 282, 图版 64: 1～ 3. 2000.

本种近似于**槲蕨**(*D. roosii* Nakaike),不同在于本种的营养叶边缘全缘或有圆形的浅裂;孢子囊群较小,在侧脉间散生于网脉交叉点;孢子叶的裂片较宽(3.5～5cm)。

产于凌云、乐业、百色、靖西、那坡、博白、隆安、宁明、大新、扶绥、龙州、武鸣;附生于海拔 250～800m 的林下树干上或石壁上。分布于广东、海南、云南、贵州。越南、柬埔寨、泰国、马来西亚、印度也分布。

根状茎补肾接骨、活血散瘀;治风湿腰痛、肾虚牙痛、跌打损伤、小儿疳积、神经衰弱。

2. 崖姜蕨属 Pseudodrynaria C. Chr.

附生,大型蕨类。根状茎短而横生,粗壮,肉质,盘结成垫状,密被蓬松的长鳞片;鳞片细长,深褐色,边缘有睫毛。叶大,一型,簇生成鸟巢状,无叶柄,不具关节,下部深波状而浅裂,基部扩大呈耳形以积聚腐殖质,叶片上部较宽,羽状深裂几达叶轴;裂片披针形,全缘,往往由叶轴从关节处脱落;叶脉粗壮,极明显,各侧脉之间有整齐的横脉相连,有内藏小脉;叶厚革质,挺硬,有光泽,无毛。孢子囊群生于靠近侧脉的网眼上边和内藏小脉的交叉点上,近圆形或长圆形,成熟时呈断线形,无囊群盖;孢子囊的环带由 11～16 个增厚细胞组成,有时不整齐;孢子椭圆形,具不明显的周壁,上有小刺,外壁表面具小瘤块状纹饰。

单种属。

崖姜(中国主要植物图说)

Pseudodrynaria coronans (Wall. ex Mett.) Ching in Sunyatsenia 5: 262. 1940; 海南植物志 1: 193, 图. 92. 1964; 中国高等植物图鉴 1: 273, 图 545. 1972; 福建植物志 1: 251, 图 239. 1982. ——*Polypodium coronanas* Wall. (List. 288. 1828, nom. nud.) ex Mett. Farngatt. Polypod. 121, t. 3, f. 40. 1857.

特征同属。

产于金秀、靖西、博白、容县、北流、桂平、陆川、玉林、东兴、防城港、上思、扶绥、武鸣;常附生于海拔 20～800m 的常绿阔叶林树干上或石壁上。分布于台湾、福建、广东、海南、贵州、云南。越南、缅甸、印度、尼泊尔、马来西亚也有分布。

本种蕨类高大、挺拔,附生于树干上或溪边岩石上,姿态相当优雅,为美丽的观赏植物,且适于温室栽培。

根状茎补肾、祛风湿、舒筋活络、活血止痛;治骨折、风湿骨痛、小儿疳积、跌打损伤。

59. 禾叶蕨科 GRAMMITIDACEAE

小型附生蕨类。根状茎通常短小近直立,有时横走或攀缘,具网状中柱,常被刚毛状鳞片。叶簇生;叶柄基部与根状茎相连处不具关节;叶一型,单叶或一回至三回羽状,通常被单一的红色或灰白色针状毛,不被鳞片;叶脉分离,小脉单一或分叉。孢子囊群圆形至椭圆形,生于叶表面或下陷于叶肉中,位于小脉的顶端,有时具刚毛;孢子囊柄除近顶部外为 1 行细胞组成,有或无隔丝;孢子绿色,辐射对称,球形或近球形,三裂缝,不具周壁,外壁表面具颗粒或小瘤状纹饰。原叶体丝状,分枝。

本科约有 10 属 300 种,分布于全世界热带及亚热带地区。中国有 6 属约 16 种;广西有 5 属 7 种。

分属检索表

1. 孢子囊群生于叶表面上。
   2. 叶为单叶；线形或披针形；全缘至波状浅裂；主脉两侧的小脉二叉 ………………………… 1. **禾叶蕨属** Grammitis Sw.
   2. 叶较宽；为羽状分裂或几为羽状。
      3. 能育裂片或羽片平坦 ……………………………………………………………………… 2. **锯蕨属** Micropolypodium Hay.
      3. 能育裂片或羽片部分或全部地褶叠并遮盖孢子囊群 ………………………………… 3. **荷包蕨属** Calymmodon Presl
1. 孢子囊群生于穴内或沟内。
   4. 叶为单叶；孢子囊群线形，在叶下面生于与叶边并行的纵沟槽中 ………………… 4. **革舌蕨属** Scleroglossum Alderw.
   4. 叶为羽状深裂；孢子囊群圆形，生于羽片边缘或叶下面的圆形或椭圆形的穴中 ………… 5. **穴子蕨属** Prosaptia Presl

1. 禾叶蕨属　Grammitis Sw.

附生，少土生，小型蕨类。根状茎近直立或短而横走，被不透明的褐色鳞片。叶簇生，少远生；叶柄基部不具关节；单叶，披针形或线形，全缘或有圆齿或有浅裂；主脉明显，小脉分离，常二叉，偶多回分叉；叶膜质至肉质或革质，常被红褐色长毛，或少有无毛。孢子囊群圆形或略呈椭圆形，着生于每组小脉的基部上侧分叉小脉上，在主脉两侧各有 1 行，着生于叶片表面；无囊群盖；隔丝丝状，或无隔丝；孢子囊柄除近顶部外为 1 行细胞组成；孢子球形或近球形，体积小，不具周壁，外壁表面具小瘤状纹饰，小瘤有时脱落。

本属约有 150 种，分布于热带地区，以亚洲最为丰富。中国约有 7 种，主产于华南；广西产 1 种。

短柄禾叶蕨（台湾植物志）　图版 102：9～12

Grammitis dorsipila (Christ) C. Chr. et Tard.-Blot in Not. Syst. (Paris) **8**: 179. 1939; Tard.-Blot et C. Chr. in Fl. Indo-Chine **7**(2): 524. 1941；中国植物志 **6**(2)：318，图版 75：1～3. 2000；云南植物志 **21**：418，图版 118：4～5. 2005. ——*Polypodium dorsipilum* Christ in Warb. Monsunia **1**: 59. 1900.

根状茎短，近直立，顶部密生鳞片；鳞片卵状披针形，钝头，全缘，长约 2mm，亮棕色。叶簇生，近无柄，条形或条状披针形，长 2～8cm，宽 2～3 (7) mm，圆钝头，全缘，基部狭楔形下延；叶片革质，两面连同叶柄有红棕色长硬毛；主脉腹面平坦，背面稍凸起，侧脉分叉，远离叶边。孢子囊群圆形或椭圆形，位于叶片上部，生于侧脉的上侧一条短小脉的顶端，靠近主脉，不陷入叶肉；孢子囊上常有 1～3 根针毛。

产于武鸣、融水、灵川、兴安、恭城、上思、桂平、容县、金秀；附生于海拔 900～1 600m 的林下树干上或岩石上。分布于浙江、湖南、江西、福建、台湾、海南、香港、广东、云南、贵州。日本及中南半岛也有分布。

2. 锯蕨属　Micropolypodium Hay.

小型附生蕨类。根状茎短，斜生到直立，顶端被小的棕色鳞片。叶簇生，近无柄；叶片狭窄，羽状分裂至羽状，裂片基部贴生彼此相连，每裂片有单一不分叉或分叉的小脉；叶薄草质，被毛或无毛。孢子囊群位于分叉小脉的上侧小脉上，长圆形，成熟后通常圆形，表面生，无隔丝；孢子囊上无刚毛；孢子圆球形，近无色透明。

全属约有 30 种，间断分布于东亚和中南美洲。中国有 3 种；广西产 3 种。

分种检索表

1. 叶片两面无毛，仅中肋背面疏被半透明的叉状毛 ………………………… 1. **叉毛锯蕨** M. cornigera (Bak.) X. C. Zhang
1. 叶片两面被长毛。
   2. 叶质厚，毛较少；叶片裂片较少，斜上；中肋在叶片背面不凸出，较平 ……………… 2. **锯蕨** M. okuboi (Yatabe) Hay.

2. 叶质薄，毛多；叶片裂片多，近平展；中肋在叶片背面凸出，栗黑色 ……… 3. **锡金锯蕨** M. sikkimensis (Hieron.) X. C. Zhang

1. **叉毛锯蕨**（中国植物志）

Micropolypodium cornigera (Bak.) X. C. Zhang in Fl. Reipub. Popul. Sin. **6**(2): 301. 2000；中国高等植物 **2**: 772，图 1110. 2008. ——*Polypodium cornigerum* Bak. in Wall. Cat. Ceylon Ferns 11. 1873. ——*Grammitis cornigera* (Bak.) Ching in Bull. Fan Mem. Inst. Biol. Bot. ser. **10**: 240. 1941. ——*Xiphopteris cornigera* (Bak.) Copel. Gen. Fil. 215. 1947.

根状茎短小，直立，被鳞片；鳞片棕色，近膜质，披针形，长约 2mm，顶端渐尖，全缘。叶簇生；叶柄长 3～5mm，或近无柄，无毛或疏被半透明的叉状长毛；叶片线形，长 3～10cm，宽 4～6mm，顶端钝，基部渐狭而长下延，几达叶柄基部，羽状深裂几达中肋；裂片 8～10(20) 对，互生，斜上，三角形或三角状长圆形，长 2～3mm，基部宽 1～2mm，顶端钝或尖，边缘或上侧稍呈波状或有 1 个小齿；中肋明显，腹面有浅沟，背面隆起，侧脉不明显，每裂片有 1 条，通常二叉，顶端膨大成椭圆状、半透明的水囊体；叶近革质，除背面中肋疏被白色、半透明的叉状长毛外，其余均无毛。孢子囊群圆形，着生于裂片基部上侧分叉小脉顶端，斜上，每裂片有 1 个，靠近中肋两侧各排成 1 行。

产于龙胜、金秀、融水；附生于林中树干上或石壁上。分布于浙江、福建、广东。斯里兰卡也有分布。

2. **锯蕨**（中国主要植物图说·蕨类植物门） 图版 102：13～15

Micropolypodium okuboi (Yatabe) Hay. in Bot. Mag. (Tokyo) **42**: 302, 341. 1928；中国植物志 6(2)：302，图版 70：1～6. 2000；中国高等植物 **2**: 772，图 1111. 2008. ——*Polypodium okuboi* Yatabe in Bot. Mag. (Tokyo) **5**: 35, t. 21. 1891. ——*Grammitis okuboi* (Yatabe) Ching in Bull. Fan Mem. Inst. Biol. Bot. **10**: 16. 1940；中国主要植物图说·蕨类植物门 249，图 335. 1957.

根状茎短而直立，被鳞片；鳞片棕色，近膜质，披针形，顶端渐尖，全缘。叶簇生；叶柄极短，长不及 1cm，或几无柄，疏被暗棕色长刚毛；叶片线形，长 3～7cm，宽 4～6mm，顶端锐尖，基部渐狭而下延，羽状深裂几达中肋；裂片多数，互生近平展，长圆形或卵状长圆形至长三角形，有时稍呈镰刀状，长约 3mm，顶端钝或锐尖，全缘；中肋明显，腹面有浅沟，背面隆起，侧脉不明显，通常每裂片上有 1 条，单一或分叉，顶端具 1～2 个水囊体；叶近革质，稍厚，两面被暗棕色长刚毛。孢子囊群圆形至椭圆形，着生于裂片基部上侧分叉小脉的顶端，通常每裂片有 1 个，贴近中肋两侧各排成 1 行。

产于灵川、兴安、金秀、象州；附生于林中树干上或岩石上。分布于浙江、湖南、福建、海南、台湾、广东、贵州。日本也有分布。

3. **锡金锯蕨**（中国植物志）

Micropolypodium sikkimensis (Hieron.) X. C. Zhang in Fl. Reipub. Popul. Sin. **6**(2): 305，图版 71：1～3. 2000. ——*Polypodium sikkimense* Hieron. in Hedwigia **44**: 97. 1905. —— *Grammitis sikkimensis* (Hieron.) Ching in Bull. Fan Mem. Inst. Biol. Bot. **10**: 15. 1940.

根状茎短而直立或斜升，鳞片小，淡棕色，卵形，锐尖头，全缘，长宽均为 1～1.5mm。叶簇生，纸质，全株有褐棕色长硬毛；叶柄线状，栗褐色，长 2～3cm；叶片条形，向基部略变狭，多少下延，长 4～15cm，宽 4～7mm，羽状深裂或近羽状；裂片互生，彼此有缺刻分开，长圆形至卵形，钝头，基部相连或仅下侧下延，宽 1.5～2mm；全缘；叶脉在裂片上单一或分叉，不到叶边。孢子囊群圆形，通常生于分叉的上侧一条短小脉的顶端。

产于武鸣、马山、上林；附生于海拔 1 300～1 600m 的林中树干基部或岩石上。分布于湖南、贵州、云南、四川、西藏。越南、不丹、尼泊尔及印度北部也有分布。

3. 荷包蕨属 Calymmodon Presl

附生，小型蕨类。根状茎斜升，具披形或卵形、全缘的褐色鳞片。叶簇生；叶柄短而密集，无关节；叶片线形，一回羽裂或羽状；叶脉在裂片或羽片上单一，少分叉；叶软纸质，被柔毛或近无毛。孢子囊群圆形或椭圆形，生于叶片上部，每羽片或裂片1枚，着生于小脉的中部或顶部，不具隔丝，也无囊群盖，每羽片或裂片向基部的一半反卷而包被孢子囊群；孢子囊光滑；环带由12～17个增厚细胞组成；孢子球形，不具周壁。

本属约有25种，分布于从斯里兰卡至波利尼西亚。中国有2种；广西产1种。

短叶荷包蕨（中国植物志）

Calymmodon asiaticus Copel. in Philipp. J. Sci. **38**: 154. 1929; Tard.-Blot et C. Chr. in Fl. Indo-Chine **7**(2): 526. 1941; 中国植物志 **6**(2): 298, 图版 69: 1～5. 2000. ——*Polypodium gracillimus* Copel. in Perkins Fragm. 189. 1905.

小型蕨类，高3～10cm。根状茎直立，有少数鳞片；鳞片厚膜质，披针形，长约2mm，宽约0.7mm，先端常有一根刚毛或无。叶多数，簇生，枯死后常留有黑褐色的叶轴；叶近无柄，叶片厚纸质，背面有1～2根灰白色细毛，腹面无毛，条形，长1.5～3.5cm，宽达5mm，向两端略变狭，基部下延，羽状深裂几达羽轴，缺刻宽；裂片彼此远离，中部以下的不育，较长，短条形或长圆形，长1～2.5mm，宽约0.7mm，全缘，仅有小脉1条，远离叶边，上部2～7对裂片能育，阔椭圆形或近圆形，幼时在背面从下向上对折包被孢子囊群。孢子囊群生于裂片主脉中部，近圆形，每裂片1枚；孢子囊上无刚毛。

产于上思；附生于海拔400～700m的林下树干上或溪谷石上。分布于海南。越南、泰国、菲律宾也有分布。

4. 革舌蕨属 Scleroglossum Alderw.

附生，小型蕨类。根状茎短而直立或斜升，被鳞片；鳞片细小，棕色，全缘。叶簇生，近无柄，与根状茎相连处无关节，单叶（有时分叉），狭线形，全缘，肉质或革质，无毛或疏被单生的或成对的或丛生的早落刺毛；叶脉不明显分离，偶联结。汇生孢子囊群线形，着生于近叶缘或叶缘与主脉之间的深纵沟内，在主脉两侧各有1行，通常只分布于叶片上部而不达于顶端，不具隔丝或隔丝极不明显；孢子囊光滑，孢子囊柄除顶部外为1行细胞组成，环带约由12个增厚细胞组成；孢子球形。

本属约有8种，从斯里兰卡、中南半岛、马来群岛至澳大利亚及波利尼西亚均有分布。中国仅有1种；广西亦产。

革舌蕨（海南植物志）

Scleroglossum pusillum (Bl.) Alderw. in Bull. Jard. Bot. Buit. **2**(7): 39, pl. 5, f. 1～2. 1912; 海南植物志 **1**: 200, 图 97. 1964; 中国植物志 **6**(2): 321, 图版 76: 1～5. 2000. 云南植物志 **21**: 423. 2005. ——*Vittaria pusilla* Bl. Enum. Pl. Jav. 199. 1828.

植株高约5cm。根状茎上的鳞片披针形，暗褐色，膜质。叶片线状舌形，通直或稍呈镰状，长2～12cm，宽3～4mm，钝或圆头，下部渐狭，全缘；叶厚革质，坚硬，疏被脱落的小刺毛。孢子囊群深藏于稍近叶缘的沟内，只有生于叶片上部的1/3～1/2能育，叶缘不育部分的宽度约为中央不育部分的一半。

产于上思、武鸣；生于海拔800～1 200m的常绿阔叶林下石壁上。分布于海南、台湾、云南。斯里兰卡、泰国、越南、菲律宾、马来西亚、印度尼西亚、澳大利亚也有分布。

5. 穴子蕨属 Prosaptia Presl

附生，小型或中型蕨类。根状茎短，横走或直立，被深褐色有睫毛的狭鳞片。叶簇生；叶柄与根状茎相连处具假关节；叶片披针形，篦齿状羽裂至深羽裂；叶脉在裂片上羽状；叶革质或肉质，被刚毛或近无毛。

孢子囊群圆形至椭圆表，着生于小脉顶端，深陷于叶肉的穴内，向叶缘开口或接近且朝向叶缘，不具隔丝；孢子囊柄除顶部外为1行细胞组成，环带通常由11个增厚细胞组成；孢子近球形，三裂缝，不具周壁，外壁表面具颗粒状或小瘤状纹饰。

本属约有20种，分布于亚洲热带，从印度南部至波利尼西亚。中国有3种；广西产1种。

穴子蕨（中国主要植物图说·蕨类植物门）

Prosaptia khasyana（Hook.）C. Chr. et Tard.-Blot in Notul. Syst.（Paris）**8**：180. 1939 et Fl. Indo-Chine **7**(2)：531. 1941；中国植物志 **6**(2)：310，图 73：1～3. 2000；云南植物志 **21**：423，图版 119：4～7. 2005. ——*Polypodium khasyanum* Hook. Ic. Pl. Formos. t. 949. 1854. —— *Prosaptia urceolaris*（Hay.）Copel. in Philipp. J. Sci. **40**：311. 1929；中国主要植物图说·蕨类植物门 249，图 336. 1957. ——*Polypodium urceolare* var. *intermedia* Ching in Bull. Dept. Biol. Sun Yat-sen Univ. **6**：32. 1933. ——*Prosaptia intermedia*（Ching）Tagawa in J. Jap. Bot. **25**：115. 1950.

根状茎短，斜升，被鳞片；鳞片长圆状三角形，长约3mm，宽达1.2mm，灰褐色，边缘有纤毛。叶柄长不及1cm，密被毛；叶片狭披针形，向两端渐狭，长20～40cm，宽达3cm，羽状深裂达至叶轴1～2mm处；裂片斜升，长圆状三角形，尖端略呈尖头，全缘，下部裂片逐渐缩短，中部裂片长达1.4cm，宽约0.5cm；叶薄革质，叶脉单一，裂片基部上脉的小脉通常出自中肋，叶片腹面光滑或疏被毛，叶缘和背面被毛，叶缘的毛有时成簇。孢子囊群生于叶脉尖端以上或中部，圆形至近椭圆形，生于穴中，穴的边缘不甚隆起，穴中有毛。

产于武鸣、上思、东兴、金秀、那坡、平南、桂平；附生于海拔400～1 500m的林下石壁上或树干上。分布于台湾、海南、广东、云南。泰国、越南、印度、马来西亚、菲律宾也有分布。

60. 剑蕨科 LOXOGRAMMACEAE

中小型附生蕨类。根状茎横走或斜升，具网状中柱，密被鳞片。叶远生或近生，一型或少二型；单叶，有短柄或近无柄，不具关节，线状披针形至倒披针形，全缘；中脉明显，无侧脉，小脉网状，网眼为斜长的六角形，常无内藏小脉；叶肉质，干后厚纸质或革质。孢子囊群线形或线状长圆形，与中脉斜交，或少有近平行，多少下陷于浅沟中，在中脉两侧各排成1行；无囊群盖，也无隔丝；孢子囊有长柄；孢子两面型或四面型。

本科有2属。中国有1属；广西亦有。

剑蕨属 Loxogramme（Bl.）Presl

特征与科相同。

本属约有33种，分布于热带及亚热带地区，自波利尼西亚北达日本及中国，东至墨西哥，西到非洲。中国约有11种，常附生于阴湿岩石上或树干上；广西产6种。

分种检索表

1. 叶二型，营养叶近圆形或广倒卵形，孢子叶倒披针形 …………………… 1. **老街剑蕨** L. lankokiensis（Ros.）C. Chr.
1. 叶一型。
  2. 植株小型，高3～10cm，多数高不及15cm；孢子圆球形，三裂缝。
    3. 根状茎细长；鳞片棕色，质薄 ……………………………………………… 2. **中华剑蕨** L. chinensis Ching
    3. 根状茎较粗短；鳞片黑色，质厚 …………………………………………… 3. **黑鳞剑蕨** L. assimilis Ching
  2. 植株高20～35cm；孢子椭圆形或肾形，单裂缝。

4. 叶柄基部常变黑 ………………………………………………………………………… 4. **褐柄剑蕨** L. duclouxii Christ

4. 叶柄通常不变黑。

5. 叶片尾尖或长渐尖，具长柄，叶片腹面主肋不凸出 ……………………… 5. **柳叶剑蕨** L. salicifolia (Mak.) Mak.

5. 叶片尖端渐尖，无柄或具短柄，叶片腹面主肋凸出 ……………… 6. **西藏剑蕨** L. cuspidata (Zenk.) M. G. Price

1. **老街剑蕨**（蕨类名词及名称） 图版 112:1～3

Loxogramme lankokiensis (Ros.) C. Chr., Ind. Fil. Suppl. **3**: 125. 1934; Tard.-Blot et C. Chr. in Fl. Indo-Chine 7(2): 464. 1941; 西藏植物志 **1**: 351, 图 94. 1983; 中国植物志 6(2): 324, 图版 77: 1. 2000. ——*Polypodium lankokense* Ros. in Med. Rijks. Herb. **5**: 31. 1917. —— *Loxogramme microphylla* C. Chr. in Dansk. Bot. Ark. **6**: 48, pl. 3, f. 6. 1929.

小型植物。根状茎密生褐棕色、披针形、筛孔粗而透明的鳞片。叶二型；营养叶近圆形或广倒卵形，宽 4～6mm，叶柄长约 2mm，全缘，肉质；孢子叶倒披针形，钝尖头，长达 1.6cm，宽达 5mm，向下渐狭，下延于离叶柄基部约 2mm 处。孢子囊群在主脉两侧各 2～3 条，长圆形，斜上，略下陷于浅沟中，成熟时会合；孢子圆球形，三裂缝。

产于上思、桂平、龙州、靖西、那坡；附生于海拔 200～850m 的阔叶林下岩石上。分布于西藏、云南、广东。越南、老挝、泰国也有分布。

2. **中华剑蕨**（中国高等植物图鉴） 图版 112:4～6

Loxogramme chinensis Ching in Sinensia **1**: 13. 1929; 中国高等植物图鉴 **1**: 275. 1972; 云南植物志 **21**: 426, 图版 120: 5～8. 2005; 中国植物志 6(2): 327, 图版 77: 4～5. 2000. —— *Loxogramme tukiensis* Ching in Sporae Pterid. Sin. 367, pl. 84, f. 8～10. 1976.

植株高 7～13cm。根状茎密生暗褐色卵状披针形鳞片。叶近无柄；叶片线状披针形，长 5～12cm，宽 5～8mm，锐尖头，基部楔形下延至叶柄基部，全缘或略波状，干后略反卷。孢子囊群长圆形，通常 5～8 对，远离，极斜上，有时与主脉几平行，分布于叶片中部以上，下部不育；无囊群盖。

产于龙胜、灵川、融水、罗城、金秀、平南、田林、凌云、乐业、武鸣；生于海拔 800～1 600m 的常绿阔叶林下。分布于浙江、安徽、台湾、福建、江西、广东、四川、云南、贵州、西藏。尼泊尔、不丹、印度、越南、缅甸也有分布。

根状茎清热解毒、活血利尿；治淋证、尿路感染、狂犬伤、劳伤。

3. **黑鳞剑蕨**（中国植物志） 近亲剑蕨 图版 112:7～9

Loxogramme assimilis Ching in Bull. Dept. Biol. Sun Yat-sen Univ. **6**: 31. 1933; 中国植物志 6(2): 328, f. 78: 1～3. 2000; 云南植物志 **21**: 428, 图版 120: 1～4. 2005. —— *Polypodium succulentum* C. Chr. in Bull. Dept. Biol. Sun Yat-sen Univ. **3**: pl. 154. 1932. ——*Loxogramme elevata* Ching in Bull. Fan Mem. Inst. Biol. new ser. **1**: 298. 1949.

根状茎横走，密被黑色鳞片；鳞片线状披针形，长约 5mm，基部宽 2mm，长尖头，鳞片质地较厚。叶远生或近生，无柄或略有短柄；叶片线状披针形，长 10～25cm，宽 1.0～2.5cm，中上部较宽，向两端渐狭，先端渐尖头，基部下延；叶两面光滑，厚草质至革质；叶脉不明显。孢子囊群长圆线形，斜生，远离中肋，达于距叶边不远处，无隔丝；孢子圆球形，三裂缝。

产于融水、罗城、环江、金秀、三江、那坡、田林、苍梧、龙州；生于海拔 340～1 300m 的常绿阔叶林或石灰岩季雨林下。分布于江西、云南、贵州、四川、重庆。越南北部也有分布。

4. **褐柄剑蕨**（中国高等植物图鉴） 棕柄剑蕨 图版 112:10～12

Loxogramme duclouxii Christ in Bull. Acad. Int. Géogr. Bot. **16**: 140. 1907; 中国植物志 6(2): 335. 2000. 云南植物志 **21**: 429. 2005. ——*L. saziran* Tagawa in Acta Phytotax. Geobot. **13**: 127. 1943, nom. nud.; 中国高等植物图鉴 **1**: 276. 1972.

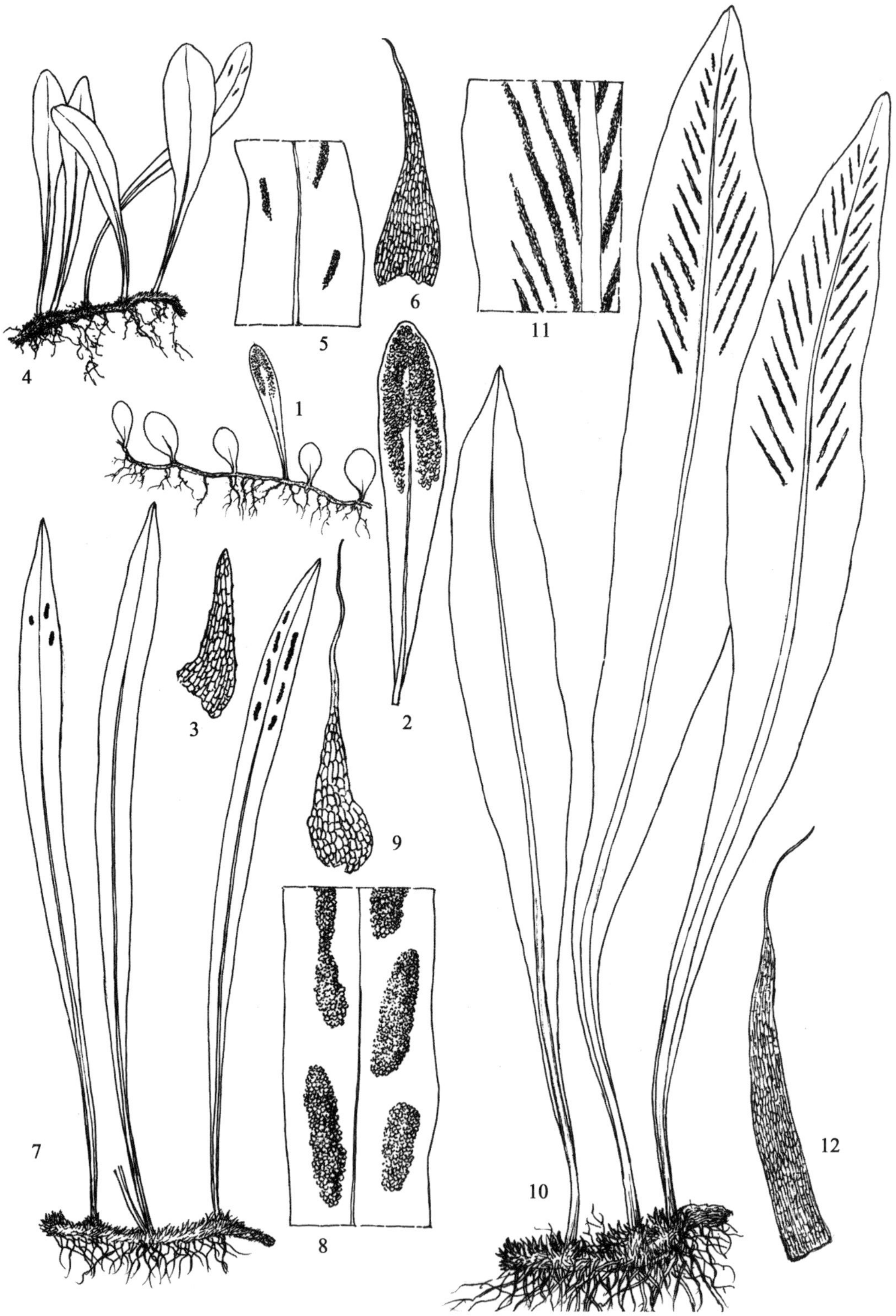

图版 112　1～3.**老街剑蕨** Loxogramme lankokiensis (Ros.) C. Chr.　1.植株的一部分；2.孢子叶背面，示孢子囊群着生位置；3.根状茎上的鳞片。　4～6.**中华剑蕨** L. chinensis Ching　4.植株一部分；5.叶片背面一部分，示孢子囊群着生位置；6.根状茎上的鳞片。　7～9.**黑鳞剑蕨** L. assimilis Ching　7.植株一部分；8.叶片背面一部分，示孢子囊群着生位置；9.根状茎上的鳞片。　10～12.**褐柄剑蕨** L. duclouxii Chirst　10.植株一部分；11.叶片背面一部分，示孢子囊群着生位置；12.根状茎上的鳞片。　（林文宏绘）

植株高约 30cm。根状茎横走，密被鳞片；鳞片褐棕色，披针形，长渐尖头，近全缘，筛孔长形，壁较厚。叶片披针形，宽 1.5～2.5cm(少有 3.5cm)，先端渐尖，基部下延于叶柄；叶柄长 2～4cm，褐棕色或黑色，有光泽；主脉腹背两面隆起，侧脉不明显。孢子囊群线形，于主脉两侧各有 10 条左右，斜出，生于叶片中部以上，下部不育；孢子肾形，具单裂缝。

产于隆林；附生于海拔约 1 580m 的常绿阔叶林下岩石上。分布于西藏、台湾及长江流域各省区. 日本、韩国、越南、印度也有分布。

5. **柳叶剑蕨**（中国主要植物图说·蕨类植物门）

Loxogramme salicifolia (Mak.) Mak. in Bot. Mag. (Tokyo) **19**: 139. 1905；中国蕨类植物图谱 **4**：图版 190. 1937；中国高等植物图鉴 **1**：276，图 551. 1972；中国植物志 **6**(2)：333，图版 81：1～4. 2000；云南植物志 **21**：428. 2005.——*Gymnogramme salicifolia* Mak., Phan. et Pterid. Jap. Ic. Ill. pl. 34. 1899.

植株高 15～35cm。根状茎被披针形鳞片。叶柄长 2～5cm 或几无柄，被卵形或卵状披针形鳞片；叶片长 12～30cm，宽 0.6～2cm，披针形或条形，长渐尖头，向基渐狭下延，全缘；叶近肉质。孢子囊群条形，多少下陷叶肉，位于叶片中部以上，在主脉两侧各成 1 行；无囊群盖。

产于龙胜、临桂、阳朔、三江、金秀、苍梧、上思、武鸣、靖西、那坡、隆林；生于海拔 350～1 300m 的常绿阔叶林下。分布于台湾、浙江、福建、湖南、湖北、江西、安徽、河南、广东、贵州、四川、甘肃。越南、朝鲜、日本也有分布。

根状茎清热解毒；治肺结核、咳嗽、尿路感染、狂犬伤。

6. **西藏剑蕨**（西藏植物志）

Loxogramme cuspidata (Zenk.) M. G. Price in Amer. Fern J. **74** (2)：61. 1984；中国植物志 **6**(2)：331，图版 80：1～4. 2000；中国高等植物 **2**：781，图版 1124. 2008.——*Grammitis cuspidata* Zenk., PlantaeIndicae **1**: t. 2. 1835.——*Loxogramme tibetica* Ching et S. K. Wu in Fl. Xizang. **1**: 353, t. 95, f. 4～5, t. 12, f. 5～6. 1983.

植株高 35～40cm。根状茎长而横走，粗约 3mm，连同叶柄基部密被鳞片；鳞片褐棕色，披针形，尖端渐尖，网眼较密。叶远生，披针形，上部 1/3 处最宽，宽约 3cm，尖端渐尖，中部以下渐变狭，并下延几达基部，几无柄；中肋腹面隆起，背面明显而不甚隆起；叶干后厚纸质，腹面绿色，背面淡绿色，侧脉不见。孢子囊群线从靠近中肋处伸出，斜上，长达 2.5cm，隔丝稀疏散布于孢子囊群中；孢子肾形，具单裂缝。

产于上思、东兴；附生于海拔约 1 400m 的常绿阔叶林中树干上或石壁上。分布于四川、云南、西藏。印度也有分布。

61. 蘋科　MARSILEACEAE

小型蕨类，常生于水中或沼泥上，极少为漂浮。根状茎纤细，长而横走，有管状中柱，被毛。营养叶为线形，单叶，或有 2～4 枚羽片对生于长柄的顶端，浮水或伸出水面；叶脉分叉，但顶端联结成狭长网眼。孢子叶变为球形或椭圆状球形的孢子果，坚实，被毛，有柄或无柄，通常接根状茎，着生于叶柄上或叶柄基部，常二瓣开裂；孢子囊无环带，异型，大孢子囊内大孢子单生，小孢子囊内小孢子多数。

本科有 3 属约 75 种，多产于大洋洲、南美洲及南非。中国仅有 1 属。

蘋属 Marsilea L.

浅水植物。根状茎细长，横走，节上生根及具有单生或簇生的叶，具疏隙管状中柱。营养叶有长柄，羽片 4 枚，呈"十"字形排列，基部楔形，截头或圆头；叶脉从羽片基部放射状分叉伸达叶边组成狭长网眼。孢子果椭圆状肾形或圆形至长椭圆形，外壁坚硬，开裂时呈两瓣，果瓣有平行脉；孢子囊群线形或椭圆状柱形，排成紧密的 2 行，生于胶质囊群托上，囊托末端附着在孢子果内壁上，成熟时从孢子果中挤出而呈环形，每孢子囊有少数大孢子囊(大孢子囊有 1 个大孢子)，其周围具密细柱，形成不规则网状纹饰；小孢子近球形，具明显周壁。

本属约有 70 种，遍布世界各地。中国有 3 种，常见于水池和稻田中；广西产 1 种。

蘋（中国主要植物图说·蕨类植物门）

Marsilea quadrifolia L. Sp. Pl. **2**: 1099. 1753；海南植物志 **1**: 204，图 101. 1964；中国高等植物图鉴 **1**:283，图 566. 1972；中国植物志 **6(2)**: 337，图版 82: 5～6. 2000；云南植物志 **21**: 431，图版 121: 1～4. 2005.

植株高 5～20cm。根状茎顶端有淡棕色毛，茎节远离。叶柄长 5～20cm，小叶 4 片，倒三角形；叶脉扇形分叉，网眼狭长，无内藏小脉；叶草质；叶柄基部生有单一或分叉的短柄，顶部着生孢子果；果长圆状肾形，幼时有密毛，后无毛；孢子囊多数，大小孢子囊同生在一个囊托上。

广西各地均产；生于水田和沟塘中。广布于长江以南各省区，北达华北及辽宁，西至西藏。世界温热两带其他地区也有分布。

全草清热解毒、利水消肿、止血、截疟；治肾炎水肿、泌尿系感染、疟疾，外用治疮痈、毒蛇咬伤。

62. 槐叶蘋科 SALVINIACEAE

小型漂浮蕨类。根状茎纤细，横走，被毛，无根，具原生中柱。叶 3 枚轮生，上面 2 枚椭圆形，漂浮水面，全缘，主脉明显，腹面有乳头状凸起或被短毛，背面被毛；下面 1 枚特化，细裂成须根状，悬垂水中，基部簇生孢子果。大孢子囊生于较小的孢子果内，8～10 个，有短柄，每囊内生大孢子 1 个；小孢子囊生于较大的孢子果内，多数，有长柄，每囊有小孢子 64 个；大孢子囊花瓶状，瓶颈向内收缩，三裂缝位于瓶口，不具周壁，外壁表面形成很浅的小凹穴；小孢子球形，三裂缝较细，裂缝处外壁常内凹，形成三角状，不具周壁，外壁较薄，表面光滑。

本科仅有 1 属，分布于各大洲，但以美洲及非洲热带地区为主。

槐叶蘋属 Salvinia Adanson

属的特征与科相同。

本属约有 10 种，广布于各大洲，其中以美洲及非洲热带地区为主。中国只有 1 种；广西亦产。

槐叶蘋（中国主要植物图说·蕨类植物门）

Salvinia natans (L.) All. Fl. Pedem. **2**: 289. 1785；海南植物志 **1**: 205. 1964；中国高等植物图鉴 **1**: 284，图 567. 1972；中国植物志 **6(2)**: 341，图版 83: 4～6. 2000；云南植物志 **21**: 432，图版 121: 8～10. 2005. ——*Marsilea natans* L. Sp. Pl. **2**: 1099. 1753.

茎有毛，无根。叶3枚轮生，均有柄，2枚浮水面，1枚细裂如丝，在水中形成假根，密生有节的粗毛；叶片长圆形，长8～12mm，宽5～6mm，圆钝头，基部圆形或略心形，全缘；腹面绿色，在侧脉间有5～9个凸起，凸起上生一簇粗短毛；背面灰褐色，生有节粗短毛。孢子果（荚）4～8枚聚生于水下叶的基部，大孢子果小，小孢子果略大。

广西各地均产；生于水田、沟塘和静水溪河内。广布于长江流域、华北、东北以及新疆。越南、印度、日本及欧洲也有分布。

全草煎水服治虚劳发热、湿疹，外敷治丹毒疔疮和烫伤。

63. 满江红科　AZOLLACEAE

小型漂浮水生蕨类。根状茎纤细，曲折，两侧交互分枝，上有两行并列互生叶，下有须根悬垂于水中。叶片上下二裂，上裂片绿色，浮于水面且覆盖根状茎，下裂片膜质状，沉于水中。孢子果有大小两种，成对着生于根状茎分枝基部的沉水下裂片上；大孢子果卵形，果内只有1个大孢子囊，囊内只有1个大孢子；小孢子果圆球形，膜质，果内有多数小孢子囊，每囊内有小孢子64个；大小孢子均为圆形，三裂缝。

本科仅1属，遍布全球。

满江红属　Azolla Wett.

属分布、特征与科相同。

全世界约6种，广布于世界各大洲。中国仅有1种，分布于华东、华南及西南各地，常见于水田及水池中；广西亦产。

满江红（中国蕨类植物志属）

Azolla imbricata（Roxb.）Nakai in Bot. Mag. Tokyo **39**：185. 1925；海南植物志 **1**：206，图101. 1964；中国高等植物图鉴 **1**:284，图568. 1972；中国植物志 **6**(2)：343. 2000. ——*Salvinia imbricata* Roxb. in Calc. J. **4**:470. 1844.

根状茎横走，羽状分枝。叶小形，无柄，覆瓦状排列，梨形、斜方形或卵形，圆头或截头，长约1mm，全缘，上裂片肉质，绿色（秋后变为红色），有膜质边，在水面行光合作用，其上有乳头状凸起，下面有空腔，含胶质和蓝藻共生，下裂片沉水中，膜质如鳞片。孢子果（荚）上大孢子果小，长卵形；小孢子果大，呈球形。

广西各地均产；生于海拔100～1 400m的水田、池塘和净水湖中。广布于长江以南各省区。朝鲜、日本也有分布。

全株发汗透疹、利尿、祛风除湿；治顽癣、风湿疼痛、麻疹不透、烧烫伤。根可治肺结核。

中名索引

本索引每个中名第一个字按丶(点)一(横)丨(竖)丿(撇)ㄥ(折,包括亅、乛、ㄱ、乚等笔形)顺序排列。

一 画

二 画

三 画

四 画

五　画

六 画

七　画

八　画

九 画

十　画

十一 画

十二 画

十三 画

十四 画

十五 画

十六 画

十八 画

十九 画

二十 画

拉丁学名索引

（按字母顺序排列，正体字为正名，斜体字为异名）

[A]

[B]

[C]

[I]

[K]

[L]

[M]

[O]

[P]

[Q]

[R]

[S]

[T]

[V]

[W]

[X]